大规模并行电磁计算系列丛书
西电学术文库图书

计算电磁学中的
超大规模并行矩量法

张 玉 赵勋旺
陈 岩 林中朝 著
王 永 左 胜

西安电子科技大学出版社

内容简介

近年来，我国在与电磁密切相关的领域取得了一系列重大进展，比如空中预警指挥飞机成功服役等，这些复杂系统工程的实施都离不开对电磁场与电磁波的研究。认知复杂系统电磁特性的手段主要有实验测量和数值计算。对比而言，电磁场数值计算具有高效、灵活方便等显著优势，因此成为设备电磁特性分析与设计的现代化必要手段，也日益发挥着越来越重要的作用。作为电磁场数值分析方法中的经典算法，矩量法具有很高的理论精度，但在处理复杂电大系统电磁问题时，其所需付出的计算存储资源与计算时间代价非常高，这使得矩量法难以用于复杂系统的电磁计算。针对这个难题，本书研究如何利用大规模并行计算技术实现矩量法对复杂电大系统的精确、高效计算。

本书兼顾矩量法的理论基础、高性能计算技术与工程应用，围绕着矩量法处理电磁问题的算子方程、矩阵构建、矩阵方程并行求解、并行矩阵构建策略、核外算法、快速算法、混合方法、异构加速计算技术、工程应用实例等几个方面，系统地给出了超大规模并行矩量法的关键理论、技术以及工程应用。书中高阶矩量法结合波端口、单向通信 CALU 算法、CPU/GPU 与 CPU/MIC 异构加速矩量法等方面的内容新颖。特别是在排名世界第一的天河二号超级计算机中成功开展的 20 余万 CPU 核规模的矩量法计算，是当前国际上所达到的最大并行矩量法规模。这一工作使得采用矩量法精确分析复杂系统级电磁问题成为了一种可能，具有重要的战略意义。

本书可作为高等学校工科电子信息、通信、计算机类等相关专业的广大科技工程人员的参考指导书。

图书在版编目(CIP)数据

计算电磁学中的超大规模并行矩量法/张玉等著. —西安：西安电子科技大学出版社，2016.4

ISBN 978-7-5606-3944-4

Ⅰ. ① 计… Ⅱ. ① 张… Ⅲ. ① 电磁计算—矩量法 Ⅳ. ① TM153

中国版本图书馆 CIP 数据核字(2016)第 061617 号

策　　划　邵汉平
责任编辑　阎　彬　王　瑛
出版发行　西安电子科技大学出版社(西安市太白南路 2 号)
电　　话　(029)88242885　88201467　　邮　　编　710071
网　　址　www.xduph.com　　电子邮箱　xdupfxb001@163.com
经　　销　新华书店
印刷单位　陕西百花印刷有限责任公司分公司
版　　次　2016 年 4 月第 1 版　2016 年 4 月第 1 次印刷
开　　本　787 毫米×1092 毫米　1/16　印　张　30
字　　数　710 千字
印　　数　1～2000 册
定　　价　136.00 元
ISBN 978-7-5606-3944-4/TM

XDUP 4236001-1

前　　言

近年来，我国在与电磁密切相关的领域取得了一系列重大进展，比如空中预警指挥飞机成功服役等，这些复杂系统工程的实施都离不开对电磁场与电磁波的研究。认知复杂系统电磁特性的手段主要有实验测量和数值计算。实验测量不可或缺，这一点无需多论，但需要指出的是，许多实际的情况不允许也难以实现精确的实验测量，比如飞机在空中飞行时雷达所处的电磁环境与地面测试时所处的环境有极大不同。电磁场数值计算指的是采用数值方法在频域或时域求解 Maxwell 方程及其衍生的其他方程。对比而言，电磁场数值计算具有高效、灵活、方便等显著优势，因此成为设备电磁特性分析与设计的现代化必要手段，也日益发挥着越来越重要的作用。

电磁场数值计算所追求的高精度与复杂电大系统计算所需要的庞大计算资源是一对矛盾。传统上来看，通常能处理电大尺寸目标的数值方法一般都不具备很高的数值精度，而能算得准的数值方法一般都算不大。在大型天线阵列布局等复杂电磁工程中，算得“准”是一个前提，不然不仅起不到在总体设计中的指导意义，反而还可能会误导工程设计。当前“复杂、电大”系统的设计对电磁仿真计算提出的迫切需求就是能提供“精确、高效”解，要求数值方法能同时具备“算得准、算得大、算得快” 的特点。

就精度而言，在电磁场数值分析方法中矩量法具有高理论精度的特点。矩量法把所求解的电磁场算子方程转化为矩阵方程。由于其理论精度高，在处理诸如机载相控阵等复杂电大系统电磁问题时，会产生庞大的复数稠密矩阵，所需付出的计算存储资源与计算时间代价也会很高，这使得矩量法无法解决复杂系统的电磁计算问题。打破这个瓶颈的一个技术途径是采用快速算法，然而，在金属介质混合结构大型天线阵列等典型的复杂电磁模型计算中，快速算法所必须依赖的迭代解法又常常难于收敛。不同于快速算法，作者与美国同事一起，采用并行核外计算理论与技术，将“硬盘”存储动态纳入矩量法计算过程，极大地扩充了矩量法求解问题的规模，并分别于 2009 年、2012 年在美国 John Wiley 出版社出版了重点介绍并行核外矩量法理论与技术的英文专著。这一方法直接从计算技术角度出发来扩展矩量法的计算规模，采用核外 LU 分解求解矩阵方程，在扩大规模的同时既不会带来精度损失，也不会存在收敛风险。2009 年作者采用该技术已成功解决了一批在当时被认为对矩量法而言极具挑战性的问题。

近年来，国内上海超级计算中心的“魔方”超级计算机、国家超级计算济南中心的“神威蓝光”超级计算机、国家超级计算天津中心的天河一号、国家超级计算广州中心的天河二号等超级计算机相继投入应用，表明了我国在高效能计算机研制领域取得了极大的成就。超级计算机指当今时代运算速度较快的大容量大型计算机，是解决国家经济建设、社会发展、科学进步、国家安全和国防建设等领域一系列重大挑战性问题的重要工具，已成为世界各国特别是大国争夺的战略制高点。在 2015 年 10 月公布的全球超级计算机 500 强榜单中，中国国防科学技术大学研制的“天河二号”超级计算机连续六次获得冠军。中国高性能计算在研制和建造方面取得了巨大的进步，在硬件层面已经逐渐赶上了国际水平。然而，我们还必须清醒地看到，国内高性能计算的软硬件两个方面目前仍很不平衡，软件方面仍需要大力发展，尤其在应用方面，超大规模并行应用开发较少，这与发达国家相比仍有不小差距。

重大电磁工程对电磁高精度计算的迫切需求以及国内高性能矩量法计算软件匮乏的现状，促使我们在这一交叉学科领域开展了系统深入的长期研究。2006 年作者采用 PC 集群研究了并行矩量法，2008 年在惠普集群中实现了 512 核并行核外高阶矩量法计算。2010 年，课题组在上海超级计算中心的“魔方”超级计算机上搭建了国内第一个千核规模的工业应用级电磁精细仿真平台，计算了机载相控阵天线辐射特性等多个案例。在国家高效能计算机领域 863 重大课题“复杂电磁环境数值模拟”项目资助下，2013 年 9 月课题组在上海超级计算中心率先实施了 1 万 CPU 核规模的矩量法并行计算；2015 年初在国家超级计算济南中心的纯国产“神威蓝光”超级计算机中实施了 3 万 CPU 核并行高阶矩量法计算，同年 11 月实施了 10 万 CPU 核并行高阶矩量法计算。值得一提的是，济南中心的建设成功，标志着我国已成为继美国、日本后第三个能够采用自主处理器构建千万亿次超级计算机系统的国家。2015 年 2 月，课题组在排名世界第一的天河二号超级计算机中成功地开展了 20 万 CPU 核规模的矩量法超大规模电磁计算(同时也实现了 20 万 CPU 核规模 FDTD 等数值方法的高性能并行计算)。这些研究工作使得我们已经具备了在超级计算机中采用矩量法处理复杂系统电磁计算的战略能力。

另一方面，超级计算机虽然大幅度提升了电磁计算能力，但也要注意到，绝大多数的研究机构并没有千万亿次级别的高效能计算机。采用典型研究机构能拥有的千核计算机资源来开展复杂的系统级高精度电磁计算，是工程技术领域对电磁场数值计算能力提出的又一现实需求。在这种情况下，本书在解决了矩量法超级计算战略能力提升后，在并行矩量法研究基础上，讨论了并行矩量法的区域分解算法、高阶矩量法混合快速多极子等精度可控的算法，以期能够采用典型的千核规模计算机所拥有的计算资源，来高效地完成当前典型的工程仿真。

在兼顾矩量法的理论基础、高性能计算、工程应用的基础上，本书围绕着矩量法处理电磁问题的算子方程、矩阵构建、矩阵方程求解、大规模并行计算、核外矩阵计算、快速算法、混合方法、异构加速计算技术、工程应用实例等几个方面进行了技术总结，以期能系统地介绍矩量法高性能计算的关键理论与技术。考虑到并不是所有读者都已经是计算电磁学的多年从业者，书中也给出了必要的并行计算基础介绍和矩量法程序实例，以期能引导初学者理解、掌握和使用本书介绍的方法。

基于这些考虑，本书内容分为六个主要部分，具体架构如下图所示。

第一部分即第 1 章。采用矩量法求解电磁场问题，首先需要构建电磁场边值问题的算子方程。从等效原理出发，本章给出了几种常用的电磁场积分方程，其中包括电场积分方程(EFIE)、磁场积分方程(MFIE)、混合场积分方程(CFIE)与 PMCHW 方程，并讨论了平面波、电压源、波端口激励源等典型的馈源模型。

矩量法实施过程中的关键环节是选取基函数、权函数，用于构建矩阵。第 2、3 章分别介绍了低阶 RWG 基函数与高阶多项式基函数。这两章构成了本书的第二部分。选取基函数以后，在矩阵方程构建的过程中，奇异积分计算则是核心的计算理论。第 2 章对低阶 RWG 基函数矩量法的电场积分方程、磁场积分方程中的奇异积分处理方法给予了详细讨论；第 3 章则介绍了高阶多项式基函数矩量法，并对高阶基函数矩量法处理线天线问题的奇异积分进行了详细讨论。与低阶 RWG 基函数矩量法相比，高阶矩量法采用高阶多项式

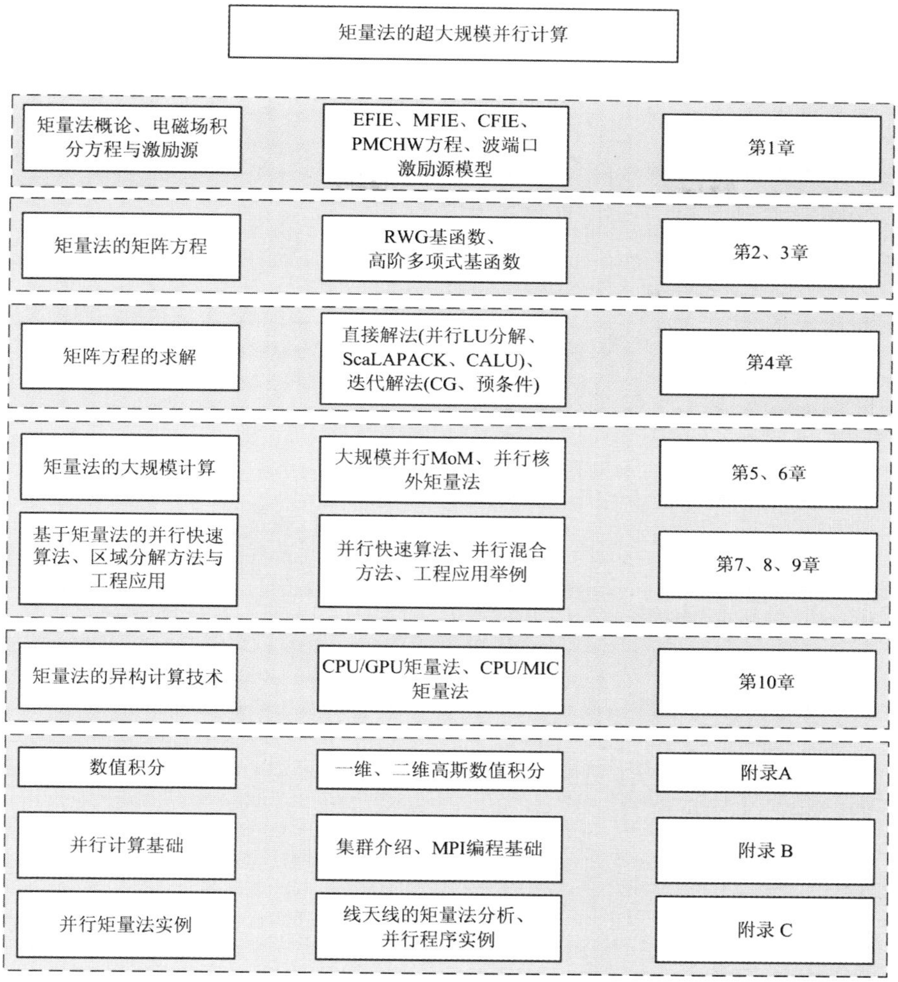

函数作为基函数来描述电磁流分布，可大大降低未知量个数，减小矩阵规模。结合不同的激励情形，第 2、3 章也分别给出了典型数值实例以表明其通用性和有效性。

本书第三部分是第 4 章。求解矩阵方程是矩量法的另一个关键环节。第 4 章分别介绍了矩阵方程的直接解法与迭代解法。直接解法中给出了并行计算中的传统 LU 分解方法以及通信避免 LU 分解方法。迭代解法中则重点讨论了一种通用的预条件件方法，以便使迭代解法适用于不同基函数矩量法，加快收敛过程。

第 5～9 章构成了本书的第四部分，这一部分阐述大规模矩量法仿真计算关键理论与技术。第 5 章分别介绍了矩量法的矩阵并行填充策略以及万核、10 万核、20 万核超大规模计算时程序的并行性能情况。第 6 章重点讲述当内存资源不足时，采用硬盘来补充内存进行核外矩量法计算。第 7 章讲述基于矩量法的快速算法——快速多极子方法的基本理论与应用。如果说第 6 章是从计算机核外矩阵计算技术角度来扩展存储资源的，那么第 7 章则是从快速算法角度出发来缩减矩量法所需要的存储资源，使能求解的问题规模变大。第 8 章进一步综合使用了并行矩量法、快速多极子方法进行混合方法数值计算。第 9 章则给出了部分工程应用实例，以此表明本书介绍的方法处理典型电磁工程计算问题的能力。

本书第五部分即第 10 章。这一章对高性能计算新技术进行了探索，给出了 GPU 核外、两级核外矩量法以及 MIC 加速矩量法。

第六部分是附录。为了方便读者阅读，附录 A 对矩量法中的数值积分进行了介绍。附录 B、附录 C 是读者掌握第四部分的基础。没有并行计算基础的读者，应先阅读附录 B、附录 C 之后，再去阅读本书第四部分，有经验的读者则可以略过。

围绕矩量法的矩阵构建、矩阵存储、矩阵方程求解三个关键环节，本书力求在以下五个方面做到内容新颖：

（1）高阶矩量法结合波端口方法新。尽管波端口激励模型已被成功应用于低阶矩量法，但却鲜有文献研究高阶基函数矩量法中的波端口问题，本书给出了这方面的计算理论和数值实例。

（2）并行求解理论新。本书在求解矩量法矩阵方程方面，针对直接解法，给出了一种高效率的单向通信 CALU 算法，其性能不仅优于商业数学库，还在超大规模并行计算时实现了自主保障。

（3）异构计算技术新。本书不仅给出了采用 CPU 计算资源的并行矩量法核心理论与关键技术，还分别给出了 GPU 与 MIC 异构加速的矩量法计算技术研究进展。

（4）并行计算规模大。一方面，课题组在纯国产"神威蓝光"超级计算机上运行并行矩量法，突破了矩量法单一任务利用纯国产 10 万 CPU 核的并行规模，这是在采用完全国产 CPU 处理器的超级计算机上运行过的最大矩量法计算规模。

另一方面，课题组借助于当前排名世界第一的"天河二号"超级计算机，突破了高阶矩量法 20 万 CPU 核的并行规模。查新结果表明，这是国际上并行矩量法计算所达到的最大并行规模。

（5）工程应用范围广。本书给出了丰富的、不同领域的应用实例，原来很多被认为不可能采用矩量法进行仿真计算的电磁问题，在本书中已经变为现实。读者可从这些算例中感受大规模并行矩量法技术带来的益处。将理论成果更好地服务于工程急需，也恰恰是本书写作的根本目的。

本书的研究工作得到国家高技术研究发展计划（863 计划）课题"复杂电磁环境数值模拟"（2012AA01A308）的支持。本书的研究工作离不开 863 专家组专家们的悉心指导与热情帮助。本书的相关研究工作还得到了教育部新世纪优秀人才支持计划（NCET－13－0949）和陕西省青年科技新星项目（2013KJXX－67）的支持。本书也是对近年来课题组研究工作的总结，多名研究生参与了课题研究。王永、畅青参与了第 2 章，陈岩参与了第 4、5 章，左胜参与了第 6 章，李艳艳参与了第 8 章，林中朝参与了第 5、8、9 章，陈岩、吕兆峰、张光辉参与了第 10 章的相关研究与文档整理。书中所述矩阵 LU 分解、OpenBLAS 相关内容也分别得到了浪潮集团张清博士团队，中科院计算所张云泉研究员、张先轶博士的热情帮助。书中大量的测试调优工作得到了上海超级计算中心，国家超级计算济南中心、广州中心的大力支持。作者对他们一并表示衷心感谢！

在本书出版过程中，西安电子科技大学出版社的编辑也做了大量细致的工作，这里表示感谢。

限于作者自身水平，书中难免会有一些疏漏与不足之处，敬请读者批评指正！

张玉

2015 年 10 月于

西安电子科技大学

目　　录

第 1 章　矩量法与场积分方程

电磁场分析中常常需要处理不同的“边值”问题，即寻求麦克斯韦方程组在给定边界条件下的解。在处理边值问题时，很自然会提出这样的问题：应采用什么样的边界条件？在什么样的边界条件下，我们求得的满足边界条件的麦克斯韦方程组的解是唯一的？若采用矩量法分析电磁场问题，那么矩量法可通过求解哪些“算子方程”来解决电磁场计算问题？

为了回答这些问题，本章首先简单回顾矩量法求解算子方程的一般过程，然后在介绍了电磁场的基本理论后，分别讨论了处理金属问题的电场积分方程、磁场积分方程、混合场积分方程，以及处理介质问题的 PMCHW 方程，并给出了几种典型的激励源模型。

1.1　矩量法简介

矩量法作为一种数学方法，很久之前就被提出。R. F. Harrington 系统地研究了如何用矩量法求解电磁场问题，他在 1968 年出版的专著《Field Computation by Moment Methods》中对矩量法在电磁场领域的应用做了介绍[1]。尽管矩量法早已被计算电磁领域的研究者所熟知，但为了有助于未研究过矩量法的读者理解本书内容，仍有必要简单回顾其基本原理与计算流程。

1.1.1　矩量法的数学原理

本节将对矩量法的数学原理[2]进行说明。对于一般的非齐次线性方程，都可写为如下通式：

$$L(f) = g \tag{1.1-1}$$

式中：L 是线性算子；g 为已知函数，也叫激励；f 为待求解的未知函数。f 和 g 分别定义在函数空间 F 和 G 上，算子 L 是将 F 空间的函数映射到 G 空间里的泛函。我们所研究的是确定论问题，即对于一个已知的 g，只有一个解 f，即式(1.1-1)的解是唯一的。

为获得式(1.1-1)的解，将未知函数用其定义域空间的一组函数展开：

$$f = \sum_{n=1}^{N} \alpha_n f_n \tag{1.1-2}$$

其中，α_n为未知的展开系数，$\{f_n\}$(n=1，2，3，…，N)为 F 空间的一组**展开函数**。如果$\{f_n\}$是完备的，则展开式可严格地逼近未知函数 f。通常只有当 $N\to\infty$时，展开函数(此时为**基函数**)才是完备的。实际中由于所选的展开函数在定义域内不一定完备，或由于数值原因无法选取足够多的展开函数，可能导致原函数 f 与式(1.1-2)的展开式之间存在误差。再将式(1.1-2)代入式(1.1-1)，利用 L 算子的线性特性，原来的算子方程就转化为含有 N 个未知量 α_n的代数方程：

$$\sum_{n=1}^{N}\alpha_n L(f_n) \approx g \tag{1.1-3}$$

但此时因为展开函数与原函数的误差被带到了非齐次线性方程中，所以式(1.1－3)两边已经产生了差别。

矩量法本质上是最小加权余量法，参考式(1.1－3)，将这个余量记为

$$\text{Residual} = \sum_{n=1}^{N}\alpha_n L(f_n) - g \tag{1.1-4}$$

矩量法就是要使这个余量最小化，理想状态是要使 Residual＝0，这通常难以实现，但可以让余量以某种平均的方式趋于零。引入并定义**内积**$\langle f, g\rangle$，使其满足

$$\begin{aligned} &\langle f, g\rangle = \langle g, f\rangle \\ &\langle \alpha f + \beta h, g\rangle = \alpha\langle f, g\rangle + \beta\langle h, g\rangle \\ &\langle f, f^*\rangle = \begin{cases} >0, & f \neq 0 \\ =0, & f = 0 \end{cases} \end{aligned} \tag{1.1-5}$$

其中，α，β 为标量常数，* 表示复数共轭。注意：在希尔伯特(Hilbert)空间中，内积的定义用上述定义对应于$\langle f, g^*\rangle$，此处这样定义内积符号是为了更方便地将共轭运算显式地表示出来[1]。为了获得使式(1.1－4)余量最小的解，需要在值域空间 G 内定义一组**检验函数**(也称为**权函数**)$\{w_m\}$(m＝1，2，3，…，N)，将这组权函数分别与余量做内积，这就是所谓的**选配过程**或**检验过程**。

令权函数与余量的内积为零：

$$\langle w_m, \text{Residual}\rangle = 0 \tag{1.1-6}$$

式(1.1－6)等价于

$$\sum_{n=1}^{N}\alpha_n\langle w_m, L(f_n)\rangle = \langle w_m, g\rangle, \qquad m = 1, 2, \cdots, N \tag{1.1-7}$$

这样做的含义就是要使余量在平均意义下最小以确定未知系数，这就是权函数的作用。当选取的权函数 w_m 与余量函数 Residual 相同时，式(1.1－6)的数学意义是余量的二阶矩为零(或称为最小二乘法)；当选取的权函数 w_m 与基函数 f_n 相同时，称为伽略金法。将激励 g 与 $L(f_n)$分别向**权空间**(权函数构成的空间)**投影**，也即取它的矩，这就是矩量法名称的由来。

式(1.1－7)可写为矩阵方程：

$$\boldsymbol{l\alpha} = \boldsymbol{g} \tag{1.1-8}$$

式中

$$\boldsymbol{l} = \begin{bmatrix} \langle w_1, L(f_1)\rangle & \langle w_1, L(f_2)\rangle & \cdots & \langle w_1, L(f_N)\rangle \\ \langle w_2, L(f_1)\rangle & \langle w_2, L(f_2)\rangle & \cdots & \langle w_2, L(f_N)\rangle \\ \vdots & \vdots & & \vdots \\ \langle w_N, L(f_1)\rangle & \langle w_N, L(f_2)\rangle & \cdots & \langle w_N, L(f_N)\rangle \end{bmatrix}$$

$$\boldsymbol{\alpha} = \begin{bmatrix} \alpha_1 \\ \alpha_2 \\ \vdots \\ \alpha_N \end{bmatrix}, \quad \boldsymbol{g} = \begin{bmatrix} \langle w_1, g\rangle \\ \langle w_2, g\rangle \\ \vdots \\ \langle w_N, g\rangle \end{bmatrix} \tag{1.1-9}$$

只要基函数$\{f_n\}$和权函数$\{w_m\}$各自线性无关，$\boldsymbol{l}$就是非奇异矩阵。通过求解矩阵方程(1.1-8)，可得到原算子方程的矩量法解：

$$f = \boldsymbol{f}\boldsymbol{l}^{-1}\boldsymbol{g} \tag{1.1-10}$$

其中$\boldsymbol{f}=[f_1, f_2, f_3, \cdots, f_N]$。

矩量法求解边值问题的一般过程如图 1.1-1 所示。

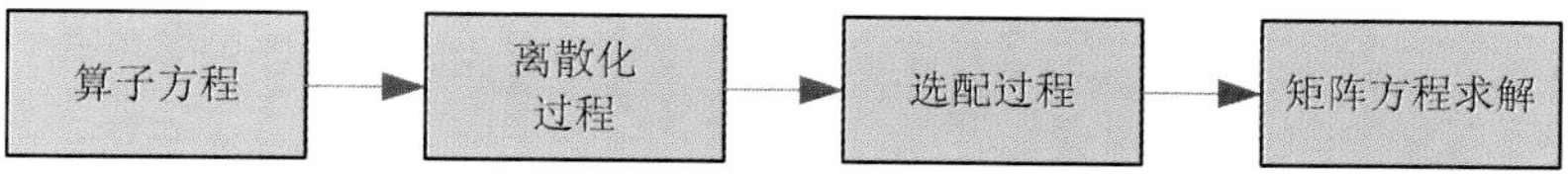

图 1.1-1　矩量法流程

可见，**矩量法是一种将线性算子方程离散后通过加权转化为矩阵方程的方法**。算子方程的矩量法解是精确的还是近似的，取决于离散化程度、基函数f_n和权函数w_m的选择以及矩阵方程的求解方法。

在用矩量法求解电磁问题的算子方程时，一般习惯将式(1.1-8)写为

$$\boldsymbol{ZI} = \boldsymbol{V} \tag{1.1-11}$$

其中，$\boldsymbol{Z}$是一个$N\times N$的复数稠密矩阵，被称为**"阻抗"矩阵**，N代表求解区域上电流或磁流的未知系数(**未知量**)的个数；$\boldsymbol{I}$是一个待求解的N维电磁流系数列向量，被称为**电磁流系数矩阵**；$\boldsymbol{V}$是一个已知的N维的激励列向量，称为**电压矩阵**或**激励矩阵**。

1.1.2　矩量法求解算子方程实例

下面给出一个矩量法求解算子方程的实例。给定激励函数$g(x)=4x^2+1$，求在区间$0\leqslant x\leqslant 1$中满足下面非齐次线性方程及边界条件的$f(x)$：

$$\begin{cases} -\dfrac{\mathrm{d}^2 f}{\mathrm{d}x^2} = g(x) & (1.1-12\mathrm{a}) \\ f(0) = f(1) = 0 & (1.1-12\mathrm{b}) \end{cases}$$

显然这是一个简单的边值问题，其精确的解析解是

$$f(x) = \frac{5}{6}x - \frac{1}{2}x^2 - \frac{1}{3}x^4 \tag{1.1-13}$$

这里线性算子L的定义为

$$L = -\frac{\mathrm{d}^2}{\mathrm{d}x^2} \tag{1.1-14}$$

在要考虑的区间$0\leqslant x\leqslant 1$内，所有函数g的空间是L的值域，L的定义域是在区间$0\leqslant x\leqslant 1$内的函数$f(x)$的空间，这些函数满足边界条件式(1.1-12b)。如果无适当的边界条件，式(1.1-12a)的解不是唯一的，换句话说，算子要由微分算子及其定义域两者来确定。

适用于此问题的一个内积是

$$\langle f, g\rangle = \int_0^1 f(x)g(x)\mathrm{d}x \tag{1.1-15}$$

显然，它满足式(1.1-5)的一系列假设。要注意，式(1.1-15)的定义不是唯一的，比如$\int_0^1 w(x)f(x)g(x)\mathrm{d}x$也是一种可采用的内积，式中$w(x)>0$是一个任意给定的权函数。

下面采用矩量法来求解这个问题。选择展开函数(基函数)

$$f_n(x) = x^n - x^{n+1}, \qquad n = 1, 2, \cdots, N \tag{1.1-16}$$

显然，该函数满足算子 L 定义域的边界条件 $f_n(0)=f_n(1)=0$，可以写出

$$f = \sum_{n=1}^{N} \alpha_n f_n = \sum_{n=1}^{N} \alpha_n (x^n - x^{n+1}) \tag{1.1-17}$$

采用伽略金法，选取检验函数(权函数)

$$w_m = f_m(x) = x^m - x^{m+1} \tag{1.1-18}$$

根据式(1.1-15)的内积形式，算子方程(1.1-12a)在检验后被离散成矩阵方程

$$\boldsymbol{l\alpha} = \boldsymbol{g} \tag{1.1-19}$$

其中，矩阵元素

$$\begin{aligned} l_{mn} &= \langle w_m, L(f_n) \rangle = \int_0^1 (x^m - x^{m+1}) \left[-\frac{\mathrm{d}^2}{\mathrm{d}x^2} (x^n - x^{n+1}) \right] \mathrm{d}x \\ &= \frac{2mn}{(m+n)^3 - (m+n)} \end{aligned} \tag{1.1-20}$$

$$\begin{aligned} g_m &= \langle w_m, g \rangle = \int_0^1 (x^m - x^{m+1})(1 + 4x^2)\mathrm{d}x \\ &= \int_0^1 (4x^{m+2} + x^m - 4x^{m+3} - x^{m+1})\mathrm{d}x \\ &= \frac{5m^2 + 19m + 20}{(m+1)(m+2)(m+3)(m+4)} \end{aligned} \tag{1.1-21}$$

特殊地，当 $N=1$ 时，有

$$l_{11} = \frac{1}{3}, \ g_1 = \frac{11}{30} \tag{1.1-22}$$

方程的解为

$$\alpha_1 = \frac{11}{10} \tag{1.1-23}$$

于是有

$$f(x) = \alpha_1 f_1 = \frac{11}{10}(x - x^2) \tag{1.1-24}$$

当 $N=2$ 时，矩阵方程为

$$\begin{bmatrix} \frac{1}{3} & \frac{1}{6} \\ \frac{1}{6} & \frac{2}{15} \end{bmatrix} \begin{bmatrix} \alpha_1 \\ \alpha_2 \end{bmatrix} = \begin{bmatrix} \frac{11}{30} \\ \frac{13}{60} \end{bmatrix} \tag{1.1-25}$$

矩阵方程的解为

$$\begin{bmatrix} \alpha_1 \\ \alpha_2 \end{bmatrix} = \begin{bmatrix} \frac{1}{3} & \frac{1}{6} \\ \frac{1}{6} & \frac{2}{15} \end{bmatrix}^{-1} \begin{bmatrix} \frac{11}{30} \\ \frac{13}{60} \end{bmatrix} = 30 \begin{bmatrix} \frac{4}{15} & -\frac{1}{3} \\ -\frac{1}{3} & \frac{2}{3} \end{bmatrix} \begin{bmatrix} \frac{11}{30} \\ \frac{13}{60} \end{bmatrix} = \begin{bmatrix} \frac{23}{30} \\ \frac{2}{3} \end{bmatrix} \tag{1.1-26}$$

于是，可得

$$f(x) = \sum_{n=1}^{2} \alpha_n f_n = \alpha_1 f_1 + \alpha_2 f_2 = \frac{23}{30}(x - x^2) + \frac{2}{3}(x^2 - x^3)$$
$$= \frac{23}{30}x - \frac{1}{10}x^2 - \frac{2}{3}x^3 \tag{1.1-27}$$

当 $N=3$ 时，矩阵方程为

$$\begin{bmatrix} \frac{1}{3} & \frac{1}{6} & \frac{1}{10} \\ \frac{1}{6} & \frac{2}{15} & \frac{1}{10} \\ \frac{1}{10} & \frac{1}{10} & \frac{3}{35} \end{bmatrix} \begin{bmatrix} \alpha_1 \\ \alpha_2 \\ \alpha_3 \end{bmatrix} = \begin{bmatrix} \frac{11}{30} \\ \frac{13}{60} \\ \frac{61}{420} \end{bmatrix} \tag{1.1-28}$$

矩阵方程的解为

$$\begin{bmatrix} \alpha_1 \\ \alpha_2 \\ \alpha_3 \end{bmatrix} = \begin{bmatrix} \frac{1}{3} & \frac{1}{6} & \frac{1}{10} \\ \frac{1}{6} & \frac{2}{15} & \frac{1}{10} \\ \frac{1}{10} & \frac{1}{10} & \frac{3}{35} \end{bmatrix}^{-1} \begin{bmatrix} \frac{11}{30} \\ \frac{13}{60} \\ \frac{61}{420} \end{bmatrix} = \begin{bmatrix} 15 & -45 & 35 \\ -45 & 195 & -175 \\ 35 & -175 & 175 \end{bmatrix} \begin{bmatrix} \frac{11}{30} \\ \frac{13}{60} \\ \frac{61}{420} \end{bmatrix} = \begin{bmatrix} \frac{5}{6} \\ \frac{1}{3} \\ \frac{1}{3} \end{bmatrix} \tag{1.1-29}$$

于是，可得

$$f(x) = \sum_{n=1}^{3} \alpha_n f_n = \alpha_1 f_1 + \alpha_2 f_2 + \alpha_3 f_3$$
$$= \frac{5}{6}(x - x^2) + \frac{1}{3}(x^2 - x^3) + \frac{1}{3}(x^3 - x^4)$$
$$= \frac{5}{6}x - \frac{1}{2}x^2 - \frac{1}{3}x^4 \tag{1.1-30}$$

由图1.1-2可见，随着 N 的增加，曲线越来越接近真实值。$N=3$ 时，可得到精确解。注意这只是一种巧合，若所求问题的解并不能表示为 $f_n = x^n - x^{n+1}$ 的有限项之和，则需要

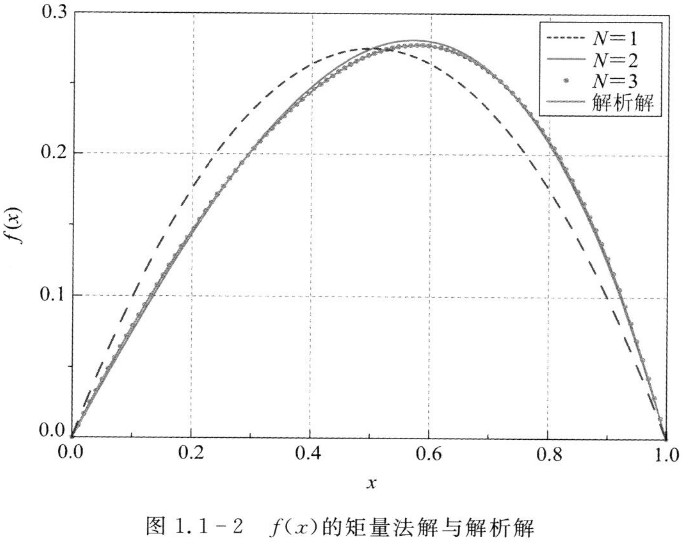

图1.1-2　$f(x)$的矩量法解与解析解

增加展开函数个数 N，以求得在投影意义上收敛于精确解的近似解。需注意到，大量实践表明，展开函数的数目也并非越多越好。读者可继续阅读本书附录 C，进一步了解如何用矩量法求解电磁场问题。

1.2 电磁场基本理论

为了采用矩量法求解电磁场问题，很有必要先回顾一下与之相关的电磁场基本理论，讨论电磁场仿真问题中的算子方程与边界条件。由于本节涉及的基础理论较多，为了便于阅读，图 1.2－1 给出了各主要理论之间的相关性。图中实线表示解决途径及依赖的方法，虚线表示存在的问题。

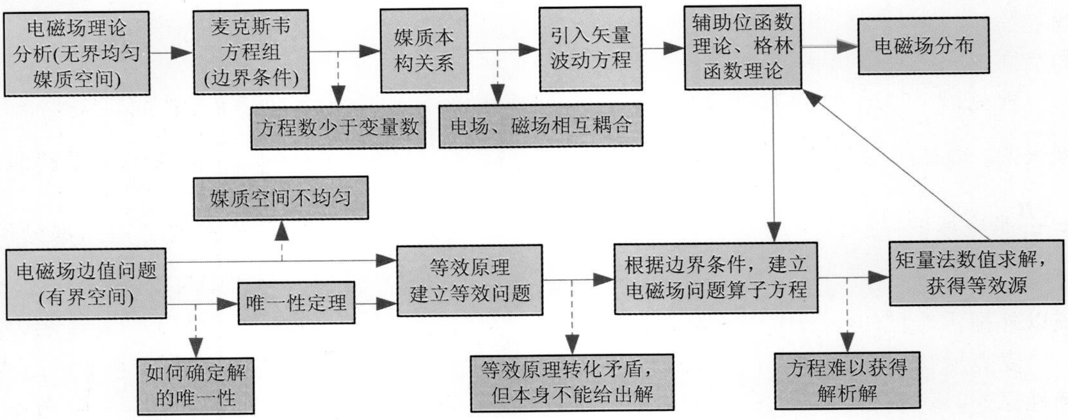

图 1.2－1　本书中矩量法求解电磁问题的相关理论

1.2.1 麦克斯韦方程组

麦克斯韦(J. C. Maxwell)在对宏观电磁现象的实验规律进行分析总结的基础上，提出了“位移电流”的概念，于 1864 年给出一套完整的宏观电磁场基本方程，这就是麦克斯韦方程组(Maxwell’s Equations)。它揭示了电场与磁场之间，以及电磁场与电荷、电流之间的相互关系。在经典、宏观的范围内，麦克斯韦方程是反映电磁场运动规律的基本定理，也是研究一切电磁问题的出发点和理论基础。

虽然现在常用的方程形式是奥利弗·赫维赛德(Oliver Heaviside)在后来提出的，但其物理本质与 Maxwell 的方程相同，习惯上仍以麦克斯韦命名。麦克斯韦方程组有两种数学表达形式[3]，一种是积分形式：

$$\begin{cases}\oint_l \boldsymbol{H}\cdot \mathrm{d}\boldsymbol{l}=\int_S \boldsymbol{J}\cdot \mathrm{d}\boldsymbol{s}+\dfrac{\partial}{\partial t}\int_S \boldsymbol{D}\cdot \mathrm{d}\boldsymbol{s}\\ \oint_l \boldsymbol{E}\cdot \mathrm{d}\boldsymbol{l}=-\dfrac{\partial}{\partial t}\int_S \boldsymbol{B}\cdot \mathrm{d}\boldsymbol{s}\\ \oint_S \boldsymbol{B}\cdot \mathrm{d}\boldsymbol{s}=0\\ \oint_S \boldsymbol{D}\cdot \mathrm{d}\boldsymbol{s}=\int_V \rho \mathrm{d}v\end{cases} \tag{1.2-1}$$

另一种是微分形式：

$$\begin{cases} \nabla \times \boldsymbol{H} = \boldsymbol{J} + \dfrac{\partial \boldsymbol{D}}{\partial t} \\ \nabla \times \boldsymbol{E} = -\dfrac{\partial \boldsymbol{B}}{\partial t} \\ \nabla \cdot \boldsymbol{B} = 0 \\ \nabla \cdot \boldsymbol{D} = \rho \end{cases} \tag{1.2-2}$$

式中，$\boldsymbol{E}$ 表示电场强度（伏/米，V/m），简称电场；$\boldsymbol{H}$ 表示磁场强度（安/米，A/m），简称磁场；$\boldsymbol{D}$ 表示电位移矢量或电感应强度（库/平方米，C/m^2）；$\boldsymbol{B}$ 表示磁感应强度（特，T，即韦伯/平方米，Wb/m^2）；$\boldsymbol{J}$ 和 ρ 分别代表自由电流密度（安/平方米，A/m^2）和自由电荷密度（库/立方米，C/m^3）的宏观值。积分形式中，第一、二方程中 l 为开放面 S 的边界闭合曲线，第三、四方程中 S 为区域 V 的边界封闭面。通常情况下，方程组中的各物理量是时间和空间的矢量或标量函数。

麦克斯韦微分方程组中的两个旋度方程表示了电场与磁场之间的相互作用，这两个方程表明，电流与变化的电场产生磁场，变化的磁场又产生电场。$\boldsymbol{J}$、$\dfrac{\partial \boldsymbol{D}}{\partial t}$是磁场的涡旋源，$-\dfrac{\partial \boldsymbol{B}}{\partial t}$是电场的涡旋源。$\dfrac{\partial \boldsymbol{D}}{\partial t}$被称为位移电流密度，用 $\boldsymbol{J}_d$ 表示。自由电流密度 $\boldsymbol{J}$ 由两部分构成，一部分是传导电流 $\boldsymbol{J}_c$，另一部分是外加电流 $\boldsymbol{J}_i$。外加电流指所有从所研究的电磁场系统以外提供能量的源，例如化学的源、热力学的源，甚至是从系统外部所施加的电磁场。

麦克斯韦方程组的两个散度方程表明了磁场与电场的各自性质。第三个方程是磁通连续性原理，表明不存在磁场的散度源，即不存在自由磁荷。第四个方程表明电荷产生电场，而且自由电荷密度 ρ 是电场的散度源。

麦克斯韦方程组表明不仅电荷能产生电场、电流能产生磁场，而且变化的电场也能产生磁场，变化的磁场又能产生电场，从而揭示出电场与磁场相互耦合、相互激励产生电磁波的过程。

此外，微分形式的麦克斯韦方程组表示空间某点处的场与源的时空变化关系，它只适用于媒质的物理性质不发生突变的点。因此微分形式的麦克斯韦方程组在媒质边界上是不成立的。而积分形式的麦克斯韦方程组表示在任一闭合曲线及其围成的面积内或任一闭合曲面围成的体积内场与源的时空变换关系，具有更广泛的适用性。

1.2.2　时谐场的复数表示法

在稳定状态下，各场量随时间作简谐变化的电磁场，称为时谐场或简谐场。应用傅里叶变换或傅里叶级数展开，我们可以将任意时变场展开为连续频谱（对非周期函数）或离散频谱（对周期函数）的简谐分量。因此，简化时谐场的计算方法具有普遍的意义。

时谐场量对时间的变化规律是已知的，为了消去时间变化因子，我们引入场矢量的复振幅矢量，用 $\boldsymbol{A}(\boldsymbol{r})$ 表示，当采用 $e^{j\omega t}$ 为时间变化因子时，场矢量的复振幅矢量与场矢量的瞬时值之间的关系为

$$\boldsymbol{A}(\boldsymbol{r}, t) = \mathrm{Re}[\boldsymbol{A}(\boldsymbol{r})e^{j\omega t}] \tag{1.2-3}$$

式中，Re 表示取复数的实部。如果场量为标量，亦可引入场量的复振幅标量。利用式

(1.2-3)的复数表示法，可导出频域麦克斯韦方程组的积分形式与微分形式为

$$\begin{cases}\oint_l \boldsymbol{H}\cdot \mathrm{d}\boldsymbol{l}=\int_S \boldsymbol{J}\cdot \mathrm{d}\boldsymbol{s}+\mathrm{j}\omega\int_S \boldsymbol{D}\cdot \mathrm{d}\boldsymbol{s}\\ \oint_l \boldsymbol{E}\cdot \mathrm{d}\boldsymbol{l}=-\mathrm{j}\omega\int_S \boldsymbol{B}\cdot \mathrm{d}\boldsymbol{s}\\ \oint_S \boldsymbol{B}\cdot \mathrm{d}\boldsymbol{s}=0\\ \oint_S \boldsymbol{D}\cdot \mathrm{d}\boldsymbol{s}=\int_V \rho \mathrm{d}v\end{cases} \tag{1.2-4a}$$

$$\begin{cases}\nabla\times\boldsymbol{H}=\boldsymbol{J}+\mathrm{j}\omega\boldsymbol{D}\\ \nabla\times\boldsymbol{E}=-\mathrm{j}\omega\boldsymbol{B}\\ \nabla\cdot\boldsymbol{B}=0\\ \nabla\cdot\boldsymbol{D}=\rho\end{cases} \tag{1.2-4b}$$

注意，式中各场量的复振幅只是位置的矢量或标量函数，与时间 t 无关，它包含场量的初始相位。

显然，为了把时域麦克斯韦方程组化为频域麦克斯韦方程组，只需要把场量的瞬时值换成其复数振幅，把时域方程中的$\dfrac{\partial}{\partial t}$换成 $\mathrm{j}\omega$ 即可。不难看出，场的瞬时值方程是一组四维(x, y, z, t)方程，场的复量方程是一组三维(x, y, z)方程。当求得场量的复振幅之后，利用式(1.2-3)可求得场量的瞬时值。为了书写方便，我们将场量的复振幅和瞬时值用相同的字母表示。

1.2.3　电流连续性方程

电荷守恒定律是自然科学中的基本定律之一。电荷守恒定律表明电荷只能从一个物体转移到另一个物体，或从物体的一部分转移到另一部分，在转移过程中，电荷的总量保持不变。

设流入某体积 V 的净电流为

$$I=-\oint_S \boldsymbol{J}\cdot \mathrm{d}\boldsymbol{s} \tag{1.2-5}$$

其中：I 是电流，$\boldsymbol{J}$ 是电流密度，S 是包围体积 V 的闭合曲面，$\mathrm{d}\boldsymbol{s}$ 是面矢量微元，其方向垂直于 S 面由内指向外。应用高斯定理，式(1.2-5)可写为

$$I=-\int_V \nabla\cdot\boldsymbol{J}\mathrm{d}v \tag{1.2-6}$$

另一方面，总电荷量 Q 与体积 V 内的电荷密度 ρ 之间有 $Q=\int_V \rho \mathrm{d}v$ 的关系，按电荷守恒定律的要求，流入体积 V 内的电流，等于体积 V 内电荷随时间的变化率，即

$$\frac{\mathrm{d}Q}{\mathrm{d}t}=I=\int_V \frac{\partial \rho}{\partial t}\mathrm{d}v \tag{1.2-7}$$

于是有

$$\int_V\left(\frac{\partial \rho}{\partial t}+\nabla\cdot\boldsymbol{J}\right)\mathrm{d}v=0 \tag{1.2-8}$$

对于任意体积 V，上述方程都成立，所以进一步可得

$$\frac{\partial \rho}{\partial t} + \nabla \cdot \boldsymbol{J} = 0 \tag{1.2-9}$$

上式即为电流连续性方程的微分形式，它表明单位时间内电荷密度的变化量就是电流密度的散度源。其对应的频域形式为

$$\nabla \cdot \boldsymbol{J} = -\mathrm{j}\omega\rho \tag{1.2-10}$$

1.2.4　媒质本构方程

应该指出，麦克斯韦方程组的四个方程并不都是独立的。如对其中的电场旋度方程两边取散度有

$$\nabla \cdot (\nabla \times \boldsymbol{E}) = -\mathrm{j}\omega\nabla \cdot \boldsymbol{B} \tag{1.2-11}$$

因为上式左边恒等于零，所以有

$$\nabla \cdot \boldsymbol{B} = 0 \tag{1.2-12}$$

式(1.2-12)即为麦克斯韦方程组中磁感应强度的散度方程，因此麦克斯韦方程组中只有三个独立的方程。同理，如果对其中的磁场强度旋度方程两边取散度，代入电感应强度散度方程，那么可以导出

$$\nabla \cdot \boldsymbol{J} = -\mathrm{j}\omega\rho \tag{1.2-13}$$

这就是电流连续性方程，由此可见电流连续性方程包含在麦克斯韦方程组中，并可以认为麦克斯韦方程组中的两个旋度方程以及电流连续性方程是一组独立方程，即

$$\begin{cases} \nabla \times \boldsymbol{H} = \boldsymbol{J} + \mathrm{j}\omega\boldsymbol{D} \\ \nabla \times \boldsymbol{E} = -\mathrm{j}\omega\boldsymbol{B} \\ \nabla \cdot \boldsymbol{J} = -\mathrm{j}\omega\rho \end{cases} \tag{1.2-14}$$

我们进一步可以看到，三个独立方程中有两个旋度方程和一个散度方程，其中旋度方程是矢量方程，而每一个矢量方程可以等价为三个标量方程，再加上一个标量的散度方程，则共有七个独立的标量方程。但是麦克斯韦方程组中有 $\boldsymbol{H}$、$\boldsymbol{E}$、$\boldsymbol{B}$、$\boldsymbol{D}$、$\boldsymbol{J}$ 五个矢量和一个标量 ρ，每个矢量各有三个分量，也就是说总共有十六个标量，而独立的标量方程只有七个，因此还必须引入描述媒质特性的三个辅助方程：

$$\begin{cases} \boldsymbol{D} = f_1(\boldsymbol{E}, \boldsymbol{H}) \\ \boldsymbol{B} = f_2(\boldsymbol{E}, \boldsymbol{H}) \\ \boldsymbol{J} = f_3(\boldsymbol{E}, \boldsymbol{H}) \end{cases} \tag{1.2-15}$$

新引入的辅助方程前两式称为媒质的本构方程。这三个方程提供 9 个标量方程，与上述三个独立方程一起，便可解出所有未知量。本构关系与媒质本身的属性相关，对于各向同性线性均匀媒质有以下关系式：

$$\begin{cases} \boldsymbol{D} = \varepsilon\boldsymbol{E},\ \varepsilon = \varepsilon_0(1 + \chi_e) = \varepsilon_0\varepsilon_r \\ \boldsymbol{B} = \mu\boldsymbol{H},\ \mu = \mu_0(1 + \chi_m) = \mu_0\mu_r \\ \boldsymbol{J} = \sigma\boldsymbol{E} \end{cases} \tag{1.2-16}$$

式(1.2-16)中假设了电流只有传导电流，其中 σ 为电导率(conductivity)，ε 为介电常数(permittivity)，μ 为磁导率(permeability)，ε_0、μ_0 分别为真空中的介电常数和磁导率，ε_r 为相对介电常数，μ_r 为相对磁导率；χ_e、χ_m 分别称为电极化率和磁化率。对于频域(时谐)情况，将本构关系式(1.2-16)代入麦克斯韦方程组(1.2-4)可得

$$\begin{cases}\oint_l \boldsymbol{H} \cdot \mathrm{d}\boldsymbol{l} = \int_S \boldsymbol{J} \cdot \mathrm{d}\boldsymbol{s} + \mathrm{j}\omega\varepsilon\int_S \boldsymbol{E} \cdot \mathrm{d}\boldsymbol{s} \\ \oint_l \boldsymbol{E} \cdot \mathrm{d}\boldsymbol{l} = -\mathrm{j}\omega\mu\int_S \boldsymbol{H} \cdot \mathrm{d}\boldsymbol{s} \\ \oint_S \boldsymbol{B} \cdot \mathrm{d}\boldsymbol{s} = 0 \\ \oint_S \boldsymbol{D} \cdot \mathrm{d}\boldsymbol{s} = \int_V \rho \mathrm{d}v \end{cases} \tag{1.2-17a}$$

$$\begin{cases}\nabla \times \boldsymbol{H} = \mathrm{j}\omega\varepsilon\boldsymbol{E} + \sigma\boldsymbol{E} \\ \nabla \times \boldsymbol{E} = -\mathrm{j}\omega\mu\boldsymbol{H} \\ \nabla \cdot \boldsymbol{H} = 0 \\ \nabla \cdot \boldsymbol{E} = \dfrac{\rho}{\varepsilon}\end{cases} \tag{1.2-17b}$$

1.2.5 边界条件

麦克斯韦方程的微分形式描述一种媒质内电磁场的变化规律。实际中常常遇到有不同媒质交界面的情况。在边界面上，由于媒质的性质发生突变，电磁场量一般也要发生突变。因而，对于边界面上的各点，麦克斯韦方程组的微分形式已不能成立，需考虑用新的方程来代替，这就是电磁场的边界条件。边界条件是麦克斯韦方程组在边界面上的表述形式。对于解决有不同媒质交界面的问题，边界条件十分重要。麦克斯韦方程的积分形式在包含交界面的整个区域内都是适用的，应用麦克斯韦方程的积分形式可以导出如下边界条件[3]：

$$\begin{cases}\hat{\boldsymbol{n}} \times (\boldsymbol{H}_2 - \boldsymbol{H}_1) = \boldsymbol{J}_s \\ \hat{\boldsymbol{n}} \times (\boldsymbol{E}_2 - \boldsymbol{E}_1) = \boldsymbol{0} \\ \hat{\boldsymbol{n}} \cdot (\boldsymbol{B}_2 - \boldsymbol{B}_1) = 0 \\ \hat{\boldsymbol{n}} \cdot (\boldsymbol{D}_2 - \boldsymbol{D}_1) = \rho_s\end{cases} \tag{1.2-18}$$

式中，$\boldsymbol{H}_1$、$\boldsymbol{E}_1$、$\boldsymbol{B}_1$、$\boldsymbol{D}_1$ 和 $\boldsymbol{H}_2$、$\boldsymbol{E}_2$、$\boldsymbol{B}_2$、$\boldsymbol{D}_2$ 分别是媒质 1 和媒质 2 中的磁场强度、电场强度、磁感应强度、电感应强度；$\boldsymbol{J}_s$、ρ_s 是分界面上的自由面电流密度（安/米，A/m）与自由面电荷密度（库/平方米，C/m^2）；$\hat{\boldsymbol{n}}$ 是分界面的法线方向单位矢量，方向从媒质 1 指向媒质 2，如图 1.2-2 所示。

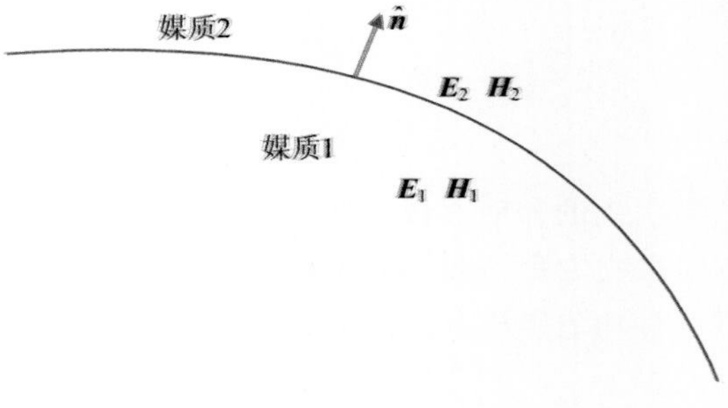

图 1.2-2 边界条件

边界条件是麦克斯韦方程在边界上的形式，它表明分界面上磁场强度的切向分量和电感应强度的法向分量会发生突变，突变值分别等于分界面上的自由面电流密度和自由面电荷密度；电场强度的切向分量和磁感应强度的法向分量在分界面的两侧是连续的。

如果媒质 1 是理想导体，媒质 2 为理想介质体，由于导体内部的场量为零，$\boldsymbol{E}_1 = \boldsymbol{H}_1 = \boldsymbol{B}_1 = \boldsymbol{D}_1 = \boldsymbol{0}$，则式(1.2-18)变为

$$\begin{cases}\hat{\boldsymbol{n}}\times\boldsymbol{H}_2=\boldsymbol{J}_s\\ \hat{\boldsymbol{n}}\times\boldsymbol{E}_2=\boldsymbol{0}\\ \hat{\boldsymbol{n}}\cdot\boldsymbol{B}_2=0\\ \hat{\boldsymbol{n}}\cdot\boldsymbol{D}_2=\rho_s\end{cases}\tag{1.2-19}$$

如果两种媒质都是理想介质体，由于介质体上不存在自由面电流与自由面电荷，即$\boldsymbol{J}_s=\boldsymbol{0}$，$\rho_s=0$，则式(1.2-18)变为

$$\begin{cases}\hat{\boldsymbol{n}}\times(\boldsymbol{H}_2-\boldsymbol{H}_1)=\boldsymbol{0}\\ \hat{\boldsymbol{n}}\times(\boldsymbol{E}_2-\boldsymbol{E}_1)=\boldsymbol{0}\\ \hat{\boldsymbol{n}}\cdot(\boldsymbol{B}_2-\boldsymbol{B}_1)=0\\ \hat{\boldsymbol{n}}\cdot(\boldsymbol{D}_2-\boldsymbol{D}_1)=0\end{cases}\tag{1.2-20}$$

微分形式的麦克斯韦方程组与边界条件方程结合成为偏微分方程的边值问题，这是电磁场数值计算问题的主要形式。

1.2.6　矢量波动方程

在实际问题中，往往需要用已知的源 $\boldsymbol{J}$ 和 ρ 来描述电场和磁场，因此，需要推导出用源 $\boldsymbol{J}$ 和 ρ 表示的电磁场量 $\boldsymbol{E}$ 和 $\boldsymbol{H}$ 的方程，用于描述作为时间和空间坐标函数的电磁场 $\boldsymbol{E}$ 和 $\boldsymbol{H}$ 的运动规律以及与源的依赖关系，这就是波动方程。下面从麦克斯韦方程组出发推导出波动方程。

对麦克斯韦方程组中的两个旋度方程分别取旋度，并考虑本构方程(1.2-16)可得

$$\begin{cases}\nabla\times\nabla\times\boldsymbol{H}=\nabla\times\boldsymbol{J}+\mathrm{j}\omega\varepsilon\nabla\times\boldsymbol{E}\\ \nabla\times\nabla\times\boldsymbol{E}=-\mathrm{j}\omega\mu\nabla\times\boldsymbol{H}\\ \nabla\times\boldsymbol{H}=\boldsymbol{J}+\mathrm{j}\omega\varepsilon\boldsymbol{E}\\ \nabla\times\boldsymbol{E}=-\mathrm{j}\omega\mu\boldsymbol{H}\end{cases}\tag{1.2-21}$$

进一步可得

$$\begin{cases}\nabla\times\nabla\times\boldsymbol{H}-\mu\varepsilon\omega^2\boldsymbol{H}=\nabla\times\boldsymbol{J}\\ \nabla\times\nabla\times\boldsymbol{E}-\mu\varepsilon\omega^2\boldsymbol{E}=-\mathrm{j}\omega\mu\boldsymbol{J}\end{cases}\tag{1.2-22}$$

上式即为非齐次矢量波动方程。这一矢量波动方程的直接解为[4,5]

$$\begin{aligned}\boldsymbol{E}(\boldsymbol{r})=&-\int_V\left[\mathrm{j}\omega\mu\boldsymbol{J}(\boldsymbol{r}')G(\boldsymbol{r},\boldsymbol{r}')-\frac{\rho(\boldsymbol{r}')}{\varepsilon}\nabla' G(\boldsymbol{r},\boldsymbol{r}')\right]\mathrm{d}v'\\ &+\oint_S\{\mathrm{j}\omega\mu G(\boldsymbol{r},\boldsymbol{r}')[\hat{\boldsymbol{n}}\times\boldsymbol{H}(\boldsymbol{r}')]-[\hat{\boldsymbol{n}}\times\boldsymbol{E}(\boldsymbol{r}')]\times\nabla' G(\boldsymbol{r},\boldsymbol{r}')\\ &-[\hat{\boldsymbol{n}}\cdot\boldsymbol{E}(\boldsymbol{r}')]\nabla' G(\boldsymbol{r},\boldsymbol{r}')\}\mathrm{d}s'\end{aligned}\tag{1.2-23}$$

$$\begin{aligned}\boldsymbol{H}(\boldsymbol{r})=&\int_V\boldsymbol{J}(\boldsymbol{r}')\times\nabla' G(\boldsymbol{r},\boldsymbol{r}')\mathrm{d}v'\\ &-\oint_S\{\mathrm{j}\omega\varepsilon G(\boldsymbol{r},\boldsymbol{r}')[\hat{\boldsymbol{n}}\times\boldsymbol{E}(\boldsymbol{r}')]+[\hat{\boldsymbol{n}}\times\boldsymbol{H}(\boldsymbol{r}')]\times\nabla' G(\boldsymbol{r},\boldsymbol{r}')\\ &+[\hat{\boldsymbol{n}}\cdot\boldsymbol{H}(\boldsymbol{r}')]\nabla' G(\boldsymbol{r},\boldsymbol{r}')\}\mathrm{d}s'\end{aligned}\tag{1.2-24}$$

以上两式也被称为 Stratton-Chu 公式。式中体积分项代表 V 内的源在 V 内的观察点产生的场；面积分项代表 V 外部或闭合面 S 上的源在 V 内的观察点产生的场。$G(\boldsymbol{r}, \boldsymbol{r}')$ 为方程 $(\nabla^2+k^2)G(\boldsymbol{r}, \boldsymbol{r}')=-\delta(\boldsymbol{r}-\boldsymbol{r}')$ 的解，也就是后续章节将要介绍的格林函数，$\hat{\boldsymbol{n}}$ 为面 S 上指向体积 V 外部的单位法向量。

1.2.7 位函数理论

为了简化矢量波动方程的求解过程，下面介绍最常用的求解波动方程的方法，也就是辅助位函数法。

利用矢量微分恒等式 $\nabla\times\nabla\times\boldsymbol{A}=\nabla(\nabla\cdot\boldsymbol{A})-\nabla^2\boldsymbol{A}$，并考虑麦克斯韦方程组中两个散度方程，式(1.2-22)可改写为

$$\begin{cases}(\nabla^2+\mu\varepsilon\omega^2)\boldsymbol{H}=-\nabla\times\boldsymbol{J}\\(\nabla^2+\mu\varepsilon\omega^2)\boldsymbol{E}=\mathrm{j}\omega\mu\boldsymbol{J}+\nabla\left(\dfrac{\rho}{\varepsilon}\right)\end{cases}\tag{1.2-25}$$

上式即为非齐次矢量亥姆霍兹方程。为了避免对矢量亥姆霍兹方程中的源进行微分运算并简化求解过程，下面引入磁矢位与电标位。

1. 磁矢位与电标位

考虑频域麦克斯韦方程组式(1.2-4)以及本构方程式(1.2-16)，根据 $\nabla\cdot\boldsymbol{B}=0$ 以及矢量恒等式 $\nabla\cdot(\nabla\times\boldsymbol{A})=0$，引入磁矢位 $\boldsymbol{A}$，满足

$$\boldsymbol{B}=\nabla\times\boldsymbol{A}\tag{1.2-26}$$

代入 $\nabla\times\boldsymbol{E}=-\mathrm{j}\omega\boldsymbol{B}$ 得

$$\nabla\times(\boldsymbol{E}+\mathrm{j}\omega\boldsymbol{A})=\boldsymbol{0}\tag{1.2-27}$$

再根据矢量公式 $\nabla\times(\nabla\varphi)=\boldsymbol{0}$，引入电标位 φ，令

$$\nabla\times(\boldsymbol{E}+\mathrm{j}\omega\boldsymbol{A})=\nabla\times(-\nabla\varphi)=\boldsymbol{0}\tag{1.2-28}$$

可得

$$\boldsymbol{E}=-\nabla\varphi-\mathrm{j}\omega\boldsymbol{A}\tag{1.2-29}$$

可见，引入 $\boldsymbol{A}$ 和 φ 以后，使求解 $\boldsymbol{E}$ 和 $\boldsymbol{H}$ 中的六个分量变成求解 $\boldsymbol{A}$ 和 φ 中的四个分量，因而简化了计算。

由

$$\begin{cases}\boldsymbol{B}=\nabla\times\boldsymbol{A}\\\boldsymbol{E}=-\nabla\varphi-\mathrm{j}\omega\boldsymbol{A}\\\nabla\times\boldsymbol{H}=\boldsymbol{J}+\mathrm{j}\omega\boldsymbol{D}\\\nabla\cdot\boldsymbol{D}=\rho\end{cases}\tag{1.2-30}$$

对于均匀各向同性线性媒质，可以得到

$$\begin{cases}\nabla\times\nabla\times\boldsymbol{A}=\mu\boldsymbol{J}+\mu\varepsilon(-\mathrm{j}\omega\nabla\varphi+\omega^2\boldsymbol{A})\\\nabla\cdot(\nabla\varphi+\mathrm{j}\omega\boldsymbol{A})=-\dfrac{\rho}{\varepsilon}\end{cases}\tag{1.2-31}$$

应用矢量恒等式

$$\nabla\times\nabla\times\boldsymbol{A}=\nabla(\nabla\cdot\boldsymbol{A})-\nabla^2\boldsymbol{A}\tag{1.2-32}$$

式(1.2-31)可重新写为

$$\begin{cases}(\nabla^2+\mu\varepsilon\omega^2)\boldsymbol{A}=-\mu\boldsymbol{J}+\nabla(\nabla\cdot\boldsymbol{A}+\mathrm{j}\mu\varepsilon\omega\varphi)\\(\nabla^2+\mu\varepsilon\omega^2)\varphi=-\dfrac{\rho}{\varepsilon}-\mathrm{j}\omega(\nabla\cdot\boldsymbol{A}+\mathrm{j}\mu\varepsilon\omega\varphi)\end{cases}\tag{1.2-33}$$

比较电场 $\boldsymbol{E}$ 和磁场 $\boldsymbol{H}$ 满足的亥姆霍兹方程(1.2－25)可以看出，$\boldsymbol{E}$ 和 $\boldsymbol{H}$ 满足的亥姆霍兹方程中含有源的微分项，而 $\boldsymbol{A}$ 和 φ 满足的亥姆霍兹方程中源是直接出现在方程中的，不包括任何微分运算，因而使方程求解相对简单，这是引入位函数 $\boldsymbol{A}$ 和 φ 的一个重要原因。但 $\boldsymbol{A}$ 和 φ 满足的亥姆霍兹方程中，两个方程是互相耦合的。为了解决这个问题，先要研究位函数 $\boldsymbol{A}$ 和 φ 的唯一确定性问题。

首先我们引入矢量亥姆霍兹定理：若矢量场 $\boldsymbol{C}$ 在无限空间中处处单值，且其导数连续有界，而源分布在有限空间中，则矢量场由其散度、旋度和边界条件唯一确定，且其可表示为一个标量函数 f 的梯度和一个矢量函数 $\boldsymbol{F}$ 的旋度之和，即

$$\boldsymbol{C}=-\nabla f+\nabla\times\boldsymbol{F}\tag{1.2-34}$$

由于式(1.2－30)中 $\nabla\times\boldsymbol{A}=\boldsymbol{B}$ 仅给定了矢量函数 $\boldsymbol{A}$ 的旋度，由矢量亥姆霍兹定理可知，此时不足以完全确定 $\boldsymbol{A}$，还需要知道 $\boldsymbol{A}$ 的散度。

如果设：

$$\boldsymbol{A}'=\boldsymbol{A}+\nabla\Psi\tag{1.2-35}$$

其中 Ψ 是任意一个标量函数，则

$$\boldsymbol{B}=\nabla\times\boldsymbol{A}'=\nabla\times\boldsymbol{A}\tag{1.2-36}$$

如果设

$$\varphi'=\varphi-\mathrm{j}\omega\Psi\tag{1.2-37}$$

则

$$\boldsymbol{E}=-(\nabla\varphi'+\mathrm{j}\omega\boldsymbol{A}')=-\nabla\varphi+\mathrm{j}\omega\nabla\Psi-\mathrm{j}\omega\boldsymbol{A}-\mathrm{j}\omega\nabla\Psi=-(\nabla\varphi+\mathrm{j}\omega\boldsymbol{A})\tag{1.2-38}$$

可以看出，位函数在式(1.2－35)和式(1.2－37)的变换下，$\boldsymbol{E}$ 和 $\boldsymbol{B}$ 保持不变，这种不变性称为规范不变性。

因此，对于

$$\begin{cases}\boldsymbol{B}=\nabla\times\boldsymbol{A}\\\boldsymbol{E}=-\nabla\varphi-\mathrm{j}\omega\boldsymbol{A}\end{cases}\tag{1.2-39}$$

定义的 $\boldsymbol{A}$ 和 φ 在一定范围内是任意的。这就为 $\nabla\cdot\boldsymbol{A}$ 的定义提供了自由空间。定义 $\nabla\cdot\boldsymbol{A}$ 的条件称为规范，通常有两种：洛伦兹规范和库伦规范[5]。下面我们来介绍洛伦兹规范。若令

$$\nabla\cdot\boldsymbol{A}+\mathrm{j}\omega\mu\varepsilon\varphi=0\tag{1.2-40}$$

则式(1.2－33)可以简化为非耦合形式：

$$\begin{cases}(\nabla^2+k^2)\boldsymbol{A}=-\mu\boldsymbol{J}\\(\nabla^2+k^2)\varphi=-\dfrac{\rho}{\varepsilon}\end{cases}\tag{1.2-41}$$

式中 $k=\omega\sqrt{\mu\varepsilon}$，为媒质空间中的波数。

式(1.2－40)称为洛伦兹规范条件。在洛伦兹规范条件下，矢位 $\boldsymbol{A}$ 直接由电流源 $\boldsymbol{J}$ 产生，而标位 φ 直接由电荷 ρ 产生。

由式(1.2－39)和式(1.2－40)可以得出电磁场表达式为

$$\begin{cases} \boldsymbol{B} = \nabla \times \boldsymbol{A} \\ \boldsymbol{E} = -\mathrm{j}\omega\left(\boldsymbol{A} + \dfrac{1}{k^2}\nabla(\nabla \cdot \boldsymbol{A})\right) \end{cases} \tag{1.2-42}$$

式(1.2-42)表明，在洛伦兹规范下，只需求出 $\boldsymbol{A}$，就可以单独由 $\boldsymbol{A}$ 求出场量 $\boldsymbol{E}$ 和 $\boldsymbol{B}$，而无需求标位 φ，也就是说，不需要知道电荷分布。这是因为从洛伦兹规范可以直接导出电流连续性方程，根据电流连续性方程，电荷密度可以用电流密度来表示。

式(1.2-41)中磁矢位满足的矢量亥姆霍兹方程可分解成三个标量亥姆霍兹方程：

$$\begin{cases} (\nabla^2 + k^2)A_x = -\mu J_x \\ (\nabla^2 + k^2)A_y = -\mu J_y \\ (\nabla^2 + k^2)A_z = -\mu J_z \end{cases} \tag{1.2-43}$$

式中，A_x，A_y，A_z，J_x，J_y，J_z分别为 $\boldsymbol{A}$、$\boldsymbol{J}$ 在直角坐标系下三个方向上的分量。为了求解上述方程，需要进一步研究非齐次标量亥姆霍兹方程的解。

2. 非齐次标量亥姆霍兹方程的解

1）解线性算子方程的格林函数法

考虑算子方程

$$Lu(\boldsymbol{r}) = g(\boldsymbol{r}) \tag{1.2-44}$$

其中，L 表示线性算子，g 表示激励源，u 表示待求解的场。为了求解该方程，引入格林函数 $G(\boldsymbol{r}, \boldsymbol{r}')$，满足

$$LG(\boldsymbol{r}, \boldsymbol{r}') = \delta(\boldsymbol{r} - \boldsymbol{r}') \tag{1.2-45}$$

式中，$\boldsymbol{r}$，$\boldsymbol{r}'$分别表示场点和源点的位置矢量。

根据 δ 函数的选择性，当 $\boldsymbol{r}' \in V$ 时 $\int_V f(\boldsymbol{r}')\delta(\boldsymbol{r}-\boldsymbol{r}')\mathrm{d}v' = f(\boldsymbol{r})$，如果定义内积：$\langle a, b\rangle = \int_V ab\,\mathrm{d}v$，则选择性可表示为 $\langle f(\boldsymbol{r}'), \delta(\boldsymbol{r}-\boldsymbol{r}')\rangle = f(\boldsymbol{r})$。于是，对式(1.2-45)两边关于源 g 取内积，得

$$\langle g(\boldsymbol{r}'), LG(\boldsymbol{r}, \boldsymbol{r}')\rangle = \langle g(\boldsymbol{r}'), \delta(\boldsymbol{r} - \boldsymbol{r}')\rangle = g(\boldsymbol{r}) \tag{1.2-46}$$

由于算子 L 仅作用于场点 $\boldsymbol{r}$，所以算子 L 可提到内积符号外，即有

$$L\langle g(\boldsymbol{r}'), G(\boldsymbol{r}, \boldsymbol{r}')\rangle = g(\boldsymbol{r}) \tag{1.2-47}$$

与式(1.2-44)比较可知

$$u(\boldsymbol{r}) = \langle g(\boldsymbol{r}'), G(\boldsymbol{r}, \boldsymbol{r}')\rangle = \int_V g(\boldsymbol{r}')G(\boldsymbol{r}, \boldsymbol{r}')\mathrm{d}v' \tag{1.2-48}$$

从式(1.2-45)可以看出，格林函数(Green's function)是 $\boldsymbol{r}'$处的点源在 $\boldsymbol{r}$ 处产生的场，只要知道了点源的场，就可以用叠加的方法计算出任意源产生的场，而源 g 与格林函数的内积便是源 g 产生的场。关于格林函数法更深入的研究可参考文献[6]。

2）解非齐次亥姆霍兹方程的格林函数法

上面介绍了解任意线性算子方程的格林函数法。下面我们讨论线性算子 $L = \nabla^2 + k^2$，此时算子方程即为非齐次亥姆霍兹方程，其一般形式为

$$(\nabla^2 + k^2)\psi(\boldsymbol{r}) = -g(\boldsymbol{r}) \tag{1.2-49}$$

式中，$\psi(\boldsymbol{r})$为待求解的波函数。引入格林函数 $G(\boldsymbol{r}, \boldsymbol{r}')$，满足

$$(\nabla^2 + k^2)G(\boldsymbol{r}, \boldsymbol{r}') = -\delta(\boldsymbol{r} - \boldsymbol{r}') \tag{1.2-50}$$

设 ϕ 和 φ 为闭合面 S 包围的体积 V 中连续可导的标量函数，则标量格林定理(格林第二恒等式)可表示为

$$\int_V (\phi\nabla^2\varphi - \varphi\nabla^2\phi)\mathrm{d}v = \oint_S (\phi\nabla\varphi - \varphi\nabla\phi)\cdot\hat{\boldsymbol{n}}\mathrm{d}s \tag{1.2-51}$$

对于式(1.2-51)取 $\phi=G(\boldsymbol{r}, \boldsymbol{r}')$，$\varphi=\psi(\boldsymbol{r})$，则

$$\begin{aligned}&\int_V [G(\boldsymbol{r}, \boldsymbol{r}')\nabla^2\psi(\boldsymbol{r}) - \psi(\boldsymbol{r})\nabla^2 G(\boldsymbol{r}, \boldsymbol{r}')]\mathrm{d}v \\ &= \oint_S [G(\boldsymbol{r}, \boldsymbol{r}')\nabla\psi(\boldsymbol{r}) - \psi(\boldsymbol{r})\nabla G(\boldsymbol{r}, \boldsymbol{r}')]\cdot\hat{\boldsymbol{n}}\mathrm{d}s\end{aligned} \tag{1.2-52}$$

考虑式(1.2-49)和式(1.2-50)，上式左边可写为

$$\begin{aligned}&\int_V \{G(\boldsymbol{r}, \boldsymbol{r}')\nabla^2\psi(\boldsymbol{r}) + \psi(\boldsymbol{r})[k^2 G(\boldsymbol{r}, \boldsymbol{r}') + \delta(\boldsymbol{r}-\boldsymbol{r}')]\}\mathrm{d}v \\ &= \int_V [G(\boldsymbol{r}, \boldsymbol{r}')(\nabla^2 + k^2)\psi(\boldsymbol{r}) + \psi(\boldsymbol{r})\delta(\boldsymbol{r}-\boldsymbol{r}')]\mathrm{d}v \\ &= -\int_V G(\boldsymbol{r}, \boldsymbol{r}')g(\boldsymbol{r})\mathrm{d}v + \psi(\boldsymbol{r}')\end{aligned} \tag{1.2-53}$$

由式(1.2-52)、式(1.2-53)可得

$$\psi(\boldsymbol{r}') = \int_V G(\boldsymbol{r}, \boldsymbol{r}')g(\boldsymbol{r})\mathrm{d}v + \oint_S [G(\boldsymbol{r}, \boldsymbol{r}')\nabla\psi(\boldsymbol{r}) - \psi(\boldsymbol{r})\nabla G(\boldsymbol{r}, \boldsymbol{r}')]\cdot\hat{\boldsymbol{n}}\mathrm{d}s \tag{1.2-54}$$

因为格林函数 $G(\boldsymbol{r}, \boldsymbol{r}')$ 代表 $\boldsymbol{r}'$ 处的脉冲(或点源)在 $\boldsymbol{r}$ 处所产生的影响(或所产生的场)，所以它只能是距离 $|\boldsymbol{r}-\boldsymbol{r}'|$ 的函数，故格林函数应具有如下对称性：

$$G(\boldsymbol{r}, \boldsymbol{r}') = G(\boldsymbol{r}', \boldsymbol{r}) \tag{1.2-55}$$

对式(1.2-54)进行变量代换 $\boldsymbol{r} \leftrightarrow \boldsymbol{r}'$，并考虑到格林函数的对称性即式(1.2-55)，式(1.2-54)可重新写为

$$\psi(\boldsymbol{r}) = \int_V G(\boldsymbol{r}, \boldsymbol{r}')g(\boldsymbol{r}')\mathrm{d}v' + \oint_S [G(\boldsymbol{r}, \boldsymbol{r}')\nabla'\psi(\boldsymbol{r}') - \psi(\boldsymbol{r}')\nabla' G(\boldsymbol{r}, \boldsymbol{r}')]\cdot\hat{\boldsymbol{n}}\mathrm{d}s' \tag{1.2-56}$$

式(1.2-56)中体积分表示体积 V 内各处的电流源与电荷源对场点 $\boldsymbol{r}$ 处的波函数的贡献；面积分是齐次亥姆霍兹方程的解，它代表体积 V 外部或闭合面 S 上的源对场点 $\boldsymbol{r}$ 处的波函数的贡献[5]。

如果体积 V 内为无源区，即 V 内 $g(\boldsymbol{r})=0$，则式(1.2-56)简化为

$$\psi(\boldsymbol{r}) = \oint_S [G(\boldsymbol{r}, \boldsymbol{r}')\nabla'\psi(\boldsymbol{r}') - \psi(\boldsymbol{r}')\nabla' G(\boldsymbol{r}, \boldsymbol{r}')]\cdot\hat{\boldsymbol{n}}\mathrm{d}s' \tag{1.2-57}$$

此时 V 内任一点的波函数完全是由外部源产生的，外部源对 V 内任一点的波函数的贡献通过给定的闭合面 S 上的 ψ 和 $\nabla'\psi$ 来体现。

3) 均匀无界空间中的格林函数

均匀无界空间的格林函数满足式(1.2-50)。将坐标系的原点选在 $R=|\boldsymbol{r}-\boldsymbol{r}'|=0$ 处，则点源 $\delta(\boldsymbol{r}-\boldsymbol{r}')$ 在均匀无界空间中产生的波函数——格林函数，一定是球对称的，只与 R 有关，因而式(1.2-50)在球坐标系中可写为

$$\frac{1}{R}\frac{\mathrm{d}^2}{\mathrm{d}R^2}(RG) + k^2 G = -\delta(R) \tag{1.2-58}$$

方程两边乘以 R，得

$$\frac{\mathrm{d}^2}{\mathrm{d}R^2}(RG) + k^2 GR = -\delta(R)R \tag{1.2-59}$$

注意到 $R\neq 0$ 时，$\delta(R)R=0$。若在以 $R=0$ 为球心半径趋于 0 的球内积分，则有$\int_V \delta(R)R\mathrm{d}v = 0$，可知 $R=0$ 时也有 $\delta(R)R=0$。于是，式(1.2-59)实际上是一个齐次波动方程，解为 $G=\frac{A}{R}\mathrm{e}^{\pm \mathrm{j}kR}$，其中 A 为常数。考虑到 G 是位于球心的点源产生的波函数，G 只可能是外向波，所以应取 $G=\frac{A}{R}\mathrm{e}^{-\mathrm{j}kR}$，将其代入式(1.2-50)，并在球心位于 $R=0$、半径 R 趋于 0 的小球体积内积分，可得系数 $A=1/(4\pi)$。于是，可得均匀无界空间的格林函数为

$$G(R) = \frac{\mathrm{e}^{-\mathrm{j}kR}}{4\pi R} \tag{1.2-60}$$

其中 $R=|\boldsymbol{r}-\boldsymbol{r}'|$ 为源点到场点的距离，$\boldsymbol{r}$，$\boldsymbol{r}'$分别表示场点和源点的位置矢量。

值得指出，此处仅仅讨论了均匀无界空间中的格林函数，读者可进一步阅读文献[6]，以便更全面地了解电磁理论中的并矢格林函数理论。

4) 索末菲辐射条件

当区域的外边界延伸至无穷远时，此区域被称为“无约束的”或“开放的”区域。同样，为了得到问题的唯一解，在外边界处也必须确定一个条件，这个条件被称为辐射条件。

在均匀无界空间中，假定源分布在有限区域中，如图 1.2-3 所示，作一足够大的闭合曲面 S_1 包含整个源，并作一个无限大的球面 S_2。

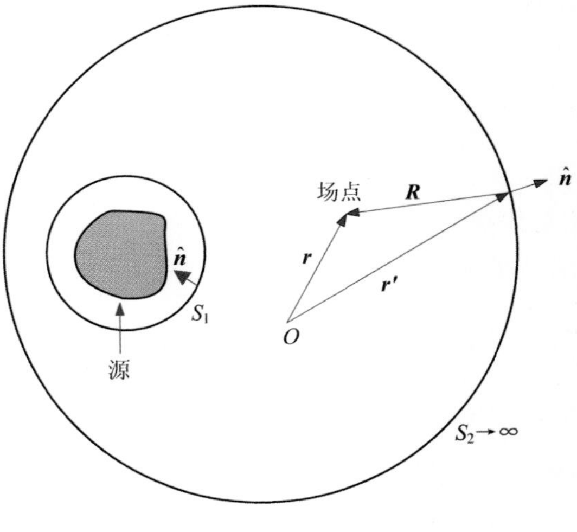

图 1.2-3　源分布在有限区域内

显然，对于位于 S_1 和 S_2 之间任一点的波函数 ψ，可应用式(1.2-57)来计算，并表示为

$$\psi(\boldsymbol{r}) = \oint_{S_1} [G(\boldsymbol{r},\boldsymbol{r}')\nabla'\psi(\boldsymbol{r}') - \psi(\boldsymbol{r}')\nabla' G(\boldsymbol{r},\boldsymbol{r}')]\cdot \hat{\boldsymbol{n}}\mathrm{d}s' + \oint_{S_2} [G(\boldsymbol{r},\boldsymbol{r}')\nabla'\psi(\boldsymbol{r}') - \psi(\boldsymbol{r}')\nabla' G(\boldsymbol{r},\boldsymbol{r}')]\cdot \hat{\boldsymbol{n}}\mathrm{d}s' \tag{1.2-61}$$

由式(1.2-61)可以看到，S_1 面上的面积分代表离开源的外向波对场点波函数的贡献，无限大球面 S_2 上的面积分代表由无穷远处向内的内向波对场点波函数的贡献。由于我们假设整个源分布在均匀无界空间的有限区域内，从物理概念判断，显然不应当存在来自无穷远处的内向波，只可能存在来自源的外向波，即辐射场。因此 S_2 上的面积分必须等于零，即

$$\oint_{S_2}[G(\boldsymbol{r},\boldsymbol{r}')\nabla'\psi(\boldsymbol{r}')-\psi(\boldsymbol{r}')\nabla'G(\boldsymbol{r},\boldsymbol{r}')]\cdot\hat{\boldsymbol{n}}\mathrm{d}s'=0 \tag{1.2-62}$$

当 S_2 为无限大球面时，S_2 上的外法向单位矢量 $\hat{\boldsymbol{n}}$ 与 $\boldsymbol{R}$ 方向相反，且 $\boldsymbol{r}'=-\boldsymbol{R}$，于是

$$\nabla'\frac{\mathrm{e}^{-\mathrm{j}kR}}{R}\cdot\hat{\boldsymbol{n}}=-\nabla\frac{\mathrm{e}^{-\mathrm{j}kR}}{R}\cdot\hat{\boldsymbol{n}}=\frac{\partial}{\partial R}\left(\frac{\mathrm{e}^{-\mathrm{j}kR}}{R}\right)=-\mathrm{j}k\frac{\mathrm{e}^{-\mathrm{j}kR}}{R}-\frac{\mathrm{e}^{-\mathrm{j}kR}}{R^2} \tag{1.2-63a}$$

$$\nabla'\psi(\boldsymbol{r}')\cdot\hat{\boldsymbol{n}}=\frac{\partial\psi}{\partial R} \tag{1.2-63b}$$

代入式(1.2-62)并考虑 $\mathrm{d}s'=R^2\mathrm{d}\Omega$，其中 $\mathrm{d}\Omega=\sin\theta\mathrm{d}\theta\mathrm{d}\phi$ 为立体角元，有

$$\oint_{S_2\to\infty}R\left(\frac{\partial\psi}{\partial R}+\mathrm{j}k\psi\right)\mathrm{e}^{-\mathrm{j}kR}\mathrm{d}\Omega+\oint_{S_2\to\infty}\psi\mathrm{e}^{-\mathrm{j}kR}\mathrm{d}\Omega=0 \tag{1.2-64}$$

为了导出辐射条件，还必须对波函数 ψ 的性质作一个预先规定，即 $\lim\limits_{R\to\infty}R\psi$ 为有限值[5]，此时，显然式(1.2-64)的第二项等于零。为了保证式(1.2-64)成立，应有

$$\lim_{R\to\infty}R\left(\frac{\partial\psi}{\partial R}+\mathrm{j}k\psi\right)=0 \tag{1.2-65}$$

上式称为索末菲(Sommerfeld)辐射条件。当波函数满足式(1.2-65)时，表示无穷远处不存在源，波函数只表示外向波，即辐射场。

5) 均匀无界空间中非齐次亥姆霍兹方程的解

前面我们导出了非齐次亥姆霍兹方程解的表达式(1.2-56)、均匀无界空间的格林函数表达式(1.2-60)，以及均匀无界空间中当源分布在有限区域时波函数必须满足的辐射条件。如果均匀无界空间中源分布在有限区域内，我们可以使式(1.2-56)中的闭合面 S 扩大为无限大球面，考虑到索末菲辐射条件，式(1.2-56)中面积分等于零，因此

$$\psi(\boldsymbol{r})=\int_V g(\boldsymbol{r}')G(R)\mathrm{d}v'=\int_V g(\boldsymbol{r}')\frac{\mathrm{e}^{-\mathrm{j}kR}}{4\pi R}\mathrm{d}v',\ R=|\boldsymbol{R}|,\ \boldsymbol{R}=\boldsymbol{r}-\boldsymbol{r}' \tag{1.2-66}$$

上式为当源分布在有限区域内时均匀无界空间中非齐次亥姆霍兹方程的解。

3. 矢量场的积分表示

至此，我们已经知道了均匀无界空间中非齐次标量亥姆霍兹方程的格林函数法解，即式(1.2-66)，因此式(1.2-43)中三个方程的解可以表示为

$$\begin{cases}A_x(\boldsymbol{r})=\int_V\mu J_x(\boldsymbol{r}')G(R)\mathrm{d}v'\\ A_y(\boldsymbol{r})=\int_V\mu J_y(\boldsymbol{r}')G(R)\mathrm{d}v'\\ A_z(\boldsymbol{r})=\int_V\mu J_z(\boldsymbol{r}')G(R)\mathrm{d}v'\end{cases} \tag{1.2-67}$$

可以得出

$$\boldsymbol{A}(\boldsymbol{r})=\int_V\mu\boldsymbol{J}(\boldsymbol{r}')G(R)\mathrm{d}v' \tag{1.2-68}$$

同理，由式(1.2-41)中的第二个方程，并考虑到电流连续性方程(1.2-10)，可以求出

$$\varphi(\boldsymbol{r}) = \int_V \frac{\mathrm{j}}{\omega\varepsilon} \nabla' \cdot \boldsymbol{J}(\boldsymbol{r}') G(R) \mathrm{d}v' \tag{1.2-69}$$

或利用洛伦兹规范式(1.2-40)可求出：

$$\varphi(\boldsymbol{r}) = \frac{\mathrm{j}}{\omega\mu\varepsilon} \nabla \cdot \boldsymbol{A}(\boldsymbol{r}) \tag{1.2-70}$$

将 $\boldsymbol{A}(\boldsymbol{r})$、$\varphi(\boldsymbol{r})$代入式(1.2-39)可求出 $\boldsymbol{E}$、$\boldsymbol{B}$，由于 $\varphi(\boldsymbol{r})$有两种表达形式，故 $\boldsymbol{E}$ 也有两种表达形式：

$$\begin{cases} \boldsymbol{E}(\boldsymbol{r}) = -\mathrm{j}k\eta \int_V \left[\boldsymbol{J}(\boldsymbol{r}') G(R) + \dfrac{1}{k^2} \nabla' \cdot \boldsymbol{J}(\boldsymbol{r}') \nabla G(R) \right] \mathrm{d}v' \\ \boldsymbol{B}(\boldsymbol{r}) = -\mu \int_V \boldsymbol{J}(\boldsymbol{r}') \times \nabla G(R) \mathrm{d}v' \end{cases} \tag{1.2-71}$$

或

$$\begin{cases} \boldsymbol{E}(\boldsymbol{r}) = -\mathrm{j}k\eta \int_V \left\{ \boldsymbol{J}(\boldsymbol{r}') G(R) + \dfrac{1}{k^2} \nabla [\boldsymbol{J}(\boldsymbol{r}') \cdot \nabla G(R)] \right\} \mathrm{d}v' \\ \boldsymbol{B}(\boldsymbol{r}) = -\mu \int_V \boldsymbol{J}(\boldsymbol{r}') \times \nabla G(R) \mathrm{d}v' \end{cases} \tag{1.2-72}$$

式(1.2-71)和式(1.2-72)中，散度算子$\nabla' \cdot$作用于源点矢量 $\boldsymbol{r}'$，$\eta = \sqrt{\mu/\varepsilon}$为媒质空间的波阻抗，$k = \omega\sqrt{\mu\varepsilon}$为媒质空间的波数。式中格林函数的梯度为

$$\nabla G(R) = \frac{\mathrm{d}G(R)}{\mathrm{d}R} \nabla R = \frac{k^2}{4\pi} \left[\frac{1}{\mathrm{j}kR} + \frac{1}{(\mathrm{j}kR)^2} \right] \mathrm{e}^{-\mathrm{j}kR} \hat{\boldsymbol{R}},\ \hat{\boldsymbol{R}} = \frac{\boldsymbol{R}}{R} \tag{1.2-73}$$

式中，$R = |\boldsymbol{R}|$，$\boldsymbol{R} = \boldsymbol{r} - \boldsymbol{r}'$，$\hat{\boldsymbol{R}}$ 为从源点到场点的单位矢量。

将式(1.2-73)代入式(1.2-71)，可得

$$\begin{cases} \boldsymbol{E}(\boldsymbol{r}) = \dfrac{k^2\eta}{4\pi} \int_V \left\{ \boldsymbol{J}(\boldsymbol{r}') \dfrac{1}{\mathrm{j}kR} + \dfrac{\nabla' \cdot \boldsymbol{J}(\boldsymbol{r}')}{\mathrm{j}k} \hat{\boldsymbol{R}} \left[\dfrac{1}{\mathrm{j}kR} + \dfrac{1}{(\mathrm{j}kR)^2} \right] \right\} \mathrm{e}^{-\mathrm{j}kR} \mathrm{d}v' \\ \boldsymbol{B}(\boldsymbol{r}) = -\dfrac{\mu k^2}{4\pi} \int_V \boldsymbol{J}(\boldsymbol{r}') \times \hat{\boldsymbol{R}} \left[\dfrac{1}{\mathrm{j}kR} + \dfrac{1}{(\mathrm{j}kR)^2} \right] \mathrm{e}^{-\mathrm{j}kR} \mathrm{d}v' \end{cases} \tag{1.2-74}$$

对于式(1.2-72)，首先要利用矢量公式 $\nabla(fg) = g\nabla f + f\nabla g$，展开其中的$\nabla[\boldsymbol{J}(\boldsymbol{r}') \cdot \nabla G(R)]$项，有

$$\begin{aligned} \nabla [\boldsymbol{J}(\boldsymbol{r}') \cdot \nabla G(R)] &= \nabla \left\{ [\boldsymbol{J}(\boldsymbol{r}') \cdot \boldsymbol{R}] \frac{1}{R} \frac{\mathrm{d}G(R)}{\mathrm{d}R} \right\} \\ &= \frac{1}{R} \frac{\mathrm{d}G(R)}{\mathrm{d}R} \nabla [\boldsymbol{J}(\boldsymbol{r}') \cdot \boldsymbol{R}] + [\boldsymbol{J}(\boldsymbol{r}') \cdot \boldsymbol{R}] \nabla \left(\frac{1}{R} \frac{\mathrm{d}G(R)}{\mathrm{d}R} \right) \end{aligned} \tag{1.2-75}$$

结合式(1.2-73)，式(1.2-72)最终可写为

$$\begin{cases} \boldsymbol{E}(\boldsymbol{r}) = \dfrac{k^2\eta}{4\pi} \int_V \left\{ \begin{aligned} &\boldsymbol{J}_T(\boldsymbol{r}') \left[\frac{1}{\mathrm{j}kR} + \frac{1}{(\mathrm{j}kR)^2} + \frac{1}{(\mathrm{j}kR)^3} \right] \\ &- 2\boldsymbol{J}_R(\boldsymbol{r}') \left[\frac{1}{(\mathrm{j}kR)^2} + \frac{1}{(\mathrm{j}kR)^3} \right] \end{aligned} \right\} \mathrm{e}^{-\mathrm{j}kR} \mathrm{d}v' \\ \boldsymbol{B}(\boldsymbol{r}) = -\dfrac{\mu k^2}{4\pi} \int_V \boldsymbol{J}(\boldsymbol{r}') \times \hat{\boldsymbol{R}} \left[\dfrac{1}{\mathrm{j}kR} + \dfrac{1}{(\mathrm{j}kR)^2} \right] \mathrm{e}^{-\mathrm{j}kR} \mathrm{d}v' \end{cases} \tag{1.2-76}$$

式中，$\boldsymbol{J}_R(\boldsymbol{r}')$、$\boldsymbol{J}_T(\boldsymbol{r}')$分别是 $\boldsymbol{J}$ 在 $\hat{\boldsymbol{R}}$ 方向上的投影与垂直于 $\hat{\boldsymbol{R}}$ 方向上的投影，可表示为

$$\boldsymbol{J}_R=(\boldsymbol{J}\cdot\hat{\boldsymbol{R}})\hat{\boldsymbol{R}},\ \boldsymbol{J}_T=\boldsymbol{J}-(\boldsymbol{J}\cdot\hat{\boldsymbol{R}})\hat{\boldsymbol{R}}=\hat{\boldsymbol{R}}\times(\boldsymbol{J}\times\hat{\boldsymbol{R}}) \tag{1.2-77}$$

比较式(1.2-74)与式(1.2-76)可以看出，式(1.2-76)的优点是可以应用于计算任意电流分布的情况，因为它没有对电流的微分运算；其缺点是包含 $1/R$、$1/R^2$ 和 $1/R^3$ 项，而式(1.2-74)中只包含 $1/R$，$1/R^2$ 项。

对于式(1.2-74)与式(1.2-76)中的两个方程，当场点在源所在区域 V 内部时，由于 $\boldsymbol{r}\to\boldsymbol{r}'$，所以 $1/R^i\to\infty$；当场点在源所在区域 V 的外部，但非常接近源的区域边界时，即 $\boldsymbol{r}$ 在靠近 $\boldsymbol{r}'$ 的地方时，$1/R^i$ 会出现很大的值，所以这两个方程为准奇异性方程。方程中 $1/R$ 的阶数的最大值称为方程的奇异性阶数。奇异性方程和准奇异性方程的数值积分非常困难，而且方程的奇异性阶数越高，积分越困难[7]。因此，比较两个方程，式(1.2-74)具有更小的奇异性阶数，用它描述场矢量更容易处理积分。以下用式(1.2-74)来描述场矢量，统一写出 $\boldsymbol{E}$ 和 $\boldsymbol{H}$ 的计算式为

$$\begin{cases}\boldsymbol{E}(\boldsymbol{r})=\dfrac{k^2\eta}{4\pi}\displaystyle\int_V\left\{\boldsymbol{J}(\boldsymbol{r}')\frac{1}{\mathrm{j}kR}+\frac{\nabla'\cdot\boldsymbol{J}(\boldsymbol{r}')}{\mathrm{j}k}\hat{\boldsymbol{R}}\left[\frac{1}{\mathrm{j}kR}+\frac{1}{(\mathrm{j}kR)^2}\right]\right\}\mathrm{e}^{-\mathrm{j}kR}\,\mathrm{d}v' \\ \boldsymbol{H}(\boldsymbol{r})=-\dfrac{k^2}{4\pi}\displaystyle\int_V\boldsymbol{J}(\boldsymbol{r}')\times\hat{\boldsymbol{R}}\left[\frac{1}{\mathrm{j}kR}+\frac{1}{(\mathrm{j}kR)^2}\right]\mathrm{e}^{-\mathrm{j}kR}\,\mathrm{d}v'\end{cases} \tag{1.2-78}$$

基于以上讨论，可以将电场、磁场矢量写成如下算子形式：

$$\begin{cases}\boldsymbol{E}(\boldsymbol{r})=\eta L(\boldsymbol{J}(\boldsymbol{r}')) \\ \boldsymbol{H}(\boldsymbol{r})=K(\boldsymbol{J}(\boldsymbol{r}'))\end{cases} \tag{1.2-79}$$

其中 L 算子和 K 算子的具体表达式见表1.2-1。因为电场有两种表达形式，所以表1.2-1中有两种 L 算子。对每个算子我们给出了其用格林函数和格林函数的梯度表示的形式以及将格林函数和格林函数的梯度展开后用距离 R 表示的形式。以格林函数 $G(R)$ 及其梯度作为表示形式的方法便于理论上考虑问题，而以距离 R 表示的方法便于数值计算。

表 1.2-1　L 算子与 K 算子的不同表示式

	$G(R)$
$L(\boldsymbol{J})$ (奇异性阶数为2)	$-\mathrm{j}k\displaystyle\int_V\left[\boldsymbol{J}(\boldsymbol{r}')G(R)+\frac{1}{k^2}\nabla'\cdot\boldsymbol{J}(\boldsymbol{r}')\nabla G(R)\right]\mathrm{d}v'$
$L(\boldsymbol{J})$ (奇异性阶数为3)	$-\mathrm{j}k\displaystyle\int_V\left\{\boldsymbol{J}(\boldsymbol{r}')G(R)+\frac{1}{k^2}\nabla[\boldsymbol{J}(\boldsymbol{r}')\cdot\nabla G(R)]\right\}\mathrm{d}v'$
$K(\boldsymbol{J})$ (奇异性阶数为2)	$-\displaystyle\int_V\boldsymbol{J}(\boldsymbol{r}')\times\nabla G(R)\mathrm{d}v'$
	R
$L(\boldsymbol{J})$ (奇异性阶数为2)	$\dfrac{k^2}{4\pi}\displaystyle\int_V\left\{\boldsymbol{J}(\boldsymbol{r}')\frac{1}{\mathrm{j}kR}+\frac{\nabla'\cdot\boldsymbol{J}(\boldsymbol{r}')}{\mathrm{j}k}\hat{\boldsymbol{R}}\left[\frac{1}{\mathrm{j}kR}+\frac{1}{(\mathrm{j}kR)^2}\right]\right\}\mathrm{e}^{-\mathrm{j}kR}\mathrm{d}v'$
$L(\boldsymbol{J})$ (奇异性阶数为3)	$\dfrac{k^2}{4\pi}\displaystyle\int_V\left\{\boldsymbol{J}_T(\boldsymbol{r}')\left[\frac{1}{\mathrm{j}kR}+\frac{1}{(\mathrm{j}kR)^2}+\frac{1}{(\mathrm{j}kR)^3}\right]-2\boldsymbol{J}_R(\boldsymbol{r}')\left[\frac{1}{(\mathrm{j}kR)^2}+\frac{1}{(\mathrm{j}kR)^3}\right]\right\}\mathrm{e}^{-\mathrm{j}kR}\mathrm{d}v'$ $\boldsymbol{J}_R=(\boldsymbol{J}\cdot\hat{\boldsymbol{R}})\hat{\boldsymbol{R}}\qquad\boldsymbol{J}_T=\hat{\boldsymbol{R}}\times(\boldsymbol{J}\times\hat{\boldsymbol{R}})$
$K(\boldsymbol{J})$ (奇异性阶数为2)	$-\dfrac{k^2}{4\pi}\displaystyle\int_V\boldsymbol{J}(\boldsymbol{r}')\times\hat{\boldsymbol{R}}\left[\frac{1}{\mathrm{j}kR}+\frac{1}{(\mathrm{j}kR)^2}\right]\mathrm{e}^{-\mathrm{j}kR}\mathrm{d}v'$

4. 面流源的矢量场

从体电流源产生的场的积分表达式，很容易得到面电流源产生的场的积分表达式，只需用面电流密度 $\boldsymbol{J}_s(\boldsymbol{r}')$、面积微元 $\mathrm{d}s'$、面散度算子 $\nabla'_s\cdot$ 分别代替体电流密度 $\boldsymbol{J}(\boldsymbol{r}')$、体积微元 $\mathrm{d}v'$、体散度算子 $\nabla'\cdot$ 即可。考虑表 1.2-1 中第一种形式的 L 算子(奇异性阶数为 2)和 K 算子，对于面电流源，这些算子可重新写为如下形式：

$$L(\boldsymbol{J}_s(\boldsymbol{r}'))=-\mathrm{j}k\int_S\left[\boldsymbol{J}_s(\boldsymbol{r}')G(R)+\frac{1}{k^2}\nabla'_s\cdot\boldsymbol{J}_s(\boldsymbol{r}')\nabla G(R)\right]\mathrm{d}s'$$
$$=\frac{k^2}{4\pi}\int_S\left\{\boldsymbol{J}_s(\boldsymbol{r}')\frac{1}{\mathrm{j}kR}+\frac{\nabla'_s\cdot\boldsymbol{J}_s(\boldsymbol{r}')}{\mathrm{j}k}\hat{\boldsymbol{R}}\left[\frac{1}{\mathrm{j}kR}+\frac{1}{(\mathrm{j}kR)^2}\right]\right\}\mathrm{e}^{-\mathrm{j}kR}\,\mathrm{d}s' \quad (1.2-80)$$

$$K(\boldsymbol{J}_s(\boldsymbol{r}'))=-\int_S\boldsymbol{J}_s(\boldsymbol{r}')\times\nabla G(R)\,\mathrm{d}s'$$
$$=-\frac{k^2}{4\pi}\int_S\boldsymbol{J}_s(\boldsymbol{r}')\times\hat{\boldsymbol{R}}\left[\frac{1}{\mathrm{j}kR}+\frac{1}{(\mathrm{j}kR)^2}\right]\mathrm{e}^{-\mathrm{j}kR}\,\mathrm{d}s' \quad (1.2-81)$$

注意，为了书写上的方便，$\nabla'_s\cdot$ 在面上时有时仍写作 $\nabla'\cdot$，$\boldsymbol{J}_s$ 有时仍写作 $\boldsymbol{J}$。下面讨论两种特殊情况时场的计算方法。

1) *场点在表面 S 上*

由 L 和 K 算子的定义可以看出，二者的积分核中都包含了格林函数或格林函数的梯度，当 $\boldsymbol{r}\to\boldsymbol{r}'$ 时，L 和 K 算子中的 $1/R^i(i=1, 2, 3)$ 项是无限大的值，且当 $\boldsymbol{r}=\boldsymbol{r}'$ 时 R 的单位矢量 $\hat{\boldsymbol{R}}$ 也无法确定。也就是说，场点与源点重合时，积分必然产生奇异性，此时需要从积分核中提取出奇异积分部分。尽管物理上光滑表面 S 上的场值应该是有限大的，但电场、磁场在跨过这个表面时会发生跳变。因此需要仔细讨论式(1.2-80)、式(1.2-81)中所假设的场点位置：场点 $\boldsymbol{r}$ 恰好位于表面 S 内侧 S_- 上、恰好位于表面 S 外侧 S_+ 上(S_- 和 S_+ 无限靠近 S)，还是恰好就在 S 上。为便于分析，假设表面 S 上存在一个非常薄的壳，把源点正好置放于壳的正中间，如图 1.2-4 所示。

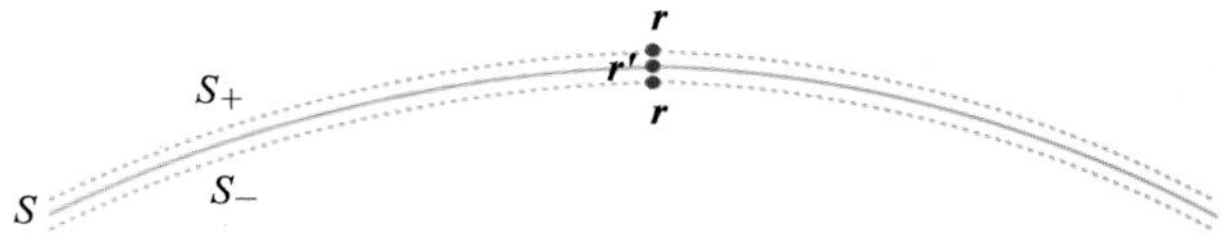

图 1.2-4　表面 S 上的源点及 S_-、S_+ 上的场点

假设场点 $\boldsymbol{r}$ 在 S_+ 上，$\boldsymbol{r}$ 在 S 面上的投影点为 $\boldsymbol{r}_0$，场点到投影点的距离为 z，以 $\boldsymbol{r}_0$ 为中心作一个半径为 ε 的小邻域 $\Delta\varepsilon$，S 的外法向(S 到 S_+)单位矢量为 $\hat{\boldsymbol{n}}$，如图 1.2-5 所示，此处假设 S 为光滑表面。我们用 $\varepsilon\to 0$ 且 $z\to 0$ 来表示场点 $\boldsymbol{r}$ 与源点 $\boldsymbol{r}'$ 重合这种场景，将表面 S 分为两部分：围绕投影点 $\boldsymbol{r}_0$ 的小邻域 $\Delta\varepsilon$ 与其他剩余的表面 $S-\Delta\varepsilon$，将 $L(\boldsymbol{J}_s)$ 和 $K(\boldsymbol{J}_s)$ 的积分分别在这两部分表面上进行，在 $\Delta\varepsilon$ 内进行的记为 $L_\delta(\boldsymbol{J}_s)$ 和 $K_\delta(\boldsymbol{J}_s)$，在 $S-\Delta\varepsilon$ 内进行的记为 $L_0(\boldsymbol{J}_s)$ 和 $K_0(\boldsymbol{J}_s)$。

当邻域 $\Delta\varepsilon$ 的半径 ε 足够小时，可以认为在 $\Delta\varepsilon$ 上的电流密度 $\boldsymbol{J}_s$ 和电荷密度 ρ_s 是常数。而且当 $\boldsymbol{r}\to\boldsymbol{r}'$ 时，可认为滞后相位 kR 趋于 0(相当于准静态问题)，即 $\mathrm{e}^{-\mathrm{j}kR}\approx 1$，$G(R)\approx 1/(4\pi R)$，并且忽略算子中 $1/R$ 的项，只保留影响更大的高阶项。下面讨论 $L_\delta(\boldsymbol{J}_s)$ 和 $K_\delta(\boldsymbol{J}_s)$ 的计算。

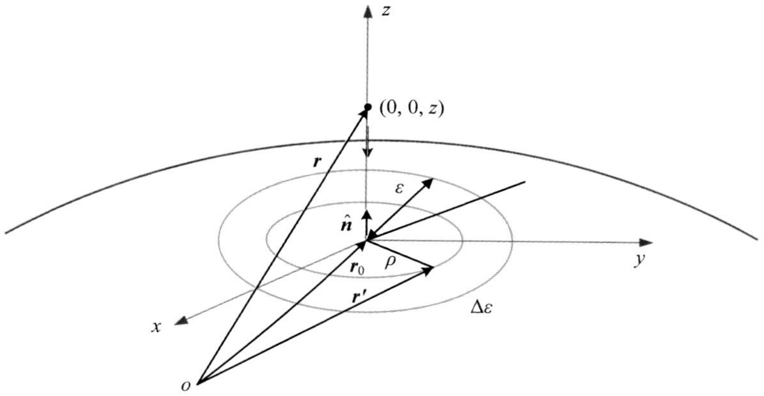

图 1.2-5　场点趋近于光滑表面上的源点

$$\begin{aligned}\lim_{\varepsilon\to 0} L_\delta(\boldsymbol{J}_s) &= \lim_{\varepsilon\to 0}\left\{-\mathrm{j}k\int_{\Delta\varepsilon}\left[\frac{1}{k^2}\nabla'_s\cdot\boldsymbol{J}_s(\boldsymbol{r}')\nabla G(R)\right]\mathrm{d}s'\right\} \quad (\text{考虑 } \varepsilon \text{ 趋于 } 0)\\ &= -\mathrm{j}k\lim_{\varepsilon\to 0}\left[-\frac{\mathrm{j}\omega\rho_s}{k^2}\int_{\Delta\varepsilon}\nabla G(R)\mathrm{d}s'\right]\\ &= -\frac{\omega\rho_s}{k}\lim_{\varepsilon\to 0}\int_{\Delta\varepsilon}-\frac{1}{4\pi R^3}(\boldsymbol{r}-\boldsymbol{r}')\mathrm{d}s' \quad (\text{将格林函数的梯度用 } R \text{ 表示出来})\\ &= \frac{\rho_s}{4\pi\varepsilon\eta}\lim_{\varepsilon\to 0}\int_{\Delta\varepsilon}\frac{\boldsymbol{r}-\boldsymbol{r}_0}{R^3}+\frac{\boldsymbol{r}_0-\boldsymbol{r}'}{R^3}\mathrm{d}s'\\ &= \frac{\rho_s}{4\pi\varepsilon\eta}\lim_{\varepsilon\to 0}\int_{\Delta\varepsilon}\frac{\boldsymbol{r}-\boldsymbol{r}_0}{R^3}\mathrm{d}s'\\ &= \frac{\rho_s}{4\pi\varepsilon\eta}\hat{\boldsymbol{n}}\lim_{\varepsilon\to 0}\int_{\Delta\varepsilon}\frac{z}{R^3}\mathrm{d}s' \end{aligned}\qquad (1.2-82)$$

当场点投影到光滑曲面上时，积分区间 Δε 为一个完整的圆，如图 1.2-5 所示，此时

$$\begin{aligned}\lim_{\varepsilon\to 0} L_\delta(\boldsymbol{J}_s) &= \frac{\rho_s}{4\pi\varepsilon\eta}\hat{\boldsymbol{n}}\lim_{\varepsilon\to 0}\int_{\Delta\varepsilon}\frac{z}{R^3}\mathrm{d}s' \quad \left(\mathrm{d}s' = 2\pi\rho\mathrm{d}\rho,\ \frac{\mathrm{d}R}{\mathrm{d}\rho}=\frac{\rho}{R}\right)\\ &= \frac{\rho_s}{4\pi\varepsilon\eta}\hat{\boldsymbol{n}}\lim_{\varepsilon\to 0}\int_0^\varepsilon\frac{z}{R^3}2\pi R\mathrm{d}R\\ &= \frac{\rho_s}{4\pi\varepsilon\eta}\hat{\boldsymbol{n}}\lim_{\varepsilon\to 0}2\pi z\left(-\frac{1}{\sqrt{\rho^2+z^2}}\right)\Bigg|_{\rho=0}^{\rho=\varepsilon}\\ &= \frac{\rho_s}{4\pi\varepsilon\eta}\hat{\boldsymbol{n}}\lim_{\varepsilon\to 0}2\pi\left(\frac{z}{|z|}-\frac{z}{\sqrt{\varepsilon^2+z^2}}\right)\end{aligned}\qquad (1.2-83)$$

对于上式，如果 z 从正方向(即从 Δε 的上表面 S_+)趋于 0，上式的积分为 $+2\pi$。如果 z 从负方向(即从 Δε 的下表面 S_-)趋于 0，上式的积分为 -2π，因此

$$\lim_{\substack{\varepsilon\to 0\\ z\to\pm 0}} L_\delta(\boldsymbol{J}_s) = \frac{\rho_s}{4\pi\varepsilon\eta}\hat{\boldsymbol{n}}\lim_{\substack{\varepsilon\to 0\\ z\to\pm 0}}2\pi\left(\frac{z}{|z|}-\frac{z}{\sqrt{\varepsilon^2+z^2}}\right)=\pm\frac{\rho_s}{2\varepsilon\eta}\hat{\boldsymbol{n}} \qquad (1.2-84)$$

同理，对于 K 算子有

$$K_\delta(\boldsymbol{J}_s) = \frac{\boldsymbol{J}_s\times\hat{\boldsymbol{n}}}{4\pi}\lim_{\varepsilon\to 0}\int_{\Delta\varepsilon}\frac{z}{R^3}\mathrm{d}s' \qquad (1.2-85)$$

当 S 为光滑曲面时，$\Delta\varepsilon$ 为一个完整的圆，此时

$$\lim_{\substack{\varepsilon\to 0\\ z\to\pm 0}} K_\delta(\boldsymbol{J}_s) = \pm\left(\frac{1}{2}\boldsymbol{J}_s\times\hat{\boldsymbol{n}}\right) \tag{1.2-86}$$

综上所述，如果场点恰在无限靠近光滑表面 S 的内外表面上，L 算子和 K 算子可写为

$$L(\boldsymbol{J}_s) = \begin{cases} L_0(\boldsymbol{J}_s) + \dfrac{\rho_s}{2\varepsilon\eta}\hat{\boldsymbol{n}}, & z = 0^+ \\ L_0(\boldsymbol{J}_s) - \dfrac{\rho_s}{2\varepsilon\eta}\hat{\boldsymbol{n}}, & z = 0^- \end{cases} \tag{1.2-87a}$$

$$K(\boldsymbol{J}_s) = \begin{cases} K_0(\boldsymbol{J}_s) + \dfrac{1}{2}\boldsymbol{J}_s\times\hat{\boldsymbol{n}}, & z = 0^+ \\ K_0(\boldsymbol{J}_s) - \dfrac{1}{2}\boldsymbol{J}_s\times\hat{\boldsymbol{n}}, & z = 0^- \end{cases} \tag{1.2-87b}$$

其中 L_0 和 K_0 是式(1.2-80)中的 L 算子和式(1.2-81)中的 K 算子应用于 $S-\Delta\varepsilon$ 面上时的形式，$\hat{\boldsymbol{n}}$ 是 S 上的外法向单位矢量(S 指向 S_+)。

当场点位于棱边等不光滑区域时，如图 1.2-6 所示，点 P_2、P_3 分别位于棱边与顶点，积分区间不再是完整的圆，而是两个或多个面上的扇形面的组合，此时 $L_\delta(\boldsymbol{J}_s)$、$K_\delta(\boldsymbol{J}_s)$难以准确求出。

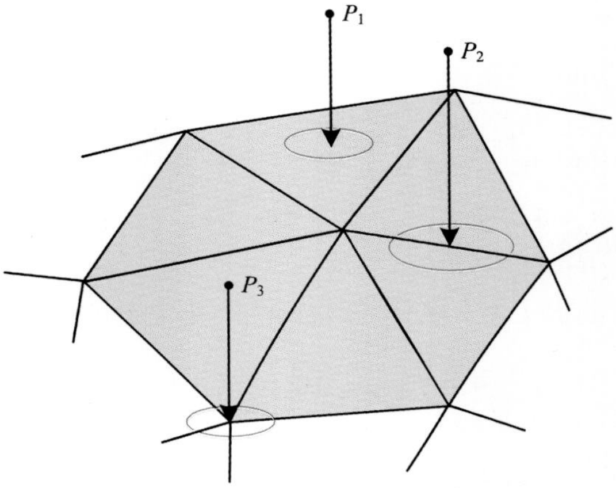

图 1.2-6　场点趋近于不光滑表面上的源点

2) 场点在无穷远处

式(1.2-78)可以用于计算源位置以外任意点的电磁场分布。当所需观察的场点位置离源足够远时，计算式还可以做进一步近似。场、源距离很远即 R 很大时，远场区条件为

$$\begin{cases} r \gg r' \\ kR \gg 1 \end{cases} \tag{1.2-88}$$

在远场区可取如下近似关系：

$$\hat{\boldsymbol{R}} = \frac{\boldsymbol{R}}{R} = \frac{\boldsymbol{r}-\boldsymbol{r}'}{R} \approx \frac{\boldsymbol{r}}{r} = \hat{\boldsymbol{r}}_0 \tag{1.2-89a}$$

$$kR \approx k(r - \hat{\boldsymbol{r}}_0\cdot\boldsymbol{r}') \tag{1.2-89b}$$

$$e^{-jkR} \approx e^{jk\hat{\boldsymbol{r}}_0 \cdot \boldsymbol{r}'} \cdot e^{-jkr} \tag{1.2-89c}$$

将以上近似关系代入式(1.2-78)并且忽略其中的 $1/R^2$ 项，对于面电流源可得远区场近似计算公式：

$$\begin{cases} \boldsymbol{E} = -\dfrac{e^{-jkr}}{r}\dfrac{jk\eta}{4\pi}\displaystyle\int_S \left[\boldsymbol{J}_s(\boldsymbol{r}') - \hat{\boldsymbol{r}}_0 \dfrac{j}{k}\nabla' \cdot \boldsymbol{J}_s(\boldsymbol{r}')\right] e^{jk\hat{\boldsymbol{r}}_0 \cdot \boldsymbol{r}'} ds' \\ \boldsymbol{H} = -\dfrac{e^{-jkr}}{r}\dfrac{jk}{4\pi}\displaystyle\int_S [\hat{\boldsymbol{r}}_0 \times \boldsymbol{J}_s(\boldsymbol{r}')] e^{jk\hat{\boldsymbol{r}}_0 \cdot \boldsymbol{r}'} ds' \end{cases} \tag{1.2-90}$$

远区电磁场通常满足平面波的特性，所以可以直接由计算出的电场来计算磁场，显然由式(1.2-90)也可以导出如下关系：

$$\boldsymbol{H} = \frac{\hat{\boldsymbol{r}}_0 \times \boldsymbol{E}}{\eta} \tag{1.2-91}$$

在散射问题中，通常比较关注的一个参数是雷达散射截面(Radar Cross Section, RCS)。RCS 的定义式为

$$\text{RCS} = \lim_{r\to\infty} 4\pi r^2 \frac{|\boldsymbol{E}_s|^2}{|\boldsymbol{E}_{inc}|^2} \tag{1.2-92}$$

式中 $\boldsymbol{E}_{inc}$ 表示入射电场，$\boldsymbol{E}_s$ 表示散射体的散射电场。RCS 是用来表征目标在电磁波(通常是平面波)照射下，各个方向上散射强弱的物理量。

1.2.8　坡印廷定理

接下来我们讨论空间电磁场的能量关系。

1. 电荷系统的动量和能量

实验表明，在电磁场中以速度 $\boldsymbol{v}$ 运动的带电粒子(质量为 m，电量为 q)受以下洛伦兹力作用

$$\boldsymbol{F} = q(\boldsymbol{E} + \boldsymbol{v} \times \boldsymbol{B}) \tag{1.2-93}$$

因为作用力等于动量的时间变化率，于是有

$$\boldsymbol{F} = m\frac{d\boldsymbol{v}}{dt} = \frac{d}{dt}(m\boldsymbol{v}) = \frac{d\boldsymbol{G}_p}{dt} \tag{1.2-94}$$

式中 $\boldsymbol{G}_p = m\boldsymbol{v}$ 为带电粒子的动量。由式(1.2-93)和式(1.2-94)，有

$$\frac{d\boldsymbol{G}_p}{dt} = q(\boldsymbol{E} + \boldsymbol{v} \times \boldsymbol{B}) \tag{1.2-95}$$

另一方面，带电粒子的动能 $W_p = \frac{1}{2}m|\boldsymbol{v}|^2 = \frac{1}{2}m\boldsymbol{v} \cdot \boldsymbol{v}$，于是有

$$\frac{dW_p}{dt} = \boldsymbol{v} \cdot \frac{d\boldsymbol{G}_p}{dt} = \boldsymbol{v} \cdot (q\boldsymbol{E} + q\boldsymbol{v} \times \boldsymbol{B}) = q\boldsymbol{E} \cdot \boldsymbol{v} \tag{1.2-96}$$

式(1.2-95)与式(1.2-96)表示单个带电粒子动量和能量的时间变化率。对于电荷密度为 ρ，电流密度 $\boldsymbol{J} = \rho\boldsymbol{v}$ 的连续分布带电系统，式(1.2-95)和式(1.2-96)可改写为

$$\frac{\partial \boldsymbol{g}_p}{\partial t} = \rho\boldsymbol{E} + \boldsymbol{J} \times \boldsymbol{B} \tag{1.2-97}$$

$$\frac{\partial w_p}{\partial t} = \boldsymbol{J} \cdot \boldsymbol{E} \tag{1.2-98}$$

式中，$\boldsymbol{g}_p$ 和 w_p 分别为动量密度和能量密度，即表示单位体积中的动量和能量。

式(1.2-97)与式(1.2-98)表明，若$\frac{\partial \boldsymbol{g}_p}{\partial t}>0$，$\frac{\partial w_p}{\partial t}>0$，则带电系统从电磁场中得到了动量和能量，根据动量守恒定律和能量守恒定律，我们可以得出结论：电磁场具有动量和能量。

2. 时域玻印廷定理

利用矢量恒等式$\nabla \cdot (\boldsymbol{a}\times\boldsymbol{b})=\boldsymbol{b}\cdot\nabla\times\boldsymbol{a}-\boldsymbol{a}\cdot\nabla\times\boldsymbol{b}$，有

$$\nabla \cdot (\boldsymbol{E}\times\boldsymbol{H})=\boldsymbol{H}\cdot\nabla\times\boldsymbol{E}-\boldsymbol{E}\cdot\nabla\times\boldsymbol{H} \tag{1.2-99}$$

将 Maxwell 旋度方程代入，可得

$$\nabla \cdot (\boldsymbol{E}\times\boldsymbol{H})=-\boldsymbol{H}\cdot\frac{\partial \boldsymbol{B}}{\partial t}-\boldsymbol{E}\cdot\boldsymbol{J}-\boldsymbol{E}\cdot\frac{\partial \boldsymbol{D}}{\partial t} \tag{1.2-100}$$

设媒质非色散，$\frac{\partial \varepsilon}{\partial t}=\frac{\partial \mu}{\partial t}=0$，则

$$\nabla \cdot (\boldsymbol{E}\times\boldsymbol{H})=-\boldsymbol{E}\cdot\boldsymbol{J}-\frac{1}{2}\left[\frac{\partial}{\partial t}(\boldsymbol{H}\cdot\boldsymbol{B})+\frac{\partial}{\partial t}(\boldsymbol{E}\cdot\boldsymbol{D})\right] \tag{1.2-101}$$

令$\boldsymbol{S}=\boldsymbol{E}\times\boldsymbol{H}$，$w_e=\frac{1}{2}\boldsymbol{E}\cdot\boldsymbol{D}$，$w_m=\frac{1}{2}\boldsymbol{H}\cdot\boldsymbol{B}$，$w_f=w_e+w_m$，$\boldsymbol{J}=\boldsymbol{J}_c+\boldsymbol{J}_i$，其中 w_e 和 w_m 分别为电场能量密度和磁场能量密度，$\boldsymbol{J}_c=\sigma\boldsymbol{E}$ 为导电媒质中的传导电流，$\boldsymbol{J}_i$ 为外加电流源。

可得时域玻印廷定理(Poynting Theorem)：

$$\nabla \cdot \boldsymbol{S}=-\frac{\partial w_f}{\partial t}-\sigma\boldsymbol{E}\cdot\boldsymbol{E}-\boldsymbol{J}_i\cdot\boldsymbol{E} \tag{1.2-102}$$

上式的积分形式为

$$-\oint_S \boldsymbol{S}\cdot\hat{\boldsymbol{n}}\mathrm{d}s=\frac{\partial}{\partial t}\int_V w_f\mathrm{d}v+\int_V \sigma|\boldsymbol{E}|^2\mathrm{d}v+\int_V \boldsymbol{J}_i\cdot\boldsymbol{E}\mathrm{d}v \tag{1.2-103}$$

式中，$\boldsymbol{J}_i\cdot\boldsymbol{E}$ 为外加电流的损耗功率密度，当其值为负时为外加电流作为源产生的功率密度；w_f 为电磁场的能量密度，$\boldsymbol{S}$ 为电磁场的能流密度(功率流的面密度)矢量，称为玻印廷矢量，$\sigma|\boldsymbol{E}|^2$ 为传导损耗即焦耳(Joule)损耗功率密度，式中的面积分以向外法向为正。

式(1.2-103)表明，在单位时间内，从闭合面 S 流入的能量等于 S 所包围的体积 V 内的电磁场能量的增长量与 V 内场对源所做的功(电荷系统的能量)之和。如果 S 面为理想导体面，则式(1.2-103)左边的面积分为 0，如果 $\sigma=0$，$w_p=0$，则电场能量与磁场能量相互转换，即谐振。可见，玻印廷定理反映了电磁场的能量守恒。

3. 频域玻印廷定理

对于非色散的线性媒质，前面我们已经得到一般时变场的能量密度与能流密度瞬时值表达式。对于角频率为 ω 的时谐场，其电磁场量可以用复数表示。容易得到时谐场电场能量密度的时间平均值 $\tilde{w}_e$、磁场能量密度的时间平均值 $\tilde{w}_m$ 和能流密度的时间平均值 $\tilde{\boldsymbol{S}}$ 的表达式：

$$\tilde{w}_e=\frac{1}{T}\int_0^T w_e\mathrm{d}t=\mathrm{Re}\left\{\frac{1}{4}\boldsymbol{E}\cdot\boldsymbol{D}^*\right\} \tag{1.2-104}$$

$$\tilde{w}_m=\frac{1}{T}\int_0^T w_m\mathrm{d}t=\mathrm{Re}\left\{\frac{1}{4}\boldsymbol{H}^*\cdot\boldsymbol{B}\right\} \tag{1.2-105}$$

$$\tilde{\boldsymbol{S}} = \frac{1}{T}\int_0^T \boldsymbol{S}\mathrm{d}t = \mathrm{Re}\left\{\frac{1}{2}\boldsymbol{E}\times\boldsymbol{H}^*\right\} \tag{1.2-106}$$

以上各式中，T 为时谐场的周期，各场量为时谐场的复振幅矢量。

为了方便，通常定义复数玻印廷矢量为

$$\dot{\boldsymbol{S}} = \frac{1}{2}\boldsymbol{E}\times\boldsymbol{H}^* \tag{1.2-107}$$

于是，玻印廷矢量的时间平均值可表示为

$$\tilde{\boldsymbol{S}} = \mathrm{Re}(\dot{\boldsymbol{S}}) \tag{1.2-108}$$

设有一非色散的各向同性有耗媒质，电导率为 σ、复介电常数 $\varepsilon=\varepsilon'-\mathrm{j}\varepsilon''$，复磁导率 $\mu=\mu'-\mathrm{j}\mu''$。由频域麦克斯韦方程组(1.2-4)的旋度方程可得

$$\nabla\times\boldsymbol{H}^* = \boldsymbol{J}^* - \mathrm{j}\omega\boldsymbol{D}^* \tag{1.2-109}$$

采用与上节类似的方法，利用矢量恒等式，可以得到

$$\nabla\cdot(\boldsymbol{E}\times\boldsymbol{H}^*) = \boldsymbol{H}^*\cdot\nabla\times\boldsymbol{E} - \boldsymbol{E}\cdot\nabla\times\boldsymbol{H}^* \tag{1.2-110}$$

将式(1.2-109)代入式(1.2-110)，可得

$$\nabla\cdot(\boldsymbol{E}\times\boldsymbol{H}^*) = -\boldsymbol{J}^*\cdot\boldsymbol{E} - \mathrm{j}\omega(\boldsymbol{H}^*\cdot\boldsymbol{B} - \boldsymbol{E}\cdot\boldsymbol{D}^*) \tag{1.2-111}$$

上式两边同时乘以 $\frac{1}{2}$，考虑到 $\boldsymbol{J}=\boldsymbol{J}_c+\boldsymbol{J}_i$，$\boldsymbol{J}_c=\sigma\boldsymbol{E}$，方程可以写成如下形式：

$$\nabla\cdot\left(\frac{1}{2}\boldsymbol{E}\times\boldsymbol{H}^*\right) = -\frac{1}{2}\boldsymbol{J}_i^*\cdot\boldsymbol{E} - \frac{1}{2}\sigma\boldsymbol{E}^*\cdot\boldsymbol{E} - \mathrm{j}2\omega\left(\frac{1}{4}\boldsymbol{H}^*\cdot\boldsymbol{B} - \frac{1}{4}\boldsymbol{E}\cdot\boldsymbol{D}^*\right) \tag{1.2-112}$$

令 $\dot{w}_m = \frac{1}{4}\boldsymbol{H}^*\cdot\boldsymbol{B}$，$\dot{w}_e = \frac{1}{4}\boldsymbol{E}\cdot\boldsymbol{D}^*$，得频域玻印廷定理

$$\nabla\cdot\dot{\boldsymbol{S}} = -\frac{1}{2}\boldsymbol{J}_i^*\cdot\boldsymbol{E} - \frac{1}{2}\sigma\boldsymbol{E}^*\cdot\boldsymbol{E} - \mathrm{j}2\omega(\dot{w}_m - \dot{w}_e) \tag{1.2-113}$$

其积分形式为

$$-\frac{1}{2}\int_S(\boldsymbol{E}\times\boldsymbol{H}^*)\cdot\hat{\boldsymbol{n}}\mathrm{d}s = \frac{1}{2}\int_V\boldsymbol{J}_i^*\cdot\boldsymbol{E}\mathrm{d}v + \frac{1}{2}\int_V\sigma\boldsymbol{E}^*\cdot\boldsymbol{E}\mathrm{d}v + \mathrm{j}2\omega\int_V\left(\frac{1}{4}\boldsymbol{H}^*\cdot\boldsymbol{B} - \frac{1}{4}\boldsymbol{E}\cdot\boldsymbol{D}^*\right)\mathrm{d}v \tag{1.2-114}$$

1.2.9 对偶原理

产生电磁场的实际源是电流 $\boldsymbol{J}$ 与电荷 ρ。但为了分析与计算某些电磁场问题时更加方便，可引入磁流 $\boldsymbol{M}$ 和磁荷 ρ_m 的概念。对于各向同性线性均匀媒质中的时谐场，引入磁流和磁荷后，麦克斯韦方程组可以写成下面的对称形式：

$$\begin{cases}\nabla\times\boldsymbol{H} = \boldsymbol{J} + \mathrm{j}\omega\varepsilon\boldsymbol{E}\\ \nabla\times\boldsymbol{E} = -\boldsymbol{M} - \mathrm{j}\omega\mu\boldsymbol{H}\\ \nabla\cdot\boldsymbol{B} = \rho_m\\ \nabla\cdot\boldsymbol{D} = \rho\end{cases} \tag{1.2-115}$$

因此，在普遍的电磁场理论中，激发电磁场的源应包括电流、电荷、磁流、磁荷。

当源只有电流和电荷时(电流源)，麦克斯韦方程组表示为

$$\begin{cases} \nabla \times \boldsymbol{H} = \boldsymbol{J} + \mathrm{j}\omega\varepsilon\boldsymbol{E} \\ \nabla \times \boldsymbol{E} = -\mathrm{j}\omega\mu\boldsymbol{H} \\ \nabla \cdot \boldsymbol{B} = 0 \\ \nabla \cdot \boldsymbol{D} = \rho \end{cases} \tag{1.2-116}$$

当源只有磁流和磁荷时(磁流源)，麦克斯韦方程组表示为

$$\begin{cases} \nabla \times \boldsymbol{H} = \mathrm{j}\omega\varepsilon\boldsymbol{E} \\ \nabla \times \boldsymbol{E} = -\boldsymbol{M} - \mathrm{j}\omega\mu\boldsymbol{H} \\ \nabla \cdot \boldsymbol{B} = \rho_{\mathrm{m}} \\ \nabla \cdot \boldsymbol{D} = 0 \end{cases} \tag{1.2-117}$$

将只有电流源的麦克斯韦方程组与只有磁流源的麦克斯韦方程组进行比较，可以看出，两个方程组的数学形式完全相同。如果按表 1.2-2 中的方式作符号变换，则可由其中一个方程组得到另外一个方程组。

表 1.2-2 对偶原理中各量的对应关系

电流源方程组 ⇔	磁流源方程组
$\boldsymbol{E}$	$\boldsymbol{H}$
$\boldsymbol{H}$	$-\boldsymbol{E}$
$\boldsymbol{J}$	$\boldsymbol{M}$
ρ	ρ_{m}
μ	ε
ε	μ

如果按上述各量互换关系，可由一类问题的边界条件(如只存在电流源的边界条件)得到另一类问题的边界条件(如只存在磁流源的边界条件)，那么由一类问题的解经上述各物理量互换后即可得到另一类问题的解，这就是所谓的对偶原理。引入假想的磁流与磁荷以后，边界条件应改写为

$$\begin{cases} \hat{\boldsymbol{n}} \times (\boldsymbol{H}_2 - \boldsymbol{H}_1) = \boldsymbol{J}_s \\ \hat{\boldsymbol{n}} \times (\boldsymbol{E}_2 - \boldsymbol{E}_1) = -\boldsymbol{M}_s \\ \hat{\boldsymbol{n}} \cdot (\boldsymbol{B}_2 - \boldsymbol{B}_1) = \rho_{\mathrm{m}s} \\ \hat{\boldsymbol{n}} \cdot (\boldsymbol{D}_2 - \boldsymbol{D}_1) = \rho_s \end{cases} \tag{1.2-118}$$

引入磁流、磁荷后，根据对偶原理，可以将电场、磁场矢量写成如下算子形式：

$$\boldsymbol{E}(\boldsymbol{J}, \boldsymbol{M}) = \eta L(\boldsymbol{J}) - K(\boldsymbol{M}) \tag{1.2-119}$$

$$\boldsymbol{H}(\boldsymbol{J}, \boldsymbol{M}) = K(\boldsymbol{J}) + \frac{1}{\eta} L(\boldsymbol{M}) \tag{1.2-120}$$

其中：

$$L(\boldsymbol{X}) = -\mathrm{j}k\int_S \left[\boldsymbol{X}(\boldsymbol{r}') + \frac{1}{k^2}(\nabla' \cdot \boldsymbol{X}(\boldsymbol{r}'))\nabla\right]\frac{\mathrm{e}^{-\mathrm{j}kR}}{4\pi R}\mathrm{d}s' \tag{1.2-121}$$

$$K(\boldsymbol{X}) = -\int_S \boldsymbol{X}(\boldsymbol{r}') \times \nabla \frac{\mathrm{e}^{-\mathrm{j}kR}}{4\pi R}\mathrm{d}s' \tag{1.2-122}$$

式中 $\eta=\sqrt{\mu/\varepsilon}$ 为媒质中的波阻抗，$k=\omega\sqrt{\mu\varepsilon}$ 为媒质中的波数，$R=|\boldsymbol{r}-\boldsymbol{r}'|$ 表示源点到场点的距离。

在应用对偶原理于边值问题时，必须注意，不仅方程必须是对偶的，边界条件也必须是对偶的，才能应用对偶原理。例如，在理想导体表面附近的电偶极子与在理想导体表面附近的磁偶极子并非是对偶的，它与放在理想磁体表面附近的磁偶极子才是对偶的。

1.2.10　唯一性定理

麦克斯韦方程组描述了电磁场的一般特性。对于具体的有限区域电磁场问题，需加上边界条件和初始条件，才能得到具体问题的解。这就构成所谓的“边值问题”(无初始条件)和“初值问题”(无边界条件)。

唯一性定理讨论在给定的边界上究竟至少需要多少电磁场分量的值，才能确定整个区域中的电磁场，它告诉我们唯一地确定麦克斯韦方程组的解的条件，从而确保了不管采用什么方法，如果我们找到了满足麦克斯韦方程组及边界条件的解，那么这个解就是唯一的解。唯一性定理是计算电磁场问题的重要理论基础。

1. 时域唯一性定理

对于图 1.2－7 所示的初值与边值混合问题，时域唯一性定理表述为：若区域 V 内的源已知，并且 $t=0$ 时V 内所有场已知(初始条件)，$t\geqslant0$ 时包围 V 的闭合曲面 S 上切向电场 $\hat{\boldsymbol{n}}\times\boldsymbol{E}$ 或切向磁场 $\hat{\boldsymbol{n}}\times\boldsymbol{H}$ 已知(边界条件)，则 $t>0$ 时 V 内的场唯一确定。

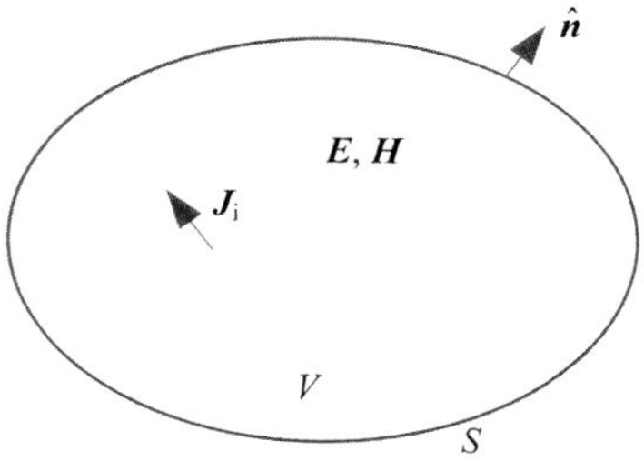

图 1.2－7　边值问题

下面我们来证明这个定理。设 V 中的电流源 $\boldsymbol{J}_\text{i}$ 产生两组场 $\boldsymbol{E}_1$、$\boldsymbol{H}_1$ 和 $\boldsymbol{E}_2$、$\boldsymbol{H}_2$，满足

$$\begin{cases}\nabla\times\boldsymbol{H}_m=\boldsymbol{J}_\text{i}+\sigma\boldsymbol{E}_m+\varepsilon\dfrac{\partial\boldsymbol{E}_m}{\partial t}\\[2mm]\nabla\times\boldsymbol{E}_m=-\mu\dfrac{\partial\boldsymbol{H}_m}{\partial t}\end{cases},\qquad m=1,2\tag{1.2-123}$$

考虑差场 $\delta\boldsymbol{E}=\boldsymbol{E}_1-\boldsymbol{E}_2$，$\delta\boldsymbol{H}=\boldsymbol{H}_1-\boldsymbol{H}_2$，由于两组解产生于同一组源，故差场满足无源方程

$$\begin{cases}\nabla\times\delta\boldsymbol{H}=\sigma\delta\boldsymbol{E}+\varepsilon\dfrac{\partial\delta\boldsymbol{E}}{\partial t}\\[2mm]\nabla\times\delta\boldsymbol{E}=-\mu\dfrac{\partial\delta\boldsymbol{H}}{\partial t}\end{cases}\tag{1.2-124}$$

对差场应用坡印廷定理有

$$\frac{1}{2}\frac{\partial}{\partial t}\int_V(\mu|\delta\boldsymbol{H}|^2+\varepsilon|\delta\boldsymbol{E}|^2)\mathrm{d}v+\int_V\sigma|\delta\boldsymbol{E}|^2\mathrm{d}v=-\oint_S(\delta\boldsymbol{E}\times\delta\boldsymbol{H})\cdot\hat{\boldsymbol{n}}\mathrm{d}s\tag{1.2-125}$$

因为$(\delta\boldsymbol{E}\times\delta\boldsymbol{H})\cdot\hat{\boldsymbol{n}}=-\delta\boldsymbol{E}\cdot(\hat{\boldsymbol{n}}\times\delta\boldsymbol{H})=\delta\boldsymbol{H}\cdot(\hat{\boldsymbol{n}}\times\delta\boldsymbol{E})$，所以只要 $t\geqslant0$ 时包围 V 的闭合曲

面 S 上切向电场 $\hat{n}\times E$ 或切向磁场 $\hat{n}\times H$ 已知，则

$$\oint_S (\delta \boldsymbol{E}\times\delta \boldsymbol{H})\cdot\hat{\boldsymbol{n}}\mathrm{d}s=0 \tag{1.2-126}$$

于是

$$\frac{1}{2}\frac{\partial}{\partial t}\int_V(\mu|\delta \boldsymbol{H}|^2+\varepsilon|\delta \boldsymbol{E}|^2)\mathrm{d}v=-\int_V\sigma|\delta \boldsymbol{E}|^2\mathrm{d}v\leqslant 0 \tag{1.2-127}$$

由 $t=0$ 时 V 内所有场已知，有

$$\int_V(\mu|\delta \boldsymbol{H}|^2+\varepsilon|\delta \boldsymbol{E}|^2)|_{t=0}\mathrm{d}v=0 \tag{1.2-128}$$

另一方面，式(1.2-127)的时间导数表明，积分值随着时间的增加而减少或者与时间无关，因此积分值只可能小于零或等于零，即 $t\geqslant 0$ 时有

$$\int_V(\mu|\delta \boldsymbol{H}|^2+\varepsilon|\delta \boldsymbol{E}|^2)\mathrm{d}v\leqslant 0 \tag{1.2-129}$$

由于被积函数中 $\mu>0$，$\varepsilon>0$，$|\delta \boldsymbol{E}|^2\geqslant 0$，$|\delta \boldsymbol{H}|^2\geqslant 0$，为了满足上式，必须

$$\mu|\delta \boldsymbol{H}|^2+\varepsilon|\delta \boldsymbol{E}|^2=0 \tag{1.2-130}$$

由式(1.2-130)可得

$$|\delta \boldsymbol{E}|=0,\quad |\delta \boldsymbol{H}|=0 \tag{1.2-131}$$

即 $\boldsymbol{E}_1=\boldsymbol{E}_2$，$\boldsymbol{H}_1=\boldsymbol{H}_2$。

时域唯一性定理告诉我们，区域 V 中的电磁场是由 V 中的源、初始时刻的电磁场以及任意时刻边界上的切向电场或切向磁场唯一确定的。

2. 频域唯一性定理

在频域，如果有耗媒质区域 V 中的源以及边界闭合曲面 S 上的切向电场或切向磁场已知，则 V 中的电磁场唯一确定。

与时域唯一性定理证明方法类似，差场满足

$$\begin{cases}\nabla\times\delta \boldsymbol{H}=\mathrm{j}\omega\varepsilon\delta \boldsymbol{E}+\sigma\delta \boldsymbol{E}\\ \nabla\times\delta \boldsymbol{E}=-\mathrm{j}\omega\mu\delta \boldsymbol{H}\end{cases} \tag{1.2-132}$$

其中，$\mu=\mu'-\mathrm{j}\mu''$，$\varepsilon=\varepsilon'-\mathrm{j}\varepsilon''$。应用式(1.2-114)给出的频域玻印廷定理，考虑到 V 内的源给定，电流源 $\delta \boldsymbol{J}_i=0$，则

$$\oint_S(\delta \boldsymbol{E}\times\delta \boldsymbol{H}^*)\cdot\hat{\boldsymbol{n}}\mathrm{d}s+\int_V[\mathrm{j}\omega(\mu|\delta \boldsymbol{H}|^2-\varepsilon^*|\delta \boldsymbol{E}|^2)+\sigma|\delta \boldsymbol{E}|^2]\mathrm{d}v=0 \tag{1.2-133}$$

因包围 V 的闭合曲面 S 上的切向电场或切向磁场已知，则

$$\int_S(\delta \boldsymbol{E}\times\delta \boldsymbol{H}^*)\cdot\hat{\boldsymbol{n}}\mathrm{d}s=0 \tag{1.2-134}$$

于是有

$$\begin{cases}\int_V\omega(\mu'|\delta \boldsymbol{H}|^2-\varepsilon'|\delta \boldsymbol{E}|^2)\mathrm{d}v=0 & (1.2-135(\mathrm{a}))\\ \int_V[\omega(\mu''|\delta \boldsymbol{H}|^2+\varepsilon''|\delta \boldsymbol{E}|^2)+\sigma|\delta \boldsymbol{E}|^2]\mathrm{d}v=0 & (1.2-135(\mathrm{b}))\end{cases}$$

上式中 ω、μ'、ε' 必然不为零，σ、ε''、μ'' 可能为零，也可能不为零。只要 σ、ε''、μ'' 中有一个不为零，则 $\delta \boldsymbol{E}=0$，$\delta \boldsymbol{H}=0$，即 $\boldsymbol{E}_1=\boldsymbol{E}_2$，$\boldsymbol{H}_1=\boldsymbol{H}_2$，这就证明了有耗媒质区域中的唯一性定理。

附加条件 σ、μ''、ε''中至少有一个不为零是有物理含义的，σ 代表传导损耗，ε''代表极化损耗，μ''代表磁化损耗，也就是说体积 V 内必须有某种损耗。这与边值问题(无初始条件)的定义相符，必须有损耗，才可能在一定时间后将初始条件的影响阻尼掉，达到稳态，初始值的影响才可略去不计，问题的解仅决定于边界条件。这个损耗可以非常小，损耗小意味着需要较长时间才能达到稳态。因此研究稳态边值问题时又时常假设损耗很小，可以略去。

如果媒质区域完全无耗，即 $\sigma=\mu''=\varepsilon''=0$，则无法利用有耗媒质区域中的唯一性定理确定场值是否唯一。

以 S 面包围理想导体电壁的谐振腔为例，差场满足波动方程 $\nabla\times\nabla\times\delta\boldsymbol{E}-\omega^2\varepsilon\mu\delta\boldsymbol{E}=\boldsymbol{0}$ (在 V 内)与边界条件 $\hat{\boldsymbol{n}}\times\delta\boldsymbol{E}=\boldsymbol{0}$(在 S 上)，这是典型的本征方程，其本征值

$$\omega_i^2=\frac{\left\{\iint_V |\nabla\times\delta\boldsymbol{E}_i|^2\mathrm{d}v\right\}}{\left\{\iint_V \varepsilon\mu|\delta\boldsymbol{E}_i|^2\mathrm{d}v\right\}}>0 \tag{1.2-136}$$

在 $\omega=\omega_i$，即在理想电壁腔谐振频率时，本征方程有 $\delta\boldsymbol{E}\neq\boldsymbol{0}$ 的非零解。所以为了唯一确定无耗媒质区域中的场，绝大多数情况下只需要切向电场或者切向磁场条件，仅当 $\omega=\omega_i$ 时，需要增加约束条件。

需要指出的是，上述唯一性定理无法确定无耗状态下区域内的电磁场，并不代表真实的场分布就是不确定的。在无耗媒质区域 V 中的源给定后，要唯一地确定无耗区域 V 内的电磁场，必须提供更多的限定条件，比如要求同时已知边界上的切向电场和切向磁场等附加条件，而不能仅由边界 S 上的切向电场或仅由边界 S 上的切向磁场确定。

注意，尽管此处仅讨论了电流源存在情况下的时域、频域唯一性定理，在根据对偶原理考虑磁流源存在时，上述结论依然成立，只需将磁流源、电流源均视为“源”即可，证明过程不再详述。

1.2.11　洛伦兹互易定理

互易定理描述了各向同性均匀线性媒质中两组源及其产生的电磁场之间的关系。如果已知一组源及其产生的电磁场，那么，利用互易定理可以求出另一组源及其产生的电磁场之间的关系。特别注意，互易定理涉及的两组源必须同频。

设在同一各向同性均匀线性媒质中同时存在两组相同频率的源，$\boldsymbol{E}_1$、$\boldsymbol{H}_1$ 是由电流源 $\boldsymbol{J}_1$ 和磁流源 $\boldsymbol{M}_1$ 产生的电磁场，$\boldsymbol{E}_2$、$\boldsymbol{H}_2$ 是由电流源 $\boldsymbol{J}_2$ 和磁流源 $\boldsymbol{M}_2$ 产生的电磁场，根据式(1.2-115)有

$$\nabla\times\boldsymbol{H}_1=\mathrm{j}\omega\varepsilon\boldsymbol{E}_1+\boldsymbol{J}_1 \tag{1.2-137}$$

$$\nabla\times\boldsymbol{E}_1=-\mathrm{j}\omega\mu\boldsymbol{H}_1-\boldsymbol{M}_1 \tag{1.2-138}$$

$$\nabla\times\boldsymbol{H}_2=\mathrm{j}\omega\varepsilon\boldsymbol{E}_2+\boldsymbol{J}_2 \tag{1.2-139}$$

$$\nabla\times\boldsymbol{E}_2=-\mathrm{j}\omega\mu\boldsymbol{H}_2-\boldsymbol{M}_2 \tag{1.2-140}$$

用 $\boldsymbol{H}_2$ 点乘式(1.2-138)，用 $-\boldsymbol{E}_1$ 点乘式(1.2-139)，然后相加，可得

$$\boldsymbol{H}_2\cdot\nabla\times\boldsymbol{E}_1-\boldsymbol{E}_1\cdot\nabla\times\boldsymbol{H}_2=-(\boldsymbol{J}_2\cdot\boldsymbol{E}_1+\boldsymbol{M}_1\cdot\boldsymbol{H}_2)-\mathrm{j}\omega(\varepsilon\boldsymbol{E}_1\cdot\boldsymbol{E}_2+\mu\boldsymbol{H}_1\cdot\boldsymbol{H}_2) \tag{1.2-141}$$

相似地，用 $\boldsymbol{H}_1$ 点乘式(1.2-140)，用 $-\boldsymbol{E}_2$ 点乘式(1.2-137)，然后相加，可得

$$\boldsymbol{H}_1\cdot\nabla\times\boldsymbol{E}_2-\boldsymbol{E}_2\cdot\nabla\times\boldsymbol{H}_1=-(\boldsymbol{J}_1\cdot\boldsymbol{E}_2+\boldsymbol{M}_2\cdot\boldsymbol{H}_1)-\mathrm{j}\omega(\varepsilon\boldsymbol{E}_1\cdot\boldsymbol{E}_2+\mu\boldsymbol{H}_1\cdot\boldsymbol{H}_2) \tag{1.2-142}$$

将式(1.2-141)与式(1.2-142)相减，并应用矢量微分恒等式

$$\nabla\cdot(\boldsymbol{A}\times\boldsymbol{B})=\boldsymbol{B}\cdot\nabla\times\boldsymbol{A}-\boldsymbol{A}\cdot\nabla\times\boldsymbol{B} \tag{1.2-143}$$

即得出微分形式的洛伦兹互易定理

$$\nabla\cdot(\boldsymbol{E}_1\times\boldsymbol{H}_2)-\nabla\cdot(\boldsymbol{E}_2\times\boldsymbol{H}_1)=\boldsymbol{J}_1\cdot\boldsymbol{E}_2-\boldsymbol{J}_2\cdot\boldsymbol{E}_1-\boldsymbol{M}_1\cdot\boldsymbol{H}_2+\boldsymbol{M}_2\cdot\boldsymbol{H}_1 \tag{1.2-144}$$

应用高斯定理，由式(1.2-144)可得到积分形式的洛伦兹互易定理

$$\oint_S[(\boldsymbol{E}_1\times\boldsymbol{H}_2)-(\boldsymbol{E}_2\times\boldsymbol{H}_1)]\cdot\hat{\boldsymbol{n}}\mathrm{d}s=\int_V(\boldsymbol{J}_1\cdot\boldsymbol{E}_2-\boldsymbol{J}_2\cdot\boldsymbol{E}_1-\boldsymbol{M}_1\cdot\boldsymbol{H}_2+\boldsymbol{M}_2\cdot\boldsymbol{H}_1)\mathrm{d}v \tag{1.2-145}$$

式中 S 是包围体积 V 的闭合面，$\hat{\boldsymbol{n}}$ 为闭合面 S 的外法向单位矢量。可见，互易定理反映了源与场之间的对称性。

以下研究几种特殊情况：

(1) 若两组源 $\boldsymbol{J}_1$、$\boldsymbol{M}_1$ 和 $\boldsymbol{J}_2$、$\boldsymbol{M}_2$ 均在体积 V 外，此时体积 V 内为无源空间，则

$$\oint_S[(\boldsymbol{E}_1\times\boldsymbol{H}_2)-(\boldsymbol{E}_2\times\boldsymbol{H}_1)]\cdot\hat{\boldsymbol{n}}\mathrm{d}s=0 \tag{1.2-146}$$

(2) 若两组源 $\boldsymbol{J}_1$、$\boldsymbol{M}_1$ 和 $\boldsymbol{J}_2$、$\boldsymbol{M}_2$ 均在体积 V 内，但被理想导体或理想磁体构成的闭合界面 S 包围，面 S 上 $\hat{\boldsymbol{n}}\times\boldsymbol{E}_1=\hat{\boldsymbol{n}}\times\boldsymbol{E}_2=\boldsymbol{0}$，或 $\hat{\boldsymbol{n}}\times\boldsymbol{H}_1=\hat{\boldsymbol{n}}\times\boldsymbol{H}_2=\boldsymbol{0}$，则

$$\int_V(\boldsymbol{J}_1\cdot\boldsymbol{E}_2-\boldsymbol{M}_1\cdot\boldsymbol{H}_2)\mathrm{d}v=\int_V(\boldsymbol{J}_2\cdot\boldsymbol{E}_1-\boldsymbol{M}_2\cdot\boldsymbol{H}_1)\mathrm{d}v \tag{1.2-147}$$

进一步，对于不含磁流的空间

$$\int_V(\boldsymbol{J}_1\cdot\boldsymbol{E}_2)\mathrm{d}v=\int_V(\boldsymbol{J}_2\cdot\boldsymbol{E}_1)\mathrm{d}v \tag{1.2-148}$$

若在无限靠近理想导体表面上有面电流 $\boldsymbol{J}_1$，在理想导体表面至无限大半径球面之间的体积 V 内有一任意电流源 $\boldsymbol{J}_2$，$\boldsymbol{J}_1$ 在空间各处产生的电磁场为 $\boldsymbol{E}_1$、$\boldsymbol{H}_1$，$\boldsymbol{J}_2$ 在空间各处产生的电磁场为 $\boldsymbol{E}_2$、$\boldsymbol{H}_2$，由于在理想导体表面电场只有法向分量，而 $\boldsymbol{J}_1$ 为切向电流，故 $\boldsymbol{J}_1\cdot\boldsymbol{E}_2=0$。于是有

$$\int_V(\boldsymbol{J}_2\cdot\boldsymbol{E}_1)\mathrm{d}v=0 \tag{1.2-149}$$

又由于 $\boldsymbol{J}_2$ 任意，所以 $\boldsymbol{E}_1=0$。由此可知，无限靠近理想导体表面的面电流(平行电流元)不产生电磁场。类似地，无限靠近理想磁体表面的面磁流(平行磁流元)也不产生电磁场。

(3) 如果体积 V 内只有一组源 $\boldsymbol{J}_1$、$\boldsymbol{M}_1$，则

$$\oint_S[(\boldsymbol{E}_1\times\boldsymbol{H}_2)-(\boldsymbol{E}_2\times\boldsymbol{H}_1)]\cdot\hat{\boldsymbol{n}}\mathrm{d}s=\int_V(\boldsymbol{J}_1\cdot\boldsymbol{E}_2-\boldsymbol{M}_1\cdot\boldsymbol{H}_2)\mathrm{d}v \tag{1.2-150}$$

还有其他情况亦可将互易定理简化，此处不予赘述。

1.2.12 等效原理

基于辅助位函数理论以及对偶原理，可以计算出无界均匀各向同性媒质空间中由激励

源 $\boldsymbol{J}$、$\boldsymbol{M}$、ρ、ρ_m 所产生的电磁场,然而很多情况下媒质空间并不是均匀无界的,因此无法直接利用这些理论进行求解。

唯一性定理指出,对于空间中某一区域,如果给定其内部媒质和源分布,只要已知其初值和边值条件,便可以唯一地确定区域内的场分布。唯一性定理没有对区域外的情况做出限定,这实际上给出了一种可能性,即对于求解某一区域中场分布的边值问题,人们可以通过改变区域外的各种条件,将问题转化为另一个边值问题,在新的边值问题中,关心区域的场分布与原问题相同,而关心区域外的场分布并不一定与原问题相同,这就是场的等效原理。

下面详细讨论场的等效原理。等效原理的一般表示如图 1.2-8 所示。设闭合曲面 S 将只含线性媒质的整个空间分为两部分,即空间区域 V_1 与空间区域 V_2。对于图 1.2-8(a)所示原问题,V_1 和 V_2 中均存在电流源与磁流源,产生的电磁场为 $\boldsymbol{E}_2$、$\boldsymbol{H}_2$。对于图 1.2-8(b)所示原问题,V_1 和 V_2 中也存在电流源与磁流源,产生的电磁场为 $\boldsymbol{E}_1$、$\boldsymbol{H}_1$。现在可以建立一个等效问题。假定 V_2 中源、媒质和电磁场与原有 a 问题相同,在 V_1 中源、媒质和电磁场与原有 b 问题相同。为了支持这样的场,根据边界条件,在闭合面 S 上必须存在外加的表面电流 $\boldsymbol{J}_s$ 和表面磁流 $\boldsymbol{M}_s$,而且它们必须满足下列条件:

$$\begin{cases} \boldsymbol{J}_s = \hat{\boldsymbol{n}} \times (\boldsymbol{H}_2 - \boldsymbol{H}_1) \\ \boldsymbol{M}_s = -\hat{\boldsymbol{n}} \times (\boldsymbol{E}_2 - \boldsymbol{E}_1) \end{cases} \qquad (1.2-151)$$

(a) 原有 a 问题　　　　　　　　　　(b) 原有 b 问题

(c) 等效于 V_2 中的 a 与 V_1 中的 b　　　　(d) 等效于 V_1 中的 a 与 V_2 中的 b

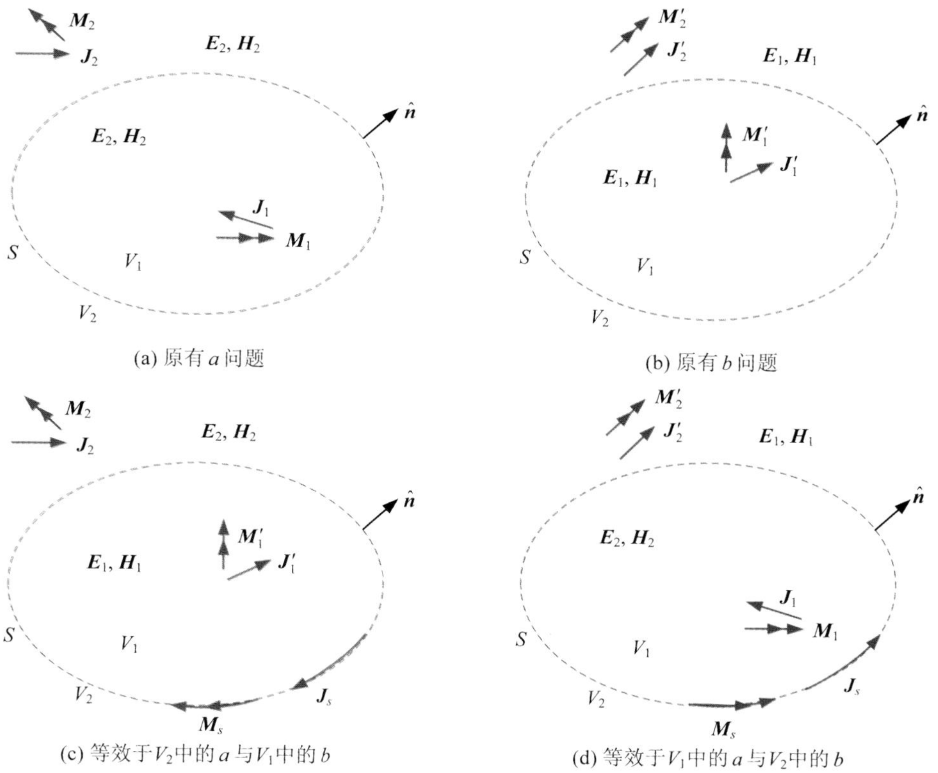

图 1.2-8　场的等效原理的一般表示

式中，$\hat{\boldsymbol{n}}$ 为闭合面 S 的外法向单位矢量。图 1.2-8(c)表示其等效问题。用相似的方式也可以建立图 1.2-8(d)所示的等效问题，此时，V_1 中源、媒质和电磁场与原有 a 问题相同，在 V_2 中源、媒质和电磁场与原有 b 问题相同，S 面上外加表面电流 $\boldsymbol{J}_s$ 和表面磁流 $\boldsymbol{M}_s$ 是式(1.2-151)的负值，即

$$\begin{cases}\boldsymbol{J}_s = \hat{\boldsymbol{n}} \times (\boldsymbol{H}_1 - \boldsymbol{H}_2) \\ \boldsymbol{M}_s = -\hat{\boldsymbol{n}} \times (\boldsymbol{E}_1 - \boldsymbol{E}_2)\end{cases} \tag{1.2-152}$$

需要注意的是，在每一种情况下，对于保持场的区域内，必须保持原有的源和媒质。除非这些等效面电流与面磁流源是向均匀无界空间辐射，否则不能用前述辅助位函数相关理论来计算这些等效电磁流产生的场。

在图 1.2-8(c)所示等效问题中，若 V_1 中的场为零，即 $\boldsymbol{E}_1$ 和 $\boldsymbol{H}_1$ 为 0，则 $\boldsymbol{J}_s$、$\boldsymbol{M}_s$ 为

$$\begin{cases}\boldsymbol{J}_s = \hat{\boldsymbol{n}} \times \boldsymbol{H}_2 \\ \boldsymbol{M}_s = -\hat{\boldsymbol{n}} \times \boldsymbol{E}_2\end{cases} \tag{1.2-153}$$

这种形式场的等效原理，通常称为 Love 场的等效原理[5]，由于 V_1 中的场等于零，因此，就 V_2 中的场而言，不管 V_1 中存在何种媒质，对 V_2 中的场均无影响。下面分三种情况讨论。

情况 1：设 V_1 中填充 V_2 中的媒质，全空间中的媒质属性变为均匀各向同性，这时等效问题就是均匀媒质无界空间中的场分布问题。此时便可利用辅助位函数相关理论，给出区域 V_2 中的场分布 $\boldsymbol{E}_2$、$\boldsymbol{H}_2$ 与源 $\boldsymbol{J}_2$、$\boldsymbol{M}_2$、$\boldsymbol{J}_s$、$\boldsymbol{M}_s$ 的关系式。一旦获得了等效的 $\boldsymbol{J}_s$ 和 $\boldsymbol{M}_s$ 的值，便可以求出 $\boldsymbol{E}_2$ 和 $\boldsymbol{H}_2$。然而，$\boldsymbol{J}_s$ 和 $\boldsymbol{M}_s$ 并不容易解析获得，往往需要借助数值手段求出。

情况 2：设 V_1 中填充理想导体，这时 S 无限靠近 V_1 中的理想导体。根据互易定理，无限靠近理想导体的面电流(平行电流元)是不产生电磁场的，所以在曲面 S 上起作用的只有面磁流 $\boldsymbol{M}_s$。

情况 3：设 V_1 中填充的是理想磁体，这时面磁流 $\boldsymbol{M}_s$ 不产生电磁场，起作用的只有面电流 $\boldsymbol{J}_s$。

1.3 面积分方程

根据等效原理及电磁场的边界条件，可以建立电磁场的表面积分方程(Surface Integral Equation，SIE)[7-9]。求解这些积分方程即可获得物体表面的等效电磁流分布。下面将着重阐述计算金属、介质目标的常用积分方程的建立过程。

1.3.1 理想导体表面积分方程

1. 电场积分方程与磁场积分方程

首先介绍常用于计算理想导体(Perfect Electric Conductor，PEC)问题的电场积分方程(Electric Field Integral Equation，EFIE)和磁场积分方程(Magnetic Field Integral Equation，MFIE)。

如图 1.3-1 所示，假设电磁参数为($\varepsilon^{(e)}$，$\mu^{(e)}$)的媒质空间中有一个在入射场

($\boldsymbol{E}_{\text{inc}}$，$\boldsymbol{H}_{\text{inc}}$)照射下的理想导体，导体外部区域的电场、磁场分别为 $\boldsymbol{E}^{\text{external}}$、$\boldsymbol{H}^{\text{external}}$，在理想导体内部，电场 $\boldsymbol{E}^{\text{internal}}$ 和磁场 $\boldsymbol{H}^{\text{internal}}$ 均为 $\boldsymbol{0}$。

根据等效原理，外部空间的问题可等效为如图 1.3－2 所示的等效问题，在等效问题与原问题中，S 外部区域的电、磁场 $\boldsymbol{E}^{\text{external}}$、$\boldsymbol{H}^{\text{external}}$ 保持不变。可令等效问题中内部区域电场 $\boldsymbol{E}$、磁场 $\boldsymbol{H}$ 均为 $\boldsymbol{0}$，内部区域用外部媒质填充，此时需要在表面 S 处放置等效的面电磁流 $\boldsymbol{J}_s$、$\boldsymbol{M}_s$，且有 $\boldsymbol{J}_s=\hat{\boldsymbol{n}}\times\boldsymbol{H}^{\text{external}}$，$\boldsymbol{M}_s=-\hat{\boldsymbol{n}}\times\boldsymbol{E}^{\text{external}}$。

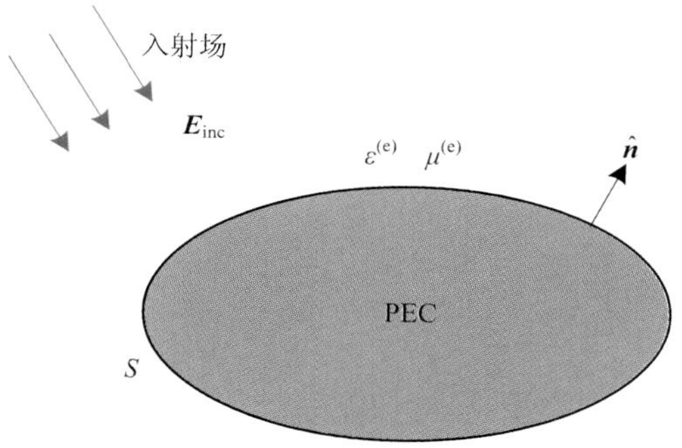

图 1.3－1　金属目标结构散射问题模型

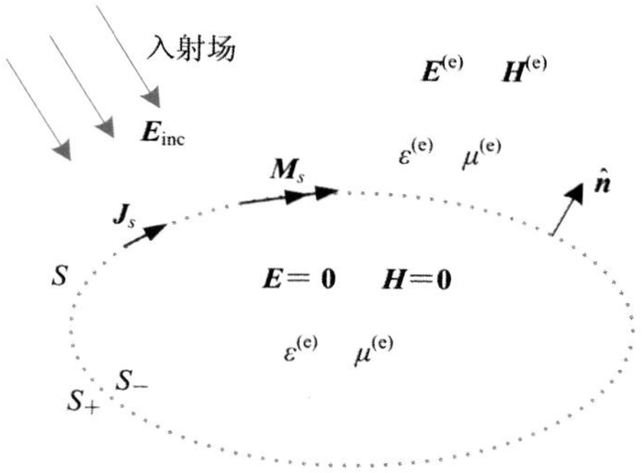

图 1.3－2　金属目标结构散射问题等效模型

由图 1.3－2 等效模型可直接写出外部空间中的总电、磁场：

$$\boldsymbol{E}^{\text{external}}=\boldsymbol{E}_{\text{inc}}+\boldsymbol{E}^{(e)}(\boldsymbol{J}_s,\boldsymbol{M}_s) \tag{1.3-1a}$$

$$\boldsymbol{H}^{\text{external}}=\boldsymbol{H}_{\text{inc}}+\boldsymbol{H}^{(e)}(\boldsymbol{J}_s,\boldsymbol{M}_s) \tag{1.3-1b}$$

式中 $\boldsymbol{E}_{\text{inc}}$、$\boldsymbol{H}_{\text{inc}}$ 为入射电磁场，$\boldsymbol{E}^{(e)}$、$\boldsymbol{H}^{(e)}$ 为 S 上等效源所产生的电磁场。

根据原理想导体问题的边界条件，有

$$\hat{\boldsymbol{n}}\times(\boldsymbol{E}^{\text{external}}|_{S_+}-\boldsymbol{E}^{\text{internal}}|_{S_-})=\boldsymbol{0} \tag{1.3-2a}$$

$$\hat{\boldsymbol{n}}\times(\boldsymbol{H}^{\text{external}}|_{S_+}-\boldsymbol{H}^{\text{internal}}|_{S_-})=\boldsymbol{J} \tag{1.3-2b}$$

由于金属中电磁场 $\boldsymbol{E}^{\text{internal}}$、$\boldsymbol{H}^{\text{internal}}$ 为零，于是有

$$\hat{\boldsymbol{n}}\times\boldsymbol{E}^{\text{external}}|_{S_+}=\boldsymbol{0} \tag{1.3-3a}$$

$$\hat{\boldsymbol{n}}\times\boldsymbol{H}^{\text{external}}|_{S_+}=\boldsymbol{J} \tag{1.3-3b}$$

可见，$\boldsymbol{M}_s=\boldsymbol{0}$，$\boldsymbol{J}_s=\boldsymbol{J}$，也就是说，对于理想导体，等效出的面电流 $\boldsymbol{J}_s$ 恰好等于原问题中的面电流 $\boldsymbol{J}$。方程(1.3－3)可进一步写为

$$\hat{\boldsymbol{n}}\times[\boldsymbol{E}_{\text{inc}}+\boldsymbol{E}^{(e)}(\boldsymbol{J})]|_{S_+}=\boldsymbol{0} \tag{1.3-4a}$$

$$\hat{\boldsymbol{n}}\times[\boldsymbol{H}_{\text{inc}}+\boldsymbol{H}^{(e)}(\boldsymbol{J})]|_{S_+}=\boldsymbol{J} \tag{1.3-4b}$$

式(1.3－4a)和式(1.3－4b)是分别以电场和磁场边界条件建立起来的积分方程。式(1.3－4a)称为电场积分方程(EFIE)；式(1.3－4b)称为磁场积分方程(MFIE)。由于等效问题空间是均匀无界空间，可得：

$$\begin{cases}\boldsymbol{E}^{(e)}(\boldsymbol{J}(\boldsymbol{r}'))=\eta L(\boldsymbol{J}(\boldsymbol{r}'))\\ \boldsymbol{H}^{(e)}(\boldsymbol{J}(\boldsymbol{r}'))=K(\boldsymbol{J}(\boldsymbol{r}'))\end{cases} \tag{1.3-5}$$

$$L(\boldsymbol{X})=-\mathrm{j}k\int_S\left[\boldsymbol{X}(\boldsymbol{r}')+\frac{1}{k^2}(\nabla'\cdot\boldsymbol{X}(\boldsymbol{r}'))\nabla\right]G(R)\mathrm{d}s' \tag{1.3-6}$$

$$K(\boldsymbol{X}) = -\int_S \boldsymbol{X}(\boldsymbol{r}') \times \nabla G(R) \mathrm{d}s' \tag{1.3-7}$$

其中 $\eta = \sqrt{\mu^{(e)}/\varepsilon^{(e)}}$ 为媒质空间中的波阻抗，$k=\omega\sqrt{\mu^{(e)}\varepsilon^{(e)}}$ 为媒质空间中的波数，$R=|\boldsymbol{r}-\boldsymbol{r}'|$ 表示源点到场点的距离，$G(R)=\mathrm{e}^{-jkR}/(4\pi R)$ 为媒质空间中的标量格林函数。将 L 和 K 算子代入式(1.3－4a)与式(1.3－4b)，可得

$$\hat{\boldsymbol{n}} \times [\eta L(\boldsymbol{J}) + \boldsymbol{E}_{\text{inc}}] = \boldsymbol{0} \tag{1.3-8}$$

$$\hat{\boldsymbol{n}} \times [K(\boldsymbol{J}) + \boldsymbol{H}_{\text{inc}}] = \boldsymbol{J} \tag{1.3-9}$$

将提取出奇异点的 L 和 K 算子带入式(1.3－8)和式(1.3－9)，最终可得可用于在物体表面上计算的 EFIE 和 MFIE 表达式：

$$\hat{\boldsymbol{n}} \times [\eta(L_0(\boldsymbol{J}) + L_\delta(\boldsymbol{J})) + \boldsymbol{E}_{\text{inc}}] = \boldsymbol{0} \tag{1.3-10}$$

$$\hat{\boldsymbol{n}} \times [K_0(\boldsymbol{J}) + K_\delta(\boldsymbol{J}) + \boldsymbol{H}_{\text{inc}}] = \boldsymbol{J} \tag{1.3-11}$$

对于光滑曲面，有

$$\hat{\boldsymbol{n}} \times \left[\eta L_0(\boldsymbol{J}) + \frac{\rho_s}{2\varepsilon}\hat{\boldsymbol{n}} + \boldsymbol{E}_{\text{inc}}\right] = \boldsymbol{0} \tag{1.3-12}$$

$$\hat{\boldsymbol{n}} \times \left[K_0(\boldsymbol{J}) + \frac{\boldsymbol{J} \times \hat{\boldsymbol{n}}}{2} + \boldsymbol{H}_{\text{inc}}\right] = \boldsymbol{J} \tag{1.3-13}$$

从式(1.3－10)中的电场积分方程表达式可以看出，由于使用电场切向边界条件建立积分方程，表达式中的法向分量不起作用，可以直接去除，也就是说电场积分方程中实际上不包含 $L_\delta(\boldsymbol{J})$，所以电场积分方程对任意形状表面都是精确的。而式(1.3－11)中磁场积分方程中提取出的奇异项是切向的，所以 $K_\delta(\boldsymbol{J})$ 必须包含在方程中。1.2.7 节的讨论表明，当模型曲面不光滑时，$K_\delta(\boldsymbol{J})$ 的值难以确定，所以磁场积分方程只能用于计算光滑表面物体，对于复杂的非光滑物体磁场积分方程本身就是不够精确的[10]。因此，一般情况下基于电场积分方程的矩量法精度高于基于磁场积分方程的矩量法精度，尤其是在网格不够精细的情况下更是如此，这是因为磁场积分方程中的奇异点残留项不为零，$K_\delta(\boldsymbol{J})$ 是一个与物体边界形状特征相关的量，而在计算过程中一般都近似表示为光滑曲面的情况。

电场积分方程与磁场积分方程是根据电磁场边界条件建立的，因此理论上来看，二者是等效的，但从求解的角度看，又有着极大不同。电场积分方程中未知电流 $\boldsymbol{J}$ 仅出现在算子 L 的积分里，磁场积分方程的电流 $\boldsymbol{J}$ 不仅出现在算子 K 的积分里面，还出现在积分外边，在数学上属于不同积分类型。电场积分方程属于第一类弗雷德霍姆积分方程，其离散后的矩量法矩阵条件数较差。磁场积分方程属于第二类弗雷德霍姆积分方程，其离散后的矩量法矩阵方程条件数较好，但是，由于 $K_\delta(\boldsymbol{J})$ 的存在，磁场积分方程很难保证精度。

由 L 算子定义可看出电场积分方程主要由两个部分组成，即电流分布 $\boldsymbol{J}$ 及电流的散度 $\nabla' \cdot \boldsymbol{J}$，这两个部分分别对应于矢量势函数 $\boldsymbol{A}$ 和标量势函数 φ。当频率较低的时候，矢量势函数 $\boldsymbol{A}$ 的贡献趋于零，积分的主要贡献来源于标量势函数 φ，标量势函数的大小由电流源的散度完全确定。因为仅由一个矢量的散度无法确定该矢量，所以在频率很低时电场积分方程中的电流有不唯一的倾向，由此电场积分方程在低频时会失效，需要特殊处理[11]。因此对于低频问题，使用磁场积分方程较为合适。

对于开放物体，即存在无限薄的金属面，只能采用 EFIE 计算其电流分布[12]，无法采

用 MFIE 进行计算，下面对此做些讨论。如图 1.3－3 所示，假设有一厚度为 d 的金属薄板，当考虑薄板厚度时，薄板可看作一封闭的金属导体，$\hat{\boldsymbol{n}}_1$、$\hat{\boldsymbol{n}}_2$ 分别表示金属板上、下表面的外法向单位矢量。

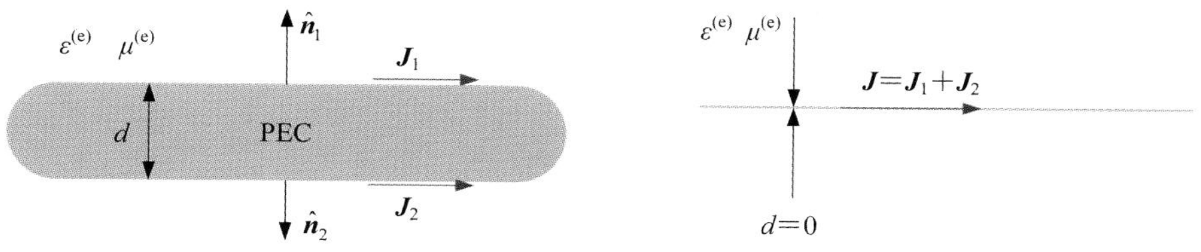

(a) 有厚度金属板模型　　(b) 无限薄金属板模型

图 1.3－3　无限薄金属板模型的等效

当薄板在外加电磁场照射下时，上下两表面都需要放置等效电流，分别记为 $\boldsymbol{J}_1$、$\boldsymbol{J}_2$，当板的厚度 d 趋近于 0 的时候，板上、下面收缩成一个无限薄的金属片。如果能将 $\boldsymbol{J}_1$、$\boldsymbol{J}_2$ 组合成一个电流，减少未知量，则矩阵方程依然可解。对于 EFIE，图 1.3－3(a)中模型产生的场可表示为上、下两个面的电流产生的场之和，即

$$\boldsymbol{E}^{(e)}=\eta L(\boldsymbol{J}_1)+\eta L(\boldsymbol{J}_2) \tag{1.3-14}$$

由式(1.3－6)可以看出 L 算子是线性算子，所以有

$$\boldsymbol{E}^{(e)}=\eta L(\boldsymbol{J}_1)+\eta L(\boldsymbol{J}_2)=\eta L(\boldsymbol{J}_1+\boldsymbol{J}_2) \tag{1.3-15}$$

利用金属上、下表面电场满足的边界条件，并将式(1.3－15)代入，可得积分方程

$$\begin{cases}\hat{\boldsymbol{n}}_1\times[\boldsymbol{E}_{\text{inc}}+\eta L_0(\boldsymbol{J}_1+\boldsymbol{J}_2)]=\boldsymbol{0} & (\text{上表面})\\ \hat{\boldsymbol{n}}_2\times[\boldsymbol{E}_{\text{inc}}+\eta L_0(\boldsymbol{J}_1+\boldsymbol{J}_2)]=\boldsymbol{0} & (\text{下表面})\end{cases} \tag{1.3-16}$$

注意上式中的 L_0 算子是已经提取出奇异点的积分算子。当板厚度趋于 0 时，记 $\hat{\boldsymbol{n}}=\hat{\boldsymbol{n}}_1=-\hat{\boldsymbol{n}}_2$，则式(1.3－16)中的两个积分方程可统一成一个：

$$\hat{\boldsymbol{n}}\times[\eta L(\boldsymbol{J}_1+\boldsymbol{J}_2)]=-\hat{\boldsymbol{n}}\times\boldsymbol{E}_{\text{inc}} \tag{1.3-17}$$

新的积分方程中可将上、下表面的电流合成一个电流，即 $\boldsymbol{J}=\boldsymbol{J}_1+\boldsymbol{J}_2$。这表明 EFIE 完全可以用来计算存在无限薄金属面片的开放结构。

以同样的原理分析 MFIE。将辐射磁场代入磁场边界条件可得到

$$\begin{cases}\hat{\boldsymbol{n}}_1\times[\boldsymbol{H}_{\text{inc}}+K_0(\boldsymbol{J}_1+\boldsymbol{J}_2)]=\dfrac{\boldsymbol{J}_1-\boldsymbol{J}_2}{2} & (\text{上表面})\\ \hat{\boldsymbol{n}}_2\times[\boldsymbol{H}_{\text{inc}}+K_0(\boldsymbol{J}_1+\boldsymbol{J}_2)]=\dfrac{\boldsymbol{J}_2-\boldsymbol{J}_1}{2} & (\text{下表面})\end{cases} \tag{1.3-18}$$

当板厚度趋于 0 时，记 $\hat{\boldsymbol{n}}=\hat{\boldsymbol{n}}_1=-\hat{\boldsymbol{n}}_2$，则式(1.3－18)中的两式可统一写成

$$\hat{\boldsymbol{n}}\times[\boldsymbol{H}_{\text{inc}}+K_0(\boldsymbol{J}_1+\boldsymbol{J}_2)]=\frac{\boldsymbol{J}_1-\boldsymbol{J}_2}{2} \tag{1.3-19}$$

可以看出，式(1.3－19)的上、下两个面的积分方程无法统一为一个以 $\boldsymbol{J}_1+\boldsymbol{J}_2$ 为变量的积分方程。如果保留 $\boldsymbol{J}_1$、$\boldsymbol{J}_2$ 作为两组未知量，矩阵方程无法求解。因此 MFIE 无法用来计算存在无限薄金属面片的开放结构。

究其原因，这是因为磁场积分方程要求另外一个表面上的磁场为零，对于无限薄的开

放金属结构而言，这是无法实现的。比较而言，尽管电场积分方程也要求另外一个表面上的电场为零，但是由于无限薄金属面两侧的切向电场都能满足为零，所以电场积分方程不存在这个问题。

2. 内谐振与混合场积分方程

前面已经指出，通过等效原理分析理想导体问题时，由于只在导体表面放置了等效电流，所以在数值模型中理想导体的实体模型实际上与仅由理想导体面构成的导体壳模型是等价的，在数值分析过程中二者都被当成空壳的腔体模型来分析。考虑理想导电表面 S 上有面电荷密度 ρ_s 及面电流密度 $\boldsymbol{J}_s$，电荷和电流遍布物体的几何表面 S，而其分布情况使得该表面上的边界条件与理想导体相同。

我们来看由理想导体面 S 构成的空腔(非实体)的内部场的解。在 S 表面内部波动方程 $\nabla^2\boldsymbol{E}-\omega^2\varepsilon\mu\boldsymbol{E}=0$ 的解在 S 面上满足条件 $\hat{\boldsymbol{n}}\times\boldsymbol{E}=\boldsymbol{0}$。一般情况下，腔体内部的波动方程的解不是单值的，即在一些特定频率上可能有若干模式，它们在空腔内有不同的场分布，在空腔壁上会产生不同的电流分布。从谐振腔理论来看，只使用电场或磁场的切向条件是不能唯一确定谐振腔内的场的。以矩形谐振腔为例，所有的谐振模式都满足电场切向边界条件，所以仅通过波动方程和电场切向边界条件是不能确定谐振腔内实际存在的是哪些模式。同样，只通过磁场切向边界条件也不能唯一确定场分布。这与前面讨论的唯一性定理是吻合的，只利用切向电场或切向磁场分量能够唯一确定的是有耗系统的电磁场分布，而无耗系统中电磁场的唯一确定，需要具有更多的限定条件。

在理论上还应该看到，任何闭合空腔壁上的电流都不会在腔外产生场。因此，S 外部的场是单值的，但是 S 上的电流并不单值，这个电流有可能是只在 S 外部产生场的电流与只在 S 内部产生场的电流之和[12]。尽管理论上内外场之间没有耦合，但存在数值解耦合。对 S 外部场进行数值求解时，当系统结构有内部谐振现象时，数值解就可能出现严重问题，可能产生较大的误差，用数学上的说法就是当采用矩量法把积分方程组变换到线性方程组时，将在任何谐振频率附近产生病态矩阵[12]。因此，当频率接近空腔的任意谐振频率时，在导电面 S 上建立的 EFIE 和 MFIE 不能有效求解 S 面所封闭的理想导电体的外部场。若在利用电场切向边界条件时同时考虑电场的法向边界条件，或者在利用磁场切向边界条件时考虑到磁场的法向边界条件，就可以消除 EFIE 和 MFIE 的内谐振问题。

在式(1.3-10)和式(1.3-11)的基础上再引入式(1.2-19)中的法向边界条件，方程改写为如下形式：

$$\eta(L_0(\boldsymbol{J})+L_\delta(\boldsymbol{J}))+\boldsymbol{E}_{\text{inc}}=\frac{\rho_s}{\varepsilon}\hat{\boldsymbol{n}} \tag{1.3-20}$$

$$K_0(\boldsymbol{J})+K_\delta(\boldsymbol{J})+\boldsymbol{H}_{\text{inc}}=\boldsymbol{J}\times\hat{\boldsymbol{n}} \tag{1.3-21}$$

式(1.3-20)、式(1.3-21)分别为 AEFIE、AMFIE，即增广电场积分方程(Augmented Electric Field Integral Equation，AEFIE)和增广磁场积分方程(Augmented Magnetic Field Integral Equation，AMFIE)[13]。从增广积分方程表达式可以看出，如果只用切向分量检验方程，那么方程中的法向分量依然不起作用，此时增广积分方程退化为传统积分方程。所以要消除内谐振，必须引入法向检验条件，这样 AEFIE 和 AMFIE 离散后方程数目 2 倍于未知量数目，方程变为超定方程。此外，注意到增广积分方程中包含了 $L_\delta(\boldsymbol{J})$、$K_\delta(\boldsymbol{J})$，所以增广积分方程在计算非光滑物体时同样会遇到精度不高的问题。

目前消除内谐振的主流方法是将传统的 EFIE 与 MFIE 以一定的配比叠加，构造出混合场积分方程(Combined Field Integral Equation，CFIE)[14]。CFIE 同时限制了边界上的电场切向边界条件和磁场切向边界条件，等效面内外的场都可以唯一确定。CFIE 可写为

$$\text{CFIE} = \alpha \cdot \text{EFIE} + (1-\alpha)\eta_0 \cdot \text{MFIE} \tag{1.3-22}$$

由于电场和磁场在量纲上差一个波阻抗，实际操作中通常在磁场积分方程的两边同时乘上一个波阻抗。式(1.3-22)中，η_0 为自由空间中的波阻抗，$0 \leqslant \alpha \leqslant 1$。当 $\alpha=0$ 时，CFIE 退化为 MFIE，当 $\alpha=1$ 时，CFIE 退化为 EFIE。α 的取值直接影响 CFIE 的数值特性。当 α 较小时 MFIE 比重较大，矩量法产生的矩阵条件数好，迭代法求解时收敛快，但精度降低；当 α 较大时 EFIE 比重较大，矩阵条件数变差，迭代求解时收敛慢，但精度得到提高。这是一对矛盾关系，应调整二者比例，使得方程既能满足精度要求，又不至于出现慢收敛情况。

概括而言，对于分析理想导体的面积分方程，可有如下一般结论：

(1) EFIE 与 MFIE 是最简单的，但在内谐振频率上失效。MFIE 不能用于分析无限薄的开放系统。

(2) 对于开放物体与细导线，EFIE 可能是最佳的；对于任意闭合的金属物体，CFIE 可能是最佳的。

1.3.2　两区域介质表面 PMCHW 积分方程

基于等效原理的 PMCHW 表面积分方程目前已被广泛应用于求解均匀介质体问题。PMCHW 积分方程由 Piggio 和 Miller 引入[15]，Chang 与 Harrington 用于分析柱体[16]，Wu 与 Tsai 用于分析旋转体[17]，Mautz 与 Harrington 给出了 PMCHW 这个缩略词[18]。下面给出两区域、介质表面的 PMCHW 积分方程的建立过程。

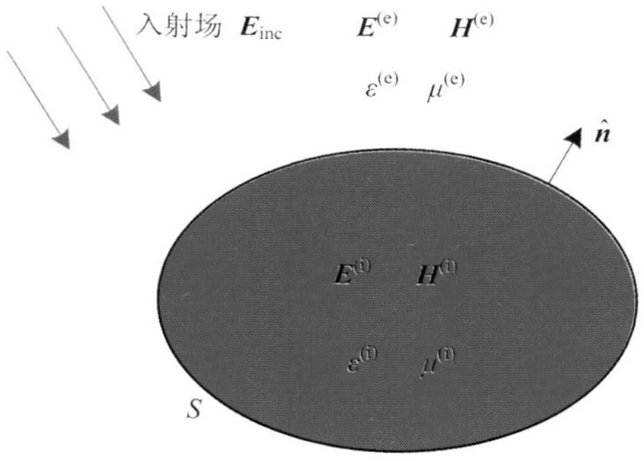

图 1.3-4　介质体电磁散射问题模型

图 1.3-4 为一个一般介质体散射问题模型。假设均匀媒质空间中有一均匀介质体，介质体内部(internal)区域的电磁参数为($\varepsilon^{(i)}$，$\mu^{(i)}$)，外部(external)媒质空间中填充有电磁参数为($\varepsilon^{(e)}$，$\mu^{(e)}$)的均匀介质，将物体表面记为 S。下面通过两次运用等效原理构造等效模型来求解内部场与外部场的分布。

首先，运用等效原理构造一个计算外部散射场的等效模型。等效问题中用外部媒质代替内部媒质，并令其内部场为 0。如图 1.3-5(a)所示，在表面 S 上放置等效电流 $\boldsymbol{J}^{(e)}$ 和等效磁流 $\boldsymbol{M}^{(e)}$，根据原问题边界条件，可得

$$-\hat{\boldsymbol{n}} \times [\boldsymbol{E}_{\text{inc}} + \boldsymbol{E}^{(e)}(\boldsymbol{J}^{(e)}, \boldsymbol{M}^{(e)})]|_{S_+} = \boldsymbol{M}^{(e)} \tag{1.3-23}$$

$$\hat{\boldsymbol{n}} \times [\boldsymbol{H}_{\text{inc}} + \boldsymbol{H}^{(e)}(\boldsymbol{J}^{(e)}, \boldsymbol{M}^{(e)})]|_{S_+} = \boldsymbol{J}^{(e)} \tag{1.3-24}$$

其中：S_+ 表示场是在面 S 的外表面求得的；$\hat{\boldsymbol{n}}$ 是由内部区域指向外部区域的单位法向量；$\boldsymbol{E}_{\text{inc}}$ 和 $\boldsymbol{H}_{\text{inc}}$ 分别是从外部区域射向物体的入射电场和磁场；$\boldsymbol{E}^{(e)}$ 和 $\boldsymbol{H}^{(e)}$ 分别代表物体外部的散射电场和磁场。

接下来，再次运用等效原理，构造出一个计算内部区域场的等效问题。此时，外部媒质可以用内部媒质来替代，由于只对内部场分布感兴趣，可将外部场置 0。如图 1.3－5(b)所示，在表面 S 上放置等效电流 $\boldsymbol{J}^{(i)}$ 和等效磁流 $\boldsymbol{M}^{(i)}$，根据边界条件可得

$$\hat{\boldsymbol{n}} \times \boldsymbol{E}^{(i)}(\boldsymbol{J}^{(i)}, \boldsymbol{M}^{(i)})\big|_{S_-} = \boldsymbol{M}^{(i)} \tag{1.3-25}$$

$$-\hat{\boldsymbol{n}} \times \boldsymbol{H}^{(i)}(\boldsymbol{J}^{(i)}, \boldsymbol{M}^{(i)})\big|_{S_-} = \boldsymbol{J}^{(i)} \tag{1.3-26}$$

其中：S_- 表示场是在界面 S 的内表面求得的；$\boldsymbol{E}^{(i)}$ 和 $\boldsymbol{H}^{(i)}$ 分别代表物体内部的散射电场和磁场。

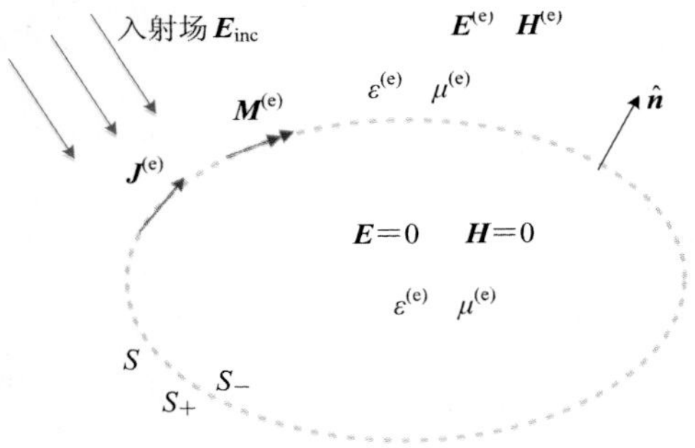

(a) 外部场等效模型

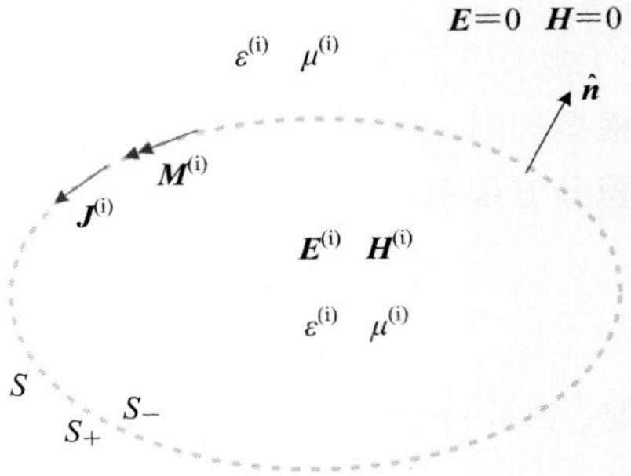

(b) 内部场等效模型

图 1.3－5 求解介质体散射问题的等效模型

图 1.3－5(a)的等效模型保留的是原问题的外部场，图 1.3－5(b)的等效模型保留的是原问题的内部场。对于原介质问题，电磁场的切向分量是连续的，边界条件需要满足：

$$\begin{cases} \hat{\boldsymbol{n}} \times [\boldsymbol{E}_{\rm inc} + \boldsymbol{E}^{(e)}(\boldsymbol{J}^{(e)}, \boldsymbol{M}^{(e)})]\big|_{S_+} = \hat{\boldsymbol{n}} \times \boldsymbol{E}^{(i)}(\boldsymbol{J}^{(i)}, \boldsymbol{M}^{(i)})\big|_{S_-} \\ \hat{\boldsymbol{n}} \times [\boldsymbol{H}_{\rm inc} + \boldsymbol{H}^{(e)}(\boldsymbol{J}^{(e)}, \boldsymbol{M}^{(e)})]\big|_{S_+} = \hat{\boldsymbol{n}} \times \boldsymbol{H}^{(i)}(\boldsymbol{J}^{(i)}, \boldsymbol{M}^{(i)})\big|_{S_-} \end{cases} \tag{1.3-27}$$

将式(1.3－23)～式(1.3－26)代入式(1.3－27)，可以将 4 个待求的等效电磁流简化为两个：

$$\boldsymbol{M}^{(e)} = -\boldsymbol{M}^{(i)} = \boldsymbol{M},\ \boldsymbol{J}^{(e)} = -\boldsymbol{J}^{(i)} = \boldsymbol{J} \tag{1.3-28}$$

根据位函数相关理论，可将内部和外部的散射场表示为等效源的积分形式。对于外部区域，由 $\boldsymbol{M}^{(e)}=\boldsymbol{M}$，$\boldsymbol{J}^{(e)}=\boldsymbol{J}$，根据 1.2.7 节介绍的位函数理论及对偶原理，可以得到

$$\boldsymbol{E}^{(e)}(\boldsymbol{J}, \boldsymbol{M}) = \eta^{(e)} L^{(e)}(\boldsymbol{J}) - K^{(e)}(\boldsymbol{M}) \tag{1.3-29}$$

$$\boldsymbol{H}^{(e)}(\boldsymbol{J}, \boldsymbol{M}) = K^{(e)}(\boldsymbol{J}) + \frac{1}{\eta^{(e)}} L^{(e)}(\boldsymbol{M}) \tag{1.3-30}$$

其中：

$$L^{(e)}(\boldsymbol{X}) = -\mathrm{j}k^{(e)} \int_S \left[\boldsymbol{X}(\boldsymbol{r}') + \frac{1}{(k^{(e)})^2}(\nabla' \cdot \boldsymbol{X}(\boldsymbol{r}'))\nabla\right] \frac{\mathrm{e}^{-\mathrm{j}k^{(e)}R}}{4\pi R} \mathrm{d}s'$$

$$K^{(e)}(\boldsymbol{X}) = -\int_S \boldsymbol{X}(\boldsymbol{r}') \times \nabla \frac{\mathrm{e}^{-\mathrm{j}k^{(e)}R}}{4\pi R} \mathrm{d}s' \tag{1.3-31}$$

式中 $\eta^{(e)} = \sqrt{\mu^{(e)}/\varepsilon^{(e)}}$ 为外部媒质空间中的波阻抗，$k^{(e)} = \omega\sqrt{\mu^{(e)}\varepsilon^{(e)}}$ 为外部媒质空间中的波数，$R = |\boldsymbol{r} - \boldsymbol{r}'|$ 表示源点到场点的距离。

对于内部区域，由 $\boldsymbol{M}^{(i)} = -\boldsymbol{M}$，$\boldsymbol{J}^{(i)} = -\boldsymbol{J}$，可以得到

$$\boldsymbol{E}^{(i)}(\boldsymbol{J},\boldsymbol{M}) = -\eta^{(i)}L^{(i)}(\boldsymbol{J}) + K^{(i)}(\boldsymbol{M}) \tag{1.3-32}$$

$$\boldsymbol{H}^{(i)}(\boldsymbol{J},\boldsymbol{M}) = -K^{(i)}(\boldsymbol{J}) - \frac{1}{\eta^{(i)}}L^{(i)}(\boldsymbol{M}) \tag{1.3-33}$$

其中：

$$L^{(i)}(\boldsymbol{X}) = -\mathrm{j}k^{(i)}\int_S\left[\boldsymbol{X}(\boldsymbol{r}') + \frac{1}{(k^{(i)})^2}(\nabla'\cdot\boldsymbol{X}(\boldsymbol{r}'))\nabla\right]\frac{\mathrm{e}^{-\mathrm{j}k^{(i)}R}}{4\pi R}\mathrm{d}s' \tag{1.3-34a}$$

$$K^{(i)}(\boldsymbol{X}) = -\int_S\boldsymbol{X}(\boldsymbol{r}')\times\nabla\frac{\mathrm{e}^{-\mathrm{j}k^{(i)}R}}{4\pi R}\mathrm{d}s' \tag{1.3-34b}$$

式中，$\eta^{(i)} = \sqrt{\mu^{(i)}/\varepsilon^{(i)}}$为内部媒质中的波阻抗，$k^{(i)} = \omega\sqrt{\mu^{(i)}\varepsilon^{(i)}}$为内部媒质中的波数，$R = |\boldsymbol{r} - \boldsymbol{r}'|$表示源点到场点的距离。

根据式(1.3-28)，可将介质区域外的电场积分方程与区域内的电场积分方程联立为电场积分方程组：

$$\begin{cases} -\hat{\boldsymbol{n}}\times[\boldsymbol{E}_{\mathrm{inc}} + \eta^{(e)}L^{(e)}(\boldsymbol{J}) - K^{(e)}(\boldsymbol{M})] = \boldsymbol{M} \\ \hat{\boldsymbol{n}}\times[-\eta^{(i)}L^{(i)}(\boldsymbol{J}) + K^{(i)}(\boldsymbol{M})] = -\boldsymbol{M} \end{cases} \tag{1.3-35a}$$

类似地，也可将介质区域外的磁场积分方程与区域内的磁场积分方程联立为磁场积分方程组：

$$\begin{cases} \hat{\boldsymbol{n}}\times\left[\boldsymbol{H}_{\mathrm{inc}} + K^{(e)}(\boldsymbol{J}) + \dfrac{1}{\eta^{(e)}}L^{(e)}(\boldsymbol{M})\right] = \boldsymbol{J} \\ -\hat{\boldsymbol{n}}\times\left[-K^{(i)}(\boldsymbol{J}) - \dfrac{1}{\eta^{(i)}}L^{(i)}(\boldsymbol{M})\right] = -\boldsymbol{J} \end{cases} \tag{1.3-35b}$$

当然，还可以通过联立介质区域内部电场、外部磁场，以及介质区域内部磁场、外部电场的形式组建方程组。这主要是因为等效原理只关心需要计算的一个区域，而对另外一个区域的电磁场分布可以任意假设，所以导致积分方程并不唯一。通过电磁场边界条件组建的不同积分方程，有些是独立的，有些是不独立的。只要选择合适的积分方程组合，即可求解出电磁流的分布。然而，不同积分方程的数值特性是不同的，比如，上述建立过程中分别利用了 S_+ 与 S_- 上的电场或磁场，各个方程都含有非光滑曲面中难以确定的 K_δ，计算精度难以控制，而且离散后形成的矩量法矩阵性态也很差。

若将式(1.3-29)～式(1.3-33)代入式(1.3-27)中，得到两个方程，其中的任意一个都由介质区域内算子和区域外算子共同构成：

$$\hat{\boldsymbol{n}}\times[-\eta^{(e)}L^{(e)}(\boldsymbol{J}) + K^{(e)}(\boldsymbol{M}) - \eta^{(i)}L^{(i)}(\boldsymbol{J}) + K^{(i)}(\boldsymbol{M})] = \hat{\boldsymbol{n}}\times\boldsymbol{E}_{\mathrm{inc}} \tag{1.3-36a}$$

$$\hat{\boldsymbol{n}}\times\left[-K^{(e)}(\boldsymbol{J}) - \frac{1}{\eta^{(e)}}L^{(e)}(\boldsymbol{M}) - K^{(i)}(\boldsymbol{J}) - \frac{1}{\eta^{(i)}}L^{(i)}(\boldsymbol{M})\right] = \hat{\boldsymbol{n}}\times\boldsymbol{H}_{\mathrm{inc}} \tag{1.3-36b}$$

等式(1.3-36)通常被称为“PMCHW 方程”。由于上述单个方程中同时出现了 S_+ 与 S_-，可将 K 算子替换为 K_0，另一方面，L 算子中 L_δ 为法向分量，于是有

$$\hat{\boldsymbol{n}}\times[-\eta^{(e)}L_0^{(e)}(\boldsymbol{J}) + K_0^{(e)}(\boldsymbol{M}) - \eta^{(i)}L_0^{(i)}(\boldsymbol{J}) + K_0^{(i)}(\boldsymbol{M})] = \hat{\boldsymbol{n}}\times\boldsymbol{E}_{\mathrm{inc}} \tag{1.3-37a}$$

$$\hat{\boldsymbol{n}}\times\left[-K_0^{(e)}(\boldsymbol{J}) - \frac{1}{\eta^{(e)}}L_0^{(e)}(\boldsymbol{M}) - K_0^{(i)}(\boldsymbol{J}) - \frac{1}{\eta^{(i)}}L_0^{(i)}(\boldsymbol{M})\right] = \hat{\boldsymbol{n}}\times\boldsymbol{H}_{\mathrm{inc}} \tag{1.3-37b}$$

这就使得 PMCHW 方程不包含非光滑曲面中难以确定的 K_δ。同时，PMCHW 方程联立了电场积分方程和磁场积分方程，能够有效避免介质结构的内谐振问题。

因为电场和磁场在量纲上差一个波阻抗，所以方程(1.3－37b)在量级上比方程(1.3－37a)差一个波阻抗的数值大小。为了使离散后的阻抗矩阵元素在同一个量级上，保证数值稳定性，实际操作中通常在方程(1.3－37b)的两边同时乘上一个自由空间中的波阻抗。

1.3.3　多区域任意复杂结构的积分方程

如图 1.3－6(a)所示，一个有限大的复杂目标包含多个理想导体、理想磁体和介质结构，其中介质是线性、均匀、各向同性的。该目标处于无限大、线性、均匀、各向同性的媒质空间中。多数情况下，目标所处空间是自由空间，然而该空间也可以填充其他媒质。值得指出，一些非均匀介质可以表示成多个分段均匀的介质。

图 1.3－6(a)中的一些区域是理想导体(PEC)或理想磁体(PMC)。在这些区域内部，电磁场为零。这些区域可称为零场区，统一用区域 0 表示。金属线、面结构是零场区的特殊情况。开放的金属面结构可以认为是零场区的一种退化形式。

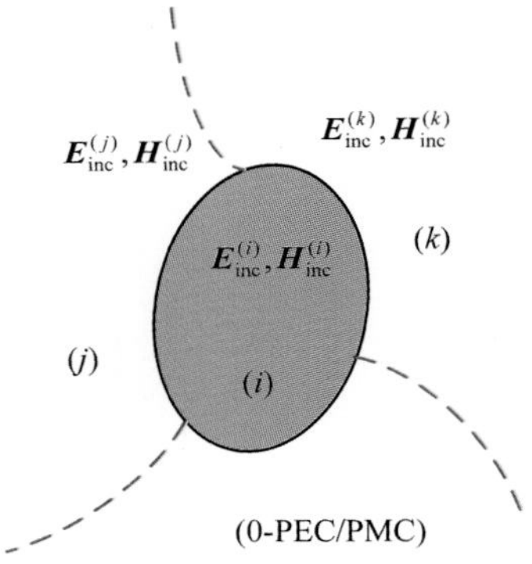

(a) 原问题

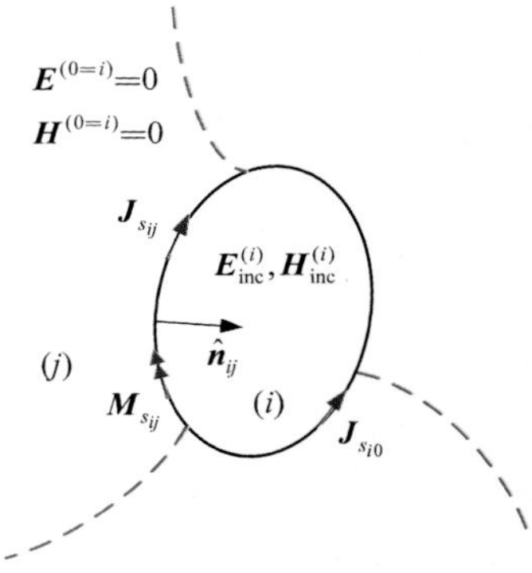

(b) 区域 i 的等效问题

图 1.3－6　多区域问题分解成多个单区域问题

在其他所有介质区域中，电磁场是存在的。这些区域统称为非零场区。介质区域的总数用 n 表示。第 i 个介质区域的媒质参数用复介电常数 $\varepsilon^{(i)}$ 和复磁导率 $\mu^{(i)}$ 表示，$i=1$，…，n，这些参数包含了相关的介质损耗。在这些介质区域中，可能存在外加电磁场 $\boldsymbol{E}_{\text{inc}}^{(i)}$ 和 $\boldsymbol{H}_{\text{inc}}^{(i)}$，$i=1$，…，$n$，其角频率为 ω。

不失一般性，我们考虑第 i 个介质区域，如图 1.3－6(b)所示。根据等效原理，区域 i 以外所有源的作用可以用该区域边界上的等效电磁流代替，区域 i 以外的场可以设为零，如图 1.3－6(b)所示。此时，区域 i 以外的区域记为 $0=i$，即关于区域 i 的区域 0。在区域 i 的等效问题中，区域 i 以外的区域所填充的媒质与区域 i 相同，整个目标等效为均匀结构(关于区域 i)。因此，一个多区域(或多媒质)问题可以分解成多个单区域(或单媒质)问题。

区域 i 和 j 分界面 s_{ij} 上的等效电磁流密度为

$$\boldsymbol{J}_{s_{ij}}=\hat{\boldsymbol{n}}_{ij}\times\boldsymbol{H}^{i},\qquad \boldsymbol{M}_{s_{ij}}=-\hat{\boldsymbol{n}}_{ij}\times\boldsymbol{E}^{i}\tag{1.3-38}$$

其中，$\hat{\boldsymbol{n}}_{ij}$ 是由区域 j 指向区域 i 的单位法向量，$\boldsymbol{E}^{i}$ 和 $\boldsymbol{H}^{i}$ 是两个区域分界面上的总电、磁场(位于区域 i 内)。如果考虑区域 j 的等效电磁流，只需交换 i 和 j，可得

$$\boldsymbol{J}_{s_{ji}}=\hat{\boldsymbol{n}}_{ji}\times\boldsymbol{H}^{j},\qquad \boldsymbol{M}_{s_{ji}}=-\hat{\boldsymbol{n}}_{ji}\times\boldsymbol{E}^{j}\tag{1.3-39}$$

在区域 i 和 j 分界面上，电磁场满足如下边界条件：

$$\hat{\boldsymbol{n}}_{ij}\times(\boldsymbol{H}^{i}-\boldsymbol{H}^{j})=\boldsymbol{0},\qquad \hat{\boldsymbol{n}}_{ij}\times(\boldsymbol{E}^{i}-\boldsymbol{E}^{j})=\boldsymbol{0} \tag{1.3-40}$$

注意到 $\hat{\boldsymbol{n}}_{ij}=-\hat{\boldsymbol{n}}_{ji}$，根据式(1.3-38)、式(1.3-39)和式(1.3-40)可以得出等效电磁流满足如下关系：

$$\boldsymbol{J}_{s_{ij}}=-\boldsymbol{J}_{s_{ji}},\qquad \boldsymbol{M}_{s_{ij}}=-\boldsymbol{M}_{s_{ji}} \tag{1.3-41}$$

因此，n 个单区域之间可通过式(1.3-40)和式(1.3-41)相互联系起来。区域 i 中的总电场可以表示为

$$\boldsymbol{E}^{i}=\sum_{\substack{k=0\\k\neq i}}^{n}\boldsymbol{E}^{(i)}(\boldsymbol{J}_{s_{ik}},\boldsymbol{M}_{s_{ik}})+\boldsymbol{E}_{\text{inc}}^{(i)} \tag{1.3-42}$$

其中 $\boldsymbol{E}^{(i)}(\boldsymbol{J}_{s_{ik}},\boldsymbol{M}_{s_{ik}})$表示区域 i 中的散射场，它由区域 i 和 k 边界面上的电磁流产生，与之相关的入射场为 $\boldsymbol{E}_{\text{inc}}^{(i)}$。根据位函数相关理论，区域 i 中由区域 i 和 k 边界面上的电磁流产生的散射场为

$$\boldsymbol{E}^{(i)}(\boldsymbol{J}_{s_{ik}},\boldsymbol{M}_{s_{ik}})=\eta^{(i)}L^{(i)}(\boldsymbol{J}_{s_{ik}})-K^{(i)}(\boldsymbol{M}_{s_{ik}}) \tag{1.3-43}$$

$$\boldsymbol{H}^{(i)}(\boldsymbol{J}_{s_{ik}},\boldsymbol{M}_{s_{ik}})=K^{(i)}(\boldsymbol{J}_{s_{ik}})+\frac{1}{\eta^{(i)}}L^{(i)}(\boldsymbol{M}_{s_{ik}}) \tag{1.3-44}$$

其中算子 $L^{(i)}$ 和 $K^{(i)}$ 定义为

$$L^{(i)}(\boldsymbol{X}_{s_{ik}})=-\mathrm{j}k^{(i)}\int_{s_{ik}}\begin{pmatrix}\boldsymbol{X}_{s_{ik}}(\boldsymbol{r}_{ik})G^{(i)}(\boldsymbol{r},\boldsymbol{r}')+\\ \dfrac{1}{(k^{(i)})^{2}}\nabla_{s_{ik}}\cdot\boldsymbol{X}_{s_{ik}}(\boldsymbol{r}_{ik})\nabla G^{(i)}(\boldsymbol{r},\boldsymbol{r}')\end{pmatrix}\mathrm{d}s_{ik} \tag{1.3-45}$$

$$K^{(i)}(\boldsymbol{X}_{s_{ik}})=-\int_{s_{ik}}\boldsymbol{X}_{s_{ik}}(\boldsymbol{r}_{ik})\times\nabla G^{(i)}(\boldsymbol{r},\boldsymbol{r}')\mathrm{d}s_{ik} \tag{1.3-46}$$

上式中，$\boldsymbol{X}_{s_{ik}}$ 可以是电流或磁流，其他变量定义如下：

$$G^{(i)}(\boldsymbol{r},\boldsymbol{r}')=\frac{\mathrm{e}^{-\mathrm{j}k^{(i)}R}}{4\pi R},\ R=|\boldsymbol{r}-\boldsymbol{r}_{ik}|,\ k^{(i)}=\omega\sqrt{\varepsilon^{(i)}\mu^{(i)}} \tag{1.3-47}$$

其中，$G^{(i)}(\boldsymbol{r},\boldsymbol{r}')$是均匀媒质 i 中的格林函数，$\boldsymbol{r}_{ik}$ 是源点的位置矢量(在格林函数中，用 $\boldsymbol{r}'$ 表示)，$\boldsymbol{r}$ 是场点的位置矢量。注意，散度算子$\nabla_{s_{ik}}\cdot$作用于源点矢量 $\boldsymbol{r}_{ik}$(位于分界面 s_{ik} 上)，梯度算子∇作用于场点矢量 $\boldsymbol{r}$。将区域 i 和 j 中所满足的式(1.3-43)和式(1.3-44)代入式(1.3-40)，可得到 PMCHW 方程的一般形式：

$$\hat{\boldsymbol{n}}_{ij}\times\left\{\begin{aligned}&\sum_{\substack{k=0\\k\neq i}}^{n}[\eta^{(i)}L_{0}^{(i)}(\boldsymbol{J}_{s_{ik}})-K_{0}^{(i)}(\boldsymbol{M}_{s_{ik}})]\\&-\sum_{\substack{k=0\\k\neq j}}^{n}[\eta^{(j)}L_{0}^{(j)}(\boldsymbol{J}_{s_{jk}})-K_{0}^{(j)}(\boldsymbol{M}_{s_{jk}})]\end{aligned}\right\}=\hat{\boldsymbol{n}}_{ij}\times(\boldsymbol{E}_{\text{inc}}^{(j)}-\boldsymbol{E}_{\text{inc}}^{(i)}) \tag{1.3-48a}$$

$$\hat{\boldsymbol{n}}_{ij}\times\left\{\begin{aligned}&\sum_{\substack{k=0\\k\neq i}}^{n}\left[\frac{1}{\eta^{(i)}}L_{0}^{(i)}(\boldsymbol{M}_{s_{ik}})+K_{0}^{(i)}(\boldsymbol{J}_{s_{ik}})\right]\\&-\sum_{\substack{k=0\\k\neq j}}^{n}\left[\frac{1}{\eta^{(j)}}L_{0}^{(j)}(\boldsymbol{M}_{s_{jk}})+K_{0}^{(j)}(\boldsymbol{J}_{s_{jk}})\right]\end{aligned}\right\}=\hat{\boldsymbol{n}}_{ij}\times(\boldsymbol{H}_{\text{inc}}^{(j)}-\boldsymbol{H}_{\text{inc}}^{(i)}) \tag{1.3-48b}$$

这一公式中若令 $j=0$，即可得到介质区域与零场区的交界面上满足的方程。如果只有

两个区域且其中一个区域是理想导体(另外一个区域仍为介质区域)时，PMCHW 方程的第一个方程退化为电场积分方程，因为介质与介质交界面上的切向电场边界条件和金属与介质交界面上的切向电场边界条件相同，仍可依据式(1.3-48a)来建立电场积分方程；然而，PMCHW 方程的第二个方程却不再成立了，因为介质与介质交界面的切向磁场边界条件不同于金属与介质交界面的切向磁场边界条件，因此无法依据式(1.3-48b)来建立磁场积分方程。根据对偶原理，如果只有两个区域且其中一个区域是理想磁体时，PMCHW 方程中的第二个方程退化为 MFIE，第一个方程则不再成立。

电场积分方程不仅适用于封闭金属目标也适用于开放金属目标以及金属导线结构，因此，对于由线和面组成的任意金属与介质目标混合问题，我们需要组合使用处理金属目标的 EFIE 与处理介质目标的 PMCHW 方程，也称为 EFIE+PMCHW 方程。

下面以如图 1.3-7 所示的微带结构介绍这一公式的具体应用。利用前述各区域的等效过程，分别对空气区域(区域 1)、介质区域(区域 2)进行场的等效，图 1.3-7(b)中直接给出了空气与金属交界面、介质基板媒质与金属交界面上的等效电磁流分布。

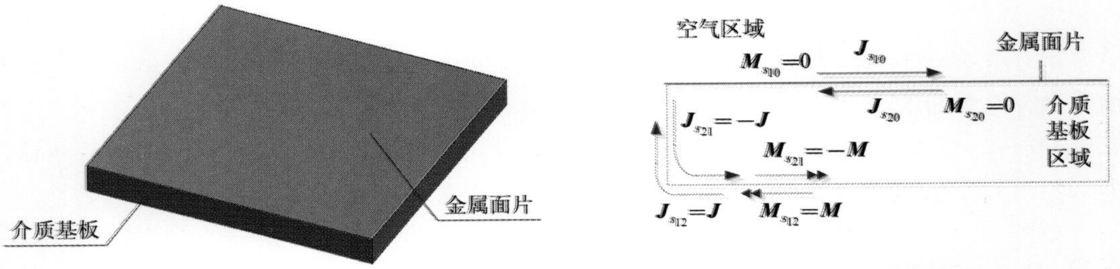

(a) 微带结构几何模型　　(b) 等效电磁流分布

图 1.3-7　微带结构以及其等效电磁流分布

总的媒质区域数 $n=2$，根据式(1.3-48)可得方程：

$$\hat{\boldsymbol{n}}_{ij}\times\left\{\begin{aligned}&\sum_{\substack{k=0\\k\neq i}}^{2}\left[\eta^{(i)}L_0^{(i)}(\boldsymbol{J}_{s_{ik}})-K_0^{(i)}(\boldsymbol{M}_{s_{ik}})\right]\\&-\sum_{\substack{k=0\\k\neq j}}^{2}\left[\eta^{(j)}L_0^{(j)}(\boldsymbol{J}_{s_{jk}})-K_0^{(j)}(\boldsymbol{M}_{s_{jk}})\right]\end{aligned}\right\}=\hat{\boldsymbol{n}}_{ij}\times(\boldsymbol{E}_{\text{inc}}^{(j)}-\boldsymbol{E}_{\text{inc}}^{(i)})\tag{1.3-49a}$$

$$\hat{\boldsymbol{n}}_{ij}\times\left\{\begin{aligned}&\sum_{\substack{k=0\\k\neq i}}^{2}\left[\frac{1}{\eta^{(i)}}L_0^{(i)}(\boldsymbol{M}_{s_{ik}})+K_0^{(i)}(\boldsymbol{J}_{s_{ik}})\right]\\&-\sum_{\substack{k=0\\k\neq j}}^{2}\left[\frac{1}{\eta^{(j)}}L_0^{(j)}(\boldsymbol{M}_{s_{jk}})+K_0^{(j)}(\boldsymbol{J}_{s_{jk}})\right]\end{aligned}\right\}=\hat{\boldsymbol{n}}_{ij}\times(\boldsymbol{H}_{\text{inc}}^{(j)}-\boldsymbol{H}_{\text{inc}}^{(i)})\tag{1.3-49b}$$

注意到空气与金属交界面、介质与金属表面的 $\boldsymbol{M}_{s_{10}}=\boldsymbol{M}_{s_{20}}=0$，有

$$\hat{\boldsymbol{n}}_{12}\times\left\{\begin{aligned}&\left[\eta^{(1)}L_0^{(1)}(\boldsymbol{J}_{s_{10}})\right]+\left[\eta^{(1)}L_0^{(1)}(\boldsymbol{J}_{s_{12}})-K_0^{(1)}(\boldsymbol{M}_{s_{12}})\right]\\&-\left[\eta^{(2)}L_0^{(2)}(\boldsymbol{J}_{s_{20}})\right]-\left[\eta^{(2)}L_0^{(2)}(\boldsymbol{J}_{s_{21}})-K_0^{(2)}(\boldsymbol{M}_{s_{21}})\right]\end{aligned}\right\}=\hat{\boldsymbol{n}}_{12}\times(\boldsymbol{E}_{\text{inc}}^{(2)}-\boldsymbol{E}_{\text{inc}}^{(1)})\tag{1.3-50a}$$

$$\hat{\boldsymbol{n}}_{12}\times\left\{\begin{aligned}&[K_0^{(1)}(\boldsymbol{J}_{s_{10}})]+\left[\frac{1}{\eta^{(1)}}L_0^{(1)}(\boldsymbol{M}_{s_{12}})+K_0^{(1)}(\boldsymbol{J}_{s_{12}})\right]\\&-[K_0^{(2)}(\boldsymbol{J}_{s_{20}})]-\left[\frac{1}{\eta^{(2)}}L_0^{(2)}(\boldsymbol{M}_{s_{21}})+K_0^{(2)}(\boldsymbol{J}_{s_{21}})\right]\end{aligned}\right\}=\hat{\boldsymbol{n}}_{12}\times(\boldsymbol{H}_{\text{inc}}^{(2)}-\boldsymbol{H}_{\text{inc}}^{(1)})\tag{1.3-50b}$$

取 $i=1$，$j=0$(考虑空气与金属的交界面)，再取 $i=2$，$j=0$(考虑介质与金属的交界面)，根据公式(1.3-48a)，且已知金属中场为零场，即 $L_0^{(0)}=0$，$K_0^{(0)}=0$，则有

$$\begin{cases}\hat{\boldsymbol{n}}_{10}\times\{[\eta^{(1)}L_0^{(1)}(\boldsymbol{J}_{s_{10}})]+[\eta^{(1)}L_0^{(1)}(\boldsymbol{J}_{s_{12}})-K_0^{(1)}(\boldsymbol{M}_{s_{12}})]\}=\hat{\boldsymbol{n}}_{10}\times(-\boldsymbol{E}_{\text{inc}}^{(1)}) & (1.3-51a)\\ \hat{\boldsymbol{n}}_{20}\times\{[\eta^{(2)}L_0^{(2)}(\boldsymbol{J}_{s_{20}})]+[\eta^{(2)}L_0^{(2)}(\boldsymbol{J}_{s_{21}})-K_0^{(2)}(\boldsymbol{M}_{s_{21}})]\}=\hat{\boldsymbol{n}}_{20}\times(-\boldsymbol{E}_{\text{inc}}^{(2)}) & (1.3-51b)\end{cases}$$

根据 $\boldsymbol{M}_{s_{12}}=-\boldsymbol{M}_{s_{21}}=\boldsymbol{M}$，$\boldsymbol{J}_{s_{12}}=-\boldsymbol{J}_{s_{21}}=\boldsymbol{J}$，可见上述四个方程中只有 $\boldsymbol{J}$、$\boldsymbol{M}$、$\boldsymbol{J}_{s_{10}}$、$\boldsymbol{J}_{s_{20}}$ 四个未知量，问题可解。

1.4 激励源

前述各种积分方程建立过程中都引入了外加电场、磁场，实际中可以用很多种方式来激励电磁目标结构。理论上来看，任何一种激励都可以用外加电流或外加场来表示。采用精确的激励模型结合精确的结构模型，就能准确地对全空间的电磁场进行建模。然而通常人们只关心感兴趣的电磁场，这部分场则往往可用简化的激励模型获得。

激励模型的建立中需要研究如何采用最简单的表达方法来确保准确地获得感兴趣的电磁场。本节讨论四种典型的激励模型：平面波激励模型、电压源激励模型、磁流源激励模型、导波场源激励模型。

1.4.1 平面波

由于自由空间中的波源与目标结构距离甚远，波源与结构之间没有耦合，因此可简单地用外加电场矢量 $\boldsymbol{E}_{\text{inc}}$ 和外加磁场矢量 $\boldsymbol{H}_{\text{inc}}$ 来描述这种激励。

人们经常使用的自由空间的波源为平面波，假设平面波以由单位矢量 $\hat{\boldsymbol{k}}$ 确定的方向入射到位于均匀、线性、各向同性媒质中的结构上，如图 1.4-1 所示。假设媒质的介电常数和磁导率分别为 ε 和 μ(媒质可以是有耗媒质，此时 ε 和 μ 为复数)，入射波的角频率为 ω。在球坐标系下，入射方向的单位矢量 $\hat{\boldsymbol{k}}$ 可表示为

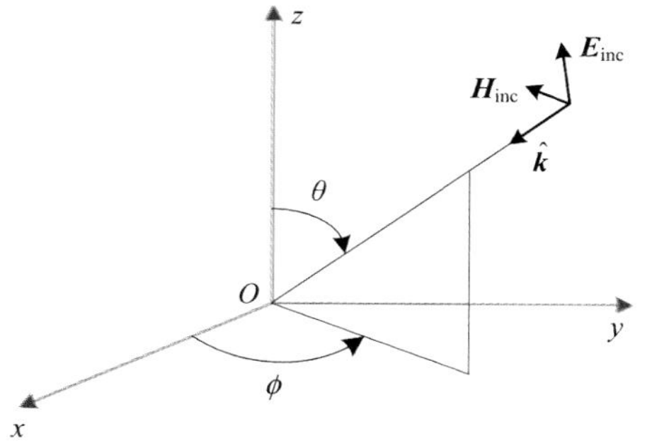

图 1.4-1　平面波从球坐标角 θ 与 ϕ 方向入射到结构上

$$\hat{\boldsymbol{k}}=-\sin\theta\cos\phi\hat{\boldsymbol{i}}_x-\sin\theta\sin\phi\hat{\boldsymbol{i}}_y-\cos\theta\hat{\boldsymbol{i}}_z\tag{1.4-1}$$

不失一般性，假设平面波是椭圆极化的，即电场既有 θ 方向分量又有 ϕ 方向分量，分别用 $\boldsymbol{E}_{0\theta}$ 和 $\boldsymbol{E}_{0\phi}$ 来表示，且两者不同相。因此入射电场可以表示为

$$\boldsymbol{E}_0 = E_{0\theta}\hat{\boldsymbol{i}}_\theta + E_{0\phi}\hat{\boldsymbol{i}}_\phi \tag{1.4-2}$$

式中，单位矢量 $\hat{\boldsymbol{i}}_\theta$ 和 $\hat{\boldsymbol{i}}_\phi$ 可表示为

$$\begin{cases} \hat{\boldsymbol{i}}_\theta = \cos\theta\cos\phi\hat{\boldsymbol{i}}_x + \cos\theta\sin\phi\hat{\boldsymbol{i}}_y - \sin\theta\hat{\boldsymbol{i}}_z \\ \hat{\boldsymbol{i}}_\phi = -\sin\phi\hat{\boldsymbol{i}}_x + \cos\phi\hat{\boldsymbol{i}}_y \end{cases} \tag{1.4-3}$$

在空间中任意一点，电场和磁场的表达式如下：

$$\boldsymbol{E}_{\text{inc}}(\boldsymbol{r}) = \boldsymbol{E}_0 \mathrm{e}^{-\mathrm{j}k\boldsymbol{r}\cdot\hat{\boldsymbol{k}}} \tag{1.4-4}$$

$$\boldsymbol{H}_{\text{inc}}(\boldsymbol{r}) = \frac{1}{\eta}\hat{\boldsymbol{k}} \times \boldsymbol{E}_{\text{inc}}(\boldsymbol{r}) \tag{1.4-5}$$

此处 $\boldsymbol{r}=x\hat{\boldsymbol{i}}_x+y\hat{\boldsymbol{i}}_y+z\hat{\boldsymbol{i}}_z$ 为场点的位置矢；$k=\omega\sqrt{\varepsilon\mu}$ 称为波数，也被称为电磁波的相位常数；$\eta=\sqrt{\mu/\varepsilon}$ 为媒质中的波阻抗。

1.4.2　电压源

δ 电压源一般加载于金属细线端口或缝隙上，如图 1.4-2 所示。对于远场辐射特性计算，该激励模型是足够精确的，然而对于输入阻抗的计算，该激励模型的精度稍差。

设金属细线沿 z 轴放置，则缝隙处的电场可以表示为

$$\boldsymbol{E}_{\text{inc}} = \frac{V}{\Delta l}\hat{\boldsymbol{z}} \tag{1.4-6}$$

其中，Δl 为缝隙间距，V 为激励源电压，通常设置为 1 V。在数值实现时，可以将激励源设置于某个线段上，而在其他线段激励电压上为零，此时具有激励源的线段所对应的激励向量元素为非零值。

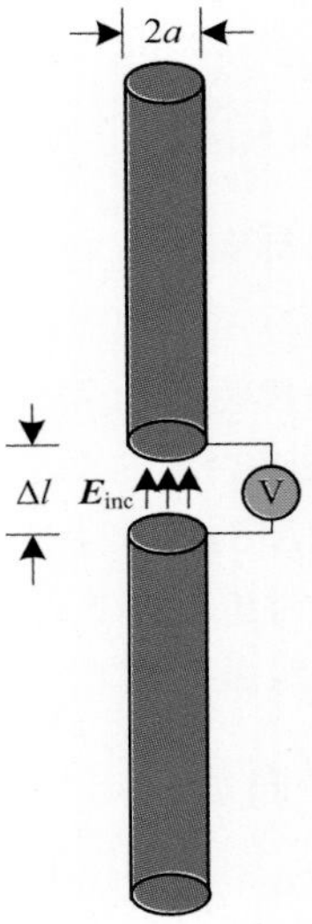

图 1.4-2　δ 电压源

1.4.3　磁流源

TEM 磁流环用于对同轴线激励建模。与 δ 电压源相比，使用磁流环能够获得更精确的天线输入阻抗。图 1.4-3(a)所示为无限大地面上同轴线馈电的单极子天线。当 $ka<0.1$ 时，同轴线开口处的场分布可看成 TEM 模式，如图 1.4-3(b)所示。

同轴线开口处的电场为

$$\boldsymbol{E}(\rho) = \frac{V}{\rho\ln\left(\dfrac{b}{a}\right)}\hat{\boldsymbol{\rho}},\ a \leqslant \rho \leqslant b \tag{1.4-7}$$

其中，V 为开口处的电压，a、b 分别为同轴线内外半径，ρ 为开口处场点与 z 轴(同轴线中心轴)的距离。

对于图 1.4-3(b)所示的参考方向，磁流环的磁流密度为

$$\boldsymbol{M}(\rho)=-2\hat{\boldsymbol{z}}\times\boldsymbol{E}(\rho)=\frac{-2V}{\rho\ln(b/a)}\hat{\boldsymbol{\phi}},\ a\leqslant\rho\leqslant b \quad (1.4-8)$$

磁流环沿单极子轴线产生了电场，该电场只有 z 方向的分量：

$$\boldsymbol{E}_{\mathrm{inc}}=E_{\mathrm{inc}}\hat{\boldsymbol{z}}=\frac{V}{\ln(b/a)}\left(\frac{\mathrm{e}^{-\mathrm{j}kR_a}}{R_a}-\frac{\mathrm{e}^{-\mathrm{j}kR_b}}{R_b}\right)\hat{\boldsymbol{z}} \quad (1.4-9)$$

其中，$R_a=\sqrt{z^2+a^2}$，$R_b=\sqrt{z^2+b^2}$。该电场将作为新的入射场激励源。由于磁流环附近电场变化非常剧烈，因此计算激励向量时必须采用高精度的积分方法。

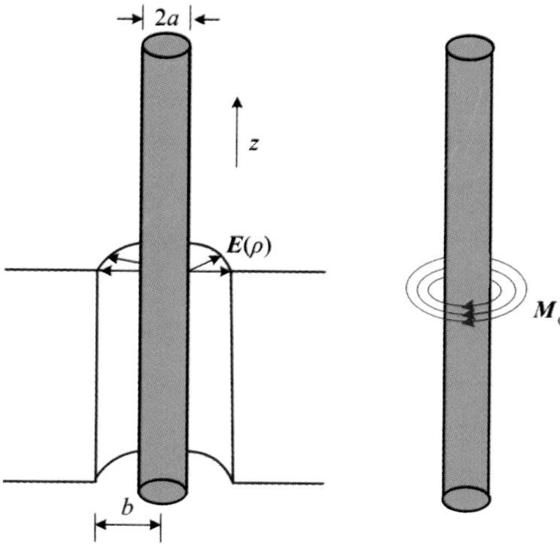

(a) 同轴线馈电单极子天线　(b) 磁流环

图 1.4-3　磁流环激励模型

1.4.4　导波场源

很多情况下，连接于一个或者多个导波结构(传输线或波导)的天线与微波器件是由导波场激励的。施加导波场的激励模型也就是本节介绍的波端口模型。下面讨论处理含有导波结构的电磁问题时所采用的电磁场积分方程及其激励。

下面以二端口波导结构为例进行说明。如图 1.4-4 所示为模拟无反射的匹配状态。假想端口 1 和端口 2 均外接一个与波端口具有相同截面形状的半无限长波导。因为端口外接有半无限长波导，所以当波导内的电磁波传输到端口处时，这些波将被传输至无穷远处而不会再反射回来，这样在端口处就不会存在反射波，也就达到了模拟匹配负载的目的。当波端口的外侧加有入射波时，可以认为无穷远处有一特定模式的入射波传输到波导内，此时的波端口又可作为一个无反射的馈源使用。

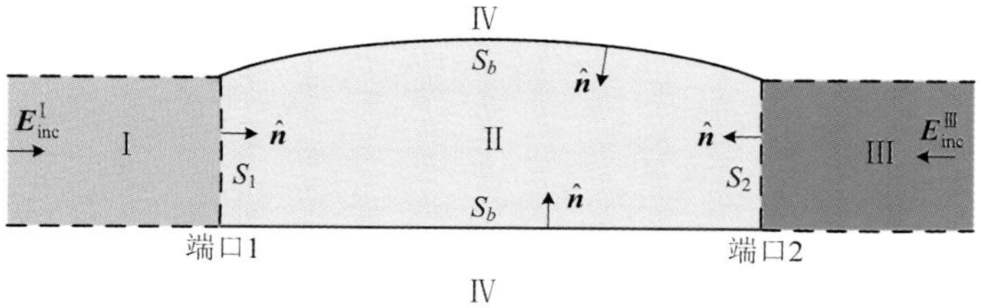

图 1.4-4　二端口结构模型

不失一般性，假设波导不同模式场激励加在端口 1、2 上，如图中的 $\boldsymbol{E}^{\mathrm{I}}_{\mathrm{inc}}$、$\boldsymbol{E}^{\mathrm{III}}_{\mathrm{inc}}$，波端口面分别记为 S_1、S_2，波导内侧面记为 S_b。波端口 1 连接的半无限长波导记为区域Ⅰ，波导内部区域记为区域Ⅱ，波端口 2 连接的半无限长波导记为区域Ⅲ，其他外部区域记为Ⅳ。

首先运用 1.2.12 节中 Love 场等效原理中的情况 1 构造一个计算波导内部区域(区域Ⅱ)场的等效模型。此时假设除区域Ⅱ外，其余区域电场、磁场分布均为 **0**，记为(**0**，**0**)，区域Ⅱ的媒质代替其他区域的媒质，如图 1.4-5 所示。

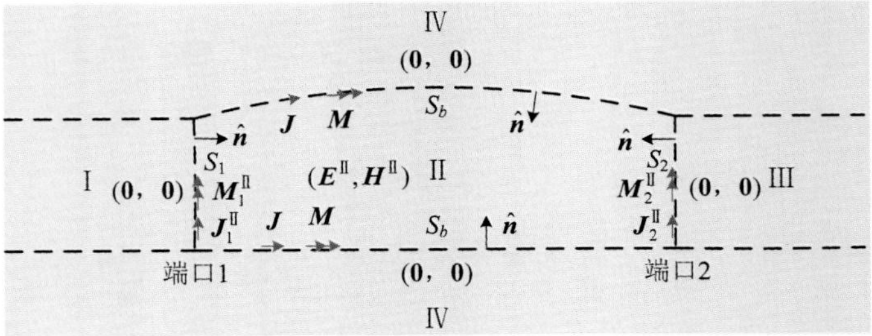

图 1.4－5　区域Ⅱ等效模型

为了保持边界条件不变，在物体表面添加等效电磁流：S_1 上添加 $\boldsymbol{J}_1^{Ⅱ}$ 和 $\boldsymbol{M}_1^{Ⅱ}$，S_2 上添加 $\boldsymbol{J}_2^{Ⅱ}$ 和 $\boldsymbol{M}_2^{Ⅱ}$，S_b上添加 $\boldsymbol{J}$ 和 $\boldsymbol{M}$，且在 S_1、S_2、S_b上满足的边界条件分别为

S_1 上满足：
$$\begin{cases}\hat{\boldsymbol{n}}\times\boldsymbol{H}^{Ⅱ}\big|_{S_1^+}=\boldsymbol{J}_1^{Ⅱ} & (1.4-10a)\\ \hat{\boldsymbol{n}}\times\boldsymbol{E}^{Ⅱ}\big|_{S_1^+}=-\boldsymbol{M}_1^{Ⅱ} & (1.4-10b)\end{cases}$$

S_2 上满足：
$$\begin{cases}\hat{\boldsymbol{n}}\times\boldsymbol{H}^{Ⅱ}\big|_{S_2^+}=\boldsymbol{J}_2^{Ⅱ} & (1.4-11a)\\ \hat{\boldsymbol{n}}\times\boldsymbol{E}^{Ⅱ}\big|_{S_2^+}=-\boldsymbol{M}_2^{Ⅱ} & (1.4-11b)\end{cases}$$

S_b 上满足：
$$\begin{cases}\hat{\boldsymbol{n}}\times\boldsymbol{H}^{Ⅱ}\big|_{S_b^+}=\boldsymbol{J} & (1.4-12a)\\ \hat{\boldsymbol{n}}\times\boldsymbol{E}^{Ⅱ}\big|_{S_b^+}=-\boldsymbol{M} & (1.4-12b)\end{cases}$$

其中 S_1^+ 表示场在边界 S_1 的外表面(面法向矢量指向的方向)求得，S_2^+ 表示场在边界 S_2 的外表面求得，S_b^+ 表示场在边界 S_b的外表面求得，$\hat{\boldsymbol{n}}$ 是由其他区域指向波导内部区域(区域Ⅱ)的单位法向量，$\boldsymbol{E}^{Ⅱ}$、$\boldsymbol{H}^{Ⅱ}$ 分别是波导内部区域(区域Ⅱ)中的电场和磁场。

接下来，运用 1.2.12 节中 Love 场等效原理中的情况 2 构造一个计算波端口 1 连接的半无限长波导(区域Ⅰ)的等效模型。此时假设除区域Ⅰ外，其余区域填充理想导体，如图 1.4－6 所示。

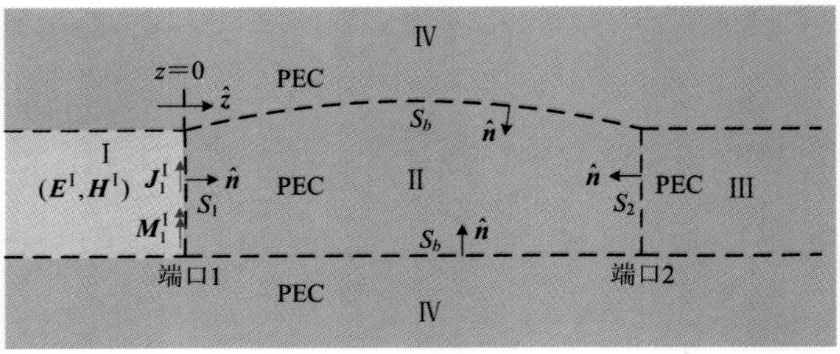

图 1.4－6　区域Ⅰ等效模型

为了保持边界条件不变，需在端口 1 的表面 S_1 上添加等效电磁流 $\boldsymbol{J}_1^{Ⅰ}$ 和 $\boldsymbol{M}_1^{Ⅰ}$。则在 S_1 上满足的边界条件为

$$\begin{cases}-\hat{\boldsymbol{n}}\times\boldsymbol{H}^{\mathrm{I}}\,|_{S_1^-}=\boldsymbol{J}_1^{\mathrm{I}} & (1.4-13\mathrm{a})\\ -\hat{\boldsymbol{n}}\times\boldsymbol{E}^{\mathrm{I}}\,|_{S_1^-}=-\boldsymbol{M}_1^{\mathrm{I}} & (1.4-13\mathrm{b})\end{cases}$$

其中 S_1^- 表示场在边界 S_1 的内表面(面法向矢量指向的反方向)求得，$\boldsymbol{E}^{\mathrm{I}}$、$\boldsymbol{H}^{\mathrm{I}}$ 分别是波端口 1 连接的半无限长波导(区域Ⅰ)中的电场和磁场。由 1.2.12 节中 Love 场等效原理中的情况 2 可知 $\boldsymbol{J}_1^{\mathrm{I}}$ 在区域Ⅰ内不产生电磁场。

类似地，可构造一个计算波端口 2 连接的半无限长波导(区域Ⅲ)的等效模型。此时假设除区域Ⅲ外，其余区域填充理想导体，如图 1.4-7 所示。

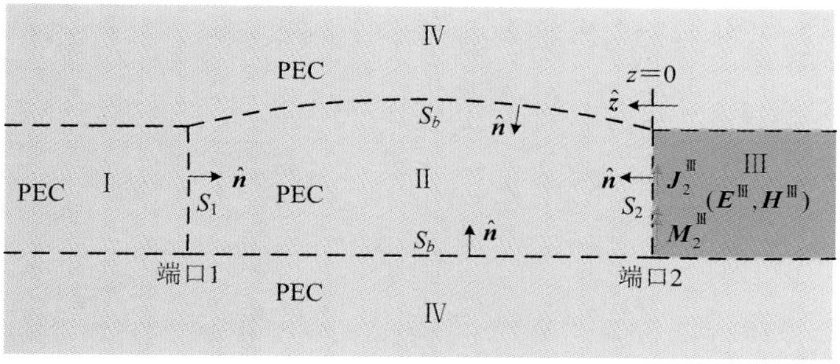

图 1.4-7　区域Ⅲ等效模型

为了保持边界条件不变，需在端口 2 的表面 S_2 上添加等效电磁流 $\boldsymbol{J}_2^{\mathrm{III}}$ 和 $\boldsymbol{M}_2^{\mathrm{III}}$。则在 S_2 上满足的边界条件为

$$\begin{cases}-\hat{\boldsymbol{n}}\times\boldsymbol{H}^{\mathrm{III}}\,|_{S_2^-}=\boldsymbol{J}_2^{\mathrm{III}} & (1.4-14\mathrm{a})\\ -\hat{\boldsymbol{n}}\times\boldsymbol{E}^{\mathrm{III}}\,|_{S_2^-}=-\boldsymbol{M}_2^{\mathrm{III}} & (1.4-14\mathrm{b})\end{cases}$$

其中 S_2^- 表示场在边界 S_2 的内表面(面法向矢量指向的反方向)求得，$\boldsymbol{E}^{\mathrm{III}}$、$\boldsymbol{H}^{\mathrm{III}}$ 分别是波端口 2 连接的半无限长波导(区域Ⅲ)中的电场和磁场。由 1.2.12 节中 Love 场等效原理中的情况 2 知 $\boldsymbol{J}_2^{\mathrm{III}}$ 在区域Ⅲ内不产生电磁场。

对于原问题，电磁场不同面 S 处满足的边界条件分别为

S_1 上满足：
$$\begin{cases}\hat{\boldsymbol{n}}\times(\boldsymbol{H}^{\mathrm{II}}-\boldsymbol{H}^{\mathrm{I}})\,|_{S_1}=\boldsymbol{0} & (1.4-15\mathrm{a})\\ \hat{\boldsymbol{n}}\times(\boldsymbol{E}^{\mathrm{II}}-\boldsymbol{E}^{\mathrm{I}})\,|_{S_1}=\boldsymbol{0} & (1.4-15\mathrm{b})\end{cases}$$

S_2 上满足：
$$\begin{cases}\hat{\boldsymbol{n}}\times(\boldsymbol{H}^{\mathrm{II}}-\boldsymbol{H}^{\mathrm{III}})\,|_{S_2}=\boldsymbol{0} & (1.4-16\mathrm{a})\\ \hat{\boldsymbol{n}}\times(\boldsymbol{E}^{\mathrm{II}}-\boldsymbol{E}^{\mathrm{III}})\,|_{S_2}=\boldsymbol{0} & (1.4-16\mathrm{b})\end{cases}$$

S_b 上满足：
$$\begin{cases}\hat{\boldsymbol{n}}\times\boldsymbol{H}^{\mathrm{II}}\,|_{S_b}=\boldsymbol{J} & (1.4-17\mathrm{a})\\ \hat{\boldsymbol{n}}\times\boldsymbol{E}^{\mathrm{II}}\,|_{S_b}=\boldsymbol{0} & (1.4-17\mathrm{b})\end{cases}$$

对于等效问题，必须保持边界条件满足原问题的边界条件，因此根据式(1.4-10)、式(1.4-13)和式(1.4-15)可得

$$\begin{cases}\boldsymbol{J}_1^{\mathrm{II}}=-\boldsymbol{J}_1^{\mathrm{I}}=\boldsymbol{J}_1\\ \boldsymbol{M}_1^{\mathrm{II}}=-\boldsymbol{M}_1^{\mathrm{I}}=\boldsymbol{M}_1\end{cases}\qquad(1.4-18)$$

根据式(1.4-11)、式(1.4-14)和式(1.4-16)可得

$$\begin{cases} \boldsymbol{J}_2^{\mathrm{II}} = -\boldsymbol{J}_2^{\mathrm{III}} = \boldsymbol{J}_2 \\ \boldsymbol{M}_2^{\mathrm{II}} = -\boldsymbol{M}_2^{\mathrm{III}} = \boldsymbol{M}_2 \end{cases} \tag{1.4-19}$$

根据式(1.4-12)和式(1.4-17)可得

$$\boldsymbol{M} = \boldsymbol{0} \tag{1.4-20}$$

考虑区域Ⅱ，其等效模型为图1.4-5。区域Ⅱ中的电磁场由$\boldsymbol{J}_1$、$\boldsymbol{M}_1$、$\boldsymbol{J}_2$、$\boldsymbol{M}_2$和$\boldsymbol{J}$共同产生。根据位函数法，可将区域Ⅱ中的场表示为等效源的积分形式

$$\begin{aligned} \boldsymbol{E}^{\mathrm{II}} &= \boldsymbol{E}^{\mathrm{II}}(\boldsymbol{J}_1, \boldsymbol{M}_1, \boldsymbol{J}_2, \boldsymbol{M}_2, \boldsymbol{J}) \\ &= \eta^{\mathrm{II}} L(\boldsymbol{J}_1) - K(\boldsymbol{M}_1) + \eta^{\mathrm{II}} L(\boldsymbol{J}_2) - K(\boldsymbol{M}_2) + \eta^{\mathrm{II}} L(\boldsymbol{J}) \end{aligned} \tag{1.4-21}$$

其中

$$L(\boldsymbol{X}) = -\mathrm{j}k^{\mathrm{II}} \int_S \left[\boldsymbol{X}(\boldsymbol{r}') + \frac{1}{(k^{\mathrm{II}})^2} (\nabla' \cdot \boldsymbol{X}(\boldsymbol{r}')) \nabla \right] \frac{\mathrm{e}^{-\mathrm{j}k^{\mathrm{II}} R}}{4\pi R} \mathrm{d}s' \tag{1.4-22}$$

$$K(\boldsymbol{X}) = -\int_S \boldsymbol{X}(\boldsymbol{r}') \times \nabla \frac{\mathrm{e}^{-\mathrm{j}k^{\mathrm{II}} R}}{4\pi R} \mathrm{d}s' \tag{1.4-23}$$

式中：$\eta^{\mathrm{II}} = \sqrt{\mu^{\mathrm{II}}/\varepsilon^{\mathrm{II}}}$为区域Ⅱ中的波阻抗，$k^{\mathrm{II}} = \omega\sqrt{\mu^{\mathrm{II}}\varepsilon^{\mathrm{II}}}$为区域Ⅱ中的波数，$R = |\boldsymbol{r} - \boldsymbol{r}'|$表示源点到场点的距离。将式(1.4-21)代入式(1.4-10b)、式(1.4-11b)和式(1.4-12b)，可分别得到

在S_1^+上

$$\hat{\boldsymbol{n}} \times [\eta^{\mathrm{II}} L(\boldsymbol{J}_1) - K(\boldsymbol{M}_1) + \eta^{\mathrm{II}} L(\boldsymbol{J}_2) - K(\boldsymbol{M}_2) + \eta^{\mathrm{II}} L(\boldsymbol{J})] = -\boldsymbol{M}_1 \tag{1.4-24}$$

在S_2^+上

$$\hat{\boldsymbol{n}} \times [\eta^{\mathrm{II}} L(\boldsymbol{J}_1) - K(\boldsymbol{M}_1) + \eta^{\mathrm{II}} L(\boldsymbol{J}_2) - K(\boldsymbol{M}_2) + \eta^{\mathrm{II}} L(\boldsymbol{J})] = -\boldsymbol{M}_2 \tag{1.4-25}$$

在S_b^+上

$$\hat{\boldsymbol{n}} \times [\eta^{\mathrm{II}} L(\boldsymbol{J}_1) - K(\boldsymbol{M}_1) + \eta^{\mathrm{II}} L(\boldsymbol{J}_2) - K(\boldsymbol{M}_2) + \eta^{\mathrm{II}} L(\boldsymbol{J})] = \boldsymbol{0} \tag{1.4-26}$$

考虑区域Ⅰ，其等效模型图为1.4-6。因为区域Ⅰ为半无限长波导，无法采用自由空间的格林函数进行计算，此时磁流$-\boldsymbol{M}_1$产生的电磁场可表示为波导中各模式的组合[19]。这种思想等价于采用腔体格林函数计算半无限长波导内的场，因为波导的模式已经天然地满足了波导侧壁和无穷远处的边界条件，所以不用考虑无限长波导壁上的电流分布。

假设入射波沿波导局部坐标的$+z$方向传播，区域Ⅰ的入射场可表示为

$$\boldsymbol{E}_{\mathrm{inc}}^{\mathrm{I}} = \boldsymbol{e}_j^{\mathrm{I}} \mathrm{e}^{-\mathrm{j}\beta z}, \ \boldsymbol{H}_{\mathrm{inc}}^{\mathrm{I}} = \frac{\hat{\boldsymbol{z}} \times \boldsymbol{e}_j^{\mathrm{I}}}{\eta_j^{\mathrm{I}}} \mathrm{e}^{-\mathrm{j}\beta z} \tag{1.4-27}$$

式中，β为波导中的波数，$\hat{\boldsymbol{z}}$为区域Ⅰ指向区域Ⅱ的单位法向量，η_j^{I}为波端口1连接的半无限长波导(区域Ⅰ)中第j个模式的波阻抗，$\boldsymbol{e}_j^{\mathrm{I}}$为第$j$个模式的电场归一化切向矢量，其归一化方式为

$$\int_{S_1} \boldsymbol{e}_i^{\mathrm{I}} \cdot \boldsymbol{e}_j^{\mathrm{I}} \mathrm{d}s = \begin{cases} 0, & i \neq j \\ 1, & i = j \end{cases} \tag{1.4-28}$$

积分区间为波端口面S_1，$\boldsymbol{e}_i^{\mathrm{I}}$、$\boldsymbol{e}_j^{\mathrm{I}}$分别为区域Ⅰ中第$i$个模式与第$j$个模式的电场归一化切向矢量。对于矩形波导，TE模式的电场归一化切向矢量为

$$\boldsymbol{e}_i^{\mathrm{I}}=\begin{cases}-\sqrt{\dfrac{2}{ab}}\sin\left(\dfrac{n\pi}{b}y\right)\hat{\boldsymbol{a}}_x,\ m=0,\ n\neq 0\\ \sqrt{\dfrac{2}{ab}}\sin\left(\dfrac{m\pi}{a}x\right)\hat{\boldsymbol{a}}_y,\ m\neq 0,\ n=0\\ \sqrt{\dfrac{2}{ab}}\sqrt{\dfrac{2}{(an)^2+(bm)^2}}\begin{bmatrix}bm\ \sin\left(\dfrac{m\pi}{a}x\right)\ \cos\left(\dfrac{n\pi}{b}y\right)\hat{\boldsymbol{a}}_y\\ -an\ \cos\left(\dfrac{m\pi}{a}x\right)\sin\left(\dfrac{n\pi}{b}y\right)\hat{\boldsymbol{a}}_x\end{bmatrix},\ m\neq 0,\ n\neq 0\end{cases} \tag{1.4-29}$$

其中 a、b 分别为矩形波导口径的长与宽，$\hat{\boldsymbol{a}}_x$、$\hat{\boldsymbol{a}}_y$ 为端口面上局部坐标系中的方向矢量，如图 1.4-8 所示。

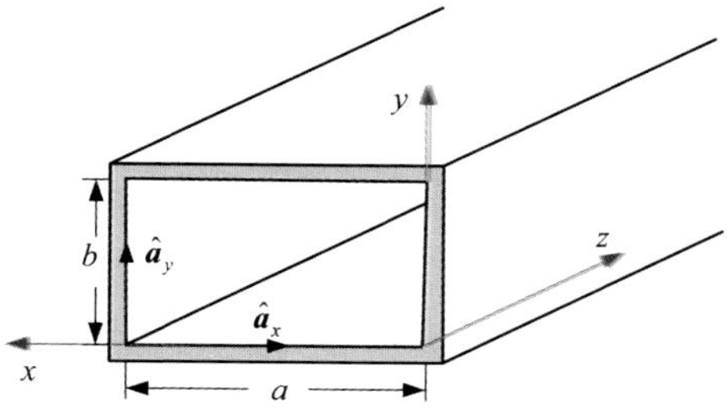

图 1.4-8　矩形波导模型

对于区域Ⅰ，由于是采用 1.2.12 节中 Love 场等效原理中的情况 2 进行的等效，所以相当于波端口 1 被 PEC 封住，区域Ⅰ内的电磁场是入射场、全反射场和磁流 $-\boldsymbol{M}_1$ 产生的场的叠加。其中入射场和全反射场的叠加为[20]

$$\boldsymbol{E}_{\mathrm{inc+ref}}^{\mathrm{I}}=\boldsymbol{e}_j^{\mathrm{I}}\,\mathrm{e}^{-\mathrm{j}\beta z}-\boldsymbol{e}_j^{\mathrm{I}}\,\mathrm{e}^{\mathrm{j}\beta z},\ \boldsymbol{H}_{\mathrm{inc+ref}}^{\mathrm{I}}=\frac{\hat{\boldsymbol{z}}\times\boldsymbol{e}_j^{\mathrm{I}}}{\eta_j^{\mathrm{I}}}\mathrm{e}^{-\mathrm{j}\beta z}+\frac{\hat{\boldsymbol{z}}\times\boldsymbol{e}_j^{\mathrm{I}}}{\eta_j^{\mathrm{I}}}\mathrm{e}^{\mathrm{j}\beta z} \tag{1.4-30}$$

磁流 $-\boldsymbol{M}_1$ 产生的场是波导各模式的组合，即

$$\begin{cases}\boldsymbol{E}^{\mathrm{I}}(-\boldsymbol{M}_1)=\displaystyle\sum_{i=1}^{\infty}b_i\boldsymbol{e}_i^{\mathrm{I}}\,\mathrm{e}^{\mathrm{j}\beta z}\\ \boldsymbol{H}^{\mathrm{I}}(-\boldsymbol{M}_1)=-\displaystyle\sum_{i=1}^{\infty}b_i\,\frac{\hat{\boldsymbol{z}}\times\boldsymbol{e}_i^{\mathrm{I}}}{\eta_i^{\mathrm{I}}}\mathrm{e}^{\mathrm{j}\beta z}\end{cases} \tag{1.4-31}$$

所以区域Ⅰ的总场为

$$\begin{cases}\boldsymbol{E}^{\mathrm{I}}=\boldsymbol{e}_j^{\mathrm{I}}\,\mathrm{e}^{-\mathrm{j}\beta z}-\boldsymbol{e}_j^{\mathrm{I}}\,\mathrm{e}^{\mathrm{j}\beta z}+\displaystyle\sum_{i=1}^{\infty}b_i\boldsymbol{e}_i^{\mathrm{I}}\,\mathrm{e}^{\mathrm{j}\beta z}\\ \boldsymbol{H}^{\mathrm{I}}=\dfrac{\hat{\boldsymbol{z}}\times\boldsymbol{e}_j^{\mathrm{I}}}{\eta_j^{\mathrm{I}}}\mathrm{e}^{-\mathrm{j}\beta z}+\dfrac{\hat{\boldsymbol{z}}\times\boldsymbol{e}_j^{\mathrm{I}}}{\eta_j^{\mathrm{I}}}\mathrm{e}^{\mathrm{j}\beta z}-\displaystyle\sum_{i=1}^{\infty}b_i\,\frac{\hat{\boldsymbol{z}}\times\boldsymbol{e}_i^{\mathrm{I}}}{\eta_i^{\mathrm{I}}}\mathrm{e}^{\mathrm{j}\beta z}\end{cases} \tag{1.4-32}$$

式中 b_i 为未知系数。因为在波端口 1 的内表面 S_1^- 上 $z=0$，所以

$$\boldsymbol{E}^{\mathrm{I}}|_{S_1^-}=\sum_{i=1}^{\infty}b_i\boldsymbol{e}_i^{\mathrm{I}},\ \boldsymbol{H}^{\mathrm{I}}|_{S_1^-}=\frac{2\hat{\boldsymbol{z}}\times\boldsymbol{e}_j^{\mathrm{I}}}{\eta_j^{\mathrm{I}}}-\sum_{i=1}^{\infty}b_i\,\frac{\hat{\boldsymbol{z}}\times\boldsymbol{e}_i^{\mathrm{I}}}{\eta_i^{\mathrm{I}}} \tag{1.4-33}$$

将上式中电场的表达式代入电场在波端口 1 表面满足的边界条件即式(1.4-13b)可得

$$\boldsymbol{M}_1 = -\sum_{i=1}^{\infty} b_i \hat{\boldsymbol{z}} \times \boldsymbol{e}_i^{\mathrm{I}} \tag{1.4-34}$$

将上式两边同时点乘 $\hat{\boldsymbol{z}}\times\boldsymbol{e}_i^{\mathrm{I}}$，然后在波端口 1 表面 S_1 上积分，结合式(1.4-28)，则有

$$b_i\int_{S_1}(\hat{\boldsymbol{z}}\times\boldsymbol{e}_i^{\mathrm{I}})\cdot(\hat{\boldsymbol{z}}\times\boldsymbol{e}_i^{\mathrm{I}})\mathrm{d}s_1 = b_i\int_{S_1}\boldsymbol{e}_i^{\mathrm{I}}\cdot\boldsymbol{e}_i^{\mathrm{I}}\,\mathrm{d}s_1 = b_i = -\int_{S_1}(\hat{\boldsymbol{z}}\times\boldsymbol{e}_i^{\mathrm{I}})\cdot\boldsymbol{M}_1\mathrm{d}s_1 \tag{1.4-35}$$

未知系数 b_i 即可用端口面上的磁流 $-\boldsymbol{M}_1$ 表示出来。

将式(1.4-35)代入式(1.4-33)中得

$$\begin{cases}\boldsymbol{E}^{\mathrm{I}}\big|_{S_1^-} = -\sum\limits_{i=1}^{\infty}\boldsymbol{e}_i\int_{S_1}(\hat{\boldsymbol{z}}\times\boldsymbol{e}_i^{\mathrm{I}})\cdot\boldsymbol{M}_1\mathrm{d}s_1 & (1.4-36\mathrm{a})\\ \boldsymbol{H}^{\mathrm{I}}\big|_{S_1^-} = \dfrac{2\hat{\boldsymbol{z}}\times\boldsymbol{e}_j^{\mathrm{I}}}{\eta_j^{\mathrm{I}}} + \sum\limits_{i=1}^{\infty}\dfrac{\hat{\boldsymbol{z}}\times\boldsymbol{e}_i^{\mathrm{I}}}{\eta_i^{\mathrm{I}}}\int_{S_1}(\hat{\boldsymbol{z}}\times\boldsymbol{e}_i^{\mathrm{I}})\cdot\boldsymbol{M}_1\mathrm{d}s_1 & (1.4-36\mathrm{b})\end{cases}$$

根据 S_1^- 上磁场满足的边界条件，即式(1.4-13a)，结合式(1.4-18)可得

$$-\hat{\boldsymbol{n}}\times\left[\frac{2\hat{\boldsymbol{z}}\times\boldsymbol{e}_j^{\mathrm{I}}}{\eta_j^{\mathrm{I}}} + \sum_{i=1}^{\infty}\frac{\hat{\boldsymbol{z}}\times\boldsymbol{e}_i^{\mathrm{I}}}{\eta_i^{\mathrm{I}}}\int_{S_1}(\hat{\boldsymbol{z}}\times\boldsymbol{e}_i^{\mathrm{I}})\cdot\boldsymbol{M}_1\mathrm{d}s_1\right]\Bigg|_{S_1^-} = \boldsymbol{J}_1 \tag{1.4-37}$$

两边同时叉乘 $\hat{\boldsymbol{n}}$，可得

$$-\hat{\boldsymbol{n}}\times\boldsymbol{J}_1 - \sum_{i=1}^{\infty}\frac{\hat{\boldsymbol{z}}\times\boldsymbol{e}_i^{\mathrm{I}}}{\eta_i^{\mathrm{I}}}\int_{S_1}(\hat{\boldsymbol{z}}\times\boldsymbol{e}_i^{\mathrm{I}})\cdot\boldsymbol{M}_1\mathrm{d}s_1 = \frac{2\hat{\boldsymbol{z}}\times\boldsymbol{e}_j^{\mathrm{I}}}{\eta_j^{\mathrm{I}}} \tag{1.4-38}$$

对于区域Ⅲ，其积分方程建立过程与区域Ⅰ类似，可以得到

$$-\hat{\boldsymbol{n}}\times\boldsymbol{J}_2 - \sum_{i=1}^{\infty}\frac{\hat{\boldsymbol{z}}\times\boldsymbol{e}_i^{\mathrm{III}}}{\eta_i^{\mathrm{III}}}\int_{S_2}(\hat{\boldsymbol{z}}\times\boldsymbol{e}_i^{\mathrm{III}})\cdot\boldsymbol{M}_2\mathrm{d}s_2 = \frac{2\hat{\boldsymbol{z}}\times\boldsymbol{e}_j^{\mathrm{III}}}{\eta_j^{\mathrm{III}}} \tag{1.4-39}$$

其中 $\boldsymbol{e}_j^{\mathrm{III}}$ 为波端口 2 连接的半无限长波导中第 j 个模式的电场归一化切向矢量，η_j^{III} 为其中第 j 个模式的波阻抗。

最后整理得二端口波导问题的积分方程为

在 S_1 上 $$\hat{\boldsymbol{n}}\times[\eta^{\mathrm{II}}L(\boldsymbol{J}_1)-K(\boldsymbol{M}_1)+\eta^{\mathrm{II}}L(\boldsymbol{J}_2)-K(\boldsymbol{M}_2)+\eta^{\mathrm{II}}L(\boldsymbol{J})] = -\boldsymbol{M}_1 \tag{1.4-40a}$$

在 S_2 上 $$\hat{\boldsymbol{n}}\times[\eta^{\mathrm{II}}L(\boldsymbol{J}_1)-K(\boldsymbol{M}_1)+\eta^{\mathrm{II}}L(\boldsymbol{J}_2)-K(\boldsymbol{M}_2)+\eta^{\mathrm{II}}L(\boldsymbol{J})] = -\boldsymbol{M}_2 \tag{1.4-40b}$$

在 S_1 上 $$-\hat{\boldsymbol{n}}\times\boldsymbol{J}_1 - \sum_{i=1}^{\infty}\frac{\hat{\boldsymbol{z}}\times\boldsymbol{e}_i^{\mathrm{I}}}{\eta_i^{\mathrm{I}}}\int_{S_1}(\hat{\boldsymbol{z}}\times\boldsymbol{e}_i^{\mathrm{I}})\cdot\boldsymbol{M}_1\mathrm{d}s_1 = \frac{2\hat{\boldsymbol{z}}\times\boldsymbol{e}_j^{\mathrm{I}}}{\eta_j^{\mathrm{I}}} \tag{1.4-40c}$$

在 S_2 上 $$-\hat{\boldsymbol{n}}\times\boldsymbol{J}_2 - \sum_{i=1}^{\infty}\frac{\hat{\boldsymbol{z}}\times\boldsymbol{e}_i^{\mathrm{III}}}{\eta_i^{\mathrm{III}}}\int_{S_2}(\hat{\boldsymbol{z}}\times\boldsymbol{e}_i^{\mathrm{III}})\cdot\boldsymbol{M}_2\mathrm{d}s_2 = \frac{2\hat{\boldsymbol{z}}\times\boldsymbol{e}_j^{\mathrm{III}}}{\eta_j^{\mathrm{III}}} \tag{1.4-40d}$$

在 S_b 上 $$\hat{\boldsymbol{n}}\times[\eta^{\mathrm{II}}L(\boldsymbol{J}_1)-K(\boldsymbol{M}_1)+\eta^{\mathrm{II}}L(\boldsymbol{J}_2)-K(\boldsymbol{M}_2)+\eta^{\mathrm{II}}L(\boldsymbol{J})] = \boldsymbol{0} \tag{1.4-40e}$$

式(1.4-40a)和式(1.4-40b)是根据端口面处的电场边界条件建立的，式(1.4-40c)和式(1.4-40d)是根据端口面处的磁场边界条件建立的，式(1.4-40e)是根据金属壁的电场边界条件建立的。不难推广给出任意 N 端口波导情形下的积分方程为

在 $S_m(m=1\sim N)$ 上

$$\hat{\boldsymbol{n}}\times\left\{\sum_{k=1}^{N}[\eta^{\mathrm{II}}L(\boldsymbol{J}_k)-K(\boldsymbol{M}_k)]+\eta^{\mathrm{II}}L(\boldsymbol{J})\right\} = -\boldsymbol{M}_m \tag{1.4-41a}$$

在 $S_m(m=1\sim N)$ 上

$$-\hat{\boldsymbol{n}}\times\boldsymbol{J}_m-\sum_{i=1}^{\infty}\frac{\hat{\boldsymbol{z}}\times\boldsymbol{e}_i^{(m)}}{\eta_i^{(m)}}\int_{S_m}(\hat{\boldsymbol{z}}\times\boldsymbol{e}_i^{(m)})\cdot\boldsymbol{M}_m\mathrm{d}s_m=\frac{2\hat{\boldsymbol{z}}\times\boldsymbol{e}_j^{(m)}}{\eta_j^{(m)}}\tag{1.4-41b}$$

在 S_b 上

$$\hat{\boldsymbol{n}}\times\left\{\sum_{k=1}^{N}[\eta^{\mathrm{II}}L(\boldsymbol{J}_k)-K(\boldsymbol{M}_k)]+\eta^{\mathrm{II}}L(\boldsymbol{J})\right\}=\boldsymbol{0}\tag{1.4-41c}$$

其中：S_m表示第 m 个波端口表面；S_b表示波导内侧面；$\boldsymbol{J}_k$、$\boldsymbol{M}_k$为第 k 个波端口表面的等效电、磁流；$\boldsymbol{J}_m$、$\boldsymbol{M}_m$为第 m 个波端口表面的等效电、磁流；$\boldsymbol{J}$ 为波导内侧壁等效电流；η^{II} 为波导内波阻抗；$\eta_j^{(m)}$ 为与第 m 个波端口连接的半无限长波导中第 j 个模式的波阻抗；$\boldsymbol{e}_j^{(m)}$ 是其中第 j 个模式的电场归一化切向矢量。

对于圆波导，只需将式(1.4－29)中的模式替换为相应的圆波导模式即可。表 1.4－1 中给出了圆波导常用模式的归一化切向矢量及归一化系数[19]。

表 1.4－1　圆波导常用模式的归一化切向矢量及归一化系数

模式	电场归一化切向矢量 $\boldsymbol{e}_i$	归一化系数
TE_{01}	$A_{TE_{01}}J_1(k_c r)\hat{\boldsymbol{a}}_\varphi$	$A_{TE_{01}}^2=\dfrac{k_c^2}{2\pi\int_0^{\mu_{01}}xJ_1^2(x)\mathrm{d}x}$
TM_{01}	$A_{TM_{01}}J_1(k_c r)\hat{\boldsymbol{a}}_r$	$A_{TM_{01}}^2=\dfrac{k_c^2}{2\pi\int_0^{\nu_{01}}xJ_1^2(x)\mathrm{d}x}$
TE_{11}	$A_{TE_{11}}\begin{bmatrix}\dfrac{J_1(k_c r)}{k_c r}\sin\phi\hat{\boldsymbol{a}}_r\\+J_1'(k_c r)\cos\phi\hat{\boldsymbol{a}}_\phi\end{bmatrix}$	$A_{TE_{11}}^2=\dfrac{k_c^2}{\pi\int_0^{\mu_{11}}\dfrac{J_1^2(x)}{x}+xJ_1'^2(x)\mathrm{d}x}$
TM_{11}	$A_{TM_{11}}\begin{bmatrix}\dfrac{J_1(k_c r)}{k_c r}\sin\phi\hat{\boldsymbol{a}}_\phi\\-J_1'(k_c r)\cos\phi\hat{\boldsymbol{a}}_r\end{bmatrix}$	$A_{TM_{11}}^2=\dfrac{k_c^2}{\pi\int_0^{\nu_{11}}\dfrac{J_1^2(x)}{x}+xJ_1'^2(x)\mathrm{d}x}$
TE_{21}	$A_{TE_{21}}\begin{bmatrix}\dfrac{2J_2(k_c r)}{k_c r}\sin(2\phi)\hat{\boldsymbol{a}}_r\\+J_2'(k_c r)\cos(2\phi)\hat{\boldsymbol{a}}_\phi\end{bmatrix}$	$A_{TE_{21}}^2=\dfrac{k_c^2}{\pi\int_0^{\mu_{21}}\dfrac{4J_2^2(x)}{x}+xJ_2'^2(x)\mathrm{d}x}$
TM_{21}	$A_{TM_{21}}\begin{bmatrix}\dfrac{2J_2(k_c r)}{k_c r}\sin(2\phi)\hat{\boldsymbol{a}}_\phi\\-J_2'(k_c r)\cos(2\phi)\hat{\boldsymbol{a}}_r\end{bmatrix}$	$A_{TM_{21}}^2=\dfrac{k_c^2}{\pi\int_0^{\nu_{21}}\dfrac{4J_2^2(x)}{x}+xJ_2'^2(x)\mathrm{d}x}$
TE_{31}	$A_{TE_{31}}\begin{bmatrix}\dfrac{3J_3(k_c r)}{k_c r}\sin(3\phi)\hat{\boldsymbol{a}}_r\\+J_3'(k_c r)\cos(3\phi)\hat{\boldsymbol{a}}_\phi\end{bmatrix}$	$A_{TE_{31}}^2=\dfrac{k_c^2}{\pi\int_0^{\mu_{31}}\dfrac{9J_3^2(x)}{x}+xJ_3'^2(x)\mathrm{d}x}$
TM_{02}	$A_{TM_{02}}J_1(k_c r)\hat{\boldsymbol{a}}_r$	$A_{TM_{02}}^2=\dfrac{k_c^2}{2\pi\int_0^{\nu_{02}}xJ_1^2(x)\mathrm{d}x}$

表 1.4－1 中，k_c为对应模式的截止波数，$J_m(m=0,1,2,3)$为第一类 m 阶 Bessel 函数，$J_m'(m=0,1,2,3)$为第一类 m 阶 Bessel 函数的导数，$\mu_{mn}(m=0,1,2,3,n=1)$为第

一类 m 阶 Bessel 函数的导数的第 n 个根，v_{mn}(m=0，1，2，n=1，2)为第一类 m 阶 Bessel 函数的第 n 个根，r 是离开圆波导圆心的距离，如图 1.4-9 所示。

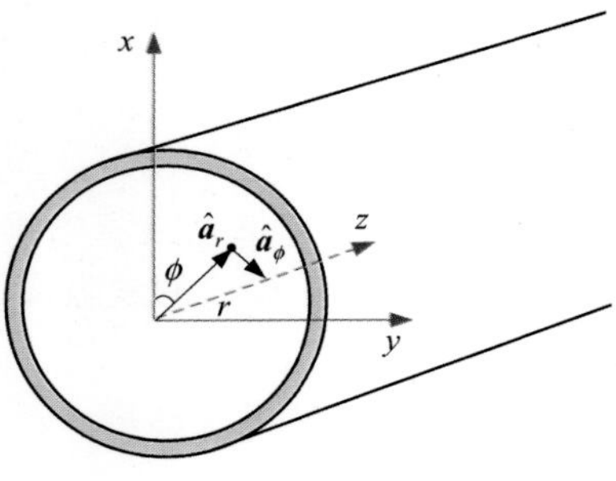

图 1.4-9　圆波导模型

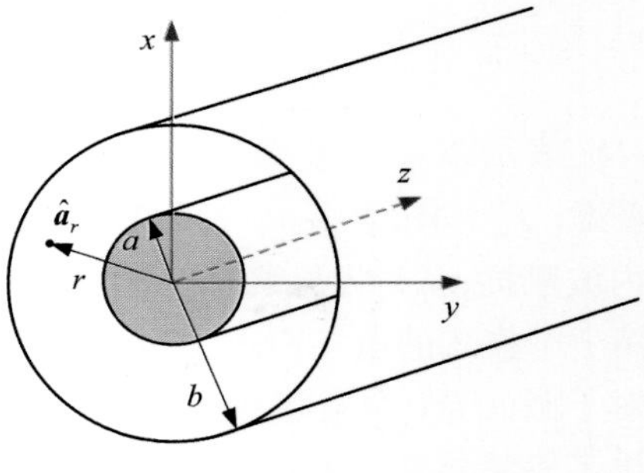

图 1.4-10　同轴线模型

对于同轴线这种导波结构，其主模式为 TEM 模，它的电场归一化切向矢量为

$$\boldsymbol{e}_1 = \frac{1}{\sqrt{2\pi\ln\left(\dfrac{b}{a}\right)}}\frac{1}{r}\hat{\boldsymbol{a}}_r \tag{1.4-42}$$

其中，b 为同轴线的外径，a 为同轴线的内径，r 是离开同轴线圆心的距离，如图 1.4-10 所示。

1.4.5　激励源的对称性

首先回顾关于理想导体面的镜像法，其实质就是用原有源的镜像源来代替理想导体边界条件对场的影响。因为理想导体边界上电场强度的切向分量等于零，所以原有源与虚设的镜像源应当保证在原来的理想导体的边界上电场强度的切向分量等于零。根据唯一性定理，由原有源和镜像源求出的解就是原有问题的唯一解。

图 1.4-11 画出了与理想导体平面边界平行或垂直放置的电流元和磁流元的镜像源。由图可以看出，与理想导体平面边界平行放置的电流元，其镜像源与其反向；与理想导体平面边界垂直放置的电流元，其镜像源与其同向。对于磁流元，其镜像源正好与电流元的情况相反。

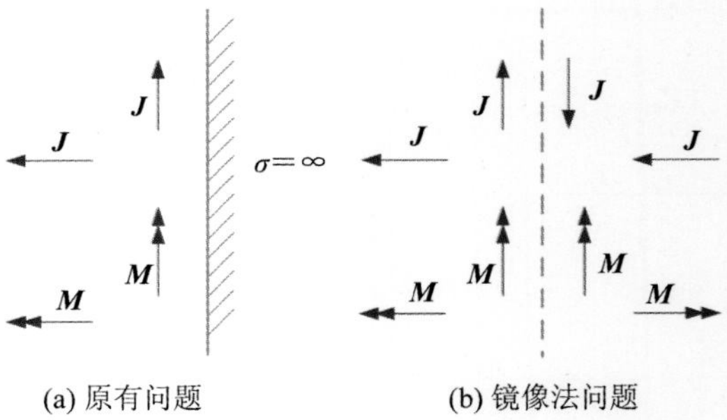

图 1.4-11　理想导体平面(电壁)镜像

根据对偶原理，镜像法也适用于磁流源对于磁壁的镜像问题，只需要将电流元换成磁流元，将电壁换成磁壁，即可由电流元对电壁的镜像问题得到磁流元对磁壁的镜像问题。

实际工程应用中经常会遇到具有对称结构的问题。如果将其中一个对称单元看作是另一个单元的镜像源，这样计算过程中只需要构造出一半的几何模型。这种对称性是电磁场镜像法的逆向使用。要指出的是，几何对称是所有对称的前提。源分布的对称性决定对称面的类型，即电壁或磁壁。

根据不同类型的激励源，下面分别讨论不同类型问题的对称性。

1. 平面波的对称性

首先分析散射问题的对称性。如图 1.4－12 所示为具有对称结构的几何体在平面波的照射下的情形。图中实线箭头表示平面波入射方向，虚线箭头表示电场极化方向。入射波要满足对称性，入射方向必须在对称面内。根据极化方向可将原问题等效为电对称和磁对称。图 1.4－12(a)中，当极化方向平行于对称面时，对称面两侧的激励源电场方向平行于对称面，且两边电场同向，关于对称面呈正对称分布，对称面满足磁壁条件；图 1.4－12(b)中，当入射波的极化方向垂直于对称面时，对称面两侧的激励源电场方向垂直于对称面，两边电场反向，关于对称面呈反对称分布，对称面满足电壁条件。

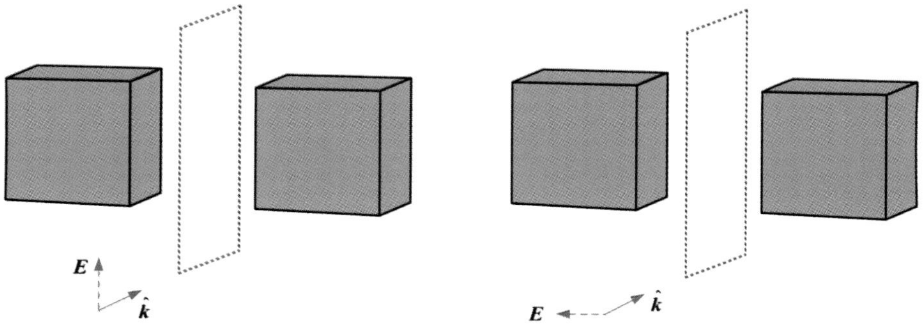
E
k̂
(a) 散射问题的正对称结构
E
k̂
(b) 散射问题的反对称结构

图 1.4－12　散射问题的对称方式

通过上面的分析，可将散射问题的对称性总结为正对称和反对称两种形式。入射电场方向关于对称面对称的称为正对称问题，入射电场关于对称面反对称的称为反对称问题。计算过程中，正对称的对称面看作磁壁；反对称的对称面看作电壁。只需计算对称面单侧的问题，同时考虑对应镜像源的作用。从方程的角度来说，对称性方法建立了对称面两侧电磁流的线性关系，即：正对称时平行对称面的电流同向，垂直对称面的电流反向；反对称时平行对称面的电流反向，垂直对称面的电流同向。磁流的对称特性与电流相反。对称性方法本质上相当于额外增加了电磁流的约束条件，可以减少未知量的数目，从而达到减少计算量的目的。

电压源和磁流环激励情况下的对称性问题，本质上也是场的对称性问题，可以根据场的对称性加以处理，此处不予讨论。

2. 波端口的对称性

波端口激励的对称性比平面波要复杂。因为波端口是一个二维结构，所以它的几何对称方式就可分为多种情况。对于矩形波端口，主要有图 1.4－13 所示的三种几何对称结构。

再根据馈电相位的不同可将三种对称结构分为图 1.4－14 所示的两组。

图 1.4－14(a)中，三种馈电方式都满足同样的规律，即平行于对称面的电流同向，垂直于对称面的电流反向。这三种馈电方式下，对称面满足磁壁条件。图 1.4－14(b)中，平行于对称面的电流反向，垂直于对称面的电流同向，对称面满足电壁条件。

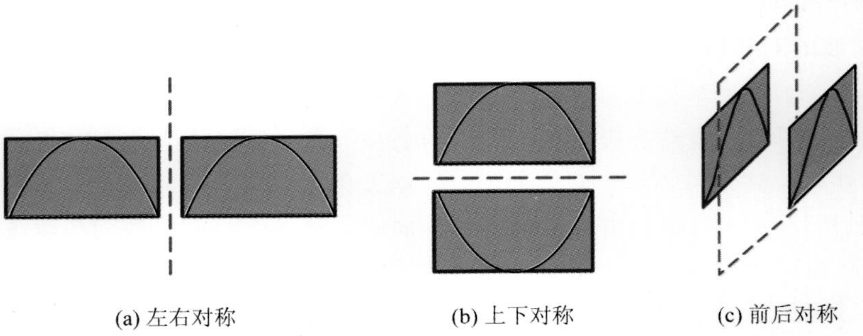

图 1.4 - 13　矩形波端口的几何对称结构

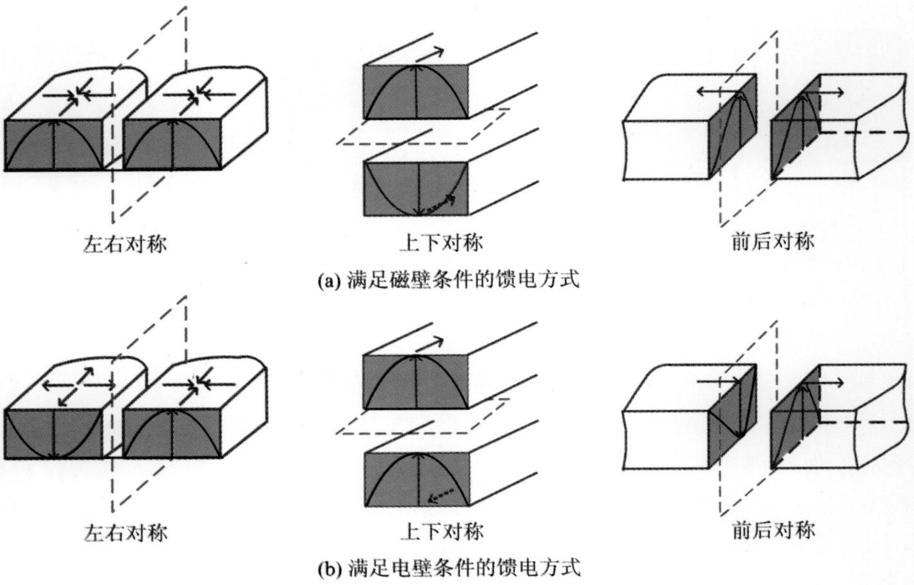

图 1.4 - 14　矩形波端口不同馈电方式的对称性

圆波导与同轴线由于其结构上轴向对称，所以它们的几何对称方式只有如图 1.4 - 15 所示的两种方式(这里只以同轴线为例加以说明)。

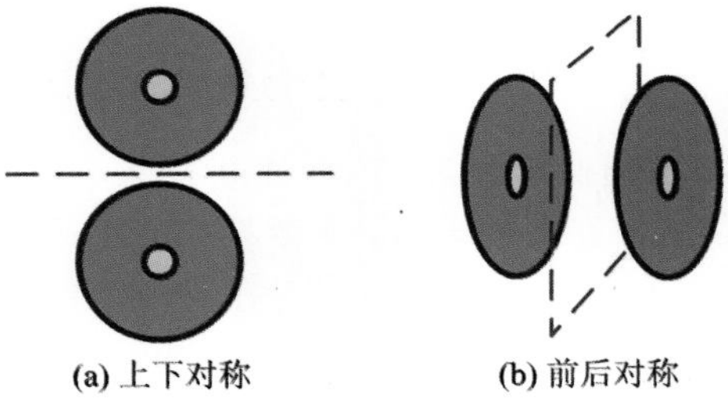

图 1.4 - 15　同轴波端口的几何对称结构

根据馈电相位的不同，可将两种对称结构的对称性分为如图 1.4-16 所示的两组。

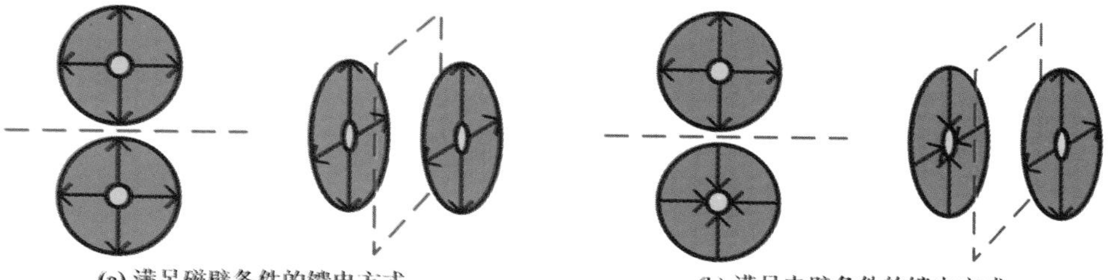

图 1.4-16　同轴波端口不同馈电方式的对称性

图 1.4-16(a)中的同轴线采用同相馈电，平行于对称面的电流同向，垂直于对称面的电流反向，对称面满足磁壁条件；图 1.4-16(b)中的同轴线采用反相馈电，平行于对称面的电流反向，垂直于对称面的电流同向，对称面满足电壁条件。

采用波端口激励时，需综合考虑波端口的几何对称方式和馈电相位关系以确定对称面的属性。建立积分方程过程中，利用原始源与镜像源的线性关系，可以减少方程中一半的未知量。

1.5 小　结

本章简单回顾了矩量法的计算过程，结合电磁场基本理论，讨论了求解金属目标电磁问题的电场积分方程、磁场积分方程、混合场积分方程与求解介质目标电磁问题的 PMCHW 积分方程，最后给出了几种典型的激励源模型。后续章节将在本章介绍的积分形式的“算子方程”基础上，采用矩量法来求解不同的电磁场问题。

参考文献

[1] Harrington R F. Field Computation by Moment Methods. Melbourne, FL: Krieger, 1968.

[2] 梁昌洪. 矩阵论札记. 北京：科学出版社，2014.

[3] Harrington R F. Time - Harmonic Electromagnetic Fields. Wiley - IEEE Press, 2001.

[4] Stratton J A, Chu L J. Diffraction Theory of Electromagnetic Waves. Physical view, Vol 56, May 15 , 1939.

[5] 王一平. 工程电动力学. 西安:西安电子科技大学出版社，2007.

[6] 戴振铎. 电磁理论中的并矢格林函数. 武汉：武汉大学出版社，2005.

[7] Kolundzija B M, Djordjevic A R. Electromagnetic Modeling of Composite Metallic and Dielectric Structures. Artech House Publishers, 2002.

[8] Zhang Y, Sarkar T K. Parallel Solution of Integral Equation - Based EM Problems in the Frequency Domain. Wiley - IEEE Press, 2009.

[9] 盛新庆. 计算电磁学要论. 北京：科学出版社，2004.
[10] Ergul Ozgur, Gurel L. Solid - angle factor in the magnetic - field integral equation. Microwave & Optical Technology Letters, 2005, 45(5):452-456.
[11] Qian Z G, Chew W C. A quantitative study on the low frequency breakdown of EFIE. Microwave & Optical Technology Letters, 2008, 50(5):1159-1162.
[12] 波波维奇. 金属天线与散射体分析. 邱景辉，译. 哈尔滨:哈尔滨工业大学出版社，1999.
[13] Yaghjian A D. Augmented Electric and Magnetic - Field Integral Equations. Radio Science, 1981, 16(6):987-1001.
[14] Oshiro F K. Source distribution technique for the solution of general electromagnetic scattering problems. Proceedings of first GISAT symposium, Vol. 1, Mitre Corporation, 1965: 83-107.
[15] Poggio A J. Miller E K. Integral Equation Solutions of Three - Dimensional Scattering Problems. in Computer Techniques for Electromagnetics, R. Mittra (ed.), Oxford, U. K. :Pergamon Press, 1973.
[16] Chang Y, Harrington R F. A Surface Formulation for Characteristic Modes of Material Bodies. IEEE Transactions on Antennas and Propagation, 1977, 25(6): 789-795.
[17] Wu, T K, Tsai L L. Scattering from arbitrarily - shaped lossy dielectric bodies of revolution[J]. Radio Science, 1977, 12(5):709-718.
[18] Mautz J R, Harrington R F, Electromagnetic Scattering from a Homogenous Material Body of Revolution. Arch. Elek. Ubertragung, Vol. 33, 1979:71-80.
[19] 梁昌洪，谢拥军，官伯然. 简明微波. 北京:高等教育出版社，2006.
[20] Bunger R, Arndt F. Moment - method analysis of arbitrary 3 - D metallic N - port waveguide structures. IEEE Transactions on Microwave Theory and Techniques, 2000, 48(4): 531-537.

第 2 章　RWG 基函数矩量法

RWG (Rao - Wilton - Glisson) 基函数是当前使用较为广泛的一种矩量法基函数，它被定义于具有公共边的两个相邻三角形上，可模拟任意形状物体的表面电、磁流分布。本章介绍了 RWG 基函数的概念与特性，将其用于离散处理金属问题的电场积分方程(EFIE)、磁场积分方程(MFIE)以及处理介质问题的 PMCHW 方程，详细讨论了矩量法矩阵元素计算中的奇异积分处理方法，最后给出了采用 RWG 基函数矩量法分析电磁散射、辐射及传输特性的仿真实例。

2.1　几何建模

三角形建模指的是用若干三角形面来对任意物体表面的几何特征进行描述，如图 2.1-1 所示。这些三角形面通常可通过对物体的表面进行三角形网格(Triangle Mesh)剖分来获得。三角形建模的优点是不受模型形状的限制，任意形状的物体表面都可用三角形网格来近似，但一定要注意网格尺寸的选取。

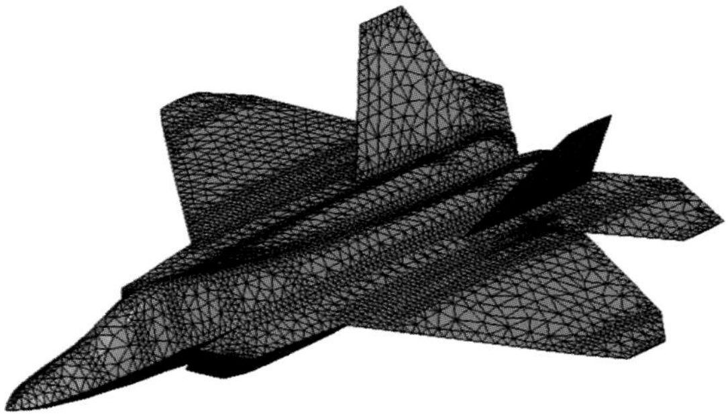

图 2.1-1　三角形剖分物体表面

如果网格尺寸太大，首先从几何上来看，就会造成模型的外形失真；其次从物理上来看，面片较大时，面片上的电流分布复杂，简单的线性基函数无法准确模拟电、磁流的分布，从而产生误差；再从数值上来说，由于积分方程的积分核中包含格林函数，其中的相位因子 e^{-jkR} 具有振荡性，面片太大时，被积函数在积分区域内有振荡性，数值计算面积分误差较大。综上，必须将网格尺寸限定在较小的范围内以减小误差。

虽然小网格可以更好地模拟物体外形，减少模型失真，更加精确地模拟物体表面的电、磁流分布，但是网格尺寸也不是越小越好。首先，网格尺寸变小意味着网格数量增加，则用于描述电、磁流分布的基函数个数(对应于矩量法矩阵维数)就会相应地增加，计算量和内存需求也就会迅速增大；再者，当网格尺寸非常小时，相邻三角形面片位置非常接近，面片上的电流值也会非常接近，这会导致矩量法阻抗矩阵的某些行或列的元素值非常接近，阻抗矩阵的条件数将变差，甚至出现奇异矩阵，使得矩阵方程难以求解。

概括起来，当三角形网格尺寸过大时，电、磁流模拟不准确，计算结果精度不够；而当三角形网格尺寸过小时，计算量和内存需求增大，阻抗矩阵条件数变差，矩阵方程难以求解。

2.2 RWG 基函数

对于 RWG 基函数[1]矩量法而言，三角形剖分的网格边长一般在[$\lambda/12$，$\lambda/8$]的范围内较为合适。RWG 基函数是定义在一对相邻三角形面片上的基函数，每一对相邻三角形(即三角形对)的公共边对应了一个 RWG 基函数。由几何拓扑可知，对于闭合物体，以三角形网格剖分时，如果三角形面片个数为 N_{triangle}，则公共边个数 $N_{\text{edge}}=1.5N_{\text{triangle}}$；开放结构物体的公共边数要小于 $1.5N_{\text{triangle}}$。如图 2.2-1 给出了相邻于第 n 条公共边的一对三角形 T_n^+ 和 T_n^-。

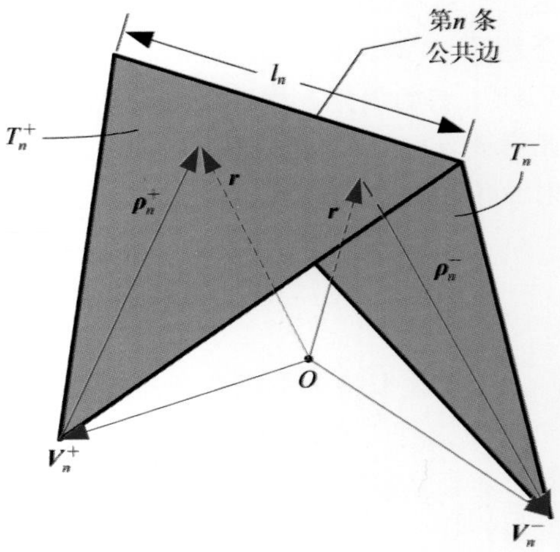

图 2.2-1 第 n 个 RWG 基函数模型

RWG 基函数的定义式为

$$\boldsymbol{f}_n(\boldsymbol{r})=\begin{cases}\dfrac{l_n}{2A_n^+}\boldsymbol{\rho}_n^+, & \boldsymbol{r}\in T_n^+\\ \dfrac{l_n}{2A_n^-}\boldsymbol{\rho}_n^-, & \boldsymbol{r}\in T_n^-\\ \boldsymbol{0}, \text{其他}\end{cases} \tag{2.2-1}$$

式中：l_n表示第 n 对相邻三角形的公共边长度；A_n^+ 和 A_n^- 分别为三角形 T_n^+ 和 T_n^- 的面积；$\boldsymbol{\rho}_n^+=\boldsymbol{r}-\boldsymbol{V}_n^+$ 是从三角形 T_n^+ 的顶点 $\boldsymbol{V}_n^+$ 指向点 $\boldsymbol{r}$ 的矢量；$\boldsymbol{\rho}_n^-=\boldsymbol{V}_n^--\boldsymbol{r}$ 是从三角形 T_n^- 中的点 $\boldsymbol{r}$ 指向顶点 $\boldsymbol{V}_n^-$ 的矢量。这种定义方式表明电流是从 T_n^+ 三角形经过公共边流向 T_n^- 三角形的。在三角形对 T_n^+ 与 T_n^- 之外，基函数为 $\boldsymbol{0}$。

注意到上述公共边 l_n对应的一对三角形 T_n^+ 和 T_n^- 中的“正”、“负”是相对的。当相邻于公共边 l_n的一对三角形中的某一个三角形被标记为“正”三角形时，则将另外一个三角形标记为“负”三角形。$\boldsymbol{V}_n^+$ 表示公共边 l_n在 T_n^+ 三角形中所对的三角形顶点的位置矢量；$\boldsymbol{V}_n^-$ 表示公共边 l_n在 T_n^- 三角形中所对的三角形顶点的位置矢量。

基函数定义式也表明了表面电流没有垂直于三角形对的外边线(外边线不包括公共边)的分量，因此在这个边界线上没有线电荷积累。又根据电流连续性方程，由基函数定义式可得其散度为

$$-\mathrm{j}\omega\sigma_n=\nabla_s\cdot\boldsymbol{f}_n(\boldsymbol{r})=\begin{cases}\dfrac{l_n}{A_n^+}, & \boldsymbol{r}\in T_n^+\\ -\dfrac{l_n}{A_n^-}, & \boldsymbol{r}\in T_n^-\\ 0, & \text{其他}\end{cases} \tag{2.2-2}$$

可见相邻两个三角形面片 T_n^+ 和 T_n^- 上的电荷量等值反号，那么这个三角形对上的总电荷量为零。

流入和流出第 n 条公共边的电流法向分量 $f_{n,\ \mathrm{normal}}^+$ 和 $f_{n,\ \mathrm{normal}}^-$ 也是常量，如图 2.2－2 所示，电流穿过公共边时法向分量也是连续的。图 2.2－2 中给出了当观察点 $\boldsymbol{r}$ 落在公共边上时，矢量 $\boldsymbol{\rho}_n^\pm$ 垂直于公共边的分量恰好就是三角形 $T_n^\pm$ 以该边为底时的高，此时有

$$f_{n,\ \mathrm{normal}}^+ = \frac{l_n}{2A_n^+}\cdot\frac{A_n^+}{\dfrac{l_n}{2}} = 1 \tag{2.2-3a}$$

$$f_{n,\ \mathrm{normal}}^- = \frac{l_n}{2A_n^-}\cdot\frac{A_n^-}{\dfrac{l_n}{2}} = 1 \tag{2.2-3b}$$

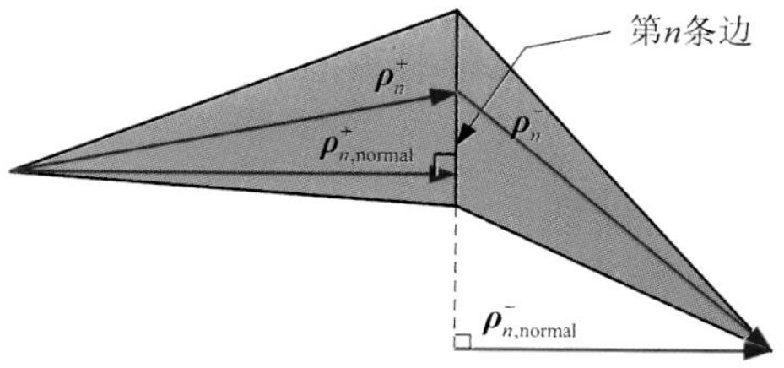

图 2.2－2　跨越第 n 条公共边的法向分量

概括起来，RWG 基函数具有以下几个特点：

(1) 电流在三角形对的外边界上只沿着边流动，在外边上没有线电荷积累；

(2) 在公共边两侧，电流法向分量连续，在内边上没有电荷积累；

(3) 任意一个三角形对中，其正负三角形上的电荷量均为常数，且该三角形对上的总电荷量为零。

这些特性表明了一个公共边上对应的 RWG 基函数不会影响其他的三角形公共边对应的基函数。至此，物体表面上的未知电流可用 RWG 基函数展开为如下形式：

$$\boldsymbol{J} \cong \sum_{n=1}^{N} I_n \boldsymbol{f}_n(\boldsymbol{r}) \tag{2.2-4}$$

其中，I_n表示未知的电流展开系数(未知量)，N 为未知量数(与三角形的公共边数目相等)。

对于开放结构的金属物体，还有一类特殊模型需要特别处理，即多个三角形面片共用一条边时基函数的选取问题。图 2.2－3(a)给出了三个三角形共用一条边的情形，图 2.2－3(b)示意了 N 个三角形共边时的情况。如何选取基函数主要取决于金属面连接处的电流连续性方程。当连接处无外加激励源时，电流连续性方程要求从各三角形面片流入和流出连接点处的电流之和为零。当 N 个三角形面片共棱边时，由 RWG 基函数的定义，在这条公共边上可定义 N 个基函数；根据电流连续性方程，这 N 个基函数表示的电流之和应该为零，即这 N 个基函数线性相关(只有 $N-1$ 个是独立的)；因此，应该在这 N 个基函数里任选 $N-1$ 个基函数组成独立的基函数组，如图 2.2－3(b)所示，以避免导致矩量法阻抗矩阵奇异。这样处理后，如果有 N 个三角形面片共边，将会产生 $N-1$ 个未知量。

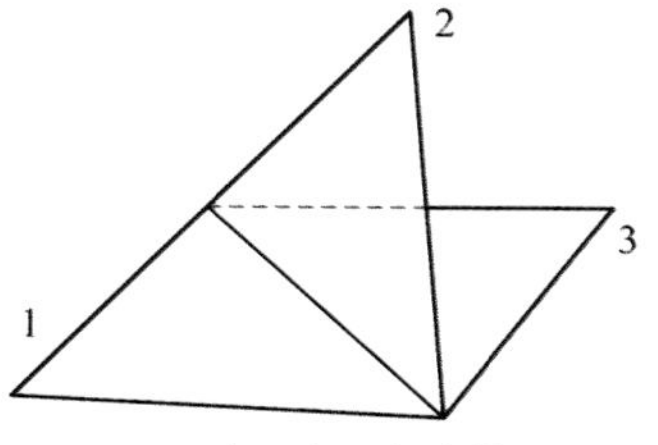

(a) 三个三角形共边模型

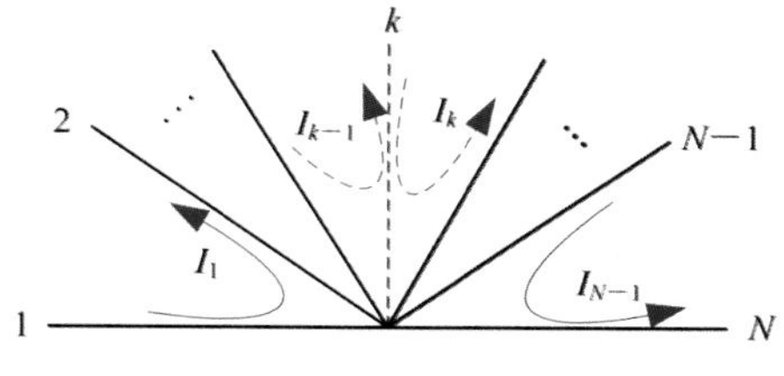

(b) N个面片共边时基函数选取模型

图 2.2－3　多个面片共棱边的建模

2.3 电场积分方程的矩量法解

第 1 章已经建立起了适合计算理想导体问题的电场积分方程(EFIE)。本节将详细讨论如何采用矩量法求解电场积分方程(以下简称 EFIE 矩量法)。结合三角形网格将未知电流展开为 RWG 基函数的叠加形式，可将电场积分方程离散为代数方程。

2.3.1 矩阵方程构建

回顾电场积分方程：

$$\hat{\boldsymbol{n}}\times[\boldsymbol{E}_{\text{inc}}+\eta L(\boldsymbol{J})]=\boldsymbol{0} \tag{2.3-1}$$

按式(2.2-4)将电流展开，带入 EFIE 可得到离散的 EFIE：

$$\hat{\boldsymbol{n}}\times\left[\boldsymbol{E}_{\text{inc}}+\eta\sum_{n=1}^{N}I_nL(\boldsymbol{f}_n(\boldsymbol{r}'))\right]=\boldsymbol{0} \tag{2.3-2}$$

式中，N 为未知量数，I_n为未知的电流系数，$\boldsymbol{f}_n(\boldsymbol{r}')$为 RWG 基函数。

采用伽略金方法，以 RWG 基函数作为检验函数(权函数)，检验电场积分方程(2.3-2)可得

$$\left\langle\boldsymbol{f}_m(\boldsymbol{r}),\ \hat{\boldsymbol{n}}\times\left[\boldsymbol{E}_{\text{inc}}+\eta\sum_{n=1}^{N}I_nL(\boldsymbol{f}_n(\boldsymbol{r}'))\right]\right\rangle=0,\ m=1,\ 2,\ \cdots,\ N \tag{2.3-3}$$

因为 $\boldsymbol{f}_m(\boldsymbol{r})$始终是沿物体表面切向的，所以式(2.3-3)也可以写成其等价形式：

$$\left\langle\boldsymbol{f}_m(\boldsymbol{r}),\ \left[\boldsymbol{E}_{\text{inc}}+\eta\sum_{n=1}^{N}I_nL(\boldsymbol{f}_n(\boldsymbol{r}'))\right]\right\rangle=0,\ m=1,\ 2,\ \cdots,\ N \tag{2.3-4}$$

这样写的好处是可以避免计算物体表面的外法向量。式(2.3-4)可重写为

$$\sum_{n=1}^{N}I_n\langle\boldsymbol{f}_m(\boldsymbol{r}),\ -\eta L(\boldsymbol{f}_n(\boldsymbol{r}'))\rangle=\langle\boldsymbol{f}_m(\boldsymbol{r}),\ \boldsymbol{E}_{\text{inc}}\rangle,\ m=1,\ 2,\ \cdots,\ N \tag{2.3-5}$$

进一步，式(2.3-5)可写为矩阵形式：

$$\boldsymbol{ZI}=\boldsymbol{V} \tag{2.3-6}$$

其中，$\boldsymbol{Z}$ 表示 $N\times N$ 的矩量法“阻抗”矩阵；$\boldsymbol{I}$ 和 $\boldsymbol{V}$ 均是 $N\times 1$ 的列向量，二者分别表示矩量法的“电流”向量和“电压”向量。$\boldsymbol{Z}$ 与 $\boldsymbol{V}$ 的矩阵元素分别为

$$Z_{mn}=\text{j}k\eta\int_{T_m^++T_m^-}\boldsymbol{f}_m(\boldsymbol{r})\cdot\int_{T_n^++T_n^-}\left[\boldsymbol{f}_n(\boldsymbol{r}')+\frac{1}{k^2}\nabla'\cdot\boldsymbol{f}_n(\boldsymbol{r}')\nabla\right]G(R)\text{d}s'\text{d}s \tag{2.3-7a}$$

$$V_m=\int_{T_m^++T_m^-}\boldsymbol{f}_m(\boldsymbol{r})\cdot\boldsymbol{E}_{\text{inc}}\text{d}s \tag{2.3-7b}$$

式中，$T_n^+ + T_n^-$ 是第 n 个基函数 $\boldsymbol{f}_n(\boldsymbol{r}')$所在的三角形对(源三角形对)，$T_m^+ + T_m^-$ 是第 m 个检验函数 $\boldsymbol{f}_m(\boldsymbol{r})$所在的三角形对(场三角形对)，$G(R)$为格林函数，$R=|\boldsymbol{r}-\boldsymbol{r}'|$，表示源点到场点的距离。

计算式(2.3-7a)中的阻抗矩阵元素时，若直接计算其中的格林函数梯度，将会引入高阶奇异性。考虑到检验函数 $\boldsymbol{f}_m(\boldsymbol{r})$的面散度已知，可尝试将作用在格林函数上的梯度运算转化为作用在检验函数 $\boldsymbol{f}_m(\boldsymbol{r})$上的散度运算。为此，考虑式(2.3-7a)中积分核的第二项，在处理场三角形上的积分时，因为$\nabla'\cdot\boldsymbol{f}_n(\boldsymbol{r}')$为常数可不予考虑，根据矢量散度运算恒等式$\nabla\cdot[\boldsymbol{f}_m(\boldsymbol{r})G(R)]=\boldsymbol{f}_m(\boldsymbol{r})\cdot\nabla G(R)+G(R)\nabla\cdot\boldsymbol{f}_m(\boldsymbol{r})$，则有

$$\int_{T_m^+ + T_m^-} \boldsymbol{f}_m(\boldsymbol{r}) \cdot \nabla G(R) \mathrm{d}s = \int_{T_m^+ + T_m^-} \nabla \cdot [\boldsymbol{f}_m(\boldsymbol{r}) G(R)] \mathrm{d}s - \int_{T_m^+ + T_m^-} G(R) \nabla \cdot \boldsymbol{f}_m(\boldsymbol{r}) \mathrm{d}s$$

(2.3-8)

由于矢量算子 ∇ 可拆分为切向和法向两部分，即 $\nabla = \nabla_s + \hat{\boldsymbol{n}} \dfrac{\partial}{\partial n}$，而 $\boldsymbol{f}_m(\boldsymbol{r})G(R)$ 只有切向分量，所以 $\nabla \cdot [\boldsymbol{f}_m(\boldsymbol{r})G(R)] = \nabla_s \cdot [\boldsymbol{f}_m(\boldsymbol{r})G(R)]$。进一步，对式(2.3-8)右侧第一项在 T_m^+、T_m^- 上分别使用高斯公式，将面积分转化为图 2.3-1 所示的沿场三角形对的边的环线积分，则有

$$\begin{aligned}\int_{T_m^+ + T_m^-} \boldsymbol{f}_m(\boldsymbol{r}) \cdot \nabla G(R) \mathrm{d}s &= \int_{T_m^+ + T_m^-} \nabla_s \cdot [\boldsymbol{f}_m(\boldsymbol{r}) G(R)] \mathrm{d}s - \int_{T_m^+ + T_m^-} G(R) \nabla \cdot \boldsymbol{f}_m(\boldsymbol{r}) \mathrm{d}s \\ &= \oint_{\partial_{T_m^+} + \partial_{T_m^-}} \hat{\boldsymbol{u}} \cdot [\boldsymbol{f}_m(\boldsymbol{r}) G(R)] \mathrm{d}l - \int_{T_m^+ + T_m^-} G(R) \nabla \cdot \boldsymbol{f}_m(\boldsymbol{r}) \mathrm{d}s\end{aligned}$$

(2.3-9)

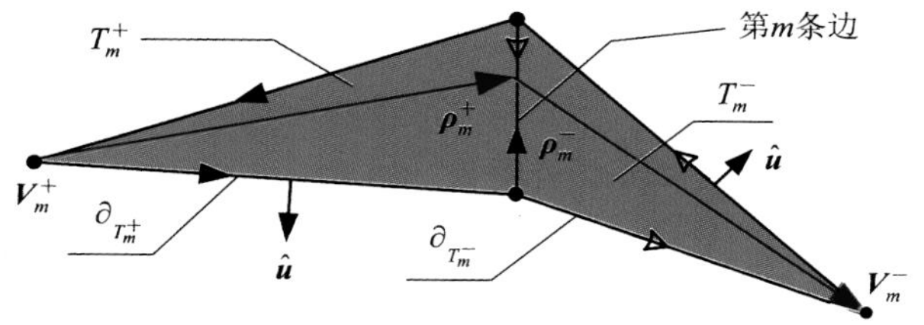

图 2.3-1　场三角形对环线积分示意图

式中，$\partial_{T_m^+}$、$\partial_{T_m^-}$ 分别是 T_m^+、T_m^- 三角形的边界，$\hat{\boldsymbol{u}}$ 为边界 $\partial_{T_m^+}$、$\partial_{T_m^-}$ 的外法向单位矢量。根据 RWG 基函数定义，$\boldsymbol{f}_m(\boldsymbol{r})$ 在顶点 $\mathbf{V}_m^+$ 和 $\mathbf{V}_m^-$ 处的值为 $\mathbf{0}$；在非公共边上时，$\boldsymbol{f}_m(\boldsymbol{r})$ 矢量沿三角形的边线方向，恰好与边线的外法向量 $\hat{\boldsymbol{u}}$ 垂直，所以有 $\hat{\boldsymbol{u}} \cdot [\boldsymbol{f}_m(\boldsymbol{r})G(R)] = 0$；$\boldsymbol{f}_m(\boldsymbol{r})$ 在公共边上时，正三角形一侧 $\hat{\boldsymbol{u}}$ 与 $\boldsymbol{f}_m(\boldsymbol{r})$ 同向，负三角形一侧 $\hat{\boldsymbol{u}}$ 与 $\boldsymbol{f}_m(\boldsymbol{r})$ 反向，$\hat{\boldsymbol{u}} \cdot \boldsymbol{f}_m(\boldsymbol{r})$ 即是取 $\boldsymbol{f}_m(\boldsymbol{r})$ 法向分量，前面已知 $\boldsymbol{f}_m(\boldsymbol{r})$ 法向分量大小连续，所以在 $\partial_{T_m^+}$、$\partial_{T_m^-}$ 上 $\boldsymbol{f}_m(\boldsymbol{r})$ 与 $\hat{\boldsymbol{u}}$ 点积的结果处处相反，那么公共边上的线积分最终结果为零。因此，式(2.3-9)右侧第一项的环线积分为零，即

$$\oint_{\partial_{T_m^+} + \partial_{T_m^-}} \hat{\boldsymbol{u}} \cdot [\boldsymbol{f}_m(\boldsymbol{r}) G(R)] \mathrm{d}l = 0 \tag{2.3-10}$$

则式(2.3-9)可简写为

$$\int_{T_m^+ + T_m^-} \boldsymbol{f}_m(\boldsymbol{r}) \cdot \nabla G(R) \mathrm{d}s = -\int_{T_m^+ + T_m^-} G(R) \nabla_s \cdot \boldsymbol{f}_m(\boldsymbol{r}) \mathrm{d}s \tag{2.3-11}$$

这样处理后，阻抗元素的积分核中不再包含格林函数的梯度运算，则有

$$Z_{mn} = \mathrm{j}k\eta \int_{T_m^+ + T_m^-} \int_{T_n^+ + T_n^-} \left[\boldsymbol{f}_m(\boldsymbol{r}) \cdot \boldsymbol{f}_n(\boldsymbol{r}') - \frac{1}{k^2} \nabla'_s \cdot \boldsymbol{f}_n(\boldsymbol{r}') \nabla_s \cdot \boldsymbol{f}_m(\boldsymbol{r}) \right] G(R) \mathrm{d}s' \mathrm{d}s$$

(2.3-12)

可以看出计算阻抗元素的积分区间是两个三角形对，需要进行四次在两个三角形上的二重面积分计算。为了方便后面讨论，进一步将阻抗元素表达式(2.3-12)按积分三角形分

为四个部分：

$$Z_{mn}=\mathrm{j}k\eta\int_{T_m^++T_m^-}\int_{T_n^++T_n^-}\left[\boldsymbol{f}_m(\boldsymbol{r})\cdot\boldsymbol{f}_n(\boldsymbol{r}')-\frac{1}{k^2}\nabla_s'\cdot\boldsymbol{f}_n(\boldsymbol{r}')\nabla_s\cdot\boldsymbol{f}_m(\boldsymbol{r})\right]G(R)\mathrm{d}s'\mathrm{d}s$$
$$=Z_{mn}^{++}+Z_{mn}^{+-}+Z_{mn}^{-+}+Z_{mn}^{--}\tag{2.3-13}$$

其中

$$Z_{mn}^{++}=\frac{\mathrm{j}k\eta}{4\pi}\frac{l_ml_n}{4A_m^+A_n^+}\int_{T_m^+}\int_{T_n^+}\left[(\boldsymbol{r}-\boldsymbol{V}_m^+)\cdot(\boldsymbol{r}'-\boldsymbol{V}_n^+)-\frac{4}{k^2}\right]\frac{\mathrm{e}^{-\mathrm{j}kR}}{R}\mathrm{d}s'\mathrm{d}s\tag{2.3-14a}$$

$$Z_{mn}^{+-}=-\frac{\mathrm{j}k\eta}{4\pi}\frac{l_ml_n}{4A_m^+A_n^-}\int_{T_m^+}\int_{T_n^-}\left[(\boldsymbol{r}-\boldsymbol{V}_m^+)\cdot(\boldsymbol{r}'-\boldsymbol{V}_n^-)-\frac{4}{k^2}\right]\frac{\mathrm{e}^{-\mathrm{j}kR}}{R}\mathrm{d}s'\mathrm{d}s\tag{2.3-14b}$$

$$Z_{mn}^{-+}=-\frac{\mathrm{j}k\eta}{4\pi}\frac{l_ml_n}{4A_m^-A_n^+}\int_{T_m^-}\int_{T_n^+}\left[(\boldsymbol{r}-\boldsymbol{V}_m^-)\cdot(\boldsymbol{r}'-\boldsymbol{V}_n^+)-\frac{4}{k^2}\right]\frac{\mathrm{e}^{-\mathrm{j}kR}}{R}\mathrm{d}s'\mathrm{d}s\tag{2.3-14c}$$

$$Z_{mn}^{--}=\frac{\mathrm{j}k\eta}{4\pi}\frac{l_ml_n}{4A_m^-A_n^-}\int_{T_m^-}\int_{T_n^-}\left[(\boldsymbol{r}-\boldsymbol{V}_m^-)\cdot(\boldsymbol{r}'-\boldsymbol{V}_n^-)-\frac{4}{k^2}\right]\frac{\mathrm{e}^{-\mathrm{j}kR}}{R}\mathrm{d}s'\mathrm{d}s\tag{2.3-14d}$$

式(2.3-14)中四个表达式的积分形式相同，仅仅是积分区间的三角形几何位置信息不同。因此，不失一般性，下面仅以 Z_{mn}^{++} 为例讨论其计算。

2.3.2 矩阵元素的积分计算

阻抗矩阵元素计算过程中，注意到式(2.3-14a)中的 Z_{mn}^{++} 的积分核中包含了标量格林函数。当检验函数所在的三角形(场三角形)与基函数所在的三角形(源三角形)距离较远时，场点 $\boldsymbol{r}$ 和源点 $\boldsymbol{r}'$ 相距较远，R 较大，积分核中没有奇异点。内外两层面积分都可以直接采用附录 A 介绍的二维高斯积分计算阻抗元素，即

$$Z_{mn}^{++}=\frac{\mathrm{j}k\eta}{4\pi}l_ml_n\sum_{t=1}^{N_G}W(t)\sum_{s=1}^{N_G}W(s)\left[(\boldsymbol{r}_t-\boldsymbol{V}_m^+)\cdot(\boldsymbol{r}_s'-\boldsymbol{V}_n^+)-\frac{4}{k^2}\right]\frac{\mathrm{e}^{-\mathrm{j}kR}}{R}\tag{2.3-15}$$

式中，N_G 表示高斯采样点数，$\boldsymbol{r}_t$ 为场三角形上的采样点，$\boldsymbol{r}_s'$ 为源三角形上的采样点，$W(t)$ 和 $W(s)$ 为高斯积分对应采样点的权值，$R=|\boldsymbol{r}_t-\boldsymbol{r}_s'|$。

当两三角形重合或靠近时，场点 $\boldsymbol{r}$ 趋近源点 $\boldsymbol{r}'$，格林函数中 $R\to0$，积分核中存在奇异点，需要研究如何解析地处理奇异积分。一般地，可考虑在两层积分的内层积分中处理积分奇异性，也就是在源三角形上讨论积分的奇异性。下面将采用奇异点展开法将奇异积分分离出来单独处理。

首先将积分核中的格林函数改写为以下两项：

$$\frac{\mathrm{e}^{-\mathrm{j}kR}}{4\pi R}=\frac{1}{4\pi}\left(\frac{\mathrm{e}^{-\mathrm{j}kR}-1}{R}+\frac{1}{R}\right)\tag{2.3-16}$$

式中，当 $R\to0$ 时，第一项中的奇异点是可去奇点，可通过泰勒级数展开其指数部分，去除可去奇点，因此认为这部分仍可采用高斯数值积分直接计算。

2.3.3 低阶奇异积分的解析处理

下面单独解析处理式(2.3-16)中的第二项。若在式(2.3-14a)的内层积分中处理积分奇异性，则外层积分没有奇异性，可直接采用高斯数值积分计算，阻抗元素中具有积分

奇异性的部分可表示为

$$Z_{mn}^{++,\text{ Singular}} = \frac{jk\eta}{4\pi}\frac{l_m l_n}{2A_n^+}\sum_{t=1}^{N_G} W(t)\int_{T_n^+}\left[(\boldsymbol{r}_t - \boldsymbol{V}_m^+)\cdot(\boldsymbol{r}' - \boldsymbol{V}_n^+) - \frac{4}{k^2}\right]\frac{1}{R}\mathrm{d}s' \qquad (2.3-17)$$

式中，N_G为积分采样点数，$W(t)$为高斯采样点对应的权值。如图 2.3－2 所示，三角形为源三角形，$\boldsymbol{r}_0$ 为场点 $\boldsymbol{r}_t$在源三角形面上的投影点，d 为 $\boldsymbol{r}_t$到 $\boldsymbol{r}_0$ 的距离。

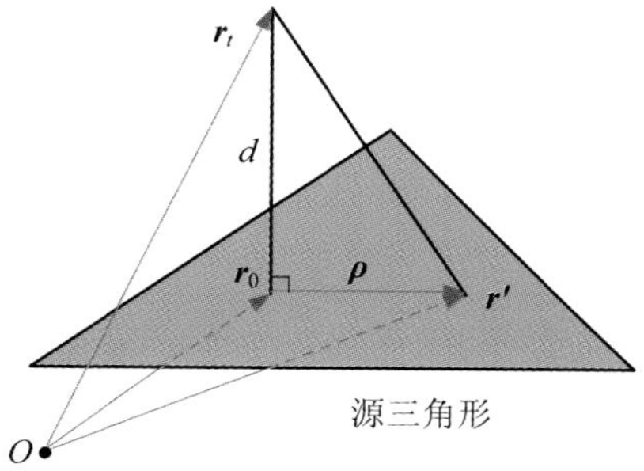

图 2.3－2 场点在源三角形上投影模型

从图 2.3－2 中可以看出 $\boldsymbol{\rho}=\boldsymbol{r}'-\boldsymbol{r}_0$，代入式(2.3－17)并整理得

$$Z_{mn}^{++,\text{ Singular}} = \frac{jk\eta}{4\pi}\frac{l_m l_n}{2A_n^+}\sum_{t=1}^{N_G} W(t)\left\{\begin{aligned}&\left[(\boldsymbol{r}_t - \boldsymbol{V}_m^+)\cdot(\boldsymbol{r}_0 - \boldsymbol{V}_n^+) - \frac{4}{k^2}\right]\int_{T_n^+}\frac{1}{R}\mathrm{d}s'\\ &+(\boldsymbol{r}_t - \boldsymbol{V}_m^+)\cdot\int_{T_n^+}\frac{\boldsymbol{\rho}}{R}\mathrm{d}s'\end{aligned}\right\} \qquad (2.3-18)$$

整理以后发现，主要需要在源三角形上处理以下两种形式的积分[2-4]：

$$I_R = \int_{T_n^+}\frac{1}{R}\mathrm{d}s',\ \boldsymbol{I}_p = \int_{T_n^+}\frac{\boldsymbol{\rho}}{R}\mathrm{d}s' \qquad (2.3-19)$$

首先考虑矢量积分 $\boldsymbol{I}_p$的计算。如图 2.3－3 所示，在源三角形面上挖去以 $\boldsymbol{r}_0$ 为中心、半径为 ε 的小邻域 Δε。

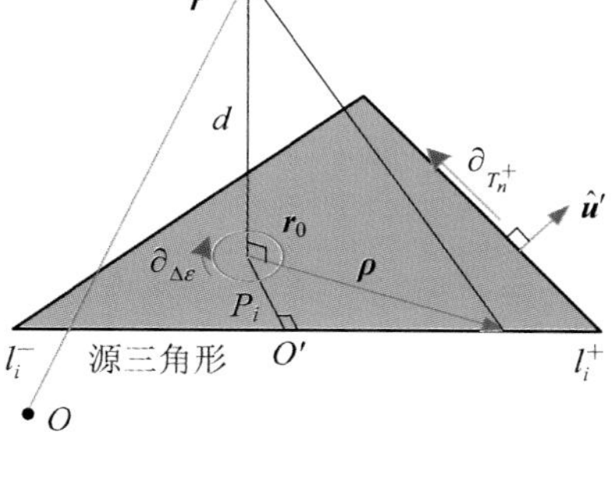

图 2.3－3 沿源三角形边的环线积分

将积分在挖出的小邻域 Δε 以及挖去 Δε 后的三角形区域 $T_n^+-\Delta\varepsilon$ 上分别计算，有

$$\boldsymbol{I}_p = \int_{T_n^+}\frac{\boldsymbol{\rho}}{R}\mathrm{d}s' = \lim_{\varepsilon\to 0}\left[\int_{T_n^+-\Delta\varepsilon}\frac{\boldsymbol{\rho}}{R}\mathrm{d}s' + \int_{\Delta\varepsilon}\frac{\boldsymbol{\rho}}{R}\mathrm{d}s'\right]$$

$$
\begin{aligned}
&= \lim_{\varepsilon\to 0}\left[\int_{T_n^+ - \Delta\varepsilon} \nabla'_s R \,\mathrm{d}s' + \int_{\Delta\varepsilon} \frac{\boldsymbol{\rho}}{R}\mathrm{d}s'\right] \\
&= \lim_{\varepsilon\to 0}\left[\int_{\partial_{T_n^+} + \partial_{\Delta\varepsilon}} \hat{\boldsymbol{u}}' R \,\mathrm{d}l' + \int_0^{\alpha}\int_0^{\varepsilon} \frac{\boldsymbol{\rho}}{\sqrt{\rho^2 + d^2}}\rho\mathrm{d}\rho\mathrm{d}\theta\right] \\
&= \lim_{\varepsilon\to 0}\left[\int_{\partial_{T_n^+}} \hat{\boldsymbol{u}}' R \,\mathrm{d}l' + \int_{\partial_{\Delta\varepsilon}} \hat{\boldsymbol{u}}' R \,\mathrm{d}l'\right] \\
&= \int_{\partial_{T_n^+}} \hat{\boldsymbol{u}}' \sqrt{\rho^2 + d^2}\,\mathrm{d}l' + \lim_{\varepsilon\to 0}\int_0^{\alpha} \hat{\boldsymbol{u}}' \sqrt{\varepsilon^2 + d^2}\,\varepsilon\mathrm{d}\theta \\
&= \int_{\partial_{T_n^+}} \hat{\boldsymbol{u}}' \sqrt{\rho^2 + d^2}\,\mathrm{d}l'
\end{aligned}
\tag{2.3-20}
$$

上式利用了矢量公式$\frac{\boldsymbol{\rho}}{R} = \nabla'_s R$ 与高斯公式$\int_s \nabla_s f \,\mathrm{d}s = \oint_l f\hat{\boldsymbol{u}}\,\mathrm{d}l$，将源三角形面上的面积分转化为沿三角形边的线积分。α 为与三角形相关的常数，表示投影点 $\boldsymbol{r}_0$ 处挖去的小邻域的张角。积分示意图如图 2.3-3 所示。图中，P_i 为投影点 $\boldsymbol{r}_0$ 到源三角形第 i 条边的距离；O'为三角形各边上线积分的局部坐标系原点；ρ 为投影点 $\boldsymbol{r}_0$ 到源点 $\boldsymbol{r}'$的距离，当源点 $\boldsymbol{r}'$在源三角形的边界上时，$\rho^2 = |\boldsymbol{\rho}|^2 = l'^2 + P_i^2$；$l'$为源三角形上沿边方向的变量；$\hat{\boldsymbol{u}}'$为源三角形上边线的单位外法向量；$\partial_{T_n^+}$ 与$\partial_{\Delta\varepsilon}$分别为三角形区域 T_n^+ 与小邻域 $\Delta\varepsilon$ 的外边界。

式(2.3-20)的积分可分为三角形三条边上线积分的叠加：

$$
\begin{aligned}
\boldsymbol{I}_p &= \sum_{i=1}^{3} \hat{\boldsymbol{u}}_i \int_{l_i^-}^{l_i^+} \sqrt{l'^2 + P_i^2 + d^2}\,\mathrm{d}l' \\
&= \sum_{i=1}^{3} \frac{\hat{\boldsymbol{u}}_i}{2}\left[R_{0i}^2 \ln\left(l' + \sqrt{l'^2 + P_i^2 + d^2}\right) + l'\sqrt{l'^2 + P_i^2 + d^2}\right]\Bigg|_{l_i^-}^{l_i^+} \\
&= \frac{1}{2}\sum_{i=1}^{3} \hat{\boldsymbol{u}}_i \left[R_{0i}^2 f_i + l_i^+ R_i^+ - l_i^- R_i^-\right]
\end{aligned}
\tag{2.3-21}
$$

其中，$R_{0i}^2 = P_i^2 + d^2$，$R_i^\pm = \sqrt{(l_i^\pm)^2 + P_i^2 + d^2}$，$f_i = \ln\left(\frac{l_i^+ + R_i^+}{l_i^- + R_i^-}\right)$，下标 i 表示第 i 条边；$l_i^\pm$为在第 i 条边上积分时，局部坐标系下积分起始点或终点的坐标值；$\hat{\boldsymbol{u}}_i$ 为源三角形第 i 条边的单位外法向量。

对于标量积分 I_R，同样考虑将面积分转化为线积分处理，这时要找到一个矢量函数 $\boldsymbol{F}$ 使其满足$\nabla_s \cdot \boldsymbol{F} = \frac{1}{R}$。由面散度公式

$$
\nabla_s \cdot (\hat{\boldsymbol{\rho}} f_\rho + \hat{\boldsymbol{\theta}} f_\theta) = \frac{\partial(\rho f_\rho)}{\rho\partial\rho} + \frac{\partial f_\theta}{\rho\partial\theta}
\tag{2.3-22}
$$

假设 f 与角度 θ 无关，则可令：

$$
\nabla_s \cdot (\hat{\boldsymbol{\rho}} f) = \frac{\mathrm{d}(\rho f)}{\rho\mathrm{d}\rho} = \frac{1}{R}
\tag{2.3-23}
$$

$$
\rho\frac{\mathrm{d}f}{\mathrm{d}\rho} + f = \frac{\rho}{R}
\tag{2.3-24}
$$

其中，$R = \sqrt{\rho^2 + d^2}$。解式(2.3-24)的非齐次微分方程可得

$$f = \frac{R}{\rho} \tag{2.3-25}$$

把式(2.3-25)代入式(2.3-23)可得

$$\frac{1}{R} = \nabla_s \cdot \left[\frac{R}{\rho^2}\boldsymbol{\rho}\right] \tag{2.3-26}$$

于是，可将面积分通过高斯公式转化为线积分(要特别留意奇异点残留项的计算)，则有

$$\begin{aligned}
I_R &= \int_{T_n^+} \frac{1}{R}\mathrm{d}s' = \lim_{\varepsilon\to 0}\left[\int_{T_n^+-\Delta\varepsilon} \frac{1}{R}\mathrm{d}s' + \int_{\Delta\varepsilon} \frac{1}{R}\mathrm{d}s'\right] \\
&= \lim_{\varepsilon\to 0}\left[\int_{T_n^+-\Delta\varepsilon} \nabla_s \cdot \left(\frac{R}{\rho^2}\boldsymbol{\rho}\right)\mathrm{d}s' + \int_{\Delta\varepsilon} \frac{1}{R}\mathrm{d}s'\right] \\
&= \lim_{\varepsilon\to 0}\left[\int_{\partial_{T_n^+}+\partial_{\Delta\varepsilon}} (\hat{\boldsymbol{u}}' \cdot \boldsymbol{\rho})\ \frac{R}{\rho^2}\mathrm{d}l' + \int_0^\alpha\int_0^\varepsilon \frac{\rho}{\sqrt{\rho^2+d^2}}\mathrm{d}\rho\mathrm{d}\theta\right] \\
&= \int_{\partial_{T_n^+}} (\hat{\boldsymbol{u}}' \cdot \boldsymbol{\rho})\ \frac{R}{\rho^2}\mathrm{d}l' - \lim_{\varepsilon\to 0}\int_{\partial_{\Delta\varepsilon}} \rho\ \frac{R}{\rho^2}\mathrm{d}l' \\
&= \int_{\partial_{T_n^+}} (\hat{\boldsymbol{u}}' \cdot \boldsymbol{\rho})\ \frac{R}{\rho^2}\mathrm{d}l' - \lim_{\varepsilon\to 0}\int_0^\alpha \varepsilon\ \frac{\sqrt{\varepsilon^2+d^2}}{\varepsilon^2}\varepsilon\mathrm{d}\theta \\
&= \sum_{i=1}^{3} (\hat{\boldsymbol{u}}_i \cdot \boldsymbol{P}_i)\int_{l_i^-}^{l_i^+}\left(\frac{1}{R} + \frac{d^2}{\rho^2 R}\right)\mathrm{d}l' - \alpha d
\end{aligned} \tag{2.3-27}$$

又有

$$\int_{l_i^-}^{l_i^+} \frac{1}{R}\mathrm{d}l' = \int_{l_i^-}^{l_i^+} \frac{1}{\sqrt{l'^2+P_i^2+d^2}}dl' = \ln\left(\frac{l_i^+ + R_i^+}{l_i^- + R_i^-}\right) = f_i \tag{2.3-28}$$

和

$$\begin{aligned}
\int_{l_i^-}^{l_i^+} \frac{1}{\rho^2 R}\mathrm{d}l' &= \int_{l_i^-}^{l_i^+} \frac{1}{(l'^2+P_i^2)\sqrt{l'^2+P_i^2+d^2}}\mathrm{d}l' \\
&= \frac{1}{P_i d}\left(\arctan\frac{dl_i^+}{P_i R_i^+} - \arctan\frac{dl_i^-}{P_i R_i^-}\right)
\end{aligned} \tag{2.3-29}$$

式(2.3-27)中，$\boldsymbol{P}_i$ 为 $\boldsymbol{r}_0$ 垂直指向第 i 条边方向的矢量，α 为与三角形相关的常数，表示投影点 $\boldsymbol{r}_0$ 处挖去的小区域的张角。当投影点 $\boldsymbol{r}_0$ 落在源三角形外时，不需要挖去邻域，所以 $\alpha=0$；当投影点 $\boldsymbol{r}_0$ 落在源三角形边上时，挖去的邻域为半圆，此时 $\alpha=\pi$；当投影点 $\boldsymbol{r}_0$ 落在源三角形内时，挖去的邻域为圆，此时 $\alpha=2\pi$；当投影点 $\boldsymbol{r}_0$ 落在源三角形顶点上时，挖去的邻域为一扇形区域，扇形的顶角为三角形对应顶点处的内角，所以 α 为三角形的内角。为统一 α 的表达式，可将 α 记为

$$\alpha = \sum_{i=1}^{3} (\hat{\boldsymbol{u}}_i \cdot \hat{\boldsymbol{P}}_i)\left[\arctan\left(\frac{l_i^+}{P_i}\right) - \arctan\left(\frac{l_i^-}{P_i}\right)\right] \tag{2.3-30}$$

由图 2.3-4 可看出，α 即是计及符号 $\hat{\boldsymbol{u}}_i \cdot \hat{\boldsymbol{P}}_i$ 后投影点 $\boldsymbol{r}_0$ 与三角形三个顶点连线所成的三个张角之和。$\hat{\boldsymbol{P}}_i$ 为 $\boldsymbol{r}_0$ 垂直指向第 i 条边方向的单位矢量。当 $\boldsymbol{r}_0$ 落在第 i 条边上时 $\hat{\boldsymbol{u}}_i \cdot \hat{\boldsymbol{P}}_i=0$；当 $\boldsymbol{r}_0$ 落在三角形内侧时 $\hat{\boldsymbol{u}}_i \cdot \hat{\boldsymbol{P}}_i=1$；当 $\boldsymbol{r}_0$ 落在三角形外侧时 $\hat{\boldsymbol{u}}_i \cdot \hat{\boldsymbol{P}}_i=-1$。

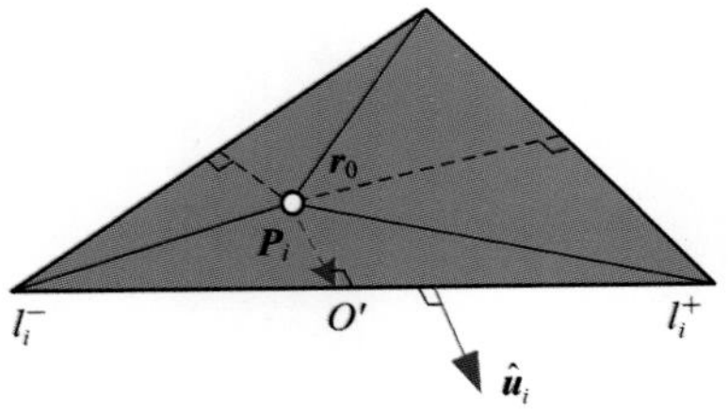

图 2.3-4　平面三角形上 α 的几何意义

利用下面的恒等式

$$\arctan\alpha - \arctan\beta = \arctan\frac{\alpha-\beta}{1+\alpha\beta} \tag{2.3-31}$$

可得

$$\begin{aligned}
\arctan\left(\frac{l_i^+}{P_i}\right) - \arctan\frac{dl_i^+}{P_iR_i^+} &= \arctan\frac{P_il_i^+(R_i^+-d)}{P_i^2R_i^+ + d(l_i^+)^2} \\
&= \arctan\frac{P_il_i^+(R_i^+-d)}{P_i^2R_i^+ + d[(R_i^+)^2 - P_i^2 - d^2]} \\
&= \arctan\frac{P_il_i^+(R_i^+-d)}{(P_i^2+d^2+R_i^+d)(R_i^+-d)} \\
&= \arctan\frac{P_il_i^+}{P_i^2+d^2+R_i^+d}
\end{aligned} \tag{2.3-32}$$

结合式(2.3-28)、式(2.3-29)、式(2.3-30)与式(2.3-32)，式(2.3-27)中的积分最终可以表示为

$$I_R = \sum_{i=1}^{3}(\hat{\boldsymbol{u}}_i \cdot \hat{\boldsymbol{P}}_i)(P_if_i - \beta_id) \tag{2.3-33}$$

其中，$\beta_i = \arctan\left(\frac{P_il_i^+}{P_i^2+d^2+R_i^+d}\right) - \arctan\left(\frac{P_il_i^-}{P_i^2+d^2+R_i^-d}\right)$

针对 EFIE 的积分奇异项，至此已经全部推导出了解析计算式。

理论上来说，只有当场点和源点重合的时候，格林函数才会有奇异点，也就是说只有场三角形和源三角形重合时才会产生奇异积分。然而，在数值计算过程中，如果场点与源点离得太近，即使没有重合也会造成数值上的不稳定性。所以在数值上，阻抗元素的积分奇异性可分为重合奇异性和近奇异性。近奇异性指的是两个三角形面片互相靠近但不重合时出现的积分奇异性。当两面片靠得太近时，即使没有公共部分，直接用高斯数值积分方法进行积分计算也会产生较大的误差。回顾前述内容，可知积分奇异项解析解的推导过程并没有限制于两个三角形重合的前提之下，因此可直接用于处理积分的近奇异性。在处理重合三角形的奇异性时，场点 $\boldsymbol{r}$ 和投影点 $\boldsymbol{r}_0$ 是重合的，即 $d=0$，此时解析表达式将变得十分简洁。

由式(2.3-17)可知，积分奇异项只存在于阻抗矩阵元素的虚部中，故下面只讨论阻抗矩阵元素虚部的积分计算精度。图 2.3-5 给出了两个三角形共边时，阻抗矩阵元素的虚部随两三角形间夹角的变化关系。本例中三角形三条边的边长分别为 0.03 m、0.02 m、0.03 m，计算频率设置为 1 GHz。

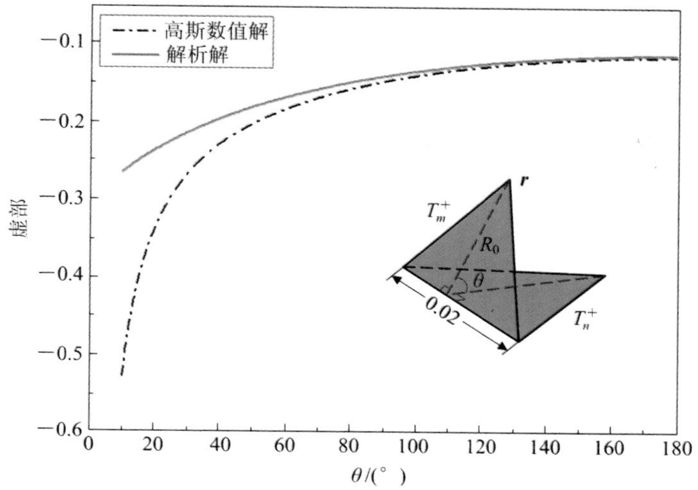

图 2.3-5　Z_{mn}^{++} 的虚部随两三角形间夹角的变化关系

图 2.3-5 中实线为解析计算的阻抗矩阵元素虚部，虚线为直接采用高斯数值积分方法(七点采样)计算出的结果。可以看出，当两三角形间夹角不是很小时，即使两面片有公共边，直接数值计算也不会产生太大误差；但是当两三角形间夹角较小、相互靠近时，就会产生较大的数值误差。这表明，当两三角形中心互相靠近时，EFIE 矩量法阻抗矩阵元素计算中的近奇异性也应解析处理。

为了进一步研究近奇异性问题，下面再考虑另一种三角形相互靠近的方式。如图 2.3-6 所示，两三角形之间没有公共部分，以平行方式无限靠近。本例中三角形三条边的边长分别为 0.03 m、0.01 m、0.0316 m，计算频率设置为 1 GHz。

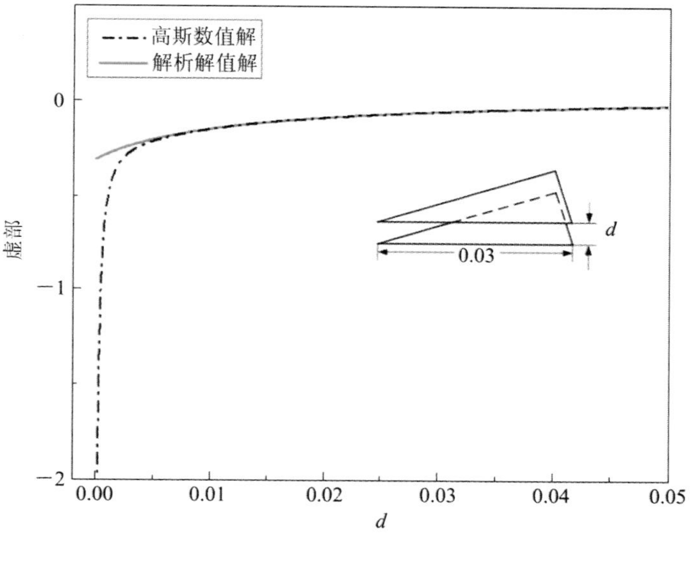

图 2.3-6　Z_{mn}^{++} 的虚部随两三角形之间间距的变化

由图 2.3-6 中曲线可见，当两三角形中心的距离约小于边长的八分之一时，阻抗矩阵元素的虚部就已经产生了很明显的数值误差。这再次表明，对于 EFIE 矩量法，两三角形靠得足够近时，即使三角形之间没有重合部分，阻抗矩阵元素也很难用高斯数值积分方法进行准确计算，应采用解析方法处理近奇异性。

EFIE 矩量法矩阵元素积分奇异性的处理方法有很多种，此处主要介绍了较为通用的奇异点展开法，其他方法在使用时有着不同的局限性。例如 Duffy 变换法[4]只能处理重合面片的奇异性，对于近奇异性问题就难以处理，当模型中出现相近的面片时，其计算精度难以保证。

再如，2005 年 Michael A. Khayat 和 Donald R. Wilton 提出基于 Khayat - Wilton 变换[5]的奇异点消去法，该方法利用参数变换将原三角形上的面积分转化为以场点在源三角形上投影点为中心的三个子三角形上的积分，如图 2.3 - 7 所示。

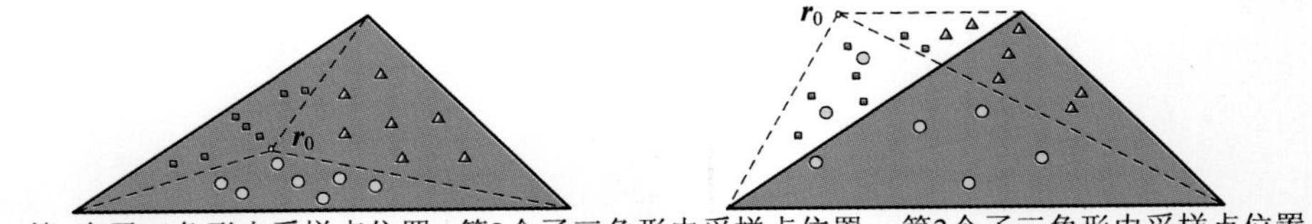

(a) 投影点处于源三角形内部　　(b) 投影点处于源三角形外部

图 2.3 - 7　三个子三角形上的积分

当投影点 $\boldsymbol{r}_0$ 落在源三角形内部时，如图 2.3 - 7(a)所示，三个子三角形也在源三角形内部，三个子三角形内的采样点都落在源三角形内，此时可以很好地去除奇异点。而当投影点 $\boldsymbol{r}_0$ 落在源三角形外部时，如图 2.3 - 7(b)所示，三个子三角形中的一个完全在原积分区域外，另外两个则部分地在原积分区域外。积分采样点落在源三角形外，意味着减少了有效采样点数目，降低了计算精度。因此，虽然该方法克服了 Duffy 变换只能处理重合奇异性的缺点，但有时精度不高。

2.4　磁场积分方程的矩量法解

第 1 章已建立了磁场积分方程(MFIE)。本节将详细讨论矩量法求解磁场积分方程(以下简称 MFIE 矩量法)。由于 MFIE 中包含了格林函数的梯度运算，所以 MFIE 矩量法阻抗元素积分中的奇异性阶数要比 EFIE 的高，处理过程更加复杂，但可以证明，在三角形互相重合时，MFIE 矩量法阻抗元素的积分中不存在奇异性，因此只需研究如何解析处理近奇异性。

2.4.1　矩阵方程构建

回顾磁场积分方程

$$\hat{\boldsymbol{n}} \times [K(\boldsymbol{J}) + \boldsymbol{H}_{\text{inc}}] = \boldsymbol{J} \tag{2.4-1}$$

以光滑曲面模型为例[6]，采用 RWG 基函数作为展开函数，采用伽略金法检验，有

$$\langle \boldsymbol{f}_m(\boldsymbol{r}),\ \sum_{n=1}^{N} I_n[\boldsymbol{f}_n - \hat{\boldsymbol{n}} \times K(\boldsymbol{f}_n(\boldsymbol{r}'))]\rangle = \langle \boldsymbol{f}_m(\boldsymbol{r}),\ \hat{\boldsymbol{n}} \times \boldsymbol{H}_{\text{inc}}\rangle \tag{2.4-2}$$

写成矩阵形式为

$$\boldsymbol{ZI} = \boldsymbol{V} \tag{2.4-3}$$

其中，$\boldsymbol{Z}$ 与 $\boldsymbol{V}$ 的矩阵元素分别为

$$\begin{aligned} Z_{mn} = &\frac{1}{2}\int_{T_m^+ + T_m^-} \boldsymbol{f}_m(\boldsymbol{r}) \cdot \boldsymbol{f}_n(\boldsymbol{r}')\,\mathrm{d}s \\ &+ \int_{T_m^+ + T_m^-} \boldsymbol{f}_m(\boldsymbol{r}) \cdot \left[\hat{\boldsymbol{n}} \times \int_{T_n^+ + T_n^-} \boldsymbol{f}_n(\boldsymbol{r}') \times \nabla G(R)\,\mathrm{d}s'\right]\mathrm{d}s \end{aligned} \tag{2.4-4a}$$

$$V_m = \int_{T_m^+ + T_m^-} \boldsymbol{f}_m(\boldsymbol{r}) \cdot (\hat{\boldsymbol{n}} \times \boldsymbol{H}_{\text{inc}})\,\mathrm{d}s \tag{2.4-4b}$$

式中，$T_n^+ + T_n^-$ 是第 n 个基函数 $\boldsymbol{f}_n(\boldsymbol{r}')$ 所在的三角形对(源三角形对)，$T_m^+ + T_m^-$ 是第 m 个检验函数 $\boldsymbol{f}_m(\boldsymbol{r})$ 所在的三角形对(场三角形对)，$R=|\boldsymbol{r}-\boldsymbol{r}'|$。

根据基函数定义将阻抗元素分为四个部分：

$$Z_{mn} = Z_{mn}^{++} + Z_{mn}^{+-} + Z_{mn}^{-+} + Z_{mn}^{--} \tag{2.4-5}$$

其中

$$\begin{aligned} Z_{mn}^{++} = &\frac{l_m l_n}{8A_m^+ A_n^+}\int_{T_m^+} (\boldsymbol{r} - \boldsymbol{V}_m^+) \cdot (\boldsymbol{r}' - \boldsymbol{V}_n^+)\,\mathrm{d}s \\ &+ \frac{l_m l_n}{4A_m^+ A_n^+}\int_{T_m^+} (\boldsymbol{r} - \boldsymbol{V}_m^+) \cdot \left[\hat{\boldsymbol{n}} \times \int_{T_n^+} (\boldsymbol{r}' - \boldsymbol{V}_n^+) \times (\boldsymbol{r}' - \boldsymbol{r})\,\frac{(1+\mathrm{j}kR)\mathrm{e}^{-\mathrm{j}kR}}{4\pi R^3}\mathrm{d}s'\right]\mathrm{d}s \end{aligned} \tag{2.4-6a}$$

$$\begin{aligned} Z_{mn}^{+-} = &-\frac{l_m l_n}{8A_m^+ A_n^-}\int_{T_m^+} (\boldsymbol{r} - \boldsymbol{V}_m^+) \cdot (\boldsymbol{r}' - \boldsymbol{V}_n^-)\,\mathrm{d}s \\ &- \frac{l_m l_n}{4A_m^+ A_n^-}\int_{T_m^+} (\boldsymbol{r} - \boldsymbol{V}_m^+) \cdot \left[\hat{\boldsymbol{n}} \times \int_{T_n^-} (\boldsymbol{r}' - \boldsymbol{V}_n^-) \times (\boldsymbol{r}' - \boldsymbol{r})\,\frac{(1+\mathrm{j}kR)\mathrm{e}^{-\mathrm{j}kR}}{4\pi R^3}\mathrm{d}s'\right]\mathrm{d}s \end{aligned} \tag{2.4-6b}$$

$$\begin{aligned} Z_{mn}^{-+} = &-\frac{l_m l_n}{8A_m^- A_n^+}\int_{T_m^-} (\boldsymbol{r} - \boldsymbol{V}_m^-) \cdot (\boldsymbol{r}' - \boldsymbol{V}_n^+)\,\mathrm{d}s \\ &- \frac{l_m l_n}{4A_m^- A_n^+}\int_{T_m^-} (\boldsymbol{r} - \boldsymbol{V}_m^-) \cdot \left[\hat{\boldsymbol{n}} \times \int_{T_n^+} (\boldsymbol{r}' - \boldsymbol{V}_n^+) \times (\boldsymbol{r}' - \boldsymbol{r})\,\frac{(1+\mathrm{j}kR)\mathrm{e}^{-\mathrm{j}kR}}{4\pi R^3}\mathrm{d}s'\right]\mathrm{d}s \end{aligned} \tag{2.4-6c}$$

$$\begin{aligned} Z_{mn}^{--} = &\frac{l_m l_n}{8A_m^- A_n^-}\int_{T_m^-} (\boldsymbol{r} - \boldsymbol{V}_m^-) \cdot (\boldsymbol{r}' - \boldsymbol{V}_n^-)\,\mathrm{d}s \\ &+ \frac{l_m l_n}{4A_m^- A_n^-}\int_{T_m^-} (\boldsymbol{r} - \boldsymbol{V}_m^-) \cdot \left[\hat{\boldsymbol{n}} \times \int_{T_n^-} (\boldsymbol{r}' - \boldsymbol{V}_n^-) \times (\boldsymbol{r}' - \boldsymbol{r})\,\frac{(1+\mathrm{j}kR)\mathrm{e}^{-\mathrm{j}kR}}{4\pi R^3}\mathrm{d}s'\right]\mathrm{d}s \end{aligned} \tag{2.4-6d}$$

可见，四个表达式的积分形式相同，仅仅是代入的三角形几何位置信息不同，因此下面仅以 Z_{mn}^{++} 为例讨论其计算。

2.4.2 矩阵元素的积分计算

阻抗元素计算式(2.4-6a)的积分核中当场点 $\boldsymbol{r}$ 和源点 $\boldsymbol{r}'$ 靠近时，$R\to 0$，积分包含高阶奇异点。1997 年 R. E. Hodges 和 Y. Rahmat-Samii 通过奇异点展开法，解决了 MFIE 矩量法阻抗矩阵元素的内层积分的奇异性问题[7]，但外层积分中依然包含对数奇异性。近年来许多学者在处理外层积分奇异性方面做了大量研究工作[8-10]，但是 MFIE 的精度一直没能有效地提高。

此处不失一般性，考虑

$$Z_{mn}^{++}=\frac{l_m l_n}{8A_m^+A_n^+}\int_{T_m^+}(\boldsymbol{r}-\boldsymbol{V}_m^+)\cdot(\boldsymbol{r}'-\boldsymbol{V}_n^+)\,\mathrm{d}s$$
$$+\frac{l_m l_n}{4A_m^+A_n^+}\int_{T_m^+}(\boldsymbol{r}-\boldsymbol{V}_m^+)\cdot\left[\hat{\boldsymbol{n}}\times\int_{T_n^+}(\boldsymbol{r}'-\boldsymbol{V}_n^+)\times(\boldsymbol{r}'-\boldsymbol{r})\frac{(1+\mathrm{j}kR)\mathrm{e}^{-\mathrm{j}kR}}{4\pi R^3}\mathrm{d}s'\right]\mathrm{d}s \tag{2.4-7}$$

当两积分三角形面片重合时，$\boldsymbol{r}$ 和 $\boldsymbol{r}'$ 在同一个平面内，则向量 $\boldsymbol{r}'-\boldsymbol{V}_n^+$ 与 $\boldsymbol{r}'-\boldsymbol{r}$ 共面，于是矢量 $(\boldsymbol{r}'-\boldsymbol{V}_n^+)\times(\boldsymbol{r}'-\boldsymbol{r})$ 与 $\hat{\boldsymbol{n}}$ 同向，因此阻抗元素积分计算式的第二项为零，此时只有第一项，不存在奇异性。也就是说 MFIE 矩量法阻抗矩阵元素的积分中不存在重合面片的奇异性，只存在相互靠近的面片之间的近奇异性。当两积分三角形面片不重合时，第一项中基函数 $\boldsymbol{f}_n$ 在第 m 个面片上没有定义，所以第一项为零。

综上所述，MFIE 矩量法阻抗矩阵元素积分的奇异性只存在于靠近但不重合面片之间。当积分不存在奇异性时，可直接采用高斯数值积分。下面的解析分析只针对近奇异性展开。

由于 $(\boldsymbol{r}'-\boldsymbol{V}_n^+)\times(\boldsymbol{r}'-\boldsymbol{r})=(\boldsymbol{r}'-\boldsymbol{r}+\boldsymbol{r}-\boldsymbol{V}_n^+)\times(\boldsymbol{r}'-\boldsymbol{r})=(\boldsymbol{r}-\boldsymbol{V}_n^+)\times(\boldsymbol{r}'-\boldsymbol{r})$，所以面片不重合时阻抗元素可改写为

$$Z_{mn}^{++}=\frac{l_m l_n}{4A_m^+A_n^+}\int_{T_m^+}(\boldsymbol{r}-\boldsymbol{V}_m^+)\cdot\left\{\hat{\boldsymbol{n}}\times\left[(\boldsymbol{r}-\boldsymbol{V}_n^+)\times\int_{T_n^+}(\boldsymbol{r}'-\boldsymbol{r})\frac{(1+\mathrm{j}kR)\mathrm{e}^{-\mathrm{j}kR}}{4\pi R^3}\mathrm{d}s'\right]\right\}\mathrm{d}s \tag{2.4-8}$$

采用奇异点提取法[10]，将格林函数的梯度拆分为如下形式：

$$\nabla G(R)=\frac{(1+\mathrm{j}kR)\mathrm{e}^{-\mathrm{j}kR}}{4\pi R^3}(\boldsymbol{r}'-\boldsymbol{r})=\left[\frac{(1+\mathrm{j}kR)\mathrm{e}^{-\mathrm{j}kR}-1-\dfrac{k^2R^2}{2}}{R^2}+\frac{k^2}{2}+\frac{1}{R^2}\right]\frac{(\boldsymbol{r}'-\boldsymbol{r})}{4\pi R}$$
$$=\frac{(1+\mathrm{j}kR)\mathrm{e}^{-\mathrm{j}kR}-1-\dfrac{k^2R^2}{2}}{R^2}\cdot\frac{(\boldsymbol{r}'-\boldsymbol{r})}{4\pi R}+\frac{k^2}{2}\cdot\frac{(\boldsymbol{r}'-\boldsymbol{r})}{4\pi R}+\frac{1}{R^2}\cdot\frac{(\boldsymbol{r}'-\boldsymbol{r})}{4\pi R} \tag{2.4-9}$$

三个拆分项中第一项无奇异性，可直接采用高斯数值积分计算；第二项为低阶奇异项，类似于式(2.3-19)，在 EFIE 的奇异性处理中已经详细阐述过，此处不再赘述；第三项是高阶奇异项，是本节的重点。下面分析高阶奇异积分的特性，并推导其解析表达式。

2.4.3 高阶奇异积分的解析处理

将式(2.4-9)中的高阶奇异项代入式(2.4-8)中，可得高阶奇异积分的表达式为

$$Z_{mn}^{++,\text{Singular}}=\frac{1}{4\pi}\cdot\frac{l_m l_n}{4A_m^+A_n^+}\int_{T_m^+}(\boldsymbol{r}-\boldsymbol{V}_m^+)\cdot\left\{\hat{\boldsymbol{n}}\times\left[(\boldsymbol{r}-\boldsymbol{V}_n^+)\times\int_{T_n^+}\frac{\boldsymbol{r}'-\boldsymbol{r}}{R^3}\mathrm{d}s'\right]\right\}\mathrm{d}s \tag{2.4-10}$$

参考图 2.3-3 中的几何结构，将场点在源三角形面上的投影点记为 $\boldsymbol{r}_0$，则有 $\boldsymbol{r}'-\boldsymbol{r}=\boldsymbol{r}'-\boldsymbol{r}_0+\boldsymbol{r}_0-\boldsymbol{r}=\boldsymbol{\rho}-\hat{\boldsymbol{n}}'d$，$\boldsymbol{\rho}=\boldsymbol{r}'-\boldsymbol{r}_0$，$d$ 为 $\boldsymbol{r}$ 到 $\boldsymbol{r}_0$ 的距离，$\hat{\boldsymbol{n}}'$ 为源三角形面单位外法向矢量。

式(2.4-10)的内层积分可拆分为两项：

$$\boldsymbol{I}_1=\hat{\boldsymbol{n}}'\int_{T_n^+}\frac{d}{R^3}\mathrm{d}s',\ \boldsymbol{I}_2=\int_{T_n^+}\frac{\boldsymbol{\rho}}{R^3}\mathrm{d}s' \tag{2.4-11}$$

显然，第一项为内层积分的法向分量，第二项为内层积分的切向分量。注意，虽然 d 为常数，但不应拿到 $\boldsymbol{I}_1$ 积分外，因为随场点趋近于源点，d 趋近于零，它可以消去被积函数的一阶零点。参考相关文献可直接写出以上两个积分的解析表达式[7]：

$$\boldsymbol{I}_1=\hat{\boldsymbol{n}}'\int_{T_n^+}\frac{d}{R^3}\mathrm{d}s'=\sum_{i=1}^{3}\hat{\boldsymbol{u}}_i\cdot\boldsymbol{P}_i\left[\arctan\left(\frac{P_i l_i^+}{R_{0i}^2+dR_i^+}\right)-\arctan\left(\frac{P_i l_i^-}{R_{0i}^2+dR_i^-}\right)\right] \tag{2.4-12}$$

$$\boldsymbol{I}_2=\int_{T_n^+}\frac{\boldsymbol{\rho}}{R^3}\mathrm{d}s'=-\sum_{i=1}^{3}\hat{\boldsymbol{u}}_i\ln\frac{l_i^++\sqrt{(l_i^+)^2+R_{0i}^2}}{l_i^-+\sqrt{(l_i^-)^2+R_{0i}^2}}=-\sum_{i=1}^{3}\hat{\boldsymbol{u}}_i f_i \tag{2.4-13}$$

式中 $\hat{\boldsymbol{u}}_i$ 为源三角形第 i 条边的单位外法向量。从式(2.4-12)可以看出，随着场点接近源点，法向分量并没有奇异性。

图 2.4-1 从数值上分析了 $\boldsymbol{I}_1$ 积分值与 R_0 和 θ 的关系。R_0 为场点到公共边的距离，θ 为源三角形与场三角形的夹角。本例中三角形三条边的边长分别为 0.03 m、0.02 m、0.03 m，计算频率为 1 GHz。

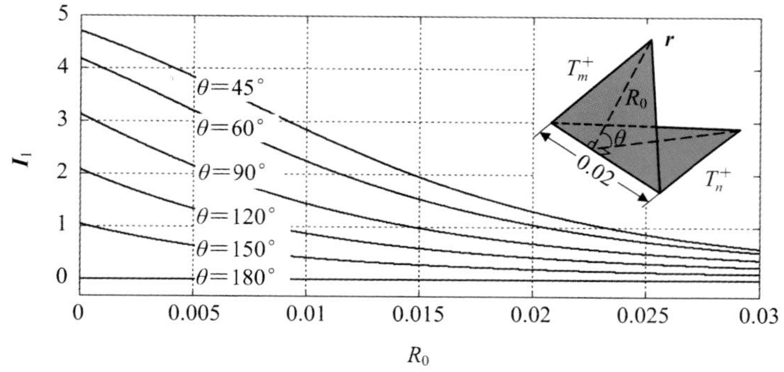

图 2.4-1　内层积分法向分量随 R_0 的变化曲线

当两面片成不同夹角时，内层积分法向方向分量 $\boldsymbol{I}_1$ 在场点接近于公共边的过程中并无奇异性。由图可知，当两面片夹角为 180°(即两面片共面)时，积分法向方向分量恒为零；当两面片夹角为 90°时，积分法向方向分量极限值为 π；夹角越小，场点趋近于公共边的积分法向方向分量极限值越大。幸运的是这种增大不是无限的，当两面片夹角接近 0°时，积分法向分量极限值为 2π，这表明奇异积分的法向分量无论如何都不可能超出 2π，也就是说在计算外层积分时，原内层积分的法向分量项 $\boldsymbol{I}_1$ 已无奇异性。因此，$\boldsymbol{I}_1$ 对应的外层积分可直接采用高斯数值积分方法计算。

下面再对奇异积分的切向分量 $\boldsymbol{I}_2$ 做同样的数值分析。图 2.4-2 给出了随场点趋近公共边时 $\boldsymbol{I}_2$ 的积分曲线，其中 $\theta=60°$。

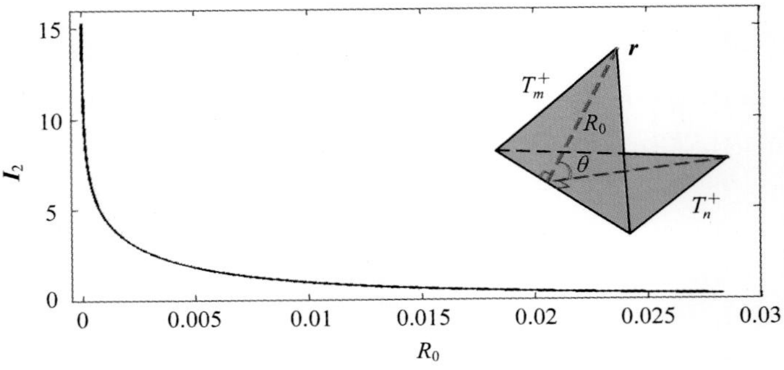

图 2.4-2 内层积分切向分量随 R_0 的变化曲线

从图 2.4-2 可以看出，当场点位置趋近于公共边时，奇异积分的切向分量 $\boldsymbol{I}_2$ 是发散的，也就是说外层积分直接采用数值算法可能导致较大误差。

上述讨论已表明，MFIE 所得阻抗矩阵元素的高阶奇异性存在于式(2.4-10)的切向分量中。下面通过将式(2.4-10)拆分，将含有高阶奇异性的切向分量提取出来做单独处理，提取出阻抗矩阵元素的高阶奇异部分为

$$Z_{mn}^{++,\text{ Singular, tan}}=\frac{1}{4\pi}\cdot\frac{l_m l_n}{4A_m^+A_n^+}\int_{T_m^+}(\boldsymbol{r}-\boldsymbol{V}_m^+)\cdot\left\{\hat{\boldsymbol{n}}\times\left[(\boldsymbol{r}-\boldsymbol{V}_n^+)\times\int_{T_n^+}\frac{\boldsymbol{\rho}}{R^3}\mathrm{d}s'\right]\right\}\mathrm{d}s \tag{2.4-14}$$

由$\dfrac{\boldsymbol{\rho}}{R^3}=-\nabla_s\dfrac{1}{R}$，可将式(2.4-14)中内层面积分转化为沿源三角形边缘的线积分：

$$\begin{aligned}Z_{mn}^{++,\text{ Singular, tan}}&=\frac{1}{4\pi}\cdot\frac{l_m l_n}{4A_m^+A_n^+}\int_{T_m^+}(\boldsymbol{r}-\boldsymbol{V}_m^+)\cdot\left\{\hat{\boldsymbol{n}}\times\left[(\boldsymbol{r}-\boldsymbol{V}_n^+)\times\int_{T_n^+}\nabla_s\frac{-1}{R}\mathrm{d}s'\right]\right\}\mathrm{d}s\\&=\frac{1}{4\pi}\cdot\frac{l_m l_n}{4A_m^+A_n^+}\int_{T_m^+}(\boldsymbol{r}-\boldsymbol{V}_m^+)\cdot\left\{\hat{\boldsymbol{n}}\times\left[(\boldsymbol{r}-\boldsymbol{V}_n^+)\times\int_{\partial T_n^+}\frac{-\hat{\boldsymbol{u}}'}{R}\mathrm{d}l'\right]\right\}\mathrm{d}s\end{aligned} \tag{2.4-15}$$

式中 $\hat{\boldsymbol{u}}'$ 为源三角形边线的外法向量，内层积分转化为线积分后，先交换内外层积分顺序[9]，整理可得

$$\begin{aligned}Z_{mn}^{++,\text{ Singular, tan}}=&-\frac{1}{4\pi}\cdot\frac{l_m l_n}{4A_m^+A_n^+}\hat{\boldsymbol{n}}\cdot\int_{\partial T_n^+}\int_{T_m^+}(\boldsymbol{r}-\boldsymbol{V}_n^+)\times\frac{\hat{\boldsymbol{u}}'}{R}\times(\boldsymbol{r}-\boldsymbol{V}_m^+)\mathrm{d}s\mathrm{d}l'\\=&\frac{1}{4\pi}\cdot\frac{l_m l_n}{4A_m^+A_n^+}\hat{\boldsymbol{n}}\cdot\Big[\int_{\partial T_n^+}\boldsymbol{V}_n^+\times\hat{\boldsymbol{u}}'\times\int_{T_m^+}\frac{\boldsymbol{r}}{R}\mathrm{d}s\mathrm{d}l'+\int_{\partial T_n^+}\int_{T_m^+}\frac{\boldsymbol{r}}{R}\mathrm{d}s\times\hat{\boldsymbol{u}}'\times\boldsymbol{V}_m^+\mathrm{d}l'\\&-\int_{\partial T_n^+}\boldsymbol{V}_n^+\times\hat{\boldsymbol{u}}'\times\boldsymbol{V}_m^+\int_{T_m^+}\frac{1}{R}\mathrm{d}s\mathrm{d}l'-\int_{\partial T_n^+}\int_{T_m^+}\frac{\boldsymbol{r}\times\hat{\boldsymbol{u}}'\times\boldsymbol{r}}{R}\mathrm{d}s\mathrm{d}l'\Big]\end{aligned} \tag{2.4-16}$$

可见，整理以后，高阶奇异性部分被分解成四项二重积分，其中内层积分是在场三角形面上的面积分，外层积分是在源三角形边上的线积分。交换顺序后，只要推导出新的内

层积分的解析表达式，则新的外层线积分中就不再存在奇异性，因而可直接采用一维高斯数值积分法计算。

由式(2.4-16)可以看出，新的内层积分主要包含三项积分，即

$$\boldsymbol{I}_a=\int_{T_m^+}\frac{\boldsymbol{r}}{R}\mathrm{d}s,\ I_b=\int_{T_m^+}\frac{1}{R}\mathrm{d}s,\ \boldsymbol{I}_c=\int_{T_m^+}\frac{\boldsymbol{r}\times\hat{\boldsymbol{u}}'\times\boldsymbol{r}}{R}\mathrm{d}s \tag{2.4-17}$$

需要注意的是积分区域从原来的源三角形转换到了场三角形上，几何关系如图 2.4-3 所示。

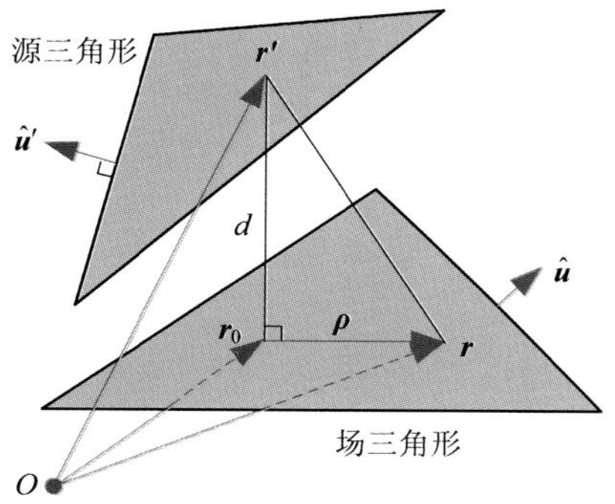

图 2.4-3　新内层积分的几何示意图

图 2.4-3 中 $\hat{\boldsymbol{u}}'$ 为源三角形边线的单位外法向量，注意此处 $\boldsymbol{r}_0$ 为源点 $\boldsymbol{r}'$ 在场三角形上的投影点，显然有 $\boldsymbol{r}=\boldsymbol{r}_0+\boldsymbol{\rho}$，于是第一个积分式可拆解为

$$\boldsymbol{I}_a=\int_{T_m^+}\frac{\boldsymbol{r}}{R}\mathrm{d}s=\boldsymbol{r}_0\int_{T_m^+}\frac{1}{R}\mathrm{d}s+\int_{T_m^+}\frac{\boldsymbol{\rho}}{R}\mathrm{d}s \tag{2.4-18}$$

可见，$\boldsymbol{I}_a$ 与 I_b 积分形式与式(2.3-19)相同，仅仅是积分区域不同而已。计算式可直接参考 EFIE 矩量法内层积分奇异性处理部分。$\boldsymbol{I}_c$ 的计算比较复杂，下面着重推导 $\boldsymbol{I}_c$ 的解析解。

将 $\boldsymbol{r}=\boldsymbol{r}_0+\boldsymbol{\rho}$ 代入 $\boldsymbol{I}_c$ 并展开得

$$\begin{aligned}\boldsymbol{I}_c&=\int_{T_m^+}\frac{(\boldsymbol{r}_0+\boldsymbol{\rho})\times\hat{\boldsymbol{u}}'\times(\boldsymbol{r}_0+\boldsymbol{\rho})}{R}\mathrm{d}s\\&=\boldsymbol{r}_0\times\hat{\boldsymbol{u}}'\times\boldsymbol{r}_0\int_{T_m^+}\frac{1}{R}\mathrm{d}s+\boldsymbol{r}_0\times\hat{\boldsymbol{u}}'\times\int_{T_m^+}\frac{\boldsymbol{\rho}}{R}\mathrm{d}s+\int_{T_m^+}\frac{\boldsymbol{\rho}}{R}\mathrm{d}s\times\hat{\boldsymbol{u}}'\times\boldsymbol{r}_0+\int_{T_m^+}\frac{\boldsymbol{\rho}\times\hat{\boldsymbol{u}}'\times\boldsymbol{\rho}}{R}\mathrm{d}s\end{aligned} \tag{2.4-19}$$

$\boldsymbol{I}_c$ 的前三项依然可以采用 EFIE 的处理方法，最后一项可以通过矢量恒等式 $\boldsymbol{a}\times\boldsymbol{b}\times\boldsymbol{c}=(\boldsymbol{a}\cdot\boldsymbol{c})\boldsymbol{b}-(\boldsymbol{b}\cdot\boldsymbol{c})\boldsymbol{a}$ 展开为

$$\int_{T_m^+}\frac{\boldsymbol{\rho}\times\hat{\boldsymbol{u}}'\times\boldsymbol{\rho}}{R}\mathrm{d}s=\hat{\boldsymbol{u}}'\int_{T_m^+}\frac{\rho^2}{R}\mathrm{d}s-\int_{T_m^+}\frac{(\hat{\boldsymbol{u}}'\cdot\boldsymbol{\rho})\boldsymbol{\rho}}{R}\mathrm{d}s \tag{2.4-20}$$

为了得到 $\int_{T_m^+}\frac{\rho^2}{R}\mathrm{d}s$ 和 $\int_{T_m^+}\frac{(\hat{\boldsymbol{u}}'\cdot\boldsymbol{\rho})\boldsymbol{\rho}}{R}\mathrm{d}s$ 的解析解，考虑通过高斯公式将面积分转化为线积分。

(1) 对于 $\int_{T_m^+}\frac{\rho^2}{R}\mathrm{d}s$，需要寻求一个函数，使其面散度为 $\frac{\rho^2}{R}$。由面散度公式：

$$\nabla_s \cdot (\hat{\boldsymbol{\rho}} f_\rho + \hat{\boldsymbol{\theta}} f_\theta) = \frac{\partial(\rho f_\rho)}{\rho \partial \rho} + \frac{\partial f_\theta}{\rho \partial \theta} \tag{2.4-21}$$

假设 f 与角度 θ 无关，则令

$$\nabla_s \cdot (\hat{\boldsymbol{\rho}} f) = \frac{\mathrm{d}(\rho f)}{\rho \mathrm{d}\rho} = \frac{\rho^2}{R} \tag{2.4-22}$$

$$\rho \frac{\mathrm{d}f}{\mathrm{d}\rho} + f = \frac{\rho^3}{R} \tag{2.4-23}$$

其中 $R=\sqrt{\rho^2+d^2}$，解式(2.4-23)中的非齐次微分方程可得

$$f = \frac{R(\rho^2 - 2d^2)}{3\rho} \tag{2.4-24}$$

将式(2.4-24)代入式(2.4-22)可得

$$\frac{\rho^2}{R} = \nabla_s \cdot \left[\frac{R(\rho^2 - 2d^2)}{3\rho^2} \boldsymbol{\rho}\right] \tag{2.4-25}$$

于是，$\int_{T_m^+} \frac{\rho^2}{R} \mathrm{d}s$ 可转化为三角形边的线积分，积分需要从面上奇异点处挖去一个小邻域，积分几何示意图如图 2.4-4 所示。其中，$\hat{\boldsymbol{u}}_i$ 为场三角形第 i 条边的单位外法向量，$\boldsymbol{P}_i$ 为投影点 $\boldsymbol{r}_0$ 到各边的垂直矢量。

$$\begin{aligned}
\int_{T_m^+} \frac{\rho^2}{R} \mathrm{d}s &= \lim_{\varepsilon \to 0} \int_{T_m^+ - \Delta\varepsilon} \frac{\rho^2}{R} \mathrm{d}s + \lim_{\varepsilon \to 0} \int_{\Delta\varepsilon} \frac{\rho^2}{R} \mathrm{d}s \\
&= \lim_{\varepsilon \to 0} \int_{\partial_{T_m^+} + \partial_{\Delta\varepsilon}} (\hat{\boldsymbol{u}} \cdot \boldsymbol{\rho}) \frac{R(\rho^2 - 2d^2)}{3\rho^2} \mathrm{d}l + \lim_{\varepsilon \to 0} \int_0^\alpha \int_0^\varepsilon \frac{\rho^2}{R} \rho \mathrm{d}\rho \mathrm{d}\theta \\
&= \int_{\partial_{T_m^+}} (\hat{\boldsymbol{u}} \cdot \boldsymbol{\rho}) \frac{R(\rho^2 - 2d^2)}{3\rho^2} \mathrm{d}l + \lim_{\varepsilon \to 0} \int_{\partial_{\Delta\varepsilon}} (\hat{\boldsymbol{u}} \cdot \boldsymbol{\varepsilon}) \frac{\sqrt{\varepsilon^2 + d^2}(\varepsilon^2 - 2d^2)}{3\varepsilon^2} \mathrm{d}l \\
&= \sum_{i=1}^3 (\hat{\boldsymbol{u}}_i \cdot \boldsymbol{P}_i) \int_{l_i^-}^{l_i^+} \frac{R(\rho^2 - 2d^2)}{3\rho^2} \mathrm{d}l - \lim_{\varepsilon \to 0} \int_0^\alpha \varepsilon \frac{\sqrt{\varepsilon^2 + d^2}(\varepsilon^2 - 2d^2)}{3\varepsilon^2} \varepsilon \mathrm{d}\theta \\
&= \sum_{i=1}^3 (\hat{\boldsymbol{u}}_i \cdot \boldsymbol{P}_i) \int_{l_i^-}^{l_i^+} \frac{R(\rho^2 - 2d^2)}{3\rho^2} \mathrm{d}l + \alpha \frac{2d^3}{3}
\end{aligned} \tag{2.4-26}$$

其中 α 的意义同式(2.3-30)，$\partial_{T_m^+}$ 与 $\partial_{\Delta\varepsilon}$ 分别为三角形区域 T_m^+ 与小邻域 $\Delta\varepsilon$ 的外边界，$\hat{\boldsymbol{u}}$ 为场三角形边线的单位外法向量。

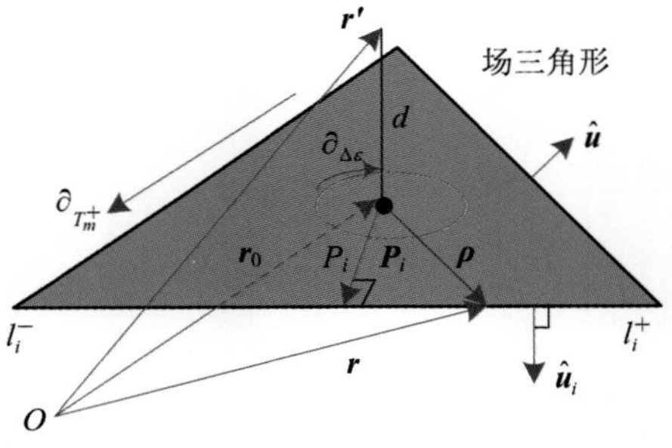

图 2.4-4　场三角形上积分示意图

求出式(2.4-26)的第一项线积分即可得到其解析表达式。因为计算过程较为复杂，此处只给出最终结果。

$$\int_{T_m^+}\frac{\rho^2}{R}\mathrm{d}s=\frac{1}{6}\sum_{i=1}^{3}(\hat{\boldsymbol{u}}_i\cdot\boldsymbol{P}_i)\left[l_i^+R_i^+-l_i^-R_i^-+(P_i^2-3d^2)f_i+\frac{4d^3}{P_i}\mathrm{atg}\right]\tag{2.4-27}$$

式中，P_i 为矢量 $\boldsymbol{P}_i$ 的长度，$R_i^\pm=\sqrt{l_i^\pm+P_i^2+d^2}$，$f_i=\ln\dfrac{l_i^++R_i^+}{l_i^-+R_i^-}$，

$$\mathrm{atg}=\arctan\frac{P_i(l_i^-R_i^+-l_i^+R_i^-)d}{l_i^+l_i^-d^2+R_i^+R_i^-P_i^2}+\arctan\frac{P_i(l_i^+-l_i^-)}{P_i^2+l_i^+l_i^-}\tag{2.4-28}$$

(2) 对于 $\int_{T_m^+}\dfrac{(\hat{\boldsymbol{u}}'\cdot\boldsymbol{\rho})\boldsymbol{\rho}}{R}\mathrm{d}s$，为了将其转化为线积分，需要寻找一个函数，使其梯度运算结果为积分核。假设这个函数中可能存在$(\hat{\boldsymbol{u}}'\cdot\boldsymbol{\rho})R$ 项，将 $\hat{\boldsymbol{u}}'\cdot\boldsymbol{\rho}$ 看作整体，然后将其梯度运算展开为

$$\nabla_s[(\hat{\boldsymbol{u}}'\cdot\boldsymbol{\rho})R]=\frac{(\hat{\boldsymbol{u}}'\cdot\boldsymbol{\rho})\boldsymbol{\rho}}{R}+R\nabla_s(\hat{\boldsymbol{u}}'\cdot\boldsymbol{\rho})\tag{2.4-29}$$

由矢量恒等式$\nabla(\boldsymbol{a}\cdot\boldsymbol{b})=\boldsymbol{a}\times\nabla\times\boldsymbol{b}+\boldsymbol{b}\times\nabla\times\boldsymbol{a}+(\boldsymbol{b}\cdot\nabla)\boldsymbol{a}+(\boldsymbol{a}\cdot\nabla)\boldsymbol{b}$，再考虑到 $\hat{\boldsymbol{u}}'$ 为常矢量，$\boldsymbol{\rho}=\boldsymbol{r}-\boldsymbol{r}_0$，则$\nabla\times\boldsymbol{\rho}=0$，所以有

$$\nabla_s(\hat{\boldsymbol{u}}'\cdot\boldsymbol{\rho})=(\hat{\boldsymbol{u}}'\cdot\nabla_s)\boldsymbol{\rho}\tag{2.4-30}$$

再由矢量恒等式$(\hat{\boldsymbol{u}}'\cdot\nabla)\boldsymbol{r}=\hat{\boldsymbol{u}}'$，将$\nabla$拆分为切向和法向分量$\nabla=\nabla_s+\hat{\boldsymbol{n}}\dfrac{\partial}{\partial n}$，式中 $\hat{\boldsymbol{n}}$ 为场三角形的单位面法向量，则

$$\begin{aligned}\hat{\boldsymbol{u}}'&=(\hat{\boldsymbol{u}}'\cdot\nabla)\boldsymbol{r}=(\hat{\boldsymbol{u}}'\cdot\nabla_s)\boldsymbol{r}+(\hat{\boldsymbol{u}}'\cdot\hat{\boldsymbol{n}})\frac{\partial\boldsymbol{r}}{\partial n}\\&=(\hat{\boldsymbol{u}}'\cdot\nabla_s)(\boldsymbol{\rho}+\boldsymbol{r}_0)+(\hat{\boldsymbol{u}}'\cdot\hat{\boldsymbol{n}})\frac{\partial\boldsymbol{r}}{\partial n}\\&=(\hat{\boldsymbol{u}}'\cdot\nabla_s)\boldsymbol{\rho}+(\hat{\boldsymbol{u}}'\cdot\hat{\boldsymbol{n}})\hat{\boldsymbol{n}}\end{aligned}\tag{2.4-31}$$

结合式(2.4-29)、式(2.4-30)和式(2.4-31)可得

$$\frac{(\hat{\boldsymbol{u}}'\cdot\boldsymbol{\rho})\boldsymbol{\rho}}{R}=\nabla_s[(\hat{\boldsymbol{u}}'\cdot\boldsymbol{\rho})R]+[(\hat{\boldsymbol{u}}'\cdot\hat{\boldsymbol{n}})\hat{\boldsymbol{n}}-\hat{\boldsymbol{u}}']R\tag{2.4-32}$$

进一步，寻找一个函数，使其散度为式(2.4-32)中的第二项 R，令

$$\nabla_s\cdot(\hat{\boldsymbol{\rho}}f)=\frac{\mathrm{d}(\rho f)}{\rho\mathrm{d}\rho}=R\tag{2.4-33}$$

解此微分方程可得

$$R=\frac{1}{3}\nabla_s\cdot\left(\frac{R^3}{\rho^2}\boldsymbol{\rho}\right)\tag{2.4-34}$$

将式(2.4-34)代入式(2.4-32)中可得

$$\int_{T_m^+}\frac{(\hat{\boldsymbol{u}}'\cdot\boldsymbol{\rho})\boldsymbol{\rho}}{R}\mathrm{d}s=\int_{T_m^+}\nabla_s[(\hat{\boldsymbol{u}}'\cdot\boldsymbol{\rho})R]\mathrm{d}s+\frac{(\hat{\boldsymbol{u}}'\cdot\hat{\boldsymbol{n}})\hat{\boldsymbol{n}}-\hat{\boldsymbol{u}}'}{3}\int_{T_m^+}\nabla_s\cdot\left(\frac{R^3}{\rho^2}\boldsymbol{\rho}\right)\mathrm{d}s\tag{2.4-35}$$

这样就可以把面积分通过高斯公式转化为场三角形边上的线积分

$$\int_{T_m^+}\frac{(\hat{\boldsymbol{u}}'\cdot\boldsymbol{\rho})\boldsymbol{\rho}}{R}\mathrm{d}s=\lim_{\varepsilon\to 0}\left\{\int_{T_m^+-\Delta\varepsilon}\nabla_s[(\hat{\boldsymbol{u}}'\cdot\boldsymbol{\rho})R]\mathrm{d}s+\frac{(\hat{\boldsymbol{u}}'\cdot\hat{\boldsymbol{n}})\hat{\boldsymbol{n}}-\hat{\boldsymbol{u}}'}{3}\int_{T_m^+-\Delta\varepsilon}\nabla_s\cdot\left(\frac{R^3}{\rho^2}\boldsymbol{\rho}\right)\mathrm{d}s\right\}$$
$$+\lim_{\varepsilon\to 0}\int_{\Delta\varepsilon}\frac{(\hat{\boldsymbol{u}}'\cdot\boldsymbol{\rho})\boldsymbol{\rho}}{R}\mathrm{d}s$$
$$=\lim_{\varepsilon\to 0}\left\{\int_{\partial_{T_m^+}+\partial_{\Delta\varepsilon}}\hat{\boldsymbol{u}}(\hat{\boldsymbol{u}}'\cdot\boldsymbol{\rho})R\mathrm{d}l+\frac{(\hat{\boldsymbol{u}}'\cdot\hat{\boldsymbol{n}})\hat{\boldsymbol{n}}-\hat{\boldsymbol{u}}'}{3}\int_{\partial_{T_m^+}+\partial_{\Delta\varepsilon}}(\hat{\boldsymbol{u}}\cdot\boldsymbol{\rho})\frac{R^3}{\rho^2}\mathrm{d}l\right\}$$

(2.4-36)

由图 2.4-4 可以看出，当场点 $\boldsymbol{r}$ 在场三角形的边界上时 $\boldsymbol{\rho}=\boldsymbol{P}_i+l\hat{\boldsymbol{l}}_i$，$\hat{\boldsymbol{l}}_i$ 为第 i 条边逆时针方向的单位矢量。式(2.4-36)的第一项的内部挖去区域的边界积分贡献为零，所以只需计算沿三角形边的线积分

$$\int_{\partial_{T_m^+}}\hat{\boldsymbol{u}}(\hat{\boldsymbol{u}}'\cdot\boldsymbol{\rho})R\mathrm{d}l=\sum_{i=1}^{3}\hat{\boldsymbol{u}}_i\left[(\hat{\boldsymbol{u}}'\cdot\boldsymbol{P}_i)\int_{l_i^-}^{l_i^+}R\,\mathrm{d}l+(\hat{\boldsymbol{u}}'\cdot\hat{\boldsymbol{l}}_i)\int_{l_i^-}^{l_i^+}lR\,\mathrm{d}l\right]$$
$$=\frac{1}{6}\sum_{i=1}^{3}\hat{\boldsymbol{u}}_i\{3(\hat{\boldsymbol{u}}'\cdot\boldsymbol{P}_i)[R_{0i}^2f_i+l_i^+R_i^+-l_i^-R_i^-]$$
$$+2(\hat{\boldsymbol{u}}'\cdot\hat{\boldsymbol{l}}_i)[(R_i^+)^3-(R_i^-)^3]\}\qquad(2.4-37)$$

第二项由于内部挖去区域的线积分贡献不为零，所以需要完整地计算内外两个线积分，有

$$\lim_{\varepsilon\to 0}\int_{\partial_{T_m^+}+\partial_{\Delta\varepsilon}}(\hat{\boldsymbol{u}}\cdot\boldsymbol{\rho})\frac{R^3}{\rho^2}\mathrm{d}l=\int_{\partial_{T_m^+}}(\hat{\boldsymbol{u}}\cdot\boldsymbol{\rho})\frac{R^3}{\rho^2}\mathrm{d}l+\lim_{\varepsilon\to 0}\int_{\partial_{\Delta\varepsilon}}(\hat{\boldsymbol{u}}\cdot\boldsymbol{\rho})\frac{R^3}{\rho^2}\mathrm{d}l$$
$$=\sum_{i=1}^{3}\hat{\boldsymbol{u}}_i\cdot\boldsymbol{P}_i\int_{l_i^-}^{l_i^+}\frac{R^3}{\rho^2}\mathrm{d}l-\lim_{\varepsilon\to 0}\int_0^{\alpha}\varepsilon\frac{R^3}{\varepsilon^2}\varepsilon\mathrm{d}\theta$$
$$=\frac{1}{2}\sum_{i=1}^{3}\hat{\boldsymbol{u}}_i\cdot\boldsymbol{P}_i\left\{l_i^+R_i^+-l_i^-R_i^-+(R_{0i}^2+2d^2)f_i-\frac{2d^3}{P_i}\mathrm{atg}\right\}$$

(2.4-38)

式中，$R_{0i}^2=P_i^2+d^2$，atg 的定义同式(2.4-28)。式中各参数的几何意义参见图 2.4-4。将式(2.4-37)、式(2.4-38)代入式(2.4-36)可得最终计算式：

$$\int_{T_m^+}\frac{(\hat{\boldsymbol{u}}'\cdot\boldsymbol{\rho})\boldsymbol{\rho}}{R}\mathrm{d}s=\frac{1}{6}\sum_{i=1}^{3}\hat{\boldsymbol{u}}_i\{3(\hat{\boldsymbol{u}}'\cdot\boldsymbol{P}_i)[R_{0i}^2f_i+l_i^+R_i^+-l_i^-R_i^-]+2(\hat{\boldsymbol{u}}'\cdot\hat{\boldsymbol{l}}_i)[(R_i^+)^3-(R_i^-)^3]\}$$
$$+\frac{(\hat{\boldsymbol{u}}'\cdot\hat{\boldsymbol{n}})\hat{\boldsymbol{n}}-\hat{\boldsymbol{u}}'}{6}\sum_{i=1}^{3}\hat{\boldsymbol{u}}_i\cdot\boldsymbol{P}_i\left\{l_i^+R_i^+-l_i^-R_i^-+(R_{0i}^2+2d^2)f_i-\frac{2d^3}{P_i}\mathrm{atg}\right\}$$

(2.4-39)

至此，MFIE 矩量法阻抗矩阵元素中的奇异积分已全部解析算出。

2.5 PMCHW 积分方程的矩量法解

根据介质表面的边界条件可以建立 PMCHW 积分方程。本节将详细讨论如何用矩量法求解 PMCHW 方程(以下简称 PMCHW 矩量法)。由于 PMCHW 积分方程中也包含 K 算子，所以计算阻抗矩阵元素过程中必然也会遇到格林函数的梯度这样的强奇异项。因为

PMCHW 方程中等式两边的法向量可以同时去掉，所以 PMCHW 矩量法阻抗矩阵元素的计算公式要比 MFIE 矩量法的简洁。

2.5.1 矩阵方程构建

回顾 PMCHW 积分方程：

$$\begin{cases}\hat{\boldsymbol{n}}\times[-\eta^{(e)}L^{(e)}(\boldsymbol{J})+K^{(e)}(\boldsymbol{M})-\eta^{(i)}L^{(i)}(\boldsymbol{J})+K^{(i)}(\boldsymbol{M})]=\hat{\boldsymbol{n}}\times\boldsymbol{E}_{\text{inc}} & (2.5-1\text{a})\\ \hat{\boldsymbol{n}}\times\left[-K^{(e)}(\boldsymbol{J})-\dfrac{1}{\eta^{(e)}}L^{(e)}(\boldsymbol{M})-K^{(i)}(\boldsymbol{J})-\dfrac{1}{\eta^{(i)}}L^{(i)}(\boldsymbol{M})\right]=\hat{\boldsymbol{n}}\times\boldsymbol{H}_{\text{inc}} & (2.5-1\text{b})\end{cases}$$

取外部空间区域为区域 1，介质体区域为区域 2，有

$$\begin{cases}\hat{\boldsymbol{n}}\times[-\eta_1 L_1(\boldsymbol{J})+K_1(\boldsymbol{M})-\eta_2 L_2(\boldsymbol{J})+K_2(\boldsymbol{M})]=\hat{\boldsymbol{n}}\times\boldsymbol{E}_{\text{inc}} & (2.5-2\text{a})\\ \hat{\boldsymbol{n}}\times\left[-K_1(\boldsymbol{J})-\dfrac{1}{\eta_1}L_1(\boldsymbol{M})-K_2(\boldsymbol{J})-\dfrac{1}{\eta_2}L_2(\boldsymbol{M})\right]=\hat{\boldsymbol{n}}\times\boldsymbol{H}_{\text{inc}} & (2.5-2\text{b})\end{cases}$$

用 RWG 基函数将等效电流和等效磁流展开为

$$\boldsymbol{J}\cong\sum_{n=1}^{N}I_n\boldsymbol{f}_n(\boldsymbol{r}),\ \boldsymbol{M}\cong\eta_0\sum_{n=1}^{N}M_n\boldsymbol{f}_n(\boldsymbol{r}) \tag{2.5-3}$$

式中，磁流展开式中引入了一个波阻抗 η_0，以使电流与磁流的展开系数在数值上保持同一个量级。

将式(2.5-2b)中的磁场积分方程两边同时乘自由空间的波阻抗 η_0，然后把电、磁流的展开函数代入，选取检验函数与 RWG 基函数相同，并注意到检验函数只存在于场三角形面内，只有切向分量，同 EFIE 一样可以将式(2.5-2)两边的 $\hat{\boldsymbol{n}}\times$ 同时去掉，于是可得矩阵方程

$$\begin{bmatrix}\boldsymbol{Z}_{JJ} & \boldsymbol{Z}_{JM}\\ \boldsymbol{Z}_{MJ} & \boldsymbol{Z}_{MM}\end{bmatrix}\begin{bmatrix}\boldsymbol{I}_n\\ \boldsymbol{M}_n\end{bmatrix}=\begin{bmatrix}\boldsymbol{V}_J\\ \boldsymbol{V}_M\end{bmatrix} \tag{2.5-4}$$

对于第 n 个基函数 $\boldsymbol{f}_n(\boldsymbol{r}')$、第 m 个检验函数 $\boldsymbol{f}_m(\boldsymbol{r})$，矩阵元素为

$$\begin{aligned}Z_{JJ,mn}&=-\langle\boldsymbol{f}_m,\ \eta_1 L_1(\boldsymbol{f}_n)+\eta_2 L_2(\boldsymbol{f}_n)\rangle\\&=\mathrm{j}k_1\eta_1\int_{T_m^++T_m^-}\int_{T_n^++T_n^-}\left[\boldsymbol{f}_m(\boldsymbol{r})\cdot\boldsymbol{f}_n(\boldsymbol{r}')-\frac{\nabla\cdot\boldsymbol{f}_m\nabla'\cdot\boldsymbol{f}_n}{k_1^2}\right]G_1(R)\mathrm{d}s'\mathrm{d}s\\&\quad+\mathrm{j}k_2\eta_2\int_{T_m^++T_m^-}\int_{T_n^++T_n^-}\left[\boldsymbol{f}_m(\boldsymbol{r})\cdot\boldsymbol{f}_n(\boldsymbol{r}')-\frac{\nabla\cdot\boldsymbol{f}_m\nabla'\cdot\boldsymbol{f}_n}{k_2^2}\right]G_2(R)\mathrm{d}s'\mathrm{d}s\end{aligned} \tag{2.5-5a}$$

$$\begin{aligned}Z_{JM,mn}&=\eta_0\langle\boldsymbol{f}_m,\ K_1(\boldsymbol{f}_n)+K_2(\boldsymbol{f}_n)\rangle\\&=-\eta_0\int_{T_m^++T_m^-}\int_{T_n^++T_n^-}\boldsymbol{f}_m(\boldsymbol{r})\cdot\{\boldsymbol{f}_n(\boldsymbol{r}')\times[\nabla G_1(R)+\nabla G_2(R)]\}\mathrm{d}s'\mathrm{d}s\end{aligned} \tag{2.5-5b}$$

$$\begin{aligned}Z_{MJ,mn}&=-\eta_0\langle\boldsymbol{f}_m,\ K_1(\boldsymbol{f}_n)+K_2(\boldsymbol{f}_n)\rangle\\&=-Z_{JM,mn}\end{aligned} \tag{2.5-5c}$$

$$\begin{aligned}Z_{MM,mn}&=-\eta_0^2\langle\boldsymbol{f}_m,\ \frac{1}{\eta_1}L_1(\boldsymbol{f}_n)+\frac{1}{\eta_2}L_2(\boldsymbol{f}_n)\rangle\\&=\frac{\mathrm{j}k_1\eta_0^2}{\eta_1}\int_{T_m^++T_m^-}\int_{T_n^++T_n^-}\left[\boldsymbol{f}_m(\boldsymbol{r})\cdot\boldsymbol{f}_n(\boldsymbol{r}')-\frac{\nabla\cdot\boldsymbol{f}_m\nabla'\cdot\boldsymbol{f}_n}{k_1^2}\right]G_1(R)\mathrm{d}s'\mathrm{d}s\\&\quad+\frac{\mathrm{j}k_2\eta_0^2}{\eta_2}\int_{T_m^++T_m^-}\int_{T_n^++T_n^-}\left[\boldsymbol{f}_m(\boldsymbol{r})\cdot\boldsymbol{f}_n(\boldsymbol{r}')-\frac{\nabla\cdot\boldsymbol{f}_m\nabla'\cdot\boldsymbol{f}_n}{k_2^2}\right]G_2(R)\mathrm{d}s'\mathrm{d}s\end{aligned} \tag{2.5-5d}$$

$$V_{J,m}=\langle \boldsymbol{f}_m, \boldsymbol{E}_{\text{inc}}\rangle=\int_{T_m^+ + T_m^-}\boldsymbol{f}_m(\boldsymbol{r})\cdot \boldsymbol{E}_{\text{inc}}\,\mathrm{d}s \tag{2.5-6}$$

$$V_{M,m}=\eta_0\langle \boldsymbol{f}_m, \boldsymbol{H}_{\text{inc}}\rangle=\eta_0\int_{T_m^+ + T_m^-}\boldsymbol{f}_m(\boldsymbol{r})\cdot \boldsymbol{H}_{\text{inc}}\,\mathrm{d}s \tag{2.5-7}$$

式中，$G_1(R)=\dfrac{\mathrm{e}^{-\mathrm{j}k_1 R}}{4\pi R}$为外部媒质空间区域 1 中的格林函数；$G_2(R)=\dfrac{\mathrm{e}^{-\mathrm{j}k_2 R}}{4\pi R}$为内部介质区域 2 中的格林函数；$R=|\boldsymbol{r}-\boldsymbol{r}'|$为源点到场点的距离；$k_1$ 与 k_2 分别为区域 1、2 中的波数；η_1 与 η_2 分别为媒质 1、2 中的波阻抗。

2.5.2 矩阵元素的积分计算

由式(2.5－5)可以看出，PMCHW 矩量法的阻抗矩阵主要由算子 L 及算子 K 生成，因此也会产生类似于 EFIE 矩量法和 MFIE 矩量法的奇异积分。PMCHW 矩量法中的低阶奇异性与 EFIE 矩量法的相似，而高阶奇异性与 MFIE 矩量法的相似，只是具体计算式略有不同，本节主要讨论其高阶奇异性处理方法。

阻抗矩阵分为四块，主对角线上两块为对称矩阵，由算子 L 生成，奇异性较低，可直接利用 EFIE 矩量法的奇异性处理结果，这不是此处讨论的重点；反对角线上两块也是对称矩阵，且这两块矩阵元素只差一个符号，所以只需要计算一块。

下面以 $\boldsymbol{Z}_{JM}$ 的计算为例，讨论 PMCHW 矩量法中的高阶奇异性处理。

将第 n 个基函数 $\boldsymbol{f}_n(\boldsymbol{r}')$、第 m 个权函数 $\boldsymbol{f}_m(\boldsymbol{r})$代入式(2.5－5b)后，可得

$$Z_{JM,mn}=Z_{JM,mn}^{++}+Z_{JM,mn}^{+-}+Z_{JM,mn}^{-+}+Z_{JM,mn}^{--} \tag{2.5-8}$$

$$Z_{JM,mn}^{++}=-\frac{\eta_0 l_m l_n}{4A_m^+A_n^+}\int_{T_m^+}\int_{T_n^+}(\boldsymbol{r}-\boldsymbol{V}_m^+)\cdot\{(\boldsymbol{r}'-\boldsymbol{V}_n^+)\times[\nabla G_1(R)+\nabla G_2(R)]\}\,\mathrm{d}s'\mathrm{d}s \tag{2.5-9a}$$

$$Z_{JM,mn}^{+-}=\frac{\eta_0 l_m l_n}{4A_m^+A_n^-}\int_{T_m^+}\int_{T_n^-}(\boldsymbol{r}-\boldsymbol{V}_m^+)\cdot\{(\boldsymbol{r}'-\boldsymbol{V}_n^-)\times[\nabla G_1(R)+\nabla G_2(R)]\}\,\mathrm{d}s'\mathrm{d}s \tag{2.5-9b}$$

$$Z_{JM,mn}^{-+}=\frac{\eta_0 l_m l_n}{4A_m^-A_n^+}\int_{T_m^-}\int_{T_n^+}(\boldsymbol{r}-\boldsymbol{V}_m^-)\cdot\{(\boldsymbol{r}'-\boldsymbol{V}_n^+)\times[\nabla G_1(R)+\nabla G_2(R)]\}\,\mathrm{d}s'\mathrm{d}s \tag{2.5-9c}$$

$$Z_{JM,mn}^{--}=-\frac{\eta_0 l_m l_n}{4A_m^-A_n^-}\int_{T_m^-}\int_{T_n^-}(\boldsymbol{r}-\boldsymbol{V}_m^-)\cdot\{(\boldsymbol{r}'-\boldsymbol{V}_n^-)\times[\nabla G_1(R)+\nabla G_2(R)]\}\,\mathrm{d}s'\mathrm{d}s \tag{2.5-9d}$$

式中四个表达式的积分形式相同，仅仅是代入的三角形几何位置信息不同罢了，因此不失一般性，下面仅以 $Z_{JM,mn}^{++}$ 为例讨论其计算。

虽然 PMCHW 矩量法与 MFIE 矩量法的阻抗矩阵元素中都包含了高阶奇异性，但对比式(2.5－9a)和式(2.4－8)可以看出，PMCHW 方程中消除了场点位置处的面法向量 $\hat{\boldsymbol{n}}$，使得矩阵元素的表达式相对简洁，还使得 PMCHW 阻抗矩阵的各个子矩阵都是对称的，这样可以利用对称性减少计算量。

考虑到当两面片重合时 $\boldsymbol{r}-\boldsymbol{V}_m^+$、$\boldsymbol{r}'-\boldsymbol{V}_n^+$ 与 $\boldsymbol{r}'-\boldsymbol{r}$ 共面，其混合积为零，即对应的阻抗元

素为零，也就是说 PMCHW 方程不存在重合奇异性，只需要处理近奇异性。

参考式(2.4－9)，将格林函数的梯度拆解为非奇异部分和奇异部分：

$$\nabla G(R)=\frac{(1+\mathrm{j}kR)\mathrm{e}^{-\mathrm{j}kR}}{4\pi R^3}=\left[\frac{(1+\mathrm{j}kR)\mathrm{e}^{-\mathrm{j}kR}-1-\dfrac{k^2R^2}{2}}{R^2}+\frac{k^2}{2}+\frac{1}{R^2}\right]\frac{(\boldsymbol{r}'-\boldsymbol{r})}{4\pi R} \tag{2.5-10}$$

提取出阻抗元素的高阶奇异性部分

$$\begin{aligned}Z_{JM,mn}^{++,\text{Singular}}&=-\frac{\eta_0}{2\pi}\frac{l_m l_n}{4A_m^+A_n^+}\int_{T_m^+}\int_{T_n^+}(\boldsymbol{r}-\boldsymbol{V}_m^+)\cdot\left[(\boldsymbol{r}'-\boldsymbol{V}_n^+)\times\frac{\boldsymbol{r}'-\boldsymbol{r}}{R^3}\right]\mathrm{d}s'\mathrm{d}s\\&=-\frac{\eta_0}{2\pi}\frac{l_m l_n}{4A_m^+A_n^+}\int_{T_m^+}(\boldsymbol{r}-\boldsymbol{V}_m^+)\times(\boldsymbol{r}-\boldsymbol{V}_n^+)\cdot\int_{T_n^+}\frac{\boldsymbol{r}'-\boldsymbol{r}}{R^3}\mathrm{d}s'\mathrm{d}s\end{aligned} \tag{2.5-11}$$

再参考式(2.4－11)，将内层积分拆分为切向分量和法向分量，其中 $\boldsymbol{\rho}'=\boldsymbol{r}'-\boldsymbol{r}_0$，$\boldsymbol{r}'-\boldsymbol{r}=\boldsymbol{r}'-\boldsymbol{r}_0+\boldsymbol{r}_0-\boldsymbol{r}=\boldsymbol{\rho}'-\hat{\boldsymbol{n}}'d$，$\hat{\boldsymbol{n}}'$表示源三角形的单位面法向量，$d$ 表示场点到源三角形面的距离。

$$\int_{T_n^+}\frac{\boldsymbol{r}'-\boldsymbol{r}}{R^3}\mathrm{d}s'=\int_{T_n^+}\frac{\boldsymbol{\rho}'}{R^3}\mathrm{d}s'-\hat{\boldsymbol{n}}'\int_{T_n^+}\frac{d}{R^3}\mathrm{d}s' \tag{2.5-12}$$

前文已经指出，式(2.5－12)中第二项(法向分量)没有奇异性，第一项(切向分量)含有对数奇异性，第一项可通过$\dfrac{\boldsymbol{\rho}'}{R^3}=-\nabla_s\dfrac{1}{R}$将积分转化为线积分，则 $Z_{JM,mn}^{++}$ 中具有高阶奇异性的部分可表示为

$$Z_{JM,mn}^{++,\text{Singular},\tan}=\frac{\eta_0}{2\pi}\frac{l_m l_n}{4A_m^+A_n^+}\int_{T_m^+}(\boldsymbol{r}-\boldsymbol{V}_m^+)\times(\boldsymbol{r}-\boldsymbol{V}_n^+)\cdot\int_{\partial T_n^+}\frac{\hat{\boldsymbol{u}}'}{R}\mathrm{d}l'\mathrm{d}s \tag{2.5-13}$$

将式(2.5－13)内外层积分交换次序，并整理矢量叉乘顺序，可得

$$\begin{aligned}Z_{JM,mn}^{++,\text{Singular},\tan}&=\frac{\eta_0 l_m l_n}{8\pi A_m^+A_n^+}\int_{\partial T_n^+}\left\{(\boldsymbol{V}_n^+-\boldsymbol{V}_m^+)\cdot\int_{T_m^+}\frac{\boldsymbol{r}}{R}\mathrm{d}s\times\hat{\boldsymbol{u}}'+\boldsymbol{V}_m^+\times\boldsymbol{V}_n^+\cdot\hat{\boldsymbol{u}}'\int_{T_m^+}\frac{1}{R}\mathrm{d}s\right\}\mathrm{d}l'\\&=\frac{\eta_0 l_m l_n}{8\pi A_m^+A_n^+}\int_{\partial T_n^+}\left\{\begin{aligned}&(\boldsymbol{V}_n^+-\boldsymbol{V}_m^+)\cdot\left[\left(\int_{T_m^+}\frac{\boldsymbol{\rho}}{R}\mathrm{d}s+\boldsymbol{r}_0\int_{T_m^+}\frac{1}{R}\mathrm{d}s\right)\times\hat{\boldsymbol{u}}'\right]\\&+\boldsymbol{V}_m^+\times\boldsymbol{V}_n^+\cdot\hat{\boldsymbol{u}}'\int_{T_m^+}\frac{1}{R}\mathrm{d}s\end{aligned}\right\}\mathrm{d}l'\end{aligned} \tag{2.5-14}$$

交换积分次序以后，奇异性的阶数被降低了。式(2.5－14)中奇异项与 EFIE 矩量法的阻抗矩阵元素中的奇异项相同，可以参考 2.3 节进行处理。

2.6　EFIE＋PMCHW 方程的矩量法解

处理金属问题时，可以采用 EFIE、MFIE 或 CFIE；处理均匀介质问题时，可采用 PMCHW 方程，前述内容已经详细地讨论了与之相关的矩量法计算理论。

当处理金属、介质混合问题时，一般可采用 EFIE＋PMCHW 方程的组合方式，此时矩量法的阻抗矩阵元素都是通过 L、K 算子计算的，积分奇异性的处理可直接参考 EFIE 和 PMCHW 部分，此处不再讨论。

2.7 数值算例

本节通过与解析解及其他数值算法的对比，检验奇异积分处理方法的效果，讨论EFIE矩量法、MFIE矩量法与PMCHW矩量法的有效性。

2.7.1 EFIE与MFIE矩量法分析散射问题

1. 具有解析解的金属球散射

假设自由空间中有一半径为0.1 m的金属球，计算其在频率为10 GHz的平面波照射下的双站RCS。入射波沿$+\hat{x}$方向，电场方向沿$+\hat{z}$方向。球体表面被剖分为27 442个三角形，RWG矩量法产生的未知量为41 163。

计算出的双站RCS如图2.7-1所示。图中给出了xoz面的RCS，θ为负时表示xoz面的负半平面。实线为EFIE的计算结果，虚线为MFIE的计算结果，加圈实线表示基于Mie级数的解。可见对于这种较为光滑的曲面结构，EFIE和MFIE的结果都能与解析解吻合，EFIE比MFIE精度高。

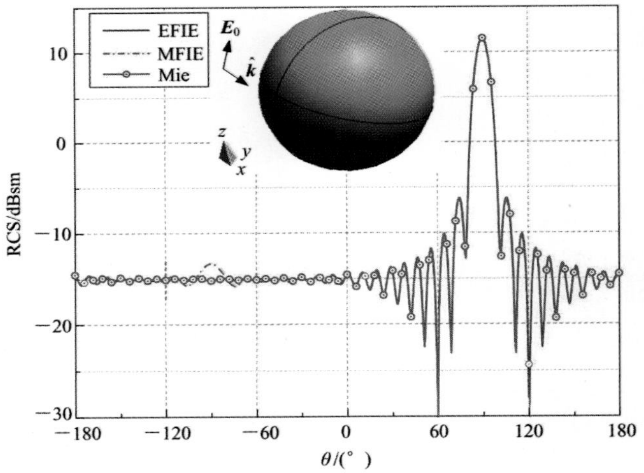

图2.7-1　金属球双站RCS

2. 存在近奇异性的目标散射

为了验证2.3.3节中关于近奇异性积分的讨论，如图2.7-2所示，给出了一个置于一无厚度矩形金属面片上方的金属长方体的算例。

图2.7-2中长方体尺寸为0.2 m×0.2 m×0.05 m，金属面片尺寸为0.25 m×0.25 m。长方体的下表面距离底面金属片的距离为0.001 m。入射波频率为1 GHz，沿$-\hat{z}$方向传播，电场方向沿$\hat{x}$方向。模型剖分为434个三角形，未知量为635。

图2.7-3中给出了双站RCS计算结果，实线为解析处理了EFIE矩量法近奇异性的结果，虚线为只处理重合奇异性而未处理近奇异性的结果。数值结果表明，当模型存在比较接近的面片时，即使面片之间不存在公共部分，EFIE矩量法中的近奇异性也应做解析处理。

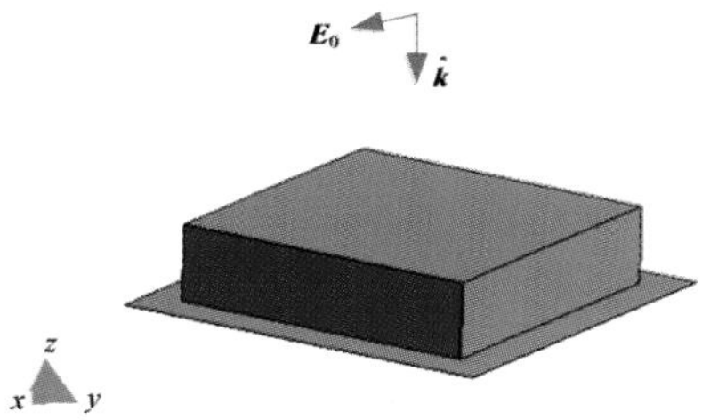

图 2.7-2　测试 EFIE 近奇异性模型

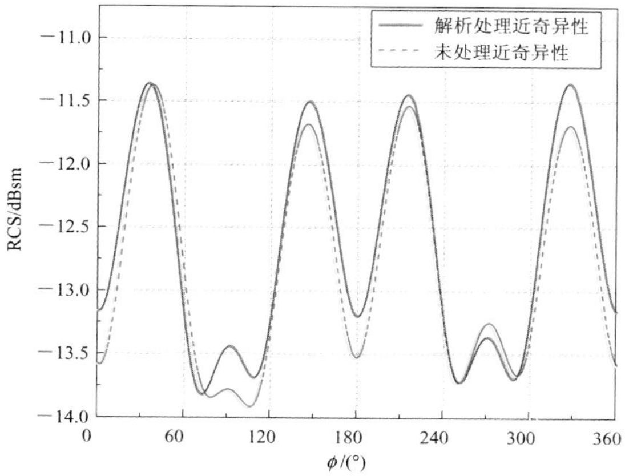

图 2.7-3　xoy 面双站 RCS

2.7.2　PMCHW 矩量法分析散射问题

假设自由空间中有一半径为 0.1 m 的介质球，球体的相对介电常数 $\varepsilon_r=10$，相对磁导率为 $u_r=1$，材料定义为无耗介质。在频率为 10 GHz 的平面波照射下，计算其双站 RCS。如图 2.7-4 所示，入射波沿 $+\hat{x}$ 方向，电场方向沿 $+\hat{z}$ 方向。

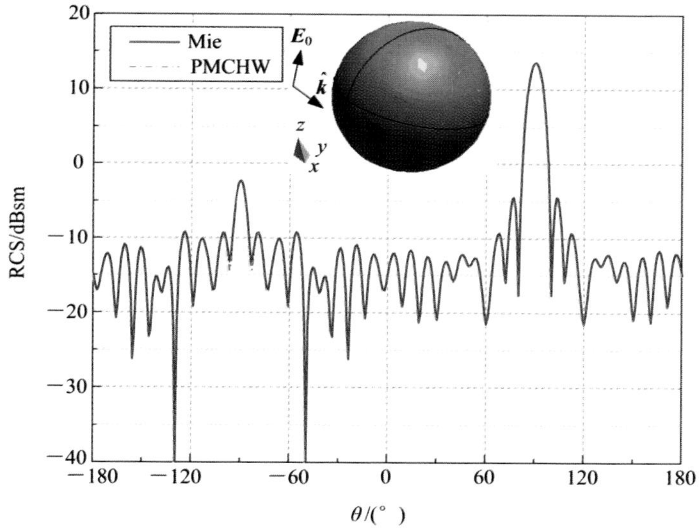

图 2.7-4　无耗介质球体的双站 RCS

图 2.7-4 中虚线为 PMCHW 方程的计算结果，实线为基于 Mie 级数的解析解。对比图 2.7-1 给出的金属球的双站 RCS，可见，同样几何尺寸的目标在相同波源照射下，介质球的后向散射更大。

2.7.3 微带结构的散射

如图 2.7-5 所示微带结构，介质基板的尺寸为 0.4 m×0.4 m×0.02 m，材料参数为 $\varepsilon_r=2.2$，$\mu_r=1$。入射波沿 $-\hat{z}$ 方向照射，电场方向沿 $-\hat{x}$ 方向，入射波频率为 2 GHz。以 1/8 波长尺寸剖分模型，产生 1402 个金属三角形，1346 个介质三角形。计算出的双站 RCS 如图 2.7-6 所示。

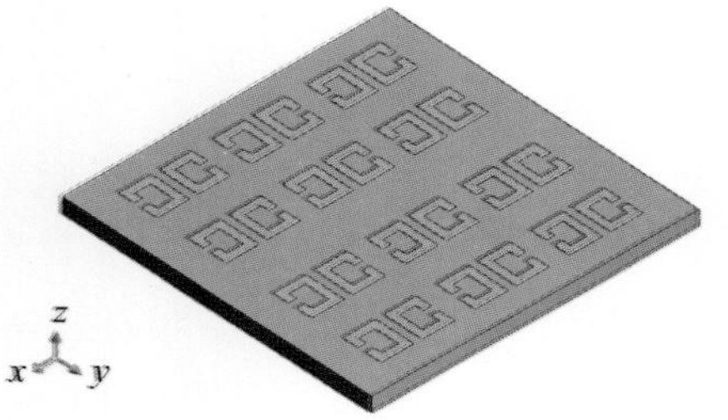

图 2.7-5 微带结构几何模型

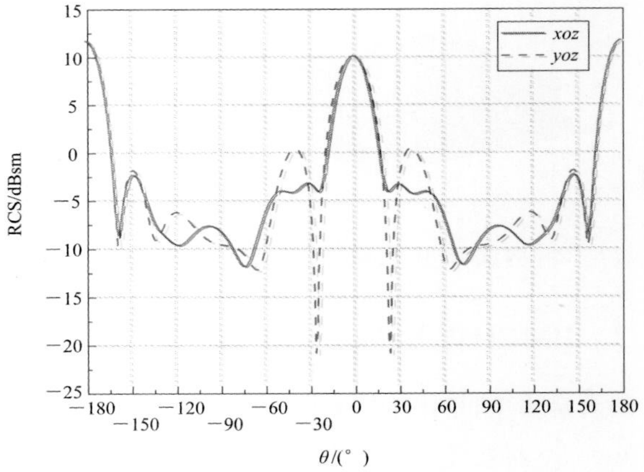

图 2.7-6 微带结构的双站 RCS

2.7.4 EFIE 矩量法分析波端口问题

由 S 参数的定义知，计算某个端口的反射、传输特性时，其它端口必须为匹配状态。为了验证矩量法中波端口模拟匹配的效果，下面分别以含有矩形波导、圆波导和同轴线三种导波结构的模型为例，采用波端口模型作为馈源与匹配负载进行 S 参数的计算。

1. 四端口功率合成器

图 2.7-7 为一个四端口的功率合成器的几何模型。该功率合成器由四个标准 WR42 矩形波导组成，工作频率为 20.0 GHz，其中端口 2 和端口 4 为输入端，端口 1 和端口 3 为输出端。模型的电尺寸为 3.83λ×0.29λ×4.24λ。整个模型被剖分为 3232 个三角形面片，产生 4868 个未知量。

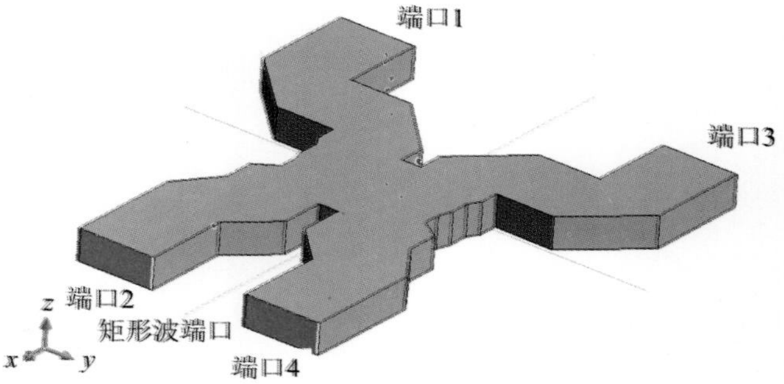

图 2.7-7 四端口功率合成器几何模型

图 2.7-8 中计算出的 S 参数曲线表明，矩量法计算结果与有限元计算结果一致。

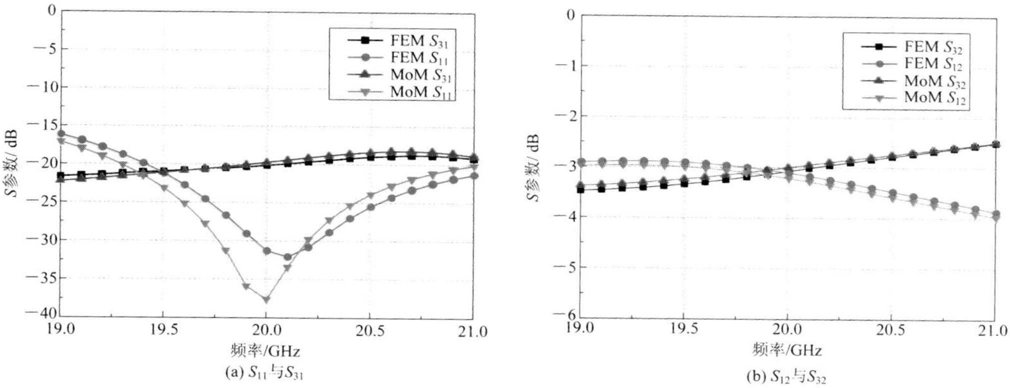

(a) S_{11}与S_{31}　(b) S_{12}与S_{32}

图 2.7-8　四端口功率合成器 S 参数曲线

2. 圆锥波纹喇叭天线

图 2.7-9 所示为一个工作在 14.25 GHz 的圆锥波纹喇叭天线，此处采用圆形波端口对喇叭天线进行馈电。喇叭口径为 9.65 cm，总长度为 8.8 cm。整个模型被剖分为 23 722 个三角形面片，共产生 35 606 个未知量。分别计算出喇叭的辐射方向图和 S 参数，如图 2.7-10 所示。

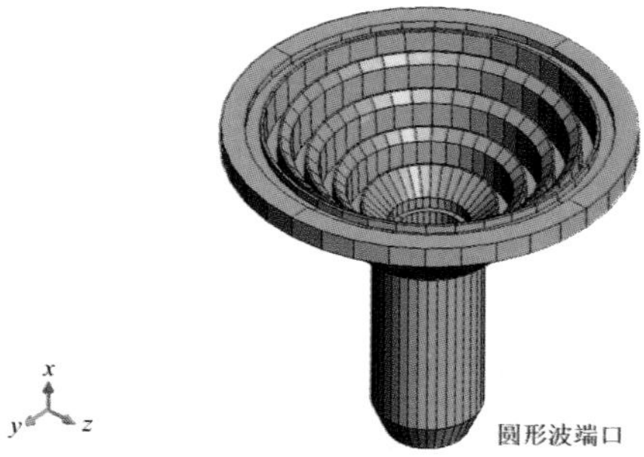

图 2.7-9　圆锥波纹喇叭天线几何模型

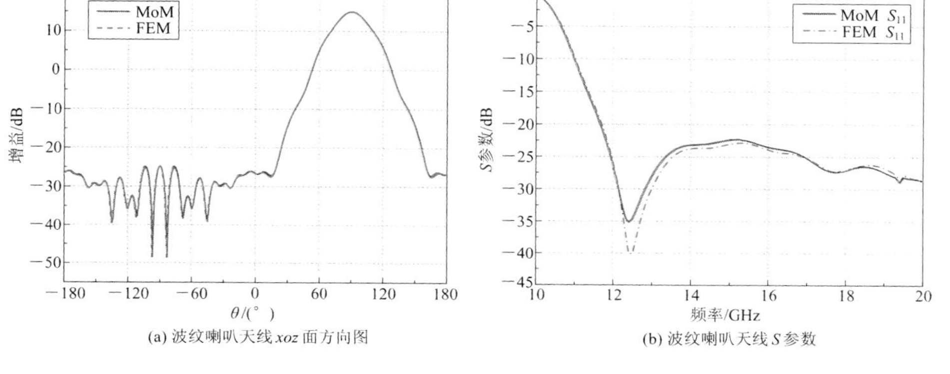

(a) 波纹喇叭天线 xoz 面方向图　(b) 波纹喇叭天线 S 参数

图 2.7-10　圆波导波纹喇叭天线辐射方向图与 S_{11} 参数

图 2.7-10(a)为喇叭的增益方向图，其中实线为矩量法的计算结果，虚线为 FEM 的计算结果。图 2.7-10(b)为波纹喇叭天线在工作频带内的 S 参数，可看出该天线的工作频带可从 11.0 GHz 延伸至 20.0 GHz。

3. 交叉耦合带通滤波器

实际工程应用中滤波器的馈电大多用 SMA 头接入，仿真模型中 SMA 头通常使用同轴线波端口模拟。图 2.7-11 所示为一个交叉耦合带通滤波器，由左右两侧的两个同轴线波端口作为输入输出端口。

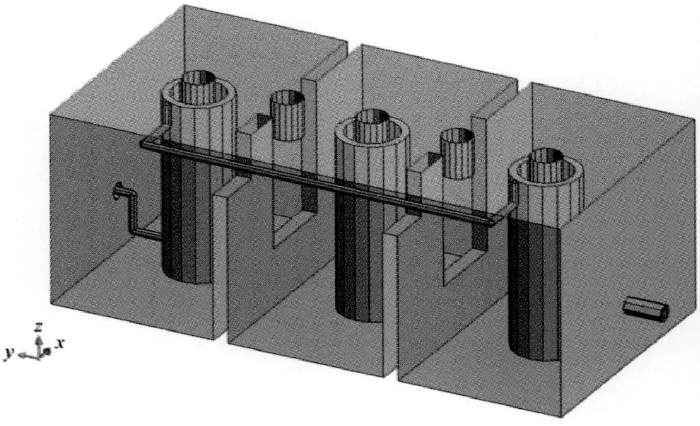

图 2.7-11 交叉耦合带通滤波器几何模型

提取出的 S 参数如图 2.7-12 所示。图中矩量法计算结果与有限元法计算结果吻合，结果表明该滤波器的通带为 1.8 GHz～1.83 GHz。

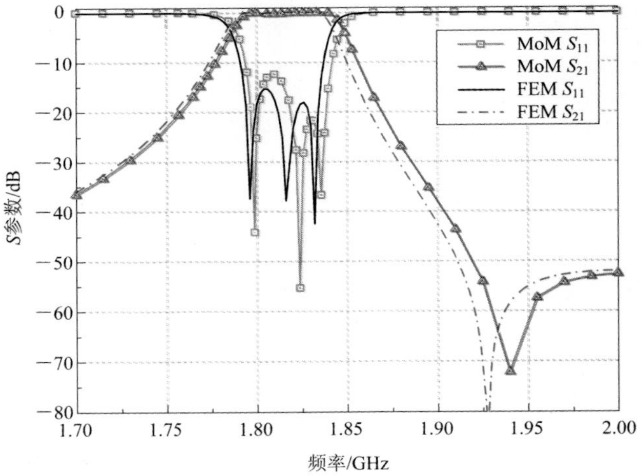

图 2.7-12 交叉耦合带通滤波器 S 参数

4. 四腔带通滤波器

图 2.7-13 所示为一个四腔带通滤波器，同样以两侧的同轴线波端口作为输入输出端口。整个模型被剖分为 18 171 个三角形，共产生 27 265 个未知量。图 2.7-14 所示为计算

出的 S 参数曲线。

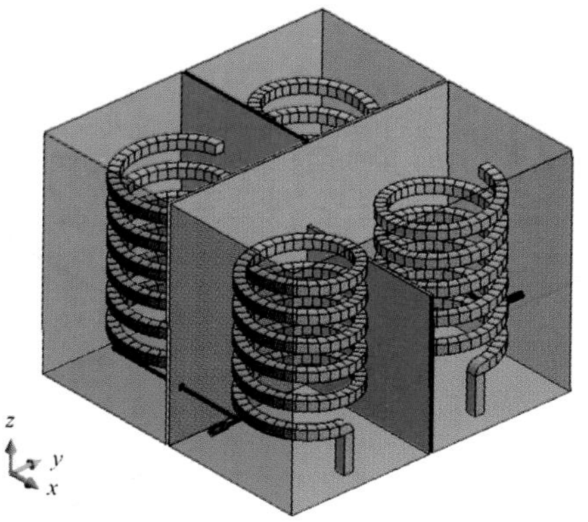

图 2.7-13　四腔带通滤波器几何模型

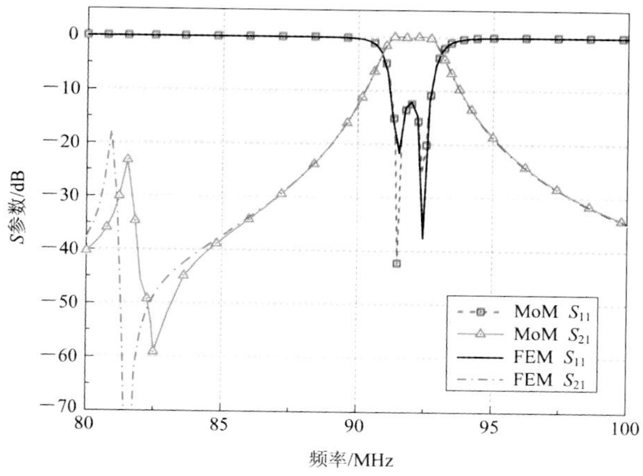

图 2.7-14　四腔带通滤波器 S 参数

5. Ka 波段波导缝隙天线

波端口模型既可以用于激励天线，也可以作为匹配负载。在计算行波天线的辐射特性中，匹配负载也是一个关键因素，尤其对于低副瓣天线更是如此。图 2.7-15 所示为一根窄边一侧开有 104 个缝的波导缝隙天线，该天线一端口为馈电端口，另一端口为匹配负载端口。天线尺寸为 7.112 mm×3.556 mm×0.5916 m，工作频率为 35.0 GHz。

图 2.7-16 中实线为矩量法波端口模型的计算结果，虚线为有限元法计算结果。在 −45°、45°和 105°附近出现的三个较大副瓣是交叉极化分量。

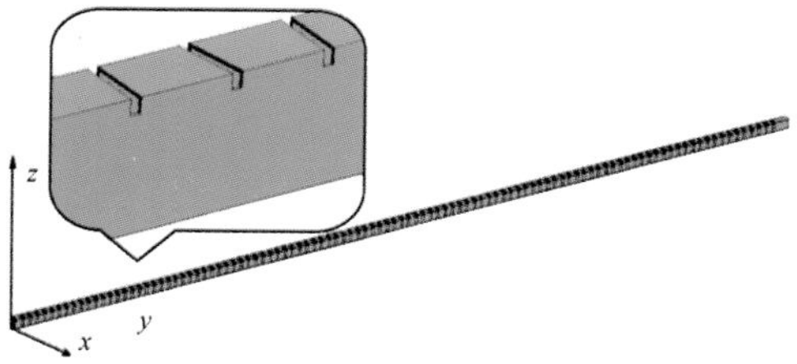

图 2.7-15　Ka 波段单根波导缝隙天线几何结构

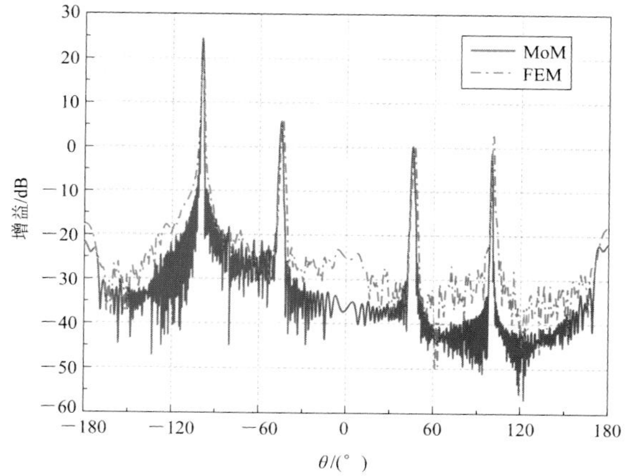

图 2.7-16　Ka 波段波导缝隙天线辐射增益方向图

2.8　小　　结

本章介绍了 RWG 基函数，讨论了用矩量法求解电场积分方程、磁场积分方程和 PMCHW 积分方程，处理了算子 L 中的格林函数和算子 K 中的格林函数的梯度所引入的积分奇异性。结合矩量法中常用的电磁散射和辐射激励源，本章给出了典型问题的RWG基函数矩量法计算实例。

参考文献

[1] Rao S M, Wilton D R, Glisson A W. Electromagnetic scattering by surfaces of arbitrary shape. IEEE Transaction on Antennas Propagat. , 1982, 30, (3), 409-418.

[2] Graglia R D. On the numerical integration of the linear shape functions times the 3-D Green's function or its gradient on a plane triangle. IEEE Transaction on Antennas Propagat. 1993, 41(10). 1448-1455.

[3] Caorsi S, Moreno D, Sidoti F. Theoretical and numerical treatment of surface integrals involving the free-space Green's function. IEEE Transactions on Antennas and Propagation, 1993, 41. 9: 1296-1301.

[4] Mousavi S E, Sukumar N. Generalized Duffy transformation for integrating vertex singularities. Computational Mechanics, 2010, 45(2-3): 127-140.

[5] Tang W H, Gedney S D. An efficient evaluation of near singular surface integrals via the Khayat-Wilton transform. Microwave and optical technology letters, 2006, 48(8): 1583-1586.

[6] ERGÖ, Gürel L. Solid-angle factor in the magnetic - field integral equation. Microwave and optical technology letters, 2005, 45(5): 452-456.

[7] Hodges R E, Rahmat-Samii Y. The evaluation of MFIE integrals with the use of vector triangle basis functions. Microwave Opt. Technol. Lett. , 1997, 14: 9-14.

[8] Gürel L, Ergül Ö. Singularity of the Magnetic-Field Integral Equation and Its Extraction. IEEE Antennas and Wireless Propagation Letters, 2005, 4: 229-232.

[9] Ylä-Oijala P, Taskinen M. Calculation of CFIE Impedance Matrix Elements With RWG and n×RWG Functions. IEEE Transaction on Antennas Propagat. , 2003, 51 (8): 1837-1845.

[10] Vipiana F, Wilton D R. Numerical Evaluation via Singularity Cancellation Schemes of Near-Singular Integrals Involving the Gradient of Helmholtz-Type Potentials. IEEE Transaction on Antennas Propagat, 2013, 61(3): 1255-1265.

第 3 章　高阶基函数矩量法

本章介绍高阶基函数，它是一种定义在参数坐标系下的多项式组合函数，它通过合理调整多项式的阶数来表达电、磁流变化，可将矩量法对模型网格边长的要求放宽到 1 个波长左右。一般情况下只需约 20 个基函数就可以描述一个平方波长目标的电磁流，这大大降低了矩量法的矩阵规模。本章结合线结构与面结构的参数方程，给出了截锥体建模的金属线结构以及双线性曲面建模的曲面结构上的高阶多项式基函数，并讨论了高阶基函数矩量法矩阵元素的计算，最后给出了不同激励情形下的计算实例以及高阶基函数矩量法与 RWG 基函数矩量法的比较。

3.1 几何建模

典型的矩量法仿真模型可看作是由线、面或者线与面的组合构成的。本节对于线结构采用截锥体进行几何建模，对于面结构采用双线性曲面进行几何建模[1-3]。这种线、面建模方式非常灵活，基本上可以描述所有典型电磁目标的几何模型，下面对其分别介绍。

3.1.1　线结构的截锥体建模

考虑满足细线近似的导线结构。对于细线模型，线上电流沿圆周方向的变化可以忽略，而且线长度至少是线半径的 10 倍。截锥体由起点和终点的位置矢量及半径，即 $\boldsymbol{r}_1$、a_1 和 $\boldsymbol{r}_2$、a_2 定义，如图 3.1-1 所示。为了便于描述截锥体的参数方程，引入局部坐标 s 和 p。s 是沿锥体参考母线方向的局部坐标，p 是从 x 轴起绕锥体轴线旋转的角度的局部坐标。

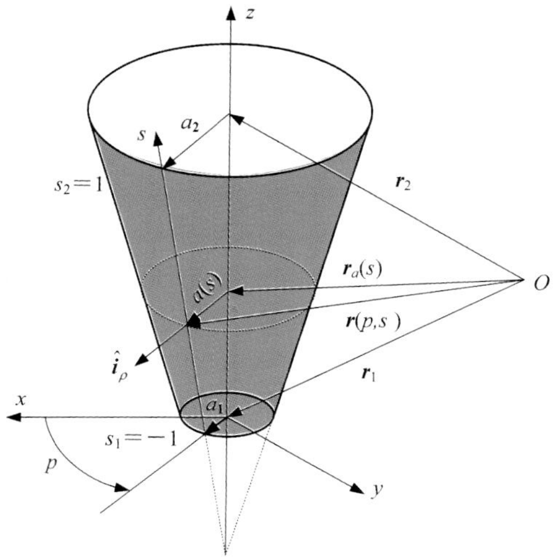

图 3.1-1　截锥体示意图

截锥体表面参数方程如下：

$$\boldsymbol{r}(p,\ s)=\boldsymbol{r}_a(s)+a(s)\hat{\boldsymbol{i}}_\rho(p),\ -\pi\leqslant p\leqslant\pi,\ s_1\leqslant s\leqslant s_2 \tag{3.1-1}$$

$$\boldsymbol{r}_a(s)=\boldsymbol{r}_1+(s-s_1)\frac{\boldsymbol{r}_2-\boldsymbol{r}_1}{s_2-s_1},\ s_1\leqslant s\leqslant s_2 \tag{3.1-2}$$

$$a(s)=a_1+(s-s_1)\frac{a_2-a_1}{s_2-s_1},\ s_1\leqslant s\leqslant s_2 \tag{3.1-3}$$

其中，$\boldsymbol{r}_a(s)$和$a(s)$分别是截锥体轴线和半径的参数方程，$\hat{\boldsymbol{i}}_\rho(p)$是垂直于锥体轴线的局部坐标系中的径向单位矢量，$s_1$ 和 s_2 是沿 s 方向截锥体起点和终点的局部坐标。为了简化分析，取截锥体起点和终点的坐标分别为 $s_1=-1$，$s_2=1$。

在特殊情况下，截锥体可退化成圆柱($a_1=a_2$)、圆锥($a_2=0$)、圆盘($a_2=0$，$\boldsymbol{r}_1=\boldsymbol{r}_2$)以及圆环盘($\boldsymbol{r}_1=\boldsymbol{r}_2$)。截锥体及其退化形式可用于模拟半径变化的、具有平的或圆锥形终端的线结构。

3.1.2 面结构的双线性曲面建模

金属和介质的表面采用双线性曲面进行几何建模。一般情况下，双线性曲面是一个非平面的曲面四边形，并用其四个顶点可唯一地确定。这种四边形的参数方程为

$$\begin{aligned}\boldsymbol{r}(p,\ s)=\frac{1}{\Delta p\Delta s}&[\boldsymbol{r}_{11}(p_2-p)(s_2-s)+\boldsymbol{r}_{12}(p_2-p)(s-s_1)\\&+\boldsymbol{r}_{21}(p-p_1)(s_2-s)+\boldsymbol{r}_{22}(p-p_1)(s-s_1)]\end{aligned} \tag{3.1-4}$$

$$\Delta p=p_2-p_1,\ \Delta s=s_2-s_1,\ p_1\leqslant p\leqslant p_2,\ s_1\leqslant s\leqslant s_2$$

其中，$\boldsymbol{r}_{11}$、$\boldsymbol{r}_{12}$、$\boldsymbol{r}_{21}$和$\boldsymbol{r}_{22}$是其四个顶点的位置矢量，p 和 s 表示局部坐标，p_1 和 p_2 是沿 p 方向的起点和终点坐标，s_1 和 s_2 是沿 s 方向的起点和终点坐标，如图 3.1-2 所示。

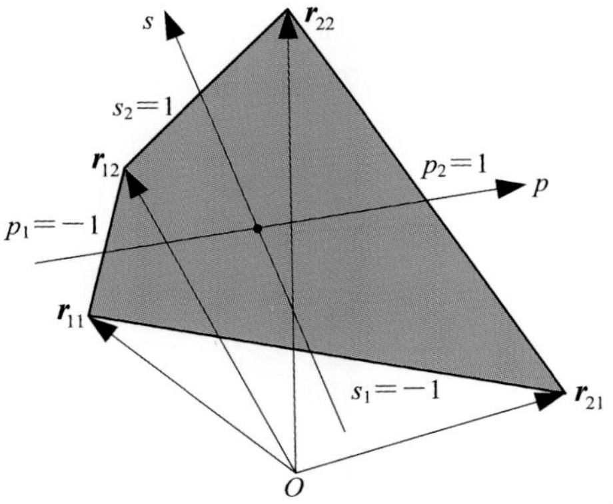

图 3.1-2 双线性曲面示意图

经过变换，式(3.1-4)可以写成

$$\boldsymbol{r}(p,\ s)=\boldsymbol{r}_c+\boldsymbol{r}_p p+\boldsymbol{r}_s s+\boldsymbol{r}_{ps}ps,\ p_1\leqslant p\leqslant p_2,\ s_1\leqslant s\leqslant s_2 \tag{3.1-5}$$

其中，$\boldsymbol{r}_c$、$\boldsymbol{r}_p$、$\boldsymbol{r}_s$和$\boldsymbol{r}_{ps}$是由以下各式给出的矢量：

$$\boldsymbol{r}_c=\frac{1}{\Delta p\Delta s}(\boldsymbol{r}_{11}p_2s_2-\boldsymbol{r}_{12}p_2s_1-\boldsymbol{r}_{21}p_1s_2+\boldsymbol{r}_{22}p_1s_1) \tag{3.1-6}$$

$$\boldsymbol{r}_p = \frac{1}{\Delta p \Delta s}(-\boldsymbol{r}_{11}s_2 + \boldsymbol{r}_{12}s_1 + \boldsymbol{r}_{21}s_2 - \boldsymbol{r}_{22}s_1) \tag{3.1-7}$$

$$\boldsymbol{r}_s = \frac{1}{\Delta p \Delta s}(-\boldsymbol{r}_{11}p_2 + \boldsymbol{r}_{12}p_2 + \boldsymbol{r}_{21}p_1 - \boldsymbol{r}_{22}p_1) \tag{3.1-8}$$

$$\boldsymbol{r}_{ps} = \frac{1}{\Delta p \Delta s}(\boldsymbol{r}_{11} - \boldsymbol{r}_{12} - \boldsymbol{r}_{21} + \boldsymbol{r}_{22}) \tag{3.1-9}$$

显然，$\boldsymbol{r}_c$是局部坐标系(p，s)坐标原点的位置矢量，可选为零。$\boldsymbol{r}_p$、$\boldsymbol{r}_s$和$\boldsymbol{r}_{ps}$中只能有一个为零。当$\boldsymbol{r}_{ps}$、$\boldsymbol{r}_p$及$\boldsymbol{r}_s$共面时，双线性曲面退化成平面四边形。如果$\boldsymbol{r}_{ps}$为零，双线性曲面退化为平行四边形。此外，如果$\boldsymbol{r}_p$与$\boldsymbol{r}_s$互相垂直且$\boldsymbol{r}_{ps}$为零，双线性曲面退化成矩形。可见，双线性曲面既能描述平的表面，也能描述弯曲的表面。

为了得到尽可能简单的算法，如果不另作说明，双线性曲面 p、s 坐标的起点和终点总是选为-1 和$+1$。

3.2　高阶基函数

基函数的选择是矩量法的一个重要环节，本节介绍高阶多项式基函数[4-5]。

3.2.1　细导线上电流的展开

对于任意形状的细导线，表面电流密度大小 $J_s(s)$仅是坐标 s 的函数，有

$$\boldsymbol{J}(p, s) = J_s(s)\hat{\boldsymbol{i}}_s(p, s) \tag{3.2-1}$$

$$\hat{\boldsymbol{i}}_s(p, s) = \frac{\dfrac{\partial \boldsymbol{r}(p, s)}{\partial s}}{\left|\dfrac{\partial \boldsymbol{r}(p, s)}{\partial s}\right|} \tag{3.2-2}$$

其中，$\partial \boldsymbol{r}(p, s)/\partial s$ 表示某一点处沿 s 参数曲线切线方向的矢量，$\hat{\boldsymbol{i}}_s(p, s)$是切线方向的单位矢量。细导线轴线方向单位长度内的总电流定义为

$$I(s) = 2\pi a(s) J_s(s) \tag{3.2-3}$$

根据电流连续性方程，单位长度内的电荷定义为

$$Q(s) = \frac{\mathrm{j}}{\omega}\frac{\mathrm{d}I(s)}{\mathrm{d}s} \tag{3.2-4}$$

导线表面电荷密度为

$$\rho(s) = \frac{Q(s)}{2\pi a(s)} = \frac{\mathrm{j}}{2\pi a(s)\omega}\frac{\mathrm{d}I(s)}{\mathrm{d}s} \tag{3.2-5}$$

导线上的电流分布采用多项式描述，该多项式自动满足导线起点和终点的连续性方程。细导线单位长度的总电流的展开式具有多项式的形式，可以写成

$$I(s) = \sum_{i=0}^{N_s} a_i s^i,\ -1 \leqslant s \leqslant 1 \tag{3.2-6}$$

其中，a_i 是未知系数，s^i 是 i 阶多项式基函数，N_s是电流展开的总阶数。

考虑到导线起点和终点的电流连续性，式(3.2-6)经过整理可得

$$I(s) = I_1 N(s) + I_2 N(-s) + \sum_{i=2}^{N_s} a_i S_i(s),\ -1 \leqslant s \leqslant 1 \tag{3.2-7}$$

其中，$I_1 = I(-1)$和$I_2 = I(1)$是导线两个端点处的电流值。$N(s)$表示导线端点处的基函数，$S_i(s)$表示导线段上的基函数，它们分别由以下两式给出：

$$N(s) = \frac{1-s}{2} \tag{3.2-8}$$

$$S_i(s) = \begin{cases} s^i - 1, & i\text{是偶数} \\ s^i - s, & i\text{是奇数} \end{cases} \tag{3.2-9}$$

在导线的非自由端，即与其他结构相连的结点，除了结点基函数之外，其他所有的基函数都为零。在导线的自由端，即不与其他结构相连的端点，为了满足连续性方程，此时不定义式(3.2-8)所示的端点基函数。考虑第i根和第j根导线的连接点，将连接点处两个独立的结点基函数进行组合后能够自动满足连续性方程。该基函数的表达式为

$$D_{ij}(s_i, s_j) = \begin{cases} \dfrac{1+s_i}{2}, & \text{第}\,i\,\text{根导线段} \\ \dfrac{1-s_j}{2}, & \text{第}\,j\,\text{根导线段} \end{cases} \tag{3.2-10}$$

式(3.2-10)中定义于相连的两段导线上的基函数可被看作广义屋顶基函数，该基函数是式(3.2-7)的特殊情况。对于一般情况，细导线上的电流可以展开成结点基函数和线段基函数的叠加形式。

图 3.2-1 给出了一根导线上结点基函数和线段基函数的示意图。导线分成三段，$s(-1)$和$s(1)$表示每段导线的端点，不同的下标代表不同的分段。例如，$s_3(-1)$表示第三段导线的$s=-1$处的端点。图 3.2-1 中，结点基函数的表达式由式(3.2-10)给出，线段基函数的表达式由式(3.2-9)给出。

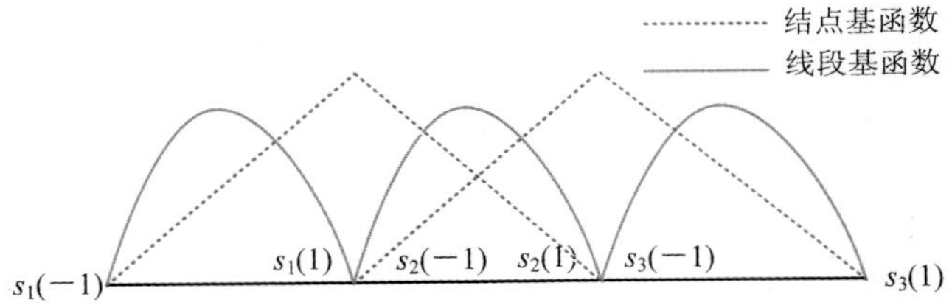

图 3.2-1　导线上的结点基函数和线段基函数

对于多段导线相连形成的连接点，为了满足连续性方程，可采用类似于第 2 章 2.2 节中处理多三角形共边时基函数的选取方法，定义出相应的屋顶基函数。

3.2.2　双线性曲面上电流的展开

对于双线性曲面，表面电流密度可以分为p和s分量。不失一般性，这里以s分量为例进行讨论。双线性曲面上的电流和磁流密度可以分别展开为

$$\boldsymbol{J}_s(p, s) = \sum_{i=0}^{N_p}\sum_{j=0}^{N_s} a_{ij}\boldsymbol{F}_{ij}(p, s) \tag{3.2-11}$$

$$\boldsymbol{M}_s(p, s) = \sum_{i=0}^{N_p}\sum_{j=0}^{N_s} b_{ij}\boldsymbol{F}_{ij}(p, s) \tag{3.2-12}$$

其中，a_{ij}和b_{ij}是未知系数，N_p和N_s分别是p和s方向的展开阶数，$\boldsymbol{F}_{ij}(p, s)$是多项式基函

数。$\boldsymbol{F}_{ij}(p, s)$定义为

$$\boldsymbol{F}_{ij}(p, s) = \frac{\boldsymbol{\alpha}_s}{|\boldsymbol{\alpha}_p \times \boldsymbol{\alpha}_s|} f_i(p) h_j(s) \tag{3.2-13}$$

$$\boldsymbol{\alpha}_p = \frac{\partial \boldsymbol{r}(p, s)}{\partial p}, \boldsymbol{\alpha}_s = \frac{\partial \boldsymbol{r}(p, s)}{\partial s}, \hat{\boldsymbol{i}}_p = \frac{\boldsymbol{\alpha}_p}{|\boldsymbol{\alpha}_p|}, \hat{\boldsymbol{i}}_s = \frac{\boldsymbol{\alpha}_s}{|\boldsymbol{\alpha}_s|} \tag{3.2-14}$$

其中，$\boldsymbol{r}(p, s)$的表达式由式(3.1-5)给出，$\boldsymbol{\alpha}_p$和$\boldsymbol{\alpha}_s$分别表示 p 和 s 参数曲线的切线方向，$\hat{\boldsymbol{i}}_p$ 和 $\hat{\boldsymbol{i}}_s$ 是对应的单位矢量，$f_i(p)$和$h_j(s)$分别是 i 阶和 j 阶多项式，其表达式如下

$$f_i(p) = p^i \tag{3.2-15}$$

$$h_j(s) = s^j \tag{3.2-16}$$

则基函数可以重新写为

$$\boldsymbol{F}_{ij}(p, s) = \frac{\boldsymbol{\alpha}_s}{|\boldsymbol{\alpha}_p \times \boldsymbol{\alpha}_s|} p^i s^j \tag{3.2-17}$$

以电流展开为例，将式(3.2-17)代入式(3.2-11)，得到

$$\boldsymbol{J}_s(p, s) = \frac{\boldsymbol{\alpha}_s}{|\boldsymbol{\alpha}_p \times \boldsymbol{\alpha}_s|} \sum_{i=0}^{N_p} \left(\sum_{j=0}^{N_s} a_{ij} s^j \right) p^i \tag{3.2-18}$$

考虑到双线性曲面边缘处的电流连续性，式(3.2-18)经过整理可得

$$\boldsymbol{J}_s(p, s) = \sum_{i=0}^{N_p} \left[c_{i1} \boldsymbol{E}_{i1}(p, s) + c_{i2} \boldsymbol{E}_{i2}(p, s) + \sum_{j=2}^{N_s} a_{ij} \boldsymbol{P}_{ij}(p, s) \right]$$
$$-1 \leqslant p \leqslant 1, \quad -1 \leqslant s \leqslant 1 \tag{3.2-19}$$

其中，c_{i1}和 c_{i2}定义为

$$c_{i1} = \sum_{j=0}^{N_s} a_{ij} (-1)^j \tag{3.2-20}$$

$$c_{i2} = \sum_{j=0}^{N_s} a_{ij} \tag{3.2-21}$$

$\boldsymbol{E}_{ik}(p, s)$和 $\boldsymbol{P}_{ij}(p, s)$分别由下式给出：

$$\boldsymbol{E}_{ik}(p, s) = \begin{cases} \dfrac{\boldsymbol{\alpha}_s}{|\boldsymbol{\alpha}_p \times \boldsymbol{\alpha}_s|} p^i N(s), & k = 1 \\ \dfrac{\boldsymbol{\alpha}_s}{|\boldsymbol{\alpha}_p \times \boldsymbol{\alpha}_s|} p^i N(-s), & k = 2 \end{cases} \tag{3.2-22}$$

$$\boldsymbol{P}_{ij}(p, s) = \frac{\boldsymbol{\alpha}_s}{|\boldsymbol{\alpha}_p \times \boldsymbol{\alpha}_s|} p^i S_j(s) \tag{3.2-23}$$

其中，$N(s)$和 $S_j(s)$的表达式分别由式(3.2-8)和式(3.2-9)给出。当 $k=1$ 时，$s=-1$ 所对应的双线性曲面的边与另一个面片的一条边相连；当 $k=2$ 时，$s=1$ 所对应的双线性曲面的边与另一个面片的一条边相连。

在双线性曲面 $s=-1$ 所对应的边上，基函数 $\boldsymbol{E}_{i2}$ 和 $\boldsymbol{P}_{ij}$ 都为零。也就是说，在 $s=-1$ 所对应的面片边缘处，基函数 $\boldsymbol{E}_{i1}$ 自动满足边缘处的电流连续性。同理，在双线性曲面 $s=1$ 所对应的边上，基函数 $\boldsymbol{E}_{i1}$ 和 $\boldsymbol{P}_{ij}$ 都为零，基函数 $\boldsymbol{E}_{i2}$ 自动满足边缘处的电流连续性。

如果一个双线性曲面不与其他面片相连，则该面片上的电流分布仅用基函数 $\boldsymbol{P}_{ij}$ 近似。因此，可以将这种用来描述双线性曲面上电流分布的基函数 $\boldsymbol{P}_{ij}$ 称为面片基函数。与此相对

应，将用来满足两个或多个双线性曲面公共边上电流连续性的基函数 $\boldsymbol{E}_{ik}$ 称为边基函数。这与 3.2.1 节中细导线的结点基函数和线段基函数类似。对于复杂曲面上的电流分布，采用边基函数和面片基函数可以很好地来描述。值得指出，磁流密度的展开形式与电流密度的相同，因此不再赘述。

为了让读者对双线性曲面上的高阶基函数有直观的理解，图 3.2-2 给出了式(3.2-22)和式(3.2-23)所描述的边基函数和面片基函数。在图 3.2-2 中，i 和 j 是基函数的阶数，k 的定义与式(3.2-22)相同。

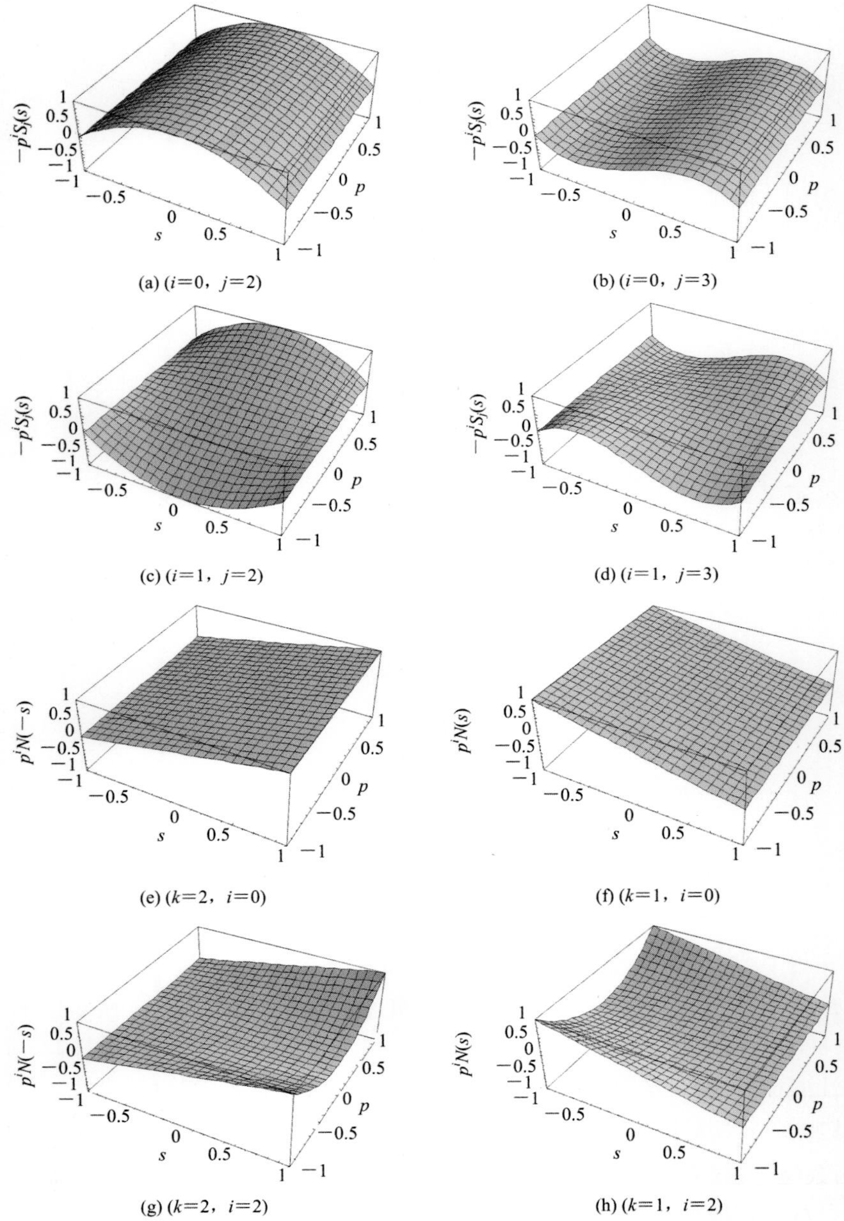

(a) (i=0，j=2)　(b) (i=0，j=3)
(c) (i=1，j=2)　(d) (i=1，j=3)
(e) (k=2，i=0)　(f) (k=1，i=0)
(g) (k=2，i=2)　(h) (k=1，i=2)

图 3.2-2　不同阶数的面片基函数和边基函数((a)～(d)是面片基函数；(e)～(h)是边基函数)

图 3.2-2(a)～(d)给出的是不同阶数的面片基函数。因为本节以 s 分量为例进行讨论，所以当 $s=-1$ 或 $s=1$ 时，面片基函数为零。$p^i S_j(s)$前面加负号是为了画图方便。图 3.2-2(e)～(h)给出的是不同阶数的边基函数。边基函数定义在面片的非自由边或公共边上。如果图 3.2-2(e)中 $s=1$ 所对应的边与图 3.2-2(f)中 $s=-1$ 所对应的边相连形成公共边，则这两个边基函数构成一个广义屋顶基函数，该基函数沿 p 方向必须具有相同的阶数。类似地，如果图 3.2-2(g)中 $s=1$ 所对应的边与图 3.2-2(h)中 $s=-1$ 所对应的边相连形成公共边，则这两个公共边基函数也构成一个广义屋顶基函数，并且这个基函数沿 p 方向也必须具有相同的阶数。我们可以将两个面片共边模型推广到多面片共边模型，此时仍然可以使用边基函数描述电流分布。

对于某条公共边而言，边基函数 $\boldsymbol{E}_{i1}$ 和 $\boldsymbol{E}_{i2}$ 具有相同的数学形式。如果将 $\boldsymbol{E}_{i1}$ 的自变量 s 替换为 $-s$，则 $\boldsymbol{E}_{i1}$ 就变成了 $\boldsymbol{E}_{i2}$。同样地，$\boldsymbol{E}_{i2}$ 也可以转变成 $\boldsymbol{E}_{i1}$。因此，两个或多个面片共边模型可被看成是由在 $s=-1$ 处相连的面片构成的。在这种情况下，公共边处的电流展开式表示为两个或多个边基函数 $\boldsymbol{E}_{i1}$ 乘以未知系数 c_{i1}。为了简化表达式，我们将 $\boldsymbol{E}_{i1}$ 和 c_{i1} 重写为 $\boldsymbol{E}_i$ 和 c_i。第 i 个边基函数流出公共边的法向分量为

$$\{\boldsymbol{E}_i(p,-1)\}_{\text{normal}} = \frac{p^i}{|\boldsymbol{\alpha}_p(p,-1)|} \tag{3.2-24}$$

在公共边处，所有相连的面片都可以用相同的参数方程描述，并且这些面片具有相同的 $\boldsymbol{\alpha}_p$。因此，式(3.2-24)中的 $|\boldsymbol{\alpha}_p(p,-1)|$ 对于这些相连的面片都相等。这表明，定义于相连面片的所有边基函数具有相同的法向分量。注意，不同的阶数 i 的边基函数都必须单独满足连续性方程。

由于边基函数的这些特点，将边基函数进行适当线性组合就可以严格满足公共边处的连续性方程，而不会引起线电荷堆积。在双线性曲面的自由边或非公共边处，去除所有阶数的边基函数即可满足边界条件。在两个或多个面片形成的公共边处，将对应的第 i 阶边基函数进行线性组合以满足第 i 阶连续性方程。对应的两个边基函数组合后形成广义屋顶基函数。与第 2 章 2.2 节所述的 RWG 基函数多面片共边模型类似，对于 N 个面片共边模型，采用 $N-1$ 个第 i 阶广义屋顶基函数就能够自动满足公共边处的第 i 阶连续性方程。

此外，我们还需要考虑多种介质构成的连接域[5-7]。在这种情况下，所有介质区域都必须满足连续性方程。在每个介质区域，对边基函数进行适当线性组合形成广义屋顶基函数就可以自动满足连续性方程。

3.3　矩阵方程构建

采用伽略金方法检验积分方程，即选取与基函数相同的权函数。对于细导线，每波长需要 3～4 个高阶基函数；对于双线性曲面，每平方波长需要约 20 个高阶基函数。这远远少于低阶基函数(如 RWG 基函数)的数量。因此，一般情况下，高阶基函数矩量法的效率要高于低阶基函数矩量法。

3.3.1　细导线的检验过程

如 1.3.1 节所述，对于细导线，我们只需要建立 EFIE。

导线的面积单元 dS 可以表示成

$$dS = a(s)\mathrm{d}s\mathrm{d}p,\ -\pi \leqslant p \leqslant \pi,\ s_1 \leqslant s \leqslant s_2 \tag{3.3-1}$$

考虑到 p 坐标的对称性，我们选择 p 坐标的积分区域为[0，π]，而不是[−π，π]。电场、磁场可分别写为

$$\boldsymbol{E}(\boldsymbol{r}) = -\mathrm{j}\omega\boldsymbol{A}(\boldsymbol{r}) - \nabla\varphi(\boldsymbol{r}) \tag{3.3-2}$$

$$\boldsymbol{H}(\boldsymbol{r}) = \frac{1}{\mu}\nabla \times \boldsymbol{A}(\boldsymbol{r}) \tag{3.3-3}$$

其中，磁矢位 $\boldsymbol{A}(\boldsymbol{r})$和电标位 $\varphi(\boldsymbol{r})$的表达式如下：

$$\boldsymbol{A}(\boldsymbol{r}) = \frac{\mu}{2\pi}\int_0^{\pi}\int_{s_1}^{s_2} I(s)[\hat{\boldsymbol{i}}_s(p,\ s) + \hat{\boldsymbol{i}}_s(-p,\ s)]G(R)\mathrm{d}s\mathrm{d}p \tag{3.3-4}$$

$$\varphi(\boldsymbol{r}) = \frac{j}{\omega\varepsilon}\frac{1}{\pi}\int_0^{\pi}\int_{s_1}^{s_2}\frac{\mathrm{d}I(s)}{\mathrm{d}s}G(R)\mathrm{d}s\mathrm{d}p \tag{3.3-5}$$

式中，格林函数为

$$G(R) = \frac{\mathrm{e}^{-\mathrm{j}kR}}{4\pi R} \tag{3.3-6}$$

其中，$k=\omega\sqrt{\mu\varepsilon}$。源点与场点之间的距离 $R=|\boldsymbol{r}-\boldsymbol{r}'(p,\ s)|$，$\boldsymbol{r}$ 是场点的位置矢量，$\boldsymbol{r}'(p,\ s)$是源点的位置矢量，由式(3.1-1)给出，单位矢量 $\hat{\boldsymbol{i}}_s(p,\ s)$见式(3.2-2)。

在满足细线近似的条件下，可以对格林函数作近似计算，这能够大大简化矩量法计算过程的复杂度，并且对计算精度的影响可以忽略不计。于是源点与场点之间的距离可以写为

$$R_a = \sqrt{|\boldsymbol{r} - \boldsymbol{r}_a(s)|^2 + a(s)^2} \tag{3.3-7}$$

由上式可见，R_a不是坐标 p 的函数，所以磁矢位 $\boldsymbol{A}(\boldsymbol{r})$和电标位 $\varphi(\boldsymbol{r})$的表达式简化为

$$\boldsymbol{A}(\boldsymbol{r}) = \mu\int_{s_1}^{s_2} I(s)\hat{\boldsymbol{i}}_s(s)G(R_a)\mathrm{d}s \tag{3.3-8}$$

$$\varphi(\boldsymbol{r}) = \frac{\mathrm{j}}{\omega\varepsilon}\int_{s_1}^{s_2}\frac{\mathrm{d}I(s)}{\mathrm{d}s}G(R_a)\mathrm{d}s \tag{3.3-9}$$

电磁场表达式如下：

$$\boldsymbol{E}(\boldsymbol{r}) = -\mathrm{j}\omega\mu\left[\int_{s_1}^{s_2} I(s)\hat{\boldsymbol{i}}_s(s)G(R_a)\mathrm{d}s + \frac{1}{k^2}\int_{s_1}^{s_2}\frac{\mathrm{d}I(s)}{\mathrm{d}s}\nabla G(R_a)\mathrm{d}s\right] \tag{3.3-10}$$

$$\boldsymbol{H}(\boldsymbol{r}) = \int_{s_1}^{s_2} I(s)\nabla R_a \times \hat{\boldsymbol{i}}_s(s)\frac{\mathrm{d}G(R_a)}{\mathrm{d}R_a}\mathrm{d}s \tag{3.3-11}$$

其中

$$\nabla G(R_a) = \frac{\mathrm{d}G(R_a)}{dR_a}\nabla R_a \tag{3.3-12}$$

$$\nabla R_a = \frac{\boldsymbol{r} - \boldsymbol{r}_a}{R_a} \tag{3.3-13}$$

根据细导线表面切向电场为零的边界条件，即$(\boldsymbol{E}+\boldsymbol{E}_{\mathrm{inc}})|_{\tan}=0$，线段基函数的阻抗矩阵元素如下：

$$Z_{i,j} = \mathrm{j}\omega\int_{s_1}^{s_2} I_i(s)\hat{\boldsymbol{i}}_s(s)\cdot\boldsymbol{A}_{s,j}(s)\mathrm{d}s - \int_{s_1}^{s_2}\frac{\mathrm{d}I_i(s)}{\mathrm{d}s}\varphi_{s,j}(s)\mathrm{d}s \tag{3.3-14}$$

$$\boldsymbol{A}_{s,j}(s) = \mu\int_{s_1}^{s_2} I_j(s')\hat{\boldsymbol{i}}_s(s')G(R_a(s,\ s'))\mathrm{d}s' \tag{3.3-15}$$

$$\varphi_{s,j}(s)=\frac{\mathrm{j}}{\omega\varepsilon}\int_{s_1}^{s_2}\frac{\mathrm{d}I_j(s')}{\mathrm{d}s'}G(R_a(s,s'))\mathrm{d}s' \tag{3.3-16}$$

其中，$I_i(s)$是第 i 个权函数，$I_j(s')$是第 j 个基函数，$\boldsymbol{A}_{s,j}(s)$是沿截锥体母线 s 方向第 j 个基函数的磁矢位，$\varphi_{s,j}(s)$是沿 s 方向第 j 个基函数的电标位。结点基函数的矩阵元素与线段基函数的类似。

如果采用扩展边界条件，在导线的轴线上而非表面上进行检验过程，即 $\boldsymbol{E}_z+\boldsymbol{E}_{\mathrm{inc},z}=\boldsymbol{0}$，会得到相同的阻抗矩阵元素表达式。注意，此时需要将坐标 s 替换为坐标 z。

采用多项式近似细导线电流分布时，位于场计算中的线积分具有如下形式：

$$I_{pi}=\int_{s_1}^{s_2}s^iG(R_a)\mathrm{d}s \tag{3.3-17}$$

$$I_{qi}=\int_{s_1}^{s_2}s^i\frac{1}{R_a}\frac{\mathrm{d}G(R_a)}{\mathrm{d}R_a}\mathrm{d}s \tag{3.3-18}$$

式(3.3-17)和式(3.3-18)中的两个被积函数可以分为实部和虚部。函数虚部分别为

$$-\frac{1}{4\pi}s^i\frac{\sin(kR_a)}{R_a},\ -\frac{1}{4\pi}s^i\frac{kR_a\cos(kR_a)-\sin(kR_a)}{R_a^{\ 3}}$$

可见，这两个虚部都是慢变函数，可用高斯-勒让德(Gauss - Legendre)积分公式进行数值积分。

但是对于实部，即

$$\mathrm{Re}(I_{pi})=\left(\frac{1}{4\pi}\right)\int_{s_1}^{s_2}s^i\left[\frac{\cos(kR_a)}{R_a}\right]\mathrm{d}s \tag{3.3-19}$$

$$\mathrm{Re}(I_{qi})=-\left(\frac{1}{4\pi}\right)\int_{s_1}^{s_2}s^i\left[\frac{\cos(kR_a)+kR_a\sin(kR_a)}{R_a^3}\right]\mathrm{d}s \tag{3.3-20}$$

存在积分奇异性。为了提高积分精度并且缩短计算时间，这两个积分中的被积函数应按下述方式展成级数。首先把 s^i 在 $s=s_0$ 展开成泰勒(Taylor)级数：

$$s^i=s_0^i+i(s-s_0)s_0^{i-1}+\frac{1}{2}i(i-1)(s-s_0)^2s_0^{i-2}+\cdots \tag{3.3-21}$$

然后，令 $R_0=kR_a$，把 $\mathrm{Re}(I_{pi})$中的 $\cos R_0$ 以及 $\mathrm{Re}(I_{qi})$中的 $\cos(R_0)+R_0\sin(R_0)$展开成 R_0 的麦克劳林级数。最后，经过整理就可以对 $\mathrm{Re}(I_{pi})$和 $\mathrm{Re}(I_{qi})$中的积分奇异性进行解析计算[7]。

3.3.2　双线性曲面的检验过程

回顾第 1 章介绍的处理多区域任意复杂结构的 PMCHW 积分方程：

$$\hat{\boldsymbol{n}}_{ij}\times\left\{\begin{aligned}&\sum_{\substack{k=0\\k\neq i}}^{n}\left[\eta^{(i)}L_0^{(i)}(\boldsymbol{J}_{s_{ik}})-K_0^{(i)}(\boldsymbol{M}_{s_{ik}})\right]\\&-\sum_{\substack{k=0\\k\neq j}}^{n}\left[\eta^{(j)}L_0^{(j)}(\boldsymbol{J}_{s_{jk}})-K_0^{(j)}(\boldsymbol{M}_{s_{jk}})\right]\end{aligned}\right\}=\hat{\boldsymbol{n}}_{ij}\times(\boldsymbol{E}_{\mathrm{inc}}^{(j)}-\boldsymbol{E}_{\mathrm{inc}}^{(i)}) \tag{3.3-22a}$$

$$\hat{\boldsymbol{n}}_{ij}\times\left\{\begin{aligned}&\sum_{\substack{k=0\\k\neq i}}^{n}\left[\frac{1}{\eta^{(i)}}L_0^{(i)}(\boldsymbol{M}_{s_{ik}})+K_0^{(i)}(\boldsymbol{J}_{s_{ik}})\right]\\&-\sum_{\substack{k=0\\k\neq j}}^{n}\left[\frac{1}{\eta^{(j)}}L_0^{(j)}(\boldsymbol{M}_{s_{jk}})+K_0^{(j)}(\boldsymbol{J}_{s_{jk}})\right]\end{aligned}\right\}=\hat{\boldsymbol{n}}_{ij}\times(\boldsymbol{H}_{\mathrm{inc}}^{(j)}-\boldsymbol{H}_{\mathrm{inc}}^{(i)}) \tag{3.3-22b}$$

其中

$$L_0^{(i)}(\boldsymbol{X}_{s_{ik}}) = -\mathrm{j}k^{(i)}\int_{S_{ik}}\begin{bmatrix}\boldsymbol{X}_{s_{ik}}(\boldsymbol{r}_{ik})G^{(i)}(\boldsymbol{r},\boldsymbol{r}') \\ +\dfrac{1}{(k^{(i)})^2}\nabla_{s_{ik}}\cdot\boldsymbol{X}_{s_{ik}}(\boldsymbol{r}_{ik})\nabla G^{(i)}(\boldsymbol{r},\boldsymbol{r}')\end{bmatrix}dS_{ik} \quad (3.3-23)$$

$$K_0^{(i)}(\boldsymbol{X}_{s_{ik}}) = -\int_{S_{ik}}\boldsymbol{X}_{s_{ik}}(\boldsymbol{r}_{ik})\times\nabla G^{(i)}(\boldsymbol{r},\boldsymbol{r}')\mathrm{d}S_{ik} \quad (3.3-24)$$

对于金属介质混合结构，为了确定未知电磁流系数，用电流基函数检验 PMCHW 积分方程的第一个方程，即式(3.3－22a)；用磁流基函数检验 PMCHW 积分方程的第二个方程，即式(3.3－22b)。可以看出阻抗矩阵元素主要是两类积分的线性组合，这两类积分定义为

$$Z_{mn}^{L} = \langle L_0(\boldsymbol{F}_n),\boldsymbol{F}_m\rangle = \int_{S_m}L_0(\boldsymbol{F}_n)\cdot\boldsymbol{F}_m\mathrm{d}S_m \quad (3.3-25)$$

$$Z_{mn}^{K} = \langle K_0(\boldsymbol{F}_n),\boldsymbol{F}_m\rangle = \int_{S_m}K_0(\boldsymbol{F}_n)\cdot\boldsymbol{F}_m\mathrm{d}S_m \quad (3.3-26)$$

其中，L 和 K 分别是由式(3.3－23)和式(3.3－24)定义的线性算子。$\boldsymbol{F}_n$ 表示第 n 个基函数，其所属的双线性曲面记为 S_n；$\boldsymbol{F}_m$ 表示第 m 个权函数，其所属的双线性曲面记为 S_m。为了简化公式，我们对式(3.3－23)和式(3.3－24)中的标记稍作修改：去掉区域编号(i)，区域交界面 S_{ik} 也就对应到源所在的面片 S_n，用基函数 $\boldsymbol{F}_n$ 的位置矢量 $\boldsymbol{r}_n$ 代替源点位置矢量 $\boldsymbol{r}'$，用测试函数 $\boldsymbol{F}_m$ 的位置矢量 $\boldsymbol{r}_m$ 代替场点位置矢量 $\boldsymbol{r}$。将算子 L 和 K 的表达式代入式(3.3－25)和式(3.3－26)，经过整理得

$$Z_{mn}^{L} = \mathrm{j}\omega\mu\int_{S_m}\int_{S_n}\left[\boldsymbol{F}_n(\boldsymbol{r}_n)\cdot\boldsymbol{F}_m(\boldsymbol{r}_m) - \frac{1}{\omega^2\varepsilon\mu}\nabla\cdot\boldsymbol{F}_n(\boldsymbol{r}_n)\nabla\cdot\boldsymbol{F}_m(\boldsymbol{r}_m)\right]G(\boldsymbol{r}_m,\boldsymbol{r}_n)\mathrm{d}S_n\mathrm{d}S_m$$

(3.3－27)

$$Z_{mn}^{K} = \int_{S_m}\int_{S_n}(\boldsymbol{r}_n-\boldsymbol{r}_m)\cdot[\boldsymbol{F}_n(\boldsymbol{r}_n)\times\boldsymbol{F}_m(\boldsymbol{r}_m)]\frac{1}{R}\frac{\mathrm{d}G(\boldsymbol{r}_m,\boldsymbol{r}_n)}{\mathrm{d}R}\mathrm{d}S_n\mathrm{d}S_m \quad (3.3-28)$$

因为面片基函数、边基函数是多项式基函数(式(3.2－11)和式(3.2－12))的线性组合，我们将式(3.3－27)和式(3.3－28)中的 $\boldsymbol{F}_n$ 和 $\boldsymbol{F}_m$ 替换为初级基函数(即在 p、s 方向上的阶数给定的多项式基函数)$\boldsymbol{F}_{i_n j_n}$ 和 $\boldsymbol{F}_{i_m j_m}$，就能得到初级基函数的 Z_{mn}^{L}、Z_{mn}^{K}。由式(3.2－13)，初级基函数可写为如下形式：

$$\boldsymbol{F}_{i_n j_n} = \frac{f_{i_n}(p_n)h_{j_n}(s_n)}{|\boldsymbol{\alpha}_{p_n}\times\boldsymbol{\alpha}_{s_n}|}\boldsymbol{\alpha}_{s_n} \quad (3.3-29)$$

$$\boldsymbol{F}_{i_m j_m} = \frac{f_{i_m}(p_m)h_{j_m}(s_m)}{|\boldsymbol{\alpha}_{p_m}\times\boldsymbol{\alpha}_{s_m}|}\boldsymbol{\alpha}_{s_m} \quad (3.3-30)$$

其中，p_n 和 s_n(p_m 和 s_m)分别是双线性曲面 S_n(S_m)的 p 和 s 分量，$\boldsymbol{\alpha}_{p_n}$ 和 $\boldsymbol{\alpha}_{s_n}$($\boldsymbol{\alpha}_{p_m}$ 和 $\boldsymbol{\alpha}_{s_m}$)是相应的切向矢量。初级基函数的散度运算 $\nabla\cdot\boldsymbol{F}_{i_n j_n}$ 和 $\nabla\cdot\boldsymbol{F}_{i_m j_m}$ 很容易计算，有

$$\nabla\cdot\boldsymbol{F}_{ij} = \frac{1}{|\boldsymbol{\alpha}_p\times\boldsymbol{\alpha}_s|}jp^i s^{j-1} \quad (3.3-31)$$

初级基函数对应的面积单元 $\mathrm{d}S_n$ 和 $\mathrm{d}S_m$ 可以写为

$$\mathrm{d}S_n = |\boldsymbol{\alpha}_{p_n}\times\boldsymbol{\alpha}_{s_n}|\mathrm{d}p_n\mathrm{d}s_n \quad (3.3-32)$$

$$\mathrm{d}S_m = |\boldsymbol{\alpha}_{p_m}\times\boldsymbol{\alpha}_{s_m}|\mathrm{d}p_m\mathrm{d}s_m \quad (3.3-33)$$

最终，我们得到初级基函数的 Z_{mn}^{L}、Z_{mn}^{K} 的表达式如下：

$$Z_{i_n j_n i_m j_m}^{L} = \mathrm{j}\omega\mu\int_{-1}^{+1}\int_{-1}^{+1}\int_{-1}^{+1}\int_{-1}^{+1}\Big[f_{i_n}(p_n)h_{j_n}(s_n)f_{i_m}(p_m)h_{j_m}(s_m)\boldsymbol{\alpha}_{s_n}\cdot\boldsymbol{\alpha}_{s_m} - \frac{f_{i_n}(p_n)f_{i_m}(p_m)}{\omega^2\varepsilon\mu}\frac{\mathrm{d}h_{j_n}(s_n)}{\mathrm{d}s_n}\frac{\mathrm{d}h_{j_m}(s_m)}{\mathrm{d}s_m}\Big]G(\boldsymbol{r}_m,\boldsymbol{r}_n)\mathrm{d}p_n\mathrm{d}s_n\mathrm{d}p_m\mathrm{d}s_m \tag{3.3-34}$$

$$Z_{i_n j_n i_m j_m}^{K} = \int_{-1}^{+1}\int_{-1}^{+1}\int_{-1}^{+1}\int_{-1}^{+1} f_{i_n}(p_n)h_{j_n}(s_n)f_{i_m}(p_m)h_{j_m}(s_m)(\boldsymbol{r}_n-\boldsymbol{r}_m)\cdot(\boldsymbol{\alpha}_{s_n}\times\boldsymbol{\alpha}_{s_m})\frac{1}{R}\frac{\mathrm{d}G(\boldsymbol{r}_m,\boldsymbol{r}_n)}{\mathrm{d}R}\mathrm{d}p_n\mathrm{d}s_n\mathrm{d}p_m\mathrm{d}s_m \tag{3.3-35}$$

因为基函数和权函数都采用幂级数的形式，所以初级基函数的 Z_{mn}^{L}、Z_{mn}^{K} 可以重新写为

$$\begin{aligned}Z_{i_n j_n i_m j_m}^{L} = &(\boldsymbol{r}_{s_n}\cdot\boldsymbol{r}_{s_m})I_{i_n,j_n,i_m,j_m}^{L} + (\boldsymbol{r}_{s_n}\cdot\boldsymbol{r}_{ps_m})I_{i_n,j_n,i_m+1,j_m}^{L}\\ &+(\boldsymbol{r}_{ps_n}\cdot\boldsymbol{r}_{s_m})I_{i_n+1,j_n,i_m,j_m}^{L} + (\boldsymbol{r}_{ps_n}\cdot\boldsymbol{r}_{ps_m})I_{i_n+1,j_n,i_m+1,j_m}^{L}\\ &-\frac{j_n j_m}{\omega^2\varepsilon\mu}I_{i_n,j_n-1,i_m,j_m-1}^{L}\end{aligned} \tag{3.3-36}$$

$$I_{i_n,j_n,i_m,j_m}^{L} = \mathrm{j}\omega\mu\int_{-1}^{+1}\int_{-1}^{+1}\int_{-1}^{+1}\int_{-1}^{+1} p_n^{i_n}s_n^{j_n}p_m^{i_m}s_m^{j_m}G(\boldsymbol{r}_m,\boldsymbol{r}_n')\mathrm{d}p_n\mathrm{d}s_n\mathrm{d}p_m\mathrm{d}s_m \tag{3.3-37}$$

$$\begin{aligned}Z_{i_n j_n i_m j_m}^{K} = &(\boldsymbol{t}_c\cdot\boldsymbol{t}_s)I_{i_n,j_n,i_m,j_m}^{K} + (\boldsymbol{t}_c\cdot\boldsymbol{t}_{ps}+\boldsymbol{r}_{p_m}\cdot\boldsymbol{t}_{s_m}+\boldsymbol{r}_{p_n}\cdot\boldsymbol{t}_{s_n})I_{i_n+1,j_n,i_m+1,j_m}^{K}\\ &+(\boldsymbol{t}_{s_n}\cdot\boldsymbol{t}_c-\boldsymbol{r}_{p_m}\cdot\boldsymbol{t}_s)I_{i_n,j_n,i_m+1,j_m}^{K} - (\boldsymbol{t}_{s_n}\cdot\boldsymbol{t}_c-\boldsymbol{r}_{p_n}\cdot\boldsymbol{t}_s)I_{i_n+1,j_n,i_m,j_m}^{K}\\ &-\boldsymbol{r}_{p_m}\cdot\boldsymbol{t}_{s_n}I_{i_n,j_n,i_m+2,j_m}^{K} - \boldsymbol{r}_{p_n}\cdot\boldsymbol{t}_{s_m}I_{i_n+2,j_n,i_m,j_m}^{K}\\ &-\boldsymbol{r}_{p_m}\cdot\boldsymbol{t}_{ps}I_{i_n+1,j_n,i_m+2,j_m}^{K} + \boldsymbol{r}_{p_n}\cdot\boldsymbol{t}_{ps}I_{i_n+2,j_n,i_m+1,j_m}^{K}\end{aligned} \tag{3.3-38}$$

$$I_{i_n,j_n,i_m,j_m}^{K} = \int_{-1}^{+1}\int_{-1}^{+1}\int_{-1}^{+1}\int_{-1}^{+1} p_n^{i_n}s_n^{j_n}p_m^{i_m}s_m^{j_m}\frac{1}{R}\frac{\mathrm{d}G(\boldsymbol{r}_m,\boldsymbol{r}_n)}{\mathrm{d}R}\mathrm{d}p_n\mathrm{d}s_n\mathrm{d}p_m\mathrm{d}s_m \tag{3.3-39}$$

其中

$$\boldsymbol{t}_c = \boldsymbol{r}_{c_n} - \boldsymbol{r}_{c_m} \tag{3.3-40a}$$

$$\boldsymbol{t}_s = \boldsymbol{r}_{s_n} \times \boldsymbol{r}_{s_m} \tag{3.3-40b}$$

$$\boldsymbol{t}_{s_n} = \boldsymbol{r}_{s_n} \times \boldsymbol{r}_{ps_m} \tag{3.3-40c}$$

$$\boldsymbol{t}_{s_m} = \boldsymbol{r}_{s_m} \times \boldsymbol{r}_{ps_n} \tag{3.3-40d}$$

$$\boldsymbol{t}_{ps} = \boldsymbol{r}_{ps_n} \times \boldsymbol{r}_{ps_m} \tag{3.3-40e}$$

式(3.3-40)中，$\boldsymbol{r}_{c_n}$、$\boldsymbol{r}_{p_n}$、$\boldsymbol{r}_{s_n}$、$\boldsymbol{r}_{ps_n}$ 以及 $\boldsymbol{r}_{c_m}$、$\boldsymbol{r}_{p_m}$、$\boldsymbol{r}_{s_m}$、$\boldsymbol{r}_{ps_m}$ 的定义分别由式(3.1-6)～式(3.1-9)给出。由式(3.3-36)和式(3.3-38)可见，阻抗矩阵元素的计算只需要处理式(3.3-37)和式(3.3-39)所示的两类积分。到此为止，我们仅推导了 s 分量的初级基函数的 Z_{mn}^{L}、Z_{mn}^{K} 表达式。类似地，我们也可以推导出 p 分量的 Z_{mn}^{L}、Z_{mn}^{K} 表达式，读者可以自行完成公式推导，这里不再给出。

采用多项式基函数时，计算阻抗矩阵元素过程中会遇到如下两个形式的积分：

$$I_{P_{ij}} = \int_{-1}^{+1}\int_{-1}^{+1} p^i s^j G(\boldsymbol{r},\boldsymbol{r}')\mathrm{d}p\mathrm{d}s \tag{3.3-41}$$

$$I_{Q_{ij}} = \int_{-1}^{+1}\int_{-1}^{+1} p^i s^j \ \frac{1}{R}\ \frac{\mathrm{d}G(\boldsymbol{r},\ \boldsymbol{r}')}{\mathrm{d}R}\mathrm{d}p\mathrm{d}s \tag{3.3-42}$$

考虑一对相互不靠近的源面片与场面片，场点 $\boldsymbol{r}$ 与源点 $\boldsymbol{r}'$ 距离不是很近时，采用高斯-勒让德数值积分就可以获得很高精度的积分结果。对于式(3.3－37)和式(3.3－39)中的积分，若将已计算出的格林函数在采样点处的值存储起来反复使用，则可缩短计算时间。当场面片与源面片重合或靠近，场点 $\boldsymbol{r}$ 与源点 $\boldsymbol{r}'$ 距离很近时，则需要提取积分的奇异部分或近奇异部分并进行解析处理[2,8]，而对非奇异部分仍可采用高斯-勒让德数值积分方法进行计算。

求解矩量法矩阵方程获得系数 a_{ij} 后，双线性曲面上电流的 s 分量所产生的电磁场可以写成如下形式：

$$\boldsymbol{E} = \sum_{j=1}^{N_p}\sum_{i=1}^{N_s} a_{ij}\boldsymbol{E}_{ij} \tag{3.3-43}$$

$$\boldsymbol{H} = \sum_{j=1}^{N_p}\sum_{i=1}^{N_s} a_{ij}\boldsymbol{H}_{ij} \tag{3.3-44}$$

其中

$$\begin{aligned}\boldsymbol{E}_{ij} = &-\mathrm{j}\omega\mu\int_{-1}^{+1}\int_{-1}^{+1} h_j(s) f_i(p)\frac{\partial \boldsymbol{r}'(p,\ s)}{\partial s}G(R)\mathrm{d}p\mathrm{d}s \\ &-\frac{\mathrm{j}}{\omega\varepsilon}\int_{-1}^{+1}\int_{-1}^{+1}\frac{\mathrm{d}h_j(s)}{\mathrm{d}s}f_i(p)\nabla R\ \frac{\mathrm{d}G(R)}{\mathrm{d}R}\mathrm{d}p\mathrm{d}s\end{aligned} \tag{3.3-45}$$

$$\boldsymbol{H}_{ij} = \int_{-1}^{+1}\int_{-1}^{+1}\frac{\mathrm{d}G(R)}{\mathrm{d}R}\nabla R \times \frac{\partial \boldsymbol{r}'(p,\ s)}{\partial s}h_j(s) f_i(p)\mathrm{d}p\mathrm{d}s \tag{3.3-46}$$

类似地，也可得到电流的 p 分量产生的电磁场。

3.4 数值算例

本节给出不同激励模型下的电磁仿真实例，并与解析解、测试结果以及其他数值算法结果进行比较。

3.4.1 平面波激励

1. 金属球的双站 RCS

一个位于自由空间、半径为 0.1 m 的金属球体如图 3.4－1 所示，平面波由 $+\hat{\boldsymbol{x}}$ 方向入射，电场极化方向为 $+\hat{\boldsymbol{z}}$，计算频率为 15.0 GHz，球体表面共划分为 3258 个双线性曲面面片，对应的未知量为 27 528。

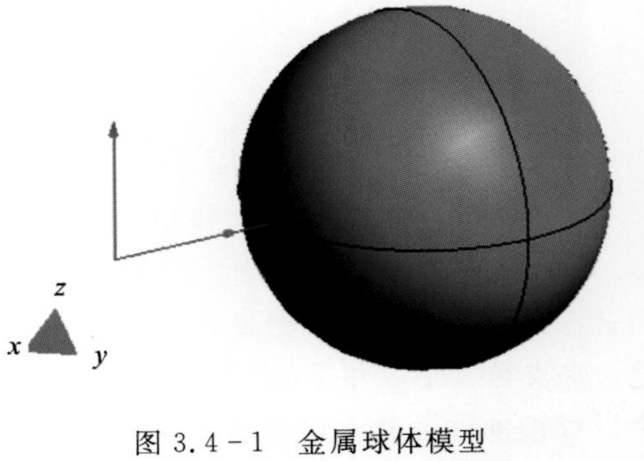

图 3.4－1　金属球体模型

利用高阶基函数矩量法计算该金属球体的双站 RCS。图 3.4－2 给出了该球体在 xoz 面的双站 RCS，其中 θ 为负值时表示 xoz 面的负半平面。由图可见，高阶基函数矩量法的计算结果与 Mie 级数解吻合。

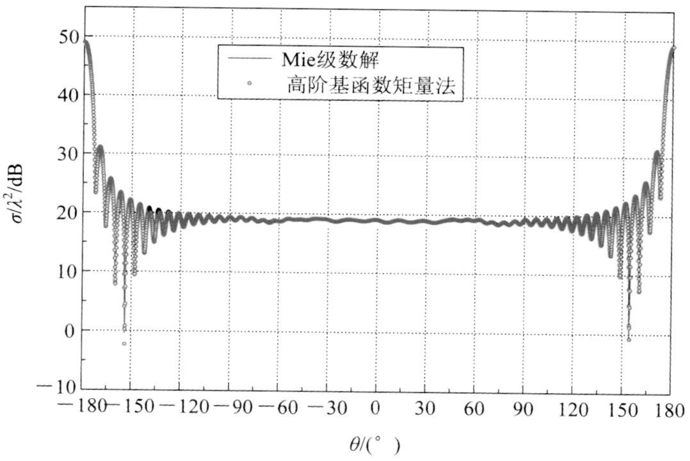

图 3.4-2　高阶基函数矩量法与 Mie 级数解对比

2. 杏仁核的单站 RCS

这里选取一个金属杏仁核模型来验证高阶基函数矩量法计算单站 RCS 的准确性，仿真模型如图 3.4-3 所示，计算频率为9.92 GHz。

利用高阶基函数矩量法计算该杏仁核模型的单站 RCS，图 3.4-4 给出了该模型的 xoy 面的 VV 极化的单站 RCS，可见高阶基函数矩量法的计算结果与 NASA 的测量结果吻合。

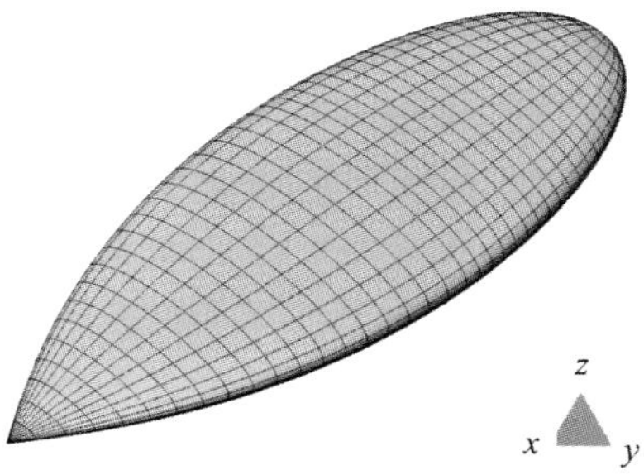

图 3.4-3　杏仁核模型

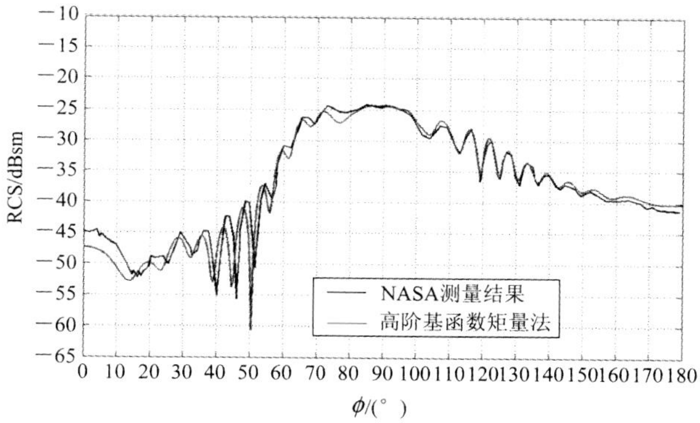

图 3.4-4　高阶基函数矩量法与测量结果对比

3.4.2　矩形波端口激励

1. 二端口滤波器

考虑一个二端口的滤波器，计算模型如图 3.4-5 所示，该模型采用矩形波端口进行馈电。滤波器的尺寸为 1 m×0.2 m×0.1 m，工作频段为 0.8～1.5 GHz。该模型共划分为 44 个双线性曲面面片，对应的未知量为 1288。

利用高阶基函数(HOB)矩量法计算该滤波器的 S 参数，计算结果如图 3.4-6 所示。由图可见，高阶基函数矩量法的计算结果与 RWG 基函数矩量法的计算结果吻合良好。

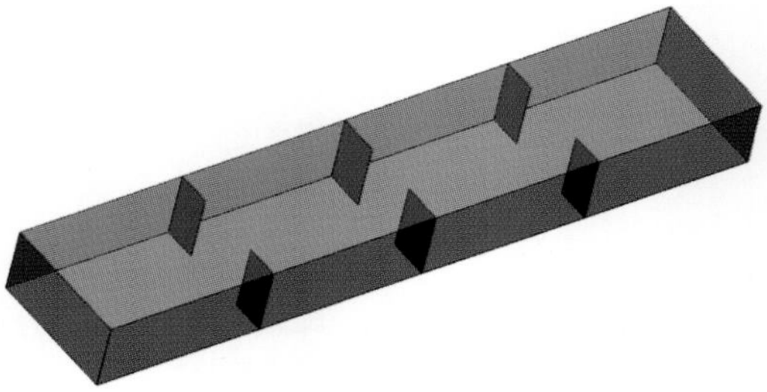

图 3.4-5　二端口滤波器模型

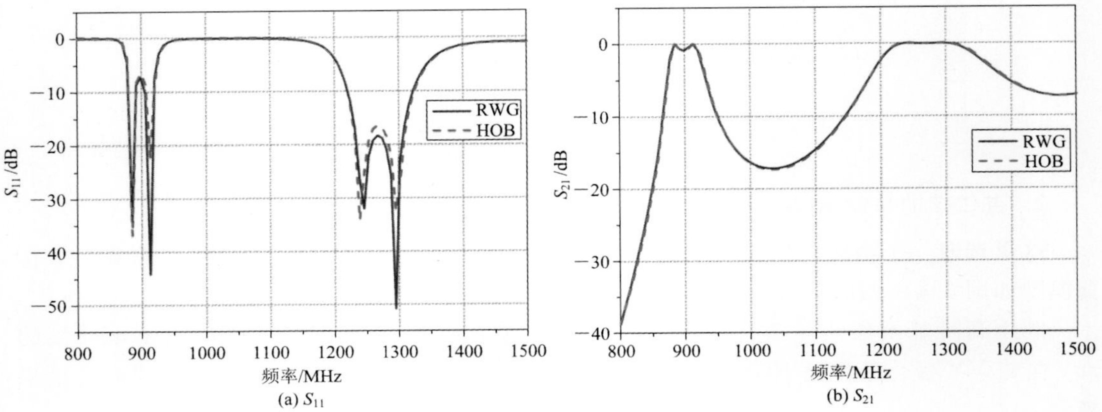

图 3.4-6　二端口滤波器的 S 参数

2. 四端口功率合成器

考虑一个四端口的功率合成器，计算模型如图 3.4-7 所示，该模型同样采用矩形波导波端口进行馈电，其中端口 2 和端口 4 为输入端，端口 1 和端口 3 为输出端。该功率合成器由四个标准 WR42 矩形波导组成，中心工作频率为 20.0 GHz。该模型共划分为 102 个双线性曲面面片，对应的未知量为 2210。利用高阶基函数矩量法计算该功率合成器的 S 参数，计算结果如图 3.4-8 所示。由图可见，高阶基函数矩量法的计算结果与 RWG 基函数矩量法、有限元法的计算结果基本吻合。

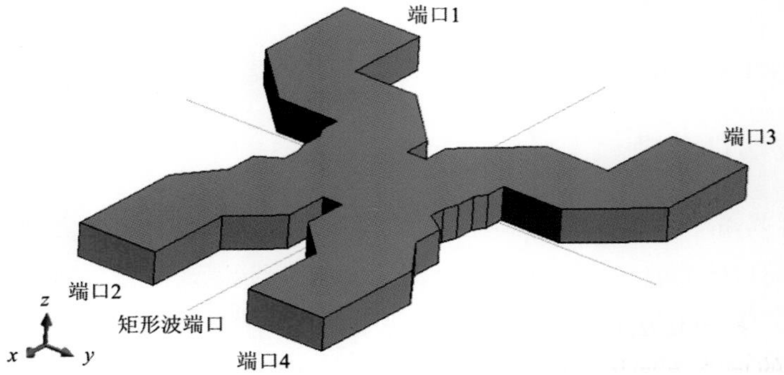

图 3.4-7　四端口的功率合成器

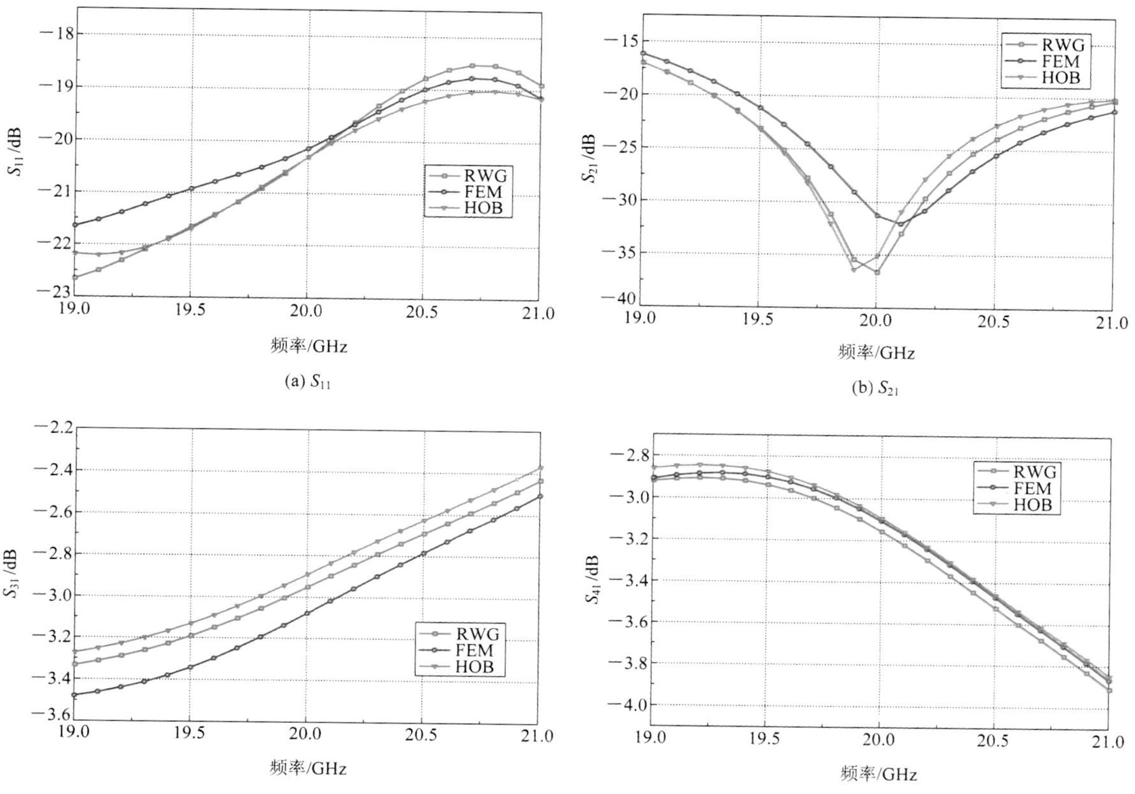

(a) S_{11}　(b) S_{21}　(c) S_{31}　(d) S_{41}

图 3.4-8　四端口功率合成器的 S 参数

3. 波导缝隙天线

考虑一个包含 10 个缝隙单元的波导缝隙天线，计算模型如图 3.4-9 所示，此处采用矩形波导波端口作为馈电模型及匹配负载。波导缝隙天线采用标准的 BJ-100 波导(X 波段)，尺寸为 22.86 mm×10.16 mm，壁厚 1.0 mm。天线的中心工作频率为 9.375 GHz。该模型共划分为 270 个双线性曲面面片，对应的未知量为 2436。

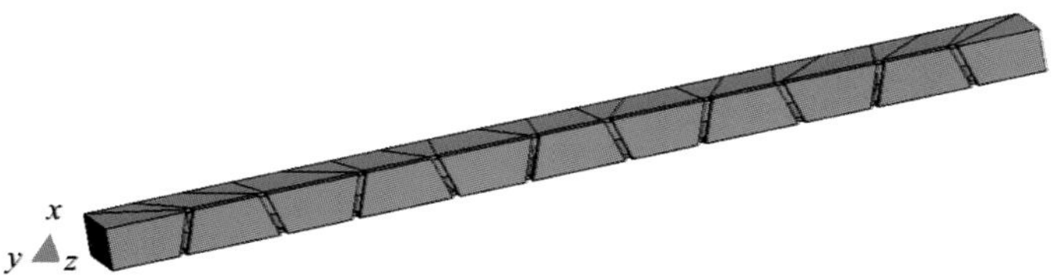

图 3.4-9　矩形波导缝隙天线模型

利用高阶基函数矩量法计算该波导缝隙天线的辐射特性，图 3.4-10 给出了天线在 xoz 面和 yoz 面的增益方向图。由图可见，高阶基函数矩量法的计算结果与 RWG 基函数矩量法吻合，这表明高阶基函数矩量法可以有效计算矩形波端口馈电问题的辐射方向图。

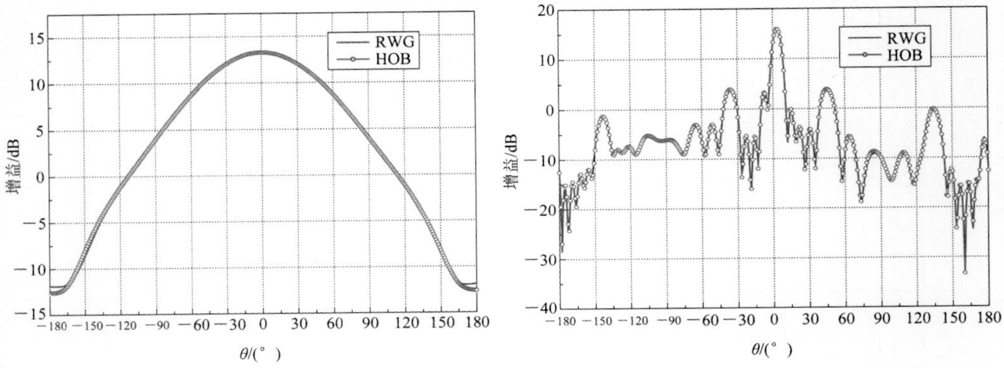

(a) *xoz*　　(b) *yoz*

图 3.4-10　矩形波导缝隙天线的增益方向图

3.4.3　圆形波端口激励

1. 二端口滤波器

考虑一个简单的圆波导波端口馈电的滤波器，计算模型如图 3.4-11 所示。该模型的长度为 400 mm，端口半径为 20 mm，工作频段为 4.8～5.2 GHz。该模型共划分为 496 个双线性曲面面片，对应的未知量为 1744。利用高阶基函数矩量法计算该滤波器的 S 参数，计算结果如图 3.4-12 所示。由图可见，高阶基函数矩量法的计算结果与 RWG 基函数矩量法的计算结果一致。

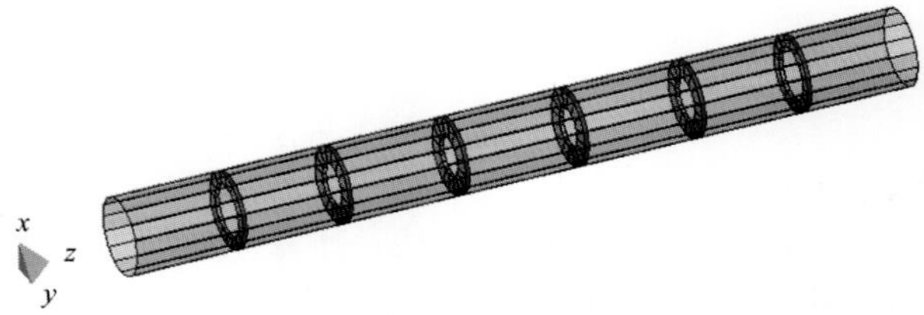

图 3.4-11　圆波导波端口馈电滤波器模型

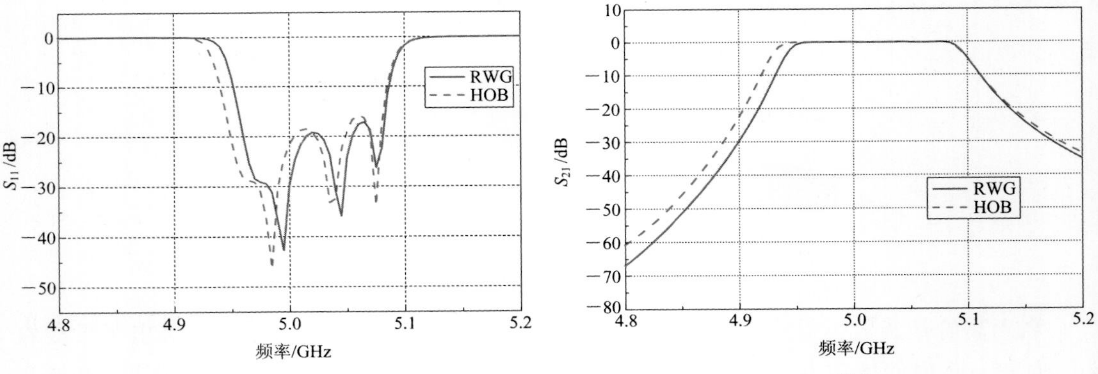

(a) S_{11}　　(b) S_{21}

图 3.4-12　圆波导波端口馈电滤波器的 S 参数

2. 圆锥波纹喇叭天线

考虑一个圆锥波纹喇叭天线，计算模型如图 3.4－13 所示，采用圆波导波端口作为喇叭天线的无反射馈源。喇叭口径为 9.65 cm，总长度为 8.8 cm。天线的中心工作频率为 14.25 GHz。该模型共划分为 1256 个双线性曲面面片，对应的未知量为 12 638。

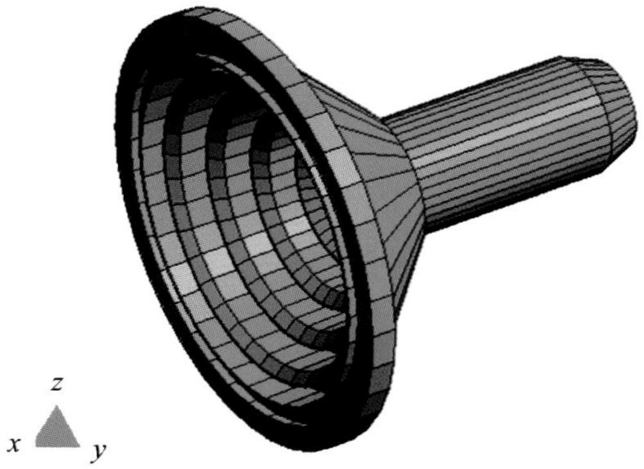

图 3.4－13　圆锥波纹喇叭天线模型

首先利用高阶基函数矩量法计算该天线的 S 参数，计算频段为 10.0～20.0 GHz，计算结果如图 3.4－14 所示。由图可见，高阶基函数矩量法的计算结果与 RWG 基函数矩量法的计算结果基本吻合，这表明高阶基函数矩量法可以有效计算圆波导波端口馈电问题的 S 参数。

此外，图 3.4－15 给出了天线工作在 14.25 GHz 时的 xoz 面的增益方向图。由图可见，高阶基函数矩量法的计算结果与低阶 RWG 基函数矩量法的计算结果基本吻合，表明高阶基函数矩量法可以有效计算圆波导波端口馈电问题的辐射方向图。

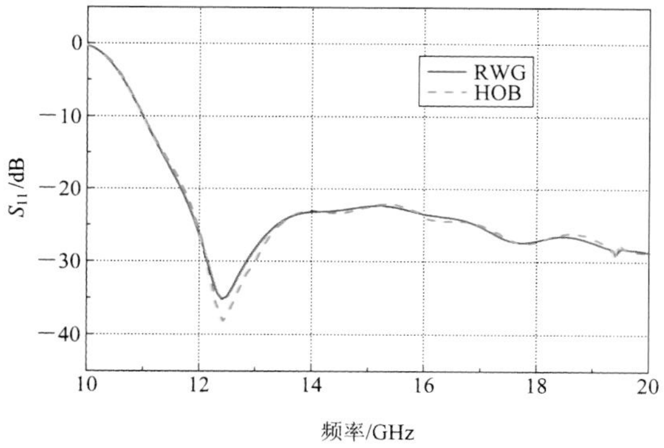

图 3.4－14　圆锥波纹喇叭天线的 S 参数

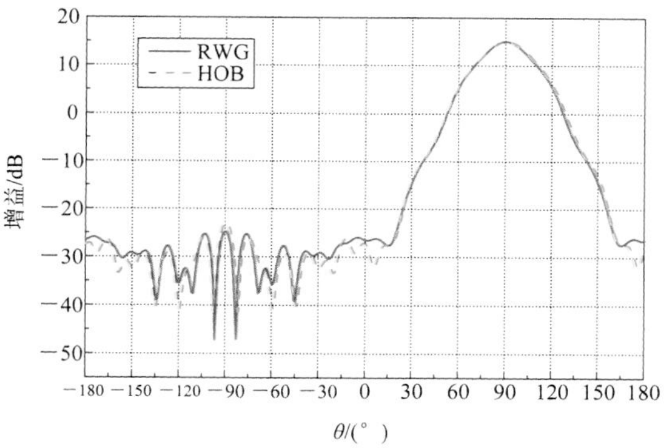

图 3.4－15　圆锥波纹喇叭天线 xoz 面的增益方向图

3.4.4 同轴激励

1. 微带滤波器

考虑一个同轴线波端口馈电的微带滤波器，计算模型如图 3.4-16 所示。滤波器的尺寸为 0.055 622 9 m×0.034 5 m×0.001 6 m，工作频段为 800 MHz～8.0 GHz。该模型共划分为 254 个双线性曲面面片，对应的未知量为 2848。

(a) 俯视图

(b) 底视图

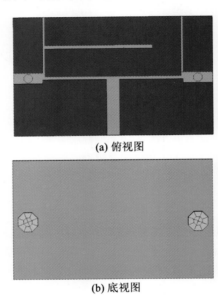

图 3.4-16　同轴线波端口馈电的微带滤波器模型

利用高阶基函数矩量法计算该微带滤波器的 S 参数，计算结果如图 3.4-17 所示。由图可见，高阶基函数矩量法的计算结果与有限元的计算结果基本吻合，这表明高阶基函数矩量法可以有效计算同轴线波端口馈电微带结构滤波器问题的 S 参数。

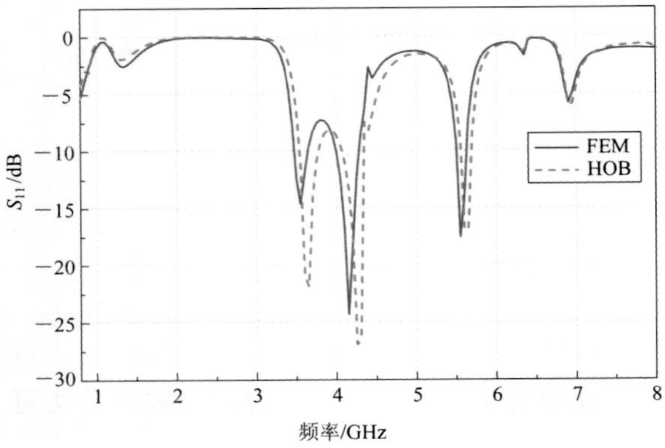

(a) S_{11}

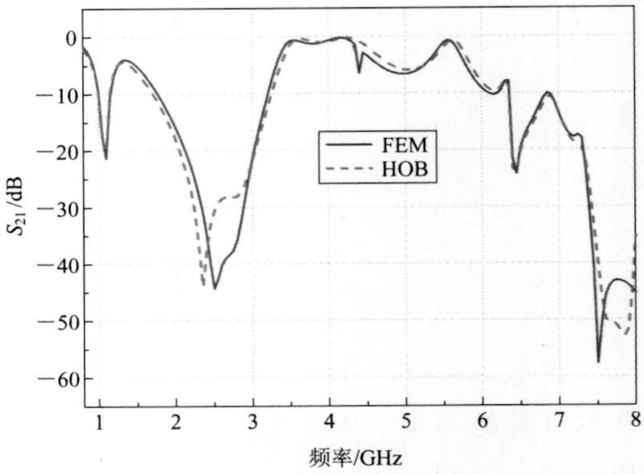

(b) S_{21}

图 3.4-17　同轴馈电的微带滤波器的 S 参数

2. 矩形喇叭天线

考虑一个矩形喇叭天线，如图 3.4－18 所示。此处将同轴线波端口直接定义于连接面，而不是延伸出来一段同轴线。喇叭口径尺寸为 0.52 m×0.385 m，天线的中心工作频率为 2.5 GHz。该模型共划分为 56 个双线性曲面面片，对应的未知量为 7040。

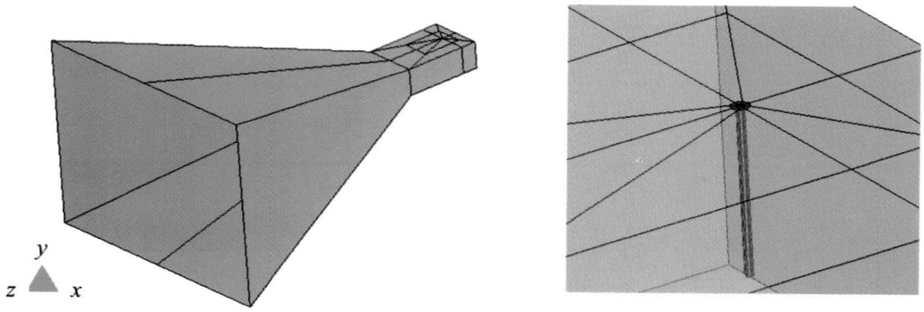

(a) 喇叭与同轴线端口　　(b) 同轴线端口

图 3.4－18　矩形喇叭天线及馈源模型

利用高阶基函数矩量法计算该天线的 S 参数，计算频段为 1.7～3.0 GHz，计算结果如图 3.4－19 所示。由图可见，高阶基函数矩量法的计算结果与 RWG 基函数矩量法的计算结果基本吻合。

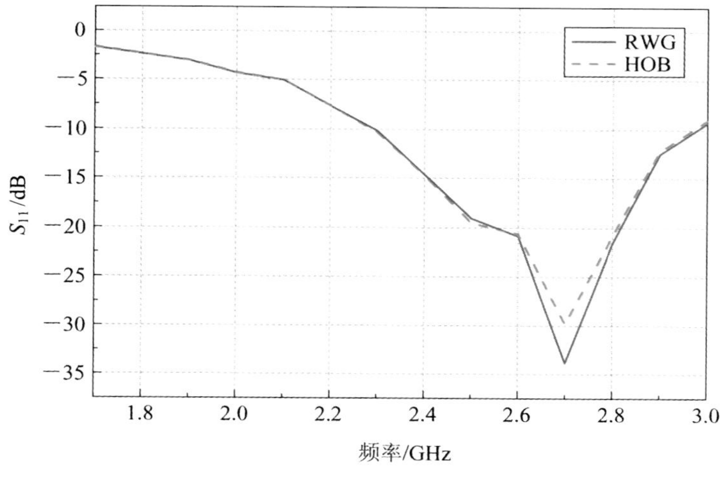

图 3.4－19　矩形喇叭天线的 S 参数

图 3.4－20 给出了天线工作在 2.5 GHz 时的增益方向图。由图可见，高阶基函数矩量法的计算结果与 RWG 基函数矩量法在三个主平面吻合良好，这表明高阶基函数矩量法可以有效计算同轴馈电问题的辐射方向图。

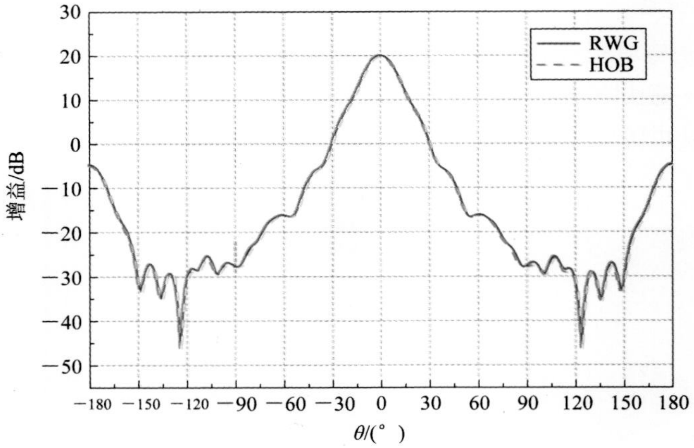

(a) *xoz*

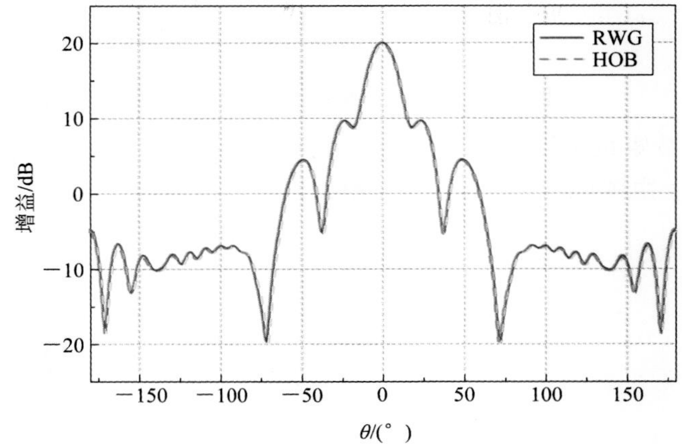

(b) *yoz*

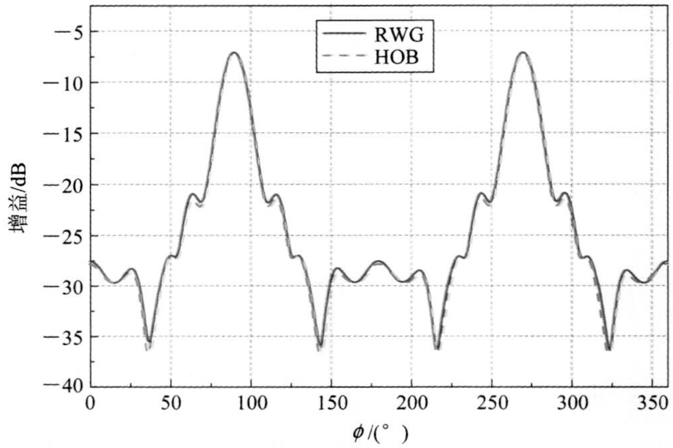

(c) *xoy*

图 3.4-20　矩形喇叭天线的增益方向图

3. 交叉耦合带通滤波器

考虑图 3.4-21 中的三腔耦合带通滤波器，将左右两侧的两个同轴线波端口作为其输入输出端口。高阶基函数矩量法分析该模型产生的未知量为 9724。

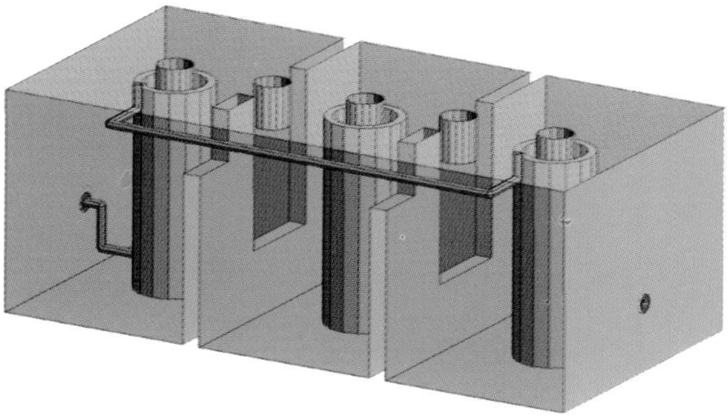

图 3.4-21　三腔耦合带通滤波器的几何模型

提取出的 S 参数如图 3.4-22 所示，图中高阶基函数矩量法的计算结果与 RWG 基函数矩量法的计算结果吻合。

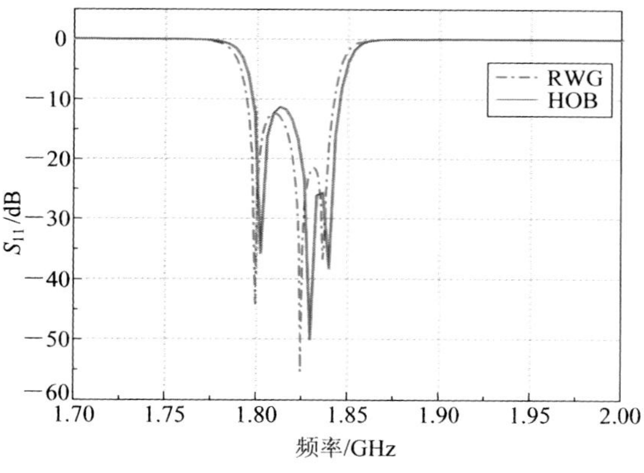

(a) S_{11}

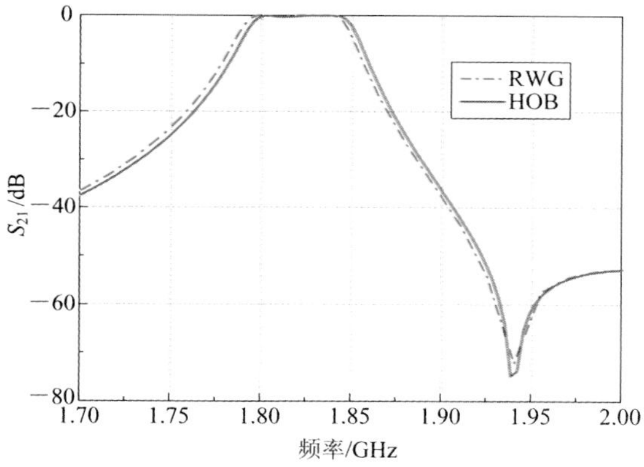

(b) S_{21}

图 3.4-22　交叉耦合带通滤波器 S 参数

3.5　高阶基函数矩量法与 RWG 基函数矩量法的比较

3.5.1　微带贴片阵列

考虑一个 11 × 11 单元的微带贴片阵列，如图 3.5-1 所示。阵列尺寸为 520 mm×580 mm×7 mm，基底的相对介电常数和相对磁导率分别为 $\varepsilon_r=2.67$ 和 $\mu_r=1.0$。贴片采用同轴线馈电。每个贴片的尺寸是 30 mm × 35.6 mm，相邻贴片之间的间距是 14.0 mm。沿 $\hat{y}$ 方向分别给阵列 0°、−15°相移的馈电，则在 yoz 面内所对应的扫描角分别是 0°、7.2°。

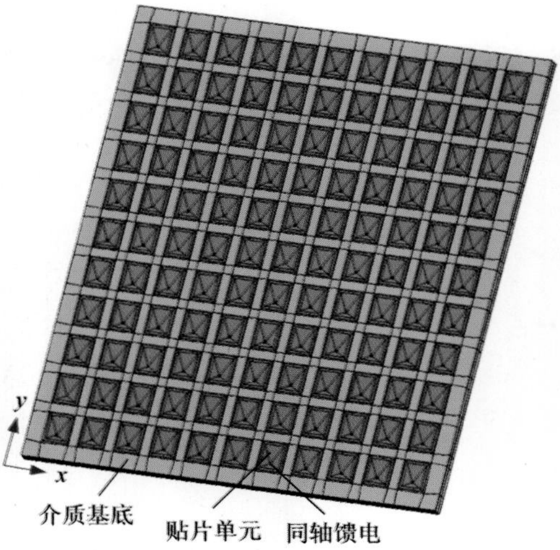

图 3.5-1 11 × 11 单元微带贴片阵列模型

分别采用高阶基函数矩量法与 RWG 基函数矩量法计算该微带贴片阵列的辐射方向图。对于高阶基函数矩量法，阵列模型被划分为 6490 个双线性曲面面片，同轴馈电被划分为 121 根细导线，未知量为 14 956，采用双精度复数计算时需要的内存约为 3.58 GB(即 16×14 956×14 956 bytes)。作为对比，RWG 基函数矩量法的未知量是 75 465 个(使用 $\lambda/10$ 剖分准则，其中 λ 是自由空间波长)，采用双精度复数计算时需要的内存约为 91.1 GB(即 16×75 465×75 465 bytes)。可见，高阶基函数矩量法的未知量约为 RWG 基函数矩量法的 1/5，占用的存储空间约为 RWG 基函数矩量法的 1/25。

两种不同相移情况下的辐射方向图如图 3.5-2 所示，可见高阶基函数矩量法的计算结果与 RWG 基函数矩量法的结果吻合。

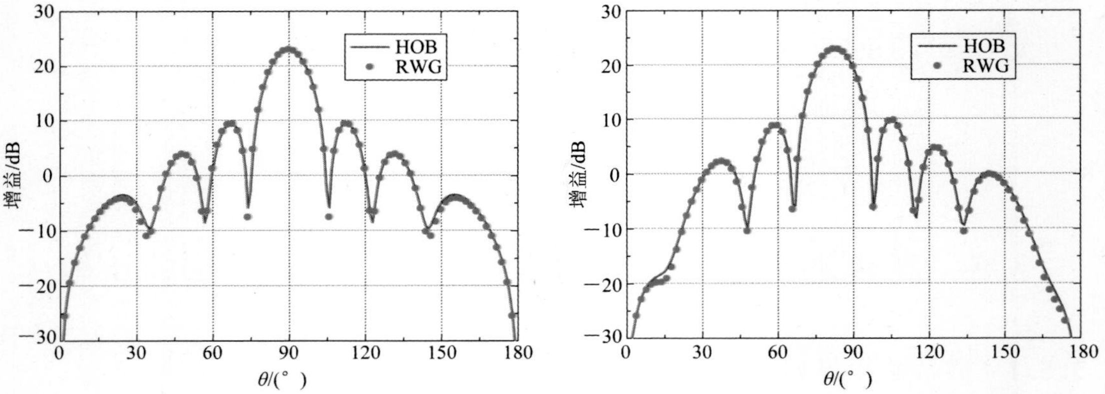

(a) 沿 y 方向0° 相移　　(b) 沿 y 方向−15° 相移

图 3.5-2 微带贴片阵列 *yoz* 面的方向图

图 3.5-3 给出了微带贴片阵列的三维立体方向图，从图中能够清楚地看到沿 y 方向不同相移对阵列方向图的影响。

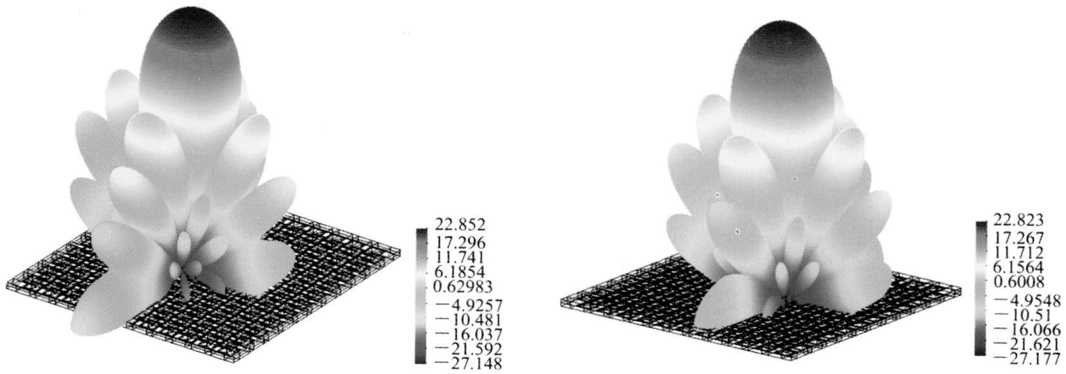

(a) 沿 y 方向0° 相移　　(b) 沿 y 方向−15° 相移

图 3.5-3　微带贴片阵列三维辐射方向图(单位：dB)

3.5.2　X 波段波导缝隙天线阵

考虑一个 10 单元的 X 波段波导缝隙天线阵，单元排布方式如图 3.5-4 所示。阵列中每个单元为一个单侧开有十个缝隙的行波天线，每个单元的尺寸为 22.86 mm×10.16 mm×266.58 mm，天线工作频率为 9.375 GHz，各单元波导缝隙天线的馈电幅度与相位列于表 3.5-1 中。

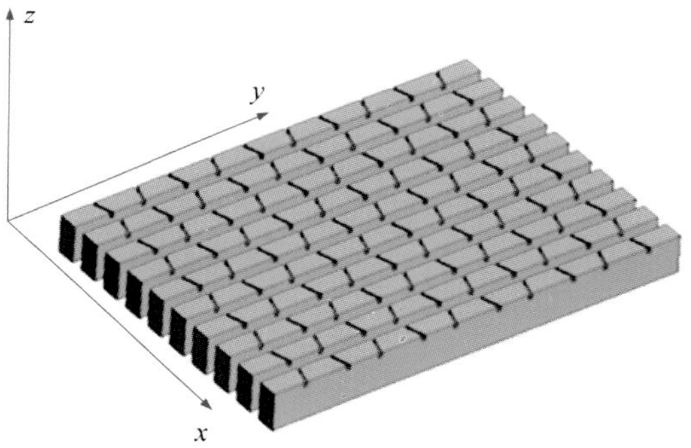

图 3.5-4　由 10 根波导构成的天线阵模型

表 3.5-1　各单元波导缝隙天线的馈电幅度与相位

端口号	1	2	3	4	5	6	7	8	9	10
幅度	0.54	0.62	0.76	0.90	1.00	1.00	0.90	0.76	0.62	0.54
相位/(°)	0.00	161.97	−36.01	126.00	−72.00	90.00	−107.99	53.99	−144.05	18.00

分别采用高阶基函数矩量法和 RWG 基函数矩量法计算该阵列天线的辐射方向图。对于高阶基函数矩量法，阵列模型被划分为 4840 个双线性曲面面片，未知量为 26 090，需要大约 10.9 GB 内存。对于 RWG 基函数矩量法，未知量是 135 367(使用 $\lambda/10$ 剖分准则，其中 λ 是自由空间波长)，需要大约 293.1 GB 内存。高阶基函数矩量法的未知量为 RWG 基

函数矩量法的 1/5.19，占用的存储空间为 RWG 基函数矩量法的 1/26.9。计算结果如图 3.5－5 所示，可见高阶基函数矩量法与 RWG 基函数矩量法的计算结果一致。

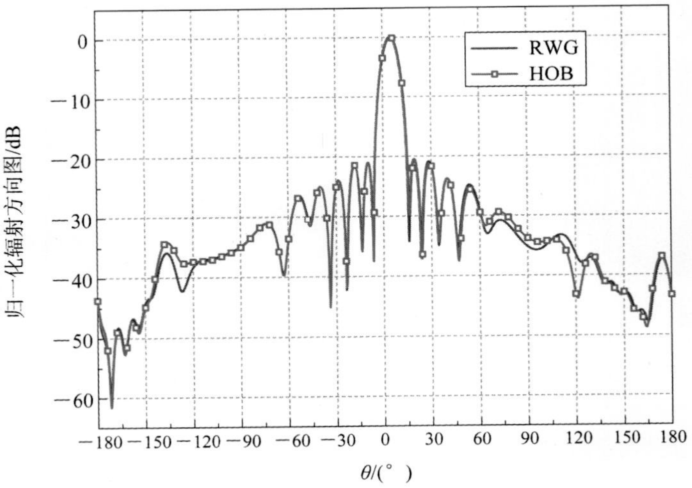

图 3.5－5　10 单元波导缝隙天线阵 *yoz* 面辐射方向图

3.5.3　Ka 波段波导缝隙天线

考虑一根一侧开有 104 个缝的波导缝隙天线，如图 3.5－6 所示。天线尺寸为 7.112 mm×3.556 mm×0.5916 m，天线工作频率为 35.0 GHz。

分别采用高阶基函数矩量法和 RWG 基函数矩量法计算该天线的辐射方向图。采用高阶基函数矩量法，阵列模型被划分为 4396 个双线性曲面面片，对应的未知量为 23 788，需要大约 8.4 GB 内存。采用 RWG 基函数矩量法，未知量为 132 474，需要大约 261 GB 内存。高阶基函数矩量法的未知量为 RWG 基函数矩量法的 1/5.5，占用的存储空间约为 RWG 基函数矩量法的 1/31。计算结果如图 3.5－7 所示，可见高阶基函数矩量法与 RWG 基函数矩量法的计算结果一致。

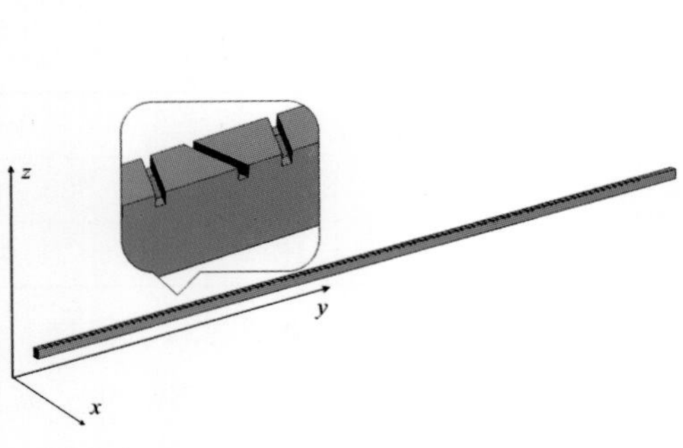

图 3.5－6　Ka 波段波导缝隙天线模型

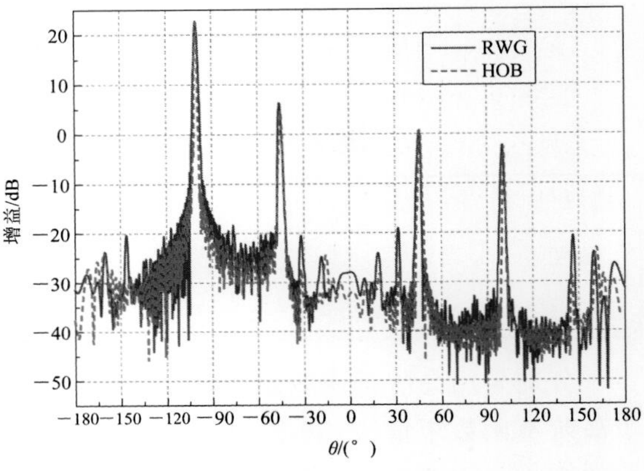

图 3.5－7　波导缝隙天线 *yoz* 面辐射方向图

3.6 小 结

本章介绍了线、面结构的几何建模方式、高阶多项式基函数的基本表达形式及高阶基函数矩量法阻抗矩阵的构建。针对不同形式的激励源，通过与解析解、测试结果、RWG 基函数矩量法等方法的对比，验证了高阶基函数矩量法的计算精度。实例表明，高阶基函数矩量法比 RWG 基函数矩量法产生的未知量要少很多，可有效降低矩阵规模，更加高效地完成电磁仿真。

参考文献

[1] Kolundzija B M, Ognjanovic J S, Sarkar T K, et al. WIPL: Electromagnetic Modeling of Composite Wire and Plate Structures. Artech House, Boston, 1995.

[2] Kolundzija B M, Ognjanovic J S, Sarkar T K. WIPL - D: Electromagnetic Modeling of Composite Metallic and Dielectric Structures, Software and User's Manual. Artech House, Boston, 2000.

[3] Kolundzija B M, Ognjanovic J S, Sarkar T K. Analysis of Composite Metallic and Dielectric Structures — WIPL - D Code. Proceedings of 17th Applied Computational Electromagnetics Conference: 246-253, Monterey, CA, March 2001.

[4] Zhang Y, Sarkar T K. Parallel Solution of Integral Equation - Based EM Problems in the Frequency Domain. Wiley - IEEE Press, 2009.

[5] Zhang Y, Sarkar T K, Zhao Xunwang. Higher Order Basis Based Integral Equation Solver. Wiley - IEEE Press, 2012.

[6] Kolundzija B M. Electromagnetic Modeling of Composite Metallic and Dielectric Structures. IEEE Transactions on Microwave Theory Techniques, Vol. 47: 1021-1032, July 1999.

[7] Popovic B D and Kolundzija B M. Analysis of Metallic Antennas and Scatterers. IEE Electromagnetic Wave Series, No. 38, London, 1994.

[8] Wilton D R, Rao S M, Glisson A W, et al. Potential Integrals for Uniform and Linear Source Distributions on Polygonal and Polyhedral Domains. IEEE Transactions on Antennas and Propagation, Vol. 32, No. 3: 276-281, March 1984.

第 4 章　矩阵方程求解

采用矩量法可将电磁场的积分方程转化为矩阵方程，其中，矩阵元素的计算已在前面章节详细讨论，本章将介绍如何求解矩阵方程，重点讨论如何高效率地并行求解大规模矩阵方程。

矩阵方程一般有两类求解方法：直接解法和迭代解法。直接解法基于高斯消元法，如 LU 分解方法，或其他方法直接得到矩阵方程的解。迭代解法是从一个初始解出发，按照一定的搜索方向和搜索步长，搜索出满足精度要求、最接近真实解的最优解。直接解法在求解具有多个激励源的问题时具有明显优势，而迭代解法比较适合求解未知量较大的矩阵方程。

4.1 直接解法

直接解法包括高斯消元法、Doolittle 分解方法、Crout 分解方法、奇异值分解方法、QR 分解方法等，其中高斯消元法、Doolittle 分解方法、Crout 分解方法等都属于 LU 分解类方法[1]。本节主要以 Doolittle 分解方法为例介绍目前应用最普遍的 LU 分解方法，其余 LU 分解类方法与之大同小异。若无特殊说明，本书所提到的 LU 分解方法均指 Doolittle 分解方法。

在实际的工程应用和科学计算中，直接矩阵方程求解可以通过调用线性代数库实现，如 LINPACK[2]、LAPACK[3]、ScaLAPACK[4]等。关于线性代数库的相关知识将在 4.2 节介绍。线性代数库即一些子例程和子函数的集合，这些子例程和子函数可以完成绝大多数的线性代数运算。随着现代计算机技术的发展和人们对线性代数运算需求的增加，线性代数库也迅速发展，变得越来越适应现代计算机的体系架构，越来越高效、稳定和易用。然而，这些库也存在着一些不足之处，一些新涌现的算法和思想未被收录到这些数学库中。

本节首先介绍 LU 分解算法的基本原理，分析 LU 分解算法在计算机上不同实现方式的优缺点，在此基础上讨论 LU 分解算法的并行实现策略，并针对传统并行 LU 分解算法的不足之处进行改进，给出一种通信优化的并行 LU 分解算法，结合数值算例表明其有效性。

4.1.1 基于 LU 分解的矩阵方程求解方法

为了描述方便，将矩量法矩阵方程 $\boldsymbol{ZI}=\boldsymbol{V}$ 重写为

$$\boldsymbol{AX} = \boldsymbol{B} \tag{4.1-1}$$

其中 $\boldsymbol{A}\in C^{N\times N}$ 是 $N\times N$ 的复数稠密非奇异矩阵；$\boldsymbol{X}\in C^{N\times 1}$ 是待求解的未知向量；$\boldsymbol{B}\in C^{N\times 1}$ 是已知的向量。

对矩阵 $\boldsymbol{A}$ 进行 LU 分解后可得

$$\boldsymbol{A} = \boldsymbol{LU} \tag{4.1-2}$$

其中，$\boldsymbol{L}\in C^{N\times N}$ 是对角元素全为 1 的下三角矩阵，$\boldsymbol{U}\in C^{N\times N}$ 是上三角矩阵。将式(4.1-2)代入

式(4.1-1)，则矩阵方程可以分为两步进行求解。首先用前向回代法(Forward Substitution)求解方程

$$\boldsymbol{LY}=\boldsymbol{B} \tag{4.1-3}$$

得到 $\boldsymbol{Y}=\boldsymbol{L}^{-1}\boldsymbol{B}\in C^{N\times 1}$，然后用后向回代法(Backward Substitution)求解方程

$$\boldsymbol{UX}=\boldsymbol{Y} \tag{4.1-4}$$

得到 $\boldsymbol{X}=\boldsymbol{U}^{-1}\boldsymbol{Y}\in C^{N\times 1}$。

实际上，为了确保 LU 分解的数值稳定性，通常在分解过程中采用选主元策略，这将在后续章节中予以介绍。

4.1.2 LU 分解算法

基于 LU 分解来求解矩阵方程的关键在于如何求出矩阵 $\boldsymbol{L}$ 和矩阵 $\boldsymbol{U}$，本节将给出求解矩阵 $\boldsymbol{L}$ 和矩阵 $\boldsymbol{U}$ 的算法。

1. 基本原理

将式(4.1-2)展开成矩阵元素的形式

$$\begin{bmatrix} a_{11} & a_{12} & \cdots & a_{1n} \\ a_{21} & a_{22} & \cdots & a_{2n} \\ \vdots & \vdots & & \vdots \\ a_{n1} & a_{n2} & \cdots & a_{nn} \end{bmatrix} = \begin{bmatrix} l_{11} & 0 & \cdots & 0 \\ l_{21} & l_{22} & \cdots & 0 \\ \vdots & \vdots & & \vdots \\ l_{n1} & l_{n2} & \cdots & l_{nn} \end{bmatrix} \begin{bmatrix} u_{11} & u_{12} & \cdots & u_{1n} \\ 0 & u_{22} & \cdots & u_{2n} \\ \vdots & \vdots & & \vdots \\ 0 & 0 & \cdots & u_{nn} \end{bmatrix} \tag{4.1-5}$$

式中矩阵 $\boldsymbol{A}$ 的元素是已知的，矩阵 $\boldsymbol{L}$ 和矩阵 $\boldsymbol{U}$ 的元素是待求的。

展开式(4.1-5)可得

$$\begin{cases} a_{11}=l_{11}u_{11},\ a_{12}=l_{11}u_{12}, & \cdots,\ a_{1n}=l_{11}u_{1n} \\ a_{21}=l_{21}u_{11},\ a_{22}=l_{22}u_{22}+l_{21}u_{12}, & \cdots,\ a_{2n}=l_{22}u_{2n}+l_{21}u_{1n} \\ a_{31}=l_{31}u_{11},\ a_{32}=l_{32}u_{22}+l_{31}u_{12}, & \cdots,\ a_{3n}=l_{33}u_{3n}+l_{32}u_{2n}+l_{31}u_{1n} \\ \vdots \qquad\qquad \vdots & \qquad \vdots \\ a_{n1}=l_{n1}u_{11},\ a_{n2}=l_{n2}u_{22}+l_{n1}u_{12}, & \cdots,\ a_{nn}=l_{nn}u_{nn}+\cdots+l_{n2}u_{2n}+l_{n1}u_{1n} \end{cases} \tag{4.1-6}$$

进一步，可简写为

$$a_{ij}=\sum_{k=1}^{\min(i,\ j)} l_{ik}u_{kj},\ i,\ j\in[1,\ n] \tag{4.1-7}$$

值得注意的是，在 Doolittle 分解方法中，矩阵 $\boldsymbol{L}$ 的对角元素为 1，即 $l_{ii}=1$，其中 $i\in[1,\ n]$。因此首先可求出

$$u_{11}=a_{11} \tag{4.1-8}$$

然后根据式(4.1-6)第一列可求出

$$\begin{cases} l_{21}=\dfrac{a_{21}}{u_{11}} \\ l_{31}=\dfrac{a_{31}}{u_{11}} \\ \quad\vdots \\ l_{n1}=\dfrac{a_{n1}}{u_{11}} \end{cases} \tag{4.1-9}$$

上式可简写为

$$l_{i1}=\frac{a_{i1}}{u_{11}},\ i\in[2,\ n] \tag{4.1-10}$$

这一过程往往被称为**消元**。

同时，根据式(4.1-6)第一行可求出 u_{1j}，即

$$u_{12}=a_{12},\ u_{13}=a_{13},\ \cdots,\ u_{1n}=a_{1n} \tag{4.1-11}$$

上式可简写为

$$u_{1j}=a_{1j},\ j\in[2,\ n] \tag{4.1-12}$$

为了求出矩阵 **L** 和矩阵 **U** 的其余元素，需要先将已求出的 l_{i1} 元素和 u_{1j} 元素带入式(4.1-6)中。令

$$\begin{cases} a_{22}^{(1)}=a_{22}-l_{21}u_{12},\ \cdots,\ a_{2n}^{(1)}=a_{2n}-l_{21}u_{1n} \\ a_{32}^{(1)}=a_{32}-l_{31}u_{12},\ \cdots,\ a_{3n}^{(1)}=a_{3n}-l_{31}u_{1n} \\ \vdots \\ a_{n2}^{(1)}=a_{n2}-l_{n1}u_{12},\ \cdots,\ a_{nn}^{(1)}=a_{nn}-l_{n1}u_{1n} \end{cases} \tag{4.1-13}$$

上式可简写为

$$a_{ij}^{(1)}=a_{ij}-l_{i1}u_{1j},\ i,\ j\in[2,\ n] \tag{4.1-14}$$

这一过程往往被称为**更新**。式中上标(1)表示这是第一次更新之后的数据。

至此，已求出了矩阵 **L** 的第一列元素和矩阵 **U** 的第一行元素，而对于式(4.1-13)中带上标(1)的矩阵 **A** 的元素，将式(4.1-6)带入式(4.1-13)可得

$$\begin{cases} a_{22}^{(1)}=l_{22}u_{22},\ \cdots,\ a_{2n}^{(1)}=l_{22}u_{2n} \\ a_{32}^{(1)}=l_{32}u_{22},\ \cdots,\ a_{3n}^{(1)}=l_{33}u_{3n}+l_{32}u_{2n} \\ \vdots \\ a_{n2}^{(1)}=l_{n2}u_{22},\ \cdots,\ a_{nn}^{(1)}=l_{nn}u_{nn}+\cdots+l_{n2}u_{2n} \end{cases} \tag{4.1-15}$$

将式(4.1-15)与式(4.1-6)进行比较，并注意到 $l_{22}=1$，可发现式(4.1-15)与式(4.1-6)具有相同的形式，由此得出一个递归的算法：该算法每一步计算矩阵 **L** 的一列元素和矩阵 **U** 的一行元素，并利用算得的结果更新矩阵 **A** 右下角的矩阵，依次类推，最终在第 n 步求得矩阵 **L** 和矩阵 **U** 全部的元素。

在计算机编程实现中，如果将矩阵 **L** 和矩阵 **U** 单独存储，即便是不存储矩阵 **L** 上三角和矩阵 **U** 下三角的 0 元素以及矩阵 **L** 的对角元素 1，我们也仍然需要额外的和矩阵 **A** 一样大小的存储空间，另外更新操作也需要额外的存储空间来存储更新后的矩阵，这是很浪费的。通过观察式(4.1-9)～式(4.1-14)可以看出，等号左边的 l_{ij}、u_{ij} 以及 $a_{ij}^{(1)}$ 可以直接覆盖矩阵 **A** 的对应元素 a_{ij} 而不影响后续运算，因此 l_{ij}、u_{ij} 以及 $a_{ij}^{(1)}$ 不需要单独存储，而是每算出一个都直接覆盖矩阵 **A** 对应位置的元素。此处需要指出的是，由于矩阵 **L** 的对角元素已知为 1，因此可以不用存储，而矩阵 **A** 的对角元素由矩阵 **U** 的对角元素覆盖。基于这一结论，将式(4.1-8)、式(4.1-9)、式(4.1-11)和式(4.1-13)重写为下面的形式：

$$a_{11}\Leftarrow u_{11}=a_{11} \tag{4.1-16}$$

$$\begin{cases} a_{21} \Leftarrow l_{21} = \dfrac{a_{21}}{a_{11}} \\ a_{31} \Leftarrow l_{31} = \dfrac{a_{31}}{a_{11}} \\ \vdots \\ a_{n1} \Leftarrow l_{n1} = \dfrac{a_{n1}}{a_{11}} \end{cases} \tag{4.1-17}$$

$$a_{12} \Leftarrow u_{12} = a_{12},\ a_{13} \Leftarrow u_{13} = a_{13},\ \cdots,\ a_{1n} \Leftarrow u_{1n} = a_{1n} \tag{4.1-18}$$

$$\begin{cases} a_{22} \Leftarrow a_{22}^{(1)} = a_{22} - a_{21}a_{12},\ \cdots,\ a_{2n} \Leftarrow a_{2n}^{(1)} = a_{2n} - a_{21}a_{1n} \\ a_{32} \Leftarrow a_{32}^{(1)} = a_{32} - a_{31}a_{12},\ \cdots,\ a_{3n} \Leftarrow a_{3n}^{(1)} = a_{3n} - a_{31}a_{1n} \\ \vdots \\ a_{n2} \Leftarrow a_{n2}^{(1)} = a_{n2} - a_{n1}a_{12},\ \cdots,\ a_{nn} \Leftarrow a_{nn}^{(1)} = a_{nn} - a_{n1}a_{1n} \end{cases} \tag{4.1-19}$$

以上四式中“$\Leftarrow$”的右边表示计算过程，左边表示计算结果的存储位置。

显然式(4.1-16)和式(4.1-18)可以直接忽略。由式(4.1-19)可以看出将这一过程称作更新的合理性：一个元素等于该元素本身减去一个量。当式(4.1-19)执行完毕之后，从存储的角度看矩阵 **A** 的元素值可表示为

$$\begin{bmatrix} a_{11} & a_{12} & \cdots & a_{1n} \\ \dfrac{a_{21}}{a_{11}} & a_{22} - \dfrac{a_{21}}{a_{11}}a_{12} & \cdots & a_{2n} - \dfrac{a_{21}}{a_{11}}a_{1n} \\ \vdots & \vdots & & \vdots \\ \dfrac{a_{n1}}{a_{11}} & a_{n2} - \dfrac{a_{n1}}{a_{11}}a_{12} & \cdots & a_{nn} - \dfrac{a_{n1}}{a_{11}}a_{1n} \end{bmatrix}$$

或简记为

$$\begin{bmatrix} u_{11} & u_{12} & \cdots & u_{1n} \\ l_{21} & a_{22}^{(1)} & \cdots & a_{2n}^{(1)} \\ \vdots & \vdots & & \vdots \\ l_{n1} & a_{n2}^{(1)} & \cdots & a_{nn}^{(1)} \end{bmatrix}$$

其中上标(1)表示这是第一次更新或第一步之后的数据。可以看到矩阵 **L** 的第一列元素和矩阵 **U** 的第一行元素已经求出，为了求出矩阵 **L** 和矩阵 **U** 的剩余部分元素，根据已经得出的递归算法，对子矩阵

$$\begin{bmatrix} a_{22}^{(1)} & \cdots & a_{2n}^{(1)} \\ \vdots & & \vdots \\ a_{n2}^{(1)} & \cdots & a_{nn}^{(1)} \end{bmatrix}$$

重复地执行前述的操作，最终便可以完成标准 LU 分解。

下面给出详细的递推过程。为了方便描述，将子矩阵

$$\begin{bmatrix} l_{k+1,\ k} \\ \vdots \\ l_{nk} \end{bmatrix}、\begin{bmatrix} a_{k+1,\ k+1}^{(k)} & \cdots & a_{k+1,\ n}^{(k)} \\ \vdots & & \vdots \\ a_{n,\ k+1}^{(k)} & \cdots & a_{nn}^{(k)} \end{bmatrix} 和 \begin{bmatrix} u_{k,\ k+1} & \cdots & u_{kn} \end{bmatrix}$$

分别称为 $\boldsymbol{l}^{(k)}$ 矩阵、$\boldsymbol{A}^{(k)}$ 矩阵和 $\boldsymbol{u}^{(k)}$ 矩阵。上标(k)表示这是第 k 步后的数据。另一方面，用 $\boldsymbol{l}_{(k)}$、$\boldsymbol{A}_{(k)}$ 和 $\boldsymbol{u}_{(k)}$（注意(k)为下标）分别代表被 $\boldsymbol{l}^{(k)}$ 矩阵、$\boldsymbol{A}^{(k)}$ 矩阵和 $\boldsymbol{u}^{(k)}$ 矩阵覆盖之前的、同一位置的矩阵。显然，式(4.1-19)给出了 $\boldsymbol{A}^{(1)}$ 矩阵，现假设已经求得 $\boldsymbol{A}^{(k-1)}$ 矩阵，如下所示：

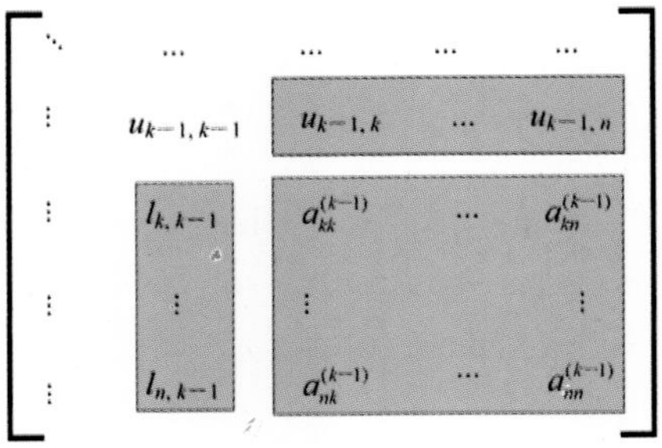

其中第一行和第一列省略号表示矩阵元素，其与后续计算无关，故省略不写。利用式(4.1-20)～式(4.1-23)，便可以求得 $\boldsymbol{l}^{(k)}$ 矩阵、$\boldsymbol{A}^{(k)}$ 矩阵和 $\boldsymbol{u}^{(k)}$ 矩阵。

$$a_{kk} \Leftarrow u_{kk} = a_{kk}^{(k-1)} \tag{4.1-20}$$

$$a_{ik} \Leftarrow l_{ik} = \frac{a_{ik}^{(k-1)}}{a_{kk}^{(k-1)}},\ i \in [k+1,\ n] \tag{4.1-21}$$

$$a_{kj} \Leftarrow u_{kj} = a_{kj}^{(k-1)},\ j \in [k+1,\ n] \tag{4.1-22}$$

$$a_{ij} \Leftarrow a_{ij}^{(k)} = a_{ij}^{(k-1)} - l_{ik}u_{kj},\ i,\ j \in [k+1,\ n] \tag{4.1-23}$$

后三式也可记为矩阵形式：

$$\boldsymbol{l}^{(k)} = \frac{\boldsymbol{l}_{(k)}}{a_{kk}} \tag{4.1-24}$$

$$\boldsymbol{u}^{(k)} = \boldsymbol{u}_{(k)} \tag{4.1-25}$$

$$\boldsymbol{A}^{(k)} = \boldsymbol{A}_{(k)} - \boldsymbol{l}^{(k)}\boldsymbol{u}^{(k)} \tag{4.1-26}$$

根据数学归纳法可得出结论：矩阵 $\boldsymbol{L}$ 和矩阵 $\boldsymbol{U}$ 的元素必然可以全部求得。

为了更清晰地展示这一过程，可用图示的方式对其进行归纳总结。图 4.1-1 以元素的形式表示由第 $k-1$ 步到第 k 步的递推过程，图 4.1-2 以矩阵的形式表示两者相互对应。图中第一行和第一列省略号表示已经求出的元素。

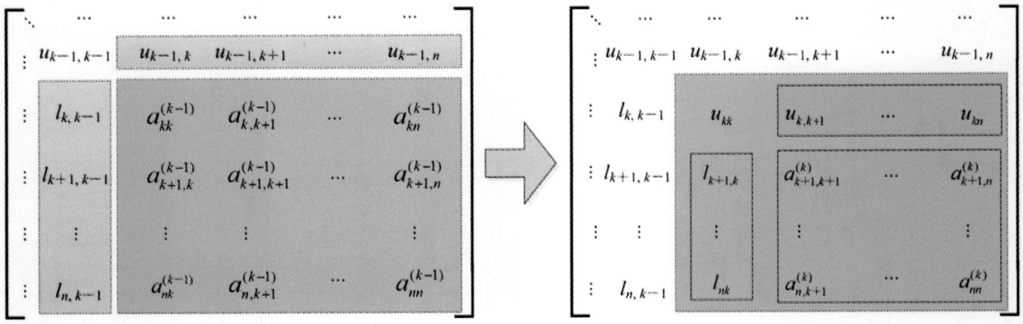

(a) 第 $k-1$ 步后的数据　　　　(b) 第 k 步后的数据

图 4.1-1　第 $k-1$ 步到第 k 步的递推(元素形式)

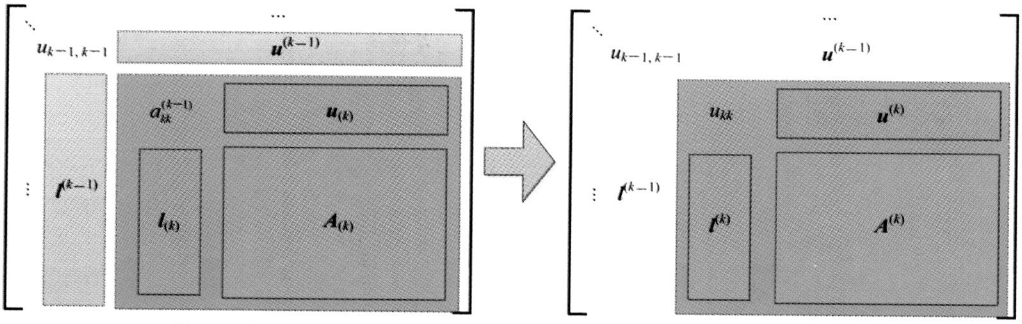

(a) 第 $k-1$ 步后的数据　　(b) 第 k 步后的数据

图 4.1-2　第 $k-1$ 步到第 k 步的递推(矩阵形式)

图 4.1-1(b)和图 4.1-2(b)是第 k 步后矩阵 $\boldsymbol{A}$ 元素值的状态。在第 k 步中，只有图 4.1-1(a)和图 4.1-2(a)中浅绿色的虚线框中的数据(注意，此数据即为 $\boldsymbol{A}^{(k-1)}$ 矩阵)参与运算，浅绿色大虚线框左侧和上侧的数据不会被用到，而且显然在以后循环中也不会再被用到，这也形象地说明了为什么矩阵 $\boldsymbol{A}$ 的元素可以被矩阵 $\boldsymbol{L}$ 和矩阵 $\boldsymbol{U}$ 对应位置的元素所覆盖。由于后续计算过程中只有矩阵右下侧的数据会被用到，这种分解算法又被称为 Right-Looking 算法，此外还有 Left-Looking 算法作为 LU 分解算法的另一分支[5, 6]，将在第 6 章中予以介绍。

在第 k 步中，从更新过程可以看出，被更新的矩阵元素等于其自身减去两个数的乘积，这两个数的位置分别为：(被更新的矩阵元素所在的行，k 列)，(k 行，被更新的矩阵元素所在的列)。理解这一点对于计算机编程很重要。

最后给出 LU 分解的伪代码。

```
subroutine traditional_LU(A, n)
    do k = 1 to n-1
      do i = k+1 to n
        a(i, k) = a(i, k) / a(k, k)              // 消元
      end do                                     // i
      do j = k+1 to n                            // 列循环
        do i = k+1 to n                          // 行循环
          a(i, j) = a(i, j) - a(i, k) * a(k, j)  // 更新
        end do                                   // i
      end do                                     // j
    end do                                       // k
end subroutine
```

2. 数值稳定性策略

从伪代码中可以看到，在第 k 步的消元过程中，由于 $a(k, k)$处在分母的位置，若 $a(k, k)$的绝对值太小，则会引入过大的数值误差；若$a(k, k)$为 0，则会导致上述消元过程无法进行。为保证 LU 分解数值解的稳定性，通常需要在分解过程中进行**选主元**[1, 7]。选主元是指在执行 $a(k, k)$的除法之前，按照矩阵行交换或列交换的规则，将一个绝对值较大的矩阵元素置换到对角线位置(k, k)，并且记录此置换过程对应的置换矩阵。选主元包

括全部选主元和部分选主元。假设 LU 分解递推到了第 k 步，全部选主元即在矩阵 $\boldsymbol{A}^{(k-1)}$ 中搜索绝对值最大的矩阵元素，然后通过行交换和列交换将其交换到 (k, k) 位置。部分选主元包括列选主元和行选主元。列选主元即在矩阵 $\boldsymbol{A}^{(k-1)}$ 的第一列中搜索绝对值最大的矩阵元素，然后通过行交换将其交换到 (k, k) 位置；行选主元同理。此处以列选主元为例，即

$$\boldsymbol{PA}=\boldsymbol{PLU}$$

其中矩阵 $\boldsymbol{P}$ 是置换矩阵，代表列选主元策略中的行交换。下面给出列选主元的标准 LU 分解伪代码。

```
subroutine traditional_LU(A, n, ipiv)
    do k = 1 to n-1
        call pivot(A, k, ipiv)                         // 选主元
        do i = k+1 to n
            a(i, k) = a(i, k) / a(k, k)                // 消元
        end do                                         // i
        do j = k +1 to n                               // 列循环
            do i = k +1 to n                           // 行循环
                a(i, j) = a(i, j) - a(i, k) * a(k, j)  // 更新
            end do                                     // i
        end do                                         // j
    end do                                             // k
end subroutine
```

其中函数 pivot 执行列选主元和行交换操作，并且将置换矩阵信息存储在数组 ipiv 中。采用部分选主元策略后的 LU 分解算法一般可确保数值解的稳定性。

综上所述，本节所讨论的 LU 分解算法主要针对矩阵元素进行操作，另外为了保证算法的数值稳定性，本节还采用了部分选主元策略。通常情况下，我们将这一 LU 分解算法称为传统 LU 分解算法。本节在讨论传统 LU 分解算法时采用的矩阵是一个方阵，事实上，传统 LU 分解算法也可以对非方阵进行 LU 分解，这需要对现有算法稍加修改。下一节介绍的分块 LU 分解算法中便会涉及非方阵的、部分选主元的传统 LU 分解算法。

4.1.3　分块 LU 分解算法

4.1.2 节中介绍的 LU 分解算法，尽管可以得到稳定的 LU 分解结果，但其计算性能并不高，这是因为该程序设计时并未考虑到现代计算机中所采用的各种技术。现代计算机多采用多级存储架构以平衡成本和性能，下面首先对这一概念进行简单的介绍。

1. 现代计算机存储架构

在计算机科学领域中，高速缓存(Cache)[8]是这样一块存储空间：它存放一系列原始数据的备份，而相对于读取原始数据，读取这些缓存中的数据速度更快。换句话说，缓存用于临时存放一些被频繁访问的数据，当要使用这些数据时，即可直接访问缓存中的数据而不必重新访问原始数据，这就节省了平均访存时间。

在介绍如何充分利用高速缓存之前，我们先来了解现代计算机体系的多级存储架构。现代计算机的中央处理单元(Central Processing Unit，CPU)体积小，速度快，价格高；而

随机存储器(Random Access Memory，RAM)则体积大，价格低，速度慢，因而无法快速响应 CPU 的访存请求。为改进这一状况，计算机设计师们创建了存储的多级架构：速度较快的缓存置于 CPU 附近，甚至集成到 CPU 芯片上；速度较慢的 RAM 则置于 CPU 外围。图 4.1-3 给出了一个典型的多级存储架构，其中寄存器(Register)、一级缓存(L1 Cache)、二级缓存(L2 Cache)和三级缓存(L3 Cache)集成在 CPU 上。同时为了加速 RAM 和更慢的硬盘(Hard Disk Drive，HDD)之间的数据交互，在这两者之间也引入了缓存机制，此外还有直接存储访问(Direct Memory Access，DMA)技术等。

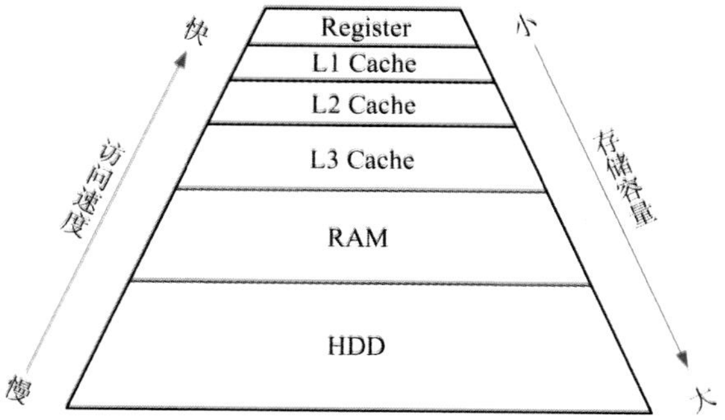

图 4.1-3　典型的多级存储架构示意图

如图 4.1-3 所示，三个缓存由上向下访问速度依次递减，但是存储容量依次增加；寄存器(Register)的访问速度往往与 CPU 的运行速度是一致的，而 RAM 的速度介于三级缓存和硬盘之间。存储的访问速度越快，制作单位存储容量的成本便越高，工艺难度也越大。受制于制作工艺和加工成本，无限制地增加高速存储的容量是不现实的，因此这种多级存储架构是当前提高访存速度的重要手段之一。

高速缓存的工作原理主要基于计算机科学中一个被称作“局部性”的概念。局部性的观点认为，如果一个数据刚刚被访问过，那么它很有可能在短期内再次被访问，这称为“时间局部性”；内存中位于它附近的数据在短时间内也有可能被访问，这称为“空间局部性”。当 CPU 发出访存请求时，一级缓存首先响应，若被访问的数据存储在一级缓存中，则 CPU 直接访问一级缓存，否则二级缓存响应。这样依次响应，直到访问到所需要的数据。在这一过程中，计算机可将访问到的数据及其附近的数据整块拷贝到更快的缓存中，这样当 CPU 再次发出访存请求时，“局部性”便可以发挥作用，由更快的缓存响应 CPU 的访存请求，这称为“缓存命中”。拥有良好局部性算法的应用程序运行速度会更快，这是因为附近的数据存储在高速缓存中，“缓存命中”的概率较高，“缓存缺失”的概率较低。

另外一个特别重要的概念是旁路转换缓冲(Translation Lookaside Buffer，TLB)[9]。计算机中存在内存、一级缓存、二级缓存和三级缓存等各种存储设备，在操作系统中，为了更好地管理这些存储设备，操作系统对这些存储设备都进行了统一编号，这一编号被称为**虚拟地址**，给定一个虚拟地址之后必须首先将其转换成实际的**物理地址**之后才能在内存或各级缓存中进行寻址、取数据。这样做的好处是操作系统不需要区分各种存储设备。虚拟地址和物理地址之间的对应关系(这一对应关系又叫页表)便存储在 TLB 中。因此，当 CPU 发出取数据的请求时，TLB 会首先响应，将虚拟地址转换为物理地址，如果物理地址落在一级缓存之中，则 CPU 访问一级缓存，如果物理地址落在二级缓存之中，则 CPU 访问二级缓存，依次类推。而本质上 TLB 并不是单独的存储设备，而是在内存中专门划出的一块存储区域，因此，不论 CPU 请求的数据是否在高速缓存中，CPU 都至少需要访问内存一次，即访问 TLB。而高速缓存的目的就是为了减少访问内存的次数，现在每次都会访问内存，因此之前介绍的多级缓存机制便失去了意义。这是为了方便操作系统对存储资源的管理而付出的代价。为了改善这一问题，便引入了 TLB 的缓存，即针对 TLB 这一特殊的内存片段设置各级缓存，其作用原理和前面介绍的高速缓存相同。这样便兼顾了管理和效率两个因素。当然，在概念上，TLB 存储区域的物理地址对 CPU 是直接可见的，换句话说，专门为 TLB 划出的存储区域的物理地址往往是固定的，CPU 可以直接访问而不需要虚拟地址到物理地址的转换。不过引入 TLB 各级缓存之后 TLB 的访问方式发生了一些变化，读者可以参考文献[9]、[10]、[11]以获取更详细的信息。

综上所述，在编写计算机程序时，为了充分发挥计算机的性能，提高计算效率，必然要考虑计算机的多级存储架构。

2. 基本原理

在 4.1.2 节介绍了传统 LU 分解算法，该算法易于理解和编程，但是在现代计算机上执行的效率并不高，原因在于该算法的访存模式与计算机的多级存储架构并不匹配，这导致大量的时间消耗在数据转移上而不是执行有用的浮点型运算。若将矩阵分块，基于分块矩阵的 LU 分解算法中几乎所有的运算都变成了矩阵运算，如矩阵乘。而与元素运算相比，对于矩阵运算，人们可以方便地针对计算机多级存储架构进行优化，使得程序性能大大提升。事实上矩阵运算可以通过调用一个叫做 BLAS(Basic Linear Algebra Subprograms，基础线性代数程序集)[12]的库来完成。BLAS 库是一个基本线性代数库，它可以完成诸如向量内积、矩阵-向量乘、矩阵-矩阵乘等基本线性代数操作。BLAS 库中的矩阵运算往往可以优化至几乎以 CPU 峰值速度运行。针对矩阵运算，4.2 节将给出一个指导性的优化方案。本节重点介绍分块 LU 分解算法。

为了简化描述，仍然暂不考虑选主元。以矩阵 $\boldsymbol{A}$ 分成 3×3 个分块矩阵为例，每块的大小为 $m_b \times n_b$，分块矩阵的大小可被称为 Block Size，如不做特殊说明，通常认为 $m_b = n_b$。当分块矩阵不为方阵时算法只需要稍作修改即可，这里不予赘述。假设分块 LU 分解完成后，式(4.1-2)可写为如下形式：

$$\begin{bmatrix} \boldsymbol{A}_{11} & \boldsymbol{A}_{12} & \boldsymbol{A}_{13} \\ \boldsymbol{A}_{21} & \boldsymbol{A}_{22} & \boldsymbol{A}_{23} \\ \boldsymbol{A}_{31} & \boldsymbol{A}_{32} & \boldsymbol{A}_{33} \end{bmatrix} = \begin{bmatrix} \boldsymbol{L}_{11} & \boldsymbol{0} & \boldsymbol{0} \\ \boldsymbol{L}_{21} & \boldsymbol{L}_{22} & \boldsymbol{0} \\ \boldsymbol{L}_{31} & \boldsymbol{L}_{32} & \boldsymbol{L}_{33} \end{bmatrix} \begin{bmatrix} \boldsymbol{U}_{11} & \boldsymbol{U}_{12} & \boldsymbol{U}_{13} \\ \boldsymbol{0} & \boldsymbol{U}_{22} & \boldsymbol{U}_{23} \\ \boldsymbol{0} & \boldsymbol{0} & \boldsymbol{U}_{33} \end{bmatrix} \tag{4.1-27}$$

其中 $\boldsymbol{L}_{kk}$ ($k \in [1, 3]$)的对角元素为 1。将上式展开后可以得到

$$\begin{cases} \boldsymbol{A}_{11} = \boldsymbol{L}_{11}\boldsymbol{U}_{11}, & \boldsymbol{A}_{12} = \boldsymbol{L}_{11}\boldsymbol{U}_{12}, & \boldsymbol{A}_{13} = \boldsymbol{L}_{11}\boldsymbol{U}_{13} \\ \boldsymbol{A}_{21} = \boldsymbol{L}_{21}\boldsymbol{U}_{11}, & \boldsymbol{A}_{22} = \boldsymbol{L}_{21}\boldsymbol{U}_{12} + \boldsymbol{L}_{22}\boldsymbol{U}_{22}, & \boldsymbol{A}_{23} = \boldsymbol{L}_{21}\boldsymbol{U}_{13} + \boldsymbol{L}_{22}\boldsymbol{U}_{23} \\ \boldsymbol{A}_{31} = \boldsymbol{L}_{31}\boldsymbol{U}_{11}, & \boldsymbol{A}_{32} = \boldsymbol{L}_{31}\boldsymbol{U}_{12} + \boldsymbol{L}_{32}\boldsymbol{U}_{22}, & \boldsymbol{A}_{33} = \boldsymbol{L}_{31}\boldsymbol{U}_{13} + \boldsymbol{L}_{32}\boldsymbol{U}_{23} + \boldsymbol{L}_{33}\boldsymbol{U}_{33} \end{cases} \tag{4.1-28}$$

显然，根据式(4.1-28)第一式

$$\boldsymbol{A}_{11} = \boldsymbol{L}_{11}\boldsymbol{U}_{11}$$

利用 4.1.2 节给出的操作矩阵元素的传统 LU 分解算法，便可以求得矩阵 $\boldsymbol{L}_{11}$ 和 $\boldsymbol{U}_{11}$。在求得这两个矩阵之后，第一列分块矩阵 $\boldsymbol{L}_{21}$ 和 $\boldsymbol{L}_{31}$、第一行分块矩阵 $\boldsymbol{U}_{12}$ 和 $\boldsymbol{U}_{13}$ 便可以根据式

(4.1－29)求出来，即

$$\begin{cases} \boldsymbol{L}_{21} = \boldsymbol{A}_{21}\boldsymbol{U}_{11}^{-1} \\ \boldsymbol{L}_{31} = \boldsymbol{A}_{31}\boldsymbol{U}_{11}^{-1} \end{cases} \tag{4.1-29a}$$

$$\begin{cases} \boldsymbol{U}_{12} = \boldsymbol{L}_{11}^{-1}\boldsymbol{A}_{12} \\ \boldsymbol{U}_{13} = \boldsymbol{L}_{11}^{-1}\boldsymbol{A}_{13} \end{cases} \tag{4.1-29b}$$

为了求出矩阵 $\boldsymbol{L}$ 和矩阵 $\boldsymbol{U}$ 的其余分块，根据式(4.1－28)，需要先将矩阵 $\boldsymbol{L}$ 和矩阵 $\boldsymbol{U}$ 已知的分块矩阵带入公式中，令

$$\begin{cases} \boldsymbol{A}_{22}^{(1)} = \boldsymbol{A}_{22} - \boldsymbol{L}_{21}\boldsymbol{U}_{12},\ \boldsymbol{A}_{23}^{(1)} = \boldsymbol{A}_{23} - \boldsymbol{L}_{21}\boldsymbol{U}_{13} \\ \boldsymbol{A}_{32}^{(1)} = \boldsymbol{A}_{32} - \boldsymbol{L}_{31}\boldsymbol{U}_{12},\ \boldsymbol{A}_{33}^{(1)} = \boldsymbol{A}_{33} - \boldsymbol{L}_{31}\boldsymbol{U}_{13} \end{cases} \tag{4.1-30}$$

上式涉及的操作主要是矩阵的乘加运算，这一过程被称为**更新**。更新占据了分块 LU 分解的绝大部分计算量，因此更新过程的性能会直接影响到分块 LU 分解的性能。与传统 LU 分解算法相比，分块 LU 算法的更新过程由原来的元素操作变成了矩阵操作，而针对计算机多级存储架构可方便地实现对矩阵操作的优化，从而使其达到最佳性能。在实际编程时，这些矩阵操作往往通过调用优化过的 BLAS 库实现。

至此，已经得到了矩阵 $\boldsymbol{L}$ 的第一列分块和矩阵 $\boldsymbol{U}$ 的第一行分块，对于式(4.1－30)中带上标(1)的分块矩阵，将式(4.1－28)带入，得

$$\begin{cases} \boldsymbol{A}_{22}^{(1)} = \boldsymbol{L}_{22}\boldsymbol{U}_{22},\ \boldsymbol{A}_{23}^{(1)} = \boldsymbol{L}_{22}\boldsymbol{U}_{23} \\ \boldsymbol{A}_{32}^{(1)} = \boldsymbol{L}_{32}U_{22},\ \boldsymbol{A}_{33}^{(1)} = \boldsymbol{L}_{32}\boldsymbol{U}_{23} + \boldsymbol{L}_{33}\boldsymbol{U}_{33} \end{cases} \tag{4.1-31}$$

将式(4.1－31)与式(4.1－28)进行比较，可发现两式具有相同的形式。由此我们得出一个递归算法：每次计算矩阵 $\boldsymbol{L}$ 的一列分块矩阵和矩阵 $\boldsymbol{U}$ 的一行分块矩阵，并利用算得的结果更新矩阵 $\boldsymbol{A}$ 右下角的分块矩阵。基于此便可以步步推进，求得矩阵 $\boldsymbol{L}$ 和矩阵 $\boldsymbol{U}$ 全部的分块矩阵，如下面各式所示：

$$\begin{cases} \boldsymbol{A}_{22}^{(1)} = \boldsymbol{L}_{22}\boldsymbol{U}_{22} \\ \boldsymbol{L}_{32} = \boldsymbol{A}_{32}^{(1)}\boldsymbol{U}_{22}^{-1} \\ \boldsymbol{U}_{23} = \boldsymbol{L}_{22}^{-1}\boldsymbol{A}_{23}^{(1)} \end{cases} \tag{4.1-32}$$

$$\boldsymbol{A}_{33}^{(2)} = \boldsymbol{A}_{33}^{(1)} - \boldsymbol{L}_{32}\boldsymbol{U}_{23} \tag{4.1-33}$$

其中分块矩阵 $\boldsymbol{L}_{22}$ 和分块矩阵 $\boldsymbol{U}_{22}$ 利用 4.1.2 节给出的传统 LU 分解算法求出。

对于 $\boldsymbol{A}_{33}^{(2)}$，有

$$\boldsymbol{A}_{33}^{(2)} = \boldsymbol{L}_{33}\boldsymbol{U}_{33} \tag{4.1-34}$$

分块矩阵 $\boldsymbol{L}_{33}$ 和分块矩阵 $\boldsymbol{U}_{33}$ 仍采用操作矩阵元素的传统 LU 分解算法求出。

至此，具有 3×3 个分块的矩阵 $\boldsymbol{A}$ 的 LU 分解已经完成。

在计算机编程实现中，将矩阵 $\boldsymbol{L}$ 的分块矩阵和矩阵 $\boldsymbol{U}$ 的分块矩阵直接覆盖矩阵 $\boldsymbol{A}$ 的对应分块矩阵是合理的，这里不再赘述。此处仍要指出，由于矩阵 $\boldsymbol{L}$ 的对角元素已知为 1，因此可以不用存储，而矩阵 $\boldsymbol{A}$ 的对角元素可由矩阵 $\boldsymbol{U}$ 的对角元素直接覆盖。下面从这一角度出发重新阐述分块 LU 分解算法。

对于一个具有 $n\times n$ 个分块矩阵的矩阵 $\boldsymbol{A}$ 来说，在完成 LU 分解第一步后，矩阵 $\boldsymbol{A}$ 的分块矩阵的值在存储中如下所示：

$$\begin{bmatrix} \boldsymbol{L}_{11}\backslash\boldsymbol{U}_{11} & \boldsymbol{U}_{12} & \cdots & \boldsymbol{U}_{1n} \\ \boldsymbol{L}_{21} & \boldsymbol{A}_{22}^{(1)} & \cdots & \boldsymbol{A}_{2n}^{(1)} \\ \vdots & \vdots & & \vdots \\ \boldsymbol{L}_{n1} & \boldsymbol{A}_{n2}^{(1)} & \cdots & \boldsymbol{A}_{nn}^{(1)} \end{bmatrix}$$

可见，矩阵 $\boldsymbol{L}$ 的第一列分块矩阵和矩阵 $\boldsymbol{U}$ 的第一行分块矩阵已经求出。为求出矩阵 $\boldsymbol{L}$ 和矩阵 $\boldsymbol{U}$ 的剩余部分分块矩阵，需对子矩阵

$$\begin{bmatrix} \boldsymbol{A}_{22}^{(1)} & \cdots & \boldsymbol{A}_{2n}^{(1)} \\ \vdots & & \vdots \\ \boldsymbol{A}_{n2}^{(1)} & \cdots & \boldsymbol{A}_{nn}^{(1)} \end{bmatrix}$$

重复地执行前述操作，下面给出详细的递推过程。为了方便描述，分别将子矩阵

$$\begin{bmatrix} \boldsymbol{L}_{k+1,\ k} \\ \vdots \\ \boldsymbol{L}_{nk} \end{bmatrix}、\begin{bmatrix} \boldsymbol{A}_{k+1,\ k+1}^{(k)} & \cdots & \boldsymbol{A}_{k+1,\ n}^{(k)} \\ \vdots & & \vdots \\ \boldsymbol{A}_{n,\ k+1}^{(k)} & \cdots & \boldsymbol{A}_{nn}^{(k)} \end{bmatrix}、\begin{bmatrix} \boldsymbol{U}_{k,\ k+1} & \cdots & \boldsymbol{U}_{kn} \end{bmatrix}$$

称为 $\boldsymbol{L}^{(k)}$ 矩阵、$\boldsymbol{A}^{(k)}$ 矩阵和 $\boldsymbol{U}^{(k)}$ 矩阵；同时，用 $\boldsymbol{L}_{(k)}$、$\boldsymbol{A}_{(k)}$ 和 $\boldsymbol{U}_{(k)}$（注意(k)为下标）分别代表被 $\boldsymbol{L}^{(k)}$ 矩阵、$\boldsymbol{A}^{(k)}$ 矩阵和 $\boldsymbol{U}^{(k)}$ 矩阵覆盖之前的、同一位置的矩阵，即 $\boldsymbol{A}^{(k-1)}$ 矩阵的数据。显然，现已知 $\boldsymbol{A}^{(1)}$ 矩阵。假设 $\boldsymbol{A}^{(k-1)}$ 矩阵也已经求得，则由式(4.1－35)～式(4.1－38)便可求得 $\boldsymbol{L}^{(k)}$ 矩阵、$\boldsymbol{A}^{(k)}$ 矩阵和 $\boldsymbol{U}^{(k)}$ 矩阵，根据数学归纳法的理论，最终必然可求得矩阵 $\boldsymbol{L}$ 和矩阵 $\boldsymbol{U}$。

$$\boldsymbol{A}_{kk}^{(k-1)} = \boldsymbol{L}_{kk}\boldsymbol{U}_{kk} \tag{4.1-35}$$

$$\boldsymbol{L}^{(k)} = \boldsymbol{L}_{(k)}\boldsymbol{U}_{kk}^{-1} \tag{4.1-36}$$

$$\boldsymbol{U}^{(k)} = \boldsymbol{L}_{kk}^{-1}\boldsymbol{U}_{(k)} \tag{4.1-37}$$

$$\boldsymbol{A}^{(k)} = \boldsymbol{A}_{(k)} - \boldsymbol{L}^{(k)}\boldsymbol{U}^{(k)} \tag{4.1-38}$$

其中式(4.1－35)可采用传统 LU 分解算法计算，式(4.1－38)被称为更新，前文已经提及。分块算法的主要贡献就在于它大大提高了更新过程的效率。

为了更清晰地展示这一过程，下面用图示的方式对第 $k-1$ 步到第 k 步的递推过程进行归纳总结。图 4.1－4 以分块矩阵的形式表示，而图 4.1－5 将分块矩阵合并，两者相互对应。图中省略号表示已经求出的分块矩阵。

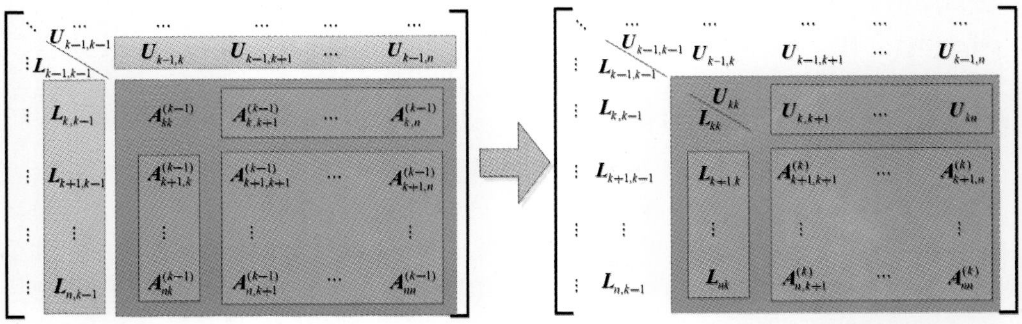

(a) 第 $k-1$ 步后的数据　　(b) 第 k 步后的数据

图 4.1－4　第 $k-1$ 步到第 k 步的递推(分块矩阵形式)

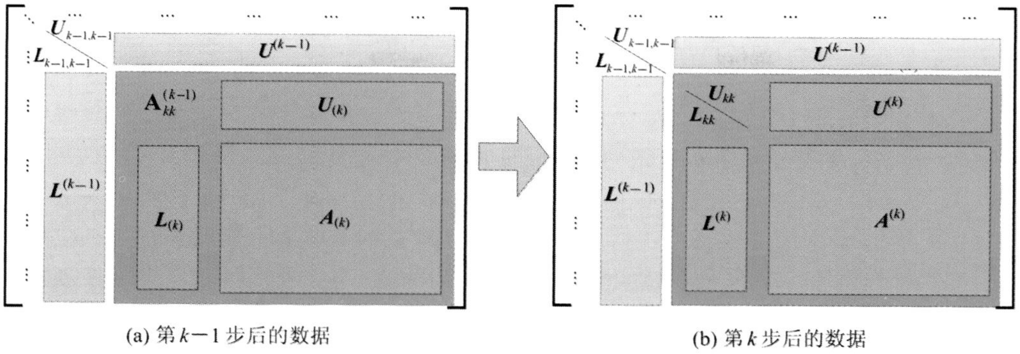

图 4.1-5　第 $k-1$ 步到第 k 步的递推(分块矩阵合并形式)

图 4.1-4(b)和图 4.1-5(b)是递归第 k 步之后矩阵 $\boldsymbol{A}$ 的状态，在第 k 步中，只有图 4.1-4(a)和 4.1-5(a)中浅绿色的大虚线框中的数据(注意，此数据即为 $\boldsymbol{A}^{(k-1)}$ 矩阵)参与运算，浅绿色大虚线框左侧和上侧的数据并不曾用到，而且显然在以后的循环中也不会用到，这也形象地说明了为什么矩阵 $\boldsymbol{A}$ 的分块矩阵可以被矩阵 $\boldsymbol{L}$ 和矩阵 $\boldsymbol{U}$ 对应位置的分块矩阵所覆盖。这种分块 LU 分解算法也属于 Right-Looking 算法。

在第 k 步中，从更新过程可以看出，被更新的分块矩阵等于其自身减去两个分块矩阵的乘积，这两个分块矩阵的位置分别为：(被更新的分块矩阵所在的行，k 列)，(k 行，被更新的分块矩阵所在的列)。理解这一点对于计算机编程和理解并行分块 LU 分解很重要。

从前面的分析可以看出，分块 LU 分解算法与传统 LU 分解算法很相似，主要区别在于分块 LU 分解算法是针对分块矩阵的操作，而后者主要是针对矩阵元素的操作。

3. 数值稳定性策略

选主元操作可以保证 LU 分解算法的数值稳定性，将选主元操作增加到传统 LU 分解算法中是直接的，几乎不会改变传统 LU 分解的算法流程。但若将选主元操作增加到分块 LU 分解算法中，则需要对算法进行一定的修正，下面将重点介绍这一工作。

仍采用之前提及的部分选主元中的列选主元方式。在传统 LU 分解的第 k 步，选主元是指在矩阵 $\boldsymbol{A}^{(k-1)}$ 的第一列中选取绝对值最大的元素，并将其行交换到对角线位置。但是在分块 LU 分解算法中，事情却变得复杂起来。由于 $\boldsymbol{L}_{kk}$ 和 $\boldsymbol{U}_{kk}$ 的计算是根据式(4.1-35)独立进行的，仅涉及了处于对角线位置的分块矩阵 $\boldsymbol{A}_{kk}^{(k-1)}$，因此不能满足列选主元的要求。为解决这个问题，需将式(4.1-35)和式(4.1-36)结合起来整体求解，即

$$\boldsymbol{P}\begin{bmatrix}\boldsymbol{A}_{kk}^{(k-1)}\\ \boldsymbol{A}_{k+1,k}^{(k-1)}\\ \vdots\\ \boldsymbol{A}_{nk}^{(k-1)}\end{bmatrix}=\boldsymbol{P}\begin{bmatrix}\boldsymbol{L}_{kk}\\ \boldsymbol{L}_{k+1,k}\\ \vdots\\ \boldsymbol{L}_{nk}\end{bmatrix}\boldsymbol{U}_{kk} \tag{4.1-39}$$

其中，矩阵 $\boldsymbol{P}$ 是置换矩阵，代表选主元过程。特别需要注意的是，式(4.1-39)所示的过程便是非方阵的、部分选主元的传统 LU 分解算法。式(4.1-39)分解的矩阵一般情况下是一个行数大于列数的矩阵，称为 panel 列矩阵，因此这一过程也被称为 **panel 列分解。**

在 panel 列分解之后需要根据置换矩阵 $\boldsymbol{P}$ 将矩阵的剩余部分也进行行交换，然后才能

够执行式(4.1-37)和式(4.1-38)。相应地，我们将式(4.1-37)求 $\boldsymbol{U}^{(k)}$ 的过程称为 **panel 行更新**，将式(4.1-38)求 $\boldsymbol{A}^{(k)}$ 的过程称为 **trailing 更新**。trailing 在这里可以理解为尾项、余项。

总结起来，分块 LU 分解算法首先将矩阵分块，然后递归地执行 panel 列分解、panel 行更新和 trailing 更新。在 panel 列分解中又需要采用非方阵的、部分选主元的传统 LU 分解算法。

分块 LU 分解算法考虑了现代计算机的多级存储架构，将 LU 分解算法中的元素和向量操作变为矩阵操作，进一步发挥出计算机的性能，因此是一种更优的算法。需要指出的是，分块 LU 分解算法中分块矩阵的大小与计算机的缓存大小密切相关，对不同的计算机，缓存大小并不相同，因而需要针对不同的计算机进行优化。

4.1.4 分块 LU 分解算法并行实现

为了适应现代计算机的多级存储架构，提高程序性能，上一节对传统 LU 分解算法进行改进，提出了分块 LU 分解算法，但是这一算法仍然属于串行算法，在实际的工程应用中有很大的局限性。比如，一个大小为 11 000×11 000 的双精度复数稠密矩阵，其需要的存储空间约为 2 GB，而实际工程应用中产生的矩阵大小一般在数十万、甚至上百万的量级，所需要的存储空间巨大，不是单节点能够解决的，此时可利用高性能计算机的分布式存储技术及并行计算技术加以解决。

目前国内外在高性能计算机系统中最广泛使用的并行编程环境是消息传递接口(Message Passing Interface，MPI)[13]，它已成为国际上的一种并行程序的标准，因此本章也以 MPI 为例进行并行分块 LU 算法的设计。如无特殊说明，本章以及后续章节所指的并行，均指 MPI 并行。当然，不同的并行编程环境只是工具不同，其本质的算法思想是相通的。本书重点讲述并行算法而不强调所用并行编程环境，因此本书所讲的并行算法可以方便地利用其他并行技术实现。

关于并行计算所用到的一些基本概念，如进程、虚拟拓扑、进程网格、通信、负载均衡等，本书在附录 B 中进行了介绍，这里不再赘述。若读者已了解此部分的相关知识，则可以直接略过附录 B 继续阅读下面的内容。

1. 并行矩阵分布

并行计算的首要任务是并行策略设计，也就是并行任务划分。并行任务划分必须保证各进程间负载均衡。接下来详细介绍并行 LU 分解算法的并行矩阵分布策略。

鉴于矩阵是二维的，最自然的做法便是将进程的虚拟拓扑选择为二维笛卡尔网格，在后文中也可以看到二维虚拟拓扑的方便之处。若一共有 P 个进程参与运算，则选择进程网格(Process Grid)为 $P_r \times P_c$，其中 $P_r \times P_c = P$，用 P_{ij} ($i \in [0, P_r - 1]$，$j \in [0, P_c - 1]$)表示第 i 行、第 j 列进程。最简单的矩阵分布方法是将矩阵元素划分成下面这种形式：

$$\boldsymbol{A} = \begin{bmatrix} \boldsymbol{A}_{11} & \cdots & \boldsymbol{A}_{1P_c} \\ \vdots & & \vdots \\ \boldsymbol{A}_{P_r1} & \cdots & \boldsymbol{A}_{P_rP_c} \end{bmatrix}$$

其中 $\boldsymbol{A}_{ij} \in C^{m_i \times n_j}$，$m_i \approx M/P_r$，$n_j \approx M/P_c$，可见将子矩阵 $\boldsymbol{A}_{ij}$ 分给了进程 $P_{(i-1)(j-1)}$。

在 4.1.3 节中已经详细介绍了分块 LU 分解算法，当其应用到并行情况时，其基本流程是相似的。举例而言，假设暂不考虑主元的选取，共有 9 个进程参与运算，选择 3×3 的进程网格，进程 ID 和二维坐标对应关系如图 4.1-6 所示。图中每个小矩形代表一个进程，小矩形中上排数字为进程 ID，下排为虚拟拓扑的二维坐标，两者对应关系一目了然。

0 (0, 0)	1 (0, 1)	2 (0, 2)
3 (1, 0)	4 (1, 1)	5 (1, 2)
6 (2, 0)	7 (2, 1)	8 (2, 2)

图 4.1-6　3×3 进程网格

将矩阵 $\boldsymbol{A}$ 分块为 3×3 个大小为 $m_i\times n_j$ 的子矩阵，如图4.1-7(a)所示，再将子矩阵分配到与之对应的 3×3 进程网格之中，子矩阵 $\boldsymbol{A}_{ij}$ 分给进程 $P_{(i-1)(j-1)}$，如图 4.1-7(b)所示。

$\boldsymbol{A}_{11}$	$\boldsymbol{A}_{12}$	$\boldsymbol{A}_{13}$
$\boldsymbol{A}_{21}$	$\boldsymbol{A}_{22}$	$\boldsymbol{A}_{23}$
$\boldsymbol{A}_{31}$	$\boldsymbol{A}_{32}$	$\boldsymbol{A}_{33}$

(a) 分块成3×3的矩阵

P_{00}	P_{01}	P_{02}
P_{10}	P_{11}	P_{12}
P_{20}	P_{21}	P_{22}

(b) 与(a)中分块对应的进程网格

图 4.1-7　分块矩阵和进程对应关系

图 4.1-8(a1～c2)分别给出了第一次、第二次与第三次递推过程中的通信和计算。图中，矩阵左侧与上侧分别标出了进程的行坐标与列坐标，箭头表示通信方向，公式表示计算过程；浅绿色和浅灰色方块表示参与计算的数据，无填充色的方块表示不参与计算的数据。

现在来分析矩阵 LU 分解过程中的计算与通信。第一次递推过程(即图 4.1-8(a1)、(a2)所示过程)可分为三步：

第一步，进程 P_{00} 利用传统 LU 分解算法计算 $\boldsymbol{L}_{11}$ 矩阵和 $\boldsymbol{U}_{11}$ 矩阵。

第二步，进程 P_{10} 和进程 P_{20} 利用 $\boldsymbol{U}_{11}$ 矩阵求解 $\boldsymbol{L}_{21}$ 矩阵和 $\boldsymbol{L}_{31}$ 矩阵。显然，这两个进程上没有 $\boldsymbol{U}_{11}$ 矩阵，因此需要进程 P_{00} 将 $\boldsymbol{U}_{11}$ 矩阵发送过来；另一方面，进程 P_{00} 还要将 $\boldsymbol{L}_{11}$ 矩阵发送给进程 P_{01} 和进程 P_{02}，以完成 $\boldsymbol{U}_{12}$ 矩阵和 $\boldsymbol{U}_{13}$ 矩阵的求解。

第三步，进程 P_{11}、P_{12}、P_{21}、P_{22} 完成更新操作，更新之前显然也是需要通信的，通信如图 4.1-8(a1)所示。

针对第一次更新后的矩阵再进行递推，当递推到第三次时，整个矩阵的 LU 分解便完成了。

图 4.1-8 的通信和计算情况表明，第一次递推之后，第一列和第一行进程就没有了后续任务，第二次递推之后，第二列和第二行进程也没了后续任务，只剩下一个进程在计算。因此，矩阵的这种分布方式，尽管每个进程所分布的数据量能够大致相当，但计算任务却明显不同，即进程间存在负载不均衡，从而导致对计算资源的严重浪费；另一方面，将矩阵划分成若干“大块”进行分布，这样的分块方式显然缺乏灵活性，也无法优化分块大小使之与计算机缓存相匹配。

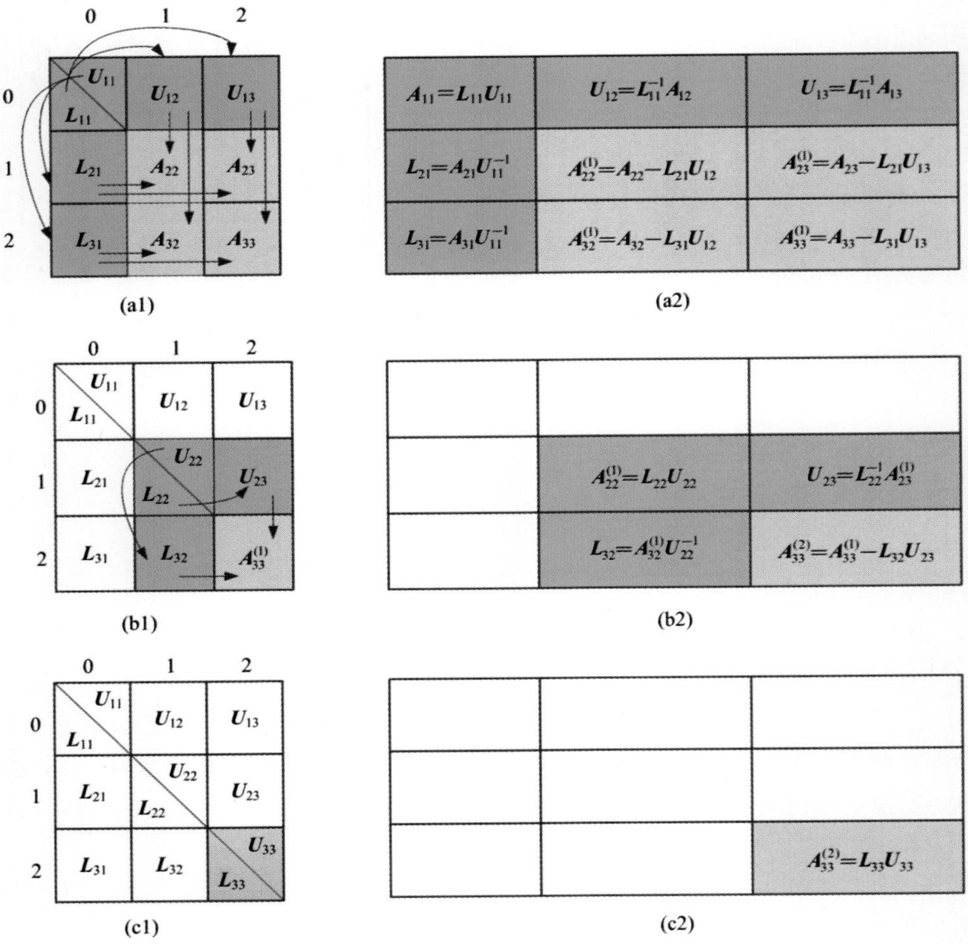

图 4.1-8　并行 LU 分解过程中通信(左)和计算(右)示意图

这种情况可以通过把矩阵划分为若干“小块”而非上述连续的“大块”来避免，通过将这些“小块”沿着矩阵的行、列方向以某种方式对进程行、列坐标进行循环分布，最终每个进程分得一系列“小块”矩阵，组成一个“大块”矩阵。此时大块显然不再是按照矩阵直接切割成大块得到的，这样可以使得在 LU 分解的过程中，每个进程都具有整体矩阵的不同位置处的数据，在算法推演过程中，不会较早地完成任务而导致空载。使用这种分布方式，既能充分利用现代计算机多级存储架构，又能保证进程之间负载均衡。

目前常见的两种方式是 PLAPACK[14] 的 PBMD(Physical Based Matrix Distribution)分布方式与 ScaLAPACK 的“二维块循环分布”(Two Dimentional Block - cyclic Matrix Distribution)方式[15, 16]。此处仅介绍 ScaLAPACK 的矩阵分布方式。假设 $P_r \times P_c$ 个进程参与计算，形成的进程网格为 P_r 行与 P_c 列。若矩阵大小为 $N \times N$，先将矩阵分块为若干小块 $\boldsymbol{A}_{ij}$，分块大小(Block Size)为 $m_b \times n_b$，这与分块 LU 分解算法中的矩阵分块方式完全一样，那么小块矩阵 $\boldsymbol{A}_{ij}$ 被分布到进程网格的$\{(i-1) \bmod P_r,\ (j-1) \bmod P_c\}$位置处，也就是行坐标为$\{(i-1) \bmod P_r\}$、列坐标为$\{(j-1) \bmod P_c\}$的进程中，其中 mod 表示取余数。为

了方便，进程坐标也可写为$\{(i-1)\%P_r,\ (j-1)\%P_c\}$，其中%表示取余数。

举例而言，考虑把一个 9×9 的矩阵 **A** 采用 2×2 的 Block Size 分布到 2×3 的进程网格(沿两个方向具有循环边界条件的二维 MPI 虚拟拓扑网格)中，如图 4.1－9 所示。图 4.1－9 中每一个分块矩阵由实线圈出，最外面的虚线表示的是这些分块未被填满。这些分块矩阵以 $\boldsymbol{A}_{ij}$ 标识。图 4.1－10 给出了 6 个进程的虚拟拓扑网格坐标与进程 ID。

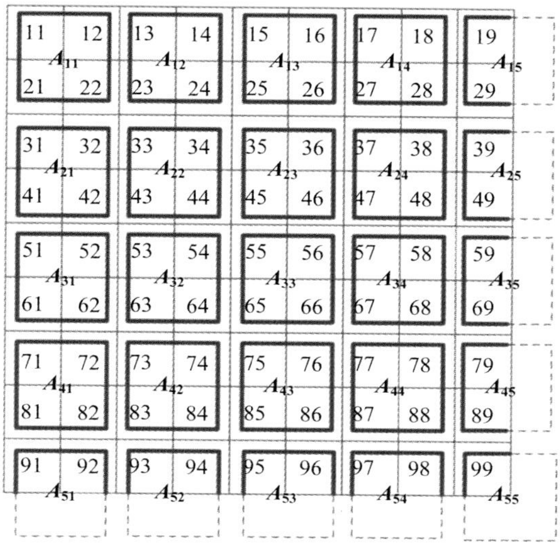

图 4.1－9　矩阵分块示意图(图中小方格中的数字表示矩阵元素的下标，如 11 表示 a_{11}，57 表示 a_{57})

0 (0, 0)	1 (0, 1)	2 (0, 2)
3 (1, 0)	4 (1, 1)	5 (1, 2)

图 4.1－10　2×3 进程网格

图 4.1－11 给出了矩阵二维块循环分布示意图。图 4.1－11(a)为矩阵在进程网格上的分布，矩阵左侧一列数字与上侧一行数字分别代表进程行坐标与进程列坐标，两个维度坐标的相应组合便确定了一个进程。矩阵块 $\mathbf{A}_{ij}$ 便分布在其所在的进程行和进程列所对应的数字确定的进程上。图 4.1－11(b)、(c)为每个进程上拥有的数据，其中图(b)以分块矩阵形式表示，图(c)以元素形式表示，两者的对应关系如图 4.1－9 所示。每个进程上拥有的数据在其自身的内存中是按照列(即先存第一列，再存第二列，以此类推)连续存储的。

至此得到了矩阵在多个进程上分布的结果。每个矩阵元素具有两种索引：矩阵元素在整个矩阵中的索引，称之为全局索引；矩阵元素在本进程的矩阵中的索引，称之为本地索引。如图 4.1－11(c)中 a_{57} 的全局索引为(5，7)，其在进程(0，0)上的本地索引为(3，3)。在使用矩阵元素时必须用本地索引来寻址，因为本地索引直接对应矩阵元素所在进程内存中的实际地址。为便于理解和编程，在分配任务时使用全局索引。

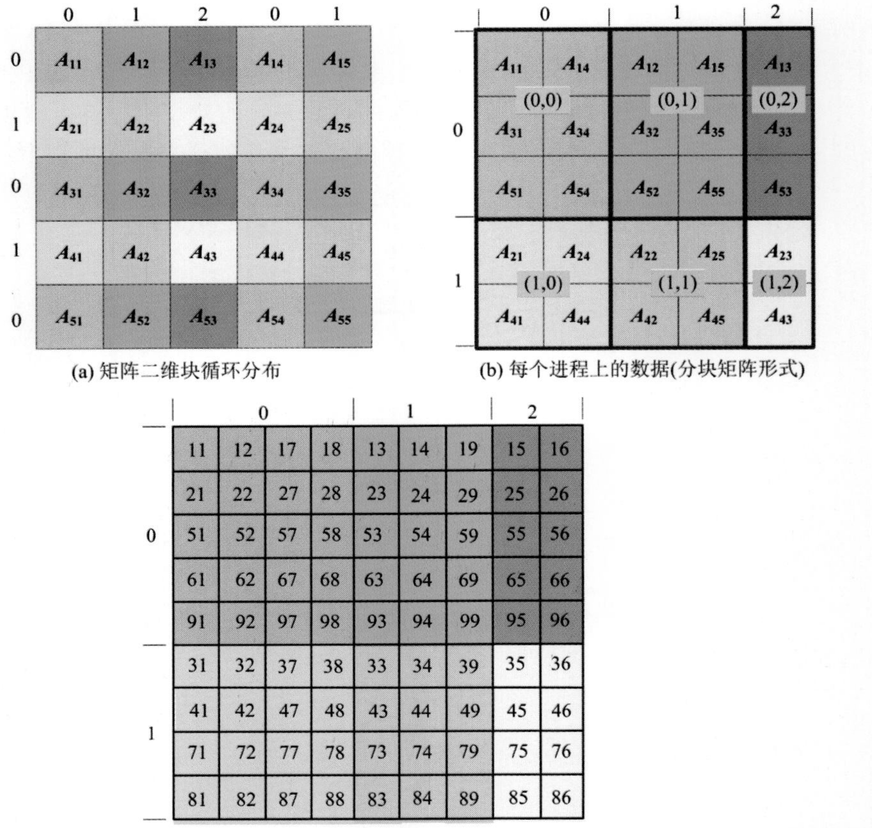

(a) 矩阵二维块循环分布　　(b) 每个进程上的数据(分块矩阵形式)

(c) 每个进程上拥有的数据(元素形式)(图中小方格中的数字表示矩阵元素的下标，如11表示a_{11}，57表示a_{57})

图 4.1-11　矩阵的并行分布方案

全局索引(I，J)和本地索引(i，j)之间的转换关系如下：

本地索引到全局索引的转换关系：
$I=\mathrm{nprow}\times m_b\times(i-1)/m_b+(i-1)\%m_b+(\mathrm{nprow}+\mathrm{mycol})\%\mathrm{nprow}\times m_b+1$ $J=\mathrm{npcol}\times n_b\times(j-1)/n_b+(j-1)\%n_b+(\mathrm{nprow}+\mathrm{mycol})\%\mathrm{npcol}\times n_b+1$
全局索引到本地索引的转换关系：
$i=m_b\times(I-1)/(m_b\times\mathrm{nprow})+(I-1)\%m_b+1$ $j=n_b\times(J-1)/(n_b\times\mathrm{npcol})+(J-1)\%n_b+1$

其中，nprow 表示进程网格的行数，npcol 表示进程网格的列数，myrow 表示当前进程的行坐标，mycol 表示当前进程的列坐标。可以看出采用这种二维块循环分布的方式分布矩阵之后，在矩阵的本地索引和全局索引之间转换时，行和列是相互独立的，这也是采用二维虚拟拓扑的优点之一。因此若已知全局索引便可以求得本地索引，若已知本地索引也可以求得全局索引。在 ScaLAPACK 中，这两个过程分别由子程序 INDXG2L 和 INDXL2G 来实现。

矩阵二维块循环分布的另一个优点是它可以退化成很多其他的矩阵分布方式。比如：将进程网格选为 $1\times P$ 则可以退化为列带分布方式；将进程网格选为 $P\times 1$ 则可以退化为行带分布方式；Block Size 大到一定程度后便退化为图 4.1－7 所示的分布方式。由于进程网格和 Block Size 的组合有很多种，因此在使用算法时需要选择其中一个最优的组合，而矩阵二维块循环分布这一特点使得我们可以在多种分布方式以及更广泛的参数范围内选择最优组合。

图 4.1－12 给出了另一个例子，将 9×9 的矩阵划分为 3×2 的小块，分配到 2×2 的进程网格中去。按照图 4.1－12(a)中的分配方式，图 4.1－12(b)给出了最终的矩阵分配结果。在图 4.1－12 中，最外圈的数字表示的是进程的行坐标和列坐标。和图 4.1－9 中一样，每一个分块矩阵由实线圈出，分块矩阵的大小变为 3×2；最外面的虚线表示的是这些分块矩阵未被填满。通过与图 4.1－11 比较，可以看出：即便是同样的矩阵，在不同的进程网格和不同的 Block Size 下，其并行分布结果也可能是完全不同的；一般情况下不同的进程并不能获得完全相等的数据量，但是数据不均衡差异并不会很大。

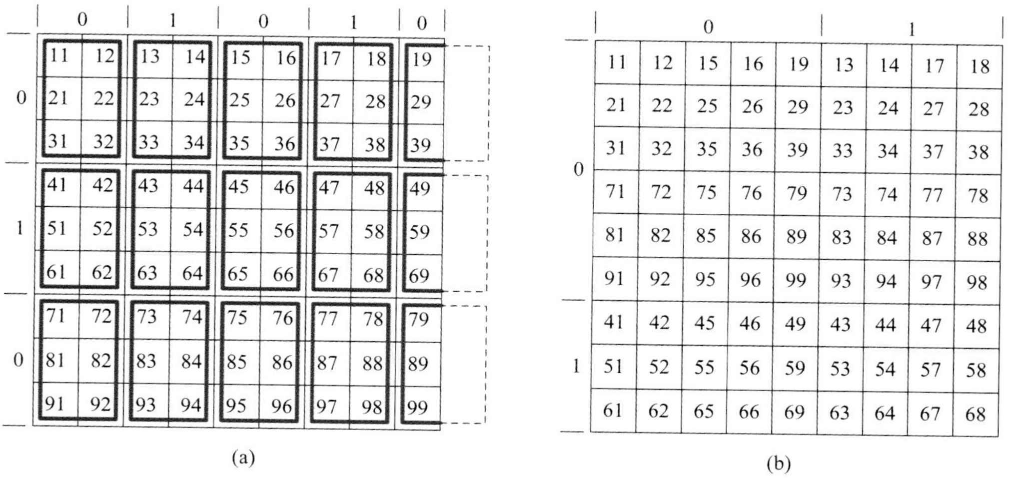

图 4.1－12　矩阵二维块循环分布(图中小方格中的数字表示矩阵元素的下标，如 11 表示 a_{11}，57 表示 a_{57})

2. 基本过程

在将矩阵按照二维块循环分布的方式分布到各进程上之后，施以必要的进程间通信，便可以对矩阵进行 LU 分解运算。

分块 LU 分解算法主要分为三个步骤：panel 列分解，panel 行更新，trailing 更新。panel 列一般是一个行数大于列数的高瘦型矩阵，是处于同一列上的分块矩阵；panel 行一般是一个列数大于行数的长扁型矩阵，是处于同一行上的分块矩阵；trailing 矩阵的行数与列数分别等于 panel 列的行数与 panel 行的列数。注意，随着 LU 分解的推进，panel 列的行数和 panel 行的列数会逐渐变小。

假设分块 LU 分解递推到第 k 步，图 4.1－13(a)～(d)给出此时并行分块 LU 分解的示意图。图中矩阵左侧和上侧的数字分别表示进程行坐标和进程列坐标；无填充色的分块矩阵已经分解完，填充浅绿色的分块矩阵正在分解，浅灰色的分块矩阵还未分解；箭头表示通信方向，公式表示计算过程，其中 $\boldsymbol{L}_{kk}$ 与 $\boldsymbol{U}_{kk}$ 由针对矩阵元素操作的传统 LU 分解算法求出。由于矩阵分布在多个进程上，因此图中每个公式所示的计算过程都是由多个进程并行执行的。

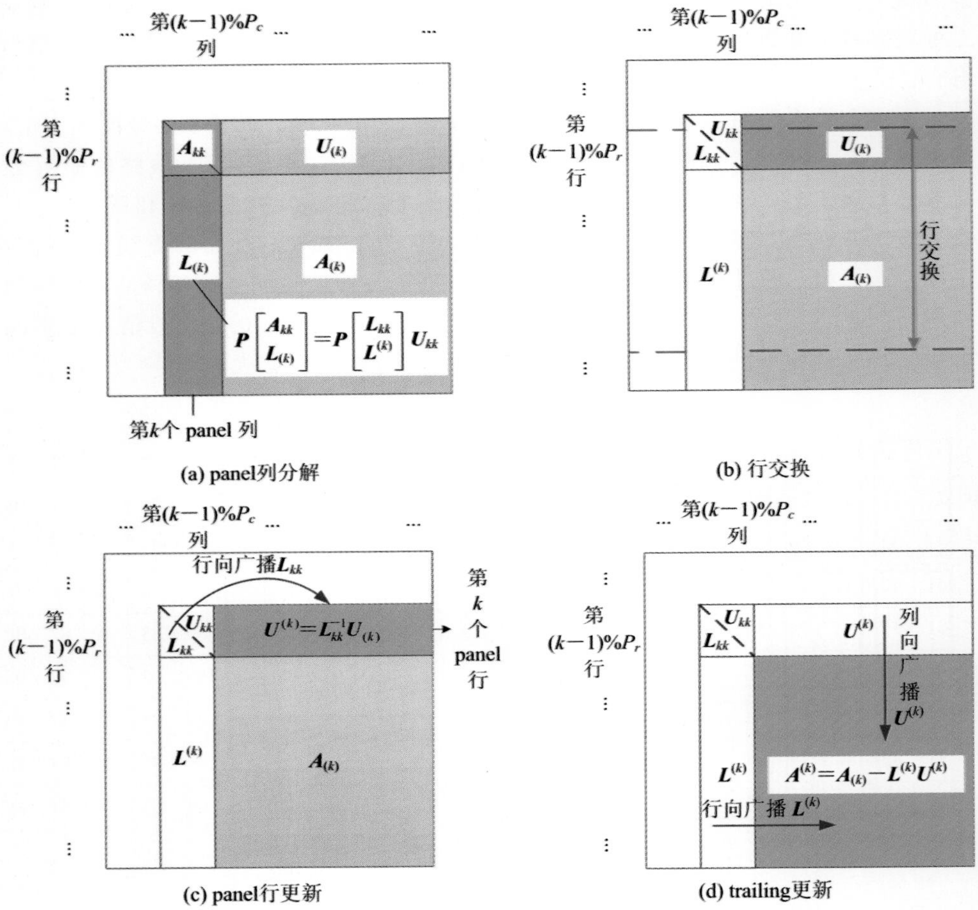

图 4.1-13　并行分块 LU 分解递推到第 k 步

可以看出虽然 panel 列分解和 panel 行更新分别只有一列和一行进程在执行，但是计算量最大的 trailing 更新是所有进程共同执行的，具有很高的负载均衡度。当然，随着 LU 分解的推进，当数据量变得越来越少时，负载不均衡度会略有上升，但是这几乎不会有太大的影响，因为当负载不均衡度变得较大时 LU 分解已经接近尾声。

为了描述方便，此处给出几个名词的定义。如图 4.1-13 所示，显然矩阵 $\boldsymbol{L}_{(k)}$ 或 $\boldsymbol{L}^{(k)}$ 分布于第$(k-1)\%P_c$列进程上，称此列进程为**关键进程列**(Critical Process Column)，可记为 $P_{i,(k-1)\%P_c}$($i\in[0, P_r-1]$)；矩阵 $\boldsymbol{U}_{(k)}$ 或 $\boldsymbol{U}^{(k)}$ 分布于第$(k-1)\%P_r$行进程上，称此行进程为**关键进程行**(Critical Process Row)，可记为 $P_{(k-1)\%P_r,j}$($j\in[0, P_c-1]$)；矩阵 $\boldsymbol{A}_{(k)}$ 或 $\boldsymbol{A}^{(k)}$ 一般情况下分布于所有进程上。“关键”一词来源于这些进程在并行分块 LU 分解过程中所起的作用：并行分块 LU 分解过程中，panel 列分解和 panel 行更新分别由“关键进程列”与“关键进程行”执行，而由所有进程执行的 traling 更新必须在 panel 列分解和 panel 行更新

之后，这相当于"关键进程列"和"关键进程行"的 $P_r + P_c - 1$ 个进程"阻碍"了 $P_r \times P_c$ 个进程，因此称其为"关键"。

为了确保并行分块 LU 分解的数值稳定性，必须将选主元策略纳入计算过程。本节仍然考虑列选主元。在 4.1.3 节已经指出，列选主元是在 $\boldsymbol{A}^{(k-1)}$ 矩阵(即图 4.1-13 中阴影部分矩阵)的列中选择绝对值最大的元素，为了满足列选主元的要求，$\boldsymbol{L}_{kk}$、$\boldsymbol{U}_{kk}$ 和 $\boldsymbol{L}^{(k)}$ 必须联合求解，即进行 panel 列分解，如图 4.1-13(a)和下式所示：

$$\boldsymbol{P}\begin{bmatrix}\boldsymbol{A}_{kk}^{(k-1)}\\ \boldsymbol{A}_{k+1,k}^{(k-1)}\\ \vdots\\ \boldsymbol{A}_{nk}^{(k-1)}\end{bmatrix}=\boldsymbol{P}\begin{bmatrix}\boldsymbol{L}_{kk}\\ \boldsymbol{L}_{k+1,k}\\ \vdots\\ \boldsymbol{L}_{nk}\end{bmatrix}\boldsymbol{U}_{kk}$$

其中矩阵 $\boldsymbol{P}$ 为置换矩阵，代表了列选主元过程。需要注意的是，在这一过程中，由于矩阵是分布在一列进程上的，因此这一过程是并行执行的，在执行的过程中，需要进行进程间通信以完成选主元、行交换等操作。

panel 列分解通信比较复杂，通信量也比较大，而且几乎所有的计算都是元素操作，因此并行度和计算效率都不高。为了方便与其他方法比较，将这种采用针对矩阵元素操作的、列选主元的传统 LU 分解算法的 panel 列分解方法称为 GEPP(Gaussian Elimination with Partial Pivoting)算法，这一名称来源于高斯消元法。相应地，称并行实现的 GEPP 算法为并行 GEPP 算法。

为提高计算性能，本节还将给出一种效率高、易实现的 panel 列分解算法，即 CALU (Communication Avoiding LU)算法。CALU 算法与 GEPP 算法的不同之处在于 panel 列分解时的选主元的策略及实现方式不同。与基于 GEPP 算法的并行分块 LU 分解算法相比，基于 CALU 算法的并行分块 LU 分解算法也只有 panel 列分解有所变化，而 panel 行更新和 trailing 更新都没有改变。

下面详细讨论第 k 步中 panel 列分解、panel 行更新和 trailing 更新的并行实现，并研究这三个步骤中的计算和通信。这对理解 CALU 算法的优势以及后文中提到的性能优化是极其重要的。

3. 并行 panel 列分解

处于同一列的分块被称为 panel 列，这里记 panel 列矩阵为 $\boldsymbol{B}$，并假设其大小为 $m \times n_b$(一般情况下 $m > n_b$)。显然矩阵 $\boldsymbol{B}$ 以分块矩阵为单位循环分布在关键进程列上。panel 列分解即是对此 $\boldsymbol{B}$ 矩阵进行 LU 分解，这也是并行分块 LU 分解中通信最复杂的过程。在此过程中为了选取合适的主元，要在关键进程列的所有进程之间进行通信。

1) 并行 GEPP 算法

在介绍传统 LU 分解算法时已经详细介绍了 GEPP 选主元策略的实施过程。这里从并行实现的角度进行简要的回顾。需要注意的是前述介绍的传统 LU 分解是针对方阵设计的，这里的并行 GEPP 算法并非只适用于方阵。

图 4.1-14 描述了并行分块 LU 分解递推到第 k 步时 panel 列分解的情况。panel 列分解采用针对矩阵元素操作、列选主元的传统 LU 算法，因此 panel 列分解是一列一列往前推进的。图中以进行到当前 panel 列的第 j 列为例。其中矩阵左侧和上侧的数字分别代表

进程的行坐标和列坐标，图中各符号的含义已经定义过，此处不再赘述。

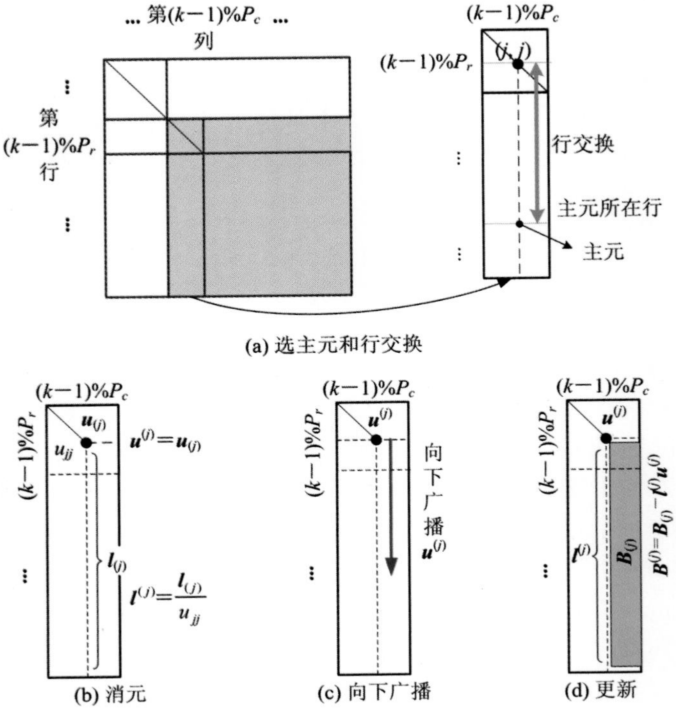

图 4.1-14　基于并行 GEPP 算法的 panel 列分解示意图

下面以双精度复数矩阵 LU 分解为例进行并行 GEPP 算法的通信与计算讨论。假设计算机为了发送一次消息所需的准备时间(通信延迟)为 α，发送一个矩阵元素的时间为 β，则一次发送 L 个矩阵元素所需要的通信时间 T 为

$$T = \alpha + \beta L \tag{4.1-40}$$

假设计算机完成一次实数加法或实数乘法的时间为 γ，则计算机完成一次复数加法的时间为 2γ，完成一次复数乘法的时间为 6γ。LU 分解过程中除法主要出现在消元过程中，这一过程计算量较小，可以忽略。

GEPP 算法在分解矩阵 $\boldsymbol{B}$ 时是一列一列进行的，每次消元之前都需要先选主元并且进行行交换。由于矩阵 $\boldsymbol{B}$ 循环分布在 P_r 个进程上，因此每次选主元和进行行交换都需要 P_r 个进程之间通信以比较大小，此过程的通信复杂度为 $\mathrm{lb}P_r$(即 $\log_2 P_r$)，通信量为 n_b；另外还要将 $\boldsymbol{u}^{(j)}$ 向下广播，广播过程的通信复杂度为 $\mathrm{lb}P_r$，通信量为 n_b。这一过程共需要进行 n_b 次。经计算，基于 GEPP 算法的 panel 列分解的选主元通信时间约为

$$\begin{aligned} T_{\mathrm{GEPP,\ comm}} &= n_b \times [(\alpha + \beta n_b) \times \mathrm{lb}P_r + (\alpha + \beta n_b) \times \mathrm{lb}P_r] \\ &= 2\alpha n_b \mathrm{lb}P_r + 2\beta n_b^2 \mathrm{lb}P_r \end{aligned} \tag{4.1-41}$$

需要注意，当 LU 分解即将结束时，参与 panel 列分解的进程会少于 P_r 个，同时当 LU 分解进行到最后一步时，选主元过程可能也少于 n_b 次(因为最后的 panel 列可能不到 n_b 列)，此处只考虑了一般情况，这并不会造成太大的差距。

根据 4.1.2 节对 LU 分解算法的描述，可以计算出大小为 $m \times n_b$ 的 panel 列分解复数

乘法的次数约为$\frac{mn_b^2}{2}-\frac{n_b^3}{6}$，复数加法的次数约为$\frac{mn_b^2}{2}-\frac{n_b^3}{6}$，这些计算是由 P_r个进程并行完成的，所以理想情况下，并行 GEPP 算法的 panel 列分解的计算时间约为

$$T_{\text{GEPP, comp}}=\frac{4\left(mn_b^2-\frac{n_b^3}{3}\right)\gamma}{P_r} \tag{4.1-42}$$

需要注意的是，这里的计算忽略了低阶项，并且忽略了一些计算量较小的操作，如消元、选主元等。

2) CALU 算法

CALU 算法的创新之处就在于采用了新的选主元的策略，从而减少了 panel 列分解过程中的通信次数和通信量[17]。

将第 k 步的 panel 列矩阵记为 $\boldsymbol{B}$：

$$\boldsymbol{B}=\begin{bmatrix}\boldsymbol{B}_0\\ \boldsymbol{B}_1\\ \boldsymbol{B}_2\\ \boldsymbol{B}_3\end{bmatrix} \tag{4.1-43}$$

则根据二维块循环分布的方式可知，矩阵 $\boldsymbol{B}$ 分布于 P_r个进程上。为了方便描述，将这 P_r个进程重新编号(不是进程 ID)，新的编号记为 i，其中关键进程行编号为 $i=0$，其他进程行与 i 的映射关系可任意约定。如式(4.1-43)所示，记分布于编号为 $i(i=0, 1, 2, 3)$的进程上的矩阵为 $\boldsymbol{B}_i$，不失一般性，假设 $\boldsymbol{B}_i$ 的大小为 $m_i\times n_b$。

本节 CALU 算法可分为四步进行描述。第一步，如式(4.1-44)所示，编号为 i 的进程利用 GEPP 算法针对分布于自身上的矩阵 $\boldsymbol{B}_i$ 进行分解，得到行交换信息，即置换矩阵 $\boldsymbol{P}_i^{(1)}$。由于每个进程只独立地处理本进程上的数据，在 $\boldsymbol{B}_0$、$\boldsymbol{B}_1$、$\boldsymbol{B}_2$ 和 $\boldsymbol{B}_3$ 之间没有相互作用，因此这一过程可以称为**本地分解**。显然这一过程不存在任何进程间的通信。

$$\begin{cases}\boldsymbol{B}_0=\boldsymbol{P}_0^{(1)}\boldsymbol{L}_0^{(1)}\boldsymbol{U}_0^{(1)}\\ \boldsymbol{B}_1=\boldsymbol{P}_1^{(1)}\boldsymbol{L}_1^{(1)}\boldsymbol{U}_1^{(1)}\\ \boldsymbol{B}_2=\boldsymbol{P}_2^{(1)}\boldsymbol{L}_2^{(1)}\boldsymbol{U}_2^{(1)}\\ \boldsymbol{B}_3=\boldsymbol{P}_3^{(1)}\boldsymbol{L}_3^{(1)}\boldsymbol{U}_3^{(1)}\end{cases} \tag{4.1-44}$$

其中，$\boldsymbol{P}_i^{(1)}$ 的大小为$m_i\times m_i$，$\boldsymbol{L}_i^{(1)}$ 的大小 $m_i\times n_b$，$\boldsymbol{U}_i^{(1)}$ 的大小为 $n_b\times n_b$。需要指出的是，在本节式(4.1-44)以及后续公式中，上标(k)表示第 k 次处理后的矩阵，没有此上标的表示原始数据。

第二步，获取主元块。编号为 i 的进程利用第一步中得到的置换矩阵 $\boldsymbol{P}_i^{(1)}$ 的转置矩阵左乘其各自的原始矩阵 $\boldsymbol{B}_i$，将 n_b个主元行置换到矩阵 $\boldsymbol{B}_i$ 的前 n_b行，从而使每个进程都得到一个 $n_b\times n_b$的主元块 $\boldsymbol{B}_i^{(1)}$，如式(4.1-45)所示。

$$\begin{cases}\boldsymbol{B}_0^{(1)}=(\boldsymbol{P}_0^{(1)\mathrm{T}}\boldsymbol{B}_0)(1:n_b,\ 1:n_b)\\ \boldsymbol{B}_1^{(1)}=(\boldsymbol{P}_1^{(1)\mathrm{T}}\boldsymbol{B}_1)(1:n_b,\ 1:n_b)\\ \boldsymbol{B}_2^{(1)}=(\boldsymbol{P}_2^{(1)\mathrm{T}}\boldsymbol{B}_2)(1:n_b,\ 1:n_b)\\ \boldsymbol{B}_3^{(1)}=(\boldsymbol{P}_3^{(1)\mathrm{T}}\boldsymbol{B}_3)(1:n_b,\ 1:n_b)\end{cases} \tag{4.1-45}$$

其中($\boldsymbol{P}_i^{(1)\mathrm{T}}\boldsymbol{B}_i$)的大小为 $m_i \times n_b$，$\boldsymbol{B}_i^{(1)}$ 的大小为 $n_b \times n_b$。注意，式中$(1:n_b, 1:n_b)$表示矩阵的第 1 行到第 n_b行、第 1 列到第 n_b列的元素。

第三步，组合主元块。将主元块两两组合，比如 $\boldsymbol{B}_0^{(1)}$ 和 $\boldsymbol{B}_1^{(1)}$ 组合、$\boldsymbol{B}_2^{(1)}$ 和 $\boldsymbol{B}_3^{(1)}$ 组合，从而得到两个 $2n_b \times n_b$的矩阵块，再对这两个矩阵块进行本地分解，如式(4.1－46)所示。

$$\begin{cases} \begin{bmatrix} \boldsymbol{B}_0^{(1)} \\ \boldsymbol{B}_1^{(1)} \end{bmatrix} = \boldsymbol{P}_0^{(2)} \boldsymbol{L}_0^{(2)} \boldsymbol{U}_0^{(2)} \\ \begin{bmatrix} \boldsymbol{B}_2^{(1)} \\ \boldsymbol{B}_3^{(1)} \end{bmatrix} = \boldsymbol{P}_1^{(2)} \boldsymbol{L}_1^{(2)} \boldsymbol{U}_1^{(2)} \end{cases} \tag{4.1-46}$$

其中，$\begin{bmatrix} \boldsymbol{B}_0^{(1)} \\ \boldsymbol{B}_1^{(1)} \end{bmatrix}$和$\begin{bmatrix} \boldsymbol{B}_2^{(1)} \\ \boldsymbol{B}_3^{(1)} \end{bmatrix}$的大小为 $2n_b \times n_b$，$\boldsymbol{P}_i^{(2)}$ 的大小为 $2n_b \times 2n_b$，$\boldsymbol{L}_i^{(2)}$ 的大小为 $2n_b \times n_b$，$\boldsymbol{U}_i^{(2)}$ 的大小为 $n_b \times n_b$。

可以预见到，在组合时需要解决一系列问题：两两组合时，需要确定将哪两个主元块组合在一块；参与组合的两个主元块分布于两个不同的进程行上，需要确定组合由哪个进程来执行；组合之后，需要确定哪个进程对组合后的矩阵进行本地分解。这里采用二叉树规约的形式，将编号相邻的进程的主元块两两进行组合。组合之后，参与 panel 列分解运算的进程会减少一半。显然，在组合过程中，需要进程间进行通信。

第二步和第三步循环进行，直到求解出最后一个主元块为止，如式(4.1－47)、式(4.1－48)和式(4.1－49)所示。

$$\begin{cases} \boldsymbol{B}_0^{(2)} = \left(\boldsymbol{P}_0^{(2)\mathrm{T}} \begin{bmatrix} \boldsymbol{B}_0^{(1)} \\ \boldsymbol{B}_1^{(1)} \end{bmatrix}\right)(1:n_b, 1:n_b) \\ \boldsymbol{B}_1^{(2)} = \left(\boldsymbol{P}_1^{(2)\mathrm{T}} \begin{bmatrix} \boldsymbol{B}_2^{(1)} \\ \boldsymbol{B}_3^{(1)} \end{bmatrix}\right)(1:n_b, 1:n_b) \end{cases} \tag{4.1-47}$$

其中，$\left(\boldsymbol{P}_0^{(2)\mathrm{T}} \begin{bmatrix} \boldsymbol{B}_0^{(1)} \\ \boldsymbol{B}_1^{(1)} \end{bmatrix}\right)$、$\left(\boldsymbol{P}_1^{(2)\mathrm{T}} \begin{bmatrix} \boldsymbol{B}_2^{(1)} \\ \boldsymbol{B}_3^{(1)} \end{bmatrix}\right)$的大小为 $2n_b \times n_b$，$\boldsymbol{B}_0^{(2)}$、$\boldsymbol{B}_1^{(2)}$ 的大小为 $n_b \times n_b$。

$$\begin{bmatrix} \boldsymbol{B}_0^{(2)} \\ \boldsymbol{B}_1^{(2)} \end{bmatrix} = \boldsymbol{P}_0^{(3)} \boldsymbol{L}_0^{(3)} \boldsymbol{U}_0^{(3)} \tag{4.1-48}$$

其中，$\begin{bmatrix} \boldsymbol{B}_0^{(2)} \\ \boldsymbol{B}_1^{(2)} \end{bmatrix}$的大小为 $2n_b \times n_b$，$\boldsymbol{P}_0^{(3)}$ 的大小为 $2n_b \times 2n_b$，$\boldsymbol{L}_0^{(3)}$ 的大小为 $2n_b \times n_b$，$\boldsymbol{U}_0^{(3)}$ 的大小为 $n_b \times n_b$。

$$\boldsymbol{B}_0^{(3)} = \left(\boldsymbol{P}_0^{(3)\mathrm{T}} \begin{bmatrix} \boldsymbol{B}_0^{(2)} \\ \boldsymbol{B}_1^{(2)} \end{bmatrix}\right)(1:n_b, 1:n_b) \tag{4.1-49}$$

其中，$\left(\boldsymbol{P}_0^{(3)\mathrm{T}} \begin{bmatrix} \boldsymbol{B}_0^{(2)} \\ \boldsymbol{B}_1^{(2)} \end{bmatrix}\right)$的大小为 $2n_b \times n_b$，$\boldsymbol{B}_0^{(3)}$ 的大小为 $n_b \times n_b$。

第四步，在得到最后一个主元块 $\boldsymbol{B}_0^{(3)}$ 之后，将此主元块置换到原始的 panel 列矩阵 $\boldsymbol{B}$ 的前 n_b行。理论上还需对置换后的矩阵 $\boldsymbol{B}$ 进行一次不选主元的 LU 分解操作，才能最终得到 panel 列分解的结果。实际上，这个不选主元的 LU 分解是不需要的，因为最后一次本地

分解得到的 $\boldsymbol{U}$ 矩阵与最终期望得到的 $\boldsymbol{U}$ 矩阵是相同的，即 $\boldsymbol{U}_0^{(3)}$，因此，只需要将此 $\boldsymbol{U}$ 矩阵沿列向广播后和 panel 列矩阵进行一次如式(4.1-36)那样的矩阵乘法操作即可，即 $\boldsymbol{L}^{(k)}=\boldsymbol{L}_{(k)}\boldsymbol{U}_{kk}^{-1}$。

这一过程可以扩展为 P_r 等于 8、16、32 等 2 的幂次方情况，稍加修正也可以扩展到任意情况。图 4.1-15 对上述过程进行总结，这是一种二叉树规约的方案，可以理解为规约选主元。我们也可以选择四叉树、八叉树等规约方案。

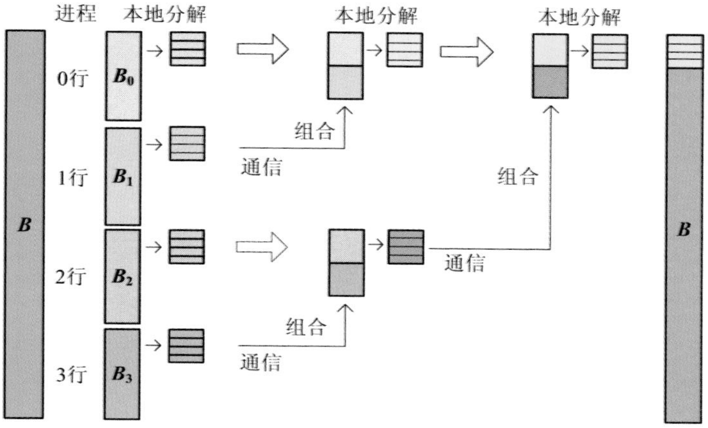

图 4.1-15　CALU 算法的 panel 列分解过程

至此 CALU 算法的基本原理已经阐述清楚，值得注意的是，在本地分解这一步中，我们选择了 GEPP 算法。事实上，这一步的目的是获得行交换信息，也可以选择别的方法实现这一目的，比如别的已经存在的、优化过的串行 LU 分解算法，甚至嵌套使用 CALU 算法。这是并行 GEPP 算法所没有的优点。

将关键进程行映射为编号 $i=0$ 这一方法，可以保证二叉树规约过程必然可以终结于关键进程行。若从主元块通信的角度看，则通信总是从编号大的进程发送给编号小的进程，因此该方法称为单向通信 CALU 算法。注意，主元块也可采取其他通信方式进行组合[18]，但没有单向通信 CALU 算法的方案简洁有效。

基于 CALU 算法的 panel 列分解在选主元时，通信任务最繁重的那个进程需要进行 $\text{lb}P_r$ 次点对点通信，通信量为 n_b^2；同时需要一次有 P_r 个进程参与的广播通信，通信量为 $n_b^2/2$。

对于广播，往往有多种实现方式，不同的广播实现方式其通信复杂度也不同，此处以一种被称为“binary-exchange”的方式为例，其通信复杂度为 $\text{lb}P_r$（即 $\log_2 P_r$）。更多的关于广播通信方式的说明可以参考文献[19]。故基于 CALU 算法的 panel 列分解的总通信时间为

$$\begin{aligned}T_{\text{CALU, comm}}&=[\alpha+\beta n_b^2]\times\text{lb}P_r+\left(\alpha+\beta\times\frac{n_b^2}{2}\right)\times\text{lb}P_r\\&=2\alpha\text{lb}P_r+1.5\beta n_b^2\text{lb}P_r\end{aligned}\tag{4.1-50}$$

此处 $[\alpha+\beta n_b^2]\times\text{lb}P_r$ 中对数函数的底数选为 2，是以 CALU 算法选择二叉树规约方案为例，若选择四叉树或者八叉树，则对数函数的底数要相应地变化为 4 或者 8。

不论是 GEPP 算法还是 CALU 算法，当其完成之后，其所在的一列 P_r 个进程都要将行交换信息沿行向传递给其余进程，但是其通信复杂度极小，此处可以忽略不计。

比较 CALU 算法与 GEPP 算法的通信，可见 CALU 算法的通信次数是并行 GEPP 算法的 $1/n_b$，通信量是并行 GEPP 算法的 3/4，因此 CALU 算法具有较好的通信性能。

另一方面，由上述 $P_r=4$ 时 CALU 算法的例子可知，在利用 CALU 算法进行 panel 列分解时，大致相当于将 panel 列分解了两遍，因此其计算量大约是 GEPP 算法 panel 列分解计算量的两倍。CALU 算法的 panel 列分解的时间约为

$$T_{\text{GEPP, comp}}=\frac{8\left(mn_b^2-\frac{n_b^3}{3}\right)\gamma}{P_r} \tag{4.1-51}$$

需要注意的是，这里的计算也忽略了低阶项和一些计算量较小的操作。

对比 GEPP 和 CALU 可以看出，CALU 的一个优点是它大大减少了 panel 列分解过程中的通信次数和通信量，但是付出的代价是增加了计算量，综合起来看 CALU 的时间开销比 GEPP 还是减少的。CALU 的另一个优点是可以充分利用优化良好的串行代码，使 CPU 达到更高的运行速度，相当于 CALU 中的 γ 相对更小；同时 CALU 可以改善程序架构，使得程序在后续的流程中等待、同步的时间减少。

总体而言，CALU 算法相比于并行 GEPP 算法的最大的创新之处就在于它大大减少了并行 panel 列分解过程的通信次数和通信量；其次，它提高了 panel 列分解的并行度，且有利于算法的后续流程；最后，CALU 算法可以利用现有的高效串行传统 LU 分解代码加速其计算过程，而并行 GEPP 算法是不可以的。从数学角度来讲，两个算法的不同之处只是在于选取了不同的主元，两者都能保证很高的数值稳定度。

4. 并行 panel 行更新

完成 panel 列分解之后，只有 panel 列矩阵完成了列选主元的行交换，矩阵的其余部分并没有执行行交换，因此在 panel 行更新之前，首先要完成整个矩阵的行交换，即所有进程根据 panel 列分解得到的置换矩阵信息，将相关矩阵行相互交换。行交换完成之后才能进行 panel 行更新和 trailing 更新。

行交换的通信只在同一列进程中发生，通信复杂度为 $\text{lb}P_r$，总通信量为 $2(N-kn_b)n_b$，其中 2 代表了通信是双向的交换而不是单向的发送或接收。注意到这些通信量是被分配到 P_c 个进程的，因此行交换的通信时间大约为

$$T_1=\alpha\,\text{lb}P_r+\frac{2(N-kn_b)n_b}{P_c}\beta \tag{4.1-52}$$

并行 panel 行更新实际上是式(4.1-37)的并行计算，即

$$\boldsymbol{U}^{(k)}=\boldsymbol{L}_{kk}^{-1}\boldsymbol{U}_{(k)}$$

的并行计算。显然，$\boldsymbol{U}_{(k)}$ 分布在关键进程行上。记 $\boldsymbol{U}_{(k)}$ 分布在每个进程上的部分为 $\boldsymbol{U\_local}_{(k)}$，相应的 $\boldsymbol{U}^{(k)}$ 分布在每个进程上的部分为 $\boldsymbol{U\_local}^{(k)}$。为了计算 $\boldsymbol{U}^{(k)}$，关键进程行上的 P_c 个进程需要相互协作，求出各自的 $\boldsymbol{U\_local}^{(k)}$。

根据式(4.1-37)，每个进程在计算各自的 $\boldsymbol{U\_local}^{(k)}$ 过程中，只需要知道自身的 $\boldsymbol{U\_local}_{(k)}$ 和 $\boldsymbol{L}_{kk}$ 即可，即进程之间除了 $\boldsymbol{L}_{kk}$ 之外没有任何数据依赖关系，而 $\boldsymbol{L}_{kk}$ 可以通过通信得到，通信的方向和过程如图 4.1-16 所示。注意图中大矩阵左侧和上侧的标识表示的是进程的行坐标和列坐标，箭头表示通信方向。图 4.1-16(a)为所有进程的情况，图 4.1-16(b)为其中一个进程 $P_{(k-1)\%P_r,\,j}$ 的情况。

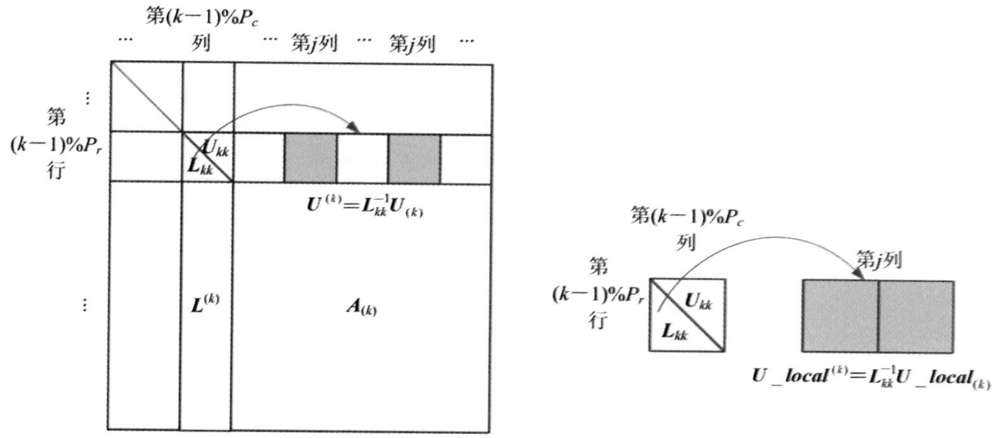

(a) 关键进程行情况　　(b) 关键进程行中一个进程的情况

图 4.1－16　并行 panel 行更新

图 4.1－17 所示为一个 5×5 的分块矩阵例子，每个分块矩阵的大小为 $n_b \times n_b$。采用 6 个进程计算，进程网格选为 2×3，当前 $k=1$。图 4.1－17(a)中，若只从数据的角度来看，而不关心数据所在的进程，实线箭头和虚线箭头都表示数据依赖关系，即箭头所指向的数据依赖于箭头所背离的数据，这从 panel 行更新的公式也可看出。由于数据之间具有依赖关系，因此若数据不在同一个进程上，则需要进程间进行通信。从通信的角度看，实线箭头还可以表示进程间通信，箭头所指向的进程表示通信的接收方，箭头所背离的进程表示通信的发送方。明显可以看出，虚线箭头示意的通信过程与实线箭头是重复的，或者是不必要的，因此其表示冗余通信。为此将实际的通信单独标识在图 4.1－17(b)中。注意，与图 4.1－17(a)不同的是，图 4.1－17(b)是矩阵在各进程分布完成之后的状态，其中箭头表示通信。

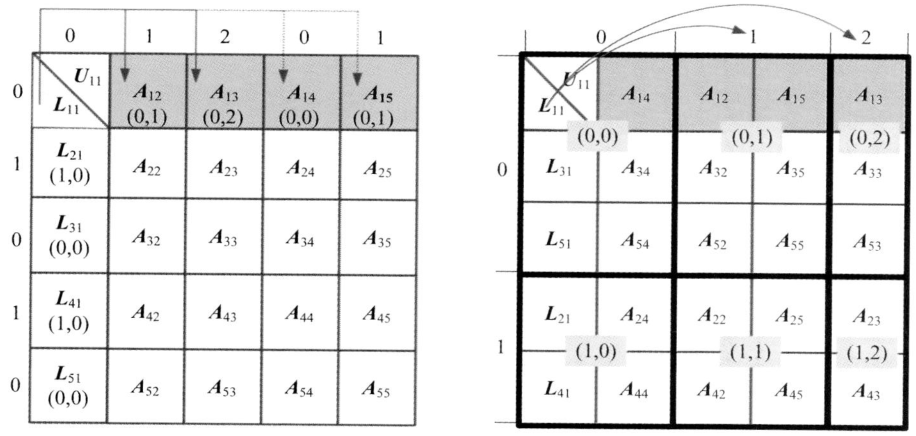

(a) 数据依赖关系　　(b) 进程间通信

图 4.1－17　并行 panel 行更新通信示意图

总结而言，并行 panel 行更新主要包括两步：

第一步，关键进程行中拥有 $\boldsymbol{L}_{kk}$ 的进程，即进程 $P_{(k-1)\%P_r,(k-1)\%P_c}$ 行向广播 $\boldsymbol{L}_{kk}$，关键

进程行中其余进程接收 $\boldsymbol{L}_{kk}$。将 $\boldsymbol{L}_{kk}$ 行向广播，通信量为 $n_b^2/2$，参与广播的进程数为 P_c，若采用直接广播方式，广播复杂度为 P_c-1，广播操作的时间为

$$T_2=(P_c-1)\left(\alpha+\frac{n_b^2}{2}\beta\right) \tag{4.1-53}$$

第二步，关键进程行执行 $\boldsymbol{U\_local}^{(k)}=\boldsymbol{L}_{kk}{}^{-1}\boldsymbol{U\_local}_{(k)}$。

5. 并行 trailing 更新

余项更新过程实质是式(4.1-38)的并行计算，即

$$\boldsymbol{A}^{(k)}=\boldsymbol{A}_{(k)}-\boldsymbol{L}^{(k)}\boldsymbol{U}^{(k)}$$

的并行计算。显然，$\boldsymbol{A}_{(k)}$ 分布在所有进程上，记 $\boldsymbol{A}_{(k)}$ 分布在每个进程上的部分为 $\boldsymbol{A\_local}_{(k)}$，相应的 $\boldsymbol{A}^{(k)}$ 分布在每个进程上的部分记为 $\boldsymbol{A\_local}^{(k)}$。为了计算 $\boldsymbol{A}^{(k)}$，所有进程需要相互协作，求出各自的 $\boldsymbol{A\_local}^{(k)}$。每个进程在计算各自的 $\boldsymbol{A\_local}^{(k)}$ 过程中，只需要知道自身的 $\boldsymbol{A\_local}_{(k)}$、$\boldsymbol{L}^{(k)}$ 和 $\boldsymbol{U}^{(k)}$ 的部分数据即可，即进程之间除了 $\boldsymbol{L}^{(k)}$ 和 $\boldsymbol{U}^{(k)}$ 之外没有任何数据依赖关系。如图 4.1-18 所示，大矩形框左侧和上侧的标识表示的是进程的行坐标和列坐标，而不是分块矩阵的行坐标和列坐标，箭头表示通信方向。图 4.1-18(a)为所有进程的情况，由于矩阵是循环分布到各进程中的，因此图中出现多个“第 i 行”进程以及“第 j 列”进程。图 4.1-18(b)所示为其中一个进程 P_{ij} 的情况。从图中可以看出，进程 P_{ij} 所依赖的 $\boldsymbol{L}^{(k)}$ 的部分数据恰好为进程 $P_{i,(k-1)\%P_c}$ 的 $\boldsymbol{L\_local}^{(k)}$，所依赖的 $\boldsymbol{U}^{(k)}$ 的部分数据即进程 $P_{(k-1)\%P_r,j}$ 的 $\boldsymbol{U\_local}^{(k)}$。$\boldsymbol{L\_local}^{(k)}$ 和 $\boldsymbol{U\_local}^{(k)}$ 可以通过通信得到，通信方向和计算过程如图 4.1-18(b)所示。

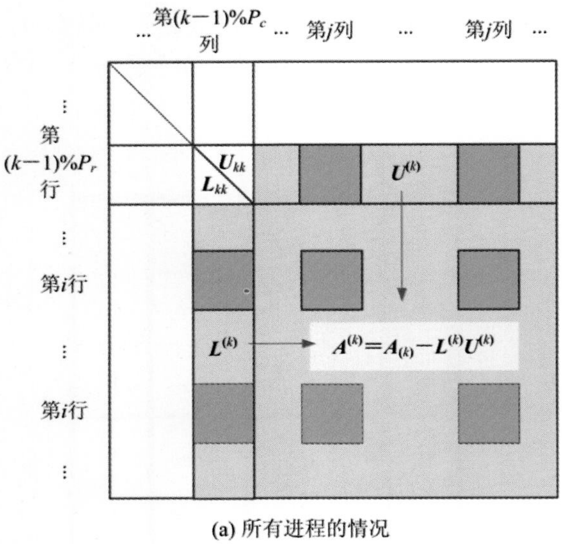

(a) 所有进程的情况

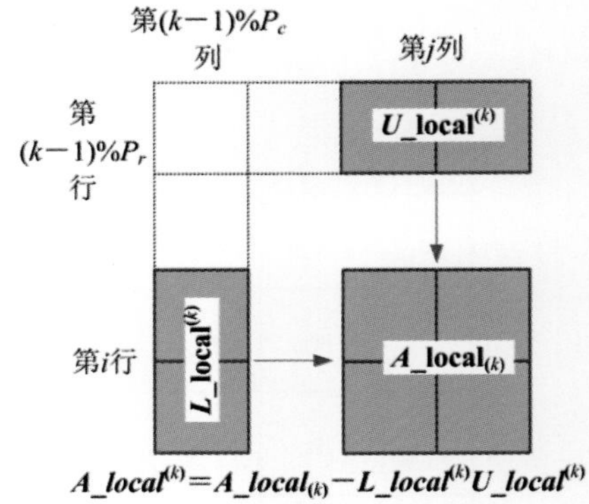

(b) 其中一个进程的情况

图 4.1-18　并行 trailing 更新

图 4.1-19 所示为一个 5×5 的分块矩阵例子，每个分块矩阵的大小为 $n_b\times n_b$。采用 6 个进程运算，进程网格选为 2×3。图 4.1-19(a)表示第一步，即 $k=1$；图 4.1-19(b)表示第二步，即 $k=2$。图 4.1-19(a)左图中的水平短箭头表示数据依赖关系，即其所指向的一行分块矩阵依赖于箭头所在的分块矩阵；同样地，垂直短箭头表示垂直方向上的数据依赖

关系。由于具有依赖关系的数据不在一个进程上，因此需要进程间进行通信。

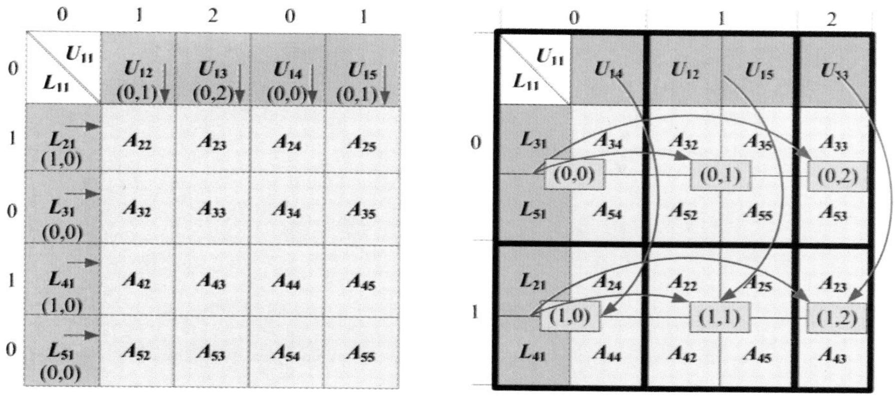

(a) $k=1$时数据依赖关系与进程间通信

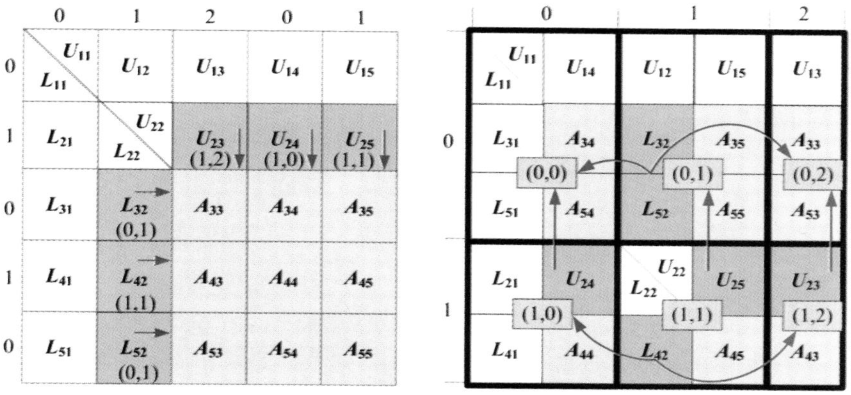

(b) $k=2$时数据依赖关系与进程间通信

图 4.1-19　并行 trailing 更新通信示意图

若从通信的角度看，图 4.1-19(a)左图中的水平短线箭头还可以表示进程间通信，箭头所指向的进程表示通信的接收方，箭头所背离的进程表示通信的发送方。显而易见，为每一个数据依赖关系创建一次通信是不合理的，这样的通信模式中存在冗余通信。为此将修正的通信模式标识在图 4.1-19(a)的右图中。同理，上下方向的短箭头的含义同上，这里不再赘述。注意，与图 4.1-19 左图不同的是，图 4.1-19 右图是矩阵在各进程分布完成之后的状态，其中箭头表示通信。

相应的，图 4.1-19(b)为 $k=2$ 时 trailing 更新过程中的数据依赖关系和通信方向示意图。

总结起来，并行 trailing 更新主要包括两步：

第一步，关键进程列 $P_{i,(k-1)\%P_c}$ $(i\in[0, P_r-1])$行向广播 $\boldsymbol{L\_local}^{(k)}$，其余进程接收来自关键进程列的 $\boldsymbol{L\_local}^{(k)}$。同时，关键进程行 $P_{(k-1)\%Pr,j}$ $(j\in[0, P_c-1])$列向广播 $\boldsymbol{U\_local}^{(k)}$，其余进程接收来自关键进程行的 $\boldsymbol{U\_local}^{(k)}$。$\boldsymbol{L\_local}^{(k)}$ 和 $\boldsymbol{U\_local}^{(k)}$ 分别向右和向下广播，广播通信仅在同一行或同一列发生，若分别采用直接广播方式和二叉树广播方式[20]，则通信复杂度分别为 P_c-1 和 $\mathrm{lb}P_r-1$，通信量都是$(N-kn_b)n_b$，这些通信量分别

被分配到 P_r 和 P_c 个进程执行。通信时间约为

$$T_3 = (P_c - 1)\left(\alpha + \frac{(N - kn_b)n_b}{P_r}\beta\right) + (\mathrm{lb}P_r - 1)\left(\alpha + \frac{(N - kn_b)n_b}{P_c}\beta\right) \quad (4.1-54)$$

第二步，所有进程计算 $\boldsymbol{A\_local}^{(k)} = \boldsymbol{A\_local}_{(k)} - \boldsymbol{L\_local}^{(k)}\boldsymbol{U\_local}^{(k)}$。

当上述 panel 列分解、panel 行更新、trailing 更新三步完成后，整个矩阵被更新一遍。重复进行这一过程，便可以完成整个矩阵的 LU 分解。

4.2 线性数学库

实现并行分块 LU 分解算法的数学库主要有开源的 ScaLAPACK[4]、PLAPACK[14] 数学库以及由 Intel 公司推出的商业 MKL[21] 等。本节主要介绍开源数学库，并以矩阵乘为例介绍最底层的 BLAS (Basic Linear Algebra Subprograms，基础线性代数程序集)的相关优化工作。

4.2.1 线性代数库简介

1. BLAS(Basic Linear Algebra Subprograms，基础线性代数程序集)

BLAS 是一个应用程序接口标准，它定义了一系列的应用程序接口，以规范基础线性代数库。BLAS 在功能上主要完成基本的线性代数运算，这些运算一般可分为三个级别：BLAS-1(向量-向量运算，如向量加、向量数乘)，BLAS-2(矩阵-向量运算，如矩阵-向量乘)，BLAS-3(矩阵-矩阵运算，如矩阵-矩阵乘)。基于 BLAS，便可实现更加复杂的线性代数运算，如矩阵 LU 分解、矩阵 QR 分解甚至矩阵方程求解等，后文将要介绍的 LAPACK 和 ScaLAPACK 都是基于 BLAS 实现的功能更加强大的线性代数库。BLAS-3 操作可以方便地针对现代计算机多级存储架构和多核处理器进行优化，往往能够达到较高的性能，因此除了算法上的革新之外，现代线性代数库的性能提升更多地来自 BLAS-3 操作性能的提升。很多硬件厂商都会发布针对自家处理器优化过的 BLAS 实现，比如 Intel MKL 的 BLAS 实现和 AMD ACML[22] 的 BLAS 实现。此外 BLAS 主要还有以下实现版本：Netlib BLAS[12]、ATLAS[23]、GotoBLAS[10, 24]、OpenBLAS[24]。本书使用的 BLAS 主要是 Netlib BLAS、OpenBLAS 和 Intel MKL。其中 Netlib BLAS 是基本版 BLAS，没有针对任何特定平台进行优化，是一个通用的 BLAS，其存在的目的更多的是提供一个应用程序接口标准，以规范 BLAS 的发布。OpenBLAS 是由中科院开发的、基于 GotoBLAS 2.1.13 BSD 版本优化的 BLAS 库，充分利用了现代计算机多级存储架构和向量化单元，采用了汇编代码实现核心功能，性能上可逼近计算机的理想性能。Intel MKL 是一个商业数学库，它不仅包括 BLAS，还包括很多基于 BLAS 构建的、功能更加强大的线性代数库，同时还包括 FFT 等其他数学运算。前文所介绍的各种矩阵方程求解方法中的基本线性代数操作都是调用 BLAS 实现的，这样可以清晰地设计算法架构，使得算法的维护、升级和优化变得简洁。

目前 BLAS 库的高效实现手段主要有两种：① 针对不同的平台进行专门的优化，该方法以 GotoBLAS 为代表；② 使用自动调优的思想，在不同平台上由编译器自动进行优化，该方法以 ATLAS 库为代表。第①种方法的性能极高，但可移植性很差，主要适用于主流的处理器；而第②种方法与之相反，牺牲了一部分性能，但提高了可移植性。为进一步向

读者介绍 BLAS 性能优化方法，下一节将介绍 OpenBLAS 数学库。

2. LINPACK(Linear system PACKage，线性系统包)

LINPACK 是在 20 世纪七八十年代为当时的超级计算机设计的线性代数包，它包含一系列的 FORTRAN 子例程，这些子例程可以求解线性方程组问题、最小二乘问题等很多线性代数问题。其中求解线性方程组的子例程便是基于本章所介绍的传统 LU 分解算法实现的。但是 LINPACK 并未考虑到现代计算机的多级存储架构和多核计算机，在这些机器上，LINPACK 表现不佳，这是因为它的访存模式没有针对多级存储架构进行优化，从而导致它大部分时间都在搬运数据而不是做有效的浮点运算。值得指出的是，LINPACK 本身也已经逐步发展，成为了测试现代计算机性能的主要工具之一。

3. LAPACK(Linear Algebra PACKage，线性代数包)

鉴于 LINPACK 存在的问题，人们发展出了 LAPACK 来取代 LINPACK。LAPACK 将矩阵分块，在设计上尽量通过调用 BLAS - 3 函数来完成其计算，而这些 BLAS - 3 函数可以方便地针对计算机多级存储架构和多核处理器进行优化，从而达到较高的性能，因此 LAPACK 在共享式存储多核计算机上能够达到很高的计算效率。LAPACK 中求解线性方程组的子例程便是基于本章所介绍的标准分块 LU 分解算法实现的。

LAPACK 实质上是一个串行库，只能运行于一个进程上，它可以调用并行设计的 BLAS，换句话说，LAPACK 程序的并行性的唯一来源便是 BLAS 的并行。更详细的介绍请参考 http://www.netlib.org。自然地，LAPACK 不支持分布式存储多节点计算机集群，因而无法在大规模和高性能的场景中使用。

4. ScaLAPACK(Scalable Linear Algebra PACKage，可扩展线性代数包)

ScaLAPACK 是一个基于消息传递方式的并行计算软件库，它适用于分布式存储多节点计算机集群，相当于可扩展的 LAPACK，利用它可以开发出基于线性代数运算的高性能并行应用程序。ScaLAPACK 同时还包含了很多辅助功能，如矩阵分布、全局矩阵索引与本地矩阵索引的转换等。ScaLAPACK 中求解线性方程组的子例程便是基于本章所介绍的并行分块 LU 分解算法实现的。

由于 ScaLAPACK 强大的可扩展性以及设计优良的架构，其在高性能计算领域发挥了重要的作用。本书中的算例也有很多是采用基于 ScaLAPACK 设计的并行程序计算得出的，下面将详细介绍 ScaLAPACK。

图 4.2 - 1 描述了 ScaLAPACK 的软件架构。图中，每一个灰色椭圆都代表一个库，箭头指示了其中的调用关系。其中虚线以下被标记为“Local”的那些库，被称为本地库，都是在单进程上调用的，传递的参数也都是描述单进程上数据的参数。在虚线以上被标记为“Global”的两个库，即 ScaLAPACK 和 PBLAS，都是并行库，都是被所有进程同时调用的，传递的参数也都是描述所有进程上数据的全局参数。这两个库根据选定的任务分配方式和进程标识号将并行任务分配到每个进程，然后每个进程通过调用本地库完成计算。实线以下被标记为“Machine - specific”的库，其实现往往与具体的硬件相关，虽然有通用版本，但是通用版本的性能一般是比较差的。而实线以上被标记为“Machine - independ”的库，其实现方式与具体的硬件无关，这些库往往是架构性的算法设计，并不涉及具体的计算，具体的计算都是调用“Machine - specific”的库来实现的。下面分别介绍这些库。

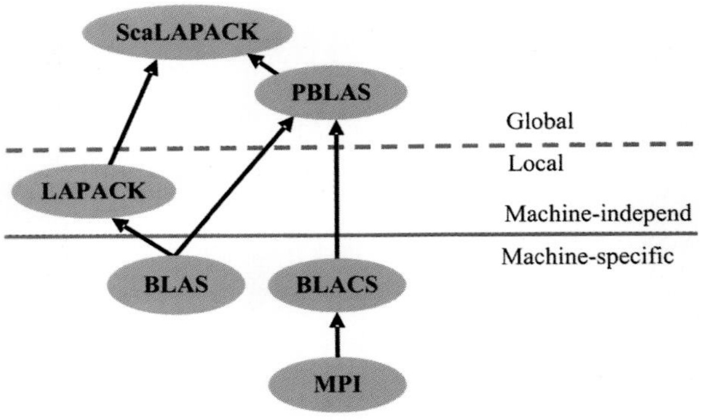

图 4.2-1　ScaLAPACK 的软件架构

1) MPI(Message Passing Interface，消息传递接口)

MPI 是一种消息传递编程模型，它最终是服务于进程间通信这一目标的。MPI 是一种标准或规范，而不特指某一个对它的具体实现。迄今为止，所有的并行计算机制造商都提供对 MPI 的支持，可以在网上免费得到 MPI 在不同并行计算机上的实现。它的实现方式与具体的语言无关，但是它定义了针对某种语言设计的接口，如 FORTRAN、C 和 C++，用户可以利用不同的计算机编程语言写出可移植的消息传递并行程序。

2) BLACS(Basic Linear Algebra Communication Subprograms，基本线性代数通信子程序集)

BLACS 是一个为线性代数设计的通信库。BLACS 的一个重要目的便是提供一个可移植的、线性代数专用的通信软件层。它的通信模型包括一维进程网格通信和二维进程网格通信。用户通过调用 BLACS 可以实现一个进程到另一个进程同步发送和接收矩阵、子矩阵，实现从一个进程到多个进程广播矩阵、子矩阵，计算全局规约(和、积、最值等)，或者进程间同步等。因此相比 MPI，BLACS 在线性代数的有关通信中更直观、更易用。

3) PBLAS(Parallel Basic Linear Algebra Subprograms，并行基础线性代数子程序集)

为了简化 ScaLAPACK 的设计，同时考虑到 BLAS 为 LAPACK 提供了有用的支持，线性代数库的设计者们又设计了并行的 BLAS，即 PBLAS。PBLAS 内部可以执行消息传递和 BLAS 运算，而且它的应用程序接口定义与 BLAS 类似。这一工作使得 ScaLAPACK 的设计变得和 LAPACK 极其相似，大大方便了程序维护、升级和优化工作。读者可进一步阅读文献[25]获得更多信息。

需要指出的是，BLAS 和 BLACS 的不同实现之间往往会有巨大的性能差异，因此在选择这两个库时需要根据硬件平台做合理的取舍。由于各硬件厂商都有针对自家 CPU 进行优化的 BLAS 和 BLACS，另外还有很多开源的实现也达到了很高的性能，因此本书没有把工作的重心放在这些库的优化上。一般来说，并行算法是不依赖于硬件平台的，而算法的革新往往也会带来性能的巨大提升，因此本章的重心在并行算法的设计和研究上，涉及的基本线性代数操作和基本通信操作都调用最优的库来实现。

5. CALU(Communication Avoiding LU Subprograms，通信避免 LU 程序集)

CALU 功能上可对应于 ScaLAPACK 中的 LU 分解。ScaLAPACK panel 列分解采用

的是 GEPP 算法，前文已经指出这种算法在并行实现时的不足之处。基于 CALU 算法设计的并行分块 LU 分解有效地克服了这些不足，大大减少了 panel 列分解过程中的通信次数和通信量，当然这也付出了一定的代价——计算量的增加。考虑到计算机的计算速度和通信速度的差距，这样做是值得的。另外，CALU 算法使得 panel 列分解可以利用当前已存在的、性能优良的串行程序，因而可以更大程度地发挥计算机的计算能力，而 ScaLAPACK 是做不到这一点的。综合起来，CALU 算法有效改善了并行分块 LU 分解算法的通信，虽然增加了计算量，但同时也提高了 panel 列分解中计算部分的性能，最终减少了计算时间。图 4.2-2 给出 CALU 的程序架构。从图中可以看出，CALU 所使用的底层函数库，如 PBLAS、BLAS 等与 ScaLAPACK 完全一致。而 CALU 与 ScaLAPACK 的并行 LU 分解的不同之处是 panel 列分解发生了本质变化。

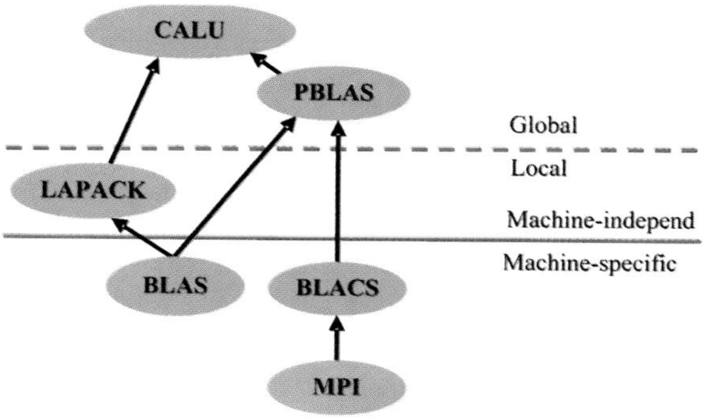

图 4.2-2　CALU 的程序架构

4.2.2　OpenBLAS 和矩阵乘法优化

4.1.3 节在介绍标准分块 LU 分解之前，曾经简单介绍了现代计算机多级存储架构和 TLB 对程序算法设计的影响，同时也提及关于向量化的优化，并且得出结论：标准分块 LU 分解将大部分运算归结为矩阵-矩阵运算，而矩阵-矩阵运算可以方便地针对计算机多级存储架构和 TLB 进行优化，结合向量化，便几乎达到计算机理论运行速度。本节便以矩阵-矩阵乘法为例，简单介绍这一优化过程。矩阵乘法($\boldsymbol{C}=\alpha\boldsymbol{AB}+\beta\boldsymbol{C}$)是数值计算中最重要的操作之一，它的性能对数值计算中大部分操作的性能都有影响。本书中的矩阵乘法采用了中科院团队主力维护和开发的 OpenBLAS[24]，它是一个基于 GotoBLAS 2.1.13 BSD 版本衍生的开源 BLAS 数学库(OpenBLAS)。该数学库已经成为国际上最好的开源 BLAS 数学库之一，是多个开源软件的依赖库之一，包括深度学习框架 Caffe 等。目前该数学库开发活跃，已初步形成用户群。在国产龙芯 3A 平台，其性能远超过 GotoBLAS2 和 ATLAS 等开源实现。在 Intel x86 平台，它与 Intel MKL 性能相当或者可比。在 ARM 平台，也是性能较好的开源实现之一，支持多种操作系统，包括 Linux、Windows、Mac OS X、FreeBSD 以及 Android 等。

OpenBLAS 和 GotoBLAS 对于矩阵乘法的优化都采用类似的分块优化算法[10]，主要的关键点是：

(1) 合理选择矩阵 $\boldsymbol{A}$ 和 $\boldsymbol{B}$ 的分块大小(Block Size)并进行打包操作。只有具有合理的矩阵 $\boldsymbol{A}$ 和 $\boldsymbol{B}$ 的分块大小，才能保证计算每一块时，数据能够尽量驻留在 Cache 中，降低

Cache 缺失或者 TLB 缺失造成的影响。分块的大小与各个处理器的 Cache 容量以及 TLB 项数有关。在确定了分块大小后，需要对分块的矩阵 **A** 和 **B** 进行打包，也就是拷贝到连续存储的一块空间。

(2) 寄存器分块。为了达到较高效率，所使用的寄存器数量不能超过硬件限制，需要对寄存器进行分块。比如说，若干个寄存器保存矩阵 **A**，若干个寄存器保存矩阵 **B**，若干个寄存器保存矩阵 **A** 和 **B** 相乘的临时结果。寄存器分块大小的选择，与向量指令的宽度、硬件寄存器数量、是否有浮点乘加指令等有关系。

(3) 核心 Kernel 函数的充分优化。为了发挥处理器的最高性能，OpenBLAS 和 GotoBLAS 的矩阵乘法 Kernel 函数都采用了汇编语言编写。采用汇编语言的好处是可以精确地控制指令的排布顺序，可以根据 CPU 指令流水线的特点(比如每周期可以发射几条指令，哪种类型指令是可以同时发射的)，对 Kernel 函数的汇编代码顺序进行精细的排列和调优。

总体上，优化算法的核心思想就是兼顾 Cache 和 TLB，充分利用高速缓存提高存储的效率，在宏观上使用分块计算和分块存储，在微观上使用专用 Kernel 函数，从而把性能推向峰值。更详细的内容可以参考文献[10，11，26]。

4.3 并行分块 LU 分解算法的参数优化

4.3.1 分块大小

分块大小(Block Size)是影响并行分块 LU 分解性能的主要因素之一。一般来说，Block Size 的选取取决于计算机的缓存大小，因此不同类型的计算机架构所选取的 Block Size 各不相同。Block Size 选择得不适当，会对计算速度有明显的负面影响。因此本节针对附录 B 中的三种计算平台对 Block Size 的选取进行调试。

测试一：本测试在 Cluster-Ⅰ上进行，选取的矩阵大小为 120 000×120 000，CPU 进程数为 160，进程网格为 10×16 和 8×20，Block Size 为 32×32、64×64、96×96、128×128、192×192、256×256。不同 Block Size 所需求解时间如表 4.3-1 所示，测试所得的性能曲线如图 4.3-1 所示。

表 4.3-1　Cluster-Ⅰ中 Block Size 不同时的测试结果

Block Size	求解时间 /s	
	10×16	8×20
32×32	6259.85	6271.03
64×64	6044.7	6082.78
96×96	6135.39	6228.59
128×128	6170.97	6168.95
192×192	6366.64	6371.89
256×256	6672.98	6582.38

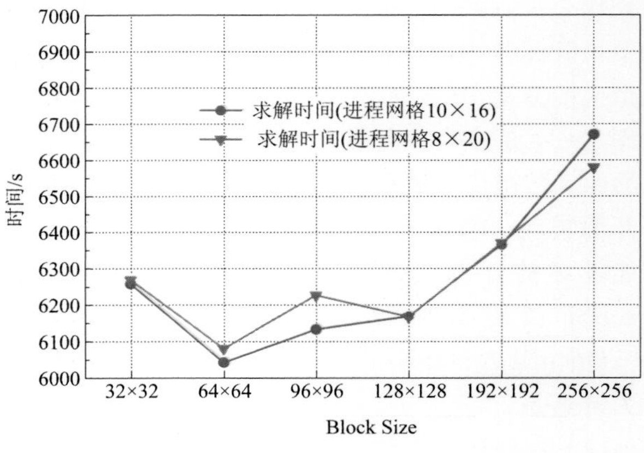

图 4.3-1　Cluster-Ⅰ中 Block Size 不同时的性能曲线

由测试结果可以看出，选取不同的 Block Size 对程序的计算速度有一定的影响，且两种不同进程网格下求解时间的变化趋势相似，测试选取的 Block Size 中求解最快和最慢的时间相差约 630 秒。通过测试可以得出，在 Cluster－Ⅰ中较优的 Block Size 为 64×64。

测试二：本测试在 Cluster－Ⅱ上进行，选取的矩阵大小为 60 000×60 000，CPU 进程数选取为 256，进程网格选取为 16×16 和 8×32，Block Size 选取为 64×64、96×96、128×128、160×160、192×192、256×256。不同 Block Size 所需的求解时间如表 4.3－2 所示，测试所得的性能曲线如图 4.3－2 所示。

表 4.3－2　Cluster－Ⅱ中 Block Size 不同时的测试结果

Block Size	求解时间 /s	
	16×16	8×32
64×64	1863.98	2044.61
96×96	2016.8	2012.87
128×128	2113.32	2326.64
160×160	2087.95	2060.59
192×192	2142.8	2189.06
256×256	2532.32	2973.16

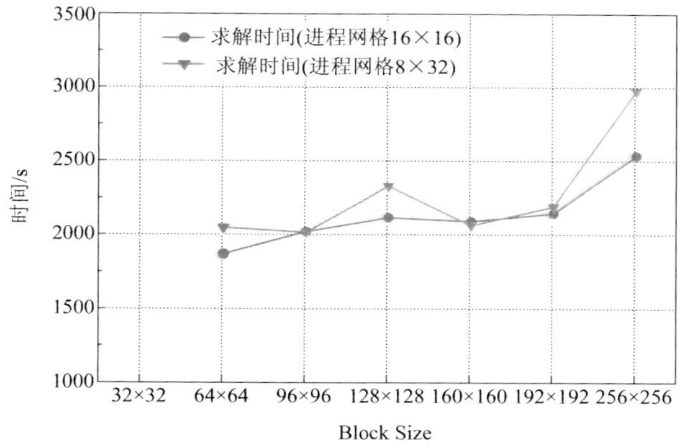

图 4.3－2　Cluster－Ⅱ中 Block Size 不同时的性能曲线

由测试结果同样可以看出，两种不同进程网格下求解时间的变化趋势相似，测试选取的 Block Size 中求解最快和最慢的时间相差将近 1000 秒。通过测试可以得出，在 Cluster－Ⅱ中较优的 Block Size 为 64×64。

测试三：本测试在 Cluster－Ⅲ上进行，选取的矩阵大小为 115 934×115 934，CPU 进程数选取为 2400，进程网格选取为 24×100 和 48×50，Block Size 选取为 32×32、64×64、96×96、128×128、160×160、192×192、224×224、256×256、320×320。不同 Block Size 所需的求解时间如表 4.3－3 所示，测试所得的性能曲线如图 4.3－3 所示。

表 4.3－3　Cluster－Ⅲ中 Block Size 不同时的测试结果

Block Size	求解时间 /s	
	24×100	48×50
32×32	292.96	372.2
64×64	286.11	333.88
96×96	267.37	279.09
128×128	239.93	278.21
160×160	229.43	275.21
192×192	240.43	289.97
224×224	230.58	269.31
256×256	258.1	372.2
320×320	257.15	372.2

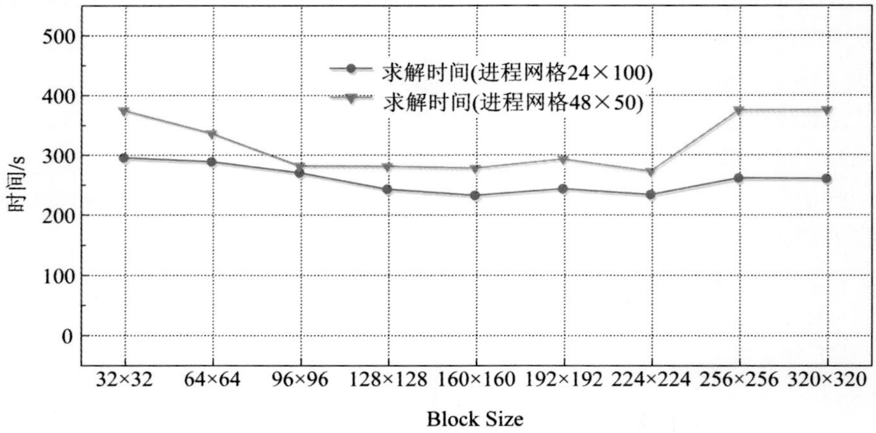

图 4.3-3　Cluster-Ⅲ中 Block Size 不同时的性能曲线

由测试结果同样可以看出，两种不同进程网格下求解时间的变化趋势相似，测试选取的 Block Size 中求解最快和最慢的时间相差将近 100 秒。通过测试可以得出，在 Cluster-Ⅲ中较优的 Block Size 为 160×160。

从数据分布的角度看，Block Size 越小负载越均衡；从数据重用的角度看，Block Size 太小在很大程度上会限制计算性能，因为此时在 Cache 层几乎没有数据重用，通信频率也会变高。前面的理论分析表明，Block Size 应尽量与计算机 Cache 大小相匹配，这既能最大限度地发挥 Cache 的性能，又能减少 Cache 冲突。尽管理论分析表明了 Block Size 与 Cache 大小相关，但 Block Size 的确定往往依赖于经验性的试探，对当前典型计算机而言，一般取在 32～256 之间较为合适。

4.3.2　进程网格

进程网格($P_r \times P_c$)是影响并行分块 LU 分解性能的另一个主要因素，改变进程网格的形状可以达到提升程序性能的效果。一般来说，在没有开展实际测试的前提下执行一个稠密矩阵的 LU 分解时，选择接近方形的进程网格可以有效地保证程序的性能。本节针对附录 B 中的三种计算平台的进程网格选取进行测试。

测试一：本测试在 Cluster-Ⅰ中进行，选取的矩阵大小为 120 000×120 000，CPU 进程数选取为 160，Block Size 选取为 64×64，进程网格选取为 1×160、2×80、4×40、8×20、10×16、16×10、20×8、40×4、80×2。不同进程网格所需的求解时间如表 4.3-4 所示，测试所得的性能曲线如图 4.3-4 所示。

由测试结果可以看出，选取不同的进程网格对程序的计算速度有很大的影响。求解时间随着进程网格的变化而剧烈变化，测试选取的进程网格中求解最快的时间比最慢的可以节省 80%以上的时间。通过测试可以得出，采用 160 个进程时，在 Cluster-Ⅰ中较优的进程网格为 8×20 和 10×16。

表 4.3-4　Cluster-Ⅰ中进程网格不同时的测试结果

进程网格	求解时间/s
1×160	20 176.12
2×80	9137.01
4×40	6423.55
8×20	6159.2
10×16	6268.24
16×10	6914.64
20×8	7561.92
40×4	13 391.56
80×2	33 012.08

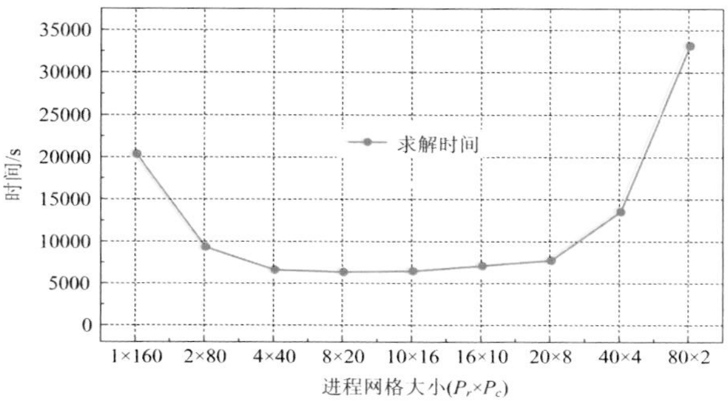

图 4.3-4　Cluster-Ⅰ中进程网格不同时的性能曲线

测试二：本测试在 Cluster-Ⅱ中进行，选取的矩阵大小为 60 000×60 000，CPU 进程数选取为 256，Block Size 选取为 64×64，进程网格选取为 1×256、2×128、4×64、8×32、16×16、32×8、64×4、128×2、256×1。不同进程网格所需的求解时间如表 4.3-5 所示，测试所得的性能曲线如图 4.3-5 所示。

表 4.3-5　Cluster-Ⅱ中进程网格不同时的测试结果

进程网格	求解时间/s	进程网格	求解时间/s
1×256	6792.26	32×8	1877.94
2×128	3426.21	64×4	2121.33
4×64	2589.36	128×2	3659.5
8×32	2044.24	256×1	10 114.42
16×16	1864.48	—	—

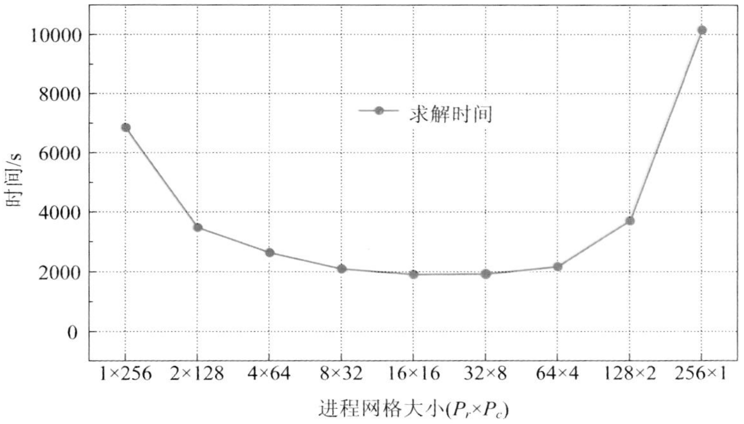

图 4.3-5　Cluster-Ⅱ中进程网格不同时的性能曲线

由测试结果可以看出，Cluster-Ⅱ与 Cluster-Ⅰ中测试所得结果趋势相似。本测试中求解时间随着进程网格的不同而变化较大，与 Cluster－Ⅰ中测试相似。本测试选取的进程网格中求解最快的时间比最慢的同样可以节省 80%以上。通过测试可以得出，采用 256 个进程时，在 Cluster－Ⅱ中较优的进程网格为 16×16。

测试三：本测试在 Cluster－Ⅲ中进行，选取的矩阵大小为 115 934×115 934，CPU 进程数选取为 2400，Block Size 选取为 128×128，进程网格选取为 10×240、12×200、24×100、30×80、40×60、48×50、50×48、60×40、80×30、100×24、120×20、240×10。不同进程网格所需的求解时间如表 4.3－6 所示，测试所得的性能曲线如图 4.3－6 所示。

表 4.3－6　Cluster－Ⅲ中进程网格不同时的测试结果

进程网格	求解时间/s
10×240	417.56
12×200	325.1
24×100	262.61
30×80	268.31
40×60	284.7
48×50	307.58
50×48	304.66
60×40	350.82
80×30	398.82
100×24	514.41
120×20	608.81
240×10	1396.23

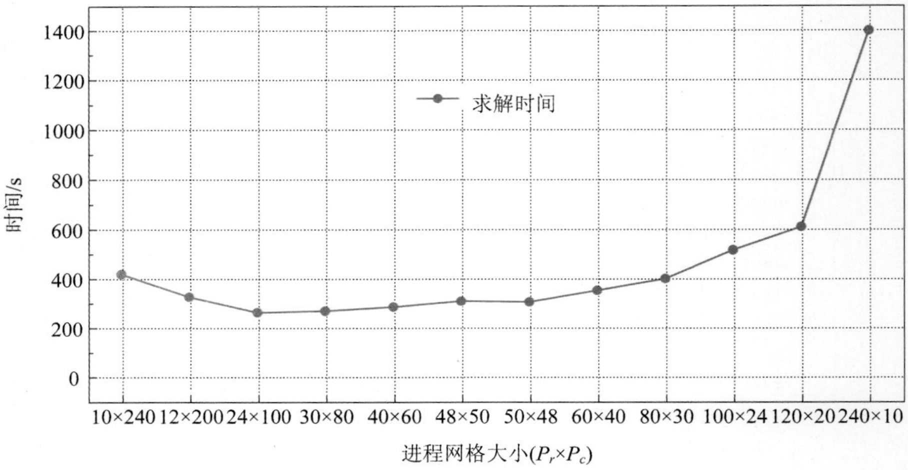

图 4.3－6　Cluster－Ⅲ中进程网格不同时的性能曲线

由测试结果可以看出，在千核量级并行规模下，进程网格的变化对程序计算速度的影响与百核量级并行规模时的趋势相同。求解时间随着进程网格的不同而变化较为剧烈，与 Cluster－Ⅰ和 Cluster－Ⅱ中测试相似。本测试选取的进程网格中求解最快的时间比最慢的同样可以节省80%以上。通过测试可以得出，采用2400个进程时，在Cluster-Ⅲ中较优的进程网格为24×100。

在LU分解过程中，主要的通信有panel列分解的列向通信、panel行分解的行向通信以及trailing更新过程中的列向、行向通信，其中trailing更新过程中的通信量远大于其余两个过程中的通信量，panel行更新过程中通信量最小。对于方阵，采用给定的$P_r \times P_c$个进程，选取Block Size为$n_b \times n_b$时，由trailing更新过程可以看出，$P_r = P_c$时列向通信与行向通信量相同，此时通信总量最小。panel列分解主要涉及的是元素操作，并行度不高，而panel行更新主要为矩阵操作，并行度较高，因此为获得较好的计算性能，P_r应小于P_c。若只选择$P_r = 1$，则尽管列选主元的LU分解panel列分解中的列向通信不再存在，但此时LU分解的总的通信开销会大于$P_r = P_c$时的开销。因此，一般进程网格的选取原则是：网格形状尽可能接近方形，且P_r应略小于P_c。

4.4 并行分块LU分解算法性能测试

4.4.1 随机矩阵LU分解性能测试

本节重点关注LU分解的性能而不考虑矩量法，因此所采用的矩阵皆为随机非奇异矩阵。

1. 通用计算平台的测试

本测试选用的计算平台为Cluster-Ⅲ，共进行了两组测试。

测试一：本测试选取的Block Size为128×128，CPU核数为240，进程网格为8×30，测试的矩阵大小为20 000～100 000，分别测试CALU+OpenBLAS、MKL、ScaLAPACK+OpenBLAS的计算时间，并加以对比。测试所需的计算时间如表4.4-1所示。

表4.4-1 测试所需的计算时间

CPU核数	矩阵大小	LU分解时间/s			CALU相对于MKL省时	CALU相对于ScaLAPACK省时
		CALU+OpenBLAS	MKL	ScaLAPACK+OpenBLAS		
240 (8×30)	20 000	12.1332	14.7938	14.4048	17.99%	15.77%
	40 000	62.8711	68.3659	68.8841	8.037%	8.729%
	60 000	168.823	190.791	194.029	11.51%	12.99%
	80 000	381.933	412.249	420.368	7.354%	9.143%
	100 000	710.675	769.355	789.497	7.627%	9.983%

测试二：本测试选取的Block Size为128×128，CPU核数分别为240和720，进程网格分别为15×16和24×30，测试的矩阵规模分别为20 000～100 000和20 000到200 000。分别测试CALU+OpenBLAS、MKL、ScaLAPACK+OpenBLAS的计算时间，并加以对比。测试所需的计算时间如表4.4-2所示。

表 4.4-2 测试所需的计算时间

CPU 核数	矩阵大小	LU 分解时间/s			CALU 相对于 MKL 省时	CALU 相对于 ScaLAPACK 省时
		CALU + OpenBLAS	MKL	ScaLAPACK + OpenBLAS		
240 (15×16)	20 000	12.2043	15.3548	13.0995	20.52%	6.83%
	40 000	61.4115	70.8637	68.1686	13.34%	9.91%
	60 000	175.0083	194.7094	196.6085	10.12%	10.99%
	80 000	397.9646	417.3073	449.5973	4.64%	11.48%
	100 000	714.7741	758.1766	796.2352	5.72%	10.23%
720 (24×30)	20 000	8.2126	8.98257	9.4673	8.57%	15.28%
	40 000	32.7715	37.0693	24.9617	11.59%	−23.83%
	60 000	86.7592	95.8234	89.0571	9.46%	2.65%
	80 000	173.0373	200.0119	192.3823	13.49%	11.18%
	100 000	316.1544	351.0081	346.8205	9.93%	9.70%
	120 000	506.7206	556.9661	578.6793	9.02%	14.20%
	140 000	781.2728	822.8749	851.7613	5.06%	9.02%
	160 000	1093.427	1180.167	1264.395	7.35%	15.64%
	180 000	1490.394	1607.814	1693.763	7.30%	13.65%
	200 000	2126.107	2159.963	2366.268	1.57%	11.30%

由测试可知，在采用了 Intel CPU 的计算平台中，CALU 算法性能良好，甚至可优于 Intel MKL。

2. 国产计算平台的测试

本测试选用的计算平台为 Cluster-Ⅱ，共进行了两组测试。与通用计算平台测试不同的是，CALU 算法所选取的 Block Size 为 32×32，ScaLAPACK 算法所选取的 Block Size 为 64×64，均选取各自最优的 Block Size。

测试一：本测试选取的 CPU 核数为 256，进程网格为 16×16，测试的矩阵大小为 10 000～80 000。分别测试 CALU＋Netlib BLAS 和针对国产平台优化过的 ScaLAPACK＋Netlib BLAS 的计算时间，并加以对比。测试所需的计算时间如表 4.4-3 所示。

表 4.4-3 测试所需的计算时间

CPU 核数	矩阵大小	LU 分解时间/s		CALU 相对于 ScaLAPACK 省时
		ScaLAPACK	CALU	
256 (16×16)	10 000	10.5881	6.7634	36.1226%
	20 000	71.8228	59.1365	17.6633%
	30 000	228.2537	202.2406	11.3966%
	40 000	650.7419	487.2309	25.1269%
	50 000	1271.5519	959.1278	24.5703%
	60 000	1781.6119	1578.343	11.4093%
	80 000	4354.4166	4102.839	5.7775%

测试二：本测试选取的 CPU 核数为 1024，进程网格为 32×32，测试的矩阵大小为 10 000～110 000。分别测试 CALU＋Netlib BLAS 和针对国产平台优化过的 ScaLAPACK＋Netlib BLAS 的计算时间，并加以对比。测试所需的计算时间如表 4.4－4 所示。

表 4.4－4　测试所需的计算时间

CPU 核数	矩阵大小	LU 分解时间/s		CALU 相对于 ScaLAPACK 省时
		ScaLAPACK	CALU	
1024 (32×32)	10 000	4.9750	2.0209	59.3789%
	20 000	23.5712	14.1072	40.1507%
	30 000	66.8519	50.5903	24.3248%
	40 000	151.3412	120.6672	20.2681%
	50 000	304.3647	239.7059	21.2438%
	60 000	471.1747	407.5584	13.5016%
	70 000	739.5384	659.2025	10.8629%
	80 000	1303.7931	982.379	24.6522%
	110 000	2824.4200	2580.4656	8.6373%

由测试可知，在采用了国产 CPU 的计算平台中，CALU 算法性能良好。

4.4.2　矩量法矩阵 LU 分解性能测试

本节将 LU 分解算法用于求解矩量法产生的矩阵方程，统计 LU 分解所消耗的时间，并且给出矩量法的电磁计算结果。数值结果表明在三种基函数矩量法中，CALU 算法都能保持较好的数值稳定性并具有较好的性能。

1. 通用计算平台的测试

本测试选用的计算平台为 Cluster－Ⅲ 和 Cluster－Ⅳ。在 Cluster－Ⅳ 平台上共进行了以下三组测试。

测试一：本测试以 RWG 基函数矩量法计算某飞机的散射特性，用于评估矩阵 LU 分解在 RWG 基函数矩量法中的性能。该飞机的电磁仿真模型如图 4.4－1 所示，其尺寸为 30.6 m×29.0 m×11.8 m，垂直极化平面波由机头方向入射，计算频率为 500 MHz，相应的未知量为 203 436，选取的 Block Size 为 128×128，分别测试 CALU＋MKL BLAS 和 MKL 在 CPU 核数为 240～2048 时的矩阵分解时间，并加以对比。表 4.4－5 列出了时间对比情况。为了验证 CALU 算法的正确性，将 CALU 算法和 MKL 的计算结果进行对比，如图4.4－2 所示，可见二者完全吻合。

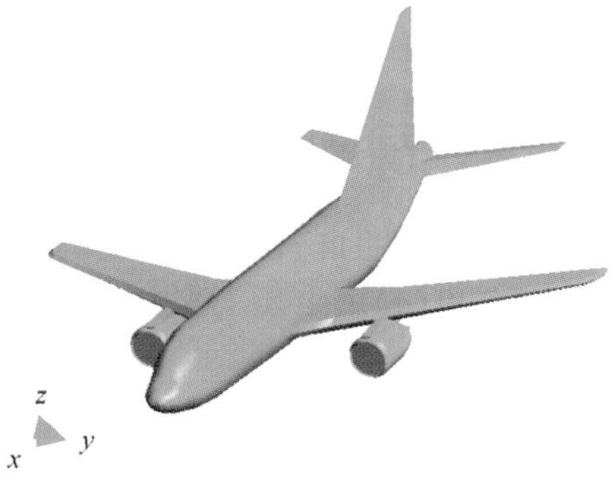

图 4.4－1　飞机电磁仿真模型

表 4.4－5　测试矩阵 LU 分解所需的计算时间

CPU 核数	240	720	960	1200	2048
CALU + MKL BLAS 矩阵分解时间	20 091.54 s	2127.08 s	1588.10 s	1274.39 s	858.88 s
MKL 矩阵分解时间	19 257.69 s	2131.75 s	1650.88 s	1386.33 s	909.58 s
CALU 相对于 MKL 省时	－4.33％	0.22％	3.80％	8.07％	5.57％

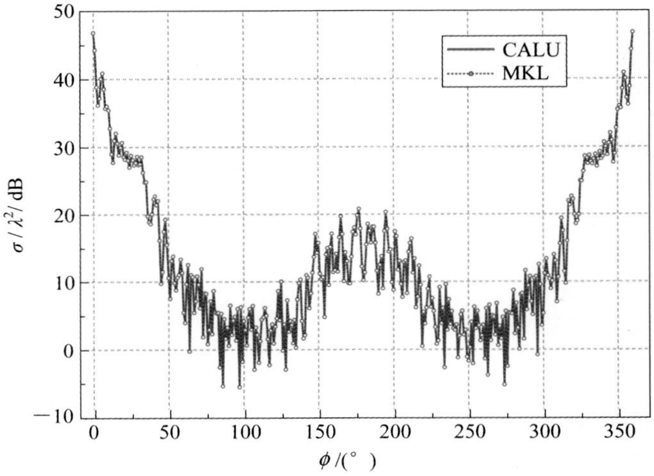

图 4.4－2　飞机在 500 MHz 时 *xoy* 面的双站 RCS

测试二：本测试以高阶矩量法计算机载阵列天线模型的辐射特性，用于评估矩阵 LU 分解在高阶矩量法中的性能。机载阵列天线模型如图 4.4－3 所示，飞机的尺寸为 36 m×40 m×10.5 m，线天线阵的尺寸为 10.8 m×2.9 m，天线阵列的单元数为 72×14＝1008，通过泰勒综合设计的天线阵列的副瓣电平为－35 dB，阵列的工作频率为 1.0 GHz，阵列的未知量为 12 166，阵列与飞机的一体化模型的未知量为 259 128。选取的 Block Size 为 128×128，分别测试 CALU＋MKL BLAS 和 MKL 在 CPU 核数为 240～3072 时的矩阵分解时间。表 4.4－6 列出了时间对比情况。为了验证 CALU 算法的正确性，将 CALU 算法和 MKL 法的计算结果进行对比，如图 4.4－4 所示，可见二者完全吻合。

表 4.4－6　测试矩阵 LU 分解所需的计算时间

CPU 核数	240	720	960	1200	2048	3072
CALU＋MKL BLAS 矩阵分解时间	11 033.57 s	4407.73 s	3295.77 s	2743.26 s	1673.46 s	1362.02 s
MKL 矩阵分解时间	11 174.02 s	4472.85 s	3501.06 s	2909.09 s	1788.27 s	1382.71 s
CALU 相对于 MKL 省时	1.26％	1.46％	5.86％	5.70％	6.42％	1.50％

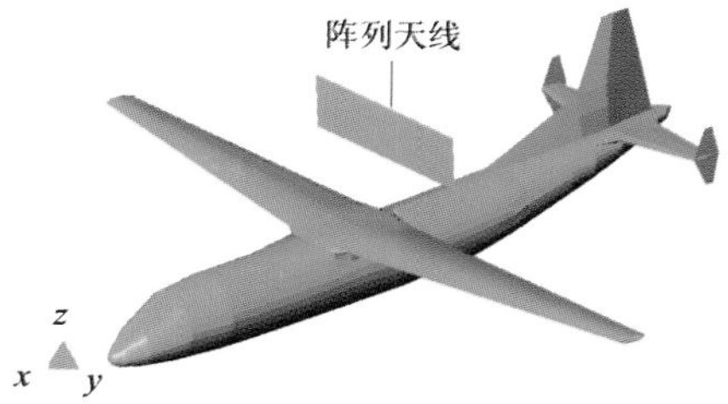

图 4.4-3　机载阵列天线电磁仿真模型

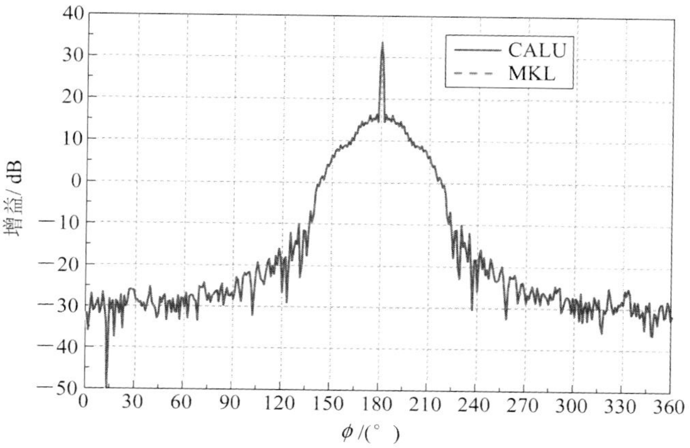

图 4.4-4　机载阵列天线在 1.0 GHz 时 xoy 面的增益方向图

测试三：本测试以脉冲基矩量法计算无限长圆柱的散射特性，用于评估矩阵 LU 分解在脉冲基矩量法中的性能。未知量为 200 000，选取的 Block Size 为 128×128，CPU 核数为 240～3072，分别测试 CALU＋MKL BLAS、MKL 的矩阵分解时间，并加以对比。表 4.4-7 列出了时间对比情况。

表 4.4-7　测试矩阵 LU 分解所需的计算时间

CPU 核数	240	720	960	1200	2048	3072
CALU＋MKL BLAS 矩阵分解时间	5026.93 s	1841.23 s	1416.83 s	1148.45 s	686.76 s	483.14 s
MKL 矩阵分解时间	4942.69 s	1951.44 s	1515.49 s	1242.61 s	796.99 s	627.14 s
CALU 相对于 MKL 省时	−1.70%	5.65%	6.51%	7.58%	13.83%	22.96%

由 Cluster Ⅳ 中的三组测试结果可知，对于不同基函数矩量法的阻抗矩阵 LU 分解，CALU 的性能均表现良好，且总体上看均优于 Intel MKL 的性能。

在 Cluster-Ⅲ 平台上共进行了一项测试。

测试：本测试以 RWG 基函数矩量法计算波导缝隙阵的辐射特性，用于评估矩阵 LU 分解在 RWG 基函数矩量法中的性能。图 4.4-5 中给出了波导缝隙阵列电磁仿真模型。本例产生的未知量为 550 542，选取的 Block Size 为 128×128，CPU 核数为 52 800，分别测试 CALU＋OpenBLAS 和 MKL 的矩阵分解时间，并加以对比，测试耗费的时间如表 4.4－8 所示。为了验证 CALU 算法的正确性，将 CALU 算法和 MKL 的计算结果进行对比，如图 4.4－6 所示，可见二者吻合良好。

表 4.4－8　测试所需的计算时间

程序	进程数	P_r	P_c	填充时间/s	LU 分解时间/s	CALU 相对于 MKL 省时
MKL	52 800	200	264	75.617 50	3863.198	73%
CALU		200	264	66.485 89	1011.369	

可以看出，CALU 的性能几乎达到了 MKL 的 4 倍。注意，这并不是单纯的 CALU 算法带来的性能提升。天河二号采用的是国产高速互联网络，Intel MPI 无法实现在这个网络环境中的优化，这也是 MKL 性能表现较差的原因之一。采用开源 ScaLAPACK 当然可以解决这一兼容性问题，但是前文已经指出了 ScaLAPACK 的不足之处，前面的测试结果也表明 ScaLAPACK 的性能低于 CALU 算法，这也表明了开发既自主可控又性能卓越的并行线性代数库是很重要的。

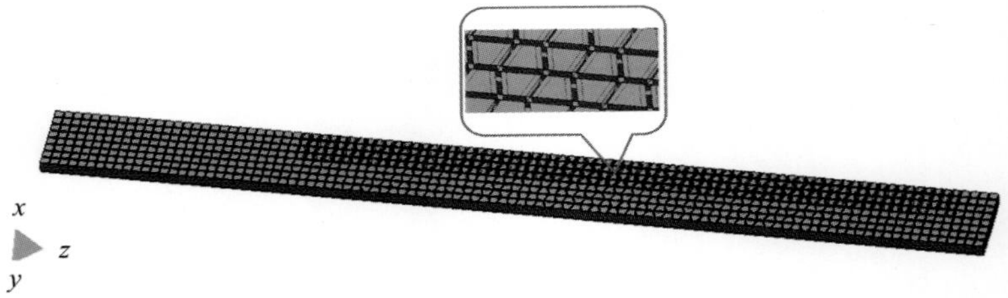

图 4.4－5　波导缝隙阵列电磁仿真模型

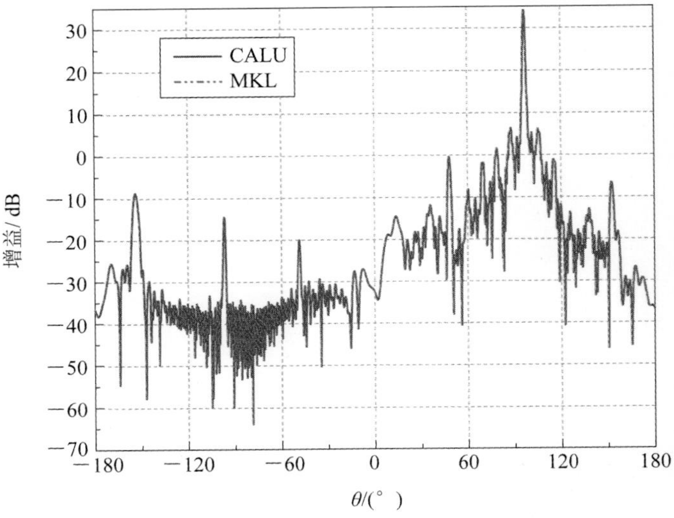

图 4.4－6　波导缝隙阵列在 xoz 面的增益方向图

2. 国产计算平台的测试

本测试选用的计算平台为 Cluster－Ⅱ，共进行了两组测试。与通用计算平台测试不同的是，CALU 算法所选取的 Block Size 为 32×32，ScaLAPACK 算法所选取的 Block Size 为 64×64，均选取各自最优的 Block Size。

测试一：本测试以 RWG 基函数矩量法计算单根波导缝隙天线的辐射特性，用于评估矩阵 LU 分解在 RWG 基函数矩量法中的性能。图 4.4－7 给出了波导缝隙天线的电磁仿真模型。相应的未知量为 90 582，选取的 CPU 核数为 1024，进程网格为 32×32，分别测试 CALU＋Netlib BLAS 和针对国产平台优化过的 ScaLAPACK＋Netlib BLAS 的矩阵分解时间，并加以对比。测试所需时间如表 4.4－9 所示。为了验证 CALU 算法的正确性，将 CALU 算法和 ScaLAPACK 的计算结果进行对比，如图 4.4－8 所示，可见二者吻合良好。

表 4.4－9　测试矩阵 LU 分解所需的计算时间

程序	进程数	P_r	P_c	填充时间/s	LU 分解时间/s	CALU 相对于 ScaLAPACK 省时
ScaLAPACK	1024	32	32	626.9	1703.80	1.20%
CALU		32	32	628.5	1683.48	

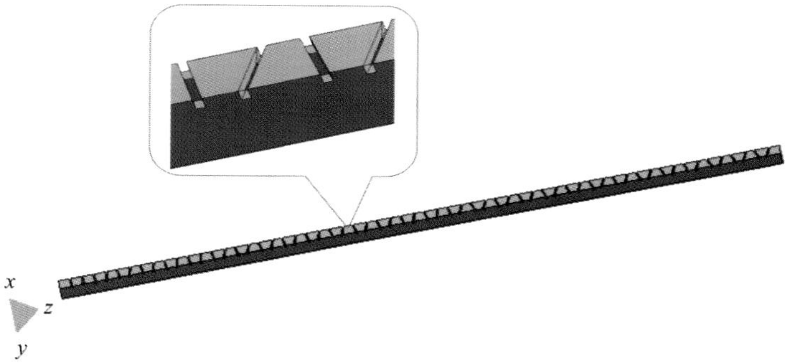

图 4.4－7　单根波导缝隙天线电磁仿真模型

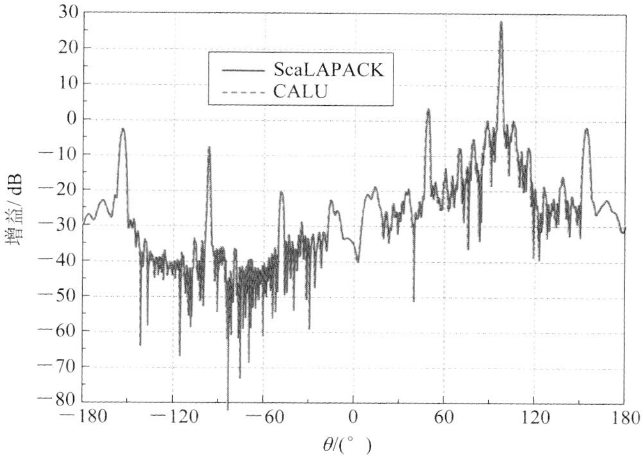

图 4.4－8　单根波导缝隙天线的 xoz 面增益方向图

测试二：本测试以高阶矩量法计算某飞机的双站 RCS，用于评估矩阵 LU 分解在高阶矩量法中的性能。图 4.4-9 中给出了飞机的电磁仿真模型。相应的未知量为 137 335，选取的 CPU 核数为 2048，进程网格为 32×64，分别测试 CALU＋Netlib BLAS 和针对国产平台优化过的 ScaLAPACK＋Netlib BLAS 的矩阵分解时间，并加以对比。测试所需的计算时间如表 4.4-10 所示。为了验证 CALU 算法的正确性，将 CALU 算法和 ScaLAPACK 的计算结果进行对比，如图 4.4-10 所示，可见二者完全吻合。

表 4.4-10　测试矩阵 LU 分解所需的计算时间

程序	进程数	P_r	P_c	填充时间/s	LU 分解时间/s	CALU 相对于 ScaLAPACK 省时
ScaLAPACK	2048	32	64	69.30	3143.951	1.25%
CALU		32	64	69.21	3104.646	

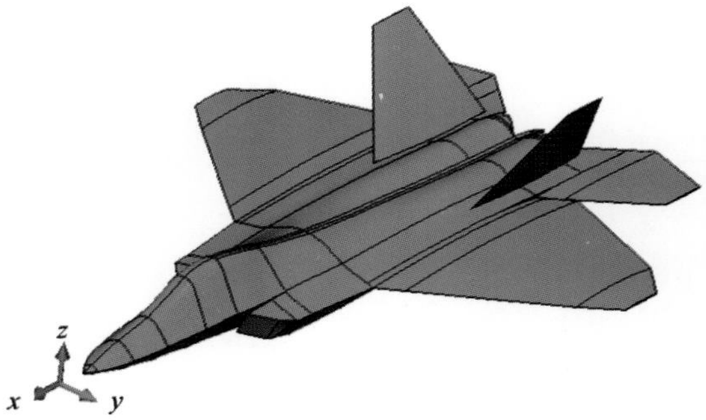

图 4.4-9　飞机的电磁仿真模型

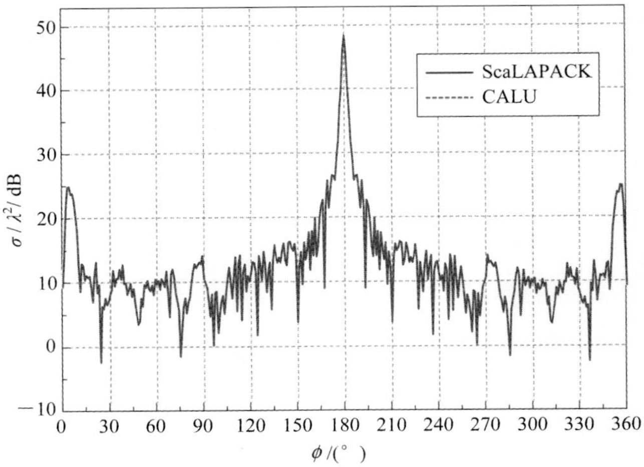

图 4.4-10　飞机在 xoy 面的双站 RCS

可见，在采用了国产 CPU 的计算平台中，针对不同基函数矩量法的阻抗矩阵 LU 分解，CALU 算法均表现出了良好的性能。

4.5 迭代解法

对于矩量法矩阵方程求解，除采用 4.1 节所述的直接解法外，另一类重要方法是迭代解法。较早的迭代解法包括雅克比(Jacobi)迭代法、高斯-赛德尔(Gauss - Seidel)迭代法、逐次超松弛(Successive Over - Relaxation, SOR)迭代法等。目前，最常用的迭代解法是 Krylov 子空间方法，包括共轭梯度法(Conjugate Gradient, CG)[27]、广义最小余量法(Generalized Minimal Residual, GMRES)[28]、双共轭梯度法(Bi - Conjugate Gradient, BiCG)[29]等。

从计算复杂度来看，直接解法的计算复杂度为 $O(N^3)$，其中 N 为矩阵阶数。直接解法的优点是只需要分解一次矩阵 $\boldsymbol{A}$ 就可以用于求解多个右端向量 $\boldsymbol{b}$ 的问题，缺点是计算复杂度太高。当 N 很大时，采用直接解法需要消耗大量计算时间。迭代解法的计算复杂度为 $O(N_{\text{iter}}N^2)$，其中 N_{iter} 为迭代步数。如果矩阵 $\boldsymbol{A}$ 的条件数较好，则迭代解法收敛很快，即 $N_{\text{iter}} \ll N$。

然而，多种因素会使得矩阵条件数变差，例如复杂几何外形、非均匀网格、介质特性等。如果能够求得一个近似逆矩阵 $\boldsymbol{M}^{-1} \approx \boldsymbol{A}^{-1}$，使得求解 $\boldsymbol{M}^{-1}\boldsymbol{Ax}=\boldsymbol{M}^{-1}\boldsymbol{b}$ 比求解 $\boldsymbol{Ax}=\boldsymbol{b}$ 要用少得多的迭代步数，且两个方程组具有相同的解，则称 $\boldsymbol{M}$ 为预条件矩阵。因为算法中一般直接使用的是 $\boldsymbol{M}^{-1}$，所以通常也称 $\boldsymbol{M}^{-1}$ 为预条件矩阵。与求解 $\boldsymbol{A}$ 的逆矩阵 $\boldsymbol{A}^{-1}$ 相比，我们求解 $\boldsymbol{M}^{-1}$ 只需要很少的计算量和存储量。迭代解法应用于 $\boldsymbol{M}^{-1}\boldsymbol{Ax}=\boldsymbol{M}^{-1}\boldsymbol{b}$ 收敛快意味着矩阵 $\boldsymbol{M}^{-1}\boldsymbol{A}$ 与矩阵 $\boldsymbol{A}$ 相比具有更小的条件数。理想情况下，我们期望 $\boldsymbol{M}^{-1}\boldsymbol{A}$ 与对角矩阵非常接近。常用的预条件有不完全 LU 分解(Incomplete Low Upper, ILU)[30]、稀疏近似逆(Sparse Approximate Inverse, SPAI)[31]、块对角(Block Diagonal, BD)[32]等预条件。值得指出，预条件的有效性与所求解的电磁问题相关，预条件并不能保证迭代解法一定收敛到可靠精度。因此，对于矩量法，本书主要采用直接解法，而迭代解法主要用于第 7 章的多层快速多极子方法。

下面简要介绍 CG 和 GMRES 两种迭代解法。对于简单目标，采用块对角预条件就可以达到良好的加速效果。此外，4.5.4 节将介绍一种基函数邻居(Basis Function Neighbor, BFN)预条件，该预条件能够显著减少迭代步数，适用于复杂目标的迭代求解。这两种预条件都非常适合并行计算。值得指出，不完全 LU 分解预条件在分解过程中不同行列之间存在依赖关系，其并行性能不如块对角和邻居预条件，因此本书未采用该预条件。

4.5.1 共轭梯度法

共轭梯度法(CG)最初由 Hesteness 和 Stiefel 于 1952 年为求解线性方程组而提出。共轭梯度法的基本思想是把共轭性与最速下降方法相结合，利用已知点处的梯度构造一组共轭方向，并沿这组方向进行搜索，求出目标函数的极小点。

传统 CG 算法用于迭代求解对称正定矩阵方程 $\boldsymbol{Ax}=\boldsymbol{b}$。当 $\boldsymbol{A}$ 非对称时，我们可以用 CG 算法求解其等效方程

$$\boldsymbol{A}^{+}\boldsymbol{Ax}=\boldsymbol{A}^{+}\boldsymbol{b} \tag{4.5-1}$$

其中，$\boldsymbol{A}^{+}$ 表示 $\boldsymbol{A}$ 的厄米矩阵。

预条件件与 CG 算法相结合的算法流程如图 4.5-1 所示。

初始化：

设置$\boldsymbol{x}_0$初值

$\boldsymbol{r}_0 = \boldsymbol{b} - \boldsymbol{A}\boldsymbol{x}_0$

$\boldsymbol{G}_0 = \boldsymbol{A}^{+}\boldsymbol{r}_0$

$\boldsymbol{W}_c = \left[\boldsymbol{M}^{+}\right]^{-1}\boldsymbol{G}_0$

$\boldsymbol{P}_0 = \boldsymbol{M}^{-1}\boldsymbol{W}_c$

迭代过程：

For $k = 0,1,2,\cdots$ Do:

$\boldsymbol{H}_c = \boldsymbol{A}\boldsymbol{P}_k$

$$\alpha_k = \frac{\left\|[\boldsymbol{M}^{+}]^{-1}\boldsymbol{G}_k\right\|_2^2}{\left\|\boldsymbol{A}\boldsymbol{P}_k\right\|_2^2} = \frac{\left\|\boldsymbol{W}_c\right\|_2^2}{\left\|\boldsymbol{H}_c\right\|_2^2}$$

$\boldsymbol{x}_{k+1} = \boldsymbol{x}_k + \alpha_k\boldsymbol{P}_k$

$\boldsymbol{r}_{k+1} = \boldsymbol{r}_k - \alpha_k\boldsymbol{A}\boldsymbol{P}_k$

$\boldsymbol{G}_{k+1} = \boldsymbol{A}^{+}\boldsymbol{r}_{k+1}$

$\boldsymbol{W}_c = [\boldsymbol{M}^{+}]^{-1}\boldsymbol{G}_{k+1}$

$$\beta_k = \frac{\left\|[\boldsymbol{M}^{+}]^{-1}\boldsymbol{G}_{k+1}\right\|_2^2}{\left\|[\boldsymbol{M}^{+}]^{-1}\boldsymbol{G}_k\right\|_2^2}$$

$\boldsymbol{H}_c = \boldsymbol{M}^{-1}[\boldsymbol{M}^{+}]^{-1}\boldsymbol{G}_{k+1} = \boldsymbol{M}^{-1}\boldsymbol{W}_c$

$\boldsymbol{P}_{k+1} = \boldsymbol{H}_c + \beta_k\boldsymbol{P}_k$

如果残差 $\left\|\boldsymbol{r}_{k+1}\right\|_2 / \left\|\boldsymbol{b}\right\|_2$ 满足预设值，迭代终止；
否则继续迭代。

Enddo

图 4.5-1　预条件件加速的 CG 算法流程

如果用单位矩阵替换上述算法中的矩阵 $\boldsymbol{M}$，那么此算法过程就是原始的 CG 算法。

4.5.2　广义最小余量法

广义最小余量法(GMRES)由 Saad 和 Schultz 于 1986 年提出，用于求解非对称线性方程组。GMRES 计算的近似解在相应的 Krylov 子空间满足余量范数极小的性质，是目前最流行的迭代方法之一。当矩阵规模较大时，GMRES 每一步迭代所需的存储量和计算量都会增大。典型地，采用“重启”可以克服这一困难。即先执行 m 次 GMRES 迭代，把由此产生的近似解作为初始值以开始下一个 m 次迭代，这个过程循环往复，直到余量范数足够小为止。这个过程即为重启 GMRES，亦即 GMRES(m)，m 称为重启参数。一般情况下，m 的取值越大，收敛所需要的迭代步数就越少，因为一个大的 m 值会改善 GMRES 余量多项式，余量范数随之减小。因此，在某种程度上，一个足够大的 m 能够加速 GMRES(m)收敛过程。但是，当 m 过大时，GMRES(m)就不能达到减少计算量和节约内存空间的目的。

预条件件与 GMRES(m)相结合的算法流程如图 4.5-2 所示。

用单位矩阵替换上述算法中的矩阵 $\boldsymbol{M}$，此过程就是原始的 GMRES 算法。

初始化：

设置x_0初值和m值

迭代过程：

$r_0 = M^{-1}(b - Ax_0)$，$\beta = \|r_0\|_2$，$v_1 = r_0/\beta$

For j=1, ⋯, m, Do：

$w_j = M^{-1}Av_j$

For i=1, ⋯, j, Do：

$h_{i,j} = \langle w_j, v_i \rangle$

$w_j = w_j - h_{i,j}v_i$

Enddo

$h_{j+1,j} = \|w_j\|_2$

$v_{j+1} = w_j / h_{j+1,j}$

Enddo

定义：$V_m = [v_1, \cdots, v_m]$，$\bar{H}_m = \{h_{i,j}\}_{1\leqslant i\leqslant j+1, 1\leqslant j\leqslant m}$

$x_m = x_0 + V_m y_m$，其中：

$y_m = \arg\min_y \|\beta e_1 - \bar{H}_m y\|_2$，$e_1 = [1 \quad 0 \quad \cdots \quad 0]^T$

如果残差 $\|b - Ax_m\|_2 / \|b\|_2$ 满足预设值，迭代终止；
否则设置 $x_0 = x_m$，重新开始迭代。

图 4.5－2　预条件加速的 GMRES 算法流程

4.5.3　块对角预条件

对于矩量法，假定第 n 个基函数为 $\boldsymbol{f}_n$，第 m 个权函数为 $\boldsymbol{w}_m$，矩阵 $\boldsymbol{A}$ 的元素 A_{mn} 可以写为

$$A_{mn} = \langle \boldsymbol{w}_m, L(\boldsymbol{f}_n) \rangle \tag{4.5-2}$$

其中，L 通常是积分算子，L 的核函数是一个合适的格林函数。从公式上来看，矩阵元素可以近似地认为来自于 $1/|\boldsymbol{r}-\boldsymbol{r}'|^a$，其中 $\boldsymbol{r}$ 是场点位置矢量，$\boldsymbol{r}'$ 是源点位置矢量，而且 $a \geqslant 1$。因此，基函数与权函数所在网格的距离越远，它们之间的相互作用就越小。

若采用伽略金检验过程，则权函数与基函数相同。因为相邻的基函数一般编号比较接近，所以矩量法的阻抗矩阵为对角占优矩阵。如果我们只考虑对角线上的矩阵分块，如图 4.5－3 所示，并对该分块对角矩阵求逆，则可以得到一种简单的预条件，称之为块对角(BD)预条件。构造块对角预条件首先要对基函数进行分组，接着计算每一组基函数对应的自作用矩阵，然后求解每个自作用矩阵的逆矩阵。第 7 章讨论的多极子方法本身就是一种基于基函数分组的方法，因此可以很方便地与块对角预条件结合起来。

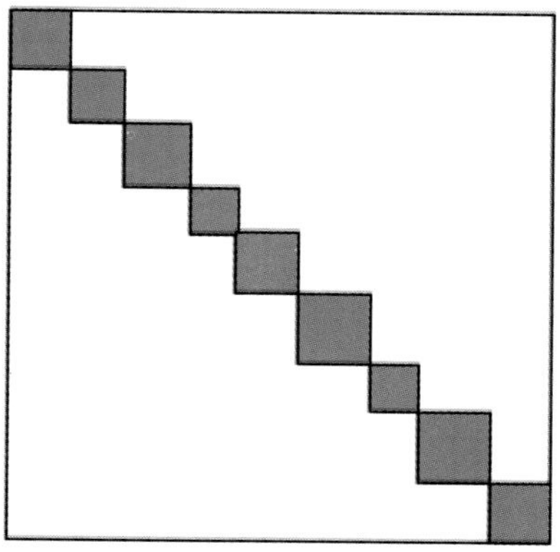

图 4.5－3　矩阵对角分块示意图

以基函数分为 3 组为例，块对角预条件矩阵的逆矩阵很容易求得：

$$\boldsymbol{M}^{-1} = \begin{bmatrix} \boldsymbol{A}_{11}^{-1} & & \\ & \boldsymbol{A}_{22}^{-1} & \\ & & \boldsymbol{A}_{33}^{-1} \end{bmatrix} \tag{4.5-3}$$

其中，A_{11}^{-1}、A_{22}^{-1}和A_{33}^{-1}分别表示3组基函数的自作用矩阵的逆矩阵。分组越大，构造预条件的计算量和存储量越大。如果每组只有1个基函数，则块对角预条件退化为对角(DIAG)预条件。对角预条件更容易实现，但是对于迭代解法的加速收敛效果比较差。

4.5.4 基函数邻居预条件

本节避开直接从阻抗矩阵出发构造预条件矩阵，而是首先对每一个基函数求解一个小方程组，这个方程组考虑了该基函数及其邻居基函数之间的相互作用，在此基础上再构造预条件矩阵，称之为基函数邻居(BFN)预条件[33]。因为邻居基函数距离较近，根据式(4.5-2)，这些基函数之间的相互作用比较强。这种以物理上相互作用量为基础的预条件矩阵 $\boldsymbol{P}=\boldsymbol{M}^{-1}$ 的各行之间可以独立地并行构造。假定 $\boldsymbol{P}$ 的第 i 行为 $\boldsymbol{p}_i$，为了使 $\boldsymbol{PA}$ 相乘所得矩阵为单位矩阵，令 $\boldsymbol{A}^{\mathrm{T}}\boldsymbol{p}_i^{\mathrm{T}}=\boldsymbol{e}_i$，$\boldsymbol{e}_i$ 为单位矩阵的第 i 列。

对于基函数邻居预条件矩阵，可以采用如下过程来构造。

首先确定第 i 个基函数的邻居列表 $L_i=\{\boldsymbol{b}_i^{(1)}, \boldsymbol{b}_i^{(2)}, \cdots, \boldsymbol{b}_i^{(k)}\}$，使得 L_i 中的 k 个基函数与第 i 个基函数的作用量较大；求解小的矩阵方程 $\bar{\boldsymbol{A}}^{\mathrm{T}}\bar{\boldsymbol{p}}_i^{\mathrm{T}}=\bar{\boldsymbol{e}}_i$，变量上的“—”表示矩阵中的元素是 L_i 中的基函数所对应的那些元素；求得 $\bar{\boldsymbol{p}}_i$，将其元素放回 $\boldsymbol{P}$ 的第 i 行对应的位置上去，其他位置填充为零。对 $\boldsymbol{P}$ 的所有行进行这些操作，各行可以并行进行，即可获得邻居预条件矩阵。在列表 L_i 中，基函数的全局编号一般不连续，需要对这些基函数进行局部编号。采用LU分解算法求解小矩阵方程可以达到很高的计算效率。

下面讨论列表 L_i 的确定。由于物理作用取决于基函数与权函数的距离，因而可以依据与第 i 个基函数的几何距离 R 来划定 L_i 的元素，该方法很简单并且容易实现。以RWG基函数为例，如图4.5-4所示，以第 i 条边的中心为球心，以 R 为半径确定一个球形区域 V_i，位于 V_i 中的公共边所对应的基函数就是 L_i 中的元素。如果 R 取值很小，则 L_i 中只有1个基函数，即第 i 条边对应的基函数，此时该预条件也退化为对角预条件。为了达到较好的加速收敛效果，同时考虑预条件构造的计算量和存储量，我们将在4.6节讨论 R 的取值。因为邻居预条件考虑了较强的物理作用，而块对角预条件不考虑分组之间的相互作用，所以邻居预条件的加速收敛效果通常比块对角预条件要好。然而，邻居预条件所需的计算量和存储量一般也比块对角预条件大。

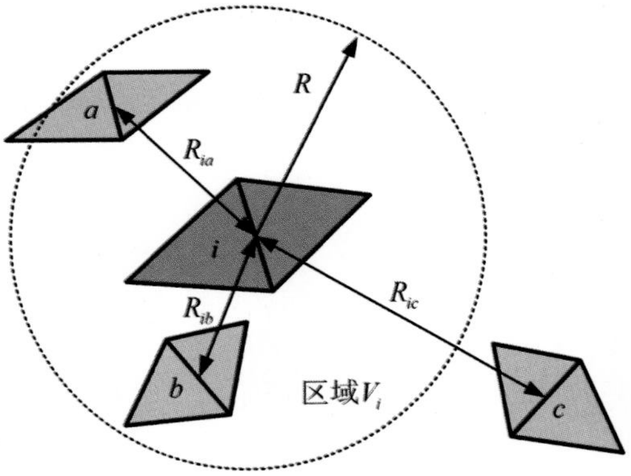

图4.5-4　基函数 i 的邻居示意图(以RWG基函数为例。公共边 a、b 在区域 V_i 中，公共边 c 在区域 V_i 外)

除根据基函数的邻居构造预条件外，我们还可以根据天线阵列单元的邻居构造预条件，其基本原理与基函数邻居预条件一样。我们将在 4.6.2 节进行讨论。

基函数邻居预条件与稀疏近似逆(SPAI)预条件较相似。稀疏近似逆预条件[31]的基本思想是给定矩阵 $\boldsymbol{P}$ 的非零模式后构造 $\boldsymbol{P}$ 来逼近 $\boldsymbol{A}^{-1}$，逼近的标准是残差矩阵 $\boldsymbol{PA}-\boldsymbol{I}$ 的 F 范数取极小值：

$$\min\|\boldsymbol{PA}-\boldsymbol{I}\|_F^2=\min\|\boldsymbol{A}^{\mathrm{T}}\boldsymbol{P}^{\mathrm{T}}-\boldsymbol{I}\|_F^2=\sum_{i=1}^{N}\min\|\boldsymbol{A}^{\mathrm{T}}\boldsymbol{p}_i^T-\boldsymbol{e}_i\|_2^2 \tag{4.5-4}$$

F 范数表示矩阵的所有元素的模值的平方求和再开方，它可以分解为 N 个独立的均方问题，其中 N 为矩阵 $\boldsymbol{A}$ 的阶数。可以利用矩阵的正交变换求解式(4.5-4)所示的最小二乘问题，例如 QR 分解。由式(4.5-4)可见，$\boldsymbol{P}$ 的每一行元素可以独立计算，非常适合并行计算。稀疏近似逆预条件的加速效果在很大程度上由非零模式决定。非零模式也叫做稀疏模式，有多种方法可以确定非零模式[31]，其中比较简单的一种是采用与构造列表 L_i 相同的方法进行确定。

4.5.5　并行迭代解法

矩阵与向量的乘法运算是 CG 与 GMRES 算法中的关键计算过程，因此并行迭代解法的重点在于矩阵向量乘(MVP)的并行计算。可以将矩阵 $\boldsymbol{A}$ 按照图 4.1-11 所示的块循环方案分配给各个进程，每个进程负责一部分 MVP 运算，然后进程之间进行通信，就得到最终的完整的向量。此外，我们还可以将矩阵 $\boldsymbol{A}$ 按行划分分配给各个进程，这将在 7.3.1 节进一步讨论。类似地，我们可以实现厄米矩阵 $\boldsymbol{A}^{+}$ 与向量的并行乘积运算。

此外，我们还需要实现预条件的并行化。对于块对角预条件，各个并行进程可以独立完成矩阵块的计算，其并行化是非常容易的。对于基函数邻居预条件，邻居列表构造、矩阵方程建立及求解过程是相互独立的，所以也很容易实现该预条件的并行化。需要注意，基函数邻居所对应的矩阵元素不一定在本进程。一种解决该问题的方案是通过与其他进程通信获得本进程所需要的矩阵元素，另一种方案是本进程冗余计算这些矩阵元素。对于大规模并行计算，由于通信的代价很高，所以本书采用第二种方案。

4.6　迭代求解器性能分析

迭代算法求解矩阵方程的性能在很大程度上取决于迭代收敛速度，因此预条件在迭代算法中发挥着重要作用。本节主要讨论预条件对于不同基函数矩量法迭代求解的加速效果。第 7 章还将进一步讨论矩阵向量乘的并行性能。

4.6.1　预条件加速 RWG 基函数 MLFMA 迭代求解

采用 RWG 基函数 MLFMA 计算图 4.4-9 所示的飞机模型雷达散射截面(RCS)。垂直极化(V 极化)平面波沿机头方向($-\hat{\boldsymbol{x}}$ 方向)入射，频率为 100 MHz，计算 xoy 平面的双站 RCS，未知量为 11 385。分别采用基函数邻居(BFN)预条件和块对角(BD)预条件加速矩量法矩阵方程迭代求解过程，积分方程为 CFIE(α=0.8)，迭代算法为 GMRES(m=30)。

迭代过程残差如图 4.6－1 所示，收敛残差设置为 3×10^{-3}。对于 BFN 预条件，基函数邻居半径 R 为 0.25λ；对于 BD 预条件，按 0.25λ 对基函数进行分组。其中 λ 为自由空间波长。由图 4.6－1 可见，BFN 预条件加速效果明显优于 BD 预条件。双站 RCS 计算结果如图 4.6－2 所示，可见两种预条件计算结果吻合良好。预条件构造时间、迭代时间以及内存需求列于表 4.6－1 中。对比可见，BFN 预条件的预条件构造时间比 BD 预条件长，这是因为 BFN 预条件对于每个基函数都需要寻找邻居基函数并且需要求解一个小的矩阵方程，而 BD 预条件只需要对每组基函数求解一个小的矩阵方程。从迭代时间上来看，BFN 预条件的迭代时间明显少于 BD 预条件，加速迭代求解效果更好。本算例使用的计算平台为 Cluster－Ⅳ 中的胖节点，使用的进程数为 12。

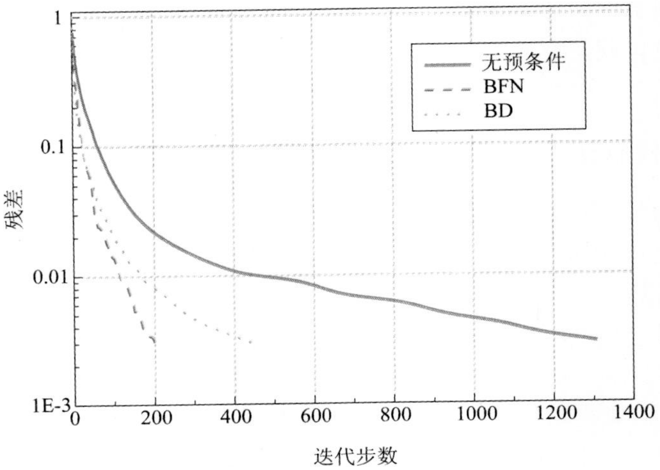

图 4.6－1　BFN 预条件和 BD 预条件收敛效果

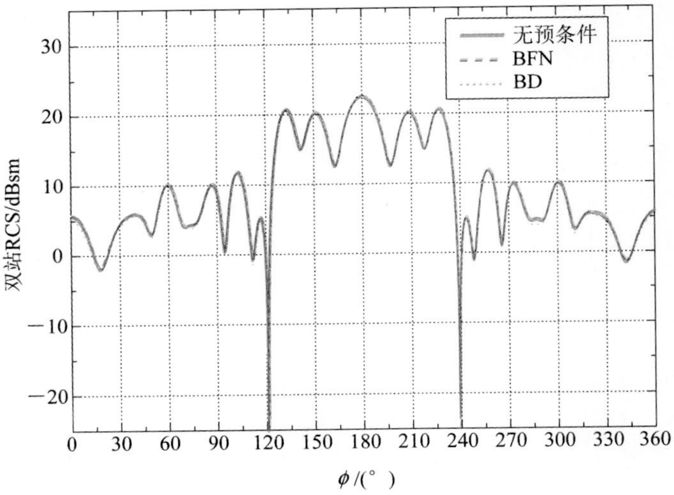

图 4.6－2　飞机模型 xoy 面的双站 RCS

表 4.6-1 BFN 和 BD 预条件计算时间和内存需求对比

预条件	邻居距离/组大小(λ)	预条件时间/s	迭代时间/s	内存需求/MB	迭代步数
无预条件	—	—	—	—	1307
BFN 预条件	0.25	10.967	7.574	29.194	204
BD 预条件	0.25	0.004 62	27.018	5.843	448

注：内存需求按照单精度统计。

下面以 BFN(0.25λ)预条件为例，测试其并行性能。采用 12 个和 24 个进程并行计算时，计算时间及并行效率列于表 4.6-2 中。可见，BFN 预条件达到了较高的并行效率。

表 4.6-2 BFN(0.25λ)预条件并行性能测试

进程数	计算时间/s	并行效率/%
12	10.967	100.0
24	5.876	93.3

4.6.2 预条件加速正弦基函数矩量法矩阵方程求解

波导缝隙天线阵[33]具有结构紧凑、功率容量大、天线口径利用率高、容易实现低副瓣乃至超低副瓣等特点，被广泛应用于雷达和通信领域。波导缝隙构成的天线阵列主要有两种形式，即波导宽边开缝构成的缝隙天线阵和波导窄边开缝构成的缝隙天线阵。本算例主要分析波导宽边缝隙阵列。

如图 4.6-3 所示，假设有 M 根波导，每根波导上刻 N 个缝隙(波导上缝隙的个数也可以不相等)。任意两个缝隙间的横向间距和纵向间距分别用 Δx 和 Δz 表示。波导壁为理想导体，波导内壁尺寸宽为 a，高为 b，波导壁厚为 t。缝长为 L_i，宽为 W_i。假设所有缝隙都为窄缝，即满足 $L_i/W_i>5$。缝隙离波导宽边中心线的偏置为 x_i。

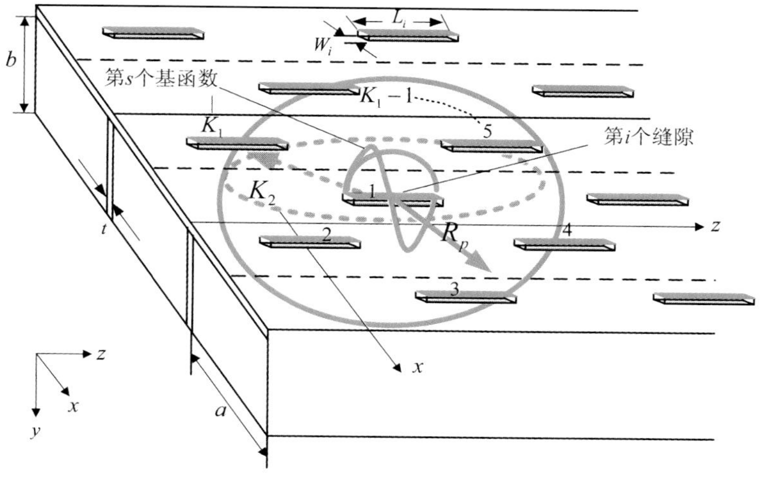

图 4.6-3 缝隙阵列示意图

如图 4.6－4 所示，把缝隙天线结构分成波导内部区域 a、腔体 b 和波导阵面上半空间 c 三个区域。M_i^1、M_i^2 分别为下缝隙口面 S_i^1 和上缝隙口面 S_i^2 上的磁流分布，由 S_i^1、S_i^2 上磁场切向分量的连续性可建立积分方程组[33]。

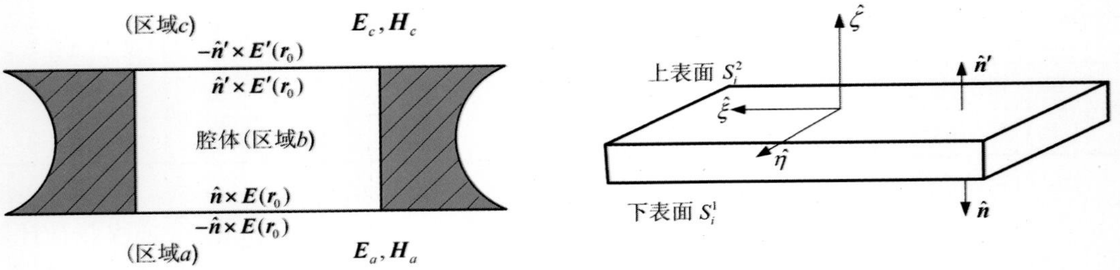

图 4.6－4　缝隙示意图

采用伽略金法，对第 i 个缝隙，将 S_i^j 面上的磁流 M_i^j 展开成如下形式：

$$M_i^j = \sum_{s=1}^{N_b} a_{is}^j f_{is}^j(\boldsymbol{r}),\ \boldsymbol{r}\in S_i^j,\ j=1,2,\ i=1,2,\cdots,N_s \tag{4.6-1}$$

其中，$a_{is}^j(s=1,2,\cdots,N_b)$为第 i 个缝隙 S_i^j 面上磁流 M_i^j 的展开系数，N_b为第 i 个缝隙上的基函数个数，$N_s=M\times N$ 为缝隙的总个数，$f_{is}^j(\boldsymbol{r})$为基函数，选为

$$f_{is}^j(\boldsymbol{r}) = \sin\left(\frac{s\pi\left(\eta+\frac{L_i}{2}\right)}{L_i}\right),\ -\frac{L_i}{2}\leqslant\eta\leqslant\frac{L_i}{2} \tag{4.6-2}$$

为了高效构造基函数邻居预条件，本算例以缝隙为基本单元找出给定距离 R_p范围内的邻居缝隙，如图 4.6－3 所示。R_p通常的取值范围为 $0.50\lambda_g\sim1.0\lambda_g$(此处 λ_g表示波导波长)，以保证主要信息量可以被考虑到预条件矩阵中。缝隙有两个表面，对在波导内部的表面来说，互耦仅仅存在于同一根波导的缝隙之间，而对外部表面来说，互耦存在于阵列的所有缝隙之间。假设波导缝隙在波导内部与波导外部具有不同的邻居个数，外部为 K_1，内部为 K_2。典型情况下，K_1 是 7，K_2 是 3。

下面计算图 4.6－5 所示的 400 个缝隙驻波阵列的辐射方向图。驻波阵列工作频率为 6.8 GHz，阵列尺寸为 640 mm×640 mm，波导内壁尺寸为 31.6 mm×7.6 mm，波导壁厚为 0.8 mm，缝隙长度为 23.5 mm，缝隙宽度为 4.8 mm，缝隙偏离中心为 4.0 mm。采用 CG 算法求解矩阵方程，收敛过程如图 4.6－6 所示。图中给出了基函数邻居(BFN)预条件、对角(DIAG)预条件及无预条件三种情况的收敛过程。利用 BFN 预条件加速 CG 算法，在 Pentium Ⅳ 2.0 GHz 的 PC 机上求解方程花费的时间由约 3 分钟缩短为约 18 秒。归一化方向图如图 4.6－7 所示，计算结果与测试结果吻合良好[34]。

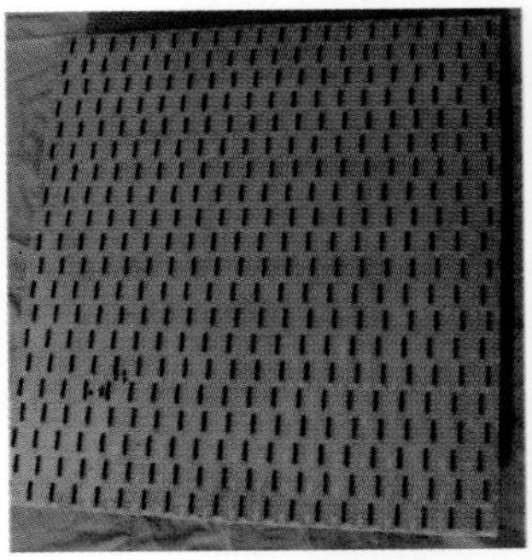

图 4.6－5　波导宽边缝隙驻波阵列实物图

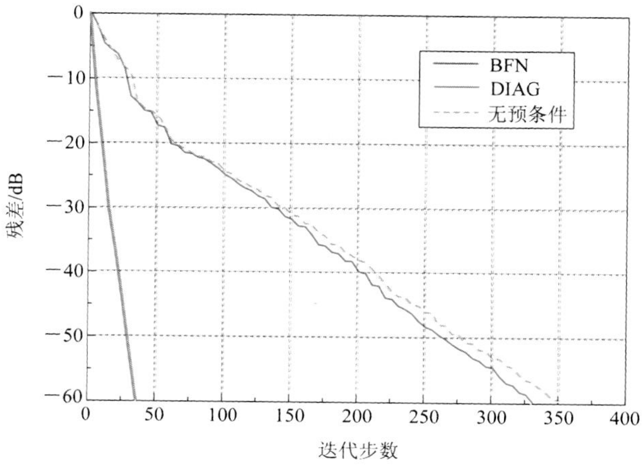

图 4.6－6　波导宽边缝隙驻波阵列迭代步数与残差

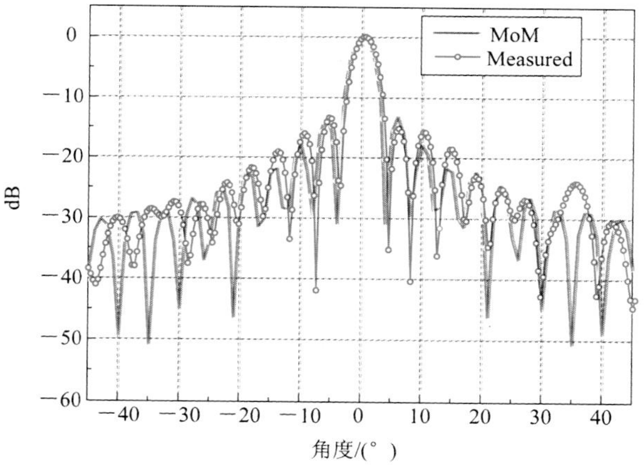

(a) H面

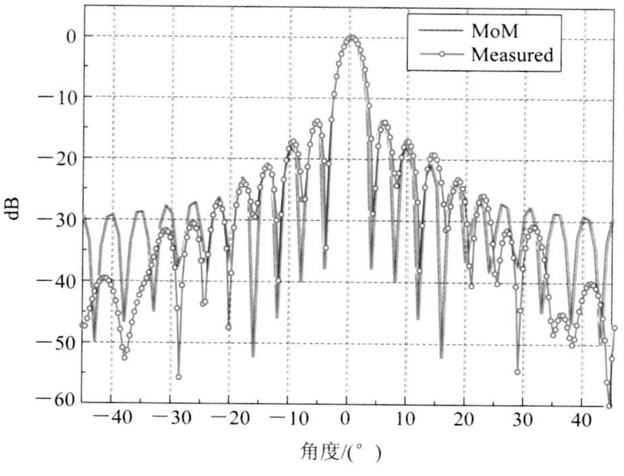

(b) E面

图 4.6－7　波导宽边缝隙驻波阵列归一化方向图

下面用不同的基函数个数来分析这个阵列。表 4.6－3 给出了无预条件、DIAG 预条件以及 BFN 预条件加速的 CG 算法迭代步数对比。结果表明，BFN 预条件加速的 CG 算法收敛速度比较快，具有比较高的求解效率。随着基函数个数的增多，BFN 预条件加速的 CG 算法迭代步数增加速度比较缓慢。

表 4.6－3　基函数个数变化时，不同预条件 CG 迭代方法的迭代步数比较
(M 为波导个数，N 为每个波导上的缝隙数)

$N_s=M\times N$	N_b	未知量 ($N_s\times 2\times N_b$)	迭代步数		
			CG (NONE)	CG (DIAG)	CG (BFN)
20 × 20	1	800	105	105	33
20 × 20	2	1600	199	196	37
20 × 20	3	2400	351	334	36
20 × 20	4	3200	522	472	38

如前所述，BFN 预条件的矩阵非常稀疏，因此每一步迭代只增加了很小的计算量。图 4.6－8 给出了每一步 CG 迭代所需的时间，具体的时间是和计算机硬件条件有关的。此处使用的是具有 512 MB 内存的 Pentium Ⅳ 2.0 GHz PC。图 4.6－8 说明 BFN 预条件与无预条件的 CG 迭代方法相比，每一步迭代几乎不增加计算时间。

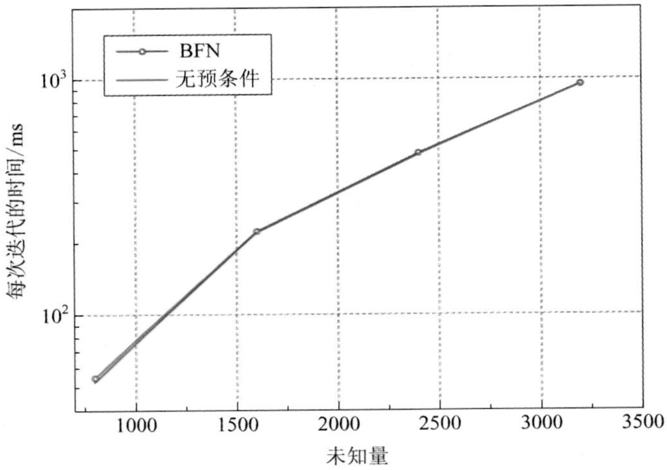

图 4.6－8　波导缝隙阵每步迭代所需时间

下面对几个缝隙数不同的缝隙阵进行计算。表 4.6－4 给出了无预条件、DIAG 预条件以及 BFN 预条件加速的 CG 算法迭代步数。通过对比发现，BFN 预条件加速的 CG 算法迭代步数大大减少。

表 4.6－4　缝隙数变化时，不同预条件 CG 迭代方法的迭代步数比较
(M 为波导个数，N 为每个波导上的缝隙数)

$N_s=M\times N$	N_b	未知量($N_s\times 2\times N_b$)	迭代步数		
			CG (NONE)	CG (DIAG)	CG (BFN)
5 × 10	3	300	178	172	23
10 × 10	3	600	249	240	25
20 × 20	3	2400	351	334	36

4.6.3　预条件加速屋顶基函数矩量法矩阵方程求解

本节介绍采用屋顶基函数的矩量法计算矩形微带贴片的 RCS。考虑图 4.6 - 9(a)所示的位于尺寸为 $W_x \times W_y$、相对介电常数为 ε_r、厚度为 d 的基片上的矩形贴片，将它沿着 x 和 y 方向划分为$(M+1)\times(N+1)$个网格，如图 4.6 - 9(b)所示。

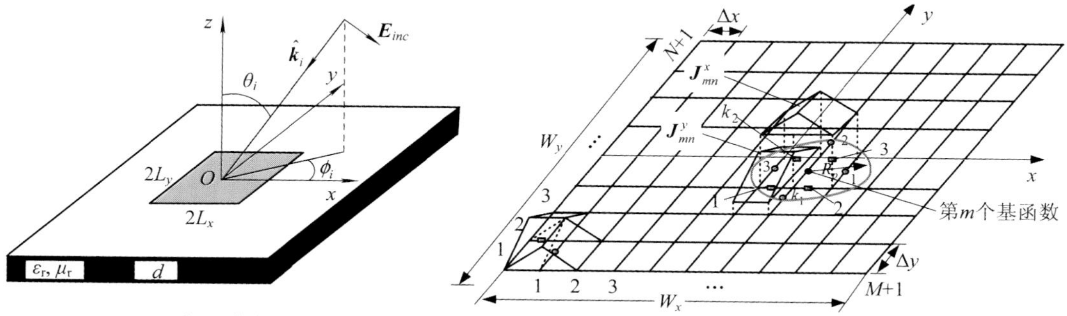

(a) 矩形微带贴片　　(b) 屋顶基函数分布

图 4.6 - 9　矩形微带贴片的结构图

采用屋顶基函数：

$$J^x_{mn}(x, y) = \left(1 - \frac{|x - x_m|}{\Delta x}\right)\cdot \mathrm{rect}\left(\frac{y - y_n}{\Delta y}\right),\ \frac{|x - x_m|}{\Delta x} \leqslant 1,\ \frac{|y - y_n|}{\Delta y} \leqslant \frac{1}{2} \tag{4.6-3}$$

$$J^y_{mn}(x, y) = \mathrm{rect}\left(\frac{x - x_m}{\Delta x}\right)\cdot \left(1 - \frac{|y - y_n|}{\Delta y}\right),\ \frac{|x - x_m|}{\Delta x} \leqslant \frac{1}{2},\ \frac{|y - y_n|}{\Delta y} \leqslant 1 \tag{4.6-4}$$

其中，$\mathrm{rect}\left(\frac{x}{L}\right) = \begin{cases} 1, & |x| < \frac{L}{2} \\ 0, & |x| > \frac{L}{2} \end{cases}$

表面电流密度可以展开为式(4.6 - 3)和式(4.6 - 4)所示的 x 与 y 方向的屋顶电流密度的变换形式[35]：

$$\widetilde{J}^x_t(k_x, k_y) = \sum_{m=1}^{M}\sum_{n}^{N+1} I^x_{mn}\widetilde{J}^x_{mn}(k_x, k_y) \tag{4.6-5}$$

$$\widetilde{J}^y_t(k_x, k_y) = \sum_{m=1}^{M+1}\sum_{n}^{N} I^y_{mn}\widetilde{J}^y_{mn}(k_x, k_y) \tag{4.6-6}$$

下面计算一个方形贴片在入射波为 θ 极化并且入射角$(\theta_i, \phi_i) = (60°, 45°)$时的单站 RCS 频带特性。由于其阻抗矩阵单元随频率变化缓慢，因此本算例根据较少频点的信息对扫频点阻抗矩阵进行插值逼近。图 4.6 - 10 给出了单站 RCS 计算结果，其中分段数 $M=16$，$N=16$，计算阻抗矩阵的频率间隔为 1.0 GHz。所得 $\sigma_{\theta\theta}$ 结果与 Newman 的结果[36]是一致的，这也验证了算法的有效性，此时图 4.6 - 9(a)中各参数为：$2L_x = 3.66$ cm，$2L_y = 2.60$ cm，$d = 0.158$ cm，$\varepsilon_r = 2.17$，$\tan\delta = 0.001$。

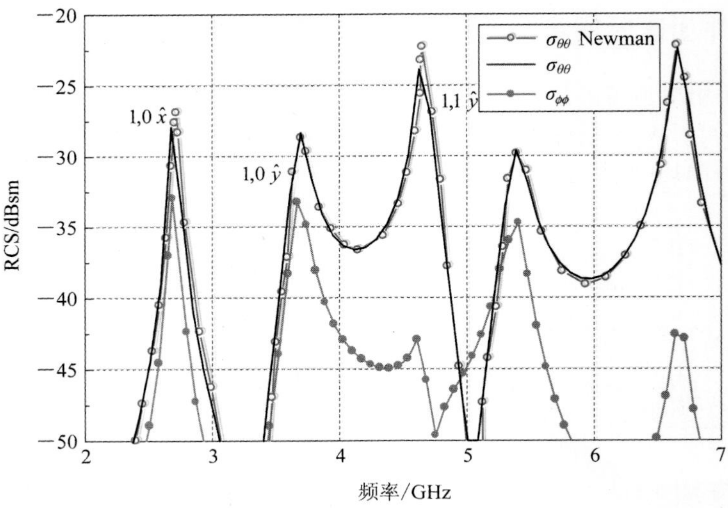

图 4.6-10　微带贴片频带 RCS 特性

图 4.6-11 分别给出 BFN 预条件、DIAG 预条件以及无预条件时 CG 算法的迭代步数比较，结果表明 BFN 预条件可以极大地加速收敛过程，大大减少迭代步数，而且迭代步数在频带内比较稳定。由于贴片被划分为 16×16 个网格(贴片长度方向大约为 7.0 GHz 时波长的 1/20)，阻抗矩阵在高频时的特性比低频时要好，因此，BFN 预条件在整个频带的低端时效果比高端时更加明显。对于 ϕ 极化的入射波，BFN 的效果与 θ 极化类似，如图 4.6-12 所示。

由于预条件矩阵是稀疏矩阵，若采用稀疏矩阵的乘法，在每一步迭代过程中几乎不增加计算时间。图 4.6-13 给出了每一步迭代所需的 CPU 时间。由于绝对用时与计算机性能相关，因此图 4.6-13 表明，与无预条件的迭代方法相比，BFN 预条件几乎不增加 CPU 时间。

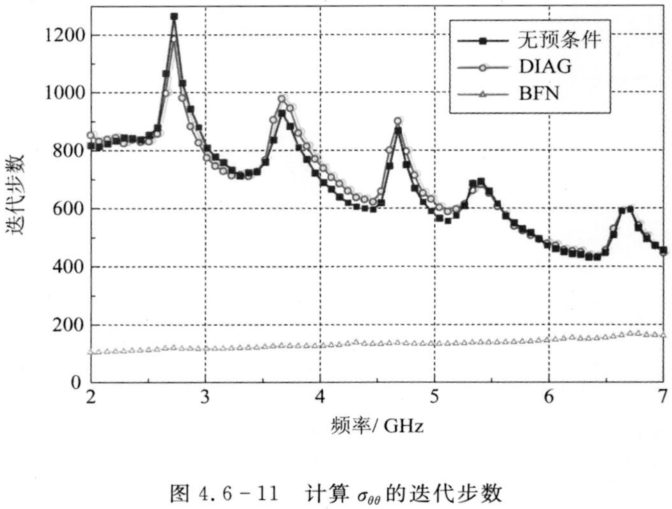

图 4.6-11　计算 $\sigma_{\theta\theta}$ 的迭代步数

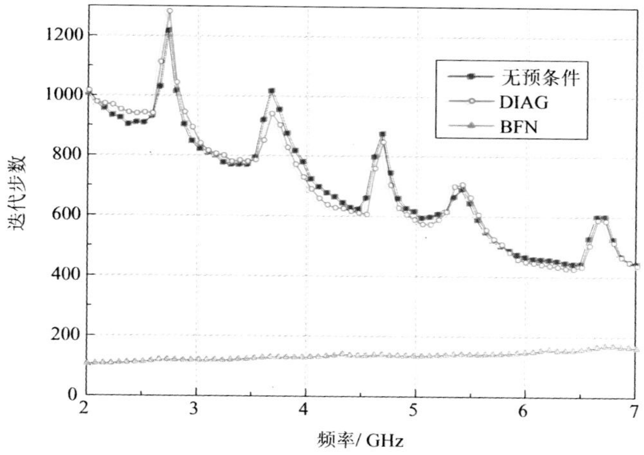

图 4.6-12　计算 $\sigma_{\phi\phi}$ 的迭代步数

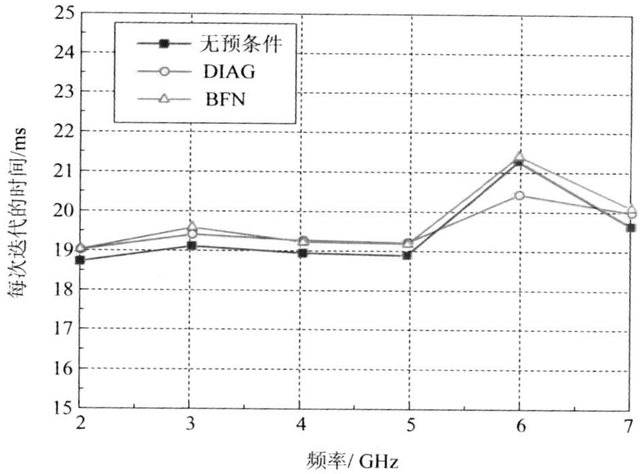

图 4.6-13　微带贴片每步迭代所需时间

显然，BFN 预条件对于屋顶基函数同样有效。

以上测试实例表明，BFN 预条件方法具有良好的通用性。

4.7 小　结

本章主要介绍了矩阵方程的直接解法及迭代解法，并讨论了它们各自的并行策略。LU 分解中，通常分块大小参考取值范围为 32～256，最优值应由实测获得；进程网格形状一般应取接近方形且 $P_r < P_c$。数值结果表明了本章并行矩阵方程求解方法具有良好的并行性能。本章讨论的并行矩阵方程求解策略也为后续章节讨论并行矩量法矩阵填充奠定了基础。

参考文献

[1]　程云鹏，张凯院，徐仲. 矩阵论[M]. 西安：西北工业大学出版社，2000.

[2] http://www.netlib.org/linpack/
[3] http://www.netlib.org/lapack/
[4] http://www.netlib.org/scalapack/
[5] E. D'Azevedoy and J. Dongarra. The Design and Implementation of the Parallel Out - of - Core ScaLAPACK LU, QR and Cholesky Factorization Routines. Concurrency: Practice and Experience, 2000, Vol. 12: 1481-1493.
[6] Dongarra J J, Hammarling S, Walker D W. Key Concepts for Parallel Out - of - Core LU Factorization. Parallel Computing, 1997, Vol. 23:49-70.
[7] 陈国良. 并行计算：结构·算法·编程. 北京：高等教育出版社，2004.
[8] https://en.wikipedia.org/wiki/CPU_cache
[9] https://en.wikipedia.org/wiki/Translation_lookaside_buffer
[10] Goto K, van de Geijn Robert A. Anatomy of High - Performance Matrix Multiplication. ACM Transactions on Mathematical Software, Vol. 34, No. 3, Month 2008: 1-25.
[11] Goto K. van de Geijn R A. On reducing TLB misses in matrix multiplication. Tech. Rep. CS-TR-02-55, Department of Computer Sciences, University of Texas at Austin, 2002.
[12] http://www.netlib.org/blas/
[13] http://mpi - forum.org/
[14] van de Geijn R A. Using PLAPACK: Parallel Linear Algebra Package. MIT Press, Cambridge, MA, 1997.
[15] Sidani M, Harrod B. Parallel Matrix Distributions: Have We Been Doing It All Right?. Technical Report UT-CS-96-340, University of Tennessee, Knoxville, Nov. 1996.
[16] Eijkhout V, Langou J, Dongarra J. Parallel Linear Algebra Software. Chap. 13, Netlib Repository at UTK and ORNL, 2006. http://www.netlib.org/utk/people/JackDongarra/PAPERS/siam - la - sw - survey - chapter13 - 2006.pdf. Accessed Aug. 2008.
[17] ZHANG Yu, CHEN Yan, ZHANG Guanghui, et al. A Highly Efficient Communication Avoiding LU Algorithm for Methods of Moments. IEEE APS, July 19 - 26, 2015, Canada.
[18] Demmel J, Grigori L, Xiang H. Communication - Avoiding Gaussian Elimination. Conference Proceedings of Supercomputing, 2008.
[19] http://www.netlib.org/benchmark/hpl/algorithm.html
[20] 杜云飞，杨灿群，王锋. 2014 年全国计算机体系结构学术年会(aca 2014)文集：Linpack 算法分析及其测试方法. 沈阳，2014 年 8 月 23-24.
[21] https://software.intel.com/en - us/intel - mkl/
[22] http://developer.amd.com/tools - and - sdks/cpu - development/amd - core - math - library - acml/

[23] http://math - atlas. sourceforge. net/

[24] http://www. openblas. net/

[25] Netlib Repository at UTK and ORNL. The ScalAPACK Project, Parallel Basic Linear Algebra Subprograms (PBLAS). http://www. netlib. org/scalapack/pblas_qref. html. Accessed Aug. 2008.

[26] Goto K, van de Geijn R A. High-performance implementation of the level - 3 BLAS. FLAME Working Note #20 TR-2006-23, The University of Texas at Austin, Department of Computer Sciences, 2006.

[27] Magnus R. Hestenes and Eduard Stiefel(1952), Methods of conjugate gradients for solving linear systems, J. Research Nat. Bur. Standards 49, 409-436.

[28] Saad Y, Schultz M H. GMRES: A generalized minimal residual algorithm for solving nonsymmetric linear systems. Society for Industrial and Applied Mathematics, 1986, 7(3): 856-869.

[29] van der Vorst H A. Bi-CGSTAB: A Fast and Smoothly Converging Variant of Bi - CG for the Solution of Nonsymmetric Linear Systems. SIAM Journal on Scientific and Statistical Computing, March 1992, Vol. 13, no. 2: 631-644.

[30] Saad Y. ILUT: a dual threshold incomplete LU preconditioner. Numerical Linear Algebra Application, 1990, 1(4):414-439.

[31] Alleon G, Benzi M, Giraud L. Sparse Approximate Inverse Preconditioning for Dense Linear Systems Arising in Computational Electromagnetics. Numerical Algorithms, 1997, no. 16:1-15.

[32] Heldring A, Rius J M, Ligthart L. New Block ILU Preconditioner Scheme for Numerical Analysis of Very Large Electromagnetic Problems. IEEE Transactions on Magnetics, March 2002, Vol. 38, no. 2:337-340.

[33] 张玉. FDTD与矩量法的关键技术及并行电磁计算应用研究[D]. 西安：西安电子科技大学，2004.

[34] Zhang Yu, Xie Yong Jun, Liang Changhong. A highly effective preconditioner for MoM analysis of large slot arrays. IEEE Transactions on Antennas and Propagation, May 2004, vol. 52, no. 5: 1379, 1381.

[35] Pozar, David M. Input impedance and mutual coupling of rectangular microstrip antennas. IEEE Transactions on Antennas and Propagation, Nov 1982. vol. 30, no. 6, 1191, 1196.

[36] Newman E H, Forrai D. Scattering from a microstrip patch. IEEE Transactions on Antennas and Propagation, Mar 1987 vol. 35, no. 3: 245, 251.

第 5 章　超大规模并行矩量法

在典型的并行矩量法计算过程中，矩阵构建耗时一般明显少于矩阵方程求解，这也就是为什么在进行并行矩量法并行策略设计时，一般需要先确定选用的矩阵方程求解方法，然后根据其任务划分方法去设计矩量法矩阵的并行填充策略。根据采用的基函数的不同，矩量法阻抗矩阵元素的并行构建也呈现出明显的多样性。根据第 4 章介绍的矩阵分配方案，本章结合 RWG 基函数与高阶基函数讨论矩量法矩阵并行填充策略，并给出了基于 CALU 等大规模矩阵分解方法在超级计算机上的计算结果，其中单一任务最高使用了高达 20 万 CPU 核，且并行效率良好，这也是当前基于 CPU 核的最大矩量法并行规模。

5.1　并行矩量法矩阵填充

本章使用并行 LU 分解求解矩量法的矩阵方程，矩阵分配方案采用 4.1.3 节描述的块循环分配方案。根据该方案，首先讨论 RWG 基函数矩量法的并行矩阵填充策略，然后讨论高阶基函数矩量法的并行矩阵填充策略。

5.1.1　RWG 基函数矩量法的并行矩阵填充

1. 串行矩阵填充

RWG 基函数定义于具有公共边的三角形对上，因此阻抗矩阵元素是按公共边编号索引的。计算阻抗矩阵元素时，需要在两个三角形对上进行二重面积分。以 EFIE 矩量法为例，阻抗矩阵元素计算公式为：

$$\begin{aligned} Z_{mn} &= \mathrm{j}k\eta\int_{T_m^+ + T_m^-}\int_{T_n^+ + T_n^-}\left[\boldsymbol{f}_m(\boldsymbol{r})\cdot\boldsymbol{f}_n(\boldsymbol{r}') - \frac{1}{k^2}\nabla'_s\cdot\boldsymbol{f}_n(\boldsymbol{r}')\nabla_s\cdot\boldsymbol{f}_m(\boldsymbol{r})\right]G(R)\,\mathrm{d}s'\mathrm{d}s \\ &= Z_{mn}^{++} + Z_{mn}^{+-} + Z_{mn}^{-+} + Z_{mn}^{--} \end{aligned} \tag{5.1-1}$$

上式表明，两个三角形对上的二重面积分可以化为四项，不失一般性，考虑第一项积分 Z_{mn}^{++}，有

$$Z_{mn}^{++} = \frac{\mathrm{j}k\eta}{4\pi}\frac{l_m l_n}{4A_m^+A_n^+}\int_{T_m^+}\int_{T_n^+}\left[(\boldsymbol{r}-\boldsymbol{V}_m^+)\cdot(\boldsymbol{r}'-\boldsymbol{V}_n^+) - \frac{4}{k^2}\right]\frac{\mathrm{e}^{-\mathrm{j}kR}}{R}\mathrm{d}s'\mathrm{d}s \tag{5.1-2}$$

此式可以进一步化为

$$\begin{aligned} Z_{mn}^{++} = \frac{\mathrm{j}k\eta}{4\pi}\frac{l_m l_n}{4A_m^+A_n^+}\cdot\Bigg(&\boldsymbol{V}_m^+\cdot\boldsymbol{V}_n^+\int_{T_m^+}\int_{T_n^+}\frac{\mathrm{e}^{-\mathrm{j}kR}}{R}\mathrm{d}s'\mathrm{d}s \\ &+\int_{T_m^+}\int_{T_n^+}\left(\boldsymbol{r}\cdot\boldsymbol{r}' - \frac{4}{k^2}\right)\frac{\mathrm{e}^{-\mathrm{j}kR}}{R}\mathrm{d}s'\mathrm{d}s \\ &-\boldsymbol{V}_n^+\cdot\int_{T_m^+}\int_{T_n^+}\boldsymbol{r}\,\frac{\mathrm{e}^{-\mathrm{j}kR}}{R}\mathrm{d}s'\mathrm{d}s - \boldsymbol{V}_m^+\cdot\int_{T_m^+}\int_{T_n^+}\boldsymbol{r}'\,\frac{\mathrm{e}^{-\mathrm{j}kR}}{R}\mathrm{d}s'\mathrm{d}s\Bigg) \end{aligned} \tag{5.1-3}$$

可以看到，积分 Z_{mn}^{++} 又可进一步化为四项，其中每一项所包含的积分只与参与积分的两个三角形 T_m^+ 和 T_n^+ 有关，而与公共边及其对应的顶点等无关。为了方便描述，本节将这四个只与三角形 T_m^+ 和 T_n^+ 相关的积分称为积分 $T_m^+T_n^+$，其中 T_m^+ 为场三角形，T_n^+ 为源三角形。必须指出，积分 $T_m^+T_n^+$ 包含了场、源三角形的顺序，与积分 $T_n^+T_m^+$ 的含义不同。由于参与积分的两个三角形还有可能与其他三角形存在公共边，因此相同的积分过程可能出现在其他矩阵元素的填充过程中。这一点是很关键的，这说明在矩阵填充时，对于不同的矩阵元素，有可能存在相同的积分运算。积分运算是矩阵填充过程中最耗时的运算，如果能避免这些重复积分，则必然能显著提高矩阵填充的效率，为此设计以下矩阵填充方案。

如图 5.1-1 所示，图中小写英文字母表示公共边编号，大写英文字母表示三角形编号。对于第(m, n)个矩阵元素 Z_{mn}，首先根据式(5.1-1)计算出四组积分 IQ、IJ、PQ、PJ，每组积分包含 4 个积分结果(如式(5.1-3)给出的 Z_{mn}^{++} 包含 4 个积分)，将这 4 个积分结果与第 m 条公共边、第 n 条公共边以及它们对应的顶点等信息按照一定的规则进行运算，便可得到该组三角形的相关计算结果，累加四组计算结果，便可计算出矩阵元素 Z_{mn}。

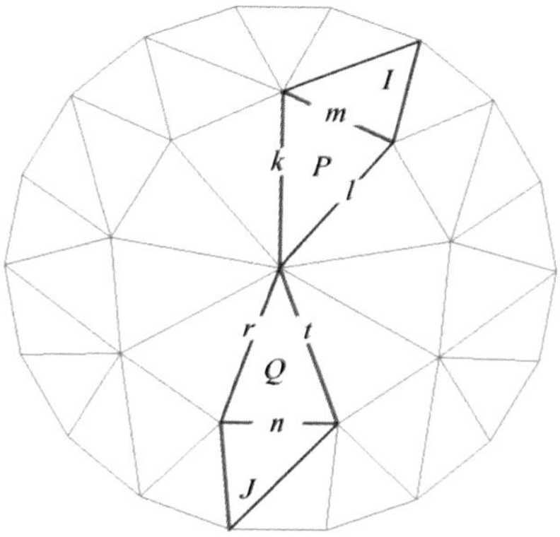

图 5.1-1　三角形二重积分与公共边编号关系

若考虑三角形积分 PQ，除了第(m, n)个元素，显然它还可能会被用于第(m, t)、(m, r)、(k, n)、(k, t)、(k, r)、(l, n)、(l, t)、(l, r) 这 8 个矩阵元素的计算。注意，由于积分 PQ 与积分 QP 表示的含义不同，源三角形与场三角形的积分顺序不能颠倒，积分 PQ 概念上并不能用于 (t, m)、(r, m)等矩阵元素的计算。可见，在填充矩阵时，若按照矩阵元素一个一个地计算，即按公共边循环计算阻抗元素时，最多可能重复 9 次三角形积分 PQ，显然，这样的填充方式会引入大量冗余计算。

假设程序按照三角形循环来进行相关计算，设当前积分所在的三角形为 P、Q，可首先计算出积分 PQ，然后根据 P、Q 的各条边对应的公共边编号来确定哪些矩阵元素需要利用这些积分值，再将积分值累加到对应的矩阵元素中，这样遍历全部三角形后，可以保证所有矩阵元素都被求出。与按照公共边循环的方式相比，按照三角形循环填充矩阵，面积分计算一次最多可以使用 9 次，避免了冗余积分，矩阵填充速度可以提高 8 倍左右。显然，这种按三角形循环来填充矩阵的方法，可大量减少冗余计算。图 5.1-2 给出的是 RWG 基函数矩量法核内矩阵填充的串行算法伪代码[1, 2]。

核内矩阵填充串行算法:

```
Do p = 1, NumTriangles                          !loop over field (testing) triangles
  Do q = 1, NumTriangles                        !loop over source triangles
    compute_interactions(p ,q)                  !calculate integral on triangle pair (p, q)
    Do e = 1, 3                                 !loop over edges of the testing triangle
      m = edge_num(p,e)                         !global index of eth edge on pth testing triangle
      If (m.NE.0) then                          !mth edge is a valid common edge
        Do f = 1, 3                             !loop over edges of the source triangle
          n = edge_num(q,f)                     !global index of fth edge of qth source triangle
          If (n.NE.0) then                      !nth edge is a valid common edge
            Z(m,n) = Z(m,n) + delta_ Z(m,n)     !add into the impedance matrix
          Endif
        Enddo                                   !end loop over edges of the source triangle
      Endif
    Enddo                                       !end loop over edges of the field triangle
  Enddo                                         !end loop over source triangles
Enddo                                           !end loop over field (testing) triangles
```

图 5.1-2　RWG 基函数矩量法核内矩阵填充串行算法

如图 5.1-2 所示，串行代码包括四层循环，外面两层循环是场三角形及源三角形循环，里面两层循环是场、源三角形分别对应的边循环。每一对源三角形和场三角形之间需要计算积分，积分结果最多可用于 9 个阻抗矩阵元素的计算。

2. 并行矩阵填充

根据图 5.1-2 中的串行算法，图 5.1-3 给出了一种比较高效的并行算法。对比可见，并行算法从三方面做了修改：

(1) 每个进程只填充并且存储与其相关的那部分矩阵元素，local_Index 用于计算矩阵元素的局部索引。图 5.1-3 中用实线标出的为与之相应的代码。

(2) 源三角形与场三角形之间的积分被移到了最内层循环。只有被选中负责处理第 (m, n) 个矩阵元素的进程，才去计算与之相关的三角形积分。若按照串行算法，将积分放到三角形循环的里面、边循环的外面，则单个进程需要计算全部三角形上的积分，这样会造成进程大量计算了与其所要处理的矩阵元素并不相关的三角形积分，导致严重计算冗余。图 5.1-3 中用波浪线标出的为与之相应的代码。

(3) 为消除冗余积分计算，为每一对三角形设置标记，令初始时 flag =0。如果该对三角形积分已经被某个进程计算出一次，就设置 flag=1，那么后续计算过程中该进程将不再重复计算该三角形积分。显然，如果没有这个标记，当进程个数为 1 时，就能非常清晰地看到，进程负责的最多与 9 条边相关的三角形积分也就最多可能被重复计算 9 次。图 5.1-3 中用虚线标出的为与之相应的代码。

图 5.1-3 中的并行算法有效避免了进程内的冗余计算。然而，不同进程之间仍然存在着冗余计算，这是因为每个三角形有多条公共边，对应多个矩阵元素。按照 4.1.3 节的块循环分配方案，这些公共边对应的矩阵元素可能会被分配到不同的进程中，这些进程就需要各自完成相同三角形上的积分，造成了不同进程之间的冗余计算。虽然技术上可以通过进程之间发送相关积分结果来避免这类冗余计算，但对于分布式计算平台，进程间通信的代价较高，这会降低计算性能。

核内矩阵填充并行算法-方案 1:

```
Do p = 1, NumTriangles                                      !loop over field (testing) triangles
  Do q = 1, NumTriangles                                    !loop over source triangles
  flag=0                                                    !initialize the flag of whether do integration
    Do e = 1, 3                                             !loop over edges of the field triangle
      m = edge_num(p,e)                                     !global index of eth edge of pth field triangle
      If (m.NE.0.and. m is on this process) then            !mth edge is valid and on this process
        mm= local_Index(m)                                  !get the local index of the global index m
        Do f = 1, 3                                         !loop over edges of the source triangle
          n = edge_num(q,f)                                 !global index of fth edge of qth source triangle
          If (n.NE.0.and. n is on this process) then        !nth edge is valid and on this process
            nn= local_Index(n)                              !get the local index of the global index n
            If (flag==0) then
              compute_interactions(p,q)                     !calculate integral on triangle pair (p,q)
              flag= 1                                       !set flag that the integration has been done
            Endif
            Z(mm,nn) = Z(mm,nn) + delta_ Z(mm,nn)           !add into the local impedance matrix
          Endif
        Enddo                                               !end loop over edges of the source triangle
      Endif
    Enddo                                                   !end loop over edges of the field triangle
  Enddo                                                     !end loop over source triangles
Enddo                                                       !end loop over field (testing) triangles
```

图 5.1－3　RWG 基函数矩量法核内矩阵填充并行算法方案 1

图 5.1－3 所示的并行算法中，每个进程都存储了完整的几何模型信息。实际上，在并行矩阵填充过程中，每个进程只需要存储与其相关的那部分几何模型信息即可，这有利于降低算法的内存需求，对应的并行算法如图 5.1－4 所示。与方案 1 相比，该并行算法在矩阵填充前需要生成当前进程中需要用到的源三角形和场三角形列表，然后只遍历列表中的三角形进行矩阵填充。

核内矩阵填充并行算法-方案 2:

```
! generate FieldTriangleList(NumTestingTriangles)
! generate SourceTriangleList(NumSourceTriangles)
Do pp = 1, NumFieldTriangles                                !loop over local field (testing) triangles
  p = FieldTriangleList(pp)
  Do qq= 1, NumSourceTriangles                              !loop over local source triangles
    q = SourceTriangleList(qq)
    compute_interactions(p,q)                               !calculate integral on triangle pair (p,q)
    Do e = 1, 3                                             !loop over edges of the testing triangle
      mm = edge_num(p,e)                                    !global index of eth edge on pth testing triangle
      If (mm.NE.-1.and. nn is on this process) then         !mmth edge is valid and on this process
        Do f = 1, 3                                         !loop over edges of the source triangle
        nn = edge_num(q,f)                                  !global index of fth edge of qth source triangle
          If (nn.NE.-1.and. mm is on this process) then     !nnth edge is valid and on this process
            Z(mm,nn) = Z(mm,nn) + delta_ Z(mm,nn)           !add into the impedance matrix
          Endif
        Enddo                                               !end loop over edges of the source triangle
      Endif
    Enddo                                                   !end loop over edges of the testing triangle
  Enddo                                                     !end loop over local source triangles
Enddo                                                       !end loop over local field (testing) triangles
```

图 5.1－4　RWG 基函数矩量法核内矩阵填充并行算法方案 2

与阻抗矩阵填充相比，电压向量填充的计算量很小。但是当未知量很大时，电压向量填充所需计算时间也会较长。因此，我们也需要并行填充电压向量，其并行策略与阻抗矩阵填充并行策略类似，这里不再赘述。

3. 并行矩阵填充优化

本节前面所述的串行矩阵填充详细分析了 RWG 基函数的串行矩阵填充方案，将按公共边循环的方案修改为按三角形循环的方案之后，冗余积分被完全避免，矩阵填充速度可提高约 8 倍。当将算法扩展到并行时，本节所述的并行填充方案也有效避免了进程内的冗余积分，但是进程间的冗余积分却无法避免。以下针对这一问题进行研究，以期减少进程间冗余计算，提高并行矩阵填充的性能。

进程间冗余计算本质上来源于矩阵填充过程中存在两套索引体系，即三角形编号索引体系和公共边编号索引体系。具体来说，仍考虑图 5.1－1，前已提及，串行填充时三角形积分 PQ 可被用于(m, n)、(m, t)、(m, r)、(k, n)、(k, t)、(k, r)、(l, n)、(l, t)、(l, r)这 9 个矩阵元素的计算，但在并行填充方案中，这 9 个矩阵元素并不一定被分配到同一个进程中，此时不同的进程必须都计算积分 PQ，这将会造成冗余计算。

很显然，一种有效的解决方案便是采取措施将这 9 个元素分配到同一个进程中。矩阵元素到进程的分配关系是按照矩阵元素索引确定的，而矩阵元素索引直接和公共边编号相关，因此为了保证这 9 个矩阵元素被分配到一个进程上，需要对公共边进行重新编号。只要公共边编号变了，公共边对应的矩阵元素索引就会变，矩阵元素分配到的进程也会变。只要公共边重新编号得当，便可以最大程度地避免冗余计算，提高计算性能。

从上面的分析可以看出，几何上连续的公共边，其对应的矩阵元素不在同一个进程上时，就极有可能导致冗余计算。消除冗余计算的关键就是要尽最大可能将“几何上连续的公共边”对应的“矩阵元素”分配到同一个进程上。

公共边的重新编号必须结合矩阵在进程上的分布方式进行。第 4 章已经讨论过，矩阵是按照二维块循环的方式分布到二维进程网格上的，这导致每个进程上的矩阵元素索引是分块连续的，而块之间是不连续的。为了能满足“几何上连续的公共边，要尽最大可能保证其对应的矩阵元素被分配到同一个进程上”这一关键条件，就要使得“几何上连续的公共边”以矩阵元素在进程中的索引顺序进行编号。每个矩阵元素有行和列两个方向的索引，因此需要先确定一个方向再对公共边进行重新编号。一般情况下选择行向，因为第 4 章已指出行向进程数 P_c 往往要大于列向进程数 P_r，这种选择更能消除进程间的冗余计算。

为此，必须首先判断哪些公共边是“几何上连续的”，然后以矩阵元素在行向进程中的索引顺序对这些公共边进行重新编号。矩阵元素在进程中的索引顺序是由矩阵在进程中的分布方式决定的，只要确定了矩阵分布方式，便可较容易地得到这一索引顺序。但是，判断哪些公共边是“几何上连续的”这一工作却十分困难，这需要对所有的公共边进行比对，并且建立一个复杂的拓扑关系，这一工作本身带来的性能损失甚至会超过重新编号带来的性能提升。因此本书直接假设几何上连续的公共边其重新编号之前的索引大致也是连续的。基于这一假设，在实现重新编号时，用新的公共边索引编号直接替换原来的索引即可。从后文的算例中可以看到，重新编号可以将冗余计算减少约 60%～90%。

图 5.1-5 给出了一个确定公共边新索引的算法伪代码，该算法基于 ScaLAPACK 矩阵二维块循环分块分布方式。

```
//PROGRAM:
    INPUT N, Pc, NB //N 为矩阵列数，Pc 为进程列数，NB 为分块大小
    OUTPUT A( N )   //A 为输出的公共边新索引
    I = 0; J = 0; K = 0
    DO L = 1, N
        A(L) = I*Pc*NB+K*NB+1+J
        J = J + 1
        IF( J >= NB) THEN
            I = I + 1; J = 0
        END IF
        IF( A(L) > N) THEN
            K = K + 1;   I = 0;   J = 0;   L = L－1
        END IF
        IF( A(L) == N) THEN
            K = K + 1;   I = 0;   J = 0
        END IF
    END DO
```

图 5.1-5　公共边重新编号算法伪代码

下面用一个具体的例子加以说明，例子中选择行向索引对公共边重新编号。考虑把一个 9×9 的矩阵 **A** 按照二维块循环的方式分布到 2×3 的二维 MPI 虚拟拓扑网格，分块大小为 2×2，如图 5.1-6 所示，图(a)、(b)中的小矩形框中的数字代表矩阵元素的索引。图 5.1-6(a)中每一个分块由实线圈出，最外面的虚线表示这些分块未被填满；图 5.1-6(b)是每个进程上分配的矩阵元素的索引；图 5.1-6(c)给出了一个与图 5.1-6(a)、(b)相对应的公共边编号实例。

如图 5.1-6(c)所示，只关心(5，2)和(5，3)两个矩阵元素，考虑三角形二重积分 PQ，可以用于(5，2)和(5，3)的计算，(5，2)分配到了进程 P_{00} 上，而(5，3)分配到了进程 P_{01} 上，因此这两个进程都要计算这一积分，造成冗余计算。为了避免冗余计算，只需要将公共边 3 的索引变为 7 即可。这样，三角形二重积分 PQ 便可以用于矩阵元素(5，2)和(5，7)，而这两个矩阵元素都分配在进程 P_{00} 上。

假设原来在几何上连续的公共边，其编号索引也是连续的，则对这个实例应按照如图 5.1-7 所示的方案重新编号。图 5.1-7 中箭头下方的数字，就来源于图 5.1-6(b)中行向矩阵元素的列索引。公共边重新编号后，如图 5.1-8 所示。这种编号方案尽管导致了“几何上连续的公共边”的编号是不连续的，但却保证了几何上连续的公共边所对应的矩阵元素尽可能地被分配到同一个进程上。这样的重新编号虽然不能完全消除冗余计算，但是可以消除大部分冗余计算。这一点在未知量小的情况下并不明显，但是对于未知量大的情况，冗余计算有明显的减少，这在下面的测试中可以得到验证。

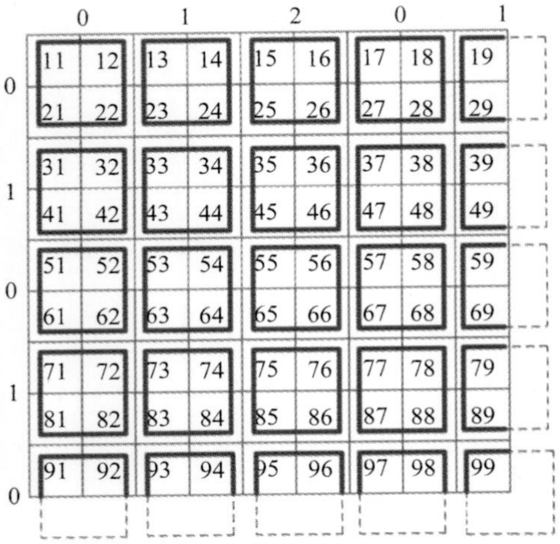

(a) 二维块循环分布

	0				1			2	
0	11	12	17	18	13	14	19	15	16
	21	22	27	28	23	24	29	25	26
	51	52	57	58	53	54	59	55	56
	61	62	67	68	63	64	69	65	66
	91	92	97	98	93	94	99	95	96
1	31	32	37	38	33	34	39	35	36
	41	42	47	48	43	44	49	45	46
	71	72	77	78	73	74	79	75	76
	81	82	87	88	83	84	89	85	86

(b) 每个进程的矩阵元素索引

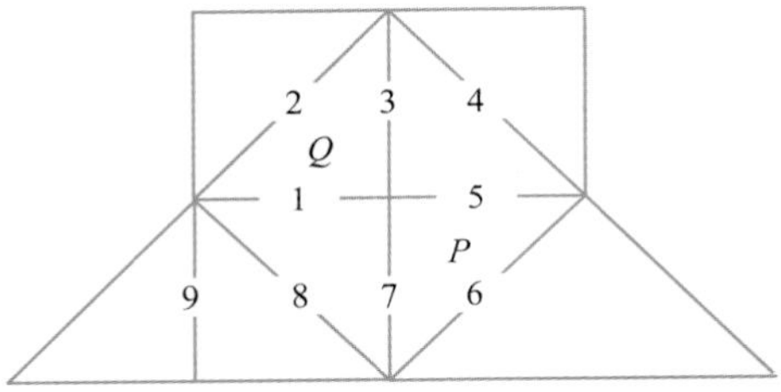

(c) 公共边编号

图 5.1－6　矩阵元素的分布与公共边的编号(图(a)、(b)中小方格中的数字表示矩阵元素的下标，如 11 表示 a_{11}，57 表示 a_{57})

1	2	3	4	5	6	7	8	9
↓	↓	↓	↓	↓	↓	↓	↓	↓
1	2	7	8	3	4	9	5	6

图 5.1－7　公共边新编号与原编号的对应关系

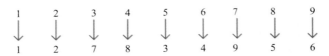

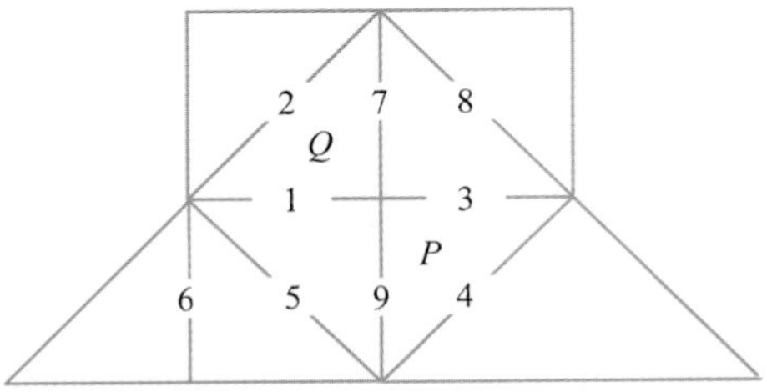

图 5.1－8　公共边重新编号

下面给出两组程序测试实例，以验证重新编号避免冗余计算的有效性。

测试一：本测试以飞机Ⅰ的雷达散射截面(RCS)计算为例，仿真模型如图 5.1－9 所示。飞机的物理尺寸为 11.6 m×7.0 m×2.93 m，计算频率为 500 MHz。计算该飞机模型在入射平面波(沿机头方向入射)水平极化情况下的双站 RCS。该模型被剖分为 25 606 个三角形，共有公共边 34 824 条，故阻抗矩阵大小为 34 824×34 824。

图 5.1-9　飞机 I 的 RWG 基函数矩量法仿真模型

表 5.1-1 给出了一组测试结果，利用未对公共边重新编号的算法，测试了不同进程数、不同进程网格 $P_r \times P_c$、不同分块大小 $n_b \times n_b$ 情况下，所有进程在矩阵填充过程中的总积分次数。串行算法没有冗余积分，因此串行算法的积分可被称为有效积分。表格中冗余积分次数由所有进程中总积分次数减去有效积分次数得出，冗余积分比例由冗余积分次数除以总积分次数得出。

表 5.1-1　未对公共边重新编号的算法矩阵填充过程中积分次数测试

进程数	进程网格 $P_r \times P_c$	分块大小 $n_b \times n_b$	总积分次数	冗余积分次数	冗余积分比例
120	10×12	128×128	1 997 732 700	1 342 065 464	67.18%
120	8×15	128×128	1 997 732 300	1 342 065 064	67.18%
48	4×12	128×128	1 985 172 700	1 329 505 464	66.97%
48	4×12	256×256	1 550 824 100	895 156 864	57.72%
48	1×48	128×128	1 144 485 900	488 818 664	42.71%
48	48×1	128×128	1 144 485 900	488 818 664	42.71%
4	2×2	256×256	1 453 668 129	798 000 893	54.90%
2	1×2	128×128	978 866 000	323 198 764	33.02%
1	1×1	128×128	655 667 236	0	0

分析表 5.1-1 中的数据，可以得出以下几个结论：

(1) 一般情况下，总积分次数随着进程数的变少而变少。

(2) 串行(进程数为 1)时，积分次数最少，且等于三角形个数的平方，这说明串行时完全没有冗余计算，而并行引入了冗余计算。

(3) 并行矩阵填充过程中的冗余积分占据了总积分相当大的比例，本测试中冗余计算比例最高达到了约 67%，最低也有约 33%。

(4) 进程数相同时，进程网格的轻微调整几乎不影响总积分次数。

(5) 进程数相同时，与进程网格接近“方形”时相比，只有当进程网格变得非常“扁长”或者非常“高瘦”时，总积分次数才会发生明显的变化，并且此变化往往是总积分次数减少。

(6) 进程数相同时，$P_r=1$ 与 $P_c=1$ 时的总积分次数相等。

(7) 进程网格相同时，分块越大，总积分次数越少。

上面的结论表明，在并行矩阵填充过程中，进程网格越不接近方形、分块大小越大，填充性能越高。但是这与矩阵方程求解对进程网格和分块大小的要求是有冲突的，因此试图改变进程网格和分块大小提升性能的思路并不具备实施的价值。

表 5.1-2 给出了另一组测试结果，利用对公共边重新编号的算法测试矩阵填充过程中的积分次数。可见，在本例中冗余积分次数减少约 60%，减少相当明显。飞机 Ⅰ 的双站 RCS 结果如图 5.1-10 所示，可见改变编号对计算结果并无影响。

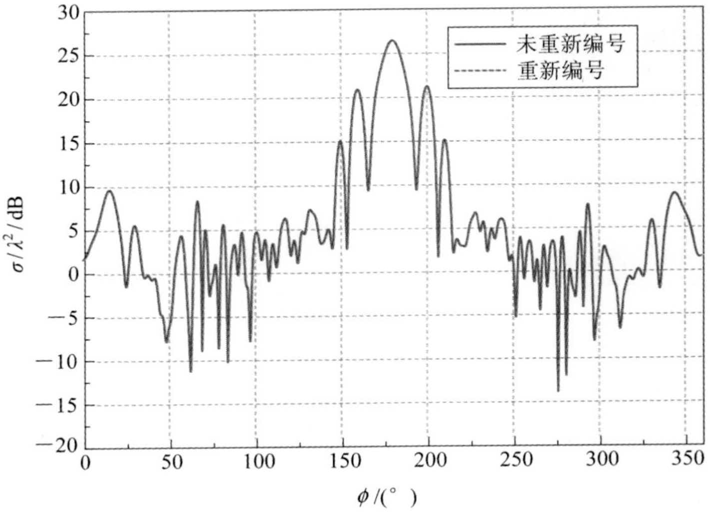

(a) *xoy*面

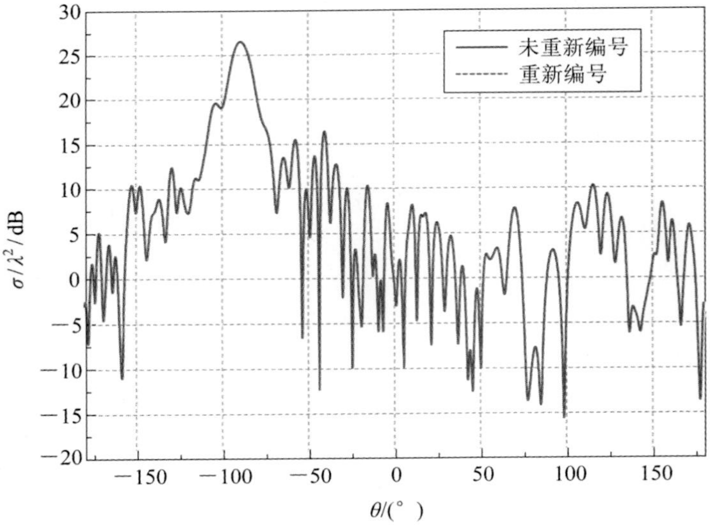

(b) *xoz*面

图 5.1-10　飞机 Ⅰ 的 RCS 计算结果

表 5.1-2　对公共边重新编号的算法矩阵填充中积分次数测试

进程数	进程网格 $P_r \times P_c$	分块大小 $n_b \times n_b$	总积分次数	冗余积分次数	冗余积分减少率
120	10×12	128×128	1 192 652 990	536 985 754	59.99%
120	8×15	128×128	1 172 528 170	516 860 934	61.49%

测试二：本测试以飞机Ⅱ的雷达散射截面(RCS)计算为例，仿真模型如图 5.1-11 所示。飞机的物理尺寸为 18.92 m×13.56 m×5.05 m，计算频率为 500 MHz。计算该飞机模型在入射平面波(沿机头方向入射)水平极化情况下的双站 RCS。该模型被剖分为 125 214 个三角形，共有公共边 187 821 条，故阻抗矩阵大小为 187 821×187 821。

图 5.1-11　飞机Ⅱ的 RWG 基函数矩量法仿真模型

表 5.1-3 给出了一组测试结果，利用未对公共边重新编号的算法测试了在不同进程数、不同进程网格的情况下，矩阵填充过程中所有进程的积分次数。

表 5.1-3　未对公共边重新编号的算法矩阵填充过程中的积分次数测试

进程数	进程网格 $P_r \times P_c$	分块大小 $n_b \times n_b$	总积分次数	冗余积分次数	冗余积分比例
576	24×24	128×128	56 353 537 400	40 674 991 604	72.18%
576	16×36	128×128	55 910 793 700	40 232 247 904	71.96%
864	24×36	128×128	56 355 199 200	40 676 653 404	72.18%
1	1×1	128×128	15 678 545 796	0	0

表 5.1-4 给出了另一组测试，利用对公共边重新编号的算法测试矩阵填充过程中的积分次数。

表 5.1-4　对公共边重新编号的算法矩阵填充中积分次数测试

进程数	进程网格 $P_r \times P_c$	分块大小 $n_b \times n_b$	总积分次数	冗余积分次数	冗余积分减少率
576	24×24	128×128	17 805 167 200	2 126 621 404	94.77%
576	16×36	128×128	29 173 346 900	13 494 801 104	66.46%
864	24×36	128×128	28 100 688 200	12 422 142 404	69.46%

从表 5.1 - 4 和表 5.1 - 3 的对比中可以看出，进程数相同时，当进程网格为正方形时，冗余积分次数减少更为明显，减少率几乎接近 95%，这说明冗余计算几乎被完全消除；而进程网格不为正方形时冗余积分次数减少率约为 66%，效果也相当明显，但是比正方形时效果差。前面曾经指出，对公共边重新编号后，只能保证行向或列向其中之一的冗余计算降低，只有当进程网格为正方形时(行向和列向的进程数一样)，公共边重新编号才对两个方向都有效。飞机Ⅱ的双站 RCS 结果如图 5.1 - 12 所示，可见改变编号对计算结果并无影响。

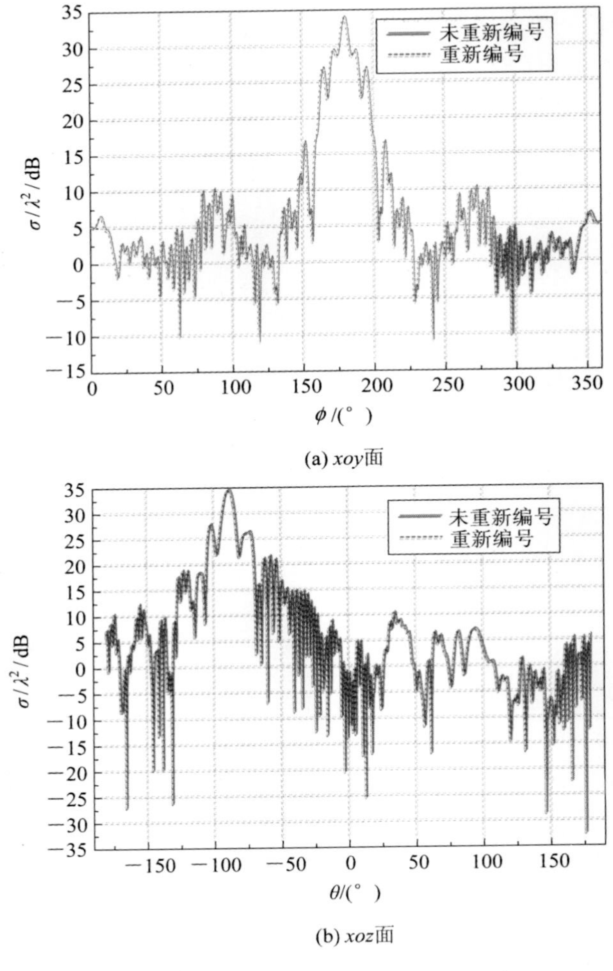

图 5.1 - 12　飞机Ⅱ的 RCS 计算结果

5.1.2　高阶基函数矩量法的并行矩阵填充

高阶基函数与 RWG 基函数矩量法的并行矩阵填充策略相似，都是将阻抗矩阵以分块的形式并行分配给各个进程。提高并行效率，减少进程内及进程间的冗余计算，是不同类型基函数矩量法的并行矩阵填充的核心问题。考虑到高阶基函数与 RWG 基函数具有不同的特点，二者的并行矩阵填充过程并不完全相同。

高阶基函数矩量法的阻抗矩阵填充过程是通过循环几何单元计算对应的矩阵元素，其并行核内算法如图 5.1-13 所示。为消除冗余积分计算，图 5.1-13 中采用了与图 5.1-3 中相似的方法，对进程中完成了积分计算的几何单元施加一个标记，以免该进程被再次计算。考虑到本书采用的高阶基函数是第 3 章所描述的多项式形式，在阻抗矩阵填充过程中，阶数较低的多项式所对应的矩阵元素的计算结果可被用于阶数较高的多项式所对应的矩阵元素的计算。高阶基函数的这个特点能够提高矩阵填充效率，并且在串行和并行算法中都很容易被利用。

高阶基函数矩量法核内矩阵填充并行算法:

```
Do k = 1,nel                                    ! loop geometric elements for basis functions
  Do kp = 1,nep(k)                              ! loop p-direction subdivisions of kth geometric element
    Do ks = 1,nes(k)                            ! loop s-direction subdivisions of kth geometric element
      Do l = 1,nel                              ! loop geometric elements for testing functions
        Do lp = 1,nep(l)                        ! loop p-direction subdivisions of lth geometric element
          Do ls = 1,nes(l)                      ! loop s-direction subdivisions of lth geometric element
            find_Zmn_index(k,kp,ks,l,lp,ls)     !find the index of the element, i.e., (m,n)
            flag(ls)=0                          !flag is set false before initial order of integration
            … inner loops start here …
            If (m,n belongs to this process) then
              If (flag(ls)==0) then             !if flag is false, then perform integration
                Compute_integral
                flag(ls)=1                      !flag is set true after integration is performed
              Endif
              Calculate the value of Z(m,n)
            Endif
            … inner loops end here …
          Enddo
        Enddo
      Enddo
    Enddo
  Enddo
Enddo
```

图 5.1-13　高阶基函数矩量法核内矩阵填充并行算法

5.2　并行矩量法性能评估

本节主要评估并行矩量法在千核量级、万核量级以及十万核量级并行规模时的性能，这一工作所使用的计算平台资源在附录 B 的 B.1.2 节“本书使用的计算平台”中列出。

5.2.1　并行 RWG 基函数矩量法的性能评估

1. 千核量级并行性能评估

此处主要对 RWG 基函数矩量法在千核量级的并行性能进行测试分析，选取的计算平台为 Cluster-Ⅳ。本测试以波导缝隙天线的辐射特性计算以及飞机模型的散射特性计算为例，对并行 RWG 基函数矩量法的性能进行评估。波导缝隙天线Ⅰ的电磁仿真模型如图 5.2-1 所示，飞机模型Ⅱ的仿真模型已在图 5.1-11 中给出，接下来将分别介绍这两个模型的测试情况。

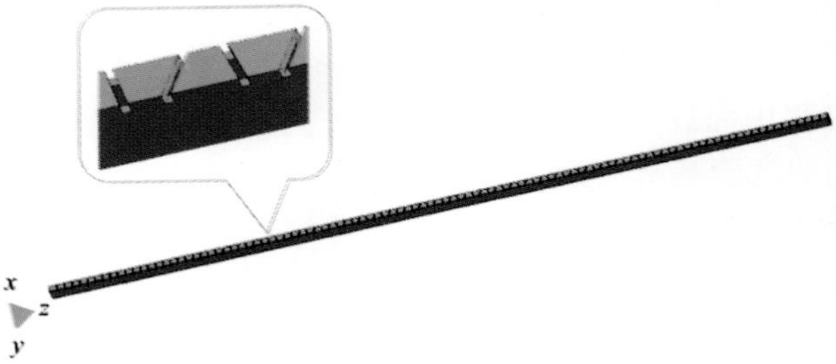

图 5.2-1　波导缝隙天线Ⅰ的电磁仿真模型

波导缝隙天线Ⅰ的尺寸为 0.5665 m×7.69 mm×4.84 mm，缝隙个数为 102，工作频率为 35 GHz，矩量法产生的未知量为 141 333。使用不同 CPU 核数计算波导缝隙天线的增益方向图，计算结果如图 5.2-2 所示。

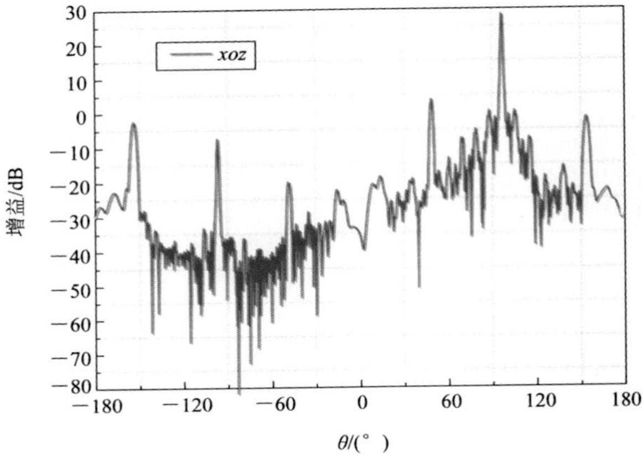

图 5.2-2　波导缝隙天线Ⅰ的增益方向图

飞机模型Ⅱ的尺寸为 18.92 m×13.56 m×5.05 m，垂直极化平面波由机头方向入射，计算频率为 500 MHz，矩量法产生的未知量为 187 821。使用不同 CPU 核数计算飞机模型Ⅱ的双站 RCS，计算结果如图 5.2-3 所示。

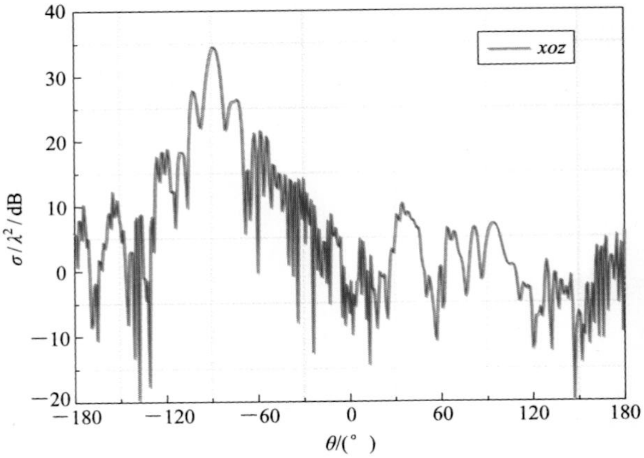

图 5.2-3　飞机模型Ⅰ频率为 500 MHz 时的 RCS

本测试所需的计算资源以及计算时间如表 5.2-1 所示，测试所得的并行性能如图 5.2-4 所示。

表 5.2-1　RWG 基函数矩量法在 Cluster-Ⅳ中的测试数据

电磁模型（未知量）	CPU 核数	填充时间/s	求解时间/s	所需内存/GB	内存使用率
波导缝隙阵列（141 333）	240	305.37	1918.65	297.651	46.45%
	480	153.69	1062.79		23.22%
	960	82.55	563.56		11.61%
	1200	66.14	477.71		9.29%
	1440	54.79	421.41		7.74%
	1680	47.28	398.56		6.64%
	1920	41.82	375.19		5.81%
	2160	37.2	367.28		5.16%
	2400	33.05	362.77		4.64%
飞机模型Ⅱ（187 821）	1200	164.83	1058.59	525.66	16.41%
	1440	126.58	922.69		13.67%
	1680	104.5	855.26		11.72%
	1920	91.71	802.37		10.25%
	2160	93.53	773.23		9.11%
	2400	74.36	729.15		8.20%

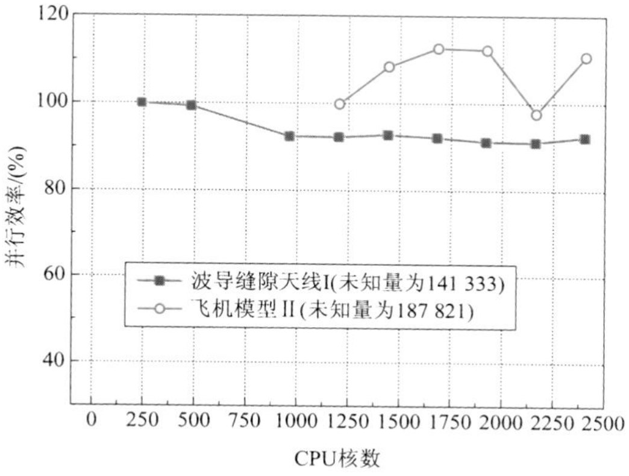

(a) 矩阵填充

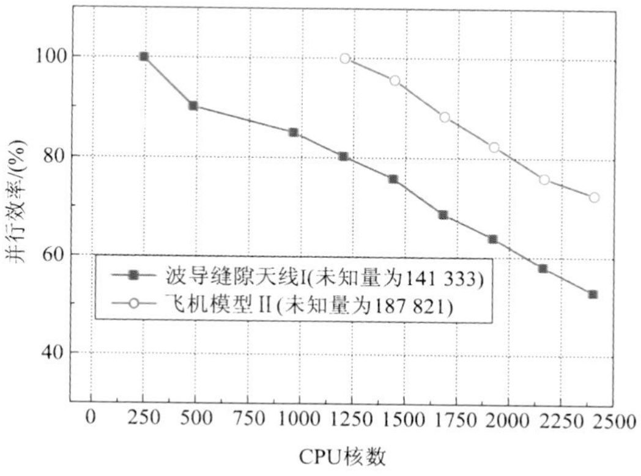

(b) 矩阵方程求解

图 5.2-4　RWG 基函数矩量法在 Cluster-Ⅳ中测试所得的并行性能

由图 5.2-4(a)可以看出，并行规模扩大 10 倍时，RWG 基函数矩量法矩阵填充的并行效率可以达到 90%以上。由图 5.2-4(b)可以看出，对于未知量相同的电磁问题，随着并行规模的增大，矩阵方程求解的并行效率逐渐降低，这主要是由于随着并行规模的增大，单一进程分配到的任务变小，节点间通信时间占总计算时间的比例增大，从而降低了并行效率。通过图 5.2-4 (b)中的对比可见，未知量较大(内存使用率较高)的情况下，一般可以获得较好的并行效率。

2. 万核量级并行性能评估

此处主要对 RWG 基函数矩量法在万核量级的并行性能进行测试分析，选取的计算平台为 Cluster-Ⅱ。本测试以波导缝隙天线的辐射特性计算为例对并行 RWG 基函数矩量法的性能进行评估。波导缝隙天线Ⅱ的电磁仿真模型如图 5.2-5 所示。

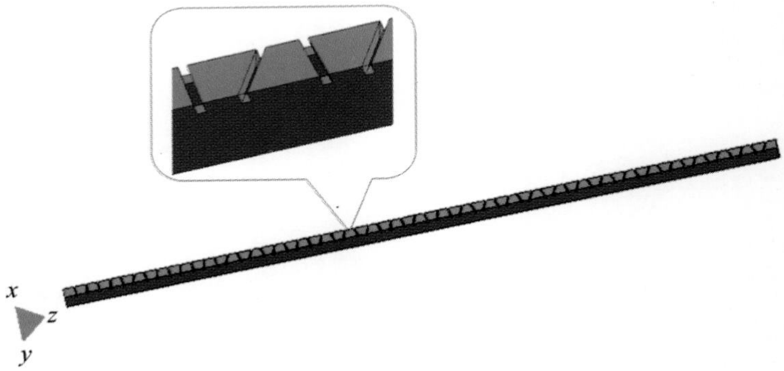

图 5.2-5　波导缝隙天线Ⅱ电磁仿真模型

波导缝隙天线的尺寸为 0.3355 m×7.69 mm×4.84 mm，缝隙个数为 60，工作频率为 35 GHz，矩量法产生的未知量为 90 582。使用不同 CPU 核数计算波导缝隙天线的增益方向图，计算结果如图 5.2-6 所示。本测试所需的计算资源以及计算时间如表 5.2-2 所示，测试所得的并行性能如图 5.2-7 所示。

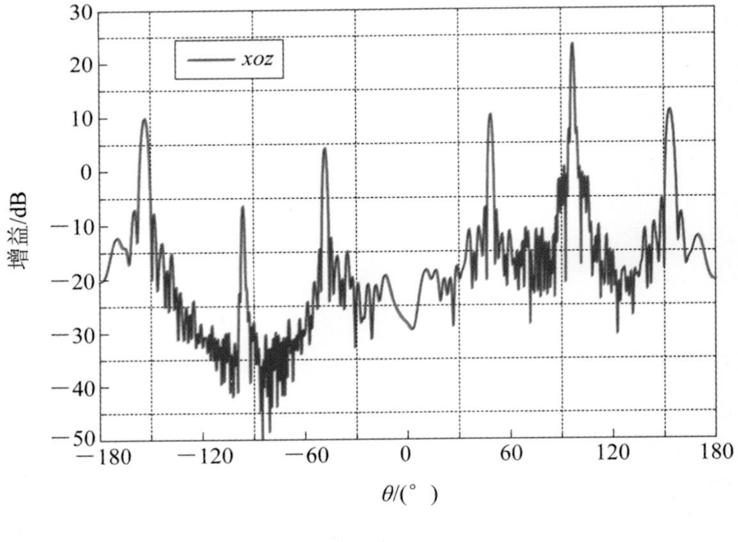

图 5.2-6　波导缝隙天线Ⅱ的增益方向图

表 5.2-2　RWG 基函数矩量法在 Cluster-Ⅱ中的测试数据

电磁模型（未知量）	CPU 核数	填充时间/s	求解时间/s	所需内存/GB	内存使用率
波导缝隙阵列（90 582）	1024	520.4	8790	122.265	11.94%
	2048	307.1	4722		5.97%
	4096	160.2	2565		2.98%
	8192	99.4	1559		1.49%
	10 240	76.1	1305		1.19%

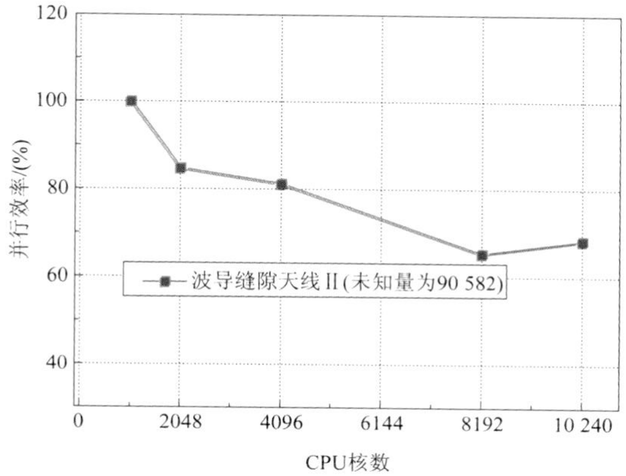

(a) 矩阵填充

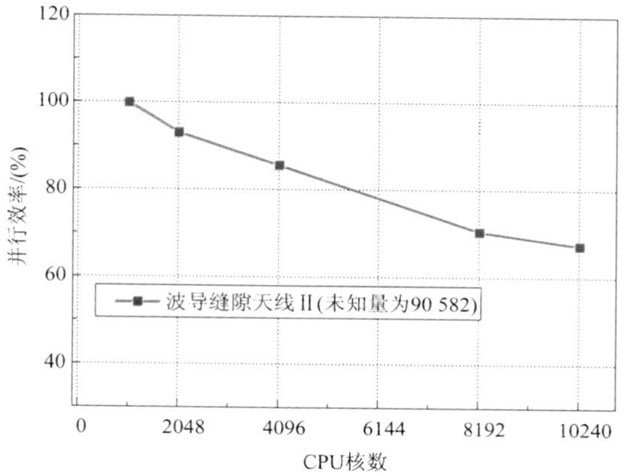

(b) 矩阵方程求解

图 5.2-7　RWG 基函数矩量法在 Cluster-Ⅱ中测试所得的并行性能

由图 5.2-7(a)可以看出，并行规模扩大 10 倍时，矩阵填充的并行效率可以达到 65%以上，较 Cluster-Ⅳ中的并行效率低，这是由于 Cluster-Ⅱ中测试选取的矩阵规模太小、并行计算使用的 CPU 规模太大造成的。由图 5.2-7(b)可以看出，矩阵方程求解的并行效率变化趋势与 Cluster-Ⅳ中的测试结果相似，不同之处是 Cluster-Ⅱ中的并行效率变化平缓，并行规模扩大 10 倍时，仍然可以获得 65%以上的并行效率。

5.2.2　并行高阶基函数矩量法的性能评估

1. 千核量级并行性能评估

此处主要对高阶基函数矩量法在千核量级的并行性能进行测试分析，选用的计算平台为 Cluster-Ⅳ和 Cluster-Ⅰ。本测试以微带天线阵列的辐射特性计算和飞机模型的散射特性计算为例对高阶基函数矩量法的并行性能进行评估。接下来分别介绍两个计算平台中的测试情况。

首先介绍 Cluster-Ⅳ中的测试情况。本测试中使用的最大 CPU 核数为 2400，选用的测试模型为微带天线阵列模型和飞机模型Ⅱ，微带天线阵列的电磁仿真模型如图 5.2-8 所示，飞机模型Ⅱ的高阶基函数矩量法电磁仿真模型如图 5.2-9 所示。

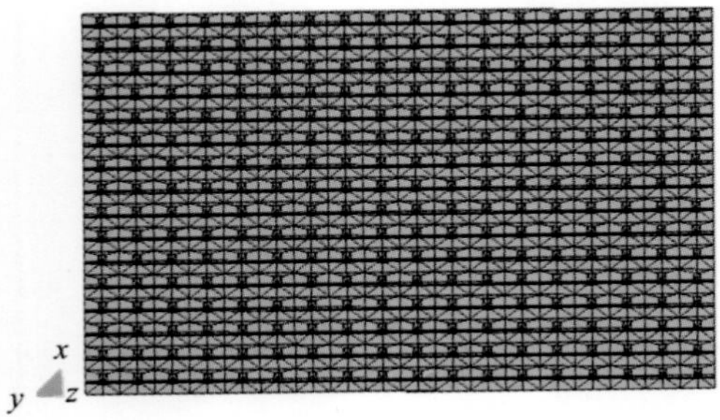

图 5.2-8 微带天线阵列的电磁仿真模型

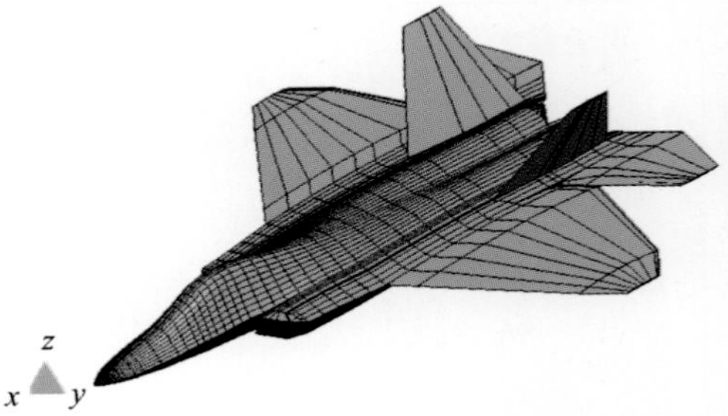

图 5.2-9 飞机Ⅱ的高阶基函数矩量法仿真模型

微带天线阵列的尺寸为 1.17 m×0.736 m，微带单元数为 16×18=288，相对介电常数为 $\varepsilon_r=2.2$，工作频率为 3.0 GHz，矩量法产生的未知量为 221 856。使用不同 CPU 核数计算微带天线阵列的增益方向图，计算结果如图 5.2-10 所示，图中给出了矩量法和时域有限差分法(FDTD)的计算结果对比[3]。

飞机模型Ⅱ的尺寸为 18.92 m×13.56 m×5.05 m，垂直极化平面波由机头方向入射，计算频率为 1.5 GHz，矩量法产生的未知量为 273 808。使用不同 CPU 核数计算飞机模型Ⅱ的双站 RCS，计算结果如图 5.2-11 所示。

本测试所需的计算资源以及计算时间如表 5.2-3 所示，测试所得的并行性能如图 5.2-12 所示。

表 5.2-3 高阶基函数矩量法在 Cluster-Ⅳ中的测试数据

电磁模型（未知量）	CPU 核数	填充时间/s	求解时间/s	所需内存/GB	内存使用率
微带天线阵列（221 856）	360	251.75	5491.35	733.436	76.40%
	480	190.33	4169.30		57.30%
	720	126.39	2782.46		38.20%
	960	96.34	2169.78		28.65%
	1200	76.15	1810.99		22.92%
	1440	65.91	2373.28		19.10%
	1800	53.03	1291.96		15.28%
	2160	42.47	1118.36		12.73%
	2400	40.85	1269.31		11.46%
飞机模型Ⅱ（273 808）	1200	82.02	3279.57	1117.152	34.91%
	1440	70.10	2675.80		29.10%
	1800	59.12	2138.05		23.27%
	2160	48.80	1918.17		19.40%
	2400	42.09	2009.07		17.46%

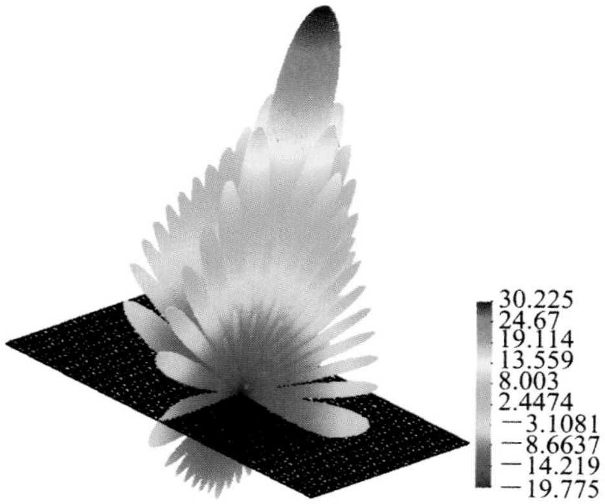

(a) 3D增益方向图(单位：dB)

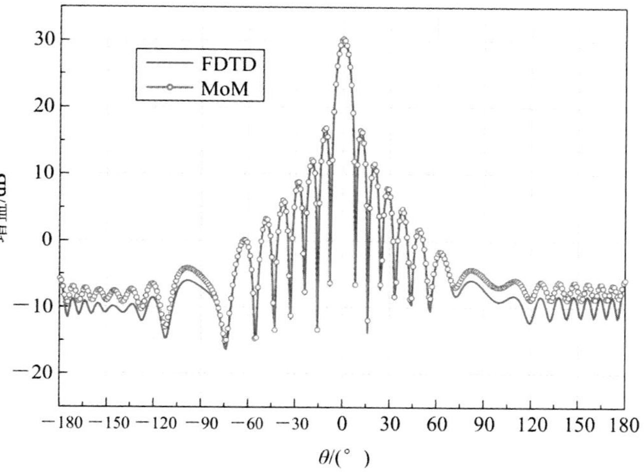

(b) *xoz*面

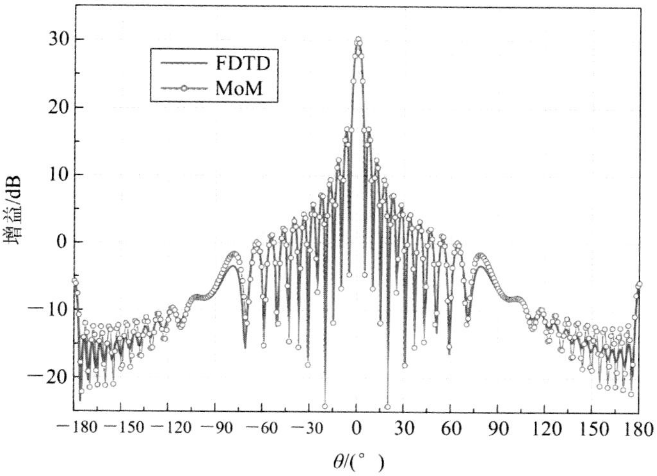

(c) *yoz*面

图 5.2-10　微带天线阵列的增益方向图

(a) 3D RCS(σ/λ^2，单位：dB)

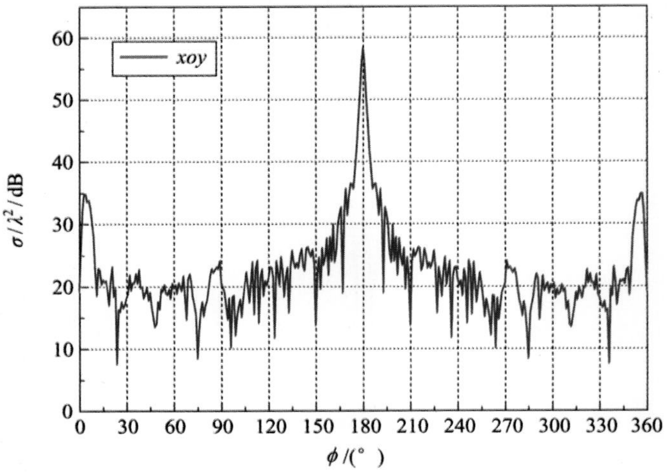

(b) *xoy*面

图 5.2－11　飞机模型Ⅱ频率为 1.5 GHz 时的 RCS

由图 5.2－12(a)可以看出，随着并行规模的增大，高阶基函数矩量法矩阵填充的并行效率可以保持在 90％以上，这是因为矩阵填充过程中无通信。由图 5.2－12(b)可以看出，高阶基函数矩量法矩阵求解的并行效率变化趋势与 RWG 基函数矩量法相似，对于未知量相同的电磁问题，并行效率随着并行规模的增大而逐渐降低，这同样是由于单一进程分配到的任务变小，通信时间所占比例增大导致的。通过图 5.2－12(b)中两条曲线的对比同样可以看出，未知量较大(即内存使用率较高)时可以获得较好的并行效率。

下面将介绍 Cluster－Ⅰ中的测试情况。本测试使用的最大 CPU 核数为 4096，选用的测试模型为飞机Ⅰ和Ⅱ，飞机Ⅰ的高阶基函数矩量法电磁仿真模型如图 5.2－13 所示，飞机模型 II 的电磁仿真模型已在图 5.2－9 中给出。

飞机模型Ⅰ的尺寸为 11.6 m×7.0 m×2.93 m，水平极化平面波由机头方向入射，计算频率分别为 2.0 GHz、3.0 GHz、4.0 GHz、相应的未知量分别为 115 934、264 654、442 190。使用不同 CPU 核数计算飞机模型Ⅰ在三个频率下的双站 RCS，计算结果如图 5.2－14 所示。测试所需的计算资源以及计算时间如表 5.2－4 所示，测试所得的并行性能如图 5.2－15 所示[4]。

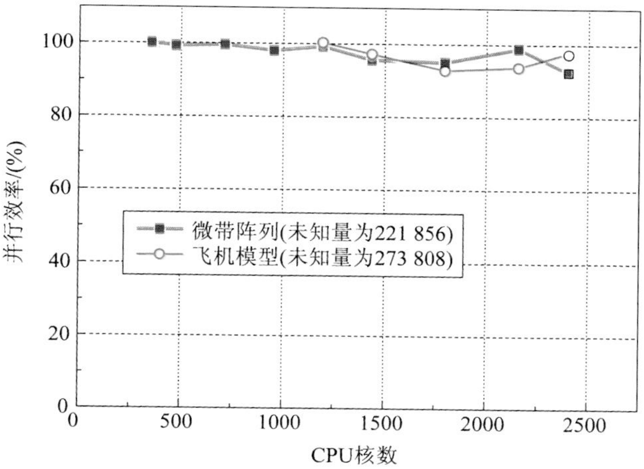

(a) 矩阵填充

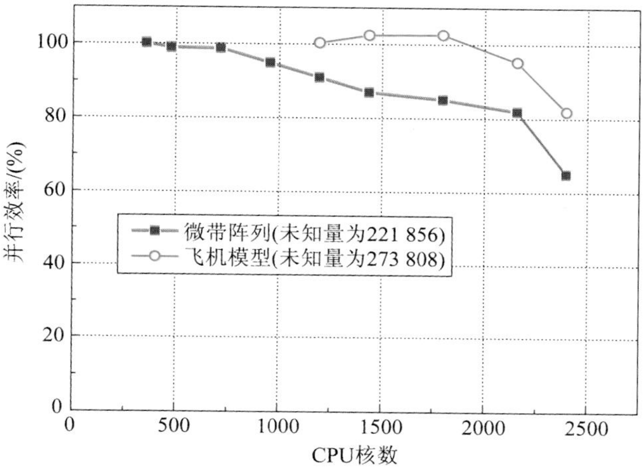

(b) 矩阵方程求解

图 5.2-12　高阶基函数矩量法在 Cluster-Ⅳ测试所得的并行性能

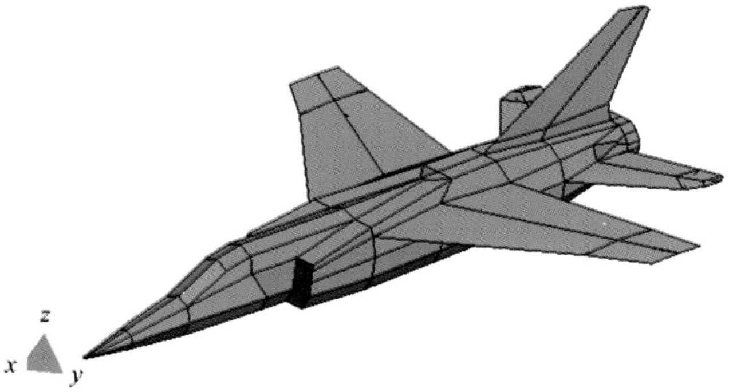

图 5.2-13　飞机Ⅰ的高阶基函数矩量法电磁仿真模型

(a) 2 GHz

(b) 3 GHz

(c) 4 GHz

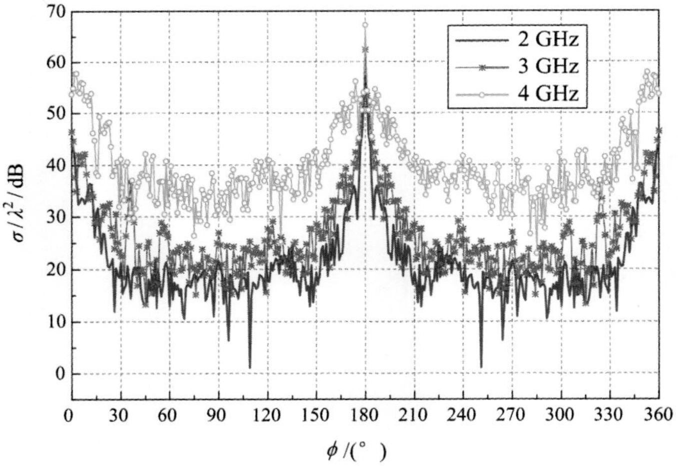

(d) *xoy*面

图 5.2-14　飞机模型Ⅰ在三个频率下的 RCS(σ/λ^2，单位：dB)

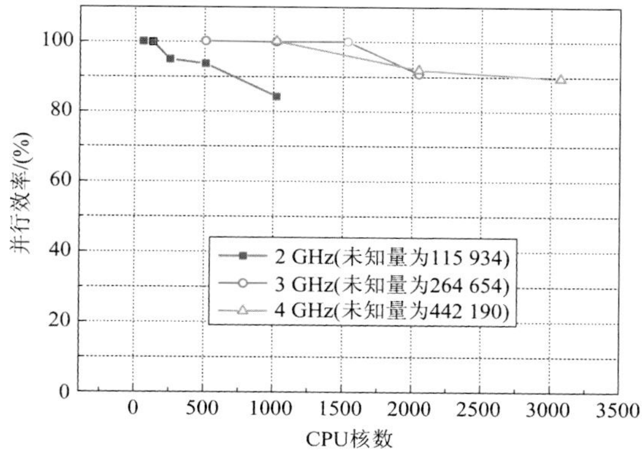

(a) 矩阵填充

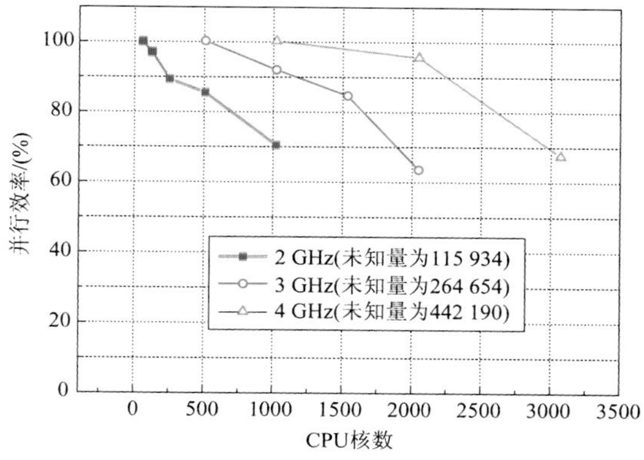

(b) 矩阵方程求解

图 5.2－15　飞机模型Ⅰ在 Cluster－Ⅰ中测试所得的并行性能

表 5.2－4　飞机模型Ⅰ在 Cluster－Ⅰ中的测试数据

电磁模型（未知量）	CPU 核数	填充时间/s	求解时间/s	所需内存/GB	内存使用率
飞机模型Ⅰ(115 934)	64	974.66	14 050.54	200.282	78.24%
	128	487.81	7244.39		39.12%
	256	256.87	3933.90		19.56%
	512	130.08	2054.91		9.78%
	1024	72.36	1247.60		4.89%
飞机模型Ⅰ(264 654)	512	488.72	21 711.19	1043.703	50.96%
	1024	244.77	11 830.66		25.48%
	1536	163.06	8568.43		16.99%
	2048	134.83	8575.25		12.74%
飞机模型Ⅰ(442 190)	1024	663.7	52 002.55	2913.654	71.13%
	2048	361.51	27 250.93		35.57%
	3072	247.43	25 787.49		17.78%

从飞机模型Ⅰ的测试结果可以看出，分段测试的矩阵填充并行效率均在 80%以上，矩阵方程求解的并行效率均在 60%以上，与 Cluster－Ⅳ的测试结果相似，内存使用率较高时，一般可以获得较好的并行效率。

飞机模型Ⅱ的尺寸为 18.92 m×13.56 m×5.05 m，垂直极化平面波由机头方向入射，计算频率为 800 MHz 与 1.5 GHz，相应的未知量为 101 871 与 273 808。使用不同 CPU 核数计算飞机模型Ⅱ在两个频率下的双站 RCS，计算结果如图 5.2－16 所示(其中 1.5 GHz 的 RCS 结果已在图 5.2－11 中给出)。测试所需的计算资源以及计算时间如表 5.2－5 所示，测试所得的并行性能如图 5.2－17 所示。

从测试结果可以看出，飞机模型Ⅱ的测试反映的现象与飞机模型Ⅰ的测试基本一致。

由千核量级的测试结果可以得出，采用并行高阶基函数矩量法仿真电磁问题时，要想有效地发挥计算机的性能，需要满足 Cluster－Ⅰ的内存使用率大于 15%，Cluster－Ⅳ的内存使用率大于 10%。

(a) 3D RCS(σ/λ^2，单位：dB)

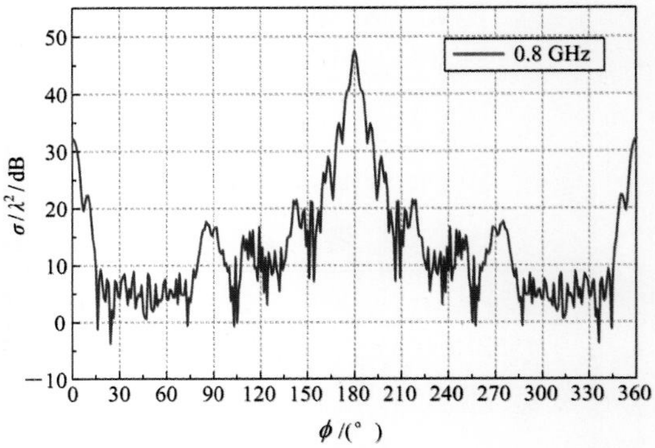

(b) xoy面

图 5.2－16　飞机模型Ⅱ在频率为 0.8 GHz 下的 RCS

表 5.2－5　飞机模型Ⅱ在 Cluster－Ⅰ中的测试数据

电磁模型(未知量)	CPU 核数	填充时间/s	求解时间/s	所需内存/GB	内存使用率
飞机模型Ⅱ(101 871)	64	560.39	9564.25	154.640	60.41%
	128	300.98	4832.03		30.20%
	256	154.87	2656.16		15.10%
	512	84.34	1536.20		7.55%
	1024	48.91	961.21		3.77%
飞机模型Ⅱ(273 808)	512	472.61	37 002.09	1117.152	54.55%
	1024	242.74	19 130.57		27.27%
	2048	122.91	10 469.80		13.64%
	4096	69.00	8566.32		6.82%

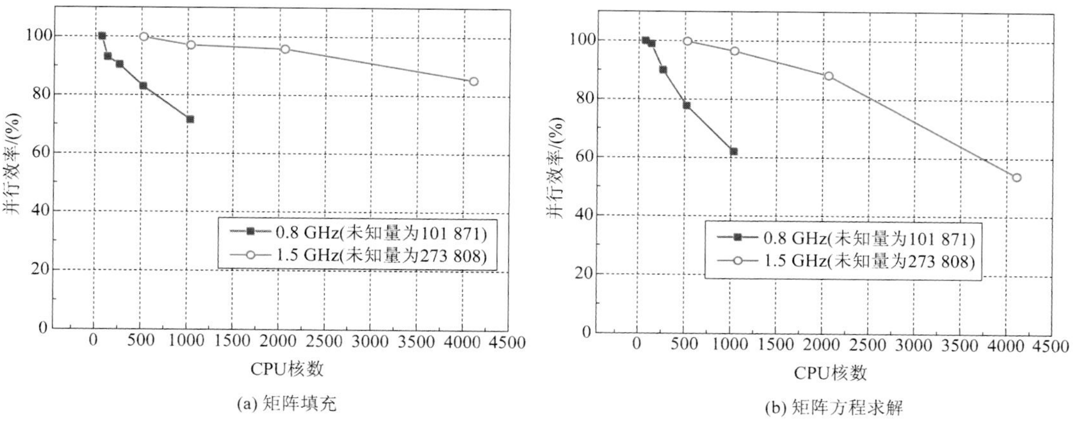

图 5.2－17　飞机模型Ⅱ在 Cluster－Ⅰ中测试所得的并行性能

2. 十万核量级国产计算平台并行性能评估

此处主要对十万核量级并行高阶基函数矩量法在国产计算平台中的并行性能进行测试分析，选用的计算平台为 Cluster－Ⅱ。本测试以飞机模型的散射特性计算以及两个机载线天线模型的辐射特性计算为例，对高阶基函数矩量法的并行性能进行评估。接下来将分别介绍飞机模型Ⅱ和两个机载线天线模型在 Cluster－Ⅱ中的测试情况。飞机模型Ⅱ的电磁仿真模型已在图 5.2－9 中给出，机载线天线模型Ⅰ和机载线天线模型Ⅱ的电磁仿真模型如图 5.2－18 所示。

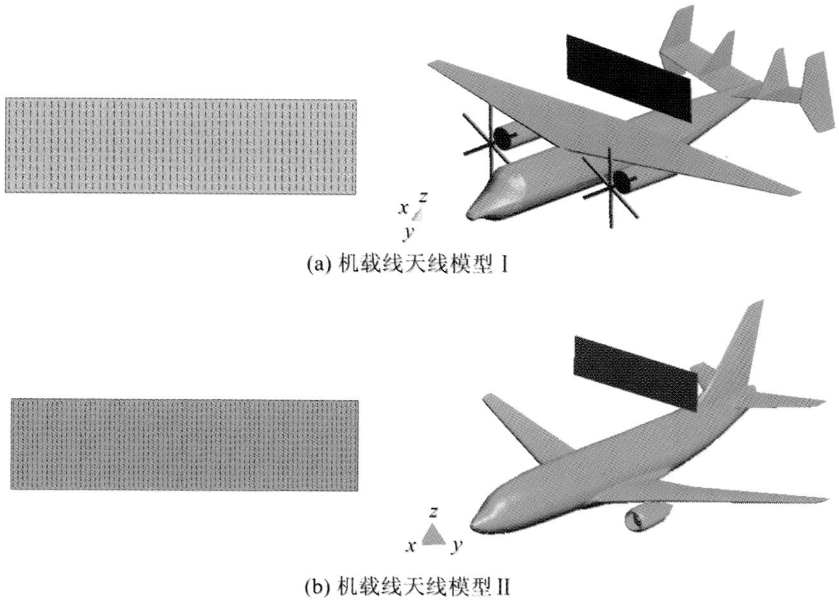

图 5.2－18　机载电磁仿真模型

首先介绍飞机模型Ⅱ的测试情况。飞机模型Ⅱ的尺寸为 18.92 m×13.56 m×5.05 m，垂直极化平面波由机头方向入射，计算频率为 1.0 GHz、1.5 GHz，相应的未知量为 137 335、273 808。使用不同 CPU 核数计算飞机模型Ⅱ在两个频率下的双站 RCS，计算结果如图 5.2－19 所示(其中 1.5 GHz 的 RCS 结果已在图 5.2－11 中给出)。测试所需的计算资源以及计算时间如表 5.2－6 所示，测试所得的并行性能如图 5.2－20 所示[5, 6]。

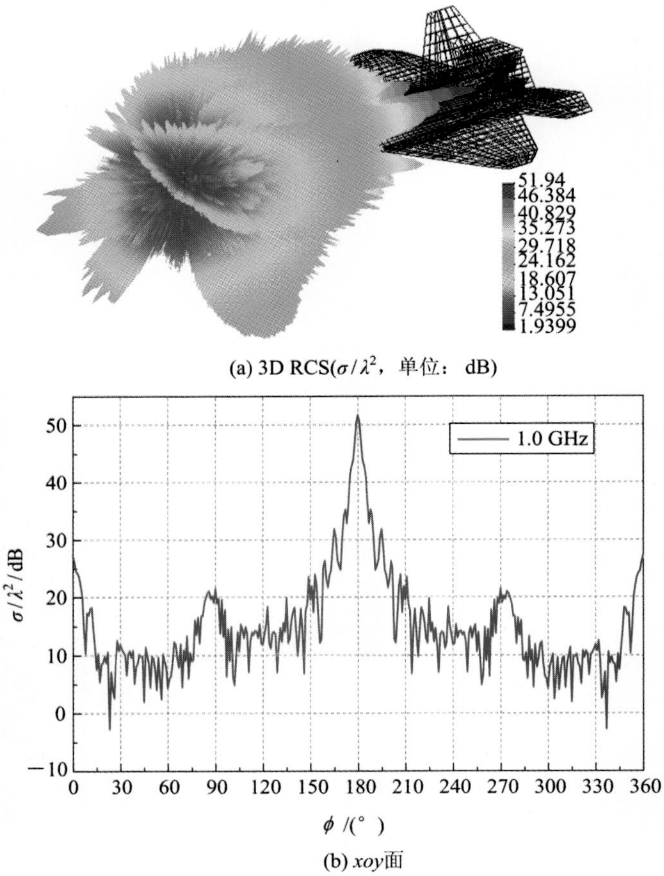

图 5.2－19　飞机模型Ⅱ在 1.0 GHz 时的 RCS

表 5.2－6　飞机模型Ⅱ在 Cluster－Ⅱ中的测试数据

电磁模型(未知量)	CPU 核数	填充时间/s	求解时间/s	所需内存/GB	内存使用率
飞机模型Ⅱ(137 335)	384	248.37	16 658.44	281.049	73.19%
	512	186.55	12 653.96		54.89%
	1024	93.51	6433.45		27.45%
	2048	49.24	3405.96		13.72%
	3072	33.54	2421.07		9.15%
	4096	28.33	2046.79		6.86%

续表

电磁模型（未知量）	CPU 核数	填充时间/s	求解时间/s	所需内存/GB	内存使用率
飞机模型Ⅱ（273 808）	1536	272.02	35 376.57	1117.152	72.74%
	2048	206.78	26 702.16		54.56%
	3072	141.21	18 257.72		36.37%
	4096	106.29	13 869.71		27.28%
	8192	56.14	7149.80		13.64%
	10 240	48.95	6045.96		10.91%
	20 480	33.14	4749.36		5.45%
	40 960	21.83	2648.94		2.73%
	81 920	11.82	1386.43		1.36%
	102 400	13.16	1140.21		1.09%

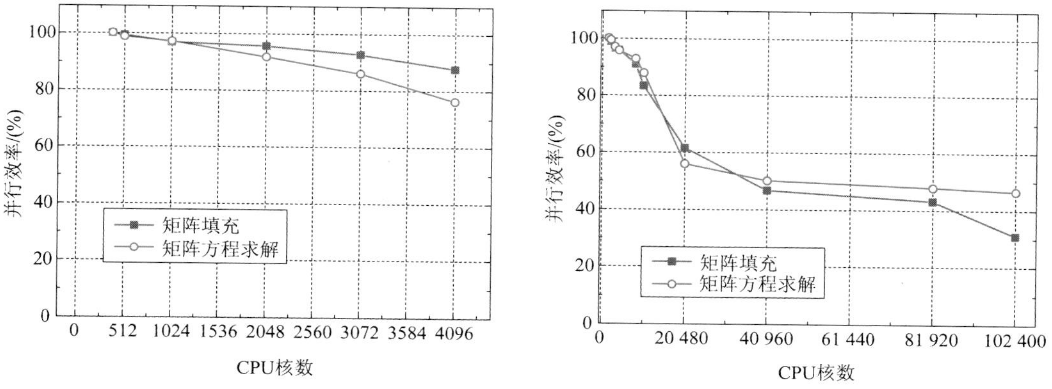

(a) 频率为1.0 GHz　(b) 频率为1.5 GHz

图 5.2-20　飞机模型Ⅱ在 Cluster-Ⅱ中测试所得的并行性能

从测试结果可以看出，在 Cluster-Ⅱ中的测试结果与 Cluster-Ⅰ中的测试结果基本一致，差别之处是随着并行规模的扩大，Cluster-Ⅱ测试所得的并行效率降低幅度要小于 Cluster-Ⅰ的测试结果，这是由于申威 SW1600 的主频较低，导致其计算能力低于 Cluster-Ⅰ的 AMD 处理器，同时 Cluster-Ⅱ的 Infiniband QDR 网络系统的传输速率要优于Cluster-Ⅰ的Infiniband ConnectX DDR 网络系统，因此通信时间占总计算时间的比例相对较低，从而使得测试所得的并行效率优于 Cluster-Ⅰ。

机载线天线模型Ⅰ中飞机的尺寸为 17.3 m×22 m×5.5 m，线天线阵的尺寸为 7.5 m×2.1 m，天线阵列的单元数为 50×10=500，通过泰勒综合设计的阵列副瓣电平为−30 dB。阵列的工作频率为 1.0 GHz，阵列的未知量为 5934，阵列与飞机的一体化模型的未知量为 126 461。

机载线天线模型Ⅱ中飞机的尺寸为 36 m×40 m×11.5 m，线天线阵的尺寸为 10.8 m×2.9 m，天线阵列的单元数为 72×14=1008，通过泰勒综合设计的阵列副瓣电平为−35 dB。阵列的工作频率为 1.0 GHz，阵列的未知量为 12 166，阵列与飞机的一体化模型的未知量为 259 128。

使用不同 CPU 核数计算两个机载线天线阵模型的增益方向图，计算结果如图 5.2-21 和图 5.2-22 所示。测试所需的计算资源以及计算时间如表 5.2-7 所示，测试所得的并行性能如图 5.2-23 所示。

(a) 3D增益方向图(单位：dB)

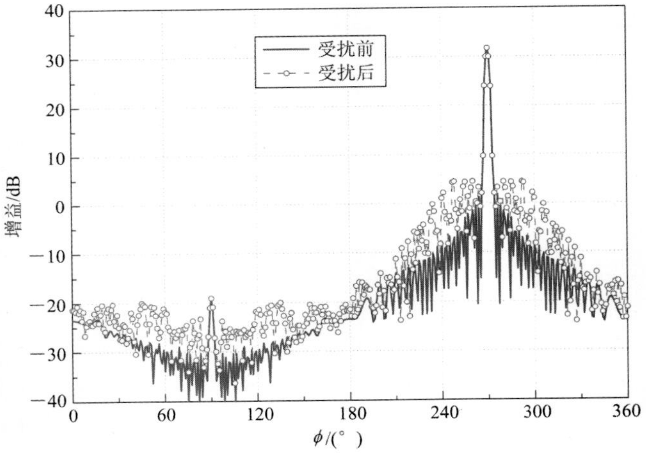

(b) *xoy*面

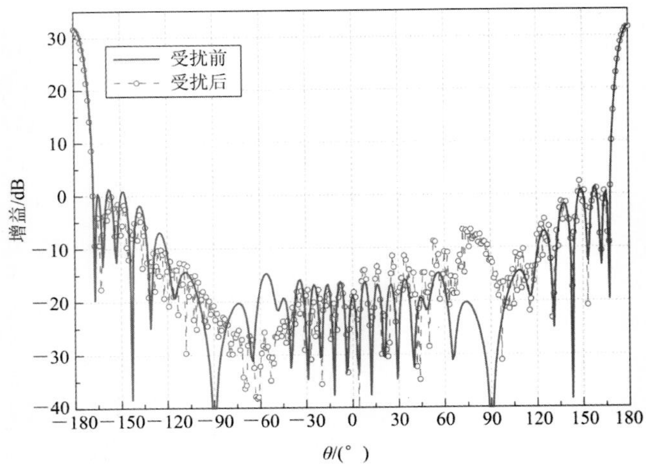

(c) *yoz*面

图 5.2-21　机载天线模型Ⅰ的增益方向图

(a) 3D增益方向图(单位：dB)

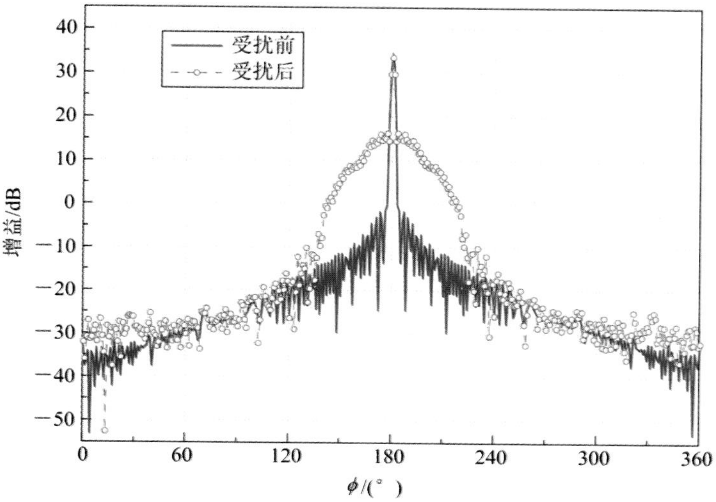

(b) *xoy*面

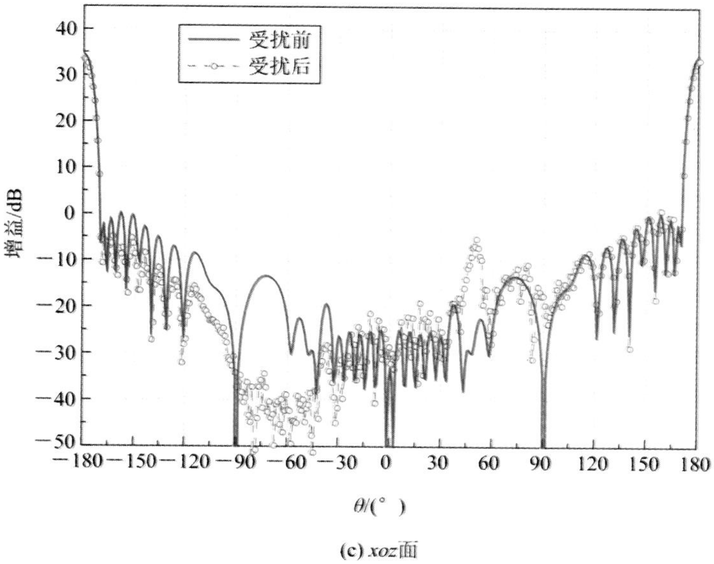

(c) *xoz*面

图 5.2-22　机载天线模型Ⅱ的增益方向图

表 5.2-7　机载天线模型Ⅰ和Ⅱ在 Cluster-Ⅱ中的测试数据

电磁模型（未知量）	CPU 核数	填充时间/s	求解时间/s	所需内存/GB	内存使用率
机载模型Ⅰ（126 461）	320	312.32	16 555.23	238.305	74.47%
	512	196.08	10 449.97		46.54%
	1024	97.8	5231.02		23.27%
	2048	49.53	2705.12		11.64%
	3072	37.77	1865.47		7.76%
	4096	29.98	1691.45		5.82%
	8192	14.66	1038.11		2.91%
	10 240	12.81	931.16		2.33%
机载模型Ⅱ（259 128）	1440	249.02	37 857.09	1000.573	69.48%
	2048	179.68	26 741.32		48.86%
	3072	120.22	17 839.45		32.57%
	4096	108.33	13 450.25		24.43%
	8192	56.03	6729.12		12.22%
	10 240	41.05	5572.26		9.77%
	30 720	16.67	3371.77		3.26%
	61 440	15.01	1546.72		1.63%
	102 400	10.04	1078.54		0.98%

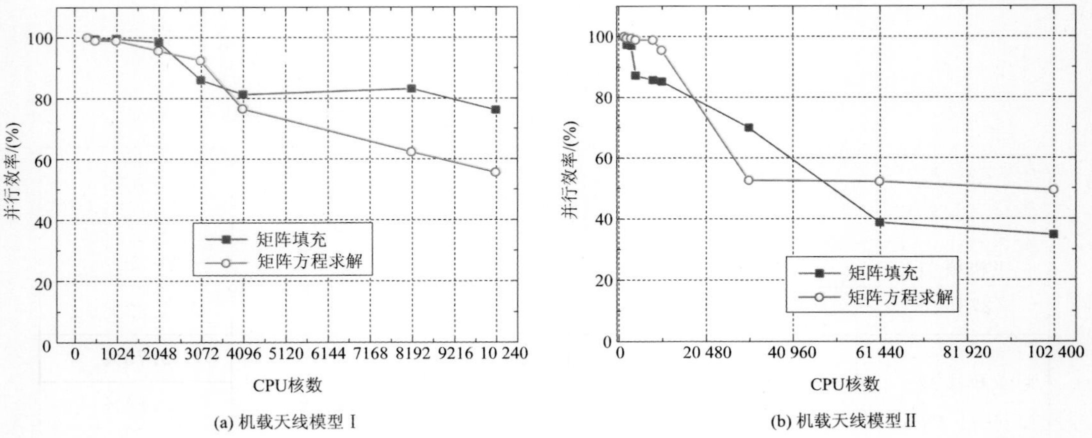

图 5.2-23　机载电磁模型在 Cluster-Ⅱ中测试所得的并行性能

从测试结果可以看出，机载线天线模型的测试反映的现象与前面的测试基本一致，也就是说本测试得出的结论对散射问题和辐射问题是通用的。从两组测试的相似结论可以进一步得出，在 Cluster－Ⅱ上采用并行矩量法仿真电磁问题时，在使用内存占总内存比例高于 10％的情况下，可以有效地发挥计算机的性能。图 5.2－20 和图 5.2－23 中当 CPU 核数较多时并行效率下降明显，这表明在给定问题规模情况下，使用过多的 CPU 核数是不合理的。实际应用中应根据问题的规模选择合理的 CPU 核数目，以高效地进行数值仿真。

3. 十万核量级通用计算平台并行性能评估

此处主要对十万核量级并行高阶基函数矩量法在通用计算平台中的并行性能进行测试分析，选用的计算平台为 Cluster－Ⅲ。本测试以飞机模型的散射特性计算为例对高阶基函数矩量法的并行性能进行评估。飞机模型Ⅱ的电磁仿真模型已在图 5.2－9 中给出。

飞机模型Ⅱ的尺寸为 18.92 m×13.56 m×5.05 m，垂直极化平面波由机头方向入射，计算频率为 1.5 GHz、2.5 GHz，相应的未知量为 273 808、671 777。使用不同 CPU 核数计算飞机模型Ⅱ在两个频率下的双站 RCS，计算结果如图 5.2－24 所示(其中 1.5 GHz 的 RCS 结果已在图 5.2－11 中给出)。测试所需的计算资源以及计算时间如表 5.2－8 所示，测试所得的并行性能如图 5.2－25 所示。

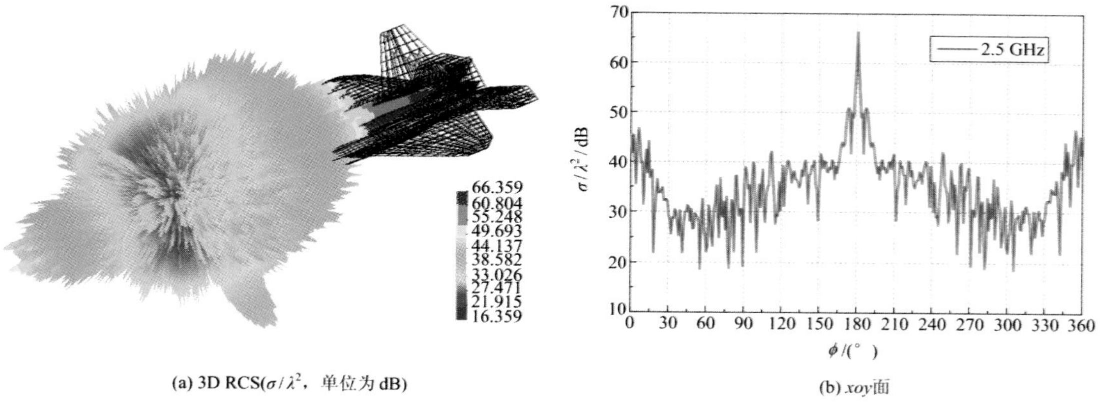

图 5.2－24　飞机模型Ⅱ在 2.5 GHz 时的 RCS

表 5.2－8　飞机模型Ⅱ在 Cluster－Ⅲ中的测试数据

电磁模型(未知量)	CPU 核数	填充时间/s	求解时间/s	所需内存/GB	内存使用率
飞机模型Ⅱ(273 808)	1536	235.79	2376.71	1117.315	27.28％
	25 920	16.25	246.81		1.62％
飞机模型Ⅱ(671 777)	25 920	27.28	2388.1	6724.66	9.73％
	76 800	21.43	1629.09		3.28％
	107 520	18.79	1264.98		2.35％

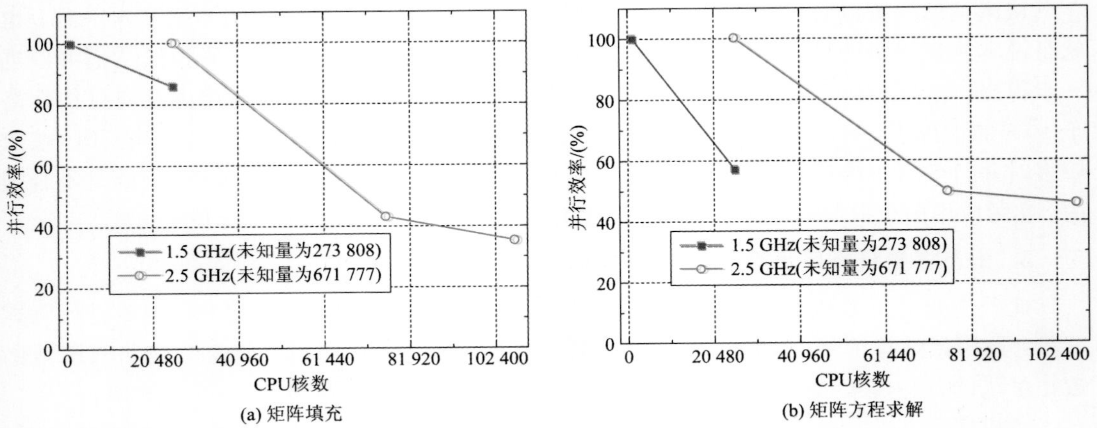

图 5.2－25　飞机模型Ⅱ在 Cluster－Ⅲ中测试所得的并行性能

从测试结果可以看出，飞机模型Ⅱ的测试反映的现象与前面的测试基本相符，不同的是当使用内存占总内存的比例低至 2%左右时，仍旧可以获得接近 50%的并行效率。这是由于 Cluster－Ⅲ的网络通信速度明显比 Cluster－Ⅰ和 Cluster－Ⅱ快，通信时间占总计算时间的比例较低，从而在内存使用率较低的情况下也可以获得较好的并行效率。

此外，在 Cluster－Ⅲ中分别采用 155 520 CPU 核和 201 600 CPU 核计算飞机模型Ⅱ在频率为 3.2 GHz 和 3.5 GHz 时的双站 RCS，矩量法产生的未知量分别为 1 060 362 和 1 270 200。图 5.2－26 为飞机模型Ⅱ在 3.2 GHz 和 3.5 GHz 时的 3D RCS，图 5.2－27 为飞机模型Ⅱ的 2D RCS。表 5.2－9 给出了测试所需的计算资源及计算时间。

一般来说，在相同的硬件平台下，对于不同未知量(N_2 和 N_1)的问题，矩阵填充时间 $T_{2填充}$ 和 $T_{1填充}$ 的关系满足 $T_{2填充}/T_{1填充} \approx (N_2/N_1)^2$，矩阵方程求解时间 $T_{2求解}$ 和 $T_{1求解}$ 的关系满足 $T_{2求解}/T_{1求解} \approx (N_2/N_1)^3$。根据这一关系，可由 N_1 和 N_2 的实测时间推导出 N_3 所对应的填充时间和求解时间，进而可考察并行高阶基函数矩量法在并行规模达到 20 万 CPU 以上时的并行效率。

表 5.2－9　飞机模型Ⅱ在 Cluster－Ⅲ中的实测与推导数据

未知量	CPU 核数	填充时间/s		求解时间/s	
		实测数据	推导数据	实测数据	推导数据
N_1＝671 777	**25 920**	$T_{1填充}$ = 27.28	—	$T_{1求解}$ = 2388.1	—
N_2＝1 060 362	**155 520**	$T_{2填充}$ = 13.18	—	$T_{2求解}$ = 2469.77	—
N_3＝1 270 200	25 920	—	$\left(\frac{N_3}{N_1}\right)^2 \cdot T_{1填充} = 97.53$	—	$\left(\frac{N_3}{N_1}\right)^3 \cdot T_{1求解} = 16\ 143.34$
	155 520	—	$\left(\frac{N_3}{N_2}\right)^2 \cdot T_{2填充} = 18.91$	—	$\left(\frac{N_3}{N_2}\right)^3 \cdot T_{2求解} = 4245.32$
	201 600	$T_{3填充}$＝23.1	—	$T_{3求解}$＝3021.05	—

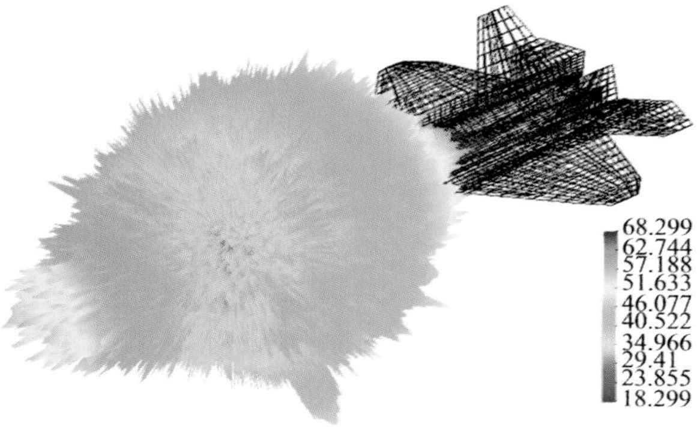

(a) 3.2 GHz

(b) 3.5 GHz

图 5.2-26　飞机模型Ⅱ的 3D RCS(σ/λ^2，单位：dB)

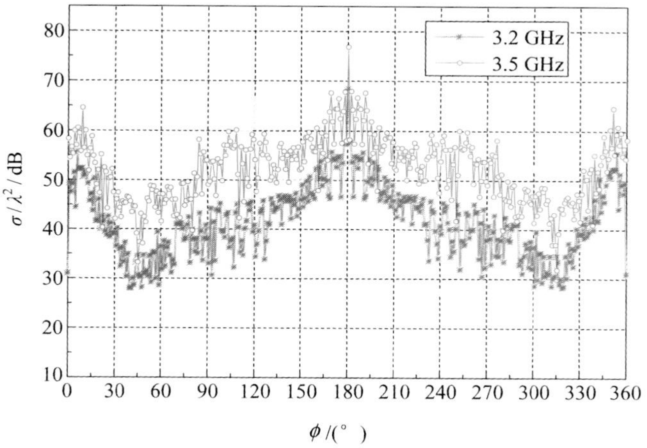

图 5.2-27　飞机模型Ⅱ的 xoy 面 RCS

由表 5.2-9 可见，以 25 920 CPU 核为基准，并行规模扩大约 8 倍时，填充的并行效率可以达到 50%以上，求解的并行效率可以达到 60%以上。

从上述对并行矩量法的性能评估可以得出，对于指定的超级计算机平台，当使用内存占总内存比例较高时，计算机的性能可以得到很好的发挥。一般情况下，只有内存使用率处于一定范围内时，并行矩量法才可以获得较好的并行效率。不同超级计算机平台的内存使用率范围不同，它与计算机平台的 CPU 计算能力以及网络系统的通信速率有着密切的关系。由上述测试结果可以看出，网络系统的通信速率越高，满足能够获得较好并行性能的内存使用率的范围就越大。

5.3 数值算例

本节以机载天线系统为例，利用前面介绍的电磁仿真理论与方法，分析典型天线阵列以及机载天线阵列的辐射特性。

5.3.1 波导缝隙天线阵列辐射特性

本例采用并行高阶基函数矩量法分析大型椭圆形波导缝隙阵列的辐射特性[7]。阵列的缝隙个数为 2068，工作频率为 35 GHz。图 5.3-1 为椭圆形波导缝隙阵列模型，模型的未知量为 583 478，计算所需内存约为 5 TB。图 5.3-2 为阵列的 3D 增益方向图，图 5.3-3 为阵列的 2D 增益方向图。

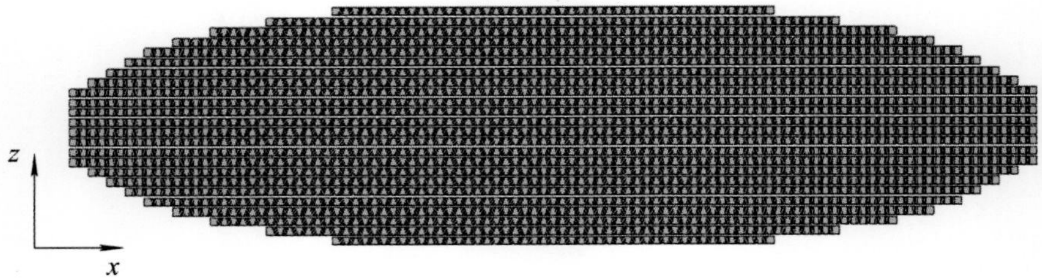

图 5.3-1　大型波导缝隙阵列电磁仿真模型

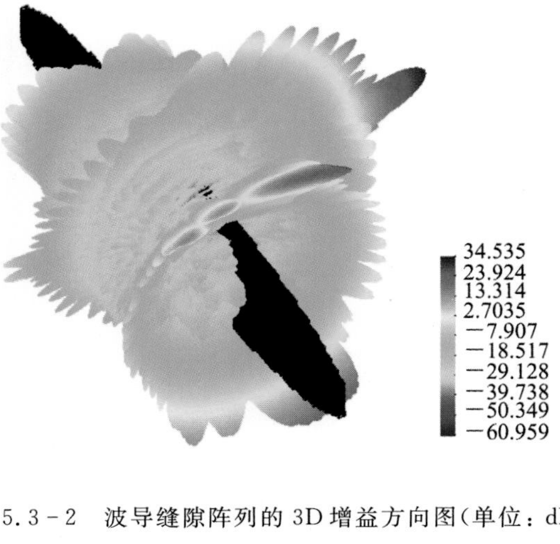

图 5.3-2　波导缝隙阵列的 3D 增益方向图(单位：dB)

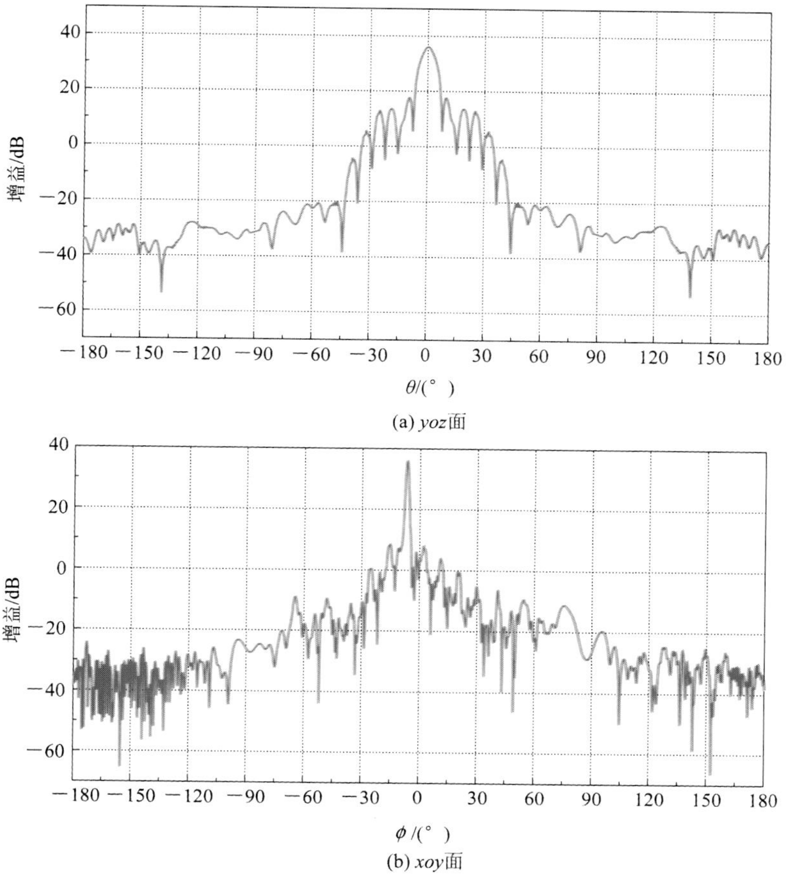

图 5.3 - 3　波导缝隙阵列的 2D 增益方向图

5.3.2　微带天线阵列辐射特性

本例采用并行高阶基函数矩量法分析大型椭圆形微带天线阵列的辐射特性。阵列尺寸为 5.898 m×0.549 m，微带天线单元个数为 1984，工作频率为 3.1 GHz，通过泰勒综合设计的阵列副瓣电平为－30 dB。图 5.3 - 4(a)为微带天线阵列的整体模型。由于该微带阵列具有对称性，为了节省计算资源、减少计算时间，在 *yoz* 面内加入了对称面，含对称面的电磁仿真模型如图 5.3 - 4 (b)所示。

含对称面电磁仿真模型的未知量为 687 083，计算所需内存约为 7 TB。图 5.3 - 5 为阵列的 3D 增益方向图，图 5.3 - 6 为阵列的 2D 增益方向图。图 5.3 - 6 中给出了 MoM 和 FDTD 方法的计算结果对比[3]。由结果可见，该天线阵列在水平面和俯仰面均达到了设计要求。

此处还对不同单元结构的天线阵列辐射特性进行了仿真对比。图 5.3 - 7 给出了采用矩形片和圆柱两种不同过孔结构时，阵列辐射特性的变化情况。由图中对比结果可见，两种结构在±90°附近存在较大差距，而阵列单元的实际过孔模型为圆柱结构，因此不能忽略建模中将圆柱改成矩形片时对阵列辐射特性的影响。

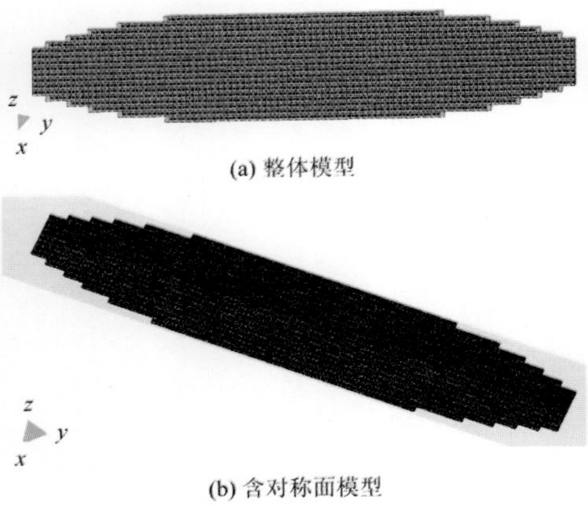

图 5.3-4　大型微带天线阵列电磁仿真模型

图 5.3-5　微带天线阵列的 3D 增益方向图(单位：dB)

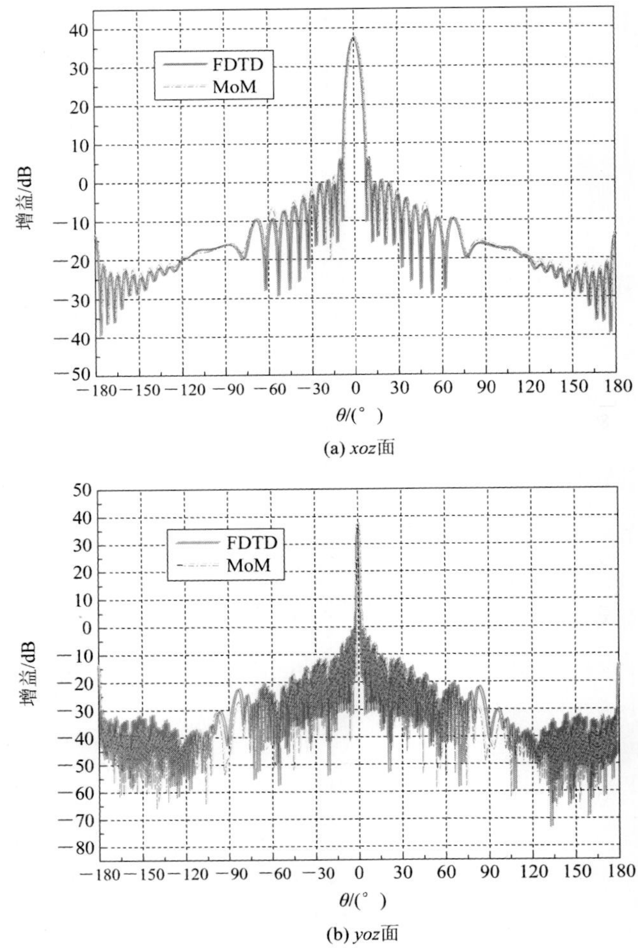

图 5.3-6　微带天线阵列的 2D 增益方向图

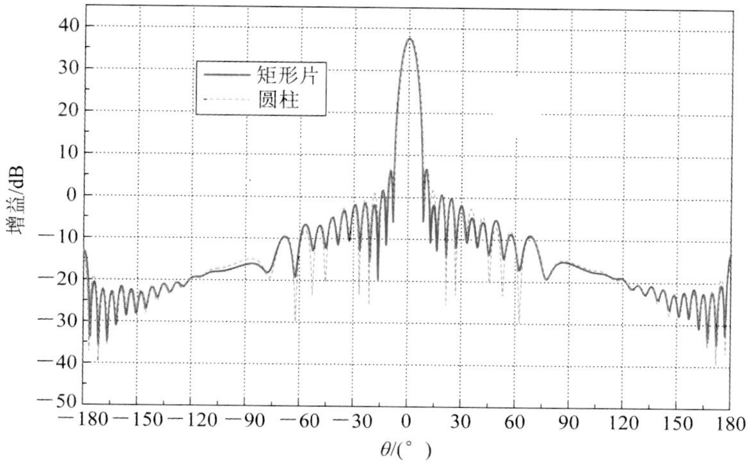

(a) xoz面

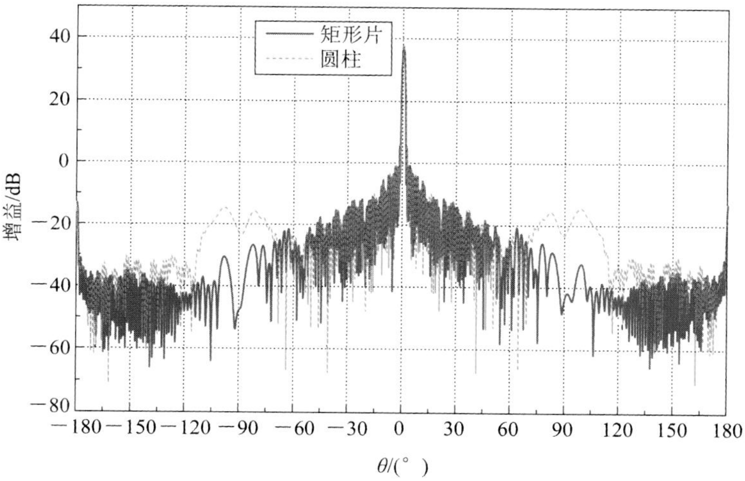

(b) yoz面

图 5.3-7　微带天线阵列 2D 增益方向图

5.3.3　机载八木天线阵列的辐射特性

本例采用并行高阶基函数矩量法对机载八木天线阵列进行电磁仿真，分析飞机对八木天线阵列辐射特性的影响。八木天线阵列的工作频率为 410 MHz，天线单元数为 32，阵列的电磁仿真模型如图 5.3-8 所示。

将八木天线阵列架设到飞机平台上，机身长为 17.3 m，翼展为 22 m，高为 5.5 m，飞机机头沿着 $+y$ 方向，两翼平行于 xoy 面，阵列的架设位置为阵列中心距机背 2.1 m 处。这里主要分析阵列主波束指向机头、机翼、机尾三种情况时，飞机平台对阵列辐射特性的影响。图 5.3-9 给出了阵列架设到飞机平台上的三种不同姿态的电磁仿真模型。

图 5.3-10 为八木天线阵列受扰前后的 3D 增益方向图，图 5.3-11～图 5.3-13 为八木天线阵列受扰前后的 2D 增益方向图对比结果。

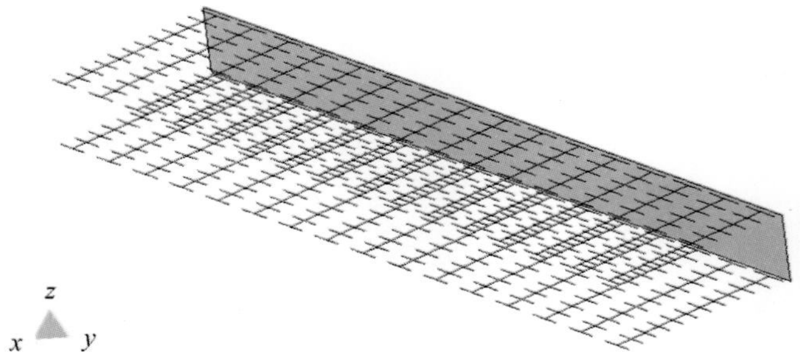

图 5.3-8　八木天线阵列仿真模型

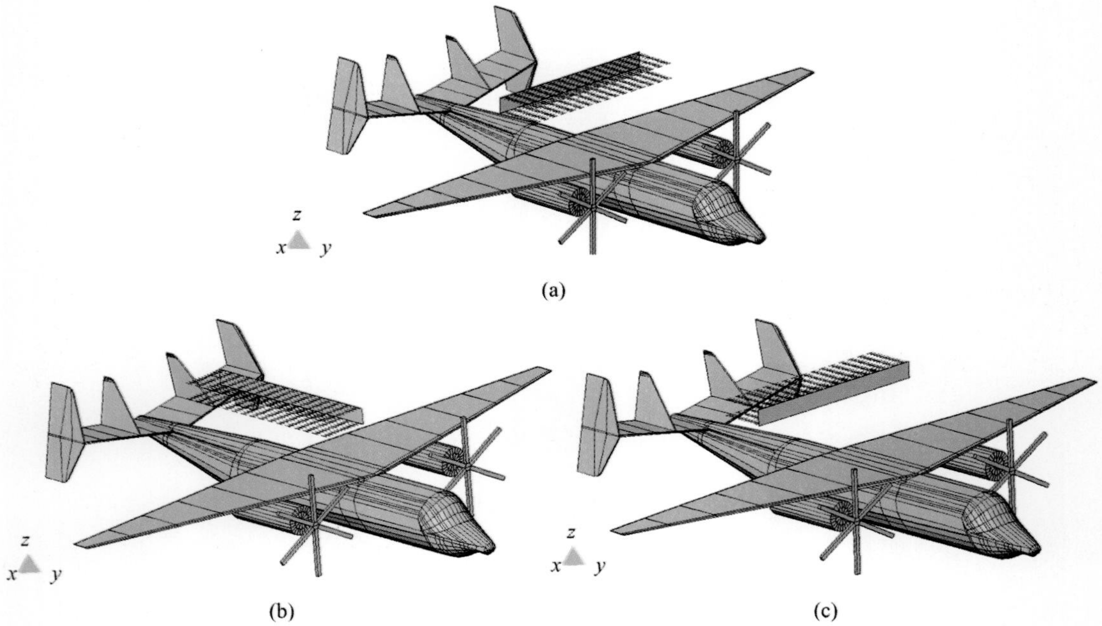

图 5.3-9　阵列架设到飞机平台上的三种不同姿态

由图 5.3-10(a)可见，阵列主波束指向机头时，阵列受扰后的增益最大值相对于受扰前提高了 0.185 dB。由图 5.3-11 中的对比可以看出，阵列受扰后的增益方向图在水平面内变化不大；在俯仰面内主瓣变化不大，(60°，150°)角度范围内的副瓣电平值抬高约 5.5 dB，这是由飞机机身对电磁波的反射作用造成的，(－135°，－45°)角度范围内的副瓣电平值大幅度降低，这是由飞机机身对电磁波的遮挡效应造成的。

由图 5.3-10(b)可见，阵列主波束指向机翼时，阵列受扰后的增益最大值相对于受扰前提高了 0.68 dB。由图 5.3-12 中的对比可以看出，阵列受扰后的增益方向图在水平面内变化不大；在俯仰面内主瓣出现轻微抖动，在(60°，150°)角度范围内的副瓣电平值抬高约3 dB，在(－150°，－60°)角度范围内的副瓣电平值大幅度降低。该情况下阵列受到飞机平台的影响比阵列主波束指向机头时要大些。

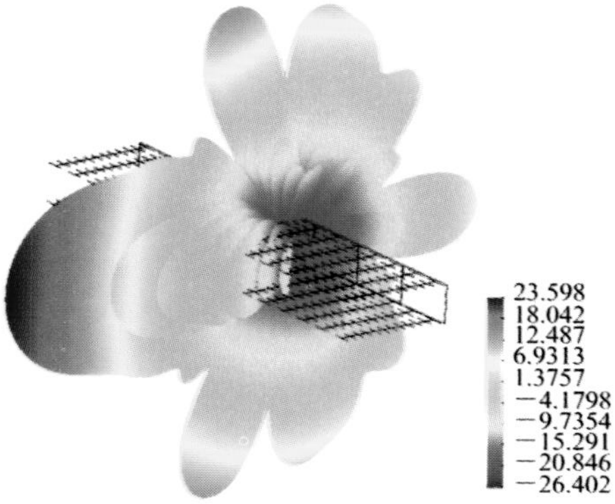

(a) 八木天线阵列

(b) 阵列主波束指向机头

(c) 阵列主波束指向机翼

(d) 阵列主波束指向机尾

图 5.3 - 10　三种姿态下阵列受扰前后的 3D 增益方向图(单位：dB)

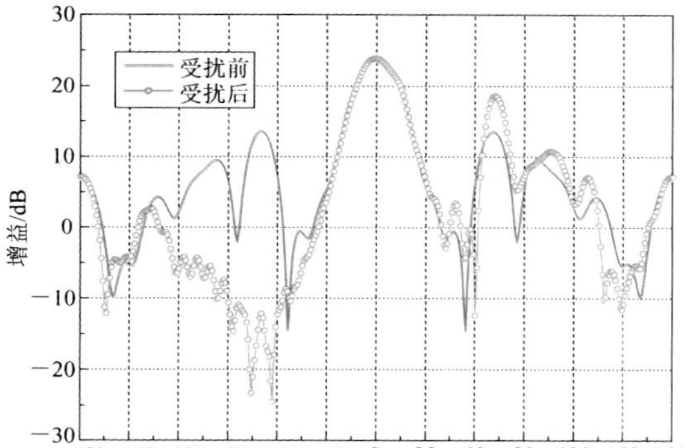

(a) *yoz*面

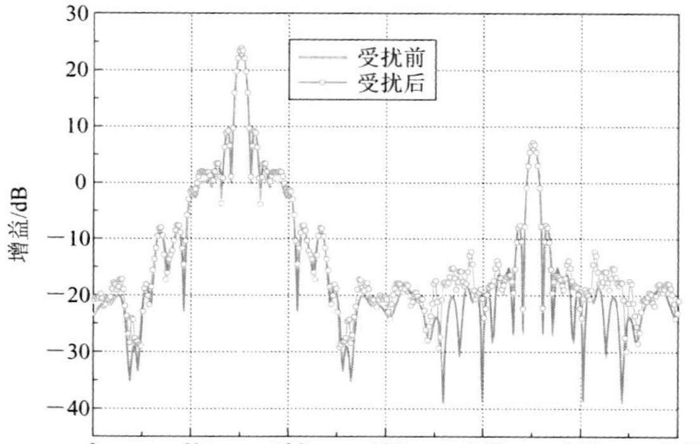

(b) *xoy*面

图 5.3 - 11　阵列主波束指向机头时 2D 增益方向图对比

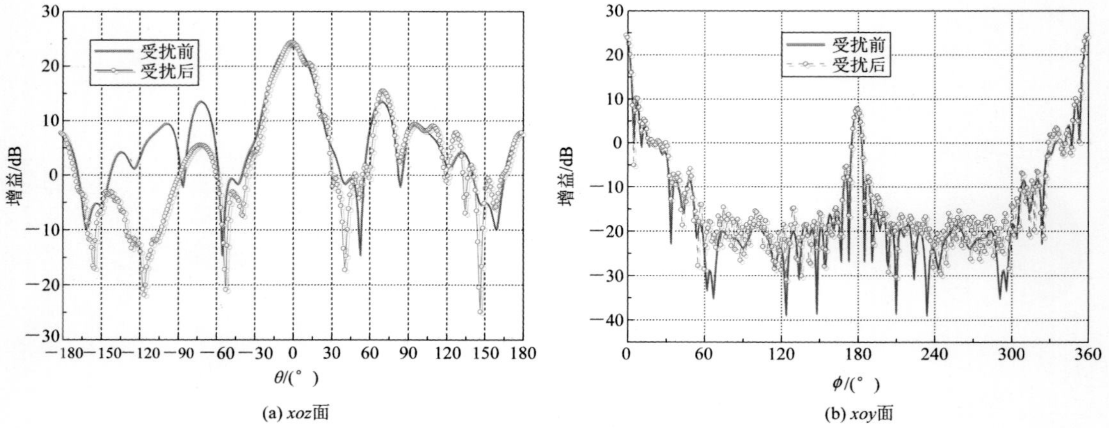

图 5.3-12　阵列主波束指向机翼时 2D 增益方向图对比

由图 5.3-10(c)可见，阵列主波束指向机尾时，阵列受扰后的增益最大值相对于受扰前提高了 0.793 dB。由图 5.3-13 中的对比可以看出，阵列受扰后的增益方向图在水平面和俯仰面的变化都比较大，在水平面内除主瓣和后瓣的电平值变化不大外，其他大部分角度的电平值都抬高了，这是由飞机尾翼和机身的反射效应造成的；在俯仰面内的(−150°，−30°)角度范围内的副瓣电平均降低了，其中−30°附近降低了 10 dB 以上，这是由飞机机身和尾翼的遮挡效应造成的。此种情况下阵列受飞机平台影响的程度在三种姿态下最大。

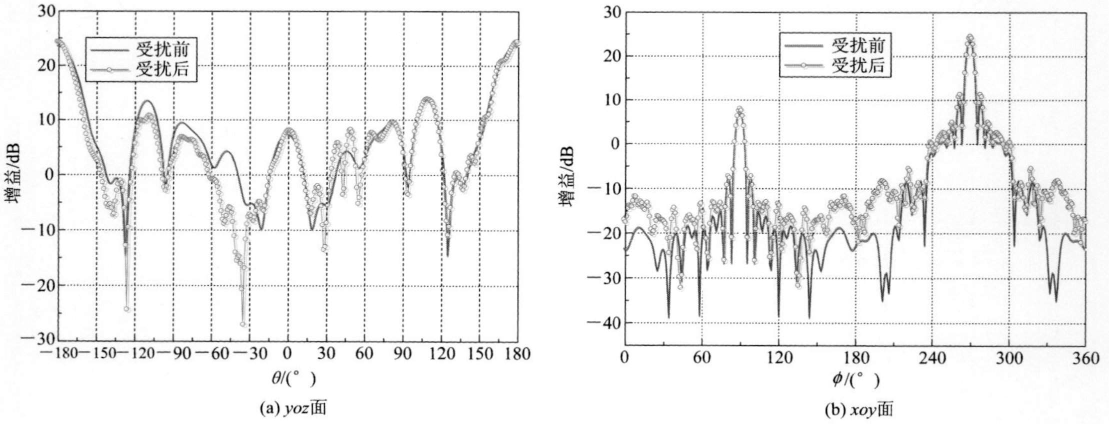

图 5.3-13　阵列主波束指向机尾时 2D 增益方向图对比

5.3.4　机载微带天线阵列的辐射特性

本例采用并行高阶基函数矩量法对机载微带相控阵进行电磁仿真，分析飞机平台对相控阵辐射特性的影响。微带阵列工作频率为 440 MHz，微带介质基板相对介电常数 ε_r = 4.5，厚度为 18 mm。天线单元模型如图 5.3-14 所示，阵列模型如图 5.3-15 所示，阵列单元数为 37×9。

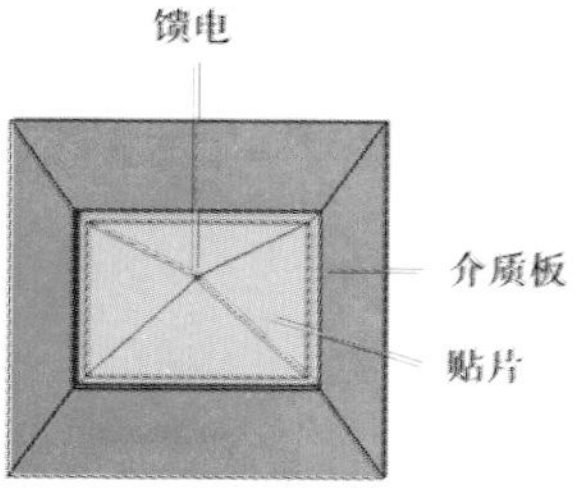

图 5.3-14　微带天线单元电磁仿真模型

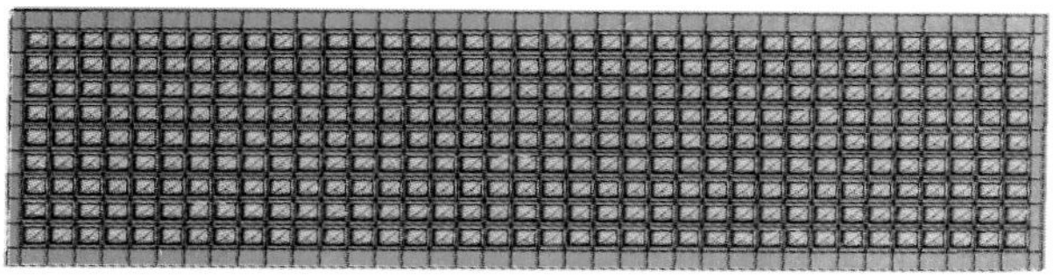

图 5.3-15　微带天线阵列电磁仿真模型

将天线阵列架设到飞机平台上，机身长为 49.5 m，翼展为 50 m，高为 13.8 m，如图 5.3-16 所示，飞机机头沿着 $+\hat{\boldsymbol{x}}$ 方向，机翼平行于 xoy 面。

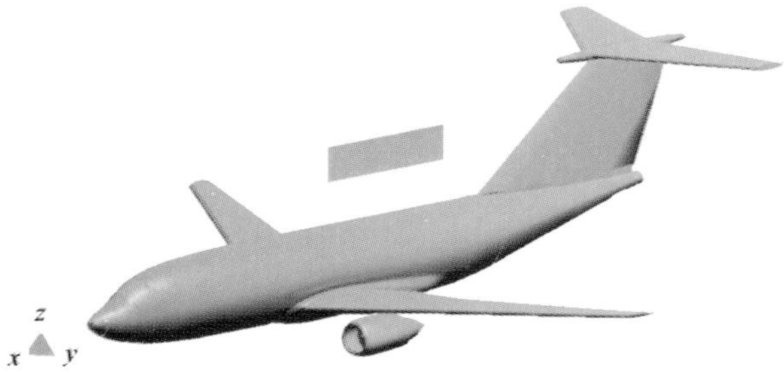

图 5.3-16　机载微带天线阵列电磁仿真模型

首先考虑阵列架设高度不同时飞机平台对天线阵列辐射特性的影响[8,9]。图 5.3-17 给出了阵列中心距飞机平台不同高度的示意图。图 5.3-18 为阵列本身及其架设在飞机平台的 3 个不同位置处的 3D 增益方向图，图 5.3-19 为阵列在 3 个架设位置处受扰前后的 2D 增益方向图的对比情况。

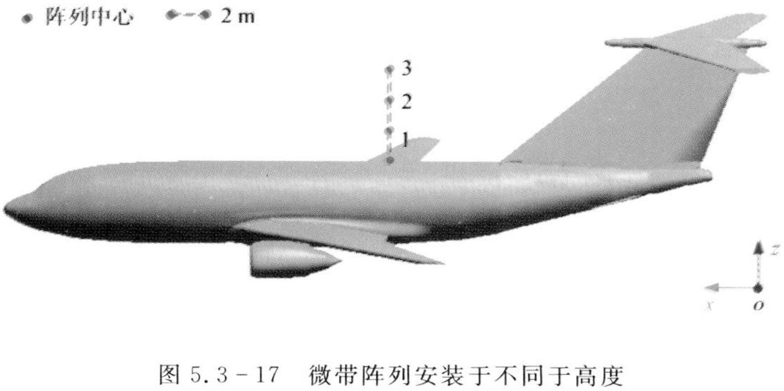

图 5.3-17　微带阵列安装于不同于高度

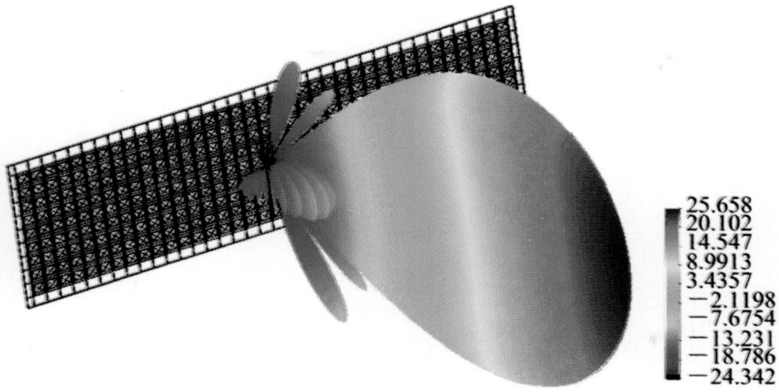

(a) 阵列本身

(b) 阵列安装位置1

(c) 阵列安装位置2

(d) 阵列安装位置3

图 5.3 - 18　微带阵列受扰前后的 3D 增益方向图(单位：dB)

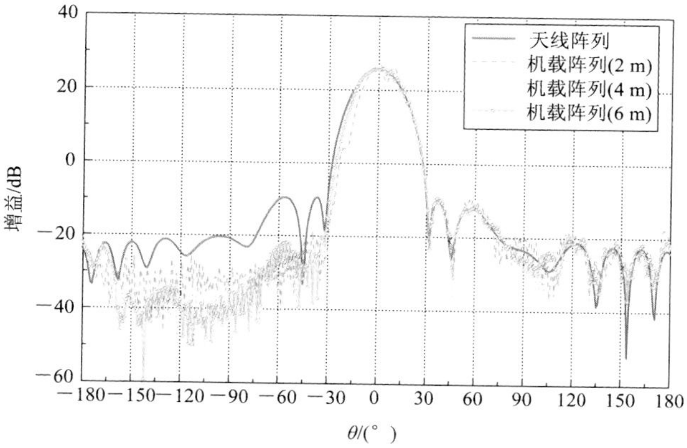

(a) *yoz*面

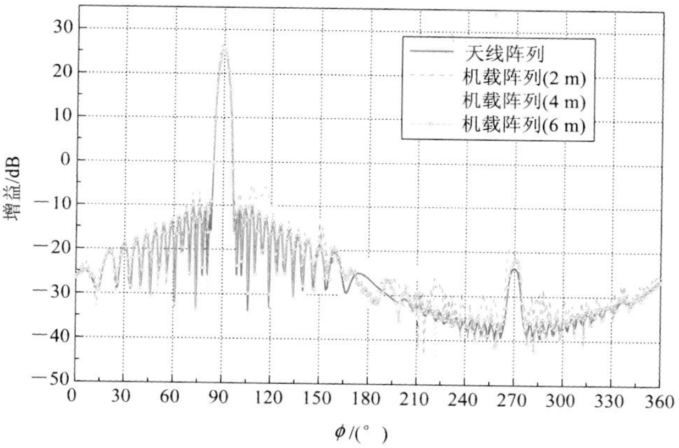

(b) *xoy*面

图 5.3-19　微带阵列受扰前后的 2D 增益方向图对比

由图 5.3-18 和图 5.3-19 可以看出，阵列架设到飞机平台后，增益方向图的主瓣出现了分叉，这主要是由于飞机机翼和机身对电磁波的反射和遮挡效应造成的。随着阵列架设位置的升高，增益方向图主瓣的分叉程度逐渐变小，这是由于随着阵列远离飞机平台，阵列增益方向图受飞机机翼和机身等部位的影响越来越弱，从而使得阵列的增益方向图越来越好。

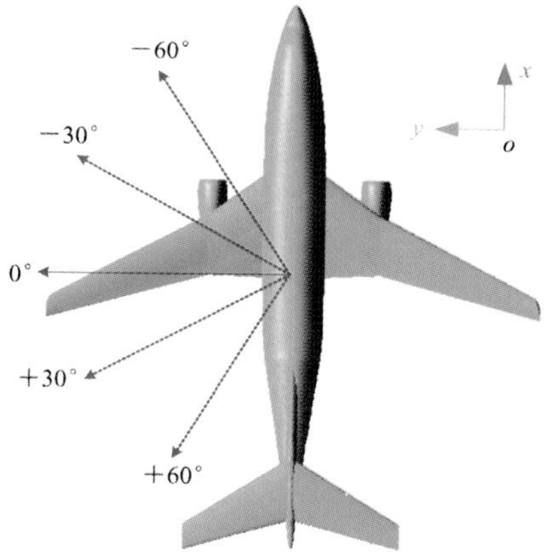

图 5.3-20　微带阵列在水平面内的不同扫描角度

接下来考虑阵列架设在飞机平台固定位置(选取位置 2)的情况下，阵列主波束在水平面内由机头方向扫描到机尾方向的过程中，阵列增益方向图的变化情况[4]。图 5.3-20 为阵列主波束在水平面内扫描方向的示意图。图 5.3-21～图 5.3-24 为不同扫描角度时阵列受扰前后的 3D 增益方向图以及受扰前后的 2D 增益方向图的对比情况。

(a) 阵列本身

(b) 机载阵列

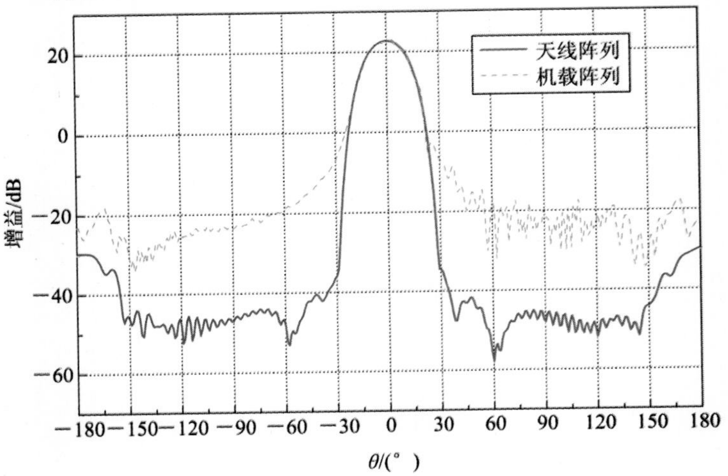

(c) 俯仰面

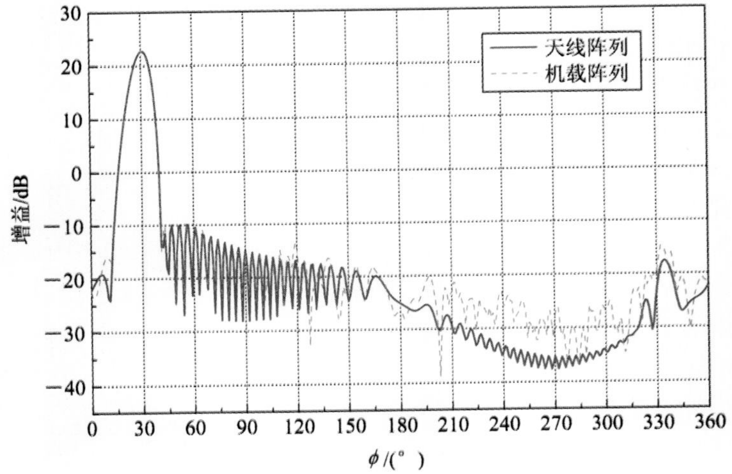

(d) 水平面

图 5.3－21　阵列主波束扫描－60°(单位：dB)

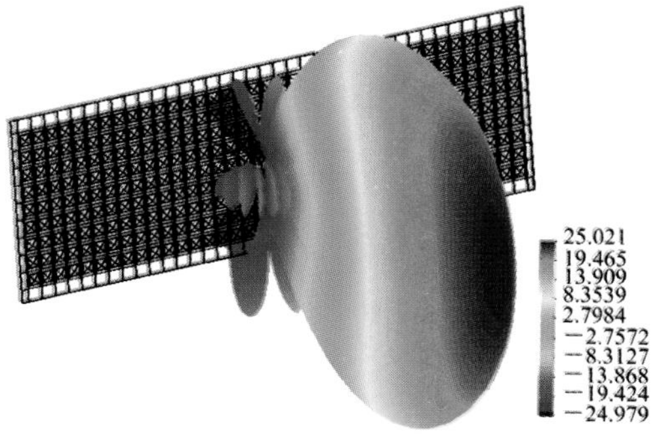

(a) 阵列本身

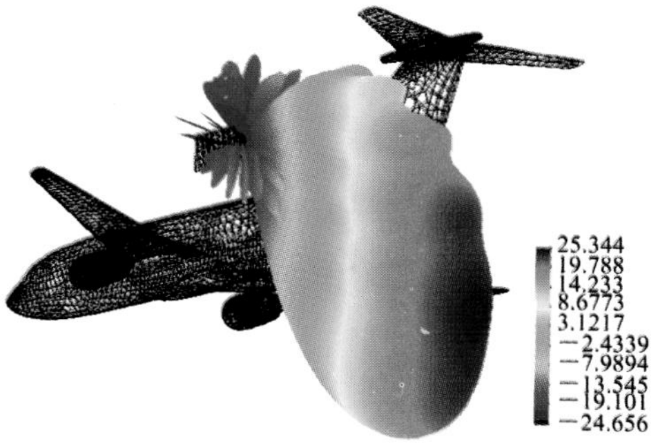

(b) 机载阵列

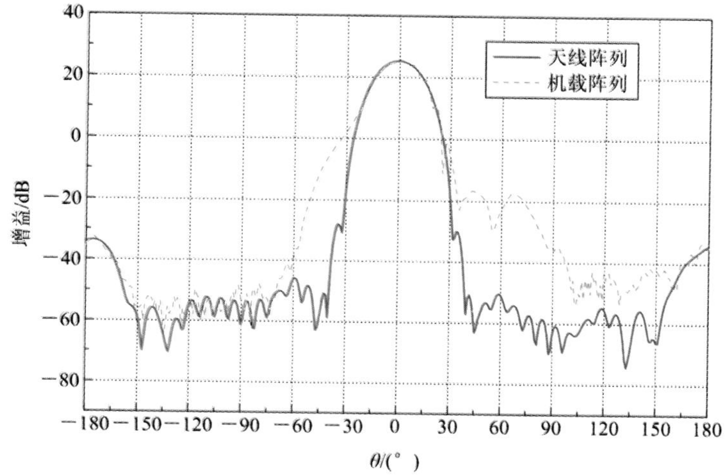

(c) 俯仰面

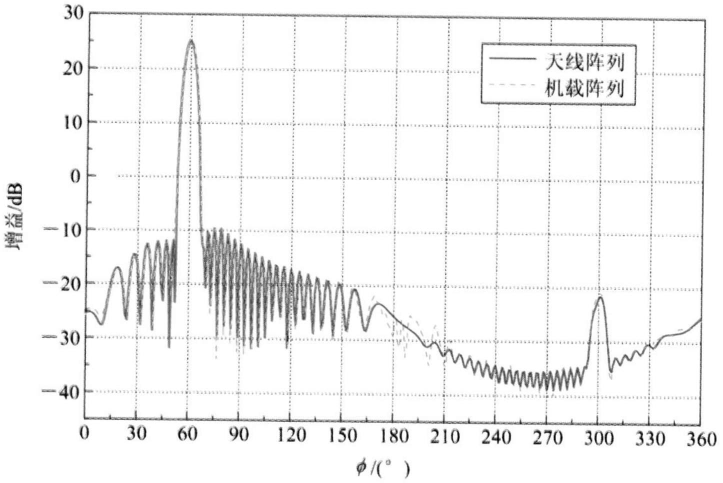

(d) 水平面

图 5.3 - 22　阵列主波束扫描 −30°(单位：dB)

(a) 阵列本身

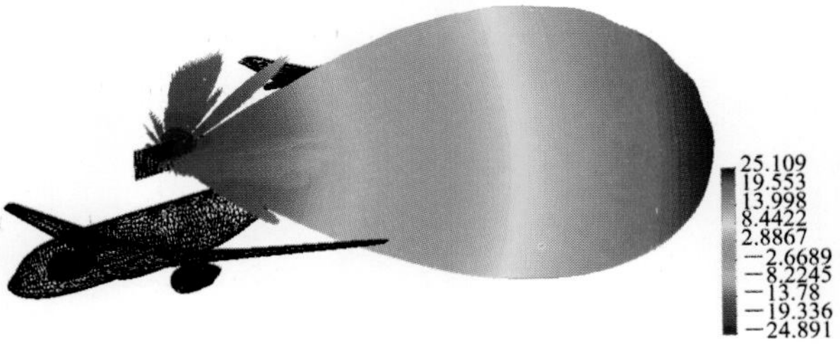

(b) 机载阵列

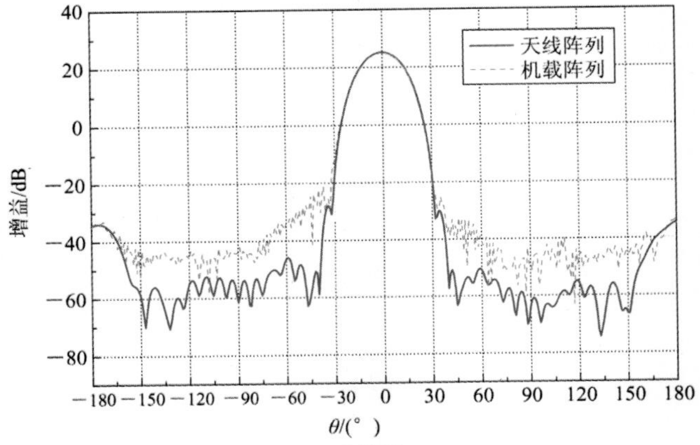

(c) 俯仰面

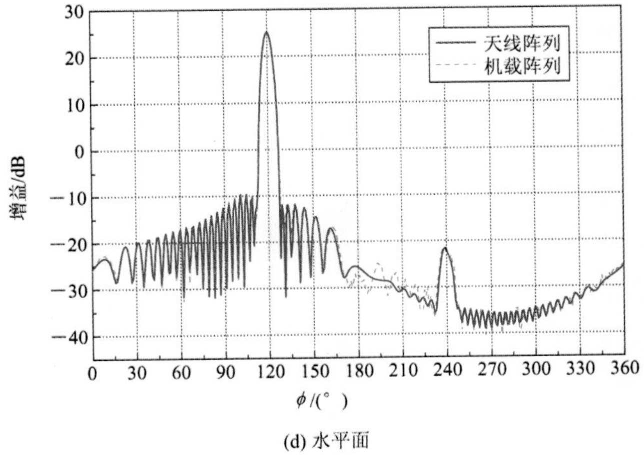

(d) 水平面

图 5.3－23　阵列主波束扫描 30°(单位：dB)

(a) 阵列本身

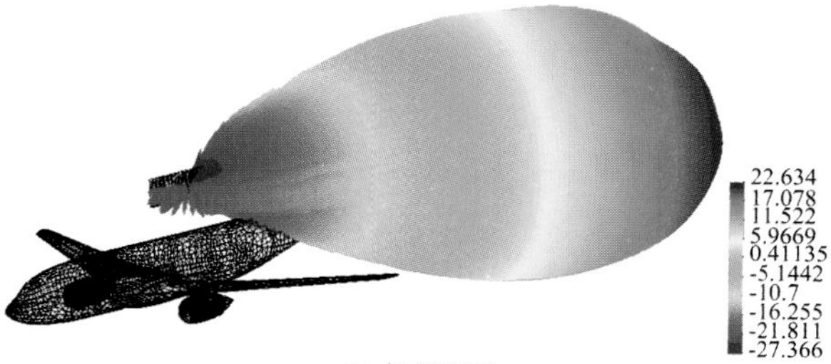

(b) 机载阵列

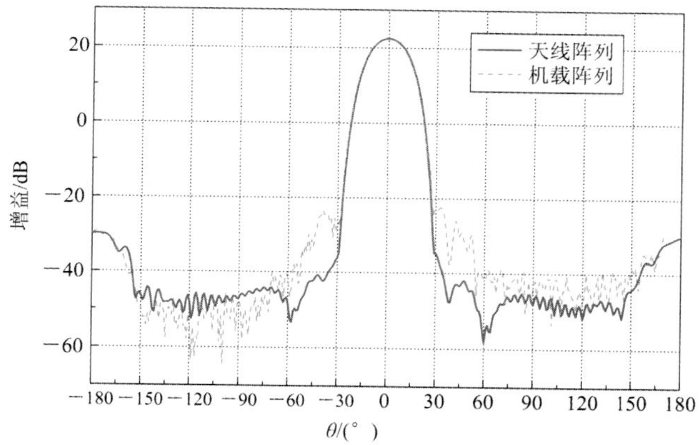

(c) 俯仰面

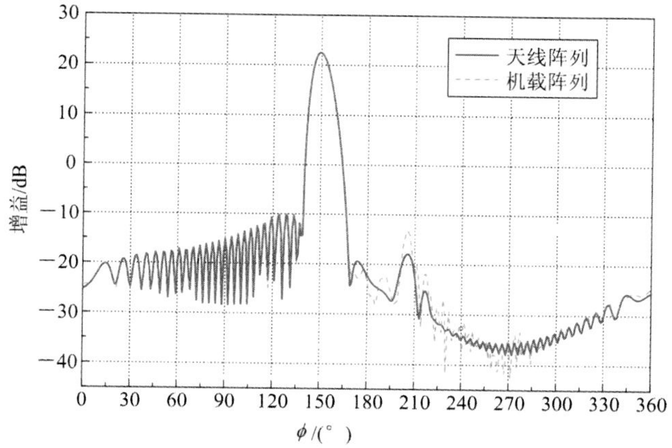

(d) 水平面

图 5.3-24　阵列主波束扫描 60°(单位：dB)

由图 5.3－21 可以看出，阵列主波束向机头方向扫描 60°时，阵列的辐射方向特别靠近机翼，由于电磁波受到机翼的反射和绕射影响很大，导致增益方向图的变化很大，主要表现为副瓣电平抬高。

由图 5.3－22 可以看出，阵列主波束向机头方向扫描 30°时，相对于扫描 60°的情况，阵列的辐射特性受机翼的影响有所减弱，但相对于无扫描情况，仍受到了较大影响。阵列辐射方向图的变化主要集中在俯仰面，同样表现为副瓣电平升高。

由图 5.3－23 可以看出，阵列主波束向尾翼方向扫描 30°时，阵列的辐射方向偏离机翼，相对于向机头方向扫描与无扫描情况来说，电磁波受机翼的影响减弱，使得增益方向图的变化变小。对比向机头方向扫描的情况可见，向尾翼方向扫描 30°时俯仰面的副瓣电平升高程度减弱。

由图 5.3－24 可以看出，阵列主波束向尾翼方向扫描 60°时，阵列的辐射方向已经远离机翼，电磁波受机翼的影响几乎消失，使得增益方向图的变化很小。与前面三种扫描情况以及无扫描情况相比，向尾翼方向扫描 60°时俯仰面副瓣电平抬高的范围很小。

通过这一组的仿真结果可以看出，阵列主波束在水平面内扫描时，机翼对阵列方向图的影响非常明显。

最后考虑阵列架设在飞机平台固定位置(选取位置 2)的情况下，阵列主波束在俯仰面内由水平面向机腹方向扫描的过程中，阵列增益方向图的变化情况[9]。图 5.3－25 为阵列主波束在俯仰面内扫描方向的示意图。图 5.3－26～图 5.3－29 为不同扫描角度时阵列受扰前后的 3D 增益方向图以及受扰前后的 2D 增益方向图的对比情况。

由图 5.3－26 可以看出，阵列主波束向机腹方向扫描 1°时，阵列辐射方向偏向机翼，电磁波受机翼的影响变强，导致增益方向图变化较大，具体体现在方向图的主瓣出现分叉，且分叉程度比无扫描情况时严重。

由图 5.3－27 可以看出，阵列主波束向机腹方向扫描 8°时，相对于扫描 1°的情况，阵列辐射方向更加偏向机翼，导致机翼对增益方向图的影响变大，具体表现为方向图的俯仰面主瓣分叉现象变严重，主瓣基本消失，水平面在部分角度出现副瓣抬高的现象。

由图 5.3－28 可以看出，阵列主波束向机腹方向扫描 13°时，与扫描 1°和 8°相比，阵列辐射方向图受机翼的影响继续增大，阵列受扰后的增益方向图出现严重变形。具体表现为主瓣分叉更加严重，水平面大部分角度出现副瓣抬高现象。

图 5.3－25　微带阵列在俯仰面内的不同扫描角度

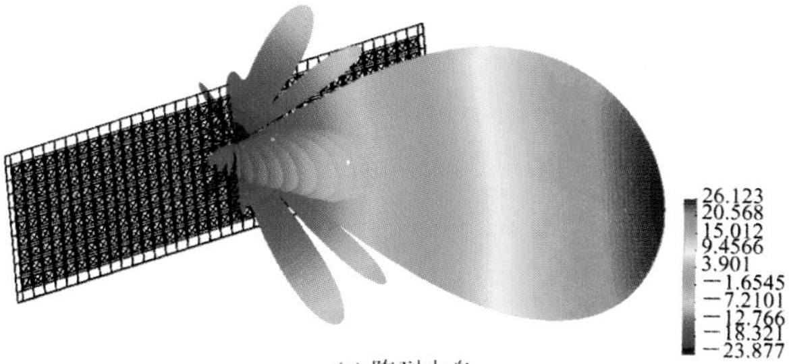

(a) 阵列本身

(b) 机载阵列

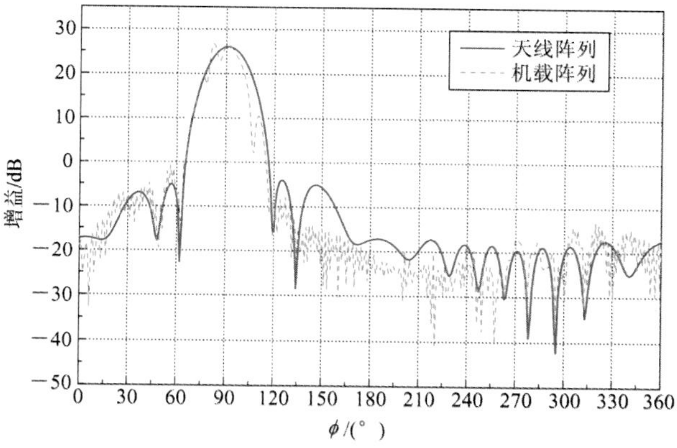

(c) 俯仰面

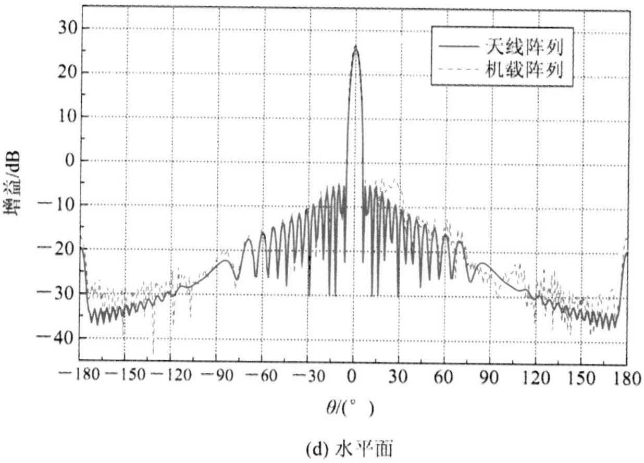

(d) 水平面

图 5.3-26　阵列主波束扫描 1°(单位：dB)

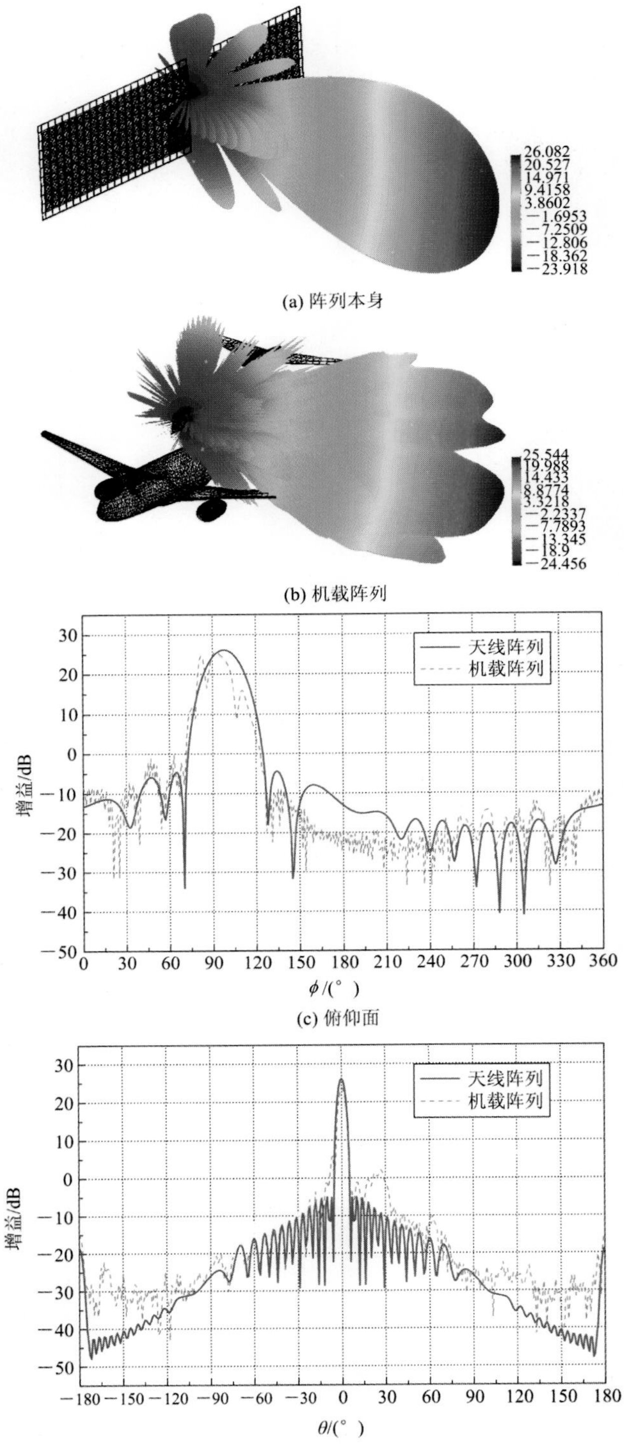

(a) 阵列本身

(b) 机载阵列

(c) 俯仰面

(d) 水平面

图 5.3-27　阵列主波束扫描 8°(单位：dB)

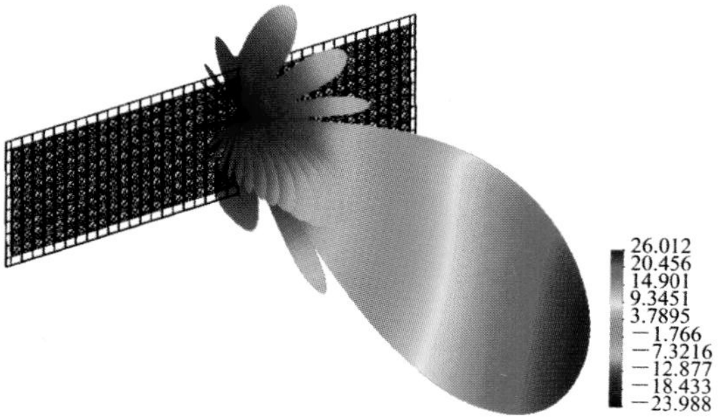

(a) 阵列本身

(b) 机载阵列

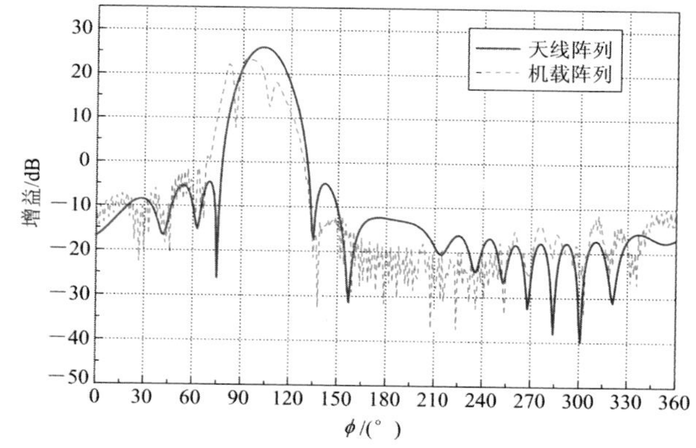

(c) 俯仰面

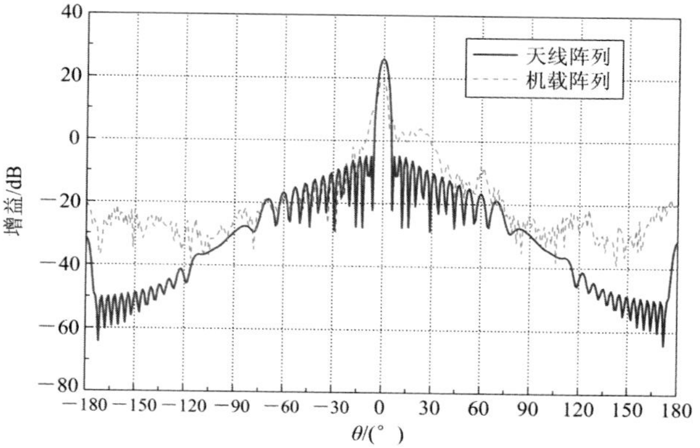

(d) 水平面

图 5.3 - 28　阵列主波束扫描 13°(单位：dB)

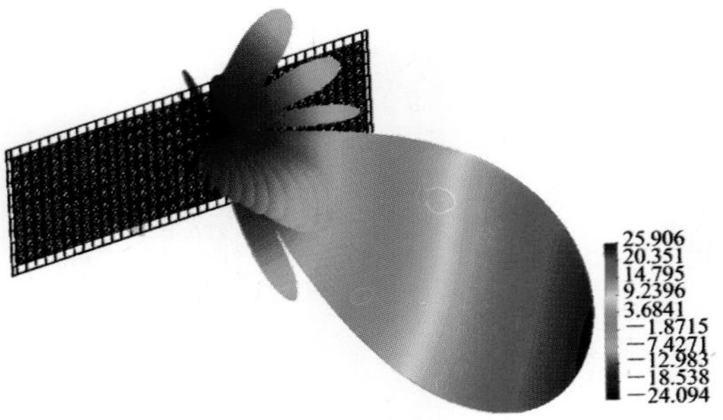

(a) 阵列本身

(b) 机载阵列

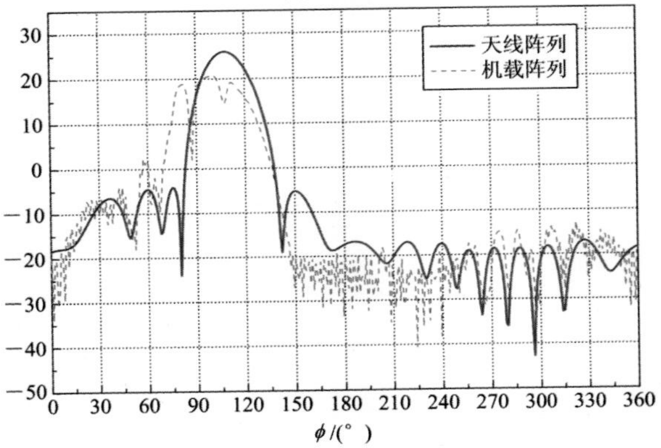

(c) 俯仰面

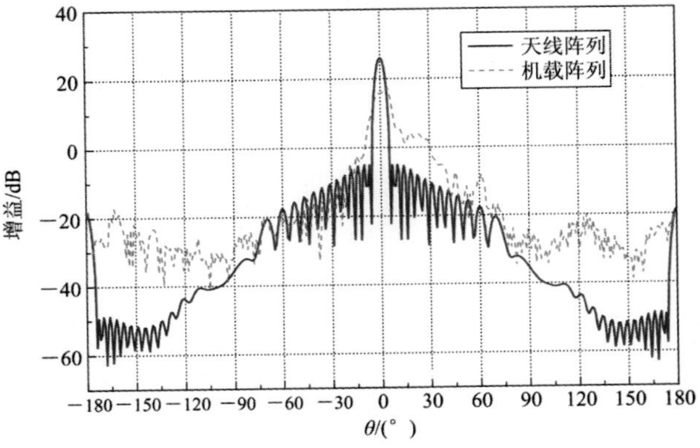

(d) 水平面

图 5.3-29　阵列主波束扫描 18°(单位：dB)

由图 5.3－29 可以看出，阵列主波束向机腹方向扫描 18°时，与扫描 13°相比，阵列增益方向图变化更加严重，具体表现为俯仰面主瓣完全分叉；水平面主瓣增益下降，副瓣抬高。通过这一组的仿真结果同样可以看出，阵列波束向机腹方向进行大角度范围扫描时，受机翼的影响比较明显。

5.4 小　结

本章介绍了 RWG 基函数和高阶基函数矩量法的并行矩阵填充策略，给出了避免积分冗余计算的方法。基于国内商用及国产超级计算机平台，对矩量法的并行性能进行了评估，最大并行规模达到 20 万 CPU 核；本章最后将并行矩量法用于大型天线阵列、机载天线阵列等工程问题的整体“精确”仿真。

参考文献

[1] 张玉. 电磁场并行计算. 西安：西安电子科技大学出版社，2006.

[2] Zhang Y, Sarkar T K. Parallel Solution of Integral Equation－Based EM Problems in the Frequency Domain. Wiley－IEEE Press, 2009.

[3] Jiang Shugang, Zhang Yu, Lin Zhongchao, et al. An Optimized Parallel FDTD Topology for Challenging Electromagnetic Simulations on Supercomputers, International Journal of Antennas and Propagation, 2015 (2015): 10.

[4] Zhang Yu, Lin Zhongchao, Zhao Xunwang, et al. Performance of a Massively Parallel Higher－Order Method of Moments Code Using Thousands of CPUs and Its Applications. IEEE Transactions on Antennas and Propagation, 2014, 62 (12): 6317-6324.

[5] 林中朝，陈岩，张玉，等. 国产 CPU 平台中并行高阶基函数矩量法研究. 西安电子科技大学学报，2015, 42 (3): 43-47.

[6] Lin Zhongchao, Li Yanyan, Zhang Yu, et al. Performance of Parallel Higher－Order Method of Moments Using 10K CPUs. Bali Island, Indonesia: 2015 IEEE 4th Asia－Pacific Conference on Antennas and Propagation (APCAP), June 30－July 3, 2015, 63(8): 3718-3721.

[7] Wang Y, Zhao X, Zhang Y, et al. Higher－Order MoM Analysis of Traveling－Wave Waveguide Antennas with Matched Waveports. IEEE Transactions on Antennas and Propagation, 2015, 63(8):3718-3721.

[8] Lin Zhongchao, Zhang Yu, Jiang Shugang, et al. Simulation of Airborne Antenna Array Layout Problems Using Parallel Higher－Order MoM. International Journal of Antennas and Propagation, 2014 (2014): 11.

[9] 林中朝，张玉，赵勋旺，等. 机载微带天线阵列的辐射特性仿真. 重庆：2013 年全国微波毫米波会议论文集，2013: 176-179.

第 6 章　并行核外高阶基函数矩量法

矩量法在分析复杂电大目标时，会产生庞大的复数稠密矩阵，如果计算机物理内存能够满足存储需求，则可将矩阵存储于内存中，然后利用第 4 章介绍的 LU 分解算法完成矩阵方程的求解。这种只利用内存存储数据的算法一般称为核内算法。如果内存容量无法满足矩量法的存储需求，一种有效的解决方案是采用硬盘来存储矩阵，可称之为核外算法。硬盘的存储容量一般远大于内存容量，且易于扩展，因此采用核外算法能够显著扩大矩量法的计算规模，且完全不改变矩量法的数值精度。

6.1　并行核外算法的矩阵分布

矩量法的核外算法既涉及矩阵填充，又涉及矩阵方程求解。对于核内矩量法，矩阵的填充没有数据写出到硬盘的过程。而核外矩量法在填充矩阵时，每次只填充矩阵的一部分，并将其写入硬盘，重复这一过程直到整个矩阵填充完毕。在核外求解矩阵方程时，每次将矩阵的一部分读入内存并对其进行 LU 分解，然后将分解后的结果写回硬盘，接着处理下一部分，直到整个矩阵的 LU 分解完成，这就是核外 LU 分解的基本原理。

并行核外算法实施的一个重点是将数据分布于不同进程上。如图 6.1-1 所示，将原矩阵划分成一系列适合核内计算的子矩阵，每一个子矩阵称为一个 slab。存储一个 M 行 M 列的双精度复数稠密矩阵，需要的硬盘空间为 $N_{\text{storage}} = M \times M \times 16$ 字节，对每个进程而言，若计算机系统可用的内存缓冲区(In core buffer)大小为 M_{RAM} 字节，则 slab 的数目 I_{slab} 应为

$$I_{\text{slab}} = \text{ceiling}\left\{\frac{N_{\text{storage}}}{pM_{\text{RAM}}}\right\} \tag{6.1-1}$$

其中，p 是总进程数，ceiling 函数表示返回不小于该数的最小整数。应注意，内存缓冲区大小 M_{RAM} 与每个进程实际物理内存大小并不相等，一般 M_{RAM} 的大小总小于物理内存的大小。因为操作系统也需要一些内存资源，如果核外程序占用了所有物理内存，系统就会使用虚拟内存，而虚拟内存的使用将会严重降低程序的性能。

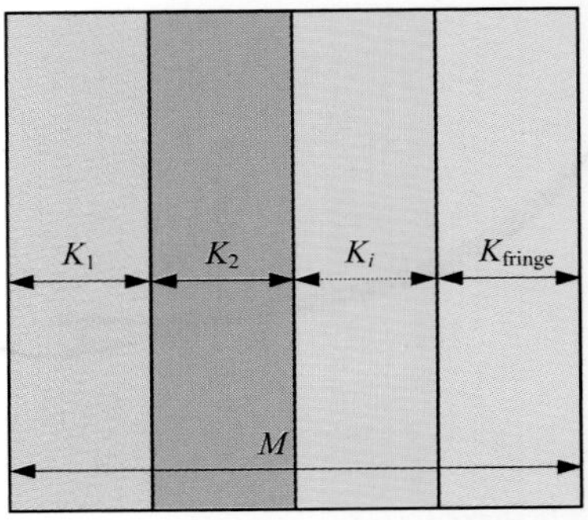

图 6.1-1　核外矩阵的数据划分

如图 6.1-1 所示，设第 i 个核外 slab 有 K_i 列，则矩阵的总列数为

$$M = \sum_{i=1}^{I_{\text{slab}}} K_i \tag{6.1-2a}$$

其中最后一个 slab 的列数为

$$K_{\text{fringe}} = M - \sum_{i=1}^{I_{\text{slab}}-1} K_i \tag{6.1-2b}$$

当核外矩阵按 slab 进行数据划分时，每次核内运算的数据是如图 6.1-1 所示的一个

slab。每个 slab 矩阵都可以依据 ScaLAPACK 的矩阵并行分布方式分配到不同进程中。不同 slab 的行数均为 M，列数是与内存缓冲区的大小 M_{RAM} 相适的值。

6.2　并行核外高阶基函数矩量法矩阵填充方案

当矩量法阻抗矩阵所需的存储资源大于计算机系统的物理内存时，就需要用到核外矩阵填充算法。设计核外矩阵填充算法的主要工作是修改核内填充算法，使其每次只填充矩阵的一部分而不是整个矩阵，并将该部分矩阵元素输出到硬盘上，而不是存储在内存中。并行核外高阶基函数矩量法的阻抗矩阵填充方案如图 6.2-1 所示，矩阵划分的 slab 数和每个 slab 的宽度 K_i 由矩阵规模及计算平台的存储资源共同决定。

Parallel Out-of-Core Matrix Filling Scheme:

```
Partition A into different slabs (A1 | A2 | A3 |···| Al slab)
Calculate_slab_bound (nstart, nend)          ! calculate the global lower bound
                                             ! and the upper bound for current slab
For each slab:
Do    k = 1,nel                              !loop geometric elements of surfaces and wires
Do    kp = 1,nep(k)                          !loop p-direction subdivisions of kth geometric element
Do    ks = 1,nes(k)                          !loop s-direction subdivisions of kth geometric element
Do    l = 1,nel                              !loop geometric elements of surfaces and wires
Do    lp = 1,nep(l)                          !loop p-direction subdivisions of lth geometric element
Do    ls = 1,nes(l)                          !loop s-direction subdivisions of lth geometric element
      find_Zmn_index(k,kp,ks,l,lp,ls)            !find the index of the element, e.g., (m,n)
      flag(ls)=0                                 !flag is set false before initial order of integration
        ... inner loops start here ...
        If (m,n belongs to this process .and. n is within this slab) then
          if (flag(ls)==0) then                  !if flag is false, then perform integration
            Compute_integral
            flag(ls)=1                           !flag is set true after integration is performed
          endif
            Calculate the value of Z(m,n)
        Endif
        ... inner loops end here ...
Enddo
Enddo
Enddo
Enddo
Enddo
Enddo
Write_file                                       !write this slab to hard disk
! Finish Filling Impedance Matrix
```

图 6.2-1　并行核外高阶基函数矩量法矩阵填充方案

核外矩阵填充算法一开始把矩阵划分为许多个 slab。每个进程设置 slab 宽度的上限(*nend*)和下限(*nstart*)。每个进程进入从 1 到 I_{slab} 的 slab 循环，计算第 i 个 slab 的部分元素。例如，对于第 1 个 slab，slab 的全局列下标下限是 1，上限是 K_1；对于第 2 个 slab，slab 的全局列下标下限是 K_1+1，上限是 K_1+K_2。每个进程填充阻抗矩阵的一部分，这与核内算法类似。所不同的是，对于给定的 slab，每个进程只填充该 slab 内的元素，不关注该 slab 以外的元素。当每个进程完成当前 slab 的填充后便将该部分矩阵元素输出到硬盘上，然后所有进程开始填充下一个 slab。

对比核外与核内矩阵填充算法，可以发现对于每个 slab 之内的矩阵元素的计算，核外与核内算法是完全相同的。与核内算法相比，核外填充算法的额外开销主要来自于两方面:一是不同 slab 的矩阵元素计算中存在的冗余积分计算；二是将矩阵元素输出到硬盘的写操作。

6.3 核外 LU 分解算法

矩阵的核外填充完成后，下一步就是对矩阵进行核外 LU 分解。根据不同的数据存取方式，可将常用的分块 LU 分解算法分为两种：Left - Looking 算法和 Right - Looking 算法[1, 2]，如图 6.3 - 1 所示。

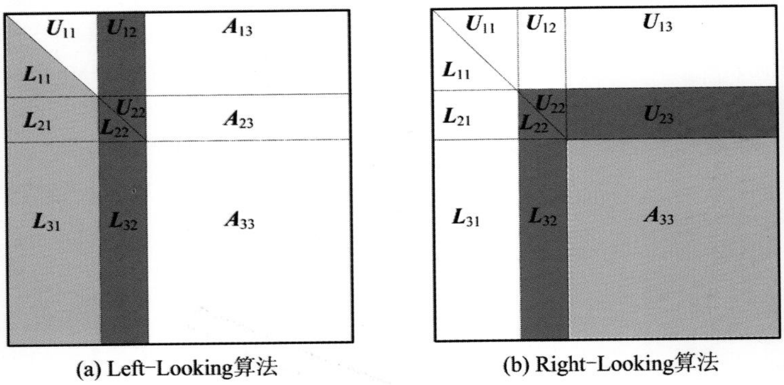

图 6.3 - 1 两种不同的 LU 分解算法

此处假设矩阵被分成 3×3 个子矩阵，如图 6.3 - 1 所示。在同一列或同一行的分块矩阵称为一个 panel 列或 panel 行。图 6.3 - 1 中绿色填充部分表示当前正在被计算的 panel 行或 panel 列，浅蓝色填充部分表示分解当前 panel 行或当前 panel 列时，与其存在依赖关系的矩阵元素。Left - Looking 算法每次计算一个 panel 列，该计算过程中会用到左侧已完成分解的 panel 列；而 Right - Looking 算法每次计算一个 panel 列和一个 panel 行，然后用计算结果更新右下角的分块矩阵（如图 6.3 - 1(b)中的 $\boldsymbol{A}_{33}$）。完成绿色填充区域中子矩阵的 LU 分解后，接着对未进行 LU 分解的部分重复这一过程直到整个矩阵被分解完。

6.3.1 核外 LU 分解算法的 I/O 分析

本节简要分析核外算法所涉及的两种 LU 分解算法的 I/O 时间。

1. 核外 Right - Looking LU 分解算法

以一个 $M\times M$ 的矩阵 $\boldsymbol{A}$ 为例，将其进行 LU 分解，有

$$\boldsymbol{PA}=\boldsymbol{LU} \tag{6.3-1}$$

其中：$\boldsymbol{P}$ 是一个可以实现矩阵行交换的“置换矩阵”，它起着选主元的作用，选主元操作可以提高 LU 分解算法的数值稳定性；$\boldsymbol{L}$ 与 $\boldsymbol{U}$ 分别代表下三角矩阵与上三角矩阵。

Right - Looking LU 分解算法中，设矩阵 $\boldsymbol{A}$ 的一部分已完成分解，如第一个 panel 列和第一个 panel 行已经完成 LU 分解，这部分分解后的结果可以写成分块矩阵的形式：

$$\boldsymbol{P}_1\boldsymbol{A}=\begin{bmatrix}\boldsymbol{L}_{11} & \boldsymbol{0} & \boldsymbol{0}\\ \boldsymbol{L}_{21} & \boldsymbol{I} & \boldsymbol{0}\\ \boldsymbol{L}_{31} & \boldsymbol{0} & \boldsymbol{I}\end{bmatrix}\begin{bmatrix}\boldsymbol{U}_{11} & \boldsymbol{U}_{12} & \boldsymbol{U}_{13}\\ \boldsymbol{0} & \hat{\boldsymbol{A}}_{22} & \hat{\boldsymbol{A}}_{23}\\ \boldsymbol{0} & \hat{\boldsymbol{A}}_{32} & \hat{\boldsymbol{A}}_{33}\end{bmatrix} \tag{6.3-2}$$

其中，$\boldsymbol{L}_{11}$ 和 $\boldsymbol{U}_{11}$ 都是 $n_b\times n_b$ 的矩阵。式(6.3-2)中虚线左边和上方的分块矩阵已完成 LU 分解。而虚线右下方的分块矩阵 $\hat{\boldsymbol{A}}_{ij}$ 只进行了更新，尚未进行 LU 分解，称之为 trailing 子矩阵。

接下来对 $\boldsymbol{A}$ 的第二个 panel 列和第二个 panel 行进行分解，有

$$\begin{bmatrix}\boldsymbol{I} & \boldsymbol{0}\\ \boldsymbol{0} & \boldsymbol{P}_2\end{bmatrix}\boldsymbol{P}_1\boldsymbol{A}=\begin{bmatrix}\boldsymbol{L}_{11} & \boldsymbol{0} & \boldsymbol{0}\\ \boldsymbol{L}_{21} & \boldsymbol{L}_{22} & \boldsymbol{0}\\ \boldsymbol{L}_{31} & \boldsymbol{L}_{32} & \boldsymbol{I}\end{bmatrix}\begin{bmatrix}\boldsymbol{U}_{11} & \boldsymbol{U}_{12} & \boldsymbol{U}_{13}\\ \boldsymbol{0} & \boldsymbol{U}_{22} & \boldsymbol{U}_{23}\\ \boldsymbol{0} & \boldsymbol{0} & \hat{\boldsymbol{A}}_{33}\end{bmatrix} \tag{6.3-3}$$

$$\boldsymbol{P}_2\begin{bmatrix}\hat{\boldsymbol{A}}_{22}\\ \hat{\boldsymbol{A}}_{32}\end{bmatrix}=\begin{bmatrix}\boldsymbol{L}_{22}\\ \boldsymbol{L}_{32}\end{bmatrix}[\boldsymbol{U}_{22}] \tag{6.3-4}$$

其中，$\boldsymbol{P}_2$ 为 $M-n_b$ 阶的“置换矩阵”。式(6.3-3)中，位于两虚线之间的分块矩阵 $\boldsymbol{L}$ 和 $\boldsymbol{U}$ 是待计算的。

我们首先分解 trailing 子矩阵的第一个 panel 列，为了描述方便，称此 panel 列为当前 panel 列。比较式(6.3-3)和式(6.3-4)可以看出，这一步可得当前 panel 列的 LU 分解结果，即 $\boldsymbol{L}_{22}$、$\boldsymbol{L}_{32}$ 与 $\boldsymbol{U}_{22}$。然后对当前 panel 列右侧的子矩阵 $[\hat{\boldsymbol{A}}_{23}\quad \hat{\boldsymbol{A}}_{33}]^{\mathrm{T}}$ 及左侧的子矩阵 $[\boldsymbol{L}_{21}\quad \boldsymbol{L}_{31}]^{\mathrm{T}}$ 进行选主元的行交换操作，这一操作又称为“置换”：

$$\begin{bmatrix}\hat{\boldsymbol{A}}_{23}\\ \hat{\boldsymbol{A}}_{33}\end{bmatrix}\Leftarrow\boldsymbol{P}_2\begin{bmatrix}\hat{\boldsymbol{A}}_{23}\\ \hat{\boldsymbol{A}}_{33}\end{bmatrix},\ \begin{bmatrix}\boldsymbol{L}_{21}\\ \boldsymbol{L}_{31}\end{bmatrix}\Leftarrow\boldsymbol{P}_2\begin{bmatrix}\boldsymbol{L}_{21}\\ \boldsymbol{L}_{31}\end{bmatrix} \tag{6.3-5}$$

再对当前 panel 行进行分解：

$$\boldsymbol{U}_{23}=\boldsymbol{L}_{22}^{-1}\hat{\boldsymbol{A}}_{23} \tag{6.3-6}$$

最后对 $\hat{\boldsymbol{A}}_{33}$ 进行更新：

$$\hat{\boldsymbol{A}}_{33}\Leftarrow\hat{\boldsymbol{A}}_{33}-\boldsymbol{L}_{32}\boldsymbol{U}_{23} \tag{6.3-7}$$

重复上述分解过程，直到整个矩阵分解完毕。

下面分析采用核外 Right - Looking LU 分解算法分解一个 $M\times M$ 的矩阵 $\boldsymbol{A}$ 时将数据写入、读出硬盘所需要的总时间。为了描述方便，设分块矩阵的大小为 $n_b\times n_b(m_b=n_b)$，假设 M 可以被 n_b 整除，则分解过程共有 M/n_b 步，分别为 $k=1,\cdots,M/n_b$。对第 k 步，位于 $\boldsymbol{A}$ 矩阵右下角的 trailing 子矩阵大小为 $M_k\times M_k$，$M_k=M-(k-1)n_b$。在第 k 步必须读入和写出当前 trailing 子矩阵的所有元素，因此核外 Right - Looking LU 分解算法的 I/O 总时

间为

$$(R+W)\sum_{k=1}^{M/n_b}[M-(k-1)n_b]^2=\frac{M^3}{3n_b}\left[1+O\left(\frac{n_b}{M}\right)\right](R+W) \qquad (6.3-8)$$

其中，R 与 W 分别是读入与写出一个矩阵元素所需的时间，此处并不考虑读写操作初始化所花费的时间。

2．核外 Left-Looking LU 分解算法

在 Left-Looking LU 分解算法中，若设第一个 panel 列已完成 LU 分解，则分解完的矩阵写为

$$\boldsymbol{P}_1\boldsymbol{A}=\begin{bmatrix}\boldsymbol{L}_{11} & \boldsymbol{0} & \boldsymbol{0}\\ \boldsymbol{L}_{21} & \boldsymbol{I} & \boldsymbol{0}\\ \boldsymbol{L}_{31} & \boldsymbol{0} & \boldsymbol{I}\end{bmatrix}\begin{bmatrix}\boldsymbol{U}_{11} & \boldsymbol{A}_{12} & \boldsymbol{A}_{13}\\ \boldsymbol{0} & \boldsymbol{A}_{22} & \boldsymbol{A}_{23}\\ \boldsymbol{0} & \boldsymbol{A}_{32} & \boldsymbol{A}_{33}\end{bmatrix} \qquad (6.3-9)$$

其中，虚线左边的分块矩阵是分解得到的 $\boldsymbol{L}$ 和 $\boldsymbol{U}$。接下来对 $\boldsymbol{A}$ 的第二个 panel 列进行分解，分解完成后的形式为

$$\begin{bmatrix}\boldsymbol{I} & \boldsymbol{0}\\ \boldsymbol{0} & \boldsymbol{P}_2\end{bmatrix}\boldsymbol{P}_1\boldsymbol{A}=\begin{bmatrix}\boldsymbol{L}_{11} & \boldsymbol{0} & \boldsymbol{0}\\ \boldsymbol{L}_{21} & \boldsymbol{L}_{22} & \boldsymbol{0}\\ \boldsymbol{L}_{31} & \boldsymbol{L}_{32} & \boldsymbol{I}\end{bmatrix}\begin{bmatrix}\boldsymbol{U}_{11} & \boldsymbol{U}_{12} & \boldsymbol{A}_{13}\\ \boldsymbol{0} & \boldsymbol{U}_{22} & \boldsymbol{A}_{23}\\ \boldsymbol{0} & \boldsymbol{0} & \boldsymbol{A}_{33}\end{bmatrix} \qquad (6.3-10)$$

其中两虚线之间的分块矩阵 $\boldsymbol{L}$ 和 $\boldsymbol{U}$ 是待计算的。对比式(6.3-9)和式(6.3-10)，该分解过程首先通过求解矩阵方程得到 $\boldsymbol{U}_{12}$，即

$$\boldsymbol{U}_{12}=\boldsymbol{L}_{11}^{-1}\boldsymbol{A}_{12} \qquad (6.3-11)$$

然后通过矩阵与矩阵乘运算更新当前 panel 列的其他两个分块矩阵：

$$\begin{bmatrix}\hat{\boldsymbol{A}}_{22}\\ \hat{\boldsymbol{A}}_{32}\end{bmatrix}\Leftarrow\begin{bmatrix}\boldsymbol{A}_{22}\\ \boldsymbol{A}_{32}\end{bmatrix}-\begin{bmatrix}\boldsymbol{L}_{21}\\ \boldsymbol{L}_{31}\end{bmatrix}\boldsymbol{U}_{12} \qquad (6.3-12)$$

接着对 $[\hat{\boldsymbol{A}}_{22}\quad \hat{\boldsymbol{A}}_{32}]^{\mathrm{T}}$ 进行选主元“置换”操作及 LU 分解：

$$\boldsymbol{P}_2\begin{bmatrix}\hat{\boldsymbol{A}}_{22}\\ \hat{\boldsymbol{A}}_{32}\end{bmatrix}\Leftarrow\begin{bmatrix}\boldsymbol{L}_{22}\\ \boldsymbol{L}_{32}\end{bmatrix}\boldsymbol{U}_{22} \qquad (6.3-13)$$

最后对当前 panel 列右侧的子矩阵 $[\boldsymbol{A}_{23}\quad \boldsymbol{A}_{33}]^{\mathrm{T}}$ 及左侧的子矩阵 $[\boldsymbol{L}_{21}\quad \boldsymbol{L}_{31}]^{\mathrm{T}}$ 进行选主元“置换”操作：

$$\begin{bmatrix}\boldsymbol{A}_{23}\\ \boldsymbol{A}_{33}\end{bmatrix}\Leftarrow\boldsymbol{P}_2\begin{bmatrix}\boldsymbol{A}_{23}\\ \boldsymbol{A}_{33}\end{bmatrix},\ \begin{bmatrix}\boldsymbol{L}_{21}\\ \boldsymbol{L}_{31}\end{bmatrix}\Leftarrow\boldsymbol{P}_2\begin{bmatrix}\boldsymbol{L}_{21}\\ \boldsymbol{L}_{31}\end{bmatrix} \qquad (6.3-14)$$

对于 Left-Looking LU 分解算法，所有的数据存取只发生在当前 panel 列及其左侧的矩阵元素。当前 panel 列右侧的矩阵元素只进行选主元操作，而且该操作可以推迟到需要时才进行。

此处分析两个版本核外 Left-Looking LU 分解算法所需的 I/O 总时间。对于第一个版本，矩阵总是以“未置换”(即行序同选主元前的原始矩阵行序)的形式存储于硬盘之中，直到算法的最后一步，整个矩阵才以置换后(选过主元的行序)的形式写到硬盘上。因此，当分块矩阵每次从硬盘读入时，得先“动态地”进行选主元操作。对于第二个版本，矩阵在写入硬盘时总是以“已置换”的形式存储于硬盘之中。

首先考虑第一个版本，矩阵以“未置换”形式存储于硬盘之中。当将一个分块矩阵读入内存时，整个 $M\times n_b$ 分块矩阵都要读入以便执行“置换”操作。因为选主元过程中的置换信息可存储于置换矩阵之中，在后面任意时刻都可以对“未置换”分块矩阵进行“置换”，所以每一步分解完成时，刚分解完的分块矩阵是唯一被写入硬盘的分块矩阵，只有最后一步所有的分块矩阵需要以置换后的矩阵形式写入硬盘，以保证存储于硬盘中的整个矩阵被进行过选主元的交换操作。因此在算法的第 k 步，所需的 I/O 时间是

$$(R+W)Mn_b+RMn_b(k-1) \tag{6.3-15}$$

式中，第一部分代表这一步将要分解的分块矩阵读与写的时间，第二部分代表读取左边分块矩阵所需的时间。对这 k 步求和并与最后一步写出置换后的整体矩阵的时间相加，便可得到以“未置换”形式存储矩阵的核外 Left - Looking LU 分解算法的 I/O 总时间：

$$\frac{M^3}{2n_b}\left[1+O\left(\frac{n_b}{M}\right)\right]R+2M^2\left[1+O\left(\frac{n_b}{M}\right)\right]W \tag{6.3-16}$$

忽略 n_b/M 阶的读写时间，并假设读与写的时间近似相同，即 $R\approx W$，与式(6.3-8)比较，可见矩阵以“未置换”形式存储的核外 Left - Looking LU 分解算法所需的 I/O 时间少于核外 Right - Looking LU 分解算法。

对于第二个版本，分块矩阵总是按“已置换”的形式存储于硬盘之中。尽管此时不必读取前面每个 $M\times n_b$ 分块矩阵的每一行，但需要在每一步当前 panel 列分解后将其左侧分块矩阵的部分元素重新写到硬盘。因为当前 panel 列进行 LU 分解时，同样的选主元操作需要作用到其左侧的块列(block column)上。

在第 k 步，进行 LU 分解的 panel 需要被读入和写出。如图 6.3-2(a)所示，蓝色填充部分表示在第 $k=5$ 步需要从硬盘中读入的数据，它们呈阶梯状。如图 6.3-2(b)所示，橙色填充部分表示在第 $k=5$ 步进行选主元操作之后需要重新写回硬盘的数据，它们呈矩形状。图 6.3-2 中的对角虚线有助于我们看出阶梯形和矩形。此处 k 从 1 开始。

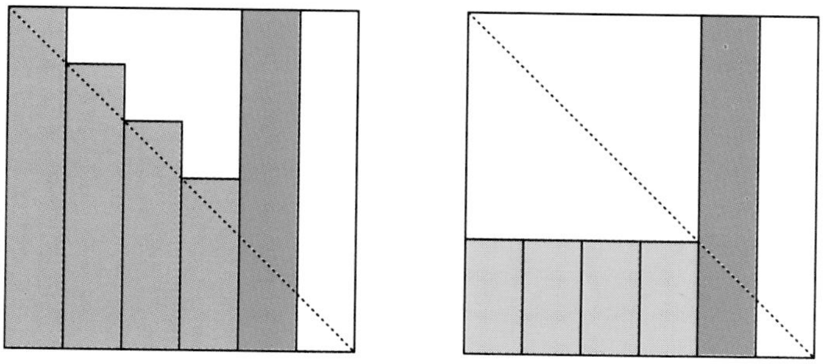

(a) 需要从硬盘读入的数据　　(b) 需要写回硬盘的数据

图 6.3-2　按“已置换”形式存储矩阵的核外 Left - Looking LU 分解算法

对任意的第 k 步($k>1$)，所需的 I/O 时间是

$$(R+W)Mn_b+Rn_b\sum_{i=1}^{k-1}[M-(i-1)n_b]+Wn_b[M-(k-1)n_b](k-1) \tag{6.3-17}$$

对第一步($k=1$)，所需的 I/O 时间是$(R+W)Mn_b$。将所有步的 I/O 时间相加，即可得到以“已置换”的形式存储矩阵的核外 Left - Looking LU 分解算法所需的 I/O 总时间：

$$\frac{M^3}{3n_b}\left[1+O\left(\frac{n_b}{M}\right)\right]R+\frac{M^3}{6n_b}\left[1+O\left(\frac{n_b}{M}\right)\right]W \tag{6.3-18}$$

如果读操作与写操作所占用的时间相同，那么两个版本的核外 Left - Looking LU 分解算法的 I/O 时间相当，并且均少于核外 Right - Looking LU 分解算法。

6.3.2　核外 Left - Looking LU 分解算法设计

本节将介绍核外 Left - Looking LU 分解的算法流程。对于核外 Left - Looking LU 分解算法，任意时刻只有两个列宽为 n_b的矩阵块列进行核内运算：一个是正在被更新和分解的块列，称之为“活动块列”(active block column)；另一个是位于活动块列左侧的块列，称之为“临时块列”(temporary block column)。

在 6.3.1 节中，可以看到在 Left - Looking LU 分解算法的每一步中，主要的三个计算任务是:式(6.3 - 11)的上三角矩阵计算、式(6.3 - 12)中的矩阵乘运算以及式(6.3 - 13)中的 LU 分解。其中，在进行上三角矩阵计算与矩阵乘运算时，临时块列只需要被读取一次，因为这两步是相结合的。下面以图 6.3 - 3(a)中由 6×6 个子矩阵组成的矩阵为例，来介绍临时块列对活动块列的计算所产生的影响。图 6.3 - 3 中蓝色填充部分是第 3 个块列，绿色填充部分是第 5 个块列，每个子矩阵的大小是 $n_b \times n_b$。图 6.3 - 3(b)表示活动块列的左侧块列已经完成了 LU 分解，也就是说，已求出块列 1、2、3、4 的 $\boldsymbol{L}$ 矩阵和 $\boldsymbol{U}$ 矩阵。

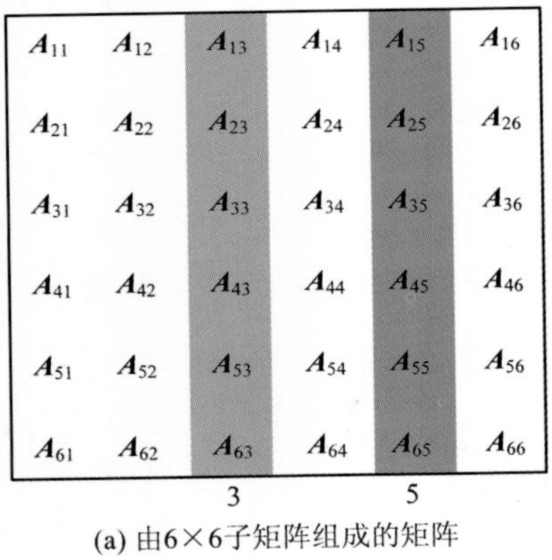

(a) 由6×6子矩阵组成的矩阵

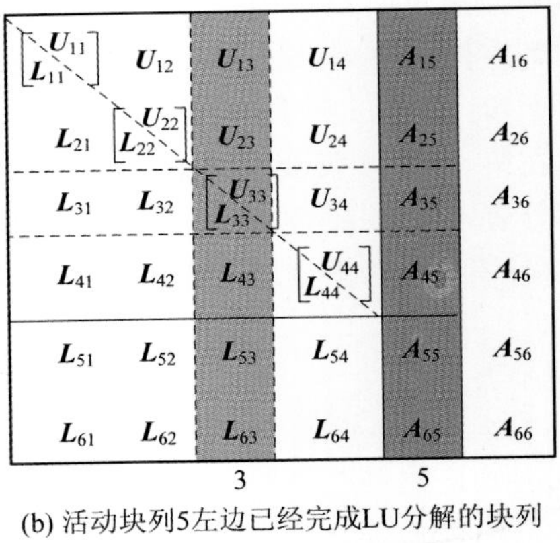

(b) 活动块列5左边已经完成LU分解的块列

图 6.3 - 3　临时块列 3 与活动块列 5

图 6.3 - 3(b)中，矩阵对角线上的虚线用来分隔 LU 分解结果的 $\boldsymbol{L}$ 矩阵和 $\boldsymbol{U}$ 矩阵。两条垂直的虚线表示当前临时块列的边界，两条垂直的实线表示活动块列的边界。活动块列左侧的 LU 分解结果已经得到；两条水平虚线构成第 3 个块行(block row)的边界(当前临时块列 3 的转置位置)。水平实线的作用以及和它相关的运算将在后面阐述。使用了块列 1、2 和 3 进行活动块列的 LU 分解和更新的具体计算过程如下：

$$\boldsymbol{U}_{15} \Leftarrow \boldsymbol{L}_{11}^{-1}\boldsymbol{A}_{15} \tag{6.3-19a}$$

$$\boldsymbol{U}_{25} \Leftarrow \boldsymbol{L}_{22}^{-1}(\boldsymbol{A}_{25}-\boldsymbol{L}_{21}\boldsymbol{U}_{15}) \tag{6.3-19b}$$

$$\boldsymbol{U}_{35} \Leftarrow \boldsymbol{L}_{33}^{-1}(\boldsymbol{A}_{35}-\boldsymbol{L}_{31}\boldsymbol{U}_{15}-\boldsymbol{L}_{32}\boldsymbol{U}_{25}) \tag{6.3-20a}$$

$$\boldsymbol{A}_{45} \Leftarrow \boldsymbol{A}_{45}-\boldsymbol{L}_{41}\boldsymbol{U}_{15}-\boldsymbol{L}_{42}\boldsymbol{U}_{25}-\boldsymbol{L}_{43}\boldsymbol{U}_{35} \tag{6.3-20b}$$

$$\boldsymbol{A}_{55} \Leftarrow \boldsymbol{A}_{55}-\boldsymbol{L}_{51}\boldsymbol{U}_{15}-\boldsymbol{L}_{52}\boldsymbol{U}_{25}-\boldsymbol{L}_{53}\boldsymbol{U}_{35} \tag{6.3-20c}$$

$$\boldsymbol{A}_{65} \Leftarrow \boldsymbol{A}_{65} - \boldsymbol{L}_{61}\boldsymbol{U}_{15} - \boldsymbol{L}_{62}\boldsymbol{U}_{25} - \boldsymbol{L}_{63}\boldsymbol{U}_{35} \tag{6.3-20d}$$

式(6.3-19)中 $\boldsymbol{U}_{15}$ 和 $\boldsymbol{U}_{25}$ 可以通过位于当前临时块列左侧的块列 1 和 2 计算出来，与当前临时块列无关。式(6.3-20)右边 $\boldsymbol{A}_{35}$、$\boldsymbol{A}_{45}$、$\boldsymbol{A}_{55}$ 和 $\boldsymbol{A}_{65}$(在图 6.3-3(b)中位于 panel 5 且处于上水平虚线下方)的更新可以利用更前的临时块列和 $\boldsymbol{U}_{15}$、$\boldsymbol{U}_{25}$ 来完成。因此，当前临时块列的前两个分块矩阵，$\boldsymbol{A}_{13}$ 和 $\boldsymbol{A}_{23}$ 不参与活动块列的计算。子矩阵 $\boldsymbol{U}_{35}$ 通过使用 3 级 BLAS 运算函数 _TRSM 从式(6.3-20a)中算出，$\boldsymbol{A}_{45}$、$\boldsymbol{A}_{55}$ 和 $\boldsymbol{A}_{65}$ 可以进一步通过 3 级 BLAS 函数_GEMM 根据式(6.3-20b)～式(6.3-20d)来更新。在使用完所有位于块列 5 左侧的块列(块列 1～4)之后，$\boldsymbol{A}_{55}$ 和 $\boldsymbol{A}_{65}$(位于图 6.3-3(b)中水平实线下方)通过 LAPACK 函数_GETRF进行分解。

考虑一般情况，研究图 6.3-4 中块列 i 对块列 k 的分解产生的影响($i<k$)。在图 6.3-4 中，块列 i 的前$(i-1)n_b$行记为 $\boldsymbol{T}$，它不参与第 k 列的更新。接下来的 n_b行记为 $\boldsymbol{T}_0$，再接下来的$(k-1-i)n_b$行记为 $\boldsymbol{T}_1$，最后的 $M-(k-1)n_b$行记为 $\boldsymbol{T}_2$。块列 k 中与之对应的部分分别为 $\boldsymbol{C}$、$\boldsymbol{C}_0$、$\boldsymbol{C}_1$ 和 $\boldsymbol{C}_2$。

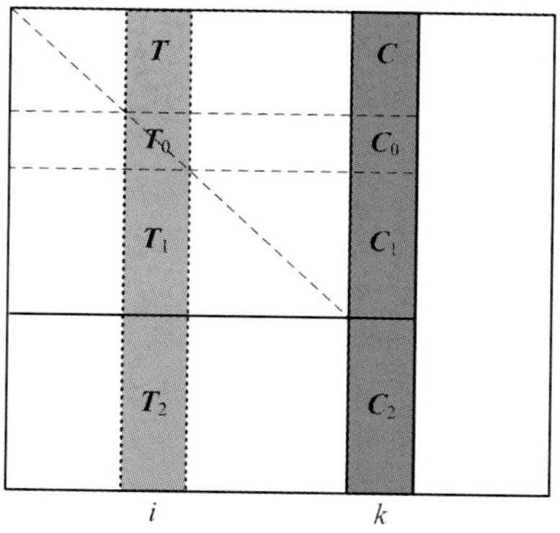

图 6.3-4　临时块列 i 与活动块列 k

图 6.3-4 中虚线和实线的作用与图 6.3-3(b)类似，用来表示对角线、临时块列的边界和活动块列的边界。第 i 个块列对第 k 个块列的分解所起的作用可以表示为

$$\boldsymbol{C}_0 \Leftarrow (\mathrm{tril}\boldsymbol{T}_0)^{-1}\boldsymbol{C}_0 \tag{6.3-21}$$

$$\begin{bmatrix}\boldsymbol{C}_1\\ \boldsymbol{C}_2\end{bmatrix} \Leftarrow \begin{bmatrix}\boldsymbol{C}_1\\ \boldsymbol{C}_2\end{bmatrix} - \begin{bmatrix}\boldsymbol{T}_1\\ \boldsymbol{T}_2\end{bmatrix}\boldsymbol{C}_0 \tag{6.3-22}$$

式(6.3-21)中，tril 符号表示取矩阵的下三角部分，且将其对角线元素全替换为 1；式(6.3-22)中的 $\boldsymbol{C}_0$ 是式(6.3-21)更新后的。

在对第 k 个块列进行更新时，核外算法会扫描位于第 k 个块列左侧的所有块列，并对它们进行式(6.3-21)所示的矩阵方程求解以及式(6.3-22)所示的矩阵与矩阵相乘运算。处理完第 k 个块列左侧的所有块列之后，对矩阵 $\boldsymbol{C}_2$(图 6.3-4 中位于水平实线下方)进行 LU 分解，即可完成对活动块列的 LU 分解。

下面讨论相关的选主元操作。对于矩阵按“已置换”的形式存储于硬盘的算法版本，需要读入的只是那些对分解当前活动块列有作用的临时块列的部分元素。当这一部分临时块列读入内存后，在使用它进行计算之前，必须用上一步 LU 分解 $\boldsymbol{C}_2$ 时得到的置换矩阵对其进行选主元的交换操作，并将对其进行交换之后的部分写回硬盘，如图 6.3－2 所示。当前步骤中分解 $\boldsymbol{C}_2$ 得到的置换矩阵将被应用于对分解下一个活动块列有影响的所有临时块列（在使用它们之前）。

如果矩阵以“未置换”的形式存储在硬盘中，那么当块列读入内存后，所有之前的置换矩阵都要用于对其进行选主元的交换操作。另外，在更新和分解完活动块列之后，置换矩阵必须逆作用于它，以抵消将其写入硬盘之前的选主元造成的顺序交换。

图 6.3－5 提供了核外 Left－Looking LU 分解算法一个版本的伪代码，该版本中矩阵以“未置换”的形式存储，读和写的是整个块列。由于选主元的信息存储于内存中，因此分解后的矩阵可以随后读入，然后进行置换操作。注意每次外循环时需将文件指针重新置于文件开始处。图 6.3－5 所示的伪代码中，假设矩阵规模是 $M\times M$，M 可以被 n_b（$m_b=n_b$）整除。对于一般情况也只是比这个稍微复杂。

核外 Left-Looking LU 分解算法

```
loop over block column, k=1, ⋯, M / n_b;
    read block column k into active block;
    apply pivots to active block;
    go to the start of the file;
        loop over block column left to k, i=1, ⋯, k-1;
            read block column i into temporary block;
            apply pivots to temporary block;
            triangular solve;
            matrix multiply;
        end loop;
    factor matrix C2;
    undo the effect of pivoting for active block;
    write active block;
end loop;
```

图 6.3－5　核外 Left－Looking LU 分解算法

由前面的讨论可知，核外 Left－Looking LU 分解算法所需的 I/O 时间比核外 Right－Looking LU 分解算法要少。但是核外 Left－Looking LU 分解算法的并行效率不高，因为它每次只分解一个很窄的块列。为了获得更好的性能，实际中核外 Left－Looking LU 分解算法用到的是如图 6.3－6 所示的两个 panel 列。其中，蓝色填充部分表示临时块列，绿色填充部分表示活动块列。虚线和实线的作用与图 6.3－3(b)及图 6.3－4 类似。注意两个 panel 的宽度不同。

当 panel Y 在更新和分解时，其左边所有矩阵元素需要从硬盘中读取。从左边每次读取一个 panel X 矩阵，而 panel X 一般不会太大，所以核内内存可以最大程度地被用于 panel Y，因此，panel Y 的宽度可以达到最大化。panel Y（此处 panel Y 实际上是 slab Y）越宽，整个分解并行效率越高。panel Y 也即是 6.3.3 节中的 One－Slab。

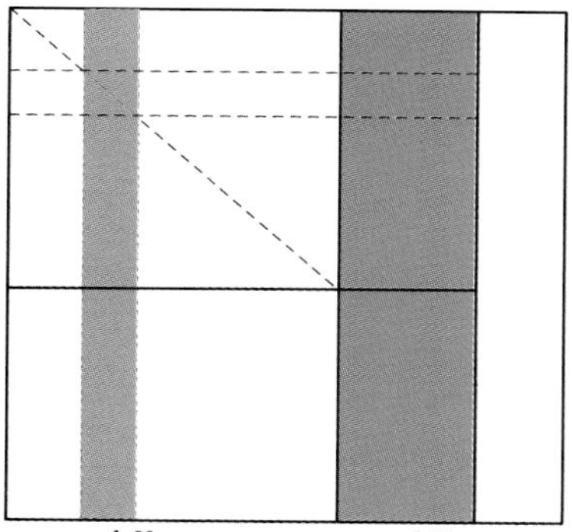

图 6.3-6　核外 Left-Looking LU 分解算法实际应用的两个 panel 列

6.3.3　核外 One-Slab Left-Looking LU 分解算法设计

对一个 $M\times N$ 阶矩阵 $\boldsymbol{A}$，采用部分选主元方式对其进行 LU 分解，可以写成如下形式：

$$\boldsymbol{PA}=\boldsymbol{LU} \tag{6.3-23}$$

其中：$\boldsymbol{P}$ 是 $M\times M$ 的置换矩阵，一般存储在 M 维的向量中；$\boldsymbol{L}$ 是 $M\times N$ 的下三角矩阵；$\boldsymbol{U}$ 是 $N\times N$ 的上三角矩阵。将 $\boldsymbol{P}$、$\boldsymbol{L}$ 和 $\boldsymbol{U}$ 的计算表示为

$$[\boldsymbol{A},\ \boldsymbol{p}]=[\{\boldsymbol{L}\backslash\boldsymbol{U}\},\ \boldsymbol{p}]=\mathrm{LU}(\boldsymbol{A}) \tag{6.3-24}$$

其中，矩阵$\{\boldsymbol{L}\backslash\boldsymbol{U}\}$的严格下三角和严格上三角部分分别是 $\boldsymbol{L}$ 和 $\boldsymbol{U}$。因为 $\boldsymbol{L}$ 的对角线元素全为 1，不必进行存储，所以矩阵$\{\boldsymbol{L}\backslash\boldsymbol{U}\}$的主对角线元素属于 $\boldsymbol{U}$。分解得到的 $\boldsymbol{L}$ 和 $\boldsymbol{U}$ 存储在初始矩阵 $\boldsymbol{A}$ 中。

因为上述过程把矩阵分成一系列由 K 个相邻列组成的 slab 的集合，所以把它称为 slab 求解。当第一个 slab 从硬盘(核外)取出读入内存(核内)时，它第一个被分解完并被写回硬盘。随后，读入第二个 slab，这时需要用第一个分解完的 slab 对其进行更新，因此第一个 slab 也需读入内存，但并不是一次读入整个 slab，这在下面会看到。更新完成之后，对第二个 slab 进行分解，分解完成后将其写回硬盘。接着处理剩下的 slab。当进程执行到第 j 个 slab 时，首先将它读入内存，然后依次读入前面第 1，…，$j-1$ 个 slab(并不是一次读入整个 slab)对其进行更新，更新完后对其进行 LU 分解，最后写回硬盘。

优先选择核外 Left-Looking LU 分解算法的原因是它所需的 I/O 总时间比核外 Right-Looking LU 分解算法的少。可以看到核外 Left-Looking LU 分解算法的主要 I/O 时间在于更新当前 slab 时读入其前面的 slab 的操作(位于当前 slab 左侧的部分，这些矩阵元素只需要读入)。

完整的核外 Left-Looking LU 分解算法如图 6.3-7 所示。为了方便描述，矩阵采用如下标记：$\boldsymbol{A}_{\mathrm{TL}}$与 $\boldsymbol{A}_{\mathrm{BL}}$分别是矩阵 $\boldsymbol{A}$ 的左上与左下部分，$\boldsymbol{A}_{\mathrm{TR}}$与 $\boldsymbol{A}_{\mathrm{BR}}$分别是矩阵 $\boldsymbol{A}$ 的右上与右下部分；$\boldsymbol{p}_{\mathrm{T}}$ 与 $\boldsymbol{p}_{\mathrm{B}}$分别是向量 $\boldsymbol{p}$ 的上部与下部；$\boldsymbol{B}_{\mathrm{T}}$ 与 $\boldsymbol{B}_{\mathrm{B}}$ 分别是向量 $\boldsymbol{B}$ 的上部与下部；$n(\boldsymbol{A}_{\mathrm{TL}})$与 $n(\boldsymbol{A})$分别是矩阵 $\boldsymbol{A}_{\mathrm{TL}}$与 $\boldsymbol{A}$ 的列数。K 在算法中对应一个 slab 的宽度。矩阵和向量中的粗线和细线用来表示矩阵的划分方式。在每次矩阵重新分块的循环结尾处，粗线会移至细线的位置，这在下面的示例中可以看到。

Algorithm: $(\boldsymbol{A}, \boldsymbol{p}) \Leftarrow \mathrm{LU}_{\mathrm{blk}}^{\mathrm{LL}}(\boldsymbol{A})$

Partition $A \to \left[\begin{array}{c|c} A_{TL} & A_{TR} \\ \hline A_{BL} & A_{BR} \end{array}\right]$

$p \to \left[\begin{array}{c} p_T \\ \hline p_B \end{array}\right]$

where A_{TL} is 0×0, p_T is 0×1.

while $n(A_{TL}) < n(A)$ do

Determine block size K

Repartition

$$\left[\begin{array}{c|c} A_{TL} & A_{TR} \\ \hline A_{BL} & A_{BR} \end{array}\right] \to \left[\begin{array}{c|c|c} A_{00} & A_{01} & A_{02} \\ \hline A_{10} & A_{11} & A_{12} \\ \hline A_{20} & A_{21} & A_{22} \end{array}\right]$$

$$\left[\begin{array}{c} p_T \\ \hline p_B \end{array}\right] \to \left[\begin{array}{c} p_0 \\ \hline p_1 \\ \hline p_2 \end{array}\right]$$

where A_{11} is $K\times K$, p_1 is $K\times1$.

Load $\left(\left[\begin{array}{c} A_{01} \\ \hline A_{11} \\ \hline A_{21} \end{array}\right], p_0\right)$

$$\left[\begin{array}{c} A_{01} \\ \hline A_{11} \\ \hline A_{21} \end{array}\right] \Leftarrow \mathrm{FSub}^{\mathrm{LL}}\left(\left[\begin{array}{c} A_{00} \\ \hline A_{10} \\ \hline A_{20} \end{array}\right], p_0, \left[\begin{array}{c} A_{01} \\ \hline A_{11} \\ \hline A_{21} \end{array}\right]\right)$$

$$\left(\left[\begin{array}{c} A_{11} \\ \hline A_{21} \end{array}\right], p_1\right) \Leftarrow \mathrm{LU}_{\mathrm{blk}}^{\mathrm{RL}}\left(\left[\begin{array}{c} A_{11} \\ \hline A_{21} \end{array}\right]\right)$$

Store $\left[\begin{array}{c} A_{01} \\ \hline A_{11} \\ \hline A_{21} \end{array}\right], p_1$

Continue with

$$\left[\begin{array}{c|c} A_{TL} & A_{TR} \\ \hline A_{BL} & A_{BR} \end{array}\right] \leftarrow \left[\begin{array}{c|c|c} A_{00} & A_{01} & A_{02} \\ \hline A_{10} & A_{11} & A_{12} \\ \hline A_{20} & A_{21} & A_{22} \end{array}\right]$$

$$\left[\begin{array}{c} p_T \\ \hline p_B \end{array}\right] \leftarrow \left[\begin{array}{c} p_0 \\ \hline p_1 \\ \hline p_2 \end{array}\right]$$

endwhile

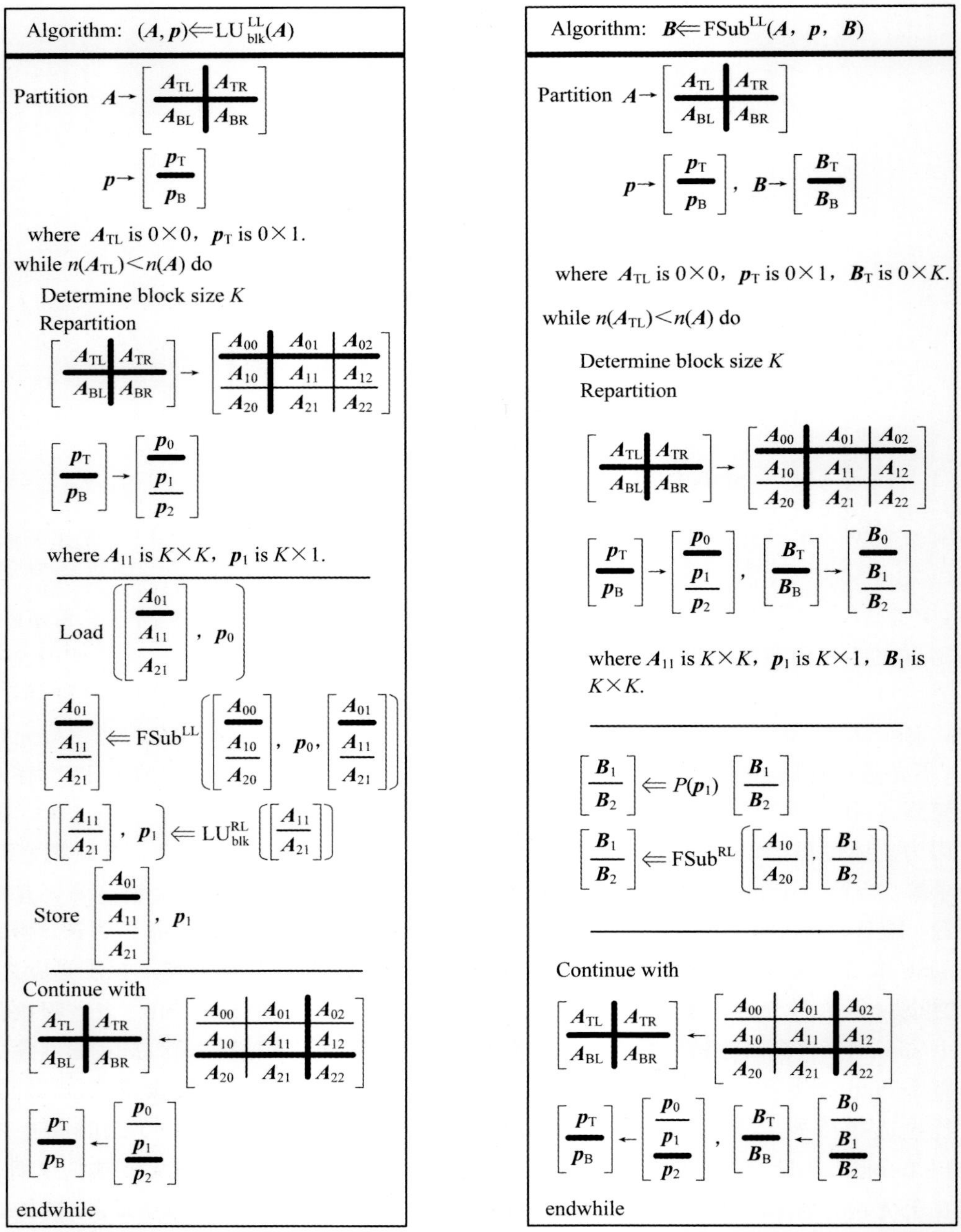

(a) One-Slab Left-Looking LU 分解算法

Algorithm: $\boldsymbol{B} \Leftarrow \mathrm{FSub}^{\mathrm{LL}}(\boldsymbol{A}, \boldsymbol{p}, \boldsymbol{B})$

Partition $A \to \left[\begin{array}{c|c} A_{TL} & A_{TR} \\ \hline A_{BL} & A_{BR} \end{array}\right]$

$p \to \left[\begin{array}{c} p_T \\ \hline p_B \end{array}\right]$, $B \to \left[\begin{array}{c} B_T \\ \hline B_B \end{array}\right]$

where A_{TL} is 0×0, p_T is 0×1, B_T is $0\times K$.

while $n(A_{TL}) < n(A)$ do

Determine block size K

Repartition

$$\left[\begin{array}{c|c} A_{TL} & A_{TR} \\ \hline A_{BL} & A_{BR} \end{array}\right] \to \left[\begin{array}{c|c|c} A_{00} & A_{01} & A_{02} \\ \hline A_{10} & A_{11} & A_{12} \\ \hline A_{20} & A_{21} & A_{22} \end{array}\right]$$

$$\left[\begin{array}{c} p_T \\ \hline p_B \end{array}\right] \to \left[\begin{array}{c} p_0 \\ \hline p_1 \\ \hline p_2 \end{array}\right], \left[\begin{array}{c} B_T \\ \hline B_B \end{array}\right] \to \left[\begin{array}{c} B_0 \\ \hline B_1 \\ \hline B_2 \end{array}\right]$$

where A_{11} is $K\times K$, p_1 is $K\times1$, B_1 is $K\times K$.

$$\left[\begin{array}{c} B_1 \\ \hline B_2 \end{array}\right] \Leftarrow P(p_1)\left[\begin{array}{c} B_1 \\ \hline B_2 \end{array}\right]$$

$$\left[\begin{array}{c} B_1 \\ \hline B_2 \end{array}\right] \Leftarrow \mathrm{FSub}^{\mathrm{RL}}\left(\left[\begin{array}{c} A_{10} \\ \hline A_{20} \end{array}\right], \left[\begin{array}{c} B_1 \\ \hline B_2 \end{array}\right]\right)$$

Continue with

$$\left[\begin{array}{c|c} A_{TL} & A_{TR} \\ \hline A_{BL} & A_{BR} \end{array}\right] \leftarrow \left[\begin{array}{c|c|c} A_{00} & A_{01} & A_{02} \\ \hline A_{10} & A_{11} & A_{12} \\ \hline A_{20} & A_{21} & A_{22} \end{array}\right]$$

$$\left[\begin{array}{c} p_T \\ \hline p_B \end{array}\right] \leftarrow \left[\begin{array}{c} p_0 \\ \hline p_1 \\ \hline p_2 \end{array}\right], \left[\begin{array}{c} B_T \\ \hline B_B \end{array}\right] \leftarrow \left[\begin{array}{c} B_0 \\ \hline B_1 \\ \hline B_2 \end{array}\right]$$

endwhile

(b) Left-Looking LU 分解算法中的前向回代算法

图 6.3-7　部分选主元 One-Slab Left-Looking LU 分解算法

本章接下来的描述中，矩阵的行标和列标都从 0 开始而不再从 1 开始，这样可以简化实现算法的 C 语言程序。核外 Left-Looking LU 分解算法将在下面描述(到目前为止没有考虑选主元操作)。

将矩阵划分为

$$A\rightarrow\left[\begin{array}{c|c|c}A_{00}&A_{01}&A_{02}\\\hline A_{10}&A_{11}&A_{12}\\\hline A_{20}&A_{21}&A_{22}\end{array}\right]\tag{6.3-25a}$$

$$L\rightarrow\left[\begin{array}{c|c|c}L_{00}&0&0\\\hline L_{10}&L_{11}&0\\\hline L_{20}&L_{21}&L_{22}\end{array}\right]\tag{6.3-25b}$$

$$U\rightarrow\left[\begin{array}{c|c|c}U_{00}&U_{01}&U_{02}\\\hline 0&U_{11}&U_{12}\\\hline 0&0&U_{22}\end{array}\right]\tag{6.3-25c}$$

然后可以得到

$$\left[\begin{array}{c|c|c}A_{00}&A_{01}&A_{02}\\\hline A_{10}&A_{11}&A_{12}\\\hline A_{20}&A_{21}&A_{22}\end{array}\right]=\left[\begin{array}{c|c|c}L_{00}U_{00}&L_{00}U_{01}&L_{00}U_{02}\\\hline L_{10}U_{00}&L_{10}U_{01}+L_{11}U_{11}&L_{10}U_{02}+L_{11}U_{12}\\\hline L_{20}U_{00}&L_{20}U_{01}+L_{21}U_{11}&L_{20}U_{02}+L_{21}U_{12}+L_{22}U_{22}\end{array}\right]\tag{6.3-26}$$

假设每步循环的前后，粗线左侧的子矩阵已经完成 LU 分解，即 A_{00}、A_{10} 和 A_{20} 已分别被 $\{L\backslash U\}_{00}$、L_{10} 和 L_{20} 替换：

$$A_{00}\Leftarrow\{L\backslash U\}_{00},\qquad A_{10}\Leftarrow L_{10},\qquad A_{20}\Leftarrow L_{20}\tag{6.3-27}$$

继续这个求解过程，U_{01}、$\{L\backslash U\}_{11}$ 和 L_{21} 必须替换 A 中的相应部分。式(6.3-26)概括了所需的必要计算。在对当前 panel 列进行 LU 分解之前必须用以下式子对其进行更新：

$$A_{01}\Leftarrow U_{01}\Leftarrow L_{00}^{-1}A_{01}\Leftarrow(\mathrm{tril}A_{00})^{-1}A_{01}\tag{6.3-28a}$$

$$A_{11}\Leftarrow A_{11}-A_{10}A_{01}\tag{6.3-28b}$$

$$A_{21}\Leftarrow A_{21}-A_{20}A_{01}\tag{6.3-28c}$$

式中，符号 tril 表示取矩阵的下三角部分且其将对角线元素全替换为 1。

用左边的 slab 更新当前 slab 之前，必须用分解左边 slab 时的置换矩阵对当前 slab 进行选主元操作(乘以置换矩阵 $P(p_1)$)，这在图 6.3-7 (b)$\mathrm{FSub}^{\mathrm{LL}}$ 算法中可以看到。当前 slab 的更新过程如图 6.3-8(b)所示，一次只读入左边 slab 的部分矩阵元素。在所有左边的 slab 对当前 slab 的更新完成以后，采用 Right-Looking 算法对当前 slab 进行 LU 分解。图 6.3-8(a)给出了部分选主元的核内 LU 分解的 Right-Looking 算法。该算法假设循环开始时，A_{TL} 和 A_{TR} 已经分别被 $\{L\backslash U\}_{TL}$ 和 U_{TR} 替换，A_{BL} 被 L_{BL} 替换；矩阵 p_T 已经获得，A_{BR} 已经更新但未进行 LU 分解。接下来将采用部分选主元对当前 panel 进行分解，分别用 $\{L\backslash U\}_{11}$ 和 L_{21} 重写 A_{11}、A_{21}。然后对当前 panel 列右侧的子矩阵及左侧的子矩阵进行选主元操作并用

$$A_{12}\Leftarrow U_{12}=L_{11}^{-1}A_{12}\tag{6.3-29}$$

更新 A_{12}。最后，用

$$A_{22}\Leftarrow A_{22}-L_{21}U_{12}\tag{6.3-30}$$

更新 A_{22}。A_{22} 在后面的循环中被分解。

在核外 One-Slab Left-Looking LU 分解算法中使用 In-Core Right-Looking LU 分解算法是十分巧妙的。Right-Looking 算法涉及的大部分计算为如下更新：

$$\mathbf{A}_{22} \Leftarrow \mathbf{A}_{22} - \mathbf{A}_{21}\mathbf{A}_{12} \tag{6.3-31}$$

其中，$\mathbf{A}_{21}$由 b 列组成。在并行计算系统中，Right－Looking 算法中矩阵乘的并行化更容易高效实现，它只需要在完成 $\mathbf{A}_{21}$ 和 $\mathbf{A}_{12}$ 所在的进程间的通信后，就可以并行地更新 $\mathbf{A}_{22}$。

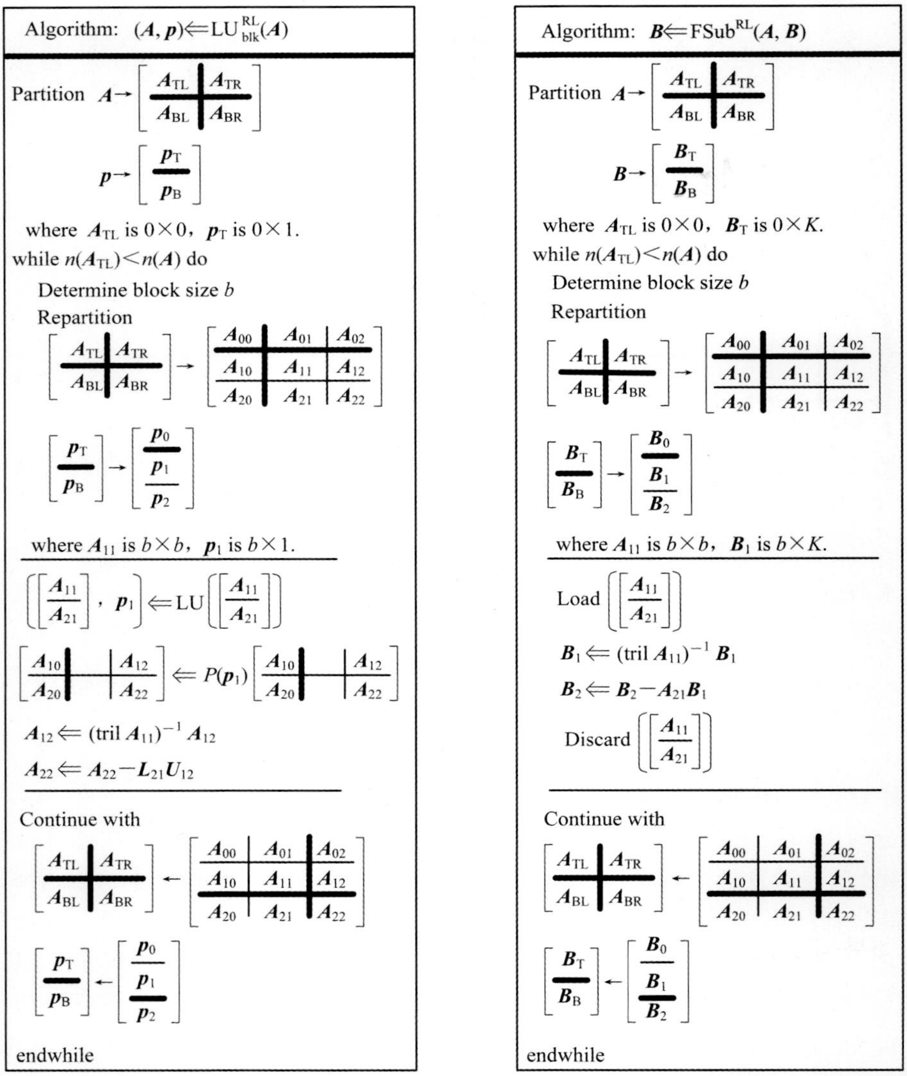

(a) Right-Looking LU 分解算法　　　(b) Right-Looking LU 分解算法中的前向回代算法

图 6.3－8　部分选主元分块 Right－Looking LU 分解算法

图 6.3－7 中的求解过程之所以称为 One－Slab 解，是因为当 slab j 正被 slab i 更新时($i<j$)，无需将 slab i 完全放入内存，而是一次读入一个 panel(b 列)。

6.4　并行核外 LU 分解算法的程序实现

ScaLAPACK 是使用非常广泛的并行线性代数包，第 4 章已对其作了具体介绍。它按块循环的分配方式将一个矩阵分配到各个节点之上。ScaLAPACK 中用到的矩阵分配方式也可以用于把核外矩阵(在硬盘上)分配到各个节点上。若采用本地硬盘存储核外矩阵，各进程所负责的 slab 或 panel 的部分矩阵，要保证内存和硬盘的存储在同一个节点上，这样读写数据时只需要访问与该进程对应的本地硬盘。

本节介绍稠密矩阵的并行核外 Left - Looking LU 分解算法[3-5]。核外的存储相当于是在传统的分级存储架构中增加了一层架构。每个核外矩阵关联到一个设备号，这与 FORTRAN 的 I/O 设备号类似。每个 I/O 操作都是面向记录的，每个记录概念上是一个 $mm_b \times nn_b$ 的 ScaLAPACK 块循环分布的矩阵。如果这个记录以 (m_b，n_b)作为 block size，并分配到 $P_r \times P_c$ 的进程网格上，那么

$$mm_b \bmod (m_b \times P_r) = 0 \tag{6.4-1a}$$

$$nn_b \bmod (n_b \times P_c) = 0 \tag{6.4-1b}$$

即 $mm_b(nn_b)$是 $m_b \times P_r(n_b \times P_c)$的整数倍。需要传输的数据首先被拷贝或组合成一个内部临时缓冲区(即一个记录)，这样可以减少寻找数据的次数，使数据以连续的大块进行传输。注意在执行内存到内存之间的复制操作时会导致一些额外开销。每个记录传输时所有进程都参与其中，每个进程单独地写出$(mm_b/P_r) \times (nn_b/P_c)$大小的矩阵块。为了使程序获得较好的 I/O 性能，可以调整 mm_b和 nn_b的值来产生较大的连续块，或者使其与磁盘阵列(Redundant Arrays of Independent Disks，RAID)的 stripe size 相匹配。

在图 6.3 - 6 中，panel X 的宽度为 nn_b，panel Y (也可称为 slab Y)占用剩余内存且其宽度不小于 nn_b。panel X 起到缓存的作用，每次存入左边 LU 分解结果的一部分用于 panel Y 的更新。当所有更新执行完成时，panel Y 用核内 ScaLAPACK 算法进行 LU 分解，分解后的结果写到硬盘。下面详细介绍并行核外 LU 分解的实施方案。首先考虑分块划分的矩阵 $\boldsymbol{A}$：

$$\boldsymbol{A} \rightarrow \begin{bmatrix} \boldsymbol{A}_{00} & \boldsymbol{A}_{01} \\ \boldsymbol{A}_{10} & \boldsymbol{A}_{11} \end{bmatrix} = \begin{bmatrix} \boldsymbol{L}_{00} & \boldsymbol{0} \\ \boldsymbol{L}_{10} & \boldsymbol{L}_{11} \end{bmatrix} \begin{bmatrix} \boldsymbol{U}_{00} & \boldsymbol{U}_{01} \\ \boldsymbol{0} & \boldsymbol{U}_{11} \end{bmatrix} \tag{6.4-2}$$

其中，$\boldsymbol{A}_{00}$是 $K \times K$ 的方阵。

核外 LU 分解执行的运算(PFxGETRF)如下：

(1) 如果是分解第一个 panel，此时不需要进行更新，所有可用内存缓冲区 M_{RAM}都被用于此 panel，则

① LAREAD：读入部分原始矩阵。

② PxGETRF：利用 ScaLAPACK 进行核内分解，即

$$\begin{bmatrix} \boldsymbol{L}_{00} \\ \boldsymbol{L}_{10} \end{bmatrix} \boldsymbol{U}_{00} \Leftarrow \boldsymbol{P}_0 \begin{bmatrix} \boldsymbol{A}_{00} \\ \boldsymbol{A}_{10} \end{bmatrix} \tag{6.4-3}$$

③ LAWRITE：写出分解结果。

否则，将存储分配给 panel X 和 panel Y。

(2) 通过将之前的分解结果读入 panel X(一次 nn_b列)来计算 panel Y 中的更新。若 panel Y 为$\begin{bmatrix} \boldsymbol{A}_{01} \\ \boldsymbol{A}_{11} \end{bmatrix}$，则

① LAREAD：将之前 LU 分解结果的一部分读入 panel X。

② LAPIV：交换 panel Y 中行的顺序使之与 panel X 中的置换顺序一致，即

$$\begin{bmatrix}\hat{\boldsymbol{A}}_{01}\\ \hat{\boldsymbol{A}}_{11}\end{bmatrix} \Leftarrow \boldsymbol{P}_0 \begin{bmatrix}\boldsymbol{A}_{01}\\ \boldsymbol{A}_{11}\end{bmatrix} \tag{6.4-4}$$

③ PxTRSM：计算上三角矩阵，即

$$\boldsymbol{U}_{01} \Leftarrow \boldsymbol{L}_{00}^{-1}\hat{\boldsymbol{A}}_{01} \tag{6.4-5}$$

④ PxGEMM：更新 panel Y 中剩下的下部，即

$$\hat{\boldsymbol{A}}_{11} \Leftarrow \hat{\boldsymbol{A}}_{11} - \boldsymbol{L}_{10}\boldsymbol{U}_{01} \tag{6.4-6}$$

(3) 当所有的更新都完成之后，应用核内 ScaLAPACK 子程序 PxGETRF 对 panel Y 进行 LU 分解，即

$$\boldsymbol{L}_{11}\boldsymbol{U}_{11} \Leftarrow \boldsymbol{P}_1\hat{\boldsymbol{A}}_{11} \tag{6.4-7}$$

随后将分解结果写回硬盘。

(4) 将下三角矩阵 $\boldsymbol{L}$ 调整为最终的置换形式，即

$$\hat{\boldsymbol{L}}_{10} \Leftarrow \boldsymbol{P}_1\boldsymbol{L}_{10} \tag{6.4-8}$$

这四个步骤中，冒号前的字符串是函数名，其作用描述于冒号后。以第(2)步的③为例，PxTRSM 是函数名，它的作用是“计算上三角矩阵”。

此处置换矩阵保存在内存中，并未写到硬盘。在分解过程中，分解后存储于硬盘中的 panel 只被执行了“部分的”或者说“不完整的”置换操作。比较而言，6.3.2 节介绍的方案是将分解过的矩阵存储为“未置换”的形式，使用时需先进行置换操作。这个方案实现难度更大，但与完全按照“未置换”的形式进行存储相比，可以减少所需行交换的次数。

6.5 基于核外 LU 分解的矩阵方程求解方法

当矩阵 $\boldsymbol{A}$ 分解为矩阵 $\boldsymbol{L}$ 和矩阵 $\boldsymbol{U}$ 之后，矩阵方程的求解可以分两步完成：前向回代过程和后向回代过程。用 LU 分解结果来求解矩阵方程的核外算法如图 6.5-1(a)所示，此处假设矩阵方程等号右端有多个向量。矩阵和向量中的粗线及细线用来辅助解释矩阵的划分，每一步对矩阵重新划分的循环结尾处，粗线将移至细线位置。图 6.5-1(b)给出了图 6.5-1(a)中使用的后向回代算法。triu 表示取矩阵的上三角部分，$\boldsymbol{X}_{\mathrm{T}}$ 和 $\boldsymbol{X}_{\mathrm{B}}$ 分别是 $\boldsymbol{X}$ 的上部和下部。其他记号如 $\boldsymbol{A}_{\mathrm{TL}}$、$\boldsymbol{A}_{\mathrm{BL}}$、$\boldsymbol{A}_{\mathrm{TR}}$、$\boldsymbol{A}_{\mathrm{BR}}$、$\boldsymbol{B}_{\mathrm{T}}$、$\boldsymbol{B}_{\mathrm{B}}$、$K$ 等，与 6.3 节中介绍的一样。在 6.3.3 节中介绍过的 $\mathrm{FSub}^{\mathrm{LL}}$ 可以作为一种前向回代过程，如图 6.3-7 所示，这里不再进一步介绍。下面重点介绍后向回代过程。首先对矩阵进行如下划分：

$$\boldsymbol{A} \rightarrow \left[\begin{array}{cc|c}\boldsymbol{A}_{00} & \boldsymbol{A}_{01} & \boldsymbol{A}_{02}\\ \boldsymbol{0} & \boldsymbol{A}_{11} & \boldsymbol{A}_{12}\\ \hline \boldsymbol{0} & \boldsymbol{0} & \boldsymbol{A}_{22}\end{array}\right],\quad \boldsymbol{X} \rightarrow \left[\begin{array}{c}\boldsymbol{X}_0\\ \boldsymbol{X}_1\\ \hline \boldsymbol{X}_2\end{array}\right],\quad \boldsymbol{B} \rightarrow \left[\begin{array}{c}\boldsymbol{B}_0\\ \boldsymbol{B}_1\\ \hline \boldsymbol{B}_2\end{array}\right] \tag{6.5-1}$$

得到下面的方程：

$$\left[\begin{array}{cc|c}\boldsymbol{A}_{00} & \boldsymbol{A}_{01} & \boldsymbol{A}_{02}\\ \boldsymbol{0} & \boldsymbol{A}_{11} & \boldsymbol{A}_{12}\\ \hline \boldsymbol{0} & \boldsymbol{0} & \boldsymbol{A}_{22}\end{array}\right]\left[\begin{array}{c}\boldsymbol{X}_0\\ \boldsymbol{X}_1\\ \hline \boldsymbol{X}_2\end{array}\right] = \left[\begin{array}{c}\boldsymbol{B}_0\\ \boldsymbol{B}_1\\ \hline \boldsymbol{B}_2\end{array}\right] \tag{6.5-2}$$

假设在每次回代循环开始前与结束后，粗线下面的 $\boldsymbol{B}$ 子矩阵已经被对应的 $\boldsymbol{X}$ 子矩阵所覆盖。即在式(6.5-2)中 $\boldsymbol{B}_2$ 已经被求出的 $\boldsymbol{X}_2$ 覆盖，为继续推进求解过程，需求出对应的 $\boldsymbol{X}_1$ 来覆盖 $\boldsymbol{B}_1$。由式(6.5-2)可以得到所需的计算；$\boldsymbol{B}_1$、$\boldsymbol{B}_0$ 必须通过下式来计算或更新：

$$\boldsymbol{B}_1 \Leftarrow \boldsymbol{X}_1 \Leftarrow (\mathrm{triu}\boldsymbol{A}_{11})^{-1}\boldsymbol{B}_1,\ \boldsymbol{B}_0 \Leftarrow \boldsymbol{B}_0 - \boldsymbol{A}_{01}\boldsymbol{B}_1 \tag{6.5-3}$$

随后，$\boldsymbol{B}$ 和 $\boldsymbol{X}$ 中的粗线向上移动，$\boldsymbol{A}$ 中的粗线向左上方向移动，接着计算 $\boldsymbol{B}$ 的另一个子矩阵。

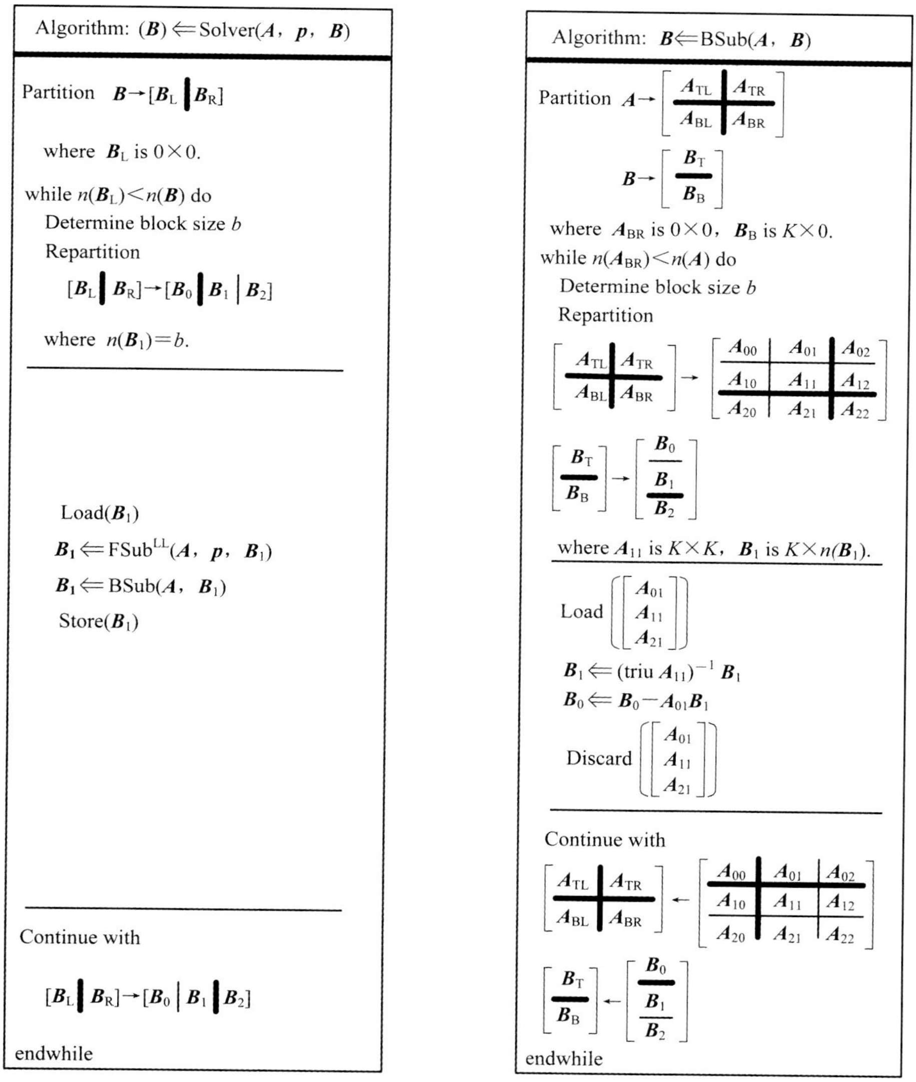

(a) 矩阵方程求解算法　　(b) 后向回代算法

图 6.5-1　核外矩阵方程求解

式(6.5-1)和式(6.5-2)中的 $\boldsymbol{X}$ 和其分块仅用于描述算法步骤。在编程时，向量 $\boldsymbol{X}$ 并没有必要在代码中出现，因为在每一步中用 $\boldsymbol{B}$ 来存储与之对应的 $\boldsymbol{X}$。

6.6 并行核外 LU 分解算法的参数优化

从前面的介绍可见，与核内算法相比，从硬盘读取以及向硬盘写入矩阵元素是影响核外 LU 分解算法性能的主要因素。为了获得良好的核外计算性能，一方面，可以采用高速硬盘，如固态硬盘，来加快读写速度，减少 I/O 的时间；另一方面，需要合理使用内存缓冲区大小，确保程序不使用计算机虚拟内存，工作在良好状态。为此本节针对固态硬盘与 SAS 硬盘，研究使用多大的内存缓冲区(IASIZE)，才可以确保核外算法具有较高的计算效率。

选取如图 6.6－1 (a)所示的机载微带阵列天线为计算模型，飞机平台的尺寸为 49.5 m×50 m×13.8 m，天线阵列的尺寸为 10.0 m×2.5 m×0.018 m，阵列的工作频率为 440 MHz。阵列单元数为 37×9，如图 6.6－1(b)所示。

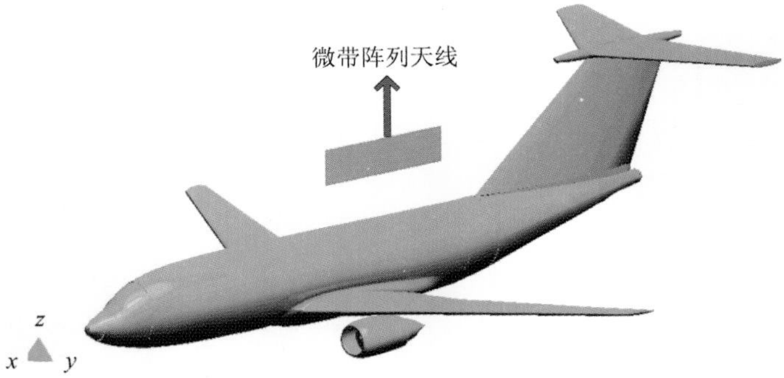

(a) 机载微带阵列天线

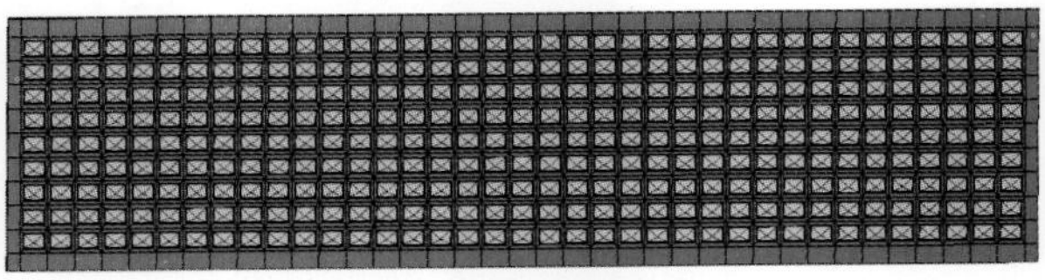
(b) 37×9单元矩形微带贴片阵列天线

图 6.6－1　机载阵列天线模型

使用 Cluster－Ⅳ 计算平台对 IASIZE 的大小进行调优，测试所用的计算节点数为 8，共包含 192 CPU 核，可提供 512.0 GB 内存。测试模型的未知量为 308 371，核内计算需要大约 1522.0 GB 内存，因可用内存无法满足需求，故采用并行核外方法进行计算。具体测试环境如表 6.6－1 所示。

表 6.6－1　测 试 环 境

测试环境	计算机集群	固态硬盘	普通硬盘	计算节点硬盘配置情况	磁盘阵列
1	Cluster Ⅳ	400 G Intel MLC SSD	600 G 10K rpm SAS	两块普通硬盘	RAID0
2				一块固态硬盘	无
3				两块固态硬盘	RAID0

图 6.6－2 给出了阵列的三维辐射方向图结果。

图 6.6－2　机载阵列天线三维辐射方向图(单位：dB)

表 6.6－2 给出了在三种测试环境下，采用不同大小的 IASIZE 所需的计算时间。为了更直观地进行对比，图 6.6－3 给出了相应的变化曲线。

表 6.6－2　计算时间比较表

IASIZE/GB	矩阵方程求解时间/s		
	测试环境 1	测试环境 2	测试环境 3
1.7	29 528	28 347	25 788
1.785	29 086	27 919	25 841
1.87	28 960	27 604	25 938
1.955	28 488	27 311	26 319
2.04	28 806	28 204	26 177
2.125	29 705	28 331	26 068
2.21	30 803	27 358	25 986
2.295	30 228	28 300	25 868
2.38	32 715	27 775	26 000
2.465	32 460	27 974	25 763
2.55	33 062	28 067	25 734
2.635	34 177	28 327	26 100

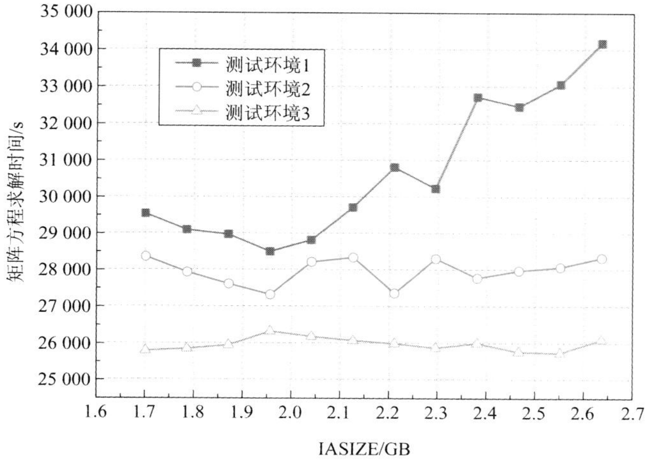

图 6.6－3　矩阵方程求解时间随 IASIZE 的变化曲线

从测试结果可知，IASIZE 取值的不同将导致计算时间的不同。三种测试环境下最优的 IASIZE 值分别为 1.955 GB、1.955 GB、2.55 GB。测试环境 1 中计算时间最长，其次是测试环境 2，在测试环境 3 中计算所需的时间最少，且对 IASIZE 的变化不敏感。由此可见，计算节点配置了固态硬盘后，对并行核外算法产生了明显的加速效果，减少了计算时间。

由本节的测试可以看出，对于采用普通硬盘的核外 LU 分解算法，当 IASIZE 的取值小于约 85%可用内存大小时，程序能取得较好的性能，此时既保证了较高的内存利用率又避免了使用虚拟内存。文献[6]中给出了大量针对不同计算平台的核外 LU 分解算法 IASIZE 参数测试结果，表明采用普通硬盘时 IASIZE 的合理取值应为约 85%可用内存大小，本节的测试结论与这一结论相吻合。

对于采用固态硬盘的核外 LU 分解算法，其性能对 IASIZE 的变化不太敏感，但为了保证较高的内存利用率并避免程序使用虚拟内存，仍建议 IASIZE 小于约 85%可用内存大小。

综上所述，对于特定的计算平台在没有进行 IASIZE 参数优化测试的情况下，一般可选取 IASIZE 为可用内存大小的 85%，以保证程序具有较好的性能。

并行核外矩量法的其他相关参数，如进程网格(process grid)、分块大小(block size)，与第 4 章介绍的并行分块 LU 分解算法的相同，此处不再介绍其优化过程。这些参数与 IASIZE 的选择关联不大，这在文献[6]中已有详细的测试与说明，感兴趣的读者可进一步阅读。

6.7 性能监测

本节对并行核外高阶基函数矩量法进行可视化的性能监测，从监测结果中可以清晰地看到程序的运行状态、性能、网络通信、硬盘 I/O 等信息，从而对并行核外高阶基函数矩量法产生更直观的认识。同时，如果程序运行状态异常，可视化的性能监测也可以快速定位计算机的问题，比如通信阻塞、硬盘卡顿、内存不足等，从而快速解决问题，提高效率。

此处以图 6.7-1 所示的飞机模型的散射特性计算为例来详细介绍性能监测情况。飞机的尺寸为 18.92 m×13.56 m×5.05 m，垂直极化平面波由机头方向入射，计算频率为 1.5 GHz，高阶基函数矩量法产生的未知量为 273 808。图 6.7-2 给出了飞机模型 xoy 面

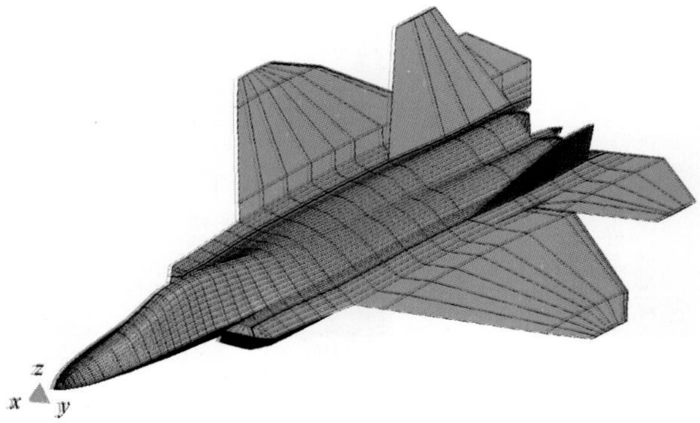

图 6.7-1　飞机模型

的双站 RCS 结果。本测试选用计算平台 Cluster -Ⅳ 中的 6 个 SAS 硬盘计算节点和 6 个 SSD 硬盘计算节点，选取的 IASIZE 大小为 1.7 GB，采用的性能监测软件为北京并行科技有限公司(简称并行科技，PARATERA)的应用运行特征收集器 Paramon(http://www.paratera.com)，它的性能监测能力和可视化效果都非常好。

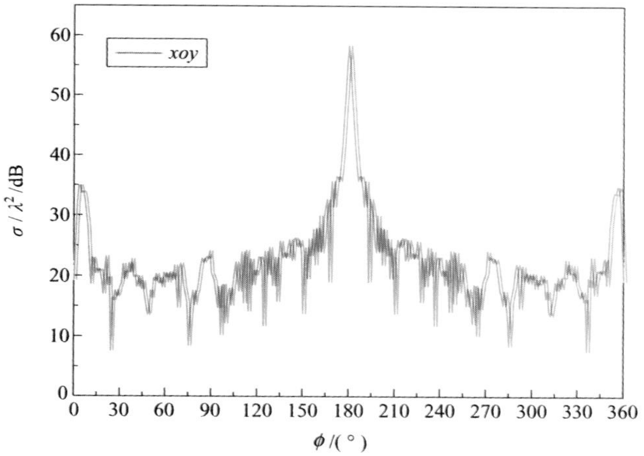

图 6.7 - 2　飞机模型 xoy 面的双站 RCS(平面波沿 $-x$ 轴入射)

下面给出并行核外程序运行过程中 Paramon 软件监测的程序运行情况。图 6.7 - 3 给出了并行核外高阶基函数矩量法在 Cluster -Ⅳ 计算平台中运行时的整体状态。图中每一个小框代表一个计算节点，其中深灰色的小框代表节点上没有大型计算任务在执行，绿色的小框代表有计算任务在执行(即并行核外高阶基函数矩量法程序执行的节点)。图 6.7 - 3 中最后一行第 4～9 列的 6 个绿色小框代表运行任务的 SAS 硬盘计算节点，第 11～16 列的 6 个绿色小框代表运行任务的 SSD 硬盘计算节点。图中每一个小框都可以放大，放大后能在其中看到更为详细的监测信息。

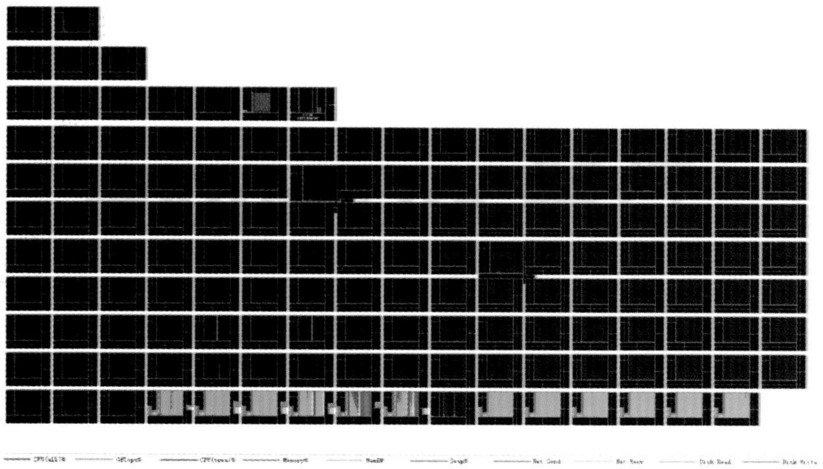

图 6.7 - 3　并行核外高阶基函数矩量法整体运行状态监测

图 6.7 - 4 给出了并行核外高阶基函数矩量法矩阵填充时，SAS 硬盘计算节点和 SSD 硬盘计算节点的系统级和微架构信息。系统级信息包括 CPU、内存、磁盘、网络等基本的系统性能指标信息。微架构信息包括实时浮点运算值(Gflops)、CPI(Cycle Per Instruction，每条指令执行周期)、VEC(Vectorization，向量化)比例、AVX(Advanced Vector Extensions，先进指令集)使用比例、LLCM(Last Level Cache Miss，最后一级缓存的未命中率)以及内存实时吞吐等，它们是表征程序性能的重要指标。图中暗绿色代表计算机 CPU 利用率，亮绿色代表程序运行的有效计算，即实时浮点运算值 Gflops，亮绿色越高代表程序性能越好。由于矩阵填充过程中数据访存连续性较差，分支判断较多，因此对应的 Gflops 相对较低。LLCM 一般是越小代表程序性能越好，最大为 100%。VEC 和 AVX 代表向量化程度及先进指令集使用的比例，一般是越大代表程序性能越高，最大为 100%。

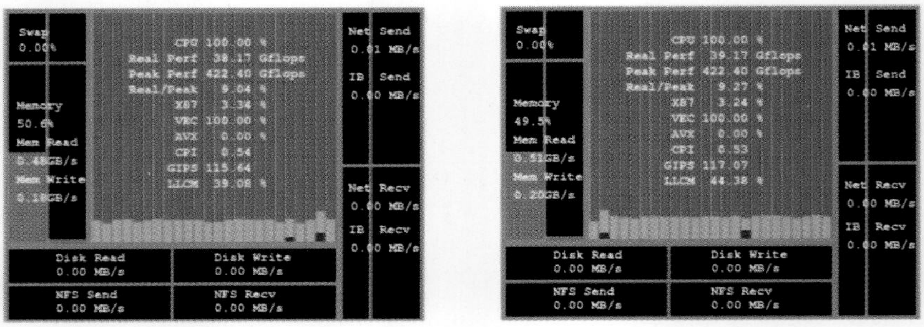

(a) SAS　　　　(b) SSD

图 6.7 - 4　矩阵填充时计算节点信息监测

图 6.7 - 5 给出了矩阵填充完一个 slab 之后，将该 slab 写到本地硬盘上的过程。图中蓝色部分代表写硬盘操作，其中 SAS 硬盘的写速度是 306.31 MB/s，SSD 硬盘的写速度是 541.13 MB/s，SSD 硬盘的速度约为 SAS 硬盘的 1.8 倍。实际上 SAS 硬盘的读写时间远大于 SSD 硬盘读写时间的 1.8 倍，这是因为硬盘 I/O 速度仅仅是硬盘性能的一个方面，SSD 硬盘除了 I/O 速度优于 SAS 硬盘外，其缓存机制等都优于 SAS 硬盘，因此 SSD 硬盘在 I/O 上的性能提升不仅仅是 1.8 倍。从图中可以清晰地看到，所有进程都变成红色，这表示在执行硬盘 I/O 操作时，CPU 核被进程占用，但是并没有执行实际有效的计算。这是一种极其浪费资源的状态，在所有的应用程序中都必须尽量避免这一状态的出现。在并行核外高阶基函数矩量法中，通过异步硬盘 I/O 的设计，该状态已经被缩减到很短的时间内，这从图 6.7 - 6 中可以清晰地看到。

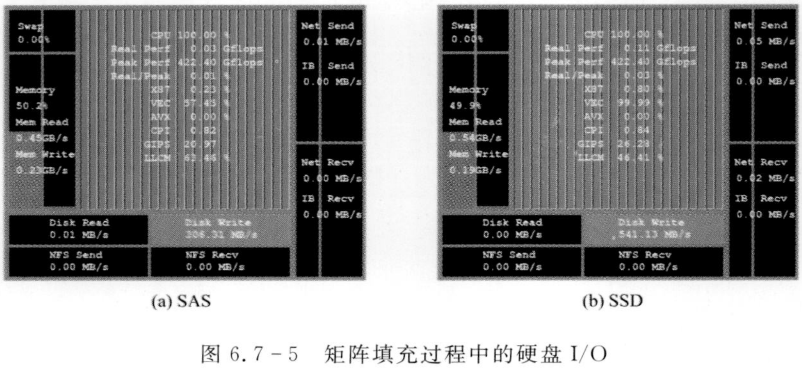

(a) SAS　　　　(b) SSD

图 6.7 - 5　矩阵填充过程中的硬盘 I/O

由图 6.7－6 可以看出，矩阵填充完一个 slab 之后，在向硬盘上写该 slab 的同时，各 CPU 核便已经开始下一个 slab 的填充过程。这表明在并行核外高阶基函数矩量法中，低效率的硬盘 I/O 过程几乎已经被高效率的 CPU 计算所隐藏，这大大提高了程序的性能。

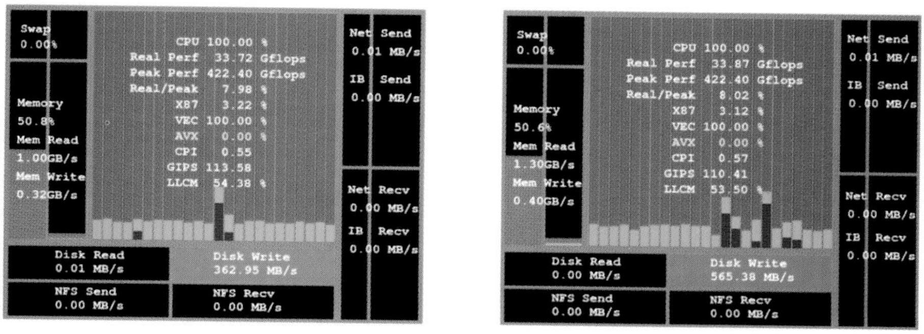

(a) SAS　　(b) SSD

图 6.7－6　矩阵填充与硬盘 I/O 异步

图 6.7－7 给出了矩阵填充完毕之后，将最后一个 slab 写入硬盘的过程，同时也将第一个 slab 读入内存中，以准备对矩阵进行分解。由图中可以明显地看到 SSD 硬盘的 I/O 速度要大大优于 SAS 硬盘的 I/O 速度。

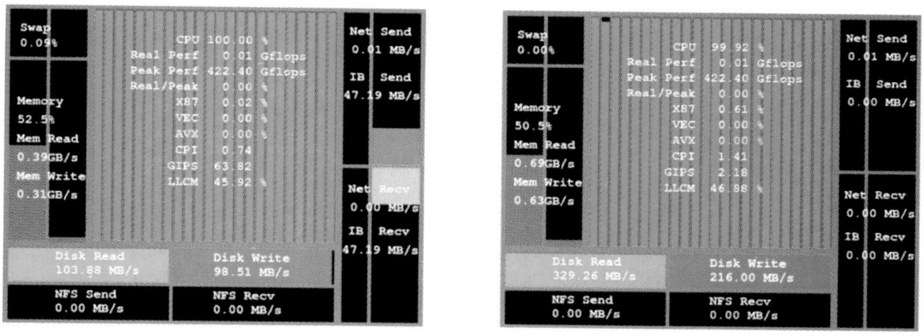

(a) SAS　　(b) SSD

图 6.7－7　填充完毕时的硬盘读写操作

图 6.7－8 所示为矩阵填充完毕之后，读入第一个 slab 的过程，此时刚刚填充完毕的最后一个 slab 已经完整地写到了硬盘上。对比图 6.7－8 和图 6.7－6 可知，SSD 硬盘的读速度与写速度几乎相同，而 SAS 硬盘的读速度要小于写速度。

图 6.7－9 和图 6.7－10 给出了矩阵求解过程中计算机微架构信息。从图中可以看出在矩阵求解过程中，计算机瞬时 Gflops 已经大大超过计算机理论峰值，这是由 CPU 超频造成的，同时也说明矩阵求解的性能已经达到了非常高的程度。

图 6.7－10 给出了矩阵求解过程中的 IB 网络通信信息。图中粉色和青色代表 IB 网络通信，本例中 IB 网络收发速度都达到了 80～100 MB/s 的范围。实际上对于更大的算例，这一速度可以达到 600 MB/s。

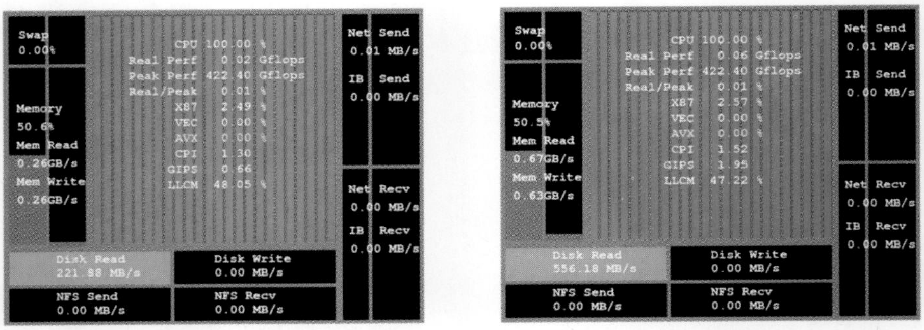

(a) SAS　　(b) SSD

图 6.7－8　填充完毕后读入 slab(准备求解)

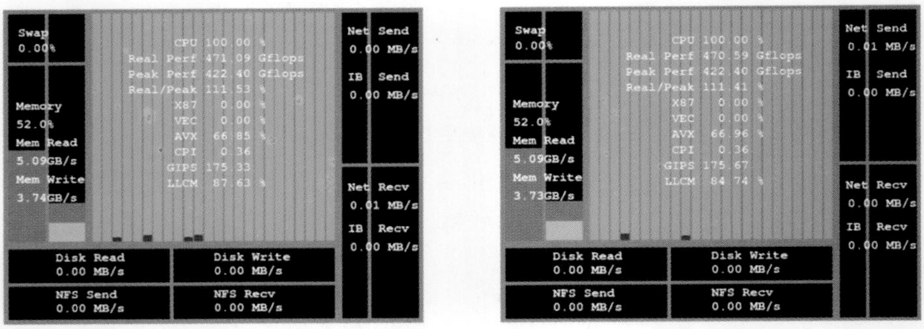

(a) SAS　　(b) SSD

图 6.7－9　矩阵求解时计算节点微架构信息

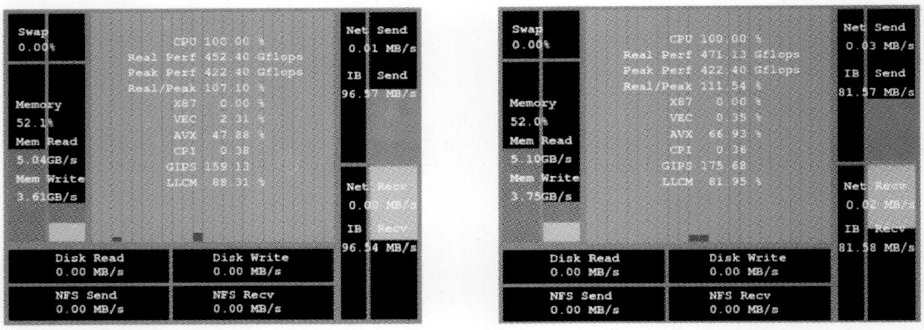

(a) SAS　　(b) SSD

图 6.7－10　矩阵求解过程中的 IB 通信

图 6.7－11 给出的是在核外求解方案中，从硬盘中读取下一个“临时列块”的过程。在读取硬盘的过程中，当前计算仍在继续，这同样可将低效率的硬盘 I/O 操作隐藏。

图 6.7－12 给出的是矩阵求解过程中，完成一个 slab 的计算之后，将该 slab 写入硬盘，同时将下一个 slab 读入内存的过程。可以看出，CPU 被占用但不执行有效浮点运算的状态又出现了。值得注意的是，若 IASIZE 取值合适，即约为可用内存大小的 85%时，这一环节并不会造成程序整体性能的显著下降。

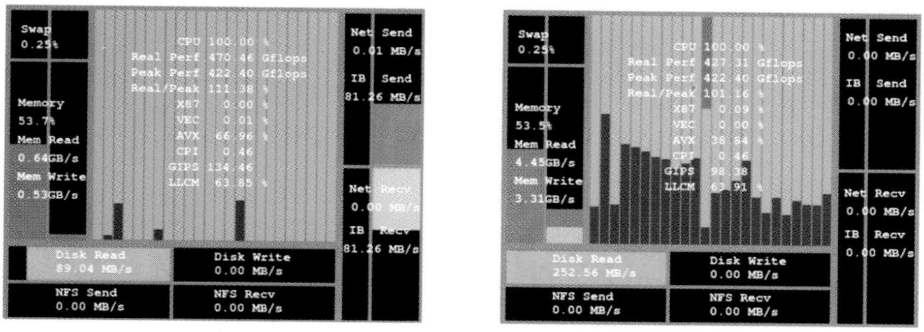

(a) SAS　　(b) SSD

图 6.7-11　矩阵求解过程中的读“临时列块”与计算的异步

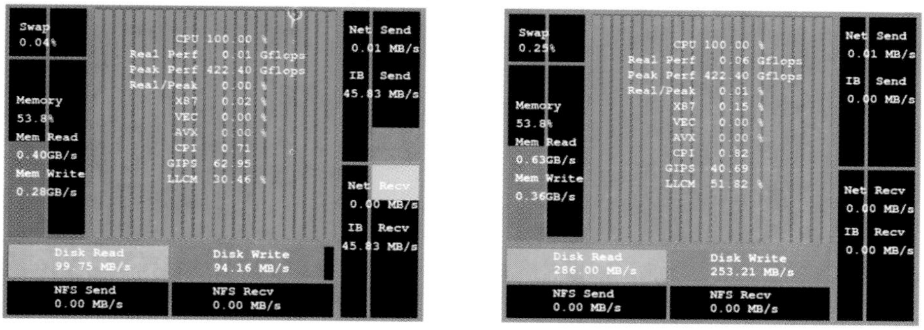

(a) SAS　　(b) SSD

图 6.7-12　矩阵求解过程中写出当前 slab 和读入下一个 slab

从 Paramon 的性能监测中可以看出，并行核外高阶矩量法在充分利用计算机硬盘容量的同时，硬盘 I/O 的性能损失被降到最低，因此并行核外高阶矩量法可以精确高效地解决复杂电磁工程应用问题。

6.8 数值算例

6.8.1 飞机的散射特性

为了对比采用固态硬盘与普通硬盘时并行核外矩量法的性能，本节计算图 6.8-1 所示的飞机模型的电磁散射特性，其中飞机尺寸为 11.6 m×7.0 m×2.93 m。为了测试不同大小的矩阵规模，对此模型进行扫频计算，计算频率范围为 600 MHz～2.3 GHz，频率间隔为 0.1 GHz。为了进行对比，也给出了并行核内高阶基函数矩量法的计算结果。

测试所用计算资源均为附录 B 中 Cluster-Ⅳ 计算平台中的 8 个计算节点。为保证算法最优性能，设定 IASIZE 为 6.6 节中得到的最优值。图 6.8-2 给出了飞机模型在 2.0 GHz 时的双站 RCS，由图可见，核外与核内方法的计算结果完全吻合。

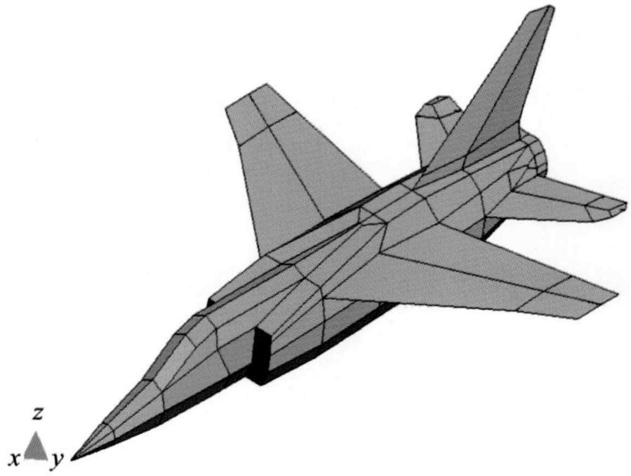

图 6.8-1　飞机模型

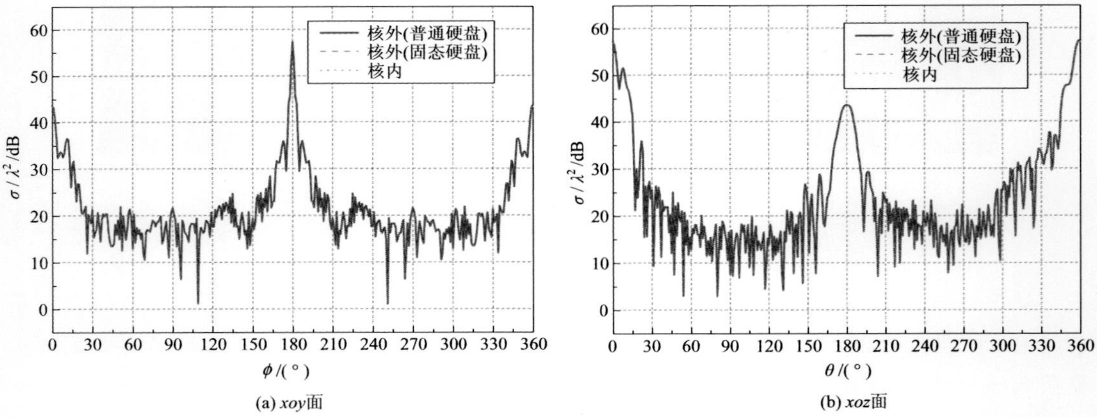

图 6.8-2　飞机模型在 2.0 GHz 的双站 RCS(平面波沿 $-x$ 轴入射)

表 6.8-1 给出了不同频率下飞机模型对应的未知量，同时给出了采用固态硬盘的核外算法、采用普通硬盘的核外算法以及采用核内算法计算所需的矩阵填充和矩阵方程求解时间。图 6.8-3 给出了相应的对比曲线。可见，对于矩阵填充而言，核内求解速度最快，使用固态硬盘的核外求解次之，使用普通硬盘的核外求解最慢。随着未知量的增加，这三种方法计算时间的差异越来越明显。对于矩阵方程求解，固态硬盘的核外求解时间明显少于普通硬盘的核外求解时间，且与核内求解相比，计算时间相差不大。从整个计算过程来看，由于矩阵求解时间比矩阵填充时间长很多，固态硬盘的核外算法与普通硬盘的核外算法相比，性能得到明显提升。

表 6.8-1　计算时间比较表

未知量	矩阵填充时间/s			矩阵方程求解时间/s		
	固态硬盘	普通硬盘	核内	固态硬盘	普通硬盘	核内
14 482	4.07	4.06	3.66	7.80	7.88	7.45
18 689	4.76	4.79	4.16	13.27	13.90	12.75
23 293	7.53	7.55	6.66	20.88	21.01	20.39
26 943	10.38	10.33	9.11	29.50	29.39	28.47
33 415	14.32	14.39	12.60	50.85	49.59	47.41
38 964	22.14	22.08	19.35	73.26	72.63	69.28
47 411	31.10	31.13	27.35	121.68	119.97	114.71
53 307	32.63	32.55	27.93	165.06	163.38	156.62
61 515	41.82	42.09	35.57	262.03	258.11	251.79
67 552	46.35	46.53	39.35	325.23	321.89	320.41
76 459	62.05	61.28	51.17	450.66	445.62	435.76
84 059	74.00	75.69	62.88	610.76	651.30	575.67
93 509	95.82	105.20	79.08	828.55	860.98	783.82
105 905	114.07	126.09	94.89	1187.06	1243.42	1064.57
115 934	157.22	171.57	116.44	1542.07	1703.30	1399.98
129 012	202.59	221.60	146.28	2143.84	2547.60	1948.63
145 483	209.75	229.66	175.83	3071.32	4042.44	2676.86
160 770	380.09	493.37	228.21	4119.48	4903.07	3615.31

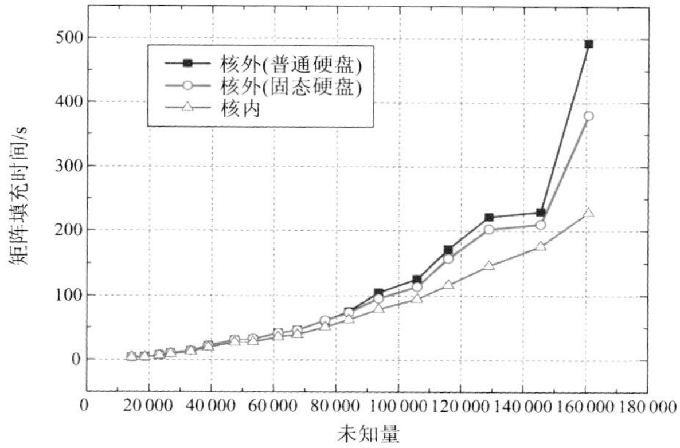

(a) 矩阵填充

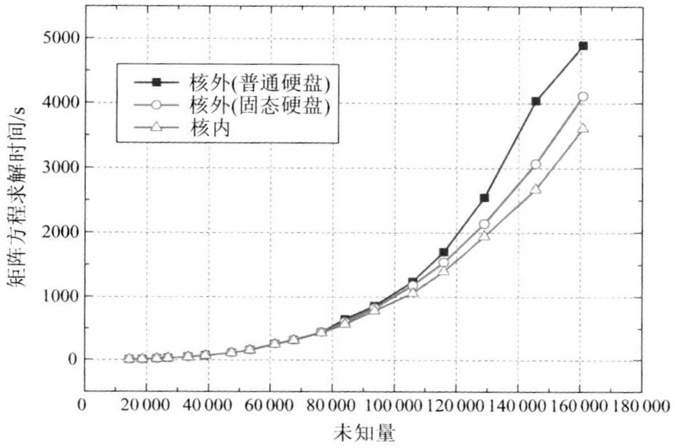

(b) 矩阵方程求解

图 6.8-3　固态硬盘和普通硬盘的核外算法以及核内算法性能对比

6.8.2　波导缝隙阵天线的辐射特性

计算模型为图 6.8-4 所示的波导缝隙阵天线，阵列由 24 根波导缝隙单元组成，包含 2068 个缝隙。阵列的工作频率为 35.0 GHz，矩量法产生的未知量为 583 478。

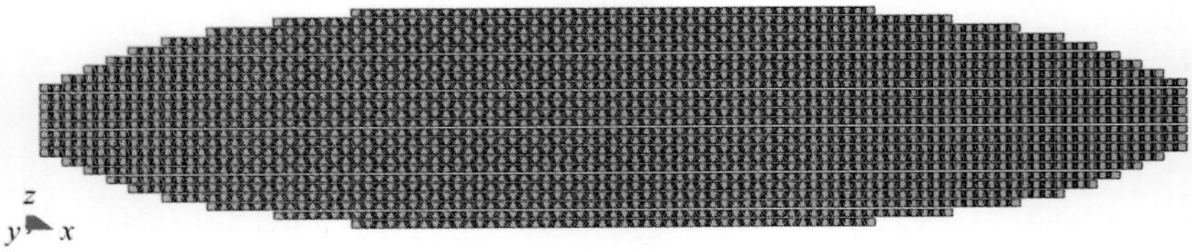

图 6.8-4　波导缝隙阵天线模型

表 6.8-2 给出了本例的计算参数。由表可见，解决此问题所需的内存为 5448.0 GB，而计算平台的可用内存为 2048.0 GB，因此需要采用核外算法。在本例的计算中，采用固态硬盘的核外算法与采用普通硬盘的核外算法相比，性能提升了 14.60%。另一方面，测试耗时长达 29 个小时，这也表明并行核外矩量法具有良好的稳定性，只要能提供足够大的硬盘，就能大幅度提升计算规模。

表 6.8-2　该天线的计算参数

未知量	内存需求/GB	计算资源	矩阵填充时间/s	总计算时间/s	固态硬盘的加速
583 478	5447.15	Cluster-Ⅳ上配置普通硬盘的 32 计算节点	9427	104 177	14.60%
		Cluster-Ⅳ上配置固态硬盘的 32 计算节点	8087	88 967	

注：固态硬盘和普通硬盘的型号同表 6.6-1。

图 6.8-5 给出了波导缝隙阵天线的辐射方向图。

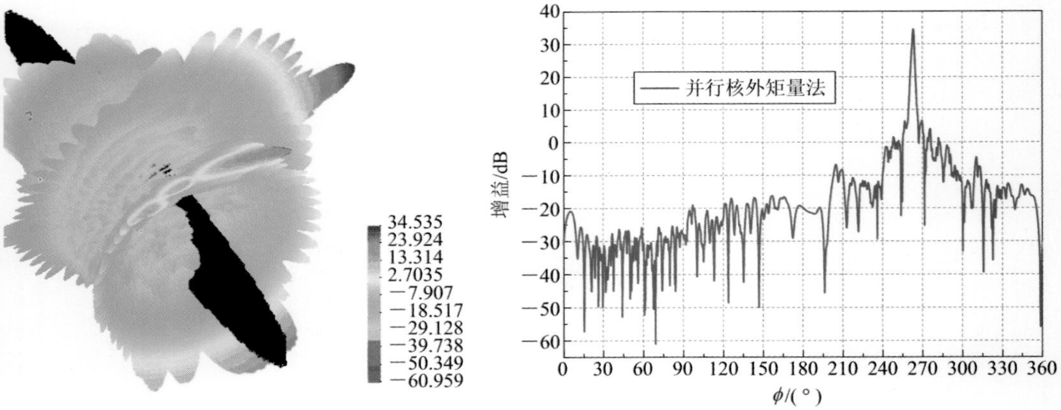

(a) 三维辐射方向图(单位：dB)　　(b) *xoy*面

图 6.8-5　波导缝隙阵天线的辐射方向图

6.8.3　微带阵列天线的辐射特性

本节采用并行核外高阶基函数矩量法分析大型椭圆形微带天线阵列的辐射特性。阵列单元个数为 1984，工作频率为 3.1 GHz，通过泰勒综合设计的阵列副瓣电平为 −30 dB。图 6.8 - 6(a)为微带天线阵列的整体模型，由于该微带阵列具有对称性，为节省计算资源、减少计算时间，在 *yoz* 面内加入了对称面，含对称面的电磁仿真模型如图 6.8 - 6(b)所示。

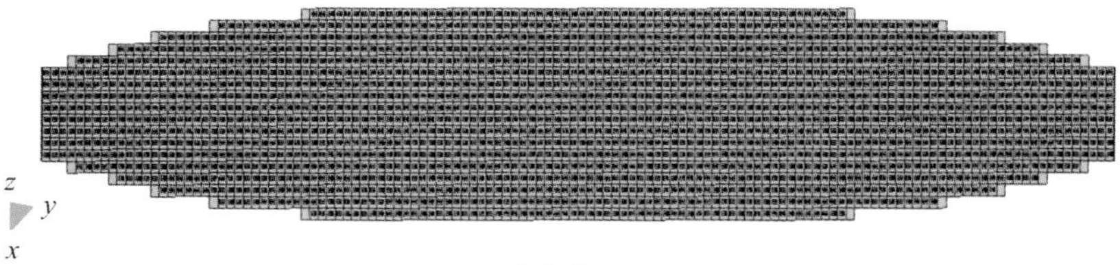

(a) 整体模型

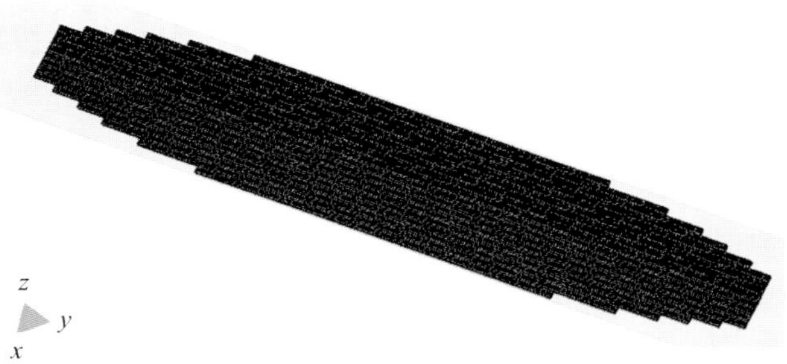

(b) 含对称面的模型

图 6.8 - 6　大型微带天线阵列电磁仿真模型

含对称面电磁仿真模型的未知量为 687 083，计算所需内存约为 7 TB。本例采用的计算资源为 Cluster - Ⅳ 中 42 计算节点，共 1008 CPU 核，2688 GB 内存。矩阵填充时间为 3210 秒，矩阵方程求解时间为 71 543 秒。图 6.8 - 7 为大型微带天线阵列的 2D 增益方向图，由图可见，核内与核外算法的计算结果完全吻合。

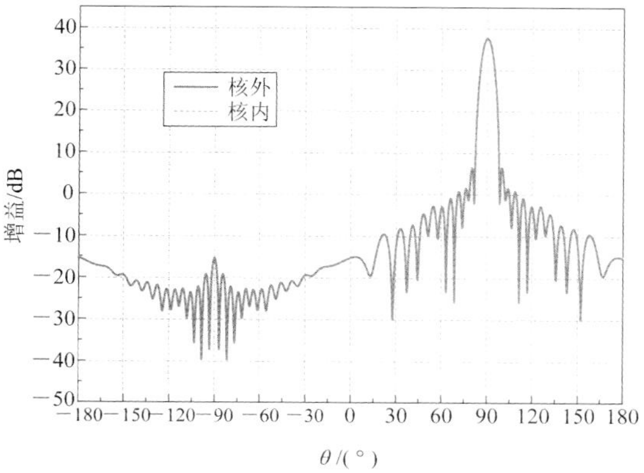

(a) *xoz*面

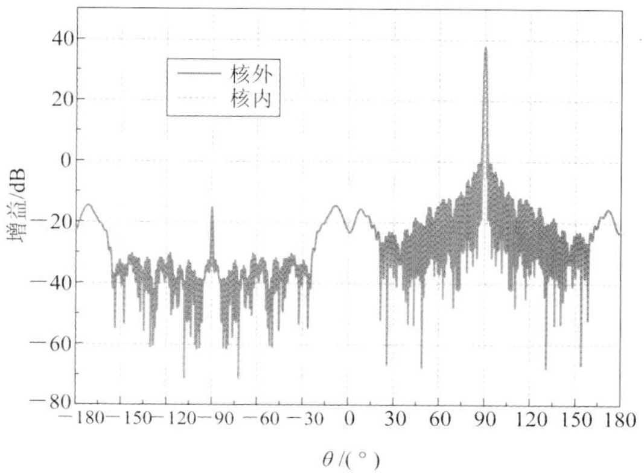

(b) *yoz*面

图 6.8 - 7　微带天线阵列的 2D 增益方向图

6.8.4　机载伞形印刷振子天线阵列的辐射特性

本节采用并行核外高阶基函数矩量法对机载伞形印刷振子天线阵列进行仿真，分析飞机平台对天线阵列辐射特性的影响。阵列的工作频率为 900 MHz，介质基板的相对介电常数为 $\varepsilon_r=2.65$，伞形印刷振子天线单元模型如图 6.8-8 所示，阵列模型如图 6.8-9 所示，阵列单元数为 30×10。

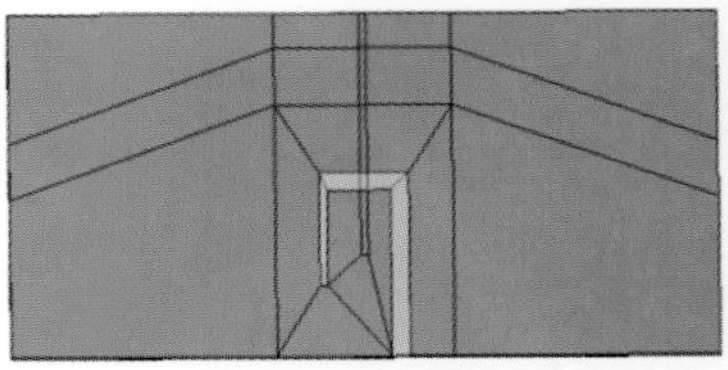

图 6.8-8　伞形印刷振子天线

图 6.8-9　伞形印刷振子天线阵列

将天线阵列架设到飞机平台上，飞机平台长 36.41 m，翼展 38 m，高 10.48 m，两翼平行于 xoy 面，阵列中心距机背 4.94 m。这里主要分析阵列主波束指向机翼、尾翼两种情况时，飞机平台对阵列辐射特性的影响。图 6.8-10 给出了阵列以两种不同姿态架设到飞机平台上的模型。

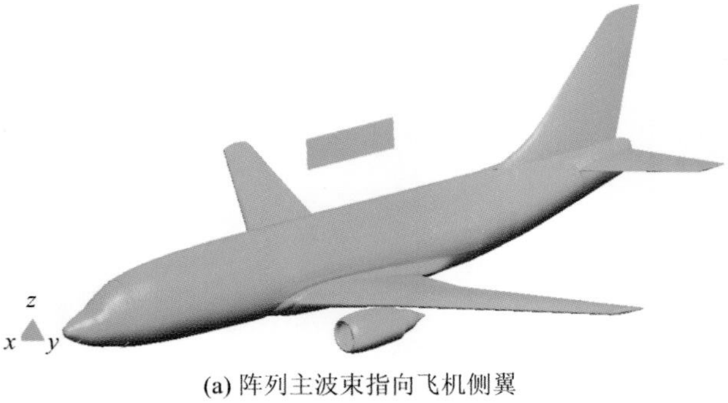

(a) 阵列主波束指向飞机侧翼

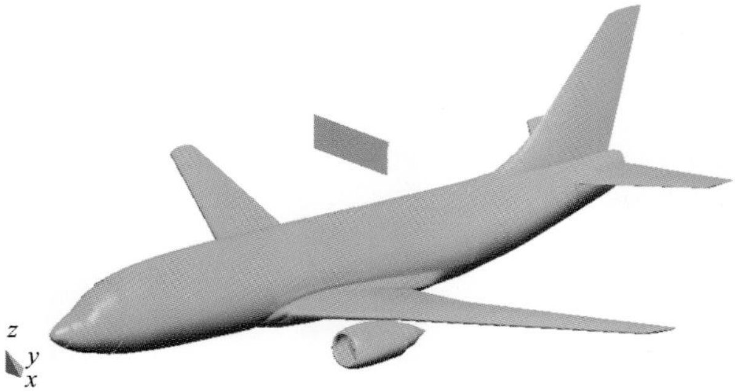

(b) 阵列主波束指向飞机尾翼

图 6.8-10　阵列架设到飞机平台上的两种不同姿态

矩量法产生的未知量为 673 271，用核内算法需要约 7 TB 内存。阵列主波束指向飞机侧翼：矩阵填充时间为 1758 秒，矩阵方程求解时间为 37 728 秒。阵列主波束指向飞机尾翼：矩阵填充时间为 1087 秒，矩阵方程求解时间为 35 668 秒。图 6.8－11 为伞形印刷振子天线阵列受扰前后的 3D 增益方向图，图 6.8－12 和图 6.8－13 为伞形印刷振子天线阵列受扰前后的 2D 增益方向图对比结果。

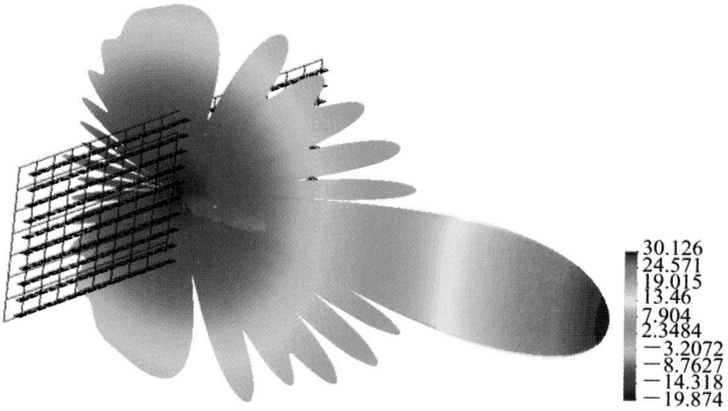

(a) 天线阵列的3D增益方向图

(b) 主波束指向侧翼时的受扰3D增益方向图

(c) 主波束指向尾翼时的受扰3D增益方向图

图 6.8－11　两种姿态下阵列受扰前后的 3D 增益方向图(单位：dB)

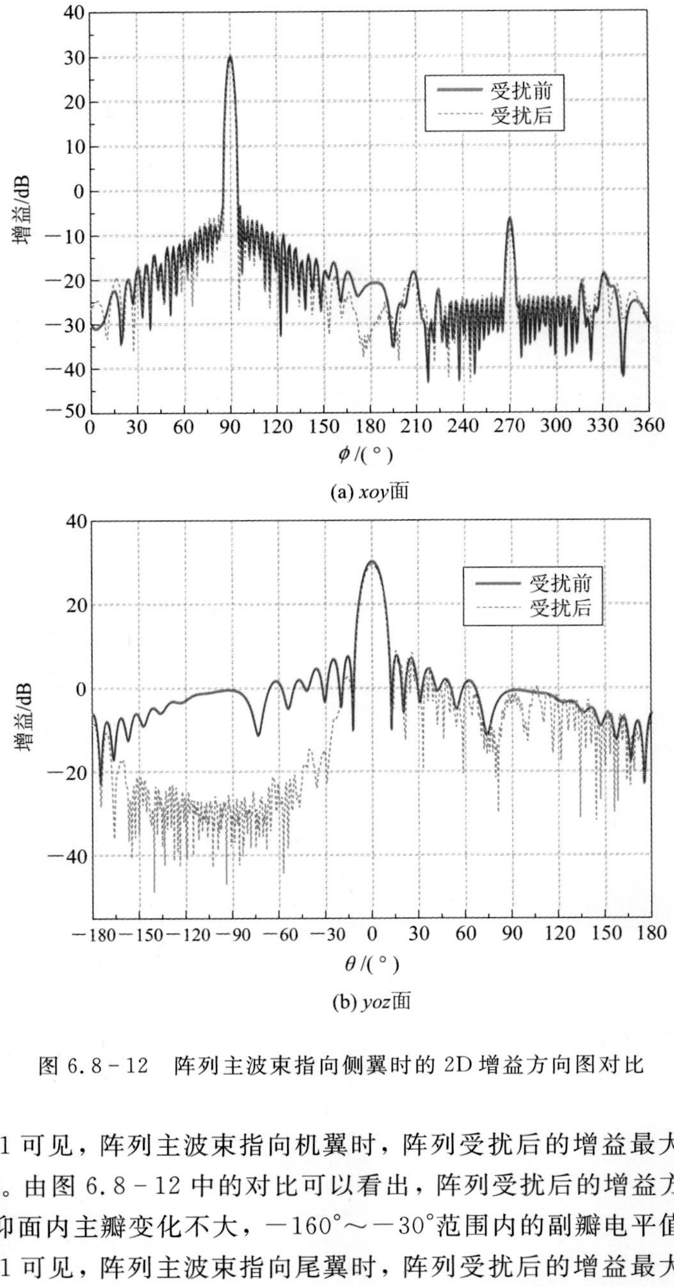

图 6.8-12　阵列主波束指向侧翼时的 2D 增益方向图对比

由图 6.8-11 可见，阵列主波束指向机翼时，阵列受扰后的增益最大值相对于受扰前降低了 0.823 dB。由图 6.8-12 中的对比可以看出，阵列受扰后的增益方向图在水平面内变化不大，在俯仰面内主瓣变化不大，-160°～-30°范围内的副瓣电平值大幅度降低。

由图 6.8-11 可见，阵列主波束指向尾翼时，阵列受扰后的增益最大值相对于受扰前降低了 0.877 dB。由图 6.8-13 中的对比可以看出，阵列受扰后的增益方向图在水平面和俯仰面的变化都比较大，在水平面内除主瓣和后瓣的增益值变化不大外，其他大部分角度的增益值都有所变大，尤其主瓣两旁的副瓣电平大幅度提高，在俯仰面内-150°～-40°范围内的副瓣电平大幅度降低。此种情况下阵列受飞机平台影响程度大于前面那种情况。

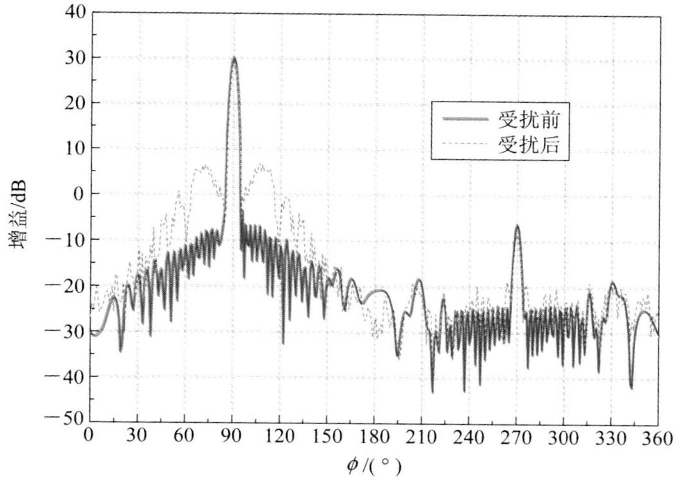

(a) xoy面

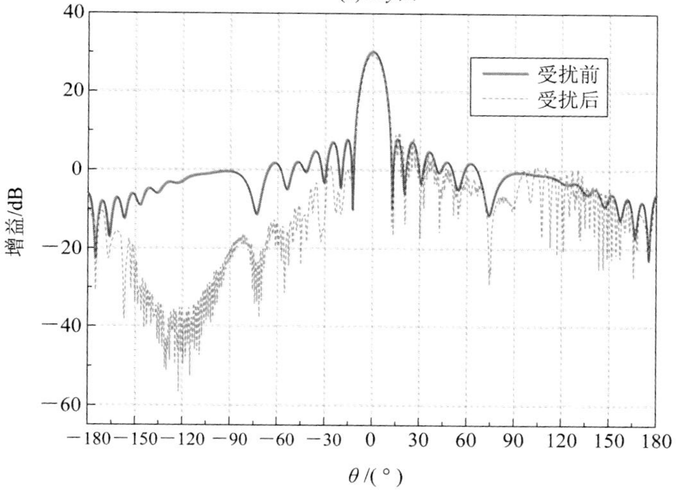

(b) yoz面

图 6.8-13 阵列主波束指向尾翼时的2D增益方向图对比

6.9 小 结

本章介绍了并行核外高阶基函数矩量法中的关键技术——并行核外矩阵填充与并行核外LU分解，详细讨论了两种不同的核外LU分解算法——Left-Looking算法和Right-Looking算法，并给出了并行核外LU分解算法的程序实现。数值结果表明：选取IASIZE约为可用内存大小的85%时程序具有较好的性能；固态硬盘的使用可提高并行核外高阶基函数矩量法的性能；并行核外矩量法在扩大计算规模的同时，不会带来精度的损失，可广泛用于复杂系统的仿真分析。

参考文献

[1] D'Azevedoy E, Dongarra J. The Design and Implementation of the Parallel Out-of-Core ScaLAPACK LU, QR and Cholesky Factorization Routines. Concurrency: Practice and Experience, 2000, Vol. 12: 1481-1493.

[2] Dongarra J J, Hammarling S, Walker D W. Key Concepts for Parallel Out-of-Core LU Factorization. Parallel Computing, 1997, Vol. 23: 49-70.

[3] Zhang Y, van de Geijn R A, Taylor M C, et al. Parallel MoM Using Higher-Order Basis Functions and PLAPACK In-Core and Out-of-Core Solvers for Challenging EM Simulations. IEEE Antennas & Propagation Magazine, 2009, 51(5):42-60.

[4] Zhang Y, Sarkar T K, van de Geijn R A, et al. Parallel MoM using higher order basis function and PLAPACK In-core and out-of-core solvers for challenging EM simulations. 2008 IEEE Antennas and Propagation Society International Symposium, 2008:1-4.

[5] Taylor M C, Zhang Y, Sarkar T K, et al. Parallel MoM Using Higher Order Basis Functions and PLAPACK Out-of-Core Solver for a Challenging Vivaldi Array. XXIX URSI General Assembly, Chicago, IL, Aug. 2008.

[6] Zhang Y, Sarkar T K. Parallel Solution of Integral Equation-Based EM Problems in the Frequency Domain. Wiley-IEEE Press, 2009.

第 7 章　基于 RWG 基函数矩量法的并行多层快速多极子

为了提高矩量法(MoM)求解问题的规模，除采用前述的高阶基函数、核外技术外，另一种方案是采用基于 MoM 发展起来的快速算法，其中比较具有代表性的是快速多极子方法(Fast Multipole Method，FMM)及多层快速多极子方法(Multilevel Fast Multipole Algorithm，MLFMA)。本章主要介绍半空间 MLFMA 基本原理，讨论其并行策略，评估其并行性能，并给出并行 MLFMA 的应用实例。

7.1　自由空间多层快速多极子方法

为了给半空间 MLFMA 奠定基础，本节首先介绍自由空间 MLFMA。

矩量法(MoM)阻抗矩阵是复数稠密矩阵，如果用直接法求解矩阵方程，则算法存储量为 $O(N^2)$，计算量为 $O(N^3)$；如果用迭代法求解，存储量同样为 $O(N^2)$，每步迭代的计算量为 $O(N^2)$，其中 N 表示未知量。迭代法中的关键环节是矩阵向量乘积，MoM 的矩阵向量乘积可以认为是等效电(磁)流的相互作用，N 个电流元之间直接相互作用次数是 N^2，如图 7.1-1 中的连线所示。

快速多极子方法(FMM)[1]是对等效电流进行分组，并将组之间的相互作用分为近相互作用和远相互作用。若采用伽略金检验过程，可认为是对基函数或权函数进行分组。通常认为两个分组中心之间的距离小于半个波长为近相互作用，否则为远相互作用。对于近相互作用，仍然采用矩量法计算；对于远相互作用，则采用 FMM 计算。FMM 利用加法定理和平面波展开理论将自由空间中的格林函数展开成多极子形式，最终将矩阵与向量的乘积运算转化为聚合、转移、配置三个过程。FMM 的最优分组数为 $N^{0.5}$，此时 FMM 的存储量和计算量均为 $O(N^{1.5})$，远小于 MoM 的存储量和计算量。如图 7.1-2 所示，FMM 中表示电流元相互作用的连线显著减少。

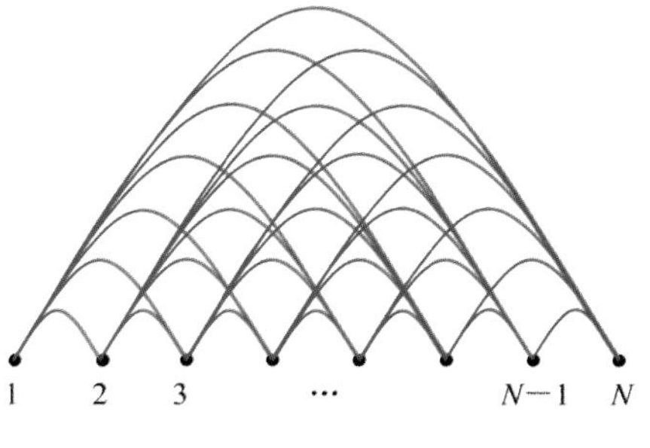

图 7.1-1　矩量法电流元相互作用示意图

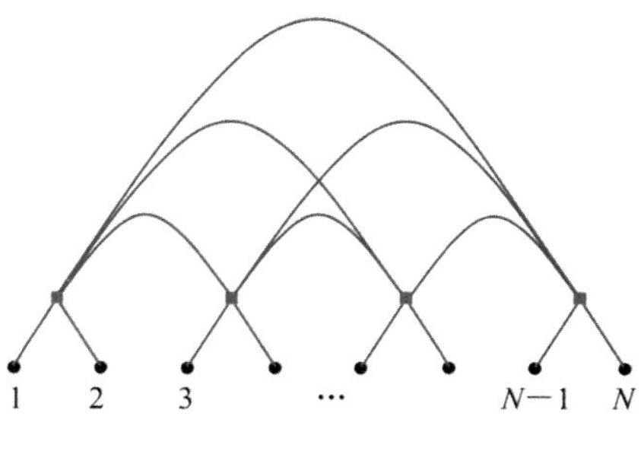

图 7.1-2　快速多极子方法电流元相互作用示意图

多层快速多极子方法(MLFMA)[2]是 FMM 的多层级扩展，其采用多层分组方式进行计算，进一步将存储量和计算量降低为 $O(N\log N)$。如图 7.1-3 所示，MLFMA 分层数增加，表示电流元相互作用的连线进一步减少。与 FMM 相比，MLFMA 计算电大尺寸问题更为有效，因而得到了广泛应用。

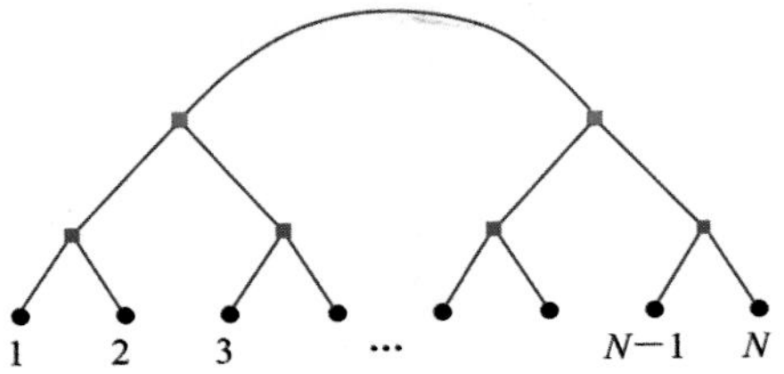

图 7.1-3　多层快速多极子方法电流元相互作用示意图

7.1.1　自由空间格林函数的加法定理和平面波展开理论

快速多极子方法的数学基础是加法定理和平面波展开理论。

对于自由空间中的源点 $\boldsymbol{r}'$ 和场点 $\boldsymbol{r}$，图 7.1-4 给出了加法定理相关变量的几何关系。标量格林函数由加法定理[3]展开得

$$G(\boldsymbol{r},\boldsymbol{r}')=\frac{\mathrm{e}^{-\mathrm{j}kR}}{4\pi R}=\frac{\mathrm{e}^{-\mathrm{j}k|\boldsymbol{R}_{m'm}+\boldsymbol{d}|}}{4\pi|\boldsymbol{R}_{m'm}+\boldsymbol{d}|}$$

$$=\frac{-\mathrm{j}k}{4\pi}\sum_{l=0}^{\infty}(-1)^l(2l+1)\mathrm{j}_l(kd)\mathrm{h}_l^{(2)}(kR_{m'm})\mathrm{P}_l(\hat{\boldsymbol{d}}\cdot\hat{\boldsymbol{R}}_{m'm})\qquad(7.1-1)$$

$$\hat{\boldsymbol{d}}=\frac{\boldsymbol{d}}{d},\qquad\hat{\boldsymbol{R}}_{m'm}=\frac{\boldsymbol{R}_{m'm}}{R_{m'm}}$$

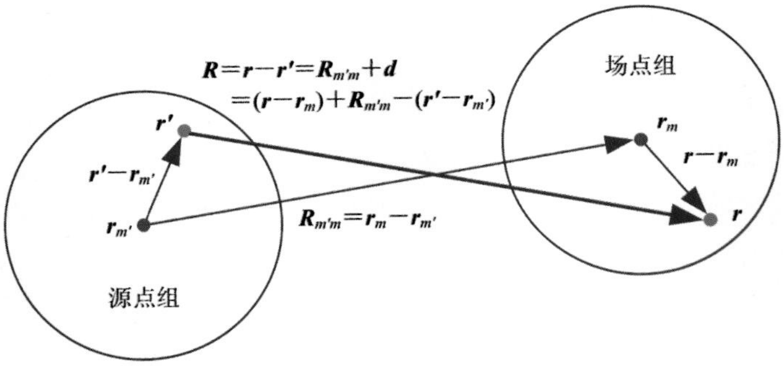

图 7.1-4　加法定理几何结构示意图

其中，$d=|\boldsymbol{d}|$ 和 $R_{m'm}=|\boldsymbol{R}_{m'm}|$ 分别表示矢量 $\boldsymbol{d}$ 和 $\boldsymbol{R}_{m'm}$ 的几何长度。j_l 为第一类球贝塞尔函数，$\mathrm{h}_l^{(2)}$ 为第二类球汉开尔函数，P_l 为勒让德多项式。式(7.1-1)就是自由空间中三维 FMM 所采用的加法定理，该式对于一般的复波数 k 也是成立的(此时加法定理的收敛性变差，见 7.2 节)。当 $d<R_{m'm}$ 时，式(7.1-1)才收敛，此时使用有限次求和即可保证计算精度。选取 L 作为式(7.1-1)中无穷求和的截断项数，则式(7.1-1)可以写为

$$G(\boldsymbol{r},\boldsymbol{r}')=\frac{-\mathrm{j}k}{4\pi}\sum_{l=0}^{L}(-1)^l(2l+1)\mathrm{j}_l(kd)\mathrm{h}_l^{(2)}(kR_{m'm})\mathrm{P}_l(\hat{\boldsymbol{d}}\cdot\hat{\boldsymbol{R}}_{m'm})\qquad(7.1-2)$$

其中，截断项数 L 也称为多极子模式数，其取值大小决定了式(7.1-2)截断计算的精度。

当波数 k 为实数时，L 可以利用如下经验公式进行选取[4]：

$$L = kd + \alpha \ln(\pi + kd) \tag{7.1-3}$$

其中，$\alpha = -\lg\varepsilon$，ε 为计算精度。一般取 $\alpha = 2$ 就能达到较高的计算精度。

接下来对 $\mathrm{j}_l(kd)\mathrm{P}_l(\hat{\boldsymbol{d}} \cdot \hat{\boldsymbol{R}}_{m'm})$ 进行平面波展开，即

$$4\pi(-\mathrm{j})^l \mathrm{j}_l(kd)\mathrm{P}_l(\hat{\boldsymbol{d}} \cdot \hat{\boldsymbol{R}}_{m'm}) = \int_\Omega \mathrm{e}^{-\mathrm{j}\boldsymbol{k}\cdot\boldsymbol{d}} \mathrm{P}_l(\hat{\boldsymbol{k}} \cdot \hat{\boldsymbol{R}}_{m'm})\,\mathrm{d}^2\hat{\boldsymbol{k}} \tag{7.1-4}$$

$$\hat{\boldsymbol{k}} = \frac{\boldsymbol{k}}{k} = \hat{\boldsymbol{x}}\sin\theta\cos\phi + \hat{\boldsymbol{y}}\sin\theta\sin\phi + \hat{\boldsymbol{z}}\cos\theta$$

$$\mathrm{d}^2\hat{\boldsymbol{k}} = \sin\theta\,\mathrm{d}\theta\,\mathrm{d}\phi$$

式(7.1-4)是立体角 $\Omega = 4\pi$ 内单位球面上的积分，即在 $0 \leqslant \theta \leqslant \pi$ 和 $0 \leqslant \phi \leqslant 2\pi$ 范围内的所有平面波方向上进行积分。通常采用数值积分计算式(7.1-4)，例如在 θ 方向采用 L 点高斯-勒让德积分，在 ϕ 方向采用 $2L$ 长度的梯形法则积分，总积分点数或平面波数为 $K = 2L^2$。

将式(7.1-4)代入式(7.1-2)，可得

$$G(\boldsymbol{r}, \boldsymbol{r}') = \frac{-\mathrm{j}k}{(4\pi)^2}\int_\Omega \mathrm{e}^{-\mathrm{j}\boldsymbol{k}\cdot\boldsymbol{d}} T_L(kR_{m'm}, \hat{\boldsymbol{k}} \cdot \hat{\boldsymbol{R}}_{m'm})\,\mathrm{d}^2\hat{\boldsymbol{k}} \tag{7.1-5}$$

其中

$$T_L(kR_{m'm}, \hat{\boldsymbol{k}} \cdot \hat{\boldsymbol{R}}_{m'm}) = \sum_{l=0}^{L}(-\mathrm{j})^l(2l+1)\mathrm{h}_l^{(2)}(kR_{m'm})\mathrm{P}_l(\hat{\boldsymbol{k}} \cdot \hat{\boldsymbol{R}}_{m'm}) \tag{7.1-6}$$

如图 7.1-4 所示，对于源点 $\boldsymbol{r}'$ 与场点 $\boldsymbol{r}$，有

$$\boldsymbol{R} = \boldsymbol{r} - \boldsymbol{r}' = (\boldsymbol{r} - \boldsymbol{r}_m) + (\boldsymbol{r}_m - \boldsymbol{r}_{m'}) - (\boldsymbol{r}' - \boldsymbol{r}_{m'}) = \boldsymbol{R}_{m'm} + \boldsymbol{d} \tag{7.1-7}$$

当源点所在的组和场点所在的组距离较远时，有

$$|\boldsymbol{R}_{m'm}| > |\boldsymbol{d}| \quad 或 \quad R_{m'm} > d \tag{7.1-8}$$

此时，满足式(7.1-1)收敛的条件，因此有

$$G(\boldsymbol{r}, \boldsymbol{r}') = \frac{-\mathrm{j}k}{(4\pi)^2}\int_\Omega \mathrm{e}^{-\mathrm{j}\boldsymbol{k}\cdot(\boldsymbol{r}-\boldsymbol{r}_m)} T_L(kR_{m'm}, \hat{\boldsymbol{k}} \cdot \hat{\boldsymbol{R}}_{m'm})\,\mathrm{e}^{+\mathrm{j}\boldsymbol{k}\cdot(\boldsymbol{r}'-\boldsymbol{r}_{m'})}\,\mathrm{d}^2\hat{\boldsymbol{k}} \tag{7.1-9}$$

进而，可以得到自由空间中并矢格林函数的表达式：

$$\begin{aligned}\bar{\boldsymbol{G}}_A(\boldsymbol{r}, \boldsymbol{r}') &= \left(\bar{\boldsymbol{I}} + \frac{\nabla\nabla}{k^2}\right)G(\boldsymbol{r}, \boldsymbol{r}') \\ &= \frac{-\mathrm{j}k}{(4\pi)^2}\int_\Omega (\bar{\boldsymbol{I}} - \hat{\boldsymbol{k}}\hat{\boldsymbol{k}})\,\mathrm{e}^{-\mathrm{j}\boldsymbol{k}\cdot(\boldsymbol{r}-\boldsymbol{r}_m)} T_L(kR_{m'm}, \hat{\boldsymbol{k}} \cdot \hat{\boldsymbol{R}}_{m'm})\,\mathrm{e}^{+\mathrm{j}\boldsymbol{k}\cdot(\boldsymbol{r}'-\boldsymbol{r}_{m'})}\,\mathrm{d}^2\hat{\boldsymbol{k}}\end{aligned} \tag{7.1-10}$$

对于单个平面波，有 $\bar{\boldsymbol{I}} + \dfrac{\nabla\nabla}{k^2} = \bar{\boldsymbol{I}} - \hat{\boldsymbol{k}}\hat{\boldsymbol{k}}$，$\bar{\boldsymbol{I}}$ 是单位并矢。

7.1.2　自由空间快速多极子方法

根据自由空间导体问题的混合场积分方程(CFIE)，可将 CFIE 展开写为

$$\begin{aligned}&\hat{\boldsymbol{t}} \cdot [\alpha\boldsymbol{E}_{\mathrm{inc}}(\boldsymbol{r}) + \eta(1-\alpha)\hat{\boldsymbol{n}} \times \boldsymbol{H}_{\mathrm{inc}}(\boldsymbol{r})]_{\boldsymbol{r}\in S_+} \\ &= \alpha\hat{\boldsymbol{t}} \cdot \left[\mathrm{j}\omega\mu\int_S \left(\bar{\boldsymbol{I}} + \frac{\nabla\nabla}{k^2}\right)G(\boldsymbol{r}, \boldsymbol{r}') \cdot \boldsymbol{J}_s(\boldsymbol{r}')\,\mathrm{d}s'\right]_{\boldsymbol{r}\in S_+} \\ &\quad + \eta(1-\alpha)\hat{\boldsymbol{t}} \cdot \left[\boldsymbol{J}_s(\boldsymbol{r}' \in S) - \hat{\boldsymbol{n}} \times \nabla \times \int_S G(\boldsymbol{r}, \boldsymbol{r}')\boldsymbol{J}_s(\boldsymbol{r}')\,\mathrm{d}s'\right]_{\boldsymbol{r}\in S_+}\end{aligned} \tag{7.1-11}$$

其中，$\boldsymbol{E}_{\text{inc}}$和 $\boldsymbol{H}_{\text{inc}}$分别为入射电场和磁场，$\alpha\in[0, 1]$为 CFIE 组合系数，$\eta$ 为自由空间波阻抗，单位矢量 $\hat{\boldsymbol{n}}$ 和 $\hat{\boldsymbol{t}}$ 分别与目标表面 S 垂直和相切，$\boldsymbol{J}_s$ 是 S 上的等效电流密度，$\boldsymbol{r}'\in S$ 表示 $\boldsymbol{r}'$位于表面 S 上，$\boldsymbol{r}\in S_+$ 表示 $\boldsymbol{r}$ 位于 S 外并且与 S 之间的距离无限小。

MoM 求解过程中，未知表面电流密度 $\boldsymbol{J}_s$ 用 N 个基函数 $\boldsymbol{b}_{n'}(\boldsymbol{r}')$展开得

$$\boldsymbol{J}_s(\boldsymbol{r}') = \sum_{n'=1}^{N} I_{n'}\boldsymbol{b}_{n'}(\boldsymbol{r}') \tag{7.1-12}$$

其中，$I_{n'}$是待求解的未知电流系数，这里我们采用基于平面三角形面片的 RWG 基函数。根据伽略金检验过程，用权函数 $\boldsymbol{w}_n(\boldsymbol{r})$检验式(7.1-11)可得 N 阶矩量法阻抗矩阵方程：

$$\boldsymbol{ZI} = \mathbf{V} \tag{7.1-13}$$

其中，激励向量 $\mathbf{V}$ 和阻抗矩阵 $\boldsymbol{Z}$ 的元素表达式分别为

$$V_n = \int_{S_n} \boldsymbol{w}_n(\boldsymbol{r})\cdot[\alpha\boldsymbol{E}_{\text{inc}}(\boldsymbol{r}) + \eta(1-\alpha)\hat{\boldsymbol{n}}\times\boldsymbol{H}_{\text{inc}}(\boldsymbol{r})]\mathrm{d}s \tag{7.1-14}$$

$$\begin{aligned} Z_{mn'} = {} & \alpha\mathrm{j}\omega\mu\int_{S_n} \boldsymbol{w}_n(\boldsymbol{r})\cdot\int_{S_{n'}}\left(\bar{\boldsymbol{I}} + \frac{\nabla\nabla}{k^2}\right)G(\boldsymbol{r}, \boldsymbol{r}')\cdot\boldsymbol{b}_{n'}(\boldsymbol{r}')\mathrm{d}s'\mathrm{d}s \\ & + \eta(1-\alpha)\int_{S_n}\boldsymbol{w}_n(\boldsymbol{r})\cdot\boldsymbol{b}_{n'}(\boldsymbol{r})\mathrm{d}s \\ & - \eta(1-\alpha)\int_{S_n}\boldsymbol{w}_n(\boldsymbol{r})\cdot\left[\hat{\boldsymbol{n}}\times\nabla\times\int_{S_{n'}}G(\boldsymbol{r}, \boldsymbol{r}')\boldsymbol{b}_{n'}(\boldsymbol{r}')\mathrm{d}s'\right]\mathrm{d}s \end{aligned} \tag{7.1-15}$$

其中，$S_{n'}$表示基函数所在的一对三角形面片 $T_{n'}^+$ 与 $T_{n'}^-$，S_n 表示权函数所在的一对三角形面片 T_n^+ 与 T_n^-(注意，n'与 n 是两个不同的变量)。

在 FMM 计算过程中，我们将阻抗矩阵划分为近相互作用矩阵和远相互作用矩阵，即

$$\boldsymbol{Z} = \boldsymbol{Z}^{\text{near}} + \boldsymbol{Z}^{\text{far}} \tag{7.1-16}$$

对于近相互作用矩阵，采用 MoM 直接计算，得到的阻抗矩阵元素 $Z_{mn'}^{\text{near}}$存储在稀疏矩阵 $\boldsymbol{Z}^{\text{near}}$中。对于远相互作用矩阵，采用 FMM 计算，$Z_{mn'}^{\text{far}}$的表达式为

$$\begin{aligned} Z_{mn'}^{\text{far}} = {} & \alpha\mathrm{j}\omega\mu\int_{S_n}\boldsymbol{w}_n(\boldsymbol{r})\cdot\int_{S_{n'}}\left(\bar{\boldsymbol{I}} + \frac{\nabla\nabla}{k^2}\right)G(\boldsymbol{r}, \boldsymbol{r}')\cdot\boldsymbol{b}_{n'}(\boldsymbol{r}')\mathrm{d}s'\mathrm{d}s \\ & - \eta(1-\alpha)\int_{S_n}\boldsymbol{w}_n(\boldsymbol{r})\cdot\left[\hat{\boldsymbol{n}}\times\nabla\times\int_{S_{n'}}G(\boldsymbol{r}, \boldsymbol{r}')\boldsymbol{b}_{n'}(\boldsymbol{r}')\mathrm{d}s'\right]\mathrm{d}s \end{aligned} \tag{7.1-17}$$

对比式(7.1-15)和式(7.1-17)可见，$Z_{mn'}^{\text{far}}$比 $Z_{mn'}$缺少式(7.1-15)等号右边第二项，这是因为 FMM 只应用于场点和源点相距较远的情况，也即权函数和基函数定义在不同的三角形对上，此时式(7.1-15)中等号右边第二项为零。需要强调，远相互作用不要求源点组和场点组在对方的远区，只要二者之间的距离满足 7.1.1 节中加法定理和平面波展开所要求的距离即可。

由式(7.1-9)和式(7.1-17)知，自由空间 FMM 的远相互作用矩阵元素可以表示为

$$Z_{mn'}^{\text{far}} = \frac{\omega\mu k}{(4\pi)^2}\int_{\Omega}\boldsymbol{W}_{m\alpha}(\hat{\boldsymbol{k}})\cdot T_L(kR_{m'm}, \hat{\boldsymbol{k}}\cdot\hat{\boldsymbol{R}}_{m'm})\boldsymbol{B}_{m'\alpha'}(\hat{\boldsymbol{k}})\mathrm{d}^2\hat{\boldsymbol{k}} \tag{7.1-18}$$

式(7.1-18)中，源点到场点的矢量 $\boldsymbol{R}=\boldsymbol{r}-\boldsymbol{r}'$已经分解为源点组中心 $\boldsymbol{r}_{m'}$到源点 $\boldsymbol{r}'$的矢量，场点组中心 $\boldsymbol{r}_m$ 到场点 $\boldsymbol{r}$ 的矢量，以及连接两个组中心的矢量 $\boldsymbol{R}_{m'm}$，如图 7.1-4 所示(注意，m'与 m 是两个不同的变量)。应用式(7.1-18)需要将目标表面的基函数(或权函数)进行分组，分组编号为 $m'=1, 2, \cdots, M$，每个组包含约 $A_m\approx N/M$ 个基函数。在第 m'组中，

基函数的局部编号为 $\alpha'=1, 2, \cdots, A_m$。基函数分组信息保存为全局编号与局部编号的映射关系，全局编号为 n' 的基函数对应的分组编号为 $m'(n')$，对应的组内局部编号为 $\alpha'(n')$，第 m' 组中的第 α' 个基函数对应的全局编号为 $n'(m', \alpha')$[5]。类似地，$m(n)$、$\alpha(n)$ 和 $n(m, \alpha)$ 是权函数的映射关系。式(7.1-18)中：T_L 称为转移因子，见式(7.1-6)；$\boldsymbol{W}_{m\alpha}$ 称为配置因子或接收方向图，$\boldsymbol{B}_{m'\alpha'}$ 称为聚合因子或辐射方向图，其表达式如下：

$$\boldsymbol{W}_{m\alpha}(\hat{\boldsymbol{k}}) = \alpha(\bar{\boldsymbol{I}} - \hat{\boldsymbol{k}}\hat{\boldsymbol{k}}) \cdot \int_{S_n} \boldsymbol{w}_{n(m,\alpha)}(\boldsymbol{r}) \mathrm{e}^{-\mathrm{j}k\hat{\boldsymbol{k}} \cdot (\boldsymbol{r}-\boldsymbol{r}_m)} \mathrm{d}s$$

$$+ (1-\alpha)\hat{\boldsymbol{k}} \times \int_{S_n} \hat{\boldsymbol{n}} \times \boldsymbol{w}_{n(m,\alpha)}(\boldsymbol{r}) \mathrm{e}^{-\mathrm{j}k\hat{\boldsymbol{k}} \cdot (\boldsymbol{r}-\boldsymbol{r}_m)} \mathrm{d}s \tag{7.1-19}$$

$$\boldsymbol{B}_{m'\alpha'}(\hat{\boldsymbol{k}}) = (\bar{\boldsymbol{I}} - \hat{\boldsymbol{k}}\hat{\boldsymbol{k}}) \cdot \int_{S_{n'}} \boldsymbol{b}_{n'(m',\alpha')}(\boldsymbol{r}') \mathrm{e}^{+\mathrm{j}k\hat{\boldsymbol{k}} \cdot (\boldsymbol{r}'-\boldsymbol{r}_{m'})} \mathrm{d}s' \tag{7.1-20}$$

式(7.1-19)和式(7.1-20)分别表示权函数和基函数的平面波展开或傅里叶变换。如果目标所处的空间为无耗环境，则对于伽略金检验过程，式(7.1-19)等号右边第一个积分与式(7.1-20)中的积分互为复共轭。因此，只需要存储其中一个变量。然而，对于 7.2 节的半空间环境，下半空间通常是有耗的(例如土壤、海水)，此时波数 k 为复数。有耗环境中，二者不再互为复共轭，所以两个变量都需要存储。

式(7.1-11)中的 CFIE 包含电场积分方程(EFIE，$\alpha=1$)和磁场积分方程(MFIE，$\alpha=0$)。为了避免 EFIE 和 MFIE 求解过程中可能出现的内谐振问题，分析封闭目标时我们一般选择 $\alpha=0.5$。

7.1.3　自由空间多层快速多极子方法

采用多层快速多极子方法(MLFMA)时，要对基函数进行分层分组。对于三维问题，首先用一个适当大小的长方体或立方体盒子将模型刚好包住，将其记为第 0 层；然后将此长方体分为 8 个小长方体，将其记为第 1 层；再将各个小长方体分为更小的 8 个长方体，将其记为第 2 层，如此递推下去，直到最后划分的长方体满足标准为止。一般情况下，最小的长方体边长取半个波长左右。这样的分层分组方法将建立一个八叉树结构。以球体为例，MLFMA 分层分组如图 7.1-5 所示。

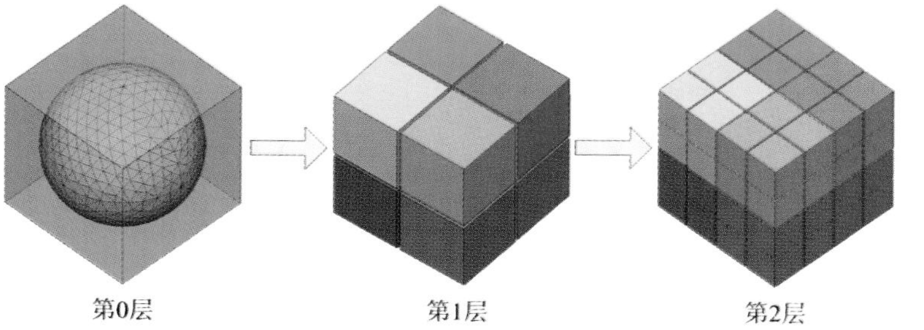

图 7.1-5　三维 MLFMA 分层分组示意图

在分层分组过程中，要判断非空组和空组，并且要判断各层分组之间的关系。在各层中，包含基函数的长方体是非空组，反之则是空组，计算过程只需要非空组。各层分组之间的关系如下：

(1) 父层与子层。

记当前层为第 γ 层，由该层所细分的层为第 $\gamma+1$ 层。第 γ 层是第 $\gamma+1$ 层的父层，第 $\gamma+1$ 层是第 γ 层的子层。

(2) 父组与子组。

父层上的非空组为父组，子层上由它们细分得到的非空组为其子组。

(3) 相邻组和次相邻组。

对于某一层中的一个非空组，凡是在该层上与该组有公共顶点的非空组均为其相邻组。一个非空组的次相邻组是其父组的相邻组的子组，并且又是该层该组的非相邻组。图 7.1-6 给出了非空组 m 的相邻组和次相邻组示意图，假设所有组均为非空组。

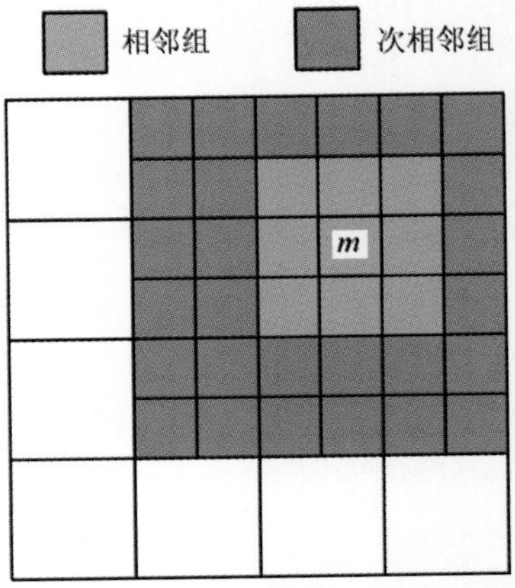

图 7.1-6　相邻组和次相邻组的二维剖面示意图

在每一层中，相邻组之间为近相互作用，次相邻组之间为远相互作用。因为第 0 层和第 1 层不存在次相邻组，所以 MLFMA 的有效层为 $2\sim g$，其中分组最小的层记为第 g 层。源点 $\boldsymbol{r}'$ 所在的分组从第 g 层直至第 2 层分别表示为 m'_g，m'_{g-1}，…，m'_2，各层分组的组中心记为 $\boldsymbol{r}_{m'_g}$，$\boldsymbol{r}_{m'_{g-1}}$，…，$\boldsymbol{r}_{m'_2}$；场点 $\boldsymbol{r}$ 所在的分组从第 g 层直至第 2 层分别表示为 m_g，m_{g-1}，…，m_2，各层分组的组中心记为 $\boldsymbol{r}_{m_g}$，$\boldsymbol{r}_{m_{g-1}}$，…，$\boldsymbol{r}_{m_2}$，如图 7.1-7 所示。对于源点到场点之间的矢量，有

$$\begin{aligned}\boldsymbol{r}-\boldsymbol{r}' &= (\boldsymbol{r}-\boldsymbol{r}_{m_g})+(\boldsymbol{r}_{m_g}-\boldsymbol{r}_{m_{g-1}})+\cdots+(\boldsymbol{r}_{m_2}-\boldsymbol{r}_{m'_2})+\cdots+(\boldsymbol{r}_{m'_{g-1}}-\boldsymbol{r}_{m'_g})+(\boldsymbol{r}_{m'_g}-\boldsymbol{r}')\\ &= (\boldsymbol{r}-\boldsymbol{r}_{m_g})+\boldsymbol{r}_{m_{g-1}m_g}+\cdots+\boldsymbol{R}_{m'_2m_2}+\cdots+\boldsymbol{r}_{m'_gm'_{g-1}}+(\boldsymbol{r}_{m'_g}-\boldsymbol{r}')\end{aligned} \tag{7.1-21}$$

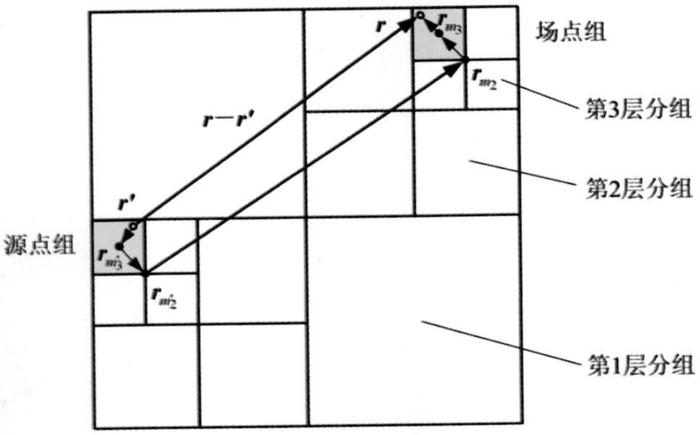

图 7.1-7　MLFMA 分层分组二维剖面图($g=3$)

由 7.1.1 节加法定理的收敛条件知，如果

$$|\boldsymbol{R}_{m'_2m_2}|>|(\boldsymbol{r}-\boldsymbol{r}_{m_g})+\boldsymbol{r}_{m_{g-1}m_g}+\cdots+\boldsymbol{r}_{m_2m_3}+\boldsymbol{r}_{m'_3m'_2}+\cdots+\boldsymbol{r}_{m'_gm'_{g-1}}+(\boldsymbol{r}_{m'_g}-\boldsymbol{r}')| \tag{7.1-22}$$

则标量格林函数可以展开为

$$G(\boldsymbol{r},\boldsymbol{r}')=\frac{\mathrm{e}^{-\mathrm{j}k|\boldsymbol{r}-\boldsymbol{r}'|}}{4\pi|\boldsymbol{r}-\boldsymbol{r}'|}$$
$$=\frac{-\mathrm{j}k}{(4\pi)^2}\int_\Omega \mathrm{e}^{-\mathrm{j}\boldsymbol{k}\cdot[(\boldsymbol{r}-\boldsymbol{r}_{m_g})+\boldsymbol{r}_{m_{g-1}m_g}+\cdots+\boldsymbol{r}_{m_2m_3}]}T_L(kR_{m_2'm_2},\hat{\boldsymbol{k}}\cdot\hat{\boldsymbol{R}}_{m_2'm_2})$$
$$\mathrm{e}^{-\mathrm{j}\boldsymbol{k}\cdot[\boldsymbol{r}_{m_3'm_2'}+\cdots+\boldsymbol{r}_{m_g'm_{g-1}'}+(\boldsymbol{r}_{m_g'}-\boldsymbol{r}')]}\mathrm{d}^2\hat{\boldsymbol{k}} \tag{7.1-23}$$

$$T_L(kR_{m_2'm_2},\hat{\boldsymbol{k}}\cdot\hat{\boldsymbol{R}}_{m_2'm_2})=\sum_{l=0}^{L}(-\mathrm{j})^l(2l+1)\mathrm{h}_l^{(2)}(kR_{m_2'm_2})\mathrm{P}_l(\hat{\boldsymbol{k}}\cdot\hat{\boldsymbol{R}}_{m_2'm_2}) \tag{7.1-24}$$

其中，$R_{m_2'm_2}=|\boldsymbol{R}_{m_2'm_2}|=|\boldsymbol{r}_{m_2}-\boldsymbol{r}_{m_2'}|$，$\hat{\boldsymbol{R}}_{m_2'm_2}=\dfrac{\boldsymbol{R}_{m_2'm_2}}{R_{m_2'm_2}}$。式(7.1－24)为第 2 层分组 m_2' 与 m_2 之间的转移因子。通过与式(7.1－18)类似的推导过程，可得 MLFMA 的远相互作用阻抗矩阵元素表达式：

$$Z_{mn'}^{\mathrm{far}}=\frac{\omega\mu k}{(4\pi)^2}\int_\Omega \boldsymbol{W}_{m_g\alpha_g}(\hat{\boldsymbol{k}})\mathrm{e}^{-\mathrm{j}\boldsymbol{k}\cdot(\boldsymbol{r}_{m_{g-1}m_g}+\cdots+\boldsymbol{r}_{m_2m_3})}\cdot T_L(kR_{m_2'm_2},\hat{\boldsymbol{k}}\cdot\hat{\boldsymbol{R}}_{m_2'm_2})$$
$$\mathrm{e}^{-\mathrm{j}\boldsymbol{k}\cdot(\boldsymbol{r}_{m_3'm_2'}+\cdots+\boldsymbol{r}_{m_g'm_{g-1}'})}\boldsymbol{B}_{m_g'\alpha_g'}(\hat{\boldsymbol{k}})\mathrm{d}^2\hat{\boldsymbol{k}} \tag{7.1-25}$$

其中，在第 g 层中，$\boldsymbol{B}_{m_g'\alpha_g'}$ 是聚合因子，$\boldsymbol{W}_{m_g\alpha_g}$ 是配置因子。式(7.1－25)成立的条件是式(7.1－22)，即组 m_2' 和 m_2 为次相邻组。式(7.1－25)定义在第 2 层，对于电大尺寸目标，该层的分组尺寸很大，此时 L 和 K 也会很大。如果直接利用式(7.1－25)计算矩阵向量乘积，其计算量将非常大。因此，需要使用插值和反插值技术来实现 MLFMA 的逐层向上聚合和逐层向下配置的过程[2, 4]，以提高计算效率。

值得指出，因为 FMM 与 MLFMA 加速的是矩阵向量乘积运算，并且不显式存储远相互作用阻抗矩阵，所以 FMM 与 MLFMA 需要采用 4.5 节所述的迭代法求解矩阵方程。矩阵向量乘积运算将在 7.2.4 节中介绍。

7.2 半空间多层快速多极子方法

半空间环境属于平面分层媒质，如图 7.2－1 所示。半空间 MLFMA 可以对无限大平坦地面、海面等环境中的电大尺寸目标进行建模。直接将 MLFMA 用于平面分层媒质问题的难点在于分层媒质格林函数是并矢形式，其每个分量都是一个复杂的索末菲(Sommerfeld)积分。处理索末菲积分通常采用离散复镜像方法(DCIT)[6, 7]。理论上讲，可以对并矢格林函数每个分量的复镜像表达式直接进行 MLFMA 加法定理展开。然而，与源点和场点位于实空间的情况相比，复镜像会严重影响加法定理的收敛性和稳定性[5]。

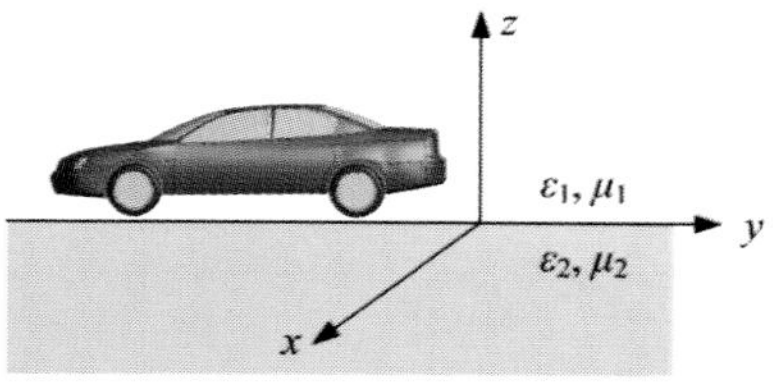

图 7.2－1　半空间环境示意图

针对上述问题，本节采用如下方案：

(1) 对于半空间近相互作用，采用严格的半空间并矢格林函数进行处理，这类似于半空间矩量法。

(2) 对于直接远相互作用，即未经过半空间分界面反射的直接辐射场，对自由空间 MLFMA 修正后进行计算。

(3) 对于经过半空间分界面反射的远相互作用，采用实镜像方法，该方法物理概念清晰，具有良好的收敛性和稳定性。与 DCIT 引入多个复镜像相比，实镜像方法仅引入一个实镜像[5,8]。因此，实镜像方法大大降低了存储量和计算量。

数值实例表明，上述方法可用于半空间环境中电大尺寸导体目标的电磁数值分析，在保证计算精度的前提下，显著提高计算效率。

7.2.1 半空间混合场积分方程

一般情况下，半空间环境的上半空间为空气，下半空间为土壤或海水。三维导体目标位于上半空间或下半空间，其表面用 S 表示。目标所处空间的媒质介电常数为 $\varepsilon_i=\varepsilon_i'-\mathrm{j}\varepsilon_i''-\mathrm{j}\sigma_i/\omega$，磁导率为 $\mu_i=\mu_i'-\mathrm{j}\mu_i''$，$i=1$，2 分别表示目标位于第 1 层(上半空间)或第 2 层(下半空间)媒质的情况。建立混合场积分方程(CFIE)如下：

$$\begin{aligned}&\hat{\boldsymbol{t}}\cdot[\alpha\boldsymbol{E}_{\mathrm{inc}}(\boldsymbol{r})+\eta_i(1-\alpha)\hat{\boldsymbol{n}}\times\boldsymbol{H}_{\mathrm{inc}}(\boldsymbol{r})]_{r\in S_+}\\&=\hat{\boldsymbol{t}}\cdot[-\alpha\boldsymbol{E}_{\mathrm{scat}}(\boldsymbol{r})+\eta_i(1-\alpha)\boldsymbol{J}_s(\boldsymbol{r}'\in S)-\eta_i(1-\alpha)\hat{\boldsymbol{n}}\times\boldsymbol{H}_{\mathrm{scat}}(\boldsymbol{r})]_{r\in S_+}\end{aligned}\tag{7.2-1}$$

其中，η_i 是第 i 层媒质的波阻抗，$\boldsymbol{r}'\in S$ 表示 $\boldsymbol{r}'$ 位于表面 S 上，$\boldsymbol{r}\in S_+$ 表示 $\boldsymbol{r}$ 位于 S 外并且与 S 之间的距离无限小。式(7.2-1)中的 CFIE 适用于一般情况的平面分层媒质，这里仅考虑半空间的情况。

假设目标位于第 i 层，利用磁矢位 $\boldsymbol{A}(\boldsymbol{r})$ 和电标位 $\varphi(\boldsymbol{r})$，则目标表面电流 $\boldsymbol{J}_s(\boldsymbol{r}')$ 在第 i 层产生的散射电场 $\boldsymbol{E}_{\mathrm{scat}}(\boldsymbol{r})$ 的表达式为

$$\begin{aligned}\boldsymbol{E}_{\mathrm{scat}}(\boldsymbol{r})&=-\mathrm{j}\omega\left(\bar{\boldsymbol{I}}+\frac{\nabla\nabla}{k_i^2}\right)\cdot\boldsymbol{A}(\boldsymbol{r})\\&=-\mathrm{j}\omega\mu_i\left(\bar{\boldsymbol{I}}+\frac{\nabla\nabla}{k_i^2}\right)\cdot\int_S\bar{\boldsymbol{G}}_{Aii}(\boldsymbol{r},\boldsymbol{r}')\cdot\boldsymbol{J}_s(\boldsymbol{r}')\mathrm{d}s'\end{aligned}\tag{7.2-2}$$

$$\begin{aligned}\boldsymbol{E}_{\mathrm{scat}}(\boldsymbol{r})&=-\mathrm{j}\omega\boldsymbol{A}(\boldsymbol{r})-\nabla\varphi(\boldsymbol{r})\\&=-\mathrm{j}\omega\mu_i\int_S\bar{\boldsymbol{K}}_{Aii}(\boldsymbol{r},\boldsymbol{r}')\cdot\boldsymbol{J}_s(\boldsymbol{r}')\mathrm{d}s'+\frac{\nabla}{\mathrm{j}\omega\varepsilon_i}\int_S K_{\varphi e}^{ii}(\boldsymbol{r},\boldsymbol{r}')\nabla_s'\cdot\boldsymbol{J}_s(\boldsymbol{r}')\mathrm{d}s'\end{aligned}\tag{7.2-3}$$

散射磁场 $\boldsymbol{H}_{\mathrm{scat}}(\boldsymbol{r})$ 的表达式为

$$\boldsymbol{H}_{\mathrm{scat}}(\boldsymbol{r})=\frac{1}{\mu_i}\nabla\times\boldsymbol{A}=\nabla\times\int_S\bar{\boldsymbol{G}}_{Aii}(\boldsymbol{r},\boldsymbol{r}')\cdot\boldsymbol{J}_s(\boldsymbol{r}')\mathrm{d}s'\tag{7.2-4}$$

式(7.2-2)和式(7.2-3)是两个不同的电场表达式，对比可见，式(7.2-3)中导数运算的阶数更低。如图 7.2-2 所示，对于 $N+1$ 层的平面分层媒质，并矢格林函数 $\bar{\boldsymbol{G}}_{Aii}$ 和 $\bar{\boldsymbol{K}}_{Aii}$ 以及标量格林函数 $K_{\varphi e}^{ii}$ 的具体意义和表达式已经在文献[9]和[10]中给出并作了深入讨论，本节采用文献[9]中的公式 C。

如果源点和场点都在第 i 层，根据平面分层媒质的等效传输线模型[5]，则标量格林函数及并矢格林函数的各个分量表达式如下：

$$K_{\varphi e}^{ii}(\boldsymbol{r},\boldsymbol{r}')=S_0\left\{\frac{1}{\mathrm{j}2k_{zi}}\left[\mathrm{e}^{-\mathrm{j}k_{zi}|z-z'|}+\frac{k_i^2}{k_\rho^2}\widetilde{N}_i^{\mathrm{TE,VI}}(k_{zi},z,z')-\frac{k_{zi}^2}{k_\rho^2}\widetilde{N}_i^{\mathrm{TM,VI}}(k_{zi},z,z')\right]\right\}\tag{7.2-5}$$

$$G_{Aii}^{xx}(\boldsymbol{r},\boldsymbol{r}')=G_{Aii}^{yy}(\boldsymbol{r},\boldsymbol{r}')=S_0\left\{\frac{1}{\mathrm{j}2k_{zi}}\left[\mathrm{e}^{-\mathrm{j}k_{zi}|z-z'|}+\widetilde{N}_i^{\mathrm{TE,VI}}(k_{zi},z,z')\right]\right\}\tag{7.2-6}$$

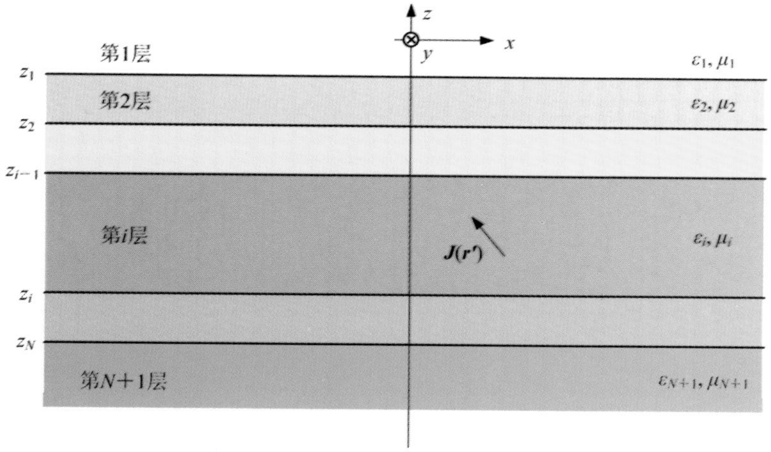

图 7.2-2　平面分层媒质示意图

$$G_{Aii}^{zz}(\boldsymbol{r}, \boldsymbol{r}') = S_0\left\{\frac{1}{\mathrm{j}2k_{zi}}\left[\mathrm{e}^{-\mathrm{j}k_{zi}|z-z'|} - \widetilde{N}_i^{\mathrm{TM},\,\mathrm{IV}}(k_{zi}, z, z')\right]\right\} \tag{7.2-7}$$

$$G_{Aii}^{zx}(\boldsymbol{r}, \boldsymbol{r}') = \frac{\partial}{\partial x}S_0\left\{\frac{1}{\mathrm{j}2k_{zi}}\frac{\mathrm{j}k_{zi}}{k_\rho^2}\left[\widetilde{N}_i^{\mathrm{TE},\,\mathrm{II}}(k_{zi}, z, z') - \widetilde{N}_i^{\mathrm{TM},\,\mathrm{II}}(k_{zi}, z, z')\right]\right\} \tag{7.2-8}$$

$$G_{Aii}^{zy}(\boldsymbol{r}, \boldsymbol{r}') = \frac{\partial}{\partial y}S_0\left\{\frac{1}{\mathrm{j}2k_{zi}}\frac{\mathrm{j}k_{zi}}{k_\rho^2}\left[\widetilde{N}_i^{\mathrm{TE},\,\mathrm{II}}(k_{zi}, z, z') - \widetilde{N}_i^{\mathrm{TM},\,\mathrm{II}}(k_{zi}, z, z')\right]\right\} \tag{7.2-9}$$

$$K_{Aii}^{zz}(\boldsymbol{r}, \boldsymbol{r}') = G_{Aii}^{zz}(\boldsymbol{r}, \boldsymbol{r}') + S_0\left\{\frac{1}{\mathrm{j}2k_{zi}}\frac{k_{zi}^2}{k_\rho^2}\left[\widetilde{N}_i^{\mathrm{TM},\,\mathrm{IV}}(k_{zi}, z, z') - \widetilde{N}_i^{\mathrm{TE},\,\mathrm{IV}}(k_{zi}, z, z')\right]\right\} \tag{7.2-10}$$

$$K_{Aii}^{xz}(\boldsymbol{r}, \boldsymbol{r}') = \frac{\partial}{\partial x}S_0\left\{\frac{1}{\mathrm{j}2k_{zi}}\frac{\mathrm{j}k_{zi}}{k_\rho^2}\left[\widetilde{N}_i^{\mathrm{TM},\,\mathrm{VV}}(k_{zi}, z, z') - \widetilde{N}_i^{\mathrm{TE},\,\mathrm{VV}}(k_{zi}, z, z')\right]\right\} \tag{7.2-11}$$

$$K_{Aii}^{yz}(\boldsymbol{r}, \boldsymbol{r}') = \frac{\partial}{\partial y}S_0\left\{\frac{1}{\mathrm{j}2k_{zi}}\frac{\mathrm{j}k_{zi}}{k_\rho^2}\left[\widetilde{N}_i^{\mathrm{TM},\,\mathrm{VV}}(k_{zi}, z, z') - \widetilde{N}_i^{\mathrm{TE},\,\mathrm{VV}}(k_{zi}, z, z')\right]\right\} \tag{7.2-12}$$

其中：S_0 表示零阶索末菲积分；$k_i=\omega\sqrt{\varepsilon_i\mu_i}$是第 i 层中的波数；k_{zi}是第 i 层中波矢量 $\boldsymbol{k}_i$ 沿 z 方向的分量；k_ρ是 $\boldsymbol{k}_i$ 在柱坐标系中沿 ρ 方向的分量，即 $k_\rho=\sqrt{k_i^2-k_{zi}^2}$；上标 TE 和 TM 分别表示相对于 z 方向的横电波和横磁波。$\widetilde{N}_i$ 的表达式如下：

$$\widetilde{N}_i^{\mathrm{TX},\,\mathrm{VV}}(k_{zi}, z, z') = \tilde{a}_i^{\mathrm{TX}}(k_{zi}, z, z') - \tilde{b}_i^{\mathrm{TX}}(k_{zi}, z, z') + \tilde{c}_i^{\mathrm{TX}}(k_{zi}, z, z') - \tilde{d}_i^{\mathrm{TX}}(k_{zi}, z, z') \tag{7.2-13}$$

$$\widetilde{N}_i^{\mathrm{TX},\,\mathrm{VI}}(k_{zi}, z, z') = \tilde{a}_i^{\mathrm{TX}}(k_{zi}, z, z') + \tilde{b}_i^{\mathrm{TX}}(k_{zi}, z, z') + \tilde{c}_i^{\mathrm{TX}}(k_{zi}, z, z') + \tilde{d}_i^{\mathrm{TX}}(k_{zi}, z, z') \tag{7.2-14}$$

$$\widetilde{N}_i^{\mathrm{TX},\,\mathrm{IV}}(k_{zi}, z, z') = \tilde{a}_i^{\mathrm{TX}}(k_{zi}, z, z') + \tilde{b}_i^{\mathrm{TX}}(k_{zi}, z, z') - \tilde{c}_i^{\mathrm{TX}}(k_{zi}, z, z') - \tilde{d}_i^{\mathrm{TX}}(k_{zi}, z, z') \tag{7.2-15}$$

$$\widetilde{N}_i^{\mathrm{TX},\,\mathrm{II}}(k_{zi}, z, z') = \tilde{a}_i^{\mathrm{TX}}(k_{zi}, z, z') - \tilde{b}_i^{\mathrm{TX}}(k_{zi}, z, z') - \tilde{c}_i^{\mathrm{TX}}(k_{zi}, z, z') + \tilde{d}_i^{\mathrm{TX}}(k_{zi}, z, z') \tag{7.2-16}$$

其中，上标 TX 表示 TE 或 TM。$\tilde{a}_i^{\mathrm{TX}}$、$\tilde{b}_i^{\mathrm{TX}}$、$\tilde{c}_i^{\mathrm{TX}}$、$\tilde{d}_i^{\mathrm{TX}}$ 的表达式如下：

$$\tilde{a}_i^{\mathrm{TX}}(k_{zi}, z, z') = \frac{\overleftarrow{\Gamma}_i^{\mathrm{TX}}(k_{zi}, z_i)}{1-\overleftarrow{\Gamma}_i^{\mathrm{TX}}(k_{zi}, z_i)\overrightarrow{\Gamma}_i^{\mathrm{TX}}(k_{zi}, z_{i-1})\mathrm{e}^{-\mathrm{j}2k_{zi}d_i}}\mathrm{e}^{-\mathrm{j}k_{zi}(z+z'-2z_i)} \tag{7.2-17}$$

$$\tilde{b}_i^{\mathrm{TX}}(k_{zi}, z, z') = \frac{\overrightarrow{\Gamma}_i^{\mathrm{TX}}(k_{zi}, z_{i-1})}{1-\overleftarrow{\Gamma}_i^{\mathrm{TX}}(k_{zi}, z_i)\overrightarrow{\Gamma}_i^{\mathrm{TX}}(k_{zi}, z_{i-1})\mathrm{e}^{-\mathrm{j}2k_{zi}d_i}}\mathrm{e}^{-\mathrm{j}k_{zi}(2z_{i-1}-z-z')} \tag{7.2-18}$$

$$\tilde{c}_i^{\mathrm{TX}}(k_{zi}, z, z') = \frac{\overleftarrow{\Gamma}_i^{\mathrm{TX}}(k_{zi}, z_i)\overrightarrow{\Gamma}_i^{\mathrm{TX}}(k_{zi}, z_{i-1})}{1-\overleftarrow{\Gamma}_i^{\mathrm{TX}}(k_{zi}, z_i)\overrightarrow{\Gamma}_i^{\mathrm{TX}}(k_{zi}, z_{i-1})\mathrm{e}^{-\mathrm{j}2k_{zi}d_i}}\mathrm{e}^{-\mathrm{j}k_{zi}(2d_i-z+z')} \tag{7.2-19}$$

$$\tilde{d}_i^{\mathrm{TX}}(k_{zi}, z, z') = \frac{\overleftarrow{\Gamma}_i^{\mathrm{TX}}(k_{zi}, z_i)\overrightarrow{\Gamma}_i^{\mathrm{TX}}(k_{zi}, z_{i-1})}{1-\overleftarrow{\Gamma}_i^{\mathrm{TX}}(k_{zi}, z_i)\overrightarrow{\Gamma}_i^{\mathrm{TX}}(k_{zi}, z_{i-1})\mathrm{e}^{-\mathrm{j}2k_{zi}d_i}}\mathrm{e}^{-\mathrm{j}k_{zi}(2d_i+z-z')} \tag{7.2-20}$$

其中：$\overleftrightarrow{\Gamma}$ 表示分界面反射系数，反射系数上方的箭头“→”表示向 $+\hat{z}$ 看去的反射系数，“←”表示向 $-\hat{z}$ 看去的反射系数；$d_i=z_{i-1}-z_i$ 表示第 i 层的厚度。在第 i 层中，$\tilde{a}_i^{\mathrm{TX}}$ 和 $\tilde{b}_i^{\mathrm{TX}}$ 分别表示下分界面 z_i 和上分界面 z_{i-1} 处的反射作用。当总分层数 $N+1\geqslant 3$ 且源点和场点位于中间层时，即 $2\leqslant i\leqslant N$ 时，$\tilde{c}_i^{\mathrm{TX}}$ 和 $\tilde{d}_i^{\mathrm{TX}}$ 才存在。因此，对于半空间环境，$\tilde{c}_i^{\mathrm{TX}}$ 和 $\tilde{d}_i^{\mathrm{TX}}$ 为零，只需要考虑 $\tilde{a}_i^{\mathrm{TX}}$ 和 $\tilde{b}_i^{\mathrm{TX}}$，此时平面分层媒质格林函数大大简化。

对于自由空间情况，即只有 1 层媒质的特殊情况，如果媒质的介电常数和磁导率分别为 ε_i 和 μ_i，则格林函数进一步简化为

$$K_{\varphi e}^{ii} = G_i(\boldsymbol{r}, \boldsymbol{r}') \tag{7.2-21}$$

$$\bar{\boldsymbol{G}}_{Aii} = \bar{\boldsymbol{K}}_{Aii} = \bar{\boldsymbol{I}}G_i(\boldsymbol{r}, \boldsymbol{r}') \tag{7.2-22}$$

$$G_i(\boldsymbol{r}, \boldsymbol{r}') = \frac{\mathrm{e}^{-\mathrm{j}k_i|\boldsymbol{r}-\boldsymbol{r}'|}}{4\pi|\boldsymbol{r}-\boldsymbol{r}'|} \tag{7.2-23}$$

7.2.2 半空间 MLFMA 近相互作用

用 MoM 求解式(7.2-1)中的 CFIE，得到阻抗矩阵的元素表达式：

$$\begin{aligned} Z_{nn'} = {} & \alpha\mathrm{j}\omega\mu_i\int_{S_n}\int_{S_{n'}}\boldsymbol{w}_n(\boldsymbol{r})\cdot\left(\bar{\boldsymbol{I}}+\frac{\nabla\nabla}{k_i^2}\right)\cdot\bar{\boldsymbol{G}}_{Aii}(\boldsymbol{r}, \boldsymbol{r}')\cdot\boldsymbol{b}_{n'}(\boldsymbol{r}')\mathrm{d}s'\mathrm{d}s \\ & +\eta_i(1-\alpha)\int_{S_n}\boldsymbol{w}_n(\boldsymbol{r})\cdot\left[\boldsymbol{b}_{n'}(\boldsymbol{r})-\hat{\boldsymbol{n}}\times\nabla\times\int_{S_{n'}}\bar{\boldsymbol{G}}_{Aii}(\boldsymbol{r}, \boldsymbol{r}')\cdot\boldsymbol{b}_{n'}(\boldsymbol{r}')\mathrm{d}s'\right]\mathrm{d}s \end{aligned} \tag{7.2-24}$$

与式(7.1-15)中的自由空间阻抗矩阵元素相比，式(7.2-24)需要使用分层媒质格林函数。

与自由空间 MLFMA 相同，半空间 MLFMA 同样将基函数和权函数之间的作用划分为近相互作用和远相互作用，即

$$\boldsymbol{Z} = \boldsymbol{Z}^{\mathrm{near}} + \boldsymbol{Z}^{\mathrm{far}} \tag{7.2-25}$$

对于近相互作用，$\boldsymbol{Z}^{\mathrm{near}}$ 是一个稀疏矩阵，采用 MoM 直接填充，$\boldsymbol{Z}^{\mathrm{near}}$ 元素的计算以及奇异性处理都与半空间 MoM 类似。半空间格林函数对于半空间近相互作用影响较大，采用离散复镜像方法(DCIT)进行计算。关于半空间矩量法基本原理，读者可参见文献[9]。对于远相互作用，MLFMA 并不直接计算并存储 $\boldsymbol{Z}^{\mathrm{far}}$，而是通过聚合、转移、配置三个基本过程快速计算矩阵向量乘积 $\boldsymbol{Z}^{\mathrm{far}}\boldsymbol{I}$ 或 $[\boldsymbol{Z}^{\mathrm{far}}]^{+}\boldsymbol{I}$。下面讨论半空间 MLFMA 的远相互作用。

7.2.3　半空间 MLFMA 远相互作用

半空间 MLFMA 远相互作用依赖于格林函数的加法定理展开。因此，我们首先研究半空间环境的格林函数。

半空间并矢格林函数 $\bar{\boldsymbol{G}}_{Aii}$ 可以写为如下形式[5]：

$$\bar{\boldsymbol{G}}_{Aii}(\boldsymbol{r},\boldsymbol{r}')=\bar{\boldsymbol{I}}G_i(\boldsymbol{r},\boldsymbol{r}')+\underline{\bar{\boldsymbol{G}}}_{Aii}(\boldsymbol{r},\boldsymbol{r}') \tag{7.2-26}$$

也就是说，半空间格林函数可以分为两部分：第一部分 $\bar{\boldsymbol{I}}G_i$ 表示源点和场点之间的直接相互作用，这与自由空间类似，值得注意的是需要使用目标所处的第 i 层的媒质参数，例如介电常数 ε_i、磁导率 μ_i 等；第二部分 $\underline{\bar{\boldsymbol{G}}}_{Aii}$ 表示半空间分界面的贡献，变量下方的"_"表示与分界面的作用。因此，远相互作用阻抗矩阵也可以分为两部分，即

$$\boldsymbol{Z}^{\text{far}}=\boldsymbol{Z}^{\text{far},i}+\underline{\boldsymbol{Z}}^{\text{far}}\quad\text{或}\quad Z_{mn'}^{\text{far}}=Z_{mn'}^{\text{far},i}+\underline{Z}_{mn'}^{\text{far}} \tag{7.2-27}$$

其中：$\boldsymbol{Z}^{\text{far},i}$ 表示直接远相互作用，上标 i 表示需要使用第 i 层的媒质参数；$\underline{\boldsymbol{Z}}^{\text{far}}$ 表示考虑分界面贡献的远相互作用，变量下方的"_"表示与分界面的作用。式(7.2-27)中的矩阵元素表达式分别为

$$\begin{aligned}Z_{mn'}^{\text{far},i}=&\alpha\mathrm{j}\omega\mu_i\int_{S_n}\boldsymbol{w}_n(\boldsymbol{r})\cdot\int_{S_{n'}}\left(\bar{\boldsymbol{I}}+\frac{\nabla\nabla}{k_i^2}\right)G_i(\boldsymbol{r},\boldsymbol{r}')\cdot\boldsymbol{b}_{n'}(\boldsymbol{r}')\mathrm{d}s'\mathrm{d}s\\&-\eta_i(1-\alpha)\int_{S_n}\boldsymbol{w}_n(\boldsymbol{r})\cdot\left[\hat{\boldsymbol{n}}\times\nabla\times\int_{S_{n'}}G_i(\boldsymbol{r},\boldsymbol{r}')\boldsymbol{b}_{n'}(\boldsymbol{r}')\mathrm{d}s'\right]\mathrm{d}s\end{aligned} \tag{7.2-28}$$

$$\begin{aligned}\underline{Z}_{mn'}^{\text{far}}=&\alpha\mathrm{j}\omega\mu_i\int_{S_n}\boldsymbol{w}_n(\boldsymbol{r})\cdot\int_{S_{n'}}\left(\bar{\boldsymbol{I}}+\frac{\nabla\nabla}{k_i^2}\right)\cdot\underline{\bar{\boldsymbol{G}}}_{Aii}(\boldsymbol{r},\boldsymbol{r}')\cdot\boldsymbol{b}_{n'}(\boldsymbol{r}')\mathrm{d}s'\mathrm{d}s\\&-\eta_i(1-\alpha)\int_{S_n}\boldsymbol{w}_n(\boldsymbol{r})\cdot\left[\hat{\boldsymbol{n}}\times\nabla\times\int_{S_{n'}}\underline{\bar{\boldsymbol{G}}}_{Aii}(\boldsymbol{r},\boldsymbol{r}')\cdot\boldsymbol{b}_{n'}(\boldsymbol{r}')\mathrm{d}s'\right]\mathrm{d}s\end{aligned} \tag{7.2-29}$$

根据目标所处第 i 层媒质的参数特性(一般为有耗媒质)，对自由空间 MLFMA 进行修正后可用于计算直接远相互作用矩阵 $\boldsymbol{Z}^{\text{far},i}$。如图 7.2-3 上半空间所示，对式(7.2-28)中 G_i 进行加法定理和平面波展开，经过数学推导得到适合 MLFMA 计算的阻抗矩阵元素表达式，即

$$\begin{aligned}Z_{mn'}^{\text{far},i}=&\frac{\omega\mu_i k_i}{(4\pi)^2}\int_{\Omega}\boldsymbol{W}_{m_g\alpha_g}(\hat{\boldsymbol{k}})\mathrm{e}^{-\mathrm{j}k_i\hat{\boldsymbol{k}}\cdot(\boldsymbol{r}_{m_{g-1}m_g}+\cdots+\boldsymbol{r}_{m_2m_3})}\\&\cdot T_L(k_iR_{m_2'm_2},\hat{\boldsymbol{k}}\cdot\hat{\boldsymbol{R}}_{m_2'm_2})\mathrm{e}^{-\mathrm{j}k_i\hat{\boldsymbol{k}}\cdot(\boldsymbol{r}_{m_3'm_2'}+\cdots+\boldsymbol{r}_{m_g'm_{g-1}'})}\boldsymbol{B}_{m_g'\alpha_g'}(\hat{\boldsymbol{k}})\mathrm{d}^2\hat{\boldsymbol{k}}\end{aligned} \tag{7.2-30}$$

$$\begin{aligned}\boldsymbol{W}_{m_g\alpha_g}(\hat{\boldsymbol{k}})=&\alpha(\bar{\boldsymbol{I}}-\hat{\boldsymbol{k}}\hat{\boldsymbol{k}})\cdot\int_{S_n}\boldsymbol{w}_{n(m_g,\alpha_g)}(\boldsymbol{r})\mathrm{e}^{-\mathrm{j}k_i\hat{\boldsymbol{k}}\cdot(\boldsymbol{r}-\boldsymbol{r}_{m_g})}\mathrm{d}s\\&+(1-\alpha)\hat{\boldsymbol{k}}\times\int_{S_n}\hat{\boldsymbol{n}}\times\boldsymbol{w}_{n(m_g,\alpha_g)}(\boldsymbol{r})\mathrm{e}^{-\mathrm{j}k_i\hat{\boldsymbol{k}}\cdot(\boldsymbol{r}-\boldsymbol{r}_{m_g})}\mathrm{d}s\end{aligned} \tag{7.2-31}$$

$$\boldsymbol{B}_{m_g'\alpha_g'}(\hat{\boldsymbol{k}})=(\bar{\boldsymbol{I}}-\hat{\boldsymbol{k}}\hat{\boldsymbol{k}})\cdot\int_{S_{n'}}\boldsymbol{b}_{n'(m_g',\alpha_g')}(\boldsymbol{r}')\mathrm{e}^{+\mathrm{j}k_i\hat{\boldsymbol{k}}\cdot(\boldsymbol{r}'-\boldsymbol{r}_{m_g'})}\mathrm{d}s' \tag{7.2-32}$$

其中：聚合因子 $\boldsymbol{B}_{m_g'\alpha_g'}$ 和配置因子 $\boldsymbol{W}_{m_g\alpha_g}$ 分别表示基函数和权函数的平面波展开或傅里叶变换；$n'(m_g',\alpha_g')=1,\cdots,N$ 是基函数的全局编号，$m_g'=1,\cdots,M_g$ 是第 g 层中基函数所属的群组编号，$\alpha_g'=1,\cdots,A_{m_g'}$ 是基函数在第 m_g' 组内的局部编号，全局编号和局部编号之间

可以建立映射关系；$n(m_g, \alpha_g)$是相对于权函数而言的。对于 MLFMA 中的第 γ 层，相关变量可分别表示为 m_γ、M_γ、α_γ和 A_{m_γ}。

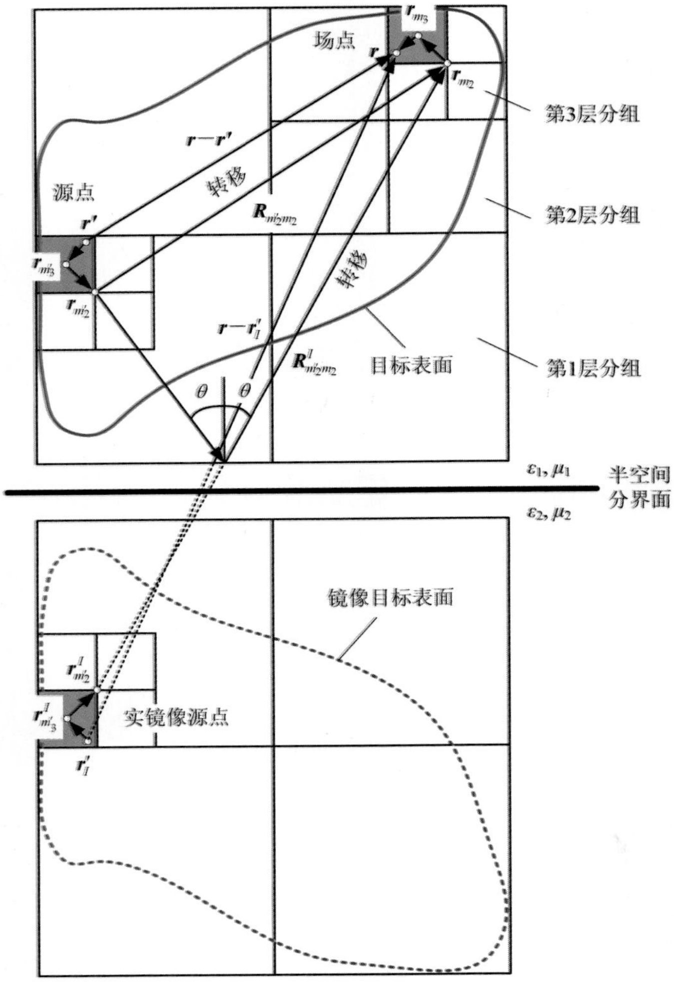

图 7.2-3 基于实镜像的半空间 MLFMA 示意图

式(7.2-30)中的阻抗矩阵元素仅考虑了直接远相互作用。对于半空间 MLFMA，远相互作用还必须考虑半空间分界面的贡献，即式(7.2-29)所示的阻抗矩阵元素。理论上，可以应用离散复镜像方法(DCIT)对式(7.2-29)中并矢格林函数$\overline{\boldsymbol{G}}_{Aii}$的每个分量进行拟合，则$\overline{\boldsymbol{G}}_{Aii}$的每个分量可以表示为若干项自由空间格林函数的和，然后再对其进行加法定理和平面波展开。然而，对于 DCIT 所产生的位于复空间的镜像源点，满足收敛性所需的多极子模式数 L 会急剧增多，这会严重影响加法定理和平面波展开的效率[5]。与近相互作用相比，半空间格林函数对于远相互作用的影响相对较小，因此对于经过分界面反射的远相互作用，采用远场反射系数进行近似是合理的。在这种情况下，可以引入目标的实镜像来考虑分界面的反射。此时，式(7.2-29)中半空间格林函数$\overline{\boldsymbol{G}}_{Aii}$可以用位于$(\bar{\boldsymbol{I}}-2\hat{\boldsymbol{z}}\hat{\boldsymbol{z}})\cdot\boldsymbol{r}'$的实镜像近似表示(不失一般性，设半空间分界面位于 $z=0$)，实镜像的幅度与分界面并矢反射系数有关。并矢反射系数如下：

$$\bar{\boldsymbol{R}}(\hat{\boldsymbol{k}}) = \hat{\boldsymbol{h}}\hat{\boldsymbol{h}}\overleftrightarrow{\Gamma}_i^{\text{TE}}(\theta) + (\bar{\boldsymbol{I}} - \hat{\boldsymbol{h}}\hat{\boldsymbol{h}})\overleftrightarrow{\Gamma}_i^{\text{TM}}(\theta),\ \hat{\boldsymbol{h}} = \frac{\hat{\boldsymbol{z}} \times \hat{\boldsymbol{k}}}{|\hat{\boldsymbol{z}} \times \hat{\boldsymbol{k}}|},\ \theta = \arccos(\hat{\boldsymbol{z}} \cdot \hat{\boldsymbol{k}}) \qquad (7.2-33)$$

其中，θ 表示源点组外向平面波相对于分界面的入射角，如图 7.2-3 所示。目标位于第 $i=1$ 层的菲涅耳反射系数 $\overleftarrow{\Gamma}_1^{\text{TE, TM}}(\theta)$ 和位于第 $i=2$ 层的菲涅耳反射系数 $\overrightarrow{\Gamma}_2^{\text{TE, TM}}(\theta)$ 由目标所处区域的媒质特性和角度 θ 决定，反射系数上的箭头"←"和"→"分别表示向 $-\hat{\boldsymbol{z}}$ 和 $+\hat{\boldsymbol{z}}$ 方向看去。TE 和 TM 分别表示电场平行于单位矢 $\hat{\boldsymbol{h}}$ 和磁场平行于 $\hat{\boldsymbol{h}}$ 的两种极化方式。

于是，对于实镜像源点，便可以采用与实际源点类似的方法处理。如图 7.2-3 所示，对下半空间的实镜像源点和上半空间的场点之间的作用进行加法定理和平面波展开，有

$$\begin{aligned} G_i(\boldsymbol{r}, \boldsymbol{r}'_I) &= \frac{\mathrm{e}^{-\mathrm{j}k_i|\boldsymbol{r}-\boldsymbol{r}'_I|}}{4\pi|\boldsymbol{r}-\boldsymbol{r}'_I|} \\ &= \frac{-\mathrm{j}k_i}{(4\pi)^2}\int_\Omega \mathrm{e}^{-\mathrm{j}k_i\hat{\boldsymbol{k}}\cdot[(\boldsymbol{r}-\boldsymbol{r}_{m_g})+\boldsymbol{r}_{m_{g-1}m_g}+\cdots+\boldsymbol{r}_{m_2m_3}]} \\ &\quad \cdot T_L(k_iR^I_{m'_2m_2}, \hat{\boldsymbol{k}}\cdot\hat{\boldsymbol{R}}^I_{m'_2m_2})\mathrm{e}^{-\mathrm{j}k_i\hat{\boldsymbol{k}}\cdot(\bar{\boldsymbol{I}}-2\hat{\boldsymbol{z}}\hat{\boldsymbol{z}})\cdot[\boldsymbol{r}_{m'_3m'_2}+\cdots+\boldsymbol{r}_{m'_gm'_{g-1}}+(\boldsymbol{r}_{m'_g}-\boldsymbol{r}')]}\mathrm{d}^2\hat{\boldsymbol{k}} \end{aligned} \qquad (7.2-34)$$

$$T_L(k_iR^I_{m'_2m_2}, \hat{\boldsymbol{k}}\cdot\hat{\boldsymbol{R}}^I_{m'_2m_2}) = \sum_{l=0}^{L}(-\mathrm{j})^l(2l+1)\mathrm{h}_l^{(2)}(k_iR^I_{m'_2m_2})\mathrm{P}_l(\hat{\boldsymbol{k}}\cdot\hat{\boldsymbol{R}}^I_{m'_2m_2}) \qquad (7.2-35)$$

其中

$$\boldsymbol{r}^I_{m'_3m'_2} + \cdots + \boldsymbol{r}^I_{m'_gm'_{g-1}} + (\boldsymbol{r}^I_{m'_g} - \boldsymbol{r}'_I) = (\bar{\boldsymbol{I}} - 2\hat{\boldsymbol{z}}\hat{\boldsymbol{z}})\cdot[\boldsymbol{r}_{m'_3m'_2} + \cdots + \boldsymbol{r}_{m'_gm'_{g-1}} + (\boldsymbol{r}_{m'_g} - \boldsymbol{r}')]$$

$$\boldsymbol{R}^I_{m'_2m_2} = \boldsymbol{R}_{m'_2m_2} + 2\hat{\boldsymbol{z}}\hat{\boldsymbol{z}}\cdot\boldsymbol{r}_{m'_2}$$

角标"I"表示与实镜像有关的变量，相关变量见图 7.2-3。

因此，式(7.2-29)中表示分界面反射远相互作用的阻抗矩阵元素可以近似写为

$$\begin{aligned} \underline{Z}^{\text{far}}_{nn'} = \frac{\omega\mu_ik_i}{(4\pi)^2}\int_\Omega &\boldsymbol{W}_{m_g\alpha_g}(\hat{\boldsymbol{k}})\mathrm{e}^{-\mathrm{j}k_i\hat{\boldsymbol{k}}\cdot(\boldsymbol{r}_{m_{g-1}m_g}+\cdots+\boldsymbol{r}_{m_2m_3})} \\ &\cdot T_L(k_iR^I_{m'_2m_2}, \hat{\boldsymbol{k}}\cdot\hat{\boldsymbol{R}}^I_{m'_2m_2})\bar{\boldsymbol{R}}(\hat{\boldsymbol{k}})\cdot\mathrm{e}^{-\mathrm{j}k_i\hat{\boldsymbol{k}}\cdot(\bar{\boldsymbol{I}}-2\hat{\boldsymbol{z}}\hat{\boldsymbol{z}})\cdot(\boldsymbol{r}_{m'_3m'_2}+\cdots+\boldsymbol{r}_{m'_gm'_{g-1}})}\boldsymbol{B}^I_{m'_g\alpha'_g}(\hat{\boldsymbol{k}})\mathrm{d}^2\hat{\boldsymbol{k}} \end{aligned} \qquad (7.2-36)$$

$$\boldsymbol{B}^I_{m'_g\alpha'_g}(\hat{\boldsymbol{k}}) = (\bar{\boldsymbol{I}} - \hat{\boldsymbol{k}}\hat{\boldsymbol{k}})\cdot\int_{S_{n'}}(\bar{\boldsymbol{I}} - 2\hat{\boldsymbol{z}}\hat{\boldsymbol{z}})\cdot\boldsymbol{b}_{n'(m'_g,\alpha'_g)}(\boldsymbol{r}')\mathrm{e}^{+\mathrm{j}k_i\hat{\boldsymbol{k}}\cdot(\bar{\boldsymbol{I}}-2\hat{\boldsymbol{z}}\hat{\boldsymbol{z}})\cdot(\boldsymbol{r}'-\boldsymbol{r}_{m'_g})}\mathrm{d}s' \qquad (7.2-37)$$

式(7.2-31)中的配置因子对于式(7.2-36)中的实镜像仍然成立。

把式(7.2-30)和式(7.2-36)代入式(7.2-27)，最终可得远相互作用阻抗矩阵元素：

$$\begin{aligned} Z^{\text{far}}_{nn'} = \frac{\omega\mu_ik_i}{(4\pi)^2}\int_\Omega &\boldsymbol{W}_{m_g\alpha_g}(\hat{\boldsymbol{k}})\mathrm{e}^{-\mathrm{j}k_i\hat{\boldsymbol{k}}\cdot(\boldsymbol{r}_{m_{g-1}m_g}+\cdots+\boldsymbol{r}_{m_2m_3})} \\ &\cdot[T_L(k_iR_{m'_2m_2}, \hat{\boldsymbol{k}}\cdot\hat{\boldsymbol{R}}_{m'_2m_2})\mathrm{e}^{-\mathrm{j}k_i\hat{\boldsymbol{k}}\cdot(\boldsymbol{r}_{m'_3m'_2}+\cdots+\boldsymbol{r}_{m'_gm'_{g-1}})}\boldsymbol{B}_{m'_g\alpha'_g}(\hat{\boldsymbol{k}}) \\ &+ T_L(k_iR^I_{m'_2m_2}, \hat{\boldsymbol{k}}\cdot\hat{\boldsymbol{R}}^I_{m'_2m_2})\bar{\boldsymbol{R}}(\hat{\boldsymbol{k}})\cdot\mathrm{e}^{-\mathrm{j}k_i\hat{\boldsymbol{k}}\cdot[\bar{\boldsymbol{I}}-2\hat{\boldsymbol{z}}\hat{\boldsymbol{z}}]\cdot(\boldsymbol{r}_{m'_3m'_2}+\cdots+\boldsymbol{r}_{m'_gm'_{g-1}})}\boldsymbol{B}^I_{m'_g\alpha'_g}(\hat{\boldsymbol{k}})]\mathrm{d}^2\hat{\boldsymbol{k}} \end{aligned} \qquad (7.2-38)$$

由上述半空间 MLFMA 可见，半空间 MLFMA 的前处理过程在自由空间算法的基础

上，仅仅需要额外计算式(7.2 - 35)中的实镜像源点组与场点组之间的转移因子以及式(7.2 - 37)中的实镜像基函数的聚合因子。

这里简要讨论半空间 MLFMA 中的对称性问题。正如文献[11]所述，MLFMA 中存在多种对称性，例如转移因子的平移不变性、傅里叶变换的半球对称性等。利用这些对称性可以大大降低 MLFMA 的内存消耗和计算时间。然而，这些对称性大都与波数 k_i 的性质有关。如果目标所处空间的媒质有耗，则 k_i 为复数，此时一些对称性将不成立，例如傅里叶变换的半球对称性等。实际工程中所遇到的半空间问题大多为有耗媒质，因此为了适合一般情况，本章算法程序中未利用与 k_i 性质相关的对称性。幸运的是，实镜像方法仅引入了一个单独的实镜像，与 DCIT 引入多组复镜像相比，实镜像方法的内存需求和计算量大为减少。

7.2.4 半空间 MLFMA 的矩阵向量乘积

本节描述半空间 MLFMA 中矩阵向量乘积运算 $\boldsymbol{y}=\boldsymbol{ZI}$ 的基本步骤。该运算主要包括上行、下行两个过程，以及最后利用配置因子进行检验的过程。

对于给定的向量 $\boldsymbol{I}$，上行过程或聚合过程从最底层(第 g 层)到最高层(第 2 层)计算所有层中非空组的外向平面波展开函数。在第 g 层，分别利用基函数和镜像基函数的聚合因子，可以得到外向平面波展开函数：

$$\boldsymbol{s}_{m_g'}^{(I)}(\hat{\boldsymbol{k}}_{k_g})=\sum_{\alpha_g'=1}^{A_{m_g'}} I_{n'(m_g',\alpha_g')}\boldsymbol{B}_{m_g'\alpha_g'}^{(I)}(\hat{\boldsymbol{k}}_{k_g}) \tag{7.2-39}$$
$$m_g'=1,2,\cdots,M_g$$
$$k_g=1,2,\cdots,K_g$$

其中，$I_{n'(m_g',\alpha_g')}$ 是向量 $\boldsymbol{I}$ 的第 n' 个元素，m_g' 是第 g 层非空组的编号，M_g 是第 g 层非空组总数，k_g 是第 g 层的平面波方向编号，K_g 是第 g 层平面波总数，上标“(I)”表示式(7.2 - 39)适用于实际源或实镜像源。

得到第 g 层的外向平面波展开函数后，利用平移和插值操作可以得到其余各层的外向平面波展开函数。插值操作是关键步骤，因为父层所需平面波数大于其子层中的平面波数。因此，首先对子层外向平面波展开函数 $\boldsymbol{s}_{m_{\gamma+1}'}^{(I)}$ 进行插值，然后将其平移到父层父组的组中心，最终得到父层父组的外向平面波展开函数：

$$\boldsymbol{s}_{m_\gamma'}^{(I)}(\hat{\boldsymbol{k}}_{k_\gamma})=\sum_{\text{子组}}\mathrm{e}^{-\mathrm{j}k_i\hat{\boldsymbol{k}}_{k_\gamma}\cdot(\boldsymbol{r}_{m_\gamma'}^{(I)}-\boldsymbol{r}_{m_{\gamma+1}'}^{(I)})}\sum_{k_{\gamma+1}=1}^{K_{\gamma+1}}W_{k_\gamma k_{\gamma+1}}\boldsymbol{s}_{m_{\gamma+1}'}^{(I)}(\hat{\boldsymbol{k}}_{k_{\gamma+1}}) \tag{7.2-40}$$
$$\gamma=g-1,\cdots,2$$
$$m'_\gamma=1,\cdots,M_\gamma$$
$$k_\gamma=1,\cdots,K_\gamma$$

其中，$W_{k_\gamma k_{\gamma+1}}$ 是插值矩阵 $\boldsymbol{W}$ 的元素。插值方法有全局插值和局部插值两类[4]，为了达到较高的计算效率，这里采用局部插值方法，例如拉格朗日插值。应用式(7.2 - 40)，可以将第 g 层的外向波函数逐层向上递推到其他各层，直到第 2 层为止。

当上行过程到达第 2 层后，矩阵向量乘积运算开始转为下行过程。下行过程的主要任务是计算第 g 层的内向平面波展开函数。下行过程从第 2 层开始，利用平移和反插值操作逐层递推得到其他各层的内向波函数，直到第 g 层。可以认为下行过程是上行过程的逆操作。这里我们直接给出各层的内向波表达式：

$$
\begin{aligned}
\boldsymbol{g}_{m_\gamma}(\hat{\boldsymbol{k}}_{k_\gamma}) = & \sum_{m'_\gamma \in D_{m_\gamma}} T_L(k_i R_{m'_\gamma m_\gamma}, \hat{\boldsymbol{k}}_{k_\gamma} \cdot \hat{\boldsymbol{R}}_{m'_\gamma m_\gamma}) \boldsymbol{s}_{m'_\gamma}(\hat{\boldsymbol{k}}_{k_\gamma}) \\
& + \sum_{m'_\gamma \in D_{m_\gamma}} T_L(k_i R^I_{m'_\gamma m_\gamma}, \hat{\boldsymbol{k}}_{k_\gamma} \cdot \hat{\boldsymbol{R}}^I_{m'_\gamma m_\gamma}) \bar{\boldsymbol{R}}(\hat{\boldsymbol{k}}_{k_\gamma}) \cdot \boldsymbol{s}^I_{m'_\gamma}(\hat{\boldsymbol{k}}_{k_\gamma}) \\
& + \sum_{k_{\gamma-1}=1}^{K_{\gamma-1}} \frac{w_{k_{\gamma-1}}}{w_{k_\gamma}} W_{k_{\gamma-1}k_\gamma} \boldsymbol{g}_{m_{\gamma-1}}(\hat{\boldsymbol{k}}_{k_{\gamma-1}}) \mathrm{e}^{\mathrm{j}k_i \hat{\boldsymbol{k}}_{k_{\gamma-1}} \cdot (\boldsymbol{r}_{m_{\gamma-1}} - \boldsymbol{r}_{m_\gamma})} \qquad (7.2-41) \\
& \gamma = 2, 3, \cdots, g \\
& m_\gamma = 1, 2, \cdots, M_\gamma \\
& k_\gamma = 1, 2, \cdots, K_\gamma
\end{aligned}
$$

其中，w_{k_γ} 是第 γ 层 K_γ 点高斯积分的权系数，D_{m_γ} 表示第 γ 层中非空组 m_γ 的次相邻组的集合。从式(7.2-41)可以看出，子层的内向波函数由两部分组成，第一部分是来自该层次相邻组的贡献(式中等号右边第一、二项)，第二部分是来自父层的贡献(式中等号右边第三项)，其中第一部分利用转移因子实现，第二部分利用平移和反插值操作实现。并且注意到，式(7.2-41)等号右边第一项属于实际源的贡献，第二项属于实镜像源的贡献。

最后，得到矩阵向量乘积 $\boldsymbol{y}=\boldsymbol{ZI}$ 的表达式：

$$
\begin{aligned}
y_n = y_{n(m_g, \alpha_g)} & = \sum_{n'=1}^{N} Z_{nn'} I_{n'} \\
& \approx \sum_{n'=1}^{N} Z^{\text{near}}_{nn'} I_{n'} + \frac{\omega \mu_i k_i}{(4\pi)^2} \int_{\Omega} \boldsymbol{W}_{m_g \alpha_g}(\hat{\boldsymbol{k}}) \cdot \boldsymbol{g}_{m_g}(\hat{\boldsymbol{k}}) \mathrm{d}^2 \hat{\boldsymbol{k}} \\
& \approx \sum_{n'=1}^{N} Z^{\text{near}}_{nn'} I_{n'} + \frac{\omega \mu_i k_i}{(4\pi)^2} \sum_{k_g=1}^{K_g} w_{k_g} \boldsymbol{W}_{m_g \alpha_g}(\hat{\boldsymbol{k}}_{k_g}) \cdot \boldsymbol{g}_{m_g}(\hat{\boldsymbol{k}}_{k_g}) \qquad (7.2-42) \\
& n = 1, 2, \cdots, N
\end{aligned}
$$

式(7.2-42)约等号右边第一项表示第 g 层的近相互作用，第二项表示远相互作用，它是用第 g 层非空组 m_g 中权函数 $\boldsymbol{w}_n$ 的配置因子对式(7.2-41)中的内向波函数作检验，检验过程应用了高斯积分。

从上述过程容易看出，半空间 MLFMA 聚合和转移过程的计算量为自由空间 MLFMA 的两倍；而式(7.2-42)中检验过程的计算量保持不变。因此，半空间 MLFMA 中一次矩阵向量乘积的计算量约为自由空间中的两倍[5,8]。半空间 MLFMA 的近相互作用稀疏矩阵 $\boldsymbol{Z}^{\text{near}}$ 的计算量并不以自由空间情况的两倍增加，它依赖于半空间格林函数计算过程中所引入的复镜像的数量。然而，对于电大目标，迭代求解所需时间占主要地位，因此大多数情况下半空间 MLFMA 的总时间约为自由空间情况的两倍。在内存需求方面，半空间 MLFMA 与自由空间相比，仅需额外存储镜像源的转移因子(见式(7.2-35))和镜像基函数的聚合因子(见式(7.2-37))，而稀疏矩阵 $\boldsymbol{Z}^{\text{near}}$ 的存储量不变。因此，半空间 MLFMA 进行一次矩阵向量乘积的计算量和存储量仍为 $O(N\log N)$，与自由空间 MLFMA 相同。上述半空间 MLFMA 矩阵向量乘积过程很容易退化为自由空间情况。

对于一些 CG 类型的迭代方法(如 CGN)，不仅需要计算矩阵向量乘积运算 $\boldsymbol{ZI}$，还需要

计算厄米矩阵 $\boldsymbol{Z}^{+}$ 与向量 $\boldsymbol{I}$ 的乘积运算。$\boldsymbol{Z}^{+}\boldsymbol{I}$ 的多层算法与上述 $\boldsymbol{ZI}$ 类似，这里不再赘述。

7.3 并行半空间多层快速多极子方法

7.3.1 矩阵向量乘积的数据分配方案

考虑到 MLFMA 将矩阵向量乘积运算 $\boldsymbol{ZI}$ 分为 $\boldsymbol{Z}^{\text{near}}\boldsymbol{I}$ 与 $\boldsymbol{Z}^{\text{far}}\boldsymbol{I}$，本节将 $\boldsymbol{Z}$ 对应的数据以行划分方式分配给各个进程，同时每个进程保存完整的 $\boldsymbol{I}$。以 3 个进程为例，数据分配方案如图 7.3-1 所示。按行划分的分配方案保证了进程间计算量和存储量的均衡。如果采用图 4.1-11 所示的矩阵分配方案，那么有些进程中 $\boldsymbol{Z}^{\text{near}}\boldsymbol{I}$ 的计算量较大，而另一些进程中 $\boldsymbol{Z}^{\text{far}}\boldsymbol{I}$ 的计算量较大，无法实现良好的负载均衡，从而降低了并行效率。

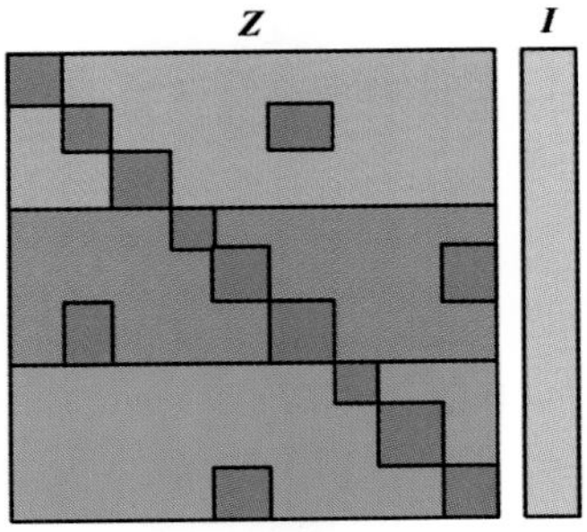

图 7.3-1 矩阵向量乘积数据分配方案

7.3.2 半空间 MLFMA 的自适应划分策略

在最底层，MLFMA 对基函数分组得到的非空组总数为 $O(N)$，每个非空组对应的平面波数为 $O(1)$。对于表面积分方程，从最底层开始，每往上一层，非空组数约减少为下一层的四分之一，而每个非空组的平面波数约增加为下一层的四倍。在最高层，非空组数为 $O(1)$，每个非空组对应的平面波数为 $O(N)$。可见，每一层中的总平面波数为 $O(N)$，即每一层的计算量为 $O(N)$。MLFMA 总的分层数为 $O(\log N)$，因此 MLFMA 的计算量为 $O(N\log N)$。针对这种分层分组的特点，MLFMA 有两种基本并行策略，分别是组划分与平面波划分策略。如果只使用组划分策略，那么在高层会存在瓶颈，因为高层的非空组较少，无法分配给较多的并行进程。同理，如果只使用平面波划分策略，那么在低层存在瓶颈。可见，只使用其中一种策略，并行 MLFMA 的可扩展性较差。为了提高并行 MLFMA 的可扩展性，需要混合使用这两种并行策略。

一种比较简单的混合策略是在低层采用组划分，在高层采用平面波划分，通过设置中间过渡层实现两种策略的结合[12]。这种简单的混合策略如图 7.3-2 所示。在过渡层，非空组数为 $O(N^{0.5})$，每个非空组对应的平面波数也为 $O(N^{0.5})$。当进程数超过 $O(N^{0.5})$ 时，该混合策略在过渡层出现瓶颈。

为了解决过渡层瓶颈，逐层渐变划分策略（HiP）采用逐层渐变的方式实现平面波方向划分。它将两种基本策略紧密结合，与简单混合策略相比，HiP 具有更高的并行效率。值

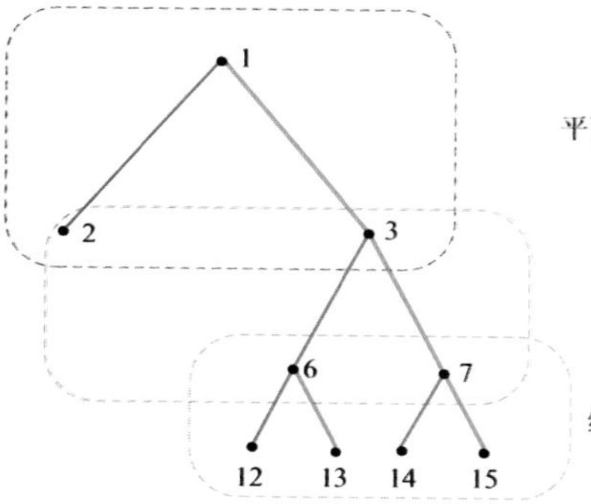

图 7.3-2　简单混合策略

得指出，HiP 又可根据平面波划分方式分为一维划分[13]和二维划分[14]，如图 7.3-3 所示。一维划分仅沿着 θ 方向划分平面波，而二维划分同时沿着 θ 和 ϕ 方向划分平面波。二维划分的 HiP 达到了更好的负载均衡，然而它对并行进程数有特殊要求，例如文献[14]中使用的进程数为 4^i，其中 $i=1, 2, 3, \cdots$。当进程数为质数时，二维划分的 HiP 将失效。

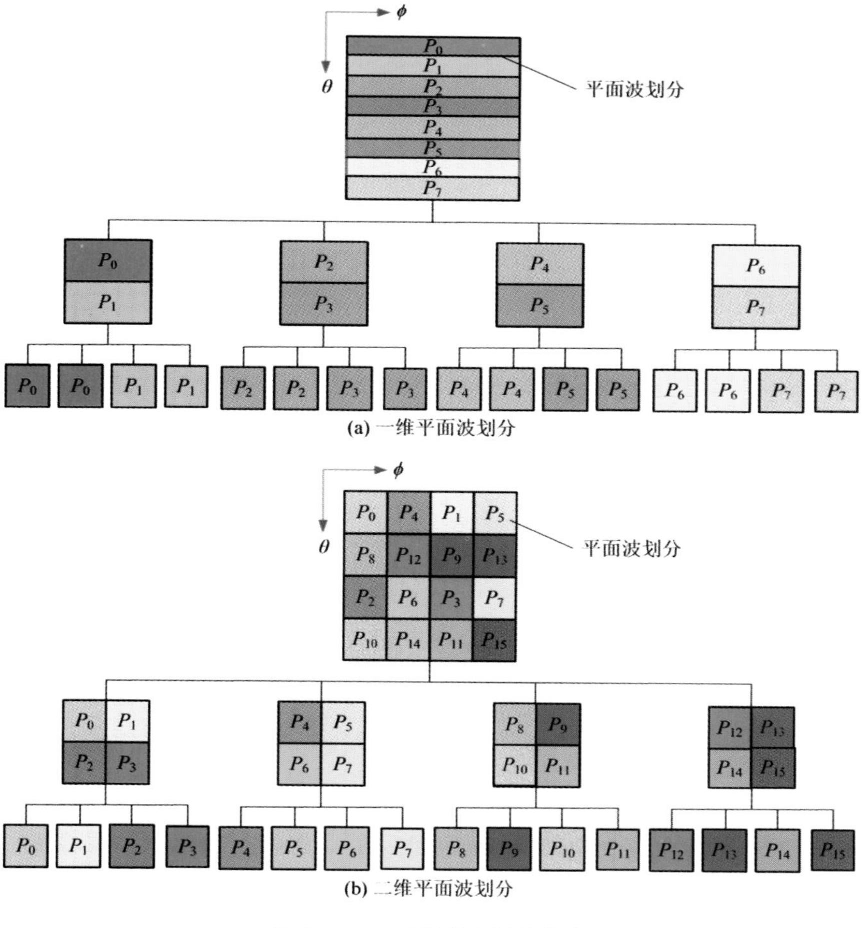

图 7.3-3　逐层渐变划分策略

此外，还有一种自适应划分策略(AdP)[15]，如图 7.3-4 所示。该策略同样采用逐层渐变的方式执行平面波方向划分。AdP 与 HiP 的区别在于，在某一层，对于不同的非空组，HiP 对于平面波划分的份数相同，而 AdP 根据非空组所在的进程数进行自适应划分，非空组所在的进程数不同则平面波划分份数不同。AdP 将组划分与平面波划分无缝结合，对进程数无特殊要求。对于 AdP，各个进程中的非空组分为主组与从组。前者主要负责通信，后者主要负责计算。这种主从式方案非常适合特殊的计算系统架构，比如 IBM 的蓝色基因/L 计算机集群，这类集群具有专门负责通信的处理器及专门负责计算的处理器。然而，普通集群没有专门负责通信的处理器，所以 AdP 会在普通集群上出现负载不均衡问题。如果每个进程只有一个主组或从组，则可能导致各个进程之间出现严重的负载不均衡。这种情况发生在 $N_l<N_p$ 的层，其中 N_l 是第 l 层中的非空组数目，N_p 是并行进程数。对于给定问题，如果 N_p 增大，通信量也会增大，不均衡会变得更加严重。

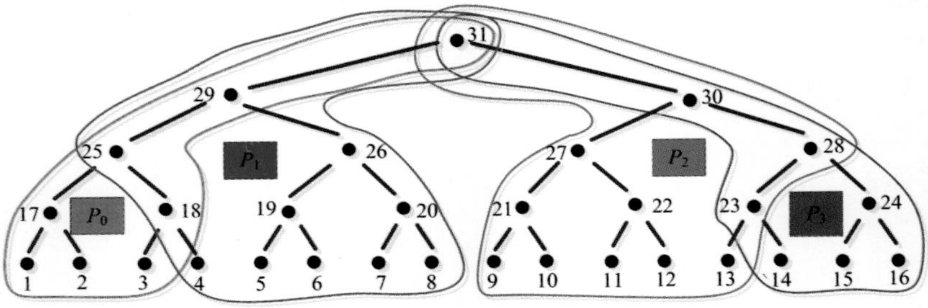

图 7.3-4　自适应划分策略

为了解决 AdP 负载不均衡问题，并使得 AdP 适用于一般的计算机集群，本节在 AdP 基础上，不区分主组与从组，让每个进程都参与计算和通信，这使得各个进程中的通信量和计算量更加均衡，尤其在非空组数小于进程数的层。这种策略本质上仍然是自适应划分策略，具有良好的可扩展性，并且即使当进程数是质数时，该方法仍然有效。值得指出，目前国内外的 MLFMA 并行策略主要针对自由空间问题，下面将介绍并行半空间 MLFMA 的自适应划分策略[16]。并行半空间 MLFMA 的通信量接近并行自由空间 MLFMA 的 2 倍，这对计算机网络带宽提出了更高要求。

1. 八叉树数据划分

设并行进程数为 N_p，将基函数(或权函数)等分为 N_p 个部分，每部分基函数被分配给一个进程。然后，每个进程根据所分配到的基函数建立相应的子树，并将非空组采用莫顿编号标记。例如，第 2 层至第 4 层的八叉树被分配到 6 个进程中的情况如图 7.3-5 所示，其中进程编号记为 $P_0\sim P_5$。对于非空组所在的进程，一般高层非空组对应的进程数大于低层非空组对应的进程数。在某一层中，非空组可以存在于不同数量的进程中，最底层除外。在图 7.3-5 中，非空组中标注的进程编号就是该非空组所在的进程。对于图 7.3-5 中的第 3 层，该层中的 3 个非空组分别存在于 1 个、2 个、3 个进程中。每个非空组对应的外向平面波和内向平面波被均等地分配到其所在的进程中，因此这种自适应划分策略对所使用的进程数无特殊要求。图 7.3-6 所示为图 7.3-5 中第 2 层非空组的平面波划分示意图，每个圆点表示一个平面波方向，可以认为这是一种准二维划分方案。

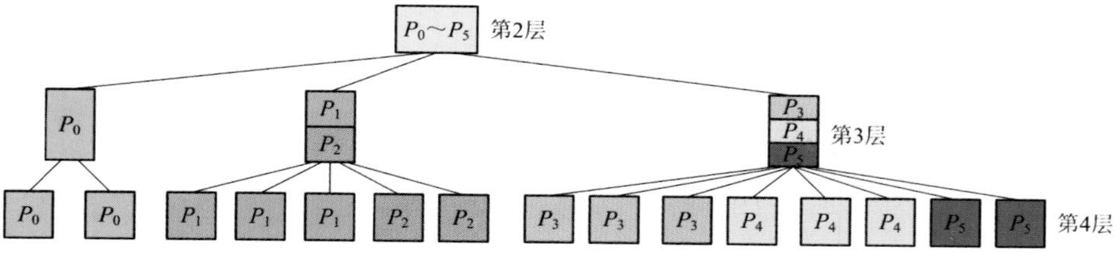

图 7.3-5　八叉树被分配到 6 个进程的示意图

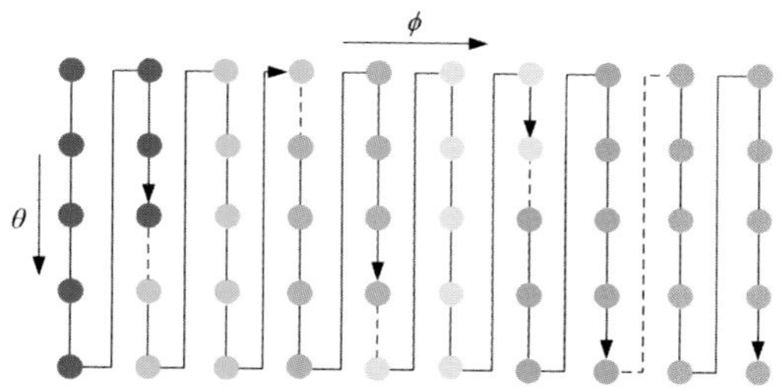

图 7.3-6　平面波方向划分示意图

2. 聚合过程

在聚合过程中，每个进程都从子树最底层到第 2 层逐层聚合，并计算出每个非空组的外向平面波。如果某个非空组只存在于一个进程中，那么该进程拥有这个非空组的完整平面波数据；如果这个非空组存在于多个进程中，那么这些进程都只拥有部分平面波，因为它的子组被分配到了不同的进程中。这些进程需要彼此交换平面波信息，然后非空组的外向平面波被均等地划分到这些进程中。

对于上述的准二维平面波划分，如果聚合过程采用与文献[13]类似的方法，那么通信方式将变得非常复杂。另一种可行的方法是设置缓冲区来实现通信。前一种方法具有更低的内存需求，存储可扩展性较好，而后者缓冲区的内存需求为 $O(N)$。为了达到理想的存储可扩展性，前一种方法更合适，但是为了便于编程，这里将选择后一种方法。以图 7.3-5 所示的第 2 层和第 3 层中的非空组为例，其聚合过程如图 7.3-7 所示，当对第 3 层中的非空组 B、C、D 的外向平面波进行插值和平移后，6 个进程中分别都具有第 2 层中非空组 A 的外向平面波，且这些平面波都储存在缓冲区 A_i 中，其中 $i=1, 2, \cdots, 6$。缓冲区的使用避免了插值过程中的通信。进程中外向平面波的交换和叠加都在缓冲区中进行。

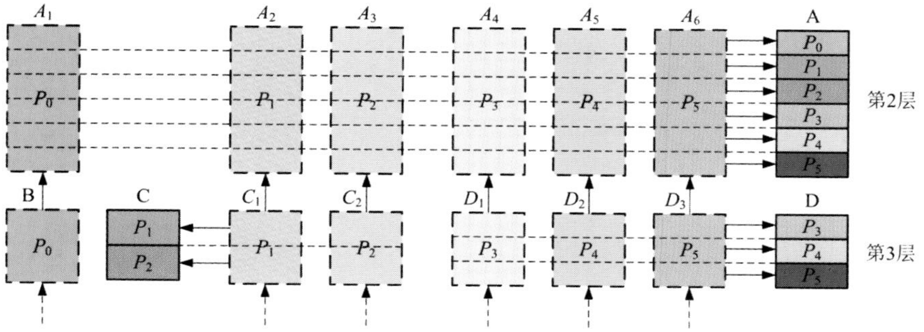

图 7.3-7　聚合过程示意图

3. 转移过程

聚合过程中的外向平面波在转移过程变换成内向平面波。如果次相邻组的外向平面波在当前进程中，则转移过程与没有通信的串行算法类似。如果外向平面波不在当前进程中，则当前进程需要从源进程中得到所需的外向平面波，同时，当前进程中的外向平面波将被发送给需要这些平面波的目标进程。由于转移过程是相互的，因此在交换外向平面波时将产生较大的通信量。

为方便起见，在执行矩阵向量乘积运算前为平面波交换建立一个发送列表和一个接收列表。这两个列表中包括目标和源进程编号、非空组编号和相应的外向平面波方向。以图7.3－5 第3 层中的进程 1 为例，假设非空组 A、B、C 彼此互为次相邻组，其通信示意图如图 7.3－8 所示，则发送列表和接收列表如表 7.3－1 所示，表中最后一列的分数表示发送或接收的外向平面波在完整平面波中的比例。

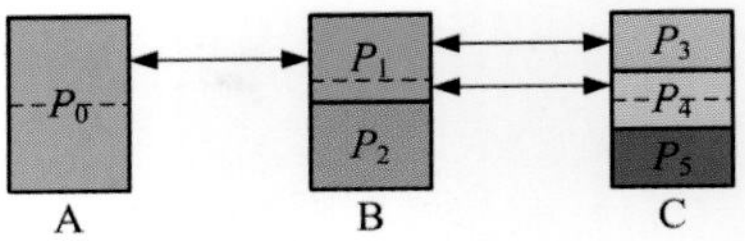

图 7.3－8 转移过程通信示意图

表 7.3－1 第 3 层进程 1 中的发送和接收列表

列表	进程编号	非空组编号	平面波方向
发送列表	P_0	B	0～1/2
	P_3	B	0～1/3
	P_4	B	1/3～1/2
接收列表	P_0	A	0～1/2
	P_3	C	0～1/3
	P_4	C	1/3～1/2

4. 配置过程

半空间 MLFMA 只有一组检验函数，因此配置过程的计算量和通信量与自由空间 MLFMA 的相同。这个过程可认为是聚合的逆过程，二者并行策略相似，此处不再赘述。

上述聚合、转移、配置过程的并行算法计算的是 $\boldsymbol{Z}^{\mathrm{far}}\boldsymbol{I}$。此外，我们还需要实现 $\boldsymbol{Z}^{\mathrm{near}}$ 的并行填充以及矩阵向量乘积 $\boldsymbol{Z}^{\mathrm{near}}\boldsymbol{I}$ 和预条件的并行计算。因为 $\boldsymbol{Z}^{\mathrm{near}}$ 是稀疏分块矩阵，所以其填充以及 $\boldsymbol{Z}^{\mathrm{near}}\boldsymbol{I}$ 的并行化都非常容易实现。预条件的并行性能与所采取的预条件有关。例如，块对角预条件和邻居预条件都很容易实现并行，并且并行效率非常高，正如 4.5 节所讨论的。在 MLFMA 整个计算过程中，与 $\boldsymbol{Z}^{\mathrm{near}}$ 相关的运算所占用的计算时间很短，因此我们重点关注的是聚合、转移、配置过程。

7.4 并行性能测试

本节通过仿真金属球模型的电磁散射特性对并行 MLFMA 的性能进行评估。MLFMA 采用 CFIE(0.5)，最底层分组尺寸设置为 0.25λ，其中 λ 为自由空间中的波长。迭代求解采用的算法为广义最小余量法(GMRES)，预条件为块对角预条件。

7.4.1　精度验证

下面利用并行 MLFMA 计算地面上方金属球的双站 RCS，并与 MoM 计算结果进行对比验证。金属球半径 1.5 m，球心距离地面 1.7 m，如图 7.4－1 所示。平面波频率为 300 MHz，入射角度为 $\theta_{\text{inc}}=60°$，$\phi_{\text{inc}}=0°$，散射角度为 $\theta_{\text{scat}}=60°$，$-180°\leqslant\phi_{\text{scat}}\leqslant180°$。地面上方为空气，地面相对介电常数为 $\varepsilon_r=6.0-\text{j}1.0$。金属球未知量为 12 672，收敛残差设置为$1.0\times10^{-3}$。为了表明 Adp 对进程数无特殊要求，这里设置进程数为质数，即 3 和 13，对应的矩阵向量乘积(MVP)计算时间分别为 0.70 s 和 0.15 s，计算结果如图 7.4－2 所示。对比可见，并行 MLFMA 计算结果与 MoM 结果吻合良好。值得指出，本算例中 MoM 采用 RWG 基函数，并且采用 DCIT 计算半空间格林函数。

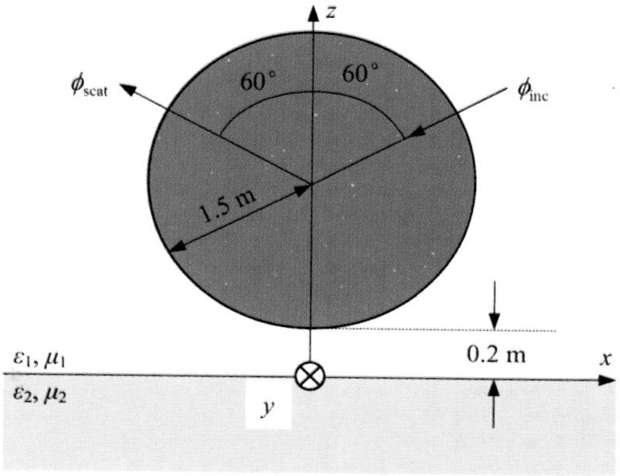

图 7.4－1　位于地面上方的金属球示意图

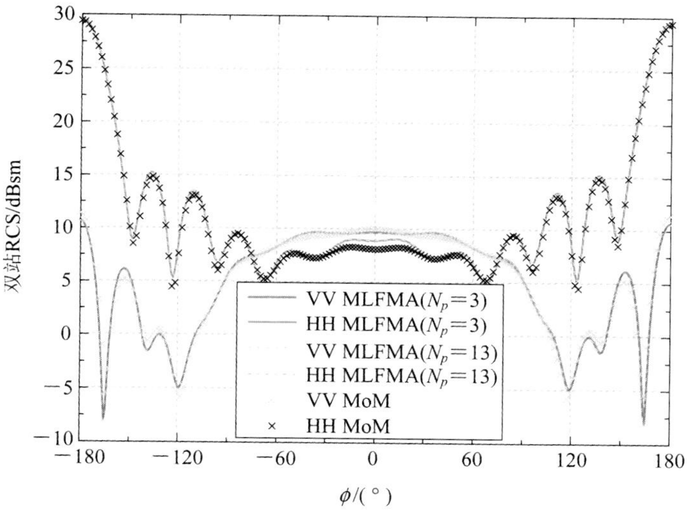

图 7.4－2　地面上方金属球双站 RCS

7.4.2 并行效率测试

下面采用图 7.4-1 所示的金属球模型测试并行 MLFMA 的并行效率。计算 3.4 GHz 和 5.9 GHz 两个频点的金属球双站 RCS，对应的未知量分别为 1 022 565 和 3 028 260，MLFMA 层数分别为 7 和 8。本算例利用 Cluster-Ⅰ进行测试。Cluster-Ⅰ要求用户所使用的进程数 N_p 必须是 16 的倍数。对于未知量为 1 022 565 的情况，内存需求至少为 14.3 GB(按照双精度统计)，选择 16 进程作为基准，使用的最大进程数为 1024；对于未知量为 3 028 260 的情况，内存需求至少为 65.1 GB，选择 32 进程作为基准，使用的最大进程数为 2048。我们将并行半空间 MLFMA 的 MVP 时间列于表 7.4-1 与表 7.4-2 中。表中同时给出了自由空间 MLFMA 的 MVP 时间用于对比。根据 MLFMA 的基本原理，我们将 MVP 分为 $\boldsymbol{Z}^{\text{near}} \cdot \boldsymbol{I}$ 和 $\boldsymbol{Z}^{\text{far}} \cdot \boldsymbol{I}$，并且进一步将 $\boldsymbol{Z}^{\text{far}} \cdot \boldsymbol{I}$ 分为聚合、转移和配置三个过程。根据表中的计算时间，图 7.4-3 中给出了各个过程以及总的并行效率。

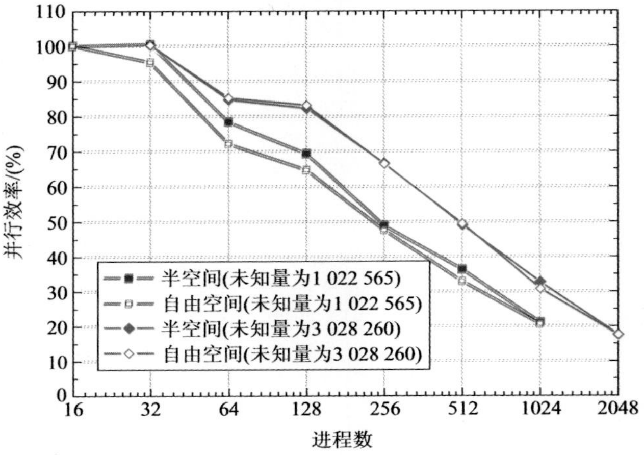

(a) 聚合

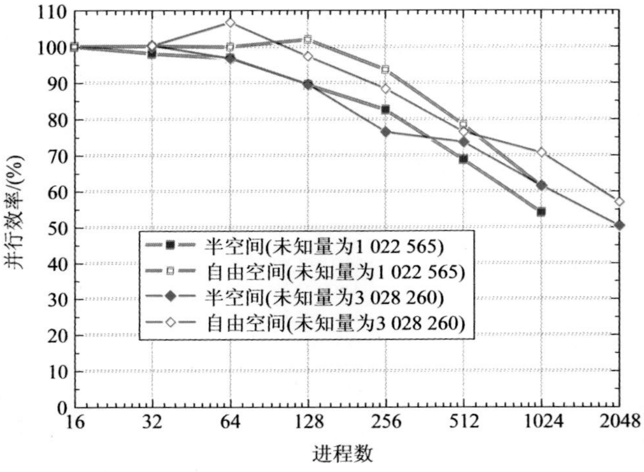

(b) 转移

图 7.4-3　金属球的 MLFMA 矩阵向量乘积并行效率(1)

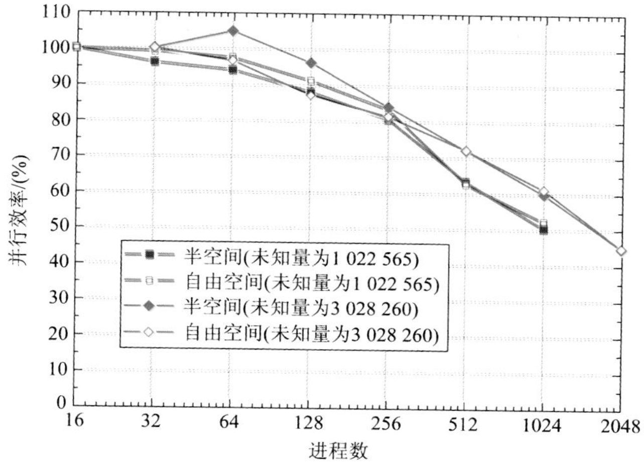

(c) 配置

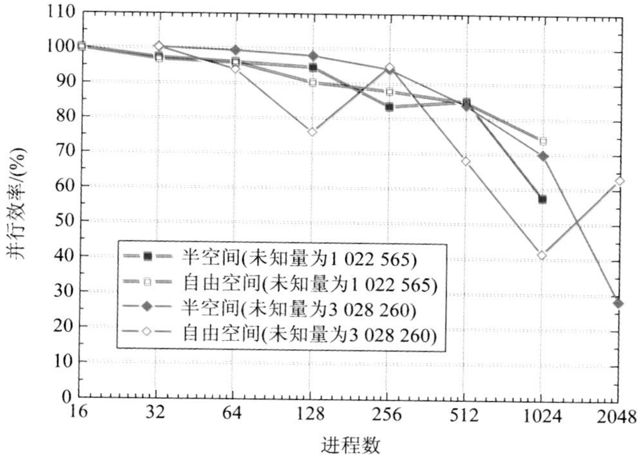

(d) $\boldsymbol{Z}^{\text{near}} \cdot \boldsymbol{I}$

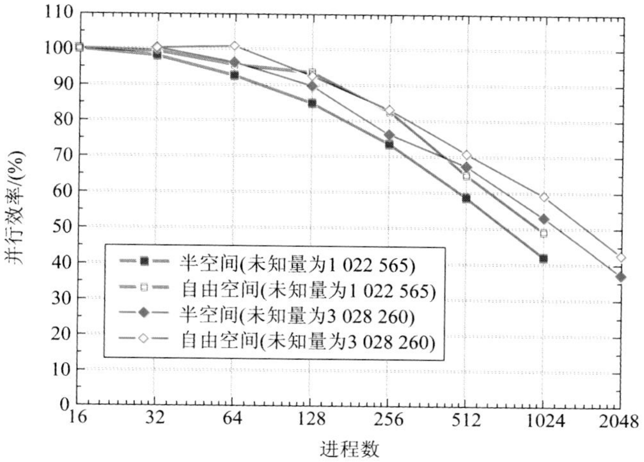

(e) 总效率

图 7.4－3　金属球的 MLFMA 矩阵向量乘积并行效率(2)

表 7.4-1 金属球的 MLFMA 矩阵向量乘积时间(未知量为 1 022 565)

N_p	$Z^{far}\cdot I$/s			$Z^{near}\cdot I$/s	总时间/s
	聚合	转移	配置		
半空间					
16	5.045	18.032	6.066	0.131	29.274
32	2.513	9.197	3.152	0.0673	14.929
64	1.609	4.659	1.610	0.0341	7.912
128	0.910	2.523	0.860	0.0173	4.310
256	0.645	1.366	0.470	0.009 80	2.491
512	0.435	0.820	0.299	0.004 81	1.559
1024	0.375	0.521	0.188	0.003 56	1.088
自由空间					
16	2.627	16.054	6.287	0.130	25.098
32	1.378	8.022	3.166	0.0671	12.633
64	0.910	4.017	1.610	0.0339	6.571
128	0.508	1.968	0.861	0.0180	3.355
256	0.345	1.073	0.471	0.009 24	1.898
512	0.250	0.640	0.313	0.004 79	1.208
1024	0.199	0.409	0.188	0.002 74	0.799

表 7.4-2 金属球的 MLFMA 矩阵向量乘积时间(未知量为 3 028 260)

N_p	$Z^{far}\cdot I$/s			$Z^{near}\cdot I$/s	总时间/s
	聚合	转移	配置		
半空间					
32	10.732	36.344	14.833	0.154	62.063
64	6.358	18.825	7.084	0.0777	32.345
128	3.271	10.174	3.860	0.0394	17.344
256	2.024	5.959	2.210	0.0205	10.214
512	1.377	3.097	1.290	0.0115	5.776
1024	1.035	1.855	0.776	0.006 92	3.673
2048	0.971	1.133	0.520	0.008 64	2.633
自由空间					
32	6.290	32.886	14.832	0.153	54.161
64	3.703	15.451	7.682	0.0817	26.918
128	1.898	8.471	4.259	0.0505	14.679
256	1.189	4.673	2.282	0.0202	8.164
512	0.799	2.698	1.288	0.0141	4.799
1024	0.645	1.458	0.760	0.0116	2.875
2048	0.570	0.906	0.519	0.003 81	1.999

由图 7.4－3(a)～(c)可见，在 MLFMA 三个过程中，转移的并行效率最高。当 N_p 为 1024 时，对于未知量为1 022 565 的情况，半空间转移并行效率为 54.1％；对于未知量为 3 028 260 的情况，半空间转移并行效率为 61.2％，当 N_p 增至 2048 时，由于通信量增大，半空间转移的并行效率降至 50.1％。因为半空间转移的通信量是自由空间通信量的两倍，所以对于该算例半空间转移的并行效率比自由空间低 5％～10％。

尽管半空间聚合与配置过程的并行效率不如转移过程的高，但是这两个过程的并行效率几乎与自由空间的相同，如图 7.4－3(a)和(c)所示。对比可见，配置的并行效率高于聚合的效率，这是因为半空间 MLFMA 有两组基函数，但只有一组权函数，配置过程的通信量仅为聚合过程的一半。

与 $\boldsymbol{Z}^{\text{far}}\cdot\boldsymbol{I}$ 的并行计算过程相比，$\boldsymbol{Z}^{\text{near}}\cdot\boldsymbol{I}$ 的并行化非常容易实现，并且其计算过程不需要通信。理论上讲，半空间与自由空间 $\boldsymbol{Z}^{\text{near}}\cdot\boldsymbol{I}$ 的并行效率应该完全一样。然而，$\boldsymbol{Z}^{\text{near}}\cdot\boldsymbol{I}$ 的计算时间非常短，该计算过程非常容易受到网络延时等因素的影响。如图 7.4－3(d)所示，$\boldsymbol{Z}^{\text{near}}\cdot\boldsymbol{I}$ 的并行效率曲线抖动剧烈。

整个 MVP 过程的并行效率如图 7.4－3(e)所示。当 N_p 为 1024 时，对于未知量为 1 022 565 的情况，半空间 MVP 的并行效率为 42.0％；对于未知量为 3 028 260 的情况，半空间 MVP 的并行效率为 52.8％，当 N_p 增至 2048 时，由于通信量增大，半空间 MVP 的并行效率降至 36.9％。与转移过程类似，半空间 MVP 的并行效率比自由空间的低 5％～10％。

进一步将频率提高到 11 GHz，金属球离散为 10 602 372 未知量。MLFMA 分为 9 层，计算该金属球半空间 MLFMA 所需内存为 238.8 GB。自由空间与半空间 MLFMA 矩阵向量乘积所需计算时间列于表 7.4－3 中，并行效率如图 7.4－4 所示。对比可见，当模型增大后，半空间 MLFMA 的并行效率与自由空间的情况接近。当 N_p 为 1024 时，半空间与自由空间 MVP 对应的并行效率分别为 63.6％和 63.7％；当 N_p 增大为 2048 时，半空间与自由空间矩阵向量乘积对应的并行效率降低至 46.4％和 46.7％。对于 MLFMA 的三个过程，转移的效率最高，聚合的效率最低。

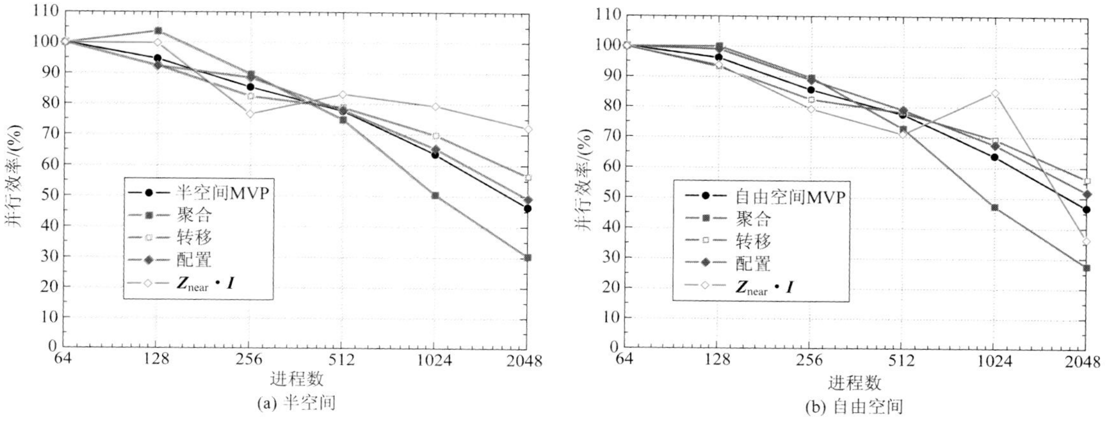

图 7.4－4　未知量为 10 602 372 的金属球 MLFMA 矩阵向量乘积并行效率

表 7.4-3 金属球的 MLFMA 矩阵向量乘积时间(未知量为 10 602 372)

N_p	$Z^{far}\cdot I$/s			$Z^{near}\cdot I$/s	总时间/s
	聚合	转移	配置		
半空间					
64	30.822	77.215	36.725	0.224	144.986
128	14.865	41.704	19.887	0.112	76.568
256	8.592	23.416	10.366	0.0729	42.447
512	5.148	12.245	5.892	0.0336	23.319
1024	3.814	6.913	3.506	0.0176	14.251
2048	3.159	4.267	2.328	0.009 67	9.764
自由空间					
64	20.129	59.832	37.329	0.218	117.508
128	10.065	32.075	18.837	0.116	61.093
256	5.612	18.143	10.496	0.0686	34.320
512	3.454	9.57	5.897	0.0383	18.959
1024	2.661	5.392	3.46	0.016	11.529
2048	2.276	3.322	2.247	0.0187	7.864

7.5 工程应用

并行 MLFMA 适合电大尺寸平台的电磁建模，本节给出典型飞机、车辆的雷达散射截面(RCS)以及舰载天线的辐射方向图的计算实例。模型按照 0.125λ 剖分为三角形网格。MLFMA 最底层分组尺寸设置为 0.25λ，其中 λ 为自由空间中的波长。迭代求解采用的算法为广义最小余量法(GMRES)。若无特别说明，MLFMA 均采用 CFIE(0.5)，预条件均为块对角预条件。对于 7.5.1 节与 7.5.2 节中的飞机模型，同时使用高阶矩量法(HOMoM)进行计算，并与 MLFMA 进行对比验证，其中 HOMoM 采用 LU 分解求解矩阵方程。7.5.1 节～7.5.4 节使用的计算平台为 Cluster-Ⅳ，7.5.5 节使用的计算平台为 Cluster-Ⅰ。

7.5.1 波音 737 飞机 RCS

下面采用并行 MLFMA 计算波音 737 飞机双站 RCS。机身长 30.6 m，翼展 29.0 m，高 11.8 m，飞机模型如图 7.5-1 所示。平面波沿机头方向($-\hat{x}$ 方向)入射，考虑垂直(V)极化和水平(H)极化两种入射波极化方式，计算频率为 1.0 GHz 时飞机的双站 RCS，并与并行 HOMoM 计算结果进行对比。飞机模型的电尺寸为 102.0λ×96.7λ×39.3λ，两种极化入射波的 xoy 面和 xoz 面的双站 RCS 分别如图

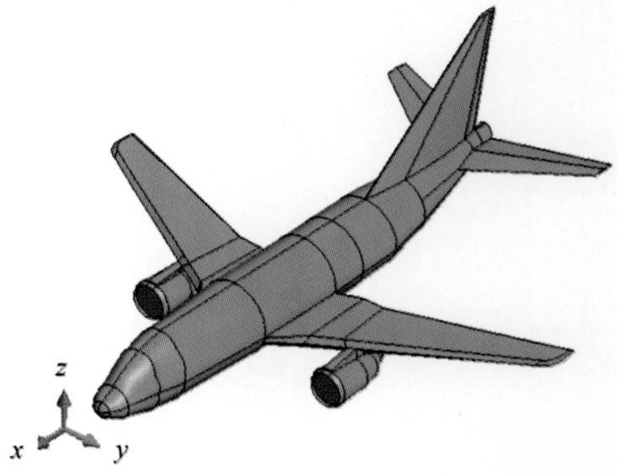

图 7.5-1 波音 737 飞机模型

7.5－2 和图 7.5－3 所示。对比可见，两种算法计算结果吻合良好。飞机表面的电流分布如图 7.5－4 所示。计算过程所需要的计算时间和内存列于表 7.5－1 中。因为 HOMoM 的计算量较大，所以并行 HOMoM 使用 1200 CPU 核，而并行 MLFMA 使用的 CPU 核数为 48。值得指出，表 7.5－1 中的总时间包括 V 极化和 H 极化入射波的计算时间，算法内存需求按照双精度统计。以下算例表格中的计算时间和内存需求统计方法与表 7.5－1 的相同。

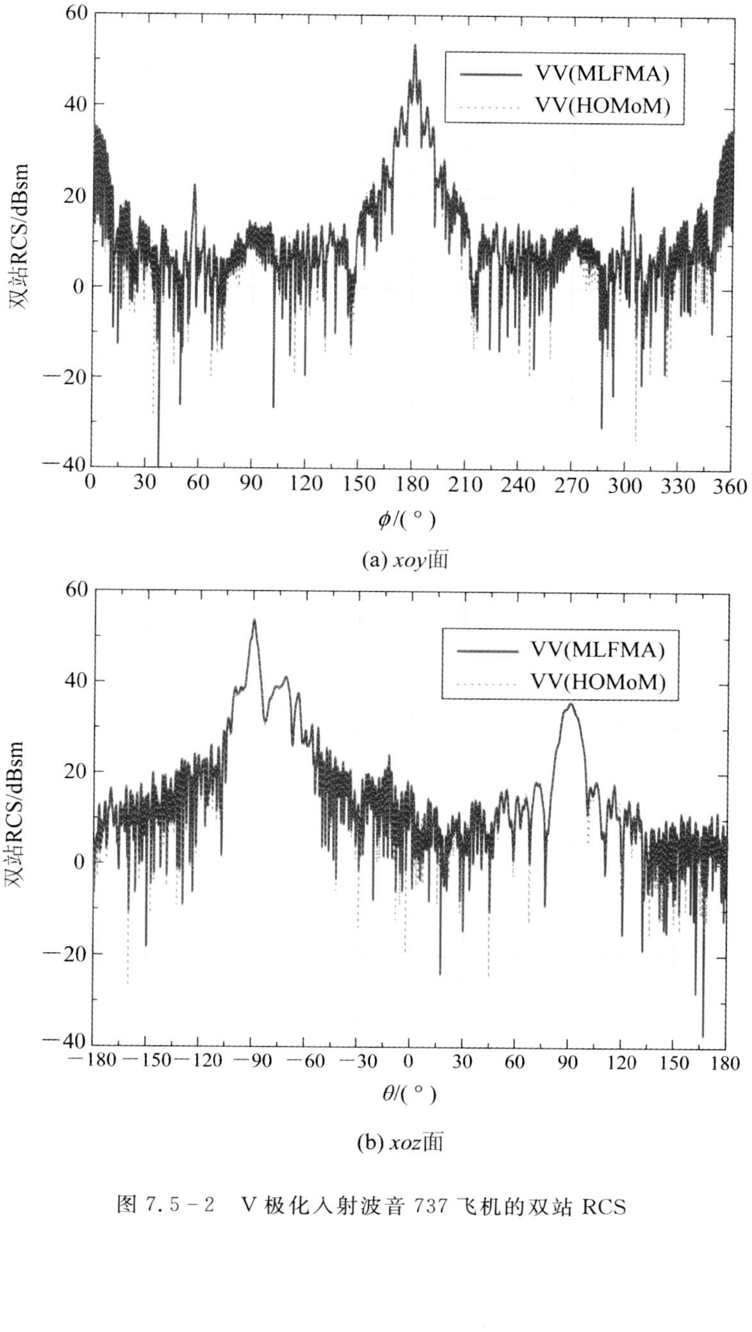

(b) xoz面

图 7.5－2　V 极化入射波音 737 飞机的双站 RCS

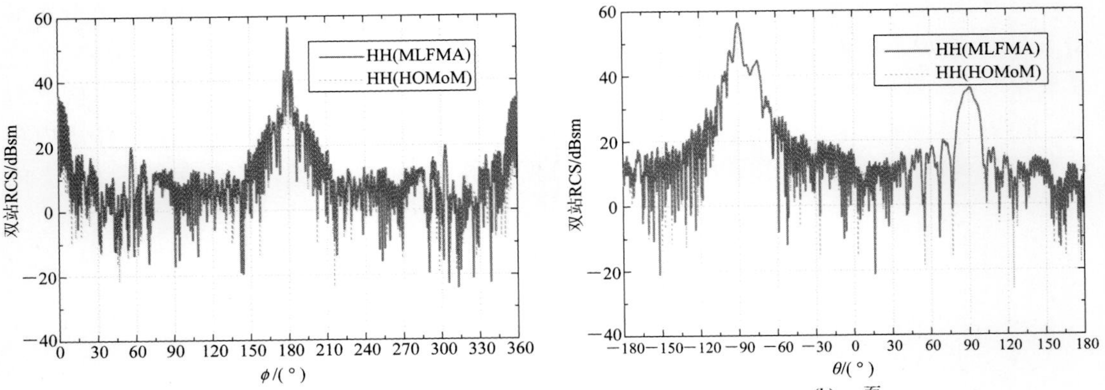

(a) *xoy*面　　　　(b) *xoz*面

图 7.5-3　H 极化入射波音 737 飞机的双站 RCS

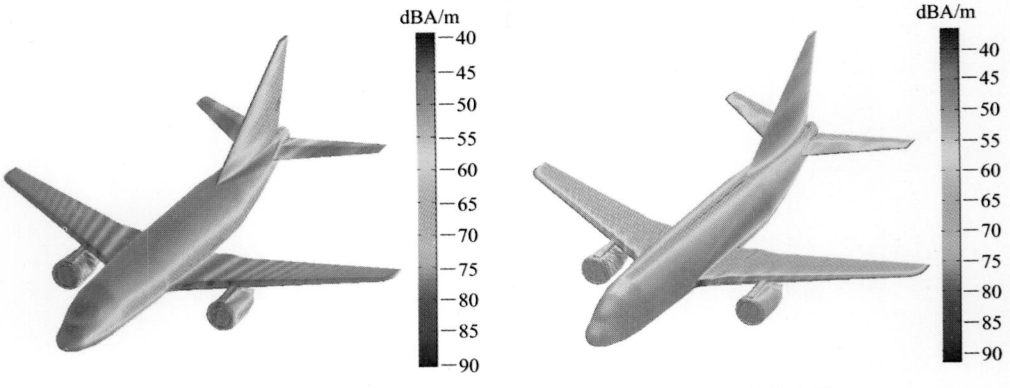

(a) V极化入射　　　　(b) H极化入射

图 7.5-4　波音 737 飞机表面的电流分布

表 7.5-1　波音 737 飞机的双站 RCS 计算时间与内存需求

算法	频率/GHz	未知量	层数	CPU 核数	收敛残差	迭代步数	总时间/s	内存/GB
HOMoM	1.0	357 815	—	1200	—	—	6776.38	1907.819
MLFMA	1.0	1 444 653	9	48	0.003	41/47*	1691.452	17.905

注：41 和 47 分别表示 V 极化和 H 极化入射波的迭代步数。

7.5.2　某型飞机 RCS

下面采用并行 MLFMA 计算某型飞机双站 RCS。机身长 36.4 m，翼展 38.0 m，高 10.5 m，飞机模型如图 7.5-5 所示。平面波沿机头方向（$-\hat{x}$ 方向）入射，考虑 V 极化和 H 极化两种入射波极化方式，计算频率为1.0 GHz 时飞机的双站 RCS，并与并行 HOMoM 计算结果进行对比。飞机模型的电尺寸为 121.3λ×126.7λ×35.0λ，两种极化入射波的 *xoy* 面和 *xoz* 面的双站 RCS 分别如图 7.5-6 和图 7.5-7 所示。对比可见，两种算法计算结果吻合良好。飞机表面的电流分布如图 7.5-8 所示。计算过程所需要的计算时间和内存列于表 7.5-2 中。

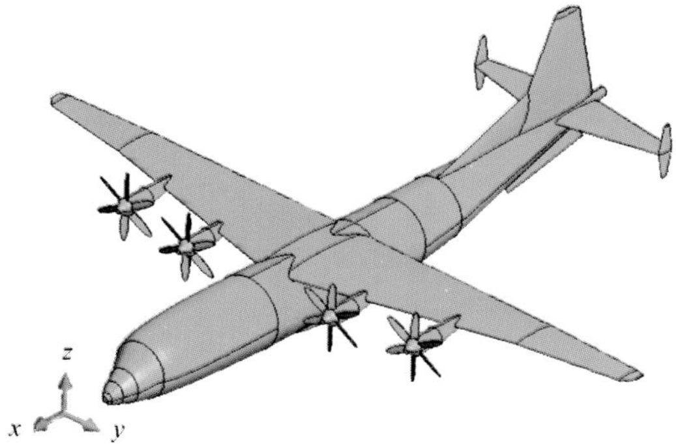

图 7.5-5　某型飞机模型

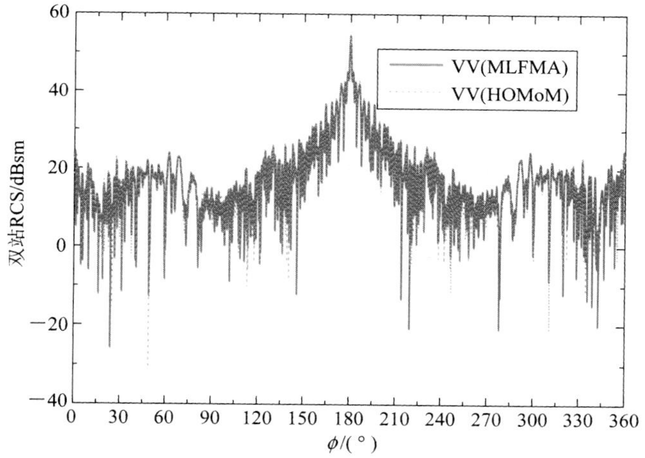

(a) *xoy*面

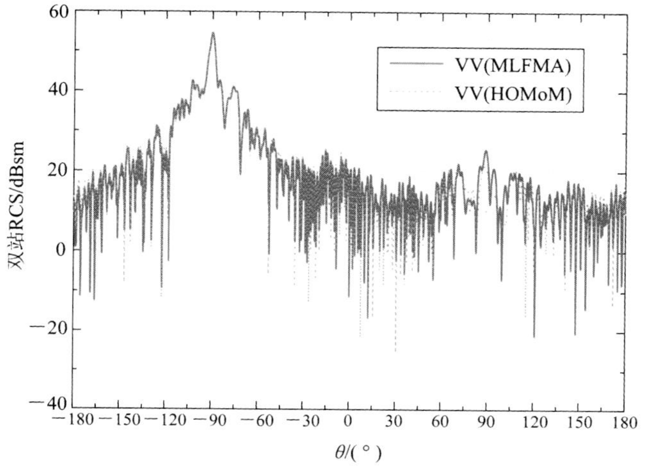

(b) *xoz*面

图 7.5-6　V 极化入射某型飞机的双站 RCS

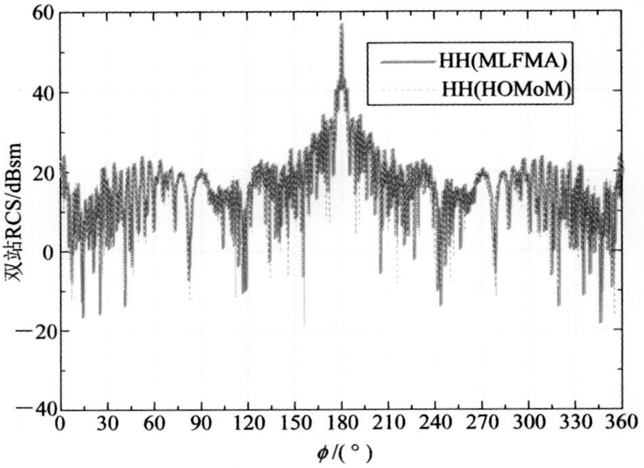

(a) *xoy*面

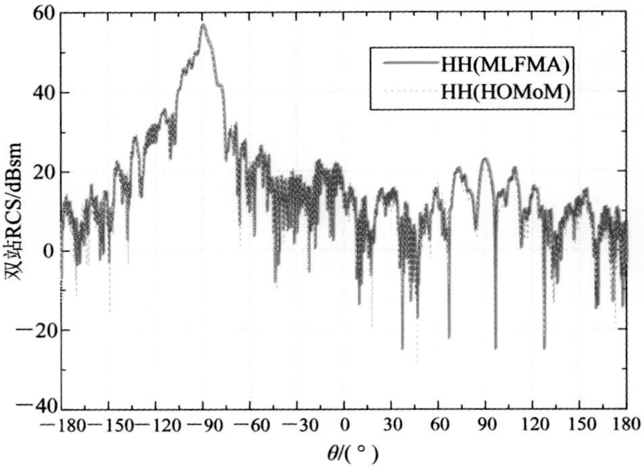

(b) *xoz*面

图 7.5-7　H 极化入射某型飞机的双站 RCS

(a) V极化入射

(b) H极化入射

图 7.5-8　某型飞机表面的电流分布

表 7.5-2　某型飞机的双站 RCS 计算时间与内存需求

算法	频率/GHz	未知量	层数	CPU 核数	收敛残差	迭代步数	总时间/s	内存/GB
HOMoM	1.0	441 163	—	2400	—	—	7367.21	2900.135
MLFMA	1.0	1 770 360	9	48	0.003	76/69	6333.033	28.217

7.5.3　某大型飞机 RCS

下面采用并行 MLFMA 计算某大型飞机双站 RCS。机身长 49.0 m，翼展 50.0 m，高 13.9 m，飞机模型如图 7.5-9 所示。平面波沿机头方向($-\hat{\boldsymbol{x}}$ 方向)入射，考虑 V 极化和 H 极化两种入射波极化方式，计算频率为 3.0 GHz 时飞机的 RCS。飞机模型的电尺寸为 $490.0\lambda\times500.0\lambda\times139.0\lambda$，两种极化入射波的 xoy 面和 xoz 面的双站 RCS 分别如图 7.5-10 和图 7.5-11 所示。飞机表面的电流分布如图 7.5-12 所示。计算过程所需要的计算时间和内存列于表 7.5-3 中。

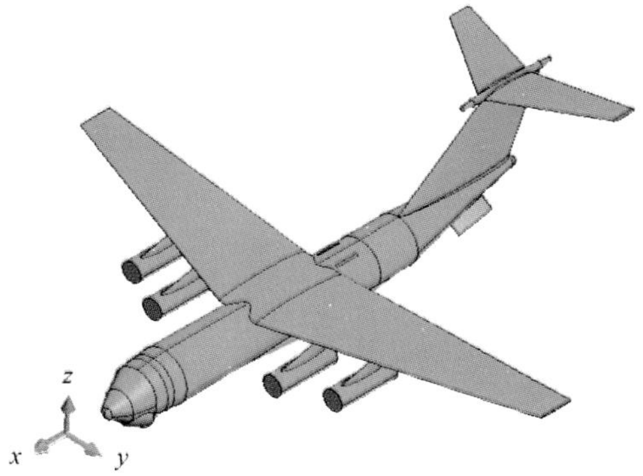

图 7.5-9　某大型飞机模型

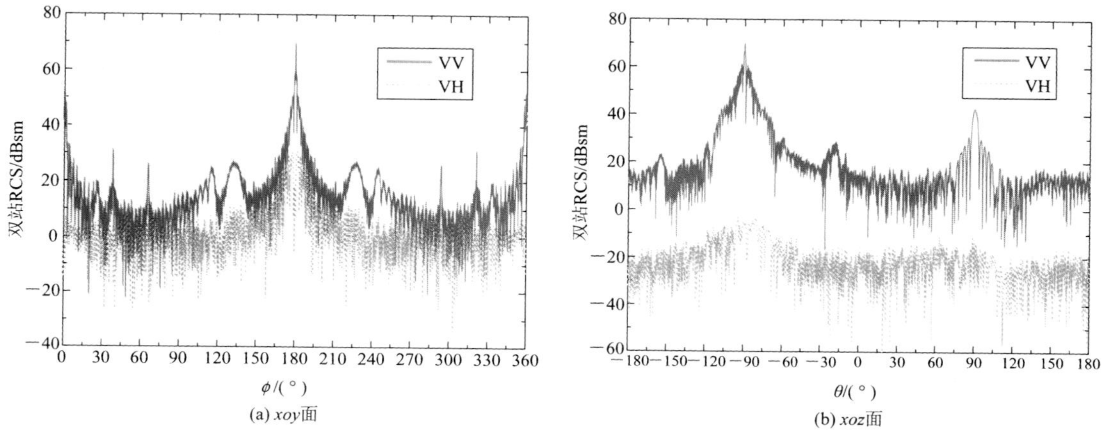

图 7.5-10　V 极化入射某大型飞机的双站 RCS

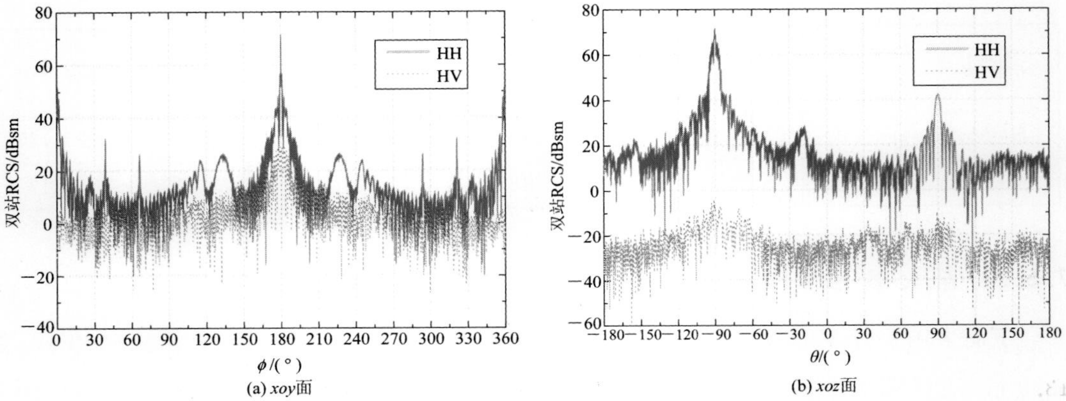

图 7.5-11 H 极化入射某大型飞机的双站 RCS

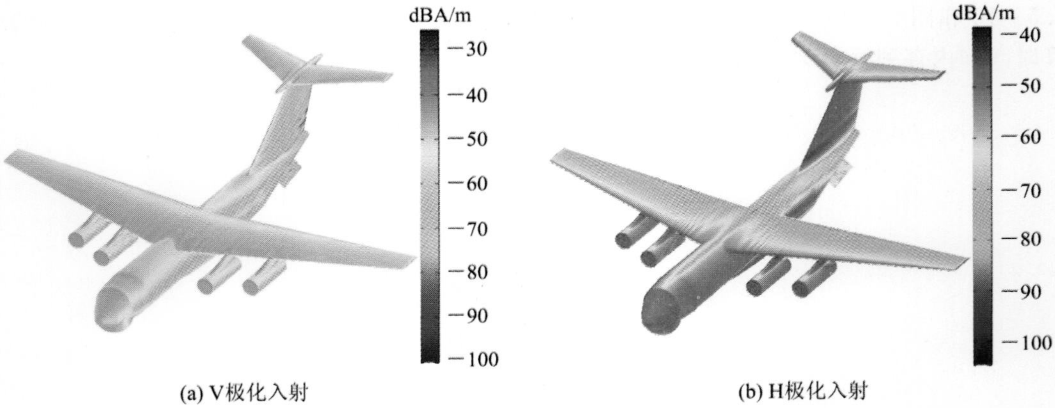

图 7.5-12 某大型飞机表面的电流分布

表 7.5-3 某大型飞机的双站 RCS 计算时间与内存需求

算法	频率/GHz	未知量	层数	CPU核数	收敛残差	迭代步数	总时间/s	内存/GB
MLFMA	3.0	28 606 260	11	64	0.003	55/53	26 613.842	412.758

7.5.4 地面上坦克 RCS

下面利用并行 MLFMA 计算地面上金属坦克的双站 RCS。地面参数与 7.4.1 节相同。车辆尺寸为 9.50 m×3.42 m×3.62 m，如图 7.5-13 所示。平面波频率为300 MHz，入射方向为 $\theta_{inc}=60°$和 $\phi_{inc}=0°$，散射方向为 $\theta_{scat}=60°$和 $0°\leqslant\phi_{scat}\leqslant 360°$。地面上坦克的双站 RCS 如图 7.5-14 所示。为了验证计算结果，图 7.5-14 中同时给出了 MoM 计算结果。对比可见，二者吻合良好。坦克表面的电流分布如图 7.5-15 所示。并行 MLFMA 计算该模型所需要的时间和内存列于表 7.5-4 中。值得指出，对于本算例，并行 MLFMA 采用 EFIE 计算，因为采用块对角预条件不收敛，所以本算例采用基函数邻居预条件。

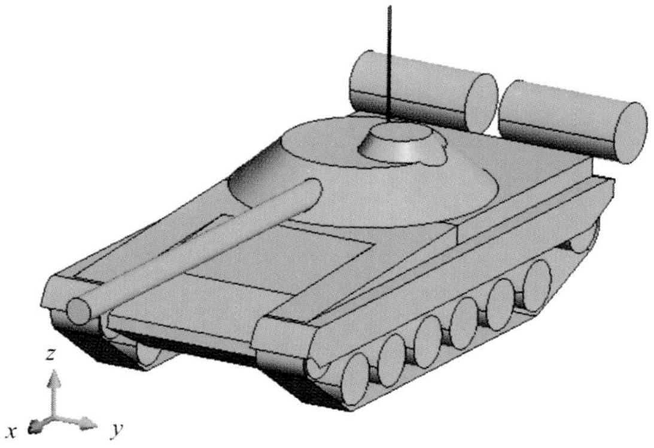

图 7.5－13　坦克模型

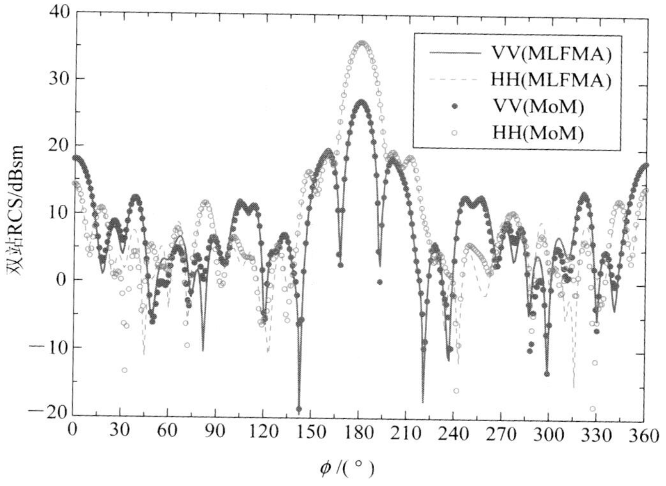

图 7.5－14　地面上坦克的双站 RCS

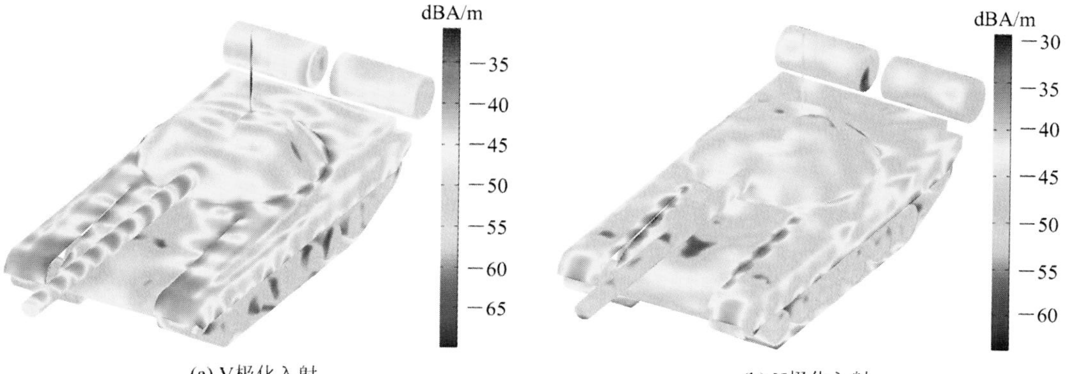

(a) V极化入射　(b) H极化入射

图 7.5－15　地面上坦克表面的电流分布

表 7.5-4 地面上坦克的双站 RCS 计算时间与内存需求

算法	未知量	层数	CPU 核数	收敛残差	迭代步数	总时间/s	内存/MB
半空间 MLFMA	33 248	5	24	0.003	412/338	249.782	1060.915

7.5.5 地面上汽车 RCS

下面利用并行 MLFMA 计算地面上金属汽车的双站 RCS。地面参数与 7.4.1 节相同。汽车尺寸为 5.04 m×1.92 m×1.46 m，如图 7.5-16 所示。平面波频率为 16 GHz，入射方向为 $\theta_{\mathrm{inc}}=60°$ 和 $\phi_{\mathrm{inc}}=180°$，散射方向为 $\theta_{\mathrm{scat}}=60°$ 和 $0°\leqslant\phi_{\mathrm{scat}}\leqslant360°$。汽车电尺寸为 268.8λ×102.4λ×77.9λ。地面上汽车的双站 RCS 计算结果如图 7.5-17 所示。为了便于对比，图 7.5-17 中同时给出了车辆处于自由空间情况的双站 RCS。并行 MLFMA 计算该模型所需要的时间和内存列于表 7.5-5 中。由于地面的反射作用，半空间 RCS 在 $\phi_{\mathrm{scat}}=0°$ 与 $\phi_{\mathrm{scat}}=360°$ 附近明显大于自由空间 RCS。此外，我们还可以看到半空间 HH 结果在大部分散射角度要大于半空间 VV 结果，这是因为平面波入射角度非常接近地面的布儒斯特角，V 极化入射波对地面有较好的穿透作用。我们从图 7.5-18 中的汽车表面电流分布也可以观察到这个现象。对比可见，地面对于 V 极化入射波引起的电流分布影响较小，而对于 H 极化入射波引起的电流分布影响较大，这也是由不同极化入射波对于地面的穿透特性不同造成的。在图 7.5-18(c)中，地面反射引起了汽车侧面的电流分布波纹。

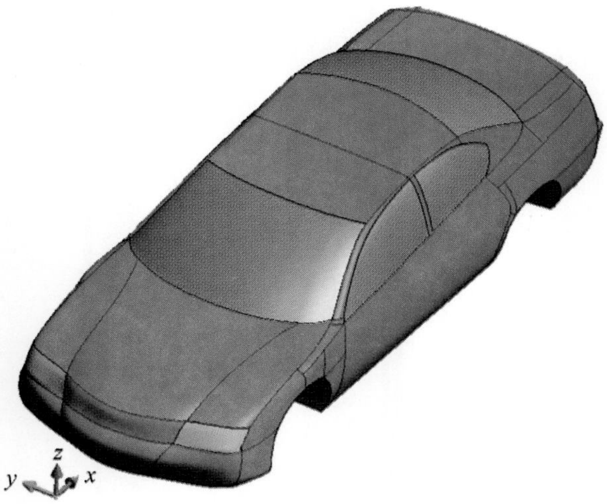

图 7.5-16 汽车模型

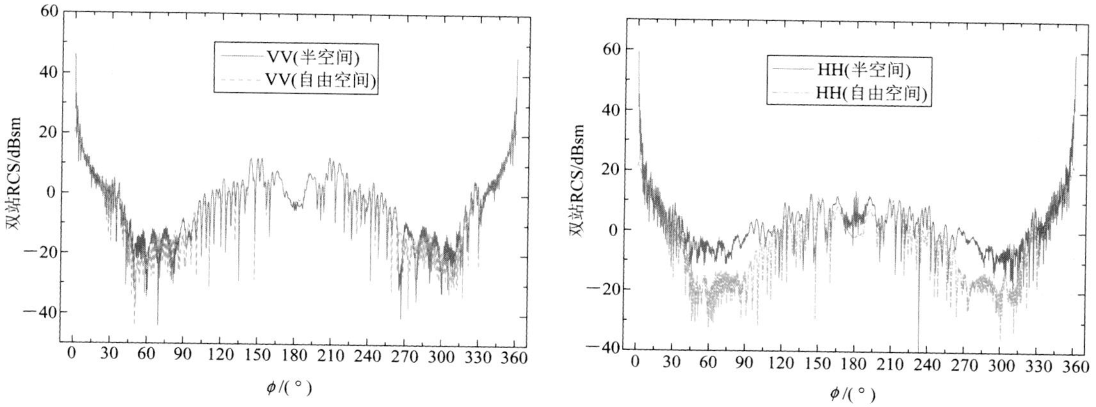

(a) VV　　(b) HH

图 7.5-17　汽车的双站 RCS

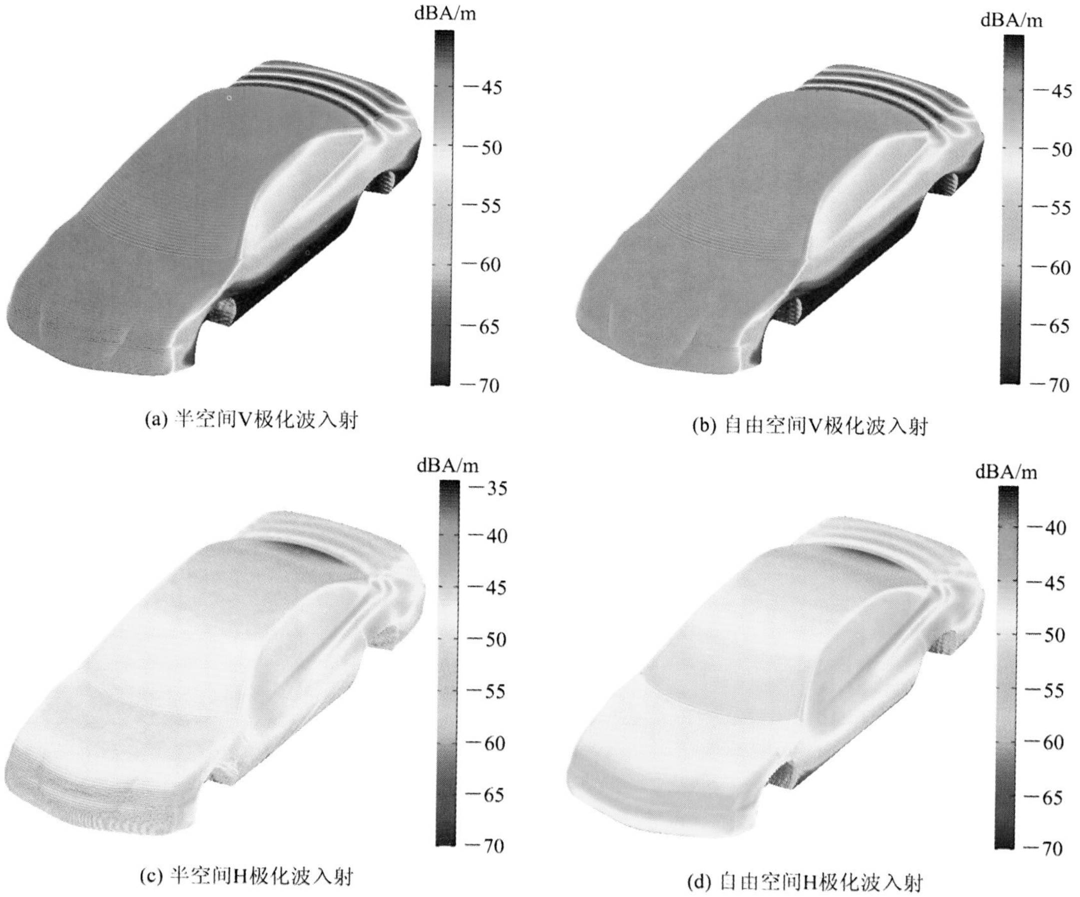

(a) 半空间V极化波入射　　(b) 自由空间V极化波入射

(c) 半空间H极化波入射　　(d) 自由空间H极化波入射

图 7.5-18　汽车表面的电流分布

表 7.5-5　汽车的双站 RCS 计算时间与内存需求

算法	未知量	层数	CPU 核数	收敛残差	迭代步数	总时间/s	内存/GB
半空间 MLFMA	12 413 544	10	128	0.001	101/109	26 731.987	595.387
自由空间 MLFMA	12 413 544	10	128	0.001	90/102	19 412.696	423.073

7.5.6　海面上舰载天线电磁辐射特性

最后，以海面上的舰船为例，考虑海面对舰载天线辐射特性的影响。海面上的舰载天线模型如图 7.5-19 所示。舰船长 153 m，宽 16.5 m。单极天线长 1.5 m，半径 0.006 m，安装于船身中央的塔台上。假设海水的相对介电常数 $\varepsilon_r=80$，电导率 $\sigma=1.0$ S/m。

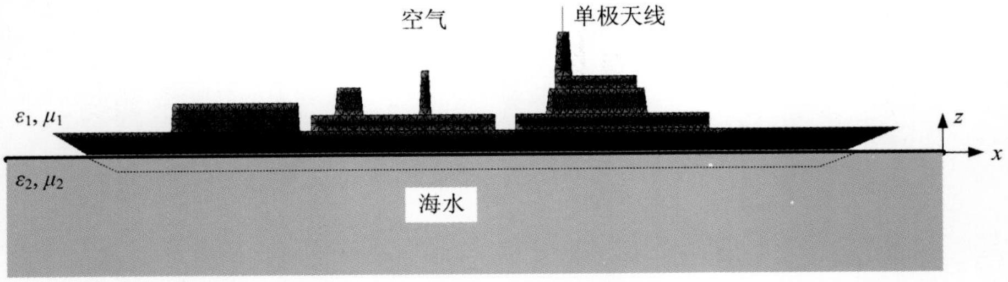

图 7.5-19　海面上舰载天线示意图

天线的工作频率为 50 MHz，划分为 12 段，在天线与舰船表面的连接点处馈电 1 V。舰船表面离散为 30 404 个未知量。图 7.5-20 给出了舰载天线的场强方向图。为了便于对比，图 7.5-20 中同时给出了舰船位于自由空间中的方向图。对于半空间情况，我们只关心海面以上的情况，所以图 7.5-20 中仅给出了海面上($z>0$)的方向图。

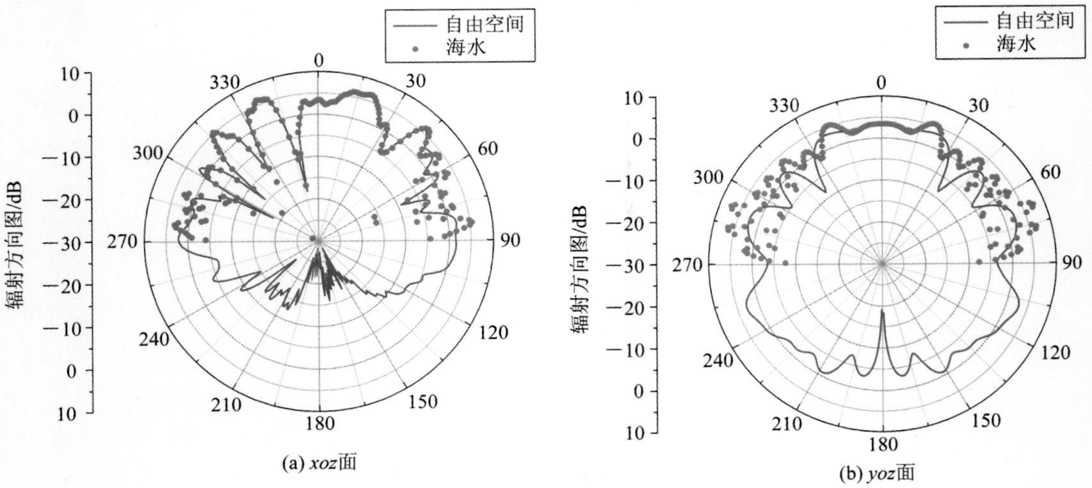

图 7.5-20　舰载天线场强方向图

如图 7.5-20 所示，海水对舰载天线的方向图影响较大，尤其是在接近海面的角度范围内，与自由空间方向图差别达到 10 dB。因此，为了准确分析舰载天线的性能，考虑海面的影响是必要的。

值得强调，图 7.5-19 所示模型仅考虑了舰船位于海面上方的部分，并未考虑海面下的舰船部分。这是因为，本章所描述的方法只适用于目标位于同一层媒质的情况，并不适用于跨界面的目标。另一方面，舰船甲板下方的部分对于天线性能影响较小，计算中忽略该部分是合理的。

7.6 小　结

本章介绍了自由空间与半空间 MLFMA 的基本原理，主要讨论了一种基于平面波自适应划分的半空间 MLFMA 并行策略，并对其并行效率进行了测试，最后给出了并行 MLFMA 的应用实例。值得指出，本章给出的半空间 MLFMA 可以很方便地退化为自由空间情况。

参考文献

[1] Coifman R, Rokhlin V, Wandzura S. The fast multipole method for the wave equation: a pedestrian prescription. IEEE Antennas and Propagat. Magazine, June 1993, 35(3): 7-12.

[2] Song J M, Chew W C. Multilevel fast-multipole algorithm for solving combined field integral equations of electromagnetic scattering. Microwave and Optical Technology Letters, Sep. 1995, 10(1): 14-19.

[3] Abramowitz M, Stegun I A. Handbook of mathematical functions. Dover Publications, 1970.

[4] Chew W C, Jin J-M, Michielssen E, et al. Fast and efficient algorithms in computational electromagnetics. Arteih House, Norwood, Massachusetts 02062, USA, 2001.

[5] Geng N. Fast numerical techniques in computational electromagnetics for planar-stratified media. Germany: University of Karlsruhe, 2001.

[6] Chow Y L, Yang J J, Fang D G, et al. A closed-form spatial Green's function for the thick microstrip substrate. IEEE Transactions on Microwave Theory Tech., Mar. 1991, 39(3): 588-592.

[7] Aksun M I. A robust approach for the derivation of closed-form Green's functions. IEEE Transactions on Microwave Theory Tech., May 1996, 44(5): 651-658.

[8] Geng N, Sullivan A, Carin L. Multilevel fast-multipole algorithm for scattering from conducting targets above or embedded in a lossy half space. IEEE Transactions on Geoscience and Remote Sensing, July 2000, 38(4): 1561-1573.

[9] Michalski K A, Zheng D. Electromagnetic scattering and radiation by surfaces of

arbitrary shape in layered media, Part Ⅰ and Ⅱ. IEEE Transactions on Antennas and Propagation, Mar. 1990, 38(3): 335-352.

[10] Michalski K A, Mosig J R. Multilayered media Green's functions in integral equation formulations. IEEE Transactions on Antennas and Propagation, Mar. 1997, 45(3): 508-519.

[11] Velamparambil S, Chew W C, Song J. 10 million unknowns: is it that big?. IEEE Antennas Propagat. Magazine, April 2003, 45(2): 43-58.

[12] Velamparambil S, Chew W C. Analysis and performance of a distributed memory multilevel fast multipole algorithm. IEEE Transactions on Antennas and Propagation, Aug. 2005, 53(8): 2719-2727.

[13] Ergül Ö, Gürel L. A hierarchical partitioning strategy for an efficient parallelization of the multilevel fast multipole algorithm. IEEE Transactions on Antennas and Propagation, Jun. 2009, 57(6): 1740-1750.

[14] Michiels B, Fostier J, Bogaert I, et al. Weak scalability analysis of the distributed-memory parallel MLFMA. IEEE Transactions on Antennas and Propagation, Nov. 2013, 61(11): 5567-5574.

[15] Melapudi V, Shanker B, Seal S, et al. A scalable parallel wideband MLFMA for efficient electromagnetic simulations on large scale clusters. IEEE Transactions on Antennas and Propagation, July 2011, 59(7): 2565-2577.

[16] Zhao X W, Ting S-W, Zhang Y. Parallelization of half-space MLFMA using adaptive direction partitioning strategy. IEEE Antennas Wireless Propagat. Lett., 2014, 13: 1203-1206.

第 8 章　基于矩量法的并行混合算法

当电磁问题规模非常大时，即使采用并行计算技术仍然难以满足仿真需求。本章根据“分而治之”的思想，先将待求解的问题划分为若干子问题，然后独立求解各个子问题，最后采用混合算法考虑它们之间的耦合关系，得到完整问题的解。对于每个子问题，既可以采用同一种电磁算法，例如高阶基函数矩量法，也可根据模型的几何特征、材料属性等来选取不同算法，例如机载天线问题中，对于复杂天线阵列可选取高阶基函数矩量法，对于电大尺寸平台可选取多层快速多极子方法。

8.1　并行矩量法的区域分解方法

随着计算目标电尺寸的不断增加，矩量法所产生的未知量会迅速增加，所需要的计算资源和计算时间也会急剧上升。为了解决这一问题，本节将讨论一种基于并行矩量法的区域分解方法，本质上也就是“矩量法 — 矩量法”混合算法。

8.1.1　区域分解算法的基本原理

采用矩量法分析电磁问题时，矩阵方程可写为

$$\boldsymbol{ZI} = \boldsymbol{V} \tag{8.1-1}$$

其中，$\boldsymbol{Z}$ 为阻抗矩阵，$\boldsymbol{I}$ 和 $\boldsymbol{V}$ 分别为电磁流系数矩阵和电压矩阵。对于复杂电大问题，若直接采用矩量法对问题进行整体求解，将需要很大的存储空间与较长的计算时间。

对于几何上不连续的电磁目标，我们可将其适当地分成几个子区域，如图 8.1－1 所示，将问题区域划分为 n 个子区域。由于各个子区域几何上互不相连，区域之间不存在电流的连续性问题，故只需采用高阶基函数矩量法求解各个子区域问题，然后计算各区域间电磁流的相互作用，即可通过迭代求出整个问题的解。

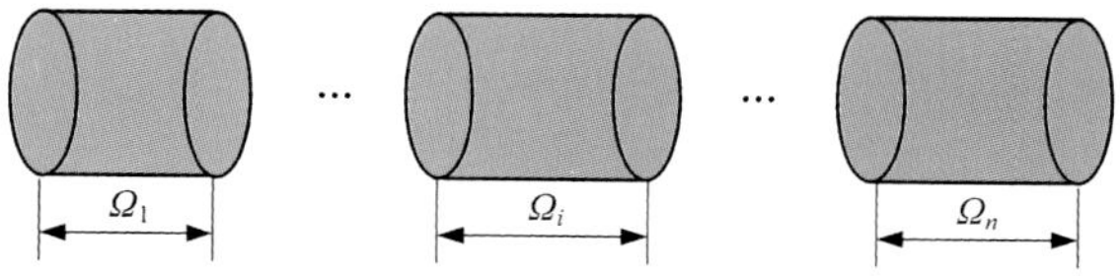

图 8.1－1　不连续目标的区域分解示意图

具体而言，对于各区域间不重叠的情况，式(8.1－1)可写为

$$\begin{bmatrix} \boldsymbol{Z}_{11} & \boldsymbol{Z}_{12} & \cdots & \boldsymbol{Z}_{1j} & \cdots & \boldsymbol{Z}_{1n} \\ \boldsymbol{Z}_{21} & \boldsymbol{Z}_{22} & \cdots & \boldsymbol{Z}_{2j} & \cdots & \boldsymbol{Z}_{2n} \\ \vdots & \vdots & & \vdots & & \vdots \\ \boldsymbol{Z}_{i1} & \boldsymbol{Z}_{i2} & \cdots & \boldsymbol{Z}_{ij} & \cdots & \boldsymbol{Z}_{in} \\ \vdots & \vdots & & \vdots & & \vdots \\ \boldsymbol{Z}_{n1} & \boldsymbol{Z}_{n2} & \cdots & \boldsymbol{Z}_{nj} & \cdots & \boldsymbol{Z}_{nn} \end{bmatrix} \begin{bmatrix} \boldsymbol{I}_1 \\ \boldsymbol{I}_2 \\ \vdots \\ \boldsymbol{I}_i \\ \vdots \\ \boldsymbol{I}_n \end{bmatrix} = \begin{bmatrix} \boldsymbol{V}_1 \\ \boldsymbol{V}_2 \\ \vdots \\ \boldsymbol{V}_i \\ \vdots \\ \boldsymbol{V}_n \end{bmatrix} \tag{8.1-2}$$

其中：当 $i=j$ 时，$\boldsymbol{Z}_{ij}$ 为第 i 个区域 Ω_i 的自阻抗矩阵，当 $i\neq j$ 时，$\boldsymbol{Z}_{ij}$ 为区域 Ω_j 和区域 Ω_i 的互阻抗矩阵；$\boldsymbol{I}_i$ 为区域 Ω_i 的电磁流系数矩阵；$\boldsymbol{V}_i$ 为区域 Ω_i 的电压矩阵。

采用高斯赛德尔迭代方法[1]求解矩阵方程(8.1-2)，设置迭代收敛精度为 δ，初始时 $k=0$，$\boldsymbol{I}_i^{(0)}=\boldsymbol{0}(i=1, 2, \cdots, n)$，则第 $k+1$ 次迭代时，区域 Ω_i 的电磁流可表示为

$$\boldsymbol{I}_i^{(k+1)}=-\boldsymbol{Z}_{ii}^{-1}\sum_{j<i}\boldsymbol{Z}_{ij}\boldsymbol{I}_j^{(k+1)}-\boldsymbol{Z}_{ii}^{-1}\sum_{j>i}\boldsymbol{Z}_{ij}\boldsymbol{I}_j^{(k)}+\boldsymbol{Z}_{ii}^{-1}\boldsymbol{V}_i \tag{8.1-3}$$

其中：$\boldsymbol{Z}_{ii}$ 为区域 Ω_i 的自阻抗矩阵；$\boldsymbol{Z}_{ij}$ 为区域 Ω_j 与区域 Ω_i 的互阻抗矩阵；$\boldsymbol{V}_i$ 为区域 Ω_i 的电压矩阵；$\boldsymbol{I}_i^{(k+1)}$ 为第 $k+1$ 次迭代时区域 Ω_i 的电磁流系数矩阵。依此进行迭代，并计算每次迭代后的残差 $\varepsilon_i=\dfrac{\|\boldsymbol{I}_i^{(k+1)}-\boldsymbol{I}_i^{(k)}\|}{\|\boldsymbol{I}_i^{(k+1)}\|}(i=1, 2, \cdots, n)$，当 $\max(\varepsilon_1, \varepsilon_2, \cdots, \varepsilon_n)\leqslant\delta$ 时，区域间的相互耦合作用稳定，可结束迭代，否则继续迭代。

为了有助于理解式(8.1-3)，可将其改写为

$$\boldsymbol{Z}_{ii}\boldsymbol{I}_i^{(k+1)}=-\sum_{j<i}\boldsymbol{Z}_{ij}\boldsymbol{I}_j^{(k+1)}-\sum_{j>i}\boldsymbol{Z}_{ij}\boldsymbol{I}_j^{(k)}+\boldsymbol{V}_i \tag{8.1-4}$$

若令 $\Delta\boldsymbol{V}_i^{(k)}=\boldsymbol{Z}_{ij}\boldsymbol{I}_j^{(k)}$，则式(8.1-4)可以进一步写为

$$\boldsymbol{Z}_{ii}\boldsymbol{I}_i^{(k+1)}=-\sum_{j<i}\Delta\boldsymbol{V}_i^{(k+1)}-\sum_{j>i}\Delta\boldsymbol{V}_i^{(k)}+\boldsymbol{V}_i \tag{8.1-5}$$

至此，式(8.1-4)中各项的物理含义已经十分清晰。当求解第 i 个区域 Ω_i 中的电磁流 $\boldsymbol{I}_i$ 时，矩量法的激励矩阵不仅有其本身区域的 $\boldsymbol{V}_i$，还有所有其他区域 Ω_j 的电磁流 $\boldsymbol{I}_j$ 产生的场所施加的电压 $\Delta\boldsymbol{V}_i$。

当求解目标为几何上连续的系统时，目标各子区域之间几何上相连，相邻区域的相互耦合作用较强，使得迭代过程往往不收敛。为了更好地处理区域分割引起的电流不连续性问题，本节给出一种基于并行矩量法的重叠型区域分解方法[2-4]。

如图 8.1-2 所示，先将目标分成 n 个子区域，当求解第 i 个子区域 Ω_i 时，将它与其他区域相连的边界进行扩展，形成新的求解子区域 $\tilde{\Omega}_i=\Omega_i+\Omega_{\mathrm{F}i}+\Omega_{\mathrm{B}i}$，如图 8.1-2 中的虚线所示，其中 $\Omega_{\mathrm{F}i}$ 与 $\Omega_{\mathrm{B}i}$ 分别为前向与后向的重叠区域。

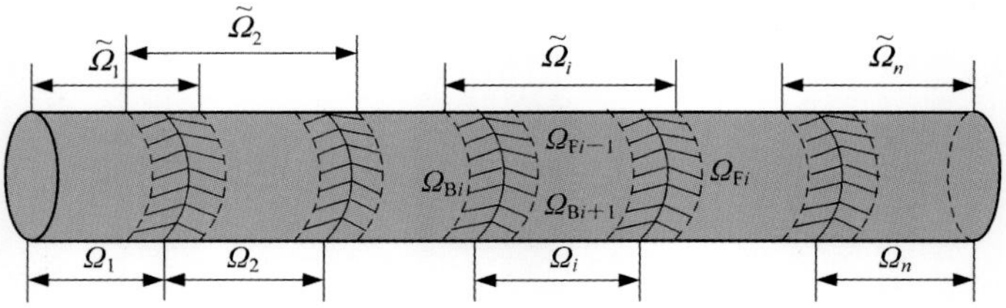

图 8.1-2 重叠型区域分解示意图

显然，重叠型区域分解的各区域不独立存在，相邻的两个区域间存在重叠部分(几何上存在延伸区)，重叠区域存在的意义是使得求得的电磁流可以更加逼近真实电磁流。

由于各个区域的阻抗矩阵包含重叠部分的矩阵，因此需要对前面的高斯赛德尔迭代公式作如下修正：

$$\tilde{\boldsymbol{I}}_i^{(k+1)}=-\tilde{\boldsymbol{Z}}_{ii}^{-1}\sum_{j<i}\tilde{\boldsymbol{Z}}_{ij}\boldsymbol{I}_j^{(k+1)}-\tilde{\boldsymbol{Z}}_{ii}^{-1}\sum_{j>i}\tilde{\boldsymbol{Z}}_{ij}\boldsymbol{I}_j^{(k)}+\tilde{\boldsymbol{Z}}_{ii}^{-1}\tilde{\boldsymbol{V}}_i \tag{8.1-6}$$

其中：$\tilde{\boldsymbol{Z}}_{ii}$ 为区域 $\tilde{\Omega}_i$ 的自阻抗矩阵；$\tilde{\boldsymbol{Z}}_{ij}$ 为区域 Ω_j(去除区域 Ω_j 与区域 $\tilde{\Omega}_i$ 的重叠部分)与区域

$\widetilde{\Omega}_i$ 的互阻抗矩阵；$\boldsymbol{V}_i$ 为区域 $\widetilde{\Omega}_i$ 的电压矩阵；$\boldsymbol{I}_j^{(k+1)}$ 为第 $k+1$ 次迭代时区域 Ω_j 的电磁流系数矩阵（去除区域 Ω_j 与区域 $\widetilde{\Omega}_i$ 的重叠部分上的电磁流）；$\widetilde{\boldsymbol{I}}_i^{(k+1)}$ 为第 $k+1$ 次迭代时区域 $\widetilde{\Omega}_i$ 的电磁流系数矩阵。

类似于区域非重叠的情况，为了有助于理解式(8.1－6)，可将其改写为

$$\widetilde{\boldsymbol{Z}}_{ii}\widetilde{\boldsymbol{I}}_i^{(k+1)} = -\sum_{j<i}\widetilde{\boldsymbol{Z}}_{ij}\boldsymbol{I}_j^{(k+1)} - \sum_{j>i}\widetilde{\boldsymbol{Z}}_{ij}\boldsymbol{I}_j^{(k)} + \widetilde{\boldsymbol{V}}_i \tag{8.1-7}$$

若令 $\Delta\widetilde{\boldsymbol{V}}_i^{(k)} = \widetilde{\boldsymbol{Z}}_{ij}\boldsymbol{I}_j^{(k)}$，则式(8.1－7)可以进一步写为

$$\widetilde{\boldsymbol{Z}}_{ii}\widetilde{\boldsymbol{I}}_i^{(k+1)} = -\sum_{j<i}\Delta\widetilde{\boldsymbol{V}}_i^{(k+1)} - \sum_{j>i}\Delta\widetilde{\boldsymbol{V}}_i^{(k)} + \widetilde{\boldsymbol{V}}_i \tag{8.1-8}$$

至此，式(8.1－8)中各项的物理含义已经十分清晰，当求解扩展后的第 i 个区域 $\widetilde{\Omega}_i$ 的电磁流 $\widetilde{\boldsymbol{I}}_i$ 时，矩量法的激励矩阵不仅有其本身的 $\widetilde{\boldsymbol{V}}_i$，还有所有其他区域 Ω_j 的电磁流 $\boldsymbol{I}_j$ 产生的场所施加的电压 $\Delta\widetilde{\boldsymbol{V}}_i$。此处需要注意，若 j 区域与 i 区域相邻，则 $\boldsymbol{I}_j$ 是去除区域 Ω_j 与区域 $\widetilde{\Omega}_i$ 相互重叠区域中电磁流后所剩下的 j 区域的电磁流；若 j 区域与 i 区域不相邻，则 $\boldsymbol{I}_j$ 为原来未曾扩展过的区域 Ω_j 中的电磁流。

值得指出，在第 $k+1$ 步迭代的实际计算中，并不需要存储各区域间的互阻抗矩阵 $\widetilde{\boldsymbol{Z}}_{ij}$，只需要利用电磁流 $\boldsymbol{I}_j^{(k+1)}$ 在区域 $\widetilde{\Omega}_i$ 上产生的场与检验函数的内积来求出耦合电压，就相当于直接计算出了式(8.1－6)中的 $\widetilde{\boldsymbol{Z}}_{ij}$ 与 $\boldsymbol{I}_j^{(k+1)}$ $(j<i)$ 或 $\widetilde{\boldsymbol{Z}}_{ij}$ 与 $\boldsymbol{I}_j^{(k)}$ $(j>i)$ 的乘积。另外，在并行核外高阶矩量法区域分解程序中，只需要根据第 6 章介绍的并行核外 LU 分解方法计算一次 $\widetilde{\boldsymbol{Z}}_{ii}^{-1}$，即可将其存储到硬盘中，重复利用于区域间的迭代，能够极大地加速计算过程。

上述重叠型区域分解方法概念直观简单，它通过引入延伸到相邻子区域的缓冲区域来改善电流的连续性，但缓冲区域的引入给建模带来了不便，同时区域延伸也将导致计算量增加，而且缓冲区域的大小不同也会对计算精度造成不同程度的影响。

下面介绍一种非重叠型区域分解方法，这种方法在建模和求解上均有较高的灵活性。类似地，先将模型划分成若干个子区域，然后在相邻区域切割处增加虚拟面，使各个子区域封闭。为叙述方便，此处以金属目标划分为两个子区域为例进行讨论。如图 8.1－3 所示，区域 Ω_1 的外表面记作 S_1，区域 Ω_2 的外表面记作 S_2，此处进一步将 S_1 划分为 $S_1 = \widetilde{S}_1 \cup S_1^+$，$S_2$ 划分为 $S_2 = \widetilde{S}_2 \cup S_2^-$，其中 $\widetilde{S}_1$ 和 $\widetilde{S}_2$ 分别为除去虚拟面后的区域 Ω_1 和区域 Ω_2 的外表面，S_1^+ 和 S_2^- 分别为区域 Ω_1 和区域 Ω_2 相接触的虚拟面，$\boldsymbol{J}_1$ 和 $\boldsymbol{J}_2$ 分别为 $\widetilde{S}_1$ 和 $\widetilde{S}_2$ 上的电流，$\boldsymbol{J}_1^+$ 和 $\boldsymbol{J}_2^-$ 分别为 S_1^+ 和 S_2^- 上的电流。

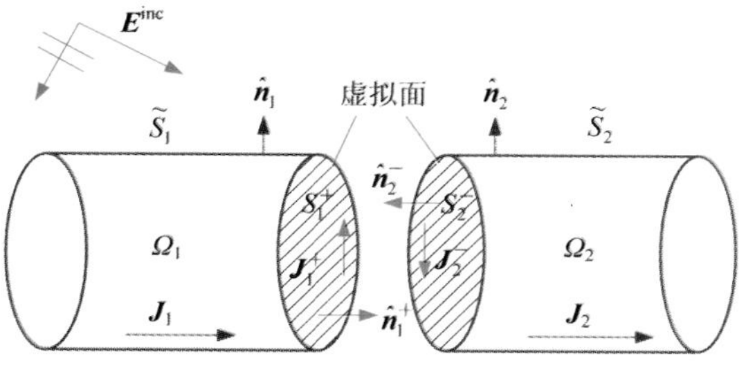

图 8.1－3　非重叠型区域分解示意图

当 $n=2$ 时，方程(8.1-1)可写成如下形式：

$$\begin{bmatrix} \boldsymbol{Z}_{11} & \boldsymbol{Z}_{12} \\ \boldsymbol{Z}_{21} & \boldsymbol{Z}_{22} \end{bmatrix}\begin{bmatrix} \boldsymbol{I}_1 \\ \boldsymbol{I}_2 \end{bmatrix}=\begin{bmatrix} \boldsymbol{V}_1 \\ \boldsymbol{V}_2 \end{bmatrix} \tag{8.1-9}$$

式中：$\boldsymbol{Z}_{11}$ 和 $\boldsymbol{Z}_{22}$ 分别为区域 Ω_1 和区域 Ω_2 的自阻抗矩阵；$\boldsymbol{Z}_{12}$ 和 $\boldsymbol{Z}_{21}$ 分别为区域 Ω_1 与区域 Ω_2 的互阻抗矩阵。由式(8.1-9)可得

$$\begin{cases} \boldsymbol{Z}_{11}\boldsymbol{I}_1 = \boldsymbol{V}_1 - \Delta\boldsymbol{V}_1, & \Delta\boldsymbol{V}_1 = \boldsymbol{Z}_{12}\boldsymbol{I}_2 \\ \boldsymbol{Z}_{22}\boldsymbol{I}_2 = \boldsymbol{V}_2 - \Delta\boldsymbol{V}_2, & \Delta\boldsymbol{V}_2 = \boldsymbol{Z}_{21}\boldsymbol{I}_1 \end{cases} \tag{8.1-10}$$

图 8.1-3 中 S_1 和 S_2 均包含两部分，因此 $\Delta\boldsymbol{V}_1$ 和 $\Delta\boldsymbol{V}_2$ 均由两部分组成，即 $\Delta\boldsymbol{V}_1=\Delta\boldsymbol{V}_1(\boldsymbol{I}_{\tilde{S}_2})+\Delta\boldsymbol{V}_1(\boldsymbol{I}_{S_2^-})$，$\Delta\boldsymbol{V}_2=\Delta\boldsymbol{V}_2(\boldsymbol{I}_{\tilde{S}_1})+\Delta\boldsymbol{V}_2(\boldsymbol{I}_{S_1^+})$。$\Delta\boldsymbol{V}_1(\boldsymbol{I}_{\tilde{S}_2})$ 可通过 $\tilde{S}_2$ 面上基函数与 S_1 面上检验函数之间的互阻抗矩阵乘以 $\tilde{S}_2$ 面上的相应电流获得，也可通过 $\tilde{S}_2$ 面上的电磁流产生的场与 S_1 面上的检验函数的内积运算获得；$\Delta\boldsymbol{V}_2(\boldsymbol{I}_{\tilde{S}_1})$ 可通过 $\tilde{S}_1$ 面上基函数与 S_2 面上检验函数之间的互阻抗矩阵乘以 $\tilde{S}_1$ 面上的相应电流获得，也可通过 $\tilde{S}_1$ 面上的电磁流产生的场与 S_2 面上的检验函数的内积运算获得。

而对于 $\Delta\boldsymbol{V}_1(\boldsymbol{I}_{S_2^-})$ 和 $\Delta\boldsymbol{V}_2(\boldsymbol{I}_{S_1^+})$，为了保证相邻区域分界处电流的连续性，需要在虚拟面 S_1^+ 和 S_2^- 上分别施加边界条件以保持两个区域之间的电流连续性。假设 $I_{1,n}$ 和 $I_{2,n}$ 为区域 Ω_1 和区域 Ω_2 分别独立求解时得到的虚拟面上的第 n 个基函数的电流系数，$I'_{1,n}$ 和 $I'_{2,n}$ 为区域 Ω_1 和区域 Ω_2 施加边界条件后虚拟面上的第 n 个基函数的电流系数，对于虚拟面 S_1^+ 和 S_2^- 网格一致的情形，虚拟面内部的电流系数有 $I'_{1,n}=-I_{2,n}$，$I'_{2,n}=-I_{1,n}$，注意轮廓线上的电流系数需特殊处理；对于虚拟面 S_1^+ 和 S_2^- 网格不一致的情形，处理方法参见文献[5]。因此，$\Delta\boldsymbol{V}_1(\boldsymbol{I}_{S_2^-})$ 可通过 S_2^- 面上基函数与 S_1 面上检验函数之间的互阻抗乘以 S_2^- 面上修正后的相应电流获得，$\Delta\boldsymbol{V}_2(\boldsymbol{I}_{S_1^+})$ 可通过 S_1^+ 面上基函数与 S_2 面上检验函数之间的互阻抗乘以 S_1^+ 面上修正后的相应电流获得。

若采用雅可比迭代方法求解矩阵方程，设置迭代收敛精度为 δ，初始时 $k=0$，电流 $\boldsymbol{I}_i^{(0)}=\boldsymbol{0}(i=1,2)$，注意在每一次迭代后均需在虚拟面上施加边界条件，则第 $k+1$ 次迭代时，区域 Ω_1 和区域 Ω_2 的电流可表示为

$$\begin{cases} \boldsymbol{I}_1^{(k+1)} = -\boldsymbol{Z}_{11}^{-1}\boldsymbol{Z}_{12}\boldsymbol{I}'^{(k)}_2 + \boldsymbol{Z}_{11}^{-1}\boldsymbol{V}_1 \\ \boldsymbol{I}_2^{(k+1)} = -\boldsymbol{Z}_{22}^{-1}\boldsymbol{Z}_{21}\boldsymbol{I}'^{(k)}_1 + \boldsymbol{Z}_{22}^{-1}\boldsymbol{V}_2 \end{cases} \tag{8.1-11}$$

其中：$\boldsymbol{Z}_{ii}(i=1,2)$ 为区域 Ω_i 的自阻抗矩阵；$\boldsymbol{Z}_{12}$ 和 $\boldsymbol{Z}_{21}$ 为区域 Ω_1 与区域 Ω_2 的互阻抗矩阵；$\boldsymbol{V}_i$ 为区域 Ω_i 的电压矩阵；$\boldsymbol{I}_i^{(k+1)}$ 为第 $k+1$ 次迭代时区域 Ω_i 的电流系数矩阵；$\boldsymbol{I}_1'^{(k)}$ 与 $\boldsymbol{I}_2'^{(k)}$ 分别为区域 Ω_1 与区域 Ω_2 施加边界条件修正后的电流。依此进行迭代，并计算每次迭代后的残差 $\varepsilon_i=\dfrac{\|\boldsymbol{I}_i^{(k+1)}-\boldsymbol{I}_i^{(k)}\|}{\|\boldsymbol{I}_i^{(k+1)}\|}$，当 $\max(\varepsilon_1,\varepsilon_2)\leqslant\delta$ 时，区域间的相互耦合作用稳定，可结束迭代，否则继续迭代。

在迭代过程中，$\boldsymbol{Z}_{ii}^{-1}(i=1,2)$ 只需要计算一次，可采用核外技术将其写入硬盘中供迭代时反复使用以提高效率。显然，读者不难将这一区域分解方法推广到划分为多个子区域的几何上连续的计算目标。

8.1.2　算法精度验证

1. 30×1 单元伞形印刷振子天线阵列

此处以一个几何结构不连续的伞形印刷振子天线阵列的辐射特性计算为例来验证区域分解方法的求解精度。阵列的仿真模型如图 8.1-4 所示。天线阵列的单元数为 30×1，微带天线介质板厚度为 0.8 mm，相对介电常数 $\varepsilon_r=10.2$，阵列的工作频率为2.5 GHz。这里将模型分为两个区域(每个区域包含 15 个天线单元)。

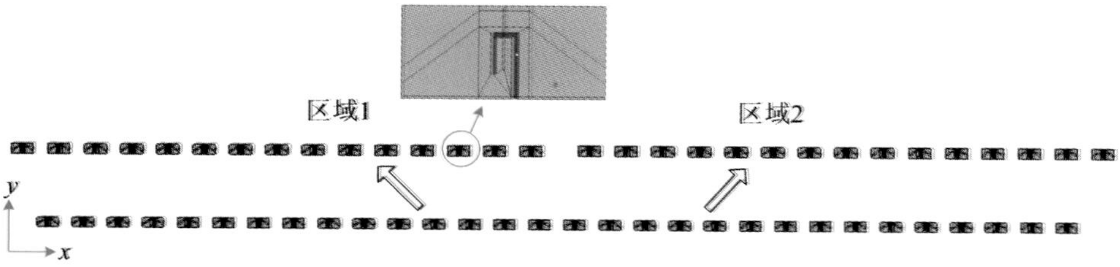

图 8.1-4　伞形印刷振子天线阵列区域分解模型

采用基于高阶基函数矩量法的区域分解方法计算该阵列的增益方向图，并与并行高阶基函数矩量法的整体解进行对比，如图 8.1-5 所示。由图可见，两种计算方法的结果吻合良好，这表明区域分解方法可以有效处理几何上不连续的电磁目标。

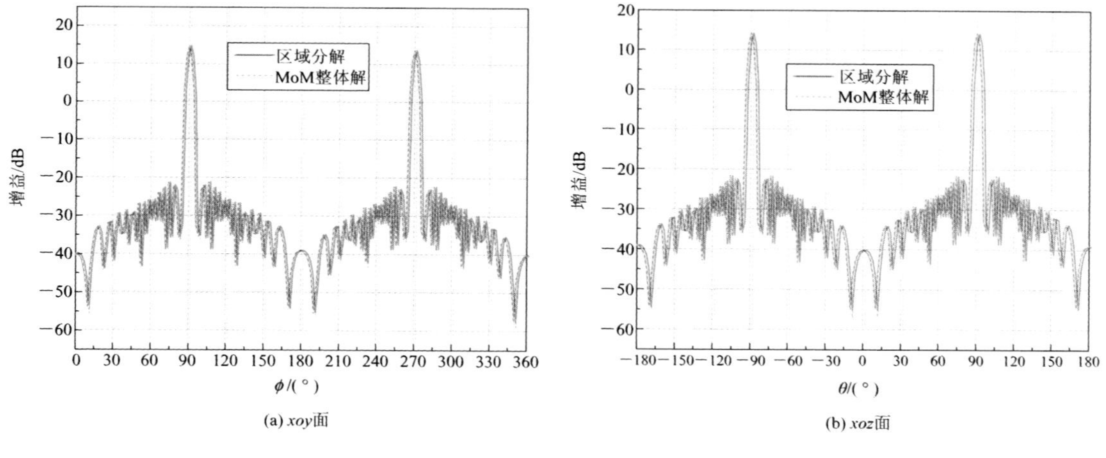

图 8.1-5　伞形印刷振子天线阵列的 2D 增益方向图

2. Ku 波段反射面天线

此处以图 8.1-6 所示的 Ku 波段反射面天线的辐射特性计算为例来验证精度。天线的中心频率为 15.25 GHz，矩量法产生的未知量为 79 140。馈源为角锥喇叭，其中心位于抛物面焦点上。整个模型被分为 5 个区域，如图 8.1-7 所示。尽管反射面的各个子区域之间在几何上是连续的，但此处应用区域分解方法时仍认为它们之间是不连续的。

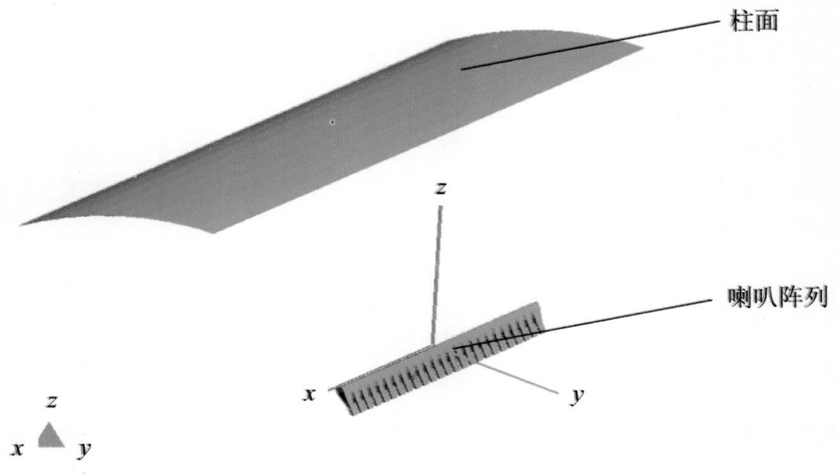

图 8.1-6　反射面天线模型

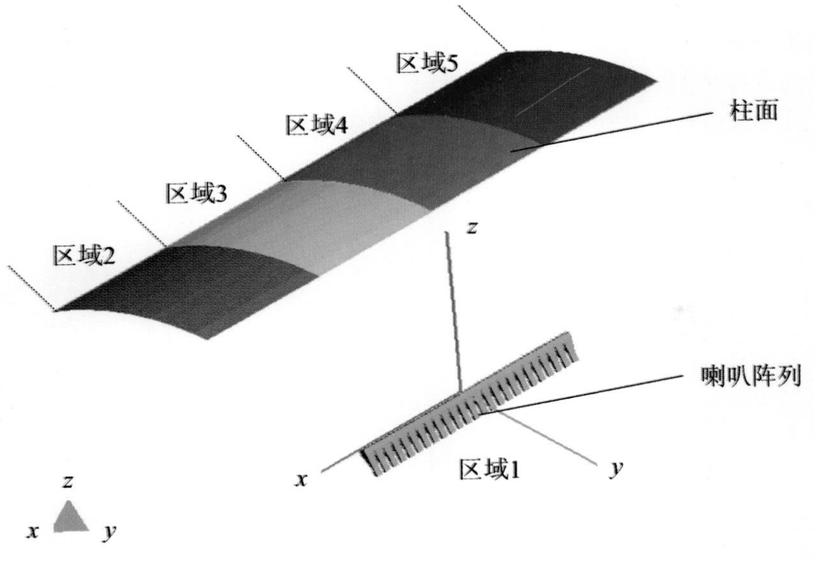

图 8.1-7　反射面天线区域分解模型

采用基于高阶基函数矩量法的区域分解方法计算该反射面天线的增益方向图，并与并行高阶基函数矩量法的整体解进行对比，如图 8.1-8 所示。由图可见，两种方法的计算结果在相对于最大增益值50 dB 范围内吻合良好，这表明即便不考虑相连区域的电磁流连续性，也即将各区域视为几何上不连续，区域分解方法也可以满足此类电大尺寸反射面天线问题的工程应用需求。

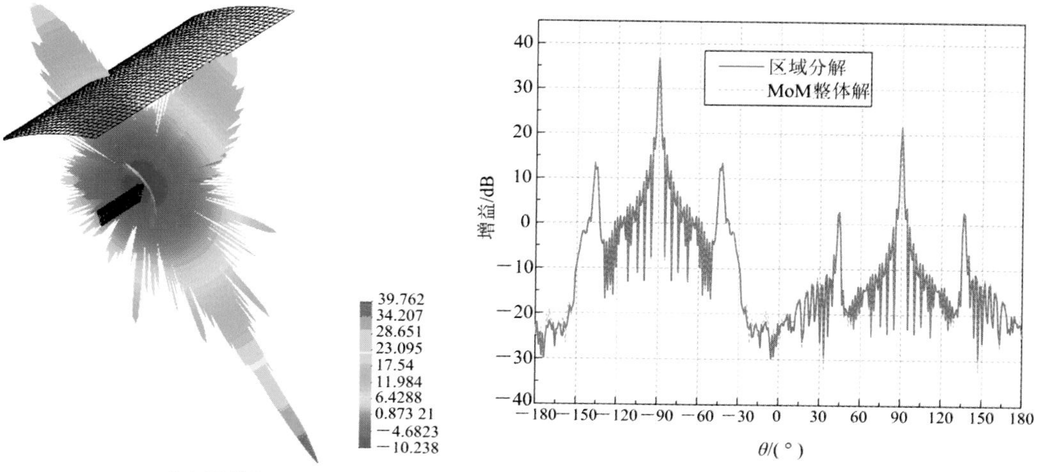

(a) 3D方向图(单位：dB)　　(b) yoz面

图 8.1-8　反射面天线的增益方向图

3. 20×4 单元矩形微带贴片天线阵列

此处以一个几何结构连续的矩形微带贴片天线阵列的辐射特性计算为例验证重叠型区域分解方法的求解精度。阵列的仿真模型如图 8.1-9(a)所示。天线的工作频率为 440 MHz，介质基板厚度为 18 mm，相对介电常数 $\varepsilon_r=4.5$，通过泰勒综合设计的阵列副瓣电平为−30 dB。将整个阵列分为两个区域，如图 8.1-9(b)所示，其中每个区域有 12×4 个单元，分别向相邻区域延伸 2×4 个单元。

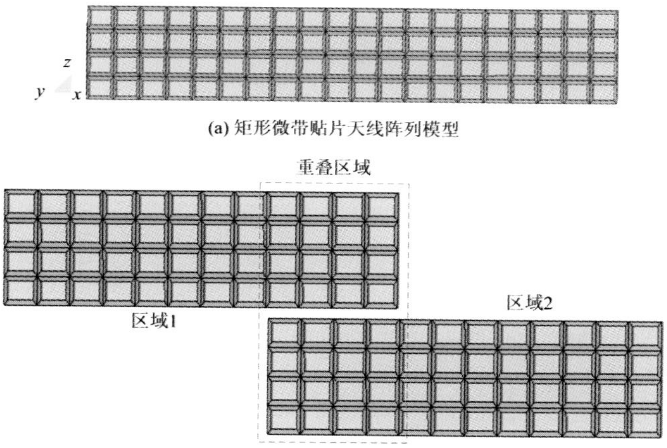

(a) 矩形微带贴片天线阵列模型

(b) 矩形微带贴片天线阵列区域分解模型

图 8.1-9　微带贴片天线阵列仿真模型

采用基于高阶基函数矩量法的重叠型区域分解方法计算该微带天线阵的增益方向图，并将其与并行高阶基函数矩量法的整体解进行对比，如图 8.1-10 所示。由图可见，两种方法的计算结果在相对于最大增益值约 40 dB 范围内吻合良好，这表明重叠型区域分解方法可以有效处理此类几何结构连续的电磁目标。

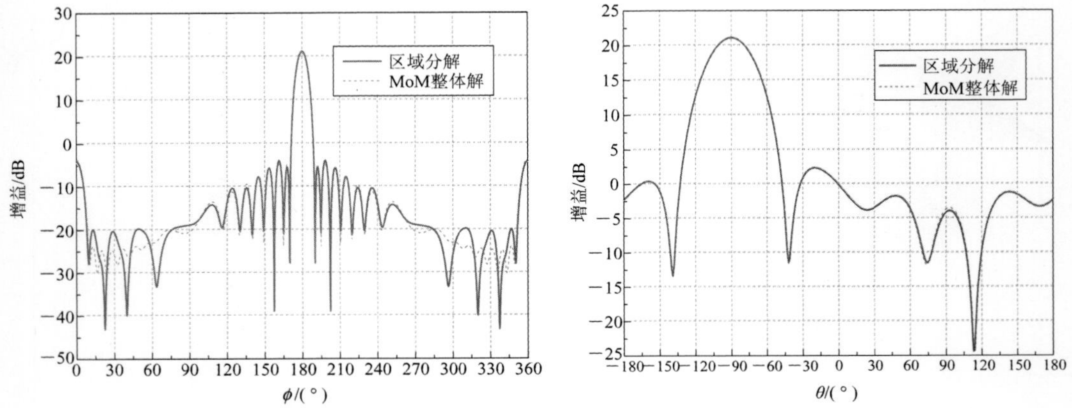

(a) xoy面　　(b) xoz面

图 8.1-10　微带贴片天线阵列的 2D 增益方向图

4. 小型导弹模型

此处以一个小型导弹模型的双站 RCS 计算为例来验证非重叠型区域分解方法的求解精度。导弹仿真模型如图 8.1-11(a)所示，导弹长为 2 m，翼展为 1 m。$-\hat{x}$ 方向极化平面波沿 $-\hat{z}$ 方向入射，频率为 300 MHz。将整个导弹模型分为三个区域，如图 8.1-11(b)所示。

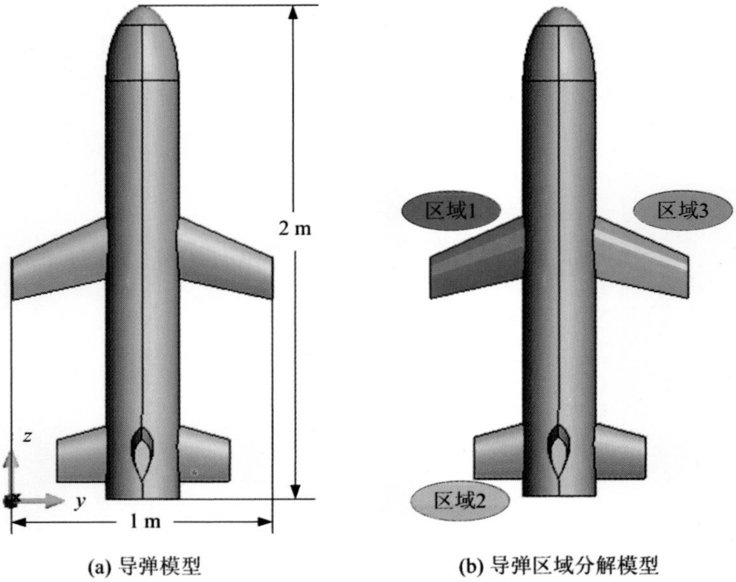

(a) 导弹模型　　(b) 导弹区域分解模型

图 8.1-11　导弹仿真模型

采用基于 RWG 基函数矩量法的非重叠型区域分解方法计算该导弹模型的双站 RCS，并将其与 RWG 基函数及高阶基函数矩量法整体解进行对比，如图 8.1-12 所示。由图可见，三种方法的计算结果吻合良好，这表明非重叠型区域分解方法可以有效处理此类几何结构连续的电磁目标。

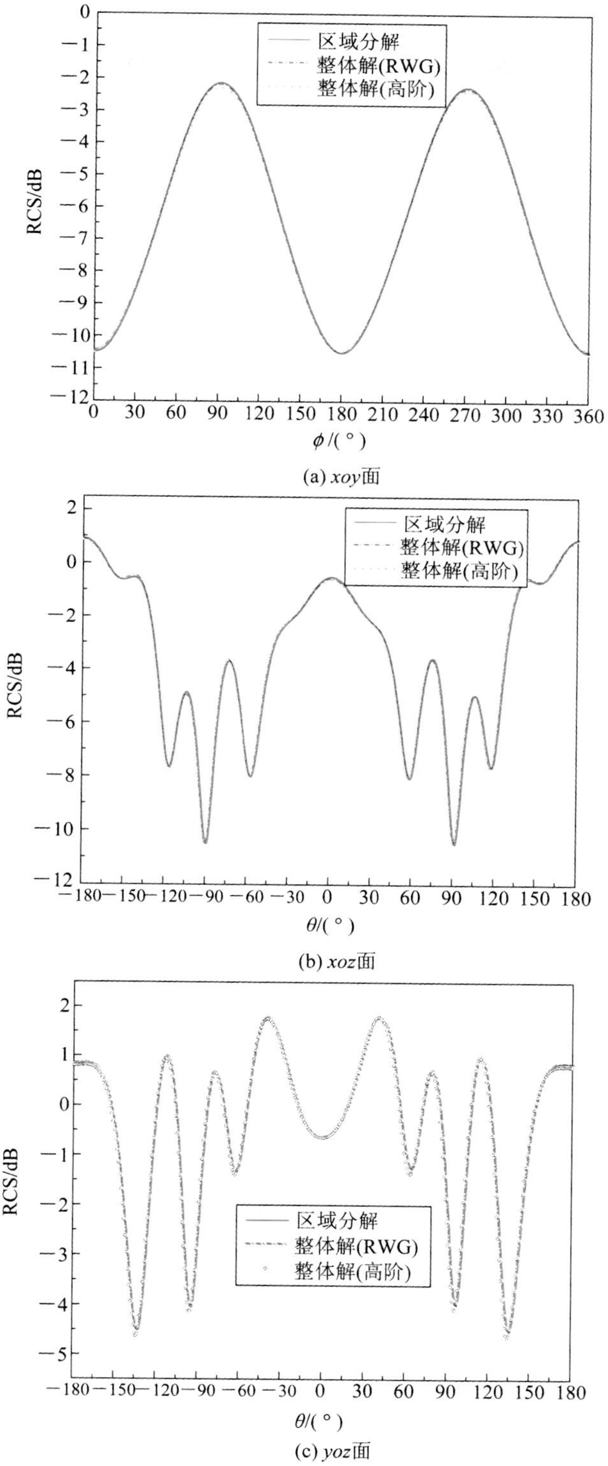

图 8.1－12　导弹模型的 2D 双站 RCS

8.1.3 数值算例

在 8.1.2 节中已经验证了非重叠型区域分解与重叠型区域分解方法的数值精度，本节将给出区域分解方法的一些应用实例。

1. 30×14 单元伞形印刷振子天线阵列

本例仿真一个具有 30×14 个单元的伞形印刷振子天线阵列，模型如图 8.1-13 所示，单元形式与 8.1.2 节 1 中的相同。如图 8.1-13 所示，阵列沿 x 轴方向分布 30 个单元，相邻单元间距为 65 mm，沿 z 轴方向分布 14 个单元，单元间距为 65 mm。天线阵的尺寸为 1.925 m×0.8458 m。天线工作频率为 2.5 GHz，通过泰勒综合设计的阵列 H 面副瓣电平为−35 dB。

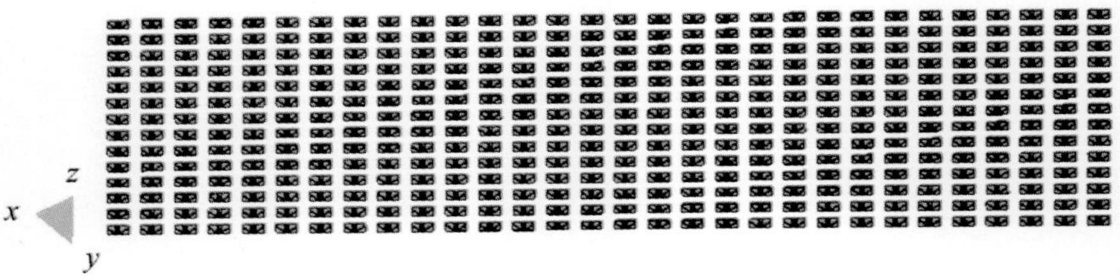

图 8.1-13　30×14 单元伞形印刷振子天线阵列模型

天线阵列整体仿真模型的未知量为 340 620，大约需要 1.69 TB 的存储空间。将该模型沿 z 轴方向分解为 14 个子区域(即每 30 个单元为一个子区域)，每个区域未知量为 24 330。采用区域分解方法计算该阵列的增益方向图，如图 8.1-14 所示，同时给出了并行高阶基函数矩量法的整体解用于对比。由图可见，两种方法的计算结果吻合良好。

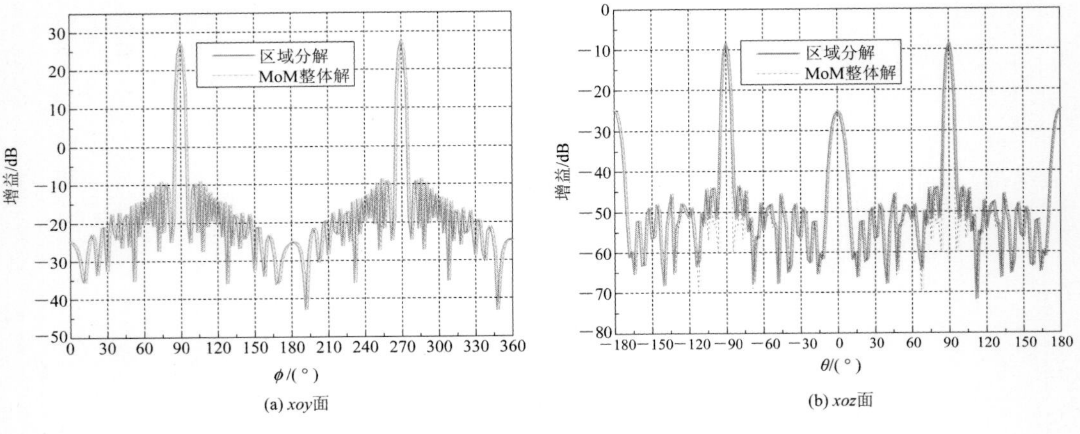

图 8.1-14　30×14 单元伞形印刷振子天线阵列的 2D 增益方向图

表 8.1-1 给出了该计算所需的资源，与高阶基函数矩量法的整体求解相比，区域分解方法对存储量的需求大幅下降。

表 8.1－1　伞形印刷振子天线阵列所需计算资源

求解方法	区域数	未知量	存储量/GB
高阶基函数矩量法	1	340 620	1728.86
区域分解方法	14	24 330	123.49

2. 1984 单元微带贴片天线阵列

本例仿真一个具有 1984 个微带贴片单元的椭圆口径天线阵列，模型如图 8.1－15 所示。介质基板厚度为 0.1 m，相对介电常数 $\varepsilon_r=3.38$，介质基板和接地板之间有两个圆柱形的结构，天线工作频率为 3.1 GHz，通过泰勒综合设计的阵列副瓣电平为－33 dB。沿 x 轴方向将阵列分为 4 个区域，如图 8.1－16 所示。

图 8.1－15　1984 单元微带贴片天线阵列模型

图 8.1－16　1984 单元微带贴片天线阵列区域分解模型

此处采用区域分解方法计算该微带阵列的增益方向图，并与并行高阶基函数矩量法的整体解进行对比(采用并行高阶基函数矩量法整体求解时，为节省计算资源，利用了该阵列的对称性，在 yoz 面内添加了对称面)。图 8.1－17 给出了阵列的 3D 增益方向图，图 8.1－18 给出了两种方法的 2D 增益方向图对比情况。由图可见，两者吻合良好，方向图的主瓣增益为 37.68 dB，xoz 面第一副瓣电平为 5.94 dB，3 dB 波瓣宽度为 6°，yoz 面第一副瓣电平为 6.12 dB，3 dB 波瓣宽度为 1.2°。

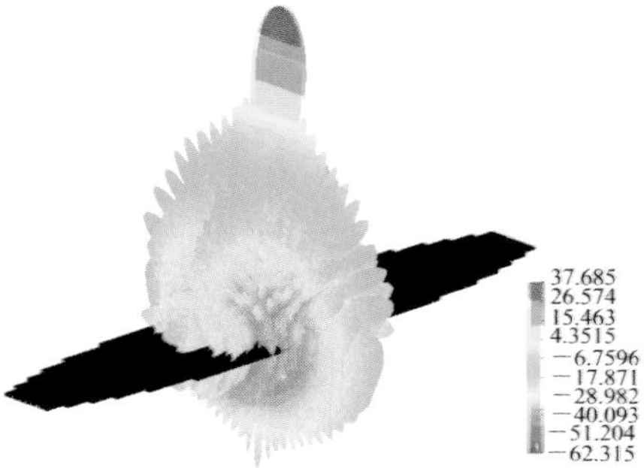

图 8.1－17　1984 单元微带贴片天线阵列的 3D 增益方向图(单位：dB)

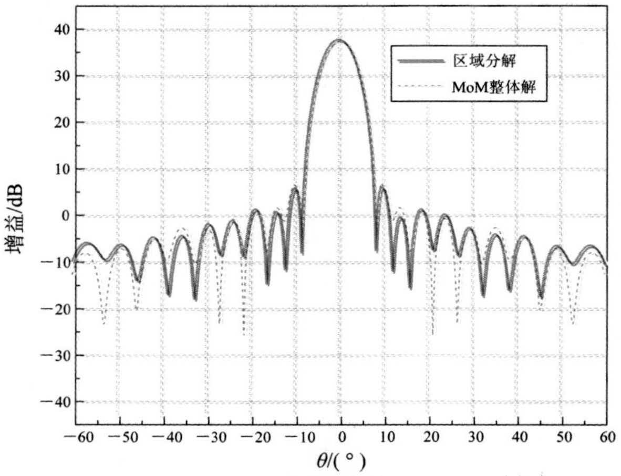

(a) *xoz*面

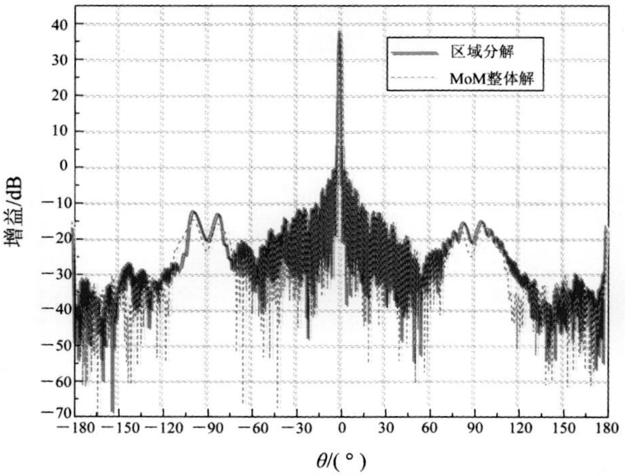

(b) *yoz*面

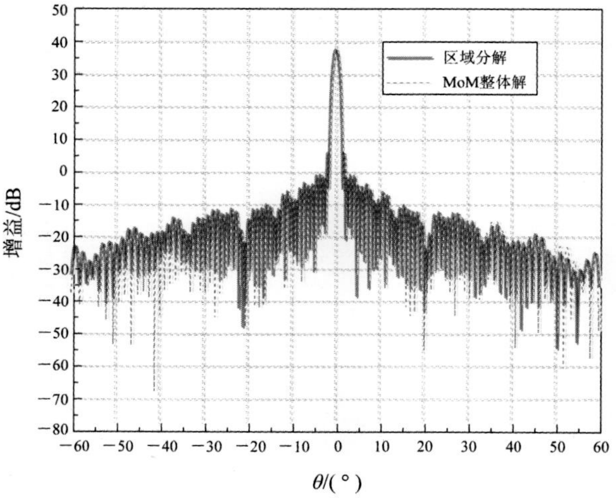

(c) *yoz*面局部放大

图 8.1-18　1984 单元微带贴片天线阵列的 2D 增益方向图

表 8.1－2 给出了该计算所需的资源，与高阶基函数矩量法的整体求解相比，区域分解方法所需的存储量与采用对称性的高阶基函数矩量法的基本相同，但相比于不采用对称性的高阶基函数矩量法来说，所需存储量大幅度下降。

表 8.1－2　天线阵列所需计算资源

<table>
<tr><th>求解方法</th><th colspan="2">区域数</th><th>未知量</th><th colspan="2">存储量/GB</th></tr>
<tr><td>高阶基函数矩量法</td><td colspan="2">1</td><td>1 374 166</td><td colspan="2">28 138.34</td></tr>
<tr><td>高阶基函数矩量法(对称性)</td><td colspan="2">1</td><td>687 083</td><td colspan="2">7034.58</td></tr>
<tr><td rowspan="4">区域分解方法</td><td rowspan="4">4</td><td>1</td><td>332 284</td><td>1645.27</td><td rowspan="4">7029.84</td></tr>
<tr><td>2</td><td>354 218</td><td>1869.65</td></tr>
<tr><td>3</td><td>354 218</td><td>1869.65</td></tr>
<tr><td>4</td><td>332 284</td><td>1645.27</td></tr>
</table>

3. Ka 波段反射面天线

本例计算一个工作在 Ka 波段的大型反射面天线的辐射特性，模型如图 8.1－19(a)所示。天线的中心频率为 33.25 GHz，馈源为角锥喇叭阵列，整体求解时，矩量法产生的未知量为 908 325。这里将整个模型分为 8 个区域，如图 8.1－19(b)所示。

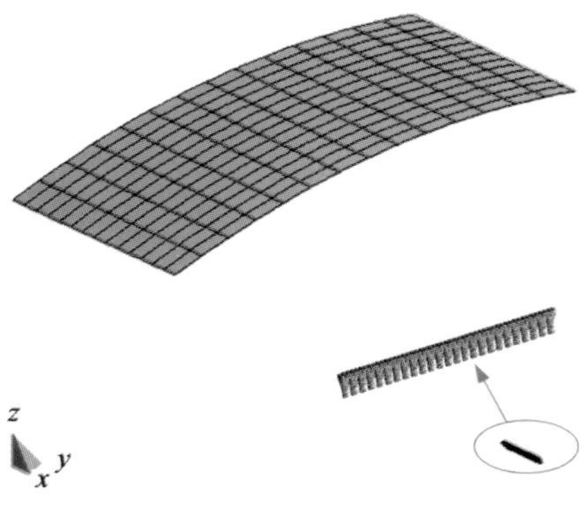

(a) Ka波段反射面天线模型

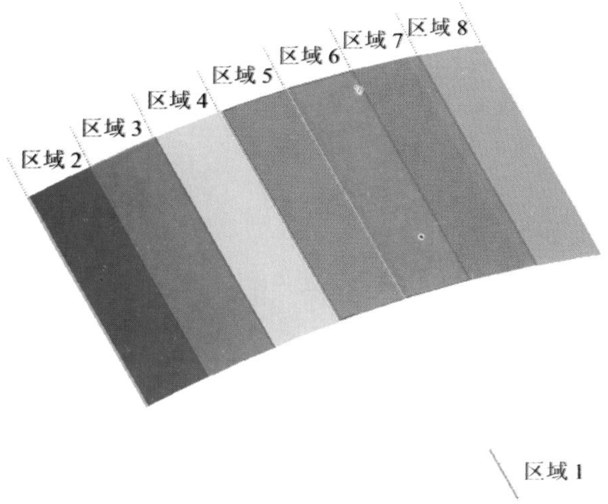

(b) Ka波段反射面天线区域分解模型

图 8.1－19　反射面天线区域分解模型

采用区域分解方法计算该反射面天线的增益方向图，计算结果如图 8.1－20 所示。

表 8.1－3 给出了该计算所需的资源，由表可见，区域分解方法所需的存储资源约为高阶基函数矩量法整体求解时的 1/4。

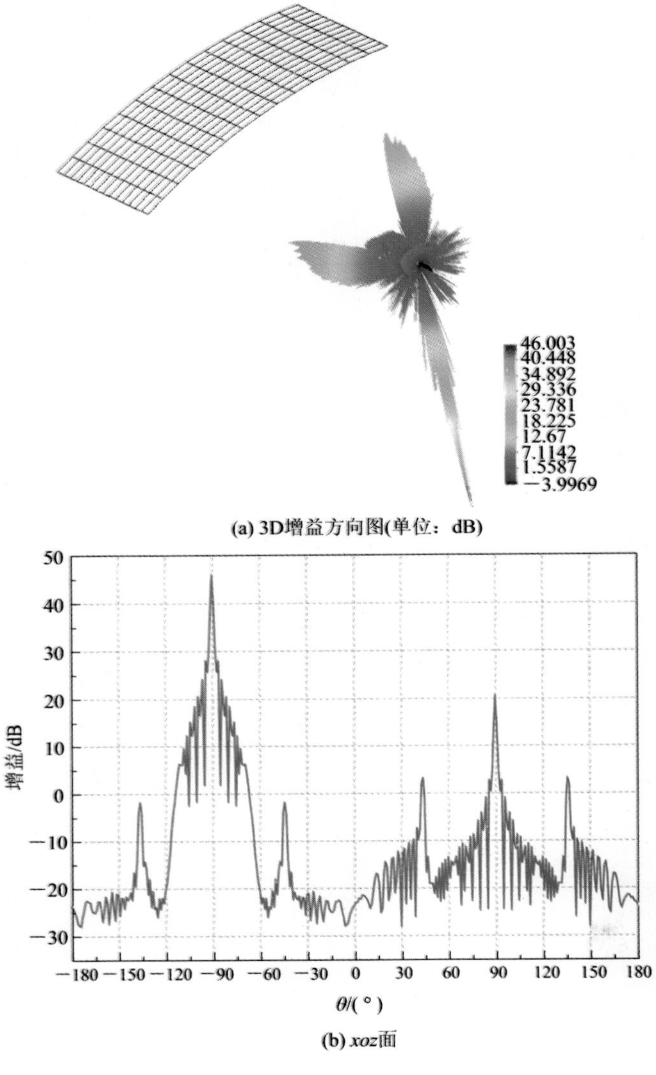

图 8.1-20　反射面天线的增益方向图

表 8.1-3　天线阵列所需计算资源

<table>
<tr><th>求解方法</th><th colspan="2">区域数</th><th>未知量</th><th colspan="2">存储量/GB</th></tr>
<tr><td>高阶基函数矩量法</td><td colspan="2">1</td><td>908 325</td><td colspan="2">12 294.27</td></tr>
<tr><td rowspan="8">区域分解方法</td><td rowspan="8">8</td><td>1</td><td>20 613</td><td>6.33</td><td rowspan="8">3696.75</td></tr>
<tr><td>2</td><td>187 502</td><td>523.88</td></tr>
<tr><td>3</td><td>187 695</td><td>524.96</td></tr>
<tr><td>4</td><td>188 973</td><td>532.13</td></tr>
<tr><td>5</td><td>187 378</td><td>523.19</td></tr>
<tr><td>6</td><td>188 999</td><td>532.28</td></tr>
<tr><td>7</td><td>187 350</td><td>523.03</td></tr>
<tr><td>8</td><td>188 763</td><td>530.95</td></tr>
</table>

4. 机载线天线阵列

本例采用区域分解方法计算机载线天线阵列的辐射特性，以两种不同极化方式的线天线阵列为例，讨论区域分解方法的适用性。

1) 72×14 单元机载线天线阵列 Ⅰ

线天线阵列Ⅰ的仿真模型如图 8.1-21 所示，极化方式沿 $\hat{z}$ 方向，通过泰勒综合设计的阵列副瓣电平为 -35 dB。将天线阵列架设到飞机平台上，仿真模型如图 8.1-22(a)所示，飞机平台的尺寸为 36 m×40 m×11.5 m。此处采用区域分解方法将整个问题分解为 7 个区域，其中天线阵列为单独的一个区域，飞机平台被分为 6 个区域，如图 8.1-22(b)所示。阵列的工作频率为 1.0 GHz，整体模型的未知量为 259 011。

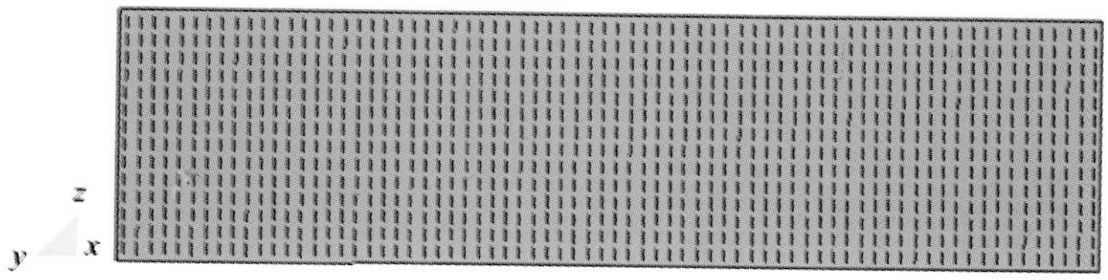

图 8.1-21　线天线阵列Ⅰ模型

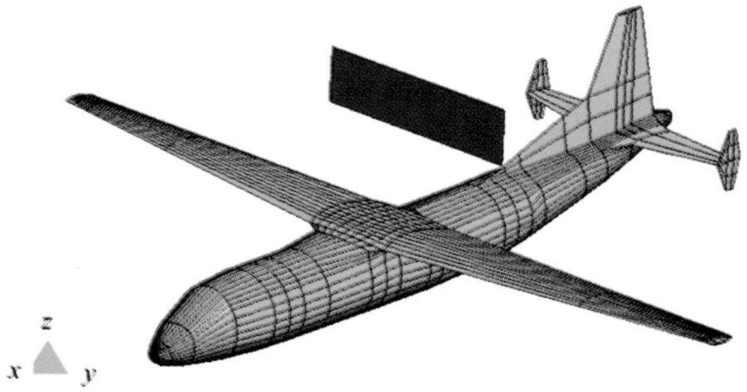

(a) 仿真模型

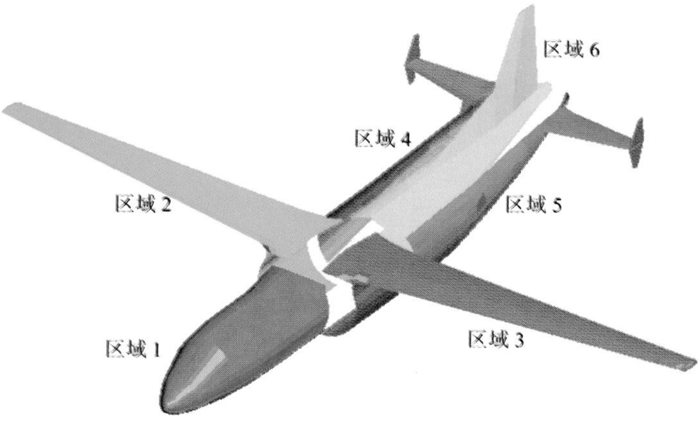

(b) 区域分解模型

图 8.1-22　机载线天线阵列Ⅰ区域分解模型

采用区域分解方法计算该机载线天线模型的增益方向图，并与并行高阶基函数矩量法的整体解进行对比。图 8.1-23 给出了机载天线模型的 3D 增益方向图，图 8.1-24 给出了两种方法计算的 2D 增益方向图对比情况。由图可见，两种方法的计算结果在相对于最大增益值约 50 dB 的范围内吻合良好，这已经能够满足工程应用的需要。

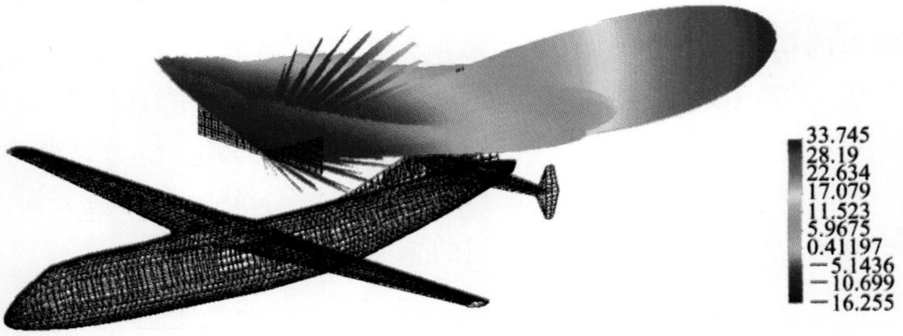

图 8.1-23　72×14 单元机载线天线阵列 Ⅰ 的 3D 增益方向图(单位：dB)

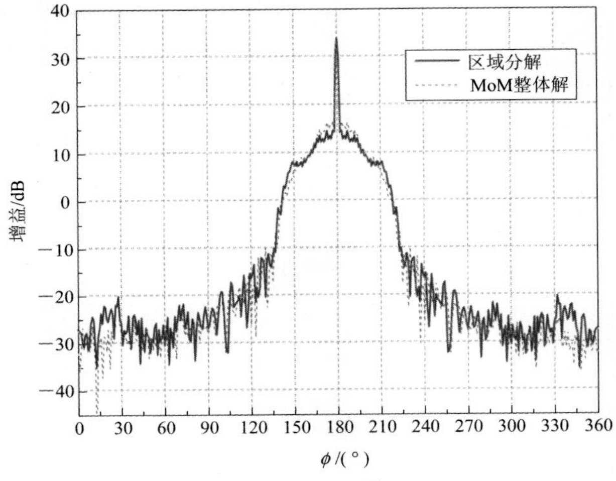

(a) *xoy*面

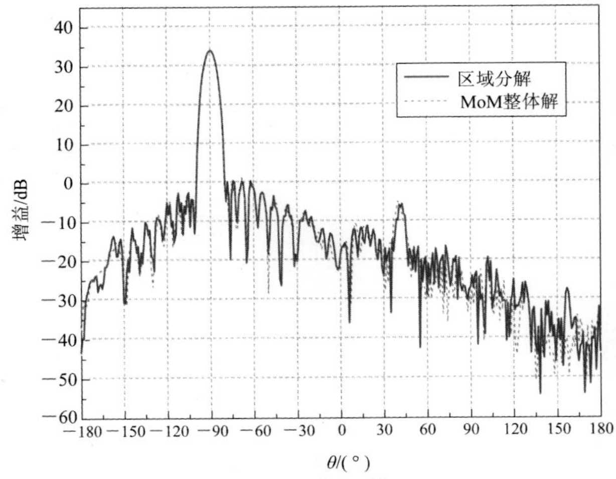

(b) *xoz*面

图 8.1-24　72×14 单元机载线天线阵列 Ⅰ 的 2D 增益方向图

此外，表 8.1-4 给出了两种方法所需的计算资源。由表可知，区域分解方法所需的存储资源约为整体求解时的 1/6。

表 8.1-4　72×14 单元机载线天线阵列Ⅰ所需计算资源

<table>
<tr><td>求解方法</td><td colspan="2">区域数</td><td>未知量</td><td colspan="2">存储量/GB</td></tr>
<tr><td>高阶基函数矩量法</td><td colspan="2">1</td><td>259 011</td><td colspan="2">999.67</td></tr>
<tr><td rowspan="7">区域分解方法</td><td rowspan="7">7</td><td>阵列Ⅰ</td><td>12 166</td><td>2.21</td><td rowspan="7">162.23</td></tr>
<tr><td>1</td><td>49 551</td><td>36.59</td></tr>
<tr><td>2</td><td>49 509</td><td>36.52</td></tr>
<tr><td>3</td><td>44 588</td><td>29.62</td></tr>
<tr><td>4</td><td>26 822</td><td>10.72</td></tr>
<tr><td>5</td><td>26 849</td><td>10.74</td></tr>
<tr><td>6</td><td>49 033</td><td>35.83</td></tr>
</table>

2) 72×14 单元机载线天线阵列Ⅱ

线天线阵列Ⅱ的仿真模型如图 8.1-25 所示，极化方式沿 $\hat{y}$ 方向，通过泰勒综合设计的阵列副瓣电平为−30 dB。将天线阵列架设到飞机平台上，仿真模型如图 8.1-26 所示，飞机平台的尺寸为 36 m×40 m×11.5 m。此处采用区域分解方法将整个问题分解为 7 个区域，其中天线阵列为单独的一个区域，飞机平台同样被分为 6 个区域(与图 8.1-22(b)相同)。阵列的工作频率为 1.0 GHz，整体模型的未知量为 258 536。

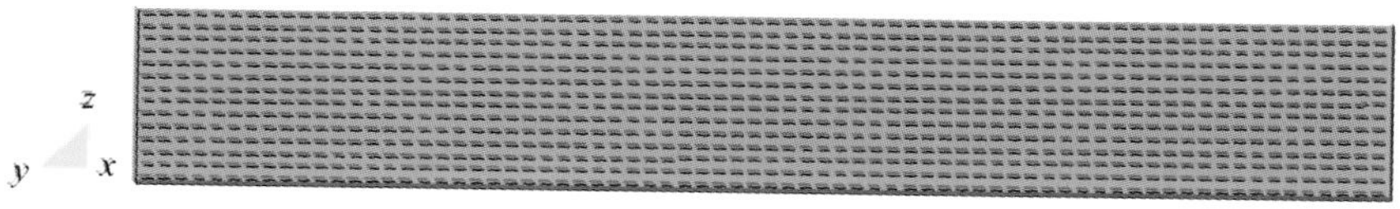

图 8.1-25　线天线阵列Ⅱ模型

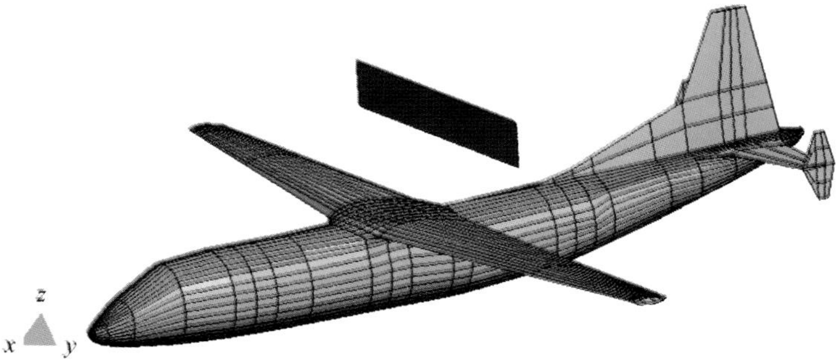

图 8.1-26　机载线天线阵列Ⅱ模型

采用区域分解方法计算该机载线天线模型的增益方向图，并与并行高阶基函数矩量法的整体解进行对比。图 8.1-27 给出了机载模型的 3D 增益方向图，图 8.1-28 给出了两种方法计算的 2D 增益方向图对比情况。由图可见，两种方法的计算结果在相对于最大增益值约 50 dB 的范围内吻合良好，这已经能够满足工程应用的需要。

图 8.1-27　72×14 单元机载线天线阵列Ⅱ的 3D 增益方向图(单位：dB)

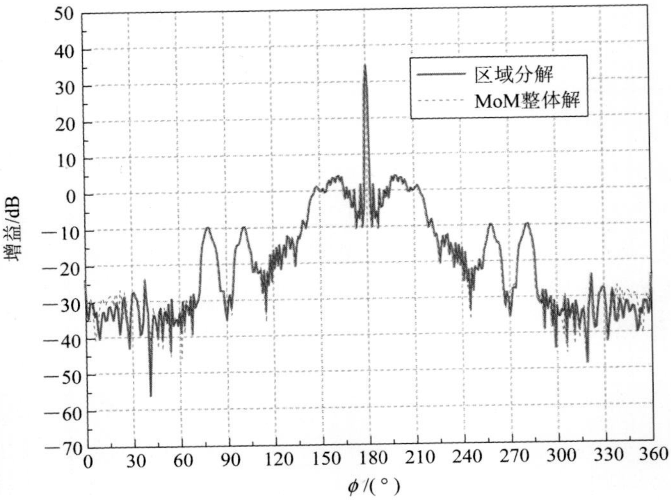

(a) *xoy*面

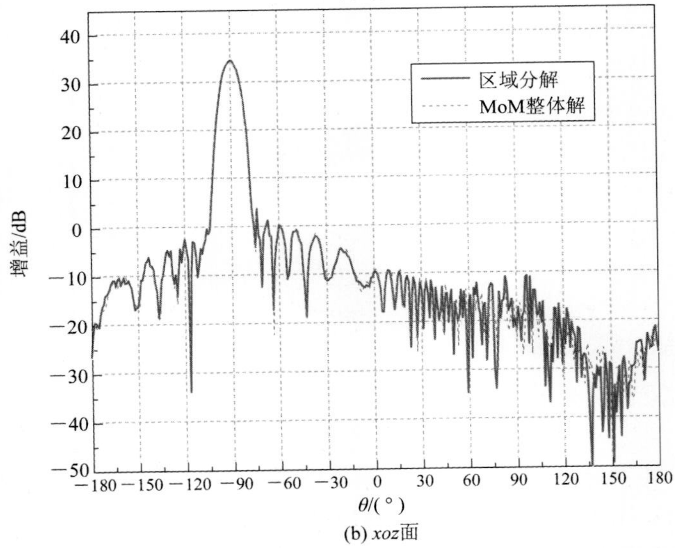

(b) *xoz*面

图 8.1-28　72×14 单元机载线天线阵列Ⅱ的 2D 增益方向图

此外，表 8.1－5 给出了两种方法所需的计算资源。由表可知，区域分解方法所需的存储资源约为整体求解时的 1/6。

表 8.1－5　72×14 单元机载线天线阵列Ⅱ所需计算资源

<table>
<tr><th>求解方法</th><th colspan="2">区域数</th><th>未知量</th><th colspan="2">存储量/GB</th></tr>
<tr><td>高阶基函数矩量法</td><td colspan="2">1</td><td>258 536</td><td colspan="2">996</td></tr>
<tr><td rowspan="7">区域分解方法</td><td rowspan="7">7</td><td>阵列Ⅱ</td><td>11 574</td><td>2.0</td><td rowspan="7">162.02</td></tr>
<tr><td>1</td><td>49 551</td><td>36.59</td></tr>
<tr><td>2</td><td>49 509</td><td>36.52</td></tr>
<tr><td>3</td><td>44 588</td><td>29.62</td></tr>
<tr><td>4</td><td>26 822</td><td>10.72</td></tr>
<tr><td>5</td><td>26 849</td><td>10.74</td></tr>
<tr><td>6</td><td>49 033</td><td>35.83</td></tr>
</table>

从本节中可得出，利用区域分解方法可以有效地求解两种不同极化方式的机载线天线阵列。

8.2　并行高阶基函数矩量法与多层快速多极子混合算法

以电大尺寸平台中复杂大型天线的仿真为例，考虑到天线通常包含细小结构及金属介质混合材料，并且天线几何模型离散化后通常包含非均匀网格，这些因素都会导致矩阵条件数变差，采用迭代解法求解矩阵方程时会存在收敛慢甚至不收敛的问题，因此多层快速多极子方法(MLFMA)不适合计算复杂大型天线，本节采用高阶基函数矩量法(HOMoM)与 LU 分解方法相结合的方法计算天线。另一方面，电大尺寸平台一般为外形比较简单的金属导体，例如飞机平台，其矩阵条件数较好，适合 MLFMA 计算。也就是说，我们将平台与天线的一体化模型划分为天线和平台两个区域，这与 8.1 节类似。与 8.1 节不同的是，对于不同的区域分别选取了不同的电磁算法，形成了 HOMoM－MLFMA 混合算法。

为了对包含金属介质混合材料的天线进行电磁建模，高阶基函数矩量法采用 EFIE＋PMCHW 积分方程，而 MLFMA 采用混合场积分方程(CFIE)来仿真电大尺寸导体平台。本节使用的 HOMoM－MLFMA 混合算法具有如下特点：

(1) 对于带有尖锐结构的电大尺寸平台与天线的仿真，HOMoM－MLFMA 比传统的矩量法与物理光学(MoM－PO)混合算法更精确。

(2) HOMoM 使用 LU 分解直接求解矩阵方程，避免了迭代解法收敛慢或不收敛的问题。而且，由于 MLFMA 只用来仿真电大尺寸平台，与采用 MLFMA 仿真整个天线与平台相比，收敛慢的问题也得到了缓解。

(3) 高阶基函数[6,7]减少了 MoM 区域以及 MoM 与 MLFMA 区域之间耦合作用的内存需求和计算量。通过迭代电压矩阵来计算 HOMoM 与 MLFMA 区域之间的耦合作用，当二者之间的耦合作用较弱时，电压矩阵迭代过程收敛很快。

(4) HOMoM 稠密矩阵的分块并行策略与 MLFMA 的自适应平面波方向划分策略相结合，形成了高效的并行混合算法。

8.2.1 混合算法的基本原理

1. 积分方程和基函数的选取

HOMoM－MLFMA 混合算法中，计算区域分成两部分：HOMoM 区域和 MLFMA 区域，这与传统的 MoM－PO 混合算法类似[8]。天线位于 HOMoM 计算区域，电大尺寸平台位于 MLFMA 区域。

因为天线通常由金属和介质构成，所以在 HOMoM 区域采用 EFIE＋PMCHW 积分方程[6,9]。使用截锥体和双线性四边形面片可以模拟天线的复杂几何结构，并且采用高阶基函数可以有效近似等效电磁流分布。

MLFMA 区域通常为电大尺寸金属平台，例如飞机，因此该区域一般采用 CFIE 来计算[10]。该区域的模型表面剖分成三角形面片，采用 RWG 基函数[11]。理论上，高阶基函数也可以应用于 MLFMA[12,13]，然而，基于高阶基函数的 MLFMA 不及基于 RWG 基函数的 MLFMA 稳定。下面的混合算法和并行策略与基函数的选取无关，我们可以在 HOMoM 和 MLFMA 区域采用不同类型的基函数。

2. 迭代电压矩阵的混合算法

计算模型分为 HOMoM 和 MLFMA 区域，因此矩阵方程 $\boldsymbol{ZI}=\boldsymbol{V}$ 可以写成如下形式：

$$\begin{bmatrix} \boldsymbol{Z}_{\mathrm{MM}} & \boldsymbol{Z}_{\mathrm{MF}} \\ \boldsymbol{Z}_{\mathrm{FM}} & \boldsymbol{Z}_{\mathrm{FF}} \end{bmatrix}\begin{bmatrix} \boldsymbol{I}_{\mathrm{M}} \\ \boldsymbol{I}_{\mathrm{F}} \end{bmatrix}=\begin{bmatrix} \boldsymbol{V}_{\mathrm{M}} \\ \boldsymbol{V}_{\mathrm{F}} \end{bmatrix} \tag{8.2-1}$$

其中，$\boldsymbol{Z}_{\mathrm{MM}}$ 和 $\boldsymbol{Z}_{\mathrm{FF}}$ 分别表示 HOMoM 和 MLFMA 的自阻抗矩阵，$\boldsymbol{Z}_{\mathrm{FM}}$ 和 $\boldsymbol{Z}_{\mathrm{MF}}$ 分别表示 HOMoM 和MLFMA 之间的互阻抗矩阵。与 RWG 基函数相比，高阶基函数降低了 $\boldsymbol{Z}_{\mathrm{MM}}$、$\boldsymbol{Z}_{\mathrm{FM}}$ 和 $\boldsymbol{Z}_{\mathrm{MF}}$ 的大小，从而减少了计算量和内存需求。$\boldsymbol{I}_{\mathrm{M}}$ 和 $\boldsymbol{I}_{\mathrm{F}}$ 为未知电磁流系数，$\boldsymbol{V}_{\mathrm{M}}$ 和 $\boldsymbol{V}_{\mathrm{F}}$ 分别为 HOMoM 和 MLFMA 的电压矩阵。因为天线的激励源在 HOMoM 区域，所以 $\boldsymbol{V}_{\mathrm{F}}$ 是零矩阵。

HOMoM 区域用 LU 分解直接求解阻抗矩阵方程避免了收敛慢或不收敛的问题，而 MLFMA 区域只能采用迭代法求解[14]。考虑到两个区域中基函数和矩阵方程求解方法不同，因此以迭代电压的方式求解矩阵方程(8.2－1)比较方便。通过迭代电压来计算两个区域间的耦合作用，我们将该过程称为外迭代。区别于外迭代，我们将 MLFMA 内部的迭代称为内迭代。在实际工程中，大型天线阵列通常安装于平台上的某一固定高度，这样两个区域之间的耦合比较弱。此时，外迭代可以快速收敛。

外迭代是通过修正电压矩阵实现的，矩阵方程(8.2－1)可以改写为

$$\begin{cases} \boldsymbol{Z}_{\mathrm{MM}}\boldsymbol{I}_{\mathrm{M}}^{i}=\boldsymbol{V}_{\mathrm{M}}-\Delta\boldsymbol{V}_{\mathrm{M}}^{i} \\ \boldsymbol{Z}_{\mathrm{FF}}\boldsymbol{I}_{\mathrm{F}}^{i}=\boldsymbol{V}_{\mathrm{F}}-\Delta\boldsymbol{V}_{\mathrm{F}}^{i} \end{cases} \tag{8.2-2}$$

其中，$\Delta\boldsymbol{V}_{\mathrm{M}}^{i}=\boldsymbol{Z}_{\mathrm{MF}}\boldsymbol{I}_{\mathrm{F}}^{i-1}$ 和 $\Delta\boldsymbol{V}_{\mathrm{F}}^{i}=\boldsymbol{Z}_{\mathrm{FM}}\boldsymbol{I}_{\mathrm{M}}^{i-1}$ 表示在第 i 次外迭代时对于电压矩阵的修正量。矩阵向量乘 $\boldsymbol{Z}_{\mathrm{MF}}\boldsymbol{I}_{\mathrm{F}}^{i-1}$ 和 $\boldsymbol{Z}_{\mathrm{FM}}\boldsymbol{I}_{\mathrm{M}}^{i-1}$ 通过两步来实现：首先计算耦合近场，然后用相应的权函数检验近场。以 $\boldsymbol{Z}_{\mathrm{FM}}\boldsymbol{I}_{\mathrm{M}}^{i-1}$ 为例，计算位于 MLFMA 区域表面上的近场 $\boldsymbol{E}$ 和 $\boldsymbol{H}$，该近场由 HOMoM 区域的表面电磁流 $\boldsymbol{J}$ 和 $\boldsymbol{M}$ 产生，其表达式如下：

$$\boldsymbol{E}(\boldsymbol{J},\boldsymbol{M})=\eta L(\boldsymbol{J})-K(\boldsymbol{M}) \tag{8.2-3}$$

$$\boldsymbol{H}(\boldsymbol{J},\ \boldsymbol{M}) = K(\boldsymbol{J}) + \frac{1}{\eta}L(\boldsymbol{M}) \tag{8.2-4}$$

其中，$\eta=\sqrt{\dfrac{\mu}{\varepsilon}}$ 为自由空间的波阻抗。算子 L 和 K 的定义如下：

$$L(\boldsymbol{X}) = -\mathrm{j}k\int_S \left[\boldsymbol{X}(\boldsymbol{r}') + \frac{1}{k^2}(\nabla' \cdot \boldsymbol{X}(\boldsymbol{r}'))\nabla\right]G(\boldsymbol{r},\ \boldsymbol{r}')\mathrm{d}s' \tag{8.2-5}$$

$$K(\boldsymbol{X}) = -\int_S \boldsymbol{X}(\boldsymbol{r}') \times \nabla G(\boldsymbol{r},\ \boldsymbol{r}')\mathrm{d}s' \tag{8.2-6}$$

其中，$\boldsymbol{X}$ 表示等效电流 $\boldsymbol{J}$ 或等效磁流 $\boldsymbol{M}$。自由空间中的格林函数 $G(\boldsymbol{r},\ \boldsymbol{r}')$ 定义如下：

$$G(\boldsymbol{r},\ \boldsymbol{r}') = \frac{\mathrm{e}^{-\mathrm{j}kR}}{4\pi R},\ R = |\boldsymbol{r} - \boldsymbol{r}'|,\ k = \omega\sqrt{\mu\varepsilon}$$

其中，$\boldsymbol{r}'$ 是源点的位置矢量，$\boldsymbol{r}$ 是场点的位置矢量。散度算子 $\nabla' \cdot$ 作用于 $\boldsymbol{r}'$，梯度算子 ∇ 作用于 $\boldsymbol{r}$。然后，将求得的近场与 MLFMA 区域的权函数 $\boldsymbol{w}_m$ ($m=1,\ 2,\ 3,\ \cdots$) 进行检验，可得

$$\Delta \boldsymbol{V}_{\mathrm{F}}^{i} = \alpha\langle \boldsymbol{w}_m,\ \boldsymbol{E}\rangle + \eta(1-\alpha)\langle \boldsymbol{w}_m,\ \hat{\boldsymbol{n}} \times \boldsymbol{H}\rangle \tag{8.2-7}$$

其中，α 是 CFIE 的组合因子，$\hat{\boldsymbol{n}}$ 是 MLFMA 区域表面的外法向单位矢量。上述过程不需要在内存中存储矩阵 $\boldsymbol{Z}_{\mathrm{MF}}$ 和 $\boldsymbol{Z}_{\mathrm{FM}}$，这样可以显著减少内存消耗。$\boldsymbol{Z}_{\mathrm{MF}}\boldsymbol{I}_{\mathrm{F}}^{i-1}$ 的计算类似于 $\boldsymbol{Z}_{\mathrm{FM}}\boldsymbol{I}_{\mathrm{M}}^{i-1}$，此处省略。

当求解式(8.2-2)中的第一个方程时，LU 分解只需进行一次，所得结果可被重复利用以加速外迭代。而用 MLFMA 求解式(8.2-2)中的第二个方程时，取 $\boldsymbol{I}_{\mathrm{F}}^{i-1}$ 作为 $\boldsymbol{I}_{\mathrm{F}}^{i}$ 的初始值可以减少内迭代步数。

3. 混合算法并行策略

HOMoM 和 MLFMA 各自的并行策略已经分别在第 4、5、7 章进行了描述。HOMoM 的并行策略是矩阵分块策略，而 MLFMA 的并行策略是平面波方向自适应划分策略。

HOMoM 产生的大型稠密矩阵被均匀地划分为小矩阵块，然后这些小矩阵块被分配给并行进程。需要根据并行 LU 分解求解器选取合适的矩阵块分配方式才能保证进程间的负载均衡，本书第 4 章 4.1.4 节给出了一种矩阵二维块循环分布方式。进程网格和矩阵块的大小对并行算法的性能有较大影响[15]，这在 4.3 节进行了详细测试和对比。

MLFMA 采用的是平面波方向自适应划分策略[16]。在 MLFMA 八叉树的某一层中，对平面波方向所划分的份数是随子组动态变化的。如果一个分组的子组比较多，那么其平面波方向通常被划分为较多份数，正如 7.3.2 节所讨论的那样。

HOMoM - MLFMA 混合算法的两种并行策略相互结合，可达到良好的负载均衡并获得较高的并行效率。

8.2.2　算法精度验证

本节将通过两种机载天线阵列的仿真计算来研究 HOMoM - MLFMA 混合算法的有效性。其中，HOMoM 的求解器为并行 LU 分解，MLFMA 的内迭代求解器是并行 GMRES 结合块对角预条件。若无特别说明，内迭代和外迭代收敛的残差都设置为 3.0×10^{-3}。并行代码通过 MPI 实现，采用的计算平台为 Cluster -Ⅳ。

1. 机载八木天线阵列

下面以机载八木天线阵列的辐射特性计算为例，来验证 HOMoM－MLFMA 混合算法的精度。如图 8.2－1 所示，天线阵列由 17×2 个八木天线组成，阵列背面是一个金属板，阵列的尺寸为 1.797 26 m×7.0 m×0.6 m，任意两个相邻八木天线沿 $\hat{y}$ 方向和 $\hat{z}$ 方向的间距均为 0.375 m。每个八木天线单元由 12 根线组成，其中第 1～7 根线长 0.29 m，其他 5 根线分别长 0.30 m、0.30 m、0.32 m、0.35 m、0.35 m，每根线的半径为 0.003 11 m，相邻线之间相距 0.146 m，电压源在第 11 根线的中心。阵列的工作频率为 400 MHz，通过泰勒综合设计的阵列副瓣电平为－30 dB。

将天线架设到飞机平台上方 4.0 m 处，飞机的尺寸为 30.6 m×29.0 m×11.8 m，阵列中心到飞机机头的距离为 15.4 m，阵列主波束指向飞机尾翼，如图 8.2－1(c)所示。

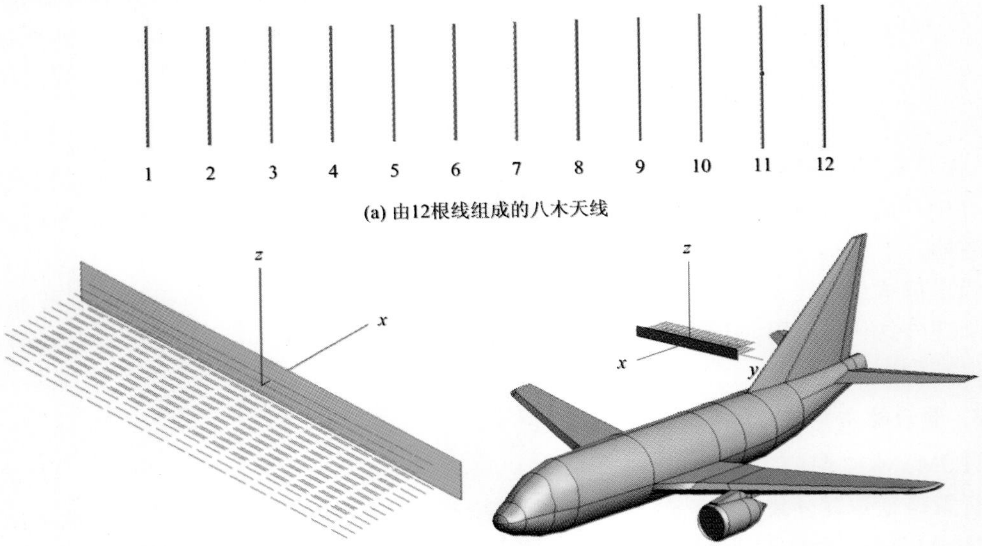

(a) 由12根线组成的八木天线

(b) 由17×2个八木天线组成的天线阵列

(c) 机载八木天线阵列

图 8.2－1　机载八木天线阵列模型

这里采用 HOMoM－MLFMA 混合算法计算该机载阵列的增益方向图，同时给出天线阵列以及机载阵列的 HOMoM 计算结果用于对比。图 8.2－2 给出了两种方法的计算结果对比情况。由图可见，HOMoM－MLFMA 混合算法的计算结果与 HOMoM 的计算结果吻合良好。同时可以看出，阵列安装到飞机平台后，在 xoy 面，机载天线阵列的副瓣电平大约升高了 10 dB，这是由飞机尾翼和机身的反射效应造成的；在 xoz 面的下半空间，与天线阵列安装到飞机前相比，副瓣电平降低了，这是由飞机机翼和机身的遮挡效应造成的。

表 8.2－1 给出了机载八木天线阵列计算所需的资源与时间。由表可见，与 HOMoM 相比，HOMoM－MLFMA 混合算法所需的内存最小，且以较少 CPU 核数计算时所用时间反而要短。需要说明的是，在用 HOMoM 分析机载天线阵列时，本算例采用 240 CPU 核，比 HOMoM－MLFMA 混合算法使用的核数要多，这是因为 HOMoM 求解问题所需的内存和计算时间更多。而当不考虑飞机时，HOMoM 仿真天线阵列需要的内存和计算时间可以忽略不计。

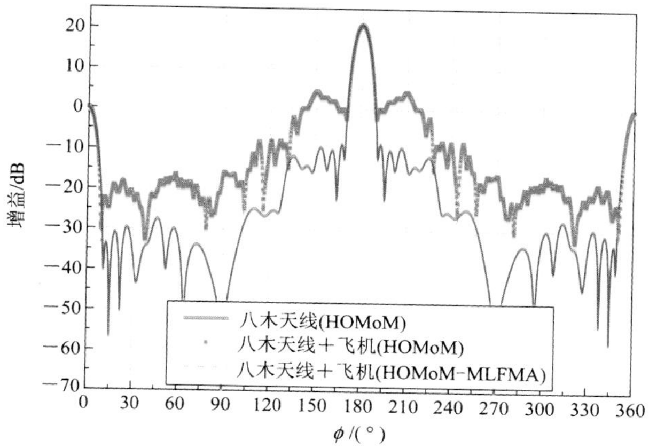

(a) xoy面

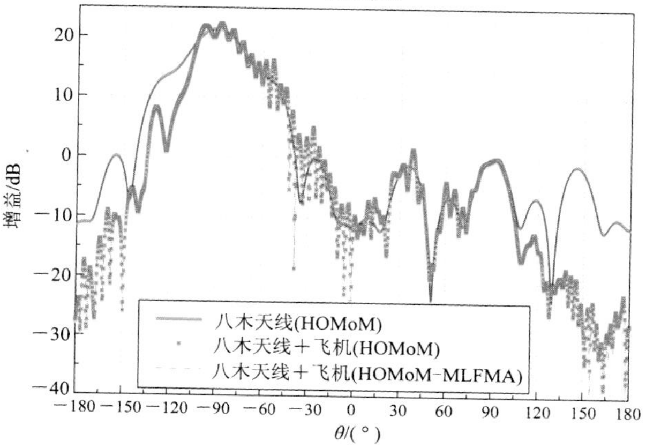

(b) xoz面

图 8.2-2　机载八木天线阵列的增益方向图

表 8.2-1　机载八木天线阵列计算所需的资源与时间

模型	算法	未知量	CPU 核数	时间/s	内存峰值/GB	增益/dB
八木天线阵列	HOMoM	752	40	0.23	0.008 43	21.195
机载八木天线阵列	HOMoM	96 540	240	1761.05	138.88	20.655
	HOMoM-MLFMA	752/312 648	40	583.40	3.86	20.631

2. 机载微带天线阵列(P 波段)

下面以机载微带天线阵列的辐射特性计算为例，来验证 HOMoM-MLFMA 混合算法的精度。如图 8.2-3 所示，微带天线阵列由 20×4 个贴片单元组成，介质基板相对介电常数 $\varepsilon_r=4.5$，天线阵列尺寸为 5.27 m×0.9524 m×0.018 m。每个贴片单元的尺寸为 0.2056 m×0.1548 m，每个贴片的馈线半径为 0.0018 m。任意两个相邻单元沿 $\hat{y}$ 方向的间距为 0.0579 m，沿 $\hat{z}$ 方向的间距为 0.0833 m。

天线阵列的工作频率为 440 MHz，通过泰勒综合设计的阵列副瓣电平为－30 dB。将该微带阵列安装到飞机平台上，其在飞机上的安装位置与 1 中的八木天线阵列相同。

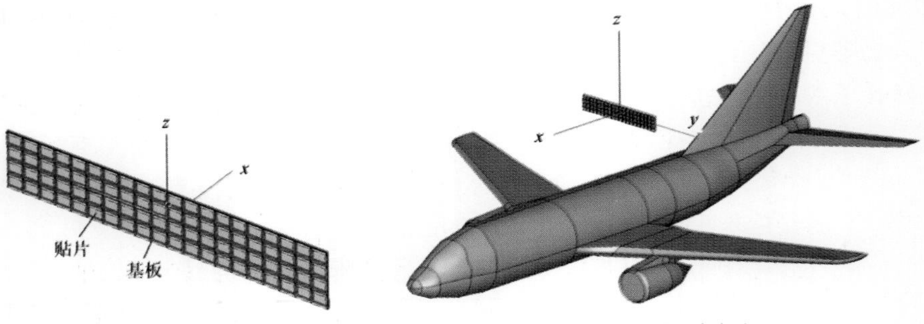

(a) 20×4单元微带天线阵列　　(b) 机载微带天线阵列

图 8.2-3　机载 20×4 单元微带天线阵列模型

这里同样采用 HOMoM-MLFMA 混合算法和 HOMoM 分别计算该机载微带阵列的增益方向图，同时给出微带天线阵列的 HOMoM 计算结果用于分析飞机平台对阵列辐射特性的影响。图 8.2-4 给出了两种方法的计算结果对比情况。

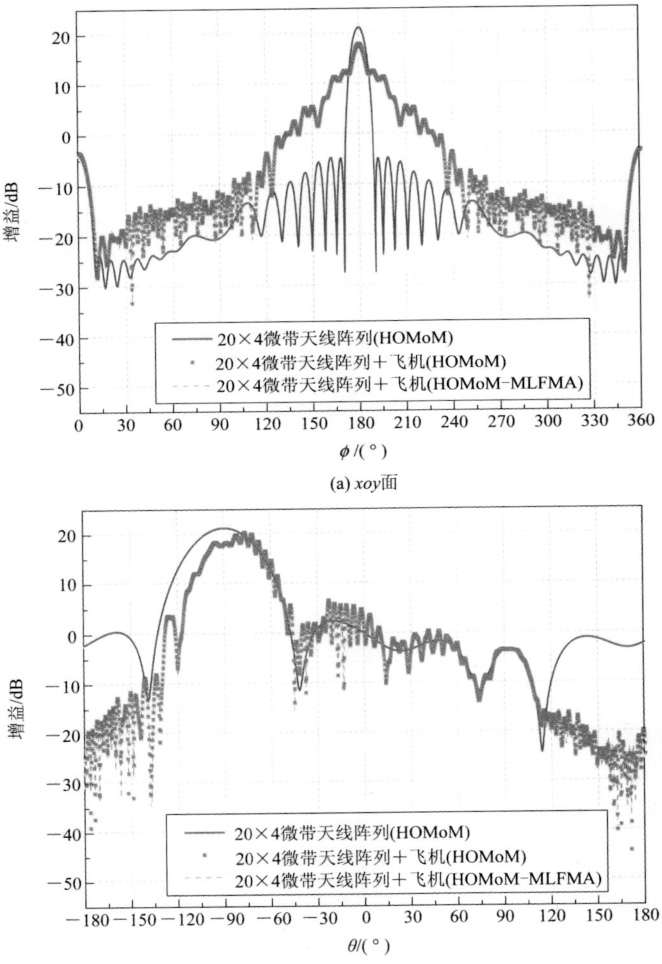

(a) xoy面

(b) xoz面

图 8.2-4　机载 20×4 单元微带天线阵列辐射方向图

由图可见，HOMoM - MLFMA 混合算法与 HOMoM 的计算结果吻合良好。同时可以看出，与天线阵列安装到飞机前相比，机载天线阵列在 xoy 面的副瓣电平升高了 15 dB 以上，增益降低了 3 dB 左右，该天线阵列的辐射特性受到的干扰更加严重。这是由于该微带天线阵列是垂直极化，且飞机尾翼也是垂直的，与水平极化的八木天线阵列相比，尾翼对微带天线阵列辐射特性的影响更大。此外，表 8.2 - 2 给出了机载微带天线阵列计算所需的资源与时间，且表中数据反映的情况与 1 中的相似。

表 8.2 - 2　机载微带天线阵列计算所需的资源与时间

模型	算法	未知量	CPU 核数	时间/s	内存峰值/GB	增益/dB
微带天线阵列	HOMoM	19 840	40	67.78	5.87	21.034
机载微带天线阵列	HOMoM	101 656	288	2432.31	153.99	17.663
	HOMoM - MLFMA	19 840/360 207	40	1313.15	10.09	17.546

8.2.3　数值算例

在 8.2.2 节中，我们通过两个机载天线阵列的实例验证了 HOMoM - MLFMA 混合算法的准确性和有效性，与 HOMoM 相比，HOMoM - MLFMA 混合算法在计算复杂度和资源消耗方面有很大的优势。本节将利用 HOMoM - MLFMA 混合算法解决机载天线系统中的几种典型问题，采用的计算平台为 Cluster - Ⅳ。

1. 机载微带天线阵列(S 波段)

本例计算模型为 S 波段的机载微带天线阵列。微带天线阵列的仿真模型如图 8.2 - 5(a)所示。阵列的尺寸为 5.986 m× 0.9436 m，天线单元数为 2132，单元尺寸为 34.92 mm×38.65 mm，工作频率为 3 GHz，通过泰勒综合设计的阵列副瓣电平为 -35 dB。首先采用并行高阶基函数矩量法计算该天线阵列的增益方向图，如图 8.2 - 5(b)所示。

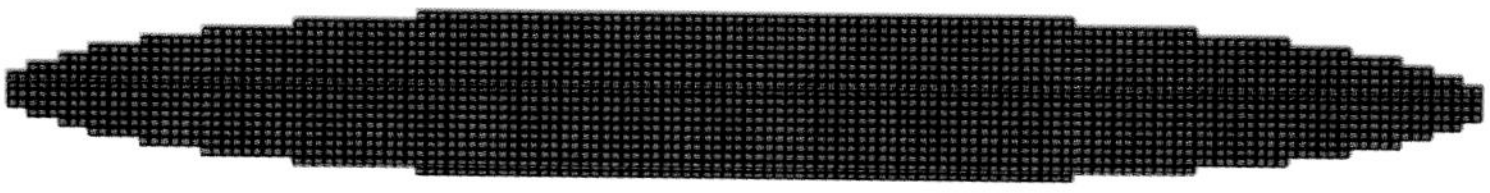

(a)

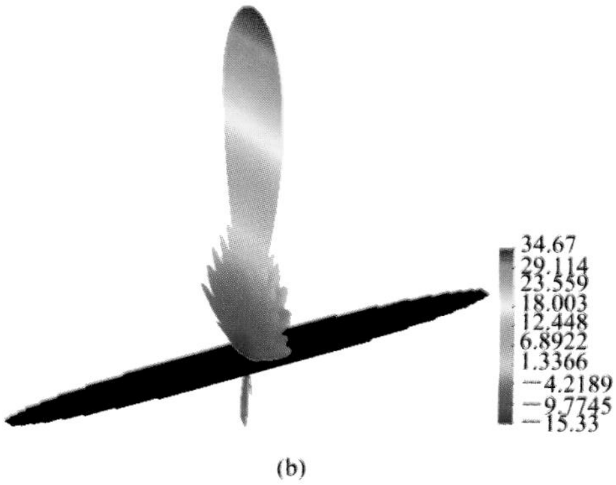

(b)

图 8.2 - 5　微带天线阵列模型及其 3D 增益方向图(单位：dB)

将该天线阵列安装到飞机平台上，飞机的尺寸为 36 m×40 m×11.5 m，下面逐一分析阵列主波束指向飞机机翼、尾翼、机头三种情况时，阵列辐射特性受飞机平台的影响。

1）阵列主波束指向机翼方向

阵列主波束指向飞机机翼时的仿真模型如图 8.2－6 所示，此时阵列的最大辐射方向为 $\hat{\mathbf{y}}$ 方向。这里采用 HOMoM－MLFMA 混合算法计算该机载微带天线阵列的增益方向图。图 8.2－7 给出了机载微带天线阵列的 3D 增益方向图，图 8.2－8 给出了阵列受扰前后的 2D 增益方向图对比情况。

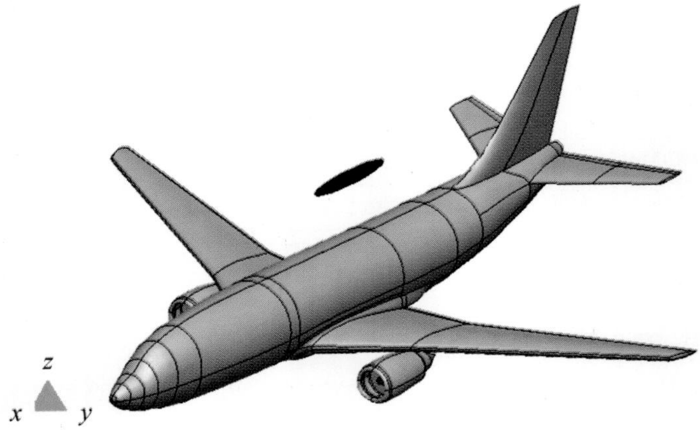

图 8.2－6　阵列主波束指向机翼时的机载微带天线阵列模型

图 8.2－7　主波束指向机翼时机载微带天线阵列的 3D 增益方向图(单位：dB)

由三维增益方向图结果可以看出，阵列受扰前后的最大增益并未发生变化，不同之处主要体现在副瓣上。由二维增益方向图的对比可见，*xoy* 面的主瓣附近吻合良好，副瓣有轻微的上下浮动，但变化不大；*yoz* 面的主瓣吻合良好，副瓣电平变化较为严重，105°～165°范围内的 5 个副瓣峰值降低约 5 dB，－90°和 180°附近副瓣电平降低 10 dB 以上，这主要是由机身对电磁波的遮挡效应导致的。

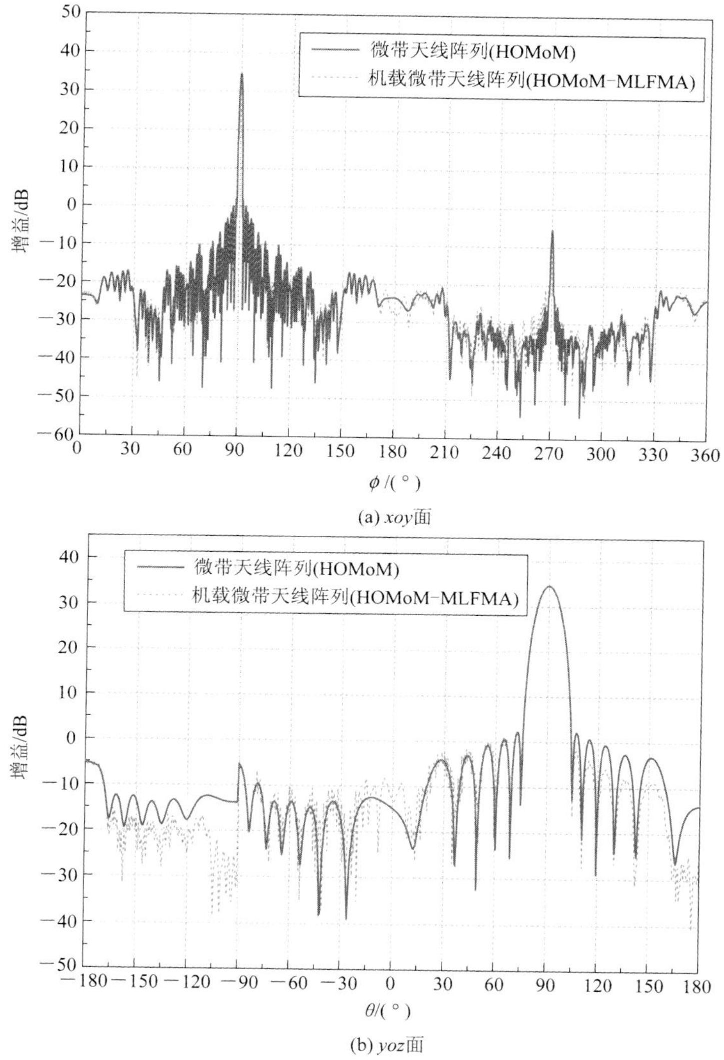

图 8.2-8　阵列受扰前后的 2D 增益方向图(主波束指向机翼)

2) 阵列主波束指向尾翼方向

阵列主波束指向飞机尾翼时的仿真模型如图 8.2-9 所示，此时阵列的最大辐射方向为 $-\hat{x}$ 方向。这里采用 HOMoM-MLFMA 混合算法计算该机载微带天线阵列的增益方向图。图 8.2-10 给出了机载微带天线阵列的 3D 增益方向图，图 8.2-11 给出了阵列受扰前后的 2D 增益方向图对比情况。

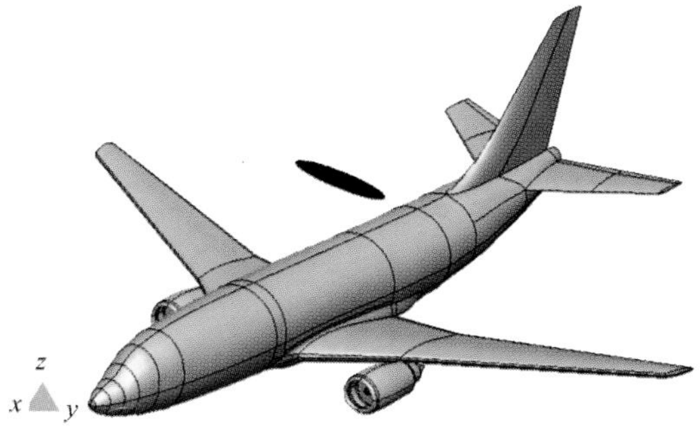

图 8.2-9　阵列主波束指向尾翼时的机载微带天线阵列模型

图 8.2-10　主波束指向尾翼时机载微带天线阵列的 3D 增益方向图(单位：dB)

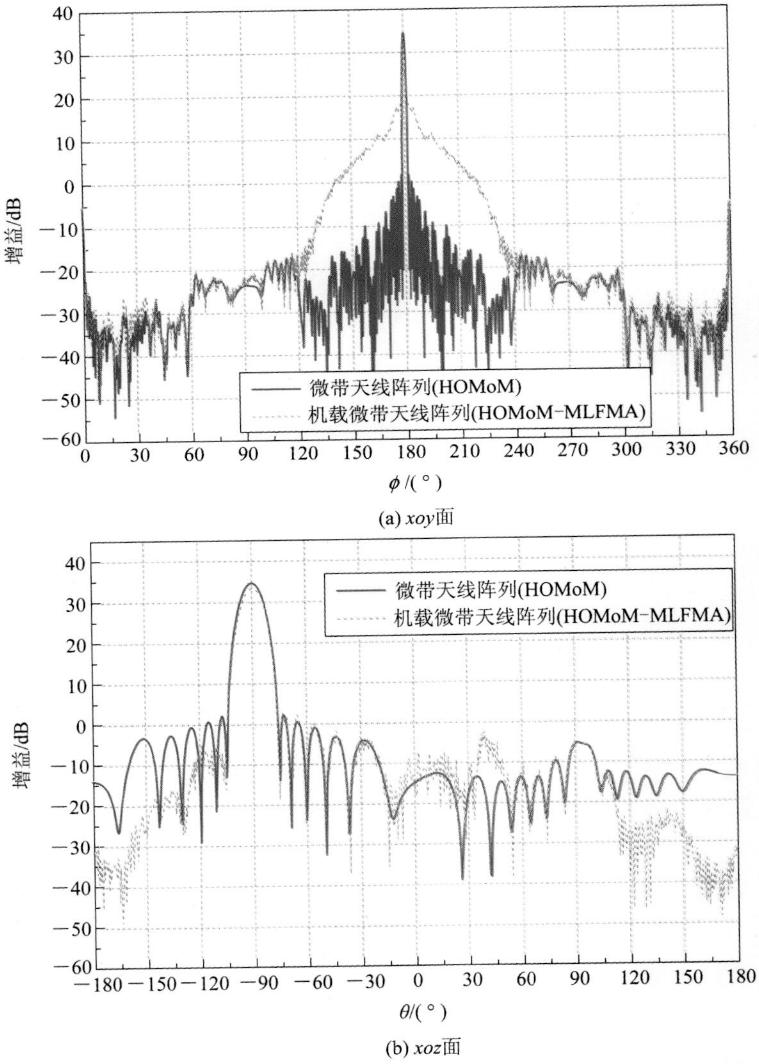

图 8.2-11　阵列受扰前后的 2D 增益方向图(主波束指向尾翼)

对比图 8.2－10 和图 8.2－5 可见，阵列主波束指向尾翼时，受扰后的主瓣最大增益值与受扰前相比降低了 1.174 dB，且副瓣发生了很大的变化。由图 8.2－11 的对比可见，受扰后的 xoy 面主瓣峰值有所下降，主瓣附近的副瓣电平抬高 10 dB 以上，其他区域变化不大；xoz 面主瓣峰值有所下降，－180°～－120°和 120°～180°范围内副瓣电平降低了 5～10 dB，0°～60°范围内副瓣电平出现抬高现象，最大抬高近 10 dB。造成主瓣峰值和副瓣电平降低的原因是飞机尾翼和机身的遮挡效应，而造成副瓣电平抬高的原因是飞机尾翼和机身的反射效应。

3）阵列主波束指向机头方向

阵列主波束指向飞机机头时的仿真模型如图 8.2－12 所示，此时阵列的最大辐射方向为 $\hat{x}$ 方向。这里采用 HOMoM－MLFMA 混合算法计算该机载微带天线阵列的增益方向图。图 8.2－13 给出了机载微带天线阵列的 3D 增益方向图，图 8.2－14 给出了阵列受扰前后的 2D 增益方向图对比情况。为了让读者清晰地看到增益方向图两个主平面内的主瓣变化情况，图 8.2－14 中给出了对 xoy 面角度调整后的图示。

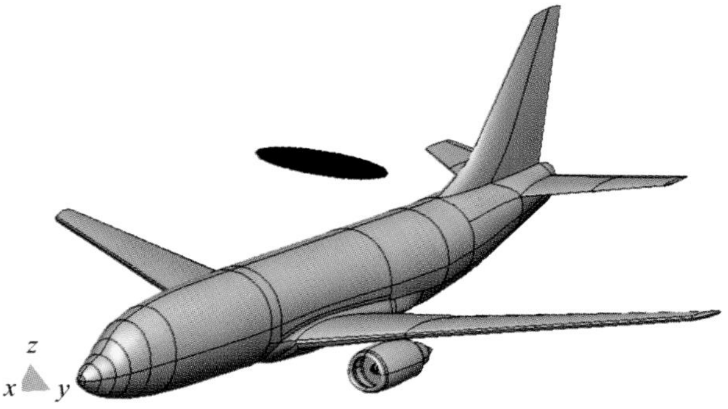

图 8.2－12　阵列主波束指向机头时的机载微带天线阵列模型

图 8.2－13　主波束指向机头时机载微带天线阵列的 3D 增益方向图(单位：dB)

由图 8.2－13 和图 8.2－5 的对比可见，阵列受扰前后的主瓣最大增益变化微小，仅降低了 0.005 dB，副瓣变化较为严重。由图 8.2－14 的对比可见，受扰后的 xoy 面大部分区域吻合良好，仅在后瓣区域附近，即 120°～240°范围内，电平有所抬高，这是由飞机机身对电磁波的反射效应造成的；xoz 面的主瓣吻合良好，副瓣电平的变化比阵列主波束指向机翼时更为剧烈，主要体现在 105°～165° 范围内的 5 个副瓣峰值降低达 10 dB 以上。

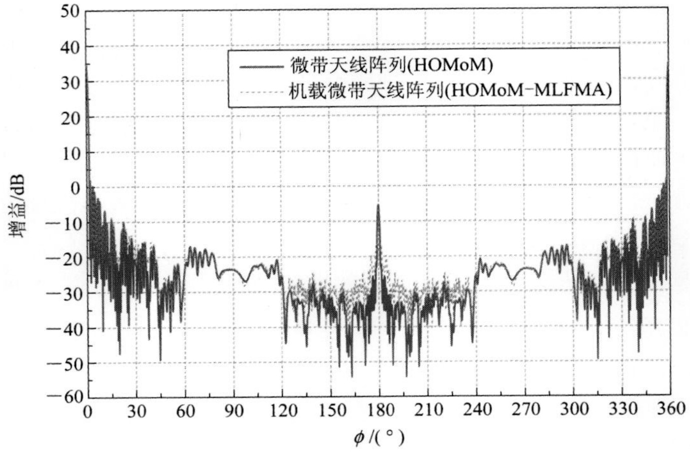

(a) *xoy*面

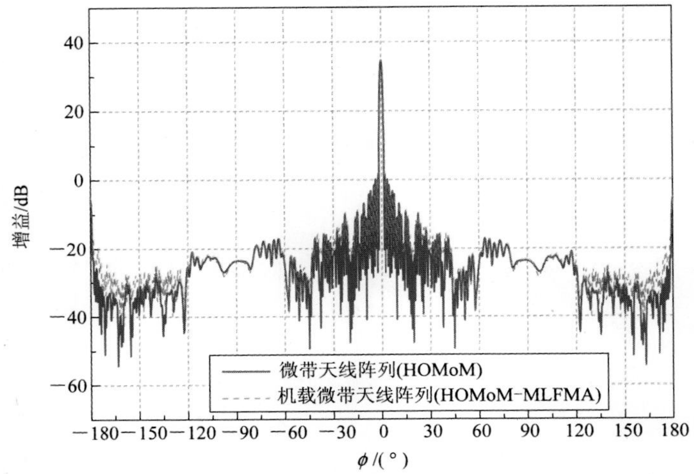

(b) *xoy*面角度调整后

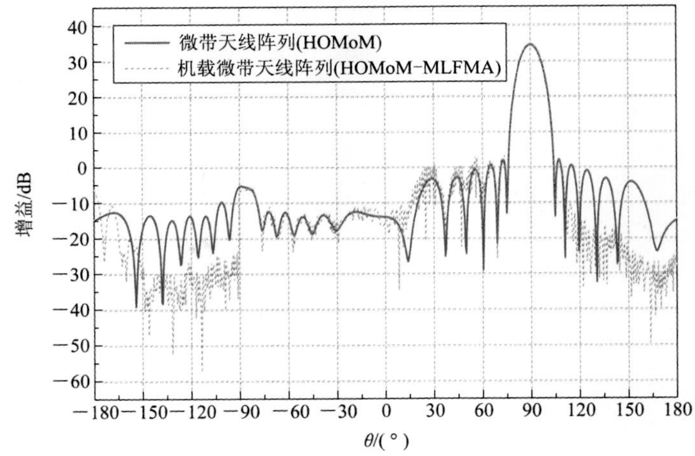

(c) *xoz*面

图 8.2-14　阵列受扰前后的 2D 增益方向图(主波束指向机头)

2. 机载微带天线阵列(X 波段)

本例计算模型为 X 波段的机载微带天线阵列。微带天线阵列的仿真模型如图 8.2-15(a)所示，阵列的尺寸为 0.009 048 m×0.006 813 m，工作频率为 10.0 GHz。该天线阵列在飞机上的安装位置与 8.2.2 节 1 中八木天线阵列的相同。通过泰勒综合设计的阵列副瓣电平为 −40 dB，主波束指向飞机尾翼。

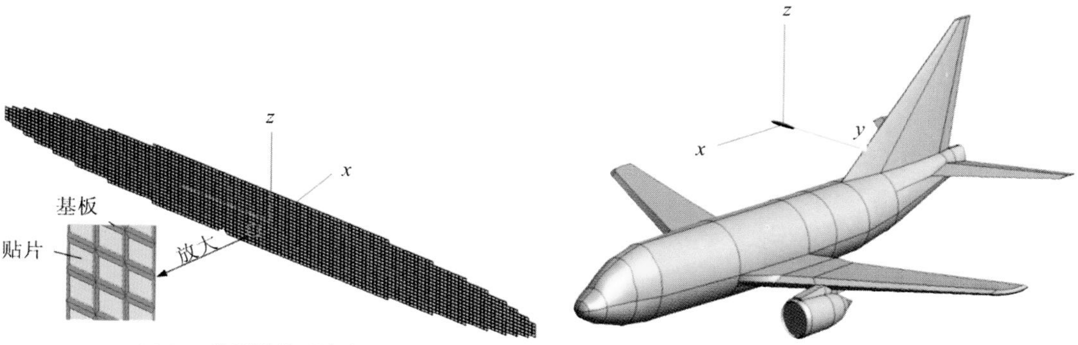

(a) 2132单元微带天线阵列　(b) 机载微带天线阵列

图 8.2-15　2132 单元机载微带天线阵列模型

该飞机模型在 10 GHz 时的最大电尺寸为 1020 个波长。HOMoM 求解区域的未知量为 472 504，MLFMA 求解区域的未知量为 110 217 723。本次计算中，HOMoM 使用了 1440 CPU 核，MLFMA 使用了 64 CPU 核，计算所需的内存峰值为 4.51 TB。此处我们将外迭代的残差设为 1.0×10^{-2}，这样外迭代的步数仅为 1 步，计算时间为 26.2 小时。

微带天线阵列受扰前后的 3D 辐射方向图如图 8.2-16 所示，2D 辐射方向图如图 8.2-17 所示。与前面算例相比，本算例中天线阵列的增益更高，主瓣宽度更窄。因此，该机载微带天线阵列的受扰辐射方向图畸变比前面的天线阵列更加严重。

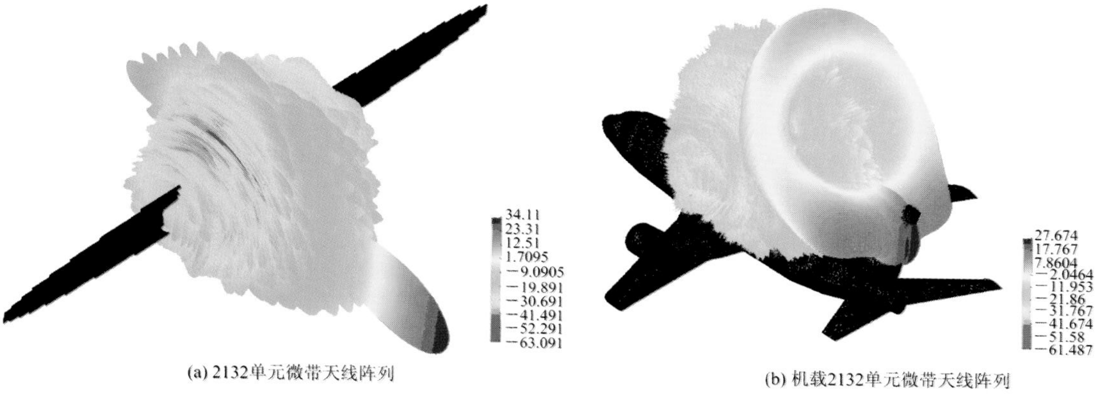

(a) 2132单元微带天线阵列　(b) 机载2132单元微带天线阵列

图 8.2-16　机载微带天线阵列受扰前后的 3D 增益方向图(单位：dB)

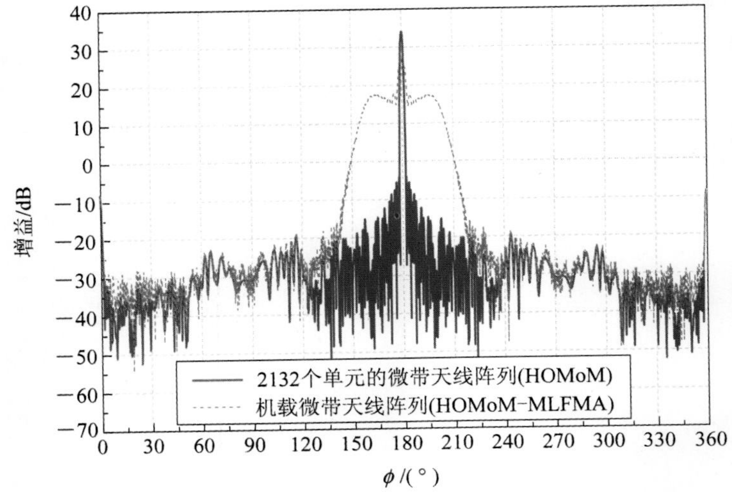

(a) *xoy*面

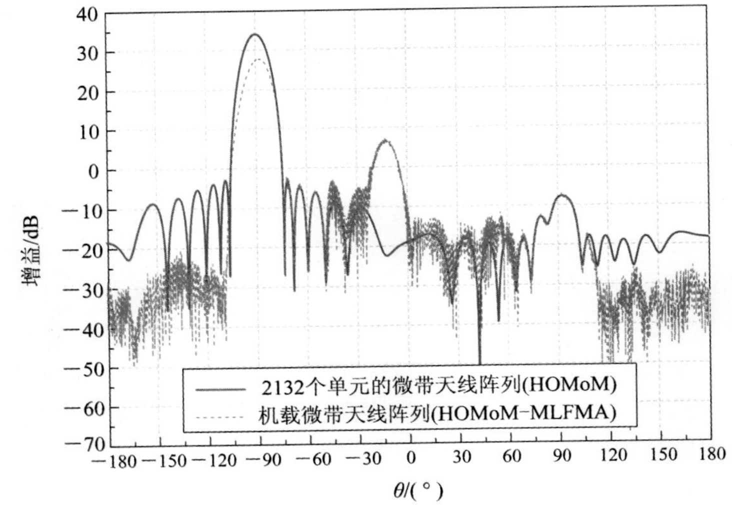

(b) *xoz*面

图 8.2－17　机载微带天线阵列的 2D 增益方向图

3. 机载三面微带天线阵列

本例计算模型为一个大型的机载三面微带天线阵列。微带天线阵列模型如图 8.2－18 所示，该阵列由三个 1984 单元微带天线阵列以两两夹角 60°组成。阵列的工作频率为 3.0 GHz。这里采用并行高阶基函数矩量法计算该微带天线阵列的增益方向图，采用的计算平台为 Cluster－Ⅳ。

三面阵的 3D 增益方向图如图 8.2－19 所示，最大辐射方向沿三个方向，两两夹角为 120°，阵列最大增益为 32.695 dB。三面阵的 2D 增益方向图如图 8.2－20 所示。为了让读者清晰地看到增益方向图两个主平面内的主瓣变化情况，图 8.2－20 中给出了对 *yoz* 面角度调整后的图示。

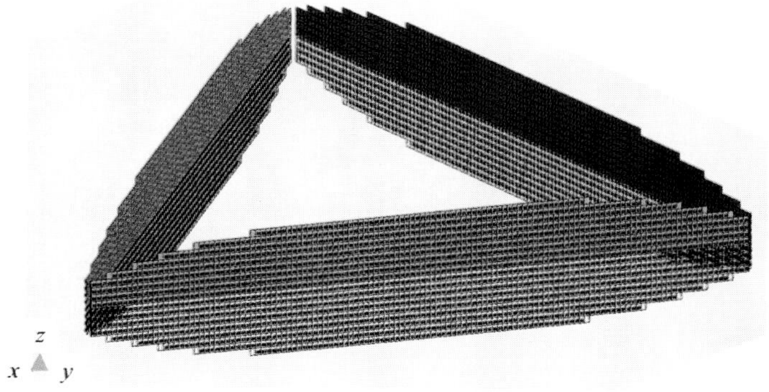

图 8.2－18　1984×3 单元微带天线阵列模型

(a) 斜视图

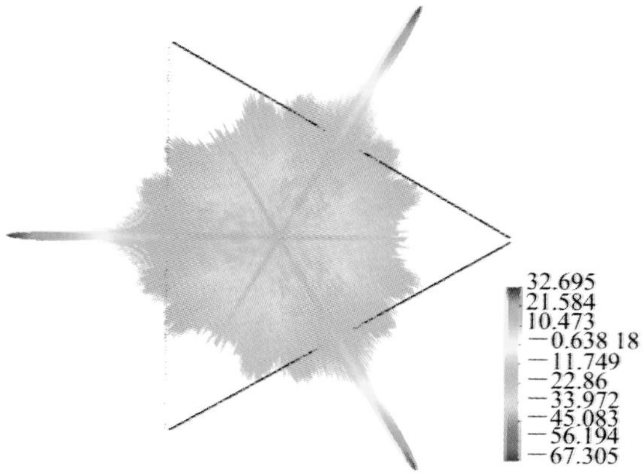

(b) 俯视图

图 8.2－19　1984×3 单元微带天线阵列的 3D 增益方向图(单位：dB)

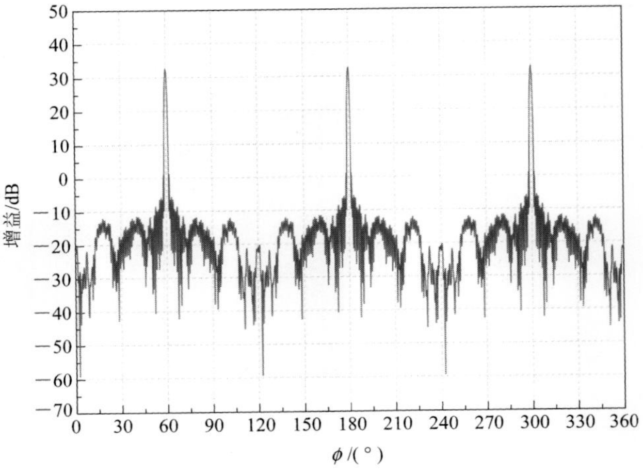

(a) *xoy*面

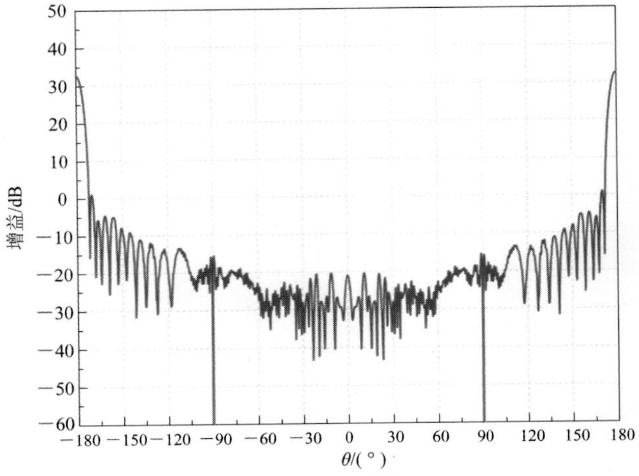

(b) *yoz*面

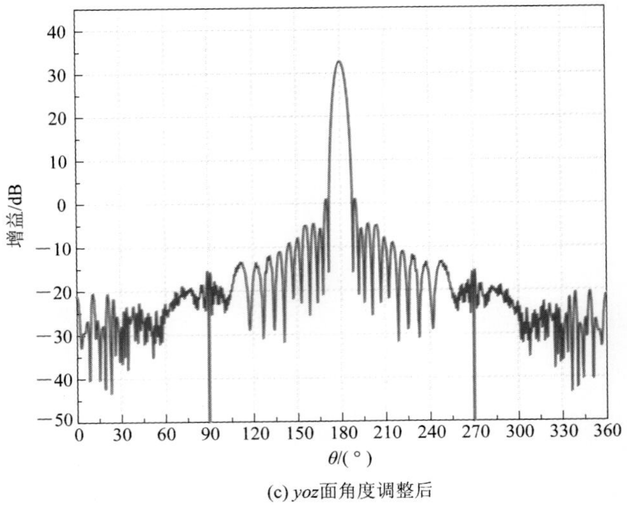

(c) *yoz*面角度调整后

图 8.2-20　1984×3 单元微带天线阵列的 2D 增益方向图

将三面微带天线阵列安装于飞机平台中，飞机尺寸为 55 m×47.6 m×15.8 m，如图 8.2-21 所示。阵列的主波束(最大辐射方向)分别指向飞机的两翼和尾翼，阵列架设高度为 4.0 m。

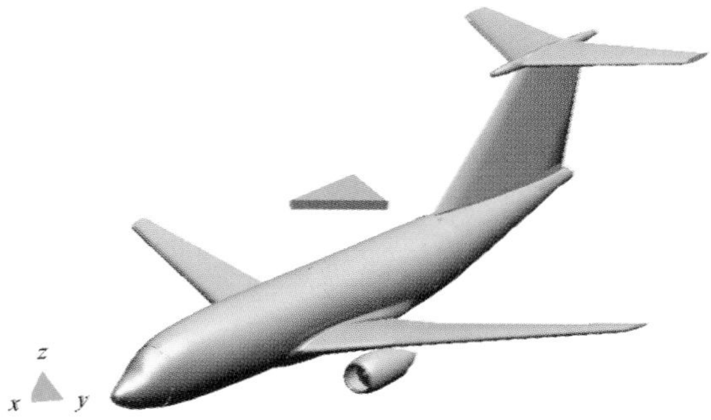

图 8.2-21　机载三面微带天线阵列模型

这里采用 HOMoM-MLFMA 混合算法对该机载三面微带天线阵列进行仿真计算，将模型分解为两个区域，区域 1 为天线阵列，采用并行高阶基函数矩量法计算，而区域 2 为飞机平台，采用多层快速多极子算法计算，计算频率为 3 GHz，对应的飞机电尺寸为 500 波长。机载三面微带天线阵列受扰后的 3D 增益方向图如图 8.2-22 所示，受扰前后的 2D 辐射方向图如图 8.2-23 所示。由图可见，指向尾翼的主波束附近的副瓣电平明显升高，这是由飞机尾翼对电磁波的反射效应造成的；其他两个主波束几乎没有影响。

(a) 斜视图

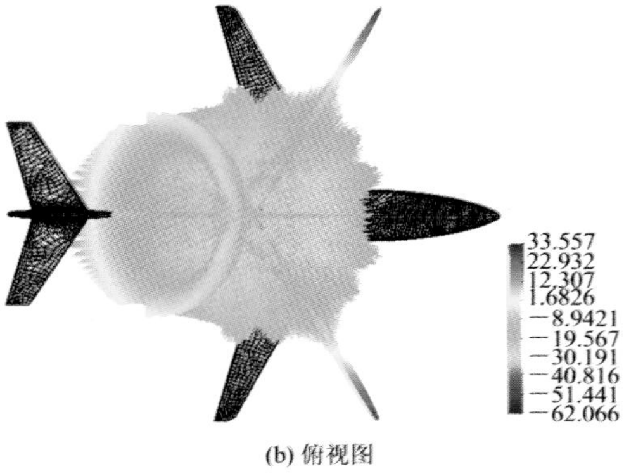

(b) 俯视图

图 8.2-22　机载三面微带天线阵列受扰后的 3D 增益方向图(单位：dB)

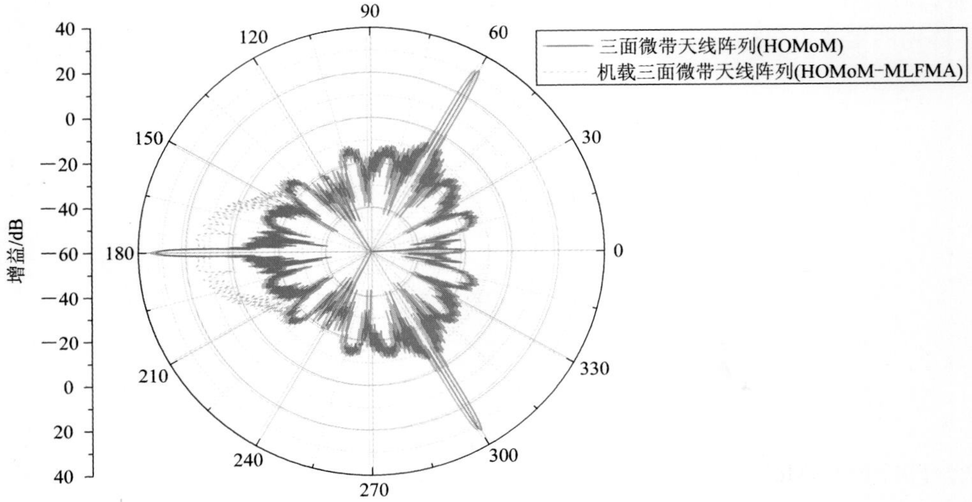

图 8.2 - 23　机载三面微带天线阵列受扰前后的 2D 增益方向图

4. 机载波导缝隙天线阵列

本例计算模型为机载波导缝隙天线阵列。波导缝隙天线阵列模型如图 8.2 - 24 所示，该阵列由 24 根波导缝隙天线组成，共包含 2068 个缝隙。阵列的工作频率为 3.5 GHz。这里采用并行高阶基函数矩量法计算该波导缝隙天线阵列的辐射方向图，采用的计算平台为 Cluster -Ⅳ。阵列的 3D 和 2D 增益方向图分别如图 8.2 - 25 和图 8.2 - 26 所示。

图 8.2 - 24　波导缝隙天线阵列模型

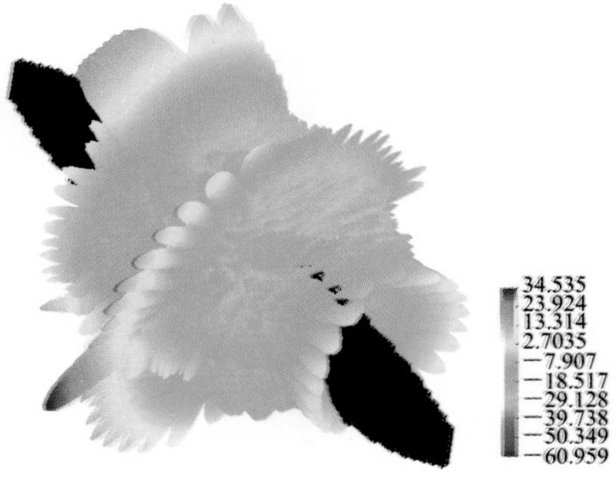

图 8.2 - 25　2068 个缝隙的波导缝隙天线阵列的 3D 增益方向图(单位：dB)

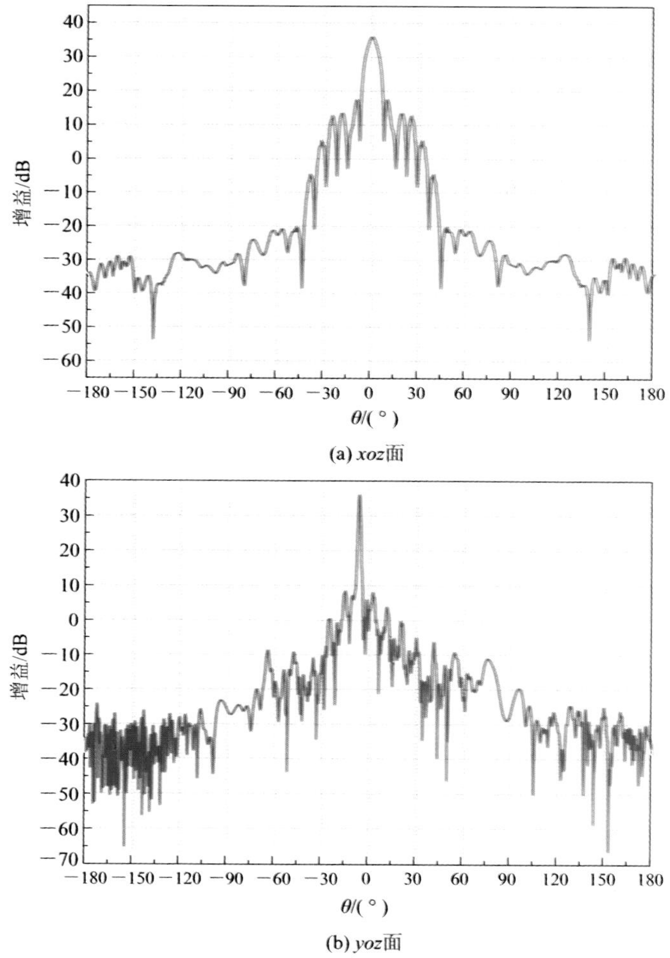

图 8.2-26　2068 个缝隙的波导缝隙天线阵列的 2D 增益方向图

将该波导缝隙阵列安装到飞机平台上，如图 8.2-27 所示，飞机的尺寸为 36 m×40 m×11.5 m，飞机机头方向为 $\hat{\boldsymbol{x}}$ 方向，两翼平行于 xoy 面，阵列主波束向下偏转 1.5°，计算频率为 3.5 GHz。

图 8.2-27　机载波导缝隙天线阵列仿真模型

这里主要研究阵列主波束指向飞机尾翼时，阵列辐射特性的受扰变化情况。下面采用 HOMoM-MLFMA 混合算法计算该波导缝隙天线阵列受扰后的辐射方向图。图 8.2-28 给出了机载波导缝隙天线阵列的 3D 辐射方向图，图 8.2-29 给出了机载波导缝隙天线阵列受扰前后的 2D 辐射方向图对比情况。

图 8.2－28　机载波导缝隙天线阵列的 3D 辐射方向图(单位：dB)

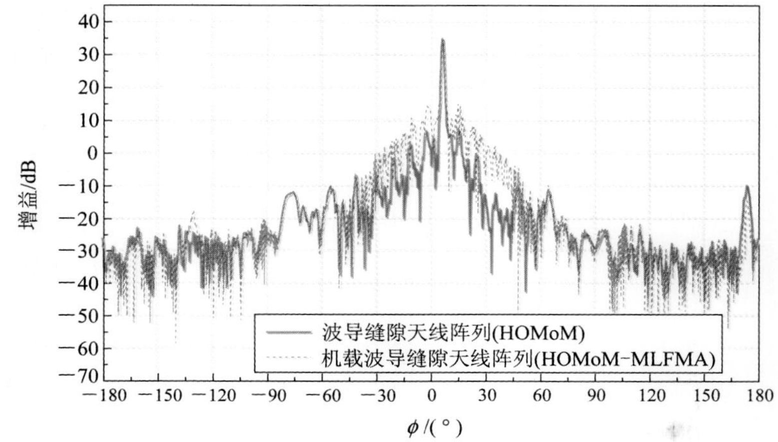

(a) *xoy*面

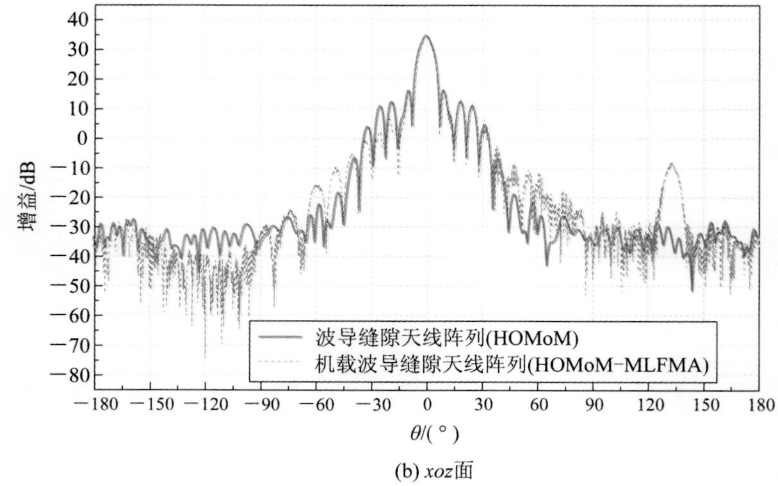

(b) *xoz*面

图 8.2－29　机载波导缝隙天线阵列受扰前后的 2D 辐射方向图

对比图 8.2-28 和图 8.2-25，阵列安装到飞机平台后，阵列主波束指向尾翼时，阵列的主瓣峰值下降了 0.357 dB，副瓣变化较大。由图 8.2-29 可见，xoy 面的主瓣附近区域的副瓣增益抬高约 7 dB，其他区域变化不大；xoz 面的主瓣吻合良好，副瓣变化很大，主要体现为主瓣左侧的第 2、3、4 副瓣电平峰值降低 5～9 dB，主瓣右侧的 120°～150°范围内的副瓣电平严重抬高。造成主瓣峰值和副瓣电平降低的原因是飞机尾翼和机身的遮挡效应，而造成副瓣电平抬高的原因是飞机尾翼和机身的反射效应。

8.3 小　结

针对大型复杂电磁工程问题，本章讨论了基于并行矩量法的区域分解方法(即 MoM-MoM 混合算法)和 HOMoM-MLFMA 混合算法。将整体计算目标划分为若干子区域后，MoM 区域分解方法采用 MoM 求解所有子区域，而 HOMoM-MLFMA 混合算法则分别采用 HOMoM 和 MLFMA 求解各自适合的子区域，区域之间的相互作用以电压矩阵的形式被考虑到迭代求解的过程中。数值实例表明，这两种方法都能够在保证计算精度满足工程需求的同时，大幅度降低矩量法对计算资源的需求，显著地扩大电磁计算规模。

参考文献

[1] 《数学手册》编写组. 数学手册. 北京:高等教育出版社，1979.

[2] 翟会清，等. 基于 PNM 算法加速的三维任意形状导体散射研究. 电波科学学报，2004，19(6):708-712.

[3] Li Wei-Dong，Hong Wei，Zhou Hou-Xing. Integral equation-based overlapped domain decomposition method for the analysis of electromagnetic scattering of 3D conducting objects. Microwave and Optical Technology Letters，February 2007，Vol. 49，No. 2：253-501.

[4] Zhang Y，van de Geijn R A，Taylor M C，et al. Parallel MoM Using Higher Order Basis Function and PLAPACK In-Core and Out-of-Core Solvers for Challenging EM Simulations. Antennas and Propagation Magazine，IEEE，Oct. 2009，Vol. 51，No. 5：42-60.

[5] Echeverri Bautista M A，Vipiana F，Francavilla M A，et al. A Nonconformal Domain Decomposition Scheme for the Analysis of Multiscale Structures[J]. IEEE Transactions on Antennas and Propagation，2015，63(8):1-1.

[6] Kolundzija B M，Djordjevic A R. Electromagnetic Modeling of Composite Metallic and Dielectric Structures. Norwood：Artech House，2002.

[7] Djordjevic M，Notaros B M. Higher order hybrid method of moments-physical optics modeling technique for radiation and scattering from large perfectly conducting surfaces. IEEE Transactions on Antennas and Propagation，Feb. 2005，Vol. 53，No. 2：800-813.

[8] 张玉. 电磁场并行计算. 西安：西安电子科技大学出版社，2006.

[9] Zhang Y, Sarkar T K. Parallel Solution of Integral Equation Based EM Problems in the Frequency Domain. Hoboken, NJ: Wiley, 2009.

[10] Song J M, Chew W C. Fast multipole method solution of combined field integral equation. in Proc. Ann. Rec. ACES, Monterey, USA, 1995: 629-636.

[11] Rao S M, Wilton D R, Glisson A W. Electromagnetic scattering by surfaces of arbitrary shape. IEEE Trans. Antennas Propag., May 1982, Vol. 30: 409-418.

[12] Borries O, Meincke P, Jorgensen E, et al. Multi-level fast multipole method for higher-order discretizations. IEEE Transactions on Antennas and Propagation, Sep. 2014, Vol. 62, No. 9:4695-4705.

[13] Nie Z, Ma W, Ren Y, et al. A wideband electromagnetic scattering analysis using MLFMA with higher order hierarchical vector basis functions. IEEE Transactions on Antennas and Propagation, Oct. 2009, Vol. 57, No. 10: 3169-3178.

[14] Yousef Saad. Iterative Methods for Sparse Linear Systems. 2nd ed. Society for Industrial and Applied Mathematics, 2003.

[15] Zhang Y, Lin Z, Zhao X, et al. Performance of a massively parallel higher-order method of moments code using thousands of CPUs and its applications. IEEE Transactions on Antennas and Propagation, 2014, Vol. 62, No. 12:6317-6324.

[16] Zhao X W, Ting S W, Zhang Y. Parallelization of half-space MLFMA using adaptive direction partitioning strategy. IEEE Antennas Wireless Propag. Lett., 2014, Vol. 13: 1203-1206.

第 9 章　并行高阶基函数矩量法的工程应用

本章给出了高阶基函数矩量法的部分工程仿真实例，包括机载雷达天线辐射受扰特性计算、民航客机周围电磁场分布计算、海事卫星反射面天线受扰特性计算、移动通信中的基站天线在室内的电磁辐射评估、城铁车厢中 WiFi 天线的覆盖分布仿真等电磁辐射问题，箔条云、飞机发动机、无人机的 RCS 计算等电磁散射问题，以及机载天线阵列辐射特性的旋转叶片调制效应分析。

9.1　电磁辐射特性计算

9.1.1　机载微带天线阵列

本例采用并行高阶基函数矩量法对机载微带天线阵列进行仿真，分析飞机平台对微带天线阵列辐射特性的影响。这里分析的微带天线阵列为两面阵，如图 9.1－1 所示，阵列单元个数为 1984，间距为 0.2 m，工作频率为 3.1 GHz。将微带天线阵列安装到飞机平台上，安装姿态如图 9.1－2 所示，图中飞机的尺寸为 36.0 m×40.0 m×11.5 m，阵列中心与飞机背部的距离为 4.0 m。为节省计算所需的资源和时间，可以利用机载微带天线阵列模型关于 yoz 面的对称性，含对称面的机载微带天线阵列模型的未知量为 1 516 021(约为 150 万)。

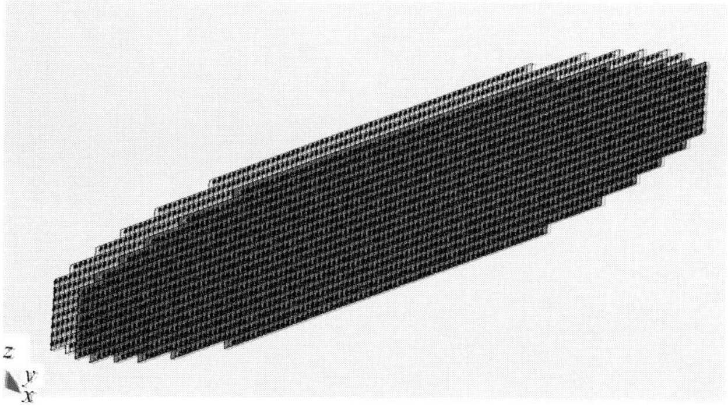

图 9.1－1　含对称面的微带天线阵列

图 9.1－3 给出了微带天线阵列本身的 3D 增益方向图，图 9.1－4 给出了机载微带天线阵列的 3D 增益方向图，图 9.1－5 给出了微带天线阵列受扰前后的 2D 增益方向图对比情况，同时给出了高阶基函数矩量法混合 MLFMA 方法的 xoy 面和 xoz 面增益方向图用于对比，可见二者吻合良好。

图 9.1-2　含对称面的机载微带天线阵列模型

图 9.1-3　微带天线阵列的 3D 增益方向图(单位：dB)

图 9.1-4　机载微带天线阵列的 3D 增益方向图(单位：dB)

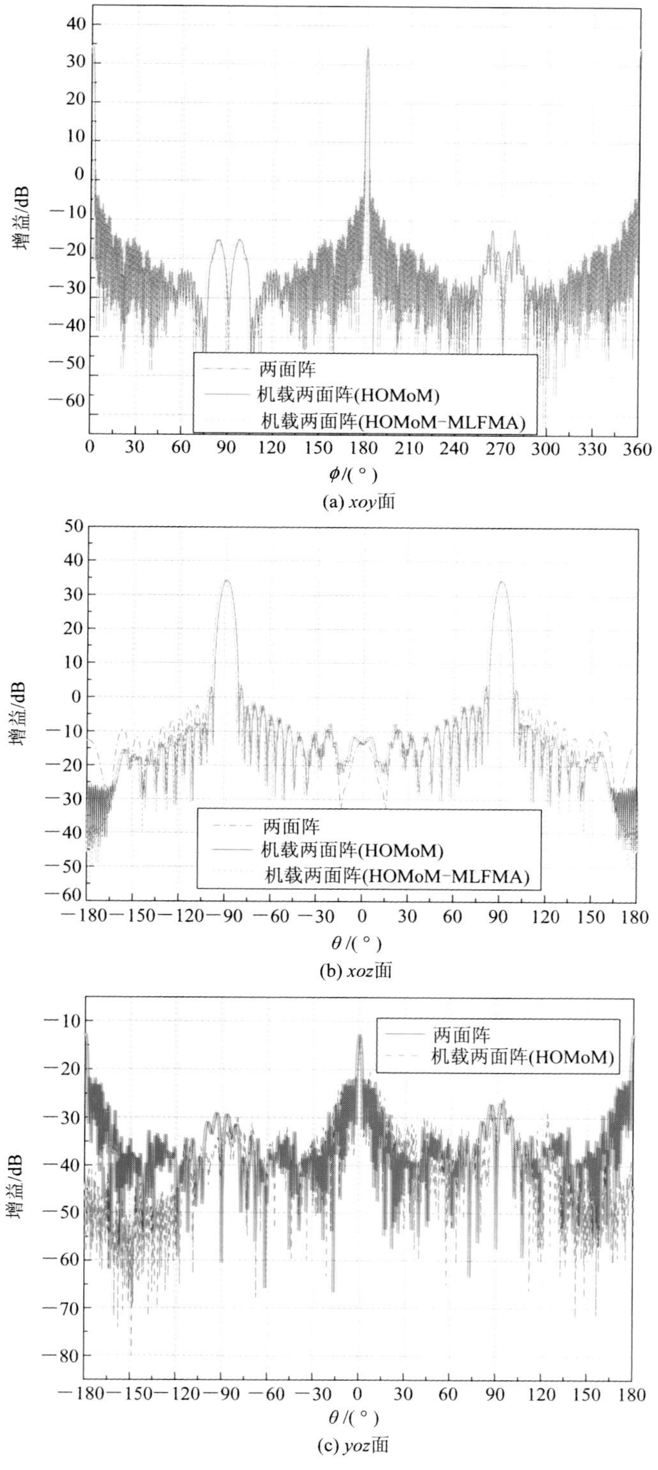

图 9.1-5　阵列受扰前后的 2D 增益方向图变化情况

由仿真结果可以看出，微带天线阵列受扰前后的 2D 增益方向图变化不大。阵列架设到飞机平台后，由于机身和机翼的影响，阵列的增益方向图出现了主瓣增益轻微下降，副瓣电平降低的现象。由对比结果可见，主瓣最大增益值降低 0.011 dB，这表明对于这种安装方式及波束指向，飞机平台对阵列增益造成的影响很小；在 xoz 面内副瓣电平在 $-180°\sim-110°$和 $110°\sim180°$范围内降低约 5 dB。

9.1.2　波导缝隙天线阵列

本例采用并行高阶基函数矩量法分析带金属支架的波导缝隙天线阵列的辐射特性，阵列由 24 根波导组成，如图 9.1-6(a)所示。阵列的工作频率为 35.0 GHz。

在实际情况下，为了固定天线都会使用支架，为研究金属支架对阵列辐射特性的影响，这里也对不安装支架的波导缝隙天线阵列的辐射特性进行了仿真。图 9.1-6(b)给出了不带支架的波导缝隙天线阵列模型。

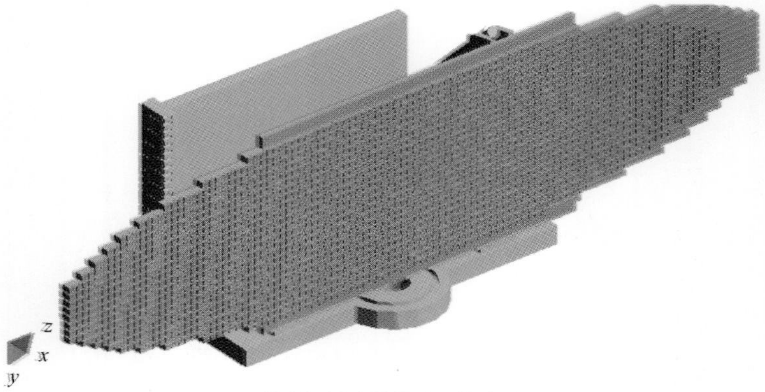

(a) 带支架的波导缝隙天线阵列

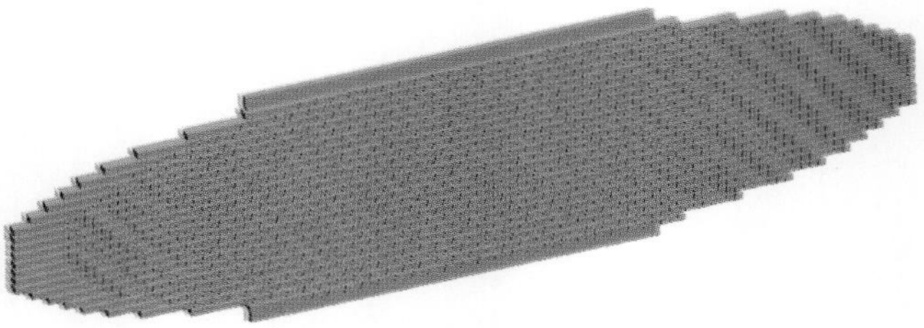

(b) 不带支架的波导缝隙天线阵列

图 9.1-6　波导缝隙天线阵列仿真模型

采用并行高阶基函数矩量法计算两种模型的辐射特性，矩量法产生的未知量分别为 660 779(无支架)和 781 389(带支架)，所需的存储量分别为 6.354 TB(无支架)和 8.885 TB(带支架)，两个计算模型对存储的需求很大，一般计算机无法提供这么大的内存，故此处采用的是并行核外高阶基函数矩量法。

图 9.1－7 给出了带支架的和不带支架的波导缝隙天线阵列的 3D 增益方向图，图 9.1－8 给出了两种计算模型的 2D 增益方向图变化情况[1]。

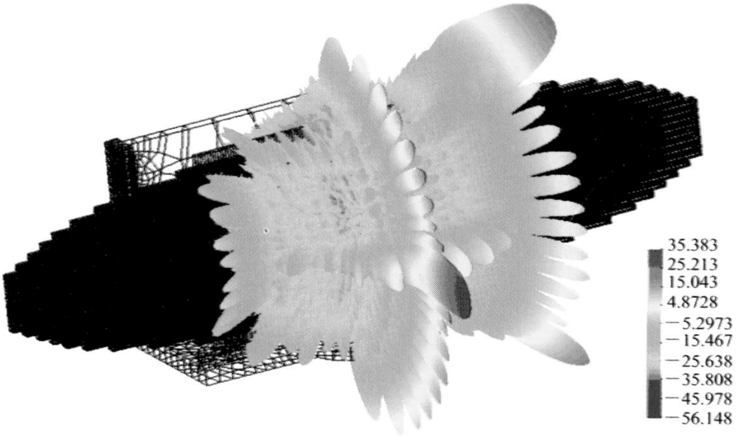

(a) 带支架

(b) 不带支架

图 9.1－7　波导缝隙天线阵列的 3D 增益方向图(单位：dB)

由图 9.1－7 可见，带支架和不带支架两种情况下的波导缝隙天线阵列的最大增益值相同。由图 9.1－8 可见，在 xoy 面 140°～270°范围内和 xoz 面－100°～－20°范围内，带支架情况下的阵列增益有小幅度增大，其他范围内增益基本不变，并且在受影响的范围内，阵列增益已在－30 dB 以下，与最大增益值相差 60 dB 左右，可以忽略不计。由此可见，金属支架对阵列辐射特性的影响可以忽略不计，因此在实际计算中可以不考虑金属支架，只计算阵列本身。

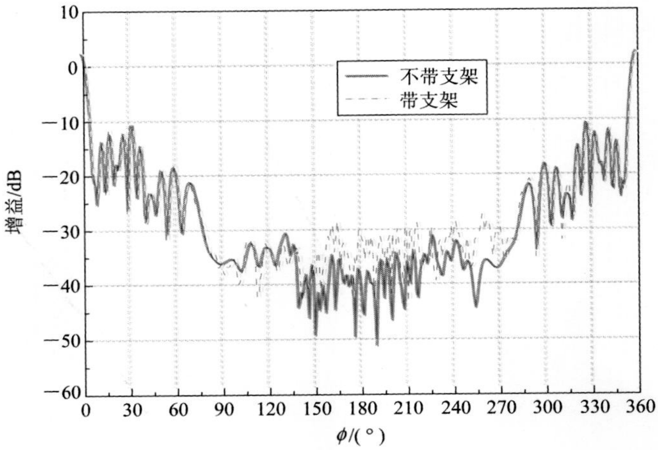

(a) *xoy*面

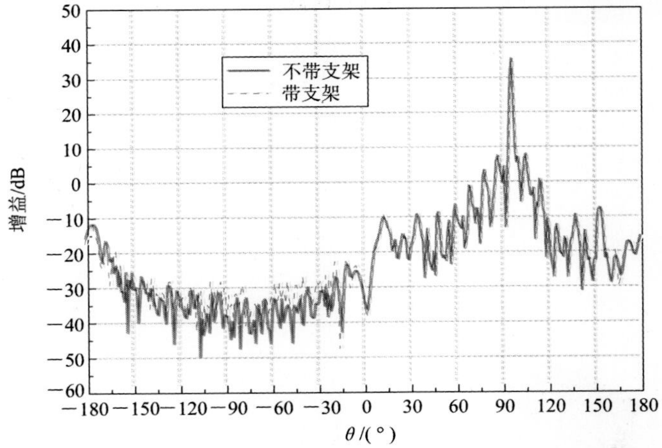

(b) *xoz*面

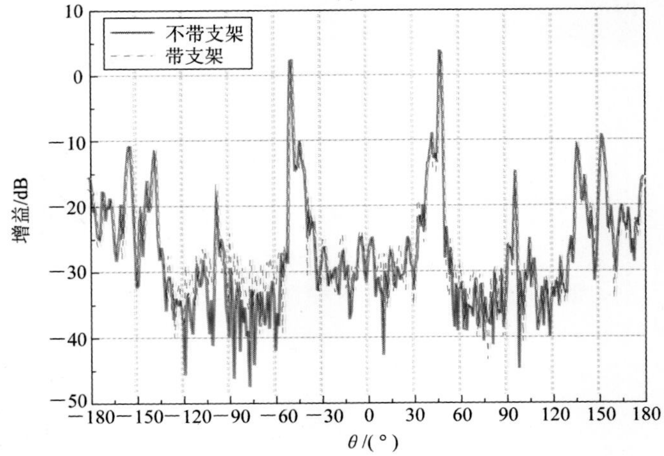

(c) *yoz*面

图 9.1－8　带支架与不带支架天线阵列的 2D 增益方向图变化情况

9.1.3 民航客机周围近场

本节采用并行高阶基函数矩量法计算仪表着陆系统(Instrument Landing System, ILS)天线和无方向性信标(Non-Directional Beacon, NDB)天线在客机周围的近场分布。

1. ILS 天线

此处采用单极子天线作为 ILS 天线模型，设置天线的工作频率为 362 MHz，输入电压峰值为 456 V，输入阻抗为 50 Ω，此时天线设备的辐射功率为 100 W。客机尺寸为 29.3 m×29.5 m×10.6 m，仿真模型如图 9.1-9 所示。天线位于客机正下方 154.2 m(500 英尺)处，如图 9.1-10 所示，矩量法产生的未知量为 72 608。

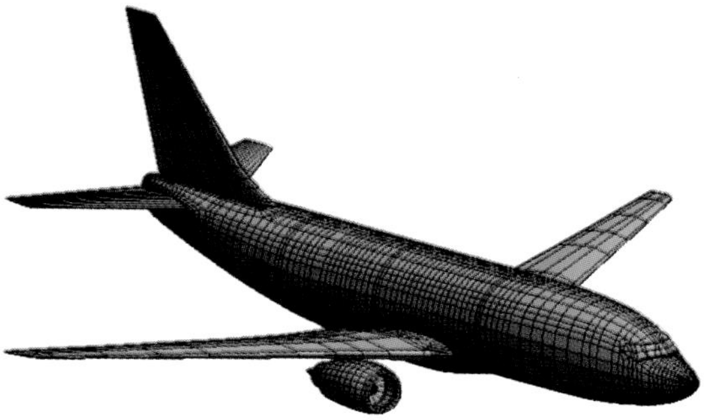

图 9.1-9　客机电磁仿真模型

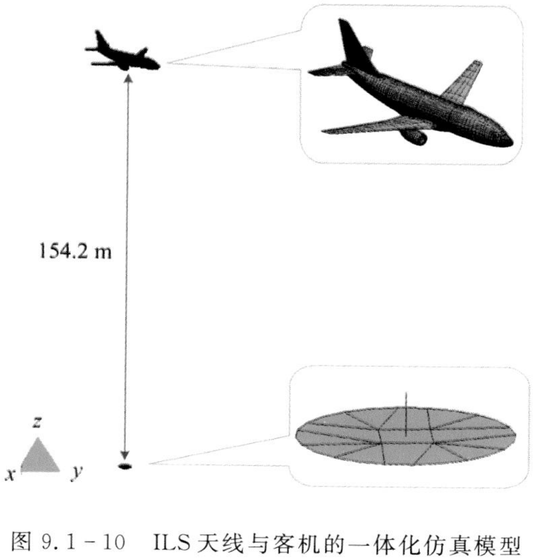

图 9.1-10　ILS 天线与客机的一体化仿真模型

采用并行高阶基函数矩量法计算天线设备在客机附近产生的近场，近场范围设定为 $-18\ \text{m} \leqslant x \leqslant 18\ \text{m}$，$-18\ \text{m} \leqslant y \leqslant 18\ \text{m}$，$150\ \text{m} \leqslant z \leqslant 164\ \text{m}$。图 9.1-11 给出了客机周围不同截面处的近场分布。

由图可见，在图 9.1-10 所示相对位置，天线设备在飞机尾翼附近会产生较强的电场，电场值达到 0.595 V/m，同时在机翼的下方也会产生较强的电场。

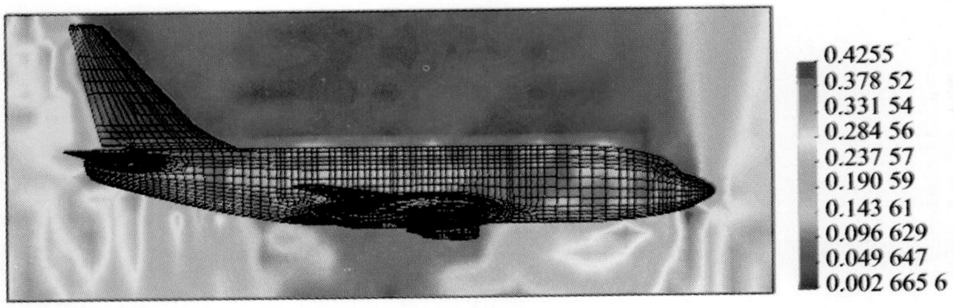

(a) x=0.0 m

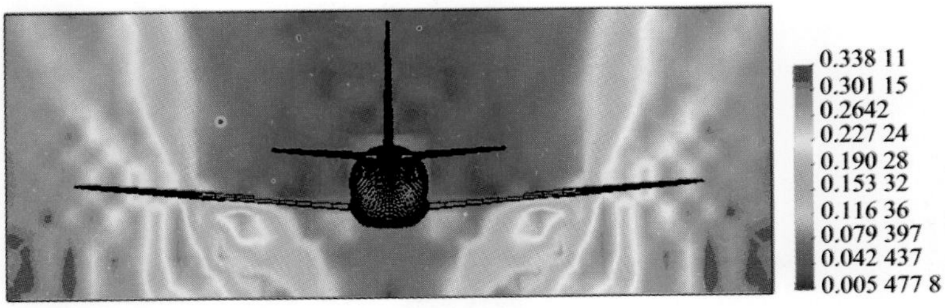

(b) y=0.0 m

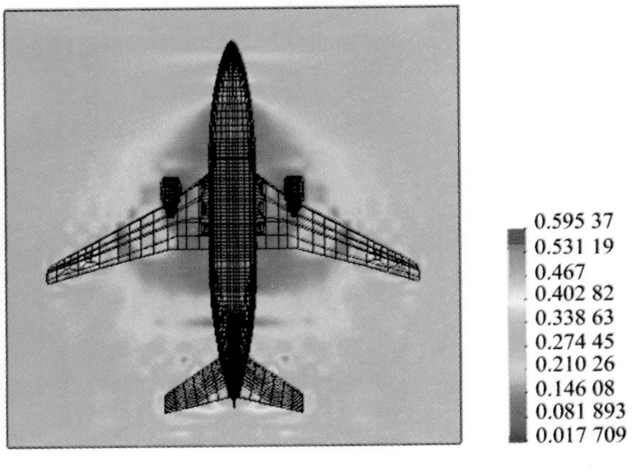

(c) z=154.0 m

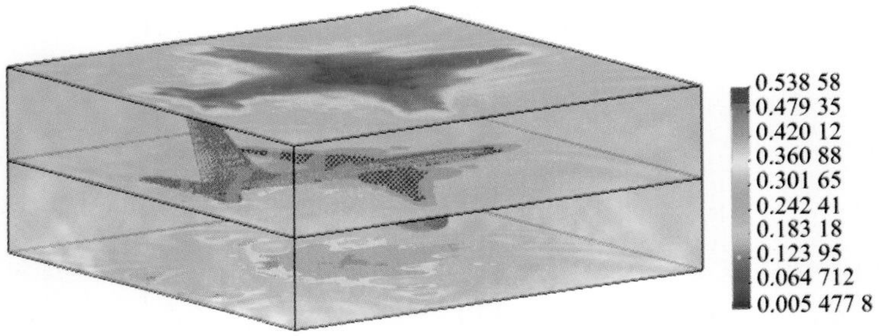

(d) 客机四周

图 9.1-11　客机周围的近场分布(单位：V/m)

2. NDB 天线

NDB(无方向性信标)天线发射垂直极化的无方向性无线电波，机载无线电罗盘通过接收无方向性信标天线发射的信号来测定飞机与信标的相对方位角。此处采用引向天线作为无方向性信标天线模型，设置天线的工作频率为 362 MHz，输入电压峰值为 456 V，输入阻抗为 50 Ω，此时天线设备的辐射功率为 100 W。天线位于客机正下方 154.2 m(500 英尺)处，如图 9.1－12 所示，矩量法产生的未知量为 77 293。

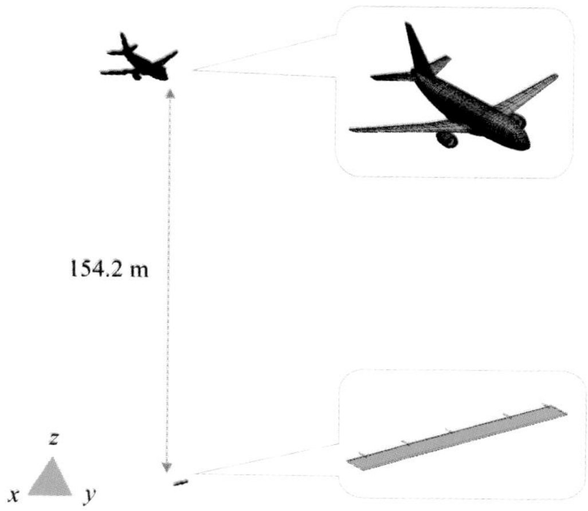

图 9.1－12　引向天线与客机的一体化仿真模型

采用并行高阶基函数矩量法计算天线设备在客机附近产生的近场，近场范围设定为 $-18\ \text{m}\leqslant x\leqslant 18\ \text{m}$，$-18\ \text{m}\leqslant y\leqslant 18\ \text{m}$，$150\ \text{m}\leqslant z\leqslant 164\ \text{m}$。图 9.1－13 给出了客机周围不同截面处的近场分布。

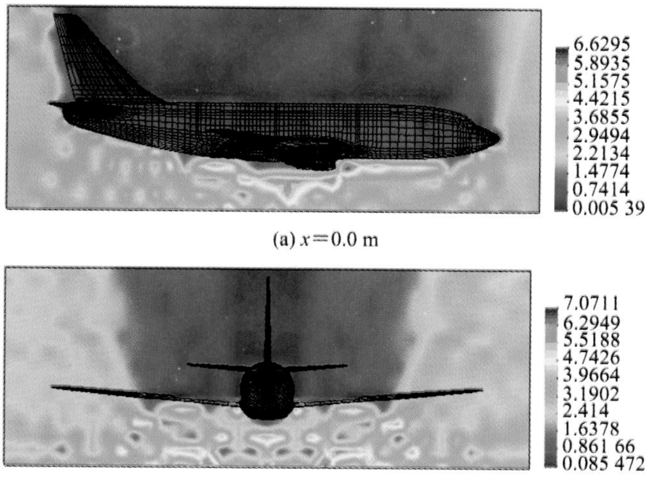

图 9.1－13　客机周围的近场分布(单位：V/m)(1)

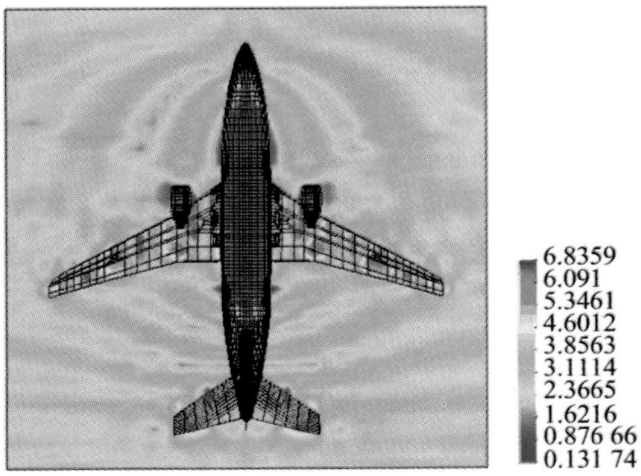

(c) $z=154.0$ m

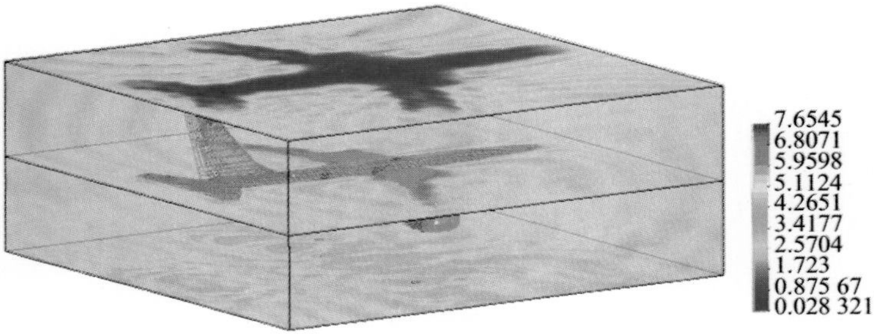

(d) 客机四周

图 9.1－13　客机周围的近场分布(单位：V/m)(2)

由图可见，在图 9.1－12 所示相对位置，无方向性信标天线在飞机下方和尾翼附近产生较强的电场，电场值达到 7.07 V/m。

9.1.4　海事卫星天线

本例采用并行高阶基函数矩量法对海事卫星天线进行电磁仿真，分析卫星平台对反射面天线辐射特性的影响。该模型包含两个反射面天线，天线的相对位置如图 9.1－14 所示。将两个反射面天线安装到卫星平台上，得到天线与平台的一体化仿真模型，如图 9.1－15 所示。

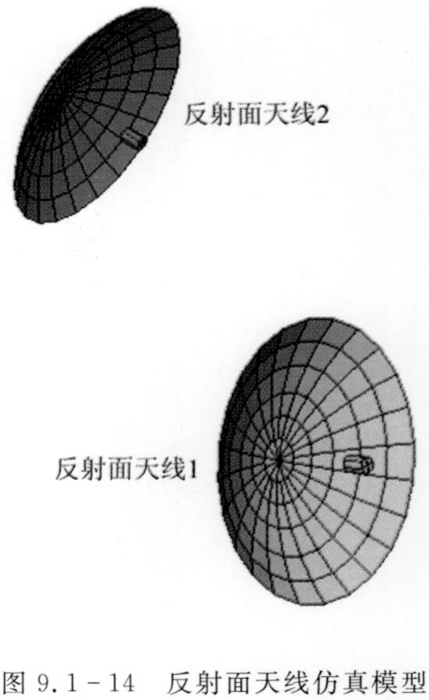

图 9.1－14　反射面天线仿真模型

采用并行高阶基函数矩量法计算两个反射面天线的辐射特性，计算频率为 5.3 GHz，矩量法产生的未知量为 448 857。图 9.1－16 给出了两个反射面天线安装到卫星平台后的增益方向图。为分析卫星平台对反射面天线辐射特性的影响，此处对单一反射面、两个反射面同时存在以及两个反射面与卫星平台同时存在这三种情况进行了计算。图 9.1－17 给出了反射面天线 1 在三种情况下的 2D 增益方向图变化情况，图 9.1－18 给出了反射面天线 2 在三种情况下的 2D 增益方向图变化情况。

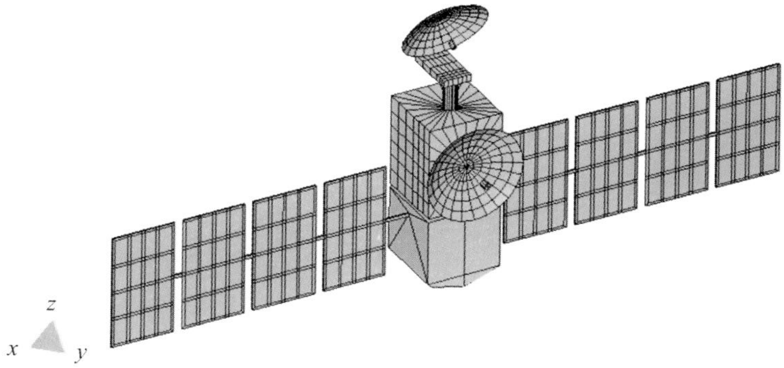

图 9.1-15　海事卫星天线模型

(a) 反射面天线1

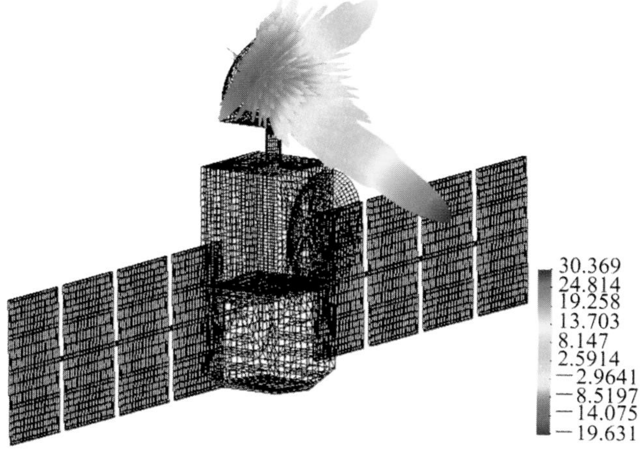

(b) 反射面天线2

图 9.1-16　两个反射面天线安装到卫星平台上的增益方向图(单位：dB)

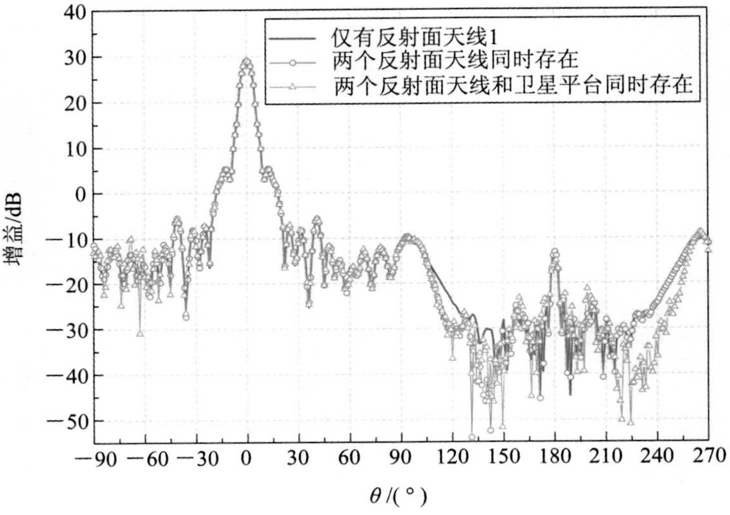

图 9.1-17　反射面天线 1 受扰前后的 2D 增益方向图

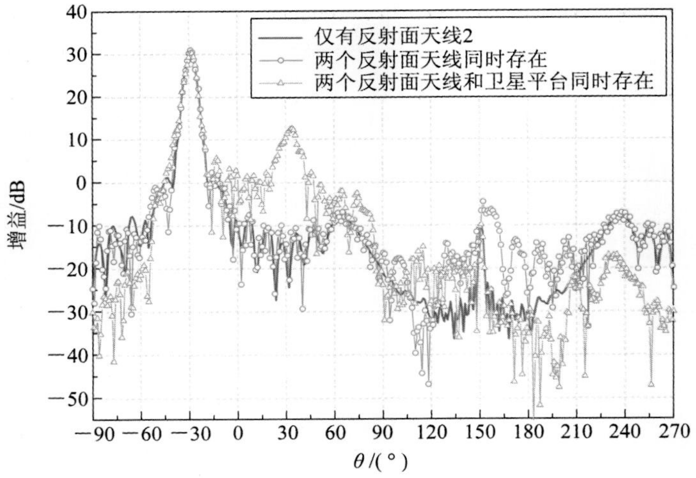

图 9.1-18　反射面天线 2 受扰前后的 2D 增益方向图

由对比结果可以看出，三种情况下的反射面天线 1 的增益方向图变化不大，当卫星平台存在时，副瓣电平在 110°～150°和 210°～270°范围内有所降低。而反射面天线 2 在三种情况下的增益方向图变化较大。两个反射面天线同时存在时，由于反射面天线 1 的反射效应，反射面天线 2 的副瓣电平在 120°～210°范围内出现明显的抬高。当卫星平台存在时，由于卫星平台的反射效应，反射面天线 2 的副瓣电平在 15°～45°范围内出现剧烈抬高，增益值最大抬高了 20 dB 以上。

此外，这里还对两个反射面天线同时工作时各自的端口参数进行了计算。表 9.1-1 给出了反射面天线工作在 4.8 GHz 和 5.3 GHz 时的 S_{11} 参数。

表 9.1-1　反射面天线的 S_{11} 参数

频率	反射面天线	计算情况	实部	虚部	模值/dB
4.8 GHz	反射面天线 1	无卫星平台	−0.078 342	−0.015 774	−21.9475
		含卫星平台	−0.078 333	−0.015 773	−21.9485
	反射面天线 2	无卫星平台	0.191 535	−0.018 743	−14.3136
		含卫星平台	0.195 127	−0.019 209	−14.1518
5.3 GHz	反射面天线 1	无卫星平台	−0.093 04	−0.098 773	−17.3489
		含卫星平台	−0.093 208	−0.098 864	−17.3373
	反射面天线 2	无卫星平台	0.123 807	0.130 363	−14.9049
		含卫星平台	0.123 397	0.131 836	−14.8668

9.1.5　基站天线与室内电磁辐射评估

1. 基站天线

本例采用并行高阶基函数矩量法分析基站天线的辐射特性，仿真模型如图 9.1-19 所示。该模型包含 27 个天线单元，工作频率为 1.7 GHz，矩量法产生的未知量为 61 231。

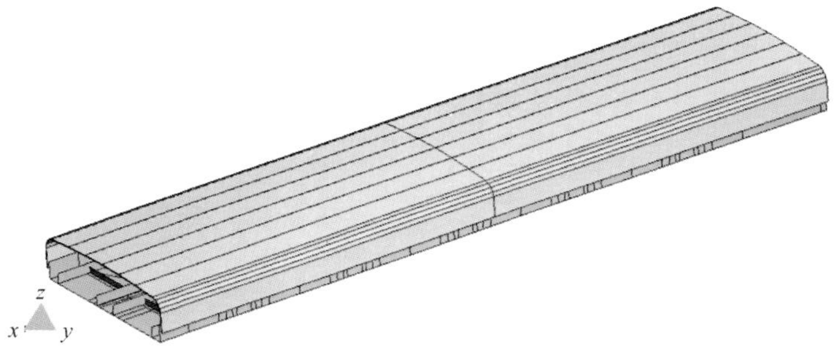

图 9.1-19　基站天线电磁仿真模型

采用并行高阶基函数矩量法计算基站天线的辐射特性。图 9.1-20 给出了该基站天线的 3D 增益方向图，图 9.1-21 给出了该基站天线的 2D 增益方向图。

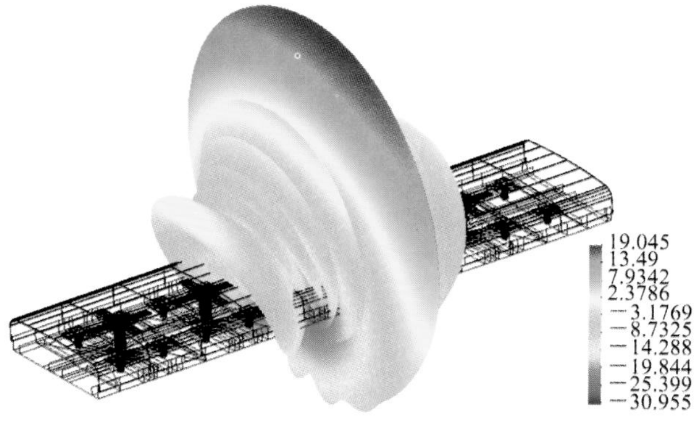

图 9.1-20　基站天线的 3D 增益方向图(单位：dB)

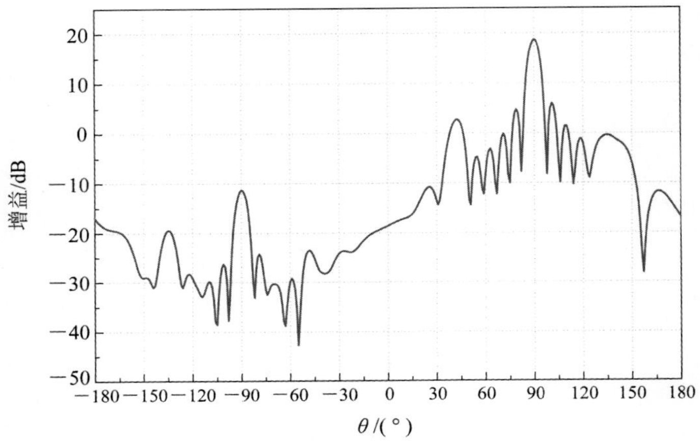

(a) *xoz*面

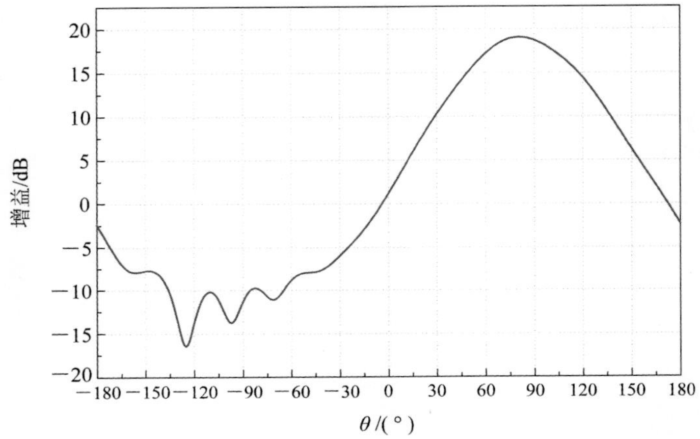

(b) *yoz*面

图 9.1-21　基站天线的 2D 增益方向图

2. 基站天线Ⅰ的室内场分布

对于电磁辐射安全，为防止目前已知的电磁辐射对人体健康产生不良影响，国际非电离辐射防护委员会(ICNIRP)制定了限制电磁辐射的准则。为确定电磁辐射是否超出安全阈值，需要对电磁辐射进行评估。通常的评估方法是测量，然而，测量方法在天线或周围环境发生变化时，无法进行准确预测。为此，这里采用电磁仿真计算的方法来评估基站天线的电磁辐射安全性。

本例采用并行高阶基函数矩量法分析基站天线在房屋内的场分布，进而判断房屋内部是否在安全辐射范围内[2]。基站天线Ⅰ的仿真模型如图 9.1-22 所示，其包含 10 个偶极子天线单元和 PEC 背板，其中中间 6 个偶极子天线单元的激励电压幅度为 5 V，两端的 4 个偶极子天线单元的激励电压幅度为 2.5 V。房屋Ⅰ的仿真模型如图 9.1-23 所示，图中标出了房屋的尺寸，墙的电磁参数为 $\varepsilon_r=3.916$、$\mu_r=1.0$、$\sigma=1.0\mathrm{e}-9$，门窗的电磁参数为 $\varepsilon_r=2.37$、$\mu_r=1.0$、$\sigma=5.0\mathrm{e}-10$。图 9.1-24 给出了基站天线与房屋的位置示意图。

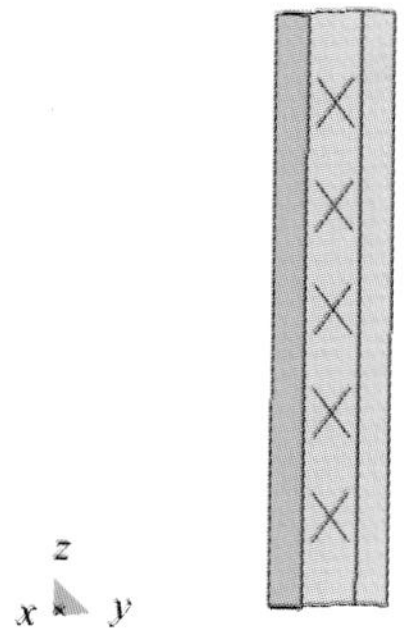

图 9.1-22　基站天线Ⅰ

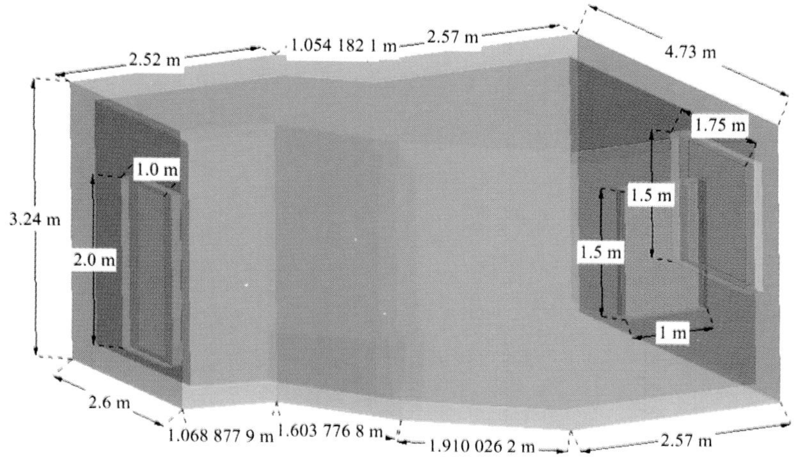

图 9.1-23　房屋Ⅰ的仿真模型

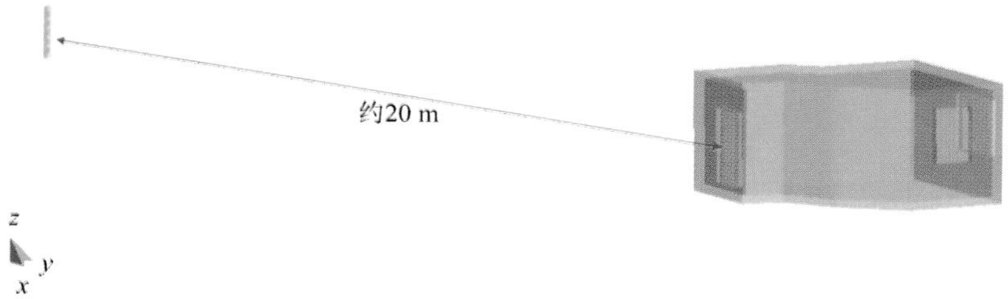

(a) 基站天线Ⅰ与房屋Ⅰ的相对位置

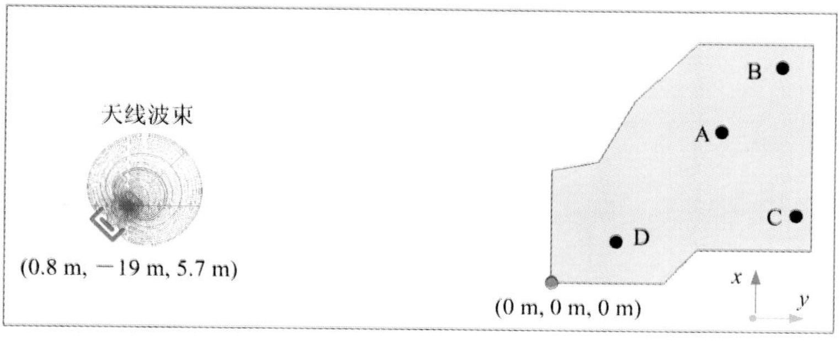

(b) 天线Ⅰ及室内采样点位置

图 9.1-24　基站天线与房屋Ⅰ的位置示意图

采用并行高阶基函数矩量法计算基站天线Ⅰ在房屋内的近场，近场区域为 $-0.5\ \text{m} \leqslant x \leqslant 5.5\ \text{m}$，$-0.5\ \text{m} \leqslant y \leqslant 6.0\ \text{m}$，$1.5\ \text{m} \leqslant z \leqslant 1.7\ \text{m}$，矩量法产生的未知量为 311 261。图 9.1-25 给出了基站天线Ⅰ的 3D 增益方向图。图 9.1-26 给出了房屋Ⅰ内高度为 1.5 m、1.7 m 处的近场分布。

由图 9.1-26 可见，房屋内部高度为 1.5 m、1.7 m 处的电场强度最大值分别为 1.26 V/m、1.18 V/m，房屋内部右侧的场分布较强。表 9.1-2 给出了图 9.1-24(b)中所示的 A、B、C、D 四个位置处的仿真结果与测量结果。由对比可见，二者吻合良好，其中 C

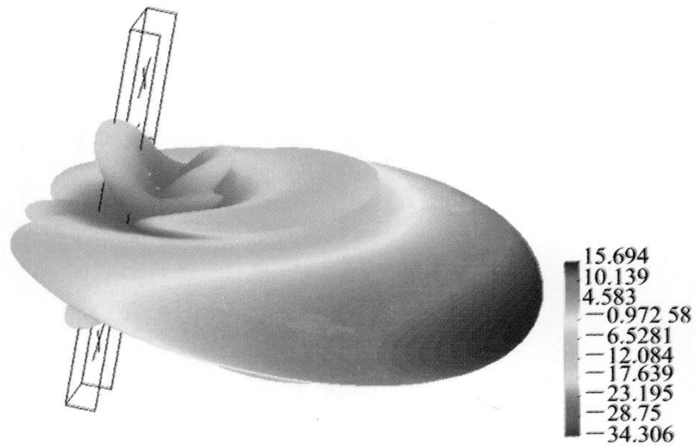

图 9.1-25　基站天线Ⅰ的 3D 增益方向图(单位：dB)

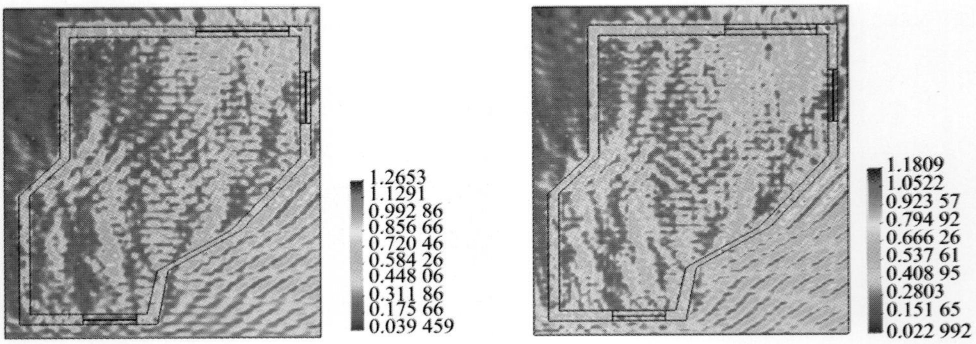

(a) 高度为1.5 m　　(b) 高度为1.7 m

图 9.1-26　房屋Ⅰ内高度为 1.5 m 和 1.7 m 处的近场分布(单位：V/m)

位置的仿真结果与测量结果几乎相同。此外，A、B、C、D 四个位置处的电场强度测量值范围为 0.393～0.927 V/m，电场强度测量值的平均值为 0.5825 V/m。

表 9.1-2　仿真结果与测量结果对比

位置/m	仿真结果/(V/m)	测量结果/(V/m)
A (3.24, 2.98, 1.70)	0.336	0.536
B (4.55, 4.47, 1.70)	0.461	0.393
C (1.75, 4.36, 1.70)	0.475	0.474
D (1.09, 1.69, 1.70)	0.6998	0.927

下面分析两个基站天线(为描述方便，称为双基站天线Ⅰ)在房屋内的场分布。天线仿真模型如图 9.1-27 所示，其包含两个基站天线，每个天线由 10 个偶极子天线单元和 1 个 PEC 背板组成，两个天线各单元的激励电压幅度与基站天线Ⅰ的相同。房屋Ⅱ的仿真模型如图 9.1-28 所示，其与房屋Ⅰ的不同之处是多了一个窗户。房屋Ⅱ与双基站天线Ⅰ的位置示意图如图 9.1-29 所示。

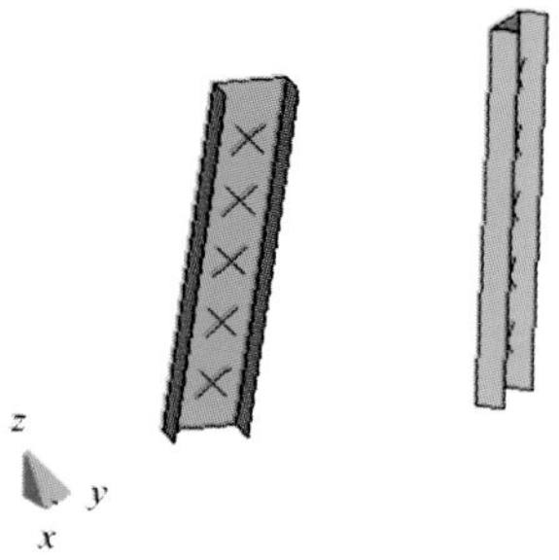

图 9.1-27　双基站天线Ⅰ

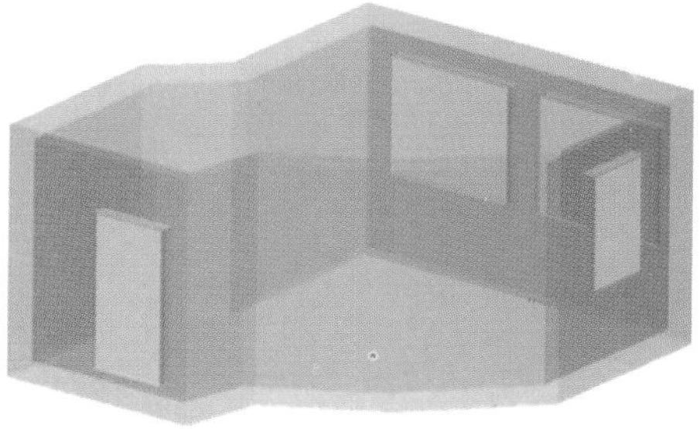

图 9.1-28　房屋Ⅱ的仿真模型

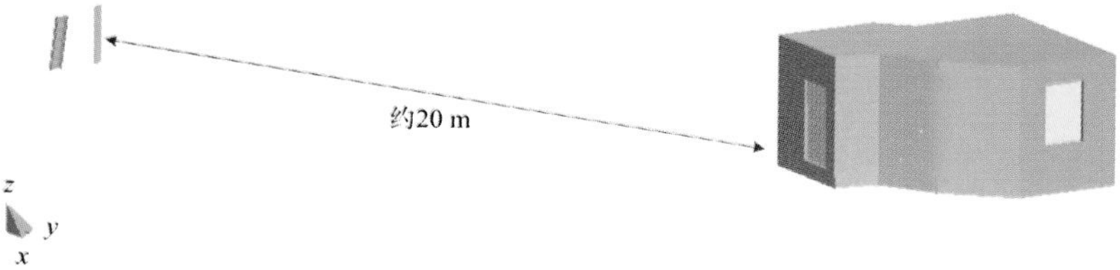

图 9.1-29　双基站天线Ⅰ与房屋Ⅱ的位置示意图

采用并行高阶基函数矩量法计算双基站天线Ⅰ在房屋内的近场，近场区域为 $-0.5\ \text{m} \leqslant x \leqslant 5.5\ \text{m}$，$-0.5\ \text{m} \leqslant y \leqslant 6.0\ \text{m}$，$1.5\ \text{m} \leqslant z \leqslant 1.7\ \text{m}$，矩量法产生的未知量为 307 480。图 9.1-30 给出了双基站天线Ⅰ的 3D 增益方向图。图 9.1-31 给出了房屋Ⅱ内高度为 1.7 m 处的近场分布。

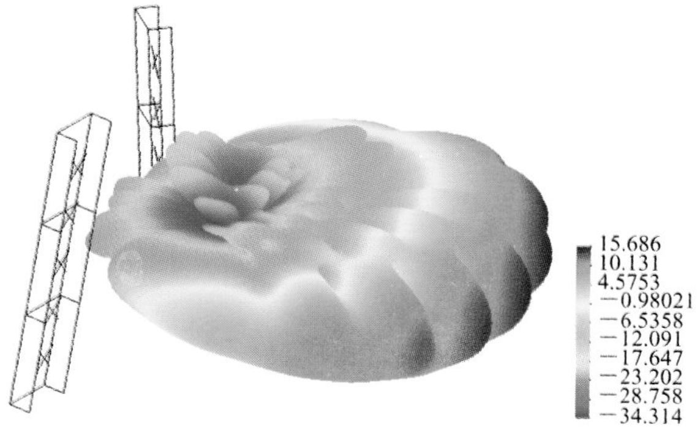

图 9.1-30　双基站天线Ⅰ的 3D 增益方向图(单位：dB)

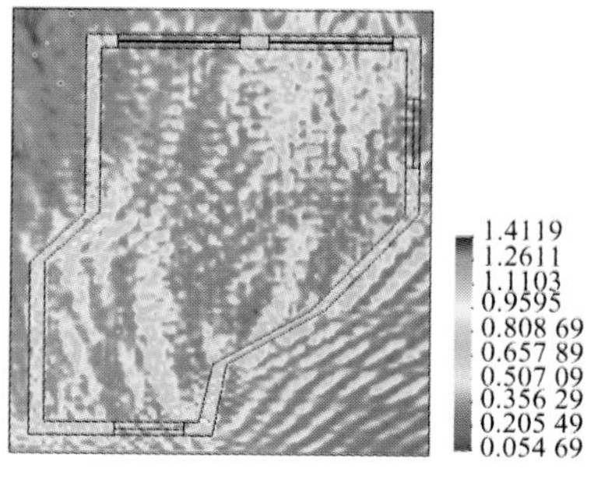

图 9.1-31　房屋Ⅱ内高度为 1.7 m 处的近场分布(单位：V/m)

3. 基站天线Ⅱ的室内场分布

本例仿真模型如图 9.1-32 所示，其包含两个基站天线(为描述方便，称为双基站天线Ⅱ)，每个天线由 10 个偶极子天线单元和 1 个 PEC 背板组成，其中中间 6 个偶极子天线单元的激励电压幅度为 26 V，两端的 4 个偶极子天线单元的激励电压幅度为 13 V。房屋Ⅲ的仿真模型如图 9.1-33(a)所示。墙的电磁参数为 $\varepsilon_r=3.916$、$\mu_r=1.0$、$\sigma=0.002$，玻璃的电磁参数为 $\varepsilon_r=2.37$、$\mu_r=1.0$、$\sigma=0$。图 9.1-33 给出了双基站天线Ⅱ与房屋Ⅲ的位置示意图，通过调整图 9.1-33(b)中的 α 角度大小可以调整基站天线的主瓣指向，这里共分析了

$\alpha=0^\circ$，15°，30°，45°四种情况。

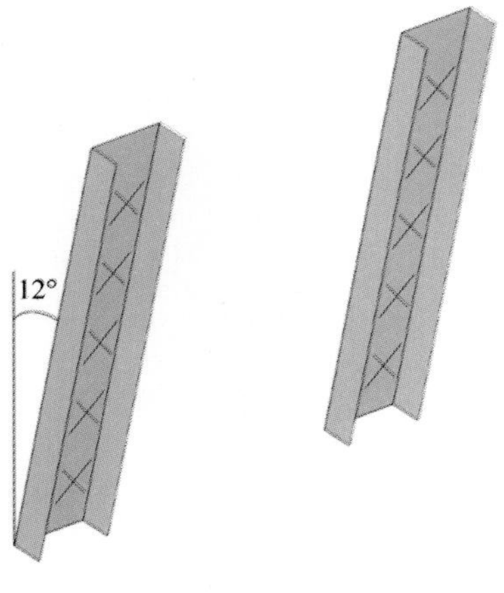

图 9.1－32 双基站天线Ⅱ

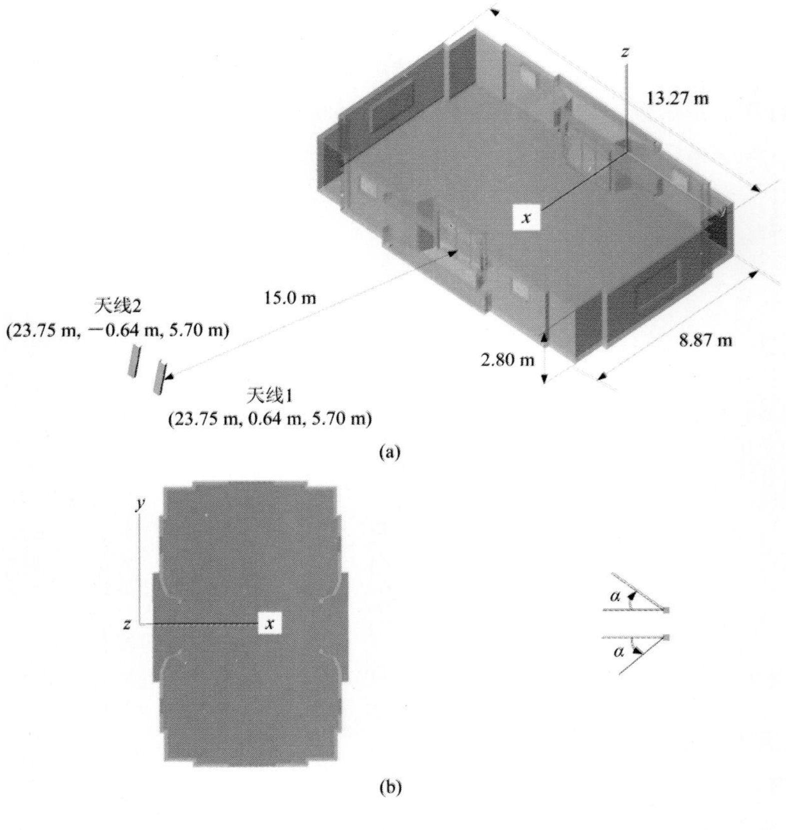

图 9.1－33 双基站天线Ⅱ与房屋Ⅲ的位置关系

采用并行高阶基函数矩量法计算双基站天线Ⅱ在房屋Ⅲ内的近场，近场区域为 $2\ \text{m}\leqslant x\leqslant 8\ \text{m}$，$-6\ \text{m}\leqslant y\leqslant 6\ \text{m}$，$z=1.7\ \text{m}$，矩量法产生的未知量为 580 485。图 9.1－34 给出了四种情况下双基站天线Ⅱ的 3D 增益方向图。图 9.1－35 给出了四种情况下房屋Ⅲ内高度为 1.7 m 处的近场分布。

(a) $\alpha=0°$

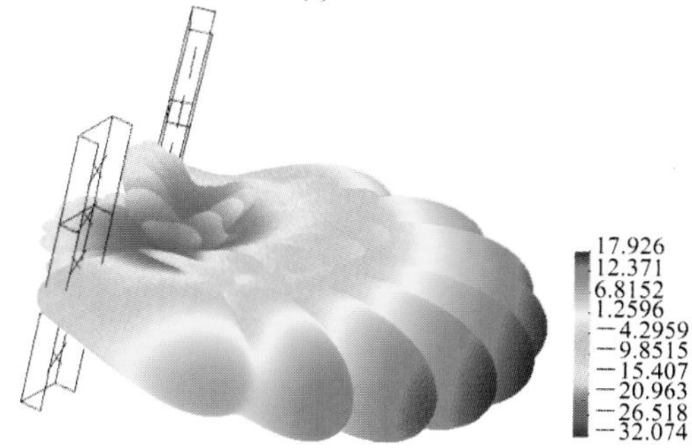

(b) $\alpha=15°$

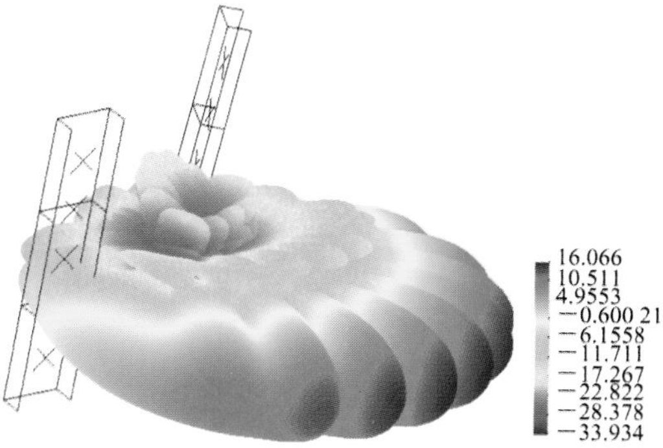

(c) $\alpha=30°$

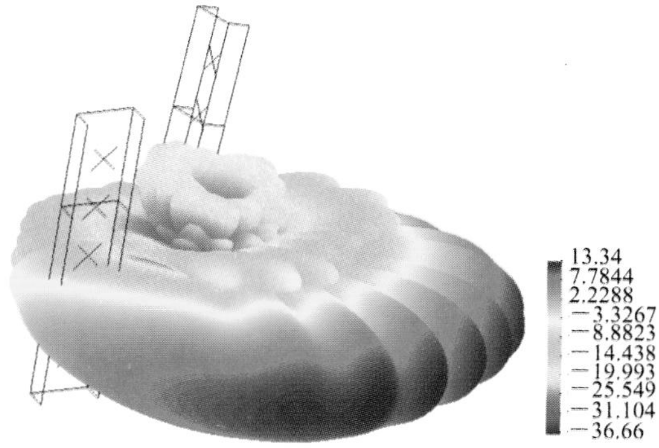

(d) $\alpha=45°$

图 9.1 - 34　双基站天线Ⅱ的 3D 增益方向图(单位：dB)

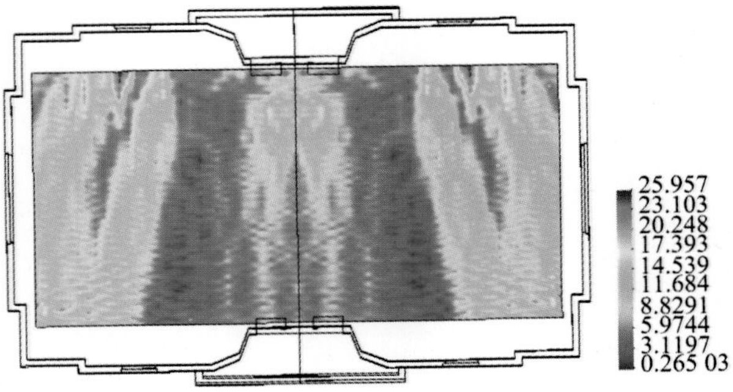

(a) $\alpha=0°$

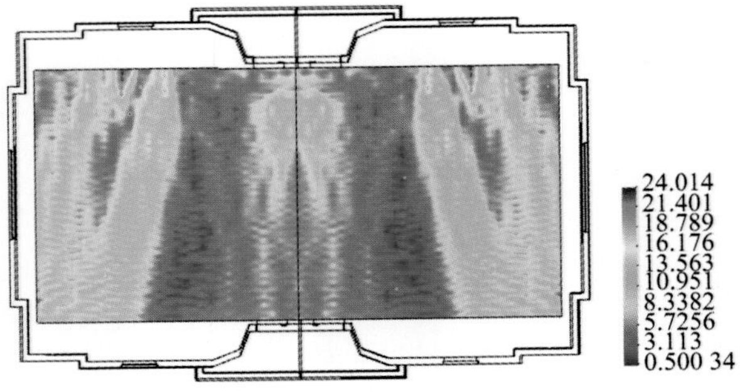

(b) $\alpha=15°$

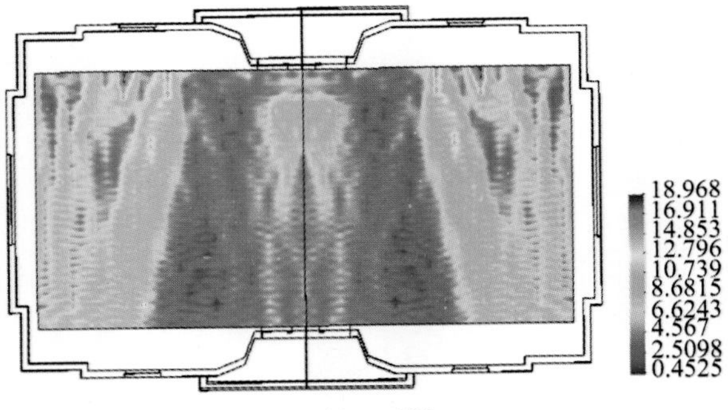

(c) $\alpha=30°$

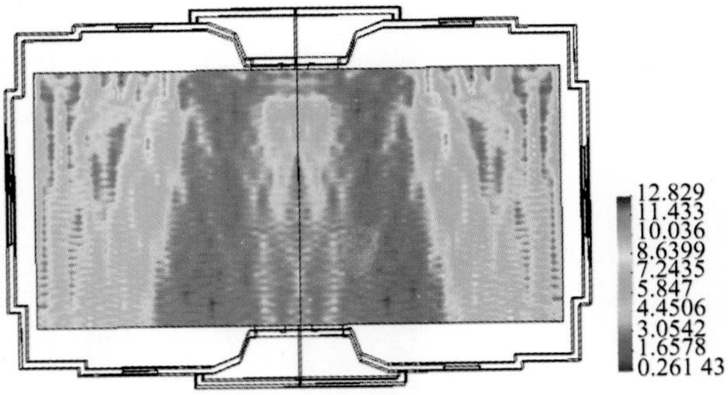

(d) $\alpha=45°$

图 9.1-35　房屋Ⅲ内高度为 1.7 m 处的近场分布(单位：V/m)

9.1.6　车厢内 WiFi 天线

本例采用并行高阶基函数矩量法分析 WiFi 天线在列车内部的场分布，以判断是否在列车的每个位置都能较好地接收到 WiFi 信号[2]。天线的仿真模型如图 9.1-36 所示，天线在车厢中的安装位置如图 9.1-37 所示，车厢的尺寸为 2.5 m×2.7 m×11.2 m，在车厢的两侧各有 7 个窗户，车厢头部有 1 个窗户。

图 9.1-36　WiFi 天线模型

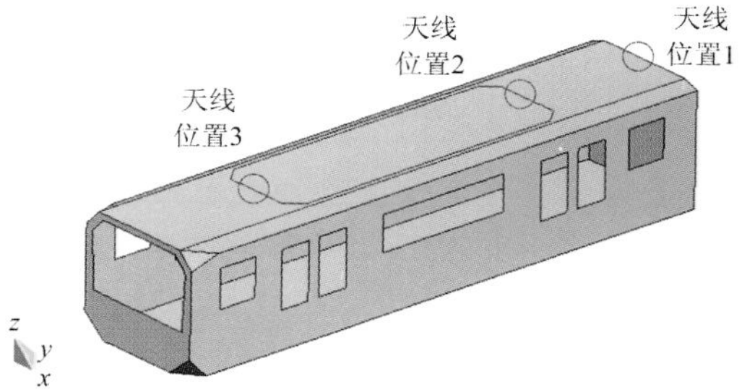

图 9.1-37　天线在车厢中的安装位置

采用并行高阶基函数矩量法分别计算三个位置的天线在车厢内部的场分布，近场区域为 2.4 m≤x≤4.95 m，0.5 m≤y≤11.85 m，z=2.74 m，矩量法产生的未知量为280 505。图 9.1-38 分别给出了三个位置的天线在车厢内部的近场分布。

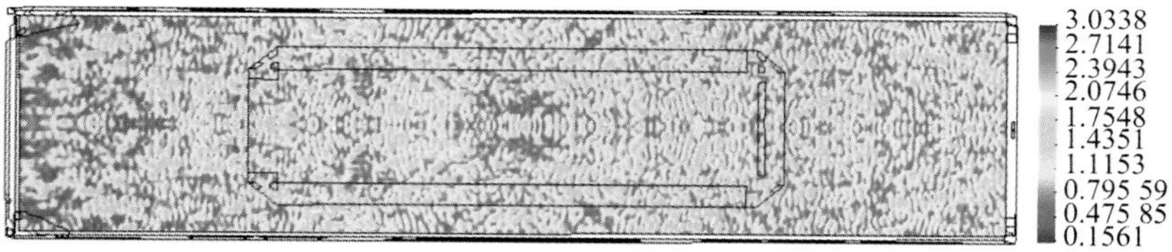

(a) 位置1

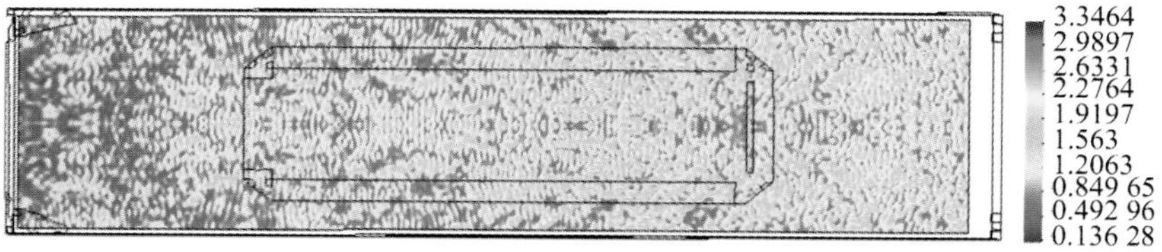

(b) 位置2

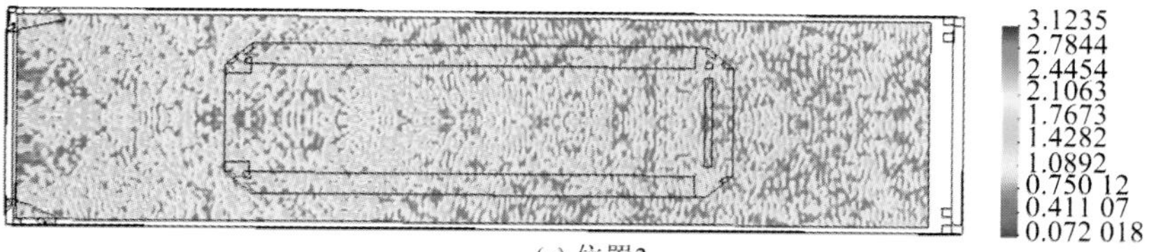

(c) 位置3

图 9.1-38　天线在车厢内部的近场分布(单位：V/m)

9.2 电磁散射特性计算

9.2.1 箔条云

现代战争中，制导武器及各种防空雷达大多使用微波频段的无线电波进行目标的搜索跟踪。为对抗微波雷达的探测，人们探索出很多的雷达干扰手段。箔条弹可以形成假目标(或诱饵)来模拟飞行器、舰艇或遮蔽轰炸机等，以达到欺骗雷达的目的。这种假目标为空间中真实的散射体，箔条弹爆炸后形成的箔条云能够对雷达形成有效干扰，且由于箔条弹的制作相对廉价，其往往成为常备的雷达对抗无源装备。箔条弹是由多达几十万根的箔条(铝箔条或导电纤维丝)和推进炸药构成的。箔条长度由所对抗的雷达频段决定，一般分为半波箔条和全波箔条两种，这两种箔条在全向性及最大 RCS 方面各有优缺点。雷达频率太高时半波箔条长度太短，雷达频率较低时全波箔条长度太长，因此实际中需要根据装填量和易制造性来确定所需箔条长度。

本例计算模型包含 1 万根半波长箔条，均匀分布在 21 m×21 m×21 m 的范围内，箔条长度为 1.5 cm，箔条指向姿态随机分布，如图 9.2-1 所示。这里我们以线模型来模拟导电纤维丝箔条，采用并行高阶基函数矩量法计算该模型的全向单站 RCS，矩量法产生的未知量为 15 583，计算得到的三维(3D)单站 RCS 结果如图 9.2-2 所示，xoy 面的结果如图 9.2-3 所示。

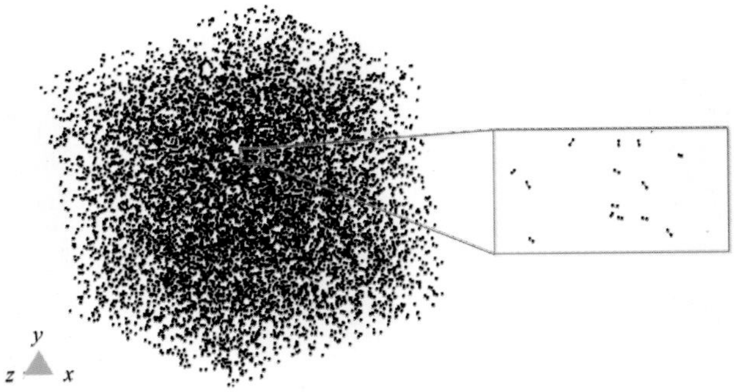

图 9.2-1 箔条云电磁仿真模型

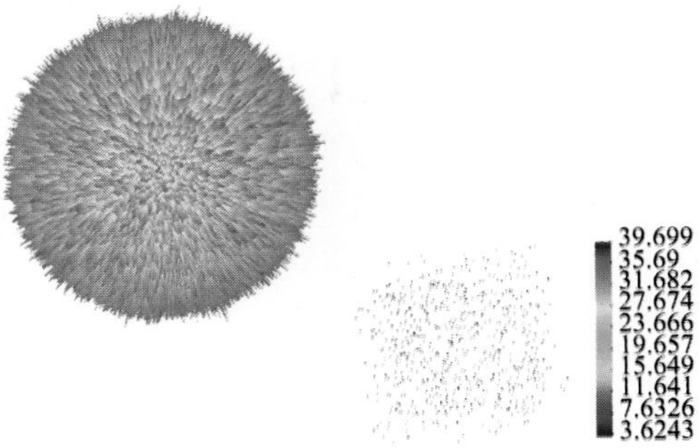

图 9.2-2 箔条云的 3D 单站 RCS(σ/λ^2，单位：dB)

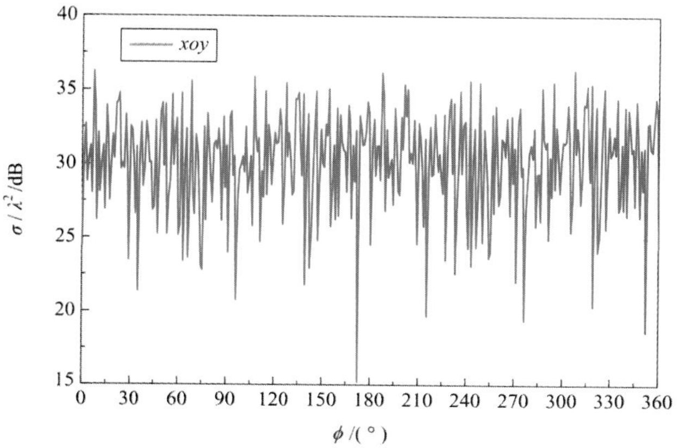

图 9.2-3　箔条云 xoy 面的单站 RCS

由计算结果可以直观地看到，箔条云在各个方向上都具备大 RCS 目标特性，满足大面积无源干扰的要求。

9.2.2　飞机发动机

对于喷气式飞机来说，发动机的进气道是机头方向的主要散射源之一，发动机尾喷管则是机尾方向的主要散射源之一。进气道和尾喷管都是典型的半腔体结构，腔体底部是发动机叶片组，叶片组在雷达波照射下形成多方向的散射，进而返回腔体口部并出射。腔体口部的外形包络在雷达波照射下也会产生强烈的边缘电流，从而造成二次散射。因此，在新型隐身飞机的设计中，会对发动机的进气道及尾喷管进行专门的隐身修型设计，最大程度地降低进气道及尾喷管的雷达散射截面积。

本例计算模型为一种常见发动机尾喷管，电磁仿真模型如图 9.2-4 所示，该模型包含喷口圆柱腔体、中心椎体、导流叶片组和最后一级叶片。模型长度为 962 mm，喷口直径约 412 mm，喷管的中心轴为 z 轴，xoy 面为接近扇叶的底面，模型材料设置为 PEC。采用并行高阶基函数矩量法计算该模型在平面波由喷管向涡轮入射时的单站 RCS，入射方向与喷管中心轴夹角在 0°～90°范围内，计算频率为 10.0 GHz，矩量法产生的未知量为 256 727。图 9.2-5 和图 9.2-6 给出了飞机发动机的 3D 和 2D 单站 RCS 结果。

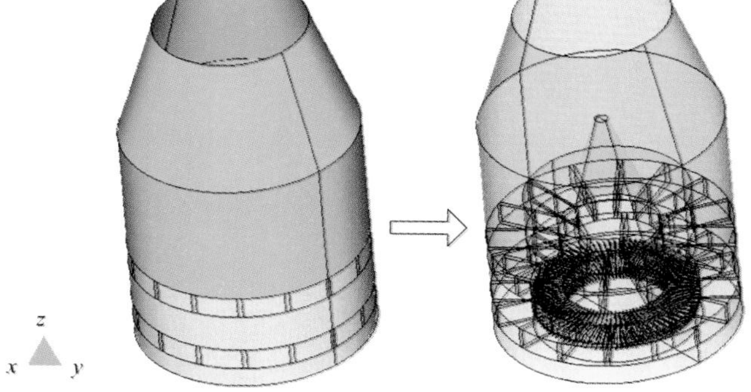

图 9.2-4　发动机的电磁仿真模型

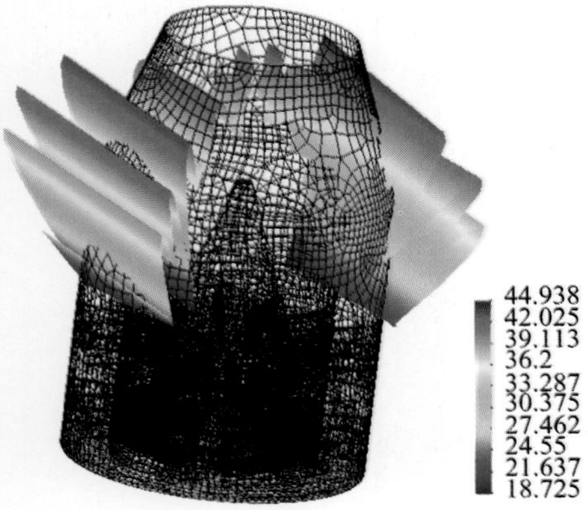

图 9.2-5　发动机的 3D 单站 RCS
(σ/λ^2，单位：dB)

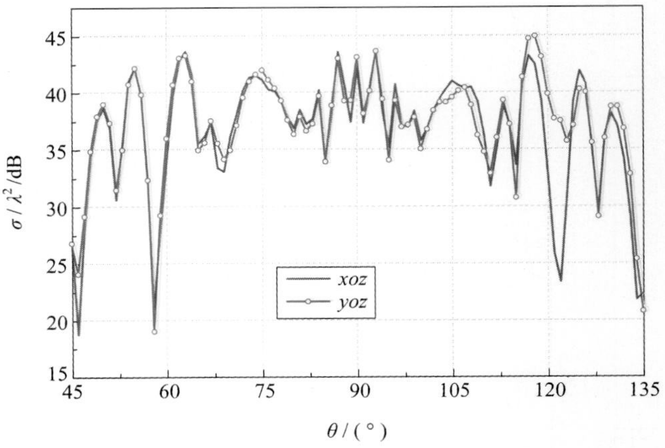

图 9.2-6　发动机的 2D 单站 RCS

9.2.3　无人机

无人机可以将整机的 RCS 设计得很小，但是其进气道仍然会使其前向目标散射特性变大，因此如何缩小无人机进气道的 RCS 成为无人机设计中的重要内容之一。此处对 RQ-170 “哨兵”无人机进行建模并仿真计算其隐身特性，着重关注其在有进气栅格情况下的雷达散射截面。无人机模型如图 9.2-7 所示，模型尺寸为 20.0 m×6.4 m×1.85 m。图 9.2-8 给出了无人机进气道敞开、封闭与加装栅格三种结构。

利用并行高阶基函数矩量法分别计算三种结构无人机的单站 RCS，设入射角度范围为 $\theta=-90°\sim90°$，$\phi=0°\sim360°$，入射波为水平极化波($E_\phi=1$)，计算频率为 1.0 GHz。其中：进气道敞开的模型共划分为 5546 个双线性曲面面片，对应的未知量为 101 966；进气道封闭的模型共划分为 5556 个双线性曲面面片，对应的未知量为 102 251；进气道加装栅格的模型共划分为 6096 个双线性曲面面片，对应的未知量为 104 774。计算的三维结果如图 9.2-9 所示，二维结果如图 9.2-10 所示。

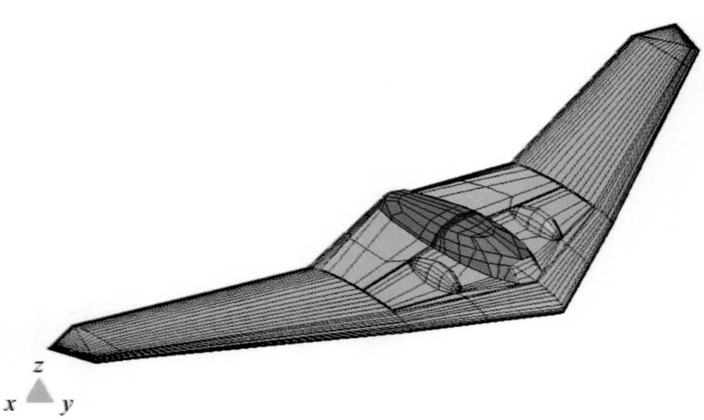

图 9.2-7　无人机电磁仿真模型

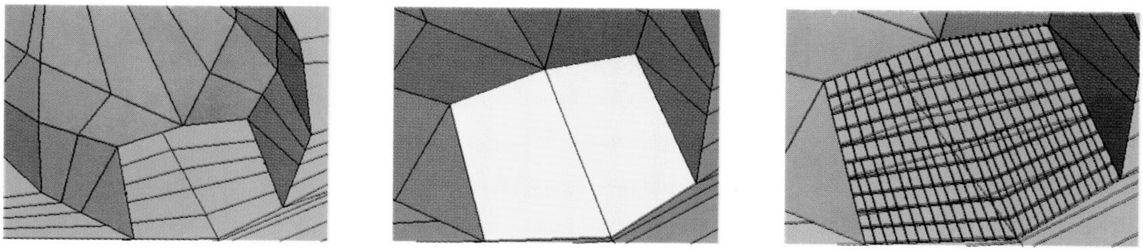

(a) 敞开　(b) 封闭　(c) 加装栅格

图 9.2-8　进气道模型

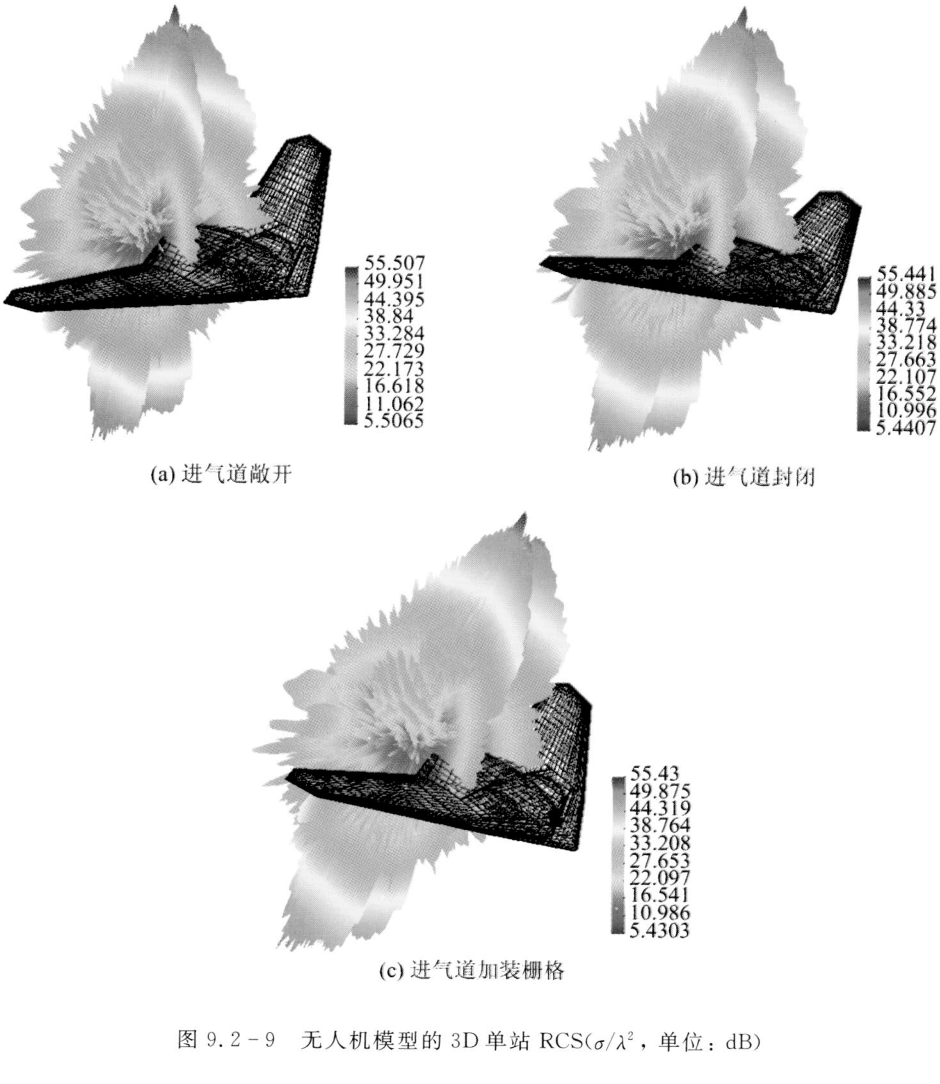

(a) 进气道敞开　(b) 进气道封闭

(c) 进气道加装栅格

图 9.2-9　无人机模型的 3D 单站 RCS(σ/λ^2，单位：dB)

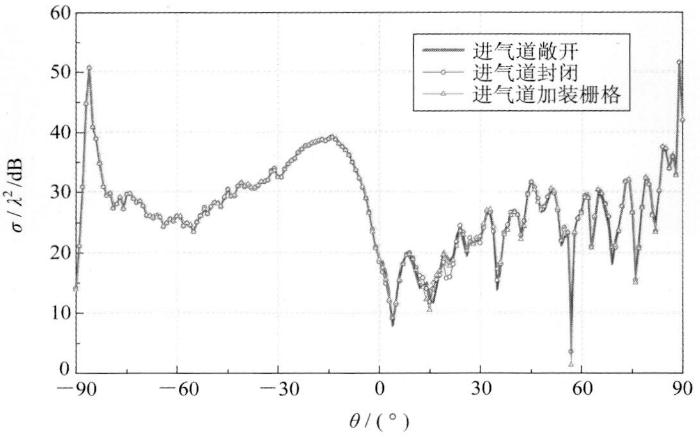

(a) *xoz*面

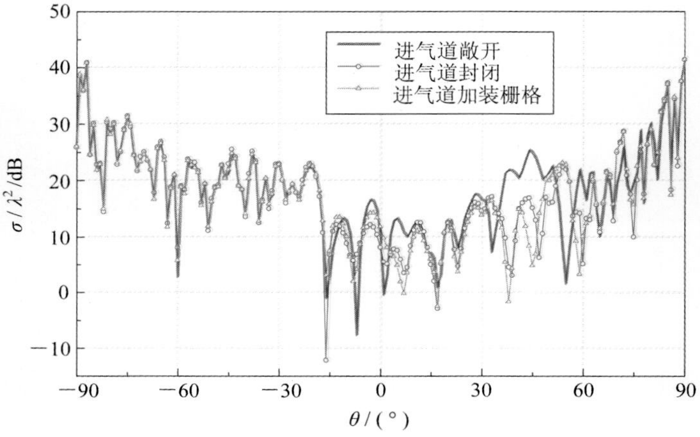

(b) *yoz*面

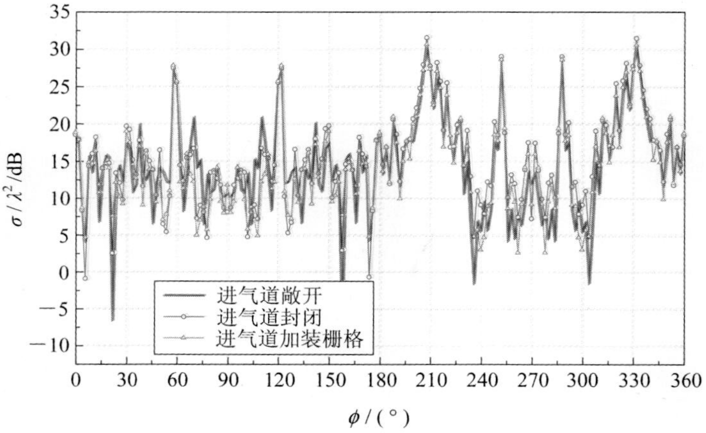

(c) *xoy*面

图 9.2-10　无人机模型的 2D 单站 RCS 对比

9.3 旋转叶片调制效应计算

周期性旋转的叶片会使照射在其上的电磁波产生周期性的散射回波，也即旋转叶片调制(Rotor-Blade Modulation，RBM)效应。通常，该回波信号既受相位调制的影响，又受幅度调制的影响。当螺旋桨旋转角频率远小于入射波的频率时，可忽略螺旋桨叶片与入射波的相对运动，在任一时刻点，可将螺旋桨看作“冻结”在旋转轨迹上，这就是忽略相对速度的“准静态法”。

在求解受运动螺旋桨调制效应的散射回波问题时，可采用“准静态法”来研究。散射场受螺旋桨旋转的调制效应影响时，电场值会随螺旋桨的旋转角频率周期性变化，即螺旋桨的周期性转动会引起散射回波以角速度 $\omega_0 = M\omega_r$ 周期性变化，其中 M 为螺旋桨的叶片数目，ω_r 为螺旋桨的旋转角速度。对于含有 M 个叶片的螺旋桨来说，螺旋桨旋转一周，观察点处接收到的散射回波将出现 M 个周期。

9.3.1 旋翼对散射场的调制

本例中的旋翼模型为图 9.3-1 所示的薄金属面片(不计厚度)，该模型共包含 3 个叶片面，面片没有扭角，倾斜角为 15°，旋翼的旋转中心轴为 y 轴，叶片内侧边缘距离旋转中心 3 cm，叶片长度为 27 cm，宽度为 6 cm，三个叶片绕 y 轴等角度间隔分布。

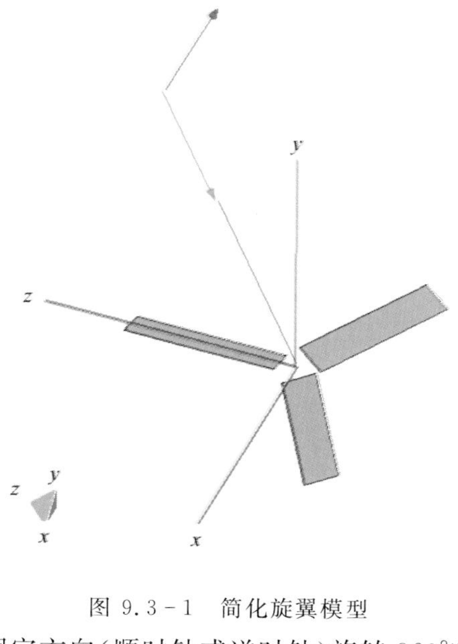

图 9.3-1　简化旋翼模型

将旋翼从当前位置以固定方向(顺时针或逆时针)旋转 360°时，对整个旋转过程等间距地选取 1024 个准静态采样点，即每隔 $\pi/512$ 弧度的位置姿态时计算一次单站散射场。此处将频率设置为 10.0 GHz，ϕ 极化的平面波从与叶片中心轴夹角为 24°的方向入射到旋翼表面。图 9.3-2 给出了一个周期内散射回波 $\boldsymbol{E}_{\phi\phi}$ 的模值，同时给出了文献[4]中 BFEM 与 PO+MEC 的计算结果用于对比。

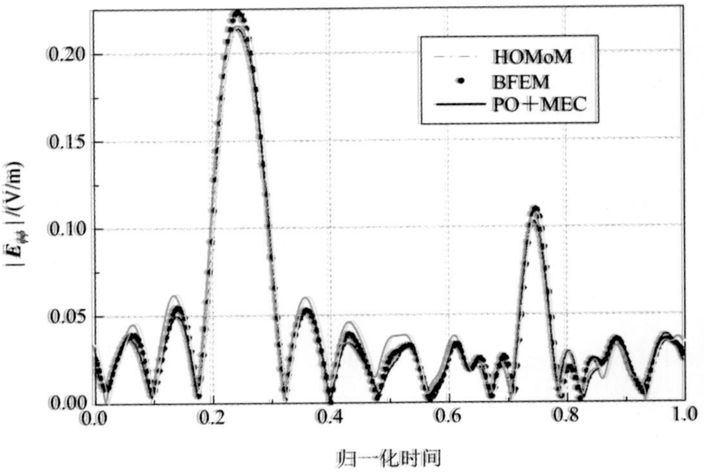

图 9.3-2　一个周期内电场 $|\boldsymbol{E}_{\phi\phi}|$

9.3.2　螺旋桨对辐射场的调制

在求解受飞机螺旋桨运动影响的机载天线的调制电平分布问题时，仍可采用“准静态法”来研究。本例以机载天线模型为例，来验证并行高阶基函数矩量法在解决此类含有多个旋转运动目标的调制效应问题中的有效性。机载天线仿真模型如图 9.3-3 所示。飞机的几何尺寸为 17.16 m×22.03 m×6.16 m，飞机顶部的机身中间位置架设了一个工作在 430 MHz 的八木天线阵，该天线阵由 36 个单元组成，每个单元有 8 根引向器。两侧机翼上各装有一个螺旋桨，叶片的几何尺寸为 1.77 m×0.15 m×0.03 m，电尺寸为 2.42λ×0.21λ×0.04λ。飞机平台网格剖分数为 1134，旋翼网格剖分数为 36×2。

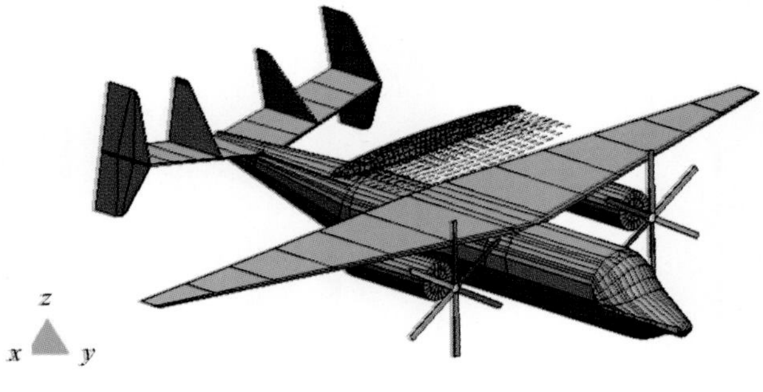

图 9.3-3　机载天线仿真模型

采用并行高阶基函数矩量法计算该机载天线的辐射特性，计算场点个数为 130 321，矩量法产生的未知量为 34 684，所需内存为 17.93 GB，机载天线的三维辐射方向图如图 9.3-4 所示。

为了描述辐射场受螺旋桨旋转影响的剧烈程度，这里引入辐射场的调制电平分布(Modulation Level)，其定义为 $20\lg|E_{\max}|-20\lg|E_{\min}|$，其中 $E_{\max}$ 和 $E_{\min}$ 分别是螺旋桨转到不同位置处时同一观察角度的电场最大值和最小值。

图 9.3-4　机载八木天线阵的三维辐射方向图(单位：dB)

辐射场受运动螺旋桨的调制效应影响时，其周期性变化规律与散射回波的周期性类似，即对含有 M 个叶片的旋翼来说，旋翼旋转一周，辐射场值将出现 M 个周期，因此分析调制电平分布时，只需考察第一个周期即可。本节所计算的飞机模型含有 6 个叶片，只需考察螺旋桨在旋转了 0°～60°内的调制电平变化情况即可。值得注意的是，在对仿真结果采样时需要区分两个螺旋桨的旋转方向。

为便于与调制电平分布图作对比，将机载八木天线阵的三维辐射方向图沿 θ 方向和 ϕ 方向展开，如图 9.3-5 所示。图 9.3-6 给出了机载天线阵辐射场的调制电平分布图。

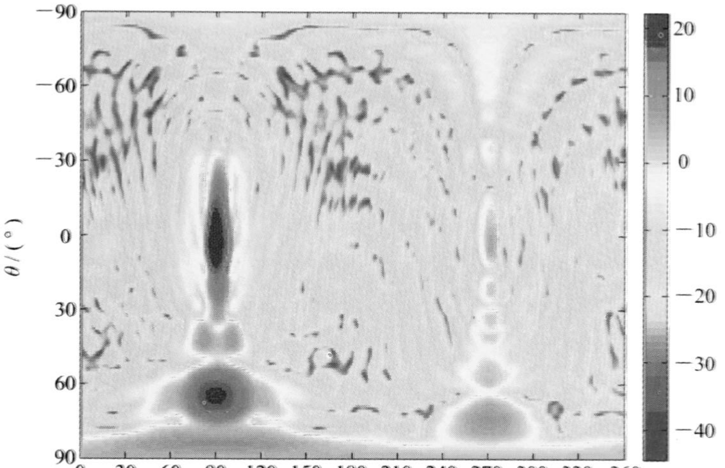

图 9.3-5　机载八木天线阵的方向图(单位：dB)

由图 9.3-6 的灰度变化可看出螺旋桨旋转到不同方位时天线远区辐射场幅值变化的剧烈程度。

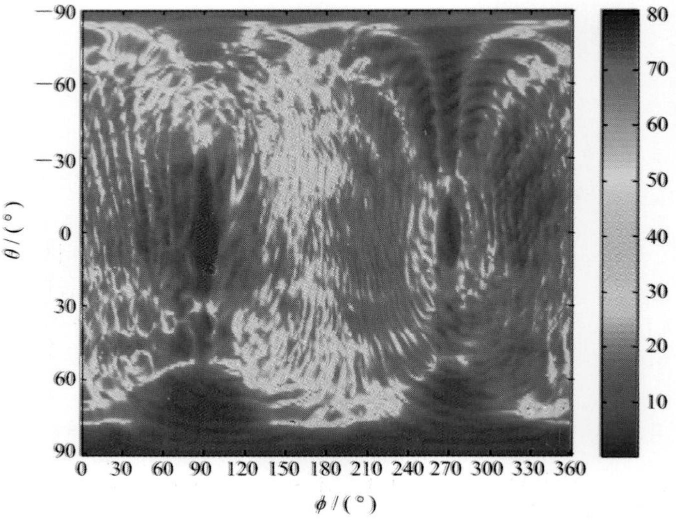

图 9.3-6 调制电平分布图(单位：dB)

9.4 小 结

本章介绍了并行高阶基函数矩量法在多个电磁工程领域的应用，依次给出了电磁辐射特性、电磁散射特性以及电磁调制效应等方面的实例。这表明采用并行矩量法，可以有效解决一大批具有挑战性的系统级电磁仿真难题。

参 考 文 献

[1] Wang Y, Zhao X, Zhang Y, et al. Higher-Order MoM Analysis of Traveling-Wave Waveguide Antennas with Matched Waveports. IEEE Transactions on Antennas and Propagation, 2015, 63(8): 3718-3721.

[2] Chio Chan-Keong, Ting Sio-Weng, Zhao Xunwang, et al. Prediction model for radiation from base-station antennas using electromagnetic simulation. 2012 Asia-Pacific Microwave Conference Proceedings (APMC), 2012: 1082-1084.

[3] Chio Chi-Hou, Ting Sio-Weng, Zhao Xunwang, et al. Analysis of Wi-Fi coverage in light rail train using parallel higher order method of moments. 2012 Asia-Pacific Microwave Conference Proceedings (APMC), 2012: 628-630.

[4] Tardy I, Piau GP, Chabrat P, et al. Computational and experimental analysis of the scattering by rotating fans. IEEE Transactions on Antennas and Propagation, 1996, 44(10): 1414-1421.

[5] Birtcher C R, Balanis C A, Decarlo D. Rotor-blade modulation on antenna amplitude pattern and polarization: predictions and measurements. IEEE Transactions on Electromagnetic Compatibility, 1999, 41(4):384-393.

第 10 章　异构平台中的并行矩量法

随着计算机技术的迅速发展，新型计算硬件设备不断产生，如 GPU（Graphics Processing Unit，图形处理器）加速器[1]、MIC（Many Integrated Core，集成众核）协处理器[2]等。采用了与 CPU 架构不同的加速器或协处理器的计算平台，称为异构平台，如共享式异构计算机、分布式异构集群等。当前主流的加速器主要有 NVIDIA 公司的 GPU 与 AMD 公司的 GPU，协处理器有 Intel 公司的 MIC 等。相对于 CPU 而言，加速器或协处理器没有复杂的逻辑处理单元，但集成了大量的计算单元，具有强大的数据处理能力。

目前国际上越来越多的超级计算中心都开始采用异构架构，在 2012 年 11 月 TOP500 中，采用 CPU/GPU 异构架构的超级计算机已经有 50 余个[3-5]。从各大超算中心的部署情况可以看出，当前广泛采用的异构架构为 CPU/GPU 和 CPU/MIC。比如 2010 年在全球超级计算机 TOP500[3]排名第一的“天河一号”[4]，就采用了 CPU/GPU 异构架构；截至 2015 年 10 月，采用了 CPU/MIC 异构架构的超级计算机“天河二号”[6]已连续六次位列 TOP500 榜首。

为了充分发挥分布式异构集群的计算能力，更快地解决复杂电磁仿真问题，应将大规模并行计算技术与异构协同计算技术相结合。目前大多数文献的方案仅限于单节点，但是仅能运行于单节点上的并行异构协同计算方案没有实际工程意义。只有研究可跨节点的大规模并行异构协同计算技术，才能够进一步扩展矩量法的工程应用范围。围绕这个问题，本章重点介绍基于 CPU/GPU 和 CPU/MIC 协同计算的可扩展并行矩量法，并给出若干应用实例。

10.1　并行矩量法特征分析

10.1.1　并行框架分析

能够实现跨节点的并行计算方案是保障异构协同计算可扩展的关键。在科学计算领域，最通用的跨节点并行计算方案是基于 MPI（Message Passing Interface，消息传递接口）[7]并行编程模型设计的并行方案。本书第 4～9 章也正是基于 MPI 实现了大规模并行计算，解决了一系列复杂电大模型的电磁仿真问题。

当不考虑异构平台时，设计 MPI 并行程序并不需要过多地关心计算平台的硬件架构和软件架构以及两者的关系，MPI 已经将这些复杂的概念抽象为“进程”等一系列简单的概念。一个 MPI 进程被分配一定的计算资源（一般是一个 CPU 核）和一定的内存资源；每个 MPI 进程可将数据存储在分配的内存中，并利用分配的计算资源对数据进行处理；MPI 进程之间是对等的，相互不能访问对方的数据，如果需要对方的数据，则通过消息传递来实现；虽然消息传递的具体实现方式跟硬件有关，但是 MPI 对消息传递进行了封装，人们看到的是统一的消息传递函数接口。换句话说，一个 MPI 进程就是一个具有独立计算能力和存储能力、可与其他 MPI 进程相互通信、完整的功能体。通过这种抽象和简化，可建立一个基于 MPI 的并行框架，这个框架中只有进程等概念，所有进程是完全对等的(无论这些进程运行在一块 CPU 芯片内还是运行在不同节点中)，进程有自己独立的计算单元和存储单元，有统一消息传递接口，如图 10.1－1 所示。需要注意的是，虽然在很多应用场景中 MPI 进程之间的计算能力和存储能力是相当的，但是这一点并不是必须的。对等只是要求功能上的对等，而不要求性能上的对等，比如两个 MPI 进程的计算能力可以不一样，通信能力也可以不一样。

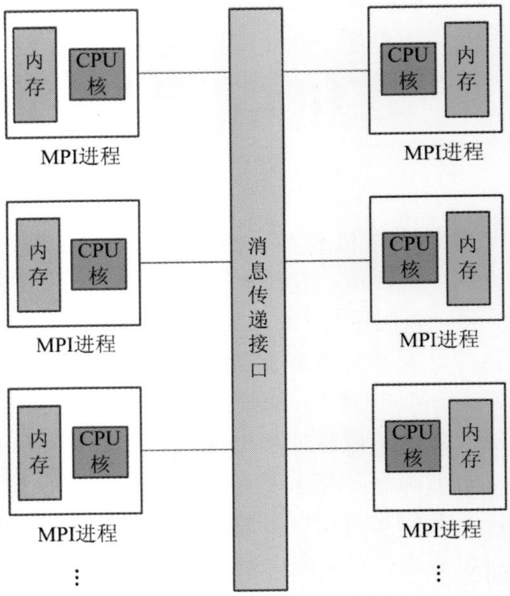

图 10.1－1　基于 MPI 的并行框架

在这种框架下，人们只需关心如何将任务分配到各个进程上，并且协调各个进程协同工作直到计算任务完成，而对于细节问题，例如进程如何利用 CPU 执行计算任务、进程之间如何实现通信等，人们并不需要关心，因为这些细节都是由 MPI 实现的。简单地说，人们只需要关心计算任务和进程的交互，而不需要关心进程与硬件的交互。

将矩量法运行到分布式异构集群上时，不仅需要在节点之间采用大规模并行计算技术使整个集群“协同”工作，还需要节点内部的多核 CPU 与加速器或协处理器也“协同”工作，所以异构平台上的并行策略需要兼顾这两个层面。目前主流的异构协同计算都以 CPU 为主，CPU 主要运行逻辑计算和进程通信部分，而加速器或协处理器运行密集计算部分。

虽然 MPI 进程与传统计算机硬件的交互不需要人们关心，但是 MPI 规范并没有将 GPU、MIC 等纳入进来，与这些新硬件的交互需要程序员手动实现，这使得编程难度大大提高，负载均衡的设计也更加困难。如果仅仅考虑单节点，基于共享式内存并行编程技术(如 OpenMP[8]，Pthread[9] 等)实现 CPU/GPU 或 CPU/MIC 异构协同计算相对还是比较简单的，因为此时可以利用动态负载均衡手段协调 CPU 和加速器或协处理器协同工作。但是如果考虑跨节点(采用 MPI 编程技术)，对于并行分块 LU 分解这种数据量巨大、数据依赖性强的算法，几乎只能采用静态负载均衡手段。在本书第 4 章和第 5 章中，我们将矩阵以二维循环分块分布的方式均匀分布到不同进程上，以最大程度地利用计算机内存，同时避免进程空载。这种并行策略(静态负载均衡)一旦实施，在计算过程中便不能更改。由于各 MPI 进程的计算和存储任务大致均衡，因此这一并行策略要求各 MPI 进程具有大致相当的计算能力和存储能力。这在传统的、以 CPU 为核心计算单元的计算机系统中很容易实现，比如常见的一个 MPI 进程分配一个 CPU 核、2～4GB 内存。在考虑异构平台时，注意到即便是各个进程之间的数据量和计算量相对均衡，但若每个进程的计算能力不一样，则仍无法实现负载均衡。由于每个节点内加速器或协处理器的数目往往小于 CPU 核数，因此实际使用时需要在二者之间建立一个一对多的映射关系才能保证进程间计算能力和存储能力均衡，这对现有的 CPU 程序的并行框架提出了严峻挑战。另外在异构计算机上，当前编译器还不能做到完全自动地在 CPU 和加速器或协处理器之间分配任务，为了能充分发挥异构平台的计算能力，需要对现有的程序进行移植和优化，实现异构平台的协同计算。

鉴于以上原因，为了使程序能够充分发挥分布式异构集群的优势，必须严格设计异构协同程序的基本并行框架，以使其能够高效地运行于多个节点上，同时高效地利用加速器或协处理器加速计算过程。这恰恰是异构协同计算程序最难以实现的关键技术点。

10.1.2　程序热点分析

在并行矩量法中，需要执行一系列的计算任务和通信任务，主要有前处理、矩阵填充、矩阵方程求解、后处理、同步、广播通信和归约通信等，只有明确了程序的热点，才能利用 CPU/GPU 或 CPU/MIC 协同计算加速程序最需要加速的地方，在最快的时间内以最小的代价获得较好的加速效果。程序热点即一个程序中执行时间最长的函数、子例程或者模块，程序热点分析在程序优化工作中起关键的指导作用。一个程序往往有多个热点，在优化程序性能时，应首先优化“最热”的热点，其次优化“次热”的热点，以此类推，这样才能事半功倍，取得最好的加速效果。另外，对于有些程序，除了优化热点之外，最后可能还需要对热点进行整体分析，优化程序的流程。

通常测试程序热点的方法有两种：添加时间函数手动测试法和使用热点分析工具自动测试法。常用的热点分析工具有 GProfile[10]、Intel VTune Amplifier XE[11] 等。

根据本书第 5 章中大量的实例和测试可知，无论是并行高阶基函数矩量法还是并行 RWG 基函数矩量法，在经过精心设计后，其矩阵填充所消耗的时间一般小于总时间的 10%，特别是在并行高阶基函数矩量法中，这一比例甚至不到 2%。造成这一现象的主要原因是矩阵方程求解的计算量远远大于矩阵填充的计算量。实际上，调用 OpenBLAS 或者 MKL BLAS 的并行分块 LU 分解程序性能几乎可以达到 CPU 峰值性能的 80%，这在高性能计算领域已经相当高了，即便是如此高的效率，其所消耗的时间仍超过了总时间的 90%，可见 LU 分解的计算量之大。因此，在利用异构协同计算加速矩量法时，工作的重心应该放在矩阵方程求解上，即应重点考虑利用异构协同计算加速矩阵的并行分块 LU 分解。

矩阵并行分块 LU 分解也包含多个功能模块，如 panel 列分解、行交换、panel 行更新、trailing 更新、通信等，而且这些功能模块是被循环调用的，添加时间函数手动测试的方式较为繁琐，因此这里采用 Intel VTune Amplifier XE 自动测试的方式。选取并行 RWG 基函数矩量法作为热点分析对象，测试中分别采用 CALU 与 ScaLAPACK 求解矩阵方程。算例为第 5 章 5.1.1 节的测试二，其仿真模型和计算结果不再重复给出。测试选取的平台为 Cluster-Ⅳ，使用其中的 24 个节点，进程网格为 24×24。热点测试结果分别如图 10.1-2 与图 10.1-3 所示。

图 10.1-2 中的测试，矩阵方程求解采用 ScaLAPACK，BLAS 库为 MKL BLAS，分块大小为 128×128，矩阵填充时间为 491.1 秒，矩阵方程求解时间为 1958.27 秒。从 Intel VTune Amplifier XE 的测试结果可以看出矩阵乘(zgemm)时间为 1600.20 秒，占矩阵方程求解(pzgetrf)时间的 81%以上。

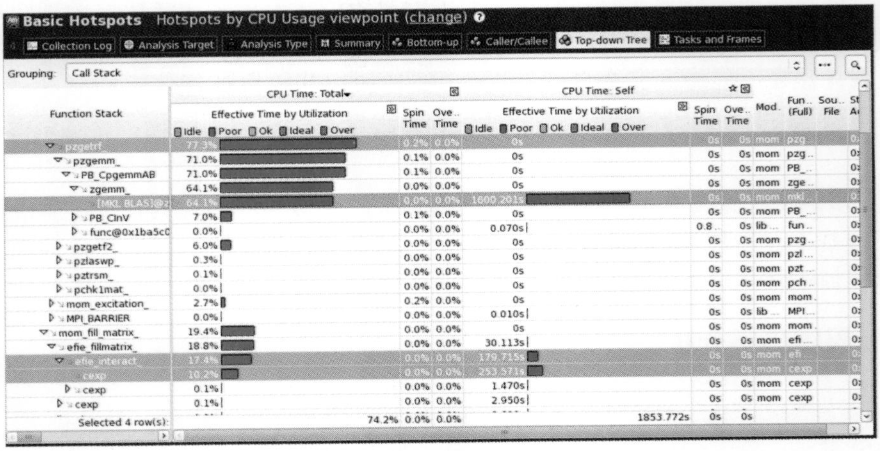

图 10.1 - 2 并行 RWG 基函数矩量法(ScaLAPACK)在 VTune 下的测试结果

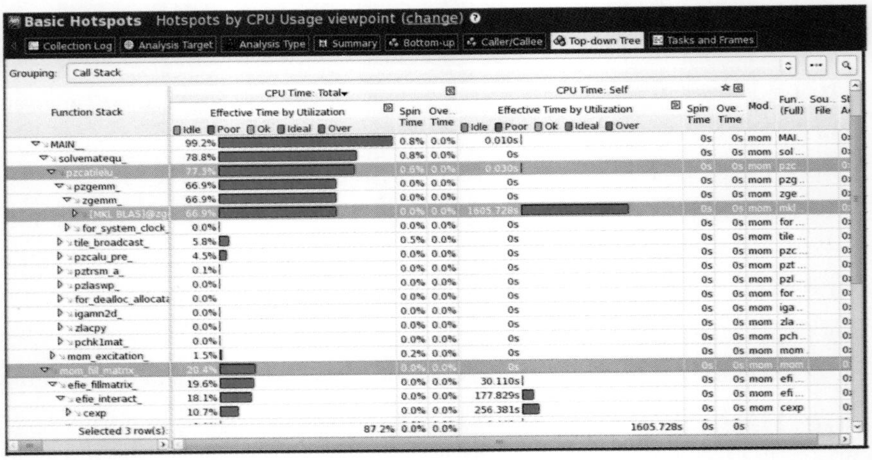

图 10.1 - 3 并行 RWG 基函数矩量法(CALU)在 VTune 下的测试结果

图 10.1 - 3 中的测试，矩阵方程求解采用 CALU，BLAS 库为 MKL BLAS，分块大小为 128×128，矩阵填充时间为 498.01 秒，矩阵方程求解时间为 1902.95 秒。从 Intel VTune Amplifier XE 的测试结果可以看出矩阵乘(zgemm)时间为 1605.72 秒，占矩阵方程求解(pzcatilelu)时间的 84%以上。

以上测试中矩阵填充时间大约占总时间的 20%，这与前面得出的 10%的结论不相符。这是由于 Intel VTune Amplifier XE 的测试降低了矩阵填充的性能；而对于矩阵求解，MKL BLAS 是封装的函数库，Intel VTune Amplifier XE 不会降低其性能。当然，Intel VTune Amplifier XE 对矩阵填充的测试信息也更详细，可以测试出底层的每一个执行语句的执行时间；对于矩阵求解则只能测试出 MKL BLAS 库中函数的执行时间。

综上所述，不管是采用 ScaLAPACK 还是采用 CALU 求解矩阵方程，矩量法程序的热点都为矩阵乘。

10.1.3 异构协同计算的难点

加速器或协处理器通常以板载卡的形式出现，通过 PCI-E 插槽与计算机组成一个整体。加速器或协处理器与 CPU 之间所有的数据传递、指令控制都是通过 PCI-E 接口实现的。尽管加速器或协处理器也具有独立的内存，但容量一般小于计算机主内存。附录 B 中进一步介绍了 GPU 加速器与 MIC 协处理器。概括而言，在异构平台上实现并行异构协同矩量法主要有以下几个难点：

第一，基于 MPI 并行编程技术的跨节点实现。通常情况下 MPI 进程和 CPU 核一一对应，而加速器或协处理器数目与 CPU 核数往往不同，因此采用静态负载均衡手段时，必须严格设计进程、CPU 核、加速器或协处理器之间的对应关系，以保证各进程计算能力的均衡。

第二，异构编程模型与单纯 CPU 的编程模型不同。为了保持程序的一致性、通用性，方便程序的维护、升级和优化，异构程序应最大程度地利用现有程序的框架，减少对现有程序基本框架的修改。

第三，加速器或协处理器存储容量一般远小于内存，因此异构协同计算能解决的实际问题受到协处理器存储容量的限制。

第四，加速器或协处理器与 CPU 之间的通信往往通过 PCI-E 接口实现，通信速率较慢，这是提升异构协同计算性能的最大障碍。

10.2 CPU/GPU 异构并行矩量法

10.2.1 国内外研究现状

近年来，国际上陆续发布了一些相关的研究成果，其中 2010 年 E. Lezar 提出利用 MAGMA(Matrix Algebra on GPU and Multicore Architectures)库求解矩量法矩阵方程[12]。MAGMA 库是一个基于共享式内存平台、利用 GPU 加速计算的线性代数库，它只能运行在单个节点上。由于 GPU 显存通常远远小于计算机的内存，因而 GPU 能够解决的问题规模便受到了限制，E. Lezar 提出利用“显存—内存”核外技术来突破这一限制，并取得了较好的结果。但是由于受到 MAGMA 库的限制，E. Lezar 的方案不能实现跨节点。2011 年 Kristie D’Ambrosio 等人指出利用加速器或协处理器加速矩量法具有巨大的潜力[13]，但是这篇文章更多的是前瞻性地描绘了加速器或协处理器加速矩量法的前景，并未给出具体的研究情况。类似的研究工作还有文献[14]，遗憾的是这篇文章也完全没有考虑跨节点计算的问题，并且该文章给出的加速比是以自己实现的数学库为基准，而不是以公认的、性能较高的商业数学库为基准，因而其加速比并不具备参考价值。

需要明确指出的是，单节点上的 CPU/GPU 协同矩量法虽然也可以加速传统矩量法的计算过程，但是其能解决的实际问题会受到单节点计算资源的限制，不具备可扩展性，没有实际工程意义。事实上，跨节点异构计算是异构并行矩量法中最有价值的研究内容。

在数学库研究方面，2012 年美国橡树岭国家实验室提出了一个基于 ScaLAPACK 库改进的 GPU 加速复数稠密矩阵 LU 分解方案[15]，由于 ScaLAPACK 使用 MPI 编程模型，因而它可以运行在分布式内存平台的机器上。但由于其没有优化 GPU 显存和计算机内存之间的数据传递过程，这一方案并没有加速 LU 分解过程，相反 GPU 所提高的性能甚至没有弥补数据传递所降低的性能。为了克服数据传递所带来的性能降低，美国田纳西大学创新计算实验室的杜鹏等人提出仅仅将需要进行行交换的若干行数据在 GPU 显存和在计算机内存进行传递的方案[16]，从而降低了数据通信量，最大限度地提高了性能。但是这一方法要求在 LU 分解的初始就要把整个矩阵传递到 GPU 显存上，因而不能采用"显存—内存"核外算法，这一方案限制了所能求解的问题规模。

针对这些研究的不足之处，笔者课题组于 2013 年实现了 CPU/GPU 异构协同计算的、可跨节点的、高效的高阶基函数矩量法[17, 18]，又进一步实现了 CPU/GPU 异构协同核外矩量法[19]，从而实现了"显存—内存—硬盘"两级核外的并行高阶基函数矩量法计算。本章给出的 CPU/GPU 异构协同计算技术，可在高效利用分布式内存异构集群的同时，突破显存和内存对求解问题规模的限制，大大拓展了矩量法的实际工程应用范围。

10.2.2　基本并行框架设计

10.1.1 节分析了不考虑异构平台时 MPI 并行程序的基本框架，若将 GPU 考虑在内，问题会变得非常复杂，本节将对这一问题进行详细讨论，并给出解决方案。

首先不同节点的 GPU 卡之间是不能直接相互通信的，GPU 卡之间的通信通常依靠 CPU 实现，最直接的方案便是将 MPI 进程和 GPU 卡绑定，即一个 MPI 进程运行在一个 CPU 核上，同时给该 MPI 进程分配一块 GPU 卡，并将 GPU 卡视为自身的加速部件。这样，有效地解决了通信问题，所有的进程间通信都由 MPI 实现，进程内的计算由 CPU/GPU 协同完成。但是在一般的计算机系统中，GPU 卡的数目往往小于 CPU 核的数目，这就导致了另一个问题：有些 MPI 进程分配了 GPU 卡，有些 MPI 进程没有 GPU 卡，如图10.2-1 所示，这使得 MPI 进程之间的计算能力不同，难以满足矩量法对负载均衡的要求。

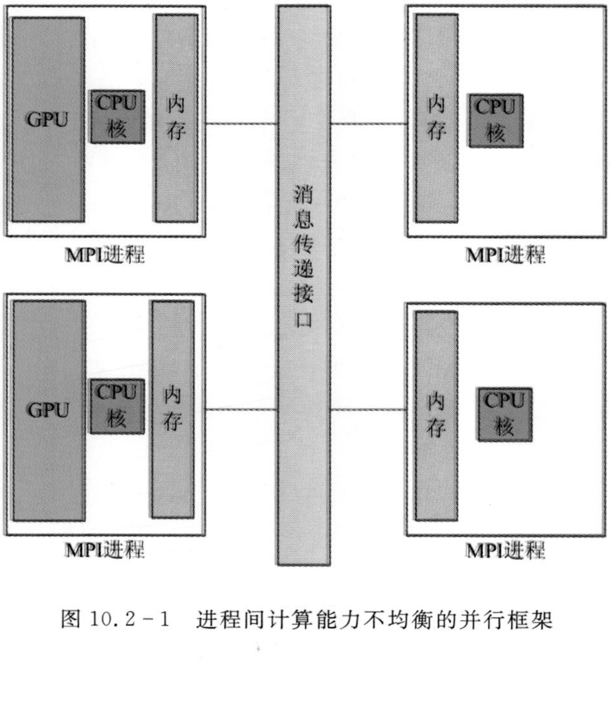

图 10.2-1　进程间计算能力不均衡的并行框架

一种改进的方案是每个节点上部署与 GPU 卡相同数目的 MPI 进程，这样会导致 MPI 进程数小于 CPU 核数。为了将所有 CPU 核纳入运算过程，每个 MPI 进程需要利用 OpenMP 等线程技术，将计算任务分配给多个 CPU 核完成。这相当于一个 MPI 进程分配多个 CPU 核和一块 GPU 卡。这种方式也是其他大多数高性能计算程序采用的方式，往往可称为 MPI+OpenMP+CUDA 并行框架，如图 10.2-2 所示。

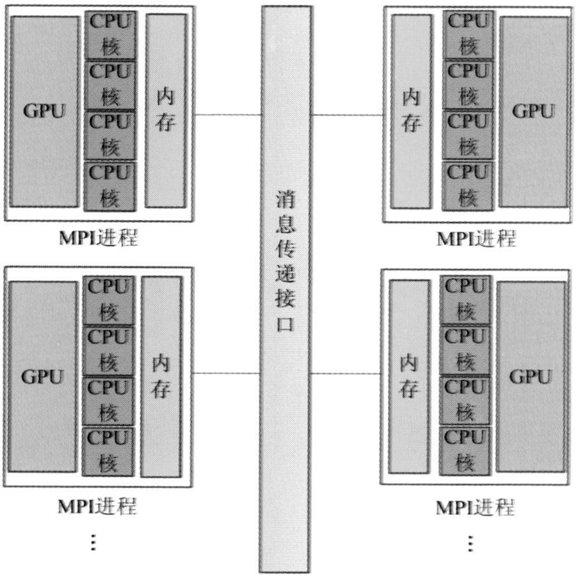

图 10.2-2　MPI+OpenMP+CUDA 并行框架

但是在此并行框架中，MPI 进程数目完全由 GPU 数目决定，灵活性低，难以合理地调整 MPI 进程和 OpenMP 线程数目对程序进行优化。所以，在条件允许的情况下，尽量不采用这一框架。如果能将一块 GPU 卡的资源均匀划分成若干个独立的部分，相当于将一块功能强大的 GPU 卡虚拟为若干个功能较弱的 GPU 卡，这样便可以自由改变虚拟 GPU 卡的个数使其与任意的 MPI 进程数相匹配，从而实现每个 MPI 进程分配若干个 CPU 核和一个虚拟 GPU 卡，保证各 MPI 进程的计算能力相当。

实际上 GPU 卡不能够被虚拟为多个 GPU 卡，但是 CUDA 提供了一种称为 CONTEXT[20] 的技术，利用 CONTEXT 技术，若干个 MPI 进程可以绑定到一块 GPU 卡上，该 GPU 卡给这些 MPI 进程分配大致相当的资源，并且会返回给每个 MPI 进程一个 CONTEXT 变量；这些 MPI 进程通过 CONTEXT 变量调动该 GPU 卡分配给它的资源，并且这些 MPI 进程并不知晓自己分配到的并不是一块完整的 GPU 卡，因为与完整的 GPU 卡相比，所有的与 GPU 相关的程序接口都没有改变。此时，每个 MPI 进程仍可以利用 OpenMP 线程技术将多个 CPU 核纳入计算过程。图 10.2-3 给出了基于 CONTEXT 技术的 MPI+OpenMP+CUDA 并行框架。

CONTEXT 技术会消耗一定的 GPU 资源(尤其是显存资源)，但是保证了程序原有架构的继承性，使得程序的维护、升级和优化没有变得更复杂。与不采用 CONTEXT 技术的“MPI+OpenMP+CUDA 并行框架”相比，采用 CONTEXT 技术的并行框架具有更大的

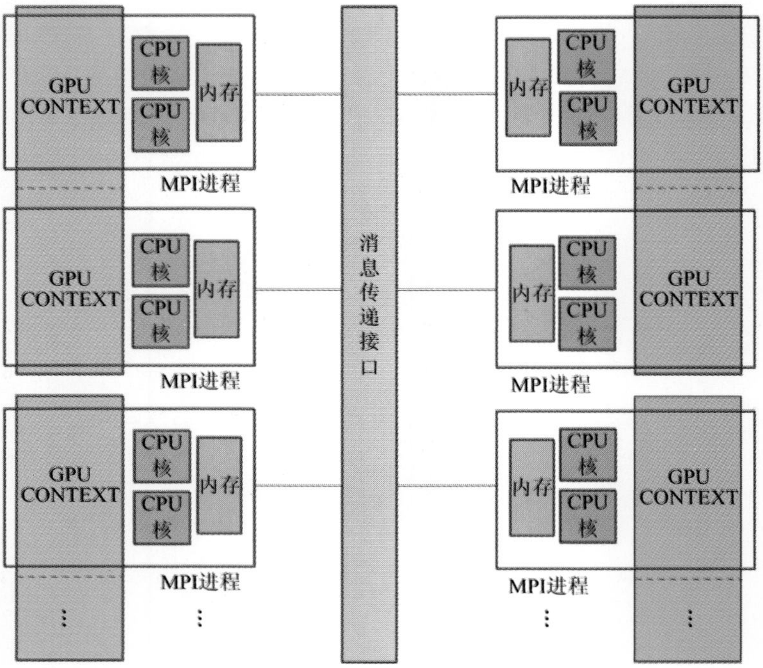

图 10.2-3　基于 CONTEXT 技术的 MPI+OpenMP+CUDA 并行框架

灵活性，人们可以自由地调整 MPI 进程数目，只需要保证“虚拟 GPU”数目与 MPI 进程数目一致即可。对于牺牲的 GPU 显存资源，可用内存作为显存的核外存储，通过核外技术补偿回来。CONTEXT 技术虽然仅仅分给一个 MPI 进程部分 GPU 资源，但是它没有改变 GPU 的调用函数接口，因此后文中不再区分“部分 GPU 资源”和“完整的 GPU 卡”，读者可以认为每个 MPI 进程分配的是一个功能较弱但是完整的虚拟 GPU 卡。

需要指出的是，当 CPU 核数较少时，可将 GPU 卡虚拟为与 CPU 核数一样多的“虚拟 GPU”，这时不需要 OpenMP 技术，从而减少进程的通信压力。但是当 CPU 核数较多时，CONTEXT 技术会消耗大量 GPU 资源，导致程序性能降低，此时应减少 MPI 进程数以减少“虚拟 GPU”数，同时采用 OpenMP 线程技术调用全部 CPU 核资源。

MPI 规范考虑了 MPI 进程和传统计算机硬件(CPU、内存、网卡)的交互方式，使得人们在使用 MPI 并行编程技术时只需要考虑进程这一概念即可，简化了编程难度，但是 MPI 规范并没有考虑 GPU、MIC 等新兴硬件。本节提出的基于 CONTEXT 技术的并行框架完全保持了原有程序的 MPI 并行框架，方便了程序的维护、升级和优化，但是这一方案需要在原有程序中添加大量与硬件相关的代码，使得程序的通用性降低，如果将 GPU 换为 AMD GPU 或者 MIC，则程序完全无法工作。为了获得良好的可移植性，可将 CONTEXT 相关的这一段程序封装为一个类似于 MPI_INIT()的函数，称为 MPI_COPROCESSOR_INIT()函数，该函数给每个 MPI 进程定义一个 CONTEXT 全局变量，完成对 GPU 的初始化和资源分配，并且将 GPU 资源与该 CONTEXT 变量绑定。这样，每次 MPI 进程在利用 GPU 计算时，只需要使用该 CONTEXT 变量即可，这相当于在 MPI 规范中加入了对 GPU 硬件的支持。当 NVIDA GPU 换为 AMD GPU 时，只需要改变 MPI_COPROCESSOR _INIT()函数和 GPU 相关程序接口即可。

10.2.3 程序热点加速

10.2.2 节介绍了 CPU/GPU 协同计算的基本并行框架，这一框架继承了第 4 章和第 5 章的并行框架，利用 CONTEXT 技术在每个 MPI 进程中引入 GPU，维持了 MPI 进程之间计算能力的均衡。本节将重点介绍在这一基本并行框架下，如何利用 CPU/GPU 协同计算加速并行矩量法程序的矩阵乘运算，提高并行矩量法程序的性能。

1. 基本实现过程

对于 MPI 并行程序，每个 MPI 进程都分配有一定的计算资源(CPU 核、部分 GPU)和存储资源，同时被分配一系列通信任务和计算任务。除了必要的通信以外，MPI 进程之间都是相对独立的，各 MPI 进程都通过分配的资源完成分配的任务，这些任务中执行时间最长的便是程序热点。这样，每当 MPI 进程执行到热点时，GPU 便可以协同 CPU 计算，加速此计算过程。通过这样的方法，便将 CPU/GPU 协同计算加速并行矩量法这一任务简化为加速单个 MPI 进程中的程序热点。

矩量法程序的热点是矩阵乘，下面便以矩阵乘为例详细讨论 CPU/GPU 协同计算时的任务分配。在 trailing 并行更新过程中，当所有 MPI 进程完成 $\boldsymbol{L\_local}^{(k)}$ 和 $\boldsymbol{U\_local}^{(k)}$ 的通信之后，每个 MPI 进程都执行：

$$\boldsymbol{A\_local}^{(k)} = \boldsymbol{A\_local}_{(k)} - \boldsymbol{L\_local}^{(k)}\boldsymbol{U\_local}^{(k)} \tag{10.2-1}$$

为了简单起见，将式(10.2-1)重写为

$$\boldsymbol{C} = \boldsymbol{C} - \boldsymbol{AB} \tag{10.2-2}$$

在以前这一操作是由 MPI 进程控制 CPU 核完成的，现在将由 MPI 进程控制 CPU/GPU 协同完成。由于矩阵 $\boldsymbol{A}$、$\boldsymbol{B}$ 和 $\boldsymbol{C}$ 存储于内存中，GPU 是无法访问的，因此 GPU 在执行任何计算之前，都需要先将相关的数据传递到显存中。以某一个 MPI 进程为例，矩阵乘在 CPU 和 GPU 之间的任务分配方式如图 10.2-4 所示。

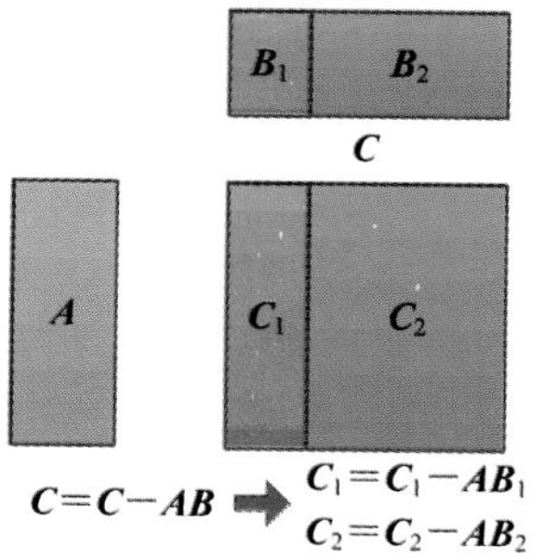

图 10.2-4 某 MPI 进程上 CPU 和 GPU 的任务分配

图 10.2-4 中矩阵 $\boldsymbol{B}$ 和矩阵 $\boldsymbol{C}$ 都按照某一比例被分为两部分，其中红色部分仍然存储于内存中，绿色部分需要传递到显存中，矩阵 $\boldsymbol{A}$ 既要存储于内存中，又要传递到显存中。$\boldsymbol{C}_1=\boldsymbol{C}_1-\boldsymbol{AB}_1$ 由 CPU 核执行，$\boldsymbol{C}_2=\boldsymbol{C}_2-\boldsymbol{AB}_2$ 由 GPU 执行。GPU 不能自发开始执行计算任务，需要 CPU 将其启动。为了能使 CPU 和 GPU 同时开始运算，CPU 必须先启动 GPU 异

步计算，再执行自己的计算任务。另外，为了达到性能最优，矩阵 $\boldsymbol{B}$ 和矩阵 $\boldsymbol{C}$ 的分配比例要使得 CPU 和 GPU 的计算同时完成。

值得注意的是，CPU 和 GPU 之间的任务分配比例在不同计算平台中往往是不同的，因此需要针对不同计算平台进行测试和分析。

2. "显存—内存"核外技术

前述任务分配方式会面临一个问题：若矩阵 $\boldsymbol{B}_2$ 和矩阵 $\boldsymbol{C}_2$ 所需存储超过 GPU 的可用显存(实际上是该 MPI 进程分配到的 GPU 显存)，则问题无法求解。可将矩阵 $\boldsymbol{B}_2$ 和矩阵 $\boldsymbol{C}_2$ 分为如图 10.2-5 所示的多个小数据块，其中每一个小数据块都刚好能够充分利用 GPU 显存，这样通过多次数据传递和计算便可将问题最终解决。此处将这一技术称为"显存—内存"核外技术，它打破了 GPU 卡的显存对问题规模的限制。

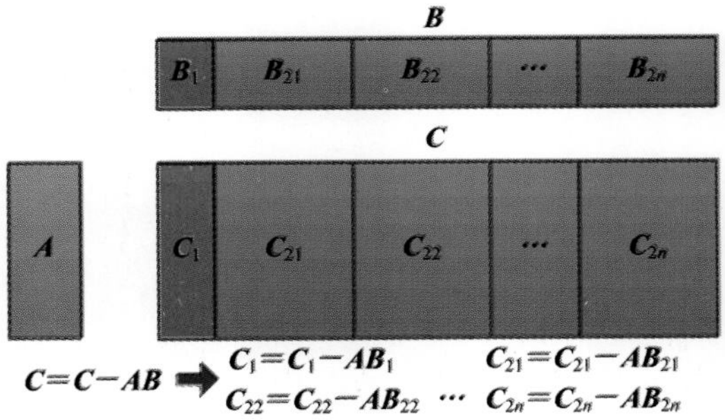

图 10.2-5 某 MPI 进程中"显存—内存"核外技术求解示意图

CONTEXT 技术会消耗一部分显存资源，通过核外技术便可弥补这一损失。核外技术并不是简单地将数据传递和计算交替完成，多次数据传递必然会降低程序的性能。为了达到较高的性能，核外技术往往需要进行一系列的算法设计和程序优化。

3. 异步数据传输技术

显存与内存之间的数据传递会消耗较多的时间，本节利用异步通信技术和流水线技术对数据传递进行优化，把通信隐藏于计算过程中。

首先每一个 MPI 进程在 GPU 上开启多个"CUDA 流"(CUDA Stream)[20]，如图 10.2-6 所示。这里的"CUDA 流"是类似于 CPU 流水线的一种操作队列，相当于在 GPU 中开启流水线。其次将矩阵按照图 10.2-7 的方式进行分割，其中各标识和颜色的具体含义与图 10.2-5 无异，但是数据块 $\boldsymbol{B}_{2i}$ 和 $\boldsymbol{C}_{2i}$ 比图 10.2-5 中的更小，其所需存储远小于 GPU 可用显存。然后利用 CUDA 异步数据传递函数将不同的数据块通过不同的 CUDA 流传递到 GPU 显存上，再启动 GPU 对数据块进行计算。最后利用异步数据传递函数将计算结果通过

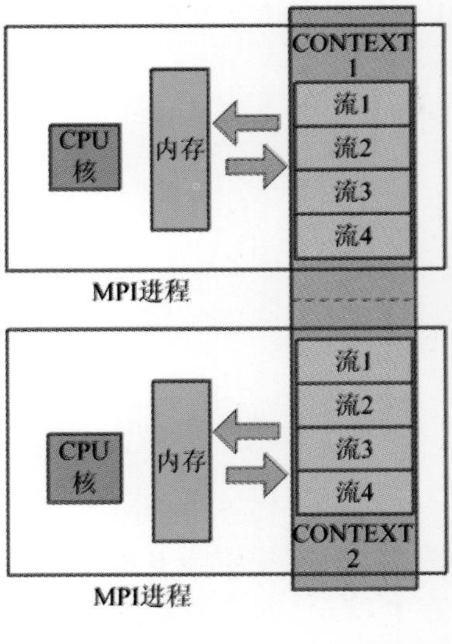

图 10.2-6 MPI 进程开启 CUDA 流示意图

原来的 CUDA 流传递回内存中。若 CUDA 流的数目小于数据块的数目，则循环执行上述过程。

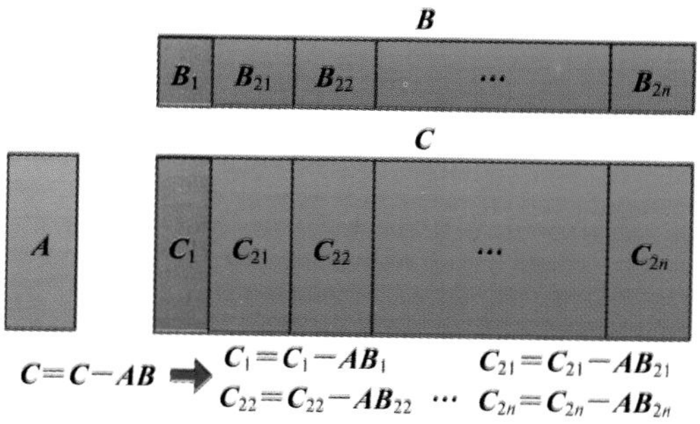

图 10.2－7　MPI 进程中的数据划分

上述过程包含三种操作：由内存到 GPU 显存的数据传递、GPU 计算、由 GPU 显存到内存的数据传递，这些操作分别由不同的硬件单元实现。同一个 CUDA 流中的不同操作必须在时间上串行执行，这样才能控制程序的时序；不同 CUDA 流中的同一操作也必须在时间上串行执行，这是因为不同 CUDA 流中的同一操作是由同一个硬件单元实现的，如图 10.2－8 中所有“compute”由 GPU 依次执行；不同 CUDA 流中的不同操作可以在时间上并行执行。这是因为 GPU 中实现计算和数据传递的硬件单元是独立的，因此不同 CUDA 流中的数据传递和计算是可以并行执行的，从而可将通信时间隐藏。

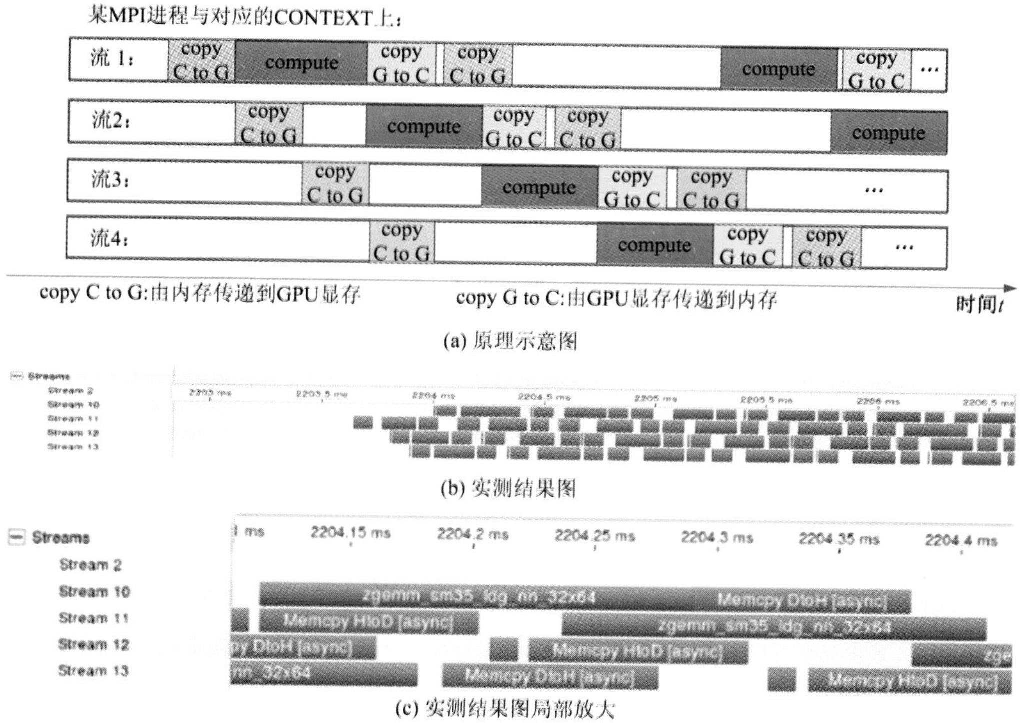

图 10.2－8　GPU 计算与通信重叠

图 10.2-8 为采用异步通信技术和 CUDA 流技术时的 GPU 计算与通信重叠示意图，其中图 10.2-8(a)为原理图，图 10.2-8(b)和(c)为利用 CUDA profile 监测工具给出的实测结果图。监测图中共有 5 个 CUDA 流，即 Stream2、Stream10、Stream11 等，其中 Stream2 是系统默认的流，所有没有指定 CUDA 流的操作都在 Stream2 中执行，其余四个是另外开启的 CUDA 流。在这些 CUDA 流中，较短的条块表示数据传递，较长的条块表示 GPU 计算，可以看到，除了第一次数据传递之外，其余的数据传递都被 GPU 计算所隐藏。注意，最后一次数据传递也是无法隐藏的，图中并未给出。

除此之外，CUDA 流技术在 10.2.2 节的基本并行框架设计中起到了巨大的作用，然而在 10.2.2 节并没有指明这一点，本节将对此展开详细讨论。基于 CONTEXT 技术的并行框架中，每个 MPI 对应若干个 CPU 核和一个"虚拟 GPU"。作为加速器，GPU 并不能主动地完成计算任务，而是需要 CPU 发出一系列控制指令，控制 GPU 完成计算任务。每一个"虚拟 GPU"都需要 CPU 来控制，这说明 CPU 对 GPU 的控制成本随着"虚拟 GPU"数目的增加而增加。

然而，由于 CUDA 流技术的存在，CPU 可以连续地发出一系列控制 GPU 的指令，这些指令被 GPU 记录在 CUDA 流中，此后 CPU 可直接返回而不必等待 GPU 完成这些计算任务，这样 CPU 便可以去完成其他计算任务，实现 CPU/GPU 协同计算。CUDA 流技术使得 GPU 可以记录一连串的 CPU 指令，然后依次响应，这减小了 CPU 对 GPU 的控制成本，所以"虚拟 GPU"数即便与 CPU 核数一样多，总的控制成本也不会很高。

10.2.4 性能测试与应用算例

本节采用的计算平台为"CPU/GPU 异构平台"，该平台共包含 2 个计算节点，每个节点配置两颗 Intel Xeon E5-2620 2.0 GHz 6 核 CPU，内存为 64 GB，1 块 NVIDIA K20C GPU 卡，可用显存为 4.6 GB。节点间通过千兆网络互连。由于单节点 CPU 核数较少，本节测试中均将 GPU 卡虚拟为与 CPU 核数一样多的"虚拟 GPU"，不采用 OpenMP 线程技术。采用了 OpenMP 线程技术的 CPU/GPU 异构计算实例将在 10.5 节中进一步给出。

1. LU 分解性能测试

下面主要分析矩阵 LU 分解的性能，选用的矩阵为矩量法分析无限长导体圆柱散射特性时产生的复数稠密矩阵。

此处分别对采用单节点和两节点时的 LU 分解性能进行测试，每组测试均分别采用 CPU 单独计算与 CPU/GPU 异构协同计算两种计算方式，其中 CPU 单独计算的矩阵 LU 分解直接调用 Intel MKL (MKL 几乎是当前 Intel CPU 平台上最快的商业数学库)，CPU/GPU 异构协同计算采用的是 ScaLAPACK，调用的 BLAS 库为 MKL BLAS 和 CUBLAS。

由于"CPU/GPU 异构平台"中的每个节点配置 12 个 CPU 核和 1 块 GPU 卡，因此 CPU/GPU 协同计算时，需将 1 块 GPU 卡虚拟为 12 块虚拟 GPU 卡，每块虚拟 GPU 卡大约能分配整个 GPU 资源的 1/12。

1) 单节点测试

本测试选取的矩阵大小为 1024～56 320，所需存储量为 16 MB～48 GB，测试选取的分块矩阵大小为 256×256，进程网格为 3×4。分别测试 CPU 单独计算和 CPU/GPU 异构协同计算所需的矩阵 LU 分解时间。注意，当矩阵大小大于 17 000 时，矩阵所需的存储量超出 GPU 可用显存大小，此时“显存—内存”核外技术发挥作用。图 10.2-9 给出了两种计算方式所需的时间对比曲线。

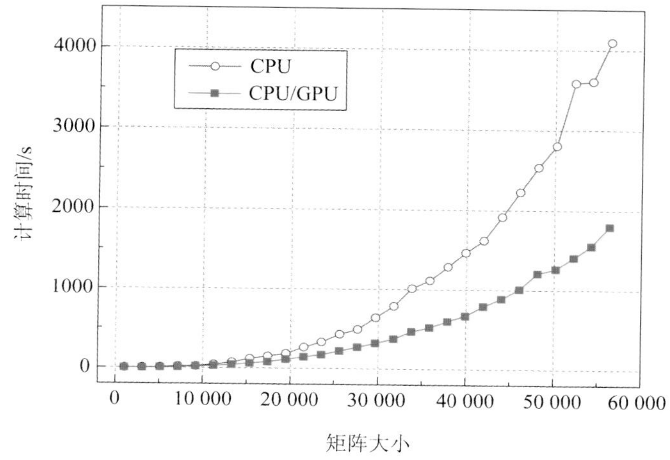

图 10.2-9　单节点时的 LU 分解性能对比

由图 10.2-9 可见，在单节点情况下，与 CPU 单独计算相比，CPU/GPU 异构协同计算可以将矩阵 LU 分解的速度加速到两倍以上。

2）两节点测试

本测试选取的矩阵大小为 1024～78 848，所需存储量为 16 MB～96 GB，测试选取的分块矩阵大小为 256×256，进程网格为 4×6。分别测试 CPU 单独计算和 CPU/GPU 异构协同计算所需的矩阵 LU 分解时间。注意，当矩阵大小大于 24 000 时，矩阵所需的存储量超出 GPU 可用显存大小。图 10.2-10 给出了两种计算方式所需的时间对比曲线。

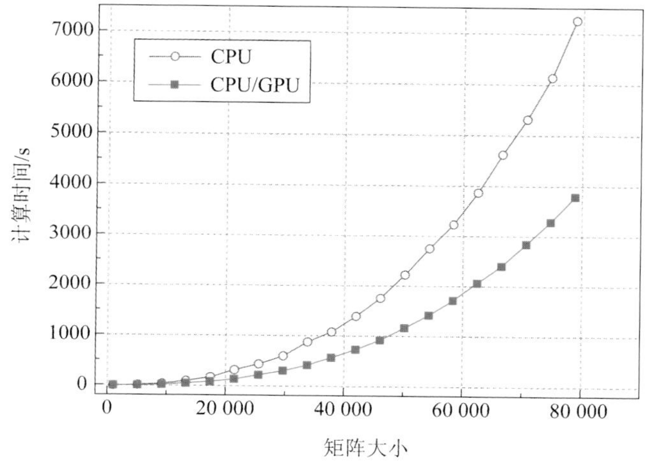

图 10.2-10　两节点时的 LU 分解性能对比

由图 10.2-10 可见，在跨节点情况下，与 CPU 单独计算相比，CPU/GPU 异构协同计算也能达到约 2 倍的加速，但加速效果比单节点时要稍差。这主要是因为“CPU/GPU 异构平台”的两个节点之间通过千兆网络互连，通信速度慢，使得通信时间所占比例上升，热点程序(矩阵乘)时间所占比例下降。

从两组测试可见，无论是在单节点还是在跨节点情况下，CPU/GPU 异构协同计算的 LU 分解性能都能达到 CPU 单独计算的 2 倍左右。这与目前很多文献中公布的几十倍甚至上百倍的加速比相比，并不是一个特别突出的成果。但值得注意的是，这些文献中给出的加速比或者是与串行程序相比得到的，或者是与一个没有优化过的 CPU 程序相比得到的。串行程序只能发挥出一个 CPU 核的性能，未经优化的 CPU 程序往往也只能发挥出极小的 CPU 性能，这样得出的加速比虽然高，但其本质上是一种“虚”高。

实际上，考虑热点程序(矩阵乘)在矩阵分解中所占的比例、PCI-E 接口数据传递的性能损失以及 MKL 几乎能够发挥出所有的 CPU 性能，2～3 倍的加速比是合理的，这一点将在 CPU/MIC 异构协同计算的相关章节中给出详细分析。

2. 数值算例

下面将给出 CPU/GPU 异构并行高阶基函数矩量法的一些应用实例，并对比 CPU/GPU 异构协同计算与 CPU 单独计算的性能。以下算例均采用“CPU/GPU 异构平台”的两个节点进行计算。

算例 1：波导缝隙天线。

此处选取的计算模型为包含 94 个窄边缝隙的波导缝隙天线，仿真模型如图 10.2-11 所示。波导缝隙天线的尺寸为 3888 mm×58.17 mm×29.08 mm，波导壁厚为 1.5 mm，缝隙宽度为 5 mm。天线的工作频率为 3.6 GHz，高阶基函数矩量法产生的未知量为 23 439。

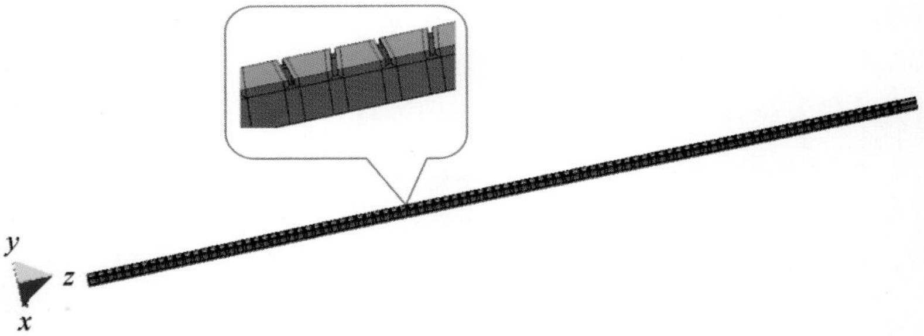

图 10.2-11 波导缝隙天线仿真模型

采用 CPU/GPU 异构协同计算和 CPU 单独计算两种方式分别计算该波导缝隙天线的辐射特性。图 10.2-12 给出了波导缝隙天线的 3D 增益方向图以及两种计算方式的 2D 增益方向图对比情况，表 10.2-1 给出了两种计算方式所需的计算时间。

表 10.2-1 两种计算方式的性能对比(波导缝隙天线)

未知量	存储量/GB	进程网格	计算方式	求解时间/s	加速倍数
23 439	8.19	4×6	CPU 单独计算	259.47	1
			CPU/GPU 异构协同计算	118.13	2.07

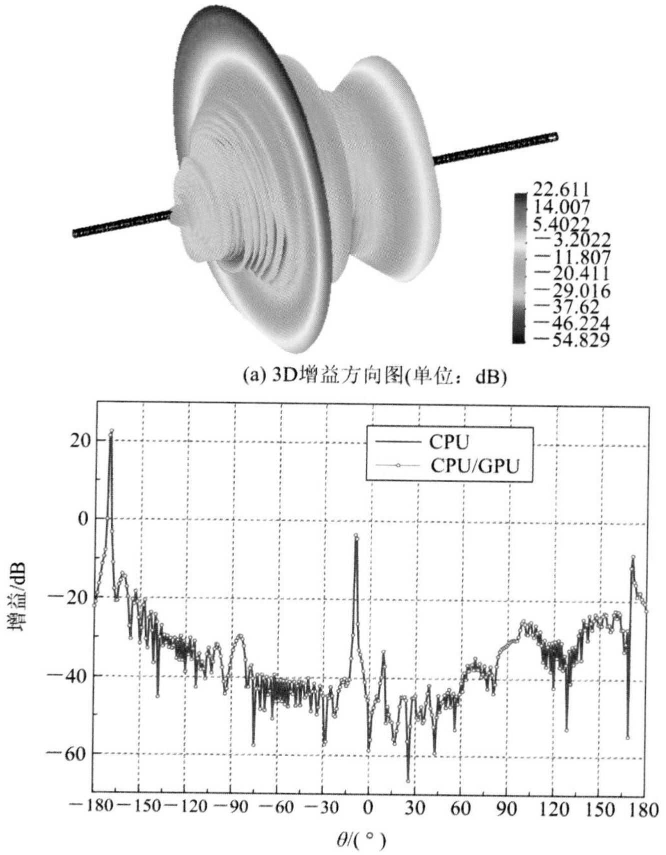

(a) 3D增益方向图(单位：dB)

(b) *xoz*面

图 10.2-12　波导缝隙天线的增益方向图

由图 10.2-12(b)可见，两种计算方式的结果吻合良好。由表 10.2-1 可得，与 CPU 单独计算相比，CPU/GPU 异构协同计算可以获得 2.07 倍的加速。

算例 2：11×11 单元的微带天线阵列。

此处选取的计算模型为包含 11×11 个微带贴片单元的天线阵列，仿真模型如图 10.2-13 所示。阵列尺寸为 520 mm×580 mm×7 mm，基底的相对介电常数和相对磁导率分别为 $\varepsilon_r=2.67$ 和 $\mu_r=1.0$。每个贴片的尺寸是 30 mm×35.6 mm，相邻贴片之间的间距是 14.0 mm。

阵列的工作频率为 2.25 GHz，沿 y 方向给阵列 $-30°$ 相移的馈电，在 yoz 面内产生 15° 的扫描角。高阶基函数矩量法产生的未知量为 33 367。采用 CPU/GPU 异构协同计算和 CPU 单独计算两种方式分别计算该微带天线阵列的辐射特性。图 10.2-14 给出了微带天线阵列的 3D 增益方向图以及两种计算方式的 2D 增益方向图对比情况，表 10.2-2 给出了两种计算方式所需的计算时间。

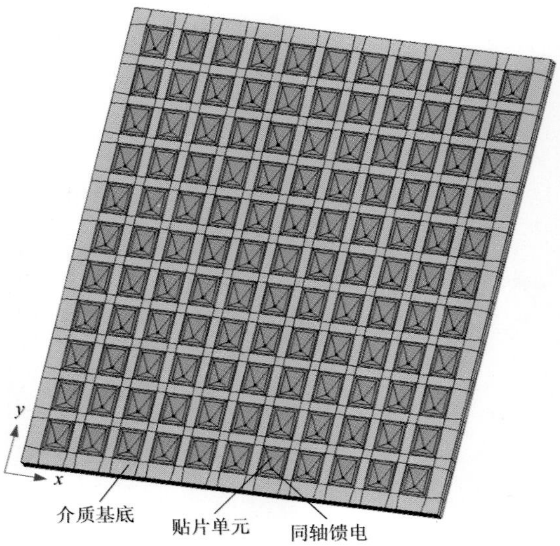

图 10.2－13　微带贴片天线阵列模型

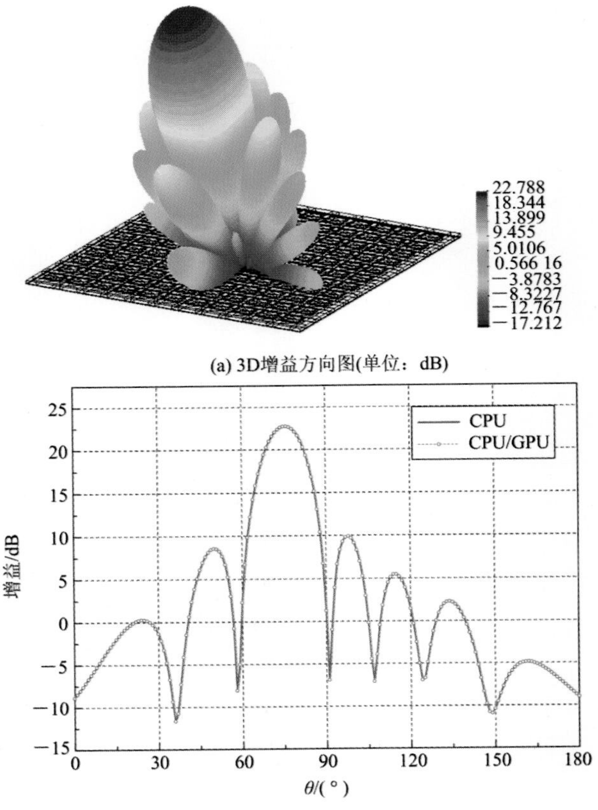

图 10.2－14　微带贴片天线阵列的增益方向图

表 10.2-2 两种计算方式的性能对比(11×11 单元的微带天线阵列)

未知量	存储量/GB	进程网格	计算方式	求解时间/s	加速倍数
33 367	16.59	4×6	CPU 单独计算	518.51	1
			CPU/GPU 异构协同计算	238.77	2.17

由图 10.2-14(b)可见，两种计算方式的结果吻合良好。由表 10.2-2 可得，与 CPU 单独计算相比，CPU/GPU 异构协同计算可以获得 2.17 倍的加速。

算例 3：29×9 单元的微带天线阵列。

此处选取的计算模型为包含 29×9 个微带单元的天线阵列，仿真模型如图 10.2-15 所示。阵列的尺寸为 6.576 m×2.5 m×18 mm，工作频率为 440 MHz。高阶基函数矩量法产生的未知量为 55 058。采用泰勒综合设计的阵列副瓣电平为−25 dB。

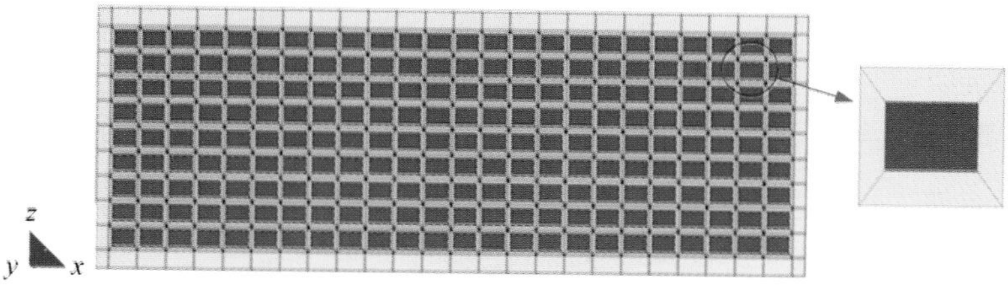

图 10.2-15 矩形贴片微带天线阵列

采用 CPU/GPU 异构协同计算和 CPU 单独计算两种方式分别计算该微带天线阵列的辐射特性。图 10.2-16 给出了微带天线阵列的 3D 增益方向图以及两种计算方式的 2D 增益方向图对比情况，表 10.2-3 给出了两种计算方式所需的计算时间。

表 10.2-3 两种计算方式的性能对比(29×9 单元的微带天线阵列)

未知量	存储量/GB	进程网格	计算方式	求解时间/s	加速倍数
55 058	45.17	4×6	CPU 单独计算	1720.26	1
			CPU/GPU 异构协同计算	843.26	2.04

由图 10.2-16(b)和(c)可见，两种计算方式的结果吻合良好。由表 10.2-3 可得，与 CPU 单独计算相比，CPU/GPU 异构协同计算可以获得 2.04 倍的加速。

算例 4：飞机Ⅰ。

此处选取的计算模型为飞机Ⅰ，仿真模型如图 10.2-17 所示。飞机Ⅰ的尺寸为 11.6 m×7.0 m×2.93 m，计算频率为 1.3 GHz，高阶基函数矩量法产生的未知量为 53 307。

采用 CPU/GPU 异构协同计算和 CPU 单独计算两种方式分别计算飞机Ⅰ在入射平面波(沿机头方向入射)水平极化时的双站 RCS。图 10.2-18 给出了飞机Ⅰ的 3D RCS 结果以及两种计算方式的 2D RCS 结果对比情况，表 10.2-4 给出了两种计算方式所需的计算时间。

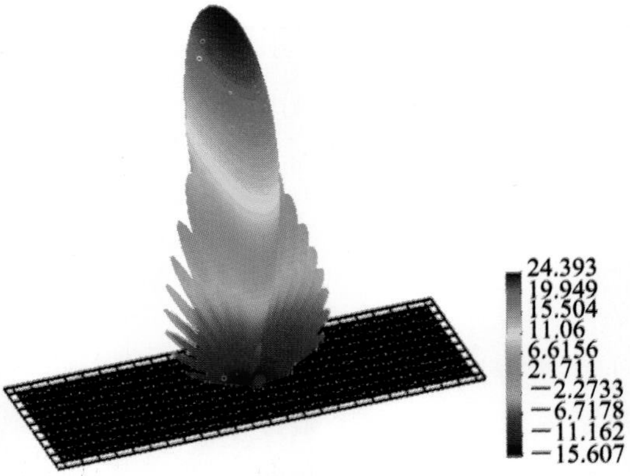

(a) 3D增益方向图(单位：dB)

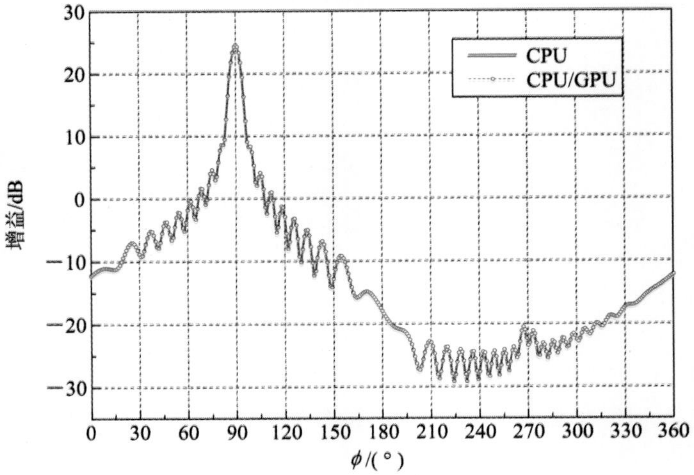

(b) *xoy*面

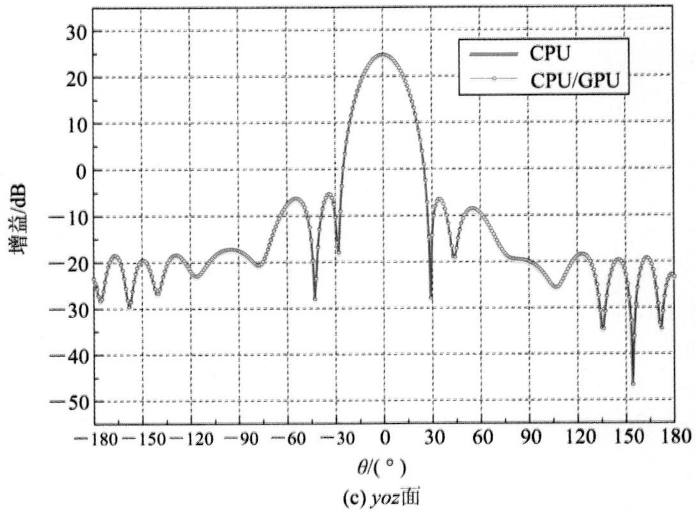

(c) *yoz*面

图 10.2 - 16　微带天线阵列的增益方向图

图 10.2-17　飞机 Ⅰ 仿真模型

(a) 3D RCS(单位：dB)

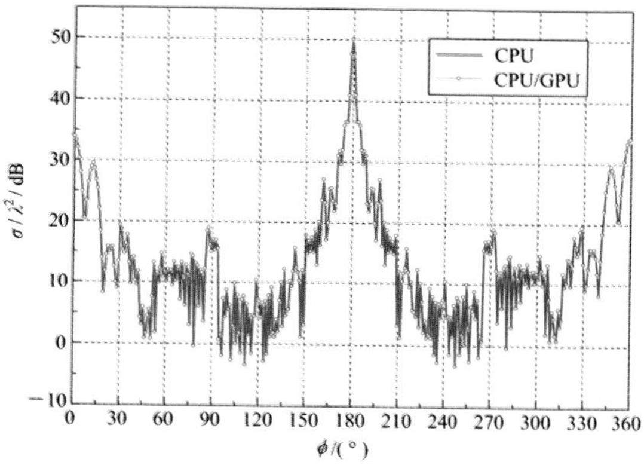

(b) xoy面

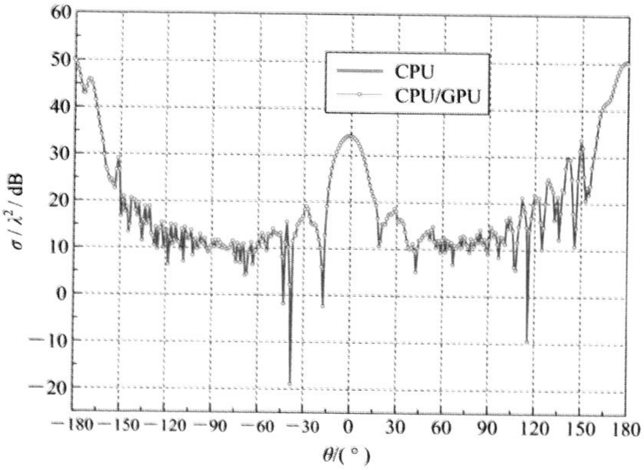

(c) xoz面

图 10.2-18　飞机 Ⅰ 的双站 RCS

表 10.2－4　两种计算方式性能对比(飞机Ⅰ)

未知量	存储量/GB	进程网格	计算方式	求解时间/s	加速倍数
53 307	42.344	4×6	CPU 单独计算	1570.14	1
			CPU/GPU 异构协同计算	723.85	2.17

由图 10.2－18(b)和(c)可见，两种计算方式的结果吻合良好。由表 10.2－4 可得，与 CPU 单独计算相比，CPU/GPU 异构协同计算可以获得 2.17 倍的加速。

算例 5：飞机Ⅱ。

此处选取的计算模型为飞机Ⅱ，仿真模型如图 10.2－19 所示。飞机Ⅱ的尺寸为 18.92 m×13.56 m×5.05 m，计算频率为 550 MHz，高阶基函数矩量法产生的未知量为 53 562。

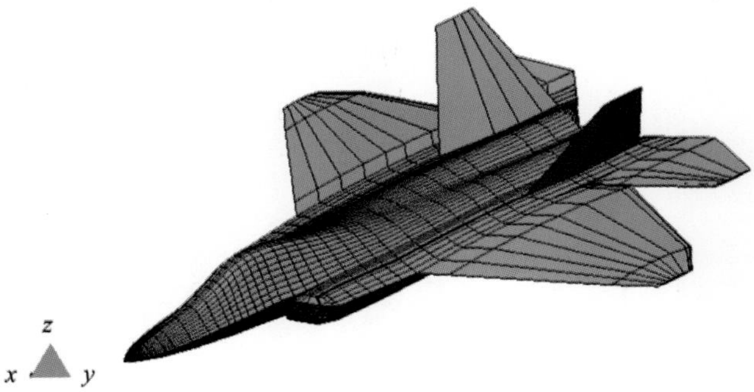

图 10.2－19　飞机Ⅱ仿真模型

采用 CPU/GPU 异构协同计算和 CPU 单独计算两种方式分别计算飞机Ⅱ在入射平面波(沿机头方向入射)垂直极化时的双站 RCS。图 10.2－20 给出了飞机Ⅱ的 3D RCS 结果以及两种计算方式的 2D RCS 结果对比情况，表 10.2－5 给出了两种计算方式所需的计算时间。

表 10.2－5　两种计算方式的性能对比(飞机Ⅱ)

未知量	存储量/GB	进程网格	计算方式	求解时间/s	加速倍数
53 562	42.75	4×6	CPU 单独计算	1630.53	1
			CPU/GPU 异构协同计算	728.39	2.24

由图 10.2－20 (b)和(c)可见，两种计算方式的结果吻合良好。由表 10.2－5 可得，与 CPU 单独计算相比，CPU/GPU 异构协同计算可以获得 2.24 倍的加速。

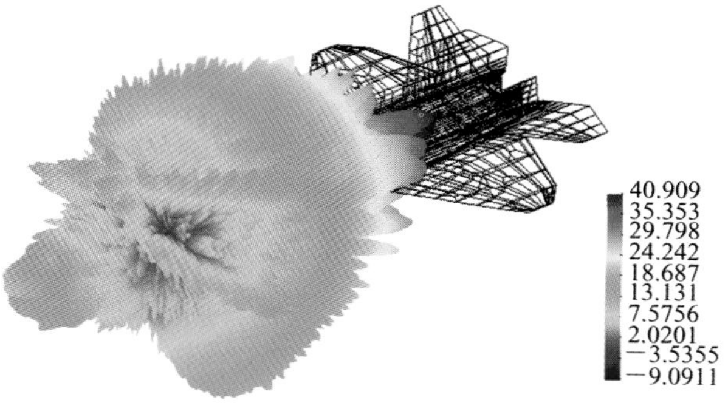

(a) 3D RCS(单位：dB)

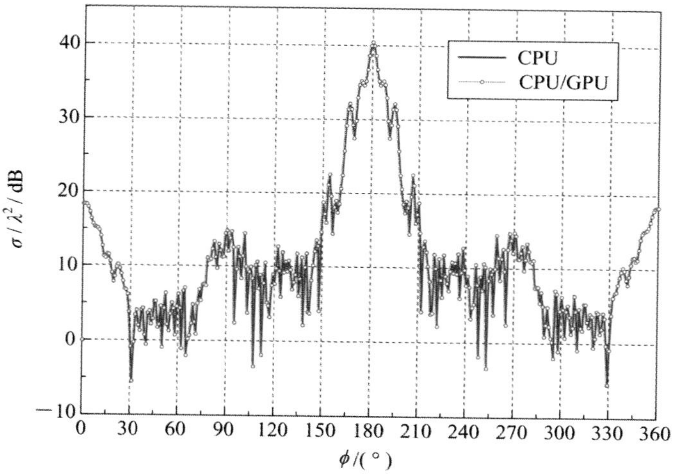

(b) *xoy*面

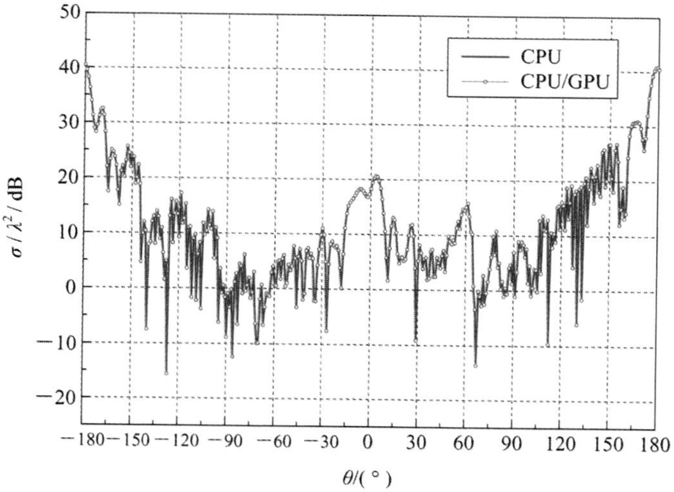

(c) *xoz*面

图 10.2-20　飞机Ⅱ的双站 RCS

10.3 CPU/GPU 异构并行两级核外矩量法

10.2 节讨论的 CPU/GPU 异构并行矩量法，虽然采用了“显存—内存”核外技术，使得矩量法可求解的问题规模不受显存限制，但是计算机内存仍然限制了问题规模的进一步扩大。

本书第 6 章介绍的并行核外高阶基函数矩量法将硬盘纳入计算过程，通过精心的设计，并行核外高阶基函数矩量法仅以损失约 10%的性能为代价换取了存储容量数十倍的增加，大大拓展了并行矩量法求解问题的规模。

本节在前述 CPU/GPU 异构协同计算的相关研究基础上，引入并行核外高阶基函数矩量法，开展 CPU/GPU 异构协同计算技术、“内存—硬盘”核外技术相结合的 CPU/GPU 异构并行核外矩量法研究，实现“显存—内存—硬盘”两级核外矩量法。

10.3.1 算法基本原理

本书第 4 章在介绍分块 LU 分解算法时，曾简单介绍了现代计算机多级存储架构，分析了采用分块算法的原因，在第 6 章介绍并行核外高阶基函数矩量法时又介绍了考虑硬盘之后的计算机多级存储架构。现在，要实现“显存—内存—硬盘”两级核外技术，首先要明确相应的多级存储架构，如图 10.3－1 所示，其中虚线框分别代表 CPU 芯片和 GPU 卡，其他各组件的名称已经标识在图中。

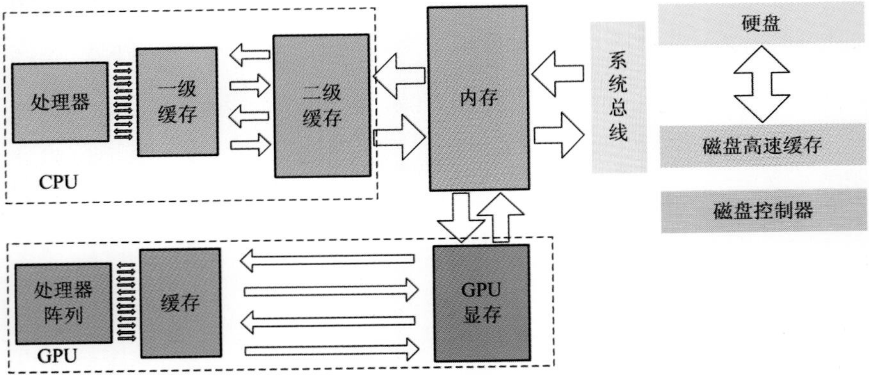

图 10.3－1　传统计算机加上 GPU 后的多级存储架构

在“内存—硬盘”这一级的核外关系中，计算机首先将需要的数据由硬盘读取到内存中，接着 CPU 开始处理数据，此时可利用 L1 缓存和 L2 缓存加速 CPU 与内存之间的数据交换(注：当前也已经有较多的处理器配备了 L3 缓存)；CPU 处理数据完毕后，将数据经由内存写到硬盘存储中，该过程不断重复进行，直到所有需要处理的数据全部处理完成，如图 10.3－2 所示。

为了加速并行核外矩量法的计算过程，在 CPU 计算过程中引入 GPU，实现 CPU/GPU 异构协同计算。当处理数据所需要的存储超出 GPU 显存时，便引入“显存—内存”核外技术；最后为了提高程序性能，采用 CUDA 流技术和异步数据传输技术隐藏 PCI－E 通信。这些过程与 10.2 节类似，本节不再赘述。最终形成的 CPU/GPU 异构并行框架如图 10.3－3 所示。

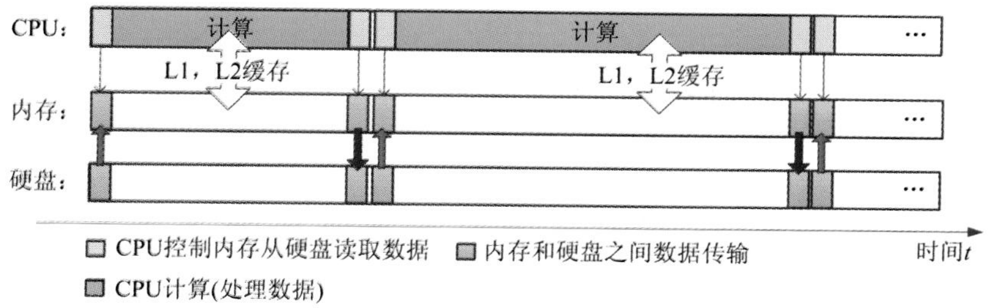

图 10.3-2　CPU 计算与“内存—硬盘”核外算法示意图

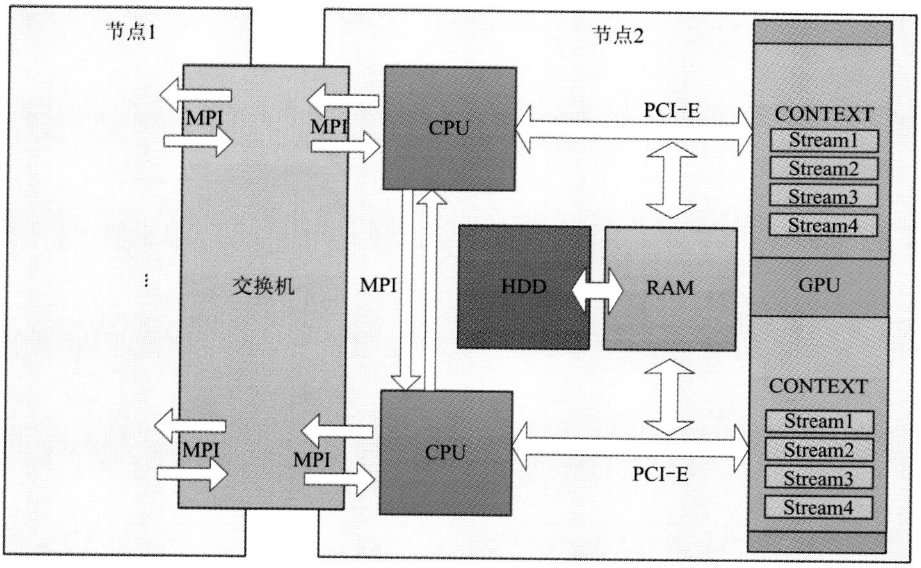

图 10.3-3　CPU/GPU 异构并行框架

图 10.3-3 中每个节点有两个 CPU 核和一块 GPU 卡，首先利用 CONTEXT 技术将 GPU 卡虚拟为 2 块，其次每个 MPI 进程分配一个 CPU 核、一个虚拟 GPU、部分内存以及部分硬盘。

程序运行时，首先将待处理的数据分批次从硬盘存储读取到内存中，这一过程即“内存—硬盘”核外算法；其次将这些数据分批次传输给显存，同时 GPU 和 CPU 开始进行计算，这一过程即“显存—内存”核外算法；最后将计算结果依次由显存传输到内存，再将内存中的数据写回到硬盘，完成计算。

值得注意的是，在“显存—内存”核外算法中，为了减少显存与内存之间的数据传递造成的性能损失，必须采用流水线技术和异步数据传输技术隐藏 PCI-E 通信。

图 10.3-4 给出了数据在硬盘、内存、显存之间的两级核外关系。

图 10.3-5 给出了 CPU/GPU 异构并行核外矩量法求解矩阵方程的具体实施方案。

图 10.3-5(a)的左栏为 Left-Looking 核外算法，其中的 Load 语句将数据从硬盘读取到内存中，这是“内存—硬盘”核外技术。图 10.3-5(a)左栏中的函数 $FSub^{LL}$ 和 LU^{RL}_{blk} 是算法中最耗时的函数，中栏和右栏分别给出了函数 $FSub^{LL}$ 与函数 LU^{RL}_{blk} 的详细算法，其中函数

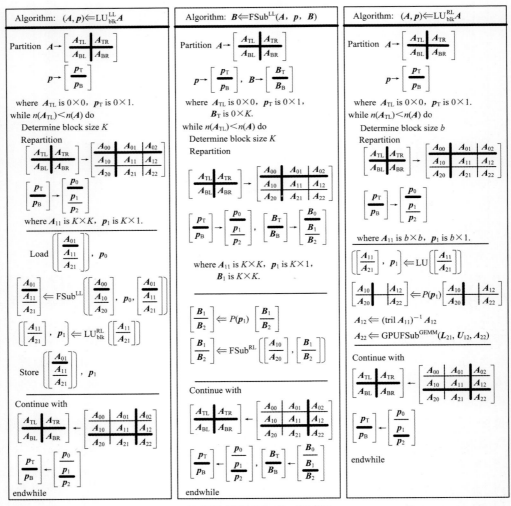

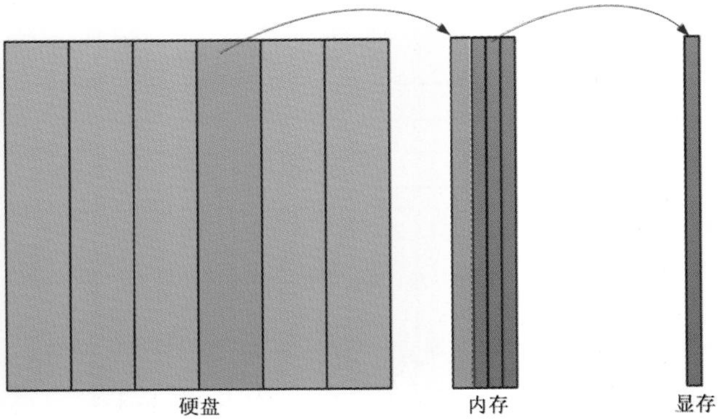

图 10.3-4 “显存—内存—硬盘”核外算法数据关系示意图

Algorithm: $(\boldsymbol{A},\boldsymbol{p}) \Leftarrow \mathrm{LU}^{\mathrm{LL}}_{\mathrm{blk}}\boldsymbol{A}$

Partition $\boldsymbol{A} \rightarrow \left[\begin{array}{c|c} \boldsymbol{A}_{\mathrm{TL}} & \boldsymbol{A}_{\mathrm{TR}} \\ \hline \boldsymbol{A}_{\mathrm{BL}} & \boldsymbol{A}_{\mathrm{BR}} \end{array}\right]$, $\boldsymbol{p} \rightarrow \left[\begin{array}{c} \boldsymbol{p}_{\mathrm{T}} \\ \hline \boldsymbol{p}_{\mathrm{B}} \end{array}\right]$

where $\boldsymbol{A}_{\mathrm{TL}}$ is 0×0, $\boldsymbol{p}_{\mathrm{T}}$ is 0×1.

while $n(\boldsymbol{A}_{\mathrm{TL}})<n(\boldsymbol{A})$ do

Determine block size K

Repartition

$$\left[\begin{array}{c|c} \boldsymbol{A}_{\mathrm{TL}} & \boldsymbol{A}_{\mathrm{TR}} \\ \hline \boldsymbol{A}_{\mathrm{BL}} & \boldsymbol{A}_{\mathrm{BR}} \end{array}\right] \rightarrow \left[\begin{array}{c|c|c} \boldsymbol{A}_{00} & \boldsymbol{A}_{01} & \boldsymbol{A}_{02} \\ \hline \boldsymbol{A}_{10} & \boldsymbol{A}_{11} & \boldsymbol{A}_{12} \\ \hline \boldsymbol{A}_{20} & \boldsymbol{A}_{21} & \boldsymbol{A}_{22} \end{array}\right], \left[\begin{array}{c} \boldsymbol{p}_{\mathrm{T}} \\ \hline \boldsymbol{p}_{\mathrm{B}} \end{array}\right] \rightarrow \left[\begin{array}{c} \boldsymbol{p}_0 \\ \hline \boldsymbol{p}_1 \\ \hline \boldsymbol{p}_2 \end{array}\right]$$

where $\boldsymbol{A}_{11}$ is $K\times K$, $\boldsymbol{p}_1$ is $K\times 1$.

Load $\left(\left[\begin{array}{c} \boldsymbol{A}_{01} \\ \hline \boldsymbol{A}_{11} \\ \hline \boldsymbol{A}_{21} \end{array}\right]\right)$, $\boldsymbol{p}_0$

$$\left[\begin{array}{c} \boldsymbol{A}_{01} \\ \hline \boldsymbol{A}_{11} \\ \hline \boldsymbol{A}_{21} \end{array}\right] \Leftarrow \mathrm{FSub}^{\mathrm{LL}}\left(\left[\begin{array}{c} \boldsymbol{A}_{00} \\ \hline \boldsymbol{A}_{10} \\ \hline \boldsymbol{A}_{20} \end{array}\right], \boldsymbol{p}_0, \left[\begin{array}{c} \boldsymbol{A}_{01} \\ \hline \boldsymbol{A}_{11} \\ \hline \boldsymbol{A}_{21} \end{array}\right]\right)$$

$$\left(\left[\begin{array}{c} \boldsymbol{A}_{11} \\ \hline \boldsymbol{A}_{21} \end{array}\right], \boldsymbol{p}_1\right) \Leftarrow \mathrm{LU}^{\mathrm{RL}}_{\mathrm{blk}}\left(\left[\begin{array}{c} \boldsymbol{A}_{11} \\ \hline \boldsymbol{A}_{21} \end{array}\right]\right)$$

Store $\left(\left[\begin{array}{c} \boldsymbol{A}_{01} \\ \hline \boldsymbol{A}_{11} \\ \hline \boldsymbol{A}_{21} \end{array}\right]\right)$, $\boldsymbol{p}_1$

Continue with

$$\left[\begin{array}{c|c} \boldsymbol{A}_{\mathrm{TL}} & \boldsymbol{A}_{\mathrm{TR}} \\ \hline \boldsymbol{A}_{\mathrm{BL}} & \boldsymbol{A}_{\mathrm{BR}} \end{array}\right] \leftarrow \left[\begin{array}{c|c|c} \boldsymbol{A}_{00} & \boldsymbol{A}_{01} & \boldsymbol{A}_{02} \\ \hline \boldsymbol{A}_{10} & \boldsymbol{A}_{11} & \boldsymbol{A}_{12} \\ \hline \boldsymbol{A}_{20} & \boldsymbol{A}_{21} & \boldsymbol{A}_{22} \end{array}\right], \left[\begin{array}{c} \boldsymbol{p}_{\mathrm{T}} \\ \hline \boldsymbol{p}_{\mathrm{B}} \end{array}\right] \leftarrow \left[\begin{array}{c} \boldsymbol{p}_0 \\ \hline \boldsymbol{p}_1 \\ \hline \boldsymbol{p}_2 \end{array}\right]$$

endwhile

Algorithm: $\boldsymbol{B} \Leftarrow \mathrm{FSub}^{\mathrm{LL}}(\boldsymbol{A}, \boldsymbol{p}, \boldsymbol{B})$

Partition $\boldsymbol{A} \rightarrow \left[\begin{array}{c|c} \boldsymbol{A}_{\mathrm{TL}} & \boldsymbol{A}_{\mathrm{TR}} \\ \hline \boldsymbol{A}_{\mathrm{BL}} & \boldsymbol{A}_{\mathrm{BR}} \end{array}\right]$, $\boldsymbol{p} \rightarrow \left[\begin{array}{c} \boldsymbol{p}_{\mathrm{T}} \\ \hline \boldsymbol{p}_{\mathrm{B}} \end{array}\right]$, $\boldsymbol{B} \rightarrow \left[\begin{array}{c} \boldsymbol{B}_{\mathrm{T}} \\ \hline \boldsymbol{B}_{\mathrm{B}} \end{array}\right]$

where $\boldsymbol{A}_{\mathrm{TL}}$ is 0×0, $\boldsymbol{p}_{\mathrm{T}}$ is 0×1, $\boldsymbol{B}_{\mathrm{T}}$ is $0\times K$.

while $n(\boldsymbol{A}_{\mathrm{TL}})<n(\boldsymbol{A})$ do

Determine block size K

Repartition

$$\left[\begin{array}{c|c} \boldsymbol{A}_{\mathrm{TL}} & \boldsymbol{A}_{\mathrm{TR}} \\ \hline \boldsymbol{A}_{\mathrm{BL}} & \boldsymbol{A}_{\mathrm{BR}} \end{array}\right] \rightarrow \left[\begin{array}{c|c|c} \boldsymbol{A}_{00} & \boldsymbol{A}_{01} & \boldsymbol{A}_{02} \\ \hline \boldsymbol{A}_{10} & \boldsymbol{A}_{11} & \boldsymbol{A}_{12} \\ \hline \boldsymbol{A}_{20} & \boldsymbol{A}_{21} & \boldsymbol{A}_{22} \end{array}\right], \left[\begin{array}{c} \boldsymbol{p}_{\mathrm{T}} \\ \hline \boldsymbol{p}_{\mathrm{B}} \end{array}\right] \rightarrow \left[\begin{array}{c} \boldsymbol{p}_0 \\ \hline \boldsymbol{p}_1 \\ \hline \boldsymbol{p}_2 \end{array}\right], \left[\begin{array}{c} \boldsymbol{B}_{\mathrm{T}} \\ \hline \boldsymbol{B}_{\mathrm{B}} \end{array}\right] \rightarrow \left[\begin{array}{c} \boldsymbol{B}_0 \\ \hline \boldsymbol{B}_1 \\ \hline \boldsymbol{B}_2 \end{array}\right]$$

where $\boldsymbol{A}_{11}$ is $K\times K$, $\boldsymbol{p}_1$ is $K\times 1$, $\boldsymbol{B}_1$ is $K\times K$.

$$\left[\begin{array}{c} \boldsymbol{B}_1 \\ \hline \boldsymbol{B}_2 \end{array}\right] \Leftarrow P(\boldsymbol{p}_1)\left[\begin{array}{c} \boldsymbol{B}_1 \\ \hline \boldsymbol{B}_2 \end{array}\right]$$

$$\left[\begin{array}{c} \boldsymbol{B}_1 \\ \hline \boldsymbol{B}_2 \end{array}\right] \Leftarrow \mathrm{FSub}^{\mathrm{RL}}\left(\left[\begin{array}{c} \boldsymbol{A}_{10} \\ \hline \boldsymbol{A}_{20} \end{array}\right], \left[\begin{array}{c} \boldsymbol{B}_1 \\ \hline \boldsymbol{B}_2 \end{array}\right]\right)$$

Continue with

$$\left[\begin{array}{c|c} \boldsymbol{A}_{\mathrm{TL}} & \boldsymbol{A}_{\mathrm{TR}} \\ \hline \boldsymbol{A}_{\mathrm{BL}} & \boldsymbol{A}_{\mathrm{BR}} \end{array}\right] \leftarrow \left[\begin{array}{c|c|c} \boldsymbol{A}_{00} & \boldsymbol{A}_{01} & \boldsymbol{A}_{02} \\ \hline \boldsymbol{A}_{10} & \boldsymbol{A}_{11} & \boldsymbol{A}_{12} \\ \hline \boldsymbol{A}_{20} & \boldsymbol{A}_{21} & \boldsymbol{A}_{22} \end{array}\right], \left[\begin{array}{c} \boldsymbol{p}_{\mathrm{T}} \\ \hline \boldsymbol{p}_{\mathrm{B}} \end{array}\right] \leftarrow \left[\begin{array}{c} \boldsymbol{p}_0 \\ \hline \boldsymbol{p}_1 \\ \hline \boldsymbol{p}_2 \end{array}\right], \left[\begin{array}{c} \boldsymbol{B}_{\mathrm{T}} \\ \hline \boldsymbol{B}_{\mathrm{B}} \end{array}\right] \leftarrow \left[\begin{array}{c} \boldsymbol{B}_0 \\ \hline \boldsymbol{B}_1 \\ \hline \boldsymbol{B}_2 \end{array}\right]$$

endwhile

Algorithm: $(\boldsymbol{A},\boldsymbol{p}) \Leftarrow \mathrm{LU}^{\mathrm{RL}}_{\mathrm{blk}}\boldsymbol{A}$

Partition $\boldsymbol{A} \rightarrow \left[\begin{array}{c|c} \boldsymbol{A}_{\mathrm{TL}} & \boldsymbol{A}_{\mathrm{TR}} \\ \hline \boldsymbol{A}_{\mathrm{BL}} & \boldsymbol{A}_{\mathrm{BR}} \end{array}\right]$, $\boldsymbol{p} \rightarrow \left[\begin{array}{c} \boldsymbol{p}_{\mathrm{T}} \\ \hline \boldsymbol{p}_{\mathrm{B}} \end{array}\right]$

where $\boldsymbol{A}_{\mathrm{TL}}$ is 0×0, $\boldsymbol{p}_{\mathrm{T}}$ is 0×1.

while $n(\boldsymbol{A}_{\mathrm{TL}})<n(\boldsymbol{A})$ do

Determine block size b

Repartition

$$\left[\begin{array}{c|c} \boldsymbol{A}_{\mathrm{TL}} & \boldsymbol{A}_{\mathrm{TR}} \\ \hline \boldsymbol{A}_{\mathrm{BL}} & \boldsymbol{A}_{\mathrm{BR}} \end{array}\right] \rightarrow \left[\begin{array}{c|c|c} \boldsymbol{A}_{00} & \boldsymbol{A}_{01} & \boldsymbol{A}_{02} \\ \hline \boldsymbol{A}_{10} & \boldsymbol{A}_{11} & \boldsymbol{A}_{12} \\ \hline \boldsymbol{A}_{20} & \boldsymbol{A}_{21} & \boldsymbol{A}_{22} \end{array}\right], \left[\begin{array}{c} \boldsymbol{p}_{\mathrm{T}} \\ \hline \boldsymbol{p}_{\mathrm{B}} \end{array}\right] \rightarrow \left[\begin{array}{c} \boldsymbol{p}_0 \\ \hline \boldsymbol{p}_1 \\ \hline \boldsymbol{p}_2 \end{array}\right]$$

where $\boldsymbol{A}_{11}$ is $b\times b$, $\boldsymbol{p}_1$ is $b\times 1$.

$$\left(\left[\begin{array}{c} \boldsymbol{A}_{11} \\ \hline \boldsymbol{A}_{21} \end{array}\right], \boldsymbol{p}_1\right) \Leftarrow \mathrm{LU}\left(\left[\begin{array}{c} \boldsymbol{A}_{11} \\ \hline \boldsymbol{A}_{21} \end{array}\right]\right)$$

$$\left[\begin{array}{c|c} \boldsymbol{A}_{10} & \boldsymbol{A}_{12} \\ \hline \boldsymbol{A}_{20} & \boldsymbol{A}_{22} \end{array}\right] \Leftarrow P(\boldsymbol{p}_1)\left[\begin{array}{c|c} \boldsymbol{A}_{10} & \boldsymbol{A}_{12} \\ \hline \boldsymbol{A}_{20} & \boldsymbol{A}_{22} \end{array}\right]$$

$\boldsymbol{A}_{12} \Leftarrow (\mathrm{tril}\,\boldsymbol{A}_{11})^{-1}\boldsymbol{A}_{12}$

$\boldsymbol{A}_{22} \Leftarrow \mathrm{GPUFSub}^{\mathrm{GEMM}}(\boldsymbol{L}_{21}, \boldsymbol{U}_{12}, \boldsymbol{A}_{22})$

Continue with

$$\left[\begin{array}{c|c} \boldsymbol{A}_{\mathrm{TL}} & \boldsymbol{A}_{\mathrm{TR}} \\ \hline \boldsymbol{A}_{\mathrm{BL}} & \boldsymbol{A}_{\mathrm{BR}} \end{array}\right] \leftarrow \left[\begin{array}{c|c|c} \boldsymbol{A}_{00} & \boldsymbol{A}_{01} & \boldsymbol{A}_{02} \\ \hline \boldsymbol{A}_{10} & \boldsymbol{A}_{11} & \boldsymbol{A}_{12} \\ \hline \boldsymbol{A}_{20} & \boldsymbol{A}_{21} & \boldsymbol{A}_{22} \end{array}\right], \left[\begin{array}{c} \boldsymbol{p}_{\mathrm{T}} \\ \hline \boldsymbol{p}_{\mathrm{B}} \end{array}\right] \leftarrow \left[\begin{array}{c} \boldsymbol{p}_0 \\ \hline \boldsymbol{p}_1 \\ \hline \boldsymbol{p}_2 \end{array}\right]$$

endwhile

(a) GPU加速的Left-Looking核外算法

图 10.3-5 CPU/GPU 异构并行两级核外矩阵 LU 分解(1)

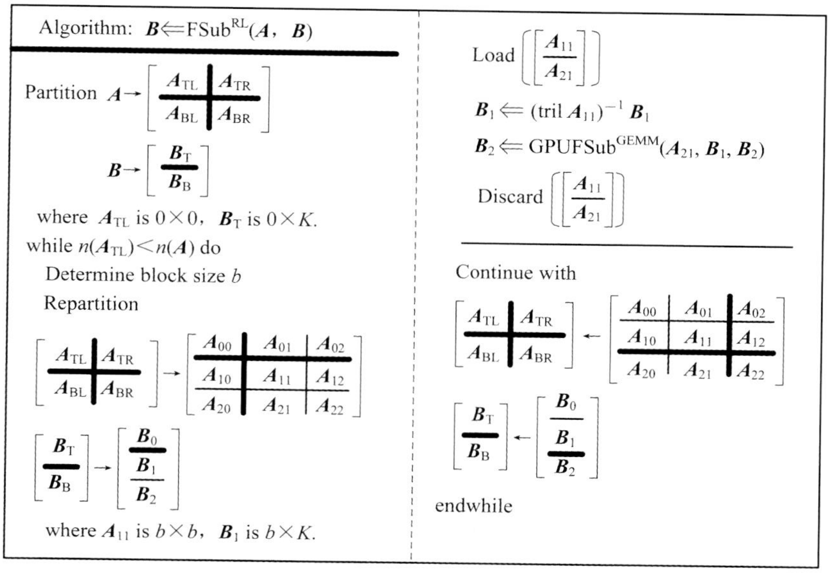

(b) CPU/GPU异构协同计算的$\mathrm{FSub}^{\mathrm{RL}}$算法

图 10.3-5 CPU/GPU 异构并行两级核外矩阵 LU 分解(2)

$\mathrm{FSub}^{\mathrm{RL}}$是函数 $\mathrm{FSub}^{\mathrm{LL}}$的热点，函数 $\mathrm{GPUFSub}^{\mathrm{GEMM}}$为函数 $\mathrm{LU}_{\mathrm{blk}}^{\mathrm{RL}}$的热点。图 10.3-5(b)给出了函数 $\mathrm{FSub}^{\mathrm{RL}}$的详细算法，其中函数 $\mathrm{GPUFSub}^{\mathrm{GEMM}}$为函数 $\mathrm{FSub}^{\mathrm{RL}}$的热点。显然，整个 LU 分解算法中的热点可归结为函数 $\mathrm{GPUFSub}^{\mathrm{GEMM}}$，此函数也就是 10.2 节中采用“显存—内存”核外技术和隐藏通信技术所实现的 CPU/GPU 异构协同加速的矩阵乘算法。至此，便可实现“显存—内存—硬盘”两级核外的矩阵 LU 分解算法。

10.3.2 GPU 与 CPU 任务分配比例优化

本节讨论“显存—内存—硬盘”两级核外技术的计算过程中，如何合理分配 GPU 与 CPU 之间的计算任务比例，才能得到最优的加速效果。为了讨论方便，我们定义 GPU 与 CPU 任务分配比例为 cuRatio。需要指出，对于不同的 CPU/GPU 异构平台，由于不同型号的 CPU 和 GPU 的计算能力不同，因此需要采用实际测试的方法来确定最优的 cuRatio 值，以确保 CPU/GPU 异构协同计算能获得最优的性能。

本节测试中采用的计算平台仍为“CPU/GPU 异构平台”。CPU/GPU 协同计算时，需将 1 块 GPU 卡虚拟为 12 块虚拟 GPU 卡，每块虚拟 GPU 卡大约能分配整个 GPU 资源的 1/12。

本测试选取的计算模型为飞机Ⅰ(与图 10.2-17 相同)，采用 CPU/GPU 异构并行两级核外矩量法计算飞机Ⅰ在入射平面波(沿机头方向入射)水平极化时的双站 RCS，计算频率为 1.5 GHz，高阶基函数矩量法产生的未知量为 67 552。测试选取的计算比例 cuRatio 值为 0.0～1.0，步长为 0.05。测试所得的结果如图 10.3-6 所示。

由图 10.3-6 可见，当 GPU 与 CPU 计算任务分配比例为 0.75 时，本测试中的矩阵方程求解所需的时间最短。

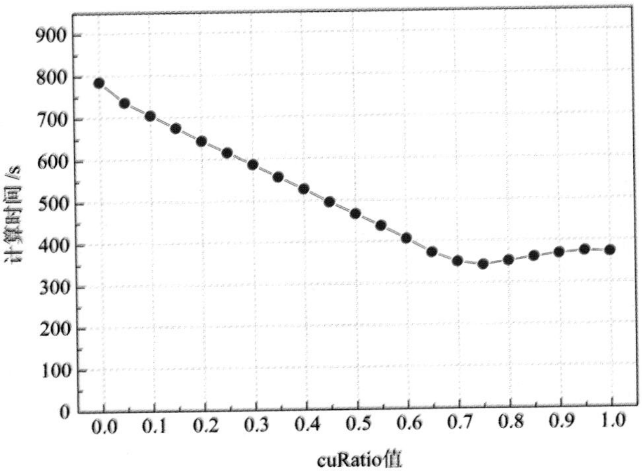

图 10.3-6　矩阵方程求解时间随 cuRatio 的变化情况

10.3.3　数值算例

本节采用 CPU/GPU 异构并行两级核外矩量法计算机载线天线阵列的辐射特性，分析阵列受扰前后的辐射特性变化情况。此处选取的计算平台为"CPU/GPU 异构平台"。本节测试中仍将 GPU 卡虚拟为与 CPU 核数一样多的"虚拟 GPU"，只分配一个 CPU 核给一个 MPI 进程，不采用 OpenMP 线程技术。

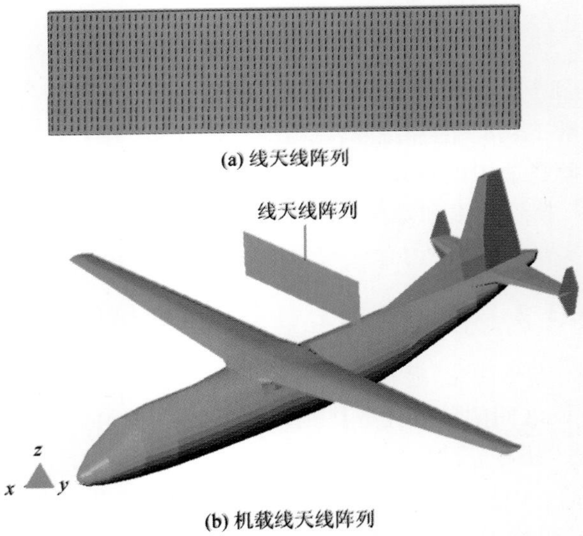

图 10.3-7　线天线阵列和机载线天线阵列的仿真模型

线天线阵列与机载线天线阵列的仿真模型如图 10.3-7 所示。飞机的尺寸为 36 m×40 m×10.5 m，阵列的单元数为 72×14=1008，采用泰勒综合设计的阵列副瓣电平为-35 dB。阵列的工作频率为 1.0 GHz，高阶基函数矩量法产生的未知量为 259 128，所需存储量为 1000.573 GB，这已远远超过"CPU/GPU 异构平台"的内存和显存，此时需采用"显存—内存—硬盘"两级核外技术。

采用 CPU/GPU 异构协同计算(两级核外技术)与 CPU 单独计算(并行核外高阶基函数矩量法)两种方式来计算该机载线天线阵列的辐射特性。图 10.3-8 给出了线天线阵列以及机载线天线阵列的 3D 增益方向图，图 10.3-9 给出了两种计算方式的 2D 增益方向图对比情况。

由图 10.3-8 和图 10.3-9 可见，阵列受扰后的增益方向图与受扰前相比，变化很大，主要表现为主瓣增益轻微下降，xoy 面主瓣附近的副瓣电平急剧抬高，这是由飞机尾翼的遮挡和机身的反射造成的。由图 10.3-9 还可得出，两种计算方式的结果吻合良好。

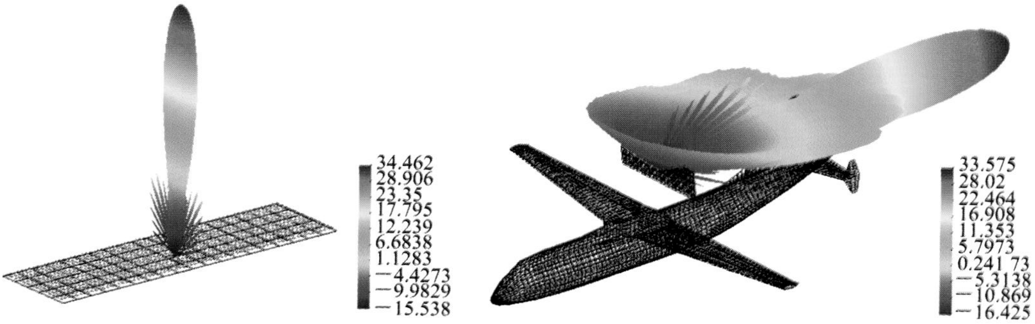

(a) 线天线阵列　　(b) 机载线天线阵列

图 10.3-8　机载线天线阵列的 3D 增益方向图(单位：dB)

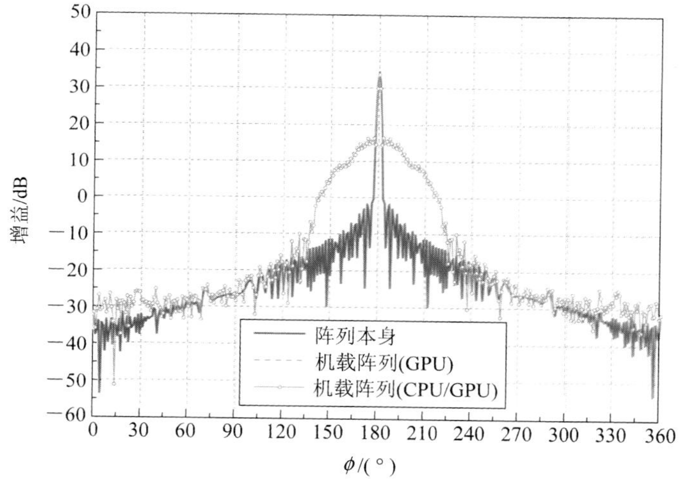

(a) *xoy*面

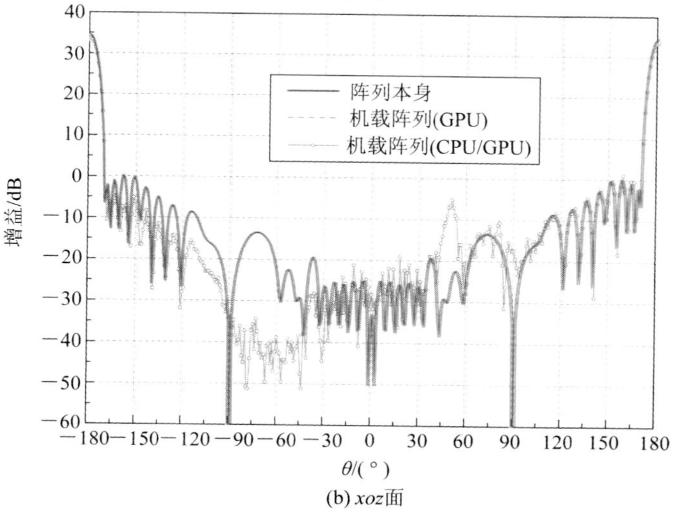

(b) *xoz*面

图 10.3-9　机载线天线阵列的 2D 增益方向图

表 10.3 - 1 给出了两种计算方式所需的计算时间。可见，与 CPU 单独计算相比，CPU/GPU 异构协同计算可以获得 1.611 倍的加速。

表 10.3 - 1　两种计算方式的性能对比(机载线天线阵列)

未知量	存储量/GB	进程网格	计算方式	求解时间/s	加速倍数
259 128	1000.573	4×6	CPU 单独计算	455 893.93	1
			CPU/GPU 异构协同计算	283 050.01	1.611

10.4　CPU/MIC 异构并行矩量法

10.2 节讨论了 CPU/GPU 异构并行矩量法的实现过程，分别给出了程序的基本并行框架和热点加速方案，本节仍从这两个方面出发对 CPU/MIC 异构并行矩量法进行讨论。

10.4.1　基本并行框架设计

对于 CPU/MIC 异构协同计算，首先是选择 MIC 的工作模式。当前 MIC 可用的模式[21]有三种：Native 模式、对等模式和 Offload 模式。其中：Native 模式不能使用 CPU，更不能跨节点，因此首先被舍弃；对等模式将 MIC 视为独立节点，难以保证 CPU 进程与 MIC 进程的计算和存储均衡，因此也应被舍弃；Offload 模式中 MIC 与 GPU 工作方式最相似。因此，本节选择 MIC 的工作模式为 Offload 模式。

对于 CPU/MIC 异构协同计算，首先借鉴 CPU/GPU 异构协同计算的最优方案——“基于 CONTEXT 技术的 MPI+ OpenMP+CUDA 并行框架”。这一框架要求 MIC 具有类似于 CONTEXT 技术的机制。遗憾的是 MIC 不存在这样的机制，当有多个进程试图同时使用同一块 MIC 卡时，MIC 不能自动地给这些进程分配资源，从而导致多个进程之间资源(尤其是计算资源)冲突。但是，MIC 上运行了一个微操作系统[2]，其编程极其灵活，甚至存在“环境变量”这一概念，因此可以为每个 MPI 进程设置独立的、与线程亲和性相关的 MIC 运行时环境变量，从而利用线程亲和性手动分配计算资源，避免计算资源冲突。这相当于 MPI 进程在 MIC 中“选择”计算资源，相对地 GPU 是自动给 MPI 进程分配计算资源。这种基本框架可以称为“基于 MIC 环境变量的 MPI+OpenMP+Offload 并行框架”，如图 10.4 - 1 所示。

图 10.4 - 1 中每个 MPI 进程利用 OpenMP 线程将任务分配给多个 CPU 核，其中黄色的 CPU 核控制 MIC，蓝色的 CPU 核参与计算。

注意，对每个 MPI 进程单独设置环境变量有两种方法：一种方法是在程序代码中设置环境变量，称为设置运行时(run time)环境变量(environment variable)；一种方法是在启动指令中对每个进程指定环境变量[21]。前者对编程的要求很高，后者对程序本身没有任何要求，实现起来也简单，但是当进程数增加时，设置环境变量的语句变得非常冗长，几乎不可能实现，因此本节选择在程序代码中设置运行时环境变量的方法。

在 10.2.3 节中介绍 CUDA 流技术时，已指出 CUDA 流的存在使得 CPU 对 GPU 的控制成本很低，因此可以用 CONTEXT 技术“虚拟”出与 CPU 核数一样多的“虚拟 GPU”，

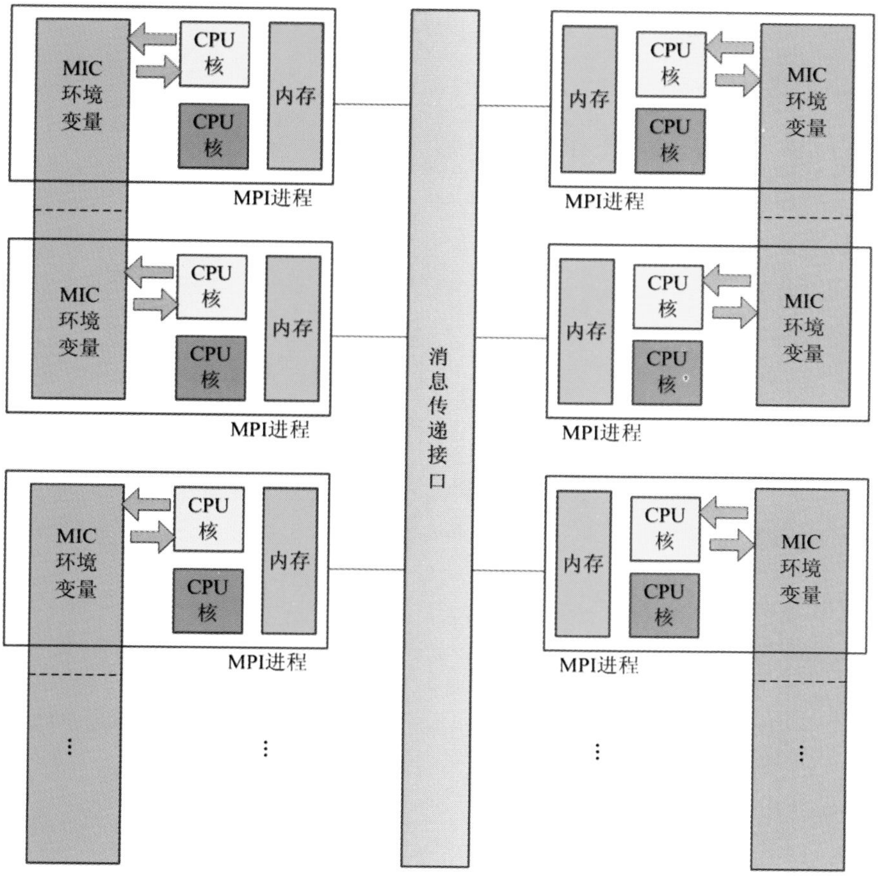

图 10.4-1 基于 MIC 环境变量的 MPI+OpenMP+Offload 并行框架

但是 MIC 中没有类似于 CUDA 流的功能。MIC 的工作方式是这样的：CPU 发出一条控制 MIC 的指令之后，MIC 便会做出响应，此时 CPU 不需要等待 MIC 完成计算任务便可以返回，从而实现 CPU/MIC 的协同计算；若此时 CPU 再发出第二条控制 MIC 的指令，则 MIC 不会立即响应此指令，也不会像 GPU 一样利用 CUDA 流记录此指令，CPU 必须等待 MIC 完成了上一个任务并且响应了本次指令之后才会返回，这增加了 CPU 对 MIC 的控制成本。在实际应用中，控制 MIC 的 CPU 核往往没有计算任务，只是用来控制 MIC。在 MPI+OpenMP+Offload 框架中，每个进程都要分配一个线程用于控制 MIC。若进程的数目过多，则会造成大量 CPU 资源被浪费；若进程的数目过少，则单个 CPU 核承担的通信负载较大，因此应该考虑合适的进程数目。

举例而言，若集群的一个节点有 24 个 CPU 核和 1 块 MIC 卡，可在每个节点上启动 4 个 MPI 进程，通过设置运行时环境变量的方法给每个进程分配 1/4 块 MIC 卡，每个 MPI 进程开启 6 个 OpenMP 线程，其中 1 个线程用来控制 MIC，其余 5 个线程参与计算。类似的组合方式有很多，比如可以选择每个节点启动 6 个 MPI 进程，每个 MPI 进程分配 1/6 块 MIC 卡，开启 4 个 OpenMP 线程，其中 1 个线程用来控制 MIC，其余 3 个线程参与计算。不同的进程与线程组合方式会对性能有不同的影响，应用中需要对此进行优化。

10.4.2　程序热点加速

在讨论 CPU/GPU 异构协同加速矩量法时，已经指出其关键问题在于如何在单 MPI 进程中利用 GPU 加速矩阵乘。本节在 10.4.1 节提出的并行框架下，研究如何利用 MIC 实现这一目标。

类似于前述“GPU 显存—内存”矩阵乘算法，“MIC 内存—内存”核外矩阵乘算法也涉及核外技术和隐藏通信技术。核外技术涉及的数据划分方式与具体的加速器或协处理器类型无关，在由 GPU 换为 MIC 后，只需要根据 MIC 的内存大小调整划分大小即可。隐藏通信技术涉及的是异步数据传递和流水线设计，在 GPU 中，异步数据传递是通过调用 CUDA 的异步函数实现的，流水线设计是基于 CUDA 流技术实现的。在 MIC 中并没有 CUDA 流技术，但是对每一个数据传递、kernel 计算等操作，MIC 都可以通过一个 signal 子句[21]来设置对应的信号量变量，被设置了信号量的操作，都可以异步完成。信号量可以设置多个，被设置了同一个信号量的操作必须顺序执行，被设置不同信号量的操作可以同时执行，这与 CUDA 流技术是类似的。因此，通过利用 signal 子句的流水线设计即可实现如 GPU 一样的隐藏通信技术。

由于在核外技术和隐藏通信技术这两点上 MIC 与 GPU 的原理相似，故本节不再展开讨论。本节重点关心另一个问题：在满足什么条件下异步数据传输可以隐藏通信。之所以在此处讨论这一问题，是因为本书采用的 MIC 卡不支持具有更高数据传输速度的 PCI－E 3.0 标准，仅支持 PCI－E 2.0 的 MIC 协处理器的数据传输性能较差，使得隐藏通信比较困难，而 GPU 卡是支持 PCI－E 3.0 标准的。

LU 分解过程中，每个进程的热点程序即矩阵乘的形式如下：

$$\boldsymbol{C}=\boldsymbol{C}-\boldsymbol{AB}$$

其中，$\boldsymbol{C}$ 是 $M\times N$ 的矩阵，$\boldsymbol{A}$ 是 $M\times K$ 的矩阵，$\boldsymbol{B}$ 是 $K\times N$ 的矩阵，如图 10.4－2 所示。

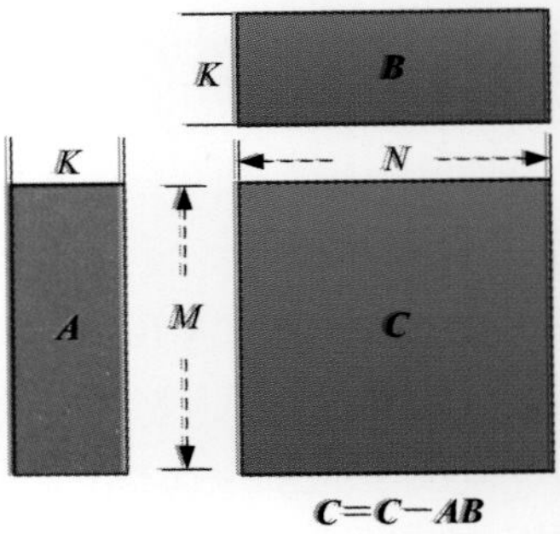

图 10.4－2　热点程序矩阵乘

一般情况下，矩阵大小会超出 MIC 的内存，因此需要将数据分批次上传到 MIC 内存中，完成计算后再下载到计算机内存中。为了提高程序性能，必须采用异步数据传输技术实现通信和计算的并行执行以隐藏通信。本节便研究在什么条件下异步数据传输可以实现隐藏通信。

为此，下面首先对 MIC 实现隐藏通信的条件进行理论研究，然后进行若干组测试，以验证理论分析的合理性，最后将这一结论应用于矩阵 LU 分解。

1. 隐藏通信的理论分析

假设整个矩阵乘都用 MIC 计算，通信量为 $16\times(2MN+MK+KN)$，其中的数字 2 是因为矩阵 $\boldsymbol{C}$ 需要上传和下载。在实际的程序实现中，往往是将矩阵 $\boldsymbol{A}$ 以同步数据传递的方式上传到 MIC 内存中，然后对矩阵 $\boldsymbol{B}$ 和 $\boldsymbol{C}$ 进行异步数据传递，因此参与异步数据传递的通信量为 $16\times(2MN+KN)$。另外，双精度复数矩阵乘所需的存储量为 $16\times(MN+MK+KN)$，矩阵乘计算量为 $8MNK$。设 PCI－E 的通信速度为 $v_{\text{PCI-E}}$，MIC 卡的计算速度为 $v_{\text{comp-M}}$，CPU 的

计算速度为$v_{\text{comp-C}}$。利用 PCI－E 通信矩阵 **B**、**C** 的时间为

$$t_{\text{PCI-E}}=\frac{16\times(2MN+KN)}{v_{\text{PCI-E}}}=\frac{32MN+16KN}{v_{\text{PCI-E}}}$$

利用 MIC 计算矩阵乘的时间为

$$t_{\text{comp-M}}=\frac{8MNK}{v_{\text{comp-M}}}$$

若要完全隐藏通信，则需要 $t_{\text{comp-M}}>t_{\text{PCI-E}}$，即计算时间大于数据传递时间：

$$\frac{8MNK}{v_{\text{comp-M}}}>\frac{32MN+16KN}{v_{\text{PCI-E}}}$$

进一步可以得到

$$\frac{Mv_{\text{PCI-E}}-2v_{\text{comp-M}}}{v_{\text{comp-M}}v_{\text{PCI-E}}}K>\frac{4M}{v_{\text{PCI-E}}}$$

因此，首先要有

$$Mv_{\text{PCI-E}}-2v_{\text{comp-M}}>0$$

即

$$M>\frac{2v_{\text{comp-M}}}{v_{\text{PCI-E}}}$$

其次要有

$$K>\frac{4Mv_{\text{comp-M}}}{Mv_{\text{PCI-E}}-2v_{\text{comp-M}}}\tag{10.4-1}$$

以 $M=30\ 000$，$v_{\text{PCI-E}}=6.0$ GB/s，$v_{\text{comp-M}}=1$ Tflops 为例，将其代入式(10.4－1)可得 $K>628$。

当 M 和 K 满足上述完全隐藏数据通信的条件时，使用 MIC 计算矩阵乘的速度和使用 CPU 计算矩阵乘的速度之比，应该为 MIC 理论峰值与 CPU 理论峰值之比。

接下来研究当 M 和 K 不满足上述完全隐藏通信的条件时，即通信时间大于计算时间时，单纯的 MIC 相对于单纯的 CPU 的加速倍数。

假设整个矩阵乘都利用 MIC 计算，此时 MIC 总计算时间为数据传递时间总时间，这是因为数据传递时间大于计算时间，相当于计算被通信隐藏了，则完成整个计算需要的时间为

$$t_{\text{offload}}=\frac{32MN+16MK+16KN}{v_{\text{PCI-E}}}$$

若整个矩阵乘都利用 CPU 计算，则计算时间为

$$t_{\text{comp-C}}=\frac{8MNK}{v_{\text{comp-C}}}$$

从而 MIC 卡相比于 CPU 加速倍数为

$$\frac{t_{\text{comp-C}}}{t_{\text{offload}}}=\frac{8MNK}{v_{\text{comp-C}}}\times\frac{v_{\text{PCI-E}}}{32MN+16MK+16KN}$$

即

$$\frac{t_{\text{comp-C}}}{t_{\text{offload}}}=\frac{MK}{v_{\text{comp-C}}}\times\frac{v_{\text{PCI-E}}}{4M+\dfrac{2MK}{N}+2K}\approx\frac{v_{\text{PCI-E}}}{4v_{\text{comp-C}}}K\tag{10.4-2}$$

仍然以 $v_{\text{PCI-E}}=6.0$ GB/s 为例，且假设 $v_{\text{comp-C}}=35$ Gflops，将其代入式(10.4-2)可得

$$\frac{t_{\text{comp-C}}}{t_{\text{offload}}}\approx 0.004\ 286K$$

值得指出的是，文献[23]中也用了类似的方法，但由于它是实数矩阵，且 $v_{\text{PCI-E}}$、$v_{\text{comp-C}}$ 也不一样，因此求出来的值略有差距。

2. 隐藏通信的测试验证

此处采用的计算平台为“CPU/MIC 异构平台-Ⅰ”，该平台包含 1 个计算节点，配置两颗 8 核 Intel Xeon E5-2650v2 CPU，理论总峰值约为 360 Gflops，内存为 64 GB；一块 Intel Xeon Phi 7110P MIC 卡，理论峰值为 1 Tflops，MIC 内存为 8 GB。

在该测试中，启动一个 MPI 进程，当利用 CPU 计算矩阵乘时，此 MPI 进程开启 16 个 OpenMP 线程；当利用 MIC 计算矩阵乘时，16 个 OpenMP 线程中的 1 个控制 MIC 卡，其余线程空闲。

1) 矩阵大小：$M=N=20\ 000$

本测试选取 $K=128\sim700$，表 10.4-1 给出了 CPU 单独计算和 MIC 单独计算两种方式的测试结果，其中 $v_{\text{PCI-E}}$、$v_{\text{comp-C}}$ 和 $v_{\text{comp-M}}$ 均为实测数据。实际加速倍数是直接以 CPU 单独计算时间除以 MIC 单独计算时间得出来的。理论加速倍数的计算如下：若 M 和 K 满足 $M>2v_{\text{comp-M}}/v_{\text{PCI-E}}$ 和 $K>4Mv_{\text{comp-M}}/(Mv_{\text{PCI-E}}-2v_{\text{comp-M}})$，则加速倍数为 $v_{\text{comp-M}}/v_{\text{comp-C}}$；若 K 不满足上述条件，则加速倍数为 $Kv_{\text{PCI-E}}/4v_{\text{comp-C}}$。注意，式中出现的各量在计算时都代入实测值。图 10.4-3 给出了测试所得的加速比曲线。

表 10.4-1　两种计算方式的测试结果($M=N=20\ 000$，$K=128\sim700$)

K	CPU 单独计算时间/s	MIC 单独计算时间/s	实际加速倍数	理论加速倍数	$v_{\text{PCI-E}}$/(GB/s)	$v_{\text{comp-C}}$/Gflops	$v_{\text{comp-M}}$/Gflops
128	1.17	1.88	0.62	0.59	6.43	349.28	968.65
192	1.74	1.89	0.92	0.88	6.43	352.21	939.92
210	1.93	1.89	1.02	0.97	6.43	347.84	890.04
220	2.01	1.89	1.06	1.01	6.43	350.18	931.70
256	2.33	1.96	1.19	1.17	6.43	350.91	929.29
384	3.49	1.94	1.79	1.75	6.43	352.54	949.71
512	4.67	2.00	2.33	2.35	6.43	350.68	963.77
640	6.00	2.32	2.59	2.86	6.43	341.40	977.04
700	6.47	2.55	2.54	2.82	6.43	346.26	977.43

由对比结果可见，当 $M=N=20\ 000$ 时，本章所研究的基于异步数据传输的 MIC 矩阵乘方案几乎达到了理想性能。实际加速倍数略小于理论加速倍数，一方面是由于矩阵 $\boldsymbol{A}$ 是以同步数据传递的方式上传到 MIC 内存中的，它的传递不能利用计算隐藏掉；另一方面，异步数据传递理论上不能隐藏第一次和最后一次通信，这会对程序性能造成一定程度的影响。

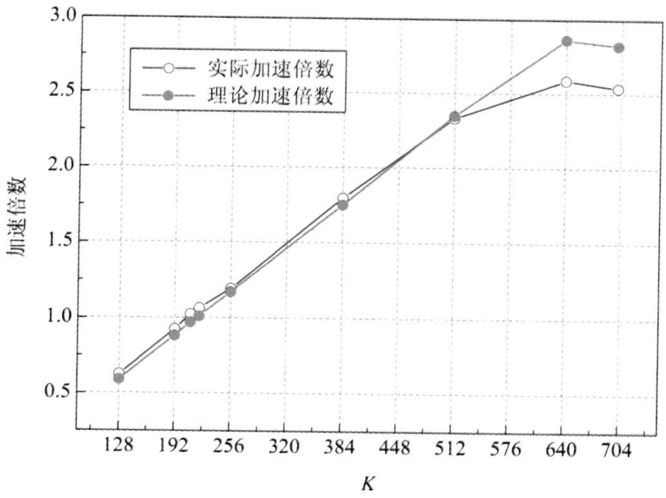

图 10.4-3　测试所得的加速曲线($M=N=20\ 000$，$K=128\sim700$)

2）矩阵大小：$M=20\ 000$，$N=13\ 000$

实际使用 MIC 时，往往采用 CPU/MIC 异构协同计算方案来计算矩阵乘，此时 MIC 上计算的矩阵 $\boldsymbol{C}$ 通常不是一个方阵，因此，本测试选取 $M=20\ 000$，$N=0.65\times M=13\ 000$，K 选取为 128～1024。表 10.4-2 给出了 CPU 单独计算和 MIC 单独计算两种方式的测试结果，图 10.4-4 给出了测试所得的加速曲线。由对比结果可见，实际加速倍数曲线与理论加速倍数曲线吻合良好。

表 10.4-2　两种计算方式的测试结果($M=20\ 000$，$N=13\ 000$，$K=128\sim1024$)

K	CPU 单独计算时间/s	MIC 单独计算时间/s	实际加速倍数	理论加速倍数	$v_{\text{PCI-E}}$/(GB/s)	$v_{\text{comp-C}}$/Gflops	$v_{\text{comp-M}}$/Gflops
128	0.75	1.22	0.61	0.58	6.48	355.56	865.93
192	1.11	1.23	0.90	0.87	6.50	359.95	912.93
256	1.48	1.27	1.16	1.16	6.52	359.42	870.53
320	1.85	1.25	1.48	1.46	6.54	359.40	919.22
384	2.22	1.25	1.77	1.75	6.56	360.50	937.18
448	2.60	1.26	2.07	2.05	6.58	358.63	940.40
512	2.95	1.28	2.31	2.34	6.60	360.60	902.35
576	3.42	1.37	2.50	2.68	6.62	349.88	938.56
640	3.79	1.50	2.53	2.70	6.64	350.87	947.99
704	4.12	1.64	2.51	2.68	6.66	355.38	950.72
768	4.43	1.81	2.45	2.59	6.68	360.57	935.19
832	4.90	1.93	2.54	2.69	6.70	353.01	950.58
896	5.26	2.07	2.54	2.69	6.72	354.51	954.18
960	5.59	2.21	2.53	2.66	6.74	357.17	950.80
1024	5.90	2.41	2.45	2.58	6.76	360.92	929.44

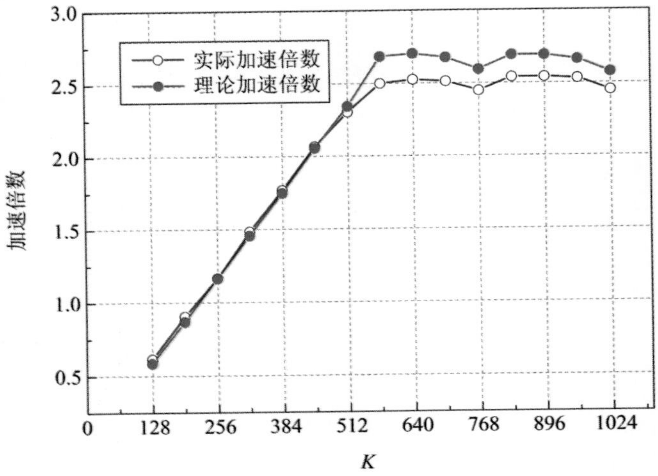

图 10.4-4　测试所得的加速曲线(M=20 000，N=13 000，K=128～1024)

3. LU 分解性能测试

下面将应用前述结论来分析 MIC 对并行 LU 分解的加速性能，测试平台为 CPU/MIC 异构平台-Ⅰ。本测试使用 16 个 CPU 核，启动 4 个 MPI 进程，每个 MPI 进程通过 OpenMP 线程技术分配 4 个 CPU 核，通过设置运行时环境变量的方法为每个 MPI 进程分配 1/4 块 MIC 卡。每个 MPI 进程分配的 4 个 CPU 核中，其中一个 CPU 核控制 MIC 卡，其余 3 个 CPU 核参与计算。

测试前，先通过前述结论，对 CPU/MIC 异构协同计算的计算性能进行理论推测。当 K=256 时，MIC 单独计算相对于 CPU 单独计算的理论加速倍数约为 1.2 倍，因此 CPU/MIC 异构协同计算相对于 CPU 单独计算的理论加速倍数应为 2.2 倍。矩阵乘在 LU 分解中占大约 80%的时间，因此 LU 分解的理论加速倍数为 2.2×80%，即约为 1.8 倍。同理可得，当 K=640 时，CPU/MIC 异构协同计算相对于 CPU 单独计算的理论加速倍数约为 2.9 倍。

测试选取的矩阵大小为 40 000×40 000，选取的 K 值为 128、256、640，采用 CPU/MIC 异构协同计算和 CPU 单独计算两种方式对矩阵进行 LU 分解，测试结果如表 10.4-3 所示。

表 10.4-3　LU 分解中的矩阵乘加速情况

测试内容	矩阵大小	K	计算资源	计算时间/s	实际加速倍数
LU 分解	40 000×40 000	128	16CPU 核	514.2581	1
		256	16CPU 核+1MIC	278.0137	1.849 75
		640	16CPU 核+1MIC	219.297	2.345

由表 10.4-3 可见，实际加速倍数略低于理论加速倍数。这是因为对矩阵乘法来说，矩阵分块越大越好，但是在 LU 分解中，若分块太大，则负载均衡度、通信状况、并行度都会相应变低；此外，还有 4 个 CPU 核并没有参与运算，而是控制 MIC 卡，这也说明了

CPU 对 MIC 的控制成本很高。

可见，单纯地增大分块大小并不一定能提升 CPU/MIC 异构协同计算的 LU 分解性能，这需要通过复杂的参数测试和折中处理，才能得到一个最优的分块大小值。

10.4.3　MIC 与 CPU 任务分配比例优化

本节讨论 CPU/MIC 异构协同计算过程中，如何合理分配 MIC 和 CPU 之间的计算任务比例，才能得到最优的加速效果。为了讨论方便，我们定义 MIC 与 CPU 任务分配比例为 micRatio。需要指出，对于不同的 CPU/MIC 异构平台，因为不同型号的 CPU 和 MIC 的计算能力不同，所以需要通过测试来确定最优的 micRatio 值，才能确保 CPU/MIC 异构协同计算具有最优的性能。

本测试采用的计算平台为 CPU/MIC 异构平台-Ⅱ，该平台包含 6 个计算节点，每个节点配置两颗 12 核 Intel Xeon E5－2900v2 CPU，内存为 64 GB；一块 Intel Xeon Phi 7110P MIC 卡，MIC 卡的内存为 8 GB。节点间通过 Infiniband 56 GB FDR 高速计算网络互连。

本测试选取的矩阵大小为 40 000×40 000，K 为 640，使用 CPU/MIC 异构平台-Ⅱ中的 1 个节点，启动 4 个 MPI 进程，每个进程利用 OpenMP 线程技术分配 6 个 CPU 核，通过设置运行时环境变量的方法为每个 MPI 进程分配 1/4 个 MIC 卡。测试程序采用第 4 章介绍的 CALU，BLAS 库为 MKL BLAS 的 CPU 版和 MIC 版。测试所得的结果如图 10.4－5 所示。

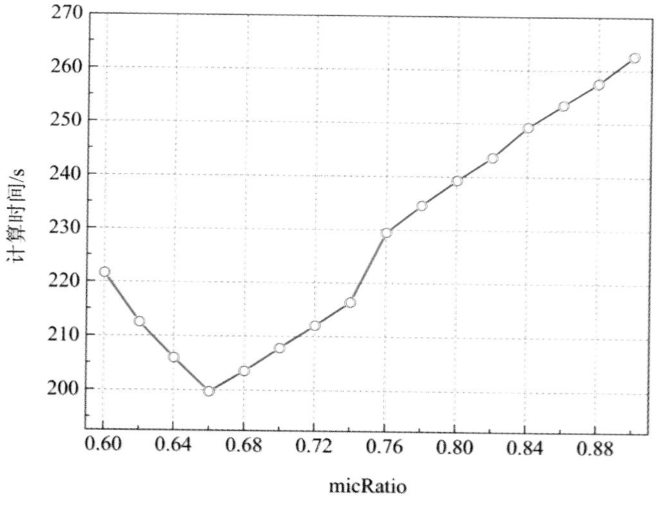

图 10.4－5　矩阵方程求解时间随 micRatio 的变化

由图 10.4－5 可见，MIC 与 CPU 计算任务分配比例为 0.66 时，本例中矩阵方程求解所需的时间最短。

10.4.4　数值算例

本节将给出 CPU/MIC 异构并行矩量法的一些应用实例，并对比 CPU/MIC 异构协同计算与 CPU 单独计算的性能。以下算例均采用 CPU/MIC 异构平台-Ⅱ的两个节点进行计算，即对 CPU 单独计算来说，每个节点启动 24 个 MPI 进程，两个节点共启动 48 个 MPI

进程；对 CPU/MIC 异构协同计算来说，每个节点启动 4 个 MPI 进程，每个进程利用 OpenMP 线程技术分配 6 个 CPU 核，通过设置运行时环境变量的方法为每个 MPI 进程分配 1/4 个 MIC 卡。

需要指出，本节主要对比两种计算方式的矩阵 LU 分解时间。其中：CPU 单独计算的矩阵 LU 分解直接调用 Intel MKL；CPU/MIC 异构协同计算则采用 CALU，BLAS 库为 MKL BLAS 的 CPU 版和 MIC 版。

算例 1：飞机Ⅰ。

此处选取的计算模型为飞机Ⅰ，其 RWG 基函数矩量法仿真模型如图 10.4-6 所示。飞机的尺寸为 11.6 m×7.0 m×2.93 m，计算频率为 500 MHz，RWG 基函数矩量法产生的未知量为 34 824。

图 10.4-6　飞机Ⅰ的 RWG 矩量法仿真模型

采用 CPU/MIC 异构协同计算和 CPU 单独计算两种方式分别计算飞机Ⅰ在入射平面波(沿机头方向入射)水平极化情况下的双站 RCS。图 10.4-7 给出了两种计算方式的二维 RCS 对比情况，表 10.4-4 给出了两种计算方式所需的计算时间。

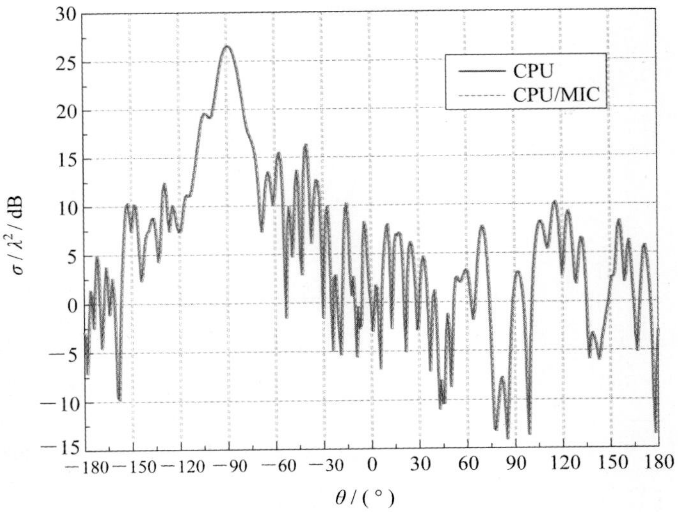

图 10.4-7　飞机Ⅰ的双站 RCS

表 10.4-4　两种计算方式的性能对比(飞机Ⅰ)

未知量	存储量/GB	进程网格	计算方式	求解时间/s	加速倍数
34 824	18.07	6×8	CPU 单独计算	217.381	1
		2×4	CPU/MIC 异构协同计算	108.377	2.00

由图 10.4-7 可见，两种计算方式的结果吻合良好。由表 10.4-4 可得，与 CPU 单独计算相比，CPU/MIC 异构协同计算可以获得 2.00 倍的加速。

算例 2：29×9 单元的微带天线阵列。

此处选取的计算模型为包含 29×9 微带贴片单元的天线阵列，其仿真模型与图 10.2-15 所示的相同。阵列的尺寸为 6.576 m×2.5 m×18 mm，工作频率为 440 MHz，高阶基函数矩量法产生的未知量为 55 058。采用泰勒综合设计的阵列副瓣电平为−25 dB。

采用 CPU/MIC 异构协同计算和 CPU 单独计算两种方式分别计算该微带天线阵列的辐射特性。图 10.4-8 给出了阵列的三维增益方向图以及两种计算方式的二维增益方向图对比情况，表 10.4-5 给出了两种计算方式所需的计算时间。

表 10.4-5　两种计算方式的性能对比(29×9 单元的微带天线阵列)

未知量	存储量/GB	进程网格	计算方式	求解时间/s	加速倍数
55 058	45.17	6×8	CPU 单独计算	606.274	1
		2×4	CPU/MIC 异构协同计算	301.246	2.01

由图 10.4-8 可见，两种计算方式的结果吻合良好。由表 10.4-5 可得，与 CPU 单独计算相比，CPU/MIC 异构协同计算可以获得 2.01 倍的加速。

算例 3：波导缝隙天线阵列。

此处选取的计算模型为由两根包含 102 个缝隙的波导缝隙天线组成的阵列，其仿真模型如图 10.4-9 所示。波导缝隙天线的尺寸为 566.5 mm×10.96 mm×7.69 mm，波导壁厚为 1.0 mm，天线的工作频率为 35 GHz，高阶基函数矩量法产生的未知量为 56 944。

采用 CPU/MIC 异构协同计算和 CPU 单独计算两种方式分别计算该波导缝隙阵列的辐射特性。图 10.4-10 给出了阵列的三维增益方向图以及两种计算方式的二维增益方向图对比情况，表 10.4-6 给出了两种计算方式所需的计算时间。

表 10.4-6　两种计算方式的性能对比(波导缝隙阵列)

未知量	存储量/GB	进程网格	计算方式	求解时间/s	加速倍数
56 944	48.32	6×8	CPU 单独计算	655.862	1
		2×4	CPU/MIC 异构协同计算	323.574	2.02

(a) 三维增益方向图(单位：dB)

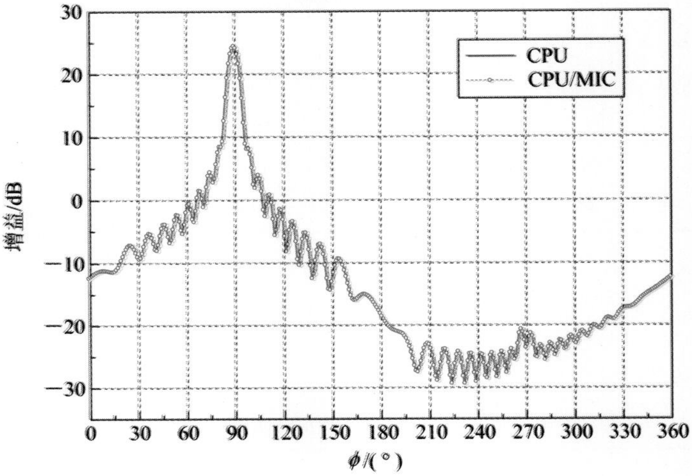

(b) *xoy*面

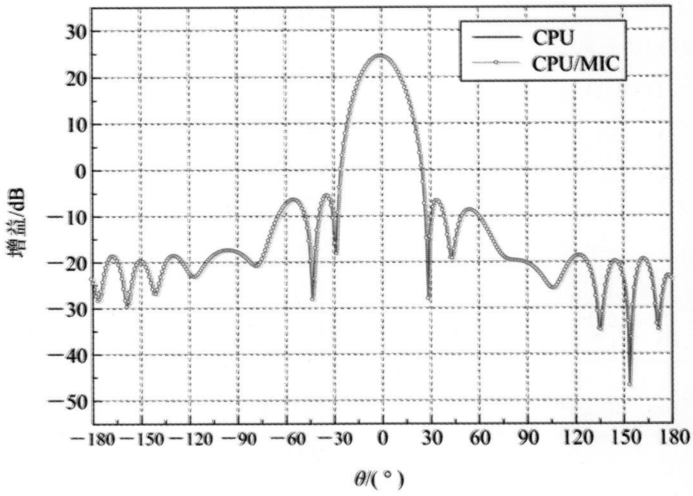

(c) *yoz*面

图 10.4-8　微带天线阵列的增益方向图

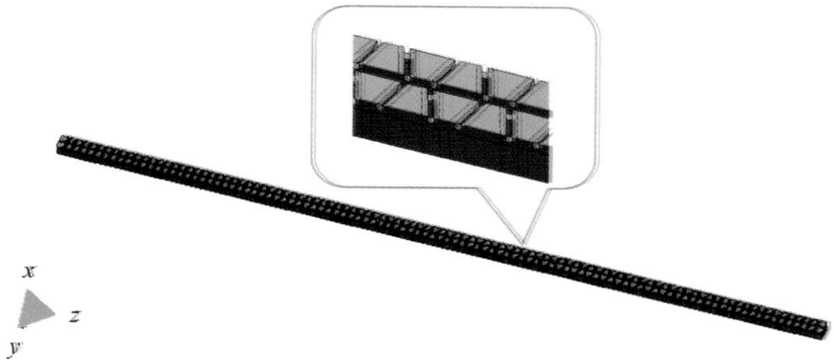

图 10.4-9　波导缝隙天线模型

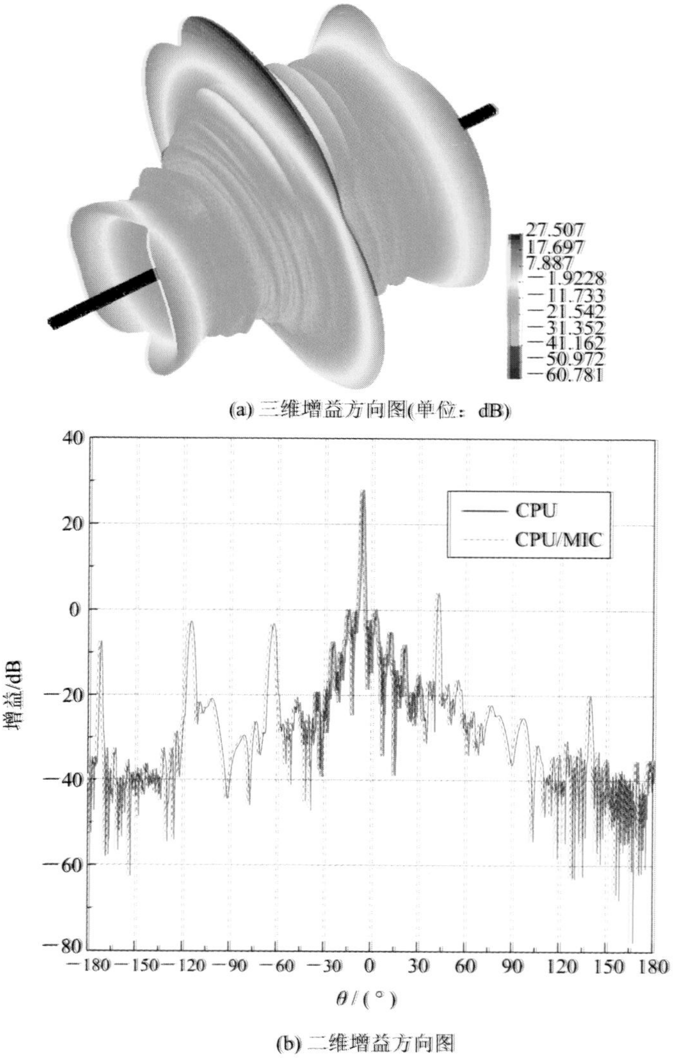

(a) 三维增益方向图(单位：dB)

(b) 二维增益方向图

图 10.4-10　波导缝隙阵列的增益方向图

由图 10.4-10 可见，两种计算方式的结果吻合良好。由表 10.4-6 可得，与 CPU 单独计算相比，CPU/MIC 异构协同计算可以获得 2.02 倍的加速。

算例 4：飞机Ⅱ。

此处选取的计算模型为飞机Ⅱ，其仿真模型与图 10.2-19 所示的相同。飞机Ⅱ的尺寸为 18.92 m×13.56 m×5.05 m，计算频率为 600 MHz，高阶基函数矩量法产生的未知量为 60 073。采用 CPU/MIC 异构协同计算和 CPU 单独计算两种方式分别计算飞机Ⅱ在入射平面波(沿机头方向入射)垂直极化时的双站 RCS。图 10.4-11 给出了飞机Ⅱ的 3D RCS 结果以及两种计算方式的 2D RCS 结果对比情况，表 10.4-7 给出了两种计算方式所需的计算时间。

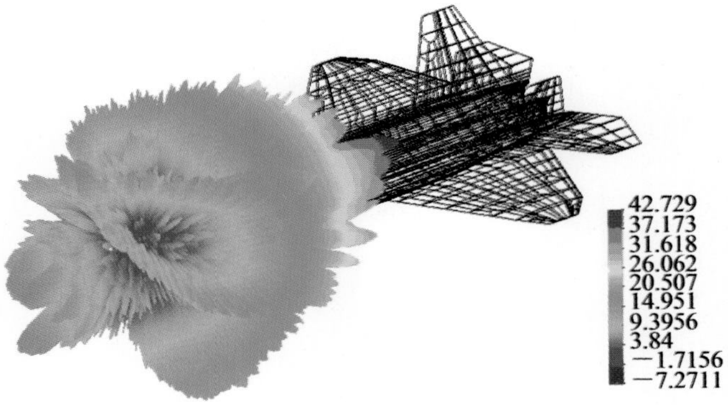

(a) 3D RCS(单位：dB)

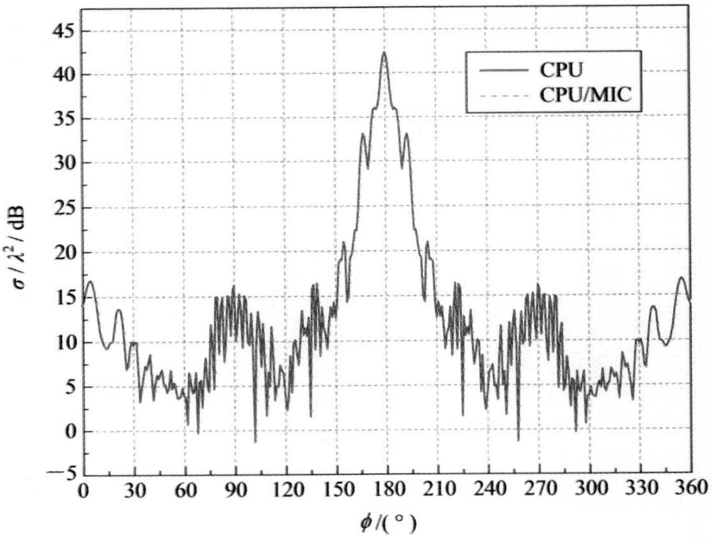

(b) *xoy*面

图 10.4-11　飞机Ⅱ的双站 RCS

表 10.4-7　两种计算方式的性能对比(飞机Ⅱ)

未知量	存储量/GB	进程网格	计算方式	求解时间/s	加速倍数
60 073	53.77	6×8	CPU 单独计算	766.516	1
		2×4	CPU/MIC 异构协同计算	382.395	2.00

由图 10.4-11(b)可见，两种计算方式的结果吻合良好。由表 10.4-7 可得，与 CPU 单独计算相比，CPU/MIC 异构协同计算可以获得 2.00 倍的加速。

通过上述算例可见，与 CPU 单独计算相比，CPU/MIC 异构协同计算可以达到约 2 倍的加速，这与 CPU/GPU 异构协同计算的加速效果相当。

10.5　CPU/GPU 与 CPU/MIC 的性能比较

本节研究 CPU/GPU、CPU/MIC 异构加速并行矩量法的可扩展性，并对两者进行对比。其中 CPU/MIC 异构协同计算采用的计算平台为 CPU/MIC 异构平台-Ⅱ。采用 CPU/GPU 异构协同计算时，将上述平台中的 MIC 替换为 NVDIA K20C GPU。

本节重点测试在节点数分别为 2、4、6 时，CPU/GPU 异构协同计算、CPU/MIC 异构协同计算和 CPU 单独计算三种计算方式的性能，并考察算法的可扩展性。节点数为 2 时，选取的计算模型与 10.4.4 节算例 2 相同，此处不再重新描述。节点数为 4 时，选取的计算模型为包含 37×9 单元微带贴片的天线阵列，其仿真模型如图 10.5-1 所示，阵列的尺寸为 10 m × 2.5 m × 0.018 m，工作频率为 440 MHz，高阶基函数矩量法产生的未知量为 83 996，采用泰勒综合设计的阵列副瓣电平为−25 dB。节点数为 6 时，选取的计算模型为图 10.2-19 所示的飞机Ⅱ，计算其在垂直极化平面波沿机头方向入射时的双站 RCS。计算频率为 1.0 GHz，高阶基函数矩量法产生的未知量为 137 335。

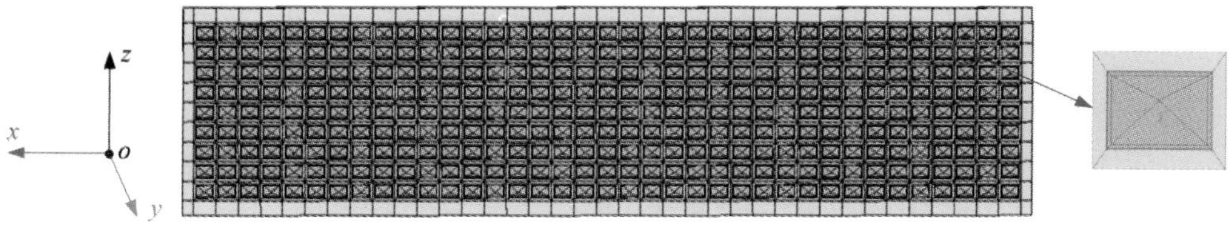

图 10.5-1　微带贴片天线阵列模型

图 10.5-2 给出了采用 4 个节点计算的微带贴片天线阵列的辐射方向图。通过对比可以看出，CPU/MIC 异构协同计算、CPU/GPU 异构协同计算和 CPU 单独计算的计算结果相同。

表 10.5-1 给出了在节点数分别为 2、4、6 时，三种计算方式所需的计算时间等信息。

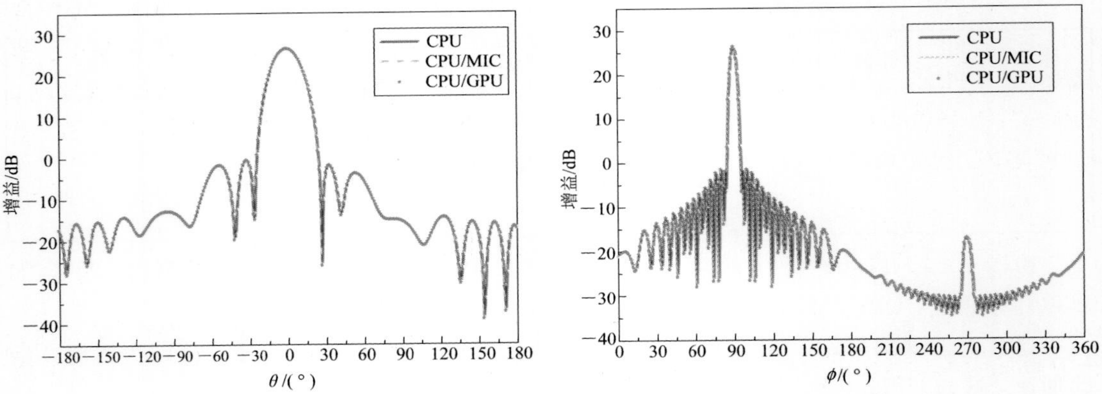

(a) *yoz*面　　　　(b) *xoy*面

图 10.5-2　微带贴片天线阵列的 2D 增益方向图

表 10.5-1　三种计算方式的性能对比

节点数	未知量	存储量/GB	计算方式	进程网格	每进程线程数	求解时间/s	加速倍数
2（48CPU 核，120MIC 核）	55 058	45.17	CPU 单独计算	6×8	—	606.274	1
			CPU/MIC 异构协同计算	2×4	6	301.246	2.01
			CPU/GPU 异构协同计算	2×4	6	276.27	2.19
4（96CPU 核，240MIC 核）	83 996	105.13	CPU 单独计算	8×12	—	1011.20	1
			CPU/MIC 异构协同计算	4×4	6	508.24	1.99
			CPU/GPU 异构协同计算	4×4	6	482.01	2.09
6（144CPU 核，360MIC 核）	137 335	281.05	CPU 单独计算	12×12	—	3063.79	1
			CPU/MIC 异构协同计算	4×6	6	1531.35	2.00
			CPU/GPU 异构协同计算	4×6	6	1397.50	2.19

由表 10.5-1 可以看出，与 CPU 单独计算相比，当节点数分别为 2、4、6 时(或进程数分别为 48、96、144 时)，CPU/GPU 异构协同计算和 CPU/MIC 异构协同计算均能获得大约 2 倍的加速，这表明本章所实现的异构协同算法具有较好的扩展性。实测中，CPU 单独

计算时所采用的矩阵方程求解程序是 Intel MKL。在 Intel CPU 平台上，Intel MKL 几乎是最快的数学库，程序的 Gflops 性能接近 CPU 理论峰值。测试中所使用的 GPU 和 MIC，其理论峰值是 CPU 理论峰值的 2～3 倍，因此 2 倍左右的加速的实测值是符合理论预期的。CPU/GPU 异构协同计算比 CPU/MIC 异构协同计算具有稍高的加速比性能，这是由于 K20C GPU 加速器的理论峰值略高于 7110P MIC 协处理器的理论峰值。

10.6 大规模 CPU/MIC 异构并行矩量法

10.4 节和 10.5 节给出了 CPU/MIC 异构并行矩量法在较小并行规模时的测试结果。本节将这一工作移植到“天河 2 号”超级计算机(详见附录 B. 1. 2)上，测试 CPU/MIC 异构并行矩量法在大规模并行时的性能。“天河 2 号”超级计算机的每个计算节点配置两颗 Intel Xeon E5 - 2692 2. 2 GHz 12 核心的 CPU、三个 Xeon Phi 31S1P 1. 1 GHz 57 核心的 MIC 卡。本节所有测试只使用每个计算节点中的一个 MIC 卡，每个节点启动 2 个 MPI 进程，每个进程利用 OpenMP 线程技术分配 12 个 CPU 核，通过设置运行时环境变量的方法为每个 MPI 进程分配 1/2 个 MIC 卡。

并行效率测试 1：

此处选取的计算模型为飞机Ⅱ，采用 RWG 基函数矩量法计算其在水平极化平面波入射时的双站 RCS，平面波沿机头方向入射。仿真模型如图 10. 6 - 1 所示，飞机的尺寸为 18. 92 m×13. 56 m×5. 05 m，计算频率为 500 MHz，RWG 基函数矩量法产生的未知量为 187 821。采用 CPU/MIC 异构并行矩量法进行计算，测试所用节点数分别为 16、32、64、128、256 和 512，测试所得计算时间如表 10. 6 - 1 所示。

图 10. 6 - 1　飞机Ⅱ的 RWG 基函数矩量法仿真模型

为了测试并行矩量法在 CPU/MIC 异构计算时相对于单纯 CPU 计算时的加速倍数，表 10. 6 - 2 分别给出了在 16 节点和 32 节点时 CPU 单独计算的时间。在 16 节点和 32 节点时，与 CPU 单独计算相比，CPU/MIC 异构协同计算可以达到约 1. 90 倍的加速，略低于 10. 5 节给出的 2 倍，这是由于本节所使用的 MIC 卡的理论峰值略低于 10. 5 节所使用的 MIC 卡的理论峰值。

表 10.6-1　CPU/MIC 异构计算时并行矩量法仿真时间

电磁模型（未知量）	节点数	CPU 核数	MIC 核数	填充时间 /s	求解时间 /s	所需内存 /GB	内存使用率/(%)
飞机Ⅱ (187 821)	16	384	912	491.97	1415.91	525.664	51.33
	32	768	1824	257.67	769.98		25.67
	64	1536	3648	124.30	438.72		12.83
	128	3072	7296	63.89	254.38		6.42
	256	6144	14 592	32.35	159.11		3.21
	512	12 288	29 184	16.27	86.02		1.60

表 10.6-2　CPU 单独计算时并行矩量法仿真时间

电磁模型（未知量）	节点数	CPU 核数	MIC 核数	填充时间 /s	求解时间 /s	所需内存 /GB	内存使用率/(%)
飞机Ⅱ (187 821)	16	384	0	681.23	2703.33	525.664	51.33
	32	768	0	352.26	1467.20		25.67

图 10.6-2 给出了以 16 节点为基准的并行效率曲线。可见，在节点数由 16 增加到 512（MIC 核由 912 增加到 29 184）时，CPU/MIC 异构并行矩量法的矩阵方程求解并行效率仍在 50%以上。注意到 512 节点时本算例的内存使用率仅为 1.60%，这表明此时相对于所利用的硬件计算资源而言，问题规模已经太小。可以预期的是，对于更大的问题规模能够获得更高的并行效率。

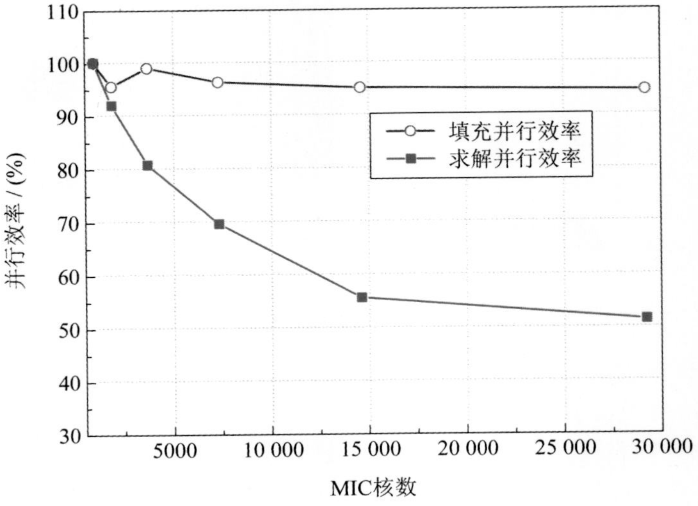

图 10.6-2　CPU/MIC 异构并行矩量法并行效率曲线

图 10.6－3 给出了飞机Ⅱ的二维双站 RCS 计算结果。

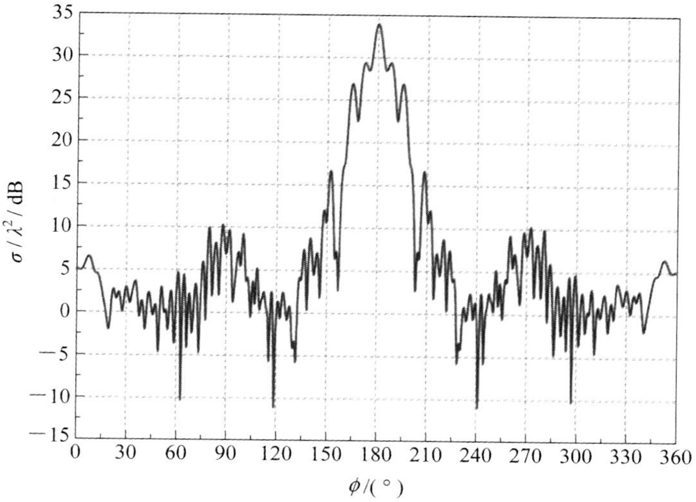

(a) *xoy*面

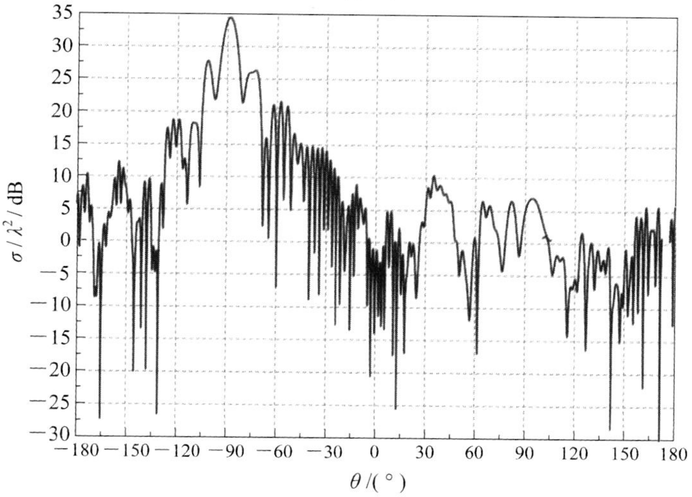

(b) *xoz*面

图 10.6－3　飞机Ⅱ的双站 RCS

并行效率测试 2：

此处选取的计算模型仍为飞机Ⅱ，仿真模型如图 10.6－1 所示。采用 RWG 基函数矩量法计算其在水平极化平面波入射时的单站 RCS，在 xoy 面选择 180 个入射波方向，计算频率为 700 MHz，RWG 基函数矩量法产生的未知量为 337 650。

采用 CPU/MIC 异构并行矩量法进行计算，测试所用节点数分别为 32、64、128、256、512 和 1024，测试所得计算时间如表 10.6－3 所示。为了测试并行矩量法在 CPU/MIC 异构计算时相对于单纯 CPU 计算时的加速倍数，表 10.6－4 分别给出了在 64 节点和 128 节点时 CPU 单独计算的时间。在 64 节点和 128 节点时，与 CPU 单独计算相比，CPU/MIC 异构协同计算可以达到约 1.85 倍的加速，这与从上一算例中得到的结论基本一致。

表 10.6-3 CPU/MIC 异构计算时并行矩量法仿真时间

电磁模型(未知量)	节点数	CPU 核数	MIC 核数	填充时间/s	求解时间/s	所需内存/GB	内存使用率/(%)
飞机Ⅱ(337 650)	32	768	1824	899.69	3838.38	1698.844	82.95
	64	1536	3648	445.67	2173.95		41.48
	128	3072	7296	224.40	1167.54		20.74
	256	6144	14 592	114.04	681.26		10.37
	512	12 288	29 184	57.68	396.67		5.18
	1024	24 576	58 368	30.05	261.78		2.59

表 10.6-4 CPU 单独计算时并行矩量法仿真时间

电磁模型(未知量)	节点数	CPU 核数	MIC 核数	填充时间/s	求解时间/s	所需内存/GB	内存使用率/(%)
飞机Ⅱ(337 650)	64	1536	0	592.03	3979.49	1698.844	41.48
	128	3072	0	298.60	2206.34		20.74

图 10.6-4 给出了以 32 节点为基准时的并行效率曲线。可见，在节点数由 32 增加到 512(MIC 核由 1824 增加到 29 184)时，CPU/MIC 异构并行矩量法并行效率在 60%以上；当进一步增加到 1024 节点(58 368 MIC 核)时，并行效率仍能达到 45%左右。

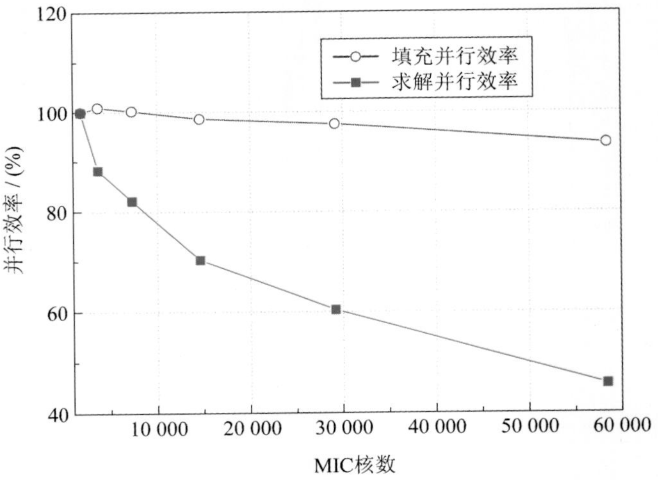

图 10.6-4 CPU/MIC 异构并行矩量法并行效率曲线

图 10.6-5 给出了飞机Ⅱ在 xoy 面的单站 RCS 计算结果。

由以上两个测试实例可知，在不同测试节点数情况下，并行矩量法的 CPU/MIC 异构计算相对单纯 CPU 计算均能获得约 1.9 倍的加速。CPU/MIC 异构并行矩量法程序在 MIC 核数突破 50 000 核时仍具有合理的并行效率，表明本章实现的 CPU/MIC 异构并行矩量法在大规模异构协同计算时仍具有良好的可扩展性，而这对于利用异构超级计算机进行大规模电磁仿真而言恰恰是至关重要的。

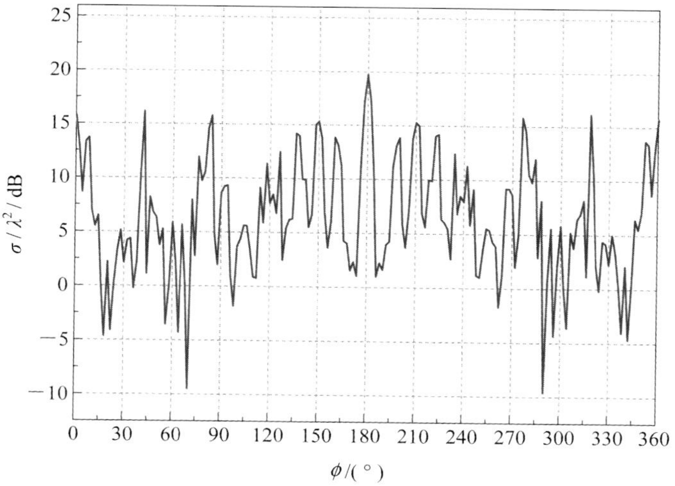

图 10.6-5　飞机Ⅱ在 *xoy* 面的单站 RCS

10.7 小　结

本章针对异构并行矩量法中的“跨节点”这一关键问题展开详细讨论，结合 GPU 和 MIC 各自的特点选定了最优的并行框架，详细讨论了程序热点的加速方案，实现了 CPU/GPU 和 CPU/MIC 两种异构平台上的并行矩量法。

参考文献

[1] https://en.wikipedia.org/wiki/Graphics_processing_unit.

[2] Intel® Xeon Phi™ Coprocessor, Reference Number: 328209-002EN, 2013.

[3] http://www.netlib.org/benchmark/top500.html.

[4] http://www.nscc-tj.gov.cn/introduction/introduction_1.asp.

[5] http://www.sugon.com/product/detail/productid/114.html.

[6] http://www.nscc-gz.cn.

[7] http://www.mcs.anl.gov/research/projects/mpi/index.html.

[8] http://openmp.org/wp.

[9] https://computing.llnl.gov/tutorials/pthreads.

[10] http://gprofile.com.

[11] https://software.intel.com/en-us/node/544017.

[12] Lezar E, Davidson D B. GPU-based LU decomposition for large method of moments problems. Electronics Letters, 2010, 46(17): 1194-1196.

[13] Kristie D'Ambrosio, Dr. Ron Pirich. MoM Software for GPU Hardware. Systems, Applications and Technology Conference (LISAT), 2011 IEEE Long Island.

[14] Mu Xing, Zhou Hou-Xing. Higher Order Method of Moments With a Parallel

Out-of-Core LU Solver on CPU/GPU Platform. IEEE Transactions on Antennas and Propagation, 2014, 62(11): 5634 - 5646.

[15] D'Azevedo E, Hill J C. Parallel LU Factorization on GPU cluster. International Conference on Computational Science, June 4-6, 2012, Omaha, Nebraska, USA.

[16] Du Peng, Tomov Stanimire. Providing GPU Capability to LU and QR within the ScaLAPACK Framework. lawn272 UT-CS-12-699, Sep 2012. http://www.netlib.org/lapack/lawns/downloads/.

[17] Lv Zhaofeng, Lin Zhongchao. Accelerated higher-order MoM using GPU. IET International Radar Conference 2013, April 14-16, 2013, Xi'an, China.

[18] Lin Zhongchao, Chen Yan, Zhang Yu. Solution of EM Problems Using Hybrid Parallel CPU/GPU Implementation of Higher-Order MoM. IEEE APS, July19-25, 2015, Vancouver, Canada.

[19] Chen Yan, Lin Zhongchao, Zhang Yu. Parallel Out-of-core Higher - Order Method of Moments Accelerated by Graphics Processing Units. IEEE APS, July19-25, 2015, Vancouver, Canada.

[20] [美] Jason Sanders, Edward Kandrot. GPU 高性能编程 CUDA 实战. 北京: 机械工业出版社, 2011.

[21] [美]Jim Jeffers, James Reinders. Intel Xeon Phi 协处理器高性能编程指南. 北京: 人民邮电出版社, 2014.

[22] Zhang Yu, Chen Yan, Zhang Guanghui, et al. A Highly Efficient Communication Avoiding LU Algorithm for Methods of Moments. IEEE APS, July19-25, 2015, Vancouver, Canada.

[23] Alexander Heinecke, Karthikeyan Vaidyanathan, Mikhail Smelyanskiy. Design and Implementation of the Linpack Benchmark for Single and Multi-Node Systems Based on Intel® Xeon Phi™ co-processor. In Proceedings of the 2013 IEEE International Parallel and Distributed Processing Symposium, May 2013.

附录 A　高斯数值积分

在微积分理论中，计算定积分需要先求出被积函数的原函数，再利用牛顿-莱布尼兹公式计算出定积分值。实际应用中由于被积函数或积分区间的复杂性，通常无法获得积分的闭式解，因此有必要研究积分的数值计算方法。数值积分方法有多种，其中高斯积分可以用相同的采样点数达到较高的精度。

A.1　一维高斯积分

一维积分(又称为线积分)可统一表述为计算已知函数 $f(x)$在区间$[a, b]$内的积分值 $\int_a^b f(x)\mathrm{d}x$。在插值型数值积分中通常将积分近似为

$$\int_a^b f(x)\mathrm{d}x \approx \sum_{i=1}^{n} W_i^{(n)} f(x_i^{(n)}) \tag{A.1-1}$$

式中，n 为采样点数，$x_i^{(n)}$ 为积分区间内的采样点，$W_i^{(n)}$ 为采样点对应的权值。

首先考察在区间$[-1, 1]$内的高斯数值积分[1]，有

$$\int_{-1}^{1} f(x)\mathrm{d}x \approx \sum_{i=1}^{n} W_i^{(n)} f(x_i^{(n)}) \tag{A.1-2}$$

其中，$x_i^{(n)}$ 是勒让德多项式 $\mathrm{P}_n(x)$的根，对应采样点的权值函数为

$$W_i^{(n)} = \frac{2}{[1-(x_i^{(n)})^2][\mathrm{P}_n'(x_i^{(n)})]^2} \tag{A.1-3}$$

表 A.1-1 给出了多点高斯-勒让德求积公式的采样点位置及相应的权值[1]。

表 A.1-1　一维高斯积分参数表

积分点数 n	采样点位置 $x_i^{(n)}$	对应权值 $W_i^{(n)}$
1	0	2
2	$\pm\frac{1}{\sqrt{3}}=\pm 0.577\ 350\ 269\ 2$	1
3	0 $\pm\sqrt{\frac{3}{5}}=\pm 0.774\ 596\ 669\ 2$	$\frac{8}{9}$ $\frac{5}{9}$
4	$\pm\frac{\sqrt{525-70\sqrt{30}}}{35}=\pm 0.339\ 981\ 043\ 6$ $\pm\frac{\sqrt{525+70\sqrt{30}}}{35}=\pm 0.861\ 136\ 311\ 6$	$\frac{18+\sqrt{30}}{36}=0.652\ 145\ 154\ 9$ $\frac{18-\sqrt{30}}{36}=0.347\ 854\ 845\ 1$

续表

积分点数 n	采样点位置 $x_i^{(n)}$	对应权值 $W_i^{(n)}$
5	0 $\pm\dfrac{\sqrt{245-14\sqrt{70}}}{21}=\pm 0.538\ 469\ 310\ 1$ $\pm\dfrac{\sqrt{245+14\sqrt{70}}}{21}=\pm 0.906\ 179\ 845\ 9$	$\dfrac{128}{225}=0.568\ 888\ 888\ 9$ $\dfrac{322+13\sqrt{70}}{900}=0.478\ 628\ 670\ 5$ $\dfrac{322-13\sqrt{70}}{900}=0.236\ 926\ 885\ 1$
…	…	…

对于任意积分区间$[a, b]$上的积分，在使用高斯-勒让德求积公式时必须将积分区间变换到$[-1, 1]$，可利用参数变换公式：

$$x=\frac{b-a}{2}y+\frac{a+b}{2} \tag{A.1-4}$$

可以看出，当$y\in[-1, 1]$时，$x\in[a, b]$。将参数变换公式带入原积分式，得

$$\int_a^b f(x)\mathrm{d}x=\frac{b-a}{2}\int_{-1}^1 f\left(\frac{b-a}{2}y+\frac{a+b}{2}\right)\mathrm{d}y \tag{A.1-5}$$

经过参数变换后，积分区间变为$[-1, 1]$，对应的高斯求积近似式为

$$\int_a^b f(x)\mathrm{d}x\approx\sum_{i=1}^n W_i^{'(n)}f(x_i^{'(n)}) \tag{A.1-6}$$

其中，新的采样点位置及对应权值分别为

$$\begin{cases} x_i^{'(n)}=\dfrac{b-a}{2}x_i^{(n)}+\dfrac{a+b}{2} \\ W_i^{'(n)}=\dfrac{b-a}{2}W_i^{(n)} \end{cases} \tag{A.1-7}$$

A.2 二维高斯积分

计算中有时会遇到在平面三角形上的面积分(如采用 RWG 基函数的矩量法)，此时二维高斯积分需要在积分三角形内选取合适的积分采样点，然后用各积分采样点的函数值的加权和来近似原积分值。

图 A.2-1 中矢量 $\boldsymbol{\rho}_1$、$\boldsymbol{\rho}_2$、$\boldsymbol{\rho}_3$ 将三角形分成三个子三角形，分别用 A_1、A_2、A_3 表示其面积，Δ 表示原三角形的面积，引入面积坐标系，令

$$\xi=\frac{A_1}{\Delta},\ \eta=\frac{A_2}{\Delta},\ \zeta=\frac{A_3}{\Delta}$$

式中，$\xi\in[0, 1]$，$\eta\in[0, 1]$，$\zeta\in[0, 1]$。由 $A_1+A_2+A_3=\Delta$，可得

$$\xi+\eta+\zeta=1$$

这表明 ξ、η、ζ 中只有两个是独立的。

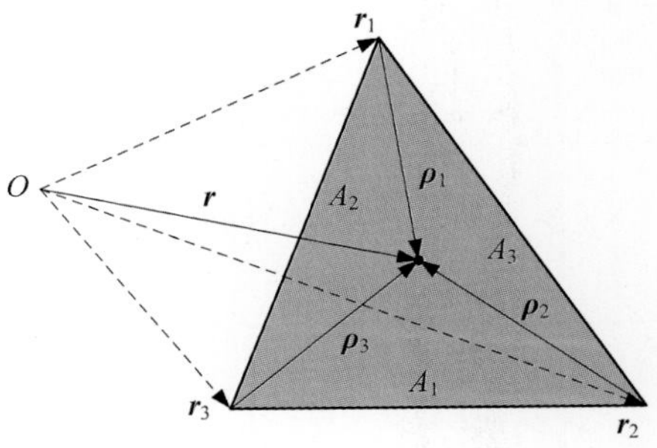

图 A.2-1　三角形面积坐标

已知三角形三个顶点坐标，则三角形内任意点坐标可表示为

$$\boldsymbol{r} = \xi \boldsymbol{r}_1 + \eta \boldsymbol{r}_2 + \zeta \boldsymbol{r}_3 \qquad (\text{A. }2-1)$$

通过参数变换可将原任意三角形上的积分转化为标准直角三角形上的积分，如图 A. 2 - 2 所示。

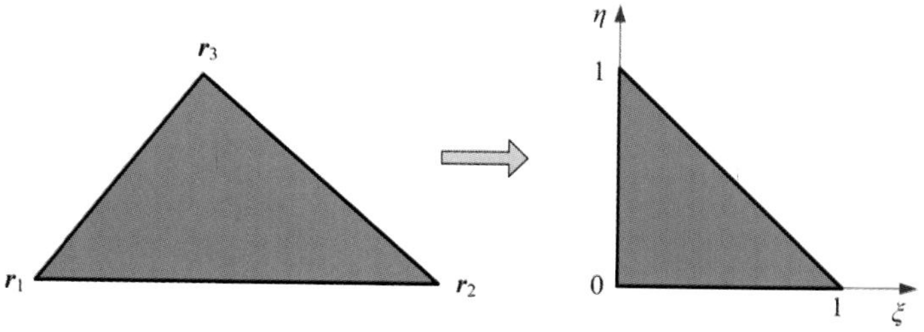

图 A. 2 - 2 积分区间变换示意图

原面积分可转化为

$$\int_s f(\boldsymbol{r})\mathrm{d}s = 2\Delta \int_0^1 \int_0^{1-\xi} f(\xi,\ \eta)\mathrm{d}\xi\mathrm{d}\eta \qquad (\text{A. }2-2)$$

应用高斯求积公式，可得二维积分近似式[2]：

$$\int_s f(\boldsymbol{r})\mathrm{d}s \approx 2\Delta \sum_{k=1}^{n} W_k^{(n)} f(\xi_k^{(n)},\ \eta_k^{(n)},\ \zeta_k^{(n)}) \qquad (\text{A. }2-3)$$

式中，n 为积分采样点数，$\xi_k^{(n)}$、$\eta_k^{(n)}$，$\zeta_k^{(n)}$ 为确定采样点位置的位置参数，$W_k^{(n)}$ 为各采样点对应的权值。表 A. 2 - 1 给出了三角形面上多点高斯积分公式的采样点位置参数及各采样点相应的权值。

表 A. 2 - 1 二维高斯积分参数表

n	k	$\xi_k^{(n)}$	$\eta_k^{(n)}$	$\zeta_k^{(n)}$	$W_k^{(n)}$
1	1	1/3	1/3	1/3	1/2
3	1	2/3	1/6	1/6	1/6
	2	1/6	2/3	1/6	1/6
	3	1/6	1/6	2/3	1/6
4	1	1/3	1/3	1/3	−9/32
	2	3/5	1/5	1/5	25/96
	3	1/5	3/5	1/5	25/96
	4	1/5	1/5	3/5	25/96
7	1	1/3	1/3	1/3	9/80
	2	0.797 426 985 353	0.101 286 507 323	0.101 286 507 323	0.062 969 590 272
	3	0.101 286 507 323	0.797 426 985 353	0.101 286 507 323	0.062 969 590 272
	4	0.101 286 507 323	0.101 286 507 323	0.797 426 985 353	0.062 969 590 272
	5	0.470 142 064 105	0.470 142 064 105	0.059 715 871 790	0.066 197 076 394
	6	0.470 142 064 105	0.059 715 871 790	0.470 142 064 105	0.066 197 076 394
	7	0.059 715 871 790	0.470 142 064 105	0.470 142 064 105	0.066 197 076 394
…	…	…	…	…	…

计算中有时也需要四边形上的数值积分(如矩量法的基函数选择为定义在双线性曲面上的高阶基函数时)，此时可以将一维高斯积分嵌套使用，构造出四边形上的高斯积分公式，也可以将四边形分割为两个三角形分别积分。

必须指出，高斯积分法不适合被积函数具有奇异点或高震荡性的情况。

参考文献

[1] 《数学手册》编写组. 数学手册. 北京:高等教育出版社，1979.

[2] Dunavant D A. High degree efficient symmetrical Gaussian quadrature rules for the triangle. International Journal for Numerical Method in Engineering，1985，Vol. 21：1129-1148.

附录 B　并行计算基础

并行计算(Parallel Computing)[1]是计算机领域的一种现代计算技术。所谓并行，是指有一个以上的事件在同一时刻或同一时间段内发生。并行计算指在并行计算机上，将一个较大的计算任务分解为多个较小的子任务，分配给不同的处理器，各处理器之间相互协作并行地执行子任务，从而达到加快计算速度与扩大计算规模的目的。并行计算机[1,2]，即能在同一时间内执行多条指令或处理多个数据的计算机，它是并行计算的物理载体。

采用并行计算的主要目的在于：

(1) 加快计算速度，即在更短的时间内解决相同的问题或在相同的时间内解决更多的问题。

(2) 扩大计算规模，解决一些本来难以甚至无法解决的具有挑战性的复杂问题。

实施电磁场并行计算通常需要三个方面的支持：

(1) 硬件平台，如集群系统，即由一组通过高速网络互连的独立计算机构成的、全部计算资源可一体化的并行或分布式系统，其中独立计算机也称为节点。

(2) 并行编程的软件环境，如消息传递接口(MPI)的具体实现。

(3) 电磁场数值方法的并行算法设计。

下面对本书中采用的具体硬件平台、并行编程环境给予说明。

B.1 硬件平台

B.1.1　计算机集群

计算机集群系统采用高速网络将各个节点连接起来，具有可扩展性、高吞吐量、易用性等特点。

按照集群的节点体系结构类型，可将集群分为同构集群和异构集群两大类。二者的区别在于：组成集群系统的计算机之间的体系结构是否相同。传统的并行计算多是基于同构集群，利用多个计算节点的 CPU 实现性能提升。随着 NVIDIA 图形处理器(Graphics Processing Unit，GPU)与 Intel 集成众核架构(Intel Many Integrated Core，MIC)至强融核处理器的出现，异构加速成为主流的加速模式之一。在异构集群中，逻辑复杂、并行度低、计算量小的程序主要交由 CPU 执行，而逻辑简单、并行度高、计算量大的程序交由 GPU 或 MIC 进行计算。异构计算就是制定出一系列的软件与硬件的标准，让不同类型的计算设备能够协同工作，完成计算任务。当前应用广泛的异构架构为 CPU/GPU 和 CPU/MIC，主要的加速方式是利用 GPU 通用计算和 MIC 通用计算加速 CPU 计算过程。

GPU 通用计算是指利用 GPU 处理图形计算以外的任务，这些任务原本都是在 CPU

上完成的。由于 CPU 与 GPU 架构完全不同，程序要在 GPU 上运行，就必须基于特定的环境调用特定的接口。GPU 通用计算主要通过五种行业规范提供的环境与接口实现：DirectX、OpenCL、CUDA、ATI Stream、OpenACC。其中：DirectX 是微软主导、兼容多种 GPU 产品的统一编程接口；OpenCL（Open Computing Language，开放运算语言）[3]是面向异构平台、以通用为目的的并行编程开源标准，也是一个统一的编程环境，广泛应用于多核 CPU、GPU 以及 DSP（Digital Signal Processor，数字信号处理器）等并行处理器；CUDA（Compute Unified Device Architecture，计算统一设备架构）[4]是 NVIDIA 基于自身的私有标准、针对 NVIDIA GPU 推出的 GPU 通用计算编程标准；ATI Stream 是 AMD 针对旗下 GPU 所推出的通用并行计算标准；OpenACC 是以编译制导语句为特征的并行编程标准。本书中所用到的 GPU 通用计算均是在 NVIDIA GPU 上基于 CUDA 编程实现的。

Intel 于 2013 年正式推出了基于英特尔集成众核架构（Intel Many Integrated Core，MIC）的至强融核协处理器系列产品[5]。本书将基于 MIC 架构的协处理器产品简称为 MIC。与通用计算 GPU 的作用类似，MIC 同样服务于高性能计算。与 GPU 不同的是，MIC 核是基于 x86 架构的 64 位双发射顺序核，其编程方式与传统的 CPU 类似，这非常有利于程序移植；MIC 上可以运行 Linux 操作系统，每张 MIC 卡都可以看作是一个独立的节点，其拥有一个 IP 地址，可以通过 ssh 登录到其上，并且 MIC 支持 MPI 编程模型，可允许一个或多个 MPI 进程运行于其上，这使得 MIC 的编程模型十分灵活。在编程语言上，MIC 编程支持 C/C＋＋/Fortran 的大部分标准和特性；在并行编程上，MIC 支持 MPI、OpenMP、TBB、Intel Cilk Plus 等多种并行编程模型。

目前世界上越来越多的超级计算中心都开始采用异构架构，比如 2010 年 11 月在全球超级计算机 TOP500 排第一的中国“天河一号”就采用了 CPU/GPU 混合架构，而采用了 CPU/MIC 混合架构的超级计算机“天河二号”在 2015 年 10 月全球超级计算机 TOP500 中第六次位列榜首[6]。

B.1.2　本书使用的计算平台

1. Cluster－Ⅰ:“魔方”超级计算机

上海超级计算中心的“魔方”超级计算机（曙光 5000A）[7]，是中国首台国产百万亿次超级计算机，如图 B.1－1 所示。在 2008 年 11 月公布的全球高性能计算机 TOP500 排行榜中，其以峰值速度 230 万亿次、Linpack 测试值 180 万亿次的成绩排名世界超级计算机第十。

“魔方”超级计算机（曙光 5000A）共包含 145 台（1450 片）曙光 TC2600－CB85 刀片服务器和 82 台曙光 A950 服务器（胖节点）。刀片服务器由 4 路 4 核刀片节点组成，单节点 64 GB 内存；胖节点采用 4 路主板和 4 路 CPU 扩展板叠加而成的 8 路 SMP 架构，单节点 128 GB 内存。各节点统一采用 AMD Opteron 8347HE 4 核低功耗处理器（主频 1.9 GHz）。系统采用基于 ConnectX 的 DDR Infiniband 互连，二胖树无阻塞设计，可实现全线速单向 20 Gb/s、双向 40 Gb/s 传输。

“魔方”超级计算机采用的高效并行文件系统，能够提供 50 GB/s 以上的磁盘阵列 IO 访问带宽。

图 B.1－1 上海超级计算中心“魔方”超级计算机

2. Cluster－Ⅱ:“神威蓝光”超级计算机

国家超级计算济南中心的“神威蓝光”超级计算机[8]，是首台全部采用国产中央处理器(CPU)构建的千万亿次计算机系统，如图 B.1－2 所示。济南中心的建设成功，标志着我国已成为继美国、日本后第三个能够采用自主处理器构建千万亿次超级计算机系统的国家。2011 年 10 月，经国家权威机构测试，“神威蓝光”超级计算机系统持续性能为 0.796 PFlops(千万亿次浮点运算/秒)，LINPACK 效率为 74.4%，性能功耗比超过 741 MFlops/W(百万次浮点运算/秒·瓦)，组装密度和性能功耗比居世界先进水平，系统综合水平处于当今世界先进行列，实现了国家大型关键信息基础设施核心技术的“自主可控”目标。

图 B.1－2 国家超级计算济南中心“神威蓝光”超级计算机

“神威蓝光”超级计算机共包含 8704 个申威 SW1600 处理器，每个处理器配置 16 核，主频 1.0～1.1 GHz，峰值性能 128 Gflops，内存 16 GB，访存带宽达到 102.4 GB/s，高速计算网络接口带宽 40 Gb/s，以太网接口带宽 1 Gb/s；网络系统为 InfiniBand QDR，链路速率 40 Gb/s，聚合带宽 69.6 TB/s；操作系统为国产“神威睿思”并行操作系统，文件系统为高性能并行文件系统 SWGFS。

3. Cluster－Ⅲ:“天河二号”超级计算机

国家超级计算广州中心的“天河二号”超级计算机[9]，是由国防科大研制的超级计算机系统，其以峰值计算速度每秒 5.49 亿亿次、持续计算速度每秒 3.39 亿亿次双精度浮点运算的优异性能位居当前 TOP500 榜首，成为全球最快超级计算机，如图 B.1－3 所示。2015

年 10 月公布的全球超级计算机 500 强榜单中，“天河二号”连续第六次获得冠军。

图 B.1-3　国家超级计算广州中心“天河二号”超级计算机

“天河二号”超级计算机共包含 16 000 个计算节点，每节点配备两颗 Intel Xeon E5-2692 2.2 GHz 12 核心的中央处理器、三个 Xeon Phi 1.1 GHz 57 核心的协处理器(运算加速卡)，累计 32 000 颗 Xeon E5 主处理器和 48 000 个 Xeon Phi 协处理器，共 312 万个计算核心。每个节点拥有 64 GB 主存，而每个 Xeon Phi 协处理器板载 8 GB 内存，即每个节点共有 88 GB 内存，整体总计内存 1.408 PB。互连通信子系统为自主定制的高速互连系统，采用光电混合技术、胖树拓扑结构、点对点带宽 160 Gb/s，可高效均衡扩展。

4. Cluster-Ⅳ：西安电子科技大学高性能计算中心集群系统

西安电子科技大学高性能计算中心的集群系统于 2014 年 10 月 26 日投入使用，总体计算能力为 86 Tflops，是当时西北地区高校中单次建成的速度最快的集群系统，如图 B.1-4 所示。

图 B.1-4　西安电子科技大学高性能计算中心集群系统

集群系统共包含 136 个刀片节点、7 个 GPU 加速节点、3 个 MIC 加速节点和 2 个四路胖节点。其中：每个刀片节点配置 2 颗 Intel Xeon E5-2692v2 2.2 GHz 12 核的 CPU，64 GB 内存，2 块 900 GB SAS 硬盘；每个 GPU 加速节点配置 2 颗 Intel Xeon E5-2692v2 2.2 GHz 12 核的 CPU 和 2 块 NVIDIA Tesla Kepler K20 GPU 卡，64 GB 内存，300 GB SAS 硬盘；每个 MIC 加速节点配置 2 颗 Intel Xeon E5-2692v2 2.2 GHz 12 核的 CPU 和 2 块 Intel Xeon Phi 7110P MIC 卡，64 GB 内存，300 GB SAS 硬盘；每个胖节点配置 4 颗 Intel Xeon E5-4830v2 2.20 GHz 10 核的 CPU，1024 GB 内存，4 块 600 GB SAS 硬盘。集群系统使用 Mellanox FDR 56 GB/s InfiniBand 进行互连。

B.2 并行编程环境

为了解并行编程环境，首先介绍并行编程模型。如果能对计算机的系统结构进行高度的抽象，给出一个简洁的概念模型，那么程序员在编写程序时，就不需要了解硬件结构的具体细节，这种抽象模型就是我们所说的编程模型。共享地址空间、消息传递以及数据并行是最常见的三种并行编程模型。

我们可以将共享地址空间模型看作一个公告牌，各个节点上的多个线程共享它们的一部分地址空间，并通过简单的读写指令来存取其中的数据。

消息传递模型中，进程之间是通过一条条的消息来协同工作的，每条消息都明确地标识出发送进程和接收进程的地址。在这种方式下，各个进程之间并没有能共同访问的全局共享地址空间。

第三类是数据并行模型。在这类计算机中包含有较多的处理单元，它们首先分别对同一个数据集合中的不同数据进行并行计算，相互交换计算结果并进行协调，然后再继续做下一步运算。

在并行编程模型中，消息传递模型是目前并行程序设计中广泛采用的编程模型。目前已经存在许多通用且成熟的消息传递软件包，其中应用最广泛的并行程序开发环境是消息传递接口(MPI)。

MPI 是并行计算机的消息传递接口标准[10]，是全球工业、政府和科研部门联合推出的适合进程间进行标准消息传递的并行程序设计平台，目前较新的 MPI - 3.0 是在对原来的 MPI 作了重大扩充的基础上，于 2012 年 7 月推出的。它实际上是一个消息传递函数库的标准说明，是目前分布式存储体系上的主流并行编程环境，几乎所有的并行计算机都提供对 MPI 的支持。

MPI 是一个规格很严密的通信标准，主要的功能是处理各个进程之间的信息交换。需要注意的是，MPI 仅是一组标准，而 MPICH、Open - MPI、MVAPICH、LAM - MPI 等才是符合 MPI 通信协议标准的软件实现，它们都可以从相关网站免费下载使用。此外，还有商业版本的软件，如 Intel MPI 等。我们可以经由这些软件提供的 MPI 函数库来实现并行计算的功能，这使得程序开发者无需考虑底层通信问题，而可以将程序开发的重心放在程序本身的问题上面。

此外，随着多核处理器的出现，基于共享地址空间的 OpenMP 编程也越来越受到程序开发者的重视。

OpenMP 是共享内存编程的行业标准[11]，是一个为在共享存储的多处理器计算机上编写并行程序而设计的应用编程接口。它由一个编译器命令集组成，包括一套编译制导语句和一个用来支持它的函数库，用来描述共享内存的并行机制。理论上，OpenMP 可以更好地利用共享存储体系，避免了消息传递的开销，在细粒度线程技术上具有很高的效率。OpenMP 通过与 Fortran、C/C＋＋等结合进行工作，对同步共享变量、合理分配负载等都提供了有效的支持。OpenMP 中的通信是隐式的，这使其具有简单通用、开发快速的特点。

对于 GPU 异构并行计算，还需要专门的编程环境。目前，NVIDIA 公司的 CUDA 并行编程环境在 GPU 并行计算中应用较广泛。CUDA 提供大量的高性能计算指令，使开发者能够在 GPU 的强大计算能力的基础上建立起一种效率更高的密集数据计算解决方案。CUDA 把 GPU 当成 CPU 的加速器，提供了大规模多线程架构。GPU 的核数通常是 CPU 的百倍量级，它可以利用很多线程来进行并行计算。许多处理大型数据集的应用程序都可使用数据并行编程模型来加速计算。对于配备 GPU 加速部件的计算集群，我们可以基于上述编程环境形成 MPI、OpenMP 和 CUDA 混合并行模型。

除了在 CPU 平台的并行计算外，对于众核（MIC）异构并行计算，MPI 和 OpenMP 混合编程也可以获得良好的性能。主机端（Host，CPU）和设备端（Device，MIC）均能执行 x86 指令，且都运行有操作系统。通过它们之间不同的协作关系，可将 CPU/MIC 的应用模式分为五种：CPU 原生（Native）模式，CPU 为主 MIC 为辅模式，CPU 与 MIC 对等（Symmetric Processing）模式，MIC 为主 CPU 为辅模式，MIC 原生模式。用户可根据自己的需要选择编程模式，而不需要根据硬件来改变自己的编程模式[12, 13]。图 B. 2 - 1 给出了其中常用的三种编程模式。

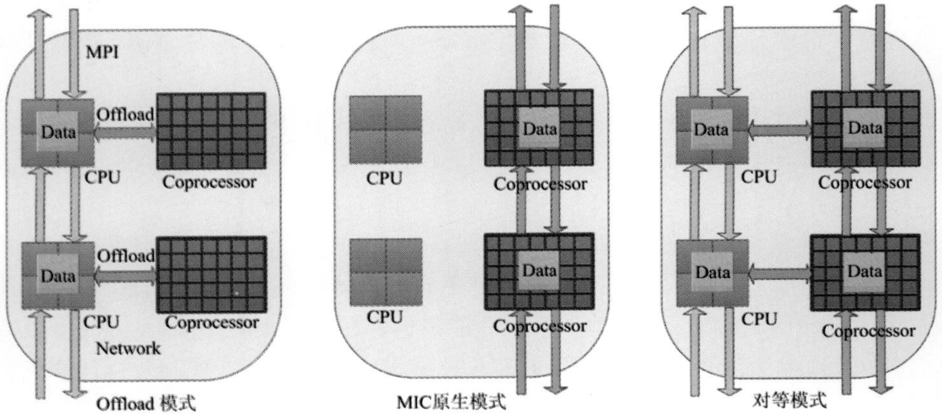

图 B. 2 - 1　MIC 编程模式示意图

CPU 为主 MIC 为辅模式是最常用的模式，通常称为 Offload 模式，适合将高并发度的代码段提交到 MIC 上运行。CPU 与 MIC 对等模式，简称对等模式，是指将 MIC 看作与 CPU 对等的一个节点，在这种模式下，需要将全部程序的副本提交到 MIC 上执行，数据间的通信则采用 MPI 函数接口，这与运行在跨节点的并行程序相同。MIC 为主 CPU 为辅模式，是以 MIC 端作为主机端发起的运行方式（即主函数在 MIC 端运行），适用于并行计算占绝大部分的程序，只有个别串行代码段（例如 IO 操作）在 CPU 端运行。MIC 原生模式，是指直接在 MIC 上运行程序。需要注意的是，在对等模式、MIC 原生模式和 MIC 为主 CPU 为辅模式下，程序都需在 MIC 端启动，而对等模式、MIC 原生模式都需要添加编译选项-mmic，这样编译出的可执行文件只能在 MIC 端运行，另外还需将可执行文件和相应的库文件上传到 MIC 中。

B.3　并行算法

算法是解题方法的精确描述，是一组有穷的规则，它们规定了解决某一特定类型问题的一系列运算。

并行算法(Parallel Algorithm)[1]是可同时求解的各个进程的集合，这些进程相互作用和协调运作，并最终获得问题的求解。并行算法可从不同的角度分类成数值计算的和非数值计算的并行算法，共享存储的和分布存储的并行算法，确定的和随机的并行算法等。并行算法就是对并行计算过程的精确描述。

数值计算是指基于代数关系运算问题的计算，如矩阵运算、线性代数方程组求解等。求解数值计算问题的算法称为数值算法。

本书研究的矩量法并行计算属于数值并行计算。

B.4　并行计算性能评测与优化

并行计算性能评测与并行计算机体系结构、并行算法、并行程序设计一起构成了“并行计算”研究的四大分支。

并行程序执行时间是并行计算性能评测的基础，其主要包含 CPU 时间、通信时间、同步时间等。通常，将并行程序执行时间称为墙上时间(the wall time，或者 wall clock time(墙钟时间))，即从程序开始执行到所有进程执行完毕的时间[1]。

为了方便地、可比较地评价并行计算系统的性能，人们提出了许多测试基准，了解这些基准对客观公正地评价并行计算系统非常重要，其中主要基准有：

(1) 加速比。

在并行计算系统上进行计算的主要目标之一就是要加速整个计算过程，所以研究并行系统(并行算法、并行程序)的加速性能十分重要。理想情况下，若程序的每一部分均能完全并行，则使用 P 个处理器的并行算法应是使用一个处理器的 P 倍，但实际上这是不可能的，因此需要用加速比去衡量程序并行执行效率。加速比是指采用多个处理器进行计算时，计算速度所能得到加速的倍数，以下为 P 个处理器加速比的定义。

绝对加速比：

$$S'_P = \frac{t_{\text{seq}}}{t_P}$$

其中，t_{seq}是用单个处理器在串行环境下求解某个计算问题所需的时间，t_P 是 P 个处理器并行求解某个问题所需的时间。

相对加速比：

$$S_P = \frac{t_1}{t_P}$$

其中，t_1 是用单个处理器在并行环境下求解某个问题所需的时间。

通常，$S'_P < S_P$，因为单个处理器在并行环境下的时间开销一般大于该处理器在串行环境下的时间开销。相对加速比是性能评测中最常用的基准。

(2) 并行效率。

并行效率是与加速比相关的概念。一个并行程序的效率定义为 $E_P = S_P / P$，其中，P 为处理器个数。当加速比 S_P 接近于 P 时，效率 E_P接近于 1。

影响并行效率的因素很多。首先，不能期望一个程序的所有部分都能完全并行，例如，输入、输出部分通常是用串行完成的。处理器之间的通信与同步都需要时间开销，各个处理器中所执行的运算量也不可能完全相同，总会出现某些处理器的负载不平衡甚至是处于闲置状态。负载不平衡是指各进程中分配的工作量不平均。一个负载平衡的程序比一个负载不平衡的程序运行得要快，除非为了要达到负载平衡的代价比负载不平衡更大。

在分布式内存系统环境中引起负载不平衡的原因非常多，可归纳为以下几点：

① 同步：通信延迟使各任务间交换数据时，需要进入阻塞状态，直到消息传递完成才能继续进行计算。

② 机器负载：MPI 网络中的某些主机上可能正执行一些非本 MPI 任务的进程，从而降低了这些机器的计算能力。若此问题与同步问题同时出现，则集群的计算能力必将大幅下降。

③ 网络平衡：由于 MPI 环境中的网络为多用户共享，若网络处于繁忙状态，将导致任务间的通信延迟增大，在此情况下进行同步，会引起负载不平衡。一些并行程序，各任务在同一时间交换数据，是造成网络负荷过重的原因之一，最终亦将使负载不平衡。

④ 任务分配：MPI 环境中各主机可以同时运行多个任务，每个任务以进程的形式同时存在，若一些主机分配较多进程，其他主机分配较少进程，则容易导致负载不平衡。

(3) 可扩展性。

随着计算问题的增大，可扩展性被用来度量并行算法能否有效利用更多的处理器以增加计算能力。若处理器个数增加，并行程序加速比呈线性增长，则该算法的可扩展性良好；若加速比曲线下降很快，则可扩展性差。影响并行程序可扩展性的因素很多，包括计算方法、加速比、通信开销、粒度等。所谓粒度(Granularity)[1]，指的是一个任务的工作量大小或执行时间长短的度量，通常称循环一级的并行为小粒度并行，子程序或任务一级的并行为大粒度并行。小粒度并行易于实现负载平衡，大粒度并行则难于实现负载平衡。MPI 环境主要为分布式网络并行计算环境，主机间的通信开销大，为减少通信带来的负面影响，必须减少通信量，因此适合大粒度并行。

以工作负载固定或问题规模固定为前提定义的加速比，也称为固定负载加速比，该模型考虑的是如何让给定问题的求解时间最短。另一个加速比模型是固定时间加速比，它考虑的是如何在固定时间内，问题规模随着处理器个数增加，让所能求解的问题规模最大。第三个加速比模型是固定存储模型，它考虑的是如何在固定存储容量的情况下，让所能求解的问题规模最大。这三种模型都是基于相对加速比进行定义的。一般也将固定负载模型称为强可扩展性，将固定时间模型称为弱可扩展性。由于固定负载模型应用较普遍，本书主要使用固定负载加速比模型。

为了提高并行程序的性能，一般可从以下几个层面进行优化：

(1) 通信层面，在基于消息传递的并行程序中，通信是纯开销，因此必须尽可能减少通信时间。减少通信时间的主要手段有：减少通信量、提高通信粒度；通信与计算重叠，利用计算时间隐藏通信时间；引入重复计算，避免采用通信的方式获得必要数据。

(2) 计算层面，与串行程序的性能优化方法基本一致，主要包括向量化、访存连续等。

(3) 算法层面，主要涉及算法并行度和负载均衡度。

此外，还有一些其他优化手段，可参考文献[14]。

B.5 MPI 编程示例

在 MPI 编程模型中，计算是由一个或多个彼此通过调用库函数进行消息收、发通信的进程所完成的。在绝大部分 MPI 实现中，一组固定的进程在程序初始化时生成，一个处理器核生成一个进程。这些进程可以执行相同或不同的程序。进程间的通信可以是点到点的，也可以是集合的。MPI 只是为程序员提供一个并行环境，程序员通过调用 MPI 库来达到所要达到的并行目的。MPI 提供 C 语言接口和 Fortran 语言接口。

关于 MPI 的进一步介绍，如 MPI 基本函数、点对点通信函数、组通信函数等，读者可参阅文献[15]。本节仅对矩阵并行运算时常用的进程虚拟拓扑进行介绍。

在许多并行应用程序中，由于有些 MPI 通信对于进程之间的拓扑结构依赖性很强，进程的线性排列不能充分地反映进程间在逻辑上的通信模型，进程经常被排列成二维或三维网格形式的拓扑模型，可以使程序设计更容易。而且，通常也用一个图来描述逻辑进程排列，这种逻辑进程排列被称为虚拟拓扑。由于该拓扑是虚拟的，所以它和并行机的物理结构及处理器的分布状况无关。

拓扑能够提供一种方便的命名机制，对于有特定拓扑要求的算法使用起来直接自然而方便。拓扑还可以辅助运行系统，将进程映射到实际的硬件结构之上。应用问题中较为常见、也是较为简单的一类进程拓扑结构具有网格形式，这类结构中进程可以用笛卡尔坐标来标识，MPI 中称这类拓扑结构为笛卡尔(Cartesian) 拓扑结构，并且专门提供了一组函数对它们进行操作。通过虚拟拓扑，可以非常方便地控制节点的前后、左右关系，这对于开发数值方法来说是至关重要的。图 B.5－1 给出了 9 个进程的一维与二维虚拟拓扑分布，旨在说明应用虚拟拓扑的概念可以非常容易地控制各个进程。

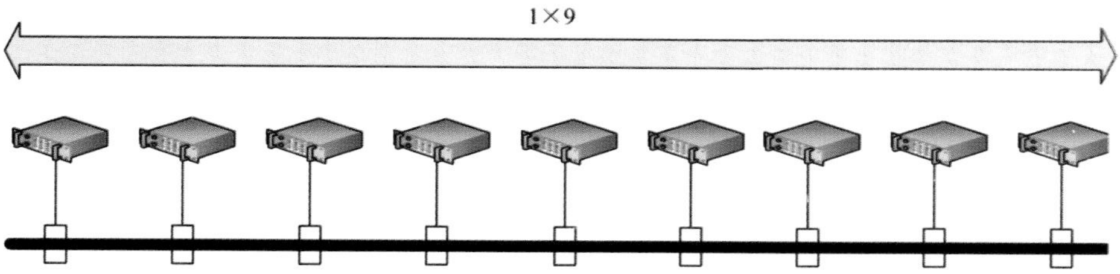

(a) 一维虚拟拓扑

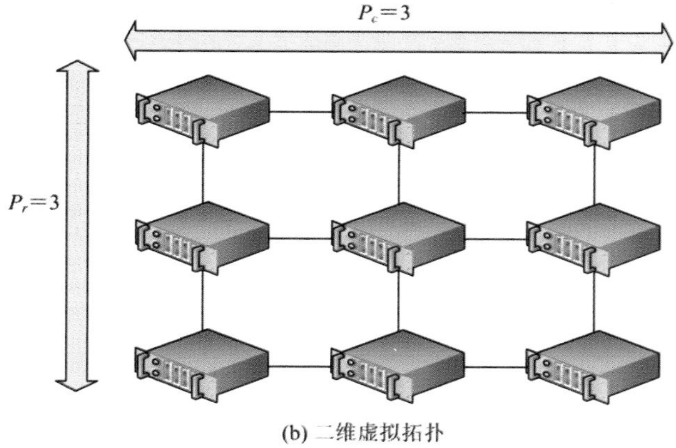

(b) 二维虚拟拓扑

图 B.5－1　进程的虚拟拓扑分布

MPI 提供两种拓扑：笛卡尔拓扑和图拓扑，分别用来表示简单规则的拓扑和更通用的拓扑。这里仅介绍笛卡尔拓扑[15]。笛卡尔拓扑结构是一种简单的拓扑结构，它把线性的进程映射成笛卡尔坐标。图 B.5－2 给出了与图 B.5－1 相对应的进程号与虚拟拓扑(进程网格)中的进程笛卡尔坐标。

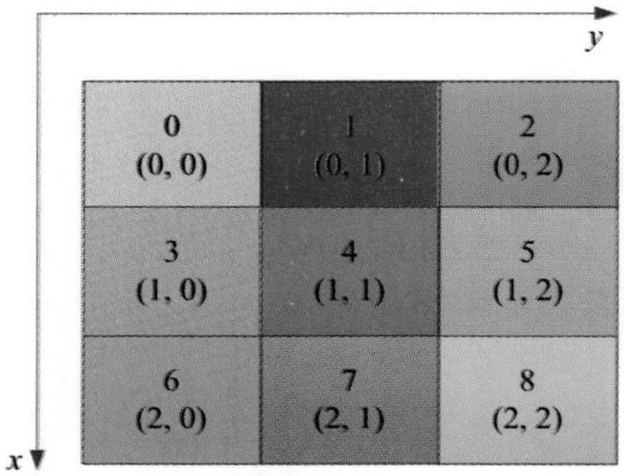

图 B.5－2 进程号与虚拟拓扑中的进程笛卡尔坐标

为使程序编写简单且通信效率高，虚拟拓扑被大量应用。本节给出 16 个进程建立一个 4×4 的笛卡尔拓扑结构的示例程序，每一个进程都和相邻的四个进程交换进程名。

```
program cartesian
  use mpi
  integer,parameter :: SIZE=16, UP=1, DOWN=2
  integer,parameter :: LEFT=3, RIGHT=4
  integer numtasks, rank, source,dest, outbuf, i, tag, ierr
  integer inbuf(4),nbrs(4),dims(2),coords(2), reqs(8), periods(2)
  integer stats(MPI_STATUS_SIZE, 8), cartcomm, reorder
  character(len=24) FMT
  data inbuf /MPI_PROC_NULL,MPI_PROC_NULL,MPI_PROC_NULL,&
      MPI_PROC_NULL/, dims /4,4/, tag /1/, periods /0,0/, reorder /0/
  ! MPI 初始化
  call MPI_INIT(ierr)
  call MPI_COMM_SIZE(MPI_COMM_WORLD, numtasks, ierr)
  FMT = "(A8,I8,A10,2I8,A22,4I8)"
  if( numtasks == SIZE ) then
    call MPI_CART_CREATE (MPI_COMM_WORLD, 2, dims, periods, reorder,&
        cartcomm, ierr)
    call MPI_COMM_RANK (cartcomm, rank, ierr)
    call MPI_CART_COORDS(cartcomm, rank, 2, coords, ierr)
    call MPI_CART_SHIFT(cartcomm, 0, 1, nbrs(UP), nbrs(DOWN), ierr)
    call MPI_CART_SHIFT(cartcomm, 1, 1, nbrs(LEFT), nbrs(RIGHT),ierr)
    write( * ,FMT) 'rank= ',rank,'coords= ',coords, 'neighbors(u,d,l,r)= ',nbrs
    utbuf = rank
    do i = 1, 4
        dest = nbrs(i)
        source = nbrs(i)
        call MPI_ISEND(outbuf, 1, MPI_INTEGER, dest, tag, cartcomm, reqs(i), ierr)
```

```
        call MPI_IRECV(inbuf(i),1, MPI_INTEGER, source, tag,cartcomm, reqs(i+4), ierr)
      end do
      call MPI_WAITALL(8, reqs, stats, ierr)
      write( * ,"(A8,I8,A18,4I8)") 'rank= ',rank, 'inbuf(u,d,l,r)= ',inbuf
    else
      print * , 'Must specify', SIZE,' processors.   Terminating.'
    end if
    ! MPI结束
    call MPI_FINALIZE(ierr)
  end
```

输出结果：

```
rank= 0 coords= 0 0 neighbors(u, d, l, r)= -1 4 -1 1
rank= 0 inbuf(u, d, l, r)= -1 4 -1 1
rank= 1 coords= 0 1 neighbors(u, d, l, r)= -1 5 0 2
rank= 1 inbuf(u, d, l, r)= -1 5 0 2
rank= 2 coords= 0 2 neighbors(u, d, l, r)= -1 6 1 3
rank= 2 inbuf(u, d, l, r)= -1 6 1 3
…
rank= 14 coords= 3 2 neighbors(u, d, l, r)= 10 -1 13 15
rank= 14 inbuf(u, d, l, r)= 10 -1 13 15
rank= 15 coords= 3 3 neighbors(u, d, l, r)= 11 -1 14 -1
rank= 15 inbuf(u, d, l, r)= 11-1 14-1
```

B.6 软件安装与设置

下面以 mpich2-1.4.1p1-win-x86-64 为例，对开源软件 MPICH 的安装、Microsoft Visual Studio(VS)和 Intel 编译器在单个 Windows 平台上的配置进行介绍。本书所用系统为 64 位 Win7 旗舰版，程序环境配置为 Microsoft Visual Studio 2010，所用编译器为 Intel Visual Fortran (IVF) 2013，VS 和 Intel Visual Fortran 均可使用官方试用版。读者可在 http://www.mpich.org 选择适用于 Windows 平台、版本号为 1.4.1p1 的 MPICH2 进行下载。

对于其他 Windows 系统而言，需首先开启 Administrator 账户方可安装，而同属于管理员组的其他用户将不能正确安装 MPICH。

1. 配置 MPICH

(1) 安装 MPICH。运行安装程序包 mpich2-1.4.1p1-win-x86-64，选择默认安装选项，在 passphrase 选项中，默认使用软件自动填写的 behappy 即可。

(2) 注册 MPICH。打开{MPICH_root}\bin\wmpiregister，在 Account 中填写管理员账户 Administrator，在 password 中填写账户密码，此密码必须填写，不能使用空密码。填写完毕后，点击 Register，软件提示如图 B.6-1 所示，然后点击 OK 退出注册。

(3) 对于多 PC 的用户，需在每个 PC 平台上安装注册，并使用相同配置。同时，需要打开{MPICH_root}\bin\wmpiconfig，查看在 Master 主机上能否正确识别到其他机器。本例中使用的是一台 PC，故仅显示本机的信息，如图 B. 6 - 2 所示。

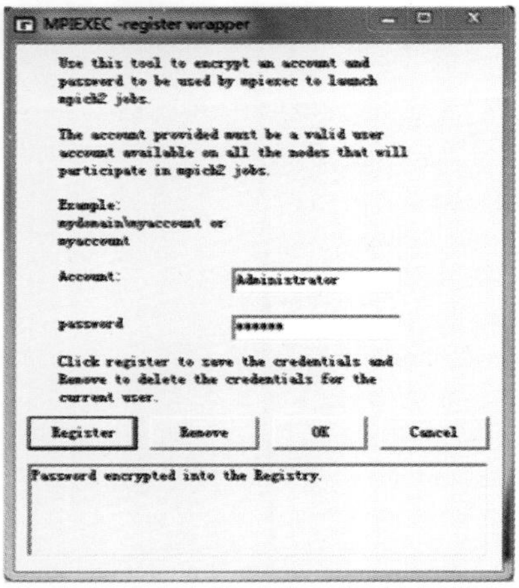

图 B. 6 - 1　MPICH 账户注册

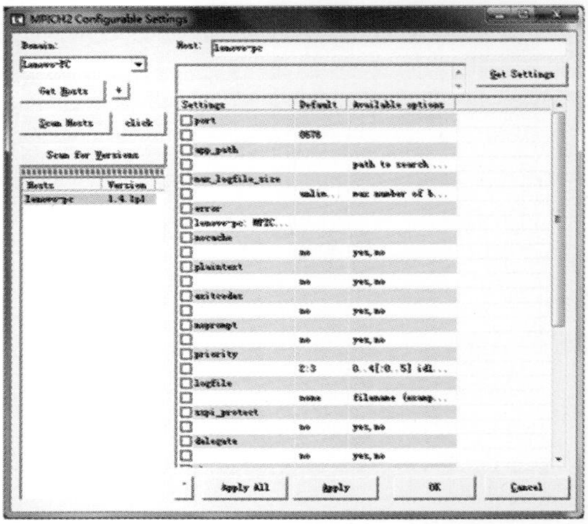

图 B. 6 - 2　MPICH 机器资源配置

（4）VS 和 IVF 均为商用软件，其安装过程不在此进行介绍。

2. 编译链接 MPI 应用程序

在此对 B. 5 节中给出的 MPI 示例程序进行编译链接，具体步骤如下：

（1）在菜单栏中点击 File→New→Project。

（2）在 New Project 对话框左侧选择 Intel(R) Visual Fortran 中的 Console Application，在对话框右侧选择 Empty Project，接着输入工程的名称 MPI_TEST，保存的路径为默认，点击 OK 退出。

（3）在接下来的对话框中，找到 Solution Explorer 功能区。在此功能区中，点击工程名称为 MPI_TEST 的标签，在子标签中右击 Source Files，点击 Add→New Item。

（4）在接下来的对话框中选择 Fortran Free-form file（. f90），输入文件名 mpi_test. f90。

（5）将 B. 5 节中的示例程序粘贴到此文件中。

（6）在菜单栏中点击 Tools→Options。

（7）在接下来的对话框中设置 Fortran 编译环境。如图 B. 6 - 3 所示，选择 Intel(R) Visual Fortran 标签；在 Compiler Selection 中设置 Platform 为 x64；在 Executables 中的最后，另起一行添加 MPICH 路径：{MPICH_root}\bin；在 Libraries 中的最后，另起一行添加 MPICH 库路径：{MPICH_root}\lib；在 Includes 中的最后，另起一行添加 Include 路径：{MPICH_root}\include；点击 OK 退出。

（8）在菜单栏中点击 Project→MPI_TEST Properties。

（9）在图 B. 6 - 4 所示的对话框中，选择 Linker 标签中的 Input，在右侧的 Additional Dependencies 中填写 mpi. lib fmpich2. lib，库文件间用空格隔开，点击确定退出。

（10）生成可执行文件。首先在菜单栏中设置 Solution Platform 为 x64，如图 B. 6 - 5 加粗的方框所示，然后在菜单栏中点击 Build→Build Solution，生成可执行文件，输出文件的默认路径为{Solution}\x64\Debug。

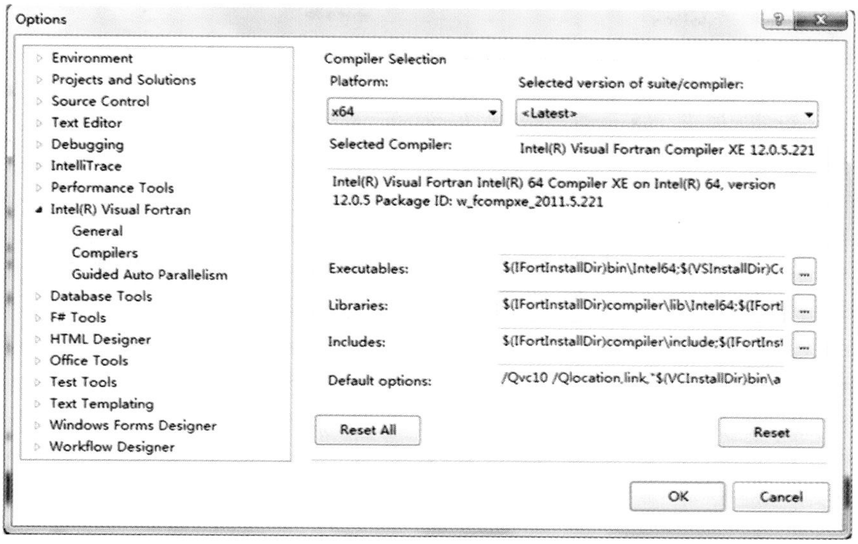

图 B.6－3 Microsoft VS 选项设置

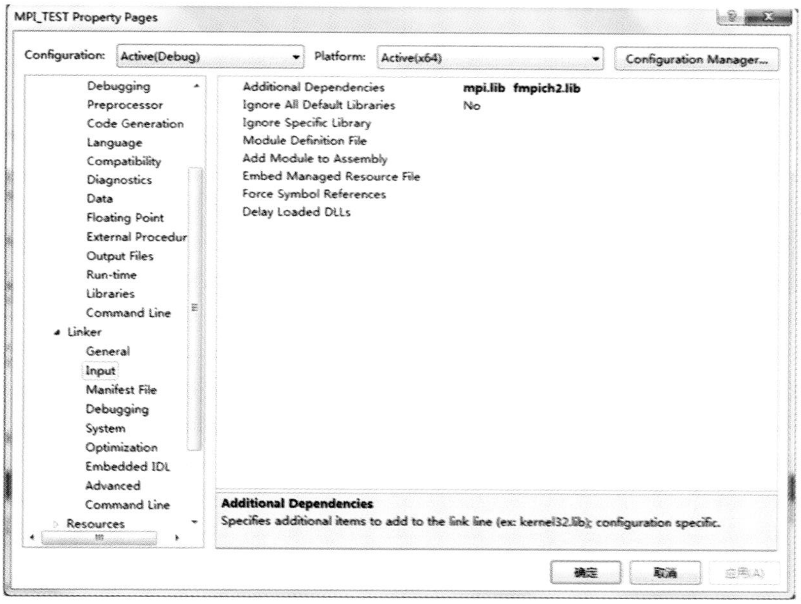

图 B.6－4 工程属性设置

图 B.6－5 Solution Platform 选项设置

3. MPI 并行程序运行方法

（1）在{MPICH_root}\bin 中打开 wmpiexec，软件界面如图 B.6－6 所示。

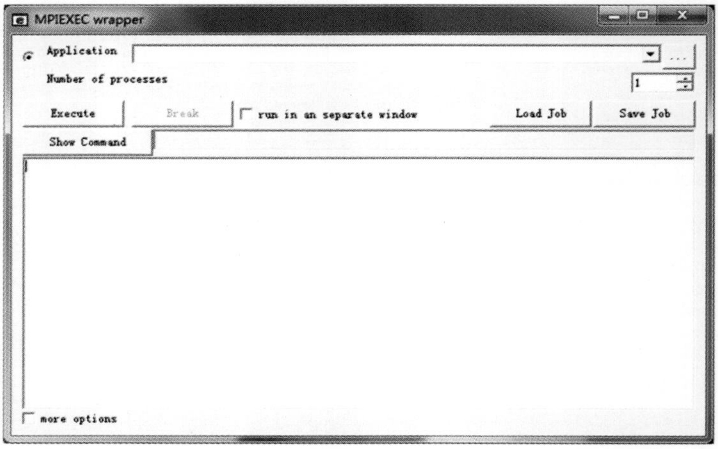

图 B.6－6　MPIEXEC 运行界面

（2）选择可执行文件，设置 Number of processes 为 16，点击 Execute 执行，执行结果如图 B.6－7 所示。

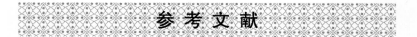

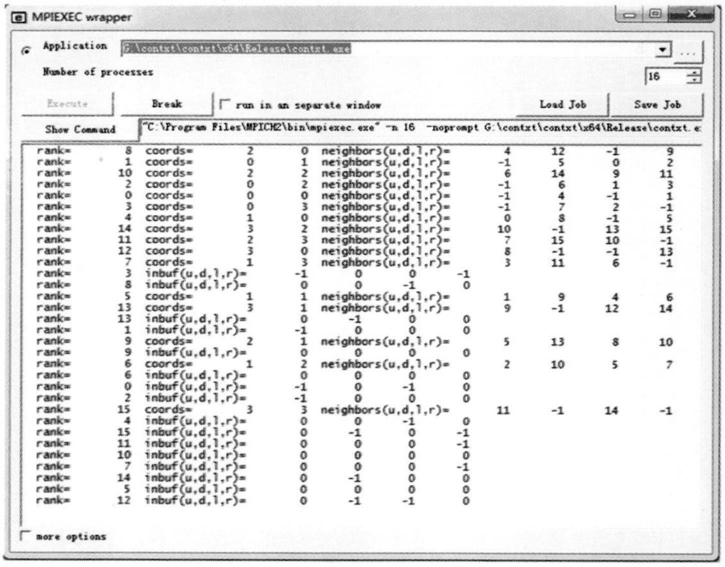

图 B.6－7　程序运行结果

按照这种方式，读者可以尝试编译运行文献[16]和[17]以及附录 C 中的程序。

参 考 文 献

[1]　[美]Ananth Grama. 并行计算导论. 北京：机械工业出版社，2005.

[2] 白中英，杨旭东. 并行计算机系统结构. 北京：科学出版社，2002.

[3] https://www.khronos.org/opencl.

[4] [美]Jason Sanders，Edward Kandrot. GPU 高性能编程 CUDA 实战. 北京：机械工业出版社，2011.

[5] Intel® Xeon Phi™ Coprocessor，Reference Number：328209-002EN，2013.

[6] http://www.netlib.org/benchmark/top500.html.

[7] http://www.ssc.net.cn/resources_1.aspx.

[8] http://www.nsccjn.cn/node/42.jspx.

[9] http://www.nscc-gz.cn.

[10] http://www.mcs.anl.gov/research/projects/mpi/index.html.

[11] https://en.wikipedia.org/wiki/OpenMP.

[12] [美]Jim Jeffers，James Reinders. Intel Xeon Phi 协处理器高性能编程指南. 北京：人民邮电出版社，2014.

[13] 英特尔® 至强融核™ 协处理器开发人员快速入门指南. https://software.intel.com/zh-cn/articles/intel-xeon-phi-coprocessor-developers-quick-start-guide%23admin.

[14] 张林波，迟学斌，莫则尧，等. 并行计算导论. 北京：清华大学出版社，2006.

[15] 都志辉. 高性能计算之并行编程技术：MPI 并行程序设计. 北京：清华大学出版社，2009.

[16] 张玉. 电磁场并行计算. 西安：西安电子科技大学出版社，2006.

[17] Zhang Y，Sarkar T K. Parallel Solution of Integral Equation-Based EM Problems in the Frequency Domain. Wiley-IEEE Press，2009.

附录 C　细线天线的矩量法分析

本附录采用脉冲分域基、点选配矩量法[1,2]计算金属细线结构的辐射问题，并给出该矩量法的并行算法设计、程序实现及计算实例。

C.1　积分方程的构建

考虑无限大均匀媒质空间中的一根弯曲金属细线结构，其半径为 a，沿轴向 $\hat{\boldsymbol{l}}$ 长度为 l，如图 C.1-1 所示。

根据电磁场的位函数理论，金属细线结构产生的电磁场可以表示为

$$\boldsymbol{E}(\boldsymbol{r}) = -\mathrm{j}\omega\boldsymbol{A}(\boldsymbol{r}) - \nabla\varphi(\boldsymbol{r}) \qquad (\text{C}.1-1)$$

其中

$$\boldsymbol{A}(\boldsymbol{r}) = \mu\int_V \frac{\boldsymbol{J}(\boldsymbol{r}')\mathrm{e}^{-\mathrm{j}k|\boldsymbol{r}-\boldsymbol{r}'|}}{4\pi|\boldsymbol{r}-\boldsymbol{r}'|}\mathrm{d}v' \qquad (\text{C}.1-2)$$

$$\varphi(\boldsymbol{r}) = \frac{1}{\varepsilon}\int_V \frac{\rho(\boldsymbol{r}')\mathrm{e}^{-\mathrm{j}k|\boldsymbol{r}-\boldsymbol{r}'|}}{4\pi|\boldsymbol{r}-\boldsymbol{r}'|}\mathrm{d}v' \qquad (\text{C}.1-3)$$

式(C.1-1)～式(C.1-3)中：$\boldsymbol{E}(\boldsymbol{r})$是线在场点 $\boldsymbol{r}$ 处产生的电场；$\boldsymbol{A}(\boldsymbol{r})$和 $\varphi(\boldsymbol{r})$分别是场点 $\boldsymbol{r}$ 处的磁矢位和电标位；梯度算子∇作用于场点矢量 $\boldsymbol{r}$；μ 和 ε 分别是媒质的磁导率和介电常数；$\boldsymbol{J}(\boldsymbol{r}')$与 $\rho(\boldsymbol{r}')$分别是天线上源点 $\boldsymbol{r}'$处的体电流密度和电荷体密度，二者满足电流连续性方程$\nabla'\cdot\boldsymbol{J}(\boldsymbol{r}') = -\mathrm{j}\omega\rho(\boldsymbol{r}')$，散度算子$\nabla'\cdot$作用于源点矢量 $\boldsymbol{r}'$。

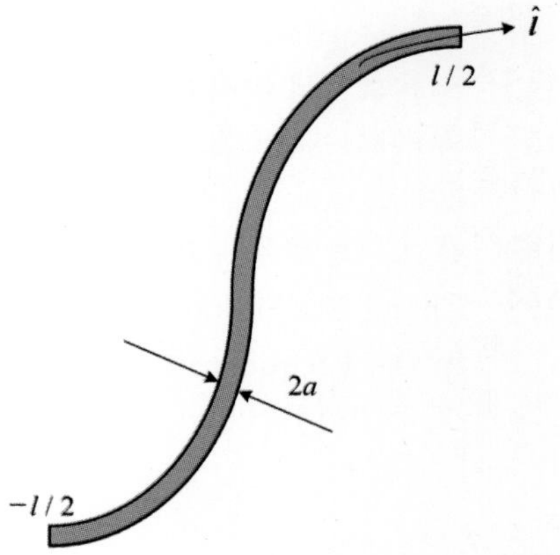

图 C.1-1　任意弯曲金属细线结构

对于满足 $a\ll\lambda$ 且 $a\ll l$ 的金属细线结构，可作如下假设：

(1) 电流沿导线轴向 $\hat{\boldsymbol{l}}$ 流动，体电流密度 $\boldsymbol{J}$ 用线电流 $\boldsymbol{I}$ 代替，电荷体密度 ρ 用电荷线密度 σ 代替。

(2) 忽略导线表面上圆周方向的电流和导线两个端面的径向电流，认为只有轴向电流。

(3) 由于半径很小，可以认为电流仅为长度的函数。

基于上述假设，式(C.1-2)和式(C.1-3)有如下近似：

$$\boldsymbol{A}(\boldsymbol{r}) = \mu\int_l \boldsymbol{I}(\boldsymbol{r}')\frac{\mathrm{e}^{-\mathrm{j}k|\boldsymbol{r}-\boldsymbol{r}'|}}{4\pi|\boldsymbol{r}-\boldsymbol{r}'|}\mathrm{d}l' \qquad (\text{C}.1-4)$$

$$\varphi(\boldsymbol{r}) = \frac{1}{\varepsilon}\int_l \sigma(\boldsymbol{r}')\frac{\mathrm{e}^{-\mathrm{j}k|\boldsymbol{r}-\boldsymbol{r}'|}}{4\pi|\boldsymbol{r}-\boldsymbol{r}'|}\mathrm{d}l' \qquad (\text{C}.1-5)$$

$$\sigma(\boldsymbol{r}')=-\frac{1}{\mathrm{j}\omega}\frac{\partial I}{\partial l} \tag{C.1-6}$$

如果场点落在导线表面上，则根据理想导体边界条件，有

$$(\boldsymbol{E}_{\mathrm{inc}}(\boldsymbol{r})+\boldsymbol{E}^{s}(\boldsymbol{r}))\big|_{\mathrm{tangential}}=0 \tag{C.1-7}$$

即

$$(\mathrm{j}\omega\boldsymbol{A}(\boldsymbol{r})+\nabla\varphi(\boldsymbol{r}))\big|_{\mathrm{tangential}}=\boldsymbol{E}_{\mathrm{inc}}(\boldsymbol{r})\big|_{\mathrm{tangential}} \tag{C.1-8}$$

式中，$\boldsymbol{E}_{\mathrm{inc}}(\boldsymbol{r})$是导线表面上场点处的入射电场。方程(C.1-8)即为电场积分方程。

C.2　积分方程的离散

现在采用分域基离散积分方程(C.1-8)。按图C.2-1所示将天线进行分段，第n小段从始点n^-到终点n^+(除天线两端外)，可见分段点$(n+1)^-$与n^+的位置重合，比如1^-与0^+重合、2^-与1^+重合。第n小段段长记为Δl_n，Δl_n^+表示n到$n+1$之间的距离，Δl_n^-表示n到$n-1$之间的距离。分段时，可以采用均匀分段，也可以采用非均匀分段。注意，天线被划分成两端的2个半段与中间的N个完整段。

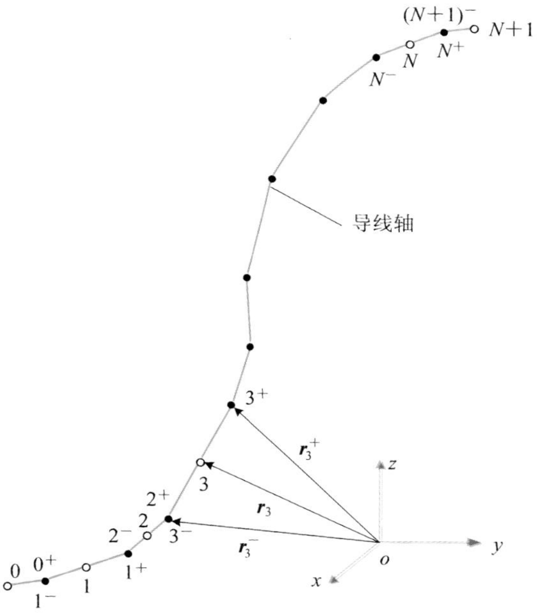

图C.2-1　金属细线结构分段

将细线分段后，未知电流密度可表示为N个脉冲基函数的线性组合，即

$$\boldsymbol{I}(l)=\sum_{n=1}^{N}I(n)\boldsymbol{f}_n \tag{C.2-1}$$

式中，$I(n)$是未知电流密度的展开系数，$\boldsymbol{f}_n$是基函数。此处，$\boldsymbol{f}_n$为脉冲基函数：

$$\boldsymbol{f}_n=\begin{cases}\Delta\hat{\boldsymbol{l}}_n, & 在\ \Delta l_n\ 内\\ \boldsymbol{0}, & 在\ \Delta l_n\ 外\end{cases} \tag{C.2-2}$$

其中，$\Delta\hat{\boldsymbol{l}}_n$是第$n$段上导线轴向单位矢量，方向为第$n$段导线的起点$\boldsymbol{r}_n^-$指向终点$\boldsymbol{r}_n^+$。显然，为了满足导体末端的电流为零的实际情形，线的两端各自空余半段，不定义脉冲基函数。

下面离散方程(C.1-8)中的磁矢位$\boldsymbol{A}(\boldsymbol{r})$和电标位$\varphi(\boldsymbol{r})$。对于磁矢位$\boldsymbol{A}(\boldsymbol{r})$，结合式(C.1-4)与式(C.2-1)，将整个积分区间表示为N个分区间之和，可得

$$\boldsymbol{A}(\boldsymbol{r})=\mu\sum_{n=1}^{N}\int_{\Delta l_n}\frac{I(n)\Delta\hat{\boldsymbol{l}}_n\mathrm{e}^{-\mathrm{j}k|\boldsymbol{r}-\boldsymbol{r}_n'|}}{4\pi|\boldsymbol{r}-\boldsymbol{r}_n'|}\mathrm{d}l'=\mu\sum_{n=1}^{N}I(n)\Delta\hat{\boldsymbol{l}}_n\int_{\Delta l_n}\frac{\mathrm{e}^{-\mathrm{j}k|\boldsymbol{r}-\boldsymbol{r}_n'|}}{4\pi|\boldsymbol{r}-\boldsymbol{r}_n'|}\mathrm{d}l' \tag{C.2-3}$$

对于电标位$\varphi(\boldsymbol{r})$，先考虑电荷密度$\sigma(\boldsymbol{r}')$的计算。由于定义的基函数是脉冲基函数，根据式(C.1-6)的电流连续性方程，脉冲基函数的导数除在线段结点处为δ函数以外，在其

他位置处均为 0，因此电荷密度只存在于线段的结点处，如图 C.2-2(a)所示。对于式(C.1-6)，如图 C.2-2(b)所示，可用差分代替微分，有

$$\sigma(n^{+}) = -\frac{1}{\mathrm{j}\omega}\frac{I(n+1)-I(n)}{\Delta l_n^{+}} \tag{C.2-4}$$

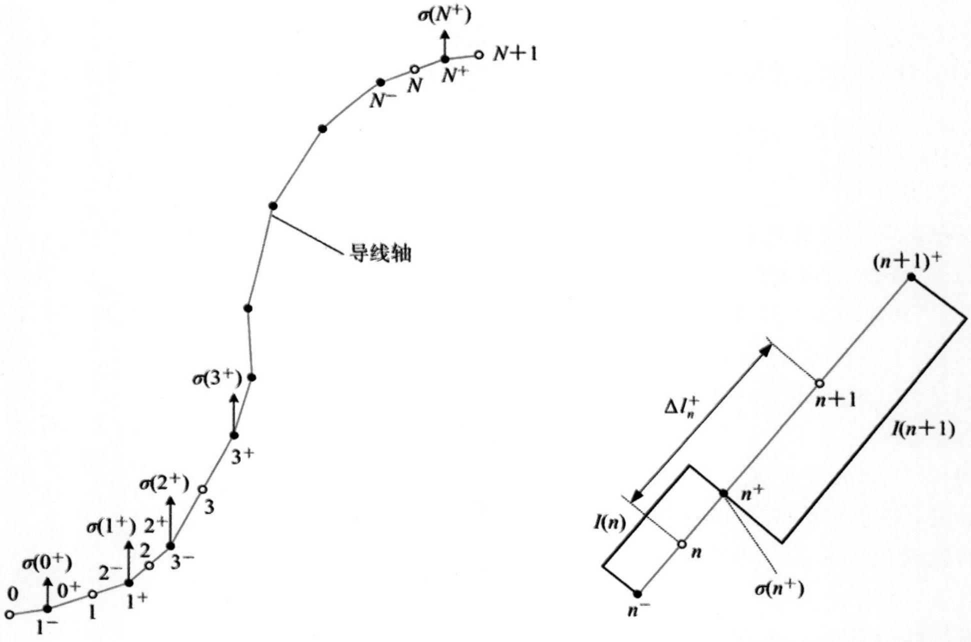

(a) 细线上的电荷密度分布　　(b) 电荷密度的差分近似计算

图 C.2-2　电标位 $\varphi(\boldsymbol{r})$ 的离散

电标位 $\varphi(\boldsymbol{r})$ 可以看成由 $\sigma(n^{+})(n=0, 1, 2, \cdots, N)$ 产生，注意到 $\Delta l_n^{+}=\Delta l_{n+1}^{-}$，且 $I(0)=I(N+1)=0$，将整个积分区间表示为 $N+1$ 个分区间之和，可得

$$\begin{aligned}
\varphi(\boldsymbol{r}) &= \frac{1}{\varepsilon}\sum_{n=0}^{N}\int_{\Delta l_n^{+}}\sigma(n^{+})\frac{\mathrm{e}^{-\mathrm{j}k|\boldsymbol{r}-\boldsymbol{r}_n'|}}{4\pi|\boldsymbol{r}-\boldsymbol{r}_n'|}\mathrm{d}l' = -\frac{1}{\mathrm{j}\omega\varepsilon}\sum_{n=0}^{N}\int_{\Delta l_n^{+}}\left[\frac{I(n+1)-I(n)}{\Delta l_n^{+}}\frac{\mathrm{e}^{-\mathrm{j}k|\boldsymbol{r}-\boldsymbol{r}_n'|}}{4\pi|\boldsymbol{r}-\boldsymbol{r}_n'|}\right]\mathrm{d}l' \\
&= -\frac{1}{\mathrm{j}\omega\varepsilon}\left[\sum_{n=0}^{N}\frac{I(n+1)}{\Delta l_n^{+}}\int_{\Delta l_n^{+}}\frac{\mathrm{e}^{-\mathrm{j}k|\boldsymbol{r}-\boldsymbol{r}_n'|}}{4\pi|\boldsymbol{r}-\boldsymbol{r}_n'|}\mathrm{d}l' - \sum_{n=0}^{N}\frac{I(n)}{\Delta l_n^{+}}\int_{\Delta l_n^{+}}\frac{\mathrm{e}^{-\mathrm{j}k|\boldsymbol{r}-\boldsymbol{r}_n'|}}{4\pi|\boldsymbol{r}-\boldsymbol{r}_n'|}\mathrm{d}l'\right] \\
&= -\frac{1}{\mathrm{j}\omega\varepsilon}\left[\sum_{n=0}^{N}\frac{I(n+1)}{\Delta l_{n+1}^{-}}\int_{\Delta l_{n+1}^{-}}\frac{\mathrm{e}^{-\mathrm{j}k|\boldsymbol{r}-\boldsymbol{r}_n'|}}{4\pi|\boldsymbol{r}-\boldsymbol{r}_n'|}\mathrm{d}l' - \sum_{n=0}^{N}\frac{I(n)}{\Delta l_n^{+}}\int_{\Delta l_n^{+}}\frac{\mathrm{e}^{-\mathrm{j}k|\boldsymbol{r}-\boldsymbol{r}_n'|}}{4\pi|\boldsymbol{r}-\boldsymbol{r}_n'|}\mathrm{d}l'\right] \\
&= -\frac{1}{\mathrm{j}\omega\varepsilon}\left[\sum_{n=1}^{N+1}\frac{I(n)}{\Delta l_n^{-}}\int_{\Delta l_n^{-}}\frac{\mathrm{e}^{-\mathrm{j}k|\boldsymbol{r}-\boldsymbol{r}_n'|}}{4\pi|\boldsymbol{r}-\boldsymbol{r}_n'|}\mathrm{d}l' - \sum_{n=0}^{N}\frac{I(n)}{\Delta l_n^{+}}\int_{\Delta l_n^{+}}\frac{\mathrm{e}^{-\mathrm{j}k|\boldsymbol{r}-\boldsymbol{r}_n'|}}{4\pi|\boldsymbol{r}-\boldsymbol{r}_n'|}\mathrm{d}l'\right] \\
&= -\frac{1}{\mathrm{j}\omega\varepsilon}\sum_{n=1}^{N}I(n)\left[\psi_n^{-}-\psi_n^{+}\right]
\end{aligned} \tag{C.2-5}$$

其中

$$\psi_n^{-} = \frac{1}{\Delta l_n^{-}}\int_{\Delta l_n^{-}}\frac{\mathrm{e}^{-\mathrm{j}k|\boldsymbol{r}-\boldsymbol{r}_n'|}}{4\pi|\boldsymbol{r}-\boldsymbol{r}_n'|}\mathrm{d}l' \tag{C.2-6}$$

$$\psi_n^+ = \frac{1}{\Delta l_n^+}\int_{\Delta l_n^+} \frac{\mathrm{e}^{-\mathrm{j}k|\boldsymbol{r}-\boldsymbol{r}_n'|}}{4\pi\,|\boldsymbol{r}-\boldsymbol{r}_n'|}\mathrm{d}l' \tag{C.2-7}$$

C.3 选配过程

采用函数 $\Delta \boldsymbol{l}_m \delta(\boldsymbol{r}-\boldsymbol{r}_m)$ 进行选配。根据式(C.1-8)，有

$$\langle \Delta \boldsymbol{l}_m \delta(\boldsymbol{r}-\boldsymbol{r}_m),\ \mathrm{j}\omega \boldsymbol{A}(\boldsymbol{r}) + \nabla \varphi(\boldsymbol{r})\rangle = \langle \Delta \boldsymbol{l}_m \delta(\boldsymbol{r}-\boldsymbol{r}_m),\ \boldsymbol{E}_{\mathrm{inc}}(\boldsymbol{r})\rangle \tag{C.3-1}$$

其中，$\Delta \boldsymbol{l}_m = \boldsymbol{r}_m^+ - \boldsymbol{r}_m^-$，为由第 m 段导线的起点 $\boldsymbol{r}_m^-$ 指向终点 $\boldsymbol{r}_m^+$ 的矢量。结合式(C.2-3)和式(C.2-5)，有

$$\begin{aligned}\langle \Delta \boldsymbol{l}_m \delta(\boldsymbol{r}-\boldsymbol{r}_m),\ \boldsymbol{A}(\boldsymbol{r})\rangle &= \mu\sum_{n=1}^{N} I(n)\Delta \boldsymbol{l}_m \cdot \Delta \boldsymbol{l}_n \frac{1}{\Delta l_n}\int_{\Delta l_n}\frac{\mathrm{e}^{-\mathrm{j}k|\boldsymbol{r}_m-\boldsymbol{r}_n'|}}{4\pi\,|\boldsymbol{r}_m-\boldsymbol{r}_n'|}\mathrm{d}l' \\ &= \mu\sum_{n=1}^{N} I(n)\Delta \boldsymbol{l}_m \cdot \Delta \boldsymbol{l}_n \psi_{mn}\end{aligned} \tag{C.3-2}$$

其中

$$\psi_{mn} = \frac{1}{\Delta l_n}\int_{\Delta l_n} \frac{\mathrm{e}^{-\mathrm{j}k|\boldsymbol{r}_m-\boldsymbol{r}_n'|}}{4\pi\,|\boldsymbol{r}_m-\boldsymbol{r}_n'|}\mathrm{d}l' \tag{C.3-3}$$

$$\begin{aligned}\langle \Delta \boldsymbol{l}_m \delta(\boldsymbol{r}-\boldsymbol{r}_m),\ \nabla\varphi(\boldsymbol{r})\rangle &= \Delta \boldsymbol{l}_m \cdot \nabla\varphi(\boldsymbol{r}_m) = \frac{\varphi(\boldsymbol{r}_m^+)-\varphi(\boldsymbol{r}_m^-)}{\Delta l_m}\Delta\hat{\boldsymbol{l}}_m \cdot \Delta \boldsymbol{l}_m \\ &= \frac{1}{\mathrm{j}\omega\varepsilon}\sum_{n=1}^{N} I(n)(\psi_{mn}^{++} - \psi_{mn}^{+-} + \psi_{mn}^{--} - \psi_{mn}^{-+})\end{aligned} \tag{C.3-4}$$

其中

$$\psi_{mn}^{++} = \frac{1}{\Delta l_n^+}\int_{\Delta l_n^+} \frac{\mathrm{e}^{-\mathrm{j}k|\boldsymbol{r}_m^+-\boldsymbol{r}_n'|}}{4\pi\,|\boldsymbol{r}_m^+-\boldsymbol{r}_n'|}\mathrm{d}l' \tag{C.3-5}$$

$$\psi_{mn}^{+-} = \frac{1}{\Delta l_n^-}\int_{\Delta l_n^-} \frac{\mathrm{e}^{-\mathrm{j}k|\boldsymbol{r}_m^+-\boldsymbol{r}_n'|}}{4\pi\,|\boldsymbol{r}_m^+-\boldsymbol{r}_n'|}\mathrm{d}l' \tag{C.3-6}$$

$$\psi_{mn}^{--} = \frac{1}{\Delta l_n^-}\int_{\Delta l_n^-} \frac{\mathrm{e}^{-\mathrm{j}k|\boldsymbol{r}_m^--\boldsymbol{r}_n'|}}{4\pi\,|\boldsymbol{r}_m^--\boldsymbol{r}_n'|}\mathrm{d}l' \tag{C.3-7}$$

$$\psi_{mn}^{-+} = \frac{1}{\Delta l_n^+}\int_{\Delta l_n^+} \frac{\mathrm{e}^{-\mathrm{j}k|\boldsymbol{r}_m^--\boldsymbol{r}_n'|}}{4\pi\,|\boldsymbol{r}_m^--\boldsymbol{r}_n'|}\mathrm{d}l' \tag{C.3-8}$$

将式(C.3-2)和式(C.3-4)代入式(C.3-1)得

$$\begin{aligned}&\mathrm{j}\omega\mu\sum_{n=1}^{N} I(n)\Delta \boldsymbol{l}_m \cdot \Delta \boldsymbol{l}_n\psi_{mn} + \frac{1}{\mathrm{j}\omega\varepsilon}\sum_{n=1}^{N} I(n)(\psi_{mn}^{++} - \psi_{mn}^{+-} + \psi_{mn}^{--} - \psi_{mn}^{-+}) \\ &= \sum_{n=1}^{N} I(n)\left[\mathrm{j}\omega\mu\Delta \boldsymbol{l}_n \cdot \Delta \boldsymbol{l}_m\psi_{mn} + \frac{1}{\mathrm{j}\omega\varepsilon}(\psi_{mn}^{++} - \psi_{mn}^{+-} + \psi_{mn}^{--} - \psi_{mn}^{-+})\right] \\ &= \boldsymbol{E}_{\mathrm{inc}}(\boldsymbol{r}_m) \cdot \Delta \boldsymbol{l}_m\end{aligned} \tag{C.3-9}$$

式(C.3-9)写成矩阵形式为

$$\boldsymbol{ZI} = \mathbf{V} \tag{C.3-10}$$

其中，阻抗矩阵元素(任意两段之间的互阻抗)为

$$Z_{mn} = \mathrm{j}\omega\mu\Delta \boldsymbol{l}_n \cdot \Delta \boldsymbol{l}_m\psi_{mn} + \frac{1}{\mathrm{j}\omega\varepsilon}(\psi_{mn}^{++} - \psi_{mn}^{+-} + \psi_{mn}^{--} - \psi_{mn}^{-+}) \tag{C.3-11}$$

电压矩阵元素为

$$V_m = \boldsymbol{E}_{\text{inc}}(\boldsymbol{r}_m) \cdot \Delta \boldsymbol{l}_m \tag{C.3-12}$$

式(C.3-11)和式(C.3-12)即为脉冲基点选配矩量法求解细线结构问题的基本公式。

C.4　矩阵元素的计算

1. 激励与稳态场

在稳态源激励下得到的所有量均为正弦稳态量，故只需给出振幅和相位。电压矩阵的具体计算取决于馈电模型，如果计算散射问题，则需要计算给定的入射波在每一段上产生的电压；计算辐射特性时，可以选择电压激励源模型，在馈电段加一定大小的电压 v，其余各段不加电压，即

$$V_m = \begin{cases} v, & m = \text{馈电段} \\ 0, & m \neq \text{馈电段} \end{cases} \tag{C.4-1}$$

应当注意，馈电模型对天线阻抗特性的影响很大。

2. 阻抗元素 Z_{mn} 的计算

显然，阻抗元素计算的关键在于积分：

$$\psi_{mn} = \frac{1}{\Delta l_n}\int_{\Delta l_n} \frac{\mathrm{e}^{-\mathrm{j}kR}}{4\pi R}\mathrm{d}l' \tag{C.4-2}$$

它表示第 n 段上单位电荷在 m 点产生的电标位。相应的 ψ_{mn}^{++}、ψ_{mn}^{--}、ψ_{mn}^{-+}、ψ_{mn}^{+-} 也可类似地写出。需要注意的是，$\psi_{mn}^{\pm\pm}$ 的积分区间为 Δl_n^+ 或 Δl_n^-，由图 C.2-1 可以看出，对于弯曲线结构，计算积分 $\psi_{mn}^{\pm\pm}$ 时，其积分区间并不一定是一段直线，而是由两个直的半段组成的区间。所以为了通用性，需要将积分化为两小半段上的积分的和。不失一般性，以 ψ_{mn} 的计算为例，$\psi_{mn} = \psi_{mn}^{(1)} + \psi_{mn}^{(2)}$，其中 $\psi_{mn}^{(1)}$ 表示 n^- 到 n 半段上的积分，$\psi_{mn}^{(2)}$ 表示 n 到 n^+ 半段上的积分。下面讨论 $\psi_{mn}^{(2)}$ 的计算。

假设分段数足够多，每段长度足够小，采用图 C.4-1 所示的本地坐标系，$\psi_{mn}^{(2)}$ 可以表示为

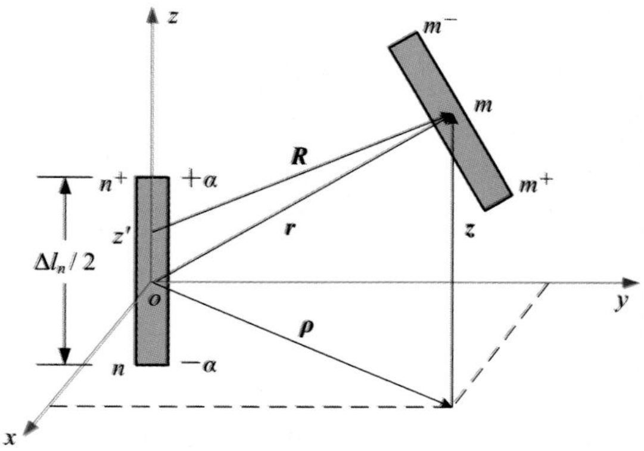

图 C.4-1　本地坐标系

$$\psi_{mn}^{(2)} = \frac{1}{8\pi\alpha}\int_{-\alpha}^{\alpha}\frac{e^{-jkR}}{R}dz' \tag{C.4-3}$$

其中

$$\alpha = \frac{1}{4}\Delta l_n \tag{C.4-4}$$

$$R = \begin{cases}\sqrt{\rho^2 + (z'-z)^2}, & m \neq n\\ \sqrt{a^2 + z'^2}, & m = n\end{cases} \tag{C.4-5}$$

式(C.4-5)中，a 是导线半径，z'是本地坐标中源点的坐标，(z, ρ)是本地坐标中场点的坐标，$\rho = |\boldsymbol{\rho}|$。

对于积分式(C.4-3)，下面介绍一种工程上常用的计算量不大、精度较高的计算方法。以下分近区和远区两种情况加以讨论。

(1) 当 $r<10\alpha$ 时，为近区情况。作简单变换：

$$\psi_{mn}^{(2)} = \frac{e^{-jkr}}{8\pi\alpha}\int_{-\alpha}^{\alpha}\frac{e^{-jk(R-r)}}{R}dz' \tag{C.4-6}$$

式中，r 为该小半段的中心点到场点 m 的距离。再将 $e^{-jk(R-r)}$ 在 $R-r=0$ 处展开成泰勒级数，取有限项(四项)截断后，可得积分为

$$\psi_{mn}^{(2)} = \frac{e^{-jkr}}{8\pi\alpha}\Big[A_1 - jk(A_2 - rA_1) - \frac{k^2}{2}(A_3 - 2rA_2 + r^2A_1) + j\frac{k^3}{6}(A_4 - 3rA_3 + 3r^2A_2 - r^3A_1)\Big] \tag{C.4-7}$$

其中

$$A_1 = \ln\left[\frac{(z+\alpha) + \sqrt{\rho^2 + (z+\alpha)^2}}{(z-\alpha) + \sqrt{\rho^2 + (z-\alpha)^2}}\right] \tag{C.4-8}$$

$$A_2 = 2\alpha \tag{C.4-9}$$

$$A_3 = \frac{1}{2}(z+\alpha)\sqrt{\rho^2 + (z+\alpha)^2} - \frac{1}{2}(z-\alpha)\sqrt{\rho^2 + (z-\alpha)^2} + \frac{1}{2}\rho^2A_1 \tag{C.4-10}$$

$$A_4 = 2\alpha\rho^2 + \frac{1}{3}(6\alpha z^2 + 2\alpha^3) \tag{C.4-11}$$

(2) 当 $r\geqslant 10\alpha$ 时，为远区情况。如果按近区的计算方法，$\psi_{mn}^{(2)}$ 表现为 r 的正幂级数，r 很大时会造成很大误差，因此将$\frac{e^{-jkR}}{R}$在 $z'=0$ 处展开成麦克劳林级数，取前五项截断，可得积分为

$$\psi_{mn}^{(2)} = \frac{e^{-jkr}}{4\pi r}[A_0 + jk\alpha A_1 + (k\alpha)^2A_2 + j(k\alpha)^3A_3 + (k\alpha)^4A_4] \tag{C.4-12}$$

其中

$$A_0 = 1 + \frac{1}{6}\left(\frac{\alpha}{r}\right)^2\left[-1 + 3\left(\frac{z}{r}\right)^2\right] + \frac{1}{40}\left(\frac{\alpha}{r}\right)^4\left[3 - 30\left(\frac{z}{r}\right)^2 + 35\left(\frac{z}{r}\right)^4\right] \tag{C.4-13}$$

$$A_1 = \frac{1}{6}\frac{\alpha}{r}\left[-1 + 3\left(\frac{z}{r}\right)^2\right] + \frac{1}{40}\left(\frac{\alpha}{r}\right)^3\left[3 - 30\left(\frac{z}{r}\right)^2 + 35\left(\frac{z}{r}\right)^4\right] \tag{C.4-14}$$

$$A_2 = -\frac{1}{6}\left(\frac{z}{r}\right)^2 - \frac{1}{40}\left(\frac{\alpha}{r}\right)^2\left[3 - 30\left(\frac{z}{r}\right)^2 + 35\left(\frac{z}{r}\right)^4\right] \tag{C.4-15}$$

$$A_3 = \frac{1}{60}\frac{\alpha}{r}\left[3\left(\frac{z}{r}\right)^2 - 5\left(\frac{z}{r}\right)^4\right] \qquad (C.4-16)$$

$$A_4 = \frac{1}{120}\left(\frac{z}{r}\right)^4 \qquad (C.4-17)$$

C.5 辐射远场的计算

辐射远场的计算可以采用互易定理。互易定理的一般形式可以表示为

$$\int_{V_a} \boldsymbol{E}^b \cdot \boldsymbol{J}^a \mathrm{d}V = \int_{V_b} \boldsymbol{E}^a \cdot \boldsymbol{J}^b \mathrm{d}V \qquad (C.5-1)$$

式中，$\boldsymbol{E}^a$是分布在体积V_a内的电流密度$\boldsymbol{J}^a$在V_b处产生的场，$\boldsymbol{E}^b$是分布在体积V_b内的电流密度$\boldsymbol{J}^b$在V_a处产生的场。如图 C.5－1 所示，设$\boldsymbol{J}^a$为天线电流$\boldsymbol{I}(l)$，在远区场点V_b处产生的场为$\boldsymbol{E}=\boldsymbol{E}^a$，$\boldsymbol{J}^b$为位于场点$V_b$处沿$\hat{\boldsymbol{u}}$方向长度为$l_r$的电流元$\boldsymbol{J}^b = I_0 l_r \hat{\boldsymbol{u}}$，它在天线$V_a$处产生的场为$\boldsymbol{E}_0^r = \boldsymbol{E}^b$。

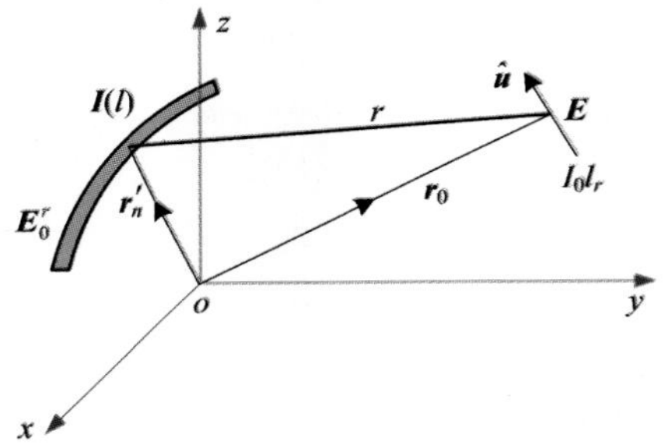

图 C.5－1 用互易原理求天线辐射远场

已知电流元在最大辐射方向的辐射场为

$$\boldsymbol{E}_0^r = \frac{-\mathrm{j}\omega\mu I_0 l_r}{4\pi r}\mathrm{e}^{-\mathrm{j}kr}\hat{\boldsymbol{u}} \qquad (C.5-2)$$

将其代入式(C.5－1)，得

$$\int_l \boldsymbol{E}_0^r \cdot \boldsymbol{I}(l)\mathrm{d}l = \boldsymbol{E} \cdot \hat{\boldsymbol{u}} I_0 l_r \qquad (C.5-3)$$

即

$$\int_l \frac{-\mathrm{j}\omega\mu I_0 l_r}{4\pi r}\mathrm{e}^{-\mathrm{j}kr}\boldsymbol{I}(l) \cdot \hat{\boldsymbol{u}}\mathrm{d}l = \boldsymbol{E} \cdot \hat{\boldsymbol{u}} I_0 l_r \qquad (C.5-4)$$

所以

$$\boldsymbol{E} \cdot \hat{\boldsymbol{u}} = -\mathrm{j}\omega\mu\int_l \boldsymbol{I}(l) \cdot \hat{\boldsymbol{u}}\frac{\mathrm{e}^{-\mathrm{j}kr}}{4\pi r}\mathrm{d}l \qquad (C.5-5)$$

再利用远区近似关系：在振幅中$r \approx r_0$，在相位中$r \approx r_0 - \boldsymbol{r}_n' \cdot \hat{\boldsymbol{r}}_0$，$\boldsymbol{r}_n'$是坐标原点至天线的第$n$个分段中心的矢径，考虑到式$\boldsymbol{I}(l) = \sum_{n=1}^{N} I(n)\Delta\hat{\boldsymbol{l}}_n$，则

$$\boldsymbol{E} \cdot \hat{\boldsymbol{u}} = -\frac{\mathrm{j}\omega\mu\,\mathrm{e}^{-\mathrm{j}kr_0}}{4\pi r_0}\sum_{n=1}^{N} I(n)\Delta\hat{\boldsymbol{l}}_n \cdot \hat{\boldsymbol{u}}\mathrm{e}^{\mathrm{j}k\boldsymbol{r}_n' \cdot \hat{\boldsymbol{r}}_0} \qquad (C.5-6)$$

由于天线在远区产生的场近似为球面波，即不含径向电场 $\boldsymbol{E}_r$，只含横向电场 $\boldsymbol{E}_\theta$ 和 $\boldsymbol{E}_\phi$，如果分别取 $\hat{\boldsymbol{u}}=\hat{\boldsymbol{\theta}}$ 和 $\hat{\boldsymbol{u}}=\hat{\boldsymbol{\phi}}$，则可分别得到 $\boldsymbol{E}_\theta$ 和 $\boldsymbol{E}_\phi$，于是总场为

$$\boldsymbol{E} = E_\theta\hat{\boldsymbol{\theta}} + E_\phi\hat{\boldsymbol{\phi}} \tag{C.5-7}$$

C.6 矩阵填充算法

为了便于读者理解程序，本节将给出脉冲分域基、点选配矩量法在计算线天线问题时阻抗矩阵的填充算法。图 C.6-1 为阻抗矩阵串行填充算法，该算法包含两层循环，内层循环是对“源”所在线段的循环，外层循环是对“场”所在线段的循环。因为采用的是点选配法，所以积分区间为源所在线段。

核内矩阵串行填充算法:

```
Do M = 1, NumSegments                    !loop over field (testing) segments
  Do N = 1, NumSegments                  !loop over source segments
    Interact (M,N)                       !calculate ψ integral on source segments
    compute the value of Z(M,N)
  Enddo                                  !end loop over source segments
Enddo                                    !end loop over field (testing) segments
```

图 C.6-1 阻抗矩阵串行填充算法

图 C.6-2 为矩阵并行填充算法，对比串行算法可见，并行算法做了修改:每个进程只填充并且存储与其相关的那部分矩阵元素，相应的代码已在图 C.6-2 中用实线标出。

核内矩阵并行填充算法:

```
Do M = 1, NumSegments                    !loop over field (testing) segments
   If (M is on this process) then        !if Mth field segments on this process
    mm= local_Index(M)                   !get the local row index of the global index M
    Do N = 1, NumSegments                !loop over source segments
       If(N is on this process) then     !Nth source segments on this process
         nn= local_Index(N)              !get the local column index of the global index N
         Interact (M,N)                  !calculate     integral on source segments
         compute the value oflocal_Z(mm, nn)
       Endif
     Enddo                               !end loop over source segments
   Endif
Enddo                                    !end loop over field (testing) segments
```

图 C.6-2 阻抗矩阵并行填充算法

需要指出的是，图 C.6-2 中的 NumSegments 实际上不是全部模型的 NumSegments，每个进程仅需要循环自己需要处理的那部分分段数，以减少空循环。线天线的矩量法分析中，矩阵元素的计算过程中没有冗余计算，这与 RWG 基函数、高阶基函数矩量法矩阵元素的计算中产生冗余计算的现象有极大的不同。

读者可以进一步阅读文献[3]附录C中给出的并行2D无限长柱体散射特性计算的原理与程序，以便深入理解并行矩量法的策略与程序实现。

C.7　并行程序流程

矩量法的计算流程主要分为四个部分：初始化、矩阵填充、矩阵方程求解、后处理。本附录中提供的源码程序的计算流程及程序代码的文件名如图C.7-1所示。

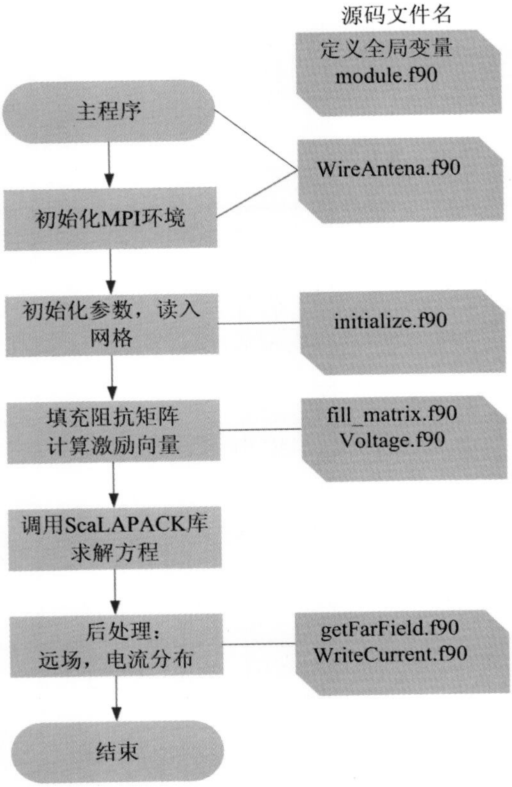

图C.7-1　程序计算流程及相关文件名

初始化过程中要给程序提供计算参数及细线结构的网格信息，此处通过Config.dat、＊＊.msh两个文件传入相关信息。Config.dat文件用于设置工作频率、激励源(平面波、电压源)、观察的远场区域范围、msh文件的文件名及线半径等参数；＊＊.msh文件为通用的网格文件，用于存储导线的分段网格信息，文件名可自由指定。

Congfig.dat文件格式如图C.7-2所示，其中!#后为注释，注释行不能删除，行内注释可以删除。Congfig.dat文件前三项用于设置频率(MHz为单位)、指定细线网格文件名与设置细线半径。紧接着是设置远场观察角度范围的项，分别是θ方向起始、终止角度和角度采样点个数，ϕ方向起始、终止角度和角度采样点个数。最后几项是设置激励源，分为两种激励方式。第一种激励是平面波，首先用一行指定是否施加平面波，下一行给出平面波的参数:入射方向矢量、电场方向矢量。如果不施加平面波，平面波的参数行将不起作用，但不能删除。第二种激励是电压源，首先指定电压源的数目，0 表示没有电压源，下面每行(有几个电压源就需要给几行)给出一个电压源的参数：位置坐标、正方向、幅度、相位。

```
!# the frequency (MHz)
1000
!# the name of  the mesh file
helix.msh
!# the radius of  the wire
0.00005
!# set the angle region of far field
-180   180   361                          !#( Min-Theta    Max-Theta    Num-Theta )
   0    90     2                          !#( Min-phi      Max-phi    Num-phi )
!# Is there a plane wave( 0--No, 1--Yes )
0
0   0   1     1   0   0                   !#  入射方向矢量、电场方向矢量
!# Are there any delta gap( 0--No, n--Yes,there are n delta gaps )
2                                         !#  电压源个数
0.15   0   0    0   0   1     1    0      !# (x y z)，方向矢量，幅度、相位
```

图 C.7-2　Congfig. dat 文件格式

msh 文件格式是先将所有顶点编号，并给出每个顶点的坐标值，再给出每个线段两个顶点对应的编号。图 C.7-3 描述了一个由三个线段组成的折线的网格文件。

```
MESH dimension 3 ElemType Linear Node 2
Coordinates
1    0.1   0   0.1         !#  顶点编号及对应坐标
2    0.1   0   0.2
3    0.1   0   0.3
4    0.1   0   0.4
End Coordinates


Elements
1   1   2
2   2   3
3   3   4
End Elements
```

图 C.7-3　msh 文件格式

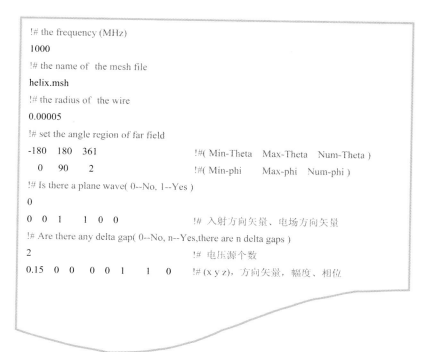

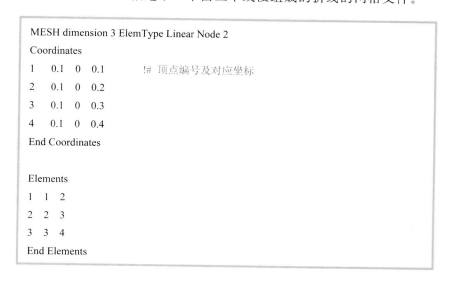

C.8 并行程序实例

WireAntenna. f90

```
! * * * * * * * * * * * * * * * * * * * * * * * * * * * * * * * * * * * !
!      This program is designed to calculate the scattering and radiation       !
! field of arbitrary wire structures based on MoM. The basis functions          !
! is pulse and the test method is point matching method.                        !
!                        Parallel version : May 21 2015                          !
!                    Compiler : Intel Visual Fortran + MPICH2                    !
!                                All Right Reserved                              !
!                        Bug report : yuseexidian@163. com                       !
! * * * * * * * * * * * * * * * * * * * * * * * * * * * * * * * * * * * !
program main
    use mpi
    use MPI_VARIABLES
    use SCALAPACK_VARIABLES
    use COMM_DATA
    implicit none
    character, parameter :: FMT * 15 = "(A30, F13.3, A2)"

    ! * * * * * * * * * * * MPI initialization * * * * * * * * * * * * * !
    call MPI_INIT( IERR )
    call MPI_COMM_SIZE( MPI_COMM_WORLD, numprocs, IERR )
    call MPI_COMM_RANK( MPI_COMM_WORLD, myID, IERR )
    ! * * * * * * * * * * * * * * * * * * * * * * * * * * * * * * * * !

    if( myID == 0 ) then
        write( * , * )"! * * * * * * * * * * * * * * * * * * * * * * * * !"
        write( * , * )"! *      Calculate the radiation and scattering      * !"
        write( * , * )"! *      of wire structures based on MoM.             * !"
        write( * , * )"! *      Copyright @ Xidian Univ. 2015                * !"
        write( * , * )"! *                All Right Reserved                 * !"
        write( * , * )"! * * * * * * * * * * * * * * * * * * * * * * * * !"
    end if

    ! * * * * * * * * * * * initialize the parameters * * * * * * * * * * !
    ! read the mesh file, initialize the excitation, process grid
    call initialize(  )
    ! * * * * * * * * * * * * * * * * * * * * * * * * * * * * * * * * !

    ! * * * * * * * * * * * * * * fill the matrix * * * * * * * * * * * * !
```

```
if( myID == 0 ) write( * , * ) "Now fill the impedance matrix ..."

time = MPI_WTIME( )              ! start record the time
! filling the impedance matrix parallelly
call fill_matrix( )
! make all the processes synchro
call MPI_BARRIER( MPI_COMM_WORLD, IERR )

time = MPI_WTIME( ) - time       ! stop record the time

if( myID == 0 ) then
    write( * , FMT ) "->Fill impedance matrix cost:", time, "s"
end if

if( myID == 0 ) write( * , * ) "Now get the excitation vector ..."
! calculate the excitation vector parallelly
call Voltage( )
! make all the processes synchro
call MPI_BARRIER( MPI_COMM_WORLD, IERR )
! ******************************!

! **********Solvethematrixequation**********!
if( myID == 0 ) write( * , * ) "Now Solve the matrix equation ..."

time = MPI_WTIME( )              ! start record the time
! PZGESV is a parallel solver of equation AX = B from scalapack
call PZGESV( NUN, 1, Z_mn, 1, 1, DESCA, IPIV, Volt, 1, 1, DESCB, INFO )

! After the solving, the current are stored piecewise in Volt of
! each process. Before the post-processing, it has to reduce the
! current distributed on each process.
call reduceCurr( )

time = MPI_WTIME( ) - time       ! stop record the time

if( myID == 0 ) then
    write( * , FMT ) "->Solve matrix equation cost:", time, "s"
    write( * , * ) "----------------------------"
end if
! release the memory which will not be used.
deallocate( Z_mn )
deallocate( Volt )
deallocate( IPIV )
```

```
    ! ***********************************************!

    ! *********** the post-processing *************!
    ! output the current on each segment
    if( myID == 0 ) call WriteCurrent( )

    ! determine the far field
    if( myID == 0 ) write( *, * ) "Now calculate the far field ..."
    ! make all the processes synchro
    call MPI_BARRIER( MPI_COMM_WORLD, IERR )

    time = MPI_WTIME( )             ! start record the time

    call getFarField( )
    ! make all the processes synchro
    call MPI_BARRIER( MPI_COMM_WORLD, IERR )

    time = MPI_WTIME( ) - time      ! stop record the time

    if( myID == 0 ) then
        write( *, FMT ) "->Determine far field cost :", time, "s"
    end if
    ! ***********************************************!

    if( myID == 0 ) then
        write( *, * )"! --------------------------!"
        write( *, * )"!            All done       !"
        write( *, * )"! --------------------------!"
    end if

    call MPI_FINALIZE( IERR )
    ! stop the program
    stop
    ! *************** All done *****************!

end program main
! ***************** The End *****************!

! ****** reduce the current on each process *******!
subroutine reduceCurr( )
    use mpi
    use COMM_DATA
    use MPI_VARIABLES
```

```
    use SCALAPACK_VARIABLES
    complex(kind=8), allocatable :: Temp(:)
    integer I, J, M, N

    ! ----------- executable statements begin -----------!
    allocate( Temp( NUN ) )
    Temp(:) = ( 0.0D0, 0.0D0 )

    ! scatter the current in each process
    if( 0 == MYCOL ) then
        M = ProcsRow * BlockRow
        N = mod(ProcsRow + MYROW, ProcsRow) * BlockRow + 1
        do I = 1, B_LOCAL_SIZE
            J = M * ( (I-1) / BlockRow ) + mod( I-1, BlockRow) + N
            Temp( J ) = Volt( I )
        end do
    end if

    ! the whole current is reduced to process 0
    call MPI_REDUCE( Temp, Im, NUN, MPI_COMPLEX16, MPI_SUM, 0, &
                     MPI_COMM_WORLD, IERR )
    ! make all the processes synchro
    call MPI_BARRIER( MPI_COMM_WORLD, IERR )

    ! broadcast the current to every processes
    call MPI_BCAST( Im, NUN, MPI_COMPLEX16, 0, MPI_COMM_WORLD, IERR )
    ! make all the processes synchro
    call MPI_BARRIER( MPI_COMM_WORLD, IERR )

    deallocate( Temp )

end subroutine reduceCurr
! * * * * * * * * * * * * * * * * The End * * * * * * * * * * * * * * * *!
```

initialize. f90

```
! -------------------------------------------------------------------- !
!        This file includes the subroutines which are used to initialize  !
! the parameters and input the mesh.                                     !
! -------------------------------------------------------------------- !
! * * * * * * * initial the parameters and mesh * * * * * * * * * * * * * !
subroutine initialize(  )
    use mpi
    use COMM_DATA
```

```
use MPI_VARIABLES
use SCALAPACK_VARIABLES
implicit none
real, allocatable :: gapCoord(:, :)     ! the coordinate of delta gap
real, allocatable :: direct(:, :)       ! the direction of delta gap
real(kind=8) mag, pha
integer I

! ----------- executable statements begin -----------!
open( unit = 1, file = "Config.dat" )
read( 1, * )       ! skip a line : the frequency
read( 1, * ) freq
read( 1, * )       ! skip a line : the name of the mesh file
read( 1, * ) filename
read( 1, * )       ! skip a line : the radius of the wire
read( 1, * ) radius
read( 1, * )       ! set the angle region of far field
read( 1, * ) ThetaMin, ThetaMax, NumTheta
read( 1, * ) PhaMin,    PhaMax,    NumPha
read( 1, * )       ! Is there a plane wave( 0--No, 1--Yes )
read( 1, * ) Scatter
! if Scatter = 1 Tin and Ein won't be used
read( 1, * ) Tin(:), Ein(:)
read( 1, * )       ! Are there any delta gap
read( 1, * ) Radiation
if( Radiation /= 0 ) then
    allocate( gapLoc( Radiation ) )
    allocate( excit( Radiation ) )
    allocate( gapCoord( 3, Radiation ) )
    allocate( direct( 3, Radiation ) )
    do I = 1, Radiation
        read( 1, * ) gapCoord(:, I), direct(:, I), mag, pha
        pha = pha * pi /180.0      ! degree to radian
        excit( I ) = mag * exp( cj * pha )
    end do
end if
! close the configure file
close( unit = 1 )

k0 = 2.0D6 * pi * freq / light_c
eta0 = 120.0 * pi
! normalize Tin
mag = sqrt( sum( Tin * Tin ) )
```

```
Tin = Tin/mag

if( myID == 0 ) then
    write( * , "(A19, F12.3, A4)" ) "The frequency is :", freq, "MHz"
    write( * , * ) "The mesh file is : ", trim( filename )
    write( * , * ) "--------------------"
    write( * , * ) "Now check the mesh ..."
end if

! input the mesh of the wire structures
call read_msh(  )

if( myID == 0 ) then
    write( * , * ) "The number of vertices      :", VertNum
    write( * , * ) "The number of segments      :", SegmNum
end if

! define the basis functions on different segment
call defineBasis( gapCoord, direct )

if( myID == 0 ) then
    write( * , * ) "Number of basis functions :", NUN
    write( * , * ) "-------------------"
end if

if( Radiation /= 0 ) then
    deallocate( gapCoord )
    deallocate( direct )
end if

! ---------------------------------------!
!          Set the processes grid and block size          !
! ---------------------------------------!
ProcsRow = sqrt( numprocs * 1.0 )
do I = 1, procsRow
    if( 0 /= mod( numprocs, ProcsRow ) ) then
        ProcsRow = ProcsRow - 1
    else
        ProcsCol = numprocs / ProcsRow
        exit
    end if
end do
```

```
BlockRow = 64
BlockCol = BlockRow

TotalRow = BlockRow * ProcsRow
TotalCol = BlockCol * ProcsCol

if( 0 == myID ) then
    write( * , "(A23, I5, A3, I5)") "->The process grid is:", ProcsRow, 'X', ProcsCol
    write( * , * ) "------------------------"
end if

! -------------------------------------------!
!              BLACS INITIALIZING             !
! -------------------------------------------!
call BLACS_PINFO( myID, numprocs )
call BLACS_GET( -1, 0, ICTXT )
call BLACS_GRIDINIT( ICTXT, 'R', ProcsRow, ProcsCol )
call BLACS_GRIDINFO( ICTXT, ProcsRow, ProcsCol, MYROW, MYCOL )
call BLACS_PCOORD( ICTXT, myID, MYROW, MYCOL )

! -------------------------------------------!
!     Get local matrix dimension information  !
! -------------------------------------------!
LOCAL_MAT_ROWS = NUMROC( NUN, BlockRow, MYROW, 0, ProcsRow )
LOCAL_MAT_COLS = NUMROC( NUN, BlockCol, MYCOL, 0, ProcsCol )
B_LOCAL_SIZE = LOCAL_MAT_ROWS

! -------------------------------------------!
!       apply the storage for the matrix      !
! -------------------------------------------!
I = LOCAL_MAT_ROWS + BlockRow
allocate( Z_mn( LOCAL_MAT_ROWS, LOCAL_MAT_COLS ) )
allocate( Volt( B_LOCAL_SIZE ) )
allocate( IPIV( I ) )
allocate( Im( NUN ) )

! -------------------------------------------!
!       Initialize the array descriptors      !
! -------------------------------------------!
allocate( DESCA(DLEN_), DESCB(DLEN_) )
NRHS = 1
! -------------------------------------------!
! DESCINIT initializes the descriptor vector. each global data   !
```

```
    ! object is described by an associated description vector DESCA.      !
    ! This vector stores the information required to establish the         !
    ! mapping between an object element and its corresponding process      !
    ! and memory location.                                                 !
    ! ---------------------------------------------------------------------!
    I = max( 1, LOCAL_MAT_ROWS )
    call DESCINIT( DESCA, NUN, NUN, BlockRow, BlockCol, 0, 0, ICTXT, I, INFO )

    I = max( 1, B_LOCAL_SIZE )
    call DESCINIT( DESCB, NUN, NRHS, BlockRow, 1, 0, 0, ICTXT, I, INFO )
    ! make all the processes synchro
    call MPI_BARRIER( MPI_COMM_WORLD, IERR )

end subroutine initialize
! * * * * * * * * * * * * * * * * The End * * * * * * * * * * * * * * !

! * * * * * * * * * Read the model file of msh file type * * * * * * * * * !
subroutine read_msh(  )
    use COMM_DATA
    use MPI_VARIABLES
    implicit none
    integer ios                ! the flag of the model file status
    integer(kind=4) m, n
    logical alive

    ! ---- Open file to statistic the vertices and segment --------!
    inquire( file = trim(filename), exist = alive )
    if( .NOT. alive ) then
        if( myID == 0 ) write( *, * ) "Error: Can't find the mesh file !"
        stop
    end if

    ! open the original mesh file
    open( unit = 1, file = trim(filename) )
    VertNum = 0
    SegmNum = 0
    read( 1, * ) ! MESH dimension 3 ElemType Linear Nnode 2
    read( 1, * ) ! Coordinates
    do
        read( 1, *, IOSTAT = ios ) m
        if( ios /= 0 ) exit              ! end coordinates
        VertNum = VertNum + 1            ! number of the vertex
    end do
```

```
    read( 1, * ) ! ''
    read( 1, * ) ! Elements

    do
        read( 1, *, IOSTAT = ios ) m
        if( ios /= 0 ) exit                          ! end elements
        SegmNum = SegmNum + 1                        ! number of the triangle
    end do
    close( 1 )                                       ! close the mesh file

    ! apply the memory space for mesh
    allocate( Vertex_r( 3, VertNum ) )               ! the coordinate of vertex
    allocate( SegmVertIndx(2, SegmNum ) )            ! the index of vertex

    ! ------------ load the model datum ------------!
    open( unit = 1, file = trim(filename) )

    read( 1, * ) ! MESH dimension 3 ElemType Triangle Nnode 3
    read( 1, * ) ! Coordinates
    do m = 1, VertNum
        read( 1, *, IOSTAT = ios ) n, vertex_r(:, m)
    end do

    read( 1, * ) ! end coordinates
    read( 1, * ) ! ''
    read( 1, * ) ! Elements
    do m = 1, SegmNum
        read( 1, *, IOSTAT = ios ) n, SegmVertIndx(:, m)
    end do
    close( 1 )     ! close the mesh file

end subroutine read_msh
! **************** The End ***************!

! ******* define the basis functions on different segment *******!
! gapCoord : the ( x, y, z ) coordinate of delta gap          !
! direct : the forward direction of delta gap                 !
! ------------------------------------------------------------!
subroutine defineBasis( gapCoord, direct )
    use COMM_DATA
    use MPI_VARIABLES
    implicit none
```

```
real gapCoord( 3, * )
real direct( 3, * )
real Lm, Ln, Lmn, R(3)
integer(kind=4) Vm(2), Vn(2), M, N, K
integer(kind=4), allocatable :: Seg2Bas( : )
integer(kind=4), allocatable :: Temp( :, : )

! initialize the number of unknowns
NUN = 0
allocate( Temp( 3, SegmNum ) )
Temp( :, : ) = 0

! find the segment inside the wire structures
do M = 1, SegmNum
    Vm(:) = SegmVertIndx( :, M )
    do N = M+1, SegmNum
        Vn(:) = SegmVertIndx( :, N )
        if( Vm(1) == Vn(1) ) then
            Temp( 2, M ) = N
            Temp( 2, N ) = M
        else if( Vm(1) == Vn(2) ) then
            Temp( 2, M ) = N
            Temp( 3, N ) = M
        else if( Vm(2) == Vn(1) ) then
            Temp( 3, M ) = N
            Temp( 2, N ) = M
        else if( Vm(2) == Vn(2) ) then
            Temp( 3, M ) = N
            Temp( 3, N ) = M
        end if

        ! check whether M'th segment has a basis function
        if( Temp( 2, M ) /=0 .AND. Temp( 3, M ) /=0 ) then
            if( Temp( 1, M ) ==0 ) then
                NUN = NUN + 1
                Temp( 1, M ) = M
            end if
        end if
        ! check whether N'th segment has a basis function
        if( Temp( 2, N ) /=0 .AND. Temp( 3, N ) /=0 ) then
            if( Temp( 1, N ) ==0 ) then
                NUN = NUN + 1
                Temp( 1, N ) = N
```

```
                end if
            end if

        end do
    end do

    ! fetch the basis functions
    allocate( Basis( 3, NUN ) )
    allocate( Seg2Bas( SegmNum ) )
    ! One record of Basis contains 3 number : Basis( 3, I )
    ! Basis(1, I) represents the segment index of current basis
    ! Basis(2, I) represents the former segment index
    ! Basis(3, I) represents the following segment index
    ! Seg2Bas(I) indicates the basis index on I'th segment
    N = 0
    Seg2Bas(:) = 0
    do M = 1, SegmNum
        if( Temp( 1, M ) /= 0 ) then
            N = N + 1
            Basis( :, N ) = Temp( :, M )
            Seg2Bas( M ) = N
        end if
    end do

    ! find the location of delta gap
    if( Radiation /= 0 ) then
        gapLoc( : ) = -1        ! initialize the location of delta gap
        do M = 1, Radiation
            ! check the M'th gap on each segment
            do N = 1, SegmNum
                R = gapCoord(:, M) - Vertex_r( :, SegmVertIndx(1, N) )
                Lm = sqrt( sum( R * R ) )
                R = gapCoord(:, M) - Vertex_r( :, SegmVertIndx(2, N) )
                Ln = sqrt( sum( R * R ) )
                R = Vertex_r( :, SegmVertIndx(2, N) )
                R = R - Vertex_r( :, SegmVertIndx(1, N) )
                Lmn = sqrt( sum( R * R ) )
                Lmn = abs( Lmn - Lm - Ln )
                if( Lmn > 1.0E-8 ) cycle

                ! the gap is on current segment
                if( Seg2Bas(N) /= 0 ) then
                    gapLoc( M ) = Seg2Bas( N )
```

```
                else
                    K = max( Temp(2, N), Temp(3, N) )
                    ! if gapLoc( M ) this delta gap won't work.
                    gapLoc( M ) = Seg2Bas( K )
                end if

                ! check the sign of voltage
                if( sum(direct(:, M) * R)<0 ) then
                    excit( M ) = - excit( M )
                end if

                ! the M'th delta gap has been found.
                exit

            end do
            ! check whether the delta gap is found
            if( gapLoc( M ) == -1 ) then
                if( myID == 0 ) write( * , * ) "Error : Can't find", M, "delta gap !"
                stop
            end if
        end do
    end if
    ! release the temporary memory space
    deallocate( Temp )
    deallocate( Seg2Bas )

end subroutine defineBasis
! * * * * * * * * * * * * * * * * The End * * * * * * * * * * * * * * * * !
```

fill_matrix. f90

```
! -------------------------------------------------------------------- !
!       This subroutine is used to fill the impedance matrix of arbitrary  !
!     wire structures. pulse is chosen as basis function and test method    !
!     is point match.                                                  !
! -------------------------------------------------------------------- !
! * * * * * * * * * fill the impedance matrix * * * * * * * !
subroutine fill_matrix(  )
    use COMM_DATA
    use SCALAPACK_VARIABLES
    integer(kind=4) Vm(6), Vn(6)
    integer(kind=4) M, N, K
    complex(kind=8), external :: Interact
    complex(kind=8) pha, pha1, pha2, pha3, pha4
```

```
complex(kind=8) coeff
real(kind=8) rm(3), rn(3, 3)
real(kind=8) VectLm(3), VectLn(3)

! ---------- executable statements begin -----------!
coeff = cj * eta0/k0
do M = 1, NUN
    K = M - 1
    ICROW = mod( K/BlockRow, ProcsRow )
    ! if it is not in my process, then continue next cycle
    if( ICROW /= MYROW ) cycle
    LocRow = BlockRow * (K/TotalRow) + mod(K, BlockRow) + 1

    ! fetch all the vertices of test point
    Vm(1:2) = SegmVertIndx( :, basis( 1, M ) )
    Vm(3:4) = SegmVertIndx( :, basis( 2, M ) )
    Vm(5:6) = SegmVertIndx( :, basis( 3, M ) )
    ! direction of m'th segment
    VectLm(:) = Vertex_r(:, Vm(2)) - Vertex_r(:, Vm(1))
    do N = 1, NUN
        K = N - 1
        ICCOL = mod( K/BlockCol, ProcsCol )
        ! if it is not in my process, then continue next cycle
        if( ICCOL /= MYCOL ) cycle
        LocCol = BlockCol * (K/TotalCol) + mod(K, BlockCol) + 1

        ! fetch all the vertices of basis function
        Vn(1:2) = SegmVertIndx( :, basis( 1, N ) )
        Vn(3:4) = SegmVertIndx( :, basis( 2, N ) )
        Vn(5:6) = SegmVertIndx( :, basis( 3, N ) )
        ! direction of n'th segment
        VectLn(:) = Vertex_r(:, Vn(2)) - Vertex_r(:, Vn(1))

        ! get the field point
        rm = ( Vertex_r(:, Vm(1)) + Vertex_r(:, Vm(2)) )/2.0D0
        ! get the integral region
        rn(:, 1) = Vertex_r( :, Vn(1) )
        rn(:, 3) = Vertex_r( :, Vn(2) )
        rn(:, 2) = ( rn(:, 1) + rn(:, 3) )/2.0D0
        ! calculate the integration
        pha = Interact( rm, rn )

        ! get the integral region
```

```
            rn( :, 1) = ( Vertex_r( :, Vn(1)) + Vertex_r( :, Vn(2)) )/2.0D0
            rn( :, 2) = Vertex_r( :, Vn(2) )
            rn( :, 3) = ( Vertex_r( :, Vn(5)) + Vertex_r( :, Vn(6)) )/2.0D0
            ! get the field point
            rm = Vertex_r( :, Vm(2) )
            ! calculate the integration
            pha1 = Interact( rm, rn )

            ! get the field point
            rm = Vertex_r( :, Vm(1) )
            ! calculate the integration
            pha2 = Interact( rm, rn )

            ! get the integral region
            rn( :, 1) = ( Vertex_r( :, Vn(3)) + Vertex_r( :, Vn(4)) )/2.0D0
            rn( :, 2) = Vertex_r( :, Vn(1) )
            rn( :, 3) = ( Vertex_r( :, Vn(1)) + Vertex_r( :, Vn(2)) )/2.0D0
            ! get the field point
            rm = Vertex_r( :, Vm(2) )
            ! calculate the integration
            pha3 = Interact( rm, rn )

            ! get the field point
            rm = Vertex_r( :, Vm(1) )
            ! calculate the integration
            pha4 = Interact( rm, rn )

            pha = sum( VectLm * VectLn ) * pha
            pha = k0 * k0 * pha
            pha = pha + pha2 + pha3 - pha1 - pha4

            Z_mn(LocRow, LocCol) = coeff * pha
        end do
    end do

end subroutine fill_matrix
! * * * * * * * * * * * * * * The End * * * * * * * * * * * * * * * * * *!

! * * * * calculate one of pha, pha++, pha+-, pha-+, pha--  * * * *!
!                          1          / exp(-jkR)                   !
!               pha = ----- | -----------dl                         !
!                        4 * pi * L /        R                      !
!       rm is field point, rn includes the start, middle and end point of  !
```

```
!       the segments ( integrate region )                                    !
! ---------------------------------------------------------------------------!
complex(kind=8) function Interact( rm, rn )
    use COMM_DATA
    implicit none
    real(kind=8) rm(3), rn(3, 3)
    ! local variables
    complex(kind=8) pha

    ! because n+ and n- could be not in the same direction, the
    ! integration should be calculated in two half segment.

    ! integration on the first half segment
    call integral( rn(:, 1), rn(:, 2), rm, pha )      ! analysis method

    Interact = pha

    ! integration on the second half segment
    call integral( rn(:, 2), rn(:, 3), rm, pha )      ! analysis method

    Interact = Interact + pha

end function Interact
! * * * * * * * * * * * The End * * * * * * * * * * * * * * * !

! * * * * * * * * * * analysis integration method * * * * * * * * !
! r1 is the start point of current segment while r2 is the end point.   !
! rm is the field point, pha is the integration value.                  !
! ----------------------------------------------------------------------!
subroutine integral( r1, r2, rm, pha )
    use COMM_DATA
    implicit none
    real(kind=8) r1(3), r2(3), rm(3)
    complex(kind=8) pha
    ! local variables
    real(kind=8) Tn(3), r0(3)
    real(kind=8) dL, r, Z0, dxy, alpha
    real(kind=8) Zmin, Zmax, Rmin, Rmax
    real(kind=8) ZR, ZR2, ZR4, AR, AR2, AR3, AR4
    real(kind=8) A0, A1, A2, A3, A4
    complex(kind=8) Green, coef

    ! ---------- executable statements begin ----------!
```

```
Tn = r2 - r1                    ! the vector of the segment
dL = sum( Tn * Tn )
dL = sqrt( dL )                 ! the length of the segment
Tn(:) = Tn(:)/dL                ! normalize Tn
r0 = ( r1 + r2 )/2.0D0          ! the centre of the segment
r0 = rm - r0
r = sum( r0 * r0 ) + radius * radius
r = sqrt( r )

! the half length of segment
alpha = dL / 2.0D0
! the axis distance of rm and source segment
Z0= abs( sum(r0 * Tn) )
! the tangent distance of rm and source segment
dxy = sqrt( r * r - Z0 * Z0 )
if( dxy < 1.0E-6 ) dxy = radius

if( r < 10 * alpha ) then       ! near region
    Zmax = Z0 + alpha
    Zmin = Z0 - alpha
    dxy = dxy * dxy
    Rmax = sqrt( dxy + Zmax * Zmax )
    Rmin = sqrt( dxy + Zmin * Zmin )

    if( Rmin - Zmin <= 1.0E-3 ) then
        A1 = ( Zmax + Rmax ) * ( Rmin - Zmin )/dxy
        A1 = log( A1 )
else
        A1 = ( Zmax + Rmax )/( Zmin + Rmin )
        A1 = log( A1 )
end if
A2 = dL
A3 = Zmax * Rmax - Zmin * Rmin + dxy * A1
A3 = 0.5D0 * A3
A4 = dL * ( dxy + Z0 * Z0 + alpha * alpha/3.0D0 )

pha=A1
A1 = A1 * r
pha = pha - cj * k0 * ( A2 - A1 )
A1 = A1 * r
A2 = A2 * r
pha = pha - 0.5 * k0 * k0 * ( A3 - 2.0 * A2 + A1 )
A1 = A1 * r
```

```
        A2 = A2 * r
        A3 = A3 * r
        A4 = A4 - 3.0 * A3 + 3.0 * A2 - A1
        pha = pha + cj * k0 * k0 * k0 * A4/6.0
        Green = exp( - cj * k0 * r )/( 4.0 * pi * dL )
        pha = pha * Green
    else                                ! far region
        ZR = Z0/r
        ZR2 = ZR * ZR
        ZR4 = ZR2 * ZR2
        AR = alpha / r
        AR2 = AR * AR
        AR3 = AR2 * AR
        AR4 = AR2 * AR2

        A2 = AR2 * ( 12.0 * ZR2 - 15.0 * ZR4 - 1.0 )/40.0 - ZR2/6.0
        A3 = AR * ( 3.0D0 * ZR2 - 5.0D0 * ZR4 )/60.0D0
        A4 = ZR4 / 120.0D0
        ZR = 3.0D0 * ZR2 - 1.0D0
        ZR2 = 35.0D0 * ZR4 - 30.0D0 * ZR2 + 3.0D0
        A0 = 1.0D0 + AR2 * ZR/6.0 + AR4 * ZR2/40.0
        A1 = AR * ZR/6.0 + AR3 * ZR2/40.0

        coef = cj * k0 * alpha
        pha = ( A4 * coef - A3 ) * coef - A2
        pha = ( pha * coef + A1 ) + A0
        Green = exp( - cj * k0 * r )/( 4.0 * pi * r )
        pha = Green * pha
    end if

end subroutine integral
! * * * * * * * * * * * * * * * The End * * * * * * * * * * * * * * * * !
```

Voltage. f90

```
! ------------------------------------------------------------------ !
!        This subroutine is written to calculate the excitation vector of   !
!    wire structure. The excitation can be plane wave, delta gaps or both   !
!    of them.                                                               !
! ------------------------------------------------------------------ !
! * * * * * * * * * * * calculate the excitation vector * * * * * * * * * * !
subroutine Voltage( )
    use COMM_DATA
    use SCALAPACK_VARIABLES
```

```
    implicit none
    integer(kind=4) V(2), M
    integer(kind=4) I, J                 ! loop control variables
    complex(kind=8) pha                  ! the phase of incident field
    real(kind=8) Tm(3), r0(3)

    ! initialize the excitation vector
    Volt(:) = ( 0.0D0, 0.0D0 )

    ! if there are delta gaps
    do I = 1, Radiation
        J = gapLoc( I )
        if( J <= 0 ) cycle                   ! Not a valid delta gap
        J = J - 1
        ICROW = mod( J/BlockRow, ProcsRow )
        if( ICROW /= MYROW ) cycle       ! Not on current process
        LocRow = BlockRow * (J/TotalRow) + mod(J, BlockRow) + 1
        Volt( LocRow ) = excit( I )
    end do

    ! if there is a plane wave
    if( Scatter == 1 ) then
        do I = 1, NUN
            J = I - 1
            ICROW = mod( J/BlockRow, ProcsRow )
            if( ICROW /= MYROW ) cycle       ! Not on current process
            LocRow = BlockRow * (J/TotalRow) + mod(J, BlockRow) + 1

            M = Basis( 1, I )
            V(:) = SegmVertIndx( :, M )
            Tm = Vertex_r(:, V(2)) - Vertex_r(:, V(1))
            r0 = ( Vertex_r(:, V(2)) + Vertex_r(:, V(1)) )/2.0D0
            pha = - cj * k0 * sum(Tin * r0)
            pha = sum( Ein * Tm ) * exp( pha )
            Volt( LocRow ) = Volt( LocRow ) + pha
        end do
    end if

end subroutine Voltage
! ************* The End ***************!
```

WriteCurrent. f90

```
! ******* output the current on each segment ********!
```

```
subroutine WriteCurrent( )
    use COMM_DATA
    implicit none
    complex, allocatable:: Curr( : )
    integer(kind=4) I, J

    ! fetch the current on each segment
    allocate( Curr( SegmNum ) )
    Curr( : ) = ( 0.0D0, 0.0D0 )

    do I = 1, NUN
        J = Basis( 1, I )
        Curr( J ) = Im( I )
    end do

    ! output the current into a file
    open( unit = 2, file="current.dat" )
    write(2, *)"      Re(J)          Im(J)          abs(J)"
    do I = 1, SegmNum
        write( 2 , "(3E15.6)") Curr( I ), abs(Curr( I ))
    end do
    close( 2 )

end subroutine WriteCurrent
! * * * * * * * * * * * * * * * * The End * * * * * * * * * * * * * * * * !
```

getFarField.f90

```
! ----------------------------------------------------------------------!
!         This subroutine is written to calculate the far field of arbitrary      !
!     wire structure. The parallel scheme is based on the segments. Each        !
!     process calculates the fields generated by a part of whole segments.      !
!     At last, the fields are reduced to process 0 and written out.             !
! ----------------------------------------------------------------------!
! * * * * * * * * * * * * * * calculate the far field * * * * * * * * * * * * * !
subroutine getFarField( )
    use mpi
    use COMM_DATA
    use MPI_VARIABLES
    implicit none
    complex(kind=8) phase, Es(2), Et(2), coeff
    integer(kind=4) V(2), M, N, BG, EN
    real(kind=8) sinTH, cosTH, sinPH, cosPH
    real(kind=8) aph(3), ath(3), r0(3), rn(3), Tm(3)
```

```
real DPha, DThe, ph, th, absE, dBE
integer I, J              ! loop control variables

! ---------- allocate tasks to each process ----------!
J = numprocs - mod( NUN, numprocs )
if( myID < J ) then
    M = NUN / numprocs
    BG = M * myID + 1
    EN = M * ( myID + 1 )
else
    M = NUN / numprocs + 1
    BG = M * ( myID - J ) + 1
    EN = M * ( myID - J + 1 )
    M = ( NUN / numprocs ) * J
    BG = M + BG
    EN = M + EN
end if
! ------------------------------------------------------!

! get the step of theta and pha
DPha = ( PhaMax - PhaMin )/max( 1, NumPha - 1 )
DThe = ( ThetaMax - ThetaMin )/max( 1, NumTheta-1 )
! the coefficient of electric field
coeff = -cj * k0 * eta0/( 4.0 * pi )

! creat a file to store the far field
if( myID == 0 ) then
    open( unit = 3, file = "farField.dat" )
    write(3, "(A100)")" pha       theta       ReEtheta       ImEtheta"&
    //"          ReEpha          ImEpha          absE          dB"
end if

! now calculate the field of different angle
do I = 1, NumPha                ! loop on pha
    ph = PhaMin + ( I - 1 ) * DPha
    do J = 1, NumTheta          ! loop on theta
        th = ThetaMin + ( J - 1 ) * DThe
        ! calculate the far field on point ( th, ph )
        sinTH = sin( th * pi / 180.0D0 )
        cosTH = cos( th * pi / 180.0D0 )
        sinPH = sin( ph * pi / 180.0D0 )
        cosPH = cos( ph * pi / 180.0D0 )
        ! the direction of far field point
```

```
r0(1) = sinTH * cosPH
r0(2) = sinTH * sinPH
r0(3) = cosTH
! normal vector of theta direction
ath(1) = cosTH * cosPH
ath(2) = cosTH * sinPH
ath(3) = - sinTH
! normal vector of pha direction
aph(1) = - sinPH
aph(2) = cosPH
aph(3) = 0.0D0

Es(:) = ( 0.0D0, 0.0D0 )
Et(:) = ( 0.0D0, 0.0D0 )
do N = BG, EN
    M = Basis( 1, N )
    V(:) = SegmVertIndx( :, M )
    Tm = Vertex_r(:, V(2)) - Vertex_r(:, V(1))
    rn = ( Vertex_r(:, V(2)) + Vertex_r(:, V(1)) )/2.0D0
    phase = cj * k0 * sum( r0 * rn )

    Et(1) = Et(1) + Im(N) * sum( Tm * ath ) * exp( phase )
    Et(2) = Et(2) + Im(N) * sum( Tm * aph ) * exp( phase )
end do
Et(:) = coeff * Et(:)

! make all the processes synchro
call MPI_BARRIER( MPI_COMM_WORLD, IERR )
! collect the field on different processes
call MPI_REDUCE( Et, Es, 2, MPI_COMPLEX16, MPI_SUM, 0, &
                 MPI_COMM_WORLD, IERR )
if( myID == 0 ) then
    absE = sum( Es * conjg(Es) )
    if( Scatter == 1 ) then
        ! dBE = RCS
        dBE = absE/sum( Ein * Ein )
    else
        dBE = absE
    end if
    dBE = 4.0 * pi * dBE
    dBE = 10.0 * log10( dBE )
    absE = sqrt( absE )
    write( 3, "(2F8.2, 6E15.6)") ph, th, Es, absE, dBE
```

```
            end if
        end do
    end do
    ! close far field file
    if( myID == 0 ) close( 3 )

end subroutine getFarField
! * * * * * * * * * * * * * * * The End * * * * * * * * * * * * * * !

module.f90
! -----------------------------------------------------------!
!      This file defines the common variables which will be used in many   !
! subroutines.                                                             !
! -----------------------------------------------------------!
module COMM_DATA
    ! ----------- define the constant parameters --------!
    real(kind=8), parameter :: pi = 3.1415926535898D0        ! parameter pi
    real(kind=8), parameter :: light_c = 2.99792458D8        ! light speed c
    complex(kind=8), parameter :: cj = ( 0.0D0, 1.0D0 )      ! imaginary j

    ! ---- define the parameter associated with electromagnetic field ----!
    real(kind=8) freq        ! the frequency
    real(kind=8) k0          ! wave number
    real(kind=8) eta0        ! the wave impedance in free space
    real(kind=8) time        ! record the cpu time

    ! ---------- the parameters of the model ----------!
    character filename * 50                  ! the name of the mesh file
    integer(kind=4) VertNum, SegmNum         ! number of vertices, segments
    integer(kind=4) NUN                      ! the number of unknowns
    real(kind=8) radius                      ! the radius of the wire
    ! the coordinate of segment vertices
    real(kind=8), allocatable :: Vertex_r( :, : )
    ! the index of segment vertices
    integer(kind=4), allocatable :: SegmVertIndx( :, : )
    ! the index of basis function
    integer(kind=4), allocatable :: Basis( :, : )

    ! ---------- the parameters of excitation -----------!
    integer Scatter          ! Is there a plane wave : 0--No, 1--Yes
    integer Radiation        ! Are there delta gaps : 0--No, n--Yes
    real(kind=8) Tin(3)      ! the direction of incident wave
    real(kind=8) Ein(3)      ! the direction of electric field
```

```
    integer, allocatable :: gapLoc( : )      ! location of delta gap
    complex, allocatable :: excit( : )       ! voltage of delta gap

    ! ————————— the parameters of post-process ——————————!
    real ThetaMin, ThetaMax, PhaMin, PhaMax
    integer NumTheta, NumPha

    complex(kind=8), allocatable :: Z_mn( :, : )
    complex(kind=8), allocatable :: Volt( : )
    complex(kind=8), allocatable :: Im( : )
    integer(kind=4), allocatable :: IPIV( : )

end module COMM_DATA
! * * * * * * * * * * * * * * * * The End * * * * * * * * * * * * * * !

! ——————————————————————————————!
!                 MPI VARIABLES                !
! ——————————————————————————————!
module MPI_VARIABLES
    integer myID, numprocs
    integer IERR, INFO
end module MPI_VARIABLES
! * * * * * * * * * * * * * * * * The End * * * * * * * * * * * * * * !

! ——————————————————————————————!
!             ScaLAPACK VARIABLES              !
! ——————————————————————————————!
module SCALAPACK_VARIABLES
    integer, parameter :: DLEN_ = 9
    integer NRHS
    !     .. LOCAL SCALARS ..      !
    integer ICTXT, MYCOL, MYROW
    integer ProcsRow
    integer ProcsCol
    integer BlockRow
    integer BlockCol
    ! The size of the block : BlockSiz = BlockRow * BlockCol
    integer TotalRow
    integer TotalCol
    integer ICROW
    integer ICCOL
    integer LocRow
    integer LocCol
```

```
    integer LOCAL_MAT_ROWS, LOCAL_MAT_COLS, B_LOCAL_SIZE
    integer, allocatable::DESCA(:), DESCB(:)
    integer, external::NUMROC

end module SCALAPACK_VARIABLES
! * * * * * * * * * * * * * The End * * * * * * * * * * * * * * * * * * * !
```

C.9　程序编译与运行

编译指令是与平台相关的，在 Windows 平台下使用 Visual Studio + Intel Visual Fortran 环境编译，只要在集成开发环境中设置好 MPI 库及数学库的位置即可。在 Linux 平台下需要通过指令在命令行编译。计算机中必须安装好 Fortran 编译器、MPI 环境及数学库。

此处以 Intel MPI 编译器、MKL 数学库为例给出编译命令，如图 C.9-1 所示，其中“/opt/intel/composerxe-2011.5.220/mkl”为 MKL 求解库的安装路径。

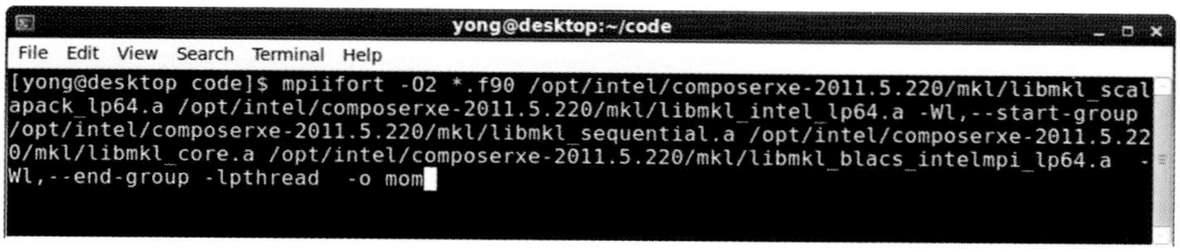

图 C.9-1　编译

编译成功后会在当前路径下产生一个可执行文件 mom，这就是用于计算的程序。运行时需要使用 mpirun 或 mpiexe 指令，同时指定进程数，如图 C.9-2 所示。

图 C.9-2　运行

下面给出两个计算实例：

（1）工作频率为 1 GHz 的螺旋天线。螺旋直径为 0.1 m，螺距为 0.1114 m，高为 0.8912 m。在天线底端施加电压源激励，如图 C.9-3 所示。计算出的辐射方向图如图 C.9-4 所示。

（2）21 单元半波振子天线阵列，如图 C.9-5 所示。单元间距为半个波长，工作频率为 1 GHz，通过泰勒综合设计的阵列副瓣电平为－30 dB。计算出的辐射方向图如图 C.9-6 所示。

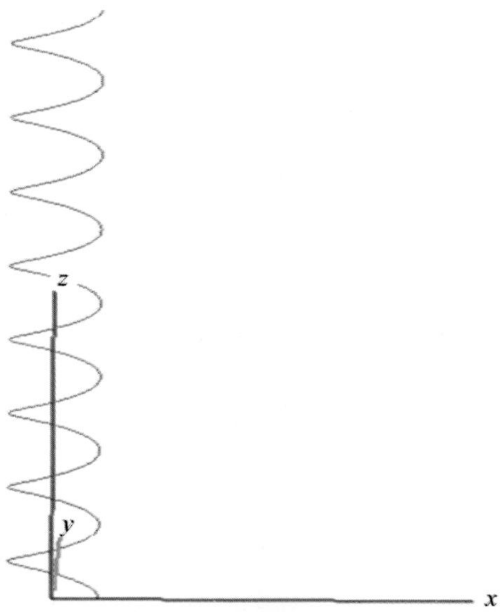

图 C.9-3　螺旋天线几何结构

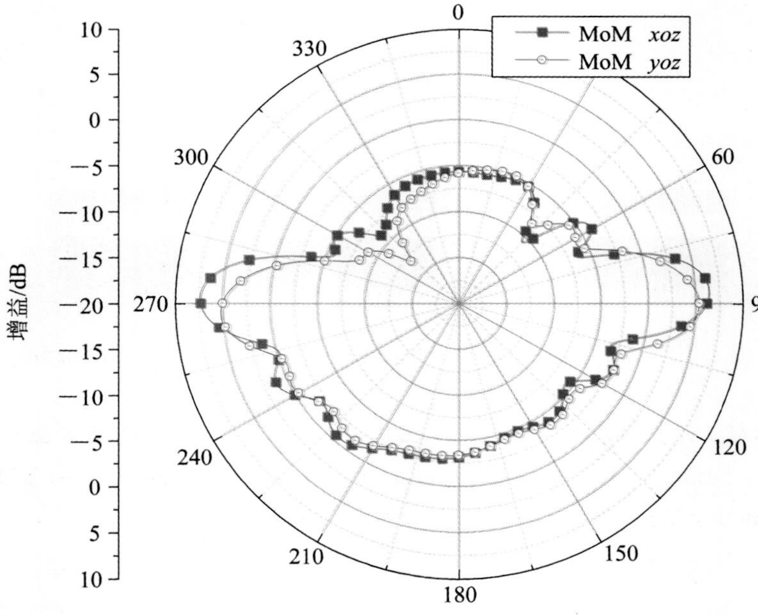

图 C.9-4　螺旋天线辐射方向图

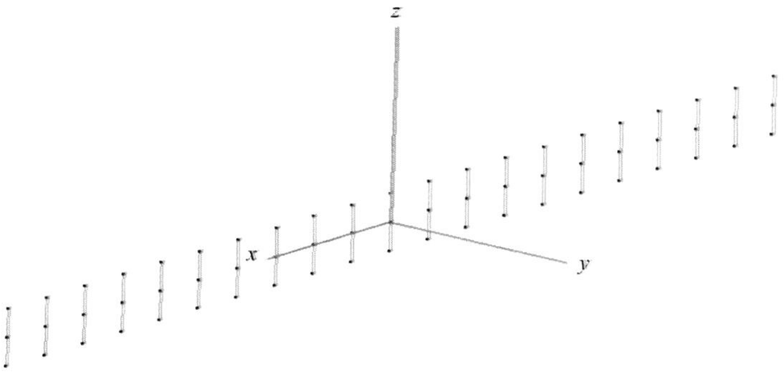

图 C.9-5　21单元半波振子天线阵列

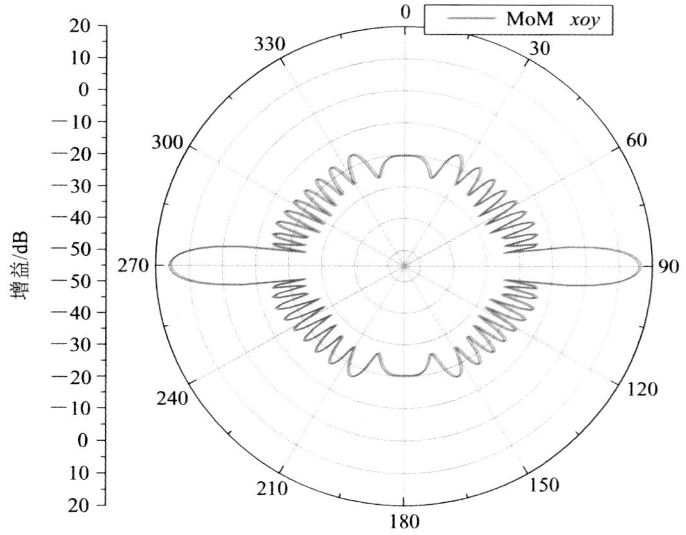

图 C.9-6　21单元半波振子天线阵列的 *xoy* 面辐射方向图

参考文献

[1] Harrington R F. Field Computation by Moment Methods. Melbourne, FL: Krieger, 1968.

[2] [美]哈林登. 计算电磁场的矩量法. 王尔杰, 等, 译. 北京: 国防工业出版社, 1981.

[3] Zhang Y, Sarkar T K. Parallel Solution of Integral Equation-Based EM Problems in the Frequency Domain. Wiley-IEEE Press, 2009.